D1663367

Karl J. Thomé-Kozmiensky
Michael Beckmann

Energie aus Abfall

Band 11

Die Deutsche Bibliothek – CIP-Einheitsaufnahme

Energie aus Abfall – Band 11
Karl J. Thomé-Kozmiensky, Michael Beckmann.
– Neuruppin: TK Verlag Karl Thomé-Kozmiensky, 2014
ISBN 978-3-944310-06-0

ISBN 978-3-944310-06-0 TK Verlag Karl Thomé-Kozmiensky

Copyright: Professor Dr.-Ing. habil. Dr. h. c. Karl J. Thomé-Kozmiensky
Alle Rechte vorbehalten

Verlag: TK Verlag Karl Thomé-Kozmiensky • Neuruppin 2014
Redaktion und Lektorat: Professor Dr.-Ing. habil. Dr. h. c. Karl J. Thomé-Kozmiensky,
Dr.-Ing. Stephanie Thiel, M.Sc. Elisabeth Thomé-Kozmiensky
Erfassung und Layout: Ginette Teske, Fabian Thiel, Cordula Müller, Ina Böhme,
Janin Burbott
Druck: Mediengruppe Universal Grafische Betriebe München GmbH, München

Inhaltsverzeichnis

Anlagenerrichtung, Ertüchtigung und Betrieb

Dampferzeuger

Energieeffizienz

Werkstoffe und Korrosion

Abgasbehandlung

Klärschlammverwertung

Alternativen zur Abfallverbrennung

Anlagenerrichtung, Ertüchtigung und Betrieb

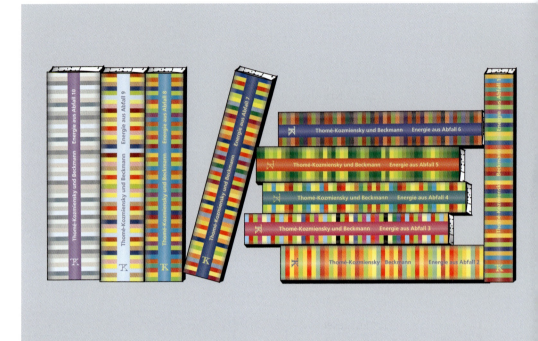
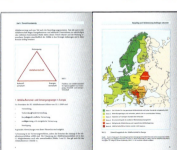

Verbrennung ist auch ein Verfahrensschritt in Recyclingprozessen

Karl J. Thomé-Kozmiensky

1. Recycling im Kreislaufwirtschaftsgesetz

Das Kreislaufwirtschaftsgesetz (KrWG) vom 24. Februar 2012 enthält in § 2 Abs. 25 folgende Definition für das Recycling:

Recycling im Sinne dieses Gesetzes ist jedes Verwertungsverfahren, durch das Abfälle zu Erzeugnissen, Materialien oder Stoffen entweder für den ursprünglichen Zweck oder für andere Zwecke aufbereitet werden; es schließt die Aufbereitung organischer Materialien ein, nicht aber die energetische Verwertung und die Aufbereitung zu Materialien, die für die Verwendung als Brennstoff oder zur Verfüllung bestimmt sind.

Als Recycling wird im allgemeinen Verständnis die Rückführung von Abfällen oder von Abfallbestandteilen in den Stoffkreislauf bezeichnet.

Hierunter ist der Gesamtprozess der Transformation von Abfall zum neuen Produkt zu verstehen, nicht jedoch die Zuführung eines Abfalls in eine erste Behandlungsstufe. Das Ergebnis einer ersten Behandlungsstufe gibt noch keine Auskunft über die gesetzeskonforme Zuordnung zum *Recycling* oder zur *sonstigen Verwertung*.

Ist das Ergebnis der ersten Stufe zum Beispiel:

- dreißig Prozent des Inputs zur Weiterverarbeitung zur stofflichen Verwertung,

- sechzig Prozent des Inputs zur Weiterverarbeitung zu Ersatzbrennstoffen,

- zehn Prozent des Inputs zur Beseitigung,

ist die Bezeichnung dieser ersten Behandlungsstufe eines gesamten Prozesses als Recyclingverfahren nicht korrekt, schon weil der größte Teil des Inputs der sonstigen Verwertung zugeführt wird. Auch wenn das Ergebnis des Teilprozesses anders wäre, wäre die Zuordnung zur einen oder anderen Kategorie zumindest irreführend.

Zielführend für eine der Wirklichkeit entsprechende Zuordnung ist nur die Betrachtung das Ergebnis des Gesamtprozesses, bei dem sich die Stoffströme in unterschiedliche Stränge und innerhalb dieser Stränge in zahlreiche Teilprozesse aufteilen können. Entsprechend diesem Ergebnis kann der erste Teilprozess unterschiedlichen Stufen der Abfallhierarchie – Recycling, sonstige Verwertung oder Beseitigung – zugeordnet werden.

Von besonderer Bedeutung sowohl in der Abfallrahmenrichtlinie als auch im Kreislaufwirtschaftsgesetz ist bei der Definition des Recyclings in § 3 Abs. 25 der Ausschlusstatbestand der *energetischen Verwertung* einschließlich der *Aufbereitung von Abfällen zu Materialien, die für die Verwendung als Brennstoff (.....) bestimmt sind.*

Es ist schon schwer nachvollziehbar, dass die Abfallverbrennung mit dem Ziel der Energiewandlung sowie die Herstellung von Brennstoffen aus Abfällen nicht als Recycling bezeichnet werden dürfen, sondern als *sonstige Verwertung* definiert werden. Begründet wird diese Unterscheidung damit, dass diese Verfahren – isoliert betrachtet – keine werterhaltenden Maßnahmen für Stoffe oder Gegenstände darstellen. Diese Begründung ist nicht wirklich einleuchtend, weil bei der energetischen Abfallverwertung – ebenso wie bei der stofflichen Abfallverwertung – Rohstoffe eingespart werden.

Überzeugend wäre die Argumentation für den Ausschluss der energetischen Verwertung als Recyclingverfahren nur für den Fall, falls damit kein *hochwertiges stoffliches Recycling* verbunden wäre:

§ 8 Abs. 1, Satz 3 und 4:

*Bei der Ausgestaltung der (.....) durchzuführenden Verwertungsmaßnahme ist eine den Schutz von Mensch und Umwelt am besten gewährleistende, **hochwertige Verwertung** anzustreben. § 7 Abs. 4 findet (.....) Anwendung.*

§ 7 Abs. 4:

Die Pflicht zur Verwertung von Abfällen ist zu erfüllen, soweit dies technisch möglich und wirtschaftlich zumutbar ist, insbesondere für einen gewonnenen Stoff oder gewonnene Energie ein Markt vorhanden ist oder geschaffen werden kann. Die Verwertung von Abfällen ist auch dann technisch möglich, wenn hierzu eine Vorbehandlung erforderlich ist. Die wirtschaftliche Zumutbarkeit ist gegeben, wenn die mit der Verwertung verbundenen Kosten nicht außer Verhältnis zu den Kosten stehen, die für eine Abfallbeseitigung zu tragen wären.

Im KrWG ist der Begriff der *Hochwertigkeit* nicht näher definiert. Ersatzweise könnte angenommen werden, dass ein Recyclingprozess hochwertig ist, wenn der Prozess umweltverträglicher und wirtschaftlicher ist als mögliche Alternativen und wenn durch den Recyclingprozess Stoffe oder Materialien hergestellt werden, die die gleiche Qualität wie der ursprüngliche Stoff oder das ursprüngliche Material aufweisen. Dies könnte z.B. der Fall sein, wenn Kupfer aus dem Recyclingprozess die gleiche Qualität aufweist wie das im ursprünglichen Produkt verwendete Kupfer. Das Gleiche würde z.B. für einen Kunststoff gelten, der für eine spezielle Verpackung verwendet wurde.

Nicht nachvollziehbar wäre jedoch das Argument, dass ein Abfallbehandlungsprozess, in dem ein Verbrennungsverfahren integraler Bestsandteil ist, kein Recyclingverfahren darstellen würde, obwohl die Rückgewinnung eines Rohstoffs oder mehrerer Rohstoffe integraler Bestandteil des Gesamtprozesses ist. Werden z.B. Metalle und Baustoffe für die Rückführung in den Stoffkreislauf mit einem Verfahren gewonnen, dessen erste Prozessstufe die Abfallverbrennung ist und dessen zweite Stufe die mechanische Aufbereitung der Aschen darstellt, ist der Gesamtprozess ein energetischer Verwertungsprozess und auch ein Recyclingprozess. Bei diesem Prozess wird die im Abfall gebundenen chemischen Energie in Wärme und in elektrischen Strom gewandelt und die anorganischen Bestandteile – Metalle und mineralische Materialien – werden stofflich verwertet.

Die Behauptung, dass es sich bei einem thermischen Teilprozess als Bestandteil einer Prozesskette nicht auch um einen Recyclingprozess handele, ist insbesondere nicht nachvollziehbar, wenn der Prozess eigens für die Gewinnung von Rohstoffen – z.B. von Metallen – konzipiert ist. Dies ist z.B. der Fall bei der thermischen Vorbehandlung unterschiedlicher Abfälle im Rahmen von Prozessketten [1, 2], z.B. von:

- Verbundwerkstoffen wie Elektronikschrott zur Abtrennung der Metalle von Kunststoffen,
- Getränke-Verbundverpackungen mit Aluminiumbeschichtung,
- Stahlwerksstäuben zur Abtrennung von Eisen- und NE-Metallverbindungen,
- Messingspänen zur Abtrennung von Ölen und sonstigen Verunreinigungen,
- Shredderleichtfraktionen zur Rückgewinnung von Metallen, die durch die vorherige Magnet- und Wirbelstromscheidung nicht abgetrennt wurden,
- Kohlefasern zur Abtrennung von Bindemittel,
- Glasfasern zur Abtrennung der Beschichtung,
- Formsanden für die Wiederverwendung,
- kontaminierten Böden zur Reinigung und zum Wiedereinbau im Erdreich,
- Phosphor aus Abfällen zur Rückführung als Kunstdünger,
- Explosiv-, B- und C-Kampfstoffen zur Entsorgung und zum Metallrecycling als Nebeneffekt.

In der Definition des KrWG § 2 Abs. 25 wird auch nicht behauptet, dass thermische Verfahren nicht Bestandteile von Recyclingprozessen sein können. Im Gesetz ist als Ausschlusstatbestand von *energetischer Verwertung*, nicht jedoch von thermischen Verfahren wie Pyrolyse, Vergasung, Verbrennung oder Schmelzen die Rede.

Hinsichtlich ihrer Bedeutung sind zu unterscheiden:

- Energetische Verwertung bedeutet die Wandlung der im Abfall gebundenen chemischen Energie im Wärme und/oder elektrischen Strom. Der Begriff gibt das Ziel, nicht die Technik des Verfahrens wieder.

- Pyrolyse, Vergasung, Verbrennung und Schmelzen bezeichnen Verfahrenstechniken, nicht jedoch das damit angestrebte Ziel.

Das Gesetz sagt, dass Recycling **jedes** Verwertungsverfahren ist, durch das Abfälle zu Erzeugnissen, Materialien oder Stoffen (.......) aufbereitet werden. Bei der Anwendung thermischer Prozesse bleibt zunächst offen, ob das Ziel die Energiewandlung oder die Rückgewinnung von Stoffen und Materialien oder sowohl die Energiewandlung als auch die Rückgewinnung von Stoffen für den Stoffkreislauf ist.

Thermische Prozesse können also wie jede Verfahrenstechnik durchaus – sogar notwendige – Verfahrensschritte in Recyclingprozessen sein.

In der Definition des Recyclings in § 2 KrWG wird für die Behandlung der Abfälle zum Zweck des Recyclings das Verb *aufbereiten* verwendet. Im deutschen Sprachgebrauch wird häufig unter *Aufbereitung* die Behandlung von Rohstoffen und Abfällen mit mechanischen Verfahren verstanden. Mit dieser Interpretation argumentieren häufig Interessensvertreter von Unternehmen, die nur über mechanische Aufbereitungsanlagen verfügen. Diese Interpretation kann nicht die Absicht des Gesetzgebers wiedergeben; das wird im Gesetz auch nicht behauptet.

Unter dem Begriff *Aufbereitung* werden alle Verfahrenstechniken zusammengefasst, mit denen Stoffe und Materialien in den Stoffkreislauf rückgeführt werden können.

Für das Recycling können angewendet werden:

- **mechanische Aufbereitungsverfahren**, z.B. Zerkleinern, Agglomerieren, Klassieren, Sortieren, Entwässern, Mischen;

- **physikalisch-chemische Aufbereitungsverfahren**, z.B. Laugen, Entgiften, Oxidation, Reduktion, Neutralisation;

- **biologische Aufbereitungsverfahren**, z.B. aerobe und anaerobe Behandlung, Bioleaching;

- **thermische Aufbereitungsverfahren**, z.B. Trocknung, Pyrolyse, Vergasung, Verbrennung, Schmelzen, Destillation.

Im Sinne des Gesetzes bestehen qualitative Unterschiede, die den Ausschluss einer Verfahrenstechnik für das Recycling rechtfertigen würden, zwischen diesen Verfahrenstechniken nicht.

Es ist im konkreten Einzelfall zu untersuchen, welche Verfahren und Verfahrenskombinationen den größten Nutzen für das Ergebnis des Recyclingprozesses unter Beachtung des Umwelt- und Ressourcenschutzes darstellen, wobei die Wirtschaftlichkeit und der Wert der zu gewinnenden Stoffe zu berücksichtigen sind.

Angemerkt sei noch, dass Ergebnisse derartiger Untersuchungen nur auf den konkreten Untersuchungszeitraum zutreffen. Sie sind u.a. von den zum Zeitpunkt der Untersuchung zur Verfügung stehenden Verfahrenstechniken und den Rohstoffreserven abhängig.

2. Entsorgungssituation in Deutschland

Die Abfallentsorgung weist ein hohes Niveau auf und nimmt dank einer konsequenten Entwicklung der Gesetzgebung, der Verfahrenstechnik und der Durchführung weltweit eine Spitzenstellung ein. (Bild 1)

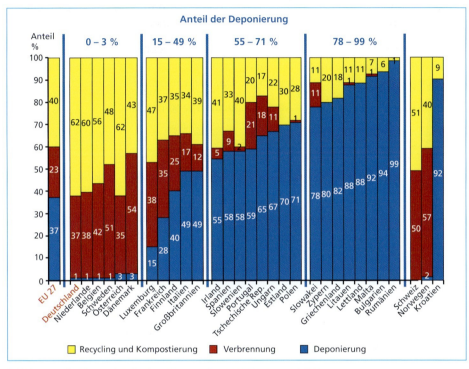

Bild 1:   Siedlungsabfallbehandlung in der EU-27 – Stand 2011

In Deutschland betrug das Abfallaufkommen im Jahr 2011 etwa 343 Millionen Tonnen (blaue Kurve in Bild 2).

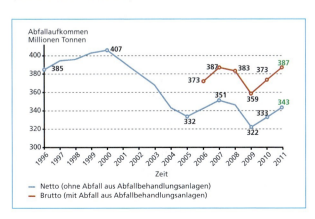

Bild 2:

Gesamtes Abfallaufkommen in Deutschland, von 1996 bis 2011

In Bild 2 wird mit der roten Kurve das Abfallaufkommen zuzüglich des Abfalls aus Abfallbehandlungsanlagen dargestellt. Damit wird der Anschein erweckt, dass das gesamte Abfallaufkommen in 2011 sogar 387 Millionen Tonnen betrug. Dieser Eindruck ist falsch. Konsequenterweise müsste – würde man dieser Betrachtungsweise konsequent folgen – auch der Abfall aufgeführt werden, der bei der Behandlung der Abfälle aus allen weiteren Stufen eines Verwertungsgsprozesses bis zur Herstellung des fertigen Produkts entstehen. Diese Darstellung offenbart das lineare Denken der Autoren bei der Betrachtung des Entsorgungsgeschehens. Bei der Abfallbehandlung – insbesondere bei der Abfallverwertung – kann es sich jedoch um mehrstufige Prozesse mit vielfältigen Zwischenprodukten handeln; wozu auch stets neue Abfälle gehören, wodurch jedoch das Gesamtaufkommen nicht vergrößert wird.

In Bild 3 wird die Herkunft der Abfälle in Deutschland dargestellt.

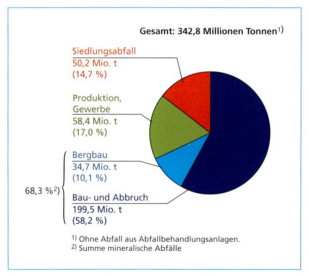

Gesamt: 342,8 Millionen Tonnen[1])

Siedlungsabfall
50,2 Mio. t
(14,7 %)

Produktion, Gewerbe
58,4 Mio. t
(17,0 %)

Bergbau
34,7 Mio. t
(10,1 %)

68,3 %[2)]

Bau- und Abbruch
199,5 Mio. t
(58,2 %)

[1)] Ohne Abfall aus Abfallbehandlungsanlagen.
[2)] Summe mineralische Abfälle

Bild 3:

Herkunft der Abfälle in Deutschland im Jahr 2011

Quelle: Statistisches Bundesamt, Juli 2013

Der größte Teil des Abfallaufkommens wird in Gewerbe und Industrie erzeugt und von der Wirtschaft in eigener Verantwortung, d.h. privatwirtschaftlich entsorgt, in erster Linie verwertet. Vom Gesamtaufkommen waren etwa fünfzig Millionen Tonnen Siedlungsabfälle; das sind ungefähr fünfzehn Prozent, wofür zum großen Teil in erster Linie die Kommunen – öffentlich-rechtliche Entsorgungsträger – zuständig sind. Die Kommunen übernehmen diese Aufgabe selbst oder vergeben sie unter Beibehaltung ihrer Verantwortung nach öffentlicher Ausschreibung an private Unternehmen oder an Public-Privat-Partnership-Unternehmen.

Die Entsorgung der Siedlungsabfälle ist ein wesentlicher Teil der öffentlichen Daseinsvorsorge. Dank der Zuständigkeit der öffentlich-rechtlichen Entsorgungsträger haben wir in Deutschland – auch im internationalen Vergleich (Bild 1) – eine Siedlungsabfallentsorgung auf hohem technischen und organisatorischen Niveau, das gleichermaßen hygienische und ökologische, aber auch soziale Aspekte berücksichtigt und dennoch für die Bürger bezahlbar bleibt.

Berlin heizt ein

Mit unserer neuen Anlage gewährleistet das Müllheizkraftwerk
Ruhleben Entsorgungssicherheit sowie stabile Müllgebühren und
erzeugt Strom und Fernwärme für Berliner Haushalte.

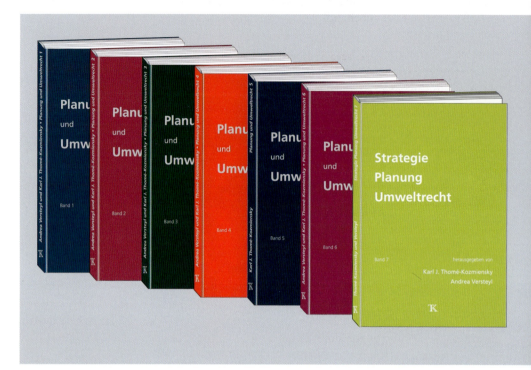
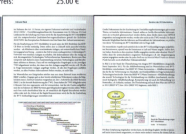

Einen Eindruck vom Stand der Abfallentsorgung in Deutschland vermittelt auch die Aufstellung der Abfallbehandlungsanlagen in Deutschland (Tabelle 1).

Tabelle 1: Behandlungsanlagen für Siedlungsabfälle in Deutschland

Anzahl	Art der Abfallbehandlungsanlagen
~ 1.000	Sortieranlagen
277	Bioabfallkompostierungsanlagen
672	Grünabfallkompostierungsanlagen
800 bis 900	Vergärungsanlagen mit Genehmigung für Bioabfall
61	mechanisch(-biologisch)e Abfallbehandlungsanlagen
67	Abfallverbrennungsanlagen mit strengen Emissionsgrenzwerten
1	Pyrolyseanlage
36	Ersatzbrennstoffkraftwerke in Betrieb (Stand 12/2012)
346	Deponien waren es vor dem 1. Juni 2005, dem Inkrafttreten der Abfallablagerungsverordnung
196	Deponien der Klasse II seit 2006, die nur noch für vorbehandelte Abfälle zugelassen waren
166	Deponien der Klasse II waren Ende 2010 in Betrieb (vorläufige Angabe)

Nach Angaben des Statistischen Bundesamts wurden in 2011 etwa 77 Prozent der Abfälle verwertet und etwa 23 Prozent beseitigt. Die 77 Verwertungsprozente verteilen sich auf 71,3 Prozent zur stofflichen Verwertung und 5,8 Prozent zur energetischen Verwertung (Bild 4).

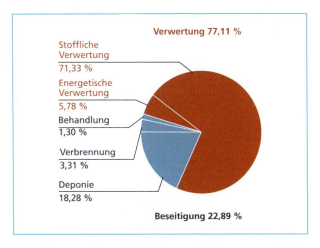

Bild 4:

Verwertungs- und Beseitigungs-quoten für Deutschland nach Angaben des Statistischen Bundesamtes (Anteil 2010)

Quelle: Statistisches Bundesamt, Juli 2012

44 Millionen Tonnen Siedlungsabfälle aus Haushalten wurden getrennt gesammelt (Bild 5).

Diese offiziellen Angaben der Abfallstatistik zur Menge des recycelten Abfalls beziehen sich jedoch – wie im Kapitel 1 ausgeführt – nur auf den Input in die ersten Stufen der Behandlungen. Für das Recycling sind dies in der Regel Sortieranlagen, also Anlagen, in denen der Abfall für die Verwertung vorbehandelt, jedoch nicht verwertet wird.

Wirklich recycelt, also stofflich verwertet, wird jedoch nur der Anteil des Abfalls, der nach Abtrennung der stofflich nicht verwertbaren Anteile tatsächlich in den Stoffkreislauf zurückgeführt wird, jedoch nicht der gesammelte Abfall, der – aus welchen Gründen auch immer – einer als *Recyclinganlage* bezeichneten ersten Entsorgungsanlage zugeführt wird.

Das der ersten Stufe zugeführte nicht stofflich verwertete Material wird entweder als Restabfall in Abfallverbrennungsanlagen oder als Ersatzbrennstoff in Ersatzbrennstoff- oder Kohlekraftwerken, auch in Zementwerken verwertet und – falls nicht brennbar – auf Deponien abgelagert.

Daher sind die Angaben über die recycelten Abfallanteile in der amtlichen Statistik irreführend; hier wird Brutto mit Netto verwechselt. Für die korrekte Angabe über das Recycling, also über die in den Stoffkreislauf rückgeführten Abfälle, muss das nicht stofflich verwertete Material, das zu Verbrennungsanlagen oder zu Deponien gebracht wird, von der offiziellen Angabe über das Recycling – die stoffliche Verwertung – abgezogen werden. In einer der objektiven Klarheit verpflichteten amtlichen Statistik dürfte nur das wirklich stofflich verwertete Material der Rubrik *Recycling* zugeordnet werden. Der die Sortieranlage verlassende energetisch verwertete und der zu Deponien verbrachte Abfall muss den entsprechenden Kategorien zugeordnet werden, also der *sonstigen Verwertung* oder *Beseitigung*.

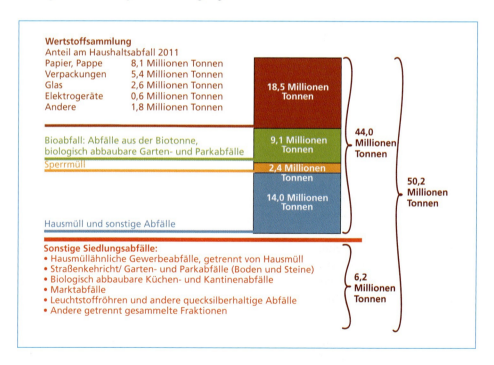

Bild 5:   Abfalltrennung in Deutschland im Jahr 2011

Quelle: Statistisches Bundesamt, Mai 2013 (vorläufige Angaben)

3. Stellenwert der Abfallverbrennung

Die Abfallverbrennung weist eine mehr als hundertjährige Geschichte auf, sie ist mit mehr als vierhundert Anlagen in Europa das höchstentwickelte Abfallbehandlungsverfahren (Tabelle 2).

Tabelle 2: Profil des Abfallverbrennungsverfahrens

• weitestgehend ausgereiftes Verfahren mit mehr als hundertjähriger Geschichte
• kein Gegensatz zum Recycling, sondern notwendige Ergänzung

• Schadstoffsenke für Schadstoffe im Abfall
    * Zerstörung der organischen Schadstoffe im Abfall
    * Konzentration der anorganischen Schadstoffe in den Sekundärabfällen der Abgasreinigung

• Schadstoff-Emissionen liegen im Jahresmittel um den Faktor 100 unter den gesetzlichen Grenzwerten
• Genehmigungswerte müssen wegen der Heterogenität des Abfalls höher liegen (Emissionsspitzen)
• keine Schädigung von Menschen und Schutzgütern
• Hygienisierung des Abfalls
• keine Berührung des Betriebspersonals mit Abfall während des Betriebs
• Standortsicherung einzelner Betriebe durch Abgabe von Prozessdampf und elektrischem Strom
• Versorgung von Wohn- und Gewerbegebieten mit Fernwärme oder Fernkälte
• zurzeit ist kein konkurrenzfähiges Verfahren für Restabfälle verfügbar

Die Abfallverbrennung in Deutschland leistet zwar einen geringen, jedoch nicht vernachlässigbaren Beitrag zur Energieversorgung in Deutschland (Tabelle 3).

Tabelle 3: Beitrag der Abfallverbrennung zur Energieversorung

Abfallverbrennungsanlagen sind Kleinkraftwerke	kostengünstige Verstromungstechnik für Grundlast	eine Tonne Abfall liefert 600 kWh Strom	19 Mio. t Abfall werden in Deutschland verbrannt: ~ 5 Mio. MWh Strom ~ 15 Mio. MWh Fernwärme

In der mehr als hundertjährigen Entwicklung der Abfallverbrennung gab es immer wieder Entwicklungsschübe. Zur aktuellen 6. Generation gehören die ab 2000 in Betrieb gegangenen Anlagen, die hinsichtlich des Stands der Technik bei Feuerung, Dampferzeugung, Abgasreinigung und Energienutzung erhebliche Fortschritte gegenüber der 5. Generation erfahren haben. Diese Entwicklung wurde gefördert durch das politische und wirtschaftliche Umfelds, den weiterentwickelten Stand der Technik und die veränderte Marktsituation für Abfälle [4]:

- Die Ablagerung unbehandelter Abfälle wurde in etlichen Ländern beendet.

- Durch die Konzentration bei den Betreibern wurden weitgehend standardisierte Anlagen gebaut, die Rostfeuerung –zum Teil mit Wasserkühlung – wurde weiter verbessert und ist nun Stand der Technik, Wirbelschichtfeuerung wurde vereinzelt umgesetzt, durch Cladding der Wände der Dampferzeuger wurden die Reisezeiten erhöht und damit die Verfügbarkeit weiterverbessert.

- Die Grenzwerte für Schadstoffemissionen wurden mehrfach reduziert und konnten dennoch sicher eingehalten werden, meist mit den halben Grenzwerten, obwohl quasi trockene Abgasreinigungsverfahren die nassen Verfahren weitgehend abgelöst haben.

- Die Energieeffizienz wurde deutlich erhöht; die Verstromung ist bei fast allen Anlagen in Deutschland üblich, Kraft-Wärme-Kopplung wurde verstärkt umgesetzt, vorhandene Fernwärmenetze wurden ausgebaut.

4. Weiteres Potential der Abfallverbrennung

Die schon realisierten Ansätze werden weiter optimiert werden. Hinsichtlich der Aschen/Schlacken werden neue Wege beschritten, um das Recycling zum Teilprozess der Abfallverbrennungsverfahren zu verbessern.

Während in der Vergangenheit erhebliche Mittel aufgewendet wurden, um die Rückstände weitgehend zu inertisieren, liegt heute der Fokus auf deren Optimierung hinsichtlich der stofflichen Verwertung. Dafür wurde der Trockenaustrag in Verbindung mit weitgehender Zerkleinerung und Sortierung entwickelt. Nach der Feinaufmahlung der Aschen, können NE-Metalle fast vollständig aussortiert werden. Damit verliert die Asche/Schlacke allerdings einen Teil ihrer Eignung für den Straßenbau; dafür wird sie aber für andere Anwendungen interessant, z.B. als Rohmehlersatz für die Zementindustrie oder für die Herstellung von leichten Pelltes als Ersatz für grobe Kies zur Herstellung von Leichtbeton.

Erhebliches Recyclingpotential liegt bei den Stäuben aus der Abgasreinigung, die hohe Metallgehalte aufweisen. Bisherige Ansätze waren zu aufwendig und damit nicht wirtschaftlich. Dennoch darf unterstellt werden, dass Forschung und Entwicklung bei weitgehender Zentralisierung der Aufarbeitung der Stäube das Potentials haben, die Abfallverbrennung zum idealen Recyclingverfahren für Metalle aus gemischten Abfällen zu entwickeln.

5. Literatur

[1] Beyer, J.: Thermische Vorbehandlung von Verbundwerkstoffen. In: Thomé-Kozmiensky, K. J.; Goldmann, D. (Hrsg.): Recycling und Rohstoffe, Band 6. Neuruppin: TK Verlag Karl Thomé-Kozmiensky, 2013, S. 395-404

[2] Hormes, F.: Rohstoffe zurückgewinnen – Recycling mittels Pyrolyseprozess. In: Thomé-Kozmiensky, K. J.; Goldmann, D. (Hrsg.): Recycling und Rohstoffe, Band 6. Neuruppin: TK Verlag Karl Thomé-Kozmiensky, 2013, S. 385-394

[3] Wandschneider, J.: Netto-Wirkungsgrad elektrisch größer dreißig Prozent – Grundsätzliche Potentiale in Abfallverbrennungsanlagen. In: Thomé-Kozmiensky, K. J.; Beckmann, M. (Hrsg.): Energie aus Abfall, Band 7. Neuruppin: TK Verlag Karl Thomé-Kozmiensky, 2010, S. 65-80

[4] Wandschneider, J.: Müllverbrennungsanlagen der 6. Generation. In: Bilitewski, Schnurer; Zeschmar-Lahl (Hrsg.): Müllhandbuch, KZ 7942

GLOBALES WISSEN
– LOKAL UMGESETZT

Ramboll verfügt über langjährige internationale Erfahrung im Bereich Energie aus Abfall und hat weltweit bereits mehr als 100 Anlagen von Planung bis Inbetriebnahme realisiert. Unsere Expertenteams in Skandinavien, Grossbritannien, Mitteleuropa und den USA nutzen dieses globale Wissen um für unsere Kunden zuverlässige und kosteneffiziente Lösungen zu erarbeiten, welche auf die lokalen Bedürfnisse zugeschnitten sind.

WWW.RAMBOLL.COM/RE-WTE

RAMBØLL

Führend in der Abfalltechnik

Luft- & wassergekühlte Rostsysteme

Horizontal- & Vertikalzugkessel

Handling von Asche und Schlacke

Fortschrittliche Feuerleistungsregelung

Thermische Sondermüllbehandlung

Rauchgasreinigungsverfahren

We make the world a cleaner place

Fisia Babcock
Environment
IMPREGILO GROUP

www.fisia-babcock.com

Umbau von Abfallverbrennungsanlagen
– Beispiele aus der jüngsten Vergangenheit –

Michael Mück

Ein Blick in Deutschlands beliebtestes Nachschlagewerk (Wikipedia) ergibt folgendes Ergebnis zum Thema *Errichtete Abfallverbrennungsanlagen im deutschsprachigem Raum* und zu dem Begriff *Retrofit*:

Deutschland: Die erste Abfallverbrennungsanlage Deutschlands wurde ab 1893 am Hamburger Bullerdeich errichtet. 1894 begann der Probebetrieb, 1896 wurde der reguläre Betrieb aufgenommen. Die erste Münchner Anlage entstand um die Jahrhundertwende, die erste Berliner Anlage 1921. Die Schöneberger Abfallverbrennungsanlage konnte die in sie gesetzten Hoffnungen aber nicht erfüllen, weshalb sich Abfallverbrennung in Berlin erst nach dem Zweiten Weltkrieg etablierte.

Bis 1998 wurden in Deutschland 53 Abfallverbrennungsanlagen errichtet. Die Zahl stieg bis 2003 auf 61 an. Zu dieser Zeit plante man, weitere 15 Anlagen zu bauen, hauptsächlich in Ostdeutschland (insgesamt dann 76). Das Umweltbundesamt publiziert auf seiner Homepage eine Liste (Stand Dezember 2009). Diese nennt 69 deutsche MVAs, die überwiegend Siedlungsabfälle verbrennen. Seit dem 1. Juni 2005 dürfen unbehandelte Restabfälle nicht mehr auf Deponien abgelagert werden.

Schweiz: In der Schweiz gibt es rund dreißig Kehrichtverbrennungsanlagen (KVA). Seit dem Jahr 2000 darf Siedlungsabfall in der Schweiz nicht mehr deponiert werden, sondern muss verpflichtend verbrannt werden. 5,5 Millionen Tonnen fallen in der Schweiz jedes Jahr an – jede Sekunde 174 Kilogramm.

Österreich: In der Hauptstadt Wien existieren derzeit vier große Abfallverbrennungsanlagen: Abfallverbrennungsanlage Flötzersteig (1964), Abfallverbrennungsanlage Spittelau (1971), Abfallverbrennungsanlage Pfaffenau (2008) und mit dem Werk Simmeringer Heide (1980) eine Klärschlamm- und Sondermüllverbrennungsanlage. Weitere Anlagen befinden sich in Wels (1973), Dürnrohr (2004), Lenzing (1998), Niklasdorf (2003) und Arnoldstein (2004).

Auch in Österreich werden weitere Anlagen aufgrund des am 1. Januar 2009 in Kraft tretenden Deponieverbotes für unbehandelte Restabfälle geplant bzw. gebaut. [1]

Unter Retrofit (englisch für nachrüsten, umrüsten, Nachrüstung) wird die Modernisierung oder der Ausbau bestehender (meist älterer und nicht mehr produzierender) Anlagen und Betriebsmittel verstanden.

Ziele:

- Verlängerung der Lebensdauer,
- Steigerung des Produktionsvolumens,
- Steigerung der Produktqualität,
- Höhere Effizienz der Anlage z.B. durch Energieeinsparung,
- Erfüllung gesetzlicher Vorgaben
  (zum Beispiel Emissionssenkung, Arbeitssicherheit),
- Sicherstellen der Versorgung mit Ersatzteilen.

Gründe:

Für bestehende Anlagen kann ein Retrofit sinnvoller sein, als ein Ersatz durch Neubau. Durch den Austausch von veralteten Komponenten und dem Hinzufügen von neuen, zeitgemäßen technologischen Weiterentwicklungen werden, bestehende Anlagen wieder auf den neuesten Stand gebracht. Der Vorteil für den Anlagenbetreiber liegt in der Modernisierung der Anlage und der damit in Verbindung stehenden Erhöhung der Produktivität bei deutlich geringeren Kosten im Verhältnis zur Neuanschaffung einer entsprechenden Anlage. Die stabile Grundsubstanz der Maschine bleibt erhalten und bei großen Maschinen entfallen die hohen Ersatzinvestitionen für die Fundamentherstellung.

Maßnahmen:

- Ersatz von Baugruppen, für die keine Ersatzteile mehr lieferbar sind,
- Nachrüstung von Automatisierungstechnik,
  z.B. Speicherprogrammierbare Steuerungen,
- Anpassungen zur Einbindung der Maschine/Teilanlage in Produktionsanlagen,
  z.B. Anbau von Förderelementen,
- Ersatz von Werkstoffen durch verschleißfestere Materialien,
  zum Beispiel nichtrostenden Stahl,
- Einsatz von Frequenzumrichtern bei elektrischen Antrieben zur Effizienzsteigerung, z.B. Einsparung von Energie.

Vorteile eines Retrofits:

- Geringere Investitionskosten als bei Installation einer neuen Maschine/Anlage,
- Keine neuen Fundamentkosten,
- Gealtertes stabiles Maschinenbett kann übernommen werden,
- *Weniger Personalschulungsaufwand, da Maschine größtenteils bekannt ist,*
- *Kein neues, und damit langwieriges, Genehmigungsverfahren [2].*

Diese, neutrale und von Abfallverbrennungsanlagen unabhängige, Definition beschreibt zutreffend das umfangreiche Potential bei Verbrennungsanlagen das auch in weiteren Berichten aufgezeigt wird [3].

Nach einer kurzen Analyse des Marktes soll in diesem Beitrag anhand einer Vielzahl von Beispielen ein Einblick über die Vielseitigkeit und das Potential von Modernisierungs- und Optimierungsmaßnahmen gegeben werden.

1. Anlagenbestand und Potential für Retrofitprojekte

Wie die aufgezeigten Informationen des Nachschlagewerkes zeigen, begann der Bau von Abfallverbrennungsanlagen im deutschsprachigen Raum nach dem 2. Weltkrieg mit der zunehmenden wirtschaftlichen Entwicklung und dem steigenden Bedarf an der Entsorgung der anfallenden Abfälle. Eine ähnliche Entwicklung zeigen die europäischen Kernländer Deutschland, Dänemark, Finnland, Norwegen, Schweden, Spanien, Schweiz, Österreich, Italien, Niederlande und Frankreich.

Eine Analyse der in Betrieb genommenen Anlagen auf Basis einer Marktstudie [4] und weiterer Veröffentlichungen [5] zeigt das in Bild 1 dargestellte Diagramm der Anzahl der in Betrieb genommenen Linien in Bezug auf das Inbetriebsetzungsjahr.

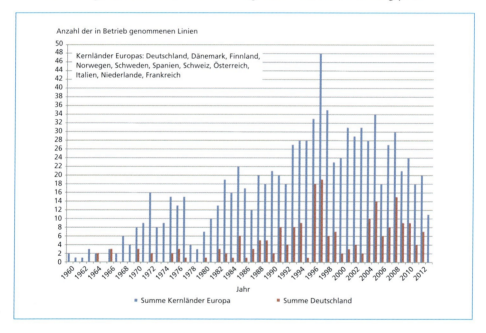

Bild 1:   Inbetriebnahme von Abfallverbrennungsanlagen in Deutschland und Kernländern Europas

Quelle: Market Study Waste to Energy, ecoprog GmbH, www.ecoprog.com

Hierbei spiegelt sich mit einem Zeit Versatz sowohl die wirtschaftliche Entwicklung (Bild 2) [6], der zunehmende Bedarf an Deponiefläche, wie auch die Gesetzgebung in Form von Abfallablagerungsverordnungen, Ablagerungsverboten und Deponieverordnungen wieder.

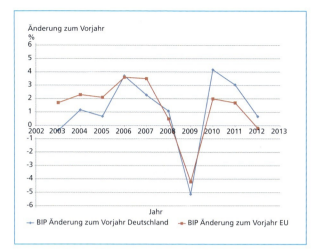

Bild 2:

Wirtschaftswachstum
Deutschland und EU
(Änderung zum Vorjahr)

Quelle: Werte aus Statista &
Statistische Ämter für Bund und Länder

Wertet man die vorliegenden Daten in Bezug auf das Alter der einzelnen Linien aus, so ergibt sich die in Bild 2 aufgetragene Summenkurve, die zeigt, dass etwa 43 Prozent aller Anlagen in Europa älter als zwanzig Jahre sind, bezogen auf Deutschland sind es etwa 33 Prozent aller Anlagen.

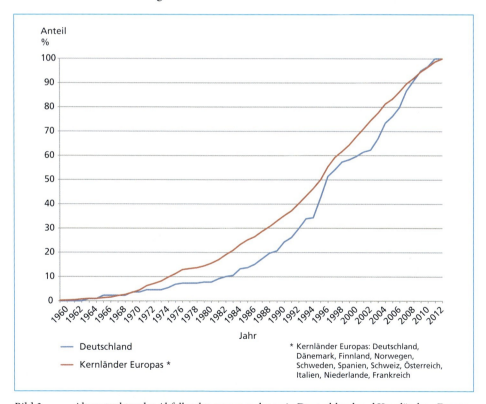

Bild 3:   Altersstruktur der Abfallverbrennungsanlagen in Deutschland und Kernländern Europas

Quelle: Market Study Waste to Energy, ecoprog GmbH, www.ecoprog.com

Unter Berücksichtigung der weiterentwickelten Anforderungen in Bezug auf Emissionsgrenzen und Wirtschaftlichkeit, kann man davon ausgehen, dass auch bei Anlagen mit einem Alter von mehr als zehn Jahren ein mehr oder weniger großes Optimierungspotential vorliegt. Aus diesem Blickwinkel steigt der Anteil der Anlagen mit Retrofitpotential auf etwa 70 bis 75 Prozent. Berichte über umfangreiche Umbauten sind aus einer Vielzahl von Veröffentlichungen zu entnehmen [7, 8, 9, 10, 11, 12].

Das Marktvolumen für Instandhaltungen in Europa den Jahren 2012 bis 2016 wird in einer Marktstudie mit 46 Prozent des Gesamtvolumens aller weltweit installierten Abfallverbrennungsanlagen geschätzt, bei einem jährlichen Umsatz zwischen 3,7 Milliarden Euro und 5,7 Milliarden Euro pro Jahr an Wartungsarbeiten [4].

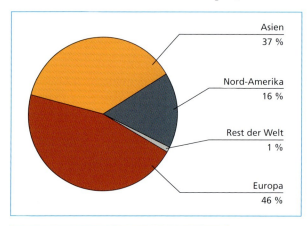

Bild 4:

Marktvolumen Instandhaltungen 2012-2016

Quelle: Market Study Waste to Energy, ecoprog GmbH, www.ecoprog.com

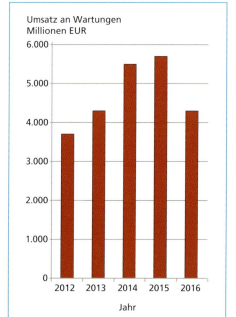

Bild 5: Umsatz durch Instandhaltungen weltweit

Quelle: Market Study Waste to Energy, ecoprog GmbH

Aus den o.g. Analysen und Überlegungen ergibt sich der Trend zu einem deutlich steigenden Umfang an Instandhaltungs- und Modernisierungsmaßnahmen in den nächsten Jahren, bei einem bekanntermaßen rückläufigen Markt für Neuanlagen in Europa.

Diesen Trend bestätigt auch eine Analyse der Anzahl und Anteile von Modernisierungsmaßnahmen im After Sales Service der Fisia Babcock Environment GmbH.

Das dargestellte Diagramm zeigt eine kontinuierlich wachsende Zahl an Serviceaufträgen deren Schwerpunkt im Bereich Engineering, Inspektion, Optimierung und Unterstützung liegt. Der Anteil am Gesamtumsatz im Bereich After Sales Service unterliegt einer zyklischen Schwankung, was im wesentlich darin begründet liegt, das umfangreiche Modernisierungsaufträge mit Materiallieferung, Montage und Inbetriebsetzung zur Zeit nur vereinzelnd vergeben werden, Studien, Expertenanalysen und Konzeptentwicklungen jedoch einen deutlich geringeres Auftragsvolumen haben.

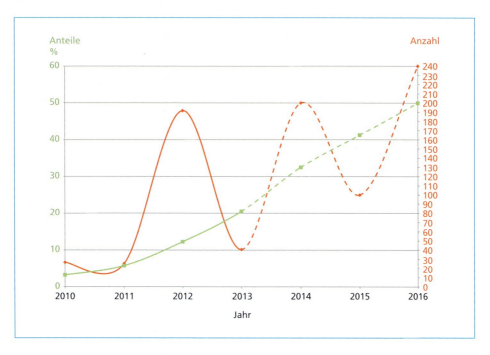

Bild 6:   Trendlinie Auftragseingang Engineering-, Inspektions-, Optimierungs- und Supportaufträge – Anteile am Service Volumen

Die langfristige Entwicklung in Form einer Trendlinie zeigt jedoch einen deutlich aufsteigenden Trend.

Der Ersatz von Abfallverbrennungsanlagen an bestehenden Standorten ist der umfassendste Schritt zur Modernisierung einer Anlage. Hierüber wurde schon an anderer Stelle ausführlich berichtet [7] und beispielhaft die Anlagen GMVA Oberhausen K3, AWG Wuppertal K12 und MVA Hameln MK4 vorgestellt. Dass solche Anlagen termingerecht und kundenorientiert abgewickelt wurden zeigt nicht zuletzt die Ende 2013 in Betrieb genommene Linie K13 der AWG Wuppertal. Da diese Anlagen in der Regel aus dem Bereich Neuanlagen abgewickelt werden, soll hierauf im Weiteren nicht mehr eingegangen werden.

2. Strukturen und Tools

Grundlage für eine zielgerichtete Abwicklung von Modernisierungs- und Umbaumaßnahmen ist eine geeignete Struktur und die entsprechenden Bearbeitungstools um auf dieser Basis kundenorientierte Lösungen zu erarbeiten und zu realisieren.

2.1. Struktur

Um den Anforderungen des Marktes gerecht zu werden, bildet eine geeignete Struktur eine wichtige Grundlage, um den gestellten Anforderungen gerecht zu werden. Diese reichen von Studien zur Schaffung geeigneter Basisdaten zur Entscheidungsfindung, Expertenanalysen bis hin zu schlüsselfertigen Umsetzungen von Modernisierungsmaßnahmen.

Mit der in Bild 7 gezeigten Struktur zur Projekt- und Auftragsabwicklung wurde ein Weg gefunden, wie man auf der einen Seite für Modernisierungsprojekte kontinuierliche Ansprechpartner und Verantwortlichkeiten schafft, auf der anderen Seite den fachlichen Austausch und Erfahrungsrückfluss aus dem Neuanlagengeschäft und dem Servicebereich gewährleisten kann.

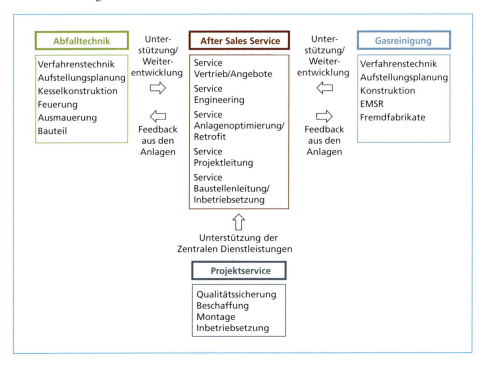

Bild 7:   Struktur Projekt- und Auftragsabwicklung

2.2. Tools

Tools, ein *neudeutscher* Ausdruck für alle *Werkzeuge* mit denen Modernisierungsmaßnahmen und Anlagenoptimierungen unterstützt werden. Auch wenn man Werkzeuge eher mit handwerklichen Tätigkeiten in Verbindung bringt, sind sie doch eine notwendige Grundlage für eine zielorientierte und fundamentierte Realisierung von Retrofitmaßnahmen.

2.2.1. Analyse der Prozessdaten

Grundlage für die Bestandsaufnahme und die Auslegung einzelner Systeme ist die Analyse der zur Verfügung gestellten Prozessdaten. Mittels Bilanzierung und Plausibilitätsprüfung der einzelnen Daten, wird so die Grundlage für die weitere Auslegung und Spezifikation der Systeme geschaffen [13]. Unter anderem kann diese Analyse im Einzelnen folgendes umfassen:

- Analyse des brennstoffspezifischen Luftbedarfs an Primärluft und Sekundärluft,

- Analyse der spezifischen Abgasmenge in Abhängigkeit des O_2-Gehaltes,

- Analyse des Verschmutzungsverhaltens in den verschiedenen Abschnitten des Dampferzeugers und die daraus resultieren Fouling-Faktoren als Basis für die wärmetechnische Nachrechnung und die Maßnahmen zur Heizflächenreinigung in den Strahlungszügen und Konvektionsheizflächen,

- Plausibilitätsprüfung von Mengen- und Temperaturmessungen,

- Verbräuche von Betriebsmitteln in der Abgasreinigung.

2.2.2. Wärmetechnische Nachrechnung

Basierend auf der Prozessdatenanalyse und der daraus resultierenden Bilanzierung des Lastfalls im Rahmen der Grenzen des Dampferzeugers, erfolgt die wärmetechnische Nachrechnung des Dampferzeugers. Sowohl das Temperaturprofil, die resultierenden Fouling-Faktoren und Wirksamkeit einzelner Heizflächenabschnitte gibt eine wertvolle Information für die weiteren Optimierungsmöglichkeiten.

Aus den aus dieser Nachrechnung ermittelten Foulingfaktoren bzw. anzunehmenden Verschmutzungsdicken lassen sich z.B. weitere Maßnahmen ableiten:

- Auswirkung von optimierten oder erweiterten Heizflächenreinigungssystemen,

- Auswirkung zusätzlicher oder umgeschalteter Heizfläche.

2.2.3. Laserscan und Anlagenplanung

Ältere Anlagen haben neben den erhöhten Verschleißerscheinungen und der in die Jahre gekommenen Technik in der Regel eins gemeinsam – eine Dokumentation auf dem Stand der Errichtung. Fortwährende Modifikationen und Veränderungen der Anlage führen meistens dazu, dass die Dokumentation nicht mehr auf dem aktuellen Stand ist und viele Zeichnungen nur als Kopie einer Handzeichnung vorliegen.

Neben der zur Verfügung gestellten Dokumentation mit dem Stand zur Zeit der Errichtung, ist es oft notwendig zusätzliche Informationen für die weitere Anlagenplanung zu erhalten. Als Basis für die weiteren Engineering- und Planungsleistungen werden Verfahren und Methoden der digitalen Anlagenplanung eingesetzt.

Ein Laserscan bietet die Möglichkeit, bestehende Anlagen mit allen Einrichtungen in einem Arbeitsgang dreidimensional zu erfassen. Aufgrund seiner berührungslosen Messtechnik hat ein Laserscan viele Vorteile. Die Messung kann im laufenden Betrieb und im großen Abstand zu den Messobjekten erfolgen. Dies ist besonders bei der Aufnahme von ganzen Kesselhäusern mit den darin enthaltenen Komponenten wichtig. Die aus einem Laserscan gewonnenen Daten (Punktwolken) lassen sich direkt für eine Distanzmessung oder eine Kollisionsprüfung verwenden. In Kombination mit vorhandenen 3D-Modellen kann ein Laserscan direkt für einen Soll / Ist Vergleich verwendet werden. Ein Laserscan ist eine ideale Grundlage für die Erzeugung von dreidimensionalen CAD-Modellen, wie sie in der moderne Anlagenplanung eingesetzt werden.

Bild 8:   Laserscan und Anlagenplanung

2.2.4. Abgastemperaturmessung

Da in den meisten abfallbefeuerten Dampferzeuger keine kontinuierliche Erfassung des Abgastemperaturprofils vorliegt, Wärmestrommessungen oder weitere Temperaturmessungen vorhanden sind, kann lediglich auf Basis der letzten zurückliegenden Verweilzeitmessung auf die mögliche Abgastemperaturverteilung, insbesondere im 1. Zug geschlossen werden.

Eine optimierte Strömungsverteilung hat sowohl für die Belastung des Feuerraums und der nachfolgenden Abgaszüge, wie auch für den Einsatz von SNCR-Anlagen einen großen Vorteil. Wesentliches Ziel von Modifizierungen der Sekundärlufteindüsung und der Gestaltung des Feuerraums ist es, die Strömungsbedingungen und die Temperaturverteilung im 1. Zug zu verbessern. Um zunächst den vorherrschenden Zustand abzubilden, wird das Abgastemperaturprofil im 1. Zug an allen verfügbaren Stutzen über die Tiefe des 1. Zuges von beiden Seiten des Dampferzeugers ermittelt. Unter Berücksichtigung der weiteren Prozessdaten kann so ein *status quo* Zustand des Abgastemperaturprofils im 1. Zug und eine Basis für weitere Strömungstechnische Untersuchungen ermittelt werden.

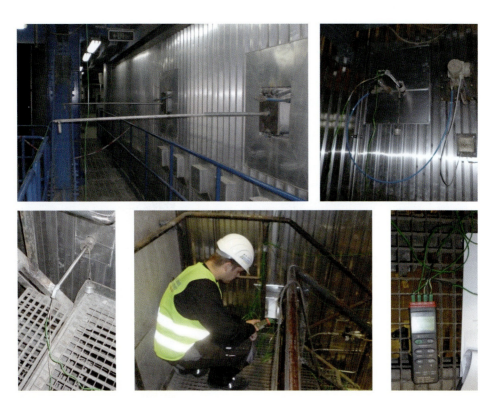

Bild 9: Abgastemperaturmessungen

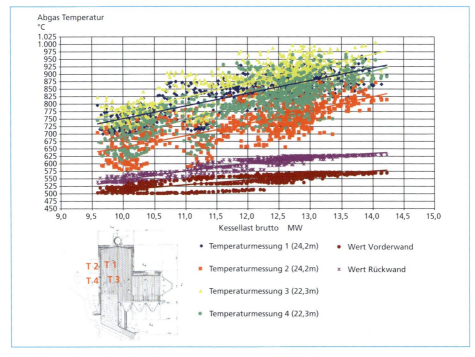

Bild 10: Auswertung der Abgastemperaturmessung/Betriebsdaten

2.2.5. Strömungssimulation

Basierend auf den analysierten Prozessdaten und der ermittelten Temperaturverteilung kann mit Hilfe einer Strömungssimulation der vorhandene Zustand des entsprechenden Anlagenteils nachgebildet werden. Diese Nachbildung wiederum ist Ausgangspunkt zur Ermittlung des Optimierungspotentials verschiedener Anlagenteile oder Komponenten wie:

- Vergleichmäßigung des Abgastemperatur- und Strömungsprofils zur Homogenisierung der thermischen Belastung des 1. Zuges und genauen Bestimmung der Eindüsebenen der SNCR Anlage,

- Optimierung der Luftverteilung,

- Sicherstellung der Verweilzeit von 2 Sekunden in einem Temperaturbereich > 850 °C,

- Optimierung des Wärmeübergangs durch gleichmäßige Anströmung,

- Reduzierung des Druckverlustes, • Reduzierung des Betriebsmittelverbrauchs.

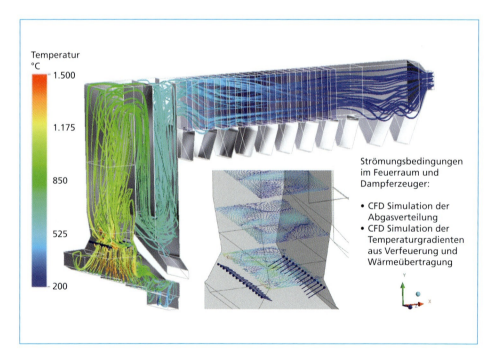

Bild 11: Strömungssimulation zur Optimierung der Abgastemperaturverteilung und des Strömungspotentials im Dampferzeuger

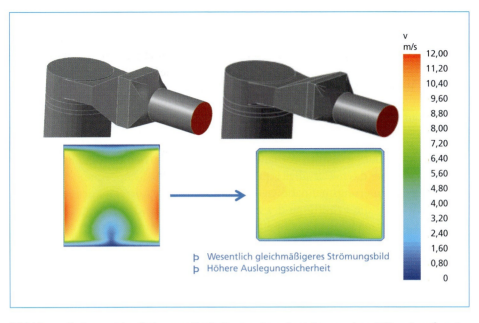

Bild 12: Strömungssimulation zur Optimierung einer Anströmung eines Wärmetauschers im Bereich der Abgasreinigung

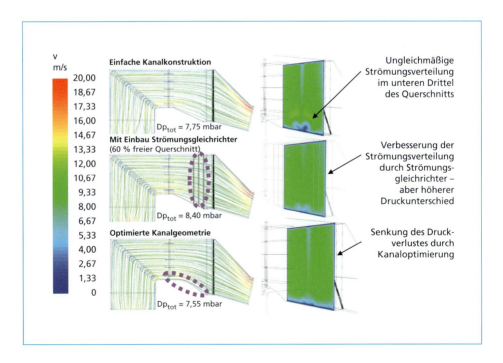

Bild 13: Optimierung Kanalgeometrie: Ziel verbesserte Strömungsverteilung, Reduzierung Druckverlust

2.2.6. Zustandsanalyse

Ankerlastermittlung

Von der Auslegung abweichendes Verschmutzungsverhalten und Materialgewichte, z.B. durch nachträgliches Cladding oder geänderte Ausmauerung führen ebenso zu Verschiebung der Ankerlasten, wie unsachgemäß durchgeführte Reparatur und Austauschmaßnahmen von Druckteilen.

Zur Ermittlung der tatsächlich vorhandenen Lasten im Betrieb verfügt Fisia Babcock Environment über das notwendige Equipment und kann so die notwendige Grundlage für weitere Optimierungsmaßnahmen schaffen. Sowohl die Korrektur der eingestellten Lasten, wie auch die Ermittlung des zur Verfügung stehenden Potentials für einen weiteren Lasteintrag können so durchgeführt bzw. ermittelt werden.

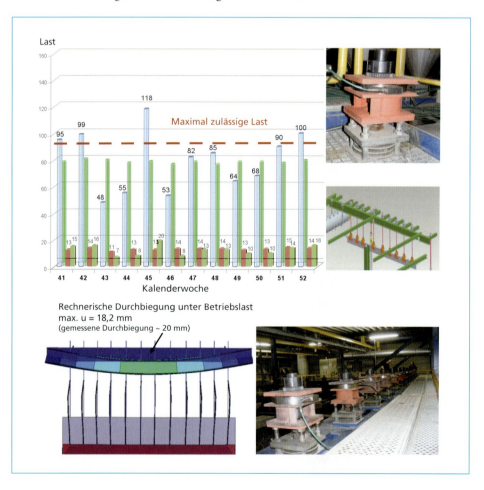

Bild 14:   Ermitteln und Korrigieren von Ankerlasten nach mehrerer Jahren Betrieb und diversen Umbauten

Lageranalyse

Die Entscheidung zur Instandhaltung oder zum Austausch einzelner Komponenten kann nicht nur auf Grund subjektiver Empfindungen erfolgen sondern basierend auf der Analyse der FBE-Experten, die den Zustand der Lager drehender Bauteile vermessen und beurteilen.

Schwingungsanalyse

Schwingungen führen nicht nur zu unangenehmen Geräuschentwicklungen, sondern können langfristig auch entsprechende Schäden verursachen. Eine Messung der Resonanzfrequenzen bildet die Grundlage für eine theoretische Nachrechnung und darauf basierend die Grundlage zur Reduzierung bzw. Vermeidung entsprechender Schwingungen.

Thermographische Untersuchung

Kältebrücken verursachen nicht nur Wärmeverluste, sondern können auch durch Taupunktunterschreitungen zu korrosionsbedingten Schäden führen. Eine entsprechende Analyse durch FBE-Experten kann helfen entsprechende Schwachstellen zu finden und entsprechende Sanierungsmaßnahmen und Optimierungen einzuleiten.

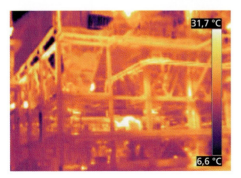

Bild 15:   Thermographische Untersuchung – Korrosionsschaden Gewebefilter

Endoskopische Untersuchung

Schäden an Heizflächenrohren können nicht nur ihre Ursache in Korrosionsangriffen aus dem Abgas haben. Unzulässige Spannungen, Schweißfehler, unsachgemäße Handhabung oder Fehler in der wasserchemischen Fahrweise sind nicht selten maßgeblich für auftretende Schäden verantwortlich.

Um sowohl den Zustand eines Dampferzeugers aufzunehmen, wie auch die Ursache aufgetretener Schäden zu analysieren und langfristig Lösungen zu deren Vermeidung zu finden, bildet die durch FBE-Fachleute durchgeführte endoskopische Untersuchung eine fundierte Grundlage.

Bild 16:   Endoskopische Untersuchungen

3. Umgesetzte Beispiele

Wie in der Einleitung beschrieben, folgt nun ein repräsentativer Auszug aus einer großen Bandbreite von Retrofitmaßnahmen.

3.1. Geänderte Brennstoffzusammensetzung – Luftvorwärmung

Schwankenden Brennsoffqualitäten wird in der Regel durch eine entsprechende Gestaltung des Feuerleistungsdiagramms Rechnung getragen. Auf Grund nicht vorhergesehener Änderungen der Abfallströme und –qualitäten, insbesondere bei Auslegung auf hochkalorische Brennstoffe kann es jedoch zu einer Verschiebung der tatsächlichen Heizwerte in einen Bereich rechts neben dem Feuerleistungsdiagramm kommen. Um umfangreiche Änderungen im Bereich des Rostsystems und der Feuerraumgestaltung zu vermeiden, ist der erste Schritt die Nachrüstung einer Luftvorwärmung [3].

Es wurde ein Auftrag zur Nachrüstung eines Luftvorwärmer-Systems für drei Linien einer Abfallverbrennungsanlage erteilt.

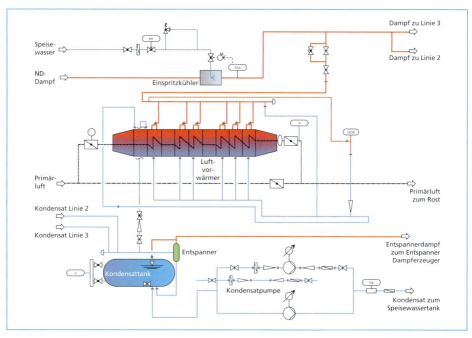

Bild 17:   Schaltschema Luftvorwärmernachrüstung

Nach der konzeptionellen Planung des Gesamtsystems und den entsprechenden Schnittstellen, wurde die Realisierung in zwei Schritten durchgeführt:

1. Installation eines luftseitigen Bypass-Systems mit Absperrklappen im Rahmen der Revision an der entsprechenden Linie, anschließender Betrieb über den installierten Bypass.

2. Herstellen der Anschlusspunkte in den Bereichen Dampf, Speisewasser und Kondensat mit entsprechenden Absperrungen.

Bild 18:   Installierter Luftvorwärmer, Dampfversorgung und Kondensatrückführung

3. Installation des Luftvorwärmer-Systems und linienbezogene Fertigstellung im Rahmen der Revision der jeweiligen Linie.

Das System wurde so ausgelegt, das es zunächst mit ND-Dampf betrieben wird, langfristig bei Modifikation des Wasser-Dampf-Kreislaufs auch auf MD-Dampf umgestellt werden kann.

Nach erfolgreicher Inbetriebnahme ist dieses System nun schon seit einem Jahr erfolgreich im Prozess integriert.

3.2. Studien und Bestandsaufnahmen von Gesamt- und Teilanlagen

Grundlage für eine zielgerichtete und kundenorientierte Optimierung einer Anlage ist in vielen Fällen eine Studie oder Bestandsaufnahme der Gesamtanlage oder der Teilanlage die Modifiziert werden soll [3].

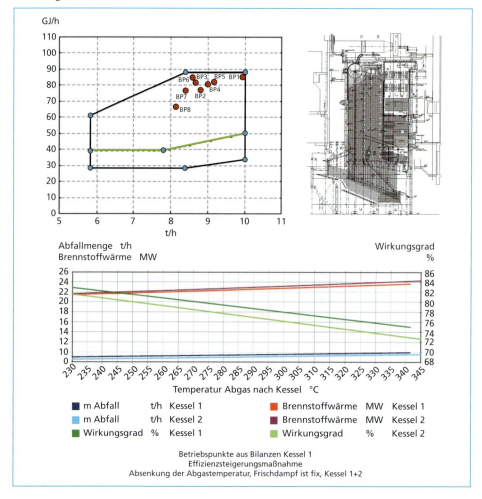

Bild 19:   Studien und Bestandaufnahmen eines Dampferzeugers und Konzeptentwicklung

Die Nutzung der unter 3.2. beschriebenen Tools bildet dabei eine wesentliche Ergänzung zur Erarbeitung von Konzepten und Lösungsvorschlägen.

Bild 19 zeigt Ausschnitte einer Konzeptstudie mit verschiedenen Schwerpunkten:

- Modifikation des Verbrennungsluftsystems,

- Modifikation des Feuerraums: Umbau des ausgemauerten Bereichs in einen gekühlten Bereich mit Einbindung in das Umlaufsystem,

- Erarbeitung von Maßnahmen zur Effizienzsteigerung.

Die Resultate der qualifizierten Konzeptstudie bilden den 1. Schritt aus dem nun entsprechende Budgets, Wirtschaftlichkeitsbetrachtungen und Terminpläne erarbeitet werden können, bevor die Maßnahmen zur Optimierung der Anlage umgesetzt werden.

Unvorhergesehene Ereignisse wie Schwarzfälle und andere Betriebsstörungen können entsprechende Auswirkungen auf den Dampferzeuger oder einzelne Komponenten haben. Oft werden diese Auswirkungen erst im Rahmen des nächsten Stillstands festgestellt. Um im Nachhinein diese Auswirkungen einzelnen Ereignissen zuzuordnen, wurde im Rahmen einer Studie die mögliche Ursache der Wandausbeulung als Folge eines Schwarzfalls aufgezeigt und mittels wärmetechnischer Betrachtungen und FEM-Berechnungen nachvollziehbar dargestellt.

Um die Leistungsfähigkeit eines Dampferzeugers und den zugehörigen Komponenten zu analysieren wurde basierend auf den Prozessdaten die Randbereiche des Feuerleistungsdiagramms, die Betriebsdaten und Auslegungsdaten der einzelnen Komponenten verglichen und das vorhandene Restpotential ermittelt. Basierend auf dieser Betrachtungen ergab sich der notwendige Handlungsbedarf zur Realisierung einer Leistungssteigerung für den Dampferzeuger.

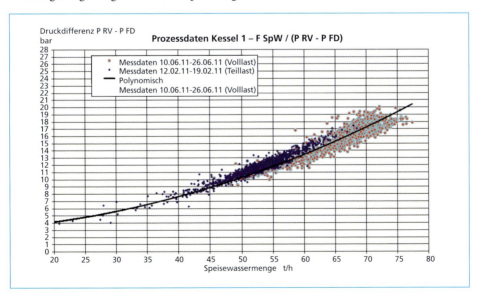

Bild 20: Studien und Bestandaufnahmen eines Dampferzeugers und Komponenten

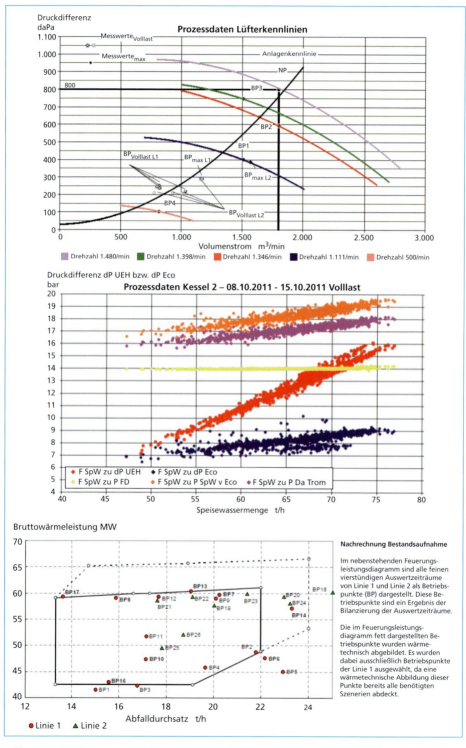

Bild 20: Studien und Bestandaufnahmen eines Dampferzeugers und Komponenten – Fortsetzung –

3.3. Abgastemperaturabsenkung
– Reinigungseinrichtung, Heizflächennachrüstung –

Im Rahmen eines umfangreichen Modernisierungsauftrages war es das Ziel, durch geeignete Maßnahmen die Abgastemperatur vor Eintritt in die Konvektionsheizfläche abzusenken. Vorausgehende wärme- und strömungstechnische Berechnungen auf Basis einer umfangreichen Betriebsdatenanalyse und durchgeführter Temperaturmessungen waren die Grundlage für die konstruktive Umsetzung.

3.3.1. Ergänzung von zusätzlichen Heizflächen

Die besondere Herausforderung der konstruktiven Umsetzung der einzelnen Maßnahmen zur Abgastemperaturabsenkung bestand darin, auf Basis der vorhandenen Unterlagen, die einzelnen Druckteile so zu konstruieren, dass im Rahmen der Montage entsprechende Spielräume vorhanden sind. Montagemöglichkeiten und die beengten Platzverhältnisse spielten dabei ebenso eine Rolle, wie die Störkanten der vorhandenen Anlage die z.T. aus den Zeichnungen nicht ersichtlich waren. Die Einbindung der Mittelwand des 2. Zuges in den Wasserdurchlauf und zugleich als Element des Naturumlaufs bei Ausfall der Durchlaufpumpen des Heißwassererzeugers war ebenso Bestandteil der Konstruktionsaufgabe, wie die Änderungen aus der Neugestaltung des Feuerraums und der Sekundärlufteindüsung und die diversen zusätzlichen mehr oder weniger großen Öffnungen in den Dampferzeugerwänden und Decken.

3.3.2. Ergänzung einer Heizflächenreinigung

Wichtigste Grundlage für die Nachrüstung von Heizflächenreinigungssystemen in Leerzügen ist eine Abstimmung der einzelnen Systeme aufeinander, um so eine gezielte Abstimmung der Anforderungen an die Reinigungsanlage zu formulieren:

- Geometrie der Leerzüge,
- Aufstellung der Reinigungsanlage,
- Berücksichtigung der vorhandenen Störkanten und Gegebenheiten.

Um diesen Anforderungen gerecht zu werden, wurden folgende Maßnahmen notwendig:

- Gestaltung des Düsenkopfes und der Einführstutzen mit möglichst geringen Umlenkungen,
- Schaffung und Installation zusätzlicher Bühnenflächen mit zugehörigem Supportstahlbau,
- Verlegung und Verschiebung von Trommelfüllstandsmessungen und Treppen mit der Modifikation von Isolierung und Geländern.

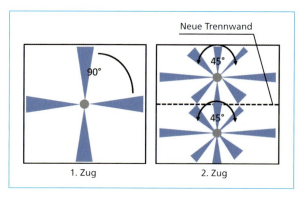

Bild 21:

Optimierung Düsengeometrie – Reinigungseinrichtung

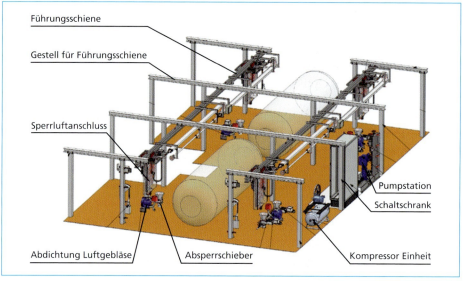

Bild 22:   Aufstellung Reinigungseinrichtung Leerzüge

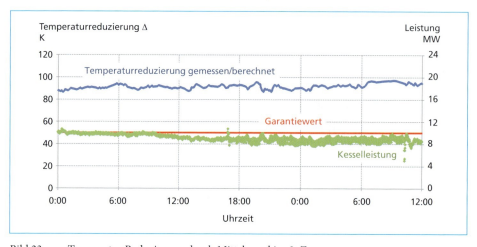

Bild 23:   Temperatur Reduzierung durch Mittelwand im 2. Zug

Das Ergebnis dieser Maßnahme ist in Bild 23 dargestellt und zeigt, das die gestellte Anforderung einer Temperaturreduzierung durch die o.g. Maßnahmen um 50 K zu Beginn der Reisezeit selbst ohne Einsatz der Reinigungseinrichtung um etwa 40 K übertroffen wurde.

3.4. Vergleichmäßigung von Abgastemperaturprofilen – Optimierung Feuerraum, Sekundärlufteindüsung –

Nach der Inbetriebnahme des abfallbefeuerten Dampferzeugers und Optimierung der Feuerleistungsregelung mit Blick auf die Dampfmengenkonstanz und ggf. der Reduzierung der O_2-Schwankung nehmen die meisten Anlagen ihren Betrieb auf. Während der Verweilzeitmessung rückt das Temperaturniveau und mögliche Schieflagen noch einmal in den Focus, nach erfolgreicher Messung gerät auch dies wieder in den Hintergrund.

Schieflagen im 1. Zug eines abfallbefeuerten Dampferzeugers sind jedoch nicht nur ein notwendige Übel, sondern sie bieten in Bezug auf die nachfolgenden Komponenten ein nicht unwesentliches Optimierungspotential:

- Reduzierung bzw. Vergleichmäßigung der thermischen Belastung,

- Verbesserung des Wärmeübergangs,

- Reduzierung von Staubaustrag und Verschmutzungsneigung,

- Reduzierung des NO_x-Rohgaswertes,

- Verbesserung des Optimierungspotentials von SNCR-Anlagen auf Basis eines homogenen Temperaturprofils und optimalem Temperaturfenster für die Eindüsung.

Bild 24 zeigt die Auswirkung einer Optimierungsmaßnahme
auf die Abgastemperaturverteilung im 1. Zug mit den Maßnahmen:

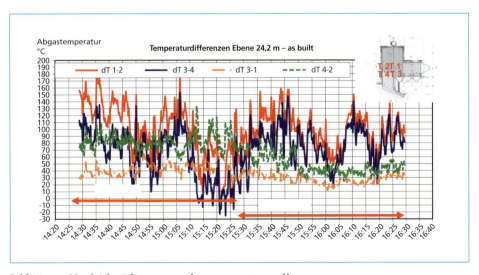

Bild 24:   Vergleichmäßigung von Abgastemperaturprofilen

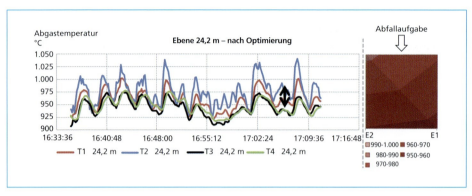

Bild 24:   Vergleichmäßigung von Abgastemperaturprofilen – Fortsetzung –

- Optimierung der Feuerraumgestaltung,

- Optimierung der Verbrennungsluftverteilung,

- Optimierung der Sekundärluftverteilung mit einem Doppelwirbel (*Double Vortex* System FBE),

- Optimierung Feuerleistungsregelung.

So konnte die Schieflagen von teilweise bis zu 190 K (im Durchschnitt 90 K) auf maximal 70 K, mit einem Durchschnitt von etwa 30 K reduziert werden.

3.5. Leistungsfähigkeit Feuerung

Die Leistungsfähigkeit eines Feuerungssystems kennzeichnet sich im Wesentlichen durch zwei Bereiche:

- Leistungsfähigkeit der installierten Komponenten,

- Leistungsfähigkeit der Feuerleistungsregelung.

Bereits in [3] wurde über die Ermittlung der vorhandenen Potentiale von Feuerungssystemen und die Struktur der mittlerweile vielfach nachgerüsteten FBE-Feuerleistungsregelung berichtet.

Das dort vorgestellte Konzept wurde zunächst in neu errichteten Ersatzkesseln umgesetzt und auf Grund der hohen Akzeptanz bei den Anlagenfahrern und den überaus positiven Ergebnissen in Bezug auf die Regelqualität in den bestehenden Altanlagen nachgerüstet.

3.6. Umbauten von Aufgabesystemen

Unscheinbar und in der Planungsphase wenig beachtet, bildet das Aufgabesystem jedoch im Betrieb den Anfang eines ungestörten Anlagenbetriebs. Die Abstimmung zwischen der Abfallqualität und der Konstruktion des Aufgabesystems sind ebenso wesentlich für den Betrieb, wie geeignete Maßnahmen gegen den Verschleiß mit Blick auf die mechanische und thermische Belastung. Optimierte Lösungen zur Schnittstelle Dampferzeuger sind dabei ebenso gefragt wie Konzepte zur zeitsparenden und kurzfristigen Umsetzung.

Auf Basis eines großen Erfahrungsschatzes nicht nur von den FBE eigenen Anlagen wurden hier in den vergangen Jahren über 32 Aufgabesysteme optimiert und modernisiert.

Bild 25:   Optimierung und Umbau von Aufgabesystemen

3.7. Umbauten von Entaschungssystemen

Kaum ein Medium bereitet so viele Probleme wie Asche. Der Grund ist relativ einfach zu finden. Die Zusammensetzung, Form und ihre Eigenschaften sind extreme vielseitig. Um das Problem der Ascheanbackungen einer Rostdurchfallrückführung im Bereich des Schlackefallschachts zu lösen, wurde wie in Bild 26 gezeigt sowohl der Trichterwinkel modifiziert, wie auch durch Nachrüstung einer Sprühdüse eine Lösung gefunden die sich im Betrieb bewährt hat.

Bild 26:   Umbau Rostascherückführungen

3.8. Expertenanalyse

Der Vorteil des Betreibers ist, dass er seine Anlage nach einigen Jahren Betrieb in und auswendig kennt. Der Vorteil des Anlagenbauers ist, das seine Fachleute Erfahrungen von unzähligen Anlagen gesammelt haben. Beide Vorteile zu vereinen bietet in der Regel die Basis für eine konstruktive Lösungsfindung.

Aus diesem Grund bieten Expertenanalysen mit dem Ziel eines qualifizierten Inspektionsberichtes eine gute Möglichkeit zur Schaffung einer Basis für die Entwicklung langfristig orientierter Konzepte, Einsparung von Betriebsmittel und Effizienzsteigerungen.

Die im Jahr 2013 durchgeführten Expertenanalysen umfassten die Bereiche:

- Zustand Feuerungssystem,
- Zustand Feuerleistungsregelung und Ausbrandqualität,
- Dampferzeugerzustand und Qualität der Durchgeführten der Instandhaltungsmaßnahmen,
- Komponentenanalyse,
- Konzeptoptimierung Abgasreinigung,

3.9. Leistungserhöhung – Heizflächennachrüstung

Einer Einbindung zusätzlicher Heizflächen liegen notwendigerweise umfangreiche Untersuchungen der Kesseldurchströmung, der Verbindungen (offen, mit Blende oder geschlossen) und der Wasserumlaufeigenschaften zugrunde, um so sicher zu stellen, dass alle Heizflächen gleichmäßig durchströmt werden und zugleich die mögliche Notlaufeigenschaften sicher gestellt werden.

Bild 27 zeigt beispielhaft die im Rahmen einer Heizflächenerweiterung durchgeführte Nachbildung des Bestands.

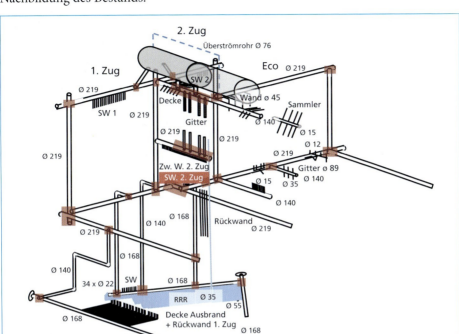

Bild 27:   Nachbildung Dampferzeugerverrohrung

3.10. Modifizierung einer Überhitzerschaltung

Hohe Dampfparameter erfordern eine Anordnung der Überhitzerheizflächen in einem Bereich mit hohem Korrosionspotential. Der Schutz durch Bestiftung und Bestampfung bietet auf Grund der hohen thermischen Belastung und dem unterschiedlichen Dehnungsverhalten der Materialien immer wieder Möglichkeiten des Korrosionsangriffes auf das Rohrmaterial bedingt durch auftretende Risse. Aufwendige Instandhaltungsmaßnahmen sind die Folge.

Zunächst wurde der Auftrag vergeben, im Rahmen einer Studie ein Konzept zu erarbeiten, welches die o.g. Instandhaltungsaufwendungen reduziert und zugleich keine Einschränkungen in der aktuellen Fahrweise mit sich bringt.

In einem zweiten Schritt erfolgte das Basic Engineering mit dem Ziel das Engineering weiter zu auszuarbeiten und die Material und Montagekosten zu ermitteln. Dies ist nun die weitere Grundlage für die Umsetzung der Modifikation.

Sowohl die Studie, wie auch die im Rahmen des Basic Engineering erarbeiteten Unterlagen wurden gemeinsam mit dem Kunden und der Universität Mailand diskutiert und weiter optimiert.

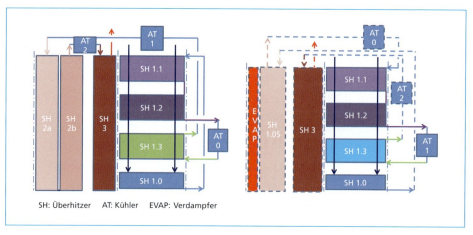

Bild 28:   Überhitzerschaltung: Ist Zustand (links) – Modifikation (rechts)

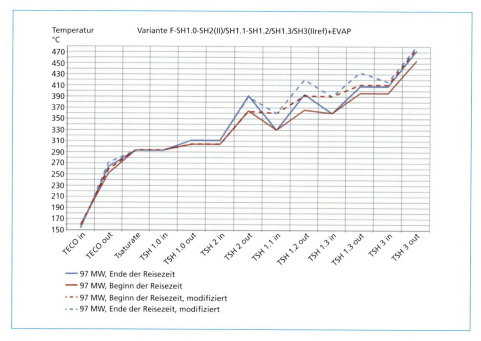

Bild 29:   Wasser-Dampf-Temperaturverlauf mit optimiertem Einspritzkühlerverhalten

3.11. Reduzierung von Emissionswerten

Ziel der Ertüchtigung war die Reduzierung der Emissionswerte von 200 mg/Nm³ auf 100/150 mg/Nm³ (Tagesmittelwert Halbstundenmittelwert) bezogen auf 11 Prozent O_2 bei einer Eingrenzung des NH_3 Schlupfes auf maximal 10 mg/Nm³. Mit diesem Anspruch war es zunächst notwendig zu prüfen, in welchem Umfang die vorhandene Anlage erweitert werden muss.

In einem ersten Schritt wurde wie unter 3.2.4 erläutert, das zu erwartende Temperaturprofil im 1. Zug ermittelt und mit der Vergleichmäßigung der Abgastemperatur eine wesentliche Grundlage geschaffen. Um in einem weiteren Schritt die gezielte Zuführung von Ammoniakwasser zu optimieren, wurde basierend auf diesem Temperaturprofil und den wärmetechnischen Rechnungen unter Berücksichtigung von Last, Brennstoff und Verschmutzung, zusätzliche Eindüsebenen festgelegt, so dass nun sechs Ebenen zur Installation von Lanzen zur Verfügung stehen. Die Anzahl der mit Lanzen bestückten Ebenen wurde von zwei auf vier erhöht und damit die Möglichkeit geschaffen, durch Eindüsung in ein optimiertes Temperaturfenster den NO_x-Wert zu reduzieren und gleichzeitig den NH_3-Schlupf unterhalb des geforderten Grenzwertes sicherzustellen.

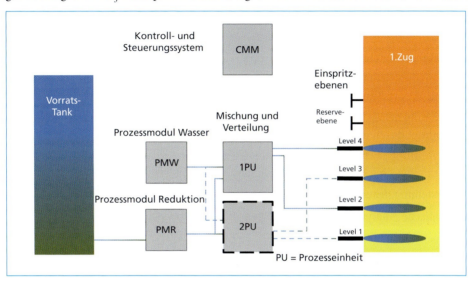

Bild 30:   Erweiterung und Optimierung der SNCR-Anlage

Die erfolgreiche Umsetzung der Optimierungsaufgabe im Zusammenhang mit der Optimierung einer Gesamtanlage ist in Bild 31 dokumentiert.

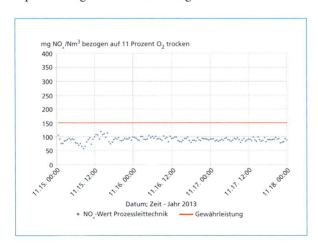

Bild 31:

NO_x Halbstunden-Werte – Ergebnis der Optimierung

3.12. Stahlbau/Bühnenplanung und Lasteintrag

Im Rahmen einer umfangreichen Modernisierung einer Anlage war aus folgenden Gründen die Stahlbaustruktur sowie die Bühnenflächen zu modifizieren:

- Zur Erreichbarkeit der SNCR-Eindüsung
- Installation der Befahreinrichtung sowie der Reinigungseinrichtung der Leerzüge
- Aufnahme der zusätzlichen Lasten durch neue Komponenten und zusätzliche Heizflächen

Basierend auf den zur Verfügung gestellten Unterlagen und dem durchgeführten Laserscan wurden die Stahlbaustrukturen neu abgebildet und entsprechende Erweiterungen konstruiert.

Im Rahmen der statischen Analyse wurden folgende Schritte durchgeführt:

- Aufnahme des Bestandes anhand vorhandener Dokumentation und Vorort Bestandsaufnahme
- Planung neuer Bühnen und erforderlichen Stahlbaumodifikationen bedingt durch den Dampferzeugerumbau
- Ermittlung vorhandenen und neuen Lasten (Ständige-, Nichtständige-, Verkehrslasten, Dampferzeugerlasten)
- Erstellung des statischen Modells
- Statische Analyse gemäß der landesspezifischen Vorschriften
- Auswertung der Ergebnisse
- Konstruktion der notwendigen Erweiterungen und Modifikationen

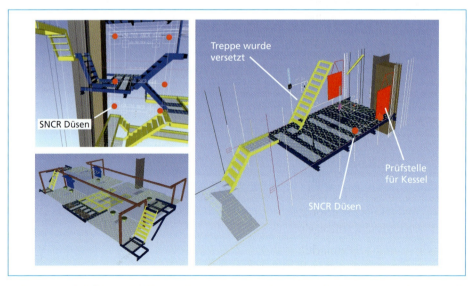

Bild 32:   Modifikation Stahlbau und Bühnen zur Verbesserung der Wartungs- und Instandhaltungsarbeiten

3.13. Modifizierung von Wasser-Dampf-Kreisläufen

Die Erstellung der kompletten Spezifikationen für Rohrleitungen, Isolierung, Halterungen und Armaturen inklusive aller rohrstatischen Berechnungen, der Isometrien und aller Materialauszüge war Gegenstand eines Engineeringauftrags, dessen Ziel es war, ein Konzept zu erarbeiten mit dem das häufige Ansprechen des Sicherheitsventil auf einer ND-Schiene bei Wegfall eines Verbrauchers verhindert werden kann.

3.14. Erweiterung um notwendige Messungen

Die Güte einer Feuerleistungsregelung ist auf der einen Seite vom System selber abhängig, auf der anderen Seite jedoch von der Qualität der einfließenden Größen.

Bei einigen Anlagen ist die Erfassung der Verbrennugsluftströme relativ ungenau. Es wird nur die Gesamtsekundärluftmenge erfasst und die Primärluftmenge kann auf Grund der Einbaulage nur unzureichend und fehlerhaft bestimmt werden.

Teilleistung eines umfangreichen Modernisierungsauftrags war die Verbesserung dieser Situation.

Nach sorgfältiger Prüfung kam ein Ersatzsystem an gleicher Stelle auf Grund der fehlenden Ein- und Auslaufbedingungen nicht in Frage und so wurden alternative Lösungen entwickelt:

1) Berechnung des Primärluftvolumenstroms auf Basis von Gebläse Kennlinie und Prozessdaten. Dazu wurden alle notwendigen Messungen nachgerüstet und eine entsprechende Berechnungsmatrix entwickelt.
2) Berechnung der Einzelprimärluftströme der einzelnen Verbrennungsluftzonen auf Basis der Klappenkennlinien und des Druckverlustes.
3) Einzelsekundärluftmengenmessungen für Vorder- und Rückwand.

3.15. Gesamtanlagenumbau

Ziel der Modernisierungsmaßnahme war es, die mittlerweile in die Jahre gekommen abfallbefeuerten Heißwassererzeuger zu ertüchtigen.

Der wesentliche Umfang der Arbeiten bestand aus folgenden Gewerken:

1. Erneuerung des Sekundärluftsystems bestehend aus einem neuen, langsam laufenden, frequenzgeregelten Sekundärluftgebläse, den Kanälen auf der Druckseite inklusive aller erforderlichen Messungen und Armaturen zur Optimierung der Verbrennungsluftregelung sowie die Erneuerung der Sekundärlufteindüsung.
2. Optimierung des Primärluftsystems zur Erzielung verlässlicher Gesamtluftmengen und Mengen zu den einzelnen Verbrennungsluftzonen.
3. Optimierung des Feuerraums zur Sicherstellung eines homogenen Temperaturprofils und sicherer Einhaltung der Verbrennungsbedingungen.

4. Optimierung der Feuerleistungsregelung im Blick auf Leistungsschwankungen und Ausbrandqualität.

5. Reduzierung der Emissionswerte für NO_x durch Erweiterung der vorhandenen SNCR-Anlagen und zusätzliche unterstützende Messungen.

6. Verbesserung der Inspektions- und Instandhaltungsmöglichkeit durch Einbau zusätzlicher Einstiegstüren und einer Befahreinrichtung.

7. Absenkung des Abgastemperaturprofils durch Einbau einer Heizflächenreinigungseinrichtung und einer Mittelwand im 2. Zug.

8. Erweiterung des vorhandenen Stahlbaus und der Bühnenfläche zur besseren Erreichbarkeit aller Komponenten der Anlage

9. Komplette Erneuerung des Entschlackungs- und des Schlackefördersystems und Installation einer Brüdenabsaugung.

10. Einbindung aller neuen Komponenten und Messungen in die vorhandene Leittechnik

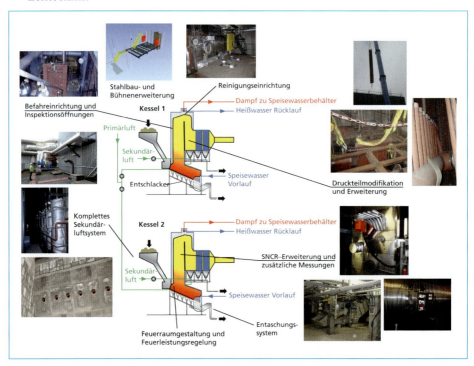

Bild 33:   Teilabschnitte der Modernisierungsmaßnahme einer Gesamtanlage mit zwei Linien

Engineeringphase

Im Unterschied zu kleineren Umfängen oder Teilgewerken erfordern umfangreiche Modernisierungsaufträge einen deutlich größeren Umfang an Koordinierungsaufwand.

Angefangen bei der Terminplanung für alle zu erbringenden Leistungen und den geforderten vertraglich geforderten Zwischenterminen, bis hin zur Abstimmung der Schnittstellen und Abstimmungen auf der Baustelle.

Modernisierungsmaßnahmen haben in erster Linie die Aufgabe die Leistungsfähigkeit der Anlage zu verbessern und den täglichen Betrieb für den Betreiber zu erleichtern. Aus diesem Grund ist ein weiterer wertvoller Bestandteil einer solchen Maßnahme die regelmäßige Abstimmung mit dem Kunden, um insbesondere die Erfahrungen, Ideen und Vorschläge der Bereiche Anlagenbetrieb und Instandhaltung in die Planungen zu integrieren und als Folge für alle Projektbeteiligten konstruktive und zielführende zu entwickeln. Dies betrifft auch die in den Phasen Montage und Inbetriebsetzung auftretenden Herausforderungen.

Fertigungsphase

Die Weiter- und Untervergabe von Fertigungs- und Lieferleistungen erfolgte wegen der kurzen Engineering- und Fertigungszeit dort, wo es technisch sinnvoll und möglich war, in Form von Paketvergaben. Die wesentlichen Pakete waren:

- Druckteilfertigung
- Stahlbaufertigung
- Sekundärluftsystem bestehend aus Gebläse, druckseitigen Luftkanälen mit Venturimessungen für die Einzellufteindüsungen an Feuerraumdecke und Feuerraumrückwand sowie den zugehörigen Armaturen mit Antrieben
- Sprühreinigunganlage zur Dampferzeugerabreinigung
- SNCR-Eindüsung
- Dampferzeugerbefahreinrichtung
- Schlackeaustragssystem bestehend aus einem Preßkolbenentschlackern je Linie und nachgeschaltetem Schwingförderer sowie einem Brüdenabsaugsystem je Linie
- Modifizierung der Feuerleistungsregelung
- Modifizierung des bestehenden Leitsystems zur Einbindung der neuen Systeme
- Feuerfestbau

Der Fortschritt und die Qualität der vergebenen Leistungen wurde durch die hauseigene Qualitätsüberwachung begleitet bis hin zu Prüfläufen bzw. soweit sinnvoll FAT-Tests.

Montagephase

Die Montageleistungen wurden soweit sinnvoll, zusammen mit Black-Box-Paketen bzw. als in sich geschlossenen Leistungseinheiten vergeben, für die ein spezielles Montagefachwissen erforderlich war. Die wesentlichen Einheiten waren wie folgt gegliedert:

- Demontagen Druckteil und Stahlbau, Druckteil- und Stahlbaumontagen
- Demontage und Montage Schlackeaustragssystem inkl. Brüdenabzugssystem
- SNCR-Anlage, erforderliche Demontagen, Neumontage der Erweiterung
- Sprühreinigungsanlage

- Feuerfestbauarbeiten

- Isolier- und Verblechungsarbeiten

- Gerüstmontagen

- Dachdeckerarbeiten

- Elektroverkabelungsarbeiten

Erschwernisse im Rahmen der Abwicklung/Unvorhergesehenes

Im Rahmen des Abwicklungsengineering sowie bei der Montage bereiteten dem Abwicklungsteam die im Folgenden beschriebenen Umstände einiges Kopfzerbrechen, die aber allesamt durch entsprechend Vorplanung im Verbund mit schnellen Reaktionen/Entscheidungen vor Ort gelöst werden konnten.

Fehlende, unvollständige bzw. nicht nachgeführte Stahlbauunterlagen

Dies war ein größeres Problem, da eine Aufnahme und Überprüfung des Kesselstahlbaus vor dem Umbau im laufenden Anlagenbetrieb nur punktuell möglich war. Der Stahlbau ist bei dem hier ausgeführten Eckrohrkessel von außen komplett mit Trapezblech verkleidet und somit nicht sichtbar. Im Laufe des über Dekaden währenden Anlagenbetriebes waren diverse Modifikationen am Stahlbau vorgenommen worden, über die es keinerlei Dokumentation gab. Darüber hinaus waren die vorgenommenen Modifikationen an den sonst gleich ausgeführten Linien unterschiedlich, so dass kurzfristig nach Entfernung der Trapezblechverkleidung jeweils unterschiedliche technische Lösungen realisiert werden mussten.

Bei den konstruktiven Lösungen wurde bereits im Vorfeld darauf Wert gelegt, dass von den Planunterlagen abweichende Toleranzen entsprechend ausgeglichen werden konnten.

Vorgefundene Abweichungen von den Dampferzeugerzeichnungen

Im Bereich der geplanten Modifizierung der Feuerraumdecke und Dampferzeugerrückwand sowie der neu geplanten Sekundärlufteindüsung kam es infolge der vorgefundenen Stahlbausituation zu Kollisionen, auf die kurzfristig reagiert werden konnte. Die jeweiligen Lösungen wurden praxisnah vor Ort in enger Abstimmung mit den Stahlbauexperten und Statikern im Stammhaus abgestimmt und umgesetzt, ohne dass es zu Verzögerungen im Montageablauf kam.

Trassenführung der neuen Sekundärluftkanäle

Die ursprünglich vorgesehene Trassierung der neuen Sekundärluftkanäle auf der Druckseite konnte in der geplanten Form auf Grund der notwendigen Kopffreiheit nicht umgesetzt konnte. Dennoch konnte kurzfristig vor Ort eine Möglichkeit zur Lösung des Problems gefunden werden ohne dass es zu einer Verzögerung des Montageablaufes kam.

Demontage der alten Dampferzeugerisolierung

Die Entfernung der alten Dampferzeugerisolierung war insofern ein Problem, weil sie bei Berührung in sich zu Staub zerfiel und an den Dampferzeugern buchstäblich herunterfloss, lediglich gelegentlich aufgehalten im freien Fall durch die vorhandenen Bandagen.

Verlegung der Vor-Ort Schaltanlage für die Sprühreinigungsanlage

Die Aufstellung der Vor-Ort Schaltanlage für die Sprühreinigung wurde kurzerhand verlegt, weil sonst die Beschickung der Dampferzeugerdeckenebene zu Revisionszwecken mit Hilfe des Hallenkranes nicht mehr möglich gewesen wäre.

3.16. Anlagenmonitoring – Betriebsmitteloptimierung – Effizienzsteigerung

Motiviert durch die Anregungen der Kunden und veröffentlichte Ansätze [14, 15, 16] wurde ein System entwickelt, mit dem sich im kontinuierlichen Anlagenbetrieb wesentliche Eigenschaften des Feuerungssystems und des Dampferzeugers *online* auswerten und beobachten lassen. Insbesondere die Lage des aktuellen Lastpunktes im Feuerleistungsdiagramm ist von Interesse, wie auch die Ein- und ausgehenden Massen-, Volumen- und Energieströme. Mit der aktuellen Darstellung der Verschmutzungszustände einzelner Heizflächenabschnitte und der Heizflächeneffizient, lassen sich die Reinigungsmechanismen und –zyklen optimieren um die Reisezeit des Dampferzeugers zu erreichen.

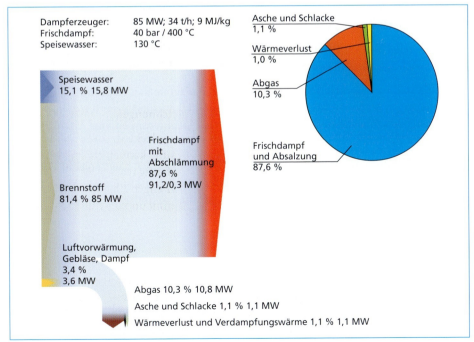

Bild 34:   Betriebsmitteloptimierung und Effizienzsteigerung

Weitere Darstellungen spezifischer Kenngrößen sind je nach Kundenanforderung möglich, wie z.B. die in der Abfallrahmenrichtlinie 2008/98/EG Anhang II beschriebene R1-Formel [17, 18, 19].

Basierend auf der Analyse von Prozessdaten wurden wiederholt im Rahmen von Studien oder Konzepterarbeitungen Maßnahmen zur Betriebsmitteloptimierung und Effizienzsteigerung erarbeitet. Monitoringsysteme bieten hier eine große Erleichterung und sind in der Lage ohne großen Auswertungsaufwand Basisdaten zur weiteren Optimierung zu schaffen.

4. Fazit

- Ertüchtigungs-, Modernisierungs- und Optimierungsmaßnahmen von Altanlagen sind eine lohnenswerte und herausfordernde Maßnahme.

- Eine gründliche und strukturierte Vorbereitung der Maßnahme unterstützt durch Messungen und Bestandsaufnahmen sind auf Grund der meist nicht aktuellen Dokumentation wesentlicher Bestandteil einer erfolgreichen Umsetzung.

- Die Nutzung fachlicher Kapazitäten basierend auf den Erfahrungen und Weiterentwicklungen des Neuanlagenbaus in enger Abstimmung mit den eingebundenen Unterlieferanten sind ebenso notwendig, wie die Bereitschaft, kurzfristig sinnvolle Lösungen bei unvorhergesehenen Anpassungen zu finden, um so eine termingerechte Abwicklung zu realisieren.

- Detaillierte Planungen der Abläufe zur Einhaltung der vorgesehenen Stillstandszeiten gewährleisten eine termingerechte Aufnahme des Abfallfeuers.

- Die Bereitschaft zur Entwicklung von kreativen, anlagenspezifischen Lösungen ist eine wichtige Basis für eine zielgerichtete Umsetzung eines Retrofitprojektes.

Die dargestellten Beispiele zeigen, dass FBE als Anlagenbauer nicht nur in der Lage ist, Neuanlagen zu bauen, sondern mit dem Potential an spezialisierten Mitarbeitern auch anlagenspezifische und zukunftsorientierte Optimierungen von Altanlagen realisieren kann.

Auf Grund des weiten Kompetenzfeldes ist FBE somit in der Lage, sowohl Detaillösungen, wie auch als Gesamtanbieter schlüsselfertige maßgeschneiderte Maßnahmen zu realisieren und ist ein kompetenter Partner für ihre zukünftigen Projekte.

5. Literatur

[1] http://de.wikipedia.org/wiki/Müllverbrennung

[2] http://de.wikipedia.org/wiki/Müllverbrennung

[3] Mück, M.: Nutzung vorhandener Potentiale bei Verbrennungsanlagen. In: Thomé-Kozmiensky, K. J.; Beckmann,M. (Hrsg.): Energie aus Abfall Band 9. Neuruppin: TK Verlag Karl Thomé-Kozmiensky, 2012, S. 293-333

[4] Market Study Waste to Energy, ecprog GmbH, www.ecprog.com

[5] Stäblein, C.: Thermische Abfallbehandlung im Spannungsfeld zwischen Energie- und Entsorgungsmarkt. In: Thomé-Kozmiensky, K. J.; Beckmann,M. (Hrsg.): Energie aus Abfall Band 4. Neuruppin: TK Verlag Karl Thomé-Kozmiensky, 2008, S. 101-114

[6] Statista&Statistische Ämter für Bund und Länder

[7] Riemenschneider, G.; Schäfers, W.: Ersatz von Abfallverbrennungsanlagen und bestehenden Standorten. In: Thomé-Kozmiensky, K. J.; Beckmann,M. (Hrsg.): Energie aus Abfall Band 2. Neuruppin: TK Verlag Karl Thomé-Kozmiensky, 2007, S. 293-306

[8] Tanner, N.: Energetische Optimierung der Abgasbehandlung im Müllheizkraftwerk Kassel. In: Thomé-Kozmiensky, K. J.; Beckmann, M. (Hrsg.): Energie aus Abfall Band 4. Neuruppin: TK Verlag Karl Thomé-Kozmiensky, 2008, S. 223-272

[9] Tanner, N.: Energetische Optimierung von Abfallverbrennungsanlagen. In: Thomé-Kozmiensky, K. J.; Beckmann,M. (Hrsg.): Energie aus Abfall Band 9. Neuruppin: TK Verlag Karl Thomé-Kozmiensky, 2011, S. 31-68

[10] Zickert, U.: Erfahrung mit Abfallverbrennungsanlagen am Standort Friesenheimer Insel. In: Thomé-Kozmiensky, K. J.; Beckmann,M. (Hrsg.): Energie aus Abfall Band 6. Neuruppin: TK Verlag Karl Thomé-Kozmiensky, 2009, S. 653-667

[11] Schumacher, F; Lindke, C.; Auel, W.: Retrofit MHB Hamm. In: Thomé-Kozmiensky, K. J.; Beckmann,M. (Hrsg.): Energie aus Abfall Band 9. Neuruppin: TK Verlag Karl Thomé-Kozmiensky, 2012, S. 215-230

[12] Externbrink, A.: Erneuerung (Ertüchtigung) des MHKW Bamberg. In: Thomé-Kozmiensky, K. J.; Beckmann,M. (Hrsg.): Energie aus Abfall Band 8. Neuruppin: TK Verlag Karl Thomé-Kozmiensky, 2011, S. 167-188

[13] Horeeni, M.; Beckmann, M.; Fleischmann, H.; Barth, E.: Ermittlung von Betriebsparametern in Abfallverbrennungsanlagen als Voraussetzung für die weitere Optimierung. In: Thomé-Kozmiensky, K. J.; Beckmann,M. (Hrsg.): Energie aus Abfall Band 2. Neuruppin: TK Verlag Karl Thomé-Kozmiensky, 2007, S. 213-229

[14] Beckmann, M.; Rostkowski, S.: Optimierung von Biomasse- und Abfallverbrennungsanlagen durch Monitoring. In: Thomé-Kozmiensky, K.J.; Beckmann,M. (Hrsg.): Energie aus Abfall Band 7. Neuruppin: TK Verlag Karl Thomé-Kozmiensky, 2010, S. 3-18

[15] Aleßio, H. P.; Mück, M.: Möglichkeiten und Grenzen der Effizienzsteigerung in Abfallverbrennungsanlagen. In: Thomé-Kozmiensky, K. J.; Beckmann,M. (Hrsg.): Energie aus Abfall Band 7. Neuruppin: TK Verlag Karl Thomé-Kozmiensky, 2010, S. 117-147

[16] Baer, M.; Holste, R.: Wärmerückgewinnung in der Abgasreinigung hinter Abfallverbrennungsanlagen. In: Thomé-Kozmiensky, K. J.; Beckmann,M. (Hrsg.): Energie aus Abfall Band 7. Neuruppin: TK Verlag Karl Thomé-Kozmiensky, 2010, S. 717-726

[17] Europäische Kommission; Generaldirektion Umwelt: Leitlinien zur Auslegungder R1-Energieeffizienzformel für Verbrennungsanlagen, deren Zweck in der Behandlung fester Siedlungsabfälle besteht, gemäß Anhang II der Richtlinie 2008/98/EG über Abfälle; Juni 2011

[18] Gohlke, O.; Murer, M. J.: Anwendung von Energiekennzahlen für Abfallverbrennung. In: Thomé-Kozmiensky, K. J.; Beckmann,M. (Hrsg.): Energie aus Abfall Band 8. Neuruppin: TK Verlag Karl Thomé-Kozmiensky, 2011, S. 3-28

[19] Sternberg, J.; Gose, S.: Kennzahlen zur Betriebsoptimierung von Kesselanlagen. In: Thomé-Kozmiensky, K.J.; Beckmann,M. (Hrsg.): Energie aus Abfall Band 7. Neuruppin: TK Verlag Karl Thomé-Kozmiensky, 2011, S.247-263

SAMSUN/TURKEY
www.ascelik.com
info@ascelik.com

Bautechnische Besonderheiten und Optimierung beim Neubau sowie der Erweiterung von Waste-to-Energy-Anlagen

Falko Weber und Ulrich Maschke

Der Bauteil im Anlagenbau ist immer das erste Gewerk, das seine Leistungen auszuführen hat. Er erhält aber als letzter belastbare Informationen.

Deshalb ist es erforderlich, bekannte Teile vorzuplanen und unvermeidbare Lücken, die durch spätere Vergaben entstehen, in Kauf zu nehmen und mit Annahmen aus der Erfahrung von bereits ausgeführten Anlagen zu füllen.

Die Planung beginnt beim Verkehrskonzept. Dieses wird auf der Grundlage der Anbindung an die bestehende Infrastruktur, d.h. dem Straßennetz, ggf. einem Bahnanschluss und den Grenzen des zur Verfügung stehenden Grundstückes erstellt.

1. Planung des Verkehrs- und Logistikkonzeptes

Hierbei ist die Waste-to-Energy-Anlage so anzuordnen, dass die Anlieferung zügig und störungsfrei erfolgen kann und möglichst nicht durch Kreuzungen mit sonstigem Verkehr gestört wird. Ferner ist auf die Sicherheit der innerbetrieblichen Laufwege und Besucher zu achten. Die Verkehrswege einschließlich einer ggf. erforderlichen Feuerwehrumfahrt sind zu planen, dabei können auch Vereinfachungen wie z.B. Einbahnstraßen und Kreuzungen, wie z.B. Kreisel zum Einsatz kommen.

Ein wichtiger Aspekt betrifft auch die Verkehrsfrequenz des täglichen An- und Abtransportes. Die tägliche und zum Teil stündliche Betrachtung der Abfallanlieferung und des Umschlags ist im Zusammenhang mit der Abfallbunkerkonzeption zu untersuchen. Die Anzahl der Bunkertore bzw. Containerauspressvorrichtungen der Krananlagen sowie des Abfallbunkervorplatzes (Entladebereich) sind zu planen und in das Gesamtkonzept einzubeziehen.

Möglichst alle Baustraßen sollen dabei später als permanente Straßen genutzt werden.

Die Ergebnisse dieser Planungen werden im Lageplan sichtbar. Dieser zeigt die Anlage aus der Vogelperspektive.

2. Unterirdische Wirtschaft (UIW)

Der Lageplan ist wiederum Grundlage für die Planung der sogenannten UIW. Ganz besonders bei kleinen Grundstücken sind diese Planungen frühzeitig durchzuführen und Montagezustände bzw. der Zustand während der Bauausführung zu berücksichtigen. Es hat sich als vorteilhaft erwiesen, die Hauptleitungen z.B. Regenwasserleitungen, Straßenentwässerungsleitungen, Kabelziehrohre und sonst bekannte Leitungen wie z.B. Feuerlöschleitungen und Hydranten im Außenbereich vorzuplanen und mit der Bauausführung vor Montagebeginn einzubringen. Dies ermöglicht die Entwässerung während der Bauzeit und verhindert, dass bei Montageverzögerungen durch Lagerung von Montageelementen eine ordnungsgemäße Einbringung dieser wichtigen Leitungen erst ganz am Schluss, in der Inbetriebnahmephase oder noch danach erfolgen kann und ggf. aufwändige Provisorien erforderlich werden.

3. Planung der Bauwerke

3.1. Entladung

Als erstes ist die Entladung zu nennen, die je nach Erfordernis des Schallschutzes als Halle ausgeführt werden muss oder in offener Bauweise, in der Regel nur teilweise überdacht ausgeführt werden kann.

3.2. Bunkertore

Im Wesentlichen kommen zwei Arten von Toren zur Anwendung. Diese sind:

* Rolltore,
* Entladetrichter die mit Klappen abgedichtet werden.

Bild 1:   Rolltore

Bild 2:   Entladetrichter mit Klappen

Bild 3:   Drehtore

Beide Typen haben ihre Vor- und Nachteile; bei den Rolltoren ist auf die Höhe zu achten, da von Zeit zu Zeit neue Typen von Abfallfahrzeugen zum Einsatz kommen, welche in der Höhe beim Abwurf des Abfalls nicht mit den Rolltoren kollidieren dürfen und daher meist eine Höhe der Rolltore von mehr als 5 m, wie sie für Straßen ausreicht, erfordern. Gegenwärtig gilt eine Höhe von 6,5 m als ausreichend.

Beide Typen bekommen eine Aufkantung, um zu verhindern dass die Anlieferfahrzeuge in den Bunker abrutschen, sowie eine Kehröffnung, die es ermöglichen soll, dass seitlich herunterfallender Abfall direkt in den Bunker gekehrt werden kann.

Eine dritte Variante kommt selten zum Einsatz. Hier werden die Bunkertore als Drehtore, überstaubar ausgebildet. Dies ist eine Ausführung, die bei relativ kleinen Bunkern für zusätzlichen Stauraum sorgt, aber andere Abhängigkeiten zur Folge hat.

3.3. Wasserableitung

Noch nicht ausgeführt, aber für die nächste von uns geplante WtE-Anlage vorgesehen, ist auf der Ebene der Aufgabetrichter eine Schräge, die in den Abfallbereich des Bunkers geneigt ist, statt einer horizontalen Decke. Diese Schräge soll es ermöglichen, dass bei Feuerlöschübungen anfallendes Wasser nicht auf dieser Ebene Pfützen

Bild 4:   Aufgabetrichter

bildend stehen bleibt bzw. an der Brüstung anstaut, sondern abgeleitet wird. Somit soll auch vermieden werden, dass sich ein feuchtes, günstiges Klima für eine Schimmelpilzbildung ergibt. Gleichzeitig wird in der Brüstung eine Kehröffnung angeordnet. Herabfallendes Material von den Trichtern kann dadurch einfacher in den Abfallbunker zurückgeführt werden.

3.4. Klimatisierung der Krankanzel

Für die Krankanzel wird immer eine Klimatisierung vorgesehen, bei der die Luft aus dem Außenbereich entnommen wird und ein Überdruck gegenüber dem Druck im Abfallbunker herrscht, um Geruchsbelästigung zu vermeiden.

3.5. Bunkerkran

Eine besondere Herausforderung für den bauplanenden Ingenieur stellt der Bunkerkran dar. In der Regel ist dieser noch nicht an einen Lieferanten vergeben, es müssen aber für die statische Bemessung des Gebäudes schon Lastangaben erfolgen. Weiterhin sind Anfahrmaße zu schätzen und nicht zuletzt muss auch die Gesamthöhe des Kranes geschätzt werden, da die Unterkante der Dachbinder festgelegt werden müssen. Unfallverhütungsvorschriften schreiben minimale Abstände zwischen dem obersten Teil des Kranes und der Unterkante der Dachbinder vor. Dies zwingt den Planer auch teilweise zu einer großzügigen Bemessung, da Fehler auf diesem Gebiet nur schwer im Nachhinein auszugleichen, wählt man lieber einen wirtschaftlichen Nachteil.

Kranstandorte, Greiferablass, Feuerlöscheinrichtungen usw. sind auch schon im Vorfeld zu berücksichtigen.

Bild 5:   Abfallkräne eingehoben

Bild 6:   Kranbrücken

4. Bauausführung

4.1. Bunker

Bautechnisch ist der Abfallbunker, teilweise kombiniert mit dem Schlackebunker das anspruchsvollste Bauwerk. Schwierigkeiten, die es in der Bauausführung, gerade in Abfallbunkern gibt, konnte Envi Con bei mehr als 18 Anlagen mit teilweise unterschiedlicher Bauweise häufig beobachten.

Die Bauarbeiten für die gesamte Anlage beginnen immer an der tiefsten Stelle, das heißt an der Sohle des Abfallbunkers. Damit enden aber auch schon die Gemeinsamkeiten.

Bild 7:   Fertigteile

Wenn z.B. die Arbeiten nach der ersten Schalungshöhe unterbrochen und die Bauarbeiter an andere Teile der Baustelle abgezogen wurden, deutet dies auf eine mangelhafte Arbeitsvorbereitung hin. Ein zügiges Schalen und Betonieren, gerade des Abfallbunkers, sichert den nächsten Schritt, nämlich das Stellen der Kesselstützen, ohne einen zusätzlichen Aufwand für Sicherheitseinrichtungen, welche die Beschäftigten vor dem Herabfallen von Ausrüstungsgegenständen schützen sollen, zu provozieren.

Eine Interessante Lösung ist das konventionelle Schalen der Stützen, die ausfachenden Wände aber mittels Fertigteilen herzustellen.

Als besonders vorteilhaft, zumal in terminlicher Hinsicht hat sich die Gleitbauweise für den Abfallbunker herausgestellt.

Bild 8:   Gleitbau 1

Bild 9:   Gleitbau 2

Bild 10:

Abwurfschräge

4.2. Konstruktive Besonderheiten

Die Abwurfschurre für die Abfallbunkerfahrzeuge muss gegen den Abrieb und somit den vorzeitigen Verschleiß geschützt werden. Deshalb werden die Oberflächen der Schrägen entweder mit Schmelzbasalt oder mit Hardox o.ä. geschützt.

Gegen den Verschleiß wurden Abfallbunkerwände früher mit Tropenholz z.B. Bongossi geschützt. Dies ist aus der Mode gekommen. Nur noch auf besonderen Wunsch werden Wände mit einer Verschleißschicht geschützt. Zum einen sind die Greifer heute besser zu steuern, zum anderen werden die Verschleißschichten heute aus modernen Beton hergestellt, die gegenüber den vor 30 Jahren üblichen Betonen wesentlich bessere Qualität aufweisen. Eine eingebaute Indikatormatte, ein nicht-statisches Baustahlgewebe, zeigt an wenn die Verschleißschicht aufgebraucht und zu erneuern ist. Ähnliches könnte man auch bei Stützen und Wänden vorsehen, die Sohle des Abfallbunkers ist jedoch neben den Stützenkanten der gefährdetste Teil. Die Stützenkanten werden in der Regel mit Stahlwinkeln geschützt, die jedoch gleich in die Schalung eingebaut werden sollten, um z.B. beim Andübeln entstehende Kanten, die zum Einhaken des Greifers führen könnten, zu vermeiden.

Bei der Bodenplatte ist die Rissbreite des Stahlbetons nach DIN 1045 zu begrenzen. Berücksichtigt werden muss in Deutschland die Richtlinie des DAfStB *Wasserundurch-lässige Bauwerke* (WU-Richtlinie).

5. Ausblick

5.1. Schlackebunker

Der Schlackebunker wird immer als *Stiefkind* angesehen. Er wird dort angeordnet, wo gerade Platz ist und das ist unterhalb der Aufgabe-Trichter, wo auch der Weg vom Kessel her kurz ist. Zwar ist das Volumen der Schlacke im Vergleich zum Abfallvolumen

Bild 11:   Schlackebunker

gering, eine sichere Entsorgung jedoch unumgänglich. In diesem Schlackebunker bilden sich häufig feuchtigkeitsgesättigte Luft und eine sehr korrosive Atmosphäre. Die Krane im Schlackebunker und auch sonstige maschinentechnische Einrichtungen weisen in der Regel auch keine hohe Lebensdauer auf. Schwierigkeiten ergeben sich auch bei winterlichen Verhältnissen, mit Schwadenbildung bei der Verladung im Anfahrbereich. Man sollte hier ansetzen und gegebenenfalls günstige Lösungen für den Betrieb anstreben.

Eine weitere Herausforderung stellt die Entwässerung des Schlackebunkers dar. Hier gilt es die Schlacke zurückzuhalten und nur das aggressive Wasser zu fördern. Befriedigende Lösungen wurden schon erreicht, an einer optimalen Lösung wird noch gearbeitet.

5.2. Verschleißschicht für den Abfallbunker

Sicher würde es sich lohnen die Betriebserfahrung der letzten Zehn Jahre hinsichtlich der Verschleißschichten der verschiedenen Abfallbunker zu untersuchen. Sollten sich hier hohe Raten ergeben, die zur Stilllegung und Reparatur des Bunkerbodens führen, wären ggf. eine Verschleißschicht aus Schmelzbasaltplatten oder die Einstreuung von Hartstoff in der Verschleißschicht Lösungen, welche die Säurebeständigkeit und Abriebbeständigkeit über wesentlich längere Zeit sicherstellen könnte.

MHKW Krakow
– Zum Status der Realisierung der thermischen Abfallbehandlung in Polen –

Gerhard Lohe

Mitte der 1990er Jahre fand in Miedzyzdroje eine der ersten abfallwirtschaftlichen Konferenzen in Polen statt. Kommunalvertreter und Technologieanbieter kamen zusammen, um über die Einführung einer geordneten und umweltverträglichen Entsorgungswirtschaft zu diskutieren. Damals herrschte Aufbruchsstimmung: es bestand Einigkeit, dass Abfallverbrennungsanlagen einen wesentlichen Anteil an einer geordneten Abfallwirtschaft haben sollten, dass ein signifikantes Potential – also Abfallaufkommen – gegeben sei und die Realisierung der Projekte in nicht allzu weiter Ferne läge.

Tatsächlich wird es von der Entwicklung dieser ersten Ideen bis zur Inbetriebnahme der ersten Projekte zwei Jahrzehnte in Anspruch genommen haben. In unserem Nachbarland Polen ist durch in die Zukunft gerichtete abfallwirtschaftliche Maßnahmen und Investitionen ein Markt mit hohem Potential entstanden. In den letzten zwei Jahren sind zahlreiche Aufträge für neue Anlagen vergeben worden, welche die effiziente und umweltschonende Entsorgung der Abfälle sicherstellen sollen. Aber erst der Beitritt Polens zur Europäischen Union am 1. Mai 2004 hat diese Entwicklung deutlich beschleunigt und den Weg zu einer umweltfreundlichen Abfallwirtschaft vorgezeichnet.

Am Beispiel des Müllheizkraftwerkes Krakow soll diese langfristige Entwicklung von der ersten Projektidee bis hin zur Vergabe von Aufträgen und deren Realisierung beschrieben sowie ein Ausblick auf zukünftige Chancen und Risiken vermittelt werden.

1. Grundlagen der Abfallwirtschaft in Polen

In Bezug auf die Gesamtmenge an produzierten städtischen Abfällen steht Polen mit etwa 12 Millionen Tonnen pro Jahr an 6. Stelle in der EU nach Deutschland, Frankreich, England, Italien und Spanien. Interessanterweise steht dieses Land in Europa jedoch in Bezug auf die spezifisch je Einwohner produzierte Abfallmenge auf dem (positiven) letzten Platz mit etwa 317 kg je Einwohner. Diese Zahl schwankt zwischen 234 kg pro Einwohner in ländlichen Gebieten und 386 kg je Einwohner in Großstädten.

Tatsächlich gesammelt wurden in Polen nur etwa 10 Millionen t pro Jahr, die Differenz zu der oben genannten Zahl könnte dadurch erklärt werden, dass zum Zeitpunkt der Datenerfassung (2009) jeder fünfte Bürger noch nicht an ein organisiertes Sammelsystem angeschlossen war [1].

Die Prognose für das Abfallaufkommen aus dem nationalen Abfallwirtschaftsplan 2010 in Polen geht von einer etwa 19 Prozentigen Steigerung bis 2018 der Mengen von Haushaltsabfällen im Vergleich zu 2006 aus. Das einwohnerspezifische Abfallaufkommen würde bei einer erwarteten nahezu unveränderten Einwohnerzahl dementsprechend ansteigen. Dabei ist das Abfallaufkommen insgesamt bzw. das spezifische Abfallaufkommen je Einwohner in Polen seit 2005 bis heute noch relativ konstant geblieben.

Derzeit gibt es in Polen nur eine öffentlich betriebene MVA in Warschau. Diese Anlage hat nach Angaben des Betreibers folgende Parameter:

- gesamtbehandelte Abfallmengen: 120.000 Tonnen pro Jahr, inkl. Sortierung und Kompostierung als Vorbehandlungsstationen,

- Verbrennungskapazität: 57.000 Tonnen pro Jahr, wobei die tatsächliche Auslastung bei etwa 75 Prozent liegt wegen technischer Probleme und hoher Annahmepreise,

- Kompostherstellung etwa 11.500 Tonnen pro Jahr.

Nach Angaben des MVA-Betreibers kostet z. Zt. die energetische Verwertung von Abfällen 78-91 EUR/Tonnen (für Siedlungsabfälle).

Dabei ist die Akzeptanz für den Bau von Abfallverbrennungsanlagen in der Bevölkerung recht hoch. In einer Umfrage in polnischen Großstädten haben sich durchschnittlich 73 Prozent der Befragten für den Bau von modernen Abfallverbrennungsanlagen ausgesprochen, natürlich unter der Voraussetzung, dass moderne Technologien eingesetzt und sowohl Strom als auch Wärme produziert werden. Nur 22 Prozent der Befragten haben sich gegen den Bau einer Anlage in ihrer Gemeinde ausgesprochen. Mit einer Zustimmungsrate von 82 Prozent war die Akzeptanz in der Stadt Krakow besonders hoch [1].

Die abfallwirtschaftliche Situation in Polen ist nach dem EU-Beitritt im Jahr 2004 von mehreren Faktoren geprägt worden. Durch die notwendige Systemumstellung von kommunalen Entsorgungssystemen, durch Mitfinanzierungsmöglichkeiten abfallwirtschaftlicher Anlagen über EU-Fördermittel sowie durch von der EU auferlegte Beitrittsverpflichtungen waren die polnischen Kommunen gezwungen, die kommunale Abfallwirtschaft nach europäischen Standards in Bezug auf quantitative und qualitative Zielvorgaben zu reformieren [2]. Die Vielzahl von Sammlern und modernisierungsbedürftigen technischen Ausstattungen beeinflussten negativ eine ordentliche Organisation der Entsorgungsprozesse. Die Kommunen hatten nur eine unzureichende Kontrolle über die Entsorgung. Als Ersatz für die stillzulegenden Deponien und wilden Abkippstellen fehlten alternative Verwertungs- und Beseitigungsanlagen.

Im Oktober 2005 sind die Regelungen der EU im polnischen Abfallrecht mit Übergangsperioden schließlich in Kraft getreten.

Auf Grund der Anforderungen aus der Deponierichtlinie und unter Berücksichtigung der Übergangsfristen müssen die deponierten Abfallmengen vermindert werden. Im Vergleich zu den Mengen im Basisjahr 1995 soll die Deponierung biologisch abbaubarer Abfallmengen bis zum Jahr 2020 um 65 Prozent reduziert werden. Vor dem Hintergrund der Ausgangssituation in Polen mit einem äußerst hohen Anteil an Deponierung, fehlenden alternativen Behandlungskapazitäten und wachsenden Abfallmengen waren und sind diese Reduzierungsvorgaben sehr ehrgeizig. Im Falle einer Nichteinhaltung drohen dem polnischen Staat Strafzahlungen an die EU, die gemäß den Richtlinien der EU-Kommission gegenwärtig neben einer Pauschale von etwa 4,2 Millionen Euro Tagessätze von etwa 5.000 bis zu 300.000 Euro beinhalten können [1].

Die europäische Umweltgesetzgebung und die darauf basierende Planung nationaler Strategien haben die Kommunen veranlasst, ihre Abfallpolitik im Einklang mit den übergeordneten Vorgaben umzusetzen und die Entsorgungssituation zu ändern. Im Jahre 2008 wurde zur Lenkung der Abfallströme und als Anreiz für Abfallerzeuger deren umweltfreundliches Verhalten zu fördern, die sogenannte Marschallgebühr, eine Gebühr für Abfalldeponierung (Deponiesteuer) eingeführt.

Diese Gebühr sieht einen Anstieg der Deponiegebühren von etwa 15 PLN im Jahre 2006 auf 200 PLN im Jahre 2015 vor.

Die Einführung dieser Deponiesteuer hatte allerdings bemerkenswerte Konsequenzen, denn geordnete Entsorgungswege wurden letztlich verhindert. Die Bürger kündigten die bestehenden Entsorgungsverträge und entsorgten ihre Abfälle teils über das Kippen in Wäldern oder mittels Eigenverbrennung. Zukünftig ist allerdings damit zu rechnen, dass Abfallmengen statt zur Deponierung tatsächlich zu den neuen Abfallverbrennungsanlagen gelenkt werden [2].

Folgerichtig wurden ab 2004 auch die Überlegungen zum Bau von Abfallverbrennungsanlagen im Zuge der Umsetzung der damit zur Geltung kommenden EU-Richtlinien konkreter, und es wurde eine Liste *indikativer* Abfallverbrennungsprojekte in Polen entwickelt. Ende 2007/Anfang 2008 wurde diese von der EU-Kommission und der polnischen Regierung akzeptiert und bestätigt. Darin wurden 12 Projekte aufgeführt mit einer Gesamtkapazität von etwa 2,4 Millionen Tonnen pro Jahr und einer Gesamtinvestition von etwa 6 Milliarden PLN.

Grundlage hierfür war das im Dezember 2007 von der Europäischen Kommission genehmigte operationelle Programm für Polen mit dem Titel *Operationelles Programm für Infrastruktur und Umwelt*, geltend für den Zeitraum 2007-2013 [3]. Dieses Programm war mit Gesamtmitteln in Höhe von 37,56 Milliarden Euro ausgestattet, die gemeinschaftlichen Fördermittel beliefen sich auf 22,18 Milliarden Euro aus dem Kohäsionsfond und auf 5,74 Milliarden Euro aus dem Europäischen Fond für regionale Entwicklung (EFRE).

Es war das größte operationelle Programm in Polen und zudem das bisher größte operationelle Programm in der gesamten EU, um die Entwicklung der technischen Infrastruktur zu fördern und gleichzeitig die natürliche Umwelt sowie die Gesundheit zu schützen und zu verbessern.

Einer der Schwerpunkte war eben die Abfallentsorgung, die Steigerung des wirtschaftlichen Nutzens durch die Vermeidung und Verringerung der in den Kommunen zu beseitigenden Abfallmengen mittels Einführung von Recyclingverfahren und Technologien zur Entsorgung.

Der EU-Kohäsionsfonds sollte unser Nachbarland also bei der Erreichung der Ziele der verschiedenen EU-Direktiven auch in Bezug auf die Abfallbehandlung unterstützen. Anlagenbauprojekte, die in den Genuss dieses Fonds kommen wollten, sollten vor dem 31. Dezember 2015 fertiggestellt sein, d. h. die entsprechenden Anlagen müssen zu diesem Zeitpunkt vollbeständig in Betrieb genommen und übergeben sein.

Zunächst aber mussten für die jeweiligen Projekte bis zum 30. Juni 2010 Machbarkeitsstudien, Umweltverträglichkeitsprüfungen und vorgesehene Standorte als Bestandteil der Anträge auf finanzielle Unterstützung bei der EU-Kommission vorgelegt werden. Aus verschiedenen Gründen haben oder konnten nicht alle potentiellen Projekteigner diesen Endtermin einhalten.

Die erwähnten Machbarkeitsstudien stellten die Basis für die jeweiligen Umweltverträglichkeitsprüfungen dar. Die darin festgelegten Verfahren und Verfahrensschritte waren wiederum Grundlage für die Ausschreibungsunterlagen, die von den Bietern uneingeschränkt zu akzeptieren sind. Abweichungen hierzu, auch wenn diese im Sinne eines optimierten Anlagenbetriebes sinnvoll erscheinen, sind gemäß dem öffentlichen Vergaberecht nicht zulässig. In der Phase zwischen Veröffentlichung einer Ausschreibung und Angebotsabgabe gibt es zwar die Möglichkeit zur Klärung technischer und kommerzieller Bedingungen, erfahrungsgemäß ist hier aber der Spielraum für Anpassungswünsche seitens des Auftraggebers nur sehr gering.

Im Jahre 2011 ist es nach Sicherstellung der Finanzierung aus dem Kohäsionsfonds dann zu den ersten Ausschreibungen für die bekannten Abfallverbrennungsprojekte Bydgoszcz, Bialystok, Krakow, Szczecin, Konin und Poznan gekommen.

Nach einigen für den mit dem polnischen Vergaberecht unerfahrenen Beobachter erstaunlichen Entwicklungen im Zuge der einzelnen Vergaben wurden schließlich im Jahre 2012 alle fünf Bauaufträge sowie das PPP-Modell Poznan vergeben und unterschrieben. Für die meisten der Projekte wurden inzwischen die Baugenehmigungen erteilt (Status November 2011). Sofern es nicht zu Verzögerungen kommt, sollen alle Anlagen Ende 2015 in Betrieb gegangen und an die Endkunden übergeben worden sein.

Der wichtigste Schritt auf dem Weg Polens erfolgte jedoch erst vor nicht allzu langer Zeit: Im Jahre 2011 wurde das *Gesetz über die Aufrechterhaltung der Sauberkeit und Ordnung in den Gemeinden* vom polnischen Parlament verabschiedet und damit schließlich die Überlassungspflicht kommunaler Siedlungsabfälle an die öffentlich-rechtlichen Entsorgungsträger eingeführt. Gleichzeitig wurden die Kommunen verpflichtet, Leistungen im Bereich der Abfallentsorgung auszuschreiben [4].

Die Einführung dieser Überlassungspflicht für Siedlungsabfälle aus privaten Haushaltungen stellte eine gravierende Änderung im polnischen Abfallrecht dar, denn bis dahin gab es eine derartige Auflage in Polen nicht.

Die Grundstückseigentümer waren bislang verpflichtet, Entsorgungsdienstleistungsverträge abzuschließen und gegenüber der Gemeinde entsprechende Nachweispflichten zu erbringen. Die Kommune hatte lediglich dafür Sorge zu tragen, dass alle Einwohner an entsprechende Abfallentsorgungssysteme angeschlossen waren. In der Regel schlossen die Eigentümer vor dem Hintergrund dieser Rechtslage einen Entsorgungsvertrag mit einem ausgewählten Dienstleister ab, der dann darüber entschied, in welcher Anlage die Abfälle entsorgt werden sollten [4].

In der Regel wurde der Abfall auf einer der zahlreichen Deponien abgelagert, die nicht unbedingt europäischen Standards entsprachen. Im Jahr 2004 wurde die Zahl der Deponien in Polen mit weit über 1.000 angegeben, davon sollten bis Ende 2011 etwa 300 geschlossen werden. Noch im Jahr 2008 wurden nahezu 8,7 Millionen Tonnen Hausmüll auf Deponien abgelagert [5].

Am Ende des Jahres 2011 soll es schließlich noch 578 offizielle Deponien in Polen gegeben haben, von denen 428 ohne Entgasung betrieben wurden, die übrigen wiesen eine Gasverbrennung mit und ohne Energierückgewinnung auf [6]. Dennoch gibt es einen unentwegten Kampf gegen illegale Lagerstätten. Obwohl im Laufe des Jahres 2011 mehrere tausend illegale Deponien geschlossen wurden, wurden offiziell weiterhin mehr als 2.500 bestehende illegale Abfalllagerstätten statistisch erfasst.

Das neue Gesetz sollte zu einer Änderung dieser Kultur der Abfallentsorgung führen. Um die Entsorgungspflicht bezahlen zu können, erhielten die öffentlich-rechtlichen Entsorgungsträger das Recht, Abfallgebühren zu erheben. Darüber hinaus wurden die Gemeinden verpflichtet, die getrennte Sammlung für die Fraktionen Papier, Metall, Kunststoffe und Glas sowie biologisch abbaubare kommunale Abfälle einzuführen, entsprechende Zielwerte wurden eingeführt.

Zudem verpflichtete das neue Gesetz die polnischen Kommunen die Leistungen im Entsorgungsbereich auszuschreiben. Diese Verpflichtung gilt für den Bau und den Betrieb der Anlagen, in denen der kommunale Siedlungsabfall entsorgt werden soll. Alternativ können die Kommunen öffentlich-private Partnerschaften eingehen [4].

Erst mit der Verabschiedung dieses Gesetzes waren schließlich die rechtlichen Voraussetzungen geschaffen, um im Rahmen öffentlicher Ausschreibungen die Vergaben für den Bau von Abfallverbrennungsanlagen in Polen auszuführen.

Die entsprechende Verpflichtung zur Überlassung der Abfälle ist am 01. Januar 2012 in Kraft getreten, für die Umsetzung wurde eine Übergangsfrist von 18 Monaten bis zum 30. Juni 2013 gewährt.

Es bleibt abzuwarten welchen Einfluss das neue Abfallgesetz auf die Schätzungen des Abfallaufkommens in Polen haben wird. Sobald die Gemeinden das Aufkommen selbst ermitteln müssen, könnte sich herausstellen, dass es insgesamt zu einem deutlichen Anstieg gegenüber den bisher in Tat geschätzten Angaben kommt, da beträchtliche Mengen illegal entsorgt wurden.

In folgenden Städten bzw. Kommunen sind zur Zeit Abfallverbrennungsanlagen in Bau. Den Zuschlag zum Bau der MVA in Szczecin erhielt das polnische Bauunternehmen Mostostal Warszawa.

Ab 2015 soll diese MVA jährlich 150.000 Tonnen Abfall verbrennen. Die MVA in Bydgoszcz wird von einem italienischen Konsortium unter Führung der Firma Astaldi realisiert. Auch diese Anlage soll noch bis Ende 2015 fertiggestellt werden und dann jährlich 180.000 Tonnen Abfälle in Energie umwandeln. Die MVA in Bialystok wird ein Konsortium um das polnische Bauunternehmen Budimex bauen, die Abfallverbrennungsanlage in Konin wird ein Konsortium um das polnische Bauunternehmen Erbud errichten. Im Durchschnitt werden insgesamt etwa 60 Prozent der notwendigen Investitionen von der EU finanziert.

Den Bau der Abfallverbrennungsanlage in Krakow übernimmt die koreanische Firma Posco. Der Wert des Projektes beträgt etwa 650 Millionen PLN (netto), auch diese Anlage mit einer Jahreskapazität von 220.000 Tonnen soll Ende 2015 fertiggestellt und in Betrieb genommen sein.

Das Projekt in Poznan wird die Stadtverwaltung im Rahmen einer Public Private Partnership (PPP) bis 2016 verwirklichen.

In Bezug auf die Projekte, die 2012 als reine Anlagenbauaufträge vergeben worden sind, fällt auf, dass alle Projekte mit Ausnahme von Bydgoszcz mit Auftragswerten z. T. sehr deutlich über den zuvor benannten Budgets der Auftraggeber vergeben wurden. Es sind Überschreitungen von bis zu 40 Prozent festzustellen. Zudem liegen die spezifischen Preise pro Jahrestonne durchgehend deutlich über dem aus westeuropäischen Vergaben bekannten Niveau. Schon bei Analyse der Indikativen Projektliste konnte der Beobachter ein wenig kongruentes Preisniveau feststellen.

Die Gründe hierfür liegen einerseits in einem über dem normalen Lieferumfang einer Gesamtanlage hinausgehenden Lieferumfang, möglicherweise aber auch in einem Zuschlag, um die Risiken aus den teils recht einseitig formulierten Vertragskonditionen abzudecken. Einschließlich des Projektes Poznan wurden Behandlungskapazitäten in Höhe von etwa 1 Millionen Tonnen pro Jahr vergeben, die damit verbundenen Gesamtinvestitionen betragen etwa 680 Millionen EUR. Bei einer Betrachtung der Durchschnittswerte ist zu beachten, dass der Vergabewert für das Projekt Bydgoszcz als äußerst günstig eingeschätzt werden kann.

In allen genannten Fällen ist eine Vergabe als Gesamtprojekt zur Anwendung gekommen und es ist davon auszugehen, dass diese Vergabeform auch in Zukunft überwiegend angewandt werden wird, eine Vergabe in Einzellosen also nicht angestrebt wird. Der Grund hierfür liegt in dem Wunsch der Auftraggeber nach einer absoluten Risikominimierung, die eine solche Vertragsform zwingend erfordert. Die Abwälzung jeglichen Risikos auf den Auftragnehmer und der Zwang zur uneingeschränkten Akzeptanz der technischen und kommerziellen Bedingungen – unabhängig davon ob diese teils widersprüchlich sind oder Optimierungspotential aufweisen – müssen letztlich in einem deutlich höheren Vergabepreis resultieren.

Von der Möglichkeit, die Ausschreibung nur einem ausgewählten Kreis von Bewerbern zur Verfügung zu stellen, d. h. der eigentlichen Angebots- und Vergabephase wird eine Präqualifikation vorgeschaltet, im Rahmen derer die vergebende Stelle auf Basis definierter Bedingungen eine Vorauswahl von Bietern erstellt, wurde nur bei zwei der EPC-Projekte (Krakow, Bialystok) sowie Poznan wahrgenommen.

Bei drei Projekten hingegen wurden die Präqualifikation und die Abgabe der Offerte zeitlich parallel geschaltet. Diese Vorgehensweise ist für Bieter in diesem Bereich eher ungewöhnlich, da der Kreis der Wettbewerber und damit eine korrekte Chancenbewertung unter Berücksichtigung der mit der Angebotserstellung verbundenen Kosten nicht möglich ist und eine Disqualifikation auf Grund letztendlich nicht maßgeblicher Formfehler nicht ausgeschlossen werden kann, der hohe Aufwand zur Angebotserstellung also vollständig vergebens war.

Die Anwendung eines offenen Vergabeverfahrens, ob mit oder ohne vorgeschaltete Präqualifikation, das für Vergabe geringwertiger Güter sinnvoll ist, erscheint für die Vergabe höchstkomplexer Anlagen mit einem hohen Bedarf an intensivem Austausch zwischen den beteiligten Parteien nicht unproblematisch. Der partnerschaftliche Dialog zwischen vergebender Stelle und Auftragnehmer ist entscheidend und sichert in jedem Fall auch die Auswahl eines technisch und wirtschaftlich optimalen Bieters bzw. Angebotes.

Zudem ist zu beachten, dass nicht nur – selbstverständlich – die benannten Gewährleistungswerte einzuhalten und nachzuweisen sind, sondern dass die technische Spezifikation wortwörtlich umzusetzen ist und letztlich alle darin benannten Eigenschaften, Forderungen und Beschreibungen ebenso als garantiert einzustufen und umzusetzen sind. Dies gilt z.B. auch für die Einhaltung des Mindestwertes für den R1-Faktor nach Recherchen des Verfassers bei drei Projekten mit mindestens 0,65 (richtliniengemäß) einzuhalten ist, während bei zwei Projekten ein Wert von mindestens 0,8 vorgegeben und damit von Bietern garantiert worden ist. Es bleibt abzuwarten, inwiefern insbesondere der Wert von mindestens 0,8 unter den gegebenen Randbedingungen von den einzelnen Bietern nachgewiesen werden kann.

Aber auch die kommerziellen Bedingungen verursachten bei potentiellen Bietern Bedenken, wenn es sich um immer wiederkehrende Forderungen z.B. nach unbegrenzten Haftungen, Übernahme von Bodenrisiken und aller Risiken aus der Erteilung von noch ausstehenden Genehmigungen – inhaltlich und terminlich – handelte.

Die vorgenannten Beispiele stellen ein in der Summe schwer kalkulierbares Wagnis dar und sind pauschal zumindest für die Mehrzahl der Technologielieferanten wenig akzeptabel, auch wenn vergleichbare Konditionen bei öffentlichen Vergaben in anderen Ländern der EU durchaus ebenso zur Anwendung kommen – es sich also nicht um ein landesspezifisches Problem handelt – und sich doch offensichtlich zahlreiche Bieter bzw. Bietergemeinschaften an den Vergabeverfahren beteiligt haben. Allerdings haben in der überwiegenden Anzahl der Fälle lokale Bauunternehmen die Führung übernommen - auch dies eine aus anderen Ländern dann bekannte Vorgehensweise - und die Technologielieferanten in einer Unterlieferantenfunktion berücksichtigt - eine Variante, die das polnische Vergaberecht erst seit wenigen Jahren überhaupt zulässt. Die Chancen und Risiken dieser Vorgehensweise sind von den Beteiligten individuell abzuschätzen, werden generell aber wiederum in einem höheren Preisniveau resultieren.

Mit den Referenzen der Technologielieferanten und den zu benennenden MVA-Spezialisten wurden die lokalen Bauunternehmen meist erst in die Lage versetzt, sich als Bieter zu qualifizieren.

Diese Vorgehensweise impliziert, dass sich unter der Voraussetzung unveränderter Prozedere und Bedingungen diese Firmen bei zukünftigen Vergabeverfahren eigenständig bewerben können, die Technologie selbst also keine Rolle spielt. Schon bei den erfolgten Vergaben hat es Fälle gegeben, in denen die Technologie nach der Auftragserteilung ausgetauscht wurde, der Stellenwert des eigentlichen Herzstückes einer Anlage also letztlich leider als gering einzustufen ist.

2. Das Projekt Krakow

Die Stadt Krakow in der Woiwodschaft Malopolskie ist im Süden Polens gelegen und hat etwa 750.000 Einwohner. Im Jahre 2008 wurden dort etwa 320.000 Tonnen Kommunalabfälle erzeugt, von denen etwa 85 Prozent deponiert wurden [7]. Zum damaligen Zeitpunkt, also vor Einführung des neuen Abfallgesetzes 2011/2012, hatten 25 Gesellschaften die Genehmigung für die Sammlung und den Abtransport der Abfälle. Die Kosten für die Abfallentsorgung wurden über die einzelnen Gesellschaften bei den Abfallproduzenten abgerechnet. Die Gebühren umfassten die Kosten für die Sammlung, den Transport und die Entsorgung der Abfälle. Bereits etwa zwei Drittel der Abfälle wurden von der städtischen Gesellschaft MPO gesammelt und entsorgt. Die Gebühr für die Entsorgung einer 120 l-Tonne lag in der Größenordnung von durchschnittlich etwa 21 PLN. Die bestehende Deponie mit einer damaligen Restkapazität für etwa 4-5 Jahre wurde ergänzt durch eine Sortieranlage sowie zwei Kompostierungsanlagen.

Von den insgesamt in Krakow generierten 320.000 Tonnen Kommunalabfällen pro Jahr sollen in der Abfallverbrennungsanlage 220.000 Tonnen verbrannt werden. Hierfür soll eine Anlage mit zwei Verbrennungslinien von jeweils 14,1 t/h Kapazität bei einem Auslegungsheizwert von 8,8 MJ/kg errichtet werden. Die Infrastruktur der Anlage soll zusätzlich die Einrichtungen zur Schlackenbehandlung (70.000 t/Jahr) sowie zur Behandlung der Rückstände aus der Abgasreinigung (15.000 t/Jahr) beinhalten. Neben der Stromerzeugung ist ein Anschluss an das lokale Fernwärmenetzwerk vorgesehen.

Das Projekt MHKW Krakow wurde entwickelt, um die noch bestehende Lücke im übergeordneten Abfallwirtschaftsplan der Gemeinde zu schließen, einerseits um die noch verbleibenden Restabfallmengen thermisch zu behandeln, andererseits um die Erfüllung der geltenden Regularien und Direktiven sicherzustellen. Im Rahmen einer Machbarkeitsstudie wurden verschiedene Lösungswege und Standorte betrachtet, auch um die spätere Logistik der Abfallversorgung der Anlage zu ermöglichen, aber auch um den Anschluss an die verschiedenen Energieversorgungsnetzwerke effizient und möglichst schnittstellenfrei zu gestalten. Vier unterschiedliche Standorte wurden betrachtet, wobei schließlich der Standort Nova Huta als der optimale Standort identifiziert werden konnte.

Die Kapazität der Anlage wurde unter Berücksichtigung der Entwicklung der Einwohnerzahlen der Stadt Krakow sowie der spezifischen Abfallmengen je Einwohner und Jahr bis in das Jahr 2030 extrapoliert. Obwohl ein Rückgang der Einwohnerzahlen erwartet wird, führen insgesamt deutlich ansteigende spezifische Abfallmengen zu einem insgesamt ansteigenden Abfallabfallaufkommen in dem Betrachtungszeitraum. Unter Berücksichtigung von zunehmender Getrenntsammlung und beabsichtigten Recyclinganstrengungen wurde schließlich die bereits genannte Anlagenkapazität festgelegt, die so prinzipiell bis zum Jahr 2030 ausreichen soll.

Im Zuge einer Evaluierung alternativer Behandlungsverfahren wurde festgestellt, dass die mechanisch-biologische Behandlung von Abfällen zu keiner Lösung des Abfallproblems führen würde. Auch Pyrolyse und Vergasungsverfahren wurden von weiteren Betrachtungen ausgeschlossen. In umfangreichen Betrachtungen thermischer Behandlungsverfahren hat sich schließlich wiederum die Rostfeuerung als die bestmögliche Alternative für die geplante Anlage ergeben.

Das vorgesehene Budget für das Gesamtanlagenprojekt wurde mit etwa 150 Millionen EUR festgelegt. Unter Berücksichtigung von Betriebsmittelkosten, Personal- und Finanzierungskosten und den Einkünften aus dem Verkauf der erzeugten Energie wurde für den Beginn des Anlagenbetriebes ursprünglich eine Anlieferungsgebühr von etwa 170 PLN berechnet, die bis zum Jahr 2030 auf etwa 340 PLN ansteigen, sich also verdoppeln könnte [7]. In den späteren Offerten der Bieter wurden für die reinen Betriebskosten (Verbrauchsstoffe und interner Stromverbrauch) Werte von etwa 60 PLN/t genannt. Nur der Anteil für die Verbrauchsstoffe der Stabilisierungseinrichtungen soll daran schon je nach eingesetzter Prozesstechnik 30-45 Prozent betragen.

Als für die gesamte Projektabwicklung verantwortliche Stelle wurde die KHK S.A. (Krakowski Holding Komunalny AG) bestimmt. Die KHK SA ist eine 100 Prozentige Tochter der Stadt Krakow und stellt letztlich einen Zusammenschluss verschiedener städtischer Gesellschaften mit Bezug auf die Wärme- und Wasserversorgung dar.

Im Rahmen des zweistufigen Vergabeverfahrens wurden insgesamt fünf Bieter für das Projekt qualifiziert, von denen sich vier durch die Abgabe eines Angebotes an dem Vergabewettbewerb beteiligt haben.

Am 31. Oktober 2012 wurde schließlich der Vertrag zwischen der KHK SA und der Firma Posco E&C für den Bau der Anlage unterzeichnet und somit das Startsignal für die Realisierung dieses Projektes gegeben. Zwischen Angebotsabgabe und Unterschrift ist es zu einigen überraschenden Wendungen gekommen, die darin resultierten, dass letztlich der Bieter mit dem höchsten Angebotswert den Zuschlag erhalten hat.

Zwischen dem Zeitpunkt der Ankündigung der Vergabeverfahrens und der Vertragsunterschrift ist nahezu genau ein Jahr vergangen, ein Zeitraum, der - wie bei den anderen Vergabeverfahren auch - weniger für die vielleicht manchmal sinnvolle Klärung technischer Aspekte als vielmehr für diverse rechtliche Klärungen vor der Vergabekammer genutzt wurde.

Schon lange vor Beginn des Vergabeverfahrens hatte sich die Firma Posco für einen Technologielieferanten aus Ratingen entschieden. Dieser erfahrene Lieferant war somit von Anbeginn des Projektes in die Bearbeitung einbezogen und hat die Firma Posco bei der Erstellung der Präqualifikationsunterlagen sowie des eigentlichen Angebotes unterstützt.

Um die Bearbeitung der Genehmigungsunterlagen zu beschleunigen, wurde bereits im November 2012 ein Engineering-Vertrag mit dem Technologielieferanten unterzeichnet, dieser Vertrag wurde dann durch die Erteilung des eigentlichen Lieferauftrages für das gesamte Los Feuerung und Kessel im Februar 2013 ergänzt. Die Baugenehmigung wurde von den Behörden schließlich im November 2013 erteilt, anschließend wurde unverzüglich mit den Bauarbeiten begonnen. Die Anlage soll vertragsgemäß spätestens bis Ende 2015 in Betrieb genommen und übergeben worden sein.

Die Zusammenarbeit zwischen der Firma Posco und dem Ratinger Technologielieferanten gestaltet sich erfolgreich und ist durch eine vertrauensvolle Zusammenarbeit und einen intensiven Informationsaustausch in Bezug auf alle Aspekte der Abfallverbrennungsanlage gerichtet.

3. Die Anlagentechnik des MHKW Krakow

Der Aufbau der Abfallverbrennungsanlage ist mit dem vorgegebenen 2-linigen Aufbau konventionell gestaltet. Im Auslegungspunkt bei einem Heizwert von 8,8 J/kg beträgt der Durchsatz je Linie 14,1 t/h, so dass sich eine Jahreskapazität von 220.000 Tonnen errechnet. Gemäß Feuerungsleistungsdiagramm wird eine maximale Jahresdurchsatzleistung von etwa 250.000 Tonnen zur Verfügung gestellt. Gemäß den Mindestvorgaben der Ausschreibung wurden die Dampfparameter mit 40 bar und 415 °C festgelegt, der mindestens zu erreichende Kesselwirkungsgrad beträgt 85 Prozent und wird überschritten.

Prinzipiell wäre es natürlich möglich gewesen, diese Durchsatzleistung auch mit nur einer Verbrennungslinie darzustellen. Größere Durchsatzleistungen werden sicher beherrscht und können zu einer Reduzierung der Betriebskosten beitragen, so dass dieser Aspekt vielleicht bei zukünftigen Neuanlagen Berücksichtigung finden könnte.

Als Verbrennungssystem wurde ein bewährter luftgekühlter zweistufiger Rost nach dem Gegenlaufprinzip ausgewählt. In dem nachgeschalteten 5-Zug-Kessel werden jeweils etwa 40 t/h Dampf erzeugt, die in dem folgenden Wasser-Dampf-Kreislauf sowohl in Strom als auch in Fernwärme umgewandelt werden. Zur Stickoxydabscheidung auf einen Wert von etwa 100 mg/m^3n wird ein bewährtes SNCR-Verfahren eingesetzt. Die nachgeschaltete Abgasreinigungsanlage mit Sprühabsorber und Gewebefilter soll die Erreichung der vertraglich zugesicherten Emissionsgrenzwerte, die z. T. deutlich unterhalb der europäischen Richtlinien liegen, sicherstellen. Die Anlagentechnik wird ergänzt durch eine Schlackenaufbereitung sowie durch ein Verfahren zur Stabilisierung der Reststoffe aus der Abgasreinigungsanlage.

Das Projekt Krakau zeichnet sich positiv durch eine interessante Architektur aus. In einem dem eigentlichen Anlagenvergabeverfahren vorgeschalteten Wettbewerb waren Architekturbüros aufgefordert, einen entsprechenden Vorschlag zu erarbeiten. Das Architekturbüro Manufaktura Nr. 1 Boguslaw Wowrzeczka aus Wroclaw hat schließlich den in Bild 1 dargestellten Entwurf vorgelegt, der von einer Kommission als der beste ausgewählt wurde.

Bild 1: Architektur des MHKW Krakow

In einem weiteren Vergabeverfahren hat die KHK die Ingenieurberatungsleistungen (Owner's Engineer) ausgeschrieben. Das Unternehmen Energopomiar aus Gliwice ist als erfolgreicher Bieter aus diesem Vergabeverfahren hervorgegangen und begleitet heute auf Seiten der KHK die Abwicklung des Projektes.

Die ursprüngliche Terminplanung nach der Vertragsunterzeichnung im Oktober 2012 sah den Beginn der Bauarbeiten für Mitte 2013 vor, dieser sollte sofort nach Erteilung der notwendigen Genehmigungen erfolgen. Diese hat sich jedoch verzögert, so dass die Grundsteinlegung und damit der Beginn der Bauarbeiten erst im November/Dezember 2013 erfolgen konnten. Dennoch ist davon auszugehen, dass die Übergabe der Anlage wie geplant Ende 2015 erfolgen wird.

Auf Grund der Erfahrungen des Ratinger Technologielieferanten bei der Abwicklung verschiedener schlüsselfertiger Kraftwerksanlagen in Polen (GuD-Kraftwerke Lublin 235 MWe und Rzeszow 96 MWe sowie die Abgasentschwefelungsanlage Dolna Odra) kann der Generalunternehmer, die Firma Posco, eine vollständige Unterstützung erwarten. Zudem stellt der Technologielieferant die vertraglich zugesicherten Funktionen für den Contractor's Representative sowie den Chief Designer. Eine zusätzliche Unterstützung wird durch dessen polnische Schwestergesellschaft möglich, die mit etwa 400 Mitarbeitern einen Umsatz von 90 Millionen PLN im Servicebereich erwirtschaftet. Es ist selbstverständlich, dass bei Vergaben polnische Lieferquellen eine adäquate Berücksichtigung finden.

Das Projekt MHKW Krakow kann schon heute als ein besonderes Beispiel für eine gelungene Zusammenarbeit zwischen einer polnischen Kommune, einem koreanischen Generalunternehmer und einem deutschen Technologielieferanten benannt werden.

4. Zukünftige Projekte und Ausblick

Wie bereits erwähnt wurden fünf der sechs im Jahre 2012 vergebenen Abfallverbrennungsaufträge als Bauaufträge ausgeschrieben und vergeben. Die entsprechenden Auftraggeber beabsichtigen, ihre Anlagen später mit eigenen, kommunalen Gesellschaften zu betreiben. Es bleibt abzuwarten, ob diese Vorgehensweise in der Zukunft beibehalten werden kann und wird. Im Interesse einer Reduzierung der Betriebskosten und dementsprechend der Entsorgungskosten könnten zukünftige Auftraggeber Bau und Betrieb der Anlagen in eine private Hand vergeben, diese Projekte also im Zuge von PPP-Projekten realisieren, so wie es bereits bei dem Projekt Poznan vorgesehen ist. Dieses Projekt hat gezeigt, dass PPP-Projekte für den Bau und den Betrieb von Abfallverbrennungsanlagen in Polen grundsätzlich machbar sind.

Es ist bemerkenswert, dass dieses Projekt auf der Grundlage eines Dialogverfahrens vergeben wurde und das sich ergebende Preisniveau im Rahmen der Erwartungen gelegen hat. Es ist nicht nachvollziehbar, warum dieses Projekt im Dialogverfahren vergeben wurde, während die reinen Bauaufträge auf Basis eines unflexiblen und für derartige Projekte grundsätzlich eher nicht geeigneten einstufigen Verfahrens ausgeschrieben und vergeben wurden. Es wäre wünschenswert, wenn sich die Auftraggeber in Zukunft bei der Vergabe von reinen Bauaufträgen für Abfallverbrennungsanlagen ebenso für das Verhandlungs- oder Dialogverfahren entscheiden würden, welches schließlich auch für die Auftraggeberseite zu einer optimierten Lösung führen könnte, wenn auch in Verbindung mit erhöhten Anforderungen an eine Verantwortungsbereitschaft.

An dieser Stelle sei noch einmal betont, dass nicht das Vergabeverfahren als solches kritisiert wird, sondern vielmehr dessen Anwendbarkeit auf ein komplexes Bauprojekt, für das nicht nur genau eine einzige Lösung existiert. Somit ließen sich auch Konflikte vermeiden, die sich aus der Unabänderbarkeit der Ausschreibungsvorgaben im Zuge der Abwicklung eines Auftrages ergeben. Es entsteht der Eindruck, dass hier zum Teil Lösungen zwanghaft umgesetzt werden müssen, weil diese im Zuge der Vorplanungsarbeiten vielleicht sogar berechtigterweise in die Ausschreibung eingeflossen sind, sich im Zuge der Abwicklung jedoch als unvorteilhaft erweisen. Innovations- und Optimierungsmöglichkeiten werden somit auf Grund bürokratischer Vorgaben und Vorgehensweisen in den Hintergrund gedrängt, unnötige Mehraufwendungen müssen letztlich vom Bürger übernommen werden.

Der Markt für Abfallverbrennungsanlagen in Polen hat sich insgesamt sehr dynamisch entwickelt, allerdings ist nach den insgesamt 6 erfolgten Auftragsvergaben im Jahre 2012 eine gewisse Beruhigung eingetreten. Dennoch ist zu erwarten, dass auch in Zukunft noch zahlreiche Abfallverbrennungsanlagen gebaut werden.

Optimistische Schätzungen gehen bis zum Jahre 2020 von dem Bau von bis zu 30 weiteren Anlagen aus, die über das gesamte Land verteilt sind. Zwei Drittel davon könnten alleine im Süden bzw. Südwesten des Landes errichtet werden. Auch der Großraum Warschau mit etwa 2 Millionen Einwohnern bietet ein großes Potential für den Bau einer oder mehrerer Großanlagen.

In Anbetracht der damit verbundenen hohen Investitionen, der Anstrengungen des polnischen Staates bei der Abfalltrennung und dem Recycling, den notwendigen aber begrenzten Ressourcen zum Bau der Anlagen sowie der komplexen Vergabeverfahren, für die Vereinfachungen kaum zu erwarten sind, erscheinen die vorgenannten Volumina allerdings nicht real. Analysen, die sich aus dem nationalen Abfallwirtschaftsplan für 2010 [8] ergeben und bereits für 2010 bzw. 2013 den Bau von bis zu 7 bzw. bis zu 10 Abfallverbrennungsanlagen in Polen prognostizierten, haben sich als deutlich zu ambitioniert gezeigt. Auch wenn Abfallverbrennungsanlagen in Polen politisch gewollt sind – der Nationale Abfallwirtschaftsplan 2014 definiert die thermische Abfallbehandlung als bevorzugte Behandlungsmethode für unsortierte Kommunalabfälle in Wirtschaftsregionen mit mindestens 300.000 Einwohnern –, erfordert jedes Projekt einen nicht unerheblichen zeitlichen Vorlauf, so dass mit einem signifikanten Vergabevolumen erst wieder ab der Mitte des Jahrzehnts gerechnet werden kann.

Ausgehend von einer jährlichen Abfallmenge von 350 kg pro Person bei derzeit etwa 38 Millionen Einwohnern und einer Rate von 30 Prozent für die thermische Abfallbehandlung ergibt sich bei einer mittleren Anlagengröße von 250.000 Tonnen ein weiteres Potential von 8 bis 10 Anlagen.

Unter der Annahme, dass diese etwa 4 Millionen Tonnen Abfälle thermisch behandelt werden, könnten damit etwa 2,2 TWh Elektrizität und etwa 6,5 TWh Wärme pro Jahr produziert werden. Im Vergleich hierzu wurden 2010 im Kraftwerk Turow, in dem etwa 7 Prozent des gesamten polnischen Stromes erzeugt wird, unter Verwendung von etwa 10 Millionen Tonnen Braunkohle etwa 10 TWh produziert [1].

Würden die Verhältnisse des deutschen Entsorgungsmarktes auf Polen übertragen, so müssten sogar Verbrennungskapazitäten in Höhe von 5,2 mio Tonnen Abfällen geschaffen werden [9].

Geduld und langen Atem vorausgesetzt, hat die Erfolgsgeschichte der Abfallverbrennung in vielen Ländern Westeuropas, die inzwischen vollständig von der Deponierung von unbehandelten Abfällen abgekehrt sind, gezeigt, dass Abfallrecycling und Abfallverbrennung gemeinsam und sich jeweils ergänzend entwickelt werden können.

Gesetzgebung und Umweltbewusstsein sind die treibenden Faktoren, die das Marktvolumen für Abfallverbrennungsanlagen in Polen positiv beeinflussen werden. Die überbordende Bürokratie und Probleme bei der Finanzierung sind andererseits die begrenzenden Faktoren. Polen steht in den nächsten Jahren vor großen Herausforderungen in Bezug auf eine geordnete und umweltgerechte Abfallwirtschaft und das Unternehmen Doosan Lentjes ist bereit, mit einer ausgereiften Technologie einen wesentlichen Beitrag zur Zielerreichung zu leisten.

5. Quellen

[1] Deloitte, Fortum, 4P research mix: Waste Management in Poland; September 2011

[2] Kapsa, K.: Verfahren für die Systembewertung und Ableitung der Optimierungspotenziale für Entsorgungssysteme am Beispiel eines polnischen Zweckverbandes. Dissertation, Berlin 2010

[3] Europäische Kommission: Regionalpolitik/Entwicklungsprogramme/Polen/Operationelles Programm *Infrastruktur und Umwelt*

[4] Polen führt Überlassungspflicht für kommunale Siedlungsabfälle ein. In: Euwid Recycling und Entsorgung, Nr. 35.2011, 30.08.2011

[5] Wielgosinski, G.: Municipal Waste Management and Waste-to-Energy Projects in Poland. In: WtERT Meeting Europe – Brno 2010

[6] Ochrona srodowiska 2013 In: Central Statistical Office, Warszawa 2013

[7] Jaspers Active Completion Note: Municipal Waste Management Programme Krakow, 10.06.2011

[8] Poland/The 2010 National Waste Management Plan (KPGO) Warsaw, December 2006

[9] Clifford Chance: Municipal Waste Incineration Plants, Briefing, August 2013

CONSULT GMBH

PROFESSOR DR.-ING. MICHAEL BECKMANN

PROFESSOR DR. DR. H. C. KARL J. THOMÉ-KOZMIENSKY

PROFESSOR DR.-ING. REINHARD SCHOLZ

DR.-ING. STEPHANIE THIEL

BERATUNG FÜR UMWELT UND ENERGIE

STRATEGIEENTWICKLUNG

WISSENSCHAFTLICHE UND INGENIEURTECHNISCHE EXPERTISEN

TECHNISCH-WIRTSCHAFTLICHE BEWERTUNG VON
INVESTITIONSVORHABEN

RISIKOABSCHÄTZUNG BEIM EINSTIEG IN TECHNOLOGIEN
UND VERFAHREN

TECHNIKFOLGENABSCHÄTZUNG

STOFFKREISLÄUFE

EMISSIONSMINDERUNG

ENERGIEEFFIZIENZ VON INDUSTRIELLEN PROZESSEN

TECHNISCH-WIRTSCHAFTLICHE BILANZIERUNG VON
ENERGIEUMWANDLUNGS- UND STOFFBEHANDLUNGSPROZESSEN

UNTERSTÜTZUNG BEI GENEHMIGUNGSVERFAHREN

SCHADENSBEURTEILUNG

Sitz der Gesellschaft: Dorfstraße 51 D-16816 Nietwerder-Neuruppin Tel. +49.3391-45.45-0 Fax +49.3391-45.45-10 E-Mail: thome@vivis.de
Geschäftsführer: Professor Dr. Dr. h. c. Karl J. Thomé-Kozmiensky • **Handelsregister:** Amtsgericht Neuruppin HRB 8203 NP

Unser Service
für die Energie
von morgen

Power Plants

360°
Service

Components

Green
Technologies

Thermische Abfallbehandlungsanlage Spittelau
– Neubau im Bestand –

Frank Schumacher, Philipp Krobath, Erich Pawelka, Ulrich Ponweiser und Martin Höbler

1. Geschichte der Anlage

Die thermische Abfallbehandlungsanlage Spittelau ist eine von vier Hausmüllverbrennungsanlagen in Wien und hat eine lange und traditionsreiche Geschichte. Sie wurde in den Jahren 1969 bis 1971 mit dem Hauptziel der Verwertung von Hausmüll und hausmüllähnlichen Abfällen sowie der Versorgung des rund zwei Kilometer entfernten Allgemeinen Krankenhauses der Stadt Wien mit Fernwärme errichtet. Neben dem Anlagenteil mit der thermischen Abfallbehandlung, sind zur Ausfallsicherheit Heißwasserkessel installiert. Mitten in der Stadt gelegen, unterschied sich der Baukörper damals kaum von einem anderen Kraftwerksbau.

Bereits sechs Jahre nach der Inbetriebnahme der Anlage wurde die millionste Tonne Abfall verheizt. In den folgenden Jahren wurde der Fernleitungsbau intensiviert und bis 1985 wurde rund um den inneren Stadtbezirk eine durchgehende Ringleitung zur Wärmeversorgung gebaut. Zahlreiche bekannte Gebäude wie das Parlament, das Burgtheater oder das Rathaus zählten zu den ersten Kunden der damaligen Heizbetriebe Wien. Nicht nur die angeschlossenen Gebäude und Haushalte wurden immer mehr, sondern auch die technische Anlage wurde immer wieder erweitert und an den Stand der Technik angepasst. Mit anderen einspeisenden Anlagen, der MVA Flötzersteig, der SMVA Simmeringer Haide, der MVA Pfaffenau und dezentralen Heizwerken (Arsenal, Kagran, Leopoldau, Inzersdorf) bzw. der Kraft-Wärme-Auskopplung aus den großen Kraftwerksblöcken KW-Simmering und KW-Donaustadt wurde und wird das Fernleitungsnetz mit heißem Wasser versorgt.

Bild 1:   Der Wiener Wärmering

2. Veränderung der Anlage im Laufe der Jahre

2.1. Umbruch

Das Jahr 1987 sollte für die weitere Entwicklung und Erfolgsgeschichte des damaligen Unternehmens Fernwärme Wien (heute: Wien Energie) entscheidend werden. Im Mai 1987 zerstörte bei Revisionsarbeiten ein Brand einen Großteil der Anlage. Schnell wurden Stimmen laut, den Standort komplett still zu legen.

Bild 2: Ansicht auf die Thermische Abfallbehandlungsanlage Spittelau vor
dem Umbau

Doch die massive Zerstörung stellte auch eine einmalige Chance dar: die Stadt Wien bekannte sich weiter zur umweltfreundlichen Abfallverwertung, die Wiener Bevölkerung wurde in den Wiedererrichtungsprozess mit eingebunden und die Anlage mit einer der modernsten Abgasreinigungsanlagen sowie einer Entstickungs- und Dioxinzerstörungsanlage ausgestattet. Für die Gestaltung der Fassade wurde der Umweltaktivist und Künstler Friedensreich Hundertwasser gewonnen. Im Zuge der Wiedererrichtung entstand so ein international bekanntes Denkmal. Neben dem Bereich der Abfallkessel, wurden aber auch die Spitzenkessel erneuert. Die in der Anlage Spittelau erzielten Emissionswerte setzten international neue Maßstäbe und zählen nach wie vor zu den Besten in Europa.

2.2. Überlegungen

Die Anlage wurde seither mit einer jährlichen Durchsatzleistung von durchschnittlich 250.000 Tonnen und einer Fernwärmeleistung von etwa 60 MW_{th} betrieben. Das Leitungsnetz wurde weiter ausgebaut und erstreckt sich mittlerweile über eine Länge von fast 1.200 km. Neben 330.000 Wiener Haushalten werden etwa 6.500 Großabnehmer mit Wärme versorgt.

Zwischenzeitig wurde von der Fernwärme Wien ein weiteres Geschäftsfeld eröffnet: Fernkälte. 2006 wurde in der zentralen Verwaltung der Wien Energie in TownTown eine der ersten Fernkälteanlage in Betrieb genommen. Am Standort Spittelau wurde in weitere Folge eine neue Kältezentrale mit einer Kälteleistung von insgesamt 17 MW_{th} errichtet. Die Kälteverbraucher sind im Wesentlichen wie bei der Fernwärme Großabnehmer wie beispielsweise das Allgemeine Krankenhaus der Stadt Wien. Dabei werden teilweise bestehende Fernleitungen in den Sommermonaten als Kälteleitungen umgeschaltet.

Die Kälteerzeugung erfolgt mittels Absorber, aber auch mit Kompressionskältemaschinen, die mit Strom angetrieben werden. Der daraus resultierende hohe Stromverbrauch der Kälteanlage war mit eine der Überlegungen bei der neuen Kesseldimensionierung, da der Eigenbedarf am gesamten Standort durch Verstromung aus der Abfallenergie bereitgestellt werden soll.

Die Abfallwirtschaft in Wien wird durch das *Wiener Modell*, einem 3-Säulen-Modell, das auf dem System *Vermeiden-Trennen-Verwerten* beruht, getragen. Das Credo lautet *alles was nicht vermieden, getrennt oder verwertet werden kann*, wird in den Abfallbehandlungsanlagen in der Stadt verbrannt. Durch diese Sortiermaßnahmen in den Haushalten und Betrieben und geändertes Konsumverhalten stieg über die Jahre der Heizwert kontinuierlich an, sodass die Anlage nach und nach an Durchsatz verlor.

Die technischen Weiterentwicklungen, die steigenden Kosten für den Betrieb und die Instandhaltung, sowie die Tatsache, dass die Anlage Spittelau in einigen Bereichen mehr als 40 Jahre alt ist – also noch aus der Errichtungszeit stammt, führten 2006/2007 zu der Überlegung, die Anlage energiewirtschaftlich zu optimieren. Eine zukunftsorientierte Lösung musste her.

Im Zuge von im Vorfeld von externen Beraterfirmen durchgeführten Studien, wurden dann verschiedene Varianten zum geplanten Umbau – vom Austausch einiger weniger Komponenten bis hin zur groß angelegten Sanierung – in technischer, als auch in finanzieller Hinsicht untersucht, diskutiert, bewertet und Machbarkeitsstudien samt Finanzierungsmodellen erstellt. Parallel dazu liefen die Planungen mit einem externen Planungsbüro an, die künftige Anlagenkonfiguration wurde dabei in enger Abstimmung mit dem Betriebspersonal erarbeitet.

2009 wurde ein Brückenbauwerk über einer Fahrbahn am Werksgelände gebaut, um überhaupt eine Vorfertigungs- und Zwischenlagerungsfläche für die Umbauarbeiten bereit zu haben, ohne den Werksverkehr zu beeinträchtigen.

Nach der positiven Entscheidung der Geschäftsleitung für den Umbau im Jahr 2009 waren die Weichen gestellt und die weiteren nötigen Vorbereitungen wurden begonnen sowie das Behördengenehmigungsverfahren eingeleitet. Nach erfolgter Genehmigung wurde noch 2009 das erste Los nach dem Vergaberecht international ausgeschrieben.

2010 führte ein Schaden in einer Abfallbehandlungsanlage im Wärmeverbund Mitte zur zwischenzeitlichen Verzögerung des Projektes Spittelau. Die Verzögerung und die Nachdenkpause wurden genutzt um die Planung nochmals zu evaluieren. Die neue Überprüfung führt zu einem Austausch der alten Elektrofilter gegen moderne Gewebefilter. Die Konfiguration und die Parameter der Einbauteile entsprechen denen der Schwesteranlage Flötzersteig, sodass die einzelnen Komponenten zur Vereinfachung der Instandhaltung und Kostenminimierung untereinander ausgetauscht werden können.

2.3. Umsetzung

Am Umbauprojekt wurde trotz der Verzögerung weiterhin festgehalten und die Vorbereitungsarbeiten gegen Ende 2010 wieder aufgenommen. Insgesamt wurde das Bauvorhaben in mehrere Lose aufgeteilt.

Die sieben einzelnen Hauptvergabeeinheiten (VE) sind:

- VE Bau   Baumaßnahmen, Fassaden und Nebengewerke
- VE Feuerung   komplette Kesselanlage, Abfallaufgabe, Gewebefilter, Entaschungssystem, Kühlwassersystem

- VE Wasser-Dampf   Verrohrungen, Umformerstationen, Speisewasser
  und Kondensatsystem, Abdampfsystem

- VE Turbine   Turbogeneratorsatz

- VE SCR   Katalytische Abgasreinigungsanlage, Wärmetauscher

- VE EMSR   Anlageverkabelung, Erneuerung Niederspannungs-
  verteilung

- VE Demo   Anlagendemontagen und Reststofftransport

Einzig die 2-stufige nasse Abgaswaschanlage samt Abwasseraufbereitungsanlage bleibt aus dem Altbestand übrig. Eine Ausschreibung der Anbindung an das Leitsystem war nicht erforderlich da hier noch laufende Verträge für den Umbau angewendet werden können.

Nach langen und harten Verhandlungen konnten sich am internationalen Markt etablierte Auftragnehmer für die einzelnen Lose durchsetzen und die begehrten Aufträge an diesem weltweit bekannten Standort an Land ziehen. Ein weiterer entscheidender Schritt war getan, der Umbau war wieder ein Stück näher gekommen.

Die folgenden Komponenten werden bzw. wurden umgebaut:

- Erneuerung von Abfallkessel 1 und 2,

- Ersetzen der Elektrofilter durch Gewebefilter,

- Installation einer Eindüsung von mahlaktiviertem Herdofenkoks vor Gewebefilter,

- Erneuerung DeNOx-Anlage mit Niedertemperatur-Katalysator,

- Erneuerung Heißwasserversorgung,

- Erneuerung Umformerstation,

- Erneuerung Turbine und Generator,

- Erneuerung Entaschungssystem, A-Koks,

- Erneuerung Wasser-Dampf-System.

Bild 3:

Ansicht nach Fertigstellung

Durch die energiewirtschaftliche Optimierung wird die Stromproduktion bei gleichbleibender Fernwärmeauskopplung nahezu verdreifacht und der Einsatz von rund 5 Millionen m³ Erdgas als Primärenergie für die Denoxanlage eingespart.

Die Parameter der Dampfproduktion steigen von derzeit 32/238 (bar/°C) bei 2 x 45 t/h auf 40/400 (bar/°C) bei 2 x 60,5 t/h. Das Abgasvolumen und die Kaminaustrittstemperatur bleiben unverändert. Ebenfalls bleibt die Anzahl der Verbrennungslinien mit 2 unverändert, die jährlichen Betriebsstunden steigen von derzeit 7.800 auf 8.000 Stunden, der Abfalldurchsatz von 850 auf 870 t/d und somit die Feuerungswärmeleistung von 2 x 41,1 MW_{th} auf 2 x 44,5 MW_{th}. Der Auslegungsheizwert der neuen Kessel beträgt bei 10,0 MJ/kg.

Durch die Erneuerung der Katalysatoranlage entfällt das Aufheizen des Abgases mittels Erdgas. Diese Aufgabe übernehmen künftig Wärmetauscher, die Abreinigung erfolgt mit dampfbetriebenen Rußbläsern, wie auch im Kessel selbst.

3. Lieferumfang Hitachi Power Europe Service (HPES)

Bei dem zuvor beschriebenen Projekt wurde die HPES damit beauftragt, eine komplette, betriebsbereite und einwandfrei funktionierende zweilinige Feuerungs- und Kesselanlage für die Verbrennung von Hausmüll und hausmüllähnlichen Gewerbeabfällen zu liefern, zu montieren und in Betrieb zu nehmen.

Der Leistungsumfang der beauftragten Vergabeeinheit Feuerung besteht im Wesentlichen aus den folgenden Hauptkomponenten:

- Abhitzekessel,

- Verbrennungsrost,

- Verbrennungsluftsystem,

- Anfahr- und Stützbrenner,

- Schlackeaustrag,

- Flugascheaustrag,

- Gewebefilter mit Einrichtungen zur Dosierung von Aktivkoks,

- Provisorien für den Weiterbetrieb einer Abfallverbrennungslinie im Umbauzeitraum,

- Lieferung, Montage, Inbetriebnahme, Probebetrieb,

- Schulung,

- Dokumentation.

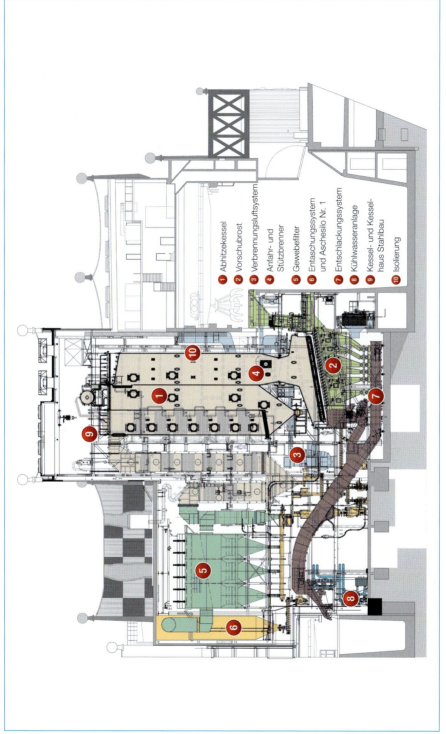

1 Abhitzekessel
2 Vorschubrost
3 Verbrennungsluftsystem
4 Anfahr- und Stützbrenner
5 Gewebefilter
6 Entaschungssystem und Aschesilo Nr. 1
7 Entschlackungssystem
8 Kühlwasseranlage
9 Kessel- und Kesselhaus Stahlbau
10 Isolierung

Bild 4: Lieferumgang der Hitachi Power Europe Service GmbH

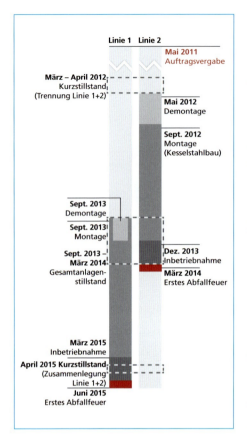

Linie 1   Linie 2

Mai 2011
Auftragsvergabe

März – April 2012
Kurzstillstand
(Trennung Linie 1+2)

Mai 2012
Demontage

Sept. 2012
Montage
(Kesselstahlbau)

Sept. 2013
Demontage

Sept. 2013
Montage

Sept. 2013 –
März 2014
Gesamtanlagen-
stillstand

Dez. 2013
Inbetriebnahme

März 2014
Erstes Abfallfeuer

März 2015
Inbetriebnahme

April 2015 Kurzstillstand
(Zusammenlegung
Linie 1+2)

Juni 2015
Erstes Abfallfeuer

Bild 5:   Zeitstrahl der Aktivitäten

Zeitstrahl

Die Abfallverbrennungslinien werden linienweise nacheinander umgebaut. Zuerst erfolgt der Umbau der Linie 2 (Start Demontage Mai 2012 – Erstes Abfallfeuer März 2014) bei laufendem Betrieb der Verbrennungslinie 1. Am Ende dieser ersten Phase erfolgt ein Generalstillstand der Gesamtanlage zwischen September 2013 und Februar 2014. Während dieser Zeit wird zum Einen die Linie 2 fertiggestellt und zum Anderen beginnen die erforderlichen Demontage- und Errichtungsarbeiten an der Linie 1 und den allgemeinen Anlageteilen. Während der nachfolgenden Umbauzeit ist die neue Verbrennungslinie 2 in Betrieb.

Um den Anlagenumbau im vorgegebenen Zeitraum durchführen zu können, wurden seitens Wien Energie umfangreiche Zeitvorgaben festgelegt. Der terminliche Fortschritt der Maßnahmen konnten eingehalten werden, sodass die erste Linie 2 termingerecht kurz vor der Inbetriebnahme steht.

- Montagebeginn (Kesselstahlbau)   Linie 2   September 2012
- erstes Abfallfeuer   Linie 2   März 2014
- Gesamtanlagenstillstand   September 2013 – Februar 2014
- Montagebeginn   Linie 1   Januar 2014
- erstes Abfallfeuer   Linie 1   Juni 2015

3.1. Abhitzekessel

Bei dem Abhitzekessel handelt es sich um einen 4-Zug-Vertikal-Kessel mit abgestelltem Economiserzug. Die im Naturumlauf betriebene Kesselanlage zeichnet sich insbesondere durch eine kompakte Bauweise aus, ein Umstand, der beim bestehenden Kesselhaus Spittelau besonders wichtig ist, und sich in einer Vielzahl von Abfallverbrennungsanlagen bereits bestens bewährt hat. Die Umfassungswände der ersten drei Vertikalzüge sind als Membranwandkonstruktion gefertigt und abgasdicht verschweißt.

Der 4. und 5. Kesselzug besteht jeweils aus einem Blechmantel, der wie die Strahlungs-züge gasdicht verschweißt ist. Der 1. und 2. Kesselzug ist jeweils als Strahlungszug konzipiert. Im 3. Kesselzug befinden sich die Konvektionsheizflächen des Überhitzers sowie ein Konvektionsverdampfer. Im 4. Kesselzug sind der Überhitzer 1.1 und die Heizflächen des Economisers 3 – 7, sowie im 5. Zug die Heizflächen des Economisers 1 und 2 angeordnet. Die Kesselkonstruktion des 1. – 4. Zuges ist in hängender Bauweise ausgeführt. Der 5. Zug ist aufgestellt.

Die folgenden Kriterien waren für die Auslegung maßgebend:

- hohe Verfügbarkeit,
- lange Reisezeiten,
- gute Zugänglichkeit zu den Heizflächensystemen,
- großflächige Bebühnung des Kesselhauses,
- einfache Wartung.

3.2. Verbrennungsrost

Zum Einsatz kommt das langjährig bewährte und patentierte HPES-Rostsystem (ehe-mals Kochrost) in luftgekühlter Ausführung zum Einsatz.

Bild 6:

HPES Verbrennungsrostsystem (ehemals Kochrost)

Das Feuerungssystem umfasst folgende Bauteile:

- Beschickungsvorrichtung (Aufgabetrichter/Absperrklappe/Aufgabeschacht/Auf-gabeschieber/Aufgabetisch),
- Verbrennungsrost,

- Rostdurchfalltrichter/Schlackefallschacht,

- Hydraulik,

- Entaschung/Entschlackung,

- Verbrennungsluftsystem (Primär- und Sekundärluft).

Bild 7:   Brennstoffaufgabetrichter inklusive Absperrklappe

Absperrklappe

Um die Bedingungen gemäß der 17. BImSchV (Mindesttemperatur im Feuerraum von 850 °C), erfüllen zu können, ist im Feuerraum eine Stützfeuerung vorgesehen. Zur Verhinderung von Falschlufteinbrüchen, wird zwischen der Brennstoffvorlage und dem Aufgabeschacht eine hydraulisch angetriebene Absperrklappe angeordnet. Diese ist bei dem Anfahrvorgang geschlossen und im Fall eines Abfahrvorgangs, sobald sich in der Brennstoffvorlage kein Brennstoff mehr befindet geschlossen. Somit ist der Feuerraum immer vor Falschlufteinbrüchen geschützt.

Aufgabeschacht

Im oberen Bereich des Brennstoffschachtes ist die Niveauüberwachung für den Füllstand und eine automatische Beschickung der Aufgabevorrichtung mit Brennstoff angeordnet. Der Brennstoffschacht ist wassergekühlt ausgeführt, um bei auftretenden thermischen Belastungen, z.B. durch Rückbrand, das Schachtwandmaterial zu schützen. Der wassergekühlte Bereich besteht aus einer rechteckigen, doppelwandigen Blechkonstruktion. Die Wände sind zusammengeschraubt und mit Dichtnähten versehen. Die Hohlkammern sind mit Wasser gefüllt.

Aufgabeschieber/Aufgabetisch

Der Aufgabeschacht ist mit dem Aufgabetisch verbunden. Die Aufgabe wird mit dem Vorschubrost über einen gekühlten Sturz gebildet.

Der Aufgabeschieber weist einen Räumhub auf, um Lücken oder Verklemmungen bei der Zudosierung von Brennstoff beseitigen zu können. Durch den Räumhub ist es möglich, den auf dem Aufgabetisch liegenden Brennstoff vollständig auf den Verbrennungsrost zu transportieren.

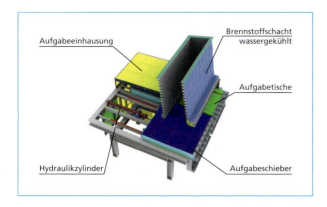

Bild 8:

Beschickungsvorrichtung

Verbrennungsrost

Der eingebaute Vorschubrost hat die Aufgabe die Trocknung, die Entgasung, die Vergasung, die Verbrennung und den Ausbrand der Abfälle bei einem gleichmäßigen Verbrennungsablauf sicherzustellen.

Der Vorschubrost besteht aus 6 Rostzonen. Jede dieser Rostzonen wird durch ein eigenes Antriebssystem angetrieben. Der Rostantrieb erfolgt mittels Hydraulikzylindern, welche durch ein Verbindungsgestänge mit dem Rostschlitten verbunden sind. An den Rostschlitten sind die beweglichen Roststabträger fest verbunden. Die insgesamt vier Lagerungen der Rostschlitten erfolgen in einer speziellen Kugel- auf Prismenkonstruktion.

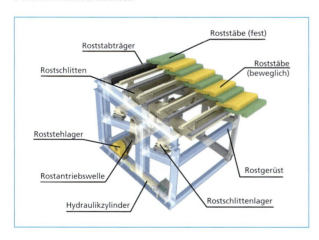

Bild 9:

Verbrennungsrostmodul

Der Vorschubrost ist 10° geneigt, bei gleichzeitiger Steigung der Roststäbe von 10°. Der Rost besteht aus festen und beweglichen Stufen im Wechsel. Die beweglichen Stufen werden vor- und zurückgeschoben, wodurch der Brennstoff transportiert und gewendet wird; die Schlacken werden dabei aufgebrochen. Die Hubzahl ist vom Brennstoff und vom Verbrennungsvorgang abhängig. Jede dieser Roststufen besteht aus mehreren Roststäben die miteinander verschraubt sind. Die Roststäbe sind aus einem hochlegierten, hitzebeständigen Cr-Ni Guss und als Wenderoststäbe ausgebildet und auf die Roststabträger aufgelegt. Die Verbrennung findet in und oberhalb der Brennstoffschicht statt.

Die Verbrennungsluft wird von unten durch Rostschlitze in die Brennstoffschicht eingebracht. Diese Schlitze sind gleichmäßig über die ganze Roststufenbreite verteilt und so ausgebildet, dass wenig unverbrannte Kleinteile durchfallen können.

Die Vorschublänge der beweglichen Roststufen beträgt 400 mm. Dieser lange Hub ermöglicht eine ruhige Feuerungsführung mit einer geringen Hubfrequenz.

Der luftgekühlte Verbrennungsrost ist als 2-bahniger Rost mit einem Mittelbalken und mit Roststäben zur Rostoberfläche hin ausgeführt. Die Wärmeausdehnungen der Roststufen werden während des Betriebes vom Mittelbalken in die Seitenbalken geführt. Die Seitenbalken sind als Dehnungsaufnahmekonstruktion beweglich ausgeführt.

Rostdurchfalltrichter/Schlackefallschacht

Die Rostdurchfalltrichter unter dem Rost dienen dazu, die Primärluft dem Feuerraum zuzuführen und zugleich den Rostdurchfall in das Plattenband zu leiten. In den Trichtern befinden sich die Anordnungen der Rostschlitten inklusive der Rostlager sowie die Rostantriebsgestänge.

Der Vorschubrost hat in Längsrichtung pro Rostbahn 5 Trichter. Der komplette Rost besteht somit aus 10 Trichter-/Luftzonen mit jeweils eigener Luftzufuhr.

Der Schlackenschacht besteht aus einer robusten Stahlkonstruktion mit einer feuerfesten Ausmauerung. Die schrägen Wände sind mit verschleißfesten Stahlgussplatten versehen. Für Revisionszwecke des darunterliegenden Preßentaschers ist ein Absperrschieber vorgesehen.

Hydrauliksystem

Für die Verbrennungsanlage gibt es für jede Linie eine eigene Hydraulikstation. In dieser sind die Antriebe für die 6 Rostzonen, die 2 Aufgabeschieber, die Absperrklappe und die zwei Preßentascher enthalten. Die Hydraulikstation ist mit redundanten Pumpen ausgestattet. Zur Einhaltung des Schalldruckpegels ist eine Schallhaube vorgesehen. Die Kühlung des Hydrauliköls erfolgt über einen Wasserkühler.

3.3. Verbrennungsluftsystem

Aufgrund der Heterogenität des Brennstoffs Abfall muss das Feuerungssystem in der Lage sein, die tendenziell ungleichmäßige Wärmefreisetzung bei ebenfalls wechselnden Stoffströmen auszugleichen.

In diesem Zusammenhang kommt der Verbrennungsluftzuführung eine besondere Bedeutung zu. Die Systemaufteilung in die primär- und sekundärseitigen Luftströme sowie die untergeordnete Primärluftverteilung auf die einzelnen Luftzonen des Rostes bzw. die Sekundärluftverteilung auf die Vorderwand und Rückwand wird geregelt an die jeweiligen Brennstoffbedingungen angepasst.

Zur Verbesserung des Verbrennungsablaufes auf dem Rost bei niederkalorischen Abfallstoffen, hervorgerufen durch einen hohen Wassergehalt, und zur Stützung der Abgastemperatur in der Wirbelzone des Nachbrennraumes, kommt für jede Linie ein eigener dampfbeheizter Luftvorwärmer zum Einsatz.

Primärluftsystem

Ein drehzahlgeregeltes Gebläse mit einem beidseitig gelagerten Laufrad fördert die Primärluft von der Ansaugstelle, über den Ansaugschalldämpfer und den dampfbeheizten Luftvorwärmer zu den Primärluftzonen des 2-bahnigen Rostes. Gemäß den verbrennungstechnischen Anforderungen regeln gesteuerte Klappen in den Primärluftzonenkanälen den Luftvolumenstrom.

Der dampfbeheizte Luftvorwärmer, ausgeführt als Glattrohrwärmetauscher mit fluchtenden Rohren, besteht aus einem HD-Dampf und sechs MD-Dampf Luvoregisterstufen. Der Luvo kann luftseitig über einen Bypass gefahren werden.

Sekundärluftsystem

Die Sekundärluft wird im Bereich der Kesselhausdecke angesaugt. Ein drehzahlgeregeltes Gebläse fördert die Sekundärluft von der Ansaugstelle und über den Ansaugschalldämpfer zu den oberen und unteren Sekundärluftzonenverteilern an der Vorderwand und Rückwand des 1. Kesselzuges. Gemäß den verbrennungstechnischen Anforderungen regeln pneumatisch gesteuerte Klappen in den Sekundärluftzonenkanälen den Luftvolumenstrom.

3.4. Anfahr- und Stützbrenner

Zur Sicherstellung der Abgasemissionsgrenzwerte ist die Feuerung mit Anfahr- und Stützbrennern ausgestattet. Diese Zusatzfeuerung gewährleistet die Einhaltung der Mindesttemperaturen der Abgase in der Verbrennungsanlage. Für die Erzeugung der erforderlichen Wärmeleistung sind zwei Zentrallanzen-Gasbrenner je Anlagenlinie vorgesehen. Die Auslegung erfolgt nach TRD 412. Diese bewährten Gasbrenner sind in der Seitenwand des Abfallkessels eingebaut. Bei niederkalorischem Abfall unterhalb von 6 MJ/kg wird die Trocknung des Brennstoffs mittels der Brenner unterstützt.

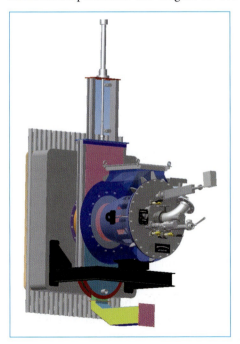

Ein Zentrallanzen Brenner besteht im Wesentlichen aus folgenden Einrichtungen:

- Brennergeschränk,

- Erdgaszentrallanze,

- elektrischen Zündlanze,

- Flammenwächter,

- Armaturenstation,

Bild 10:   Anfahr- und Stützbrenner   • Gaswarneinrichtung.

Die Verbrennungsluftversorgung von jedem Brenner ist mit einem separaten Gebläse realisiert. Das Druckniveau des Hauptverbrennungsluft- und des Kernluftstromes wird mittels Druckwächter überwacht. Weiterhin ist für jeden Gasbrenner ein Kühlluftgebläse vorgesehen.

3.5. Schlackeaustrag/Flugascheaustrag

Über den Schlackefallschacht fällt die Schlacke in das Wasserbad des Pressentschlackers und wird hier abgekühlt. Das Wasserbad stellt den Luftabschluss gegen Falschlufteinbruch des Feuerraumes nach außen dar.

Mit dem Stößel wird die Schlacke über die aufsteigende Austragsschurre nach außen gedrückt. Gleichzeitig wird damit das überschüssige Wasser in der Schlacke verringert.

Großzügige Wartungsöffnungen ermöglichen eine gute Zugänglichkeit ins Innere des Entschlackers über den auch große Schlacketeile ausgetragen werden. Das von der Schlacke aufgenommene oder durch Verdampfung entweichende Wasser wird über eine Niveau-Reglung nachgefüllt.

Unterhalb der Rostdurchfalltrichter und des Abwurfs des Preßentaschers ist ein Plattenband angeordnet. Die abgekühlte Schlacke aus dem Abwurf des Preßentaschers, sowie die trockene zugeführte Rostdurchfallasche wird in weiterer Folge mit dem Plattenband über einen ansteigenden Teil in eine Schwingförderrinne und in den Schlackebunker gefördert. Die Förderung erfolgt trocken.

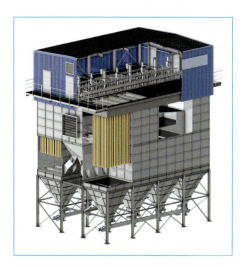

Bild 11: Gewebefilter

3.6. Gewebefilter

Im Zuge der Modernisierung der Anlage wurden die bisher eingesetzten Elektrofilter gegen neue Gewebefilter mit gleichzeitiger Herdofenkokseindüsung zur Quecksilberabscheidung ausgetauscht. Die Zugabe von Herdofenkoks wird durch roh- und reingasseitige (nach Gewebefilter) Quecksilbermessungen geregelt.

Zur besseren Ausnutzung der Additive und der damit verbundenen Optimierungen der Betriebskosten, erfolgt eine Abgasrezirkulation am Gewebefilter.

4. Darstellung Demontage

Die Demontage der Altanlage erfolgte in mehreren Schritten, wobei mit der der Außenwand näher liegenden Kesselanlage Linie 2 begonnen wurde, weil nur bei der innenliegenden Linie 1 ein provisorischer Schlackenaustrag für die Umbauphase hergestellt werden konnte. Vor Beginn der ersten Demontagearbeiten mussten beide Linien in einem zweimonatigen Stillstand im Frühjahr 2012 hydraulisch, elektrisch, gastechnisch sowie vor allem statisch voneinander getrennt werden. Dazu wurde eine hängende Stahlhilfskonstruktion eingezogen, um die Bühnen und die Begehbarkeit für die Linie 1 und den Betrieb aufrechterhalten zu können. Aggregate wie beispielsweise das Sekundärluftgebläse oder die Hydraulikschränke für den Rostantrieb mussten in weiterer Folge umgesetzt werden. Gleichzeitig wurden im Abfallbunker die bautechnischen Vorbereitungsarbeiten für das Einsetzten der neuen Abfallschurre 2 begonnen und abgeschlossen, da ein Arbeiten im Bunker während des Betriebs aus sicherheitstechnischen Gründen nicht zulässig ist. Zwischen den beiden Verbrennungslinien wurde auf der Stahlhilfskonstruktion eine Trennwand aus Holzplatten und schwer entflammbarer Folie als Staub- und Witterungsschutz errichtet um den Demontage vom Betriebsbereich zu trennen.

Bild 12:   Fundamentvertiefung Linie 2

Der Zeitraum von zwei Monaten Betriebsunterbrechung musste auch für den Einbau einer neuen brandgeschützten Stahlkonstruktion über dem Schlackebunker genützt werden. Die vom restlichen Bauwerk völlig entkoppelte Trägerkonstruktion wurde für den neuen Speisewasserbehälter sowie einem Fluchtstiegenhaus aus der Anlage notwendig und der Einbau gestaltete sich als technisch wie zeitlich sehr anspruchsvoll.

Durch die Anlagengeometrie, das Baustellenumfeld und aus Platzgründen steht für die Arbeiten ein Turmdrehkran mit einer Höhe von rd. 75 m und einer Tragkraft von 40 t zur Verfügung. Am Auslegerende von 55 m können immer noch 11 t gehoben werden – ein Wert, der für die Demontage und Montage der Katalysatoranlage benötigt wird. Aus statischen Gründen müssen sämtliche Aus- und Einhebearbeiten über Dach erfolgen, ein seitlicher Montagezugriff ist wegen der Hundertwasserfassade nicht möglich. Mobile Hilfskräne werden nur bei Bedarf zusätzlich eingesetzt.

Ab Mai 2012 wurde die Linie 1 wieder problemlos in Betrieb genommen und nach vorherigen Reinigungsarbeiten mit den Abbrucharbeiten an der Linie 2 begonnen. Nach dem Ausbringen der Kesselanlage wurden die alten Fundamente abgebrochen und das Kesselhaus in diesem Bereich um etwa zwei Meter abgesenkt. Anschließend wurde mit dem Stahlbau für den neuen Kessel begonnen und die Anlage aufgebaut.

Seit Ende August 2013 wurde in einem Generalstillstand mit dem Abbruch der verbliebenen Linie 1 und dem Elektrofilter begonnen. Der Schwerpunkt liegt jedoch auf dem Aus- und Einbau der Katalysatoranlage und allgemeiner Anlagenteile, da durch den engen Zeitplan die Inbetriebnahme noch 2013 begonnen werden muss.

5. Darstellung Montage

Der Montage der neuen Hauptkomponenten Kessel-, Feuer- und Abgasreinigungsanlage gingen umfangreiche Bestandsaufnahmen der vorhandenen Anlagenstruktur voraus. Hierbei wurden die vor Ort Platzverhältnisse sowie die anzubindenden Übergabepunkte aufgenommen und dokumentiert. Auf Basis dieser ermittelten Daten erfolgte u.a. das Engineering, die Konstruktion sowie die Montageplanung der Neukomponenten.

Bild 13:   Stahlbaumontage April 2013

Unter Zugrundelegung der Tatsache, dass kaum Lagermöglichkeiten auf der Anlage vorhanden sind und die beengten Platzverhältnisse innerhalb des Kesselgebäudes ein nachträgliches Einbringen von Komponenten nicht ermöglichen, musste eine umfassende und terminbezogene Montagereihenfolge festgelegt und umfangreiche Montageplanungsaktivitäten durchgeführt werden. Anlagenkomponenten wie z.B. Aschetrichter, Zünd- bzw. Stützbrenner, diverse Sammler, Druckteilkomponenten sowie der Plattenbandschlackeförderer mussten im Anlagenbestand zwischengelagert und zu einem späteren Zeitpunkt montiert werden. Dabei wurden vorhandenen Montage-/Transportöffnungen über dem E-Filter-Dach ebenso genutzt wie die Öffnung am Kesselhaus der Linie 2. Mit Beginn des Kesselstahlbaues wurde der Plattenbandförderer montiert und entsprechend dem Montagefortschritt die Abfallaufgabe und die Rostmontage durchgeführt.

Bild 14:

Montage des Vorschubrostes mit Abfallaufgabe

Die vorgefertigten ECO Pakete wurden in die vertikale Position gezogen und anschließend mit dem Litzenhubsystem übernommen und zusammenmontiert. Die einzelnen Kesselwände (3. Zug, 2. Zug, 1. Zug) inklusive der Bandagen, Sammler sowie die Zünddecke und die Ausbranddecke wurden einzeln eingehoben, positioniert und verschweißt. Während der Montage des 3. Zuges erfolgte der Einbau der Tragrohre sowie der Einhub und die Positionierung der Überhitzerdoppelscheiben.

Bild 15:

Einhub von Kesselwänden

Die Lieferung und der Einhub der Kesseltrommel für die Linie 2 erfolgte im März 2013. Anfang 2013 wurde damit begonnen die kesselinternen Rohrleitungen zu verlegen. Die erfolgreiche Kesseldruckprobe erfolgte am 13. Juni 2013. Neben der Fertigstellung der E-MSR Verkabelung laufen zur Zeit die Arbeiten an der Fertigstellung des neuen Kühlwassersystems sowie die Montage und Demontagearbeiten an den Aschesilos. Ab Anfang Dezember beginnen die Inbetriebnahmeaktivitäten, sodass das 1. Abfallfeuer im März erfolgen kann.

6. Technische Daten

Beide Verbrennungslinien der Thermischen Abfallbehandlungsanlage Spittelau werden baugleich ausgeführt. Hierzu sind die wesentlichen Hauptkomponenten im Vergleich zu der ursprünglichen Ausführung gegenüber gestellt:

Tabelle 1: Technische Daten des Neubaus im Vergleich zum Bestand

	Einheit	Bestand	Neubau
Kessel			
Hersteller		Waagner Biro	HPES
Kesseltyp		Naturumlauf	Naturumlauf
Heizfläche	m²	2.420	5.001
Trommelinhalt	m³	20	20
Dampfleistung	t/h	45 (Sattdampf)	60,5
Frischdampfdruck Kessel (vor Turbine)	bar	32	40
Frischdampftemperatur	°C	238	400
Zusatzfeuerung			
Erdgasbrenner	je Linie	2	2
Leistung je Brenner	MW	9	15
Verbrennungsrost			
Hersteller		Martin	HPES
Bauart		Rückschubrost	Vorschubrost
Feuerraumgestaltung		Gegenstrom	Mittelstrom
Abfalldurchsatz	t/h je Linie	16 – 18	16
Auslegungsheizwert H_u	MJ/kg	9	10
Brennstoffwärmeleistung	MWth	41,1	44,5
Rostfläche	m²	34,5	62
Rostlänge	m je Linie	7,5	10,8
Rostbreite	m je Linie	4,6	5,74
Rostbahnen		2	2
Rostkühlung		luftgekühlt	luftgekühlt
Abgasreinigung			
Hersteller		AE&E	HPES
Anzahl je Linie		1	1
Verfahren		Elektrofilter Abgas-Nasswäsche (2- stufig), SCR-Anlage	Gewebefilter mit Herdofenkoks-eindüsung SCR-Entstickungsanlage
Abgasmenge	Nm³/h je Linie	85.000	116.000

7. Herausforderungen, Besonderheiten und Fazit

Eine der größten Herausforderungen bei der Umsetzung der Aufgabe ist der Standort selbst. Die Anlage Spittelau ist von zwei Seiten durch U-Bahnlinien, Fußgängerzone, Radweg und Bahnanbindung, auf einer Seite durch alte historische Stadtbahnbögen (ehemals Gleistrasse) sowie auf der vierten Seite durch eine innerstädtische Hauptverkehrsstraße eingegrenzt. Dadurch und durch die Lage mitten in der Stadt, sind kaum nutzbare Lager- und Vorfertigungsflächen vorhanden, das Baustellencamp musste auf ein benachbartes Grundstücke ausgelagert werden. Nur eine ausgeklügelte Logistik und das Zusammenwirken aller beteiligten Firmen stellen durch das geringe Platzangebot – für die gesamte Vormontage- und Lagerfläche stehen insgesamt nur knapp 1.700 m² zur Verfügung – den Ab- und Antransport von Bauteilen, den raschen Einbau und die Freihaltung von Betriebs,- Rettungs- und Zufahrtswegen sicher.

Erschwerend kommt hinzu, dass die Anlage Step by Step umgebaut wird. D.h., eine Linie wird abgebrochen während die andere noch läuft. Der Abfallanlieferungsverkehr ist bei allen Belangen im Bauablauf mit zu berücksichtigen.

Aber auch die Außengestaltung spielt eine große Rolle: das alte Kesselhaus wird durch die neue Kesselgeometrie um rund zehn Meter höher, für den Speisewasserbehälter wird ein neuer Zubau errichtet. Alle Anlagenteile werden sich aber nahtlos in die bestehende Hundertwasserfassade einfügen und zur künstlerischen Gestaltung beitragen. Nach dem Ende der Umbauarbeiten werden die neuen Anlagenteile kaum mehr vom Altbestand zu unterscheiden sein.

Auf diese Weise entsteht am Standort eine hochmoderne Abfallbehandlungsanlage die alle Belange sowohl der Betreiber an Wirtschaftlichkeit als auch der Anwohner an die Qualität der thermischen Verwertung und die Gestaltung ins Lebensumfeld erfüllt.

Mit der Anlage Spittelau hat die Stadt Wien als auch die *Wien Energie* eindrucksvoll bewiesen, dass eine vielerorts umstrittene Technik durch eine transparente Vorgehensweise in Planung und Betrieb als auch an die ästhetischen Bedürfnisse der Menschen eine hohe Akzeptanz erreichen kann.

Darfs a bisserl mehr Service sein?

Wir unterstützen Sie gern

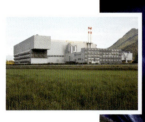

Wartung & Instandsetzung

Für unsere Feuerungs- und Kesselanlagen bieten wir Ihnen:

- Jahres- und Kurzrevisionen
- Revisionsüberwachung
- Austausch und Instandsetzung von Komponenten
- Ersatzteillieferung
- Ersatzteilmanagement
- Zustandskontrollen
- Betrachtung der Restlebensdauer
- Wartungsverträge

Optimierung & Modernisierung

Für alle MARTIN-Anlagen sowie Kessel für die Verbrennung von Abfällen und Biomasse bieten wir Ihnen:

- Modernisierung von MARTIN - Feuerung und -Regelung
- Modernisierung von Kessel und anderen Anlagenteilen
- Optimierung des Gesamtanlagenbetriebes
- Leistungssteigerung
- Verbesserung der Verfügbarkeit
- Steigerung der Restlebensdauer
- Neue Technologien

Anlagenbau & Ingenieurleistungen

Als Ingenieurunternehmen mit fast 90 jährigem Erfahrungsschatz bieten wir Ihnen:

- Kompetenz im Anlagenbau
- Erarbeitung von Studien
- Auslegung und Konstruktion von Komponenten
- Messung, Analyse und Auswertung von Betriebsdaten
- Schulung für Betriebspersonal
- CFD-Modellierungen
- Allgemeine Betriebsberatung

MARTIN GmbH
für Umwelt- und Energietechnik

seit 1925

Anlagenbau mit Blick auf die Umwelt

www.martingmbh.de

Zukunftssicherung für Abfallverbrennungsanlagen durch maßgeschneiderte Modernisierungskonzepte

Ulrich Martin, Michael Busch und Martin J. Murer

1. Der Wandel von der Beseitigung zur Verwertung

Die thermische Behandlung von Abfällen wird zunehmend als Wiederverwertungsmethode akzeptiert. In der EU wurden hierfür klare Richtlinien geschaffen, die einer Abfallverbrennungsanlage den Status einer Verwertungsanlage bescheinigen. In Deutschland schafft das Kreislaufwirtschaftsgesetz die Grundlage zur Aufwertung von Abfallverbrennungsanlagen, die somit nicht mehr als bloße Beseitigungsanlagen gelten, sondern unter bestimmten Voraussetzungen den Status eines Verwerters erhalten.

Nicht zuletzt die kontinuierlichen Innovationen seitens der Betreiber der Anlagen, der Hochschulen und Forschungsanstalten und der Industrie tragen dazu bei, dass die stoffliche und energetische Ausbeute, bei gleichzeitig sinkendem Umwelteinfluss, kontinuierlich gesteigert werden kann. Dies sichert die Zukunftsfähigkeit derartiger Anlagen, indem nicht nur der Status als notwendige Schadstoffsenke als ein Puzzlestück unserer Kreislaufwirtschaft gefestigt wird, sondern auch die Wahrnehmung als eine Produktionsanlage wertvoller Güter, sei es stofflicher oder energetischer Natur, verbessert wird.

Bild 1:   *Bewirtschaftete* Deponie in Nairobi

Unter diesem Aspekt und der Tatsache, dass in der EU trotz Deponieverbot noch umfangreich Abfallmengen nicht umweltgerecht entsorgt werden, kann die derzeitig herrschende Überkapazität der thermischen Verwertungsanlagen in einigen europäischen Ländern als Chance gesehen werden. Diese Verbrennungskapazitäten ermöglichen die Verwertung ansonsten ungenutzter und meist die Umwelt und Gesellschaft belastende Stoffströme. Wenn diese Verwertung als Potential der Ressourcenerzeugung erkannt wird, entsteht sowohl für die Erzeuger, als auch für die Verwerter eine Vorteilssituation.

Ein hoher Grad der Verwertung von Stoffströmen kann jedoch nicht nur von neu errichteten Anlagen mit bester Technologie erreicht werden, meist bieten auch viele Jahre in Betrieb befindliche Anlagen großes Potential, durch Modernisierungsmaßnahmen. Dies kann die Emissionssituation, die Energieeffizienz oder die Qualität der Reststoffe einschließen, ebenso wie die Wirtschaftlichkeit oder Fragen der gewünschten Restlebensdauer einer Anlage. Diese Maßnahmen müssen aufgrund der Individualität jeder einzelnen Anlage auf den jeweiligen Fall angepasst werden, um ein optimales Ergebnis zu erzielen.

2. Maßgeschneiderte Lösungen die mitwachsen

Abfallverbrennungsanlagen werden für lange Betriebszeiten von über 30 Jahren geplant und errichtet. Bei sachgemäßer Wartung und Pflege stellt dieser Horizont auch kein Problem dar. Während dieser Zeit können sich jedoch vielerlei Randbedingungen ändern, auf die es zu reagieren gilt. Dies können sowohl technische Innovationen wie auch gesellschaftliche Veränderungen sein.

Technische Innovationen ermöglichen unter anderem eine erhöhte Effizienz in der Energieausbeute oder eine Verlängerung von Wartungsintervallen. Teilweise können diese Innovationen so weit gehen, dass der Gesetzgeber daraus resultierende Ziele oder Möglichkeiten gesetzlich vorschreibt und damit den Zwang zur Umrüstung hervorruft.

Auch ein gesellschaftlicher Wandel hat großen Einfluss auf den Verbrennungsbetrieb. Ein geändertes Konsumverhalten kann nachhaltigen Einfluss auf die anfallende Abfallmenge oder deren Heizwert haben. Ebenso können beispielsweise veränderte Anforderungen in der Kraft-Wärme-Kopplung bewirken, dass bestimmte Anlagenkonfigurationen überdacht werden müssen.

Im Gegensatz zu technischen Innovationen hat die gesellschaftliche Komponente meist einen schleichenden Einfluss, den es frühzeitig zu erkennen gilt, um ausreichenden Spielraum für geeignete Maßnahmen zu haben. Daher sollten die bestehenden Anlagenkonfigurationen in bestimmten Abständen überprüft werden, ob diese noch in angemessenem Maße den Anforderungen entsprechen.

Die Firma MARTIN GmbH kann hier Unterstützung leisten, indem maßgeschneiderte Lösungen auf ihren optimalen Sitz hin überprüft und bei Bedarf fachgerechte Anpassungsvorschläge ausgearbeitet werden. Diese können bis hin zu schlüsselfertigen Lösungen komplett durch langjährig erfahrenes Personal umgesetzt werden.

2.1. Vermessen

Hierfür bieten sich unterschiedliche Maßnahmen an, die allen voran, spezifische Studien beinhalten, welche im Detail einzelne Komponenten oder auch gesamte Anlagen betrachten.

Darin werden Lebensdaueranalysen, energetische Optimierungen, sowie Leistungssteigerungen oder wirtschaftliche Verbesserungen bewertet. Meist basieren diese Studien auf einer Verflechtung genannter Kriterien, können jedoch auch eine fachgerechte Einschätzung zur Machbarkeit von geplanten Optimierungen bedeuten, durch die konkrete Hilfestellungen geleistet werden.

2.2. Anpassen

Auch Ingenieursleistungen wie passgenaue Konstruktionen oder Entwicklungen von Bauteilen und Anlagenkomponenten gehören dabei zum Leistungsspektrum.

Hierbei wird detailliert auf die jeweilige Situation vor Ort Rücksicht genommen, um bei geplanten Modernisierungen oder der Installation zusätzlicher Komponenten so geringe Auswirkungen wie möglich auf bestehende Anlagenteile zu schaffen.

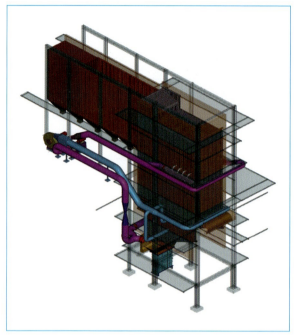

Bild 2:

Anpassung der Konstruktionen an kundenspezifische Gegebenheiten; hier: VLN Nachrüstung Coburg L1

Die Realisierung erfolgt dabei unter Zuhilfenahme hochmoderner computergestützter Tools wie Microstation zur 2-D und 3-D Zeichnungsbearbeitung und Ansys Fluent zur Darstellung des Strömungs- und Speziesverlauf im Dampferzeuger.

2.3. Anprobieren

Detailgetreue 3-D Zeichnungen sind heutzutage in der Lage bereits sehr früh in der Projektbearbeitung mögliche Kollisionen oder Zwänge in der Produktentwicklung aufzuzeigen und diese rechtzeitig erkennen bzw. beheben zu können. Somit lässt sich eine effiziente und kostengünstige Abwicklung darstellen, die vor allem aufwändiges und stets mit Kompromissen behaftetes *nach-engineering auf der Baustelle* vermeidet.

Die Strömungssimulation eines gesamten Dampferzeugers unter Wahrung einer ausreichenden Genauigkeit ist zwar zeitintensiv, eigens entwickelte Mechanismen zur Automatisierung ermöglichen jedoch ein weitgehend selbstständiges Arbeiten der Simulationsrechner. Lediglich die Ergebnisse werden kritisch auf Plausibilität und gewünschte Resultate überprüft. Hiermit lassen sich bereits wichtige Erkenntnisse über einen Vorher/Nachher Vergleich gewinnen, bevor nur ein mechanisches Bauteil in die Fertigung geht. Ebenfalls sind Variationen im Design ohne großen Aufwand möglich, da einzelne Parameter leicht geändert und somit unterschiedliche Optionen verglichen werden können.

Waste Management

Waste Management, Volume 1

Publisher:	Karl J. Thomé-Kozmiensky, Luciano Pelloni
ISBN:	978-3-935317-48-1
Company:	TK Verlag Karl Thomé-Kozmiensky
Released:	2010
Hardcover:	623 pages
Language:	English, Polish and German
Price:	35.00 EUR

Waste Management, Volume 2

Publisher:	Karl J. Thomé-Kozmiensky, Luciano Pelloni
ISBN:	978-3-935317-69-6
Company:	TK Verlag Karl Thomé-Kozmiensky
Release:	2011
Hardcover:	866 pages, numerous coloured images
Language:	English
Price:	50.00 EUR

CD Waste Management, Volume 2

Language:	English, Polish and German
ISBN:	978-3-935317-70-2
Price:	50.00 EUR

Waste Management, Volume 3

Publisher:	Karl J. Thomé-Kozmiensky, Stephanie Thiel
ISBN:	978-3-935317-83-2
Company:	TK Verlag Karl Thomé-Kozmiensky
Release:	10. September 2012
Hardcover:	ca. 780 pages, numerous coloured images
Language:	English
Price:	50.00 EUR

CD Waste Management, Volume 3

Language:	English
ISBN:	978-3-935317-84-9
Price:	50.00 EUR

Wichtigster Punkt beim Modellieren von Abfallverbrennungsanlagen ist eine realitätsnahe Darstellung der Brennstoffumsetzung auf dem Rost. Dafür wurde in Zusammenarbeit mit dem Lehrstuhl für Energiesysteme der Technischen Universität München ein eigenes Modell entwickelt. Dieses Modell basiert auf empirischen Freisetzungskurven entlang des Rostes für die berücksichtigten Spezies. Die Kanalbildung innerhalb des Brennbetts wird durch eine zufällige Umverteilung der Luft innerhalb der Primärluftzonen realisiert. Die Inhomogenität des Brennstoffs wird ähnlich wie bei der Luft durch eine mehrfache großflächige Umverteilung der einzelnen Spezies realisiert [1]. Durch die hohe örtliche Auflösung können auch Feuerungsschieflagen und die Bildung von Temperatursträhnen untersucht werden.

Messungen an mehreren Abfallverbrennungsanlagen, unter anderem einer starken strömungsbedingten Temperaturschieflage, wurden zur Validierung der CFD Methodik herangezogen [2, 3].

Bild 3: Herstellung eines schweißplattierten Trenndwandsammlers

2.4. Durchführen

Weiterhin beschränkt sich das Leistungsspektrum nicht nur auf Studien und Ingenieursleistungen, sondern weitet sich auf eigenes, langjährig erfahrenes, Personal aus, welches in der Lage ist vor allem im Bereich Feuerung und Dampferzeuger hoch individualisierte Lösungen zu realisieren. Dies kann die Unterstützung während einer regelmäßigen Revision oder auch das Anfertigen nicht standardisierter, möglicherweise schweißplattierter, Dampferzeugerteile bedeuten.

Der Terminplan gestaltet sich dabei flexibel; etliche Maßnahmen können während einer geplanten Revision durchgeführt werden, ohne kostenintensive Stillstände zu verlängern, oder diese auf ein Minimum zu beschränken.

2.5. Überprüfen

Jede dieser Lösungen kann aus einer Hand erfolgen und beinhaltet entsprechend des Umfangs und deren Art die Verfahrensgarantie, sowie die erforderlichen Materialgarantien. Es wird dabei größten Wert auf eine durchgängige Kommunikation mit gleichbleibendem Ansprechpartner gelegt, der ebenfalls durch die nötigen Abnahmen führt und auch nach Projektabschluss beratend zur Seite steht.

3. Ertüchtigung dreier Linien am Standort Coventry, Großbritannien

Die Anlage Coventry ist mit drei Verbrennungslinien 1975 in Betrieb gegangen und verbrennt seitdem etwa 864 Tonnen Abfälle pro Tag (3 x 288 t/d). Es handelt sich dabei um drei je zweibahnige Rückschubrosteinheiten mit einer jeweiligen Feuerungswärmeleistung von 26,4 MW und anschließendem Frischdampferzeuger zur Abhitzenutzung. Die Dampfparameter des Dampferzeugers betragen entsprechend dem damaligen Stand der Technik 207 °C bei 18 bar(a), welche ausschließlich auf die Lieferung von Wärme ausgelegt wurden.

Zur Stromproduktion wurden in den 90' Jahren zwei Turbinen mit einer gemeinsamen elektrischen Leistung von 17,7 MW installiert. Außerdem wurde 1996 eine umfangreiche Abgasreinigungsanlage zur Sicherung des zukünftigen Betriebs nachgerüstet.

Ausschlaggebend für die zuletzt durchgeführte, umfassende Modernisierungsmaßnahme war vor allem der verbrannte Reststoff selbst.

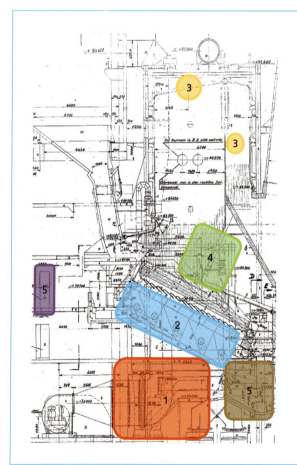

Maßnahme 1:
Einbau eines Primärluftvorwärmers

Maßnahme 2:
Geregelte Primärluftzuführung

Maßnahme 3:
Einsatz einer vollautomatisierten Feuerleistungsregelung inklusiver deren notwendiger Messinstrumente

Maßnahme 4:
Optimierung der Sekundärlufteindüsung und der Vermischung des Abgases

Maßnahme 5:
Modernisierung der Hydraulikanlage und des Entschlackers

Bild 4:   Darstellung der wichtigsten Modernisierungsmaßnahmen an der Anlage Coventry

Dessen Anlieferung war für eine Laufzeit von weiteren 25 Jahren über langfristige Verträge gesichert, gleichzeitig zwangen dessen Veränderung in der Zusammensetzung und der Beschaffenheit das Betriebspersonal zunehmender mit ungewünschten Betriebszuständen umzugehen und diese zu verantworten. Hauptsächlich hatte sich die Reststoffqualität durch erhöhte Recyclingquoten und einen steigenden Feuchtegehalt in einen für die Verbrennung anspruchsvollen niedrigen Bereich reduziert.

Der Betreiber hat folgende wesentliche verbesserungsbedürftige Punkte angegeben:

- Schwierige Feuerleistungsregelung
  wegen häufig notwendigen manuellen Eingriffen

- Stark schwankende Verbrennungsbedingungen
  und damit sinkende Durchsatzleistungen durch schwankende Abfallqualitäten

- Häufiger Brennereinsatz zur Stützfeuerung

- Gas- und Feststoffausbrand entsprachen nicht den Erwartungen

Auf Basis dieser Punkte wurde ein Paket an umzusetzenden Maßnahmen ausgearbeitet, welches zunächst an Linie 1 realisiert und bei Erfolg ebenfalls an den restlichen beiden Linien durchgeführt werden sollte.

Die wesentlichen Punkte sind in Bild 4 dargestellt.

Maßnahme 1: Nachrüstung Primärluftvorwärmer

Seit der Inbetriebnahme der Anlage wurde die Feuerung ohne Luftvorwärmer betrieben, was mit der sinkenden Brennstoffqualität vermehrt zu Problemen führte. Die Anlage wurde im wahrsten Sinne des Wortes *Wetterfühlig*, bei schlechtem Wetter und daraus sich ergebenden hohen Feuchtigkeitsgehalten im Brennstoff kam es vermehrt zu Zündschwierigkeiten und daraus resultierenden hohen Schwankungen in der Dampflast.

Bild 5:   Primärluftkanal vor dem Umbau   Bild 6:   Einbausituation des Luftvorwärmers

Passgenau konnte in die bestehenden Platzverhältnisse ein Luftvorwärmer mit einer möglichen Aufheizung der Primärluft auf bis zu 150 °C installiert werden.

Maßnahme 2: Einbau regelbarer Primärluftzuführungen

Um auf veränderliche Brennstoffqualitäten besser reagieren zu können wurde die Regelbarkeit der Primärluft verbessert. Damit kann die Zuteilung der Verbrennungsluft präziser und genau entsprechend der jeweiligen Qualität erfolgen. Dies wurde durch die Nachrüstung einzeln ansteuerbarer Regelblenden und zusätzlicher Messinstrumente in der Luftkanalführung ermöglicht.

Maßnahme 3: Optimierung Sekundärlufteindüsung

Wie oben beschrieben wurde auch für die Anlage in Coventry zuerst der aktuelle Betriebszustand mit Hilfe von CFD dargestellt. Dabei hat sich gezeigt, dass die von der linken Dampferzeugerwand zugeführten ECO-Tubes zu einem großen Wirbel im 1. Zug des Dampferzeugers führen. Da die ECO-Tubes nicht die volle Breite des Dampferzeugers abdecken bildet sich eine Ungleichverteilung von Temperatur und Sauerstoff, weswegen diese in den anschließenden Konzepten nicht berücksichtigt und im Zuge der Umbaumaßnahmen ausgebaut wurden. Als ECO-Tubes werden ein-/ausfahrbare Lanzen mit einblasenden Düsen bezeichnet, welche mit Luft beaufschlagt werden um eine Zuführung zusätzlicher Verbrennungsluft zu schaffen [4].

Als nächster Schritt wurden alternative Sekundärluftkonzepte für den gleichen Lastfall modelliert. Düsenabstände und Durchmesser wurden so lange variiert, bis eine gute Durchmischung und Ausbrand erzielt wurde. Als abschließender Schritt wurde das ausgewählte Sekundärluftdüsenkonzept für einen weiteren Lastfall untersucht. Auch für diesen Lastfall wurden gute Mischung und Ausbrand vorausgesagt. Was letztendlich zur Umsetzung dieses Konzeptes im Rahmen der Anlagenmodernisierung geführt hat.

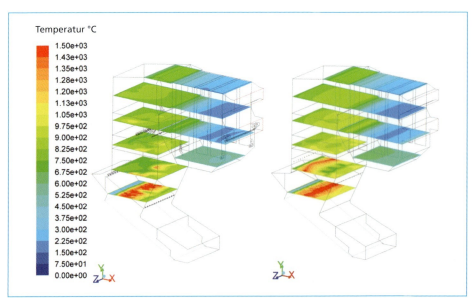

Bild 7:   Vergleich der Temperaturverteilung im Dampferzeuger. Links der Ausgangszustand und rechts die für die Modernisierung verwendete Düsenanordnung

Maßnahme 4: Einsatz einer vollautomatischen Feuerleistungsregelung

Um oben beschriebene Maßnahmen voll ausnutzen zu können, wurden diese mit einer vollautomatischen Feuerleistungsregelung auf neuestem Stand der Technik kombiniert. Diese basiert auf der bewährten MICC (MARTIN Infrared Combustion Control), die mit Hilfe einer brennbettüberwachenden IR-Kamera und einer auf Fuzzy-Logic basierenden Regelung die Verbrennungsparameter optimal aufeinander abstimmt und somit die vorher sehr häufig notwendigen Handeingriffe auf ein Minimum reduziert.

Dies führt zu einer deutlich verbesserten Dampfstabilität wie nachfolgend dargestellte achttägige Analyse verdeutlicht. Dabei wird das Ergebnis der umgerüsteten Linien 1 und 2 der nicht modifizierten Linie 3 gegenübergestellt, um eine größtmögliche Vergleichbarkeit zu schaffen.

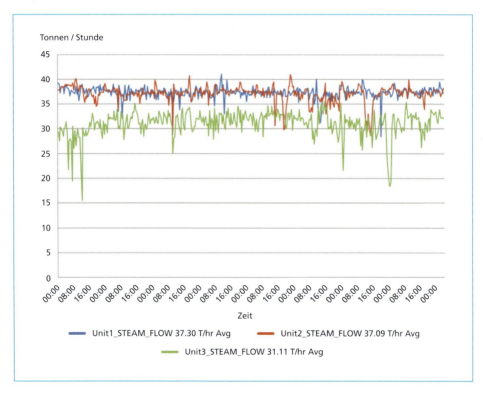

Bild 8:   Vergleich des Dampfflusses der Linien 1 und 2 mit Linie 3

Quelle: CSWDC – Coventry & Solihull Waste Disposal Company Ltd

Gezeigtes Bild 8 zeigt jedoch nicht nur eine verbesserte Dampfstabilität, sondern einen, für den Betreiber der Anlage, wesentlich wichtigeren Kennwert, den der durchschnittlichen Dampfleistung. Wird Linie 1 im Vergleich zu Linie 3 betrachtet, produziert Linie 1 während dieses Zeitraums etwa 17 Prozent mehr Dampf und setzt demnach mehr Brennstoff um.

Dies wurde durch zwei Maßnahmen möglich. Einerseits erhöht eine verbesserte Regelgüte den Durchschnittswert (hier verantwortlich für etwa 7 Prozent Steigerung), da in der Verbrennungstechnik Schwankungen gegenüber dem Sollwert nach unten meist größer ausfallen als deren Pendants nach oben. Andererseits konnte die thermische Dauerleistung der Anlage durch die Umbaumaßnahmen um 10 Prozent gesteigert werden.

Trotz einer Erhöhung der thermischen Leistung konnten durch eine ruhigere und stabilere Regelung die Kohlenmonoxidemissionen nicht nur im langtägigen Mittel gesenkt, sondern auch CO-Spitzen vermieden werden, wie nachfolgendes Bild zeigt.

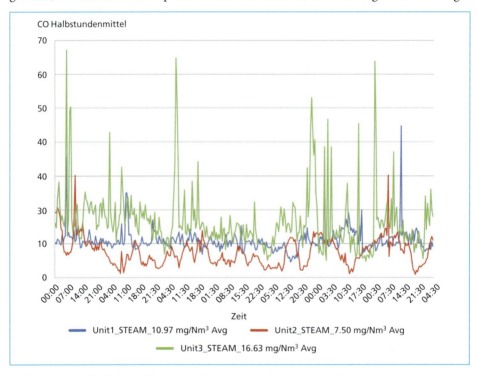

Bild 9:   Vergleich der Kohlenmonoxidemissionen der Linien 1 und 2 mit Linie 3

Quelle: CSWDC – Coventry & Solihull Waste Disposal Company Ltd

Maßnahme 5: Modernisierung Hydraulik und Entschlacker

Im Zuge der Modernisierung wurden zusätzlich sämtliche Anlagenkomponenten des Rosts und des Dampferzeugers inspiziert und auf ihre Lebenserwartung im Hinblick auf eine Fortführung des Betriebs um weitere 25 Jahre hin untersucht. Diese wurden anschließend einzeln bewertet und wenn dies sinnvoll beziehungsweise nötig erschien, in Abstimmung mit dem Betreiber ausgewechselt. Beispielsweise sei hier auf den Austausch der Entschlackertüren hingewiesen, welche nach der langen Betriebslaufzeit undicht geworden waren und somit im Zuge der restlichen Maßnahmen erneuert wurden. Außerdem wurde die Hydraulikanlage der Feuerungsantriebe auf den neuesten Stand gebracht und unter anderem mit hocheffizienten Einzelpumpenantrieben ausgerüstet.

4. Voraus denken

Eine Anlagenertüchtigung oder deren Anpassung an neue Gegebenheiten ist stets eine individuelle Angelegenheit, bei der es vor allem darauf ankommt, speziell angepasste Maßnahmen zu konzipieren und auszuführen. Diese ermöglichen nicht nur einen weiterführenden Betrieb auf aktuellem Niveau, sondern bieten das Potential ökologische und ökonomische Verbesserungen zu erreichen, bis hin zur Erschließung neuer Geschäftsfelder.

Eine Lösung aus einer Hand bietet daher sowohl den Vorteil eines einzigen Ansprechpartners, der für alle Bereiche verantwortlich zeichnet, wie auch ein, von der Planung bis zum Probebetrieb, durchgängiges Konzept. Hierfür wird darüber hinaus nicht nur eine Materialgarantie, sondern ebenfalls eine weit umfassendere Verfahrensgewährleistung übernommen.

Die Betreiber der Anlage Coventry (*CSWDC – Coventry & Solihull Waste Disposal Company Ltd*) haben dieses Potential erkannt und in einer ersten Maßnahme die erste ihrer drei Linien modernisiert. Die Vertragsgestaltung umfasste bei Erfolg den Ausblick auf eine weitere Modernisierung der folgenden beiden Linien im Abstand von jeweils einem Jahr. Der überzeugende Erfolg zeigte sich in diesem Projekt nicht nur anhand dargestellter Prozesswerte sondern auch an der Tatsache, dass der Umbau der Linie 3 um neun Monate vorgezogen wurde, diese also so schnell wie möglich nach Linie 2 ebenfalls fertiggestellt werden sollte und konnte.

Zu diesem Erfolg haben allein im Jahr 2013 111 direkte Revisionsaufträge, sowie im Zeitraum 2009 bis 2013 insgesamt 43 abgeschlossene Modernisierungsaufträge beigetragen, welche die nötige Erfahrung liefern, um Aufträge zur Zufriedenheit des Kunden und termin-, sowie leistungsgerecht durchführen zu können. Für eine Übersicht der umfangreichen Möglichkeiten zur Modernisierung sei auf [5] verwiesen.

5. Literatur

[1]   Martin, U.: Beschreibung der Brennstoffumsetzung im Brennbett von Rostfeuerungen. In: Semesterarbeit, Technische Universität München, 2011

[2]   Murer, M. J.; Dürrschmidt S.; Martin U.; Spliethoff, H.; Wilpshaar, S.; Waal, C. M. W. d.; Gohlke, O.: Optimierung von Müllfeuerungen mit Hilfe von CFD Modellierung. K. Görner (Hrsg.): Validierung an der HR-AVI Amsterdam in 25. Deutscher Flammentag. Karlsruhe: 2011, S.167-176.

[3]   Murer, M. J.; Koralewska, R.; von Raven, R.; Baj,P.: Optimierte Feuerungsführung in der Müllverbrennung. K. Görner (Hrsg.): 25. Deutscher Flammentag. Duisburg: 2013, S. 255-266

[4]   ECOMB AB, [Online]. Available: http://www.ecomb.se/Products/The-Ecotube-system/. [Zugriff am 28 November 2013].

[5]   Martin, J. J. E.: Abfallverbrennung im 21. Jahrhundert: Energieeffiziente und klimafreundliche Recyclinganlage und Schadstoffsenke. In: Thomé-Kozmiensky, K.J. (Hrsg.): Strategie Planung Umweltrecht, Band 7. Neuruppin: TK Verlag Karl Thomé-Kozmiensky, 2013

Mit Energie aus dem Abfall auf dem Weg in die Zukunft

Unternehmen:

Die PD energy GmbH betreibt im ChemiePark Bitterfeld-Wolfen eine moderne Thermische Restabfallbehandlungsanlage, die in vollem Umfang die Vorgaben der 17. Bundesimmissionsschutzverordnung erfüllt. Unter klarer Fokussierung auf das Kraft-Wärme-Kopplungs-Prinzip verwertet die Anlage pro Jahr 130.000 t Restabfälle.

Schwerpunkte:

- Einspeisung des erzeugten Stroms in das Netz des örtlichen Netzbetreibers
- Einspeisung des Prozessdampfes in das Netz des ChemieParks
- Fernwärmeversorgung der Stadt Bitterfeld-Wolfen

PD energy GmbH
Tel.: 03493 82410-0
Mail:info@pd-energy.de

Betriebserfahrungen nach über 30.000 Stunden der Thermischen Restabfallbehandlungsanlage Bitterfeld

Dietmar Rötsch

1. Anlagenaufbau

Die Thermische Restabfallbehandlungsanlage (TRB) steht in dem 1.200 Hektar großen Chemiepark-Areal Bitterfeld-Wolfen. Die Anlage wurde im August 2009 planmäßig in Betrieb genommen.

Kernstück der TRB-Anlage ist der mit einer Rostfeuerung ausgestattete Dampferzeuger, welcher aus zwei vertikalen Abgaszügen (leer) und aus dem horizontal, außen liegenden Tail-End (mit allen Heizflächen) besteht. Der über den Brennstofftrichter in den Verbrennungsraum eingebrachte Brennstoff wird auf dem wassergekühlten 12-Zonen-Vorschubrost verbrannt. Die Daten der TRB-Anlage sind:

- Brennstoffkapazität (bei 14,5 MJ/kg)   110.000 t/a
- Feuerungswärmeleistung   56 MW
- Nominalleistung   64,4 t/h
- Dampftemperatur   400 °C
- Dampfdruck   42 bar
- elektrische Bruttoleistung   11,4 MW
- Prozessdampfauskopplung (19 bar)   10 – 30 MW
- Fernwärmeauskopplung (Heizwasser)   0 – 9 MW

Bild 1:   Übersichtsschema TRB-Anlage

Bis Ende September 2013 war die TRB-Anlage 32.200 h in Betrieb. Es wurden bis dahin etwa 380.000 t Restabfall verbrannt, etwa 500 GWh thermisch ausgekoppelt und etwa 260 GWh elektrisch ausgespeist. Das derzeitige R1-Kriterium liegt zwischen 0,77 und 0,80.

2. Brennstoff

Ursprünglich war die Anlage zur Verwertung von Ersatzbrennstoff (EBS) geplant gewesen (Bild 2). Das Annahmekriterium der TRB-Anlage ist mit 250 x 50 x 25 mm Kantenlänge definiert. Eine Vielzahl von Grenzwerten für anorganische Stoffe, Schwer- und Halbmetalle, organische Stoffverbindungen sowie physikalische Eigenschaften und Qualitätsmerkmale für den Brennstoff galt es einzuhalten.

Für über 70 % der Jahresmenge wurden 10-Jahresverträge mit Lieferanten abgeschlossen. Der Rest sollte über den Spotmarkt akquiriert werden.

Mit der Inbetriebnahme stellte sich schnell heraus, dass die Anforderungen an den Brennstoff kaum erfüllt wurden bzw. erfüllt werden konnten.

Bild 2:   Erstlieferung mit EBS

Hauptschwerpunkt lag neben den Abmaßen (Bild 3) insbesondere in den einzuhaltenden Grenzwerten für Chlor und Schwefel. Ein weiteres Problem stellten die 2007 vertraglich gebundenen Brennstoffpreise dar, was zur Folge hatte, dass ein Teil der Vertragsmengen wegbrach und somit sich die Mengen, die über den Spotmarkt beschafft werden mussten, erheblich vergrößerte.

Bild 3:   Ersatzbrennstoffe

Auch war die Aufbereitungstiefe nicht mehr gegeben, was zu einem erhöhten Sortieraufwand im Bunker führte und es, dadurch bedingt, zu häufigen Problemen sowohl in der Brennstoffzuführung als auch in dem Schlackentransportsystem kam.

Durch eine von Anfang an akribisch geführte Brennstoffanalytik wurde uns bewusst, dass weitere Schutzmaßnahmen im Dampferzeuger realisiert werden mussten, insbesondere im 1. Zug, da dieser nur etwa 1 m über der Feuerfestauskleidung gecladdet war. Bereits im Folgejahr wurden der komplette 1. Zug und auch Teilbereiche im Übergang zum zweiten Zug gecladdet. Die bisherige Verfügbarkeit des Dampferzeugers zeigt, dass diese kostenintensive Maßnahme die richtige Entscheidung für den Dampferzeuger war.

Heute gilt festzuhalten, dass es sich bei dem Restabfall um überwiegend gewerbe- und hausabfallähnliche Siedlungsabfälle handelt, die einer groben Aufbereitung (Baggersortierung und Schredder) unterzogen wurden. Weiterhin wurde das Annahmespektrum, bezogen auf den Heizwert, von 12 bis 18 MJ/kg auf 7,5 bis 30,0 MJ/kg erweitert. Ein Mischen der verschiedenen Heizwertfrachten im Bunker stellt sicher, dass das Heizwertband von 11,0 bis 18,0 MJ/kg für den Verbrennungsrost eingehalten wird.

Bild 4 zeigt die rückwärts nach der DIN EN 12952-15 ermittelten Stundenheizwerte über den gesamten Zeitraum, wobei der Mittelwert bei 12,6 MJ/kg lag.

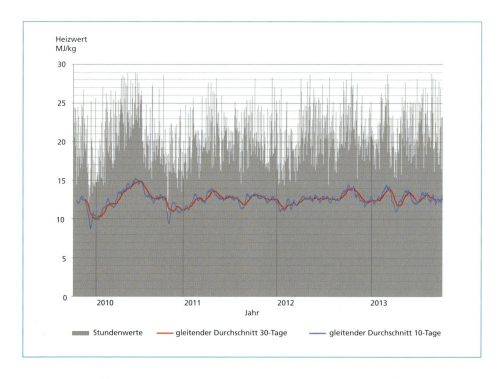

Bild 4:   Ermittelte Stundenheizwerte der TRB-Anlage

In Bild 5 ist die Häufigkeitsverteilung der Heizwerte dargestellt. Etwa 73 % der Heizwerte liegen im Auslegungsbereich des Rostes, wobei anzumerken ist, dass Heizwerte <11 bzw. >18 MJ/kg keine Probleme bei der Verbrennung und letztendlich bei der Leistungsregelung des Dampferzeugers hervorrufen.

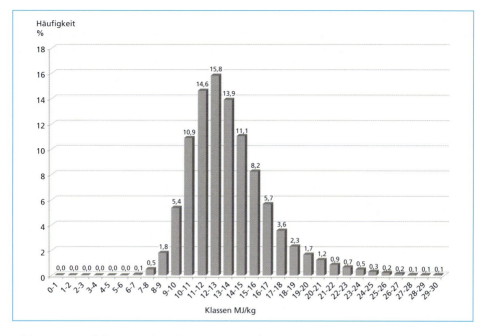

Bild 5: Häufigkeitsverteilung der Heizwerte in der TRB-Anlage

3. Brennstoffanalytik

Bild 6: Probenahmekran und Schredder

Bisher wurden über 1.000 Einzel- und Wochenmischproben des angelieferten Restabfalls analysiert, wobei in erster Linie die Größen – Heizwert, Aschegehalt, Wassergehalt, Fluor, Chlor gesamt, Schwefel, Cadmium, Quecksilber, Thallium und Blei – bestimmt werden. Die Proben selbst werden über einen Probenahmekran mit einem 200 l Greifer aus dem Schüttkegel in Anlehnung an PN98 entnommen und anschließend mit einem Schredder auf 20 mm zerkleinert (Bild 6). Aus dessen Haufwerk werden dann die eigentliche Probe und die Rückstellprobe (20 l Proben) entnommen.

Mittels dieser Stichproben erfolgt das direkte Einwirken auf die Qualität des Brennstoffes beim Erzeuger, was nach wie vor nicht selten für reichlichen Diskussionsstoff sorgt.

Eine weitere Möglichkeit besteht in der direkten Analyse der gemessenen Rohgaswerte HCl und SO_2. Bild 7 zeigt die Verläufe beider Größen, wobei die Mittelwerte für HCl bei 1.623 mg/m³ und für SO_2 bei 706 mg/m³ bzw. die maximal bisher gemessenen Werte für HCl bei 4.628 mg/m³ und für SO_2 bei 2.354 mg/m³ lagen. Der Kalkhydratverbrauch liegt bei diesen Konzentrationen im Durchschnitt bei 560 kg/h. Trotz der hohen Frachten ist es bisher in der Abgasreinigung zu keinen nennenswerten Grenzwertüberschreitungen gekommen.

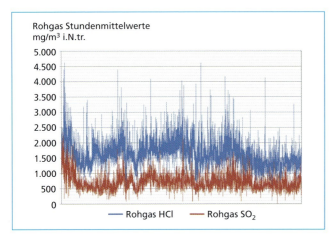

Bild 7:

Rohgaswerte HCl und SO_2 TRB-Anlage

Mit derartigen Daten lassen sich die unterschiedlichsten Auswertungen anstellen. Im Bild 8 ist der des Öfteren diskutierte Zusammenhang zwischen dem Chlorgehalt im Rohgas und dem berechneten Heizwert dargestellt. Daraus wird ersichtlich, dass höhere Heizwerte sich nicht unbedingt auf die im Brennstoff enthaltenen Chlorkomponenten zurückführen lassen.

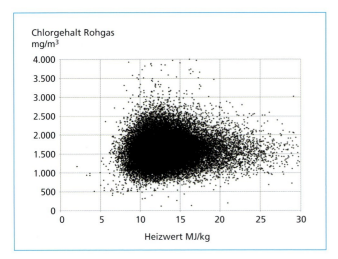

Bild 8:

Zusammenhang Chlorgehalt Rohgas zum berechneten Heizwert

4. Dampferzeuger

4.1. Betriebs- und brennstoffbedingte Verschmutzungen

Nach den bisher geleisteten Betriebsstunden konnten keine Besonderheiten bzw. kritischen Stellen hinsichtlich Verschmutzungen und Ablagerungen gegenüber anderen Dampferzeugeranlagen gefunden werden. Man weiß, in welche Ecken bei Revisionen geschaut werden muss. Die Reisezeit zwischen zwei Revisionen beträgt in der Regel etwa 4.000 Betriebsstunden, wobei in der Frühjahrsrevision der Hauptteil der Instandsetzungen realisiert wird. Die Herbstrevision dient eher der Reinigung und Kontrolle.

Bild 9:

Verschmutzungen TRB-Anlage nach etwa 4.000 h Reisezeit

a) Übergang zum 2. Zug b) Eintritt Tail-End Schutzverdampfer

Die folgenden Ausführungen beziehen sich auf den 1. Zug. Im 2. Halbzug und im Tail-End waren bisher keine größeren Probleme aufgetreten. Dort treten nur staubförmige Ablagerungen auf (Bild 9a+b).

Bild 10:

Verschmutzungen TRB-Anlage nach etwa 4.000 h Reisezeit

a) lockere Verschmutzungen im oberen Teil Feuerfest b) Übergang Feuerfest in den gecladdeten Bereich c+d) feste Anhaftungen mit Zerstörung von Feuerfest e+f) Auswaschungen an den beiden Luken Vorderwand

Bei der Besichtigung des Dampferzeugers zur Revision sind die Wände im 1. Zug größtenteils oberhalb der Ölbrenner mit einem relativ dünnen Schlacke-/Aschege- misch überzogen, das nach oben immer poröser wird, wobei der Übergang Feuerfest in den gecladdeten Bereich wiederum einen Schwerpunkt bildet. Nicht selten gibt es Rohrwandschwächungen (Bild 10a+b). Weiter unten werden die Verschlackungen fester (Bild 10c+d), wobei ein Aufgeben einzelner Feuerfestkacheln häufiger zu be- obachten ist. Die beiden Luken an der Vorderwand sind zu jeder Revision regelrecht ausgewaschen (Bild 10e+f).

Während die Bereiche oberhalb der Düsen für Sekundär- und Reziluft (Vorder- und Rückwand) nicht so stark betroffen sind, existieren dagegen erhebliche Probleme um und unterhalb der beiden Ölbrenner (Bild 11a+b). Das Ausspülen des Betons in den Brennermäulern führt häufig auch zu Funktionseinschränkungen der Muffelschieber und somit der Brenner selbst. Bild 11c zeigt die Zünddecke, Bild 11d den Bereich des Abwurfes.

Bild 11:

Verschmutzungen TRB-Anlage nach etwa 4.000 h Reisezeit

a+b) Bereich um und unterhalb der Ölbrenner c) Anbackungen an der Zünddecke d) Bereich Übergang Abwurf

Nichts desto trotz sind in fast regelmäßigen Abständen Schlackeabbrüche zu ver- zeichnen, welche insbesondere an den beiden zu kleinen Abwurfschächten (jeweils 800 x 600 mm) Probleme bereiten. Durch eine Öffnung in der Dampferzeugerdecke im 1. Zug (DN 100 mit Blinddeckel) wird bei Verdachtsmomenten kontrolliert, inwieweit sich Schlackeansätze zwischen den Luftdüsen und in den Ecken ausbilden, um somit rechtzeitig Maßnahmen zur Beseitigung einleiten zu können.

4.2. Probleme und Herausforderungen

Zur Inbetriebnahme 2009 war der 1. Zug im Dampferzeuger etwas über einen Meter über der Ausmauerung gecladdet. Die ersten 4.000 Betriebsstunden haben sehr schnell gezeigt, dass die Chlorwerte in der ausgeschriebenen Brennstoffspezifikation mehrfach überschritten werden, so dass zur ersten Revision 2010 der 1. Zug, die Decke und Teile des Übergangs zum 2. Zug nachträglich gecladdet wurden.

Zu jeder Revision werden im Dampferzeuger an verschiedenen Stellen Wanddickenmessungen durchgeführt und protokolliert. Derzeit liegen die maximalen Gesamtabzerrraten im Bereich kleiner 1,5 mm.

Die bisher aufgetretenen Schadensfälle am Dampferzeuger konzentrieren sich vor allem auf folgende Bereiche, wobei Feuerfest eine wesentliche Rolle spielt:

- Feuerfest an beiden Seitenwandsammlern
- Feuerfest an beiden Brennermäulern und Sichtluken sowie Rohrschäden
- SNCR-Eindüsung im 1. Zug

Feuerfest an beiden Seitenwandsammlern

Dieses Problem bestand von Anfang an. Die erste Konstruktion waren Seitenwandsteine, die mit einem Anker am Seitenwandsammler verschraubt waren. Nach kurzer Zeit (2.500 h) brachen die ersten Steine hälftig durch. Eine Vergrößerung der Dehnungsfuge zwischen Rost und Seitenwandsammler als erste Maßnahme brachte keinen Erfolg. Im Gegenteil, die Schäden vergrößerten sich und endeten in einem zum Teil frei liegenden Seitenwandsammler (Bild 12a+b).

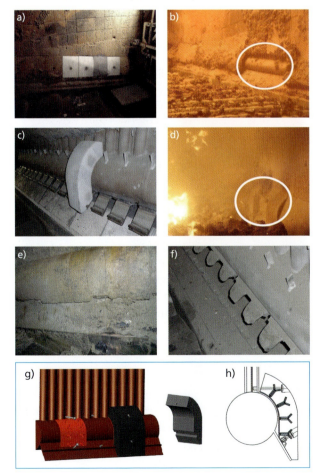

Bild 12:

Schäden Feuerfest Seitenwandsammler

a) Original-Seitenwandsteine b) wiederholt zerstörte Seitenwandsteine c) neue Konstruktion für Seitenwandsteine d-f) Schäden der neuen Konstruktion g+h) Modifikation Seitenwandsteine 2013

Das hat wiederum dazu geführt, dass sich an einigen Stellen die Wanddicke des frei liegenden Seitenwandsammlers um etwa 5 mm verringert hatte.

Die neu eingebaute Konstruktion ist so ausgeführt, dass die Steine auf einer Art Konsole ruhen und über einen Zapfen gesichert sind (Bild 12c). Doch auch diese Konstruktion schafft teilweise nur 4.000 Betriebsstunden (Bild 12d). Grund ist unter anderem das Versagen der Auflagekonstruktion.

Mit allen bisher gewonnenen Erkenntnissen wurde die Konstruktion mit einem Feuerfesthersteller weiter modifiziert und zur nächsten Revision umgesetzt. Bleibt zu hoffen, dass dieses Problem im 5. Betriebsjahr endlich gelöst wird.

Feuerfest an beiden Brennermäulern und Sichtluken sowie Rohrschäden

Konstruktiv befinden sich die beiden Brenner (gegenseitig versetzt angeordnet) etwa 1,5 m oberhalb der Sekundär- und Reziluftdüsen.

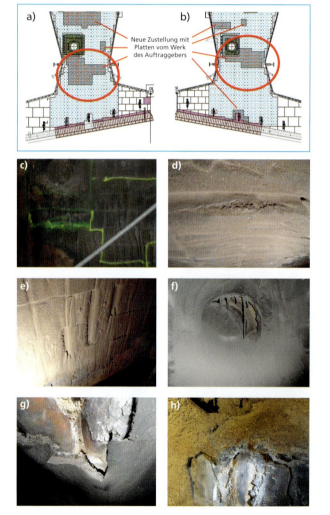

Bild 13:

a-h) Schäden Feuerfest um und unterhalb Brennermäuler

Grundsätzlich sind zu jeder Revision die Brennermäuler und teilweise die Sichtluken feuerfestmäßig verschlissen. Auflösungserscheinungen lassen sich bereits nach 2.000/3.000 Betriebsstunden an den Brennermäulern beobachten. Gibt die Stampfmasse auf, wird es ein Spiel mit der Zeit, da es zu Materialabträgen an den Rohren der Brennerausbiegung kommt. Nicht selten mussten Rohre ausgetauscht werden, da die Restwandstärken nur noch kleiner 1 mm betrugen. Verliert man das Spiel mit der Zeit, kommt es zu unplanmäßigen Stillständen durch Rohrreißer (Bild 13a-h).

Es wurden verschiedene Stampfmassen und Feuerfestkacheln getestet, die aber noch nicht zu dem gewünschten Ergebnis geführt haben, zumindest zwischen den beiden Frühjahrsrevisionen, d.h. 8.000 Betriebsstunden durchzuhalten.

Als weitere Maßnahme wurden die Ausbiegungen der Brennermäuler durch neue gecladdete Rohre ersetzt, um bei Aufgabe des Feuerfest zumindest die Zeit bis zur nächsten Revision überbrücken zu können.

SNCR-Eindüsung 1. Zug

Der dritte Schwerpunkt liegt bei der SNCR-Eindüsung. Die TRB-Anlage wurde mit drei Ebenen im 1. Zug ausgestattet, wobei die unterste Ebene noch nie betrieben wurde. Die Betriebsstunden der mittleren Ebene können gezählt werden, da die Feuerraumtemperaturen für die Reaktion noch zu hoch sind. Der Dampferzeuger besitzt kein agam-System.

Immer wieder wurde diskutiert, die Feuerfestgrenze nach unten zu korrigieren, um somit mehr Wärme aus dem Dampferzeuger im ersten Zug zu nehmen. Doch damit verbunden ist ein Cladden der damit freiliegenden Membranwände und darüber hinaus in dem bereits sensiblen Bereich (Bild 10b). Doch das sind erhebliche Kosten für einen sich erst im 5. Betriebsjahr befindenden Dampferzeuger.

Wie bereits 2011 berichtet, gab es mit der SNCR erhebliche Probleme, den Tagesmittelwert von 200 mg/m³ sicher zu gewährleisten. Zwar wurde die Grenze eingehalten, aber die Spät- bzw. Nachtschicht des laufenden Tages musste mehrfach eingreifen. Nicht selten war der Tagesmittelwert in dem Bereich 198,0 bis 199,95 mg/m³.

Die Novellierung der 17. BImSchG stellt uns vor die Herausforderung, entweder

1. etwa 200.000 EUR zu investieren und nachzurüsten, da der Tank, die Pumpen und das dazugehörige Equipment zu klein sind

oder

2. die installierte Anlage auf ihre wirklichen Grenzen zu testen.

Derzeit läuft ein internes Programm unter Voraussetzung der Beibehaltung der Grenze Feuerfest/gecladdeter Bereich. Dazu zählen folgende Punkte:

- Regelparameter (Harnstoffmenge, vollentsalztes Wasser, Luftdruck)
- Aufschaltung NH_3-Schlupf zur Minimierung des Harnstoffverbrauchs
- Düsengröße
- Einspritzwinkel
- Schaffung einer 4. Ebene

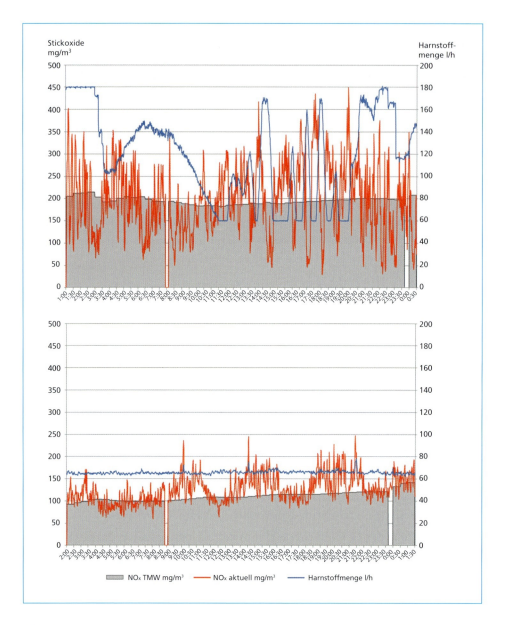

Bild 14: Einhaltung Tagesmittelwert NOx mit vorhandener SNCR-Eindüsung TRB (vor und nach den ersten Optimierungen)

Sicherlich kann man viel über Regelparameter und Düsengrößen testen. Das Problem daran ist aber, dass bei sechs Düsen, die für diese Anlage benötigt werden, eine Testinstallation im Freien für repräsentative Ergebnisse nicht lohnenswert ist, denn Temperaturen und Strömungsverhältnisse im Dampferzeuger verhalten sich nicht konstant. Also geht es nur über die *Try and Error*-Methode.

Erfolgversprechend ist dabei unter anderem das Einbringen von zwei reinen Wassereindüsungen in der 2. Ebene unterhalb des Überganges Feuerfest zum gecladdeten Bereich. Auch das Abreinigen des 2. Zuges spielt eine wesentliche Rolle bei der Absenkung der Temperaturen im 1. Zug. Die Schaffung einer 4. Ebene, d.h. im 2. Zug, stellt eher die letzte Möglichkeit dar. Dafür wurden an den beiden Einstiegsluken entsprechende Passstücke für die Lanzen vorbereitet. Die nächste Zeit wird zeigen, ob man sich auf dem richtigen Weg befindet.

5. Abgasreinigung

5.1. Betriebs- und brennstoffbedingte Verschmutzungen

Ebenso wie beim Dampferzeuger konnten in diesem Anlagenteil keine sonderlich kritischen Stellen hinsichtlich Verschmutzungen und Ablagerungen gegenüber anderen Anlagen gefunden werden. Man weiß, in welche Ecken bei Revisionen geschaut werden muss.

Schwerpunkt bildet der Austrag aus dem Verdampfungskühler/Übergang zum Kugelrotor. Unterhalb des Verdampfungskühlers befindet sich eine Art Brecher, der herabfallende Wächten zerkleinert und diese über eine Schnecke dem System wieder zurückführt. Bei Abbruch von Wächten kann es dazu kommen, dass der Brecher versagt, was wiederum zur Folge hat, dass sich Stalagmiten aufbauen, die im Ernstfall enorme Ausmaße (10 bis 15 Tonnen) annehmen können (Bild 15).

Bild 15:   Verschmutzungen Austrag Verdampfungskühler

5.2. Probleme und Herausforderungen

Als aktuelles Problem stellen sich die Korrosionserscheinungen (Kältebrücken) im Inneren des Verdampfungskühlers an den Auflageflächen im Stahlbau dar (Bild 16). Hier werden größere Sanierungsarbeiten erforderlich, ohne derzeit das Wann und Wie abschätzen zu können.

Bild 16:   Korrosionserscheinungen Verdampfungskühler

6. Wirtschaftlichkeit und Optimierungsansätze

Je mehr Erkenntnisse man über die Dampferzeugeranlage gewinnt, desto mehr Ideen reifen heran, was man hätte anders machen können. Zu klein gewählte Antriebe, beengte Verhältnisse in der Anlage, konstruktive Unzulänglichkeiten, falsche Planungsansätze, aber auch mangelnde Qualität an den Komponenten selbst führen immer wieder zu Ereignissen, die zu unplanmäßigen Stillständen führen, welche eigentlich hätten vermieden werden können. Einziger Trost ist, dass es auch anderen Anlagenbetreibern so geht.

Erheblich niedrige Erlöse beim Restabfall und Stromverkauf sowie erhöhte Aufwendungen in der Schlacken- und Stäubeentsorgung zwingen die TRB, notwendige Instandsetzungsmaßnahmen immer wieder auf Sinnhaftigkeit zu prüfen. Ereignisbezogene Instandsetzung steht im Vordergrund, verbunden mit der Frage nach der Größe der Ersatzteillagerung.

Die Preissituation für Restabfall und Strom kann das Anlagenpersonal nicht beeinflussen, wohl aber die Verfügbarkeit der Anlage. Beispielhaft einige Zahlen:

Tabelle 1: Betriebsdaten der TRB-Anlage

	Einheit	2009[1]	2010	2011	2012	2013[2]
Betriebsstunden	h/a	2.745	7.422[3]	7.951	7.972	6.074
unplanmäßige Stunden	h/a	335	188	22	126	49
Brennstoffmenge	t/a	39.000	113.425	130.550	130.058	98.535
mittlerer Heizwert	MJ/kg	12,1	13,2	13,4	13,4	13,2
Schlacke-/Stäubeanteil	%	35	33	32	32	33
mittlerer HCl-Wert im Rohgas	mg/m³	1.843	1.616	1.814	1.616	1.309
mittlerer SO₂-Wert im Rohgas	mg/m³	998	627	768	706	605
R1-Kriterium	–	–	0,74[4]	0,77	0,76	0,80

[1]   gewertet ab Inbetriebnahme August 2009

[2]   gewertet bis 3.Quartal 2013

[3]   trotz Cladding 2010 im 1. Zug (6 Wochen)

[4]   Tendenz steigend durch zusätzliche Auskopplung von Fernwärme

Bild 17 zeigt den Dampferzeugerwirkungsgrad über den Dampfmassenstrom. Hieraus wird ersichtlich, dass sich gerade bei Volllastbetrieb höhere Wirkungsgrade erzielen lassen. Der durchschnittliche Wirkungsgrad des Dampferzeugers liegt bei 85 %.

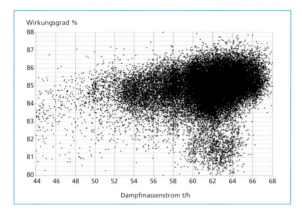

Bild 17:

Dampferzeugerwirkungsgrad der TRB-Anlage

Hauptaugenmerk, was die Optimierung am Dampferzeuger betrifft, war und bleibt die Leistungsregelung. Anfangs waren Schwankungen der Soll-/Ist-Dampfleistung von 15-20 % bei einer Dampferzeugernominalleistung von 64,4 t/h nicht unüblich.

Diese wiederum verursachten Schwankungen im 1-2-MW-Bereich an der Dampfturbine. Da der Strom der TRB-Anlage an der Strombörse vermarktet wird, musste hier schnell gehandelt werden.

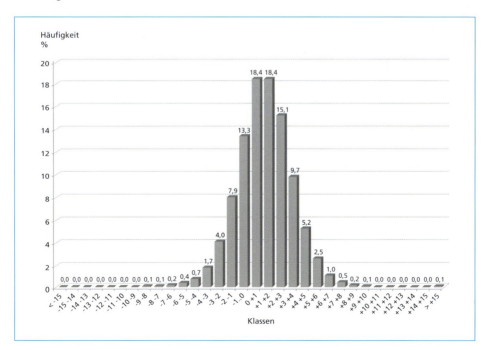

Bild 18: Soll-/Ist-Abweichung Dampfleistung des Dampferzeugers der TRB-Anlage

Als Erste der möglichen Optimierungen stand das Reziluftgebläse auf dem Prüfstand. Es wurde viel gerechnet, gemessen und diskutiert – am Ende war die Reduzierung der Reziluftmengen von 32.000 auf nunmehr 6.000 bis 10.000 m³/h der erste Schritt in die richtige Richtung.

Für das endgültige Abschalten des Reziluftgebläses fehlt uns nach wie vor der Mut.

Anfangs sah die Häufigkeitsverteilung (Bild 18) wie folgt aus:

- 60 % aller Soll-/Ist-Abweichungen befanden sich in dem Bereich von -3 bis +3 %

- 80 % aller Soll-/Ist-Abweichungen befanden sich in dem Bereich von -5 bis +5 %

Feuerraummessungen, Einstellungen an den Luftverhältnissen (primär/sekundär) und Vertrimmung der Luftzuführung, die Führung der Feuerlinie, aber auch das Mischen des Restabfalls im Bunker und möglichst das Vermeiden der Aufgabe von frischen Restabfällen ließen die Häufigkeitsverteilung spitzer werden:

- 77 % aller Soll-/Ist-Abweichungen befanden sich in dem Bereich von -3 bis +3 %

- 95 % aller Soll-/Ist-Abweichungen befanden sich in dem Bereich von -5 bis +5 %

Ziel in der Zukunft sollen die >95 % aller Abweichungen in dem Bereich -5 bis +5 % sein.

Ein weiterer Ansatzpunkt ist die Bildung von Kennzahlen für Benchmarkvergleiche mit anderen Anlagen.

Tabelle 2: Kennzahlenvergleich verschiedener Anlagen

spezielle Kennzahl	Einheit	A	B	C	D	E	F
reine Betriebsstunden	h/a	7.972	7.779	7.796	8.014	8.036	8.001
Stunden unplanmäßige Ereignisse (Störungen, Ausfälle)	h/a	126	341	336	83	192	101
Brennstoffmenge	t/a	130.058	132.358	109.490	147.371	274.000	106.546
mittlerer Heizwert (Jahr)	MJ/kg	13,4	13,8	11,7	12,26	11,8	12,9
Jahresmittelwert HCl im Rohgas	mg/m³	1.616	1.966	745	1.420	1.150,0	1.753
Jahresmittelwert SO_2 im Rohgas	mg/m³	706	465	136	480	330,0	689
Schlackenmenge bezogen auf Brennstoffmenge	%	26,0	29,0	19,5	20,2	21,5	25,5
Dampferzeugerstaub- und Filterstaub- mengebezogen auf Brennstoffmenge	%	6,8	6,84	8,1	7,7	6,5	6,7
erzeugte Dampfmenge bezogen auf Nominalmenge Dampferzeuger	h/a	7.525	7.645	7.668	7.365	7.829	7.461
erzeugte Dampfmenge bezogen auf Brennstoffmenge	t_{pa}/t	3,73	4,33	3,64	4,25	3,7	7,81
R1-Kriterium		0,76		0,65	0,7	0,75	0,72
Wirkungsgrad Dampferzeuger		0,85	0,87	0,84	0,92	0,85	0,85
Ölverbrauch bezogen auf Brennstoffmenge	ltr/t	1,5	1,89	1,9	5,43	x	1,6
Gasverbrauch bezogen auf Brennstoffmenge	m³/t	x	x	x	x	2,7	x

Tabelle 2: Kennzahlenvergleich verschiedener Anlagen - Fortsetzung -

spezielle Kennzahl	Einheit	A	B	C	D	E	F
Stüzt-/Anfahrbrennstoff (Gas/Öl) bezogen auf Brennstoffmenge	kWh/t	14,54	18,08	19,4	54,3	23	15,51
Kalkhydratverbrauch bezogen auf Brennstoffmenge	kg/t	31,3	x	17,8	33,2	2,4	32
Breanntkalkverbrauch bezogen auf Brennstoffmenge	kg/g	x	x	x	x	16,3	x
Bicar-Verbrauch bezogen auf Brennstoffmenge	kg/t	x	51,69	x	x	x	x
Herdofenkoks bezogen auf Brennstoffmenge	kg/t	0,54	0,63	0,31	0,98	0,3	0,78
Reduktionsmittel Harnstoff bezogen auf Brennstoffmenge	ltr/t	6,5	1,96	4,33	x	x	5,2
Reduktionsmittel Ammonikwasser bezogen auf Brennstoffmenge	ltr/t	x	x	x	5,5	3,5	x
Eigenstromverbrauch bezogen auf Brennstoffmenge	kWh/t	77,5	68,9	70,7	59,7	87,0	79,6

Abschließend ist anzumerken, dass man sich als Betreiber einer derartigen Anlage unter dem gegenwärtigen wirtschaftlichen Druck nicht ausruhen kann. Jede realisierte Optimierung ist ein Schritt in die richtige Richtung. Jeder Gedanke – egal wie absurd – muss geprüft werden. Dazu zählen auch solche Ideen, wie eine Abgaswäsche oder die Teilnahme am Strommarkt mit negativer Sekundärregelenergie.

Die vergangene Zeit hat gezeigt, dass ein gutes Gesamtkonzept – Restabfall ist gleich Strom, Prozessdampf und Fernwärme – aufgehen und sich die TRB Bitterfeld langfristig am Markt behaupten kann.

Sauber gelöst – Energie aus Abfall

Wenn es um Klima- und Ressourcenschutz geht, ist die Abfallwirtschaft ein sehr wichtiger Akteur – ganz besonders in einer Großstadt wie Hamburg.

Mit 2.500 engagierten Mitarbeiterinnen und Mitarbeitern ist die Stadtreinigung Hamburg die Nummer eins in der Abfallwirtschaft der Hansestadt: Sie sammelt, transportiert und verwertet die Abfälle von rund 900.000 Haushalten und 100.000 Gewerbebetrieben. Dabei „rettet" die Stadtreinigung Hamburg wichtige und knappe Rohstoffe und erzeugt regenerative Energie in beachtlichem Umfang.

Der Wandel von der Abfall- zur Ressourcenwirtschaft geht weiter - auch und besonders in der Freien und Hansestadt Hamburg. Die von der Stadtreinigung Hamburg aus Abfall gewonnene Energie versorgt zuverlässig und umweltgerecht Hamburger Haushalte mit Strom, Fernwärme oder klimaneutralem Biogas. Der Citizen Value, den die Stadtreinigung für die Bürgerinnen und Bürger der Freien und Hansestadt Hamburg erbringt, wird auch in Zukunft nachhaltig wachsen.

www.stadtreinigung-hh.de

Vierzig Jahre MVA Stellinger Moor
– Betriebserfahrungen, energetische Optimierungen und Potentiale –

Jens Niestroj und Rüdiger Siechau

Bild 1: Abgasnachreinigung und Kamin der MVA Stellinger Moor

1. Allgemeine Beschreibung

Die MVA *Stellinger Moor* ist eine thermische Abfallbehandlungsanlage für Hausabfall und hausmüllähnlichen Gewerbeabfall und befindet sich im Eigentum der Stadtreinigung Hamburg. Sie wurde 1973 in Betrieb genommen und ist ständig modernisiert worden.

Die Anlage besteht aus zwei Verfahrenslinien mit einem Abfalldurchsatz von derzeit etwa 11 t/h pro Linie bei einem Heizwert von etwa 10,5 MJ/kg. Die Anlieferung des Abfalls erfolgt über die Straße. In der Kipphalle wird an wechselnden drei bis vier (von vierzehn) Kippstellen der Abfall in einen Bunker gekippt, welcher ein Fassungsvermögen von etwa 9.000 t besitzt.

133

Im Bunker wird der Abfall zunächst gelagert und homogenisiert und dann über eine Greiferkrananlage in den Müllaufgabetrichter gegeben. Von dort rutscht der Abfall auf einen Aufgabetisch, der aus vier hydraulisch angetriebenen Schubelementen besteht und von dem aus der Abfall geregelt auf den Verbrennungsrost geschoben wird.

Der Verbrennungsrost ist zweibahnig aufgebaut und besteht aus sechs Zonen, in denen die Verbrennungsluftmenge den Bedingungen entsprechend zugegeben wird. 2011 wurde eine moderne Feuerungsleistungsregelung nachgerüstet. Die Verbrennungsbedingungen werden so eingestellt, dass auch ein optimaler Ausbrand erreicht wird. Die Schlacke am Ende des Rostes gelangt über eine Abwurfwalze in ein Wasserbad, aus dem sie hydraulisch ausgetragen wird. Schrott und Störstoffe werden hier aus der Schlacke abgetrennt.

Während der Verbrennung im Kessel wird die im Abfall enthaltene Energie freigesetzt. Bei Nennlast werden 32 t/h Dampf (pro Linie) mit je 40 bar und 390 °C erzeugt, der in einer Entnahme-Kondensationsturbine verstromt wird. Bei verschiedenen Druckstufen wird außerdem Dampf zur Fernwärmeerzeugung sowie für innerbetriebliche Zwecke entnommen.

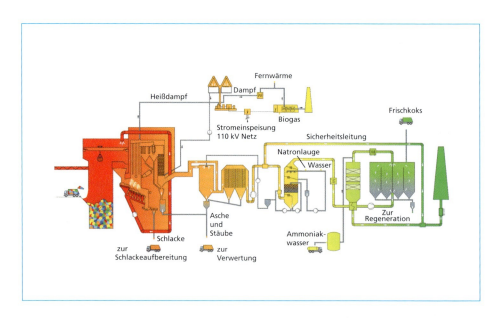

Bild 2:   Fließbild der MVA Stellinger Moor

Das bei der Verbrennung entstehende Abgas gelangt nach dem Kessel in die Abgasreinigungsanlage. Der erste Abgasreinigungsschritt ist der Sprühtrockner, in dem einerseits das Abgas abgekühlt, andererseits das Waschwasser, welches zwei Verfahrensschritte später in einer dreistufigen Abgaswäsche entsteht, vollständig verdampft wird (abwasserfreier Betrieb). Darauf folgt der Elektrofilter. Die dort abgeschiedenen Stäube werden zusammen mit den Kesselaschen untertägig verwertet.

An den E-Filter schließt die dreistufige (o.g.) Abgaswäsche an, in der die sauren Schadgase (HCl, SO_x und HF) unter Zugabe von Natronlauge aus dem Abgas im Gegenstrom entfernt werden. Der Wäscher besteht (in Abgasrichtung) aus einem Quench zur Temperatureinstellung und Vorabscheidung des überwiegenden Teils HCl und HF, einem Füllkörperkreislauf zur quantitativen Abscheidung von HCl und HF sowie zur Vorabscheidung von SO_x und einem Ringjetkreislauf, in dem die quantitative Abscheidung des SO_x erfolgt.

Nach dem Wäscher wird das Abgas zur Nachreinigung wieder aufgeheizt und dann zunächst einem Festbett-Steinkohlekoksfilter zugeführt, in dem Schwermetalle, Dioxine sowie Restgehalte an SO_x aus dem Abgas entfernt werden. Daran schließt sich nach einer weiteren Aufheizung als letzter Abgasreinigungsschritt ein Katalysator zur Entstickung an.

Das über den Kamin abgeleitete Reingas unterschreitet die in Hamburg geltenden gegenüber der 17. BImSchV verschärften Grenzwerte deutlich.

	Grenzwert 17. BImSchV mg/Nm³	Grenzwert MVA Stellinger Moor mg/Nm³	Betriebswerte MVA Stellinger Moor 2012 mg/Nm³
Staub	10	10	< 1
HCl	10	5	< 1
NOx	200	100	< 80
CO	50	50	< 15
SOx	50	25	< 1
HF	1	0,1	< 0,1

Tabelle 1:

Vergleich der Grenzwerte mit den Betriebswerten der MVA Stellinger Moor

2. Besonderheiten

Kesselauslegung in den siebziger Jahren

Wesentliche Besonderheit ist, dass die Anlage seit mehr als 40 Jahre in Betrieb ist. Dies bedeutet, dass sie für einen ganz anderen Abfall ausgelegt wurde, als sie heute betrieben wird. So betrug der Auslegungsheizwert 6,3 MJ/kg, in den letzten Jahren wurde über einen längeren Zeitraum Abfall mit einem Heizwert von teilweise 12 MJ/kg verarbeitet.

Dieser Abfall kann von der eigentlichen Feuerung her gut verarbeitet werden, allerdings sind die Feuerraumtemperaturen deutlich zu hoch. Da die Anlage entsprechend der in den 70er Jahren gültigen Auslegung über keinen Leerzug verfügt, sind auch die Eintrittstemperaturen in den Überhitzer sehr hoch.

Aufwändige Abgasreinigung

Anfang der 70er Jahre war die Abgasreinigung der MVA Stellinger Moor mit einem E-Filter noch überschaubar. Bis Mitte der 90er Jahre wurde die Anlage aufgrund gesetzlicher Anforderungen nachgerüstet. Mit den nachgerüsteten Aggregaten

Sprühtrockner, Abgaswäscher, Festbettadsorber und Katalysator verfügt die Anlage über eine sehr aufwändige Abgasreinigung, die nur geringe Emissionen zur Folge hat. Daher ist für die Anlage bereits heute die Einhaltung der neuen 17. BImSchV-Grenzwerte unproblematisch.

Abfallmangel

In den letzten Jahren musste die Anlage häufig mit reduzierter Leistung gefahren werden, teilweise musste eine Linie abgefahren werden. Außerdem wurde auch Abfall verbrannt, den anderen Anlagen nicht angenommen haben, z.B. weil die Heizwerte zu hoch oder zu niedrig waren. Die Verwertung dieser anspruchsvollen Abfälle gelang in der Regel unproblematisch.

Energetische Einbindungen

Die MVA Stellinger Moor versorgt seit 1997 ein Fernwärmenetz von im Hamburger Westen mit Grund- und mittlerweile auch mit Mittelllastwärme. Zu den prominentesten Verbrauchern gehören die Color Line und O_2 world Arena sowie das HSV-Stadion.

Seit 2004 wird außerdem die Abwärme eines Biogas-BHKW einer Vergärungsanlage für Speisereste durch die MVA angenommen und dessen Temperatur auf die notwendige Fernwärmevorlauftemperatur angehoben.

3. Betriebserfahrungen

3.1. Dampferzeuger und Feuerung

Der Betrieb eines relativ alten Kessels bietet auch z.T. erhebliche **Vorteile**.

Im Gegensatz zu modernen EBS-Anlagen gelingt es mit der robusten Feuerung, dass ein breites Brennstoffband von Klärschlamm über Hausabfall hin zu hochkalorischen gewerblichen Abfällen bzw. der heizwertreichen Siedlungsabfallfraktion aus England verarbeiten kann.

Die seit rund 3 Jahren gut funktionierende Feuerungsleistungsregelung hat daran wesentlichen Anteil. Trotz des breiten Brennstoffbandes ist die Fahrweise von geringer CO-Bildung und stabiler Dampfproduktion gekennzeichnet. Der Sauerstoffgehalt im Feuerraum von durchschnittlich knapp über 7 Prozent ist für eine Anlage dieses Alters und mit der heterogenen Brennstoffzusammensetzung relativ niedrig.

Nachfolgende Bild zeigt die zum Zeitpunkt der Erstellung dieses Artikels aktuelle Dampfmenge und CO-Emission über den Zeitraum von 10 Tagen für eine Verbrennungslinie. Man erkennt einerseits die Konstanz der Dampfproduktion nahe des Sollwertes von 32 t/h. Gleichzeitig befinden sich die CO-Emissionen auf einem niedrigen Niveau von meist 5 mg/m^3 bis 15 mg/m^3.

Bei uns stimmt die Chemie

Expertenwissen nathlos vernetzen. Technische Fähigkeiten formschlüssig verzahnen. Das ist das Wirkprinzip der GBT-Unternehmensgruppe.
Für höchste Prozesssicherheit in der Müllverbrennungsindustrie.
Für Lösungen, die langfristig Bestand haben.

- Anlagensanierung/-optimierung
- Beschichtungstechnik
- Gummierung
- Stahl- und Apparatebau
- Thermoplastbau

Die GBT-Unternehmensgruppe
Wir pflegen beste Verbindungen.
In aller Welt – seit über 100 Jahren.

GBT-BÜCOLIT GmbH
Benzstraße 2
D-45772 Marl
Tel.: +49 (0) 23 65 / 98 95 - 0
Fax: +49 (0) 23 65 / 98 95 - 95
info@buecolit.de
www.buecolit.com

HAW Linings GmbH
Werkstraße 30 – 33
D-31167 Bockenem
Tel.: +49 (0) 50 67 / 990-0
Fax: +49 (0) 50 67 / 990-2772
info@haw-linings.com
www.haw-linings.com

GBT POLSKA sp. z o.o.
ul. Staszica 18/25
PL 97-400 Bełchatow
Tel.: +48 (0) 44 / 6 33 90 85
Fax.: +48 (0) 44 / 6 16 92 63
office@gbt-polska.pl
www.buecolit.com

HOFFMEIER
INDUSTRIEANLAGEN GMBH + CO. KG

HOFFMEIER

HOTLINE 02388 330

STAHLBAU | **ANLAGENTECHNIK** | **ENTSTAUBUNGSTECHNIK** | **MASCHINENBAU** | **DIENSTLEISTUNGE**

ÜBERZEUGEN SIE SICH VON UNSERER LEISTUN(

www.hoffmeier.de   24h-Hotline: +49 2388 33

Hoffmeier Industrieanlagen GmbH + Co. KG · Kranstraße 45 · D-59071 Hamm · Tel. +49 2388 33-0 · Fax +49 2388 33-4
Werke in Rüdersdorf und Kambachsmühle

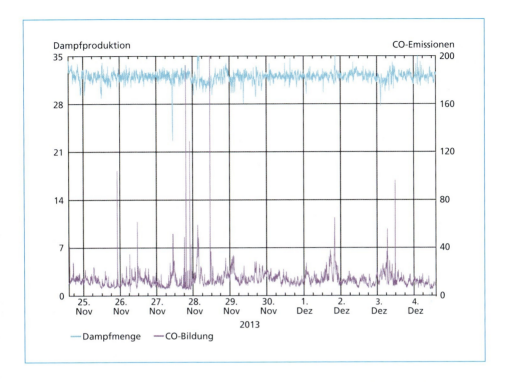

Bild 3:   Dampfproduktion und CO-Emissionen Ende November/ Anfang Dezember 2013

Natürlich hat es auch z.T. erhebliche **Nachteile**, eine alte Anlage zu betreiben. Neben einer allgemein deutlich geringeren Verfügbarkeit sind insbesondere das hohe Beschickermaul, die niedrige Zünddecke und – wesentlich – die hohen Temperaturen im Feuerraum nachteilig. Die Feuerraumtemperaturen sowie das Fehlen eines Leerzuges wirken sich vor allem auf die Standzeit der Überhitzer negativ aus, die nur 16 bis 20 Monate beträgt.

Aufgrund der hohen Feuerraumtemperaturen wurde bereits Anfang 2013 die Dampftemperatur von 410 °C auf 390 bis 395 °C reduziert, was sich positiv auf die Standzeit der Überhitzer auswirken soll.

Bei einer Linie wurden außerdem Anfang Oktober 2013 die Dampfrußbläser im Feuerraum durch Wasserlanzenbläser sowie im Überhitzer durch Explosionsgeneratoren ersetzt. Dies hat sich – so die Erfahrungen nach 10 Wochen – wahrscheinlich bewährt.

In einem vergleichbaren Zeitraum konnte im Feuerraum die durchschnittliche Temperatur zwar nur um 2 °C gesenkt werden (im Endüberhitzer um 29 °C), entscheidend ist aber, dass die maximalen Temperaturen im Feuerraum um 24 °C und im Endüberhitzer sogar um fast 40 °C reduziert werden konnten. Und dies, obwohl die erzeugte Dampfmenge über den Beobachtungszeitraum konstant gehalten werden konnte, während in den vergangenen Jahren immer nach spätestens 5 oder 6 Wochen aufgrund zu hoher Temperaturen die Leistung reduziert werden musste.

Nachfolgende Bild zeigt einerseits das niedrigere Temperaturniveau nach Installation der Wasserlanzenbläser und Explosionsgeneratoren, aber auch die deutlich geringeren Temperaturschwankungen. In der Bild sind die Kesseldeckentemperatur, die Eintrittstemperatur in den Endüberhitzer sowie die Temperatur nach Überhitzer dargestellt. Die obere Bild zeigt die Temperaturen mit Wasserlanzenbläser und Explosionsgeneratoren, die untere die Temperaturen nur mit Dampfrußbläsern.

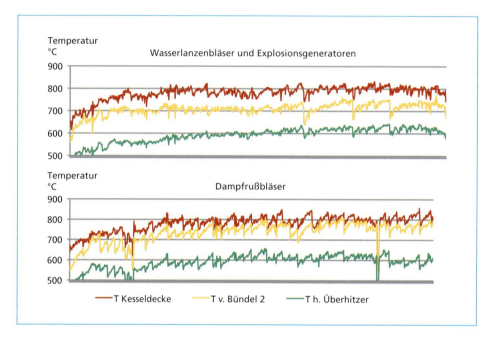

Bild 4: Vergleich der Kesseltemperaturen bei Einsatz von Wasserlanzenbläsern / Explosionsgeneratoren (oben) mit den Temperaturen bei Einsatz von Dampfrußbläsern (unten) über einen Zeitraum von 8 Wochen

3.2. Abgasreinigung

Im Folgenden wird die Umstellung des Adsorber von Herdofenkoks (HOK) auf Steinkohlenkoks betrachtet. Die anderen Abgasreinigungsaggregate laufen im Wesentlichen noch so, wie ursprünglich ausgelegt.

Wesentlicher Grund für den Wechsel des Adsorbens war, dass mit HOK kein stabiler Betrieb mehr erreicht werden konnte. Hot-Spots waren aufgrund der strukturellen Veränderungen im Adsorber, die im Alter und den Vorschädigungen durch vergangene Hot-Spots begründet lagen, an der Tagesordnung.

Nach einer umfassenden Revision des Adsorbers wurde auf Steinkohlenkoks mit gröberer Körnung umgestellt. Dies hatte unmittelbar erhebliche positive Folgen: Seit der Umstellung vor zwei Jahren trat kein Hot-Spot mehr auf. Der Druckverlust über den Adsorber und daraus resultierend der Stromeigenbedarf der Anlage sanken erheblich.

Außerdem muss der beladene Altkoks nicht mehr aufwändig verbrannt werden, sondern kann zur Regeneration an den Kokslieferanten zurückgegeben werden. Hinzu kommt, dass der Koksverbrauch deutlich gesunken ist, was die Mehrkosten für die Beschaffung dieses Kokses mehr als kompensiert. Leitgröße für den Austausch des Kokses ist die Beladung mit Schwefel. Die maximale Beladung von 8 Prozent Schwefel wurde auch in zwei Jahren noch nicht erreicht (siehe nachfolgende Bild).

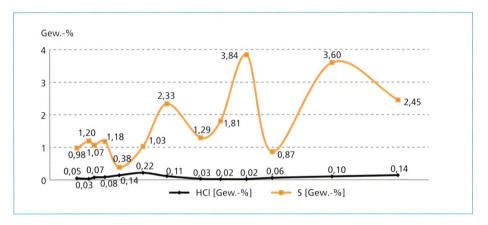

Bild 5:   Beladung des Kokses mit Schwefel und HCl

Ein Nachteil gegenüber HOK ist, dass im Steinkohlenkoks keine basischen Komponenten enthalten sind, so dass der Koks HCl nicht oder nur unzureichend abscheidet. Bei Problemen im Wäscher resultieren daher unmittelbar erhöhte HCl-Emissionen. Außerdem kam es durch eine der Verschiebung des Adsorptionsgleichgewichtes während der An- und Abfahrvorgänge. HCl-Spitzen wurden bei frühzeitigem Ausstellen der oberen Wäscherstufen während des Abfahrens (Koks kühlt ab) zwischengespeichert und beim Anfahren (Aufheizen des Koks) wieder abgegeben.

Eine bereits im Jahr 2012 durchgeführte Modifikation des Kokses, die durch eine veränderte Zusammensetzung das Abscheideverhalten gegenüber HCl verändert, soll diesen Nachteil des Kokses kompensieren.

3.3. Wärmeauskoppelung

Da die Strompreise niedrig sind, wurde in Kooperation mit dem Fernwärme-Netzbetreiber seit Ende 2011 die Abgabe von Fernwärme in der kalten Jahreszeit kontinuierlich gesteigert.

Wurden im Winter 2010/11 noch etwa 11 MW abgegeben, waren es im Winter 2012/13 schon mehr als 15 MW. Durch geringe Modifikation am Fernwärmesystem sowie einer angepassten Verschaltung der Wärmetauscher sollen im Winter 2013/14 bis zu 20 MW Fernwärme geliefert werden. Durch wärmetechnische Optimierungen konnte gleichzeitig die Stromerzeugungseffizienz gesteigert werden, d.h. trotz Steigerung der thermischen Nutzleistung konnte die Stromabgabe in etwa konstant gehalten werden.

Leider war das Wetter im Oktober sehr mild, so dass die Anlage erst im Laufe des November mit erhöhter Fernwärmeabgabe gefahren werden konnten. Nachfolgendes Bild zeigt, dass nach einem kurzen Einfahren bereits relativ stabil 17,5 MW erreicht wurden, im Laufe des Winters sollen auch dauerhaft und zuverlässig 20 MW abgegeben werden.

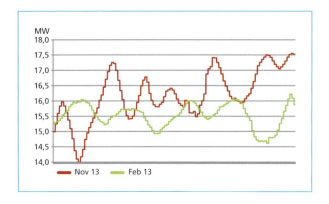

Bild **6:**

Vergleich der Fernwärmeabgabe über 5 Tage im Februar 2013 (vor der Optimierung) und November 2013 (nach der Optimierung, während der ersten *Volllasttage*)

4. Potenziale

4.1. Bis 2019 umsetzbar

Die Austrittstemperaturen am Kesselende sind relativ hoch. Um diese Wärme zu nutzen, wurde der Einbau eines Wärmetauschers vor dem Wäscher untersucht. Die hier ausgekoppelte Wärme soll nicht in den Wasser-Dampfkreislauf, sondern über einen Zwischenkreis an das Fernwärmenetz gegeben werden.

Dabei ist auch bei gesicherter Überschreitung des Schwefelsäuretaupunktes eine Abkühlung des Abgases bis auf 135 °C möglich.

Ein Wärmetauscher vor dem Wäscher ist – wie erste Überlegungen gezeigt haben – sehr wirtschaftlich und amortisiert sich voraussichtlich in weniger als 3 bis 4 Jahren.

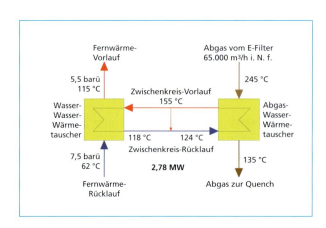

Bild 7:

Verschaltungsprinzip eines Wärmetauschers vor dem Wäscher

4.2. Aus zeitlichen Gründen nicht umsetzbar

Den größten Beitrag zu einer verbesserten Energiebilanz der Anlage kann eine neue Turbine leisten. Allerdings sind die Amortisationszeiten mit 7 bis 10 Jahren vor dem Hintergrund einer voraussichtlichen Anlagenstilllegung in den nächsten Jahren deutlich zu lang, so dass eine effizientere Turbine aus zeitlichen Gründen nicht beschafft werden kann.

5. Zusammenfassung

Auch eine 40 Jahre alte Anlage hat trotz ihrer altersbedingt geringeren Verfügbarkeit und anderer grundsätzlicher technischer Probleme (zu hohe Temperaturen im Feuerraum) im Betrieb auch seine Vorteile.

Der Kessel ist sehr gutmütig und kann ein sehr breites Brennstoffband verarbeiten. Die Abgasreinigung ist sehr aufwändig und verfügt über erhebliche Reserven. Die verschärften Grenzwerte der 17. BImSchV können bereits heute deutlich unterschritten werden.

Ein energetisch effizienter Betrieb ist auch mit einer alten Anlage möglich. Die MVA Stellinger Moor liefert Grund- und Mittellastwärme an das benachbarte Fernwärmenetz. Falls die technisch sinnvollen energetischen Optimierungsmaßnahmen durchgeführt werden, kann die Anlage vergleichbare Wirkungsgrade wie moderne Anlagen erreichen.

Führend in der Abfalltechnik

Luft- & wassergekühlte Rostsysteme

Horizontal- & Vertikalzugkessel

Handling von Asche und Schlacke

Fortschrittliche Feuerleistungsregelung

Thermische Sondermüllbehandlung

Rauchgasreinigungsverfahren

We make the world a cleaner place

www.fisia-babcock.com

Mobiles Prozessleitsystem zur modellprädiktiven Regelung von Abfallverbrennungsanlagen

Uwe Schneider, Benedikt Faupel und Christian Gierend

Die Behandlung von Abfällen beschränkt sich in Deutschland und weiten Teilen Europas großteils auf die thermische Wandlung des Energieinhaltes durch Verbrennung. Dieser thermische Wandlungsprozess ist begleitet durch verschiedene Sekundärprozesse. Zum einen steht der Wirkungsgrad der Energiewandlung und die Standzeit von Anlagen im Fokus und zum anderen besteht durch gesetzliche und wirtschaftliche Vorgaben die Notwendigkeit zur Emissionsminderung.

In den letzten Jahrzehnten wurden durch verfahrenstechnische und regelungstechnische Innovationen in beiden Bereichen Fortschritte erzielt. Jedoch sind nicht alle Vorgaben erreicht worden. Aufgrund der Inhomogenität des Brennstoffes und neuer Verordnungen entstehen in Zukunft immer neue Herausforderungen im Bereich der Verfahrens- und Reglungstechnik für die Anlagenbetreiber und Anlagenbauer. Nicht selten sind hohe Kosten mit der Umsetzung neuer Konzepte verbunden, sodass die Forderung nach einer effizienten und kostengünstigen Lösung naheliegt. Im Bereich der Verfahrenstechnik sind Änderung des bisherigen Anlagenkonzeptes meistens mit baulichen Veränderungen an der Anlage verbunden. Aus regelungstechnischer Sicht jedoch scheint eine Lösung greifbar. Durch das schnelle Voranschreiten der Technik im Bereich der digitalen Datenverarbeitung wird verbaute Anlagen- und Regelungstechnik weit vor Ende ihrer Lebensdauer überholt. Deshalb scheint es sinnvoll die vorhandenen Prozessleitsysteme durch eine adaptive Lösung zu ergänzen und zu unterstützen, wenn nicht sogar den Anteil der Prozessregelung und Steuerung gänzlich zu ersetzten.

Ein gangbarer Weg scheint dabei die Ansteuerung der Sensorik und der Aktorik unter der Obhut des vorhanden Prozessleitsystems zu belassen und nur Eingriffe bei den für die Prozessführung relevante Prozessgrößen vorzunehmen. Eine Möglichkeit des *Verheiraten* eines bestehenden Systems mit einer effizienteren Lösungen besteht in der Nutzung der OPC (OLE for Prozess Control)-Technologie. Diese Schnittstelle bietet die Möglichkeit prozesssicher an- und abzukoppeln, sowie Herstellerunabhängig ein Lösung bereitzustellen. Um die rasante Entwicklung von rechnergestützten Simulations- und Berechnungsprogrammen nutzen zu können ist es notwendig eine fehlersichere Industrierechnerumgebung als Basis des Prozessleitsystems zu nutzen, um die Offenheit des Systems zu gewährleisten.

Im Folgenden werden das Motiv, das Ziel und die Methodik zur Entwicklung eines mobilen Prozessleitsystems vorgestellt.

1. Motiv und Ziel zur adaptiven Systementwicklung

In den letzten Jahren, wurden seitens der Politik und der Gesellschaft immer mehr Rufe laut mit unseren Reststoffen wirtschaftlich sinnvoll umzugehen. Aus technischer Sicht ist die thermische Wandlung des Energieinhaltes zur Verwertung von Reststoffen die sinnvollste Lösung. In Deutschland werden mittlerweile alle Stoffe, die den entsprechenden Brennwert aufweisen und nicht mehr einer anderen Wertschöpfungskette zugeordnet werden können auf diese Weise *recycelt*. Aber auch thermische Verwertung kann Umweltfolgen nach sich ziehen, welche von der Gesellschaft im Hinblick auf die Energiewende immer weniger toleriert werden. Aus diesem Grund versuchen Anlagenbauer, Anlagenbetreiber und wissenschaftliche Einrichtungen die bereits jetzt schon geringen Folgen für die Umwelt noch weiter zu minimieren.

Die Hochschule für Technik und Wirtschaft des Saarlandes (HTW Saar) arbeitet mit einer Arbeitsgruppe seit einigen Jahren an Möglichkeiten, wie die wissenschaftliche Erkenntnisse ihrer Arbeit industrienahe umzusetzen sind. Deshalb wurden mehrere Forschungsprojekte ins Leben gerufen, die sich mit der Verbesserung der Verfahrens- und Regelungstechnik von Verbrennungsanlagen und -vorgängen beschäftigen. Aus der Problemstellung zur Verbesserung der Regelungstechnik von bereits bestehenden Verbrennungsanlagen lies sich die Forderung nach einem mobilen Prozessleitsystem ableiten. Dieses Leitsystem kann temporär zur Verbesserung der vorhandenen Regelung und nach erfolgreicher Anpassung an die jeweilige Prozessführung zur dauerhaften Unterstützung vor Ort verbleiben.

Ziel ist die Entwicklung eines innovativen Systems zur Regelung der Feuerleistung und Dampferzeugung. Es wird neben den bestehenden Grundoperationen, wie *Messen und Regeln der Feuer- und Dampfleistung*, zusätzlich visuelle Feuerraumüberwachung mittels Video- und Infrarotkamera in Kombination mit prädiktiver modellgestützter Regelung in ein System vereint (optional auch Künstlich Neuronale Netze KNN und Fuzzy Control).

Ein weiteres Ziel ist die Reduktion der Fixkosten und der variablen Kosten. Erhöhte Schwankungen in der Brennstoffzusammensetzung führten in den letzten Jahren vermehrt zu Handeingriffen in die Automatik der Feuerleistungsregelung und einer Erhöhung der Energiemengen für die Stützbrenneraktivitäten. Insofern bedarf die bestehende konventionelle Regelung einer Berücksichtigung höherer dynamischer Anteile zur Regelung der Verbrennungsprozesse. Die Einhaltung der gesetzlichen Bestimmungen hinsichtlich der Emissionsgrenzwerte und eine wirtschaftlich nutzbare Auskopplung von Energie in Form von Strom und Dampf sind relevante Kriterien für diese neue Art der innovativen Regelungstechnik. Aufgrund einer verbesserten Regelungstechnik entstehen zusätzlich zur Einsparung von Verbrauchsmitteln und Freiheitsgraden für die Anlagenfahrweise weitere Vorteile wie:

- längere Reisezeiten,

- geringere Reparaturkosten,

- Entlastung des Personals bei der Prozessüberwachung,

- Minimierung von Erdöl- und Erdgaseinsatz für die Stützbrenneraktivität,

- reduzierter Chemikalien-Einsatz in der nachgeschalteten Abgasreinigung,

- arbeitet gezielter am stöchiometrischen Auslegungspunkt,

- Verbesserung des Stöchiometriefaktors,

- Umweltentlastung durch geringeren Chemikalien-Schlupf, Wasser- und Abwasseraufbereitung, Verkleinerung klimatisierter Schalt- und Leittechnikräume,

- Rückgang des Eigenstrombedarfs.

2. Methodik der Prozessleitsystementwicklung

2.1. Die Laboranlage zur Testreihenaufnahme und Systementwicklung

Die ersten Schritte zur Systementwicklung wurden im Labor gemacht. Nach vorbereitenden Forschungsergebnissen wurde ein Prozessleitsystem in Laborumgebung entwickelt. Die Laborausstattung beinhaltet verschiedene Kleinfeuerstätten mit Zentralverbrennungseinheiten und zweistufigen Verbrennungsverfahren (Biomasse- und Holzvergaser). Diese bieten die Möglichkeit Verbrennungsversuche mit verschiedensten inhomogenen Brennstoffen durchzuführen. Die Brennstoffarten reichen von verschiedenen Arten von Biomassen bis hin zu verschiedenen Arten von Reststoffen. So bietet sich unter kontrollierter Laborumgebung die Möglichkeit zur Sammlung von empirischen Daten zur Brennstoffzusammensetzung, zum Ausgasungsverhalten, zum Temperaturverhalten, zur Abgaszusammensetzung, zum stöchiometrischen Verhältnis und Verhalten des Prozesses auf Änderungen der Regelgrößen.

Bild 1:   Laboraufbau zu Testzwecken

Nach den Grundlagenversuchen an nichtautomatisierten Kleinfeuerstätten kommt ein Laboraufbau, der der Hierarchie eines Prozessleitsystems nachempfunden ist, zum Einsatz (Bild 1). Ein Verbrennungsofen mit vorhandener Steuerung ist an ein fest installiertes Prozessleitsystem gekoppelt und alle Hierarchieebenen der Prozessautomatisierung in kleinem Maßstab nachgebildet:

- **Feldebene**: Sensoren, Aktoren, Infrarot- u. CMOS-Kamera, Abgasmessgerät, dezentrale Peripherien. Bussysteme: Profibus, RS-232 RS-Stromsignal 4-20mA,

- **Steuerungsebene**: mobiles Prozessleitsystem OPC-gekoppelt mit Prozessleitsystem S7-400. Bussysteme: Industrial Ethernet, RJ-45,

- **Prozessleitebene**: Operator Station (WinCC), OPC-Server, Modellimplementierungen. Bussysteme: Industrial Ethernet, Ethernet, RJ-45,

- **Unternehmensleitebene**: Zugriff auf alle Daten für Professoren, Studenten, Bussysteme: Ethernet, RJ-45.

Ein Fließbild des Laboraufbaus zeigt Bild 2. Links oben im Bild ist das mobile Prozessleitsystem dargestellt. Es handelt sich hier um eine Industrie Box PC mit einem Windows Betriebssystem, das herstellerseitig Betriebssicherheit gewährleistet. Das Prozessleitsystem beinhaltet eine Operator Station, eine Engineering Station und ein Matlab-Simulinkmodell zur prädiktiven Reglerabbildung. Es bietet eine PC-Kopplung über einen OPC-Server, einen Webzugriff sowie Anschlussmöglichkeiten für diverse Arbeitsplätze.

Zusätzlich zu den Sensoren die das stationäre Prozessleitsystem bietet, werden durch zwei Kameras und ein externes Abgasmessgerät weitere Daten erhoben. Alle Pfade die zum mobilen Prozessleitsystem führen stehen später auch in der Abfall- bzw. Biomasseverbrennungsanlage zur Verfügung.

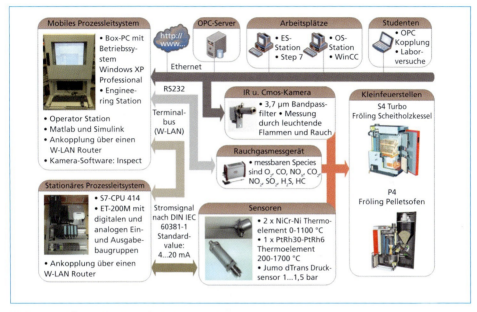

Bild 2:   Übersicht über die Anlagenstruktur

Basierend auf Versuchen und Tests mit diesem Kraftwerksnachbau im kleinen Maßstab wurden die modellprädiktive Regelung, die numerische Simulation, die Datenverarbeitung, die Datenaufbereitung getestet und auf eine Entwicklungsstufe gebracht mit der an Abfall und Biomasseverbrennungsanlagen erste Tests und Versuche durchgeführt werden (Bild 3).

Bild 3:

Mobiles Prozessleitsystem

2.2. Einsatz an bestehenden Abfallverbrennungsanlagen

2.2.1. Kamerasystem

Die für die Verbrennung wichtige Temperatur über dem Verbrennungsrost ist mit klassischen Thermo-Sensoren, die auf Wärmeleitung angewiesen sind, schwer zu ermitteln. Sie können nicht direkt im Brennstoffbett untergebracht werden und geben so nicht die akkuraten Werte wieder, sondern je nach Positionierung zeitlich verzögerte Mittelwerte, Flammentemperaturen oder refektierende, sich überlagernde Gasstrahlung.

Die bei der Verbrennung frei werdende Energie äußert sich in Form von elektromagnetischer Strahlung, deren Eigenschaften, wie Frequenz und Intensität, direkt von der Temperatur abhängen. Die Strahlungsemissionen erstrecken sich über das für Menschen sichtbare Spektrum hinaus auf Bereiche die nur mit technischen Hilfsmitteln zugänglich sind. Ein Bereich im infraroten (IR) Spektrum zwischen 3,5 µm und 4 µm ist hier von besonderem Interesse, da die IR-Absorber Kohlenstoffdioxid und Wasserdampf bei diesen Wellenlängen ein Absorbtionsminimum besitzen. Andere wichtige Bestandteile der Abluft wie beispielsweise Stickstoff haben keinen Einfluss auf IR-Strahlung. Dies erlaubt es einer IR-Kamera durch die Feuerfront (Flammen) hindurch auf das Brennstoffbett und die Feuerraumwände zu sehen und anhand der Strahlungsintensität die Temperatur des Brennstoffes direkt zu ermitteln (Bild 4).

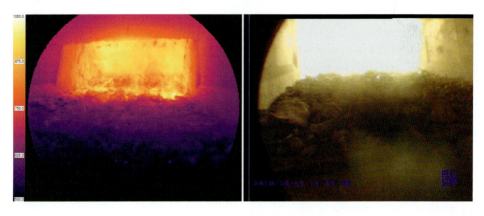

Bild 4:   IR-Bild und Videobild eines Verbrennungsraumes mit Vorschubrost

Ein so gewonnenes Rohbild kann mit der verwendeten Software INSPECT weiterverarbeitet werden. Es ist möglich, im Gegensatz zu früheren bildgebenden Verfahren, die Aufnahmen perspektivisch zu entzerren und durch Methoden der Mustererkennung Bildstörungen zu minimieren und für die Regelung wichtige Daten zu ermitteln. So kann die Aufgabe der qualitativen Bewertung, die bisher von einem Menschen durchgeführt wurde, automatisiert werden und den Menschen bei der Prozessbewertung unterstützen. Zusätzlich zur einfachen Temperaturermittlung können durch die neue Art der Bildverarbeitung die Lage der Hauptbrandzone oder sich anbahnenden Überschüttungen erkannt werden.

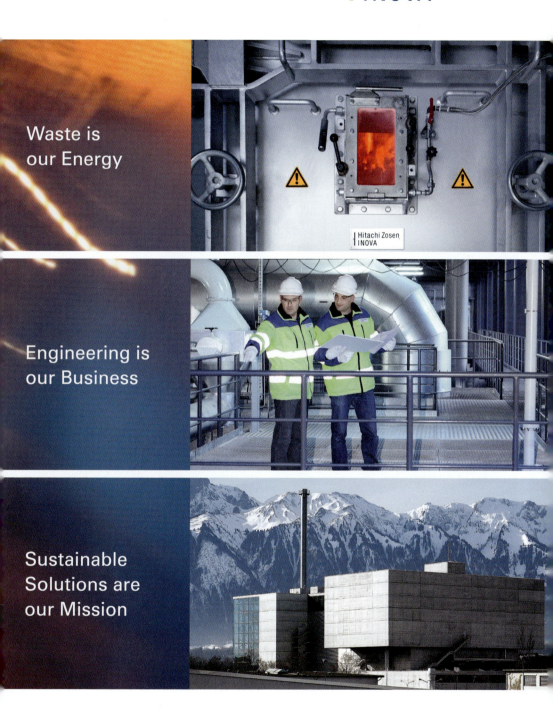

Hitachi Zosen INOVA

Waste is
our Energy

Engineering is
our Business

Sustainable
Solutions are
our Mission

Doosan Lentjes

Helping you recover energy from waste

At Doosan Lentjes we help our customers convert millions of tonnes of residual waste into valuable energy every year. Combining our proven grate-fired 'chute to stack' technology with industry-leading turbines from Doosan Škoda Power, we provide solutions that make us the perfect partner for all your waste-to-energy needs.

www.doosanlentjes.com

To learn how Doosan Lentjes' technologies can help you, contact:

Doosan Lentjes GmbH
Daniel-Goldbach-Strasse 19
40880 Ratingen, Germany

Tel: +49 (0) 2102 166 0
or email: DL.Info@doosan.com

Die so ermittelten Daten können unter anderem durch OPC- und Access-Anbindung, Monitor-Ansichten und Video-Archivierung zugänglich gemacht werden.

2.2.2. OPC Server

OLE for Process Control (OPC) ist der Name für standardisierte Software-Schnittstellen, die den Datenaustausch zwischen Anwendungen unterschiedlichster Hersteller in der Automatisierungstechnik ermöglichen.

OPC wird dort eingesetzt, wo Sensoren, Regler und Steuerungen verschiedener Hersteller ein gemeinsames, flexibles Netzwerk bilden. Ohne OPC benötigten zwei Geräte zum Datenaustausch genaue Kenntnis über die Kommunikationsmöglichkeiten des Gegenübers. Erweiterungen und Austausch gestalten sich entsprechend schwierig. Mit OPC genügt es, für jedes Gerät genau einmal einen OPC-konformen Treiber zu schreiben. Ein fertiger OPC-Treiber lässt sich ohne großen Anpassungsaufwand in beliebig große Steuer- und Überwachungssysteme integrieren.

OPC unterteilt sich in verschiedene Unterstandards, die für den jeweiligen Anwendungsfall unabhängig voneinander implementiert werden können. OPC lässt sich damit für Echtzeitdaten (Überwachung), Datenarchivierung, Alarm-Meldungen und neuerdings auch direkt zur Steuerung (Befehlsübermittlung) verwenden.

Mithilfe dieser Schnittstellentechnologie soll die sichere Kommunikation zwischen den unterschiedlichen Systemen gewährleistet werden.

2.2.3. Validierung in bestehenden Anlagen

Für die Validierung an bestehenden Abfall- und Biomasseverbrennungsanlagen sind verschiedene Kriterien zu berücksichtigen. Es muss zu jeder Zeit sichergestellt sein, dass die Regeleingriffe sich nicht in einer Schieflage des Prozesses manifestieren können. Deshalb ist das System als redundantes System ausgelegt. Über die Schnittstelle mit der vorhandenen Prozessleittechnik wurde ein sicheres An- und Abkoppeln durch verschiedene Überwachungsorgane gewährleistet. D.h. sobald die Regelung aus den gewünschten Arbeitspunkt hinausläuft und nicht selbst wieder zu ihm zurückkehren kann, schaltet sich das Überwachungsorgan ein und die vorhandene Regelungstechnik der Anlage übernimmt die Kontrolle. So ist in der Anfangsphase der Kopplung in jedem Fall gewährleistet, dass durch das Anpassen an die Eigenheiten die jede Anlage besitzt, keine Gefahr besteht.

Nachdem das System angepasst wurde, läuft es probeweise mit und gibt Stellgrößen und prädiktive Tendenzen an die Aktoren weiter. Diese zweite Phase dient als Vergleich mit der vorhandenen Regelungstechnik, um festzustellen wie sich durch den Einsatz des Systems Verbesserungen einstellen. Bisherige Tests haben gezeigt, dass insbesondere durch den prädiktiven Regleranteil Verbesserungen in der Prozessführung und Stabilität erreicht werden.

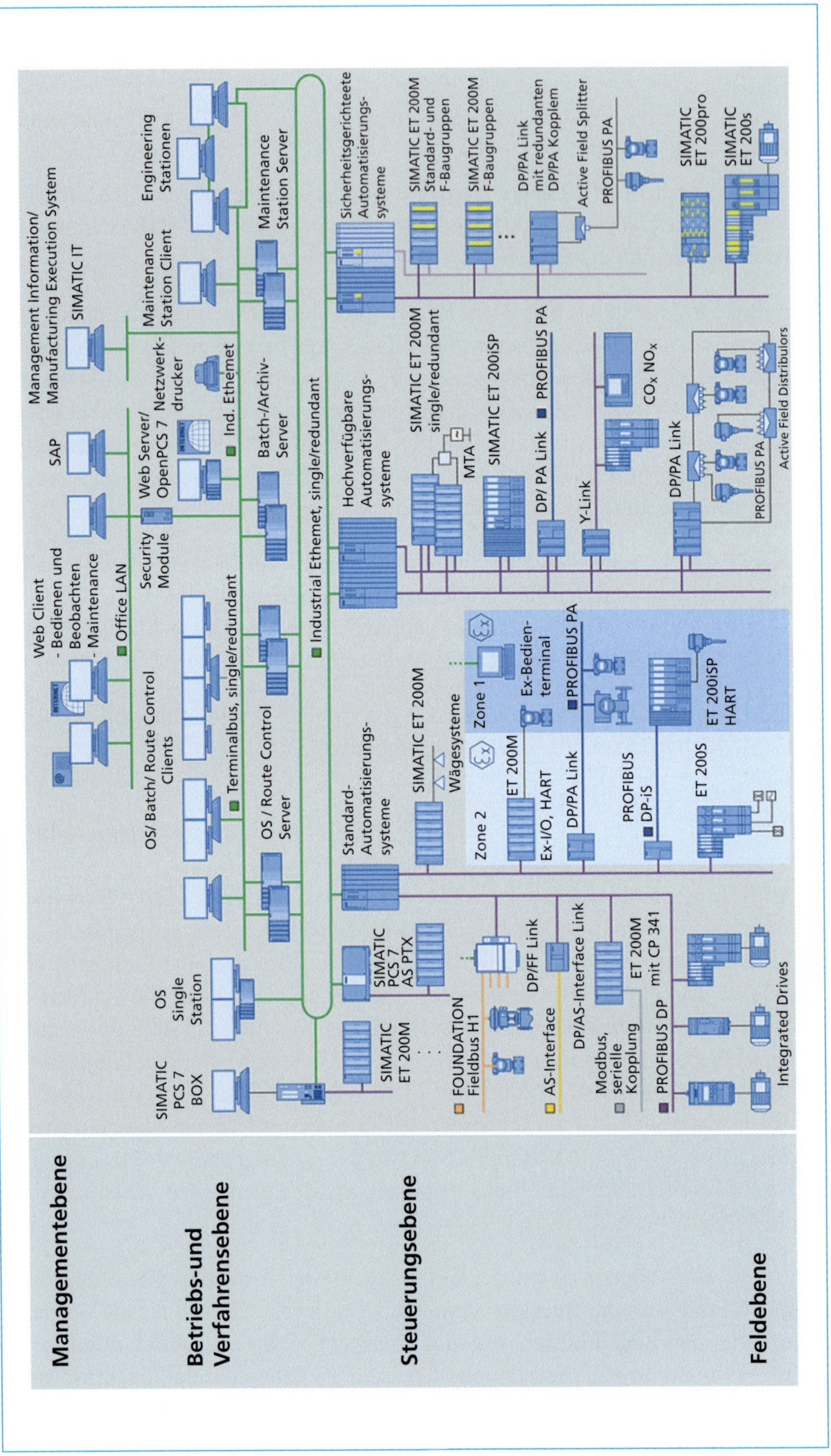

Bild 5:   Automatisierungsebenen (Siemens AG)

Prozessleitsysteme bieten die Möglichkeit alle Ebenen der Automatisierungspyramide in den Prozessführung mit einzubinden. Somit ist eine Offenheit gegenüber Erweiterung, Umbau oder Abbau neuer oder alter Teilsysteme möglich, welche eine erhebliche Zeit- und Kostenersparnis mit sich bringt. Neue Komponenten können einfach durch die standardisierten Bussysteme angekoppelt werden, ohne den laufenden Prozess zu behindern oder sogar zu stoppen.

2.2.4. Eingliederung in die Automatisierungspyramide

Natürlich lässt sich dieses System ebenso gut auf einem industrietauglichen Rechner implementieren. Der Grund für die Nutzung eines mobilen Prozessleitsystems beim bisherigen Entwicklungsstand liegt darin, dass das Prozessleitsystem zusätzliche Möglichkeiten bietet gegenüber der normalen PC-Anbindung. Diese Freiheitsgrade sind gerade in der Entwicklungsphase des Systems von Vorteil.

Prozessleitsysteme bieten die Möglichkeit alle Ebenen der Automatisierungspyramide in die Prozessführung einzubinden. Somit ist eine Offenheit gegenüber Erweiterung, Umbau oder Abbau neuer oder alter Teilsysteme möglich, welche eine erhebliche Zeit- und Kostenersparnis mit sich bringt. Neue Komponenten können einfach durch die standardisierten Bussysteme angekoppelt werden, ohne den laufenden Prozess zu behindern oder sogar zu stoppen.

Um einen komplexen Prozess durch ein Prozessleitsystem zu realisieren, müssen wesentliche Kriterien erfüllt werden:

*   Echtzeitfähigkeit

    Unter Echtzeitfähigkeit versteht man, dass ein Prozess in einem fest vorgeschriebenen Zeitraum abgearbeitet werden muss. Die benötigten Daten müssen in diesem Zeitraum zur Verfügung stehen, um auf einen technischen Ablauf reagieren zu können.

*   Hohe Verfügbarkeit durch Redundanz

    Bei einem komplexen Prozess kann der Ausfall eines Prozessleitsystems erhebliche Kosten verursachen. Um dem vorzugreifen werden einzelne Komponenten doppelt oder sogar dreifach ausgelegt. Diese erhöhte Verfügbarkeit hat zur Folge, dass wenn ein Teilsystem ausfällt, die Aufgaben von einer Reserve-Komponente verzugsfrei übernommen werden können.

*   Offenheit

    Darunter versteht man, dass einzelne Komponenten in der Automatisierungs-Pyramide vertikal und horizontal erweitert werden können. Diese Offenheit besteht nicht nur in der Feld- und Steuerungsebene, sondern reicht auch bis hin in die Management Ebene, da wirtschaftliche Daten, Betriebsführung, Logistik und Qualitätssicherung auch in einem Prozessleitsystem zur Verfügung stehen.

- Durchgängigkeit

  Prozessleitsysteme bestehen aus vielen unterschiedlichen Systemen. Daraus soll eine Gesamtlösung entstehen die dem Anwender ermöglicht, ohne großen Mehraufwand, an die Prozessinformationen zu gelangen. Das heißt, sie müssen für jede Komponente im System zugänglich sein. Dies sollte sowohl bei der Planung und Programmierung als auch zur Laufzeit gelten. Durchgängigkeit sollte also auch die Wartung unterstützen und so langfristig Investitionen schützen.

3. Zusammenfassung und Ergebnisse

Im ersten Schritt der Prozessleitsystementwicklung ist ein Laboraufbau entstanden, der zur Ausbildung künftiger Prozessingenieure genutzt wird. Er bietet die Möglichkeit in vorlesungsbegleitenden Praktika und Übungen, Versuche durchzuführen, die dem Ingeneurnachwuchs die Möglichkeit bieten ein tieferes Verständnis des Kraftwerksprozesses in Verbrennungsanlagen und für die Regelung und Steuerung in Kraftwerken zu erlangen. Sie können Versuche zu Brennstoffzusammensetzungen durchführen und Kenntnisse über die elektronische Datenverarbeitung in der Prozesstechnik erwerben. Damit steht ein Werkzeug zur Verfügung, Ingenieure auszubilden, die später leichter im Bereich von Verbrennungsanlagen eingesetzt werden können.

Im zweiten Schritt der Entwicklung ist ein Werkzeug entstanden, das aktiv zur Verbesserung der Steuerung in Abfall- und Biomasseverbrennungsanlagen genutzt wird. Pilotversuche in verschiedenen Anlagen haben gezeigt, dass das System zur Verbesserung der Feuerlage, Feuerlänge und Feuerintensität in der Lage ist. Die modellprädiktiven Algorithmen zur Berechnung von Emissionen, Luftstufungen und Schürwirkung haben mit hoher Korrelation gezeigt, dass das System die Möglichkeit hat ohne hohen Kostenaufwand zu optimieren.

Im letzten Entwicklungsschritt wird das System in seiner Effizienz, Wirtschaftlichkeit und Stabilität verbessert. Es soll den Anlagenbetreibern und Anlagenbauern ein System an die Hand gegeben werden, mit dem der tägliche Anlagenbetrieb erleichtert wird, aber auch längerfristige Verbesserungen bei Planungssicherheit und Wirtschaftlichkeit eintreten werden.

4. Quellen

[1] CMV Systems GmbH & Co. KG: Spezifikationen PYROINC 320 Serie. Mönchengladbach, Deutschland, 2011

[2] Felleisen, M.: Prozeßleittechnik für die Verfahrensindustrie. München: Oldenbourg, 2001

[3] Fröling: Fröling Heizkessel- und Behälterbau Ges.m.b.H. Abgerufen am 9. 9 2011 von www.froeling.com/de

[4] Heinze, A.: Konzept und Aufbau eines PCS7-Systems zur Messdatenerfassung von Verbrennungsvorgängen. Saarbrücken, 2011

[5]   MRU Messgeräte für Rauchgase und Umweltschutz GmbH: Industrielle Kontroll- und Einstell-messungenVARIOplus Industrial. Neckarsulm-Obereisesheim, Deutschland, 2011

[6]   Schneider, U.: Modellbildung und Simulation von Verbrennungsprozessen für biogene Brenn-stoffe in Kraftwerken. Saarbrücken, 2010

[7]   Siemens AG: Das Prozessleitsystem SIMATIC PCS 7. Nürnberg: Siemens, 2011

Darfs a bisserl mehr Service sein?

Wir unterstützen Sie gern

Wartung & Instandsetzung

Für unsere Feuerungs- und Kesselanlagen bieten wir Ihnen:

- Jahres- und Kurzrevisionen

- Revisionsüberwachung

- Austausch und Instandsetzung von Komponenten

- Ersatzteillieferung

- Ersatzteilmanagement

- Zustandskontrollen

- Betrachtung der Restlebensdauer

- Wartungsverträge

Optimierung & Modernisierung

Für alle MARTIN-Anlagen sowie Kessel für die Verbrennung von Abfällen und Biomasse bieten wir Ihnen:

- Modernisierung von MARTIN - Feuerung und -Regelung

- Modernisierung von Kessel und anderen Anlagenteilen

- Optimierung des Gesamtanlagenbetriebes

- Leistungssteigerung

- Verbesserung der Verfügbarkeit

- Steigerung der Restlebensdauer

- Neue Technologien

Anlagenbau & Ingenieurleistungen

Als Ingenieurunternehmen mit fas[t] 90 jährigem Erfahrungsschatz bieten wir Ihnen:

- Kompetenz im Anlagenbau

- Erarbeitung von Studien

- Auslegung und Konstruktion von Komponenten

- Messung, Analyse und Auswertung von Betriebsdaten

- Schulung für Betriebspersonal

- CFD-Modellierungen

- Allgemeine Betriebsberatung

MARTIN GmbH
für Umwelt- und Energietechnik

seit 1925

Anlagenbau mit Blick auf die Umwelt

www.martingmbh.de

In die Feuerung integrierte Behandlung von Stäuben

Ralf Koralewska

Weltweit hat sich die thermische Abfallbehandlung mit rostfeuerungsbasierten Systemen als die bevorzugte Lösung zur nachhaltigen Behandlung von Abfällen durchgesetzt. Bei der Mineralisierung der Abfälle auf dem Rost sowie der Abgasreinigung fallen je nach angewandter Technologie feste und flüssige Rückstände an (Bild 1).

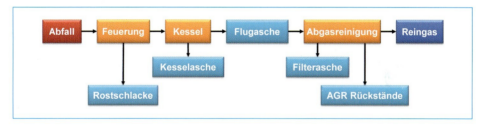

Bild 1:   Rückstände der thermischen Abfallbehandlung

Bei den festen Rückständen stellt die Rostschlacke die größte Fraktion dar. Aufgrund der geringeren Schadstoffbelastung sowie einem hohen Anteil an rückgewinnbaren Wertstoffen (Fe-, NE-Metalle) ist jedoch ein großes Potenzial zur Verwertbarkeit gegeben [1].

Bei Flugaschen / -stäuben handelt es sich um Partikel im Abgasstrom vor dem Einbringen von Additiven in die Abgasreinigung. Flugaschen, die aus dem Feuerraum ausgetragen werden, bezeichnet man bei Abscheidung im Kessel als Kesselasche und bei Abtrennung in den Filtern als Filterasche (z.B. Elektrofilterasche). Feste Rückstände, die erst nach Zugabe von Additiven anfallen, werden unter dem Begriff Reaktionsprodukte aus der Abgasreinigung erfasst. Thermische Abfallbehandlungsanlagen zeichnen sich dadurch aus, dass sie die vielfältigen im Abfall vorhandenen Schadstoffe entweder thermisch zerstören oder in den Flugaschen aufkonzentrieren. Es entstehen pro Tonne verbranntem Abfall etwa 12,5 kg Filterasche als weiß / gelbliche bis graue Stäube. Sie enthalten Schwermetalle (z.B. Cadmium, Blei, Zink) und organische Verbindungen (z.B. PCDD/PCDF). Die Stäube sind sehr stark hygroskopisch und neigen deshalb zur Agglomeration.

In Europa werden die Flugaschen entweder in Versatzbergwerken verwertet oder in untertägigen Deponien bzw. nach chemisch / physikalischer Aufbereitung auf Deponien abgelagert. In Japan erfolgt eine Inertisierung in nachgeschalteten Schmelzverfahren zur Erzeugung einer auslaugsicheren, deponierbaren Glasmatrix. Diese Verglasungstechniken erfordern jedoch einen sehr hohen Aufwand an Energie und Kosten [1]. Im Hinblick auf die stetig abnehmenden Rohstoffressourcen haben Verfahren zur Wertstoffrückgewinnung einen immer wichtigeren Stellenwert. Die Wiedergewinnung eines wirtschaftlich interessanten Schwermetalls wird bereits in der Schweiz durch die selektive Rückgewinnung von Zink aus Elektrofilterstäuben großtechnisch umgesetzt [2].

1. Brennbettuntersuchungen auf dem Rückschub-Rost

In modernen Rostfeuerungsanlagen mit Rückschub-Rost werden in der Feuerung die beiden Kriterien Ausbrand und Eluatqualität der Rostschlacken durch hohe Brennbetttemperaturen bei ausreichender Verweilzeit, effektiver Durchmischung des Brennbettes und ausreichender Luft- bzw. Sauerstoffzuführung sichergestellt. Unter Berücksichtigung der Verwertungs- und Ablagerungsbedingungen für die im Verbrennungsprozess anfallenden Stäube bieten sich somit technische Möglichkeiten zur nachhaltigen, in die Feuerung integrierten Behandlung der Stäube, die von der MARTIN GmbH gemeinsam mit Partnern detailliert untersucht und bereits in die Großtechnik umgesetzt wurden.

Im Rahmen von Untersuchungen an Rostfeuerungsanlagen unterschiedlicher Betriebsweise [1] konnte festgestellt werden, dass eine erhöhte Brennbetttemperatur den organischen Gesamtkohlenstoffgehalt (TOC) und den Glühverlust der Rostschlacke reduziert, sowie die Eluierbarkeit der Schwermetalle und Anionen herabsetzt [3, 4, 5, 6, 7]. Das verbesserte Auslaugverhalten der Rostschlacken ist auf verstärkte Schmelz- und Sinterungsvorgänge im Brennbett bei erhöhter Temperatur zurückzuführen, wodurch der Feinkornanteil der Schlacke sowie zurückgeführte Stäube, die leichter eluierbare Schadstoffgehalte aufweisen, in die Schmelzzonen der gröberen Partikel eingebunden werden.

Weitergehende Erkenntnisse über die im Brennbett ablaufenden Schmelz- und Sinterungsprozesse wurden durch umfangreiche Brennbetttemperaturmessungen [1] sowie Modellierungen [6, 8] und aus dem Vergleich der Modellergebnisse mit der mineralogischen Zusammensetzung der Rostschlacken gewonnen. Die modellierten Schmelzkurven weisen alle denselben Kurvenverlauf auf, der für Rostschlacken als typisch betrachtet werden kann (Bild 2). Hinsichtlich des modellierten Schmelzverhaltens konnte kein signifikanter Unterschied zwischen den Schlacken aus einem Anlagenbetrieb mit und ohne Rückführung festgestellt werden [5, 6]. Bezeichnend ist, dass durch die Anreicherung der Primärluft mit Sauerstoff (SYNCOM-Verfahren) und den daraus resultierenden Brennbetttemperaturen bereits ein signifikant höherer Anteil an Schmelzphase vorliegt.

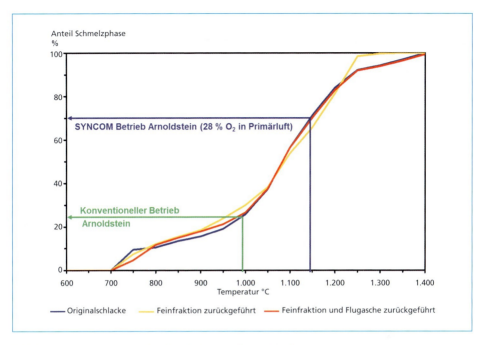

Bild 2:   Sinterungs- / Schmelzverhalten von Rostschlacken

Quellen:

Spuller, R.; Poehlmann, E.: Brennbetttemperatur und Schlackequalität in Feuerungsanlagen für Abfälle. Abschlussbericht des Projekts EU7 im Auftrag des Bayer. Staatsministeriums für Umwelt, Gesundheit und Verbraucherschutz, Schwabach 2004

Bale C.W.; Chartrand P.; Degterov S.A.; Ben Mahfoud R.; Melançon J.; Pelton A.D.; Eriksson G.; Hack K., Petersen S. (2002): FactSage Thermochemical Software and Databases. In: Calphad, Vol. 26, No. 2, pp. 189 - 228. Elsevier Science Ltd.

2. Integrierte Behandlungsverfahren für Stäube

2.1. SYNCOM-Plus

Durch die erhöhten Brennbetttemperaturen, bedingt durch die Zugabe von Sauerstoff direkt in die Verbrennungsluft einiger Rostzonen, erfolgt beim SYNCOM-Verfahren [1, 4] eine verbesserte Sinterung der Rostschlacke bereits in der Primärverbrennung. Beim SYNCOM-Plus-Verfahren wird dem SYNCOM-Verfahren eine nassmechanische Aufbereitung zur Erzeugung eines Granulats nachgeschaltet und der Feinanteil sowie der abgetrennte Schlamm der Rostschlacke zur weitergehenden Versinterung und Zerstörung von Organika der Feuerung erneut zugegeben (Bild 3). Optional können auch die Kesselasche sowie, nach entsprechender Vorbehandlung (z.B. FLUWA, siehe 3.3), Filteraschen zurückgeführt werden.

In der Thermischen Behandlungsanlage der Kärntner Restmüllverwertungs GmbH in Arnoldstein (A) bestand die Möglichkeit die weiteren Komponenten für SYNCOM-Plus inklusive einer Kesselascherückführung zu integrieren und im Dauerbetrieb zu untersuchen [1].

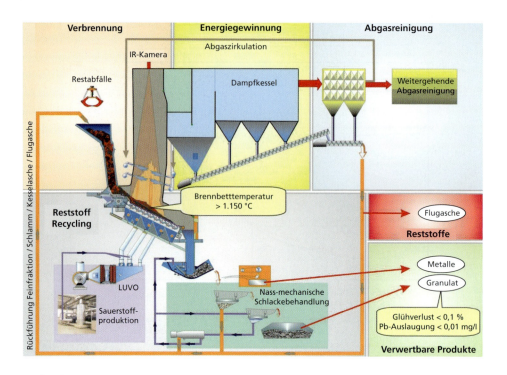

Bild 3:   SYNCOM-Plus-Verfahren

Für die Versuchskampagnen erfolgte die Rückführung der Feinfraktion, des Schlamms und der Kesselasche in den Abfallbunker. Die Kesselasche wurde aus einem geschlossenen Behälter mit Hilfe eines Gabelstaplers abgekippt. Es war keine signifikante Staubentwicklung festzustellen. Im Vergleich mit der verbrannten Abfallmenge entsprach die gesamte rückgeführte Menge einem Anteil von maximal 6,75 Gew.-Prozent mit einem Kesselascheanteil von etwa 0,5 Gew.-Prozent. Das Material konnte problemlos in die Feuerung zurückgeführt werden.

Im Rahmen eines fortführenden Forschungsvorhabens [5] wurde die großtechnische Erprobung des SYNCOM-Plus-Verfahrens, das eine definierte Rückführung von Fraktionen vorsieht, detailliert untersucht und die bereits vorliegenden Ergebnisse zur Brennbetttemperatur bestätigt. Im Rückführungsbetrieb ergaben sich geringere Temperaturdifferenzen gegenüber dem konventionellen Betrieb. Generell war eine Vergleichmäßigung der Temperaturverteilung sowohl an der Brennbettoberfläche, als auch im Brennbettinneren festzustellen.

Nach dem Austrag aus dem Nassentschlacker bestanden die Rostschlacken zum überwiegenden Teil aus Material mit Korngrößen < 32 mm. Dabei war kein signifikanter Unterschied zwischen der Probenahme ohne Rückführung und der Probenahme während der Rückführung zu erkennen. Zusammenfassend lässt sich anhand der Ergebnisse der Grobcharakterisierung der Rostschlackeproben feststellen, dass ein Einfluss der Rückführung von Kesselasche und Schlackefeinfraktion nicht zu erkennen war.

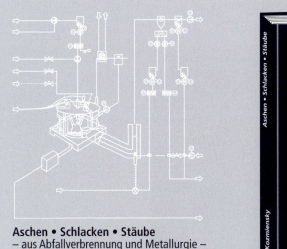
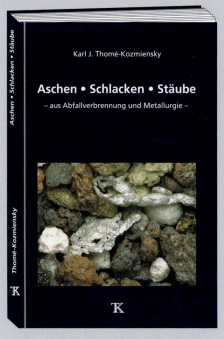

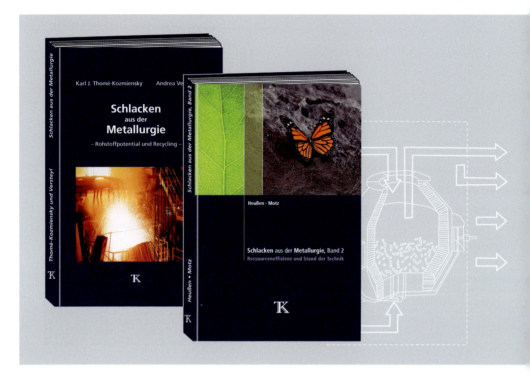
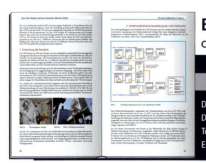

Zur Überprüfung, ob die Rückführung von Feinfraktion, Schlamm und Kesselasche zu einer Erhöhung des Feinkornanteils führte, wurden die Korngrößenverteilungen der Rostschlacken mit und ohne Rückführung miteinander verglichen. Es war keine erhebliche Veränderung der Korngrößenverteilung festzustellen.

Seit Durchführung der SYNCOM-Plus-Untersuchungen wird an der TBA Arnoldstein (A) im SYNCOM-Betrieb die gesamte anfallende Kesselasche mit einem Transportcontainer (Bild 4) kontinuierlich über den Abfallbunker in die Feuerung zurückgeführt. Probleme im Hinblick auf die Feuerung und Rostschlackenqualität sind bisher nicht aufgetreten.

Die Rückführung von Rostschlackenfeinfraktionen mit einem erheblichen Inertanteil ist nur beim SYNCOM-Verfahren möglich, da im Brennbett die entsprechenden Randbedingungen für die erforderlichen Sinterungs- und Schmelzprozesse vorliegen. Auf dem Rückschub-Rost mit ausreichender Verweilzeit, effektiver Durchmischung des Brennbettes und ausreichender Luft- bzw. Sauerstoffzuführung sind auch bei konventionellem Betrieb die Randbedingungen für die Rückführung von Kesselasche sichergestellt (Bild 2).

Bild 4:   Kesselaschetransportcontainer TBA Arnoldstein (A)

2.2. Kesselascherückführung

Im Rahmen der Nachrüstung der Linien 1 und 2 des MHKW Coburg (DE) auf die MARTIN VLN-Technologie wurde auch eine Kesselascherückführung (Bild 5) installiert. Vor dem Umbau fiel die Kesselasche vom 2./3. Zug durch eine Öffnung direkt in die Feuerung bzw. den Nassentschlacker, während die Kesselasche des Horizontalzugs mit in das Rückstandssilo gefördert wurde.

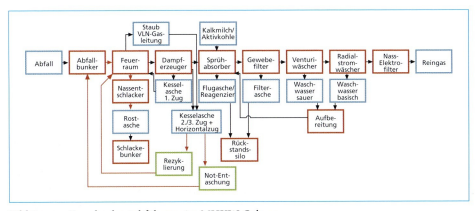

Bild 5:   Kesselascherückführung im MHKW Coburg

Nach dem Umbau wurde die gesamte Kesselasche zunächst in einem Kippcontainer erfasst, gewogen und über den Abfallbunker in die Feuerung zurückgeführt. In einer 2. Ausbaustufe erfolgte durch die Wehrle-Werk AG der Umbau auf ein kontinuierliches Kesselasche-Rezyklierungs-System mit pneumatischer Förderung der Kesselasche direkt in die Feuerung (Bild 6). Die Vorgehensweise mittels Kippcontainer wird nur noch als *Not-Entaschung* bei Störungen und Ausfällen des kontinuierlichen Systems sowie Revisionen eingesetzt [9].

Bild 6:   Ascheschacht mit Weiche / Kippcontainer (Not-Entaschung) MHKW Coburg (DE)

Beide Systeme wurden zügig in Betrieb genommen und haben sich nach einigen Optimierungen verfahrens- bzw. anlagentechnisch gut bewährt. Das kontinuierliche Kesselasche-Rezyklierungs-System ist ein *geschlossenes* System, ohne Auswirkungen auf Betriebspersonal und Kesselhaus. Zum Nachweis, dass sowohl die Not-Entaschung, als auch das kontinuierliche System vergleichbare Betriebsergebnisse liefern, wurden ausführliche Untersuchungen durchgeführt.

Messungen an der Linie 1 ergaben bei VLN-Betrieb eine rückgeführte Kesselasche-menge von etwa 1,25 Gew.-Prozent der Abfallmenge. Hochgerechnet auf eine jährliche Betriebszeit von etwa 8.000 Stunden wird somit eine Kesselaschemenge von 870 Tonnen der Feuerung zugegeben.

Videoaufnahmen im Feuerraum bei Not-Entaschung und Rezyklierung haben keine zusätzliche Staubentwicklung bei Kesselascherückführung im Vergleich zum Betrieb ohne Rückführung gezeigt. Auch die Betriebsweisen Not-Entaschung und Rezyklierung zeigten im Vergleich keine signifikanten Unterschiede. Der sich ändernde Abfall mit unterschiedlichem Aschegehalt hat erfahrungsgemäß einen deutlich größeren Einfluss. Sowohl bei der Not-Entaschung, als auch der Rezyklierung wurden am Kes-selende bei allen untersuchten Lastfällen vergleichbare Gesamtstaubkonzentrationen wie bei den Messungen ohne Kesselascherückführung erreicht. Etwa 2 Gew.-Prozent des Abfallinputs wurden an Gesamtstaub (Kesselasche + Flugasche Kesselende) aus der Feuerung ausgetragen.

Im Rahmen der bekannten Schwankungsbreiten bei der Analyse von Rückständen war zwischen den Ergebnissen der Not-Entaschung und der Rezyklierung weder bei den Rostschlacken, noch bei den Kesselaschen ein signifikanter Unterschied über alle Parameter festzustellen. Die Sinterungs- und Schmelzprozesse zur Zerstörung der Organika sowie zur Einbindung der Kesselasche in die Rostschlacke sind bei den Verbrennungsbedingungen im konventionellen Normalbetrieb sichergestellt.

2.3. Elektrofilteraschebehandlung/ -rückführung

Bei der thermischen Abfallbehandlung konzentrieren sich Schwermetalle und polychlorierte Dibenzodioxine und -furane (PCDD/PCDF) besonders in den Elektrofilteraschen auf. Vor allem in der Schweiz werden durch die saure Flugaschenextraktion FLUWA [2] anorganische Schadstoffe, insbesondere Schwermetalle, weitestgehend aus den Flugaschen extraktiv abgetrennt und einer gezielten Verwertung / Rückgewinnung zugeführt. Ein Beispiel für die Wiedergewinnung eines wirtschaftlich interessanten Schwermetalls stellt das Verfahren zur selektiven Zinkrückgewinnung FLUREC [2] dar. Aus dem schwermetallhaltigen Filtrat der sauren Flugaschenextraktion werden in einem mehrstufigen Verfahren selektiv Schwermetalle (Zink, Cadmium, Blei, Kupfer) zurückgewonnen und dem Wertstoffkreislauf bzw. einer geeigneten Verwertung zugeführt (Bild 7). Zink wird in der nachfolgenden selektiven Rückgewinnung als Reinstmetall (>99.99 Prozent) elektrolytisch zurückgewonnen und vermarktet. In der Zementierung werden aus dem Filtrat Kupfer, Cadmium und Blei nahezu quantitativ abgetrennt und können als gemeinsamer metallischer Reststoff in einer Bleihütte verwertet werden.

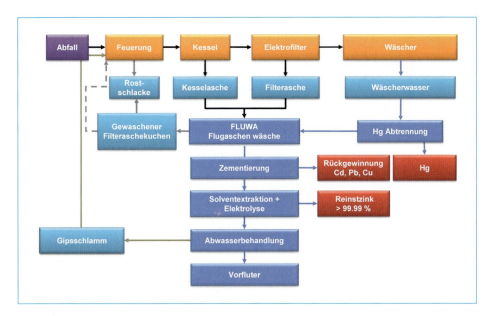

Bild 7:   FLUWA / FLUREC

Quelle: Schlumberger, S.; Bühler, J.: Metallrückgewinnung aus Filterstäuben der thermischen Abfallbehandlung nach dem FLUREC-Verfahren. In: Thomé-Kozmiensky, K.J. (Hrsg.): Aschen•Schlacken•Stäube - aus Abfallverbrennung und Metallurgie. TK-Verlag, Neuruppin 2013, S. 377-396

Organische Schadstoffe, vor allem PCDD/PCDF, bleiben jedoch bei dieser Behandlung im gewaschenen Filteraschekuchen zurück. Diese können nur thermisch zerstört werden, so dass sich die Rückführung des sauer gewaschenen Filteraschekuchens in die Feuerung anbietet.

Die MARTIN GmbH hat gemeinsam mit Kooperationspartnern die Entwicklung und Untersuchung der Behandlungsverfahren sowie der Rückführung der behandelten Elektrofilteraschen an zwei großtechnischen Abfallverbrennungsanlagen durchge-führt. Dabei wurden vergleichende Untersuchungen zwischen Normal- und Versuchsbetrieb bei der Mitaufgabe von feuchtem, behandeltem Elektrofilteraschenkuchen durchge-führt. Die behandelte, von Schwermetallen entfrachtete Flugasche wurde gemeinsam mit dem Abfall über den Abfallbunker der Feuerung zugegeben. Eine weitergehende Vorbehandlung des Materials (Pelletierung o.ä.) war basierend auf den Erkenntnissen der MARTIN GmbH zur gemeinsamen Rückführung von Feinfraktionen und Abfall in die Feuerung nicht erforderlich.

An einer Abfallverbrennungsanlage in Bayern wurden bereits in 2003 erfolgreich Rückführungsversuche von sauer extrahierter Elektrofilterasche durchgeführt. Die Versuchskampagne wurde analytisch vom Bayerischen Landesamt für Umweltschutz begleitet [10]. Die zugegebene Filteraschekuchenfracht von 400 kg/h entsprach einem Überschuss von etwa 20 Prozent gegenüber der theoretisch anfallenden Filterasche-kuchenfracht. Die Durchmischung des Filteraschekuchens mit frisch angeliefertem Abfall erfolgte für die angelieferten Chargen direkt im Abfallbunker. Durch ein geeignetes Bunkermanagement konnte der gewaschene Filteraschekuchen homogen und kontinuierlich der Feuerung zugeführt werden. Der Anlagenbetrieb wurde durch die Rückführung des Filteraschekuchens nicht beeinflusst. Beim Vergleich wesentlicher Messungen am Kamin war kein signifikanter Unterschied zwischen Normal- und Versuchsbetrieb festzustellen. Zusammenfassend war die Qualität der Rostschlacke sowie der Flugaschen hinsichtlich der Feststoffzusammensetzung und der Elutionseigenschaften unter Berücksichtigung der abfallinput- und prozessbedingten Schwankungen als weitgehend gleichwertig einzustufen. Durch die Rückführung wurde der Gehalt an polychlorierten Dibenzodioxinen und -furanen (PCDD/PCDF) in der ausgetragenen Rostschlacke gegenüber dem Normalbetrieb nicht erhöht. In die Feuerung eingetragene PCDD/PCDF wurden thermisch vollständig zerstört. Eine nennenswerte Zunahme des SO_2-Gehaltes im Rohgas nach dem Kesselende konnte gegenüber dem Normalbetrieb ebenfalls nicht festgestellt werden.

Die kontinuierliche Zugabe eines sauer extrahierten Filteraschegemisches wurde des Weiteren an einer Abfallverbrennungsanlage in der Schweiz [11] in einer jeweils einwöchigen Versuchskampagne mit gipsarmen und gipshaltigen Filteraschekuchen untersucht. Schwefelgehalte des Filteraschekuchens spielen bei der Rückführung eine wichtige Rolle, da dies in der Abgasreinigung zu einer Erhöhung des Additivverbrauchs führen kann.

Der Filteraschekuchen wurde je Woche im 24-Stundenbetrieb von Hand direkt in die Beschickschurre im Abfallbunker zugegeben (Bild 8). Der rückgeführte Filterascheku-chen wies einen durchschnittlichen Trockensubstanzgehalt von 60 Gew.-Prozent auf.

Die Mitverbrennung des feuchten Filteraschekuchens führt zu einer Verringerung des Heizwerts des zu behandelnden Abfalls. Aufgrund des Anteils von etwa 3 Gew.-Prozent an Filteraschekuchen wirkte sich dies insgesamt auf den Verbrennungsprozess nicht signifikant aus. Es war keine Staubentwicklung beim Abwurf des feuchten Materials festzustellen.

Der Anlagenbetrieb wurde durch die Rückführung des Filteraschekuchens nicht beeinflusst. Beim Vergleich wesentlicher Messungen am Kamin war kein signifikanter Unterschied zwischen dem Normal- und Versuchsbetrieb festzustellen. Durch die Rückführung erfolgte keine signifikante Zunahme der Filteraschefracht.

Bild 8:   Zugabe des Filteraschekuchens in die Abfallschurre

Allerdings wurde während der Rückführung des gipshaltigen Filteraschekuchens ein Mehrverbrauch an Additiv beobachtet. Verglichen zum Schwefelinput durch den Filteraschekuchen erwies sich jedoch der abfallinputbedingte Einfluss auf die Schwefelfreisetzung als wesentlich grösser. So können beispielsweise Chargen hochkalorischen Abfalls zu lokal hohen Temperaturen und somit zur Begünstigung der örtlichen SO_2-Freisetzung aus dem Brennbett führen. Der zu erwartende Mehrverbrauch an Additiv ist somit sehr inputspezifisch und kann stark variieren.

Zusammenfassend war die Qualität der Rostschlacke sowie der Flugaschen hinsichtlich der Feststoffzusammensetzung und der Elutionseigenschaften unter Berücksichtigung der abfallinput- und prozessbedingten Schwankungen als weitgehend gleichwertig einzustufen. Die resultierende Rostschlacke wies anschließend keinen erhöhten PCDD/PCDF-Gehalt während der Ascherückführung auf. Allerdings wurde bei der Aufgabe von gipshaltigem Filteraschekuchen zur Feuerung in der Rostschlacke und in den Filteraschen ein Anstieg des Schwefelgehaltes beobachtet.

3. Zusammenfassung und Ausblick

In modernen Rostfeuerungsanlagen mit Rückschub-Rost werden in der Feuerung hohe Brennbetttemperaturen bei ausreichender Verweilzeit, effektiver Durchmischung des Brennbettes und ausreichender Luft- bzw. Sauerstoffzuführung sichergestellt. Die im Brennbett auch bei konventionellem Betrieb ablaufenden Sinterungs- und Schmelzprozesse ermöglichen die Einbindung von gemeinsam mit dem Abfall zurückgeführten Flugaschen, bei sicherer Zerstörung der Organika. Diese geschlossenen und prozessintegrierten Stoffkreisläufe ermöglichen die signifikante Reduzierung der zu deponierenden Rückstandsmenge bei zusätzlich möglicher Rückgewinnung von Ressourcen.

Allerdings müssen die zurückgeführte Menge, die Brennbettrahmenbedingungen (SYNCOM / konventionell) sowie die Qualität der Stäube (z.B. Schwefelgehalt) im Vorfeld eingehend geprüft werden. Filteraschen, mit einem signifikant höheren Gehalt an Schwermetallen, sollten erst nach einem entsprechenden Behandlungsverfahren und damit verbundener Entfrachtung in die Feuerung zurückgeführt werden.

Generell konnte die Rückführung an allen untersuchten großtechnischen Anlagen problemlos ohne eine signifikante Beeinflussung der Feuerungsparameter durchgeführt werden und ist bei entsprechendem Bunkermanagement bzw. durch Nutzung einer geeigneten Zugabevorrichtung in jeder thermischen Abfallbehandlungsanlage umsetzbar.

4. Literaturverzeichnis

[1] Koralewska, R.: Verfahren zur Inertisierung von Aschen/Schlacken aus der Rostfeuerung. In: Thomé-Kozmiensky, K.J. (Hrsg.): Aschen•Schlacken•Stäube - aus Abfallverbrennung und Metallurgie. TK-Verlag, Neuruppin 2013, S. 423-435

[2] Schlumberger, S.; Bühler, J.: Metallrückgewinnung aus Filterstäuben der thermischen Abfallbehandlung nach dem FLUREC-Verfahren. In: Thomé-Kozmiensky, K.J. (Hrsg.): Aschen•Schlacken•Stäube - aus Abfallverbrennung und Metallurgie. TK-Verlag, Neuruppin 2013, S. 377-396

[3] Knorr, W. et al.: Rückstände aus der Müllverbrennung, Chancen für eine stoffliche Verwertung von Aschen und Schlacken. Initiativen zu Umweltschutz Band 13, Deutsche Bundesstiftung Umwelt, Erich Schmidt Verlag, Berlin 1999

[4] Gohlke, O.; Busch, M.; Horn, J.; Martin, J.: Nachhaltige Abfallbehandlung mit dem SYNCOM PLUS-Verfahren. In: Thomé-Kozmiensky, K.J. (Hrsg.): Optimierungspotential der Abfallverbrennung. TK-Verlag, Neuruppin 2003, S. 211-223

[5] Bimüller, A.; Hopf, N.; Heuss-Aßbichler, S.; Nordsieck, H.: Beeinflussung schlackerelevanter Betriebsparameter durch Rückführung von Aschefraktionen. Abschlussbericht des Projekts EU34 im Auftrag des Bayer. Staatsministeriums für Umwelt, Gesundheit und Verbraucherschutz, Schwabach 2006

[6] Spuller, R.; Poehlmann, E.: Brennbetttemperatur und Schlackequalität in Feuerungsanlagen für Abfälle. Abschlussbericht des Projekts EU7 im Auftrag des Bayer. Staatsministeriums für Umwelt, Gesundheit und Verbraucherschutz, Schwabach 2004

[7] Spiegel W.; Huber A.: Chemische und mineralogische Informationen als Bewertungsmaßstab für die Qualität von Schlacken aus der thermischen Abfallverwer-tung. Technisch-wissenschaftliche Berichte Feuerungen. VGB-TW 210. ISSN-Nr.: 0937-0188, 1996

[8] Bale C.W.; Chartrand P.; Degterov S.A.; Ben Mahfoud R.; Melançon J.; Pelton A.D.; Eriksson G.; Hack K., Petersen S. (2002): FactSage Thermochemical Software and Databases. In: Calphad, Vol. 26, No. 2, pp. 189 - 228. Elsevier Science Ltd.

[9] Baj; P.; Papa, G.; Koralewska, R.: Nachrüstung der neuen und innovativen VLN-Technologie (Very Low NOx) im Müllheizkraftwerk in Coburg. Abschlussbericht des Projekts ZGII4-42155-9/124 im Auftrag des BMU, Coburg/München 2013

[10] Bayer. Landesamt für Umweltschutz (Hrsg.): Aufgabe eines sauer extrahierten Kessel-/Elektrofilterasche-Gemisches am MHKW Kempten, Augsburg 2004

[11] Schlumberger, S.; Koralewska, R.: Filteraschekuchenrückführung in den KVA-Ofen: Ein Versuch im industriellen Maßstab. Abschlussbericht des Projekts 07.0018.PJ / I393 – 046 / 2009.V.70 im Auftrag des BAFU, AfU (So) und AWA (Be), Bern 2010

MARTIN®, MARTIN Rückschubrost® und SYNCOM® sind eingetragene Warenzeichen der MARTIN GmbH für Umwelt- und Energietechnik.

Dampferzeuger

TONNENWEISE ENERGIE!

**ENERGIEGEWINNUNG AUS ENTSORGUNGSSTOFFEN:
EFFIZIENT & UMWELTFREUNDLICH.**

Die Kosten für Energie steigen und steigen. Umso wichtiger wird es für Unternehmen
und Kommunen, nach günstigen Brennstoff-Alternativen zur Energieversorgung
zu suchen. Wir kennen sie: Haus- und Gewerbemüll, Industrie-Reststoffe oder
Ersatzbrennstoffe. Und seit vielen Jahren beweisen wir, wie sich aus ihnen über
thermische Verwertungsprozesse Nutzenergie zur Erzeugung von Strom, Prozessdampf
oder Fernwärme gewinnen lässt.

Mehr Infos und Referenzen unter: **www.standardkessel-baumgarte.de**

Standardkessel Baumgarte – Kraftwerksanlagen, Industrie-Anlagen-
Service und Dienstleistungen rund um die Gewinnung von Strom, Dampf
und Wärme aus Entsorgungsstoffen, Primärbrennstoffen, Abhitze und
Biomasse.

Effizientes Dampferzeugerkonzept mit externem Überhitzer am Beispiel der MVA Oulu

Jörg Eckardt

1. Abfall, Energieträger der Zukunft

Abfälle entstehen nahezu überall und bedürfen wegen deren Schädigungspotential für Mensch und Umwelt der besonderen Behandlung. Sie sind ein bedeutender Energieträger der Neuzeit. Ihr energetisches Potential dient der Strom- und Wärmeerzeugung und ersetzt Primärbrennstoffe wie Kohle, Öl oder Gas.

Durch die thermische Verwertung von Abfällen wird die Entstehung von Treibhausgase verringert und vermieden. Verringert, weil die bei der Deponierung der Abfälle entstehenden zusätzlichen Emissionen verhindert werden, und vermieden, weil durch Substitution weniger fossile Brennstoffe verbrannt werden.

Nahezu die Hälfte der deutschen Stromerzeugung basiert auf dem Einsatz von Stein- und Braunkohle. Der Heizwert deutscher Rohbraunkohlen liegt zwischen 6,5 und 10 MJ/kg und somit in einer ähnlichen Größenordnung wie der von unbehandeltem Hausabfall.

Aufbereitete Abfälle haben mit Heizwerten von 11 bis 18 MJ/kg sogar ein noch größeres energetisches Potential.

Die elektrische Energie aus Abfall- und Ersatzbrennstoffanlagen unterliegt keinen jahreszeitlichen Schwankungen und ist nicht von Sonne oder Wind abhängig. Zudem kann Hausabfall aufgrund des hohen biogenen Anteiles zum Teil sogar als CO_2 neutral eingestuft werden.

Den neuen Entwicklungen vom Entsorgungsmarkt zum Verwertungsmarkt folgend haben sich die kommunalen und privaten Entsorger zum Energiedienstleister gewandelt. Industriekunden, insbesondere energieintensiver Industrien, entdecken nahezu weltweit Abfälle als Energiequelle und als wirtschaftliche Alternative zu den fossilen Brennstoffen.

Für die Herstellung ihrer Produkte benötigen die Industriekunden Energie in Form von Strom und/oder Dampf. Die Anlage in Stavenhagen [1] versorgt einen Lebensmittelhersteller seit Anfang 2007 zuverlässig mit Dampf und Strom, hergestellt aus Ersatzbrennstoffen. Im Chemiepark Bitterfeld liefert eine EBS Anlage Strom und Dampf für dort ansässige Industrieunternehmen [2] und am Standort Bernburg [6] sichern 3 Linien mit je 70 MW thermischer Verbrennungsleistung die Energieversorgung für ein Chemieunternehmen. Die Dampfzentrale Weener [4] wie auch die Ignis Anlage [7] der Spree Recycling GmbH in Spremberg versorgen Papierfabriken mit Prozessdampf, erzeugt aus kommunalen und industriellen Abfällen.

Den Betreibern ist die sichere Versorgung ihrer Prozesse wichtig, so dass eine ausgereifte und verlässliche Technik zum Einsatz kommen muss.

2. Einleitung

Als traditioneller Kesselbauer mit mehr als 78-jähriger Geschichte, verbindet Baumgarte seine Erfahrungen aus mehr als einhundert errichteten Abfallkesseln zu einem technologischen Gesamtkonzept für die Hauptkomponenten der Verbrennungsanlagen. Der Verbrennungsrost wird hierbei ebenso integriert wie die Abgasreinigungsanlage.

Das Konzept basiert auf einem Vorschub- Rost und vorzugsweise einem mit horizontalem Konvektionszug ausgeführten Dampferzeuger.

Die Rostverbrennung hat über Jahrzehnte den Nachweis erbracht, dass sie den Anforderungen der Abfallverbrennung am besten gerecht wird. Der Vorschubrost kann in luft- oder wassergekühlter Ausführung den jeweiligen Brennstoffanforderungen angepasst werden.

Eine konservative, auf Betriebssicherheit bedachte Auslegung und Konstruktion ist ein wesentliches Merkmal.

Ein sehr gutes Beispiel für Beständigkeit und Innovation ist, neben den verschiedensten eigenen Patenten, die Anlage AVA – Frankfurt / Main wo nun schon die dritte Generation Baumgarte Kessel betrieben wird. Der erste Kessel aus dem Jahre 1964 ist dabei überhaupt nicht mehr vergleichbar mit den heutigen Standards. Die realisierten Heißdampfparamter von 5,9 MPa und 500 °C bei einer Dampfleistung von 67,2 t/h setzten jedoch damals schon Maßstäbe.

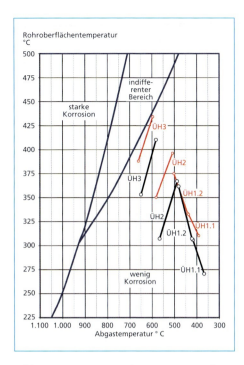 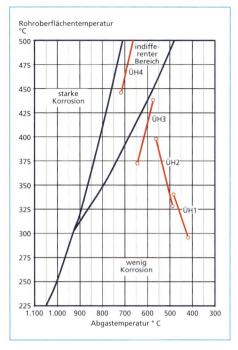

Bild 1: Korrosionsdiagramm, Kessel mit 400 °C/40 bar (schwarz) und mit 420 °C/88 bar (rot)

Bild 2: Korrosionsdiagramm, Kessel mit 500 °C/60 bar am Ende der Reisezeit (8.000 h)

Das Kesselkonzept ist ein speziell für die Ausnutzung der Abwärme aus der Verbrennung von Abfällen und Reststoffen entwickeltes Kesselsystem.

Die Übertragung der Abgaswärme erfolgt über ein *Tailend-Kesselsystem* in drei- oder vierzugbauweise. Die Umfassungswände der zwei oder drei vertikalen Strahlungszüge sowie des waagerechten Berührungszuges werden in gasdicht geschweißter Rohr-Steg-Rohr-Konstruktion ausgeführt. Für auftretende gasseitige Unter- und Überdrücke werden die Umfassungswände mit Bandagen verstärkt. Das gesamte System mit den Rohrwänden, Sammlern, Fall- und Überströmleitungen wird als Naturumlaufsystem ausgelegt. Eine großzügig dimensionierte Dampftrommel ist querliegend oberhalb des zweiten Zuges angeordnet und sorgt über das Fallrohrsystem für die Wasserverteilung auf die Sammler der Wände und Verdampferheizflächen.

3. Einflussgrößen für die Auslegung

Der spätere Verwendungszweck der Anlage, also der Bedarf des Kunden, ist der grundlegende Entscheidungsfaktor an dem sich alle weiteren Parameter orientieren. Hat in früheren Jahren lediglich die zu entsorgende Abfallmenge die Anlagengröße bestimmt, so definieren heute auch der Strom- und Wärmebedarf das Anlagenkonzept für thermische Verwertungsanlagen. Ebenso wie es für die klassischen Kraftwerke schon immer der Fall ist.

Das Anlagenkonzept wird demnach maßgeblich durch die Anforderungen an den Bedarf und die erforderliche Verfügbarkeit der Strom- und Dampflieferung beeinflusst.

Die Verfügbarkeit ist der Schlüssel zum wirtschaftlichen Betrieb und somit ein Schlüssel zum Projekterfolg. Anlagen mit hohen Dampfparametern bezahlen oft den Vorteil des besseren Wirkungsgrades mit höheren Ausfallraten wegen Korrosionsschäden.

Für die Beurteilung des Korrosionsrisikos im Bereich der Überhitzer wird häufig das Korrosionsdiagramm herangezogen. In diesem Korrosionsdiagramm wird die Temperatur des Heizflächenrohres im Verhältnis zur Abgastemparatur aufgetragen. Das Diagramm ist in Bereiche unterschiedlicher Korrosionsgefährdung eingeteilt. Vergleicht man die Korrosionsdiagramme für Heißdampftemperaturen von 400, 420 und 500 °C Heißdampftemperatur wird deutlich, dass bei Heißdampftemperaturen über 420 °C mit erheblichen Korrosionsangriffen am Endüberhitzer zu rechnen ist, sofern nicht teure Schutzmaßnahmen, wie zB. Cladding oder Vernickelung der Heizflächenrohre durchgeführt werden. Anders als im Bereich der Strahlräume ist die Instandhaltung und Pflege dieser Schutzschichten im Bereich der konvektiven Heizflächen aufgrund der eingeschränkten Zugänglichkeit zudem aufwändig und teuer.

Diesen Grundlagen folgend, also unter Berücksichtigung der gegebenen Randbedingungen und unter Beachtung der speziellen Wirkmechanismen korrosionsfördernder Abgasbestandteile, wurde für die Abfallverwertungsanlage in Oulu / Finnland eine besonders Dampferzeugerkonzept gewählt.

4. Das Gesamtkonzept *Oulu*

In der finnischen Stadt Oulu betreibt der lokale Energieversorger Oulun Energia Oy., verschiedene Dampferzeuger zur Strom- und Fernwärmeversorgung der Stadt und umliegender Betriebe. Über eine Dampfsammelschiene, mit Frischdampfparametern von 8,3 MPa und 515 °C , werden zwei Dampfturbinen mit insgesamt 25 MW elektrischer Leistung angetrieben und 100 MW thermisch an das Fernwärmenetz ausgekoppelt.

Für die Entsorgung der kommunalen Abfälle wurde eine Abfallverbrennungsanlage mit etwa 130.000 Jahrestonnen konzipiert die in das vorhandene System mit den genannten hohen Dampfparametern integriert werden musste.

Unter Beachtung dieser Aufgabenstellung entstand das besondere Dampferzeugerkonzept mit moderater Dampftemperatur (420 °C) am Endüberhitzer des Abfallkessels und der nachfolgenden Überhitzung auf 515 °C durch einen externen Überhitzer. Dieser externe Überhitzer wird mit einem Schwachgas, einem Abfallprodukt aus der chemischen Produktion, befeuert welches vorher abgefackelt wurde.

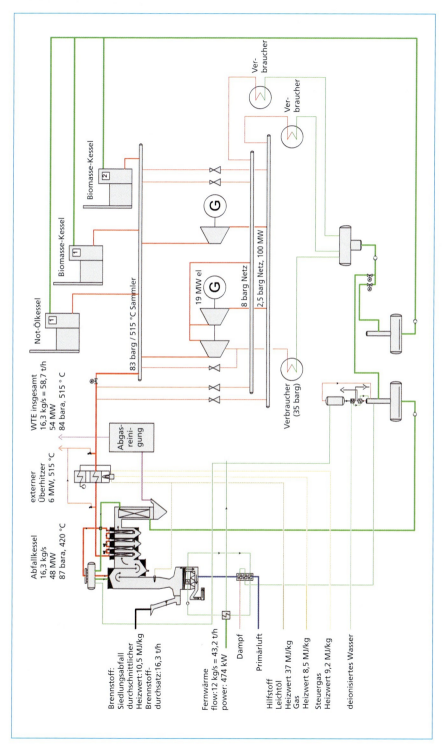

Bild 3: Verfahrenstechnische Übersicht *Oulu*

5. Das Dampferzeugerkonzept *Oulu*

Der Einfluss der Dampfparameter auf das Korrosionsverhalten ist hinlänglich bekannt. Bei vielen Projekten wurden deshalb moderate Dampftemperaturen und Drücke gewählt. Auch die Kesselanlage in Oulu wird mit bewährten, vergleichweise moderaten Dampftemperaturen betrieben. Lediglich der Dampfdruck des Kessels musste angehoben werden.

Durch den hohen Druck im Kessel erhöhen sich die Siedetemperatur in den Verdampferwänden und damit das Korrosionsrisiko im Bereich hoher Abgastemperaturen. Daher wurden im ersten Kesselzug die Membranwände des Kessels großzügig durch keramische Auskleidung bzw. durch Schweißplattierungen mit Nickel-Basis-Legierungen vor korrosiven Angriffen geschützt.

Der Dampferzeuger ist in der als Tailend-Kessel bekannte Bauform konzipiert, also in der Kombination aus vertikalen Strahlungszügen und horizontal angeordnetem Abgaszug mit den dort eingebauten Konvektionsheizflächen. Der nachgeschaltete Economiser befindet sich in einem Vertikalzug.

Die Tailend-Bauform bietet den Vorteil, dass die Reinigung der konvektiven Verdampfer. und Überhitzerheizflächen im Horizontalzug durch eine Klopfanlage erfolgen kann und Dampf für Rußblasen nicht erforderlich ist. Der Dampf kann so vollständig dem Kundenprozess zur Verfügung gestellt werden und verbessert damit die Anlageneffizienz und den Erlös. Auch im Hinblick auf die Durchführung der Wartung und Instandhaltung erweist sich diese Art der Heizflächenkonstruktion als ökonomisch. Die Harfen sind einzeln aufgehängt und leicht zugänglich.

Diese Bauform wirkt sich vorteilhaft auf die Reisezeit aus, so dass die Wirtschaftlichkeit des Anlagenbetriebes durch geringere An- und Abfahrkosten / -zeiten und dem dadurch erzielbaren größeren Brennstoffdurchsatz positiv beeinflusst wird. Die Vertikalzüge sind frei von Einbauten (Schotten). Diese Leerzüge werden durch Wassersprüheinrichtungen gereinigt. Dies hat zwei wichtige Wirkungen: anhaftende Verunreinigung an den Wänden der Strahlzüge werden im laufenden Kesselbetrieb regelmäßig gesäubert, was die Bildung von großen Schlackewächten verhindert, und bei Kesselstillständen und Revisionen die Reinigung der Strahlzüge erheblich vereinfacht und beschleunigt. Noch wesentlicher aber ist der positive Einfluss auf die Abgastemperatur am Eintritt in den Konvektionszug und das Korrosionsverhalten der Überhitzer, das erfahrungsgemäß durch die Absenkung der Abgastemperatur weniger intensiv von statten geht.

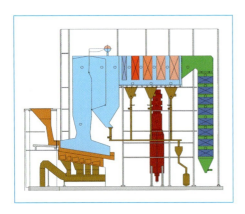

Bild 4: Anordnung des externen Überhitzers (rot) neben dem Abfallkessel

Anders als die Überhitzer ist der Economiser in einem vertikalen Blechkanal eingebaut. In diesem Bereich sind Flugstäube sehr fein und nicht klebrig, so dass die Reinigung mit einer Kugelregenanlage erfolgen kann. Diese Heizflächen sind vergleichsweise günstig in der Herstellung und aufgrund der höheren Abgasgeschwindigkeiten sehr effektiv. Aus diesen Gründen ist es möglich den Kessel mit äußerst niedrigen Abgastemperaturen zwischen 150 und 160 °C zu konzipieren und so einen sehr hohen Kesselwirkungsgrad zu erreichen.

6. Der externe Überhitzer

Der ext. Überhitzer ist mit einer Bodenfeuerung ausgestattet. Verbrannt wird hauptsächlich ein Schwachgas aus der chemischen Produktion. Im Anfahrbetrieb kann leichtes Heizöl oder Erdgas eingesetzt werden. Neben den im oberen Bereich angeordneten Konvektionsheizflächen für die Dampfüberhitzung wurden zur besseren Ausnutzung der Abgaswärme Luftvorwärmer zur Vorwärmung der eigenen Verbrennungsluft eingebaut.

Der Betrieb mit dieser kombinierten Technik stellt sich als sehr unkompliziert dar. Die Abgase des Erhitzers werden in den Feuerraum des Kessels eingeleitet und die enthaltene Wärme dort genutzt. Die Verbrennungsluft zum Kessel wird entsprechend reduziert, so dass der Abgasverlust des Kessels unverändert niedrig bleibt.

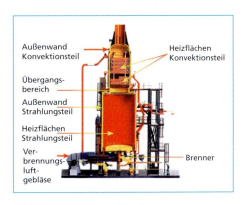

Bild 5:   Externer Überhitzer

7. Wirkungsgradvergleich

Zur Veranschaulichung der Effizienzverbesserung durch den Einbau eines externen Überhitzers werden nachfolgend drei verschiedene Varianten miteinander verglichen.

Als Basis werden die Standard Parameter 40 bar für Druck und 400 °C für die Heißdampftemperatur gewählt. Diese werden dann variiert auf 62 bar / 420 °C ohne externe Überhitzung und schließlich verglichen mit den Betriebsparametern der Anlage in Oulu 84 bar / 515 °C.

Die Verbesserung des Wirkungsgrades und insbesondere der mit über 53 Prozent sehr hohe Ausnutzungsgrad des Zusatzbrennstoffes im externen Überhitzer sprechen eindeutig für die hohe Effizienz eines solchen Systems.

Tabelle 1: Wirkungsgradvergleich der drei Varianten

	Einheit	Standard	Oulun ohne ext. ÜH	Oulun mit ext. ÜH
Dampfdruck	MPa	4,0	6,2[1]	8,4
Dampftemperatur	°C	400	420	515
thermische Leistung DE	MW$_{th}$	48,0	48,0	48,0
thermische Leistung externer Überhitzer	MW$_{th}$	0	0	4,7
elektrische Leistung	MW$_{el}$	12,5	13,3	15,8
Wirkungsgrad	%	25,5	27,2	29,3
elektrische Wirkungsgrad des externen Überhitzers	%	0,0	0,0	53,2

[1] Der Dampfdruck wird durch die Dampffeuchte in der Turbinenendstufe bestimmt, bei 420°C kann ein Dampfdruck von 8,4 MPa nicht realisiert werden.

8. Zusammenfassung

Die optimale Auslegung einer Anlage zur Energieversorgung auf Basis von Abfällen und Reststoffen orientiert sich an betriebswirtschaftlichen Kenngrößen also den Investitions- und Betriebskosten, den Wartungskosten und dem Kapitaldienst. Eine Ausrichtung an nur einem Kriterium z.B. möglichst niedrigen Investitionskosten ist zwangsläufig zum Scheitern verurteilt. Die optimale Auslegung beginnt mit der Wahl des Anlagenkonzeptes, das den wirtschaftlichen Erfolg unter Beachtung aller Kennzahlen beeinflusst. Hierbei von entscheidender Bedeutung ist die Anlagenverfügbarkeit. Die Dampferzeugerbauform und die Dampfparameter haben auf die Verfügbarkeit und die Instandhaltungskosten einen wesentlichen Einfluss. Hohe Flexibilität bei den einsetzbaren Brennstoffen ermöglicht das Reagieren auf sich verändernde Marktbedingungen. Die richtige Auswahl der zum Einsatz kommenden Komponenten stellt frühzeitig die Weichen.

	Land - Standort	Thermische Leistung MW$_{th}$	Dampf-druck bar	Dampf-temperatur °C
[1]	DE- Stavenhagen	1 x 47,5	43	400
[2]	DE- Bitterfeld	1 x 56	43	400
[3]	DE- Weener	1 x 70	27	320
[4]	BE- Oostende	1 x 70	42	402
[5]	DE- Frankfurt/Main	1 x 60	59	500
[6]	DE- EAB Bernburg	3 x 70	42	412
[7]	DE- IGNIS Spremberg	1 x 110	40	400
[8]	FIN- OULU	1 x 48	84	420 / 515
[9]	UK- MVA Plymouth	1 x 84	60	420

Tabelle 2:

Technische Daten ausgewählter Referenzanlagen (Auszug)

Die Dampferzeugeranlage in Oulu hat nach mehr als 15.000 Betriebsstunden eine Verfügbarkeit von 99,2 Prozent erreicht. Nach dem Einregeln des externen Überhitzers mit Heizöl konnte dieser ausschließlich mit dem als Reststoff anfallenden Schwachgas betrieben werden. Die zugesicherten Eigenschaften wurden ausnahmslos erreicht und konnten im Leistungstest nachgewiesen werden.

Tabelle 2 zeigt die technischen Daten ausgewählter Referenzanlagen.

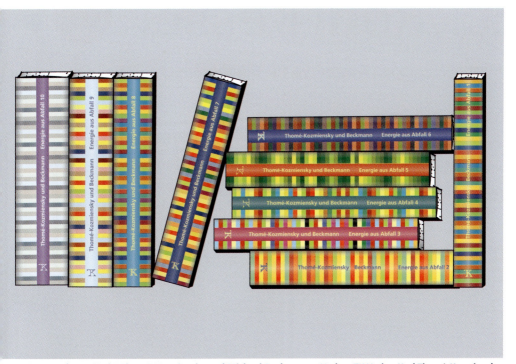
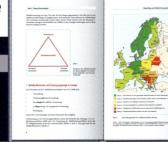

Methode zur Verringerung der Verschmutzungsneigung von Konvektionsheizflächen

Udo Hellwig

Wärmeübertragungsflächen gehören zu den anfälligsten Elementen einer Anlage zur Abfallverwertung. Nach der Art der Wärmeübertragung wird zwischen Strahlungs- und Konvektionsheizflächen unterschieden. Strahlungsheizflächen liegen unmittelbar hinter der Feuerung und umhüllen den heißen Abgaskörper. Die Wärmeübertragung erfolgt fast ausschließlich durch Strahlung. Strahlungsheizflächen werden bei modernen Anlagen als Verdampfer konzipiert, wobei Strahlungsüberhitzer bei Abfallverbrennungsanlagen eher nicht mehr verwendet werden, da der wesentliche Vorteil von Strahlungsüberhitzern, nämlich die der Teillastfähigkeit, kaum noch eine Rolle spielt. Strahlungsheizflächen neigen zwar stark dazu Anbackungen aufzunehmen, sie sind aber leicht zugänglich und daher im Vergleich zu Konvektionsheizflächen leicht zu reinigen. Strahlungsüberhitzer werden daher nachfolgend nicht weiter betrachtet.

Auf Konvektionsheizflächen wird die Wärme durch fühlbare bzw. messbare Geschwindigkeit des Abgases übertragen, wobei das Ausmaß der Wärmeübertragung mit zunehmender Geschwindigkeit des Abgases steigt. Bei ausgeprägter Turbulenz des Abgases besteht ein nahezu linearer Zusammenhang zwischen dem Wärmeübergangskoeffizienten und der konvektiven Geschwindigkeit. Im Gegensatz zu Strahlungs- sind Konvektionsheizflächen schwer zugänglich. Reinigungsmaßnahmen sind in der Regel sowohl investiv als auch operativ wirtschaftlich aufwändig. Die Konstrukteure sind daher bemüht durch die Auswahl geeigneter Feuerungen und die Gestaltung von Feuer- und Strahlungsräumen möglichst geringe Staubfrachten bei zugleich im Einzelnen festgelegter maximaler Abgastemperaturen und Geschwindigkeiten den operativen Reinigungsaufwand zu minimieren und zugleich eine preiswerte Konstruktion zu erzeugen. Schatz hat entsprechende Gestaltungsempfehlungen für Dampferzeuger zur thermischen Abfallverwertung zusammenfassend dargelegt [1].

Nachstehend sind die Ursachen für Heizflächenverschmutzungen vor allem im Konvektionsbereich (Tabelle 1) aufgelistet und mit Abhilfeempfehlungen (Tabelle 2) verknüpft. In Tabelle 1 ist weiterhin die Lage von besonders gefährdeten Bereichen angegeben. Das schließt allerdings nicht aus, dass es auch in anderen Bereichen zu unerwünschten Verschmutzungseffekten kommen kann.

Tabelle 1:   Ursachen für die Verschmutzung von Heizflächen

Lfd. Nr.	Bezeichnung	Ort im Kessel
1	zu hohe Rauchgasgeschwindigkeit	Strahlungsraum und alle Konvektionsheizflächen
2	zu hohe Temperatur	vor Überhitzer
3	hohe Staubkonzentration	vor allem im Bereich der Konvektionsheizflächen
4	niedrige Ascheerweichungstemperatur, Bildung eutektischer Gemische	Im Überhitzer
5	Strömungsablösungen	Vor und hinter Rohren zur Wärmeübertragung, im Bereich von Umlenkungen
6	Umlenkungen in Heizflächen bei versetzter Rohranordnung	Konvektionsheizflächen
7	quer angeströmte Rohrtafeln und Bündel	Konvektionsheizflächen
8	hydraulisch glatte Oberflächen	Konvektionsheizflächen
9	Querrippen auf Rohren	Economiser (bei Kesseln im Abfallbereich werden Verdampfer und Überhitzer eher nicht mir Rippen ausgeführt)
10	Hohe Rohrwandtemperaturen, Folge Hochtemperaturkorrosion	Überhitzer
11	Niedrige Rohrwandtemperaturen, Folge Kondensat- und Sublimatbildung	Economiser, Luftvorwärmer
12	Staub ist zu feinkörnig (auch infolge von Sublimation und Kondensation)	Alle Konvektionsheizflächen (vor allem im Luftvorwärmer und Economiserbereich)
13	Kurzschlussströmung	Alle Konvektionsheizflächen
14	Ungeeignete Kesseltypen	Reinigungsmethoden eingeschränkt
15	Ungeeignete Feuerung	Staubentwicklung

Eine Reihe von Maßnahmen zur Verschmutzungsvermeidung im Konvektionsbereich kann durch Rohre mit Nebenformen herbeigeführt werden. Auf Bild 1 sind derartige Rohre mit der Markenbezeichnung ip tube dargestellt.

Beispiele für Ausprägungen der Nebenform von ip tube

Beispiele für unterschiedliche Materialien (Kohlenstoffstahl, nichtrostender Stahl, Messing, Aluminium und Kupfer)

Bild 1:   Rohre mit Nebenformen mit der Handelsbezeichnung ip tube, Hersteller La Mont GmbH, Wildau/Brandenburg

Tabelle 2: Wesentliche Abhilfemaßnahmen. Die lfd. Nummern sind Tab. 1 zugeordnet

Lfd. Nr.	Maßnahme	Bemerkung
1	Vergrößerung von Strömungsquerschnitten (konstruktiv), Reduktion der Feuerleistung (operativ)	
2	Verlagerung von Heizflächen (z.B. Schutzverdampfer vor Überhitzer), Vergrößerung des Feuerraumes, Hinzufügung von Gasstrahlungsräumen	konstruktive Maßnahmen
	Reduktion der Feuerleistung	operative Maßnahme
3	Reduktion der Abgasgeschwindigkeit	konstruktive Maßnahme
4	Absenkung von Temperatur und Geschwindigkeit	konstruktiv
	Reinigungseinrichtung anpassen	
	geeigneten Kesseltyp auswählen	
	Absenkung der Feuerleistung	operativ und Nachrüstung
	Erhöhung der Reinigungsintervalle	
	Reinigungseinrichtungen nachrüsten	
	Kesselmodifikation durch • größere Rohrteilungen • Strömungsschikanen • Veränderung von Heizflächenfunktionen • Heizflächen vergrößern	
5	Strömungsschikanen an Umlenkungen	konstruktiv
	Strömungsschikanen in Gassen zwischen Rohrbündeln und Rohrwand	Nachrüstung
6	Vermeidung von Abgasbeschleunigung infolge versetzter Rohranordnung	konstruktiv
	Austausch von Querstromrohrbündeln gegen solche mit fluchtender Anordnung	Nachrüstung
7/8	Makroskopische Aufrauung der Rohroberfläche durch Schikanen vorzugsweise durch Rohre mit Nebenformen (Handelsname ip tube)(Bild 5).	
	Querstromsituation: Vergrößerung des Staubereiches vor dem Rohr, Folge Verringerung der Aufprallenergie	konstruktiv und Nachrüstung
	Längsstromsituation: Verringerung der Wandschubspannung durch Formtäler, Folge Erhöhung der wandnahen Geschwindigkeit und damit *Wegblasen* des Staubes	konstruktiv und Nachrüstung
9	Querrippen vermeiden, es sei denn die Staubkonzentration ist gering, oder Vergrößerung von Rippenteilungen und Rippendicke, Folge leichtere Reinigung und niedrige Oberflächentemperaturen	Nachrüstung
10	Temperatur der Kühlmedien verringern, Reinigungsintervalle erhöhen, energiereichere Reinigungstechnik, Folge geringere Temperaturen in den Schmutzschichten und geringere Schichtdicken	konstruktiv und operativ
11	Erhöhung der Temperaturen der Kühlmedien, Rohre mit Nebenformen einsetzen	konstruktiv und Nachrüstung
12	Zumischung von groben Partikeln in das Rauchgas,	operativ
	Rohre mit Nebenformen einsetzen	konstruktiv und Nachrüstung
13	Strömungsschikanen in Gassen zwischen Rohrbündeln und Rohrwand	Nachrüstung
14	Geeigneten Kesseltypen auswählen (horizontale statt vertikaler Ausführung, Heizflächen müssen möglichst mechanisch durch Klopfen zu reinigen sein)	konstruktiv
	Weitgehende Anpassung eines bestehenden Kesseltyps	Nachrüstung
15	Geeignete Feuerung auswählen (kühlbare Rostbeläge, geringe Luftvolumenströme, zweistufige Verbrennung e.a.)	konstruktiv
	Weitgehende Anpassung eines bestehenden Feuerungstyps	Nachrüstung

Erläuterungen:

    Konstruktiv bedeutet, dass die Maßnahmen schon in der Konstruktionsphase umgesetzt werden

    Operativ bedeutet, dass die Maßnahmen durch die Veränderung des Betriebes eingeleitet werden

    Nachrüstung bedeutet, dass der Kessel bzw. die Feuerung nach der eigentlichen Inbetriebnahme eingeleitet werden.

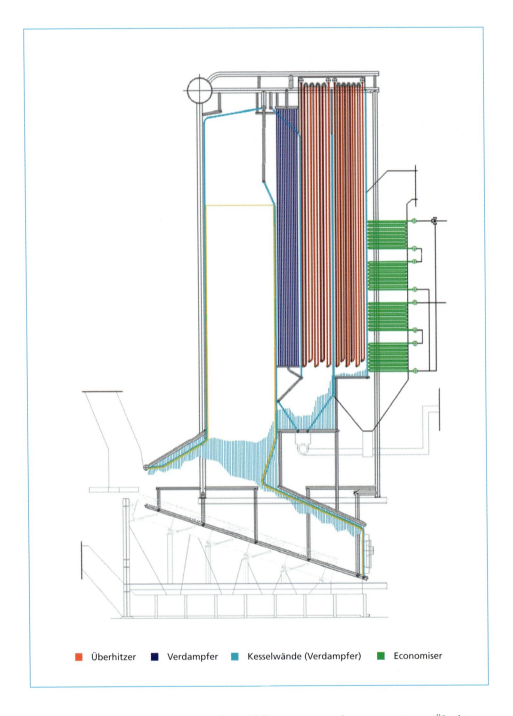

Bild 2: Dampferzeuger zur thermischen Abfallverwertung mit längs angeströmten Überhitzerrohren

Quelle: Externbrink, A.; Endrullat, K.; Hellwig, U.: VGB PowerTech 4 l, 2013, S. 77

Operative Ergebnisse

Aktuelle Erfahrungen mit Dampferzeugern hinter luftgekühlten Rosten in der Abfallverbrennungsanlage Bamberg, wie das von Externbrink e.a. mitgeteilt wurde [2], haben gezeigt, dass in Richtung der Rohrachsen strömende Abgase nicht in der Lage sind, quantitativ Staub auf Überhitzer- und Verdampferheizflächen abzulagern. Die Verunreinigungen wachsen entsprechend langsam auf und sie lassen sich durch Klopfwerke leicht reinigen. Der Klopfimpuls wird in die unten liegenden Verteiler der Rohrgruppen eingeleitet. Bild 2 zeigt eine geschnittene Seitenansicht der Entwurfzeichnung des o.g. Dampferzeugertyps, wie dieser ähnlich in Bamberg zur Anwendung kam.

Aus Erfahrungen, die an Rohrbündelwärmeübertragern und Rauchrohrdampferzeugern mit Rohren mit Nebenformen vom Typ ip tube gemacht wurden, ist bekannt, dass die Anlagerungsneigung von Flugstaub stark abgeschwächt ist. Bei Wärmeübertragern zur thermischen Nachverbrennung, die seit mehreren Jahren in Betrieb sind, waren bisher keine Reinigungsmaßnahmen der Heizflächen erforderlich. Entsprechende Erfahrungen gibt es mit Luftvorwärmern in Anlagen zur thermischen Verwertung von Landschaftspflegematerial und Braunkohlenstaub sowie Rekuperatoren von industrieller Abhitze unterschiedlicher Herkunft[3].

Ein mehrmonatiger Test in der Abfallverwertungsanlage Rosenheim an quer angeströmten Rohren mit Nebenformen des Typs ip tube hat ergeben, dass die ip tube signifikant geringere Staubbeläge hatten als die benachbarten Glattrohre. Die Staubkonzentrationen des Abgases betrugen bis zu 10g/m³[4]. Auf Bild 3 ist die Reinigungswirkung am Beispiel einer Überhitzerheizfläche dargestellt. Das Proberohr hat vor der Reinigung vergleichbar dünne Beläge. Nach der Reinigung tritt bei dem Proberohr die Oberfläche hervor, wohingegen die Glattrohre einen nur schwaches Reinigungsergebnis zeigen.

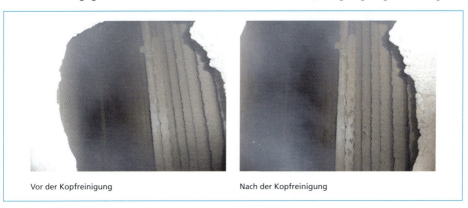

Vor der Kopfreinigung   Nach der Kopfreinigung

Bild 3:   Reinigungseffekt an einem Proberohr mit Nebenform im Überhitzerbereich der MVA Rosenheim

Ein ähnlicher Test wurde durch das Zentrum für angewandte Energieforschung (ZAE) in München/Garching hinter metallurgischen Schmelzen durchgeführt [5]. Die Staubkonzentration lag im Bereich von 100 g/m³, war also um etwa den Faktor 10 höher als im Fall der o.g. Abfallverwertungsanlage.

Im Vergleich zu Glattrohren mit gleichem Durchmesser ließen sich die Rohre mit Nebenformen (ip tube) mit wesentlich geringerem Aufwand reinigen. Lediglich Rohrbündel mit dem halben Rohrdurchmesser bei gleicher Heizfläche ließen sich vergleichsweise gleich günstig reinigen. Bild 4 zeigt das eingesetzte Rohr, die Staubanlagerung durch den Betrieb und die Reinigungswirkung durch Klopfimpulse auf das Rohr.

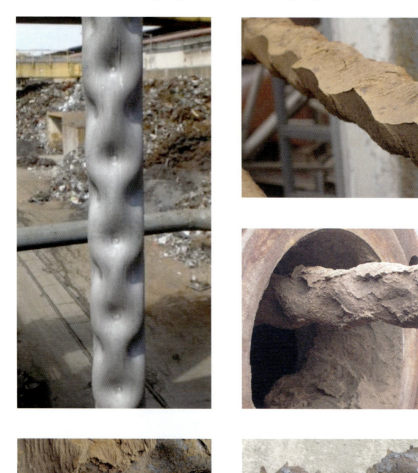

Bild 4:   Staubanlagerung bei einem Rohr mit Nebenform nach Erprobung hinter einem metallurgischen Prozess und Reinigungswirkung durch Klopfen

Fazit

Mittels Rohren mit Nebenformen vom Typ ip tube ist es möglich, vorbeugend Stabablagerungen auf den Rohroberflächen zu vermeiden oder stark einzuschränken.

Bei Anlagen zur thermischen Abfallverwertung ist es günstiger die Rohre aufgrund der hohen Staubkonzentration axial zu umströmen. Dasselbe gilt im Grunde auch für Anlagen zur Verwertung von gefährlichen Abfällen und für Abhitze hinter metallurgischen Prozessen, da hier die Staubkonzentrationen in der Regel noch höher sind. Wenn die Rohre Nebenformen der dargestellten Art haben, kann der passive Reinigungseffekt noch verstärkt werden. Zumindest ist dies aufgrund vergleichbarer Erfahrung mit Abgasen aus anderen Prozessen zu erwarten.

Quellen

[1] Schatz, U.: BWK Band. 38, Nr. 3, März 1986

[2] Externbrink, A.; Endrullat, K.; Hellwig, U.: VGB PowerTech 4 l, 2013, S. 77

[3] Privatmitteilung: La Mont GmbH, Wildau, 2013

[4] Privatmitteilung: städtischer Betrieb MVA Rosenheim, 2012

[5] Privatmitteilung: Zentrum für angewandte Energieforschung (ZAE). München/Garching: 2012

Unser Service für die Energie von morgen

Power Plants

360° Service

Components

Green Technologies

Energieeffizienz durch optimierte Reinigung

Slawomir Rostkowski und Michael Beckmann

Die Verfügbarkeit von Abfall-, Ersatzbrennstoff- und Biomasseverbrennungsanlagen ist deutlich von den Reisezeiten geprägt, die im Wesentlichen durch Abstellungen zur Reinigung von Heizflächen begrenzt sind. Die Ablagerungen an den Heizflächen führen zu einer Verminderung der Wärmeübertragung vom Abgas in den Wasser-Dampf-Kreislauf und können außerdem die Korrosion der Heizflächen beschleunigen.

Um die gewünschten Reisezeiten einhalten zu können, werden die Heizflächen während des Betriebs gereinigt. Bei der Reinigung der Strahlungszüge finden heutzutage die sogenannten Wasserlanzenbläser Anwendung. Die Wirkung der Reinigung in den Strahlungszügen ist von den Reinigungsparametern und von den Eigenschaften der Belagsschicht abhängig. Die Reinigungsparameter sind: Wassermenge (durch Druck und Düsendurchmesser bestimmt), Verweilzeit des Wasserstrahls (abhängig von der Bewegung der Wasserlanze), Auftreffwinkel des Wasserstrahls und Reinigungszeitpunkt. Während die ersten zwei Parameter durch Auswahl und Einstellung des Reinigungssystems festgelegt sind und der Auftreffwinkel sich aus der Position der Wasserlanze gegenüber der zu reinigenden Wandfläche ergibt, wird der Reinigungszeitpunkt anhand der verfügbaren Betriebsdaten durch das Betriebspersonal bestimmt.

Zur Beurteilung des Verschmutzungsgrades des Dampferzeugers während des Betriebs und damit zur Bestimmung des Reinigungszeitpunkts wird heutzutage die Abgastemperatur genutzt. Diese steigt tendenziell mit wachsender Belagsschicht aufgrund der verschlechterten Wärmeauskopplung. Sie wird allerdings auch durch andere Faktoren beeinflusst, wie der Energieeintrag in den Dampferzeuger (Brennstoffdurchsatz, -heizwert) oder die Luftzufuhr.

Eine gezielte Reinigung der Stellen im Dampferzeuger, an denen die Ablagerungen einen für die Prozessführung relevanten, negativen Einfluss haben, ist anhand der herkömmlichen Betriebsdaten nicht möglich. Insbesondere in Abfallheizkraftwerken aufgrund des sehr inhomogenen Brennstoffes wäre eine Online-Reinigung vorteilhaft, die sich nach dem aktuellen Verschmutzungsgrad der einzelnen Heizflächen richtet.

1. Beurteilung der Belagssituation mittels WSD-Messung

Das Abfallheizkraftwerk (MHKW) Kassel wurde mit einem System zur Ermittlung der lokalen Wärmestromdichte in Dampferzeugerwänden ausgerüstet. Die Bestimmung der Wärmestromdichte erfolgt über die Messung der Temperaturdifferenz zwischen dem feuerraumabgewandten Steg und dem Scheitel der Membranwand [1]. Die Anordnung der Wärmestromdichtesensoren, der Online-Reinigungssysteme und der relevanten Temperaturmessstellen im Dampferzeuger der Linie 2 des MHKW Kassel ist in Bild 1 dargestellt.

Anhand des Messsignals ist es möglich, den lokalen Verschmutzungszustand und dessen Einfluss auf die Wärmeübertragung zu bewerten. Damit kann auch die Wirkung der Reinigung stellenbezogen bewertet werden.

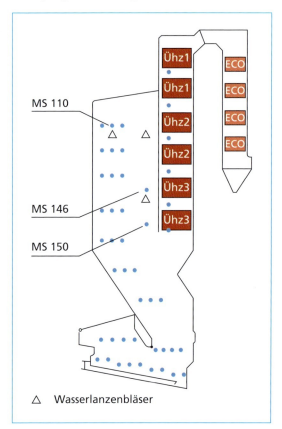

Bild 1:

Anordnung der Wärmestromdichtesensoren und der Online-Reinigungssysteme

Das Bild 2 zeigt den Signalverlauf der Messstelle MS 110 im 1. und im 11. Monat nach der Revision im Jahr 2011. Es ist zu erkennen, dass im 1. Monat der Reisezeit der Reinigungseffekt länger anhält (das Signal bleibt länger auf hohem Niveau) und das durchschnittliche Signalniveau höher ist als im 11. Monat (das Signal fällt sehr schnell nach einer Reinigung steil ab).

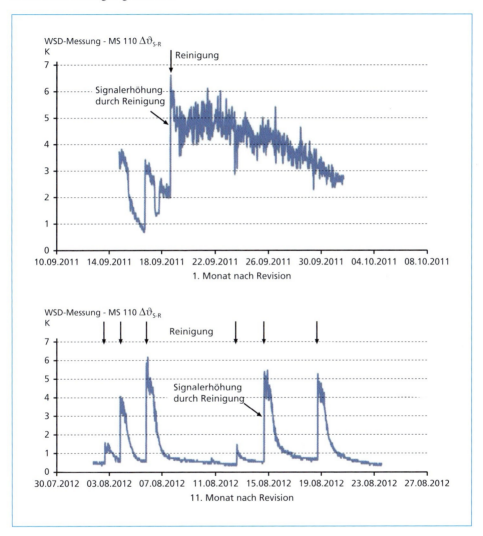

Bild 2:   Unterschied im Verlauf der WSD-Signale am Beginn und am Ende der Reisezeit –
            1. Monat der Reisezeit (oben); 11. Monat der Reisezeit (unten)

Ein Signalverlauf von einem anderen Zeitraum (Bild 3) zeigt, dass der Bereich der Messstelle MS 110 über lange Zeit nicht gereinigt wird, obwohl das Messsignal sich auf sehr niedrigem Niveau befindet. Die Reinigung bringt eine starke Signalerhöhung, wenn auch für eine relativ kurze Zeit.

Daraus ist es erkennbar, dass die Reinigung im Bereich der Messstelle MS 110 zur Erhöhung der Wärmestromdichte bewirkt, aber die Wand über lange Zeit sich im verschmutzten Zustand befindet, da die Reinigung nicht durchgeführt wird.

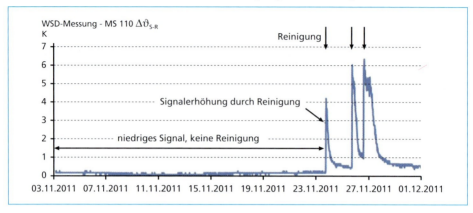

Bild 3: Lange Zeitintervalle ohne Reinigung bei niedrigem WSD-Signal

Die Betrachtung der Messstellen MS 146 und MS 150 im 2. Zug über längeren Zeitraum zeigt, dass die Online-Reinigung im Bereich der Messstelle MS 146 keine positive Wirkung hat. Das Messsignal sinkt kontinuierlich trotz mehrmaligen Reinigungsereignissen. Das Messsignal der Messstelle 150 befindet sich im gleichen Zeitraum auf hohem Niveau, das einem sauberen Zustand entspricht. Trotzdem wird der Bereich in dem Zeitraum mehrmals gereinigt (Bild 4).

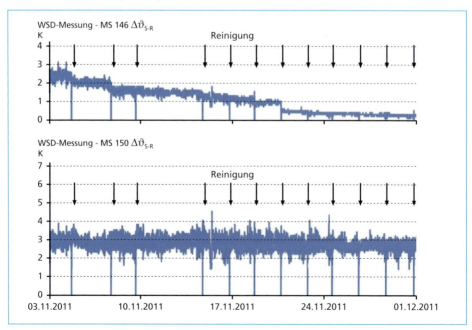

Bild 4: Reinigungswirkung im Bereich der Messstellen MS 146 und MS 150

Die Aufnahme der Belagssituation während einer Dampferzeugerbegehung im Stillstand hat gezeigt, dass während im 1. Zug und im oberen Bereich des 2. Zugs die Beläge überwiegend pulvrig und brüchig sind, bilden sich im unteren Bereich des 2. Zugs (Bereich der Messstellen MS 146 und MS 150) harte, kompakte Belagsschichten, die Stellenweise trotz der Reinigung von der Wand nicht entfernt werden.

Mit dem Ziel, die Wirkung des Wassers auf unterschiedliche Belagsschichten zu untersuchen, wurde eine Reihe von Experimenten mit realen Belägen, sowie mit künstlich präparierten Belagsproben durchgeführt. In den nächsten Kapiteln sind die Durchführung und die bisherigen Ergebnisse vorgestellt.

2. Wirkung von einzelnen Wassertropfen auf Belagsschichten

Die Wirkung des Wassers auf reale, heiße Belagsschichten sollte möglichst ohne Abkühlung nach Entnahme aus dem Dampferzeuger und ohne Wiederaufheizung der Beläge untersucht werden. Eine eventuelle Veränderung der Festigkeit und der Struktur von den untersuchten Belagsschichten durch äußere Einflüsse sollte damit verhindern werden. Um dieses Ziel zu realisieren sollen die Versuche direkt am Dampferzeuger in einem beheizten Versuchsapparat stattfinden.

2.1. Durchführung der Versuche

Der Versuchsapparat besteht aus einer beheizten Kammer, in die von oben eine Vorrichtung zur Wasserdosierung eingeführt wird. Zur Kontrolle der Temperatur in der Kammer dient ein Thermoelement. Der Aufbau und die Funktionsweise des Versuchsapparats sind schematisch in Bild 5 dargestellt.

Der Versuchsapparat wird an einem Messstutzen der Dampferzeugerwand aufgestellt. Zur Entnahme der Beläge aus dem Dampferzeuger dient eine Sonde, die durch den Versuchsapparat in den Dampferzeuger hineingeschoben wird (Bild 5, oben). Der Belag setzt sich auf dem in den Dampferzeuger eingeführten Teil der Sonde ab. Nach einer festgelegten Zeit wird die Sonde zurückgezogen, so dass sich die gesammelte Belagsschicht in der Kammer des Versuchsapparates unter der Wasserdosierung befindet. Das Wasser wird auf die heiße Belagsschicht dosiert (Bild 5, unten). Die Wirkung des Wassers kann durch ein Sichtfenster beobachtet werden. Anschließend wird die Sonde vollständig aus dem Versuchsapparat herausgezogen und kann begutachtet werden.

Die Sonde besteht aus einem Metallrohr, das an dem in den Dampferzeuger einzuführenden Ende geschlossen ist. Durch das offene Ende wird in die Sonde ein Innenrohr hineingeschoben, durch das die Druckluft zur Kühlung der Sonde hineingeführt wird. Die Luft tritt an dem geschlossenen Ende der Sonde aus dem Innenrohr heraus und strömt im Innenraum der Sonde zwischen dem Innenrohr und der inneren Wandoberfläche der Sonde zurück. Dadurch wird die Sonde von innen her gekühlt.

An der inneren Wandoberfläche der Sonde werden Temperaturmessstellen angebracht, die zur Kontrolle zur Regelung der Temperatur der Sonde dienen. Der Aufbau und die Funktionsweise der Sonde sind in Bild 6 dargestellt.

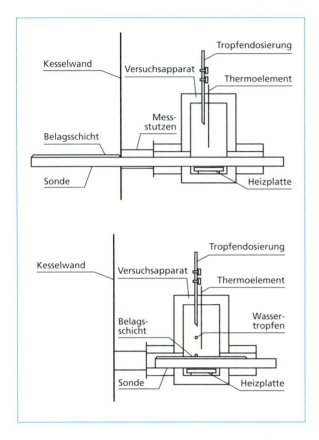

Bild 5:

Aufbau und Funktionsweise des Versuchsapparats

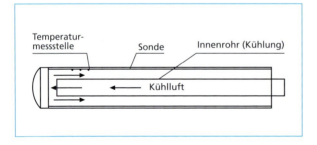

Bild 6:

Aufbau und Funktionsweise der Sonde

Die Belagsentnahme und die anschließende Untersuchung der Wasserwirkung fanden an zwei Messorten statt (Bild 7):

- Messort 1:   1. Zug,   32,5 m,
- Messort 2:   3. Zug,   22,5 m.

Efficient cleaning at 140 C<T<500 C

Only cleaning method below ~260 C

The leader of Infrasound solutions

Read case studies and make your own cost benefit analysis at

http://www.infrafone.se

Leading **provider** for **Waste to Energy** technology **and** Engineering **solutions**

Across the globe, growing volumes of waste, shortfalls of landfill areas and soaring energy prices are making Energy-from-Waste a leading solution for a cleaner future. **Keppel Seghers**, a member of the Keppel Group, is a leading provider of advanced Energy-from-Waste solutions and services.

With a strong track record of successful projects completed worldwide, we are further developing our position and growth in the global market to meet the challenges of protecting the environment.

Keppel Seghers

Solutions for a Cleaner Future

Keppel Seghers Belgium nv - Hoofd 1 - 2830 Willebroek - Belgium
www.keppelseghers.com - info@keppelseghers.com

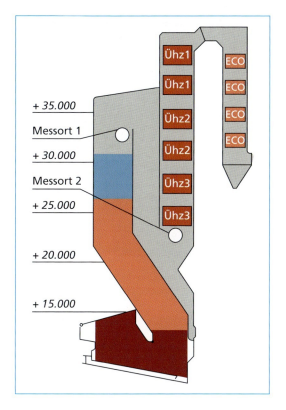

Bild 7:

Anordnung der Messorte im Dampf-erzeuger

Für die Versuche wurden folgende Parameter festgelegt:

- Position der Wasserdosierung auf der Sonde: 60, 160, 260 mm von der Sondenspitze,

- Temperatur der Sonde (30 mm vom Sondenende): 260 °C,

- Tropfenzahl: 20,

- Tropfenfrequenz: 1 Tropfen/Sek.

Die Abgastemperaturen an den Messorten betrugen im Durchschnitt:

- Messort 1: 790 °C,

- Messort 2: 690 °C,

Die Temperatur in dem Versuchsapparat lag bei 450 °C.

2.2. Ergebnisse

Nach der Belagsentnahme (Ablagern auf der Sonde) und nach der Wasserdosierung im Versuchsapparat kann die Belagsschicht charakterisiert und die Wasserwirkung bewertet werden. Das Bild 8 zeigt die Sonden nach den Versuchen von der Anström-seite. Die Stellen der Wasserdosierung sind mit Pfeilen und mit Nummern (1, 2, 3) gekennzeichnet.

a) Messort 1, Belagsentnahme: 16 Stunden

b) Messort 1, Belagsentnahme: 40 Stunden

c) Messort 2, Belagsentnahme: 16 Stunden

Bild 8: Belagsschichten auf Sonden nach Belagsentnahme und Wasserdosierung

Die Belagsdicke der auf den Sonden gebildeten Belagsschichten an den drei ausgewählten Stellen ist der Tabelle 1 zu entnehmen. Aus den Werten folgt, dass die Belagsschicht
am Messort zwei innerhalb von 16 Stunden in etwa gleiche Dicke erreicht, wie die
Belagsschicht am Messort 1 nach vierzig Stunden Die am Messort 1 innerhalb von
16 Stunden gebildete Belagsschicht ist deutlich dünner.

Tabelle 1: Dicke der Belagsschicht auf den
Sonden

Messort	Dauer der Belags-entnahme	Belagsschichtdicke		
		Stelle 3	Stelle 2	Stelle 1
1	16 Std.	1 mm	4 mm	2 mm
	40 Std.	11 mm	14 mm	18 mm
2	16 Std.	14 mm	14 mm	13 mm

Nach 16 Stunden hat sich am Messort 1 eine krustenartige Belagsschicht mit hohem Salzanteil gebildet (Bild 8 a). In der Nähe der Spitze ist lediglich eine sehr dünne, helle Salzschicht vorhanden. Die Wassertropfen haben an den Stellen 1 und 2 die Belagsschicht gesprengt. Dabei wurden jeweils größere, Stücke des Belags abgetrennt. An der Stelle 3 löste das Wasser die dünne Salzschicht.

Auf der vierzig Stunden lang, am Messort 1 im Dampferzeuger verbliebenen Sonde (Bild 8 b) hat sich ein mehrschichtiger Belag gebildet. Auf einer Grundschicht mit großem Salzanteil ist eine dickere Schicht aus gröberen Aschepartikeln vorhanden. Der Aufbau der innerhalb von 16 Stunden am Messort 2 gebildeten Belagsschicht (Bild 8 c) ist ähnlich, wobei die Aschepartikel feiner sind. Auf die beiden dickeren Belagsschichten hatten die Wassertropfen keine sichtbare Sprengwirkung.

Bei der Interpretation der Ergebnisse ist es zu beachten, dass in den hier vorgestellten Versuchen einzelne, nacheinander frei fallende Tropfen punktweise auf eine waagerecht angeordnete Belagsschicht treffen. Die Versuche zeigen lediglich, inwieweit die Sprengung einer bestimmten Belagsschicht durch Verdampfung der Wassertropfen bei den gegebenen Randbedingungen wirksam ist. Die Ergebnisse erlauben noch keine Aussagen zur Wirksamkeit einer Reinigung mit Wasser, bei der die Belagsschichten an einer senkrechten Dampferzeugerwand haften und großflächig mit einem Wasserstrahl beaufschlagt werden. In dem Fall gewinnen weitere Mechanismen der Wasserreinigung an Bedeutung, wie Rissbildung infolge von Thermospannungen im Belag, der Impuls des Wassers und letztlich die Schwerkraft, die zum Abfallen des Belags von der senkrechten Wandfläche beitragen kann.

3. Untersuchung der Wasserwirkung auf Modellbeläge

Die Wirkung der einzelnen Mechanismen bei der Reinigung mit Wasser (Sprengung, Thermospannung, Impulswirkung) ist von den eingestellten Parametern (Wasserdruck, Wassermenge, Strahleigenschaften, Beaufschlagungsdauer) und von den Belagseigenschaften (Stoffeigenschaften, Temperatur) abhängig.

Um den Einfluss der Parameter und der Belagseigenschaften zuerst qualitativ zu untersuchen, wurden Versuche mit künstlich präparierten Proben (Modellbelägen) in einer Versuchsanlage durchgeführt, in der die Proben aufgeheizt und durch das Wasser beufschlagt werden. Eine in der Versuchsanlage befestigte Probe vor einem Versuch zeigt Bild 9.

Bild 9: Eine befestigte Probe vor einem Versuch

Zuerst wurden Modellbeläge mit unterschiedlichen Materialeigenschaften der Wasserwirkung ausgesetzt. Alle Proben wurden auf Temperaturen im Bereich 540 °C bis 570 °C aufgeheizt. Die Wassermenge blieb konstant und lag bei 0,63 l/s. Die Modellbeläge wurden aus drei unterschiedlichen Materialien angefertigt: Gips, Mischung aus Gips und Styroporspänen, Mischung aus Gips und Sand. Der Modellbelag aus reinem Gips ist hart, feinkörnig und hat keine sichtbare Porenstruktur. Beim Modellbelag aus der Gips-Styropor-Mischung verbrennen die Styroporspäne während der Aufheizung, was zur Bildung von größeren, geschlossenen Poren führt. Der letzte Modellbelag besteht aus gröberen, mittels Gips gebundenen Sandkörnern und ist im Vergleich zu den anderen Modellbelägen relativ brüchig. Bild 10 zeigt die Modellbeläge nach Aufheizung und Einwirkung des Wassers.

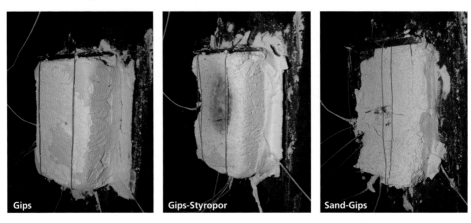

Bild 10: Wirkung des Wassers auf Proben aus Materialien mit unterschiedlichen Eigenschaften: a) Gips; b) Gips-Styropor; c) Sand-Gips.

In der Wirkung des Wassers auf die jeweiligen Proben ist ein deutlicher Unterschied erkennbar. Von der Probe aus reinem Gips wurde nur eine dünne Schicht flächig abgetragen (Bild 10 a). Eine stärkere Wirkung hatte das Wasser auf die poröse Gipsprobe (Bild 10 b), in der mittig eine Vertiefung entstanden ist. Die grobkörnige, brüchige Probe aus Sand und Gips wurde durch das auftreffende Wasser beinahe vollständig zerstört (Bild 10 c). Die Ergebnisse sind in Tabelle 2 zusammengefasst.

Tabelle 2: Einfluss des Materials der Proben auf die Wirkung des Wassers

Material	Eigenschaften	Ergebnis	Bild
Gips	kompakt, hart, feinkörnig	nur eine dünne Schicht an der Oberfläche abgetragen	10, a)
Gips-Styropor	porös, hart, feinkörnig	gute Abtragung im Kernbereich des Wasserstrahls	10, b)
Sand-Gips	gröbere Sandkörner, locker gebunden, brüchig	im oberen Bereich Probe vollständig, bis zur Grundschicht, abgetragen.	10, c)

In einer weiteren Versuchsreihe wurde untersucht, welchen Einfluss auf die Wirkung des Wassers die Temperatur des Belags hat. In dem Fall wurden alle Proben aus der Sand-Gips-Mischung angefertigt.

Die Wassermenge blieb bei allen Proben gleich (0,36 l/s). Um die reine Impulswirkung des Wasserstrahls zu prüfen, wurde die erste Probe bei einer Raumtemperatur von etwa 20 °C durch das Wasser beaufschlagt. Weitere drei Proben wurden entsprechend auf Temperaturen 250, 325 und 540 °C vor der Wasserbeaufschlagung aufgeheizt. Bei diesen Proben spielen außer dem Impuls die Wasserverdampfung und die Thermospannungen eine Rolle.

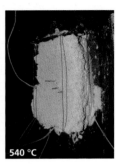

Bild 11:   Wirkung des Wassers bei unterschiedlicher Temperatur der Proben aus gleichem Material: a) 20 °C; b) 250 °C; c) 325 °C; d) 540 °C

Wie in Bild 11 zu sehen ist, steigt die abtragende Wirkung des Wassers mit der Temperatur des Modellbelags. Die Ergebnisse fasst die Tabelle 3 zusammen.

Tabelle 3:   Einfluss der Temperatur der Proben auf die Wirkung des Wassers

Temperatur Probe	Ergebnis	Bild
20 °C	abgetragene Schicht in der Mitte: 14 mm; Abtragung nur im zentralen Bereich der Probe	11, a)
250 °C	abgetragene Schicht in der Mitte: 20 mm; Abtragung auf größerer Fläche der Probe	11, b)
325 °C	abgetragene Schicht in der Mitte: 24 mm; Abtragung auf der ganzen Fläche der Probe	11, c)
540 °C	abgetragene Schicht in der Mitte: 40 mm; Abtragung auf der ganzen Fläche der Probe	11, d)

Die letzte Versuchsreihe sollte zeigen, welchen Einfluss die Erhöhung der Wassermenge auf die Zerstörung der Modellbeläge durch den Wasserstrahl hat. Alle Proben bestehen aus der Sand-Gips-Mischung. Da die zu verdampfende Wassermenge von der im Belag gespeicherten Energie sowie von dem Wärmeübergang zwischen dem Belag und Wasser, und damit von der Temperatur des Belags abhängig ist, wurde die Variation der Wassermenge für Proben mit zwei unterschiedlichen Temperaturen durchgeführt.

Die Ergebnisse zeigen, dass die Wassererhöhung bei der höheren Temperatur der Proben (540 °C) zu einer Verbesserung der abtragenden Wirkung des Wassers führt (Bild 12 a, b).

Bild 12:   Wirkung des Wassers auf Proben mit Temperatur von 540 °C und 325 °C bei unter-
            schiedlicher Wassermenge: a) 0,36 l/s, 540 °C; b) 0,63 l/s, 540 °C; c) 0,36 l/s, 325 °C;
            d) 0,63 l/s, 325 °C.

Die Erhöhung der Wassermenge bei Proben mit der niedrigeren Temperatur (325 °C) verbessert diese Wirkung dagegen nicht (Bild 12 c, d).

Die Versuche mit Modellbelägen führen zu folgenden Erkenntnissen:

- die Porosität, Korngröße und Festigkeit des Belags haben wesentlichen Einfluss auf die Wirkung des Wassers – auf feinkörnige, harte Beläge hat das Wasser viel schwächere Wirkung, als auf grobkörnige, brüchige Beläge

- die Verdampfung des Wassers an der Oberfläche bzw. im Belag spielt eine große Rolle bei der Abtragung der Belagsschicht; ein anderer Mechanismus der Zerstörung kann die Thermospannung sein

- eine Erhöhung der Wassermenge führt nur bedingt zur Verbesserung der Wirkung, die mit der zur Verdampfung verfügbaren Energie zusammenhängt

Aus den o.g. Erkenntnissen lässt sich schlussfolgern, dass für einen Belag mit bestimmten Materialeigenschaften und einem bestimmten Temperaturprofil eine optimale Wassermenge ausgewählt werden kann. Eine genauere Bestimmung der Abhängigkeiten zwischen Materialeigenschaften, Temperatur und eingestellten Parametern der Reinigung bedarf weiterer experimenteller sowie theoretischer Untersuchung.

4. Zusammenfassung und Ausblick

Anhand der Signale der WSD-Messung können der Grad der Verschmutzung und die Wirkung der Reinigungsmaßnahmen lokal sehr gut bewertet werden. Dabei zeigt sich, dass über lange Zeiten die WSD-Signale auf niedrigem Niveau liegen, was einem verschmutzten Zustand der Dampferzeugerwände und einer niedrigen Wärmestromdichte entspricht.

Während die lockeren Beläge in dem 1. Zug sehr gut durch Reinigung entfernt werden können, sind in dem 2. Zug Stellen vorhanden, an denen trotz Reinigung dickere, relativ harte Belagsschichten haften.

In dem Fall ist es notwendig durch Untersuchung der Wasserwirkung auf Beläge mit unterschiedlichen Eigenschaften zu prüfen, inwieweit sich durch eine Anpassung der Reinigungsparameter der Reinigungseffekt verbessern lässt. Dazu wurden die Versuche im Tropfenapparat direkt am Dampferzeuger mit echten Belagsschichten und in einer weiteren Versuchsanlage mit Modellbelägen durchgeführt.

Die Versuche in dem speziell dazu entwickelten Tropfenapparat haben unterschiedliche Wirkung der Wassertropfen auf verschiedene Belagsschichten gezeigt. Während dünne, krustenartige Schichten abgesprengt wurden, war bei den dickeren, aus miteinander verklebten bzw. versinterten Aschepartikeln bestehenden Belagsschichten keine Sprengwirkung durch Wassertropfen festzustellen.

Zur weiteren Untersuchung der Wasserwirkung auf Belagsschichten dienten die Versuche mit Modellbelägen im Technikum der TU Dresden. Die Ergebnisse zeigen einen großen Einfluss der Materialeigenschaften der Proben auf die abtragende Wirkung des Wasserstrahls. Dabei führte eine Erhöhung der Wassermenge nur bedingt zur Verstärkung dieser Wirkung. Darüber hinaus konnte der Einfluss der Wasserverdampfung (Sprengwirkung) als einer der wirkenden Mechanismen durch Variation der Probentemperatur quantitativ bewertet werden.

Zur Optimierung der Dampferzeugerreinigung im Betrieb ist es sinnvoll die Signale der WSD-Messung zur Ansteuerung der Reinigungsgeräte zu nutzen. Wie die Ergebnisse zeigen, ist es bereits jetzt möglich anhand der Signale die Belagssituation und die Wirkung der Reinigungsmaßnahme quantitativ zu bewerten.

Um eine von dem jeweiligen Belagstyp abhängige Steuerung der Reinigungsgeräte zu realisieren, ist es erforderlich, die Untersuchung der Zusammenhänge zwischen Materialeigenschaften, Temperatur und eingestellten Parametern der Reinigung durch weitere experimentelle Versuche sowie durch theoretische Modellierung der Wirkungsmechanismen fortzusetzen. Mit den dadurch gewonnen Informationen lässt sich anhand der im Stillstand aufgenommenen Belagssituation die Einstellung der Reinigungsparameter weiter optimieren.

5. Literatur

[1] Krüger, S.: Wärmestromdichtemessung an Membranwänden von Dampferzeugern. Dissertation, TU Dresden. Neuruppin: TK Verlag Karl Thomé-Kozmiensky, 2009

Wärmestrommessung an Membranwänden von Dampferzeugern

Autor:	Sascha Krüger
ISBN:	978-3-935317-41-2
Verlag:	TK Verlag Karl Thomé-Kozmiensky
Erscheinung:	2009
Gebund. Ausgabe:	117 Seiten
Preis:	30.00 EUR

Die Wärmestromdichte ist der auf eine Fläche bezogene Wärmestrom. Die Ermittlung dieser Größe stellt für Strahlungswärmeübergangsflächen von Dampferzeugern, die üblicherweise aus Membranwänden aufgebaut sind, eine wichtige Information mit Bezug auf die Wärmeverteilung, d. h. die lokale Wärmeabgabe in der Brennkammer, dar. Beispielsweise besteht die Möglichkeit, anhand der Wärmestromdichte

- die Feuerlage auf dem Rost oder in der Brennkammer,
- Schieflagen der Gasströmung in den Strahlungszügen,
- den lokalen Belegungszustand (Verschmutzungszustand) oder
- den Zustand des Wandaufbaus (Ablösen von Feuerfestmaterial)

zu bewerten.

Die Entwicklung und Anwendung von Wärmestromdichtemessungen an Membranwänden war bereits Gegenstand vielfacher Forschung in den letzten Jahren. Zumeist wurden Messzellen entwickelt, zu deren Installation Umbauten am Siederohr, d. h. am Druck tragenden Teil des Wasser-Dampf-Kreislaufes notwendig sind.

In der vorliegenden Arbeit wird eine nicht-invasive Methode zur Bestimmung der Wärmestromdichte an Membranwänden mit und ohne Zustellung sowie deren Anwendung im technikums- und großtechnischen Maßstab beschrieben.

Kontinuierliche Prozessoptimierung durch modell- und sensorbasierte Dampferzeugerreinigung

Nina Heißen, Bhaumik Patel und Christian Mueller

Der weltweit steigende Energiebedarf und die permanente Fokussierung auf die Schonung von Umwelt und Ressourcen bedingen eine ständige Effizienzsteigerung von komplexen industriellen Prozessen.

Die Verbrennung von abfallstämmigen Brennstoffen und Biomassen ist durch ständige Veränderung der eingesetzten Brennstoffe gekennzeichnet. Die Verschlackungs- und Verschmutzungsneigung eines Brennstoffs unterliegt zahlreichen, variierenden Prozessparametern. Die Bandbreite der Belagsintensität reicht dabei von leicht und staubförmig bis hin zu kompakt und klebrig mit der Tendenz zur Bildung von komplexen Ansätzen. Der direkte Einfluss der Prozessparameter auf die Belagsbildung erfordert die kontinuierliche Überwachung der Verschlackungs- und Verschmutzungssituation, um daraus brennstoff- und prozessspezifische Parameter für die Dampferzeugerreinigung abzuleiten. Mit dem Verbund aus direkter Messung, Datenanalyse und Datenbewertung liefert ein Diagnosesystem die notwendige Analysekompetenz, um kontinuierlich wichtige Kontrollparameter zu überwachen und in Echtzeit bedarfsorientierte Handlungsanweisungen festzulegen. Clyde Bergemann hat hierzu ein Dampferzeugerdiagnosesystem entwickelt, das den Anforderungen der Betreiber entspricht und zur Wirkungsgradsteigerung industrieller Prozesse beiträgt.

Im Rahmen dieses Beitrags werden verschiedene Methoden zur Steigerung der Prozesseffizienz von Abfall- und biomassegefeuerten Dampferzeugern untersucht.

Das Ziel ist es, den Dampferzeugerprozess durch den gezielten Einsatz intelligenter On-load Reinigungsgeräte zu optimieren. Das Optimierungssystem analysiert die Dampferzeugerprozesse mittels Sensormesstechnik und/oder anlagenspezifischer Bilanzierungsmethoden und steuert zur rechten Zeit in den richtigen Bereichen des Dampferzeugers Reinigungssysteme mit prozessangepassten Betriebsparametern an und trägt somit zur Steigerung der Anlageneffizienz und -verfügbarkeit bei.

Die Ergebnisse aus ersten Anwendungen bestätigten das Konzept der optimierten On-load Dampferzeugerreinigung: die Belagsansammlungen an den Verdampferheiz-flächen im Feuerraum und den Leerzügen sowie an den Wärmetauscherbündeln im Konvektivteil werden präzise bestimmt, so dass die Reinigungsaktionen gezielt und bedarfsorientiert ausgeführt werden können. Durch diese Analyse werden Prozessgrö-ßen, wie z.B. Reinigungsmittelverbrauch, Einspritzwassermengen und Abgastemperatur hinter dem Economiser reduziert.

1. Einleitung

Betreiber von Anlagen zur thermischen Umwandlung von Brennstoffen sind ständig bestrebt, die Prozesseffizienz zu erhöhen und damit Betriebskosten sowie Emissionen zu reduzieren. Beim Betrieb dieser Anlagen ist es deshalb unerlässlich, zielgerichtete Optimierungsmaßnahmen durchzuführen, die wiederum detaillierte Kenntnisse über den Zustand der Anlagenkomponenten und über den Prozess voraussetzen. Hier kommen modell- und sensorbasierte Systeme zum Einsatz, die den Prozess analysieren und bewerten und anschließend die Reinigungsgeräte optimiert ansteuern.

Mit SMART Clean hat Clyde Bergemann einen modell- und sensorbasierten Rei-nigungsansatz entwickelt und erfüllt damit die Anforderung einer intelligenten, an Zielgrößen orientierten Dampferzeugerreinigung. Das System kombiniert die Online-Diagnose mit der Analyse von Belägen auf Heizflächen. Die Diagnose erfolgt dabei durch Sensorsysteme unterschiedlicher Ausprägung, die kontinuierlich wich-tige Prozessgrößen messen. Diese Messwerte werden durch verschiedene integrierte Softwaremodule interpretiert und bewertet. Am Ende des Analyseprozesses stehen notwendige Reinigungsaktionen und die dazugehörigen Parameter (Zeitpunkt, Posi-tion und Intensität) fest.

Die automatisierte Steuerung des Reinigungsvorganges über diese Diagnoseergebnisse gewährleistet, dass die Dampferzeugerreinigung bedarfsorientiert zum Einsatz kommt und nicht der herkömmlichen Zeitsteuerung unterliegt. Abgestimmt mit anlagenspe-zifischen Prozessdaten ist zudem gewährleistet, dass sich die Reinigung flexibel auf variierende Brennstoff- und Anlagensituationen einstellen lässt.

In Abfallverbrennungs- und Biomasseanlagen sowie Industriedampferzeugern können Optimierungssysteme mit unterschiedlichen Ausprägungen zum Einsatz kommen. Unter anderem können Sensoren die Beläge in den Feuerräumen detektieren oder es werden Bilanzierungen und Prozessanalysen eingesetzt, um den Dampferzeuger bezüglich seiner Effektivität zu beurteilen und zu optimieren.

2. Brennstoff- und verfahrenstechnische Herausforderungen der Dampferzeugerreinigung

Bei der Verbrennung werden die anorganischen und mineralischen Komponenten des jeweiligen Brennstoffs Temperaturen ausgesetzt, bei der sie je nach Zusammensetzung aufschmelzen und sich vor allem im Feuerraum und den Leerzügen als Schlackeansätze ablagern. Auf ihrem weiteren Weg durch den Dampferzeuger, bleiben Aschepartikel auch im Überhitzerbereich als Ablagerungen zurück. Die Belagsbildung ist zahlreichen, kontinuierlich schwankenden Einflussgrößen unterworfen, wie z.B. der chemischen Zusammensetzung des eingesetzten Brennstoffs und der Dampferzeugerlast. Die Auswirkungen der damit verbundenen nicht gleichmäßig verteilten Belagssituation beschäftigt den Betreiber mitunter sehr intensiv. Die Belagsbildung z.B. bei Volllast ist eine andere als bei Teillast. Die Schlackebildung an den Brennkammerwänden ist sehr stark abhängig vom vorherrschenden Temperaturprofil. In den Überhitzer- und Economiser-Heizflächen ist die Entstehung von Ablagerungen neben dem Abgastemperaturprofil, das direkt die Temperatur der Aschepartikel beeinflusst, vor allem auch vom Strömungsverhalten der im Abgas mitgeführten Aschepartikel abhängig.

Aufgrund der Vielzahl der Einflussfaktoren und ihrer Abhängigkeiten untereinander, kann es keine generelle, einmal festgelegte und allzeit gültige Reinigungsstrategie geben. Das notwendige brennstoff- und prozesstechnische Wissen, um eine Dampferzeugerreinigung bedarfsorientiert und damit intelligent ausführen zu können, liefern Diagnosesysteme zur Auswertung, Interpretation und Optimierung der Prozesse.

3. Dampferzeugerdiagnose – Stand der Technik –

Heute stehen verschiedene EDV gestützte, online arbeitende Systeme zur Diagnose von einzelnen Komponenten oder Bereichen des Kraftwerks zur Verfügung, die die Prozessanalyse und –optimierung erleichtern [1]. Sie erfassen relevante Daten und errechnen zeitgleich Gütegrade sowie andere Prozesskennzahlen. Damit wird die Datenflut auf eine überschaubare Zahl von Werten reduziert, die kontinuierlich visualisiert und für den effizienten Betrieb eines Dampferzeugers genutzt werden können.

Die auf dem Markt verfügbaren Systeme zur Dampferzeugerdiagnose sind für den wichtigen Bereich der Dampferzeugerreinigung nur eingeschränkt nutzbar. Die thermodynamische Bilanzierungsrechnung, die in den verschiedenen Diagnosesystemen in unterschiedlicher Ausprägung implementiert ist, erlaubt zwar eine Aussage über die globale Wärmeaufnahme in der Brennkammer, es lässt sich daraus aber keine differenzierte Ableitung von optimalen Reinigungszeitpunkten für einzelne Reinigungsgeräte erzielen. Zudem erfolgt die Dampferzeugerreinigung in den meisten Anlagen zeitgesteuert. Das Diagnosesystem fungiert dabei als automatische Steuerung, wobei die Reinigungssequenz fest für einen typischen Betriebszustand eingestellt ist. Das führt zum verspäteten Reinigungseinsatz mit der Folge, dass die Verschmutzung bereits komplexe Strukturen angenommen hat, die wiederum nur schwer abreinigbar sind.

In anderen Anlagen wird der berechnete Gesamtverschmutzungszustand einer Heizfläche als Auslöser für die Abreinigung genutzt. Somit müssen aufgrund einer fehlenden lokalen Auflösung des Verschmutzungszustands alle Reinigungsgeräte für diese jeweilige Heizfläche in Betrieb genommen werden. Aufgrund des schon beschriebenen ungleichmäßigen Verschmutzungsverhaltens führt die vollständige Reinigung der Heizflächen an einigen Stellen zu unnötigen Reinigungseinsätzen und damit zu unnötigem Dampfverbrauch und erhöhtem Erosionsrisiko. An anderen stark verschmutzten Stellen ist die Reinigung ungenügend, wobei nicht mehr ablösbare Verschmutzungen über die Reisezeit des Dampferzeugers zu einer irreversiblen Reduzierung der Dampferzeugereffizienz führen.

Da die bisher verwendeten Online-Diagnosesysteme nur Hinweise auf die globalen Verschmutzungszustände liefern, ist eine Anpassung der Reinigungsparameter bezogen auf den aktuellen Brennstoff- und Prozessstatus nicht möglich. Ebenso ist das Ergebnis der Reinigungsleistung nicht bewertbar, da lokale Veränderungen der Wärmeaufnahme innerhalb einer Heizfläche aufgrund der globalen Betrachtung nicht ableitbar sind. Gerade dieser Aspekt hat aber weitreichende Konsequenzen auf eine optimierte und effiziente Reinigung und dementsprechend auf die Dampferzeugereffektivität.

Eine prozessbezogene, optimale Einstellung der Reinigungsintensität und eine direkte Diagnose und Beurteilung der Reinigungsleistung führt nicht nur zu einem optimierten Dampferzeugerbetrieb, sondern dient auch der Verminderung des Betriebsmittelverbrauchs, der Erweiterung des nutzbaren Brennstoffbands und der Verringerung der Instandhaltungskosten am Dampferzeuger durch zustands- und wissensbasierte Diagnose.

4. Modellbasierte Dampferzeugerreinigung

Die Komplexität des Prozesses einer thermischen Abfallverbrennungsanlage fordert ein leistungsstarkes Berechnungssystem zur automatischen Überwachung und Optimierung sämtlicher Reinigungsmaßnahmen, denn durch eine manuelle oder intervallgesteuerte Reinigung ist ein optimales Ergebnis nur schwer erzielbar. Bei der modellbasierten Dampferzeugerreinigung wird der Nutzen der Reinigungsmaßnahmen kontinuierlich berechnet und protokolliert. Die Reinigungsgeräte werden darauf aufbauend so gesteuert, dass eine optimale Prozessqualität erzielt wird.

Das hier beschriebene System basiert auf einer eigens entwickelten Berechnungssoftware und verwendet ein auf die konkrete Anwendung zugeschnittenes Prozessmodell, das zur Optimierung von Reinigungsmaßnahmen online Messungen des Anlagenprozesses nutzt. Zur gezielten Untersuchung wird jeder Dampferzeuger in separate Bereiche, wie z.B. Feuerung (einschließlich Rost), Strahlungsteil und Konvektivteil, eingeteilt. Jeder Dampferzeugerbereich umfasst wiederum bestimmte *Reinigungszonen*, die sich durch den Einsatz einzelner Reinigungsgeräte — hier Rußbläser — abreinigen lassen. Zusätzlich werden beim Start der Reinigungsmaßnahmen definierte Minimal- und Maximalzeiten berücksichtigt.

Die Minimalzeit oder auch Sperrzeit genannt, ist die Zeit, die zwischen zwei aufein-anderfolgenden Reinigungen mindestens vergehen muss, bevor eine erneute Heiz-flächenreinigung ausgeführt werden darf. Die Maximalzeit ist die Zeit, die höchstens zwischen zwei aufeinanderfolgenden Reinigungen vergehen muss, bevor die Reinigung gestartet werden kann.

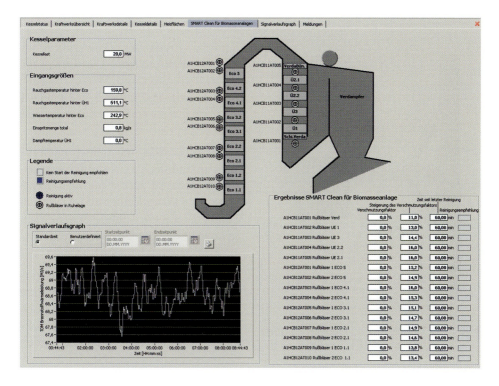

Bild 1:   Beispiel eines Bedienbildschirmes mit dargestelltem Prozessmodell

Durch die Verwendung vorhandener Prozessgrößen (Dampf-, Wasser- und Abgas-messungen) wird die Wirksamkeit der Reinigungsmaßnahmen überwacht. Das System optimiert die Reinigungsmaßnahmen nach jeder Reinigung rechnerisch, indem die Ergebnisse des Prozessmodells mit Informationen der vorangegangenen Reinigungsaktionen verknüpft werden. Dabei wird berücksichtigt, welchen Einfluss jede einzelne Reinigungsaktion auf die Steigerung der Wärmeaufnahme und dadurch auf die Dampferzeugereffektivität hat.

5. Sensorbasierte Dampferzeugerreinigung

Der Einsatz von digitalisierten Sensorsignalen in thermischen Anlagen ist heute Stand der Technik. Sensoren gibt es in unterschiedlichen Ausprägungen und können an die jeweilige Anwendung angepasst werden.

In jedem Dampferzeuger sind beispielsweise Temperatur-, Druck und Konzentrations-messung installiert, um den Prozess zu überwachen. Wenn aber die Verschmutzung detektiert werden soll, müssen besondere Sensoren verwendet werden. Hierzu zählen unter anderem Wärmestromsensoren, die die Wärmeübertragung vom Abgas auf den Wasser-Dampf-Kreislauf messen. Hierbei wird zwischen direkten und indirekten Messmethoden unterschieden.

Bild 2:   Direkt messender Wärmestrom-sensor: SMART Flux Sensor

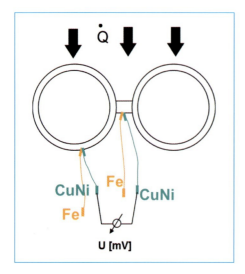

Bild 3:   Indirekt messender Wärmestrom-sensor: Multipoint Sensor

Ein direkt messender Sensor wird in die Membranwand integriert und misst die Wärmeaufnahme des Wasser-Dampf-Kreislaufes über Thermoelemente auf der dem Feuer zugewandten Seite des Sensors (Bild 2).

Der indirekt messende Sensor misst die Temperaturdifferenz zwischen Rohrschei-tel und Membran auf der wärmeisolierten Seite der Flossenwand (Bild 3). Durch Zuhilfenahme von Analysesoftware kann aus der jeweiligen Temperaturdifferenz der Wärmestrom berechnet werden.

Die beiden zuvor beschriebenen Wär-mestromsensoren werden zur Detektion von Verschlackungen in Feuerräumen und Leerzügen über die jeweils charak-teristischen Wärmeströme verwendet. Entsprechend der Analyse der Messer-gebnisse werden die jeweiligen Dampf-erzeugerreinigungsgeräte vollautomatisch angesteuert.

6. Ergebnisse

Erste praktische Erfahrungen zeigen, dass durch den Einsatz modell- und sensor-basierter Systeme zur Dampferzeugerdi-agnose der On-Load Reinigungsvorgang optimiert, die Wärmeaufnahme gesteigert und dadurch die Effektivität des Dampf-erzeugers erhöht wird. Bei der modell-basierten Dampferzeugerreinigung wird der Einfluss jeder Rußbläsergruppe bzw. jedes Rußbläsers beurteilt. Hierüber wird die Wirksamkeit der jeweiligen Rußbläser ermittelt und es kann der optimale Reinigungszeitpunkt jedes Rußbläsers oder jeder Rußbläsergruppe bestimmt werden. Durch eine kontinuierliche Berücksichtigung der vorangegangenen Reinigungsaktionen und -ergebnisse passt sich das System selbstständig an die aktuelle Situation im Dampferzeuger an. Ergebnisse dieser modellbasierten Dampferzeugerreinigung sind unter anderem eine Steigerung der Wärmeaufnahme der Heizflächen, eine damit einhergehende Reduzierung der Abgastemperatur nach Economiser und eine Steigerung der Generatorleistung. Durch den optimierten Rußbläsereinsatz werden weiterhin die Betriebsstunden der Reinigungsgeräte und der Dampfverbrauch reduziert.

Bei der sensorbasierten Reinigung wird die Auflösung der zu überwachenden Wärmetauscherfläche deutlich erhöht und es werden ähnliche bzw. komplementäre Ergebnisse wie bei der modellbasierten Dampferzeugerreinigung erreicht. Zusätzlich kann beispielsweise der absolute Wärmestrom vom Abgas auf den Wasser-Dampf-Kreislauf ermittelt werden. Es ist zudem möglich, dass die installierten Sensoren eine direkte Rückmeldung über den Erfolg einer Reinigungsaktion liefern und übermäßige Materialabzehrung und Schäden an den Rohren vermieden werden.

Grundsätzlich kann festgehalten werden, dass sowohl ein modell- als auch eine sensorbasierte Dampferzeugerreinigung jeweils für sich den Wirkungsgrad der Dampferzeugungsanlage steigert, aber im Idealfall eine brennstoff- und anlagenspezifische Kombination beider Methoden zur Prozessoptimierung eingesetzt werden sollte.

7. Zusammenfassung

Optimierte On-load Reinigung spielt in allen Dampferzeugern eine immer größere Rolle. Optimierter Einsatz bedeutet: wann, wo und wie eine On-Load Reinigung unter Berücksichtigung der durch den Anlagenbetrieb vorgegebenen Randbedingungen erfolgen soll.

Das in diesem Beitrag vorgestellte Prozessdiagnose- und Optimierungssystem leistet einen nachhaltigen Beitrag zur brennstoff- und anlagenspezifischen Reinigung von Dampferzeugerheizflächen. Insbesondere die Kombination von direkten Sensorsignalen mit einer modellbasierten Softwarelösungen führt zu deutlichen Vorteilen beim Betrieb von Dampferzeugern, der heute durch unterschiedlichste Anforderungen gekennzeichnet ist.

Zusätzlich zu den in diesem Beitrag vorgestellten Diagnose- und Optimierungssystemen bietet Clyde Bergemann innovative On-load Reinigungsgeräte an, die gezielt, flexibel und äußerst wirkungsvoll Verschlackungen und Verschmutzungen beseitigen. Als Reinigungsmedium kann je nach Problemstellung Dampf oder Wasser verwendet werden. Gesteuert vom sensorbasierten Diagnose- und Optimierungssystem reinigen diese Geräte nur die verschmutzten Bereiche oder Zonen eines Wärmeübertragers unter Aussparung sauberer Bereiche.

Das System kann sowohl beim Neubau als auch bei der Nachrüstung von Dampferzeugern installiert werden.

Durch den Einsatz modell- und/oder sensorbasierter Dampferzeugerreinigung wird die Reinigung optimiert, die Wärmeaufnahme gesteigert und dadurch die Effektivität des Dampferzeugers erhöht.

8. Literatur

[1] Leithner, R., Harnisch, K.: Bewertungskriterien für Diagnosessysteme. In: VDI Berichte, Nr. 1641, 2001

Dampferzeugerreinigung mit Infraschall

Martin Ellebro

Das Unternehmen Infrafone, mit Hauptsitz in Stockholm, Schweden, verwendet seit über 30 Jahren Infraschall als Rußreinigungsmethode und hat Infraschall-Reinigungsanlagen auf 65 Abfall- und Biobrennstoffheizkraftwerken (die meisten davon während der letzten 8 Jahre), 11 Kohle-Heizkesseln und 900 Offshore-Einrichtungen angebracht. Die technische Entwicklung hat zu einem sehr leistungsfähigen Produkt und einer einzigartigen akustischen Modellierungs-Software geführt. Infraschallreinigung erhöht die Effizienz, Verfügbarkeit und Lebensdauer von Offshore- und Industrie-Kesseln. Dieser Beitrag beschreibt die Eigenschaften von Infraschall und der Technologie der Ausrüstung. Vergleiche mit anderen Reinigungsmethoden, wie Dampfrußblasen und Reinigung mit hörbarem Schall werden durchgeführt. Es werden anhand einiger Anlagen die Reinigungsleistung und die erreichten Einsparungen zusammengefasst.

1. Reinigungsanwendungen

In Kraftwerken und Heizkraftwerken wird die Infraschalltechnologie vor allem als ein kostengünstiges Reinigungsverfahren verwendet, meist für Economizer, Röhrenluftvorwärmer, Katalysatoren, Kanäle, Elektrofilter und Ljungström-Luftvorwärmer. Das Reinigen von Überhitzern ist möglich, wenn die Rußablagerungen nicht klebrig sind. Ablagerungen an Wärmeaustauschflächen besitzen sehr unterschiedliche Eigenschaften für unterschiedliche Brennstoffe und in verschiedenen Teilen eines Kessels. Bei hoher Temperatur geschmolzene Komponenten wie Alkalichloride, Blei- und Zinkchloride ergeben klebrige Asche in den Rohrbündeln und an anderen Wärmeaustauschflächen.

Bei einer für Economizer typischen Abgastemperatur ist die Klebrigkeit der Asche gering, was eine effiziente Reinigung mit Infraschall erlaubt. Bei Brennstoffen mit relativ trockenen Ablagerungen wie Kohle oder z.B. eine Mischung aus Holzspänen und Torf kann Infraschall effizient genug sein, um das einzige erforderliche Reinigungsverfahren auszumachen, so auch für Überhitzer und Temperaturen bis etwa 800 °C. Für Biomassebrennstoffe mit niedrigem Alkaligehalt, wie Hackschnitzel, Rinde, Baumkronen und Astwerk kann Infraschall bei Temperaturen unterhalb von etwa 500 °C erfolgreich zur Reinigung angewendet werden. Eine Ausnahme stellen Rauchrohrkessel dar, bei denen Infraschall bis etwa 800 °C erfolgreich verwendet werden kann, da die Infraschallintensität in solchen Heizkesseln aufgrund des geringen Querschnitts der Rohre sehr groß wird. Für Brennstoffe aus Abfall, die Pb und Zn enthalten, enthält die Asche bei bis zu ~260 °C geschmolzene Komponenten, die zu einer erhöhten Klebrigkeit der Ablagerungen führen. Unterhalb dieser Temperatur kann Infraschall die Notwendigkeit anderer Reinigungsmethoden eliminieren, jedoch werden über ~260 °C oft komplementäre Methoden erforderlich, z. B. Dampfrußbläser, aber deren Anwendung kann in der Regel bis etwa 500 °C drastisch reduziert werden.

2. Infraschall

Der Infraschallreiniger wird in der Regel an der Spitze eines Economizers angebracht. Ein, oder in einigen Fällen zwei Infraschallreiniger genügen meist, um einen großen Reinigungsbereich abzudecken, wie einen ganzen Economizer oder sogar Economizer und Luftvorwärmer. Der große Reinigungsbereich resultiert aus der langen Wellenlänge von Infraschall. Die Frequenz des Schalls hängt mit der Wellenlänge λ zusammen, gemäß dem Ausdruck $\lambda = c/f$, wobei c die Schallgeschwindigkeit darstellt. Daher haben hohe Schallfrequenzen kurze Wellenlängen und niedrige Schallfrequenzen lange Wellenlängen. Bei der Infraschallreinigung werden typischerweise etwa 20 Hz verwendet, mit einer Wellenlänge von etwa 20 m.

Vom Standpunkt der Reinigung aus besitzt niederfrequenter Schall mehrere Vorteile. Einer besteht darin, dass Infraschall omnidirektional ist, sich also in alle Richtungen ausbreitet. Darüber hinaus ist bei diesen Frequenzen die Schallabsorption in Rohrbündeln sehr gering. Dies bedeutet, dass der von Infraschallreinigern erzeugte Schall alle Teile eines Rohrbündels in zum Beispiel einem Economizer erreichen kann, was in vielen Fällen einen geringeren und stabileren Differenzdruck bedeutet, verglichen mit Dampfrußblasen.

Eine dritte Eigenschaft des Infraschalls, die aus Sicht der Rußreinigung vorteilhaft ist, ist der hohe Grad der Turbulenz, den Infraschall im Abgasstrom erzeugt. Bei Wärmetauschern in Kraftwerken sind die typischen Abgasgeschwindigkeiten niedrig und der Abgasstrom besitzt eine geringe Turbulenz. Dies führt zu Bereichen mit sehr geringen Abgasgeschwindigkeiten in der Nähe der Oberfläche der Rohrbündel. Rußpartikel sammeln sich in diesen Bereichen mit niedriger Gasgeschwindigkeit und wachsen mit der Zeit zu großen Ablagerungen. Für eine effiziente Entfernung der Rußpartikel an den Wärmetauschern oder anderen Oberflächen mit Infraschall muss die Partikelverlagerung des Abgases maximiert werden. Die Partikelverlagerung ist die Größe, die mit der Entfernung der Bewegung der Teilchen zusammenhängt, wenn sie durch eine Schallwelle angeregt werden. Die Partikelverlagerung ist umgekehrt proportional zur Frequenz. Also führt niederfrequenter Schall wie der Infraschall zu einer großen Partikelverlagerung. Die Schwingung mit großer Partikelverlagerung erzeugt ein hohes Maß an Turbulenz im Abgas, und diese große Turbulenz um die Rohre eines Wärmetauschers hilft dabei, die Oberfläche des Rohres sauber zu halten.

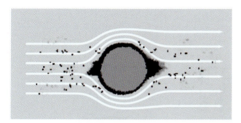 

Bild 1:   Laminare Strömung   Bild 2:   Turbulente Strömung

Der Infraschall wird nur alle paar Minuten für ein paar Sekunden erzeugt. Dies bedeutet, dass die durch die Schallwelle erzeugte Turbulenz typischerweise nur 1 – 2 Sekunden besteht. Das System ist eine kontinuierliche und trockene Reinigungsmethode vor Ort, da sie alle paar Minuten durchgeführt wird. Die Infraschallreiniger können keine Oberflächen säubern, bei denen die Rußablagerungen klebrig oder hart sind. Die Infraschallreiniger halten bereits gereinigte Oberflächen sauber.

Zusammenfassend sind die wichtigsten Vorteile der Verwendung von Infraschall zur Reinigung:

- große Wellenlängen,
- geringe Schallabsorption,
- Omnidirektionalität,
- große Partikelverlagerung, hohe Turbulenz,
- Trockenreinigungsmethode,
- nicht abrasiv,
- kontinuierliche Reinigungsmethode.

3. Akustische Modellierung

Ein entscheidender Teil des Erfolgs der Infraschallreinigung ist die akustische Modellierungssoftware, die für die Simulation der Schallausbreitung im Detail verwendet wird. Für jeden Heizkessel, für den ein Infraschallreiniger installiert werden soll, wird ein akustisches Modell entworfen. Alle Abmessungen des Kessels und der Wärmetauscher werden in dieses Modell eingeführt.

Die Verteilung der Abgastemperatur und die Abgasgeschwindigkeit werden ebenfalls eingetragen, da diese mit der Wellenlänge des Schalls und die Dämpfung der Schall-energie in den Rohrbündeln verbunden sind. Durch die Verwendung des akustischen Modells ist es möglich, die optimale Einbaulage, die optimale Größe und Anzahl der Infraschall-Reiniger und die Frequenz des Schalls zu wählen, um die gewünschte akustische Leistung im gewünschten Reinigungsbereich zu erhalten.

Das Modell wird immer durch Schalldruckpegelmessungen im Kessel bestätigt.

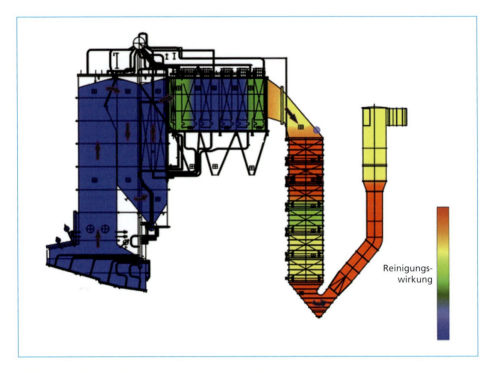

Bild 3:   Grafische Darstellung des akustischen Modells

4. Technik des Infraschallreinigers

Der Infraschallreiniger besteht aus einem Befestigungssockel, einem Diffusor, einem Resonanzrohr, Resonanzraum und einem Pulsator. Der Befestigungssockel ist direkt mit der Abgasleitung verschweißt. Das Resonanzrohr kann in verschiedenen Formen ausgeformt werden, passend zur Einbaulage und Umgebung.

Die Frequenz des Infraschalls kann mit einer bewegliche Platte innerhalb der Reso-nanzkammer fein eingestellt werden. Die Gesamtlänge des Infraschallreinigers kann eingestellt werden, um die gewünschte Frequenz einfach durch Bewegen der Reso-nanzplatte entlang der Resonanzkammer zu erhalten.

Der Pulsator ist auf der Oberseite der Resonanzplatte platziert und an eine Druckluft-quelle angeschlossen. Die Druckluft sollte einen Druck von 6 – 8 bar(g) aufweisen.

Der Pulsator ist die Komponente, die die Luftimpulse produziert, welche den Infraschall erzeugen. Der Pulsator besteht aus einem Zylinder, einem Kolben und einer Titanfeder. Das axial mechanisch bewegte System ist sehr einfach und es ist leicht zu warten. Es sind keine Drehmechanismen beteiligt und es sind keine elektrischen oder elektronischen Instrumente erforderlich.

Bild 4:   Infraschallreiniger

Bild 5:   Zwei Infraschallreiniger auf Economizern

Eine einzigartige Funktion des Infraschallreinigers ermöglicht die Autoregulierung des Pulsators durch die positiven Rückmeldungen, die die reflektierten Schallwellen im Resonanzrohr produzieren. Auf diese Weise erzeugt der Infraschallreiniger stets die maximale Schallleistung, unabhängig von Lastwechseln und Änderungen der Abgastemperatur im Kessel. Ohne positive Rückkopplung bedeutet eine Veränderung der Temperatur im Inneren des Kessels um einige Grade eine Abnahme der durch den Infraschallreiniger emittierten akustischen Leistung.

Die erzeugte akustische Leistung ist proportional zum Quadrat der Querschnittsfläche am offenen Ende eines Infraschallreinigers. Der Durchmesser des Befestigungssockels des größten und kraftvollsten Infraschallreinigers beträgt 1.500 mm.

Der Infraschallreiniger ist sehr mächtig, daher werden generell Verstärkungen rund um die Befestigung an der Kesselwand empfohlen, um jede Bewegung des Infraschallreinigers zu verhindern. Ein Schwingungsdämpfer, der auf die verwendete Frequenz abgestimmt ist, wird verwendet, sodass die auf den Kessel übertragenen übertragenen Schwingungen niedrig gehalten werden. Außerdem ist die Verwendung einer automatischen Steuerung, die die Betriebszeit des Infraschallreinigers minimiert, entscheidend für die Erzielung hoher und vibrationsarmer Reinigungseffekte.

5. Vergleich mit Schallhörnern

Schallhörner verwenden Schall im hörbaren Frequenzbereich. Die Schallhörner verwenden typischerweise Schallfrequenzen in der Größenordnung von einigen hundert Hz. Dies bedeutet, dass aufgrund der kurzen Schallwellenlängen die Fläche, die sie sauber halten können, klein ausfällt.

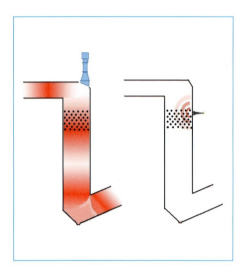

Bild 6: Links: Niederfrequenter Schall – lange Wellenlänge und große Reichweite. Rechts: Hochfrequenz – kurze Wellenlänge und kurze Reichweite

Darüber hinaus sind die Tonfrequenzen, die die Schallhörner verwenden, nicht omnidirektional und die Schallabsorption ist für diesen Schallfrequenzbereich viel höher als für den Infraschall. Aus diesem Grund erzeugen die Schallhörner nur eine lokale Reinigungswirkung in der Nähe der Einbaulage. Aufgrund des begrenzten Reinigungsbereichs müssen mehrere Schallhörner installiert werden. Damit verglichen werden nur ein oder in manchen Fällen zwei Infraschallreiniger installiert, die einen großen Reinigungsbereich abdecken.

Ferner begrenzt der große Abstand von den Einbaulagen an der Wand bis zum mittleren Bereich von z.B. einem Economizer die Größe des Querschnitts des Reinigungsbereichs.

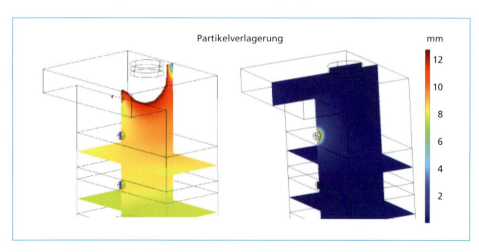

Bild 7: Berechnete Partikelverlagerung erzeugt durch einen Infraschall-Generator auf einem vertikalen Katalysator (links) und einem Schallhorn direkt über der ersten Schicht der Katalysatorelemente (rechts; das Schallhorn bietet eine viel geringere Reichweite sowie eine kleinere Partikelverlagerung; dies ist der Grund für die effiziente umfassende Reinigungswirkung des Infraschalls verglichen mit der lokalen Reinigungswirkung des hörbaren Schalls, den die Schallhörner erzeugen)

Bei Infraschallreinigung ist die Tonfrequenz sehr gering, typischerweise 15 – 30 Hz. Ein wesentlicher Vorteil der Verwendung von Infraschall im Vergleich zur Verwendung hörbarer Frequenzen ist, dass der erzeugte Rauschpegel viel geringer ist. Schallhörner verwenden oft Tonfrequenzen von 200 – 300 Hz. Der Grund dafür, dass höhere Frequenzen als stärker störend wahrgenommen werden, ist, dass das menschliche Ohr gegenüber höheren Frequenzen empfindlicher ist. Das ist auch der Grund für die Verwendung der dB(A)-Skala bei der Messung von Geräuschen. Die dB(A)-Skala ist der Schalldruckpegel in dB, gewichtet nach der Empfindlichkeit des menschlichen Ohres. Der Unterschied zwischen ungewichtetem dB und dB(A) wird in Bild 8 gezeigt.

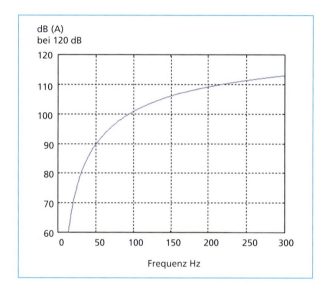

Bild 8:

Der Unterschied zwischen ungewichteten dB und dB(A), eine Veranschaulichung, warum niedrigere Schallfrequenzen für einen gegebenen Schalldruckpegel weniger störend wirken; in dieser Abbildung werden dB(A) entsprechend einem ungewichteten Schalldruckpegel von 120 dB dargestellt; bei 25 Hz erhält man 75 dB(A); bei 200 – 300 Hz ergeben sich für den gleichen Schalldruck etwa 110 dB(A)

6. Potenzielle Einsparungen bei Infraschallreinigung

Geringere Betriebs- und Wartungskosten

- Einsparungen beim Einsatz von Dampfrußblasen oder Kugelregenreinigung,

- Eingesparter Dampf kann für eine erhöhte Produktion von Elektrizität verwendet werden,

- Einsparungen beim Ersatz von Rohren in Wärmetauschern durch verlängerte Lebensdauer der Rohre.

Stabiler Differenzdruck Δp bedeutet:

- weniger Ausfälle, erhöhte Verfügbarkeit, höhere Energieproduktion,

- weniger Ausfälle, mehr verbrannte Abfälle,

- weniger Ausfälle, verbesserte Arbeitsumgebung,

- reduzierter Ventilatorstromverbrauch.

Geringeres Risiko für hohe Abgasgeschwindigkeiten in lokalen Bercichen

- Einsparungen beim Ersatz von Rohren in Wärmetauschern durch verlängerte Lebensdauer der Rohre.

Sauberer Katalysator und Elektrofilter

- Einhaltung der Umweltvorschriften,
- Einsparungen bei Ersatz des Katalysators durch verlängerte Lebensdauer.

Dampfrußblasen und Kugelregenreinigung können aufgrund des lokalen Staudrucks teure Schäden an den Rohren z.B. eines Economizers verursachen. Das dem Abgas hinzugefügte Wasser bei Dampfrußbläsern verschlimmert die Situation weiter durch die erhöhte Korrosion und aufgrund der Tatsache, dass Salzsäure erzeugt wird, wenn Chlorid vorhanden ist. Für Bereiche mit Abgastemperaturen, die typisch für z.B. Economizer sind und trockenen Ablagerungen wird die Infraschall-Technologie dem Dampfrußblasen vorgezogen, da der Infraschall keine Schäden an den Rohren verursacht. Dies aufgrund der Tatsache, dass es ganz und gar eine Trockenreinigungsmethode darstellt und dass keine Vibrationskräfte auf die Rohren entstehen. Dank der sehr langen Wellenlänge von Infraschall ist der Schalldruck auf der zugewandten Seite der gleiche wie auf der abgewandten Seite eines Rohres, sodass keine resultierenden Nettokräfte erzeugt werden.

Bild 9:   Wasserrohre mit durch Dampfruß-
           blasen verursachten Schäden

Erosionsschäden treten manchmal an Rohren z.B. eines Economizers auf, da das Dampfrußblasen manchmal nicht die ganzen Rohrbündel erreichen kann. Folglich ist die Abgasgeschwindigkeit dort erhöht, wo das Rohrbündel nicht durch Ablagerungen blockiert ist und der Verschleiß an den Rohren nimmt in diesen Bereichen zu.

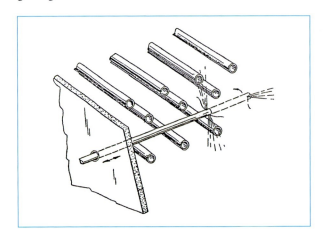

Bild 10:

Der Dampf wird teilweise durch die Rohre blockiert, was die Reinigungswirkung tiefer im Rohrbündel reduziert

Wo der Dampf auf ein Rohr trifft, ist die Oberfläche häufig zu blankem Metall gereinigt, was die Materialkorrosion in diesen Bereichen erhöht. Bei der Verwendung von Infraschall-Technologie wird die Lebensdauer der Rohre erhöht, da eine dünne Schicht aus Staub auf dem Rohr verbleibt, welche das Rohrmaterial vor korrosiven Komponenten des Abgases schützt.

Wenn es um die Reinigung von Katalysatorelementen geht, stellt der Verschleiß durch Dampfrußblasen oftmals ein großes Problem dar. Die Infraschall-Technologie eignet sich aufgrund des nicht vorhandenen Verschleißes, der umfassenden Reinigungswirkung und des niedrigen Geräuschpegels, sehr gut für diese Anwendung.

Bild 11:   Foto von schmutzigen Katalysatorelementen des Frachters Birka Exporter ohne den Einsatz von Infraschall-Technologie

Bild 12:   Fünf Birka-Schiffe haben heute Infraschall-Generatoren als einzige Reinigungseinrichtung für den Katalysator, was in so sauberen Elementen resultiert wie in diesem Foto der Birka Paradise

Bei Verwendung von Dampfrußblasen wird ein Teil des erzeugten Dampfes vom Dampfrußbläser verbraucht. Ein reduzierter Verbrauch von Dampf für die Dampfrußbläser führt zu einer erhöhten Produktion von Strom und/oder reduziertem Brennstoffverbrauch, sodass der Kesselwirkungsgrad steigt.

Ein weiteres Szenario ist, dass die Infraschall-Technologie die Rohrbündel sauberer halten kann als bei der Verwendung von Dampfrußblasen, Kugelregen-Reinigung oder Druckluftrußblasen, was den Wirkungsgrad des Kessels erhöht. Die anderen Reinigungsmethoden besitzen manchmal nur eine lokale Reinigungswirkung und reinigen nicht die gesamten Rohrbündel. Der Dampf- oder Druckluftstrahl trifft auf die erste Röhrenreihe und verliert seine Reinigungswirkung tiefer im Rohrbündel oder an den Wänden. Im Gegensatz dazu besitzt der Infraschall auch bei Rippenrohren die gleiche Intensität im gesamten Rohrbündel. Schall wird nur durch Objekte mit einer Größe vergleichbar mit der Wellenlänge des Schalls abgeschirmt. Da Infraschall eine sehr lange Wellenlänge besitzt, ist die Dämpfung der Schallenergie beim Passieren eines Rohrbündels sehr gering.

Bild 13:   Rippeneconomizer auf einem   Bild 14:   Ganze Rohrbündel – gereinigt
           Biokraftstoffkessel, der nur mit In-
           fraschallreinigung sauber gehalten
           wird

Für einige Kessel muss die Leistung vor und während dem Dampfrußblasen reduziert werden. Dies ist notwendig, um in der Lage zu sein, das aufgrund der Zugabe von Dampf erhöhten Abgasvolumen zu hantieren. Einige Kessel sind empfindlich für solche Anpassungen der Kessellast, so wird im schlimmsten Fall die Kontrolle über den Betrieb des Kessels verloren gehen und der Kessel muss vorübergehend abgeschaltet werden. Die Infraschall-Technologie ist mit einer Zykluszeit von nur ein paar Minuten viel kontinuierlicher als z.B. Dampfrußblasen. Das Resultat ist häufig ein niedrigerer und stabilerer Differenzdruck über den Rohrbündeln als mit Dampfrußblasen dank des kurzen Reinigungszyklus und der Tatsache, dass alle Teile des Rohrbündels gereinigt werden.

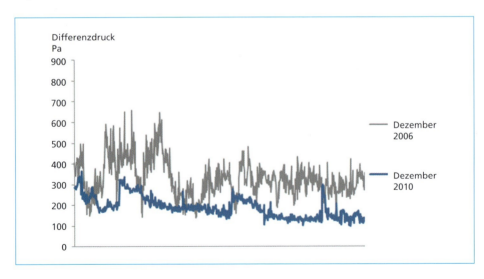

Bild 15:   Differenzdruck über dem Verdampfer auf einem Müllheizkraftkessel; das Infraschall-
             System wurde 2008 installiert; ein niedrigerer und stabilerer Differenzdruck wurde
             erreicht und Dampfrußblasen wurden um 75 % reduziert

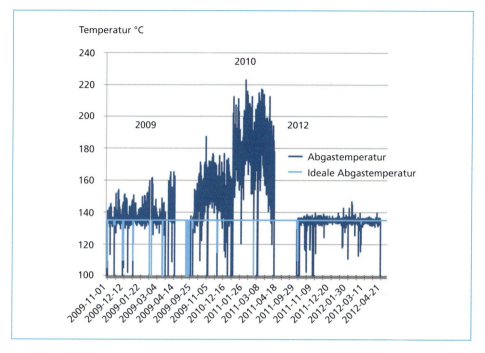

Bild 16:   Stabilisierte Abgasauslasstemperatur des Economizers auf einem Biokraftstoffkessel; das Infraschallsystem wurde im Sommer des Jahres 2011 installiert und gleichzeitig der Economizer ausgetauscht

7. Fallstudien

Fallstudie, EON Norrköping P14, Schweden, 75 MW$_{th}$ CFB Kessel

Inbetriebnahme: 2006

Reinigungsbereich: Vertikaler Economizer

Brennstoff: Industrie-/Hausmüll

Leistung:

* Dampfrußblasen 3 – 4 Mal/Tag auf 1 Mal/Woche reduziert,

* erhöhte Produktion von Elektrizität,

* weniger Verschleiß am Economizer-Rohrbündel,

* niedrigerer und stabilerer Differenzdruck Δp als mit Dampfrußblasen 3 Mal/Tag.

225

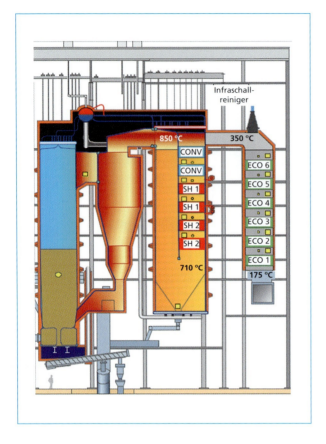

Bild 17:

EON Norrköping CFB-Kessel
mit dem Infraschallreiniger auf
der Oberseite des Economizers

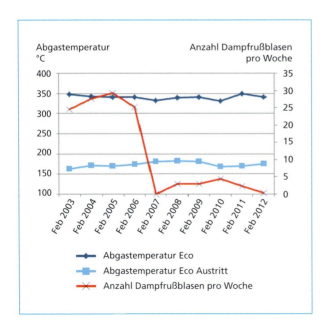

Bild 18:

Dampfrußblasen 2003 – 2012 im
Müllheizkraftkessel P14 Norrköping; das Infraschallsystem
wurde im Herbst 2006 installiert

Fallstudie, SYSAV-Kessel 1&2 Malmö, Schweden, 2x29MW$_{th}$ Rostfeuerung

Inbetriebnahme: 2008 & 2009

Reinigungsbereich: Vertikaler Verdampfer und Economizer

Brennstoff: Industrie-/Hausmüll

Leistung:

- Kugelregenreinigung des Economizers (Abgastemperatur 420 °C–170 °C) wurde abgeschaltet,

- niedrigerer und stabilerer Δp über dem Economizer als mit Kugelregenreinigung,

- die Abgasaustrittstemperatur aus dem Verdampfer ist geringer und stabiler,

- die Rußablagerungen im Hochtemperaturbereich (Abgastemperatur 680 °C – 600 °C) des Verdampfers sind nun weicher und deren Aufbau dauert länger.

Fallstudie, VAFAB Köping, Schweden, 12 MW$_{th}$ Rostkessel

Inbetriebnahme: 2009

Reinigungsbereich: Vertikaler Verdampfer und Economizer

Brennstoff: Industrie-/Hausmüll

Leistung Verdampfer:

- die Dampfrußbläser im Abgastemperaturbereich 470 °C bis 200 °C wurden abgeschaltet. Vorher 3 Mal/Tag ausgeführt,

- Δp ist niedriger als mit Dampfrußblasen 3 Mal/Tag.

Leistung Economizer:

- mit den zuvor installierten Luftreinigungslanzen stieg die Abgastemperatur rasant an,

- mit Installation der Infraschall-Technologie wurden die Luftreinigungslanzen abgeschaltet und Δp und Austrittstemperatur sind jetzt die ganze Saison über auf einem stabilen niedrigen Niveau,

Fallstudie, EON Mora, Schweden, 8 MW$_{th}$ Rostfeuerung

Inbetriebnahme: 2010

Reinigungsbereich: Vertikaler Economizer

Brennstoff: Industrie-/Hausmüll

Leistung:

- der Kessel ist seit fast drei Jahren in Betrieb (seit Anfang 2011), ohne dass eine manuelle Reinigung des Economizers erforderlich ist,

- Δp ist immer noch gering und stabil,
- die Differenztemperatur ist immer noch hoch und stabil,
- keine weiteren Rußreinigungsvorrichtungen installiert.

Fallstudie, EVO Offenbach, Deutschland, 2x110 MW$_{el}$

Inbetriebnahme: 1993, 1994, 1995, 1996

Reinigungsbereich: 2 x Röhrenluftvorwärmer, 2 x Economizer, 2 x Überhitzer

Brennstoff: Kohle

Leistung:

- Am Anfang wurden keine Rußreinigungsvorrichtungen installiert. Ablagerungen reduzierten die Wärmeübertragung erheblich. Seit der Installation von Infraschallreinigern sind die Reinigungsergebnisse in beiden Kesseln sehr gut. Durch Verstopfung verursachte Lastwechsel stellen kein Problem mehr dar und der thermische Wirkungsgrad ist um 1,5 % erhöht.

Fallstudie, Vattenfall Hamburg Tiefstack, Deutschland, 2x150 MW$_{el}$

Inbetriebnahme: 1997, 1999

Reinigungsbereich: 2 x wabenförmige SCR-Katalysatoren auf zwei identischen Kesseln

Brennstoff: Steinkohle

Leistung:

- Seit der Installation Ende der 1990er Jahre wird die ganze Betriebssaison über der Druckabfall über beide Katalysatoren stabil gehalten. Infraschallreinigung ist die einzige Rußreinigungsausrüstung für die Katalysatoren.

8. Zusammenfassung

Infraschallreinigung ist ein kostengünstiger Weg, um saubere Niedrigtemperaturbereiche zu erhalten wie Economizer, Luftvorwärmer, Katalysatoren usw. Die Technik beseitigt oder reduziert die Notwendigkeit anderer Reinigungsmethoden wie Dampfrußblasen, Kugelregenreinigung, Luftrußblasen, Sprengreinigung oder manuelle Reinigung stark. Die Kapitalrendite ist in der Regel kurz, dank beispielsweise höherer Verfügbarkeit, gesteigerter Produktion oder reduziertem Brennstoffverbrauch. Installations-, Betriebs- und Wartungskosten sind gering, da nur eine geringe Anzahl von Einzelteilen installiert wird.

Waste Management

Energieeffizienz

Energieeffizienz von Abfallverbrennungsanlagen im Spannungsfeld der erneuerbaren Energien

Slawomir Rostkowski, Michael Beckmann und Tobias Widder

Abfallverbrennungsanlagen sehen sich zunehmend mit den Anforderungen hinsichtlich der Abnahme von thermischer und elektrischer Energie konfrontiert. Dies hängt u.a. mit dem Ausbau der Sonnen- und Windkraftanlagen zusammen. Durch fluktuierende Einspeisung ergeben sich schwierige Bedingungen. Während bei Kraftwerken weitaus größere Leistungen zur Verfügung stehen, wenn man über Flexibilität spricht, können Abfallverbrennungsanlagen wegen des Entsorgungsauftrages zunächst keine Regelungs-aufgaben zur Stabilisierung des Netzes vornehmen. Einerseits stellt sich die Frage, ob die Abfallverbrennungsanlagen wegen der geringen Leistung überhaupt einen Beitrag zur Regelung leisten können. Andererseits besteht die Gefahr, dass bei Netzüberlastungen eine Einspeisung einfach nicht mehr zugelassen wird. Bei der Abgabe der thermischen Energie sind diese Fälle bereits heute an bestimmten Standorten gegeben, wenn eine Gasturbine in Betrieb genommen wird und zur Erzielung des KWK-Bonus die Wärme aus der Gasturbine anstelle der aus einer Abfallverbrennungsanlage genutzt wird. Auch im Hinblick auf die Abnahme der elektrischen Energie könnten sich solche Konsequenzen ergeben, wenn im Zuge des Netzausbaus und der Netzgestaltung auf kleinere regionale Versorgungszellen (z.B. auf kommunaler Ebene) umgestellt werden sollte.

Im folgenden Beitrag wird auf die Entwicklung der erneuerbaren Energien, die Fluktuation und die Residuallast eingegangen. Danach werden die Möglichkeiten der Energiespeicherung mit Blick auf den Stand der Technik und mögliche Entwicklungspotentiale beschrieben. Vor diesem Hintergrund werden schließlich für Abfallverbrennungsanlagen beispielhaft einige Möglichkeiten zur Übernahme von Netzregelaufgaben in regionalen Versorgungsnetzen diskutiert.

1. Energieeffizienz der Abfallverbrennungsanlagen

Zur Bewertung der Energieeffizienz von Abfallverbrennungsanlagen werden aus den Ergebnisgrößen (Output) und aus den Eingangsgrößen (Input) spezifische Kenngrößen und Kennzahlen gebildet. Das können verschiedene Wirkungsgrade, spezifische Additivverbräuche pro Tonne Abfall oder energiebezogene Emissionswerte sein. Grundlegend für die Bildung der Kennwerte sind die Festlegung der Systemgrenzen hinsichtlich der örtlichen und zeitlichen Randbedingungen, sowie schlüssige Bilanzen [1, 2]. Bei der Bewertung der Energieeffizienz spielt nicht nur die technische Möglichkeit der Energieumwandlung und Bereitstellung sondern auch die tatsächliche Abnahme von thermischer und elektrischer Energie eine Rolle. Daher sind Abfallverbrennungsanlagen hinsichtlich der Bewertung der Energieeffizienz direkt von den äußeren Randbedingungen der Energieabnahme zur Nutzung unmittelbar betroffen.

2. Einfluss erneuerbarer Energien auf die Energieversorgung

Der schrittweise Ersatz der fossilen Energieträger (Stein- und Braunkohle, Mineralöl, Erdgas) sowie der Kernenergie durch erneuerbare Energien ist ein Prozess, der seit etwa zwanzig Jahren andauert. Beim Primärenergieeinsatz ist der erneuerbare Anteil in Deutschland seit dem Jahr 1990 von etwa 1 Prozent auf etwa 10,9 Prozent im Jahr 2011 gestiegen [3, 4, 5]. Es gibt Perspektiven, die bis zum Jahr 2050 etwa fünfzig Prozent oder sogar Vollversorgung (hundert Prozent) vorsehen [6, 7] (Bild 1).

Die Primärenergie wird aus verschiedenen Energieträgern in Kraftwerken zu elektrischer Energie, in Raffinerien zu Flüssigbrennstoffen und in entsprechenden Aufbereitungsstufen zu Gasbrennstoffen umgewandelt, die den sog. Endenergiebedarf abdecken, der zur Nutzung in allen Bereichen unmittelbar zur Verfügung steht. Bild 2 zeigt die Aufteilung der Energien nach aktuellem Stand.

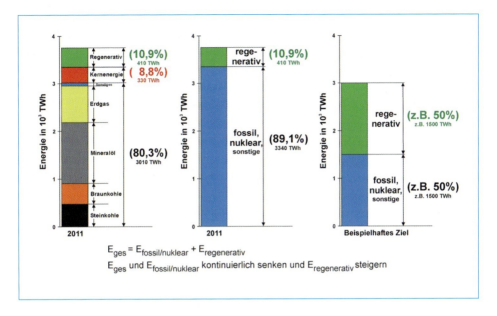

Bild 1:   Primärenergiebedarf in Deutschland

Quelle: Bundesministerium für Wirtschaft und Technologie (Hrsg.): Energiedaten – nationale und internationale Entwicklung, online verfügbar: www.bmwi.de/BMWi/Navigation/Energie/Statistik-und-Prognosen/energiedaten.html, zuletzt abgerufen am 08 03 2012

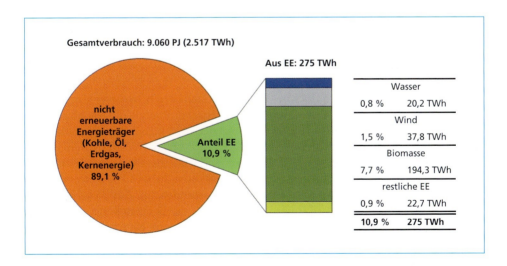

Bild 2:   Anteil erneuerbarer Energien am Endenergiebedarf in Deutschland 2010

Quelle: Bundesministerium für Umwelt, Naturschutz und Reaktorsicherheit (Hrsg.): Erneuerbaren Energie in Zahlen – Nationale und internationale Entwicklung, Stand Juli 2011, Berlin, 2011. Online verfügbar: www.erneuerbare-energien.de. zuletzt abgerufen am 08 03 2012

Eine weitere Prognose entwirft der FVEE für den Anteil der erneuerbaren Energien an der Bruttobereitstellung der elektrischen Energie bis zum Jahr 2050 [6] (Bild 3). Dort wird davon ausgegangen, dass im Jahr 2050 eine Vollversorgung des elektrischen Endenergiebedarfs in Höhe von 764 TWh$_{el,end}$ pro Jahr zu achtzig Prozent aus einheimischen, regenerativen Energiearten und zu zwanzig Prozent aus möglichst erneuerbaren Importen elektrischer Energie gedeckt sein wird [8].

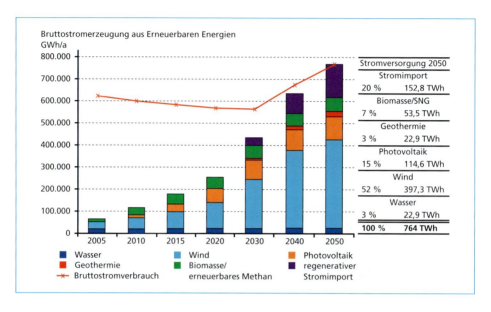

Bild 3:   Prognose Bruttobereitstellung der elektrischen Energie aus erneuerbaren Energien

Quelle: Schmid, J. et. al.: Eine Vision für ein nachhaltiges Energiekonzept auf Basis von Energieeffizienz und 100 % erneuerbaren Energien, Forschungsverbund erneuerbare Energien (Hrsg). Berlin, 2010

Im Jahr 2010 kam es in 44 h zu einer negativen Residuallast, d.h. in dieser kumulierten Zeit überstieg das Angebot an fluktuierender elektrischer Energie die Nachfrage. Die kumulierte Arbeit aus negativer Residuallast betrug 2010 0,26 TWh [9]. Gemessen an der Bruttonutzung der elektrischen Energie 2010 (602,6 TWh, [10]) entspricht dies 0,04 Prozent. Daraus ergibt sich eine durchschnittliche Überschussleistung in diesen 44 h von 5.909 MW. Bezogen auf das gesamte Jahr 2010 (8.760 h) trat der Fall von negativer Residuallast in 0,5 Prozent der Jahresstunden auf. Ausblick 2050: Laut DENA-Endbericht Integration EE wird im Jahr 2050 die Bereitstellung elektrischer Energie aus EE und KWK in 43 Prozent der Jahresstunden mit einer prognostizierten maximalen Überschussleistung von bis zu 70 GW und im Mittel mit rund 18 GW die Nachfrage übersteigen. Dadurch gibt es 2050 einen Überschuss an elektrischer Arbeit, bedingt durch EE, in Höhe von 21 TWh [11].

Zur Veranschaulichung der Residuallast und deren möglicher Entwicklung ist in nachfolgendes Bild 4 die Residuallast für 2010 in Orange und prognostiziert für 2020 in Grün dargestellt. Es ist zu erkennen, dass bereits bis 2020 die Schwankungen der Residuallast an Häufigkeit und Ausmaß zunehmen und dass die Residuallast, bedingt durch den laufenden Ausbau EE, häufiger negative Werte annimmt.

Der Auftrag beinhaltete Engineering,
Lieferung und Inbetriebnahme von
2 SSBGL-LCL 200 Drallbrennern mit je 26 MW Leistung
und die komplette Brennstoffversorgung und -aufbereitung

HEIZWERTARME FLÜSSIGKEITEN THERMISCH NUTZEN

Drallbrenner SSB-LCL verwandelt unerwünschte Nebenprodukte in wertvolle Energie

Bei der Produktion von Bioethanol und Sojaöl entstehen unerwünschte Nebenprodukte wie Vinasse und Molasse, die wenig Energie, dafür aber viel Wasser und Asche enthalten. Oft werden diese auf umliegenden Flächen entsorgt und belasten damit sowohl Luft als auch Grundwasser. Für die Pilotanlage Araucária der Firma IMCOPA im brasilianischen Bundesstaat Paraná wurde deshalb innerhalb kürzester Zeit nach einer Möglichkeit gesucht, diese Nebenprodukte umweltfreundlich und kostensparend zu verwerten.

Die SAACKE Lösung: der SSB-LCL. Selbst Flüssigkeiten von weniger als 10 MJ/kg verfeuert der Drallbrenner mit nur minimaler Stützfeuerung. Heizwertarme Nebenerzeugnisse ersetzen somit über 80 % der vorherigen fossilen Brennstoffe an der Anlage Araucária. Zudem kann die Asche rund um das IMCOPA-Gelände nun als Dünger (mehr als 10.000 Tonnen pro Jahr) in der Landwirtschaft genutzt werden. So werden das Firmenbudget und die Umwelt gleichermaßen entlastet.

SAACKE GmbH · Bremen · GERMANY · www.saacke.com

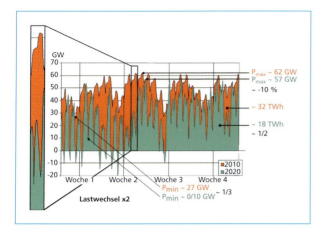

Bild 4:

Residuallast für 2010 und Prognose für 2020

Quelle: Jeschke, R.; Henning; B.; Schreier, W.: Hitachi Power Europe GmbH, Bern. Schweiz, 2011

Bild 5 zeigt die Umwandlung von Wind- und Solarenergie in elektrische Energie für das Jahr 2012 (summiert für die vier Netzbetreiber Amprion, 50 Hertz, TenneT und Transnet BW). Daraus ist die hohe Fluktuation der Leistung ersichtlich.

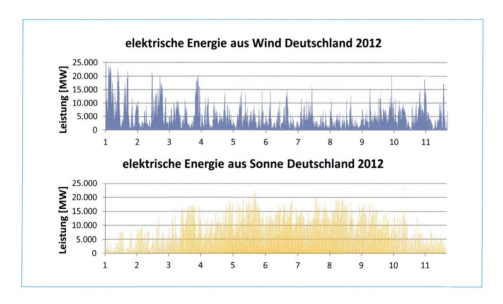

Bild 5:   Bereitstellung der elektrischen Energie aus Wind und Sonne für das Jahr 2012 in Deutschland

Quelle: Hack, N.; Unz S.; Pieper, C.; Beckmann, M.: Stand der Technik und innovative Verfahrenskonzepte zur Umwandlung und Speicherung elektrischer Energie. In: Kraftwerkstechnik – Sichere und nachhaltige Energieversorgung, Band 5. Neuruppin: TK Verlag Karl Thomé-Kozmiensky, 2013

In Bild 6 für September 2012 ist zu sehen, dass elektrische Energie aus Sonne täglich stets mittags das Maximum erreicht und so mittlerweile die Nachfragespitzen um die Mittagszeit v.a. im Sommer auffängt (engl. Peak shaving). Bei guter Prognose wird so der konventionelle Kraftwerkspark durch elektrische Energie solaren Ursprungs zu

Spitzenlastzeiten entlastet. Elektrische Energie aus Windenergieanlagen weist deutlich größere Unregelmäßigkeiten auf, die bisher komplett durch fossile Kraftwerke kompensiert werden müssen. Besonders kritisch für die Versorgungssicherheit ist jedoch der Winter, wenn der Bedarf groß und das Aufkommen an elektrischer Energie aus Wind und Sonne niedrig ist, wie beispielsweise im Februar 2012. Um auch zu solchen Zeiten die Versorgungssicherheit zu gewährleisten, ist bis auf etwa 1 bis 2 GW die gesamte benötigte Leistung durch nicht fluktuierende Kraftwerke sicher zu stellen. Mit Hilfe von Speichertechnologien kann zukünftig die installierte Leistung des fossilen Kraftwerksparks reduziert werden ohne die Versorgungssicherheit zu beeinträchtigen [13].

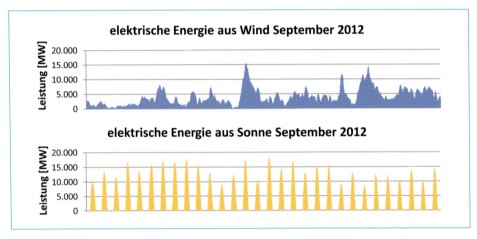

Bild 6:   Bereitstellung der elektrischen Energie aus Wind und Sonne im September 2012 in Deutschland

Quelle: Hack, N.; Unz S.; Pieper, C.; Beckmann, M.: Stand der Technik und innovative Verfahrenskonzepte zur Umwandlung und Speicherung elektrischer Energie. In: Kraftwerkstechnik – Sichere und nachhaltige Energieversorgung, Band 5. Neuruppin: TK Verlag Karl Thomé-Kozmiensky, 2013

Bild 7 zeigt beispielhaft den Verlauf von Prognose und Istwerten für die Bereitstellung elektrischer Energie aus Sonne im September 2012 im Netz von Amprion:

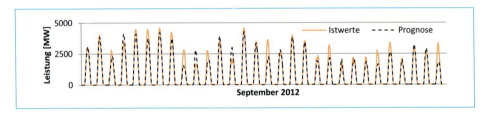

Bild 7:   Prognose für Bereitstellung der elektrischen Energie aus Sonne und Istwerte im September 2012 im Netz von Amprion

Quellen: Hack, N.; Unz S.; Pieper, C.; Beckmann, M.: Stand der Technik und innovative Verfahrenskonzepte zur Umwandlung und Speicherung elektrischer Energie. In: Kraftwerkstechnik – Sichere und nachhaltige Energieversorgung, Band 5. Neuruppin: TK Verlag Karl Thomé-Kozmiensky, 2013

Die Prognoseabweichung als relativer Fehler f zwischen Prognose- und Istwert berechnet sich nach Gleichung 1:

$$f = \frac{\text{Prognosewert} - \text{Istwert (Hochrechnung)}}{\text{Istwert (Hochrechnung)}} \tag{1}$$

Die Fehlerwerte werden in Fehlerklassen, beginnend von -0,95 jeweils in 0,1-Schritten unterteilt und die Anzahl der auftretenden Fehler in der Fehlerklasse summiert, so dass sich die Fehlerhäufigkeitsverteilung ergibt (Bild 8).

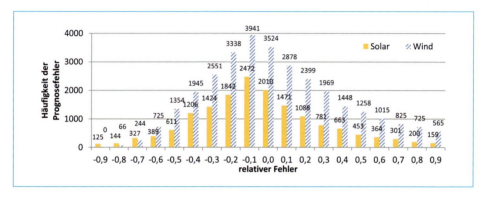

Bild 8:   Fehlerverteilung für Bereitstellung der elektrischen Solar- und Windenergie 2012 im Netz von Amprion, Daten

Quellen: Hack, N.; Unz S.; Pieper, C.; Beckmann, M.: Stand der Technik und innovative Verfahrenskonzepte zur Umwandlung und Speicherung elektrischer Energie. In: Kraftwerkstechnik – Sichere und nachhaltige Energieversorgung, Band 5. Neuruppin: TK Verlag Karl Thomé-Kozmiensky, 2013

Die Ermittlung der Prognosefehler ergibt deutliche Abweichungen zur Realität. Mögliche Verfälschungsursachen sind: Gemeldete Werte von PV-Anlagen beruhen teilweise auf Hochrechnungen und die veröffentlichten Werte werden nach 08:00 Uhr des Vortages nicht mehr an laufende Prognoseänderungen angepasst.

Bisher konnten die Fluktuationen mit Pumpspeicherkraftwerken, Redispatch-Maßnahmen, europaweitem Handel sowie notfalls durch Abschalten von Windkraftwerken ausgeglichen werden. Um die Fluktuationen von Wind und Solar zukünftig ausgleichen zu können sind neben der Vorhersagegenauigkeit die Lastgradienten wichtig. Die größte Laständerung von der elektrischen Windenergie betrug 2012 im Netz von 50 Hertz 67 MW/min. Diese Laständerung ist von Reserve- und/oder Speicherkraftwerken beim Lade- und Entladevorgang bereit zu stellen [13].

3. Speicherung von Energie

Für Ladezeiten im Minuten- bis Stundenbereich eignen sich vor allem Akkumulatoren, Kondensatoren (elektrische Speicher) und Schwungräder. Für die Integration der erneuerbaren Energien werden vorrangig Langzeitspeicher benötigt, wie z.B. Power-to-Gas,

Druckluftspeicherkraftwerke, Thermopotentialspeicher. Das topologische Potential der Pumpspeicherkraftwerke ist in Deutschland fast gänzlich ausgeschöpft. Zum Ausbau der Speicherkapazität kommen folgende Technologien in Frage [13].

3.1. Elektrische Speicher

Die Umwandlung einer Energieform in eine Andere ist technologisch nicht uneingeschränkt realisierbar und dabei stets mit (unterschiedlich großen) Verlusten behaftet, weswegen es wünschenswert ist, dies möglichst von vornherein zu minimieren. Vor diesem Hintergrund ist die Entwicklung von Lösungen zur Speicherung von elektrischer Energie in Form von Ladungsträgern (z.B. elektrochemisch in Batterien/Akkumulatoren) zu sehen. Zur Übersicht über den Stand der Technik elektrischer und elektrochemischer Speicher sei auf [14, 15] verwiesen. Die allgemeinen Anforderungen an Energiespeicher werden auch an elektrische Speicher gerichtet und lauten:

- Hohe spezifische Kapazität (Energiedichte)

- Breiter abrufbarer Leistungsbereich

- Geringe Reaktionszeiten bzw. große Lastgradienten

- Niedrige spezifische Kosten

- Geringe Speicherverluste

- Zyklenfestigkeit/Lebensdauer (Be- und Entladung)

Während im Bereich der Leistungsabgabe, der Reaktionszeiten/Lastgradienten und der Speicherverluste Batteriespeicher usw. bereits hohen Ansprüchen genügen, stehen die immer noch zu geringen spezifischen Kapazitäten bei gleichzeitig hohen spezifischen Kosten derzeitig einem flächendeckenden, großtechnischen Einsatz entgegen. Die Problematik der Speicherwirkungsgrade (direkte und indirekte Speicherung elektrischer Energie) sowie Kapazitäts- und Reichweitenaspekte sind in [13] ausführlich diskutiert.

3.2. Power-to-Gas

Power-to-Gas umfasst die Teilprozesse Elektrolyse von Wasser, Methanisierung und Einspeisung in das Erdgasnetz. Mit Hilfe des Sabatier-Prozesses kann Wasserstoff in Methan konvertiert werden, welches einen etwa dreimal so hohen Heizwert, bezogen auf das Normvolumen besitzt, wie Wasserstoff. Das so genannte Synthetische Erdgas (SNG=Synthetic Natural Gas) kann in das Erdgasnetz eingespeist werden. Der Entladevorgang (Gas-to-Power) erfolgt konventionell z.B. mittels eines Gas- und Dampfkraftwerkes zurück zur elektrischen Energie. Die Speicherkapazität des deutschen Erdgasnetzes mit angeschlossenen Kavernen liegt bei rund zwanzig Prozent des Erdgasjahresverbrauchs. Deshalb ist diese Speichertechnologie eine der vielversprechendsten für die Langzeitspeicherung. Bisher befindet sie sich noch in Entwicklung.

3.3. Druckluftspeicherkraftwerke

In Druckluftspeicherkraftwerken (engl. Compressed Air Energy Storage = CAES) wird die zu speichernde Energie zum Verdichten der Luft genutzt. Während des Entladevorgangs wird die verdichtete Luft in einer Gasturbine entspannt. In einem diabaten Prozess wird die nach den Verdichterstufen abzuführende Wärme in die Umwelt abgeführt. Vor dem Eintritt in die Gasturbine wird die Luft durch Verbrennung eines zusätzlichen Brennstoffes wieder aufgeheizt. Derzeit laufen Forschungen bezüglich eines adiabaten CAES-Systems, bei dem die Wärme während der Verdichtung gespeichert und beim Entladevorgang der Luft wieder zugeführt wird.

3.4. Thermopotentialspeicher

Bei dieser Technologie funktioniert der Ladevorgang wie eine Wärmepumpe. Darin wird Gas verdichtet und anschließend in einem Hochdruck-Wärmespeicher gekühlt, welcher die thermische Energie speichert. Das kalte Gas expandiert in einer Turbine auf eine Temperatur unterhalb der Anfangstemperatur. Daraufhin kühlt es einen zweiten Regenerator, einen thermischen Speicher auf niedrigerem Druck und niedrigerer Temperatur. Am Ende des Ladeprozesses ist der Thermische Speicher für Hochdruck komplett bis zu der maximalen Prozesstemperatur aufgeheizt und der thermische Speicher für Niederdruck ist vollständig auf die minimale Prozesstemperatur gekühlt. Der Entladevorgang beinhaltet eine separate Verdichter-Turbinen-Kombination, die wie ein gewöhnlicher geschlossener Joule- (bzw. Brayton-) Prozess arbeitet.

3.5. Thermische Speicher

Bei thermischen Speichern kann anhand des Prinzips des Speicherprozesses zwischen sensiblen, latenten und chemischen Speichern unterschieden werden. Je nach Wärmeein- und austragsart wird weiter zwischen direkten und indirekten Speichern unterschieden. Bei direkten Speichern ist im Gegensatz zu indirekten Speichern das Wärmeträgermedium mit dem Speichermedium identisch. Anstelle eines Wärmeträgermediums kann auch eine elektrische Heizung eingesetzt werden [13].

Thermische Speicher für sensible (fühlbare) Wärme

Sensible Wärmespeicher sind dadurch gekennzeichnet, dass die Wärmezu- bzw. abfuhr im Lade- bzw. Entladevorgang stets mit einer Temperaturänderung des Mediums verbunden ist. Bei Feststoffen als Speichermedium sind keine direkten Wärmespeicher möglich, sie benötigen zusätzlich ein Wärmeträgermedium, das flüssig oder gasförmig ist. Oft ist daher nicht die Einsatztemperatur des Speichermediums die begrenzende Größe, sondern die des Wärmeträgermediums oder Anlagenteile wie z.B. Dichtungen, die mit diesem in Kontakt kommen.

Um die Zeit der Bereitstellung der elektrischen Energie zu verlängern, ist bei solar-thermischen Kraftwerken die Entwicklung von thermischen Speichern am weitesten fortgeschritten. Hierfür kommt z.B. flüssiges Salz als sensibler thermischer Speicher bereits zum Einsatz.

Latentwärmespeicher

Latente Wärme ist die Enthalpieänderung, die ein Stoff beim Wechsel des Aggregat-zustandes erfährt, wobei sich die Temperatur bei reinen Stoffen nicht und bei Stoffge-mischen in einem Temperaturbereich ändert. Vorteil der Phasenwechselmaterialien ist die hohe spezifische latente Wärme, die in der Größenordnung Faktor 100 größer ist, als die Wärmekapazität. Bei den meisten Phasenwechselmaterialien ist jedoch die Wärmeleitfähigkeit geringer, so dass diese Größe den begrenzenden Faktor darstellt.

Thermochemische Energiespeicher

Bei thermochemischen Energiespeichern wird Wärme durch endotherme Reaktionen gebunden (Laden) und durch exotherme Reaktionen wieder freigesetzt (Entladen). Im Vergleich zu sensiblen und latenten thermischen Speichern haben thermochemische Energiespeicher sehr viel größere Speicherdichten, so dass sie sich besonders für große Kapazitäten eignen. Die Reversibilität und die Zyklenstabilität stehen im Vordergrund der Forschungsarbeiten zu thermochemischen Speichern.

4. Eine Abfallverbrennungsanlage im Netz mit erneuerbaren Energien

4.1. Monitoring mit Online-Bilanzierungsprogrammen

Für die betriebstechnische Überwachung des Anlagen-Ist-Zustandes steht in Abfall-verbrennungsanlagen eine Vielzahl von Messwerten *online* zur Verfügung (Emissions-werte, Dampfparameter, elektrische Leistungen usw.). Wesentliche Betriebsparameter für die Optimierung wie z.B. der Massenstrom und Heizwert des aktuell auf dem Rost verbrennenden Abfalls, Wirkungsgrade des Dampferzeugers und der Gesamtanlage, spezifische Verbräuche von Betriebshilfsstoffen können allerdings nicht unmittelbar gemessen werden, sondern sind rechnerisch – ebenfalls *online* – durch Bilanzen zu bestimmen. Bei Biomasse- und Abfallverbrennungsanlagen wird die detaillierte und zeitnahe Bilanzierung dadurch erschwert, dass für eine geschlossene Bilanzierung teilweise Messwerte fehlen, dass in den einzelnen Anlagenabschnitten unterschied-liche Verweilzeiten auftreten und dass der Anlagenbetrieb ständigen Schwankungen unterworfen ist, bedingt durch die inhomogenen und zunehmend wechselhaften Eigenschaften der eingesetzten Biomasse und der Abfälle.

Bezüglich der Einzelheiten von Online-Bilanzierungsprogrammen sei auf [16] und [17] verwiesen.

4.2. Betriebsartenkonzept

Die Online-Bilanzierung bildet eine wesentliche Grundlage für die Gestaltung von sogenannten Betriebsartenkonzepten, die einerseits der Optimierung der Anlage selbst dienen können, die aber auch im Hinblick auf die bedarfsgerechte Abgabe und Speicherung von Energie ausgerichtet werden können. Die Einbindung in ein Fernwärmenetz oder in einen Kraftwerkspark mit stark schwankendem Energiebedarf auf einer Seite und die Veränderungen der verfügbaren Brennstoffmenge sowie der Brennstoffeigenschaften auf der anderen Seite erfordern eine flexible Fahrweise einer Abfallverbrennungsanlage. Um die Betriebsfahrweise den gegebenen Randbedingungen anpassen zu können wurde das Betriebsartenkonzept von Martin GmbH in Zusammenarbeit mit ABB Schweiz entwickelt, welches hier beispielhaft zitiert sei [18]. Das Modul *Betriebsartenkonzept* wird übergeordnet in die Automatisierungstopologie der Abfallverbrennungsanlage eingesetzt (Bild 9).

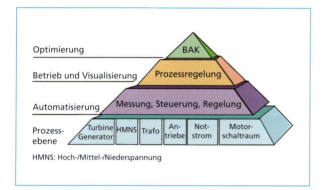

Bild 9:

Einordnung des Betriebsartenkonzeptes (BAK) in die Automatisierungstopologie der Abfallverbrennungsanlage

Quellen: Busch, M.; Martin, J. E. J.; Bardi, S.; Bossart A.: Betriebsartenkonzepte für die Abfallverbrennung. In: Energie aus Abfall, Band 8. Neuruppin: TK Verlag Karl Thomé-Kozmiensky, 2011

Ein wichtiger Grund für die Entwicklung des übergeordneten Regelungskonzeptes war die Tatsache, dass viele Einflussfaktoren, die sich aus dem Betrieb der Anlage heraus ergeben, aber auch durch äußere Randbedingungen gegeben sind, bisher keine oder nur bedingt Berücksichtigung fanden. Die innerbetrieblichen Faktoren sind z.B. Verschmutzung, Verschleiß, wartungsfreundlicher Betrieb oder Korrosion. Äußere Randbedingungen sind vor allem Anforderungen an die Form und Menge der Energieabgabe wie elektrische Energie, Prozessdampf und Fernwärme, aber auch unzureichende Informationen über den zugeführten Brennstoff sind nachteilig für die Prozessführung [18].

Das Betriebsartenkonzept (BAK) ist grundsätzlich in die drei Hauptgruppen Energiezufuhr, Energieabgabe und Teilautomatik aufgeteilt (Bild 10).

Das Regelungskonzept *Energiezufuhr* beinhaltet als Standard die Betriebsart Bruttowärme, bei der aus verschiedenen online gemessenen Parametern der Heizwert des Abfalls und die Abfallmenge errechnet wird mit dem Ziel, je nach Abfallqualität und Anlagenzustand, die gewünschte, d.h. normalerweise die maximale Bruttowärmemenge automatisch geregelt zu fahren.

247

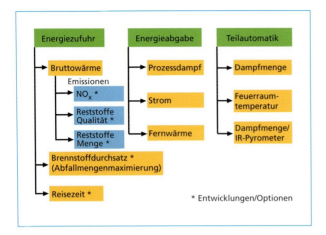

Bild 10:

Betriebsartenvarianten

Quellen: Busch, M.; Martin, J. E. J.; Bardi, S.; Bossart A.: Betriebsartenkonzepte für die Abfallverbrennung. In: Energie aus Abfall, Band 8. Neuruppin: TK Verlag Karl Thome-Kozmiensky, 2011

Die Betriebsart *Teilautomatik* besteht aus einem reduzierten Regelungsumfang, der bei Ausfall wichtiger Komponenten des Betriebsartenkonzepts angewählt werden kann, z.B. um die Anlage gezielt abzufahren oder mit konventioneller Regelungscharakteristik weiterzufahren.

Die Hauptbetriebsart *Energieabgabe* ist geprägt durch die Wahl der abzugebenden Energie in Form von Prozessdampf, elektrischer Energie und Fernwärme oder Kombinationen aus diesen. Hier spielen vor allem äußere Einflussfaktoren, wie z.B. Bedarf von Energieträgern, Klima und Produktionsabläufe eine große Rolle.

Ein Beispiel einer Anlage, in der neben einer Optimierung der Verfügbarkeit und des Wirkungsgrades durch anlagentechnische Maßnahmen, die Wirtschaftlichkeit durch Anwendung des Betriebsartenkonzeptes verbessert wird, ist die KVA Turgi. In diesem Fall wird in der Betriebsart Fernwärme eine Vorhersage des Bedarfsprofils erstellt und mit der Prognose zur Energieerzeugung so gekoppelt, dass die zu verkaufende elektrische Energie (Produktionsplan) ermittelt wird [18].

4.3. Beispiele zum Betrieb von Abfallverbrennungsanlagen zur Übernahme von Netzregelungsaufgaben in regionalen Versorgungszellen

Bei der Betrachtung einer Region als eine kleine autarke Zelle mit einem Versorgungsgebiet, das mit Wind- und Solarenergie versorgt werden soll, stellt sich die Frage, ob eine Abfallverbrennungsanlage zur Netzstabilisierung beitragen kann. Dabei soll eine möglichst effiziente Energienutzung angestrebt werden.

Die Randbedingungen sind u.a. abhängig von der Jahreszeit und von Wetterverhältnissen. Im Folgenden werden zwei Beispiele dargestellt (Tabelle 1). Es wird angenommen, dass in einer kleinen regionalen Einheit ein nennenswertes Potential an elektrischer Energie aus Solar- und Windkraftanlagen eingespeist werden soll. An das elektrische Netz und das Fernwärmenetz dieses Versorgungsgebietes ist weiterhin eine

Energie aus Abfall

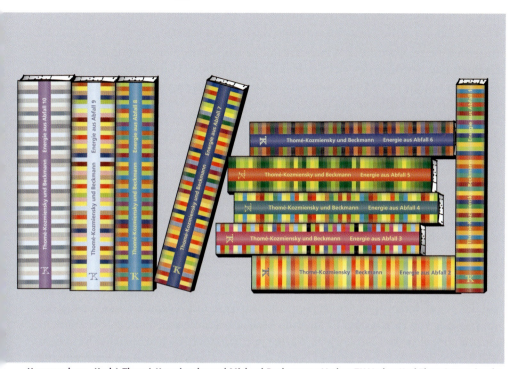

Herausgeber: Karl J. Thomé-Kozmiensky und Michael Beckmann • Verlag: TK Verlag Karl Thomé-Kozmiensky

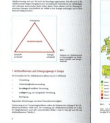

Abfallverbrennungsanlage angeschlossen. Wie im Kapitel 3 beschrieben, kommt es infolge von Änderungen der Windstärke und der Sonneneinstrahlung zur starken Fluktuation der in das Netz eingespeisten elektrischen Energie.

Im ersten Beispiel wird die Winterzeit mit kalten, windstillen, sonnigen Tagen betrachtet. Die Nutzung der elektrischer Energie und der Wärme ist hoch. Am Tag kommt es um die Mittagszeit zum Anstieg der Einspeisung von elektrischer Energie aus den Solarkraftanlagen. Falls aus diesem Grund die elektrische Energie aus der Abfallverbrennungsanlage zu dieser Zeit nicht abgenommen werden kann und keine zusätzliche Fernwärme benötigt wird, kann die überschüssige Energie als Wärme in einem thermischen Speicher gespeichert werden. Die Wärme aus dem Speicher kann dann zu Tageszeiten mit höherem Wärmebedarf abgegeben werden. Die thermischen Speicher sind bereits Stand der Technik. Zur Speicherung der zusätzlichen Energie, die wegen der Einspeisung aus den Erneuerbaren Energien nicht mehr als elektrische Energie abgegeben werden kann, muss der thermische Speicher entsprechend dimensioniert werden.

Das zweite Beispiel soll die Situation im Sommer veranschaulichen. Dazu wird eine Zeit mit warmen, sonnigen und windigen Tagen angenommen. Ohne größere, industrielle Wärmeabnehmer ist der Wärmebedarf zu dieser Zeit niedrig. Die elektrische Energie aus den Windkraftanlagen wird eingespeist. Am Tag kommt es zu weiterem Anstieg der Einspeisung von elektrischer Energie aus erneuerbaren Energien infolge der Sonneneinstrahlung. Die Speicherung der Wärme in einem thermischen Speicher ist in dem Fall derzeit noch keine geeignete Lösung. Um die Energie aus der Abfallverbrennung möglichst effizient zu nutzen und zur Netzstabilisierung beizutragen, wäre der Einsatz eines elektrischen Speichers erforderlich. Eine heutzutage technisch und wirtschaftlich realisierbare Lösung wäre ein Batteriespeicher (vgl. Kapitel 4.), die ausführlicher in [13] diskutiert werden. Aufgrund der geringen spezifischen Kapazitäten eignen sich diese Speicher allerdings für Lade- und Entladezeiten in Minuten- bzw. Stundenbereich. Mit einem Batteriespeicher könnte die elektrische Energie zur Zeiten der Sonneneinstrahlung gespeichert werden, um in den abendlichen Stunden ins Netz entladen zu werden.

Tabelle 1:   Randbedingungen und mögliche Lösungen in betrachteten Beispielen

Äußere Rand-bedingungen	Nutzung elektische Energie	Nutzung thermische Energie	Energie-versorgung Sonne	Energie-versorgung Wind	mögliche Lösung
Winter: kalt, windstill sonnig	hoch	hoch	ja	nein	thermischer Speicher
Sommer: warm, windig sonnig	niedrig	niedrig	ja	ja	elektrischer Speicher

Ein effizienter Betrieb einer Abfallverbrennungsanlage unter Einfluss der erneuerbaren Energien erfordert neben dem Einsatz von Energiespeichern auch neuartige Regelungskonzepte, welche die aktuelle und die voraussichtliche Einspeisung der elektrischen

Energie aus Wind und Sonne, das Verhalten der Abnehmer sowie die verfügbaren Speicherkapazitäten berücksichtigen. Wie das Beispiel der KVA Turgi (vgl. Kapitel 5.2.) zeigt, ist das Betriebsartenkonzept, insbesondere die Betriebsart *Energieabgabe*, dafür sehr gut geeignet.

Die Beispiele sollen zeigen, dass einerseits für den Fall, dass sich die Netzgestaltung zu Regelungen innerhalb autarker Zellen entwickelt, Bedarf zur Übernahme von Netzregelungsaufgaben entstehen kann. Andererseits stehen dafür derzeit noch keine geeigneten Lösungen zur Verfügung. Zunächst besteht die Aufgabe, verschiedene Lösungsmöglichkeiten zu bilanzieren. Neben der energetischen Bilanzierung sind dabei auch wirtschaftliche Aspekte und Fragen der Nachhaltigkeit zu diskutieren.

5. Literaturverzeichnis

[1] VDI-Richtlinie 3460 Blatt 2 – Emissionsminderung – Energieumwandlung bei der thermischen Abfallbehandlung, 2007

[2] Horeni, M.: Möglichkeiten für die energetische Optimierung von Müllverbrennungsanlagen – Entwicklung, Erprobung und Validierung eines Online-Bilanzierungsprogramms, Papierflieger, Clausthal-Zellerfeld, 2007

[3] Bundesministerium für Wirtschaft und Technologie (Hrsg.): Energiedaten – nationale und internationale Entwicklung, online verfügbar: www.bmwi.de/BMWi/Navigation/Energie/Statistik-und-Prognosen/energiedaten.html, zuletzt abgerufen am 08 03 2012

[4] Daten von der AG Energiebilanzen e.V., online verfügbar: www.ag-energiebilanzen.de, zuletzt abgerufen am 08 03 2012

[5] Bundesministerium für Umwelt, Naturschutz und Reaktorsicherheit (Hrsg.): erneuerbaren Energie in Zahlen – Nationale und internationale Entwicklung, Stand Juli 2011, Berlin, 2011. Online verfügbar: www.erneuerbare-energien.de. zuletzt abgerufen am 08 03 2012

[6] Schmid, J. ct. al.: Eine Vision für ein nachhaltiges Energiekonzept auf Basis von Energieeffizienz und 100 % erneuerbaren Energien, Forschungsverbund erneuerbare Energien (Hrsg). Berlin, 2010

[7] Bundesministerium für Wirtschaft und Technologie (BMWi), Bundesministerium für Umwelt, Naturschutz und Reaktorsicherheit (BMU)(Hrsg.): Energiekonzept für eine umweltschonende, zuverlässige und bezahlbare Energieversorgung. Berlin, 2011

[8] Beckmann, M.; Pieper, C.; Reinhard S.; Muster, M.: Perspektiven für eine Vollversorgung mit erneuerbaren Energien, in Kraftwerkstechnik. In: Sichere und nachhaltige Energieversorgung, Band. 4. Neuruppin: TK Verlag Thome-Kozmiensky, 2012

[9] Energie-Forschungszentrum Niedersachsen, „BMWi," online verfügbar: http://www.bmwi.de/BMWi/Redaktion/PDF/Publikationen/Studien/eignung-von-speichertechnologien-zum-erhalt-der-systemsicherheit,property=pdf,bereich=bmwi2012,sprache=de,rwb=true.pdf. zuletzt abgerufen am 30 05 2013

[10] Bundesministerium für Umwelt, Naturschutz und Reaktorsicherheit, Zeitreihen zur Entwicklung der erneuerbaren Energien in Deutschland, online verfügbar: http://www.erneuerbare-energien.de/unser-service/mediathek/downloads/detailansicht/artikel/zeitreihen-zur-entwicklung-der-erneuerbaren-energien-in-deutschland/?tx_ttnews[backPid]=253, zuletzt abgerufen am 12 06 2013

[11] Deutsche Energie-Agentur GmbH (dena), Endbericht: Integration der erneuerbaren Energien in den deutsch-europäischen Strommarkt," online verfügbar: http://www.dena.de/fileadmin/user_upload/Presse/Meldungen/2012/Endbericht_Integration_EE.pdf. zuletzt abgerufen am 30 05 2013

[12] Jeschke, R.; Henning; B.; Schreier, W.: Hitachi Power Europe GmbH, Bern. Schweiz, 2011

[13] Hack, N.; Unz S.; Pieper, C.; Beckmann, M.: Stand der Technik und innovative Verfahrenskonzepte zur Umwandlung und Speicherung elektrischer Energie. In: Kraftwerkstechnik – Sichere und nachhaltige Energieversorgung, Band 5. Neuruppin: TK Verlag Karl Thome-Kozmiensky, 2013

[14] Neupert, U.; Euting, T.; Kretschmer, T.; Notthoff, C.; Ruhlig, K.; Weimert B.: Energiespeicher. Technische Grundlagen und energiewirtschaftliches Potential. Fraunhofer IRB Verlag, 2009

[15] Gamrad, D.; Markowz, G.; Dies, W. und Kolligs, C.: VDI-Konferenz Elektrochemische Energiespeicher – Bereitstellung von Primärregelleistung durch Großbatteriespeicher. Ludwigsburg, 2012

[16] Beckmann, M.; M. Horeni, M.; Metschke, J.; Krüger, J.; Papa, G., L. Englmaier, L.; Busch, M: Optimierung von Müllheizkraftwerken durch Einsatz eines Online-Bilanzierungsprogramms. In: Optimierung der Abfallverbrennung. Neuruppin: TK Verlag Karl Thome-Kozmiensky, 2005

[17] Mueller, C.; Frach, M.; Mußmann, B.; Schumacher M.: Direkte Messung und dynamische Softwarealgorithmen – ideale Kombination für erhöhte Dampferzeugereffizienz. In: Energie aus Abfall, Band 7. Neuruppin: TK Verlag, 2010

[18] Busch, M.; Martin, J. E. J.; Bardi, S.; Bossart A.: Betriebsartenkonzepte für die Abfallverbrennung. In: Energie aus Abfall, Band 8. Neuruppin: TK Verlag Karl Thome-Kozmiensky, 2011

Leading provider for Waste to Energy technology and Engineering solutions

Across the globe, growing volumes of waste, shortfalls of landfill areas and soaring energy prices are making Energy-from-Waste a leading solution for a cleaner future. Keppel Seghers, a member of the Keppel Group, is a leading provider of advanced Energy-from-Waste solutions and services.

With a strong track record of successful projects completed worldwide, we are further developing our position and growth in the global market to meet the challenges of protecting the environment.

Keppel Seghers Belgium nv - Hoofd 1 - 2830 Willebroek - Belgium
www.keppelseghers.com - info@keppelseghers.com

Képpel Seghers
Solutions for a Cleaner Futur

Auswirkungen der Auslegung und Betriebsweise von Abfallverbrennungsanlagen auf die Energieeffizienz

Johan De Greef, Hans Van Belle, Kenneth Villani, Svend Bram und Francesco Contino

Aufgrund der weltweit wachsenden Klimaproblematik werden auf die Reduzierung der industriellen CO_2-Bilanz durch den Ersatz von fossilen Brennstoffen und die energetische Prozessoptimierung Schwerpunkte gesetzt. Diese Arbeit beinhaltet die Ergebnisse einer Studie über die technischen Möglichkeiten zur Erreichung einer höheren Energieeffizienz der Dampferzeuger und Dampfkreise von Abfallverbrennungsanlagen (MVA). Ziel der Studie ist die Bestimmung der verfügbaren Möglichkeiten zur energetischen Optimierung von MVAs unter Berücksichtigung der spezifischen Grenzen des Abfallverbrennungsprozesses. Die Auswirkungen von bestimmten Prozessvariablen werden quantitativ bestimmt und verglichen. Diese Variablen umfassen unter anderem Temperaturen, Drücke, Prozessverhältnisse und Umwandlungs-Raten, wie sie typischerweise bei Verbrennungsluft, Abgas-, Dampf- und Kondensatströmen angewendet werden.

Anhand der Erarbeitung einiger ausgesuchter Fälle wird der kumulative Effekt der bei der Konstruktion und dem Betrieb von MVA getroffenen technischen Entscheidungen und Auslegungen aufgezeigt. Die Ergebnisse ermöglichen dem sachkundigen Leser die Bestimmung eines *R1*-Richtwertes.

1. Einleitung

Innerhalb der EU wird Siedlungsabfall teilweise als eine Quelle für erneuerbare Energie angesehen. Die europäische Abfallpolitik hat nun zusätzlich zu den geltenden Vorgaben für die Vermeidung von Abfalldeponierung auch Vorgaben für die Energieeffizienz auferlegt. Ein sogenannter *R1*-Wert ist für jede Abfallverbrennungsanlage gemäß der in der Abfallrahmenrichtlinie der EU-Kommission festgelegten Formeln Abfall, 2008 zu bestimmen. Zum erreichen des *Verwertungs*-Status muss der Schwellenwert *R1* eingehalten oder übertroffen werden: 0,60 bei bereits bestehenden Anlagen und 0,65 bei Neuanlagen (genehmigt nach dem 31. Dezember 2008). Das Nichteinhalten dieser Werte führt zu einer Abstufung des Status von Verwerter auf Entsorger und zum Verlust des Rechts auf Inanspruchnahme von Erneuerbare-Energie-Zertifikaten.

Bei Abfallverbrennungsanlagen (MVA), die als Blockheizkraftwerke (BHKW) gebaut sind, ermöglicht das Vorhandensein externer Dampf-/Stromverbraucher im Allgemeinen das Erreichen des erforderlichen *R1*-Wertes. Wenn jedoch z.B. aufgrund der historischen Entwicklung benachbarte Energieabnehmer fehlen- ist eine Abfallverbrennungsanlage völlig auf sich selbst angewiesen, um das Energieeffizienzziel zu erreichen. Heutzutage sind MVAs mit (einfachen) Turbinenkreisläufen ausgestattet, die von Heißdampf mit üblicherweise 40 bis 60 bar und 400 bis 430 °C angetrieben werden. Zur Steigerung des Wirkungsgrades und somit der Stromerzeugung durch die Dampfturbine könnte man eine Dampferzeugung durch den Dampferzeuger mit höherem Druck und einer höheren Temperatur in Erwägung ziehen. Solch eine Optimierung *auf Grundlage der Thermodynamik* basiert auf der Annahme, dass die Kreislaufzyklen von MVAs und konventionelle Kraftwerke gleich sind. Jedoch begrenzen die besonderen Eigenschaften von Siedlungsabfällen beim Einsatz als Brennstoff, die korrosiven Eigenschaften des Abgases und die daraus resultierenden Wartungskosten die zulässigen Dampf-Höchstwerte bei MVA-Dampferzeugern. Darüber hinaus ist der Ersatz von bestehenden Abfallverbrennungsanlagen oder das Hochrüsten von Dampferzeugern eine radikale und sehr kostspielige Lösung.

Da es sich bei Siedlungsabfällen (im Vergleich zu fossilen Brennstoffen) um einen inhomogenen Brennstoff mit niedriger Wärmeenergie handelt, ist der Verbrennungsprozess starken Schwankungen ausgesetzt. Ohne den Einsatz modernster Technologie kann dies zu einem suboptimalen Betrieb der Anlage führen. Dies erklärt, warum eine Reihe von älteren MVAs nicht den Volllastbetrieb erreichen, für den sie ursprünglich ausgelegt wurden. De Greef et al. [1] haben aufgezeigt, dass es möglich ist, das verbleibende Potential durch recht unkomplizierte Prozessoptimierungen freizusetzen. Jedoch sind für größere Steigerungen der Energieeffizienz von bestehenden Abfallverbrennungsanlagen zusätzliche Maßnahmen zur Verbesserung von kritischen Prozesspunkten und die Modernisierung/das Aufrüsten der Anlage immer noch unabdinglich.

2. Ziele

Das Ziel der in dieser Arbeit vorgestellten Studie ist die Erforschung und Quantifizierung der verfügbaren Möglichkeiten zur weiteren energetischen Optimierung von MVA-Kreisläufen. Der Schwerpunkt wird dabei auf die Auswirkungen der Maßnahmen gelegt, die direkt mit der Verbrennung von Siedlungsabfällen in Verbindung stehen. Anpassungen des Turbinenkreislaufs – basierend auf vorherrschenden thermodynamischen Prinzipien – werden nur dann erörtert, wenn sie die Folge einer Optimierungsmaßnahme im Kern des Abfallverbrennungsprozesses sind (d.h. die Feuerungsanlage nebst Zusatzgeräten). Hinsichtlich neu zu errichtender Anlagen können die Ergebnisse dieser Studie bei der Festlegung einer energetisch verbesserten Bauweise hilfreich sein, und bei bereits bestehenden Anlagen können sie bei der Modernisierung und Optimierung der bestehenden Prozesse nützlich sein.

Die Energie-*Effizienz*-Werte sind absichtlich in thermodynamischen Prozentsätzen [%]. und nicht als (Dezimal-) *R1*-Werte angegeben. Während Letztere im Hinblick auf Abfallpolitik und rechtliche Verpflichtungen in direktem Gebrauch stehen, bieten Erstere den Vorteil des klaren quantitativen Vergleichs ohne Verschleierung durch *nichttechnische* Randbedingungen. Desweiteren steht die Richtlinie für die Kalkulation des Faktors *R1* [3] noch zur Diskussion. Die endgültige und rechtsverbindliche Fassung ist daher noch nicht verfügbar, obwohl die *R1*-Formel bereits seit 2008 in der Abfallrahmenrichtlinie enthalten ist. Dem sachkundigen Leser sollte das Konvertieren der thermodynamischen Prozentsätze in *R1*-Werte auf Grundlage der in dieser Studie angegeben Daten dennoch relativ leicht fallen.

3. Methoden

3.1. Systeme, Ströme und Parameter

Es wurde die energetische Leistung eines typischen MVA-Systems, wie in Bild 1 schematisch dargestellt, bewertet. Jeder Stoffstrom ist durch eine Reihe von Prozess-*Parametern* definiert: Durchsatz (bezüglich Masse oder Volumen), Temperatur, Druck und/oder sonstiges. Diese Parameter werden bei der Wärme- und Massenbilanz des Systems (weiter erörtert in Abschnitt 3.2) entweder als *Variable*, *Grenzwert* oder *abhängige Größe* behandelt:

- Bei einer **Variablen** handelt es sich prinzipiell um eine Kenngröße, die frei angepasst werden kann, um die energetische Leistung des MVA-Systems zu optimieren. (In der Praxis können Variablen nur innerhalb eines bestimmten Bereichs geändert werden, damit die *intrinsischen* Bedingungen des Abfallverbrennungsprozesses nicht beeinträchtigt werden)

- Bei einem **Grenzwert** handelt es sich um eine Kenngröße, deren Wert aufgrund äußerer Umstände festgelegt wird. Grenzwerte sind in der Regel anerkannte rechtliche, technische oder wirtschaftliche Rahmenbedingungen, wie zum Beispiel: Emissionsgrenzwerte, Kostenbeschränkungen für Wärmetauscherausrüstung, usw.;

- Bei einer **abhängigen Größe** handelt es sich um eine Kenngröße, die auf Grundlage von Variablen oder Grenzwerten wie oben erläutert berechnet wird. Bezogen auf die Physik wird ihr Wert unmittelbar durch die intrinsischen Eigenschaften des Abfallverbrennungsprozesses bestimmt. In der Praxis dienen abhängige Größen ausschließlich dem internen Gebrauch (Wärme- und Massebilanz), um sämtliche beeinflussenden Gleichungen mathematisch zu lösen. Obwohl einige dieser abhängigen Kenngrößen dem Betreiber einer MVA tatsächlich zur Verfügung stehen (zur Feinabstimmung des Verbrennungsprozesses), wird stets ein Vergleichswert im Voraus berechnet.

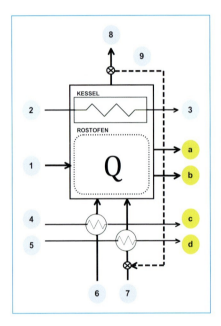

Nr.	Strom	Strom	Druck	Temp.	sonst.
1	Siedlungsabfälle	t/h			MJ/kg
2	Kesselspeisewasser			°C	
3	Kesseldampf		bar	°C	
4	Hilfsdampf (Vorwärmen der Primärluft)		bar	°C	
5	Hilfsdampf (Vorwärmen der Sekundärluft)		bar	°C	
6	Primäre Verbrennungsluft			°C	
7	Sekundäre Verbrennungsluft			°C	
8	Abgas am Ausgang des Kessels			°C	
9	Rezirkuliertes Abgas				%
a	Kesselasche				
b	(Flug-) Asche Kessel				
c	Kondensat von (4)				
d	Kondensat von (5)				

Bild 1:   MVA-System und tabellarische Darstellung der Stoffströme

In der Tabelle zu Bild 1 sind nur die von *Grenzwerten* oder *abhängigen Größen* definierten Prozessströme gelb unterlegt und durch Kleinbuchstaben gekennzeichnet. Diese Ströme sind von zweitrangiger Bedeutung und werden nicht weiter berücksichtigt. Blau markierte Ströme werden durch mindestens eine Variable bestimmt und sind daher im Rahmen dieser Studie von vorrangiger Bedeutung. Die zu den berücksichtigten Variablen gehörenden Einheiten sind in den weißen Tabellenfeldern notiert. Felder, die mit Grenzwerten/abhängigen Größen in Verbindung stehen sind grau unterlegt, da sie für die weitere Erörterung der Ergebnisse nicht benötigt werden.

3.2. Verbrennungswärme- und Massebilanz, Grenzwerte und abhängige Größen

Die Wärme- und Massebilanz des Systems in Bild 1 basiert auf Berechnungen nach der FDBR-Richtlinie [4]. Das Dokument ist innerhalb der Abfallverbrennungsbranche ein führendes und anerkanntes Referenzwerk und legt eine klare und gemeinsame Basis für die Berechnung und den Vergleich der energetischen Leistung von Abfall-Dampferzeugern fest. Sämtliche Ergebnisse dieser Studie erfüllen darüberhinaus die umweltrechtlichen und betrieblichen Standards gemäß der EU-Gesetze oder der von der Abfallverbrennungsbranche angewendeten Regeln. Zudem werden u.a. die folgenden Grenzwerte zu Grunde gelegt:

- Der Emissionsgrenzwert für Stickoxide liegt bei 200 mg/Nm³ und wird durch die selektiven nichtkatalytischen Reduktion (SNCR) eingehalten;

- Bei dem Brennstoff handelt es sich um Siedlungsabfälle von durchschnittlicher Zusammensetzung und einem Heizwert gemäß der Boje Formel [5];

- Der Ausbrand des Abfalls liegt unter 5 Gew.-% (trocken) Glühverlust in der Bodenasche;

- Die nach der Verbrennung verbleibende Sauerstoffkonzentration (am Ausgang des Abfalldampferzeugers) wird in einem Bereich zwischen 4 und 11 Vol.-% gehalten;

- Zwischen dem (einströmenden) Dampferzeuger-Speisewasser und den (ausströmenden) Abgasströmen in dem Economiser des Dampferzeugers wird eine Mindest-ΔT von 30 °C aufrechterhalten.

Aus den obengenannten Grenzwerten folgen dann direkt eine Reihe von *abhängigen Größen* bei einem gegebenen Abfalldurchsatz und Heizwert: z.B. die Ströme der erforderlichen Primär- und Sekundärluft (Bild 1: Nummer 6 und 7) und die Abgasströme, die das System verlassen (Nummer 8). Basierend auf der freigegebenen Wärme bei der Verbrennung (intern berechnet) wird schließlich der Dampferzeugerdampfstrom (Nummer 3) mittels der anderen festgelegten Variablen für den Dampferzeugerdampf (Druck und Temperatur) bestimmt.

3.3. Dampfkreislauf

Der Dampfstrom, der sich aus der Wärme- und Massebilanz (Abschnitt 3.2) ergibt, wird einem Dampfkreislauf zugeführt (Bild 2). Das Dampfkreislaufmodell wird für die Berechnung der jeweiligen elektrischen Leistung und der thermodynamischen Effizienz genutzt. Das Modell ist in der CycleTempo-Software umgesetzt. Wenn nicht ausdrücklich anderes angegeben ist (z.B. in Abschnitt 4.6), erfolgten die Dampfkreislaufberechnungen in dieser Studie für Heißdampf bei 60 bar und 420 °C, da für einen ähnlichen Fall ein ausführlicher Datensatz und charakteristische Turbinenkurven von einem namhaften Lieferanten von Dampfturbinen zur Verfügung standen. Daher basieren die Werte für die elektrische Leistung auch auf praktischer Erfahrung und nicht nur auf theoretischen Daten. Masse- und Energieströme an der Schnittstelle zwischen dem Wärme- und Massebilanzmodell und dem Dampfkreislaufmodell (z.B. Dampf für das Vorwärmen der Verbrennungsluft) wurden sorgfältig an jede Simulation angepasst.

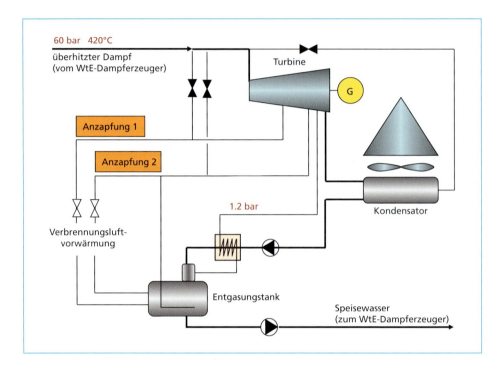

Bild 2:   Typischer Rankine-Abfallkreislauf, wie dem Dampfkreislaufmodell zugrunde gelegt

3.4. Modellierungsansatz

Nach Festlegung der Grenzwerte/abhängigen Größen und der Modelle (Abschnitte 3.2 und 3.3) konnten die Auswirkungen bestimmter Prozess*variablen* beurteilt werden. Die Wärme- und Massenbilanz und das Dampfkreislaufmodel wurden auf verschiedene Kombinationen der Prozessvariablen angewendet. Die Bewertung erfolgte für Siedlungsabfälle mit einem konstanten Heizwert von 9,4 MJ/kg. Die Modellserien 1 bis 7 (wie in Tabelle 1 unten aufgeführt) sind so definiert, dass die Wirkung der Optimierungsmaßnahmen für die Verbrennung von Siedlungsabfällen und den Wärmerückgewinnungsprozess durch die Änderung je einer Variablen charakteristisch beurteilt werden konnten. In der Studie wurden weitere Simulationsreihen durchgeführt (z.B. hinsichtlich der Wirkung der adiabatischen Verbrennungstemperatur), die aber hier aus Gründen der Geheimhaltung der angewendeten Modelle nicht vorgestellt werden.

Tabelle 1:   Prozessvariablen der sieben Hauptsimulationsreihen

Nr.	Angewendete Variable	Einheit	An-zap-fungen*	(sonstige) Variablen				
				PL Vor-wärm-tem-peratur	SL Vor-wärm-tem-peratur	Rück-gew. von SL aus Abgas	KSW-Temp.	Abgas-Temp. Kessel-ende
				° C		%	° C	°C
1	PL-Vorwärmtemperatur	°C	1	70 - 200	30	0	115	145
2	PL-Vorwärmtemperatur	°C	2	70 - 200	30	0	115	145
3	SL-Vorwärmtemperatur	°C	1	30	70 - 200	0	115	145
4	SL-Vorwärmtemperatur	°C	2	30	70 - 200	0	115	145
5	Abgasrezirkulation von SL aus Abgas	%	1	30	30	0 - 20	115	145
6	Temperatur Kesselspeise-wasser	°C	0	30	30	0	90 - 125	145
7	Abgastemperatur Kesselende	°C	0	30	30	0	115	145 - 225

*   Zur Vorwärmung eingesetzte Anzapfungen der Turbinen

PL =   Primärluft

SL =   Sekundärluft

KSW = Kesselspeisewasser

4. Erörterung und Ergebnisse

4.1. Vorwärmen der Primärluft

Bei Siedlungsabfällen mit einem hohen Feuchtigkeitsgehalt richtet sich die Vorwärm-temperatur hauptsächlich nach den intrinsischen Anforderungen an die Verbrennung. Daher besteht kein Freiraum für eine energetische Abstimmung. Bei Abfällen mit einem Heizwert von 9,44 MJ/kg ist die Vorwärmung der Verbrennungsluft für eine qualitative Verbrennung nicht unbedingt erforderlich. Das für den Abfall festgelegte Ausbrennkriterium (d.h. ein in Abschnitt 3.2 aufgeführter Grenzwert) kann ohne zusätzliche Wärmezufuhr in die Brennkammer gut erfüllt werden. Dennoch kann das Vorwärmen der Primärluft (d.h. die unterhalb des Brennstoffbettes zugeführte Verbrennungsluft) genutzt werden, um die Abfallverbrennungsanlage auf den aus energetischer Sicht interessantesten Betriebspunkt zu bringen. Dies wird durch die in Bild 3a. dargestellten Ergebnisse belegt.

Erwartungsgemäß wächst die Dampferzeugung des Dampferzeugers linear zur stei-genden Vorwärmung der Luft. Im Vergleich zur Situation ohne Vorwärmen (d.h. der Punkt ganz links in Bild 3a bei T=30 °C) kann eine kleine relative Zunahme in Höhe von rund 0,5 Prozent bei der Stromerzeugung ($\sim$100 kW$_{el}$) erzielt werden. Oberhalb dieses Höchstwertes sinkt die Stromerzeugung rapide, da eine unverhältnismäßig große Dampfmenge aus der Turbine extrahiert wird.

Wenn das Vorwärmsystem für die Primärluft über zwei Stufen statt nur einer Stufe verfügt (Bild 3b), wird der Dampf von zwei unterschiedlichen Anzapfdampfsammlern z.B. von zwei Turbinenanzapfung) entnommen. Bei einem typischen Rankine-Kreislauf bei der Abfallverbrennung (Bild 2) bietet dies größeren Freiraum, da die Abstimmung der Luftvorwärmung nicht mehr von den Anforderungen an den Dampf des Entgasers abhängig ist. Beide Systeme sind nicht mehr von einem einzigen Dampfsammler abhängig. Die maximale relative Wirkungsgradzunahme liegt bei zweistufiger Luftvorwärmung (bei rund 120 °C) bei rund ein Prozent.

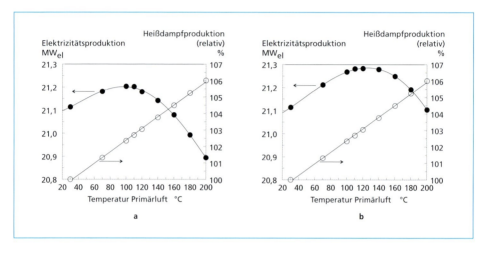

Bild 3: Wirkung der Vorwärmtemperatur der Primärluft auf denKesseldampfstrom und die Stromerzeugung bei einstufigen (a) und zweistufigen Wärmetauschern (b)

Die Werte in Bild 3 wurden unter Annahme eines variablen Drucks der Turbinenanzapfung 1 und 2 generiert (Bild 2), d.h. der Anzapfdruck wurde zusammen mit der gewünschten Dampftemperatur geändert. Bei bestehenden Abfallverbrennungsanlagen (mit Dampfturbine und Luftvorwärmern, wie ursprünglich installiert) sind die Möglichkeiten der Optimierung eingeschränkter. Dennoch kann die Reihenfolge der Auswirkungen bewertet werden, beispielsweise wenn ein Luftvorwärmer nachträglich in eine bestehende Anlage eingebaut wird.

4.2. Vorwärmen der Sekundärluft

Die Wirkung des Vorwärmens der Sekundärluft (d.h. Luftzufuhr oberhalb des brennenden Abfallbettes zum Abschluss des Abgasausbrands) wurde anhand der in den Reihen 3 und 4 in Tabelle 1 festgelegten Parameter modelliert. Die Ergebnisse sind in den Bildern 4a und 4b dargestellt. (Die Situation bei einem zweistufigen Wärmetauscher wurde aus Gründen der Vollständigkeit ebenfalls modelliert, jedoch findet diese Option in Abfallverbrennungsanlagen selten Anwendung Ähnliche Tendenzen wie bei dem Vorwärmen der Primärluft sind festzustellen. Zuwächse bei Dampferzeugerdampfstrom und der Stromerzeugung sind jedoch niedriger als bei dem Vorwärmen der Primärluft.

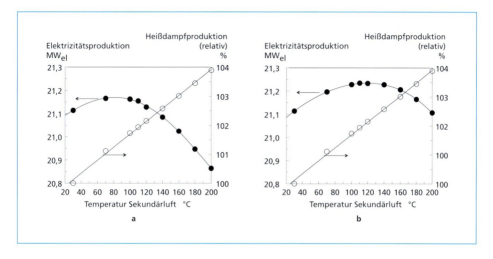

Bild 4: Wirkung der Vorwärmtemperatur der Sekundärluft auf den Kesseldampf und die Stromerzeugung bei einstufigen (a) und zweistufigen Wärmetauschern (b)

4.3. Sauerstoff-Überschuss (Abgas-Rezirkulation)

Eine weitere elegante Maßnahme zur Steigerung der Energieeffizienz der Verbrennung ist die Reduzierung des Sauerstoffüberschusses (gemessen am Abgasaustritt des Dampferzeugers). Eine (zu) große Menge von überschüssiger/m Luft/Sauerstoff kühlt das Abgas ab und reduziert so die Wärmeübertragung durch Strahlung und Konvektion an den Dampferzeuger. Auf der anderen Seite ist eine minimale Überdosierung von Luft/Sauerstoff im Feuer zur Sicherstellung der Verbrennungsreaktionen und zur Einschränkung der Entwicklung von Kohlenmonoxid (CO), d.h. ein Produkt unvollständiger Verbrennung, erforderlich. Darüberhinaus schwächt die nach der Verbrennung verbleibende Luft die korrosiven Auswirkungen der hohen Temperaturen auf Überhitzer ab. Die Konzentration von überschüssigem Sauerstoff kann durch den (partiellen) Ersatz der sekundären Verbrennungsluft durch rezirkuliertes Abgas gesteuert werden.

Die Simulationen erfolgten auf Grundlage der Parameter für Reihe 5. Die Ergebnisse sind in Bild 5 dargestellt. Der relative Zuwachs von Dampf und bei der Stromerzeugung liegt bei etwa plus zwei Prozent.

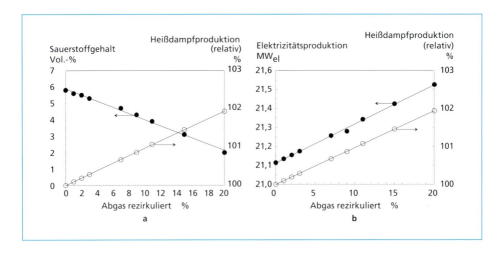

Bild 5: Wirkung der Abgas-Rezirkulation auf den Sauerstoffgehalt des Abgases (a) und den Kesseldampfstrom sowie die Stromerzeugung (b)

4.4. Temperatur von Dampferzeugerspeisewasser und am Abgasaustritt

Schließlich wird die Wirkung der Festlegung von niedrigeren Temperaturen für das (einströmende) Speisewasser und das (ausströmende) Abgas in der Nähe des Dampferzeugerendes untersucht (Reihen 6 und 7 in Tabelle 1). Diese kombinierten Maßnahmen erlauben eine gesteigerte Wärmegewinnung aus dem Abgas vor dem Abgasreinigungssystem. Dieses Thema ist auf dem Gebiet der Verbrennung von Siedlungsabfällen aufgrund des (potentiell) erhöhten Risikos der durch SO_2/SO_3 verursachten Korrosion etwas umstritten. Dennoch ist bewiesen, dass es sich bei einer Reihe von Abfallverbrennungsanlagen gut realisieren lässt, wie von Villani et al. [6] dargestellt. Darüberhinaus können alternative (aber kostenintensivere) Lösungen zur Senkung der Endtemperaturen im Horizontalzug von Abfallverbrennungsanlagen erarbeitet werden, ohne das Risiko im Dampferzeuger zu steigern, z.B. die Einführung eines Zwischenschritts bei der Abgasreinigung zur Entchlorierung/Entschwefelung. Dennoch führen sie aber alle aus der Sicht des Dampfkreislaufs zu einer identischen energetischen Leistung (Bild 6).

In Bild 6 sind die Anteile der Dampfströme in Bezug auf die Situation mit der niedrigsten energetischen Leistung in beiden Diagrammen dargestellt. Darüberhinaus sind die Kurven (idealerweise) von rechts nach links zu lesen. Bei reduzierter Temperatur des Abgases am Dampferzeugerausgang (Bild a), steigt die Produktion von Dampf und Strom erheblich bis auf 107 Prozent bei 145 °C (d.h. etwas weniger als ein relativer Zuwachs von ein Prozent pro 10 °C). Für die Temperatur des Dampferzeugerspeisewassers von 115 °C (konstant bei allen simulierten Punkten in Darstellung a) ist dies die niedrigste Temperatur die möglich ist, um eine ausreichende Wärmeübertragung in dem Vorwärmer aufrechtzuerhalten. Alternativ besteht die Möglichkeit, die Energieleistung durch Anheben der Temperatur des Dampferzeugerspeisewassers (Bild b) bei einer gegebenen (konstanten) Abgastemperatur zu steigern. In diesem Fall wurde ein Temperaturwert von 145 °C angesetzt, aber bei einem anderen Temperaturwert würde ein ähnliches Ergebnis erzielt, d.h. Steigerung von ein Prozent pro 5 °C Speisewassertemperatur.

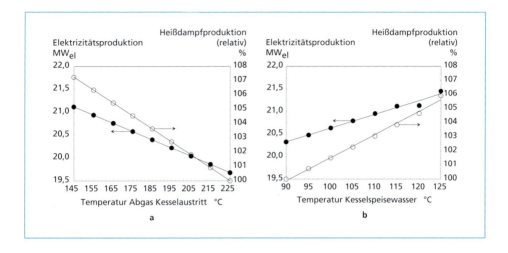

Bild 6:   Wirkung der Abgastemperatur am Austritt (a) und der Temperatur des Kesselspeisewassers (b) auf den Kesseldampfstrom und die Stromerzeugung

4.5. Kumulative Wirkungen – Auswirkungen des Heizwerts

Dieser Teil beschäftigte sich mit der kumulierten Auswirkung der bisher vorgestellten Optimierungseffekte. Alle Maßnahmen (Tabelle 1, Reihen 1 bis 7) wurden an dem für die Stromerzeugung optimalen Punkt angewendet und in einer Simulation kombiniert. Der festgelegte Referenzfall (hundert Prozent) spiegelt die realistischen Bedingungen einer Abfallverbrennungsanlage nach dem Stand der Technik (Dampf: 60 bar/420 °C) wieder; die Dampferzeugeraustrittstemperatur des Abgases beträgt 180 °C und die des Dampferzeugerspeisewassers 125 °C. Der Referenzwert ist nicht optimiert (wie es bei allen Simulationen in den Abschnitten 4.1 bis 4.4 oben der Fall ist). Ergebnisse sind in Bild 7 dargestellt.

Bei einem Heizwert von 9,4 MJ/kg sieht man, dass Optimierungen in Bezug auf die Verbrennungstemperatur (einstufige Vorwärmung der Primärluft und Sekundärluft sowie Abgas-Rezirkulierung) zu einem Gewinn von rund 1,6 Prozent führen. Weitere 2,7 Prozent können erreicht werden durch die Kombination aus Einstellen der Temperatur des Dampferzeugerspeisewassers auf 30 °C unter der Dampferzeugeraustrittstemperatur des Abgases (+1,3 Prozent), und der Absenkung der Temperatur des Dampferzeugerspeisewassers und der Temperatur des Abgases am Austritt auf 115 °C bzw. 145 °C (+1,4 Prozent). Ein kleiner zusätzlicher Gewinn von 0,3 Prozent kann durch die Umstellung der einstufigen auf die zweistufige Luftvorwärmung erzielt werden. Obwohl die Auswirkungen der einzelnen Maßnahmen begrenzt sind, kann insgesamt ein kumulativer Zuwachs im Bereich von 4,6 Prozent erreicht werden.

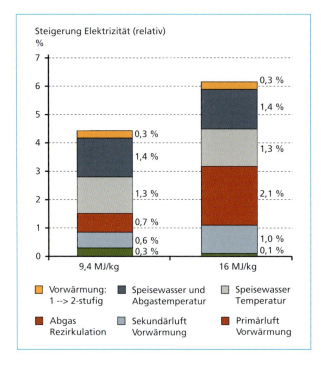

Bild 7:

Kumulierte Optimierung der Stromerzeugung einer Abfallverbrennungsanlage bei Abfall mit einem Heizwert von 9,4 MJ/kg und 16 MJ/kg

Die Übung wurde für Abfall mit einem Heizwert von 16 MJ/kg wiederholt. In der Praxis stimmt dieser kalorische Wert mit dem von *Brennstoff aus Abfall* (BRAM) überein. Um dieselben Annahmen für die Berechnung des energieproduzierenden Teils (die Dampfturbine und dem Kondensator) aufrechtzuerhalten, wurde der Durchsatz von Siedlungsabfällen in dem Modell so gesenkt, dass ein Dampferzeuger mit einer identischen Feuerungswärmeleistung betrachtet werden konnte, d.h. etwa 72 MW_{th}. In diesem Fall konnten die Zuwächse auf bis zu 6,2 Prozent kumuliert werden, und zwar hauptsächlich aufgrund einer höheren möglichen Rate für die Abgas-Rezirkulation und einer größeren Menge von sekundärer Verbrennungsluft, die erwärmt werden konnte. (Bei Abfall mit einem Heizwert von 16 MJ/kg wird normalerweise mehr sekundäre als primäre Luft eingeleitet, wohingegen das Gegenteile für einen Heizwert von 9,4 MJ/kg gilt).

4.6. Dampferzeugerdruck und -temperatur

In dieser Studie wurden sämtliche Optimierungsmaßnahmen für einen Dampferzeuger bei einem Druck von 60 bar durchgeführt, der Heißdampf bei einer Temperatur von

420 °C erzeugt. Jedoch liegt der ehemalige Standard für Dampferzeuger von Abfallverbrennungsanlagen (der bei vielen in Betrieb stehenden Anlagen immer noch Anwendung findet) bei der Kombination 40 bar/400 °C, wohingegen neue Dampferzeuger von Abfallverbrennungsanlagen tendenziell steigende Dampftemperaturen (bis 440 °C und mehr) aufweisen. Aus diesem Grund wurde entschieden, die Ergebnisse aus den bisherigen Simulationen auf andere Dampferzeugerdrücke und -temperaturen zu extrapolieren, d.h. 40 bar/400 °C und 60 bar/440 °C. Es wurden ergänzende Modellierungen durchgeführt (Einzelheiten sind hier nicht enthalten), um die Auswirkungen des Dampferzeugerdampfdrucks und der Temperatur auf den kumulativen Energieoptimierungszuwachs zu bewerten. Die höchstmöglichen Zuwächse sind, in Bezug auf den Fall 40 bar/400 ° C, in Tabelle 2 zusammengefasst.

Tabelle 2:   Maximal erreichbarer Zuwachs der Stromerzeugung durch Optimierung des Dampferzeugers einer MVA auf Grundlage verschiedener Dampferzeugerdrücke und -temperaturen (für Siedlungsabfälle und *Brennstoff aus Abfall*)

	Abfallheizwert MJ/kg	40 bar 400 °C (Referenzwerte)	60 bar 420 °C	60 bar 440 °C
Nicht optimiert (Referenzwert)	9,4	(ref)	+ 5,3 %	+ 5,9 %
Optimiert (Siedlungsabfälle)	9,4	+ 4,6 %	+ 9,7 %	+ 10,3 %
Optimiert (BRAM)	16	+ 6,2 %	+ 11,5 %	+ 12,1 %

Der Referenzwert, der bisher für die Angabe der Simulationsergebnisse verwendet wurde, lag bei 60 bar/420 °C. Die Ergebnisse in der Spalte in Tabelle 2 sind faktisch dieselben wie die in Abschnitt 4.5 dargelegten. Die Prozentwerte (und die dazwischenliegenden Abweichungen) unterscheiden sich hier jedoch leicht, da sie nun gegenüber einem Referenzwert von 40 bar/400 °C ausgedrückt werden (und nicht länger gegenüber einem Referenzwert von 60 bar/420 °C). Die Auswirkungen des Dampferzeugerdampfdrucks und der Dampferzeugertemperatur sind in horizontaler Richtung abzulesen. In einem nicht-optimierten Fall liegt die Auswirkung bei fast sechs Prozent, während zusätzliche Prozessoptimierungen den Stromzuwachs im Fall einer BRAM-Anlage auf etwa 12 Prozent steigern kann. Es darf jedoch nicht vergessen werden, dass eine Dampftemperatur von 440 °C zusätzliches Schutzmaterial auf die Überhitzerheizflächen erfordert.

5. Schlussfolgerungen

Die Entwicklungen in der Abfallpolitik zwingen Abfallverbrennungsanlagen zur Verbesserung ihrer energetischen Effizienz. Im Rahmen der Abfallverbrennung sind Maßnahmen, die auf *thermodynamische* Prozesse des Dampfkreislaufs basieren, häufig aufgrund wirtschaftlicher Beschränkungen nicht realisierbar. Abgas aus Abfällen ist höchst korrosiv und begrenzt deswegen die energetische Leistung von Abfallverbrennungsdampferzeugern an sich. Dennoch können spezielle Maßnahmen am Kern des

Verbrennungsprozesses (d.h. am Verbrennungsrost-Brennkammer-Dampferzeuger-System) die Energieeffizienz von Abfallverbrennungsanlagen erheblich steigern. Obwohl sie häufig übersehen werden, bieten sie bestehenden Abfallverbrennungsanlagen eine wirksame Option. Die energetische Verbesserung kann erheblich sein und möglicherweise sogar ausreichend zur Erfüllung des *R1*-Kriteriums für Abfallverbrennungsanlagen.

6. Literatur

[1] De Greef, J.; Villani, K.; Goethals, J.; Van Belle, H.; Van Caneghem, J.; Vandecasteele, C.: Optimising energy recovery and use of chemicals, resources and materials in modern waste-to-energy plants. In: Waste Management 33, pp. 2416 - 2424, 2013

[2] Europäische Kommission: Abfallrichtlinie 2008/98/EG (Abfallrahmenrichtlinie). Amtsblatt der Europäischen Union, L312/3-30, 2008

[3] Europäische Kommission: Leitlinien für die Auslegung der R1-Energieeffizienzformel für Verbrennungsanlagen, die der Verarbeitung von Siedlungsabfällen dienen, gemäß Anhang II der Abfallrichtlinie 2008/98/EG (nicht rechtsverbindliche Version), 2011

[4] FDBR: Richtlinien, Ausgabe 04/2000. Abnahmeversuche an Abfallverbrennungsanlagen mit Rostfeuerungen, 2004

[5] Niessen, W.: Combustion and incineration processes – Applications in environmental engineering, 2nd edition, Marcel Dekker, New York, 1995

[6] Villani, K.; De Greef, J.: Exploiting the low-temperature end of WtE-boilers. 2010, Proceedings of the 3rd Intl Symposium on Energy from Biomass and Waste (Venedig 2010)

Steigerung der Energieeffizienz am Beispiel der MVA Hagen

Jörg Tiedemann

1. Stromerzeugung mit Sattdampf, Energieeffizienz

Die Steigerung der Energieeffizienz wird seit nunmehr etwa 10 Jahren als notwendige Optimierung in fast allen deutschen MVAs durchgeführt. Ziel ist die Einhaltung von Vorgaben, die über die reine Wirtschaftlichkeit der Optimierungsmaßnahmen hinaus gehen. Die positive Außenwirkung solcher Maßnahmen geht einher mit politischen Vorgaben wie die Bewertung von Anlagen nach der R1 Formel. Diese Bewertung hat dann auch wirtschaftliche Auswirkungen auf z.B. Märkte die erschlossen werden können. Wie jedes Projekt sollen auch Maßnahmen zur Steigerung der Energieeffizienz wirtschaftlich erfolgreich sein.

Die Hauptaufgabe der MVA Hagen ist, natürlich neben der Verwertung von Abfällen, die Erzeugung von Fernwärme für umliegende Stadtteile und die Industrie. So wird der Dampf, neben der Deckung des Eigenbedarfs, z.T. als Fernwärmewasser für die Stadtteile Helfe, Ischeland und ein Freizeitbad sowie als Ferndampf an eine Großwäscherei abgegeben.

Die Aufgabe der MVA als lokaler Wärmeversorger zu agieren, führte zu der Wahl der Frischdampfparameter, die mit 15 bar Sattdampf für heutige Verhältnisse gering sind. Beim Bau der MVA Mitte der sechziger Jahre war diese Wahl jedoch durchaus sinnvoll, da mit diesem Dampf sämtliche zu erwartenden Heizaufgaben zu erfüllen waren. Kesselkorrosion ist bei diesen Parametern nicht zu befürchten, sodass eine durable, den Anforderungen bestens genügende, Anlage errichtet wurde.

Vor diesem Hintergrund begründet sich auch die Entscheidung, keine Dampfturbine zur Deckung des elektrischen Eigenbedarfs zu installieren. Andere Anlagen, wie z.B. das MHKW Bremen sind hier einen anderen Weg gegangen. Dort wurde eine Sattdampfturbine mit 21 bar Frischdampfparametern errichtet.

Im Laufe der Jahre rückte die Energieeffizienz immer mehr in den öffentlichen Fokus. Weiterhin stiegen die Kosten für elektrische Energie, und dadurch die Aufwendungen die zur Deckung des elektrischen Eigenbedarfs der Anlage zu entrichten waren. Die Überlegungen doch Strom zur Deckung des Eigenbedarfs zu erzeugen, wurden aufgrund der geringen Dampfparameter nicht weiter verfolgt. Die direkte Nutzung des 15 bar Dampfes in einer Turbine wurde als technisch nicht machbar betrachtet. Die Erhöhung der Dampfparameter wurde als zu aufwändig angesehen.

Derzeit wird in Hagen ein neues Maschinenhaus zur Aufnahme einer 15 bar Sattdampfturbine errichtet. Sämtliche Komponenten befinden sich in der Fertigung. Im Folgenden wird auf dieses Projekt im Einzelnen eingegangen.

Randbedingungen

Der Wasser-Dampf-Kreis der MVA Hagen befindet sich auf nur einem einzigen Druck-Niveau. Die Kessel erzeugen 15 bar Sattdampf. Dieser wird den Fernwärmeverbrauchern mit 15 bar zugeführt. Dort kondensiert er und das Kondensat wird, ebenfalls bei 15 bar in einem Kondensatbehälter gesammelt. Druckerhöhungspumpen führen das Wasser dann wieder den Kesseln zu. Allein das Zusatzwasser, das u.A. die Kesselabschlämmung ersetzt, wird atmosphärisch entgast. Ein Verfahrensfließbild der bestehenden Anlage ist in folgendem Bild 1 gezeigt.

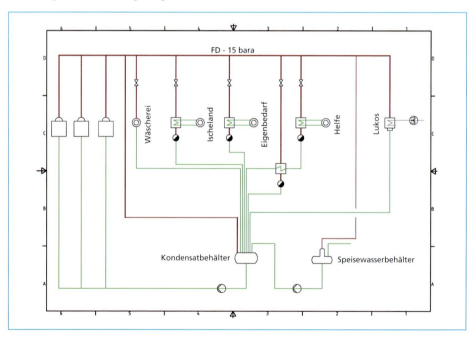

Bild 1: Verfahrensfließbild der bestehenden Anlage

Der Verbrauch der Fernwärmeabnehmer ist abhängig von der Jahreszeit, also in erster Näherung abhängig von der Umgebungstemperatur. Bei industriellen Verbrauchern ist weiterhin von tageszeitlichen Schwankungen, die z.B. aufgrund des Schichtsystems auftreten, auszugehen.

Dies führt bei der MVA Hagen dazu, dass gewisse Mengen an Überschussdampf zur Verfügung stehen, die derzeit nicht verwertet werden können. Während des Verlaufes der Planungen zum Neubau einer Dampfturbine wurden diese Überschussdampfmengen für den Zeitraum eines Jahres aufgenommen. Das Ergebnis dieser Aufnahme ist in Bild 2 gezeigt.

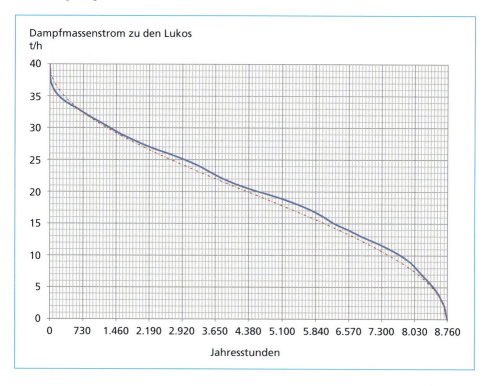

Bild 2:   Geordnete Ganglinie des Überschussdampfes

Die Messungen zeigen, dass im Jahresdurchschnitt etwa 18 Mg/h Überschußdampf zur Verfügung stehen. Der gemessene Maximalwert liegt bei etwa 37 Mg/h. Die Menge fällt jedoch auf Mengen kleiner 4 t/h zurück, was für spätere Auslegungen hohe Relevanz hat.

Eine Erhöhung der Dampfparameter mit den bestehenden Kesseln der MVA Hagen war technisch nicht möglich, und ein Kesselaustausch nicht darstellbar. Also erfolgte die Prüfung, ob der Einsatz einer Sattdampfturbine auf 15 bara technisch machbar ist. Konsultationen mit Lieferanten von Dampfturbinen zeigten, dass Turbinen auch für diese recht geringen Drücke und Dampfmengen baubar sind. Es sind die üblichen Grundsätze des Industrieturbinenbaus zu beachten. Hauptaugenmerk ist die Begrenzung der Abdampfnässe. In dem folgenden Bild 3 sind die Entspannungskurven der Turbine der MVA Hagen der Kurve der Turbine der MVA Bielefeld-Herford gegenübergestellt. Die Turbine der MVA Bielefeld-Herford ist eine 40 MW Maschine mit Frischdampfparametern 38 bar/385°C und ging 2008 in Betrieb. Die Entspannungskurve des ND-Teils der Turbine der MVA Bielefeld-Herford ist der der Turbine der MVA Hagen sehr ähnlich.

Die Turbine der MVA Hagen wird, um die Nässe zu begrenzen, bei einem höheren Abdampfdruck gefahren. Aufgrund des anderen Eintrittsdrucks ist sie im Diagramm *nach links* verschoben.

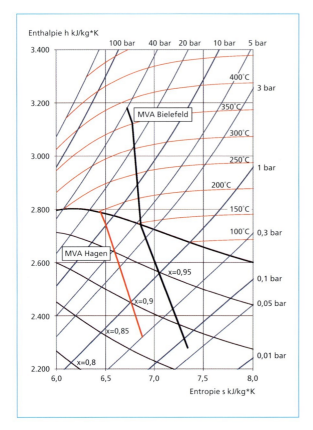

Bild 3:

Vergleich der Entspannungskurven

Vereinfacht gesagt, ist die Beschaufelung der Turbine der MVA Hagen zu vergleichen mit dem ND-Teil einer Turbine mit *klassischen* Frischdampfparametern.

Um die Tropfenfreiheit des Frischdampfes sicherzustellen, kommt ein Zyklon-Tropenabscheider zum Einsatz. Selbstverständlich muss der Turbinenhersteller weitere Besonderheiten, z.B. nicht überhitzter Sperrdampf, beachten. Bei Beachtung dieser *Regeln* steht der Weiterverfolgung einer Variante *Sattdampfturbine* jedoch nichts im Wege.

Die geringen Dampfparameter der MVA Hagen, bei alleiniger Versorgung von Wärmetauschern, machten eine salzarme Fahrweise des Wasser-Dampf-Kreises möglich. Obwohl ein Kieselsäureproblem erst bei Drücken im Bereich 25 bar auftritt, forderten die Dampfturbinenhersteller eine Umstellung auf salzfreies Wasser. Diese Änderung der Wasserchemie kann Einfluss auf den bestehenden Wasser-Dampf-Kreis haben. Eine frühzeitige Einbindung von Experten der benannten Stelle half hier bei der Einschätzung des Risikos und bei der Wahl der zukünftigen chemischen Fahrweise des Umlaufwassers.

Eine Randbedingung an eine neue Turbinenanlage war, dass die bestehende Anlage so wenig wie möglich beeinflusst werden sollte. Dies führte zu dem in Bild 4 gezeigten Konzept.

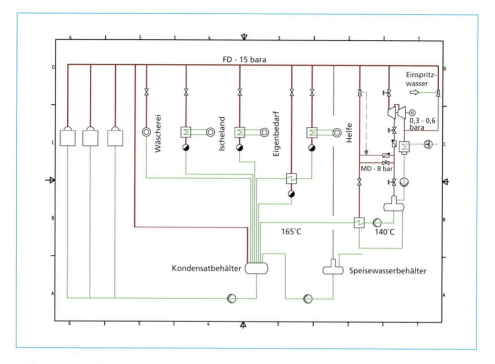

Bild 4:   Verfahrensfließbild mit Turbine

Der Wasserdampfkreis besteht aus einer Anzapf-Kondensationsturbine mit Luko, Speisewasserbehälter/Entgaser sowie einem Vorwärmer. Sämtliche wartungsrelevante Nebenanlagen wie Pumpen und Reduzierstationen werden redundant ausgeführt. Da die bestehenden Lukos nicht in Betrieb bleiben, ist für eine hohe Ausfallsicherheit der neuen Anlage zu sorgen.

Der Speisewasserbehälter/Entgaser entgast das gesamte Hauptkondensat, das im Luko kondensiert wird. Dies ist deshalb notwendig, da der Luko im Unterdruckbereich betrieben werden soll.

Aus den derzeitigen Lukos läuft das Hauptkondensat mit etwa 165 °C in den Kondensatbehälter. Diese Temperatur soll beibehalten werden. Daher wird hinter dem neuen Speisewasserbehälter ein Vorwärmer installiert der, je nach Turbinenlast, das Kondensat mit Anzapfdampf oder Dampf aus den Reduzierstationen auf eine Temperatur größer 165 °C vorwärmt.

Die Wiedererwärmung des Hauptkondensats erfolgt zum Teil durch den Speisewasserbehälter/Entgaser und zum Teil durch den Vorwärmer. Die Wahl der Speisewasserbehältertemperatur hat Einfluss auf die Wirtschaftlichkeit der Anlage.

Es ist gewünscht, den Entgaser möglichst lange mit Anzapfdampf zu betreiben, auch wenn der Vorwärmer, um die 165 °C zu erreichen, bereits mit reduziertem Frischdampf betrieben werden muss. Die Entgasertemperatur sollte jedoch so hoch sein, um bei hohen Anzapfdrücken möglichst weit aufzuwärmen und den Vorwärmer zu entlasten. Da eine steigende Entgasertemperatur jedoch auch einen steigenden Druck zu Folge hat, wird der Speisewasserbehälter/Entgaser teurer. Um die optimale Auslegung zu finden, sind umfangreiche Simulationsrechnungen im Jahresgang durchgeführt worden. Wirtschaftlichkeitsbetrachtungen wiesen dann die optimale Auslegung aus. Ergebnis ist, dass die wirtschaftlich optimale Fahrweise ein auf ein Druckmaximum (etwa 4 bar) begrenzter gleitender Druck im Speisewasserbehälter ist. Die Resterwärmung erfolgt durch den Vorwärmer. In Bild 5 ist die Fahrweise dargestellt.

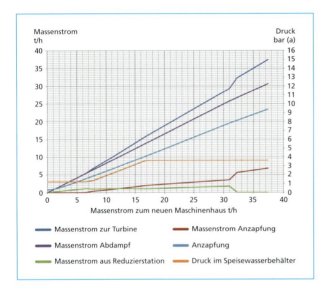

Bild 5:

Fahrweise Speisewasserdruck

Steht viel Frischdampf zur Verfügung, verstromt die Dampfturbine den gesamten Dampf. Der Abdampf wird im Luko kondensiert und dem Speisewasserbehälter/Entgaser zugeführt und dort auf etwa 140 °C erwärmt. Die Resterwärmung erfolgt durch den Vorwärmer. Die ungeregelte Anzapfung der Turbine wird auf hohem Druckniveau betrieben. Dieses Druckniveau reicht aus, um sowohl den Speisewasserbehälter als auch den Vorwärmer mit Dampf zu versorgen.

Bei höherem Fernwärmebedarf sinkt die der Dampfturbine zufließende Dampfmenge. Durch die geringere Turbinenlast sinkt der Druck an der Anzapfung. Der Druck reicht jetzt zum Betrieb des Speisewasserbehälters aus, jedoch nicht mehr zum Betrieb des Vorwärmers. Dieser wird nun über die HD/MD-Reduzierstation direkt versorgt.

Bei weiter sinkender Dampfmenge zur Turbine sinkt der Anzapfdruck weiter ab. Der Speisewasserbehälter wird aus der Anzapfung versorgt. Er wird nun mit schwankendem Druck (Gleitdruck) betrieben. Der Vorwärmer wärmt das Speisewasser, mit reduziertem Frischdampf, auf das notwendige Niveau von etwa 165 °C auf.

Sinkt der Speisewasserbehälterdruck bis auf 1,2 bara ab, wird auch er von der HD/MD-Reduzierstation versorgt. So wird ein Überdruckbetrieb sichergestellt. Die Anzapfung wird dann nicht verwendet. Diese Fahrweise gilt auch für den Umleitbetrieb.

Die Komponenten des Wasser-Dampf-Kreises sind nun bemessen und die Verfahrenstechnik ist hinreichend festgelegt.

Nach planerischer Vorprüfung der technischen Rahmenbedingungen ist die Ermittlung der Wirtschaftlichkeit maßgeblich. Bei identischer Frischdampfmenge erzeugt eine Turbine, die z.B. mit 40 bara/400 °C betrieben wird, etwa um die Hälfte mehr Strom als die Sattdampfturbine. Wird mit üblichen Stromerzeugungspreisen gerechnet, wird die Wirtschaftlichkeit sicher nicht darstellbar sein. Im Falle Hagen ist jedoch gegen Strombezugspreise zu rechnen. Die neue Turbinenanlage reduziert den elektrischen Eigenbedarf. Strombezugspreise liegen im drei bis vier Fachen Bereich der zu erzielenden Erzeugungserlöse. Die Wirtschaftlichkeit ist daher sehr gut möglich.

Die schwankende Fernwärmeerzeugung, bei nahezu konstantem elektrischen Eigenbedarf lässt eine Betrachtung anhand von Mittelwerten, oder einzelnen Lastpunkten nicht zu. Vielmehr ist die momentan erzeugte elektrische Leistung für jeden Punkt der Fernwärme-Ganglinie zu ermitteln und mit dem momentanen elektrischen Eigenverbrauch zu vergleichen. Dies geschieht anhand eines Simulationsmodells der Anlage. Das Ebsilon-Modell der Anlage ist in Bild 6 gezeigt. Sämtliche Komponenten werden entlang der Fernwärmeganglinie simuliert.

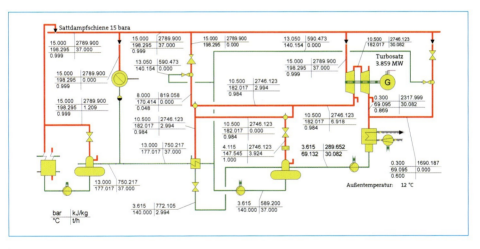

Bild 6: Wärmeschaltbild: Hagen Sattdampfverstromung – Erweiterung Sattdampfturbine

So erhält man einzelne Stunden, in denen Strom bezogen werden muss, und einzelne Stunden in denen Strom verkauft werden kann. Die Schwankung ist nicht nur abhängig von der Jahreszeit, sondern auch von der Tageszeit. Dies hat insbesondere dann Bedeutung, wenn Industriekunden mit Wärme versorgt werden. Das Simulationsmodell erlaubt die Vorhersage der Stromerzeugung zu jeder Stunde des Jahres. Diese Zusammenhänge sind am Beispiel März 2011 (Bild 7) gezeigt.

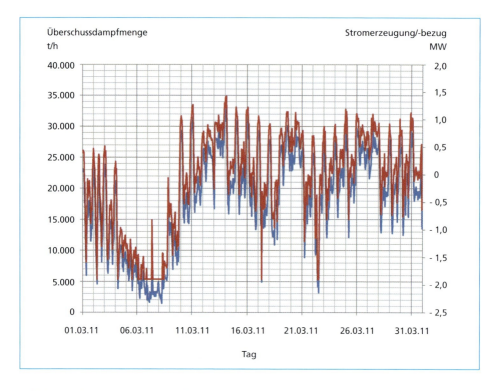

Bild 7:   Stromerzeugung und -bezug in MW

Obwohl die neue Anlage im Jahresmittel mehr Strom erzeugt als bezieht, sie also im Jahresmittel energieautark arbeitet, tut sie dies nicht in jeder Stunde.

Bild 8 zeigt, dass sich Restbezug und Erzeugung in etwa die Waage halten. Da der Restbezug deutlich teurer ist als die Erzeugung kann dieser Bezug nicht kompensiert werden. Die eigentliche Ersparnis ist jedoch so gut, dass die Wirtschaftlichkeit gegeben ist.

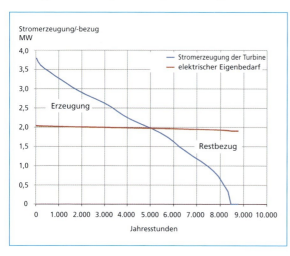

Bild 8:

Stromerzeugung und -bezug als Ganglinie

Die Amortisationszeit liegt, abhängig von den gewählten Parametern, im Bereich von 7 Jahren. Weiterhin greift das wirksame Argument des deutlich erhöhten Energieausnutzungsgrads der Anlage. Bild 9 zeigt die Sensitivität der Amortisationszeit. Einflussgröße sind die Einsparungen und die Inverstitionskosten.

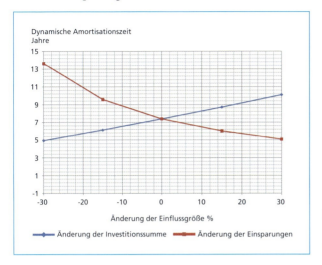

Bild 9:

Sensitivität der Amortisationszeit

2. Das EU-Ausschreibungsverfahren in der Praxis

Bei einer Bausumme von über 5 Millionen Euro ist eine EU-weite Ausschreibung erforderlich. Der Regelfall nach den Bestimmungen des Vergaberechtes ist darüber hinaus die Einzellosvergabe.

Das EU-Ausschreibungsverfahren folgt sehr formalen Anforderungen. Diese Anforderungen dienen der Nachvollziehbarkeit von Entscheidungen sowie einer Sicherstellung des fairen und freien Wettbewerbs innerhalb der EU.

Grundsätzlich unterscheidet das Verfahren drei mögliche Hauptvorgehensweisen. Der Bauherr hat, wenn möglich, eine Vergabe in Einzellosen zu wählen. Die Wahl des Vergabeverfahrens ist in eindeutigen Regularien festgelegt. Diese möglichen Verfahren sind:

- das offene Verfahren,
- das nichtoffene Verfahren mit vorgeschaltetem Teilnahmewettbewerb,
- das Verhandlungsverfahren.

Die Wahl des Verfahrens ist eindeutig zu begründen und muss der Prüfung durch z.B. eine Vergabekammer Stand halten. Der Bauherr ist angehalten, anhand einer vorgegebenen Rangfolge zu agieren.

Er hat zunächst das offene Verfahren zu wählen. Bei diesem Verfahren gibt er die zu liefernden Leistungen eindeutig vor, z.B. im Rahmen einer massenbasierten Ausschreibung.

Der Bieter hat keinen Spielraum der Abweichung. Der Bauherr hat die Leistung so zu beschreiben, dass Art, Umfang und Qualität festgelegt sind. Änderungen an der Ausschreibung sind nicht zulässig. Somit sind firmenspezifische Lösungsansätze unzulässig. Im Ausschreibungsverfahren können auch Kriterien, wie Referenzen usw. abgefragt werden. Die Bewertungskriterien müssen im Vorfelde veröffentlicht werden und sind bindend. Dieses Verfahren eignet sich gut für z.B. Bauausschreibungen, bei denen die Art der Ausführung durch den Planer im Detail und eindeutig festgelegt werden kann.

Um die Anzahl der eingehenden Angebote zu beschränken, kann das nichtoffene Verfahren verwendet werden. Voraussetzung hierfür ist, dass nur für technisch besonders anspruchsvolle Komponenten nur ein beschränkter Bieterkreis zur Verfügung steht und/oder die Angebotserstellung für den Bieter außergewöhnlich aufwändig ist. Es werden im Rahmen eines Präqualifikationsverfahrens zunächst z.B. fünf Bieter ausgewählt, die sich am Wettbewerb beteiligen können. Im Präqualifikationsverfahren werden z.B. Kriterien wie Referenzen, wirtschaftliche Leistungsfähigkeit des Unternehmens, Anzahl der Mitarbeiter usw. abgefragt. Auch hier werden die Bewertungskriterien im Vorfelde offen gelegt. Erst dann erfolgt die Aufforderung zum Angebot an die ausgewählten Bieter. Auch hier ist jedoch die Ausführung im Detail festgelegt und Änderungen an der Ausschreibung nicht möglich.

Den Ausschreibungen ist gemein, dass Anmerkungen, oder das Ablehnen von in der Ausschreibung genannten Bedingungen (wie z.B. eine Haftungsklausel oder z.B. eine Änderung der vorgegebenen Werkstoffwahl) zum Ausschluss des Bieters aus dem Verfahren führen.

Das Verhandlungsverfahren kann nur gewählt werden, wenn keins der beiden oben genannten Verfahren zum Erfolg geführt hat. D.h. das die Ausschreibungen aufzulösen waren, oder wenn die Sache nicht eindeutig definiert werden kann. Dies ist der Fall, wenn die Problemlösung zum Zeitpunkt der Ausschreibung unbekannt ist. Die Bieter haben dann Lösungsvorschläge zu unterbreiten.

3. GU- oder losweise Vergabe? Ergebnisse der Ausschreibung

Der Bauherr steht bei den meisten Bauvorhaben vor der Wahl, mit den Arbeiten einen Generalunternehmer zu betrauen, oder eine losweise Vergabe anzustreben. Oftmals hat der Bauherr kein eigenes Projektteam. Somit scheint die Wahl eines GUs ratsam. Das EU-Vergabeverfahren und die VOB empfehlen jedoch zunächst die losweise Vergabe, sodass dann diese Hürde zu umschiffen ist. Die losweise Vergabe ist dem Bauherrn nur dann zuzumuten, wenn er sich einen Partner in Form eines Planungsbüros verpflichtet, das ihn weitestgehend entlastet.

Beide Vorgehensweisen haben Vor- und Nachteile, die im Folgenden näher beschrieben werden.

Die Wahl eines GU hat folgende Vorteile:

- alles aus einer Hand, kaum Schnittstellen zu verwalten,

- Turn-Key: Auftrag vergeben und das Werk nach Inbetriebnahme übernehmen,

- klare Verantwortlichkeiten,

- vermeintlich einfachere Ausschreibung, vorzugsweise funktionale Beschreibung,

- keine oder kaum Aufwendungen für den Planer.

Argumente losweise auszuschreiben sind folgende:

- Umsetzung der Vorgaben an öffentliche Auftraggeber vollständig möglich,

- Planer steht auf Bauherrenseite,

- hohes Maß an Vorgaben für jede einzelne Komponente realisierbar,

- höherer Freiheitsgrad bei der Wahl der Hauptkomponenten,

- keine Abhängigkeiten an Lieferfirmen der Hauptkomponenten,

- hohes Maß an Überwachung über die gesamten Planungs- und Realisierungsphasen,

- transparente Abwicklung, hohes Maß an Termin- und Kostenkontrolle,

- Berücksichtigung von Unvorhersehbarem in nachvollziehbarer Weise,

- insgesamt geringere Kosten.

Es steht außer Frage dass es für beide Vorgehensweisen zahlreiche Beispiele für gelungene und weniger gelungene Abwicklungen gibt. Als Planungsbüro liegt natürlich der Vorzug bei der losweisen Vergabe. Für den Bauherren spricht für diese Vorgehensweise das hohe Maß an Vorgaben, das an die einzelnen Komponenten gestellt werden kann, und die sehr transparente Abwicklung.

4. Beispiel Neubau einer Dampfturbine in der MVA Hagen

Für dieses Projekt erfolgte eine losweise EU-weite Ausschreibung in Offenen bzw. Nichtoffenen Verfahren.

Für Komponenten, die nur von einem begrenzten Lieferantenkreis angeboten werden können, wurde ein Nichtoffenes Verfahren mit Teilnahmewettbewerb durchgeführt. Bei diesen Komponenten handelt es sich um die Turbine und den Luftkondensator. Für den Einsatz dieser Komponenten kommen nur wenige Lieferfirmen in Betracht, da die Randbedingungen durch die vorhandene Anlage sehr genau vorgeben werden und somit eine sehr hohe Fachkenntnis und Erfahrung der Lieferfirmen zwingend erforderlich sind. Diese Bedingungen kann nur eine eingeschränkte Anzahl von Firmen erfüllen. Für die Vergabeart spricht auch der sehr hohe Aufwand, der vom Bieter für die Erstellung eines Angebotes zu erbringen ist. Um für den anspruchsvollen Anwendungsfall die exakte Spezifikation abzufragen, ist die Bearbeitung des Bieters mit einem sehr hohen Detaillierungsgrad erforderlich. Die Vergabeart *Nichtoffenes Verfahren mit Teilnahmewettbewerb* wurde somit für folgende Lose angewendet:

- Los M1: Turbine mit Schmierölmodul, Hydraulikstation, Schaltschränken,

- Los M2: Luko und Rückkühlwerk einschließlich Kondensatsystem.

Die Lose:

- Los M3: Wasser-Dampf-Kreis und sonstige Rohrleitungen,

- Los E1: Elektrotechnik (Schaltanlagen, technische Gebäudeausrüstung, Kabelwege, Verkabelung),

- Los E2: Leittechnik einschließlich Verkabelung

wurden im Offenen Verfahren ausgeschrieben.

Die Baulose wurden ebenfalls im Offenen Verfahren ausgeschrieben, fallen aber unter das 20 %-Kontingent. Somit war eine nationale Ausschreibung möglich. Die Aufteilung erfolgte in die folgenden Lose:

- Los B1: Rohbau, Ausbau, Erdarbeiten und Außenanlagen,

- Los B2: Stahlbau, Fassade, Fenster, RWA,

- Los B3: Technische Gebäude Ausrüstung.

Alle Angebotsbewertungen erfolgten nach einer bereits in der Ausschreibung festgelegten Bewertungsmatrix. Die Bewertungsmaßstäbe sind somit allen Bietern von Anfang an bekannt und stellen eine hohe Transparenz und Nachvollziehbarkeit sicher.

Ein Beispiel für eine solche Bewertungsmatrix ist nachfolgend dargestellt. Es handelt sich um die Bewertung der Angebote für das Los M1:

Tabelle 1: Beispiel einer Bewertungsmatrix

		Bieter A
Kriterium 1: Verfügbarkeit		96 %
Bewertungsmethode:	96 % = 5 Pkt.	
	+- 1 % = +- 1 Pkt.	5
Gewichtung 5	ergibt insgesamt	25
Kriterium 2: Leistungsfähigkeit		
Bewertungsmethode:	elektrische Leistung LP 1 – 5:	2.492 kW
	Mittelwert = 5 Pkt.	
	+- 100 kW = +- 1 Pkt.	7
Gewichtung 20	ergibt insgesamt	140
Kriterium 3: Energieverbräuche		
Bewertungsmethode:	elektrischer Eigenverbrauch:	30 kW
	Mittelwert = 5 Pkt.	
	+- 10 kW = -+ 1 Pkt.	5
Gewichtung 2	ergibt insgesamt	10
Kriterium 4: Ausführung, Konstruktion		
Bewertungsmethode:	Material, Beschaufelung:	wie ausgeschrieben
	Mittelwert = 5 Pkt.	5
Gewichtung 5	ergibt insgesamt	25

Tabelle 1: Beispiel einer Bewertungsmatrix — Fortsetzung —

Kriterium 5: Integrierbarkeit, räumlich und verfahrenstechnisch		
Bewertungsmethode:	Grundfläche, Einbindung in WD-Kreis	wie ausgeschrieben
	Mittelwert = 5 Pkt.	5
Gewichtung 5	ergibt insgesamt	25
Kriterium 6: Preis		EUR
Bewertungsmethode:	Mittelwert = 5 Pkt.	
	+- 100 T EUR = -+ 1 Pkt.	4
Gewichtung 10	ergibt insgesamt	40
Kriterium 7: Feste und laufende Kosten		EUR
Bewertungsmethode:	Mittelwert = 5 Pkt.	
	+- 5 T EUR/a = -+ 1 Pkt.	6
Gewichtung 2	ergibt insgesamt	12
Summe		**277**

Das Ergebnis der Angebotsauswertungen ist durch die Punktwertung eindeutig. Im vorliegenden Fall gab es von keinem der Bieter Nachprüfungsgesuche bei der Vergabekammer. Dieses gilt für alle der 8 vergebenen Lose.

5. Angst vor Schnittstellen? Die Ausführung

Schnittstellen gibt es natürlich immer. Diese können selbst bei einer Vergabe an einen GU nicht vollständig durch den Auftragnehmer bearbeitet werden. So müssen z.B. alle Anschlusspunkte zum Bestand durch den Auftraggeber vorgegeben werden, bzw. es muss eine Vereinbarung mit ihm getroffen werden. Diese Anschlusspunkte sind nicht nur räumlich zu definieren, sondern auch maschinen- und verfahrenstechnisch sowie elektro- und leittechnisch festzulegen. Wichtig ist ebenfalls festzulegen, zu welchem Zeitpunkt welche Unterlagen benötigt werden, um anderen die weitere Bearbeitung zu ermöglichen. Ein typisches Beispiel ist die Benennung von Lasten in einer frühen Phase, so dass die Gebäudestatik erstellt werden kann.

Zur Bearbeitung der Schnittstellen gibt es eine Menge bewährter Hilfsmittel. Unabhängig von der Vergabeart können verschiedene Listen zur Bearbeitung der verschiedensten Schnittstellen verwendet werden. Hierzu folgende Aufzählung der zur Verfügung stehenden Listen:

- Messstellenliste,

- Verbraucherliste,

- Signalaustauschliste,

- verfahrenstechnische Schnittstellenliste.

Weiterhin sollten folgende Pläne zur Schnittstellenbearbeitung erstellt werden:

- Lastenplan,

- Werkplan,

- Rohrleitungsplan, Trassenplan,

- Gesamtverfahrensfließbild,

- Gesamt R+I-Schema.

Eine ständige Aktualisierung dieser Unterlagen während der gesamten Planungs- und Realisierungsphasen gewährleistet eine sichere Beherrschung aller Schnittstellen. Wesentlich ist, dass alle beteiligten Firmen vollständige Unterlagen termingerecht einreichen. Da dieser Anspruch ein sehr hoher ist, muss an Stellen, an denen einzelne Firmen dieses nicht erfüllen können, der Planer die Bearbeitung massiv unterstützen.

Eine Prüfung der einzelnen Unterlagen erfolgt u.a. durch Erstellung von Gesamtplänen und Gesamtlisten durch den Planer.

6. Schlussbemerkung

Die Anforderungen an die Steigerung der Energieeffizienz werden stetig höher. Es werden sehr individuelle Lösungen benötigt, die im Vorwege mit hohem Rechenaufwand auf den zu erwartenden Nutzen geprüft werden müssen. Wird darüber hinaus sicher gestellt, dass exakt das Konzept realisiert wird, das zuvor als günstigsten ermittelt wurde, steht einer erfolgreichen Projektabwicklung nichts im Wege.

Erhöhung der Fernwärmeleistung der Abfallverbrennungsanlage Asdonkshof durch Einbau eines dritten Wärmetauschers

Hans-Georg Kellermann

Das AEZ Asdonkshof in Kamp-Lintfort ist ein in Deutschland nahezu einzigartiges Abfallentsorgungszentrum, an dem unterschiedliche Abfallentsorgungsanlagen/ -einrichtungen an einem zentralen Standort zusammengefasst sind (Bild 1).

In direkter Nachbarschaft zu dem Müllheizkraftwerk mit i.M. etwa 250.000-260.000 t Jahresdurchsatz sind eine Bioabfall-Kompostierung (etwa 40.000 t Jahreskapazität), eine moderne Aufbereitungsanlage für Sperr- und Gewerbemüll (rund 58.000 t Jahreskapazität) und eine Aufbereitungsanlage für Rostaschen aus der Müllverbrennung (rund 80.000 t Jahreskapazität) errichtet worden. Eine Deponie der Klasse II mit etwa 11 Millionen m³ Ablagerungsvolumen ergänzt die Behandlungsanlagen.

Bild 1: AEZ Asdonkshof im Überblick

Ferner ist ein öffentlich zugänglicher Wertstoffhof mit einer qualifizierten Annahmestelle für gefährliche Abfälle auf dem Anlagengelände integriert.

Das Abfallentsorgungszentrum wurde mit allen Einrichtungen im Jahre 1997 in Betrieb genommen.

Eigentümer und Betreiber ist die Kreis Weseler Abfallgesellschaft mbH & Co KG.

1. Anlagentechnik MHKW

Das MHKW besteht aus 2 identisch aufgebauten Verfahrenslinien (Bild 2). Nach einer Gleichstrom-Feuerung mit Walzenrost ist ein klassischer 4-Zug Kessel angeordnet. Die thermische Leistung beträgt maximal jeweils 49,5 MW. Dem Genehmigungs- und Errichtungszeitraum (1994-1997) entsprechend ist die anschließende Rauchgasreinigungstechnik sehr komplex und weist eine Vielzahl von Reinigungsstufen auf: 1. E-Filter (3-feldrig), Sprühabsorber System Niro-Atomizer, 2. E-Filter (3-feldrig), 2-stufige Nasswäsche mit vorgeschalteter Sättigerstufe, SCR Kombi-Katalysator mit rekuperativer Rauchgasaufheizung und Dampf-Gas-Vorwärmern, Aktivkohle-Reaktor System Hugo-Petersen und einem 200 m hohen Schornstein.

Bild 2:   Anlagenschnitt des MHKW im AEZ Asdonkshof

Beide Kesselanlagen erzeugen in Summe im Volllastbetrieb bis zu 110 t/h Dampf. Der Dampfdruck liegt bei für Müllverbrennungsanlagen üblichen 40 bar, die Dampftemperatur bei 400 °C. Der Dampf wird einer Sammelschiene zugeführt, von der eine Trocknungsanlage für Klärschlämme sowie DaGaVos zur Rauchgaswiederaufheizung bzw. Primärluftvorwärmung versorgt werden. Die hauptsächliche Dampfmenge wird einer Entnahme-Kondensationsturbine zugeführt.

1.1. Fernwärmeauskopplung

Bereits bei der Errichtung der Anlage wurde die Auskopplung von Wärme für standortnahe Fernwärmenetze grundsätzlich berücksichtigt.

Die Turbine wurde daher mit einer geregelten Entnahme und ungeregelten Anzapfung für eine gekoppelte Kraft-Wärme-Erzeugung (KWK) ausgerüstet (Bild 3). Allerdings waren die Netzparameter bei der Bestellung der Turbine noch nicht endgültig definiert, da zu diesem Zeitpunkt die Fernwärme-Auskopplungsverträge noch nicht geschlossen waren. Es wurden daher vom beauftragten Planer für die Turbinenauslegung zunächst erfahrungsbasierte Werte angesetzt.

Die Entnahme der Turbine kann geregelt zwischen 3 und 4 bar (abs) auf die Nieder-druck-Dampfschiene erfolgen, der Anzapfdruck liegt lastabhängig bei etwa 0,3 bis 0,6 bar (abs). Die Turbine ist für eine Vollverstromung im Kondensationsbetrieb mit 0,1 bar (abs) Abdampfdruck ausgelegt.

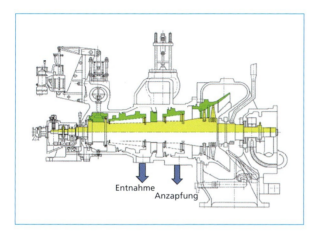

Entnahme
Anzapfung

Bild 3:

Schnittzeichnung Entnahme-/Kondensationsturbine mit Anzapfung

Am Standort ist lediglich nur eine Turbine installiert. So sind für den Ausfall der Turbine entsprechende Umformstationen zur Besicherung des Volllast-Umleitbetriebes auf den Luftkondensator sowie 2 unterschiedlich dimensionierte Umform-Stationen zur Versorgung des ND-Dampfnetzes vorhanden.

1.2. Fernwärmeerzeugung

Das ursprüngliche Konzept sah bereits eine energetisch optimierte, 2-stufige Fernwärmeaufheizung vor. Der 1. Wärmetauscher ist als Vakuum-System ausgelegt und wird über die Anzapfung mit Dampf versorgt. Ein vorgeschalteter, klein dimensionierter Anfahrkondensator dient bei der Inbetriebnahme aus dem kalten Zustand zur Evakuierung des Systems und wird mit einer geringen Menge an ND-Dampf beaufschlagt.

Ferner wird diesem ersten Wärmetauscher das Kondensat aus dem folgenden, 2. Wärmetauscher über eine Regelarmatur zugeführt (Bild 4).

Die Energieversorgung des 2. Wärmetauschers erfolgt primärseitig über das ND-Dampfnetz, d.h. im Wesentlichen über die Turbinenentnahme. Bei Turbinenausfall steht eine entsprechend dimensioniert Dampf-Umformstation zur Versorgung der ND-Schiene und damit auch als Absicherung der Fernwärmeerzeugung zur Verfügung.

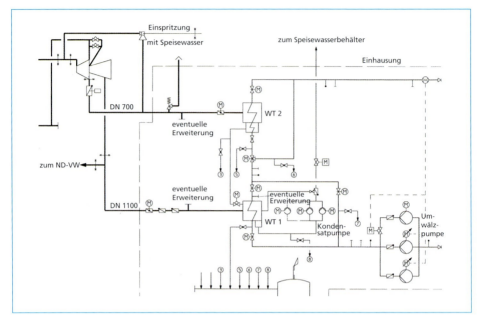

Bild 4:   Schema der Fernwärme-Auskopplung im AEZ Asdonkshof vor dem Umbau

Beide Wärmetauscher sind baugleich als liegende Rohrbündel-Wärmetauscher mit einfacher Umlenkung ausgeführt (Bild 5). Dabei ist für den WT 2 keine nennenswerte Kondensatunterkühlung angedacht gewesen, während für den WT1 im oberen Bereich die Dampfkondensationen erfolgt, während die unteren Rohrreihen im Kondensat eingetaucht sind und so eine Kondensatkühlung bewirken.

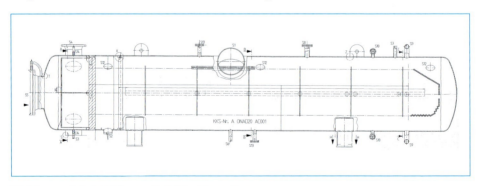

Bild 5:   Schnittzeichnung Rohrbündeltauscher

Die Kondensatfüllstände in den Wärmetauschern werden geregelt. Im 2. Wärmetauscher erfolgt die Füllstandsregelung über das Ablaufregelventil zum 1. Wärmetauscher und so, dass der Füllstand unterhalb der Rohre liegt. Der Kondensatpegel im 1. Wärmetauscher wird über Pumpen mit Überström-/Rückschlagventil bzw. ein nachgeschaltetes Regelventil eingestellt. Das rückgeführte Kondensat wird direkt über Entgasungs-Brausen in den Speisewasser-Behälter geleitet.

Sekundärseitig wird die Fernwärmeleistung über Durchflussmenge und Austrittstemperatur geregelt. Die Umwälzung erfolgt über 2 parallel betriebene, frequenzgeregelte Pumpen. Eine dritte Pumpe steht, nur mittels Regelarmatur in der Durchflussmenge regelbar, als Standby-Reserve zur Verfügung. Für das Umwälzpumpensystem ist die KWA verantwortlich, die Regelanforderungen werden jedoch vom externen Netzbetreiber als einzuhaltende Druckregelvorgaben eingestellt. Die jeweils sich einstellenden Umwälzmengen sind je nach herrschenden Netzbedingungen zum Teil recht unterschiedlich.

Als weitere externe und im Wesentlichen von der Außentemperatur abhängige Vorgabe wird vom Netzbetreiber eine einzustellende Vorlauftemperatur angefordert. Dies wird in der Art realisiert, dass zwischen dem ersten und dem zweiten Wärmetauscher im sekundärseitigen Netz ein 3-Wege-Mischer eingebracht ist, der den Durchfluss und Bypass des 2. Wärmetauschers regelt und somit die sich hinter der Rückvermischung der beiden Teilströme einstellende Vorlauftemperatur einstellen kann.

Die sich hieraus ergebenden Anforderungen an Absicherungs- und Druckhaltesystemen werden an dieser Stelle nicht näher erläutert.

1.2.1. Vertragliche Situation

Die KWA hat mit dem Netzbetreiber einen langfristigen Liefervertrag. In diesem Vertrag sind neben den betriebswirtschaftlichen Regelungen die technischen Rahmenbedingungen festgelegt.

Tabelle 1:   Erzeugungsanteile bei verschiedenen Leistungen gemäß
              Angabe Netzbetreiber

Leistung	Bis 25 MW	Bis 30 MW	Bis 35 MW	Bis 40 MW
Erzeugungsanteil	88 %	93 %	97 %	98,5 %

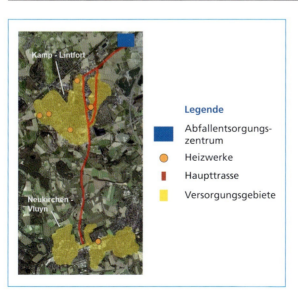

Bild 6:

Versorgungsnetz Fernwärme

So besteht in der Regel die Lieferverpflichtung über eine Fernwärmeleistung von bis zu 25 MW. Dies sollte gemäß Lastprognosen für eine Abdeckung von etwa 88 % der erforderlichen Energiemenge zur Versorgung der zurzeit angeschlossenen Fernwärme-netze Kamp-Lintfort und Neukirchen-Vluyn reichen. Etwaig darüber hinaus gehende Mengen deckt der Netzbetreiber derzeit über eigene, fossil befeuerte Heizkwerke ab. Gleiches gilt für die Besicherung der Fernwärmeerzeugung im Fall der Nichtverfüg-barkeit des MHKWs.

Mit dem Netzbetreiber konnte über die ersten Betriebs-Jahre zunächst keine für die KWA betriebswirtschaftlich sinnvolle Erweiterungs-Option vertraglich vereinbart werden.

1.2.2. Betriebliche Situation

In den ersten Betriebsjahren gab es keine nennenswerten Probleme mit der installierten Anlagentechnik. Im Gegenteil: Die in den Wärmetauschern installierten Heizflächenre-serven schienen in Verbindung mit den regelbaren Prozessdampfbedingungen faktisch auch eine höhere Leistungsauskopplung zu ermöglichen. So wurden versuchsweise Leistungen bis 30 MW mit der vorhandenen Technik gefahren.

Nachteilig für den Gesamtprozess aus energetischer Sicht war jedoch seit Beginn der Netzversorgung, dass die Rücklauftemperaturen aus dem Netz, wie im Bild 7 zu sehen, oberhalb von 60 °C liegen und insbesondere auch im bedarfshohen Winter noch stark ansteigen. Trotz regelmäßiger Diskussion mit dem Netzbetreiber ließ und lässt sich diese nachteilige Situation nur sehr bedingt verbessern.

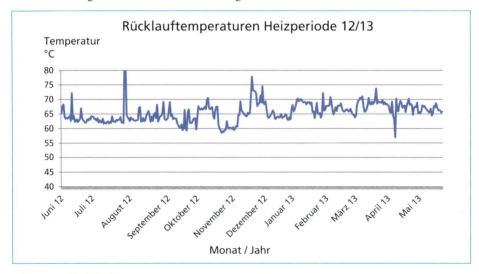

Bild 7:   Rücklauftemperaturen aus Fernwärmenetz

Für die Anlagentechnik bedeutete dies, dass bei hohen Auskopplungsleistungen die Wärmeleistung im Wesentlichen durch Zufuhr von Dampf aus der ND-Schiene (Ent-nahme) erbracht werden muss.

Die bei hoher Entnahmeleistung im Turbinenprozess absinkenden Anzapfdrücke sorgten für eine nochmalige Verschärfung der Situation. Letztlich wird die Nutzung von Anzapfdampf im Wärmetauscher 1 für diese Betriebsfälle dann auch nicht mehr möglich.

In Folge ergab sich für hohe Wärmeleistungen faktisch der Fall, dass die gesamte Wärmemenge aus der ND-Schiene über den Wärmetauscher 2 zu entnehmen war und das hier anfallende Kondensat über das Expansionsventil zum Wärmetauscher 1 zur weiteren Energieausnutzung geleitet wurde. Wie bereits erwähnt, waren die Flächenreserven der Wärmetauscher auch bei dieser Leistung scheinbar ausreichend. Erste, aber geringfügige Betriebsprobleme ergaben sich dann im Jahre 2001. Das Expansionsventil in der Überleitung vom WT2 zum WT1 sowie der nachfolgende Rohrleitungsteil zeigten massive Auswaschungen. Dies konnte zunächst durch einfache Reparaturmaßnahmen behoben werden. Allerdings trat der Fehler nach entsprechender Betriebszeit zyklisch erneut auf.

Schwerwiegender waren jedoch die ersten Rohrschäden im Rohrbündel des Wärmetauschers 1 im Jahre 2010 (Bild 8). Dies war in so fern betrieblich von hoher Relevanz, da durch den Einbruch von sekundärseitigem Fernwärmewasser in die primäre Kondensatrückführung zum Speisewasserbehälter eine umfangreiche Kontamination des gesamten Wasser-Dampf-Kreislaufes des MHKWs erfolgte.

Bild 8: Rohrschaden Wärmetauscher 1

Das Rohrbündel des Wärmetauschers war auf Grund der durchgehenden Verschweißung des Rohrbodens nicht einfach ziehbar. Dadurch erforderte die Schadensfeststellung bereits erhebliche Aufwendungen. Nur über endoskopische sowie begleitende Wirbelstromuntersuchungen konnte der aufgetretene Schadensort detektiert werden. Hierzu muss man anmerken, dass durch die Untersuchungsschwierigkeiten zunächst eine korrosionsbedingte Leckage vermutet wurde. Der Betrieb wurde nach entsprechendem Stopfen der defekten Rohrbündel wieder uneingeschränkt aufgenommen.

Erst nach erneutem und ähnlich verlaufendem Schadenseintritt wurde der sachliche Zusammenhang zur Systemüberlastung bei hohen Fernwärmeleistungen gezogen. Zwar ist im Zuströmbereich des Kondensates von WT2 im Wärmetauscher 1 ein Prall-/ verteilblech vorgesehen, jedoch ist dies – entgegen ursprünglicher Annahmen – nicht in der Lage, die Rohrreihen bei entsprechend hohen Volumenströmen und hohen Rückverdampfungsraten ausreichend zu schützen.

Im Grunde ergab sich somit die gleiche Schadensursache, wie für das Expansionsventil bzw. die nachfolgende Rohrleitung.

In Folge musste die Fernwärme-Abgabeleistung konsequent auf etwa 25 MW begrenzt werden.

Zwar reichte dies vertragsgemäß aus, jedoch war – unterstützt durch die in den vergangenen Jahren stark ansteigenden Kosten für die Primärenergie-Beschaffung – auch der Wunsch des Netzbetreibers gewachsen, mehr als 25 MW seitens des MHKW beziehen zu können. In so fern konnte mit dem Netzbetreiber eine Vertragsergänzung mit besseren Konditionen für die Energieauskopplung verhandelt werden, die eine Erweiterungsinvestition für uns als Betreiber interessant machte. Natürlich war dabei seitens aller Beteiligten auch der Gedanke an umweltökologisch sinnvollen Effektivitätssteigerungen und damit verbundenem direkten Umweltvorteil eine zusätzliche Triebfeder.

2. Umbau der Ferwärmeauskopplung

2.1. Verfahrensauswahl

Für die Überarbeitung der Fernwärme-Auskopplung wurden zwei unterschiedliche Ansätze ins Auge gefasst:

- Ertüchtigung des vorhandenen Systems
  (mit gesicherter Auskopplung bis zu etwa 30 MW)

- Erweiterung mittels zusätzlichem Wärmetauscher
  und Entkopplung der Wärmetauscher

2.1.1. Variante A, Ertüchtigung

Erster Gedanke bei der vorliegenden Sachlage war natürlich, die vorhandenen Wärmetauscher wieder in Stand zu setzen und dabei die erkannten Problembereiche auszumerzen. Konkret wurde die größere Dimensionierung der Überstromleitung von WT2 zu WT1 einschließlich der Optimierung des Expansionsventiles sowie die Überarbeitung der Einströmsituation im WT1 betrachtet.

Hinsichtlich der Bestandssysteme mussten dabei natürlich die vorgegebenen Randbedingungen berücksichtigt werden.

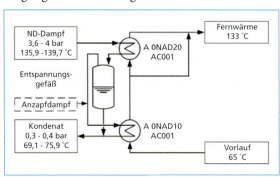

Bild 9:

Ertüchtigungsvariante mit zusätzlichem Entspanner

Eine neue Überstromleitung hätte bei den realen Bedingungen für etwa 30 MW FW-Leistung eine erhebliche Vergrößerung der Nennweite erfordert, um für das 2-Phasen-Gemisch im Ableitungsbereich ausreichend dimensioniert zu sein. Als zuverlässigere Lösung wurde allerdings der Einbau eines eigenen Entspanners mit der Trennung von Wasser- und Dampfphase angesehen (Bild 9).

Das Expansionsventil wäre komplett zu erneuern gewesen, wobei statt der bisherigen geraden Durchgangsform eine Eckventil-Ausführung als bessere (betriebssicherere) Variante vorgesehen wurde. Bei jeder dieser Teillösung wäre auch der Aufwand für die Modifikationen am Mantel des Wärmetauschers 1 zur Anbindung der geänderten Leitungen hinzuzurechnen gewesen.

Insgesamt mussten hier nach Einholung von Budgetangeboten ein Aufwand von bis zu 200.000 EUR veranschlagt werden, wobei die zur Erlangung einer hohen Betriebssicherheit wünschenswerte Sanierung des Wärmetauschers 1 noch gar nicht eingerechnet war. Da das System vollverschweißt ausgeführt war, wären auch hier für das Ziehen und reparieren der Rohrbündel erhebliche Kosten anzunehmen gewesen.

2.1.2. Variante B, zusätzlicher Wärmetauscher

Leitgedanke für den Einbau eines zusätzlichen Wärmetauschers war, die Leistungsfähigkeit des Systems zu erhöhen, die Betriebssicherheit zu verbessern und nach Möglichkeit den Ausnutzungsgrad der Anzapfung und damit auch den Wirkungsgrad des Gesamtsystems zu erhöhen. Und das selbstverständlich auch zu geringst möglichen Investitionskosten.

Um den Anspruch an Betriebssicherheit und verbesserte Nutzungsmöglichkeit des Anzapfdampfes zu realisieren stand fest, dass die Primärseite der Wärmetauscher 1 und 2 komplett zu entkoppeln waren. Eine negative Rückkopplung durch die sich im Mischsystem des WT1 bei hoher Leistung einstellenden Druck- und Temperaturverhältnisse könnte dann sicher vermieden und erreicht werden, dass die Nutzungsoption von Anzapfdampf sich unabhängig von der im Wärmetauscher 2 abgeforderten Leistung ergibt. Der Wärmetauscher 1 kann damit jederzeit lediglich in Abhängigkeit von den betrieblich nicht ohne weiteres beeinflussbaren Systembedingungen (Rücklauftemperatur Fernwärmenetz bzw. Anzapfdruck Turbine) in Betrieb genommen oder abgeschaltet werden.

Ferner ist mit diesem Lösungsansatz eine Erhöhung der Betriebssicherheit einhergehend. Kleinere Leckagen am Wärmetauscher 1 führen nicht zur Einschränkung in der Wärmeversorgung, da bei Umfahrung des WT 1 über den Wärmetauscher 2 und über die Regelmöglichkeit der ND-Schiene eine jederzeit ausreichende Leistung zur Verfügung gestellt werden kann. Auch die bei Leckagen auftretenden Kontaminationen des Wasser-Dampf-Systems wären leichter einzukreisen und einzudämmen. Aus den vorhergehenden Schadensereignissen war dies für uns ein wesentlicher Punkt, zudem trotz erfolgreicher Druckproben, durchgeführter Wirbelstrommessungen und Endoskopien zur Schadensfeststellung eine latente Unsicherheit über den Zustand der Verrohrung im WT1 bestand.

Bei Schäden am Wärmetauscher 2 ließe sich mit dem WT1 und getrennter Fahrweise für bestimmte Betriebszustände ebenfalls noch eine, wenn auch wesentlich eingeschränkte Fernwärmeauskopplung realisieren. Zur Erhöhung der auskoppelbaren Leistung musste allerdings noch ein weiterer Wärmetauscher vorgesehen werden. Verfahrenstechnisch sinnvoll hierfür war nur die Nutzung der Kondensatwärme aus WT2. Als Untervariante wurden für dieses Konzept sollte der Einbau des WT im Hauptstrom nach WT1 oder aber die Variante im Bypass-Strom zu WT2 betrachtet werden (Bild 9 und 10).

Mit jede dieser Schaltungsvarianten sollte es möglich sein, die alten Pumpen, die nur

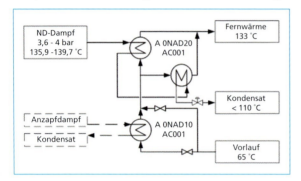

Bild 9:

Schematische Darstellung Einbauvariante Wärmetauscher im Nebenstrom

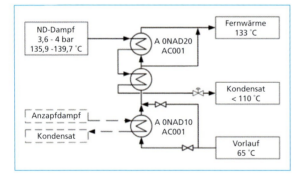

Bild 10:

Schematische Darstellung Einbauvariant Wärmetauscher im Hauptstrom

eine beschränkte Kondensattemperatur zuließen, weiter zu verwenden. Die Fördermengen in Verbindung mit dem erhöhten Vorlaufdruck waren für die mit der Leistungssteigerung einhergehenden größeren Kondensatmengen ausreichend. In Folge ergab sich pumpenseitig lediglich die Notwendigkeit zur Neuinstallation einer kleineren Pumpe für die Kondensatrückführung aus WT1 erforderlich. Auf eine Redundanz wurde hier auf Grund der geringeren Priorität des WT1-Betriebes verzichtet.

2.2. Verfahrensauslegung und Systementscheidung

Für beide der Untervarianten zu Variante B entscheidend war die korrekte Auslegung des zusätzlichen Wärmetauschers. Die Durchflussmenge auf der Heizseite (Kondensat aus WT2) ist abhängig von der Leistungsabnahme des Wärmenetzes und der Leistungsabgabe im WT1.

Ferner kann sich die Kondensattemperatur in Abhängigkeit von den eingestellten Dampfdrücken auf der ND-Schiene ändern.

Die Durchflussmenge auf der Kühlseite (Fernwärme-Wasser) ist abhängig von der Umwälzmenge insgesamt (Vorgabe durch Druckschlechtpunkt des Netzbetreibers), bei der Untervariante 2 auch von der Stellung des vorgeschalteten 3-Wege-Mischers, die wiederum in Anhängigkeit von der vom Netzbetreiber vorgegebenen Vorlauftemperatur des Netzes geregelt wird. Die Eintrittstemperatur ist ebenfalls variabel und hängt von den Rücklauftemperaturen des Netzes sowie der Funktion des Wärmetauschers 1 ab. Somit ergab sich bezüglich der Auslegungsgrößen sowohl für die Heizseite, als auch für die Kühlseite eine sehr große Bandbreite.

Leider standen aus dem Betrieb mangels geeigneter Messpunkte keine entsprechenden Daten zur Verfügung. Aus diesem Grund wurde die wärmetechnische Situation in einem Programm nachmodelliert und so die Randbedingungen für die Auslegung des Wärmetauschers iterativ berechnet (Bild 12).

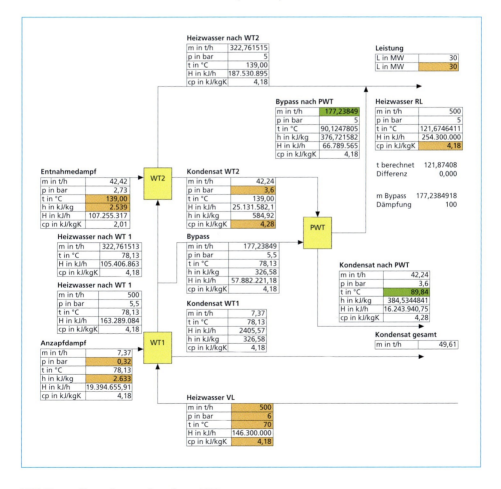

Bild 12:   Fernwärmeauskopplung AEZ

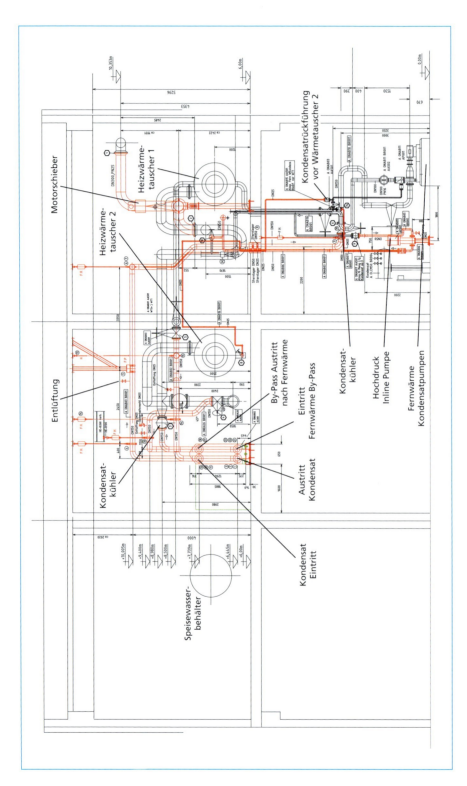

Bild 13a: Umbaumaßnahmen, dargestellt in Schnittzeichnung und Draufsicht

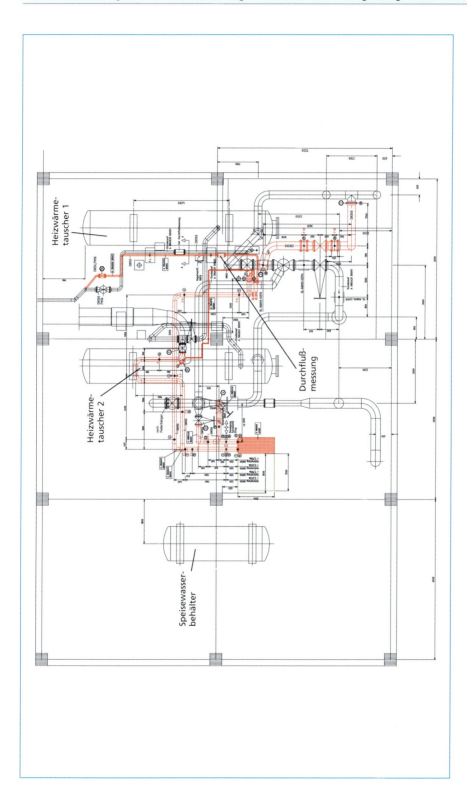

Bild 13b: Umbaumaßnahmen, dargestellt in Schnittzeichnung und Draufsicht

Die Ergebnisse ergaben differierende Mengenströme und Temperaturen (Tabelle 2).

Tabelle 2:   Auslegungsparameter zusätzlicher Wärmetauscher

Lastfall	Thermische Leistung MW	Kondensatmenge von WT2 m³/h	Fernwärmemenge gesamt m³/h	Fernwärmemenge Bypass m³/h	Zulauf- temperatur Fernwärme
Schwachlast	5	3-6	100-200	55-175	75-80
Mittlere Last	15	14-19	250-400	105-290	65-75
Vollast	25	37-42	325-575	60-290	60-75
Spitzenlast	30	45-51	400-575	80-270	60-70

Zur Auswahl des geeigneten Wärmetauschers wurde anhand dieser Randparameter sowie einer Vorgabe für die Grädigkeit von 5 K und einem maximalen fernwärmes- eitigen Druckverlust von 0,5 bar eine Marktrecherche durchgeführt. Als Ergebnis konnte festgehalten werden, dass Plattenwärmetauscher an dieser Stelle den durchaus differierenden Eingangsbedingungen gerecht werden und auch das beste Preis-/Leis- tungsverhältnis aufweisen.

Zur Entscheidungsabsicherung, welche der beiden Varianten – Ertüchtigung oder Umbau – zur Ausführung gelangen sollte, wurde zusätzlich das Ingenieurbüro AMR- engineering (Essen) eingeschaltet, dass die wärmetechnische Modellierung beider Untervarianten noch einmal mit eigenen Programmen nachvollzog sowie für beide Varianten eigenständige Kostenrechnungen erstellte. Die Vorab-Berechnungen der KWA konnten auch bei dieser detaillierteren Betrachtung voll bestätigt werden. Unter Berücksichtigung der Vorab-Kalkulation und der für die Umsetzung der Maßnahme jeweils erforderliche Ausfallzeit ergaben sich insgesamt klare Vorteile für die Erweite- rungsvariante in der Bypass-Anordnung, so dass das Ingenieurbüro auch den Auftrag für die Erstellung des entsprechenden Leistungsverzeichnisses für die Umbaumaßnah- men erhielt. Der Wärmetauscher und die zusätzlich erforderliche Kondensatpumpe wurde von der KWA in Eigenleistung beschafft.

2.3. Realisierung

Die Realsierung der Maßnahme erfolgte bautechnisch in 2 Schritten. In einer ersten, kurzen Phase wurden alle Abzweige sowie alle zusätzlichen Armaturen und Messstut- zen im Bestandssystem eingebracht, so dass eine unmittelbare Wiederinbetriebnahme möglich war. Offene Anschlüsse zum geplanten neuen System wurden mit Schiebern abgeschottet. Für diese Maßnahme wurde eine ohnehin geplanter Revisionszeitraum im September 2011 vor der Heizperiode genutzt, so dass sich äußerst geringe Ausfall- kosten ergaben. Die neue Anlagentechnik wurde dann parallel zum normalen Anla- genbetrieb errichtet (Bild 13). In dieser Zeit wurden auch alle Anpassungsarbeiten in der Elektro-, Regelungs- und Leittechnik in Eigenleistung erbracht. Auf Grund der kompakten Bauform des Plattenwärmetauschers (Bild 14) war der vorhandene Raum auch ausreichend und es mussten diesbezüglich keine bautechnischen Klimmzüge unternommen werden.

Für den eigentlichen Umschluss und die Inbetriebnahme war dann lediglich ein Stillstand von knapp 2 Tagen erforderlich. So konnte die neue Anlagentechnik vor Beginn der Heizperiode im August 2012 in Betrieb genommen werden.

Erfreulich bei der Realisierung war auch, dass in Verbindung mit den durchgeführten Eigenleistungen am Ende der budgetierte Investitionsrahmen eingehalten bzw. sogar unterschritten werden konnte.

Bild 14:

Neu installierter Plattenwärmetauscher

2.4. Erste Betriebserfahrungen

Die Anlagentechnik (Bild 16) funktionierte auf Anhieb ohne Probleme und es waren im Nachgang lediglich kleine Optimierungen in der Regelungstechnik erforderlich. Aus Bild 15 ist zu entnehmen, dass für die Heizperiode 2012/13 schon entsprechend hohe Leistungen, in Spitzen und versuchsweise bis zu 35 MW, realisiert werden konnten.

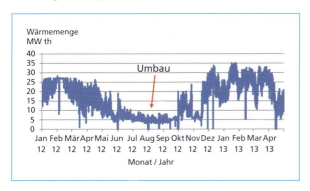

Bild 15:

Stündliche Wärmeabgabe vor/ nach Umbau

Ferner ließ sich auch in der recht kurzen Betriebszeit bereits der betriebstechnische Vorteil zur separaten Nutzung des mit Anzapfdampf beaufschlagten Wärmetauschers 1 beobachten Die Betriebszeit der Anzapfung konnte im Vergleich zu vergangenen Jahren deutlich verlängert werden.

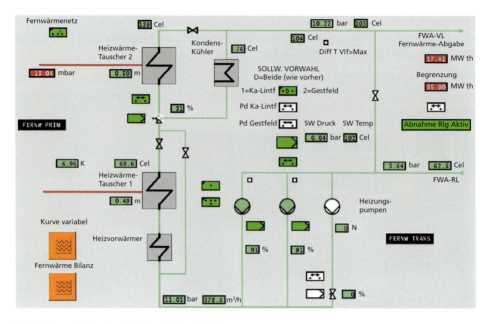

Bild 16:   Leitsystem-Bild nach dem Umbau

3. Fazit und Bewertung

Die Fernwärmeauskopplung des AEZ Asdonkshof sollte in Zusammenhang mit Sanierungsbedürfnissen überarbeitet und nach Möglichkeit verbessert werden. Die netzspezifischen vertraglichen und finanziellen Randbedingungen ließen allerdings Leistungserweiterungen nur in sehr engen Grenzen zu.

Durch ein verfahrens- und betriebstechnisch optimiertes Konzept unter Nutzung aller vorhandenen Komponenten und Einbau eines zusätzlichen Plattenwärmetauschers konnte sowohl eine Leistungssteigerung als auch eine Steigerung der Betriebssicherheit erreicht werden.

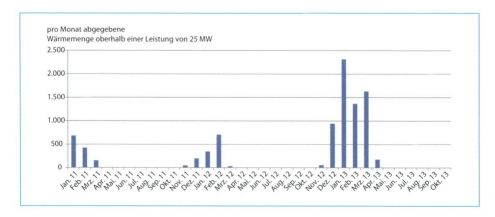

Bild 17:   Monatliche Ist-Wärmemenge oberhalb 25 MW vor/nach Umbau

Anhand der vorhandenen Betriebserfahrungen bedeutet die Potentialsteigerung von 25 auf über 30 MW für durchschnittliche Heizjahre eine höhere Wärmeauskopplung von etwa 5.000 bis 6.000 MWh (Bild 17). Diese Werte können durchaus in kälteren Jahren auf über 10.000 MWh ansteigen.

In Bezug auf die für Betreiber von MHKW wichtigen R1-Kennzahlen sind mit der Erhöhung von Auskopplungsleistung, der Verfügbarkeit und der Nutzbarkeit der Anzapfung ebenfalls Verbesserungen zu verzeichnen. Diese sind zwar insgesamt durch andere Effekte (z.B. Turbinenrevision) überlagert und sind real nicht sofort erkennbar. Rein rechnerisch ergibt sich jedoch für das AEZ Asdonkshof ein Vorteil von etwa 0,005 in durchschnittlichen Jahren unter ansonsten gleichen Randbedingungen. Bei längeren oder kälteren Heizperioden kann dies auch entsprechend eskalieren.

Für den Netzbetreiber und damit letztlich die Umwelt ergibt sich durch die entsprechende Einsparung von Primärenergie ein noch deutlicher Vorteil. Hier darf man bei Ansatz eines für durchschnittliche Heizjahre substituierbaren Potentiales von 5.000 MWh/a und mittleren Kesselwirkungsgraden von 70 % (bezogen auf Hu) für ölgefeuerte Heizwerke von mehr als rund 700.000 l Heizöl ausgehen.

Damit lässt sich hier als Fazit der Maßnahme ein überaus positives Ergebnis für den Netzbetreiber und nicht zuletzt für die Umwelt feststellen. Leider werden solche Maßnahmen allerdings nicht gefördert.

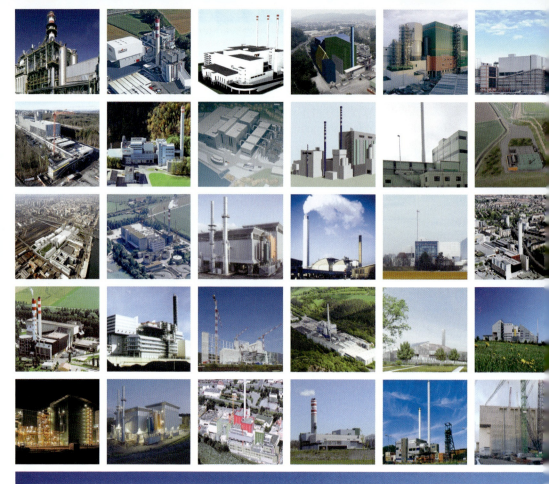

Optimierung der Leistung und des energetischen Wirkungsgrads der MVA Milano Silla 2

Thomas Vollmeier und Paride Festa Rovera

Die Abfallverbrennungsanlage Silla 2 in Milano wird von der A2A Ambiente Srl betrieben. Die Anlage besitzt drei Verbrennungslinien mit einer nominellen thermischen Leistung von je 61,53 MW, was einer gesamten Leistung von 184,6 MW entspricht. Die Anlage wurde im Jahr 2000 gebaut, hat eine Kapazität von insgesamt 500.000 Tonnen Abfall pro Jahr und zählt damit zu den größten MVA's Italiens.

Die MVA wurde von Anfang an für die Stromerzeugung und für die Wärmeauskoppelung zur Speisung des Fernwärmenetzes konzipiert. Dies erfolgt mittels einer Wärmetauscherstation, die mit der Anlage verbunden ist und mit Niederdruckdampf aus dem thermischen Kreislauf der MVA gespeist wird.

Durch die ständige Erweiterung des Fernwärmenetzes und die daraus resultierende Zunahme an Energiebedarf nahmen in den vergangenen Jahren die technischen Möglichkeiten stetig ab, zusätzliche Energie aus der MVA an das Fernwärmenetz abzugeben.

Durch die bevorstehende Einführung der separaten Sammlung von Küchenabfällen wird außerdem eine Zunahme des Restabfallheizwertes erwartet. Diese beiden Gründe waren ausschlaggebend, die anlagenspezifischen Möglichkeiten einer Leistung- bzw. Wirkungsgradoptimierung der Anlage zu untersuchen.

Nachfolgend werden die Ergebnisse dieser Untersuchung aufgezeigt. Für die resultierende technische Lösung wurde die Umsetzung beschlossen. Dieses 2013 wurde die Baubewilligung erteilt, und die Realisierung wird in den nächsten zwei Jahren stufenweise umgesetzt.

1. Ausgangslage vor der Optimierung

1.1. Entwicklung der Fernwärme

Das Fernwärmenetz der Stadt Milano wurde seit Anfang der Neunzigerjahre entwickelt. Es zeichnet sich aus durch die Präsenz mehrerer kleinerer Netze, die in unmittelbarer Nähe verschiedener Heizkraftwerken gewachsen sind. Eines der größten dieser Netze wird von der MVA gespeist und liefert bereits Wärme an drei Stadtviertel, an die neue Messe und an die benachbarten Gemeinden. Dieses Netz wurde in den letzten zehn Jahren ständig erweitert und die von der MVA abgegebene Wärme nahm entsprechend deutlich zu, wie in der folgenden Grafik (Bild 1) gezeigt wird.

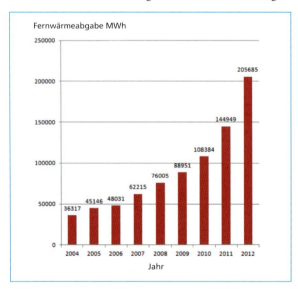

Bild 1:

Entwicklung der Fernwärmeabgabe der MVA Silla 2

Die MVA ist ein wichtiger Teil der Gesamtstrategie für die Entwicklung der Fernwärme der Stadt Milano, die von der A2A-Gruppe zusammen mit der Stadt entwickelt wurde. Diese Strategie sieht folgende Etappen vor:

- Realisierung von drei übergeordneten Verbünde durch Vergrößerung und Verbindung mehrerer Netze bis 2015,

- Verdoppelung der abgegebenen Wärmeenergie durch Anschluss von neuen Verbrauchern,

- Maximierung der Wärmeabgabe aus der MVA, so dass im Jahr 2015 über ein Drittel der gesamten abgegebenen Wärme aus der Verbrennung von Abfall stammen wird.

Die Abgabe von möglichst viel Energie in Form von Wärme wird in den kommenden Jahren mit hoher Priorität vorangetrieben.

1.2. Konfiguration der Anlage

Verbrennungslinien

Jede der drei Verbrennungslinien ist mit einen Ofen/Dampferzeuger, einer trockenen Abgasreinigung mit Natriumbikarbonat und einen nachgeschalteten SCR-Katalysator bestückt (Bild 2).

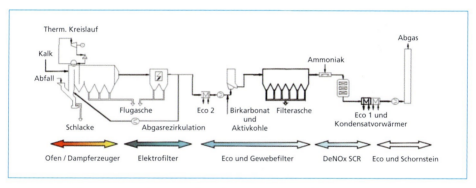

Bild 2: Schema einer Verbrennungslinie der MVA Milano Silla 2

Die Verbrennungsgase des Ofens werden in den drei vertikalen Strahlungszügen und anschließend in einem konvektiven Horizontalteil des Dampferzeugers erstmals gekühlt. Danach gelangen die Abgase zur Entstaubung in den Elektrofilter. Ein Teilstrom des entstaubten Gases wird in den Ofen rezirkuliert. Der Rest der Abgase wird zuerst in einem Economiser (ECO2) ein zweites Mal gekühlt und gelangt nach Zugabe von Natriumbikarbonat zum Gewebefilter. Nach Zudosierung von Ammoniak zwecks Stickoxidreduktion im nachgeschalteten Katalysator werden die Abgase anschließend in einem weiteren Economiser (ECO1) sowie im nachgeschalteten Kondensatvorwärmer weiter abgekühlt und in den Schornstein geführt.

In den Dampferzeugern wird überhitzter Dampf erzeugt. Die in den Economisern gewonnene Wäremenergie wird zur Vorwärmung der Kondensate respektive des Speisewassers verwendet. Beim Schornstein erreichen die Abgase eine Temperatur von etwa 130 °C. Die drei Dampferzeuger erzeugen einen Dampfmassenstrom von insgesamt 223 t/h bei einem Druck von 52 bar und einer Temperatur von 425 °C. Der Dampf aus den drei Dampferzeugern wird im thermischen Kreislauf zur Stromerzeugung und zur Wärmeabgabe an das Fernwärmenetz weiterverwertet.

Thermische Anlage

Die Konfiguration der thermische Anlage vor den Optimierungsmaßnahmen ist im folgenden Schema (Bild 3) dargestellt.

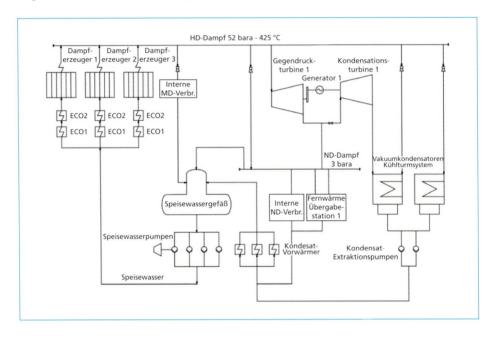

Bild 3:   Thermische Anlage vor der Optimierung

Die Stromerzeugung erfolgt mittels einer Gegendruckturbine und einer Kondensationsturbine. Beide Turbinen sind zu diesem Zweck mit einem Generator über eine Getriebe, respektive direkt gekoppelt. Der Dampf aus den Abfallkesseln wird erst zu der Gegendruckturbine geführt und in dieser Maschine bis auf einen Druck von etwa 3 bar entspannt. Nach der Gegendruckturbine wird ein Teil des Dampfes für interne Verbraucher benutzt, während ein Teil zu der Wärmetauscherstation geleitet wird. Die Aufteilung ist abhängig vom Leistungsbedarf der Fernwärme. Der Rest des Dampfes wird zur Kondensationsturbine geleitet, bis auf einen Druck von < 0,1 bar entspannt und anschließend in einem Vakuumkondensator kondensiert. Die Kondensationswärme wird dabei über ein nasses Kühlturmsystem an die Umgebungsluft abgegeben. Alle in der Anlage entstehenden Kondensate werden in einem Speisewassergefäß mit thermischem Entgaser geführt und anschließend den Abfallkesseln als Speisewasser zurückgefördert.

Wie erwähnt, war zu Beginn die maximal auskoppelbare thermische Leistung des Systems auf 68 MW begrenzt. Die Abgabe einer größeren Leistung war in Bedarfsfällen mittels Auskoppelung von Frischdampf möglich, was aber mit erheblichen Einbußen des Gesamtwirkungsgrades infolge unnötiger Entlastung der Turbogruppe verbunden war.

2. Optimierungsmaßnahmen

Mit der erwarteten Zunahme der Nachfrage an Fernwärme bedurfte es einer Anlagenoptimierung.

Um der steigenden Heizwerte des Abfalls gerecht zu werden und die Leistungsabgabe an die Fernwärme zu maximieren wurde klar, dass sich einerseits eine Leistungserhöhung der Verbrennungslinien und anderseits eine Optimierung des thermisches Kreislaufes aufdrängt.

2.1. Leistungserhöhung der Verbrennungslinien und Optimierung des thermischen Kreislaufs

Leistungserhöhung der Verbrennungslinien

Die Leistungserhöhung der Verbrennungslinien hat eine Erhöhung der Abgasvolumenströme zur Folge. Da dies aber negative Auswirkungen auf die Emissionsfrachten der Anlage haben könnte, beschloss AMSA die Schadstoffkonzentrantionen im Abgas soweit zu senken, dass die Jahresfrachten der Anlage nicht zunehmen.

Um die tatsächlichen Leistungsgrenzen der einzelnen Anlageteile zu eruieren, musste das Verhalten bei höheren Lasten untersucht werden. Dies erfolgte in mehreren Tests, in denen die einzelnen Linien mit höheren Leistungen gefahren wurden. Die Analyse der so gewonnenen Daten ergab, zusammen mit der Analyse der technischen Dokumentationen, einen Profil der möglichen Schwachpunkte und die daraus resultierenden notwendige Maßnahmen. Auf dieser Basis wurden folgende Anlagenanpassungen geplant:

- Um die Temperaturen der Abgase beim Eintritt in den Überhitzerbündeln während der ganzen Reisezeit soweit zu senken, dass keine zusätzliche Korrosion zu erwarten ist, wurden in den Dampferzeugern zusätzliche Austauschflächen integriert. Dazu wurden die Reinigungseinrichtungen der Dampferzeuger so erweitert, dass auch die Strahlungsflächen im ersten Dampferzeugerzug einer Online-Reinigung unterzogen werden können.

- Die Luft- und Abgaswege wurden optimiert und an die neuen Leistungen angepasst. Einzelne Ventilatoren mussten dafür modifiziert oder ausgetauscht werden und einige Leitungsabschnitte wurden strömungstechnisch verbessert.

- Mit der benötigten Erhöhung der Systemeffizienz infolge der gewünschten Absenkung der Schadstoffkonzentrationen im Abgas wurde eine Vergrößerung und Leistungserhöhung der Abgasreinigung vorgesehen. Diese anspruchsvolle Maßnahme betraf verschiedene Anlageteile. So wurden zum Beispiel neben einer Anpassungen der Elektrofilter und einer Vergrößerung der Gewebefiltern auch Anpassungen bei den Bikarbonat-Zubereitungs- und Fördersystemen oder am Katalysator notwendig.

Durch die oben beschriebenen Maßnahmen werden die Verbrennungslinien in der Lage sein, bei gleich bleibenden Jahresemissionen die thermische Leistung um 15 % auf 212,6 MW bzw. die Dampfproduktion von 223 t/h auf 259 t/h (52 bar/425 °C) zu steigern.

Die zusätzlich erzeugte Dampfmenge wird im thermischen Kreislauf verwertet. Daher mussten die entsprechenden Anlagenteile, insbesondere die Turbogruppe genauer untersucht werden.

Optimierung des thermisches Kreislaufes

Durch die geplanten Maßnahmen an der Verbrennungslinien wird es möglich sein, eine höhere Verbrennungsleistung zu erreichen und somit mehr Dampf zu erzeugen. Als nächste Überlegung wurde daher geprüft, welche Möglichkeiten für eine Erhöhung des Dampfdurchsatzes bei der bestehenden Turbogruppe vorhanden waren. Analog wie bei den Verbrennungslinien wurden dafür die Grenzen der Maschine erstmals mittels Tests eruiert.

Die Auswertung der Versuche zeigte, dass die Gegendruckmaschine nicht in der Lage war, die zusätzliche Dampfmenge zu verwerten. Aus diesen ersten Erkenntnissen wurden deshalb zwei Varianten untersucht:

1) Anpassungen der bestehende Turbogruppe,

2) Installation einer zusätzliche Turbine.

Die Abklärung zu Variante 1 ergab, dass unter den neuen Bedingungen mit erhöhter Dampfmenge große Eingriffe notwendig gewesen wären. Unter anderem wäre eine Teil-Neubeschaufelung der Turbine erforderlich gewesen. Auch die damit verbundene Erhöhung der elektrischen Leistung der Turbine hätte Eingriffe beim Generator und der Kühlsysteme verursacht. Da bis dato die Turbogruppe immer sehr zuverlässig seinen Dienst absolviert hatte, beschloss AMSA, keine Eingriffe an der bestehende Maschine vorzunehmen und die zweite Änderungsvariante weiter zu verfolgen, nämlich die Installation einer zusätzlichen Turbine.

Die neue Turbine wurde für die in der Anlage zusätzlich produzierte Dampfmenge ausgelegt. Da dieser Dampf durch die internen Verbraucher sowie der Minimalleistung des Fernwärmenetzes als 3 bar Dampf immer abgenommen werden kann, wurde entschieden die neue Turbine als Gegendruckmaschine vorzusehen.

2.2. Maximierung der Fernwärmeabgabe

Wie vorgängig erwähnt, bestand seitens AMSA der Bedarf, die Leistungsabgabe für die Fernwärme zu maximieren. Die auskoppelbare Wärmeleistung war durch folgende Gegebenheiten begrenzt:

- Verschiedene Anlagekomponenten (Rohrleitungen, Wärmetauscher, u.s.w.) waren so ausgelegt, dass keine höheren Leistungen übertragbar waren,

WE LOVE THE IDEA THAT MOST OF OUR CUSTOMERS THINK THE LOMA® HOT GAS GENERATOR IS PRETTY COOL

For further information about the hot solutions for most of your thermal applications please call +49 211 53 53 0 or visit www.loesche.com

Wärmestrommessung an Membranwänden von Dampferzeugern

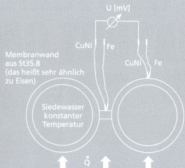

Autor:	Sascha Krüger
ISBN:	978-3-935317-41-2
Verlag:	TK Verlag Karl Thomé-Kozmiensky
Erscheinung:	2009
Gebund. Ausgabe:	117 Seiten
Preis:	30.00 EUR

Die Wärmestromdichte ist der auf eine Fläche bezogene Wärmestrom. Die Ermittlung dieser Größe stellt für Strahlungswärmeübergangsflächen von Dampferzeugern, die üblicherweise aus Membranwänden aufgebaut sind, eine wichtige Information mit Bezug auf die Wärmeverteilung, d. h. die lokale Wärmeabgabe in der Brennkammer, dar. Beispielsweise besteht die Möglichkeit, anhand der Wärmestromdichte

- die Feuerlage auf dem Rost oder in der Brennkammer,
- Schieflagen der Gasströmung in den Strahlungszügen,
- den lokalen Belegungszustand (Verschmutzungszustand) oder
- den Zustand des Wandaufbaus (Ablösen von Feuerfestmaterial)

zu bewerten.

Die Entwicklung und Anwendung von Wärmestromdichtemessungen an Membranwänden war bereits Gegenstand vielfacher Forschung in den letzten Jahren. Zumeist wurden Messzellen entwickelt, zu deren Installation Umbauten am Siederohr, d. h. am Druck tragenden Teil des Wasser-Dampf-Kreislaufes notwendig sind.

In der vorliegenden Arbeit wird eine nicht-invasive Methode zur Bestimmung der Wärmestromdichte an Membranwänden mit und ohne Zustellung sowie deren Anwendung im technikums- und großtechnischen Maßstab beschrieben.

- Durch die Tatsache, dass die Kondensationsturbine starr am Generator verbunden war, musste ein Teil des bei 3 bar zur Verfügung stehenden Dampfes zwecks Kühlung ständig durch die Turbine geleitet werden und konnte dadurch nicht für die Erhöhung der Fernwärmeleistung verwendet werden.

Es wurde in der Folge entschieden, zuerst die Möglichkeiten der Leistungsabgabe an das Fernwärmenetz zu maximieren. Dies wurde in mehreren Etappen durch folgende Anpassungen der Anlage realisiert:

- Leistungserhöhung der bestehenden Fernwärmeübergabestation,

- Bau einer zweiten Fernwärmeübergabestation,

- Einbau einer Clutch- Kopplung zwischen Generator und Kondensationsturbine.

Die ersten zwei Anpassungen dienten hauptsächlich der Erhöhung der Austauschleistung zwischen der thermischen Anlage und dem Fernwärmenetz. Hierfür wurde die bestehende Wärmetauscherstation durch die Installation einer zweiten Dampfleitung und einem weiteren Wärmetauscher fast verdoppelt. Außerdem wurde eine zweite Station installiert. Damit wurde die Möglichkeit geschaffen, die aus der Anlage maximal auskoppelbare thermische Leistung bei Bedarf komplett zu übertragen.

Die dritte Etappe sah die Installation einer sogenannten Clutch-Kopplung zwischen dem Generator und der Kondensationsturbine vor. Durch diese Kopplung kann während der Wintermonate bei erhöhter Nachfrage an Fernwärme die Kondensationsturbine unabhängig von der Gegendruckturbine ausgeschaltet werden. Die vorher zwecks Kühlung benötigte Niederdruckdampfmenge steht somit zur Verfügung und kann über eine der Wärmetauscherstationen in das Fernwärmenetz abgegeben werden. Bei sinkendem Bedarf an Niederdruckdampf wird die Kondensationsturbine wieder angefahren und automatisch an den Generator gekoppelt.

2.3. Resultierende Anlagenkonfiguration

Die Anlagenkonfiguration nach Umsetzung der Optimierungsmaßnahmen wird im nachstehenden Schema (Bild 4) dargestellt.

Wie aus dem Schema ersichtlich, dominiert bei der neuen Konfiguration der thermische Anlage die Wärmeproduktion. Dies wird nach der Leistungserhöhung ermöglichen, die Wärmeabgabe von 68 MW auf 151 MW zu erhöhen.

Neben den aufgeführten Maßnahmen wurden parallel noch weitere Sekundäranpassungen durchgeführt, wie zum Beispiel die Substitution verschiedenen Pumpen (Speisewasserpumpen, Kondensat-Extraktionspumpen), die Errichtung eines neuen Kühlkreislaufs für die internen Verbraucher, verschiedene Anpassungen bei der Elektroanlage und einige Baumaßnahmen.

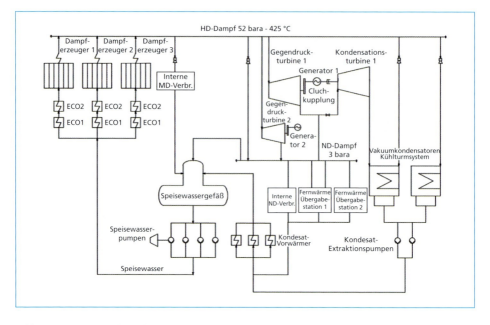

Bild 4:   Thermische Anlage nach den Optimierungsmaßnahmen

3. Erwartete Ergebnisse

Anhand von Wärmebilanzen vor und nach der Optimierung werden die erwarteten Resultate aufgezeigt.

Die Maximierung der Leistungsabgabe an das Fernwärmenetz war eines der Hauptkriterien für die Freigabe der Änderungsmaßnahmen. Die beiden ersten Bilanzen zeigen die Energieströme während der Wintermonate, wann die Nachfrage an thermischer Energie am höchsten sein wird. Die dritte Bilanz zeigt hingegen die maximale Stromproduktion, die während der Sommermonate erreicht werden kann.

3.1. Leistungsbilanz vor der Optimierung
   – Maximierung der Fernwärmeauskoppelung

Bild 5 zeigt die Situation vor den Optimierungsmaßnahmen.

Vor der Leistungsteigerung flossen von der thermischen Leistung des Abfallinputs von 184,6 MW, 68 MW an das Fernwärmenetz, was einem thermischen Wirkungsgrad von etwa 37 % entspricht. 38 MW elektrische Leistung wurde an das öffentliche Stromnetz abgegeben, was einem elektrischen Wirkungsgrad von etwa 21 % entspricht. Der Gesamtwirkungsgrad der Anlage betrug damit 57,4 %.

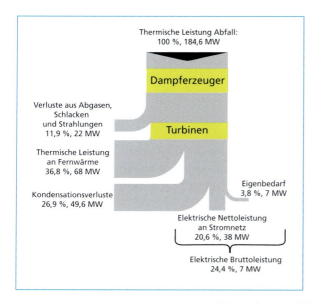

Bild 5:

Sankey-Diagramm - maximale
Fernwärme vor der Optimierung

3.2. Leistungsbilanz nach der Optimierung
– Maximierung der Fernwärmeauskoppelung

Das obige Sankey-Diagramm in Bild 6 zeigt die Situation nach Umsetzung der Optimierungsmaßnahmen. Die erhöhte thermische Leistung wird von 184,6 auf 212,6 MW gesteigert. Durch die verschiedenen erläuterten Maßnahmen wird die Wärmeabgabe an das Fernwärmenetz von 68 MW auf 151 MW erhöht, was 71 % des Bruttoinputs entspricht. Die elektrische Leistung von 28,2 MW, d.h. 13,3 %, wird an das öffentliche Stromnetz abgegeben. Diese Maßnahmen erhöhen hiermit den Gesamtwirkungsgrad von 57,4 % auf 84,3 %.

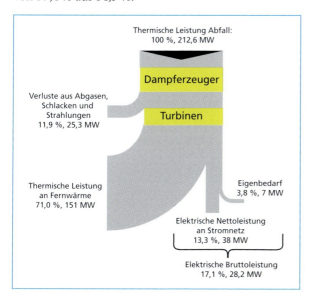

Bild 6:

Sankey-Diagramm - maximale
Fernwärme nach Optimierung

3.3. Leistungsbilanz nach der Optimierung
  – Maximierung der Stromauskoppelung

Nachstehend wird die Bilanz dargestellt nach den Optimierungsmaßnahmen für den Betrieb während der Sommermonate, d.h. wenn die Leistungsnachfrage im Fernwärmenetz am kleinsten ist.

Das Sankey-Diagramm in Bild 7 zeigt, dass während der Sommermonate durch die kleine benötigte Fernwärmeleistung (6 MW) die Stromproduktion einen Bruttowirkungsgrad von 30 % erreichen kann und damit eine Leistungsabgabe von 55,6 MW am öffentlichen Stromnetz erreicht wird. Die Anlage erzielt damit einen Gesamtwirkungsgrad von 29 %.

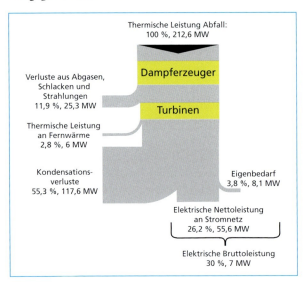

Bild 7:

Sankey-Diagramm - maximaler Strom nach Optimierung

Die Hauptdaten vor und nach den Optimierungsmaßnahmen sind in der folgenden Tabelle 1 zusammengefasst.

Tabelle 1:   Anlagenhauptdaten

Parameter	Einheit	Wert vor Optimierung	Wert nach Optimierung
thermische Leistung	MW_{th}	184,6	212,6
Dampfproduktion (52 bar/425 °C)	t/h	223	255,1
elektrische Nettoleistung bei maximale Fernwärmeauskopplung	MW_e	38	28,2
maximale Fernwärmeauskopplung	MW_{th}	68	151
maximaler R1-Faktor[1]		0,97	1,16

[1]   Gas-Eigenbedarf vernachlässigt

Aus der obigen Tabelle 1 ist ersichtlich, dass bei maximaler Fernwärmeauskopplung von 151 MW_{th} der R1-Faktor auf einen Wert von 1,16 gesteigert werden kann.

4. Schlussfolgerung

Das hier vorgestellte Projekt ist ein interessantes Beispiel wie bei einer bestehenden Anlage, die schon relativ gute energetische Wirkungsgrade aufweist, nicht irrelevante Verbesserungen in der Energieausbeute möglich sind.

Waste Management

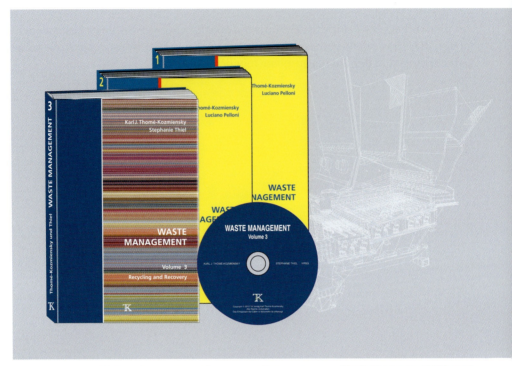

Konzept einer energetisch optimierten und rückstandsfreien Abfallverbrennung
– Die Abfallbehandlungsanlage Santo Domingo Este –

Margit Löschau, Günter Nebocat und Heiner Zwahr

In vielen Entwicklungs- und Schwellenländern ist die Abfallwirtschaft durch eine unkontrollierte Ablagerung von Abfällen gekennzeichnet.

Gleichzeitig besteht in diesen Ländern häufig ein Mangel an bezahlbarer Energie, insbesondere von elektrischem Strom.

In der Dominikanischen Republik sind insbesondere die dicht besiedelte Hauptstadt Santo Domingo und das benachbarte Santo Domingo Este (SDE) von solchen Ent- und Versorgungsproblemen betroffen. Der in den Städten gesammelte Abfall gelangt über sogenannte Transferstationen (Bild 1) derzeit zu einer großen ungesicherten *Kippe*. Eine solche Form der Ablagerung ist nicht nur nach dominikanischem Recht eigentlich unzulässig, auch die Kapazitätsgrenze der hierfür genutzten Fläche ist mittlerweile erreicht.

Bild 1:   Aktuelle Handhabung von Abfällen in Santo Domingo in sogenannten Transferstationen

Quelle: Heiner Zwahr

Neben den Transferstationen und der Ablagerung wird ein nicht unwesentlicher Anteil des Abfalls auch in alten Ölfässern auf Privatgelände verbrannt. Beide Entsorgungswege haben starke negative Auswirkungen auf die Umwelt.

Auf der anderen Seite benötigt die Dominikanische Republik dringend neue Energieversorgungsanlagen, da der Energiebedarf die Produktionskapazität erheblich überschreitet und zudem künftig weiter anwachsen wird. Das Land verfügt über keine eigenen Energiereserven, sodass der gesamte Brennstoffbedarf importiert werden muss.

Als Lösungsansatz zur gleichzeitigen Behebung der Abfall- und Energieprobleme der Region Santo Domingo Este hat Green Conversion Systems, LLC aus Rye, New York, USA unter Berücksichtigung der lokalen Gegebenheiten ein Konzept für eine Abfallbehandlungsanlage in Santo Domingo Este entwickelt: Dieses beinhaltet eine Abfallverbrennungsanlage in Kombination mit einer Gasturbine und einem Abhitzekessel. Da keine legal betriebene Deponie auf der Insel existiert, umfasst das Konzept neben der energetischen Optimierung auch eine umfassende Gewinnung von Nebenprodukten, sodass nahezu keine Rückstände mehr abgelagert werden müssen.

1. Rahmenbedingungen des Projektes

1.1. Standortbedingungen

Die Wirtschaftskraft der Dominikanischen Republik ist immer noch gering, obwohl in den letzten Jahren ein gewisses Wachstum zu verzeichnen war. Der niedrige Lebensstandard eines Großteils der Bevölkerung zeigt sich in einem Bruttoinlandsprodukt von nur etwa 5.800 USD im Jahr 2012 [6] und beeinflusst auch die Abfallzusammensetzung, die von der geplanten Anlage gehandhabt werden muss (siehe Kap. 1.3.). Derzeit basiert die Wirtschaft hauptsächlich auf Landwirtschaft und Tourismus sowie von Geldüberweisungen von Emigranten, während der Industriesektor nur schwach ausgeprägt ist und sich nur langsam entwickelt. Trotzdem verzeichnet das Land einen ständigen Anstieg des Energiebedarfes.

Bild 2:   Projektstandort der Abfallbehandlungsanlage Santo Domingo Este

Der Energiebedarf übersteigt die Erzeugungskapazitäten. Zudem ist das Land vom Import fossiler Energieträger abhängig. 86 % der installierten Leistung basieren auf fossiler Energie, nur 14 % können über Wasserkraft abgedeckt werden und sind damit unabhängig von ständig steigenden Brennstoffpreisen. Andere erneuerbare Energien wie Solar- oder Windenergie entwickeln sich nur sehr langsam, obwohl diese Ressourcen prinzipiell verfügbar sind (u.a. Passatwind). Aufgrund der Inselsituation kann auch kein Strom direkt aus Nachbarstaaten eingeführt werden und auch ein Landtransport von Brennstoffen ist nicht möglich.

Aus diesen Standortbedingungen resultiert ein signifikant höherer Strompreis als in Europa oder den Vereinigten Staaten.

Der geplante Standort der Anlage (Bild 2) liegt auf einem Grundstück in den Außenbezirken von Santo Domingo Este, das an die in Bild 1 gezeigte Transferstation angrenzt.

Die Fläche ist derzeit ungenutzt und auf erhöhtem Gelände in unmittelbarer Nähe des Ozama Flusses gelegen. Sie wurde von der Regierung der Dominikanischen Republik zur Verfügung gestellt.

An die Grundstücksgrenze schließt sich direkt der Humedades del Ozama National Park an, was eine Reihe von Einschränkungen mit sich bringt:

- Jegliche Baumaßnahmen an Oberflächengewässern sind verboten. Folglich darf kein Wasser direkt aus dem Ozama Fluss für die Anlage entnommen werden.

- Eine Abwassereinleitung – auch nach einer weitgehenden Behandlung und Reinigung – in den Ozama Fluss ist ebenfalls untersagt.

- Der gesamte Wasserbedarf der Anlage muss daher durch andere Quellen wie Brunnen- und Niederschlagswasser gedeckt werden.

Das Gelände der Anlage ist noch in einem weitgehend natürlichen Zustand, d.h. das Grundstück muss zunächst durch Rodung bebaubar gemacht und erschlossen werden. Die Zufahrtsstraße ist derzeit eine Schotterstraße in desolatem Zustand.

Der vorgesehene Lageplan der Anlage ist in Bild 3 dargestellt.

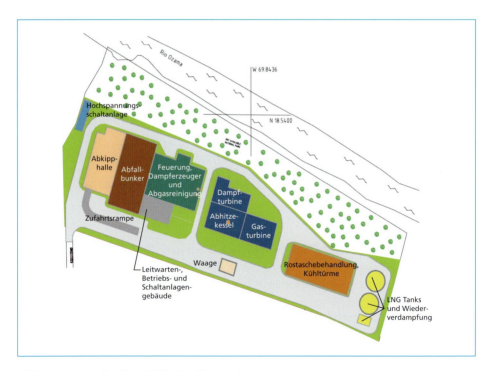

Bild 3:   Lageplan der Abfallbehandlungsanlage Santo Domingo Este

Die Anlieferung von Abfällen zur Anlage verursacht ein höheres Verkehrsaufkommen als bei vergleichbaren europäischen Anlagengrößen, da hauptsächlich Kleinlastwagen für Sammlung und Transport eingesetzt werden.

Da keine Entsorgungsmöglichkeiten für Abfälle im Land existieren – weder für feste Siedlungsabfälle noch für andere Abfälle –, umfasst die Anlagenplanung eine umfassende Aufbereitung von Rückständen bis zu einem Grad, der die Verwertung als Nebenprodukt ermöglicht oder eine weitgehende Entfrachtung von Schadstoffen sicherstellt. Dies gilt insbesondere auch für Filterstäube aus der Abgasreinigung, die gewöhnlich die Senke für Schwermetalle und organische Schadstoffe aus der Abfallverbrennung darstellen.

1.2. Rechtlicher Rahmen

Der rechtliche Rahmen für das Projekt ergibt sich aus der Umwelt- und Energiegesetzgebung der Dominikanischen Republik, die zwar existiert, aber an deren Implementierung, Überwachung und Durchsetzung es – wie in vielen vergleichbaren Ländern – mangelt.

Die folgenden Rechtsvorschriften und Normen zum Schutz der Umwelt sind zu beachten:

- Gesetz Nr. 64-00, Abschnitte 106, 107 und 108 (Allgemeines Gesetz zur Umwelt und zu natürlichen Ressourcen) – Juli 2000,
- Gesetz Nr. 120-99 (verbietet das Verunreinigen von Straßen, Gehwegen, Parks Stränden, Meeren und Flüssen usw. mit Abfällen) – Dezember 1999,
- Norma Para la Gestión Ambiental de Residuos Sólidos No Peligrosos (Standard zum Umweltmanagement von nicht gefährlichen Abfällen) – Juni 2003,
- Normas Ambientales de Calidad del Aire y Control de Emisiones (Umweltstandard zur Luftqualität und Emissionsüberwachung) – Juni 2003,
- Normas Ambientales para la Protección contra Ruidos (Umweltstandard zum Lärmschutz) – Juni 2003,
- Norma Ambiental sobre Calidad de Agua y Control de Descargas (Umweltstandard zur Wasserqualität und Abwasserreinhaltung) – Juni 2003.

Die Umweltvorschriften verbieten eine Entsorgung von Abfällen außerhalb von dafür zugelassenen Deponien oder Verbrennungsanlagen. Im Vorfeld der Planung einer Abfallverbrennungsanlage hat zudem eine Umweltverträglichkeitsprüfung stattzufinden. Obwohl die nationalen Emissionsstandards höhere Emissionen zulassen, wird die Abfallbehandlungsanlage Santo Domingo Este sich an den Emissionsgrenzwerten der europäischen Industrieemissionsrichtlinie orientieren.

Die für das Projekt maßgebenden energierechtlichen Vorschriften sind unter anderem:

- Ley de incentivo al desarrollo de fuentes renovables de energía y de sus regímenes especiales 57-07 (del 7 de mayo del 2007) (Gesetz zur Förderung erneuerbarer Energieträger und ihrer speziellen Anwendung vom 7. Mai 2007),
- Reglamento para la aplicación de la Ley 57-07 de incentivo al desarrollo de fuentes renovables de energía y de sus regímenes especiales 202-08 (del 30 de mayo del 2008) (Anwendungsrichtlinie zum Gesetz zur Förderung erneuerbarer Energieträger und ihrer speziellen Anwendung vom 30. Mai 2008).

Aus den rechtlichen Vorschriften ergeben sich für das Projekt auf der Energieseite die folgenden Rahmenbedingungen:

- Energie aus Abfall ist als erneuerbare Energie eingestuft;

- Die maximale Stromerzeugung der Anlage ist auf 160 MW begrenzt;

- Wenn min. 50 % der Stromerzeugung aus erneuerbaren Energien stammen, dann ist für diesen Anteil eine garantierte Stromvergütung sichergestellt;

- Wird eine Anlage in mehreren Phasen gebaut, gilt eine 80 MW-Grenze für jede einzelne Phase.

1.3. Abfallmengen und -zusammensetzung

Nach Angaben der lokalen Behörden werden in der Region Santo Domingo Este mehr als 4.000 t/d an festen Siedlungsabfällen gesammelt und unbehandelt entsorgt (deponiert) [11].

Aufgrund der Ablagerungsproblematik bestand bereits bei Projektstart im Jahr 2011 ein großer Handlungszwang zur Implementierung einer nachhaltigen Entsorgungslösung. Um die Anforderung zu erfüllen, dass mindestens 50 % der Energieerzeugung aus erneuerbaren Energieträgern bzw. Ab(fall)wärme (per definitionem zählt hierzu auch die Abwärme der Gasturbine) stammen, wurde die Kapazität der Anlage auf 1.250 t/d Abfall festgesetzt.

Untersuchungen zur Abfallzusammensetzung ergaben die in Bild 4 und Tabelle 1 zusammengefassten Daten als Grundlage für die Anlagenplanung.

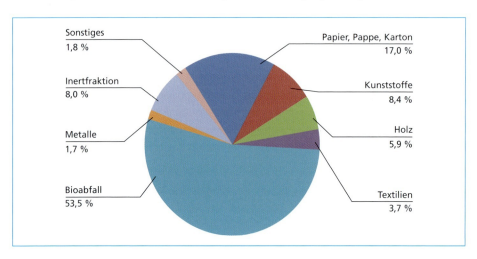

Bild 4:   Zusammensetzung des Abfalls in Santo Domingo nach Fraktionen

Quelle: Atteco-Bericht (unveröffentlichter Projektbericht), 2006

Tabelle 1:   Elementarzusammensetzung des Abfalls in Santo Domingo Este

Fraktion	Anteil	H₂O	Asche	C	H	S	O	N	Cl
					kg/kg Abfall				
PPK	0,170	0,20	0,12	0,32	0,05	0,00	0,30	0,00	0,00
Kunststoffe	0,084	0,10	0,08	0,60	0,10	0,00	0,07	0,01	0,05
Holz	0,059	0,19	0,05	0,41	0,06	0,00	0,29	0,00	0,00
Textilien	0,037	0,22	0,05	0,38	0,06	0,01	0,23	0,05	0,00
Bioabfall	0,535	0,65	0,11	0,15	0,02	0,00	0,07	0,00	0,00
Metalle	0,017	0,05	0,86	0,04	0,01	0,00	0,04	0,00	0,00
Inertfraktion	0,080	0,02	0,97	0,01	0,00	0,00	0,00	0,00	0,00
Sonstiges	0,018	0,30	0,30	0,20	0,03	0,00	0,15	0,02	0,00
Abfall	**1,000**	**0,42**	**0,19**	**0,23**	**0,03**	**0,0008**	**0,12**	**0,003**	**0,005**

Quelle: Atteco-Bericht (unveröffentlichter Projektbericht), 2006

Die Abfallzusammensetzung führt zu einem unteren Heizwert von etwa 7.850 kJ/kg, der für die Auslegung der Abfallverbrennungsanlage zugrunde gelegt wurde. Das daraus resultierende Feuerungsleistungsdiagramm zeigt Bild 5.

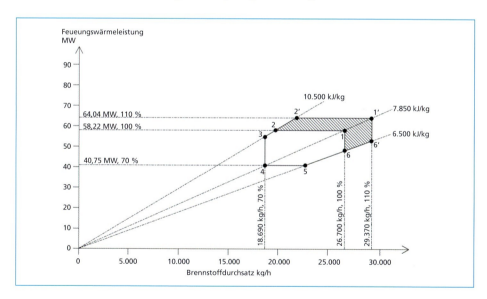

Bild 5:   Feuerungsleistungsdiagramm der Abfallverbrennunsganlage Santo Domingo Este

Quelle: Fisia Babcock Environment, Projektdokument, 2013

2. Gesamtkonzept der Abfallbehandlungsanlage Santo Domingo Este

Das Konzept der Anlage Santo Domingo Este umfasst eine Abfallverbrennungsanlage für Haushaltsabfälle in Kombination mit einer Gasturbinenanlage. Die Energienutzung aus der Abfallverbrennung wird durch die Einbindung der mit verflüssigtem Erdgas betriebenen Gasturbine optimiert und ermöglicht eine Stromerzeugung von insgesamt

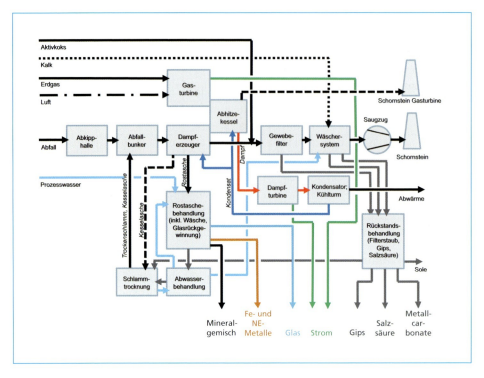

Bild 6: Blockfließbild der Abfallbehandlungsanlage Santo Domingo Este

etwa 146 MW. Eine Übersicht zum Gesamtkonzept zeigt das Blockfließbild in Bild 6. Grundsätzlich besteht die Anlage aus

- einer zweilinigen Abfallverbrennungsanlage mit einem Gesamtdurchsatz von 1.250 t/d (410.000 t/a bei einer Verfügbarkeit von 90 %) an Haushaltsabfällen mit Dampfparametern von etwa 375 °C und etwa 100 bar,

- einer Gasturbine mit Generator, die etwa 71,5 MW elektrische Leistung bei Umgebungstemperatur (25 °C) erzeugt,

- einem Abhitzekessel für die Nutzung der Abwärme der Gasturbine zur Überhitzung und Zwischenüberhitzung des Dampfes aus dem Dampferzeuger der Abfallverbrennungsanlage und dem Abhitzekessel,

- einer Dampfturbine mit Generator zur Erzeugung von etwa 75,2 MW elektrischer Leistung,

- einem nassen Abgasreinigungssystem zur Einhaltung der Emissionsgrenzwerte für die Abfallverbrennung und

- mehreren Systemen für die Aufbereitung von Rückständen aus dem Verbrennungs- und Abgasreinigungsprozess sowie zur Erzeugung von wiederverwertbaren und vermarktungsfähigen Nebenprodukten.

Das Konzept der Abfallbehandlungsanlage Santo-Domingo Este zur Energieoptimierung beruht in erster Linie darauf, die Temperatur des Dampfes aus dem Dampferzeuger der Abfallverbrennung zu steigern und damit die Energieeffizienz der Anlage und die produzierte Strommenge zu erhöhen. Die Steigerung der Energieeffizienz wird durch Überhitzung des Dampfes auf 540 °C und die Zwischenüberhitzung mit der Ab(fall)wärme der Gasturbine erreicht.

3. Rückstandsfreier Abfallverbrennungsprozess

3.1. Abfallverbrennungssystem

Der Abfall wird mit Sammelfahrzeugen oder Umschlagstrailern zur Anlage angeliefert und dort zunächst verwogen. Die Abkipphalle und der Bunkerbereich werden leicht im Unterdruck gehalten, um den Austritt von Geruchsemissionen zu verhindern. Vor Abwurf in den Abfallbunker werden für einen Teil des Abfalls stichprobenhafte Sichtkontrollen und Beprobungen durchgeführt. Mit zwei Brückenkranen erfolgt das Mischen und Stapeln des Abfalls sowie das Beschicken der Feuerung. Für die Verbrennung ungeeignete Abfälle können aus dem Bunker entfernt und wieder in die Abkipphalle gebracht werden.

Die Feuerung ist als luftgekühltes Vorschubrostsystem ausgeführt, das speziell für nasse Abfälle konzipiert wurde. Der Verbrennungsprozess wird über eine moderne Feuerungsleistungsregelung gesteuert. Die entstehenden Verbrennungsrückstände (die Rostasche) werden über einen Nassentschlacker ausgetragen.

3.2. Abgasreinigungssystem

Das Abgasreinigungssystem besteht hauptsächlich aus:

- einer Harnstoff-SNCR zur Entstickung,
- einer Eindüsung von Aktivkoks vor dem Gewebefilter zur Reduzierung von organischen Schadstoffen und dampfförmigen Schwermetallen (insbesondere Quecksilber) und
- einem zweistufigen Wäschersystem zur Abscheidung saurer Schadgase (insbesondere HCl und SO_2).

Das Gesamtkonzept ist darauf ausgelegt, über die Vorgaben der Dominikanischen Republik hinaus die Emissionsgrenzwerte der Europäischen Industrieemissionsrichtlinie einzuhalten.

3.3. Integrierte Gewinnung von Nebenprodukten

Während des Abfallbehandlungsprozesses und der nachgeschalteten Abgasreinigung entstehen vier Arten von Prozessrückständen, die umfassend aufbereitet werden, um daraus Nebenprodukte zu gewinnen. Es handelt sich hierbei um:

- Rostasche,

- Filterstaub,

- Rohsalzsäure und

- Gipssuspension.

3.3.1. Rostaschebehandlung

Die aus dem Stößelentschlacker ausgetragene, teilentwässerte Rostasche wird in einem weitgehenden Aufbereitungsprozess zu einem Baustoff-Mineralgemisch verarbeitet. Die Hauptprozessstufen hierbei bestehen aus:

- einer Siebklassierung,

- einer Waschstufe zur Reduzierung der Feinfraktion (Partikel < 0,1 mm) und löslicher Salze,

- der Rückgewinnung von Metallen durch Magnet- und Wirbelstromabscheider,

- der Rückgewinnung von Glas aus der Fraktion ≥ 4 mm mit optischen Separatoren und

- einer Reinigungsstufe zur Verbesserung der Glasqualität.

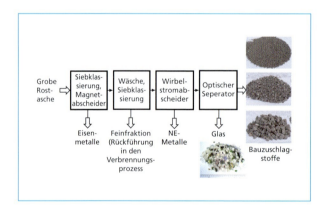

Bild 7:

Rostascheaufbereitung der Abfallbehandlungsanlage Santo Domingo Este

Eine Übersicht zu den relevanten Prozessstufen der Rostascheaufbereitung und Materialrückgewinnung ist in Bild 7 gezeigt.

Endprodukte der Behandlung sind Bauzuschlagsstoffe unterschiedlicher Korngröße, die entweder als Einzelfraktionen oder als individuell auf den Einsatzzweck abgestimmte Mischungen verwendet werden können. Die Qualität des aufbereiteten Materials entspricht dem natürlicher mineralischer Baustoffe für den Straßenbau, die Asphaltproduktion oder die Zementindustrie. Insbesondere da in der Dominikanischen Republik viele Schotterstraßen existieren, aber das natürliche Vorkommen an Baumaterialien sehr begrenzt ist, bieten sich für dieses Sekundärprodukt gute Absatzmöglichkeiten bei einem gleichzeitigen Beitrag zum Ressourcenschutz.

Die rückgewonnenen Metalle weisen durch die Waschstufe zur Abscheidung von feinen Partikeln eine sehr gute Qualität auf. Die Rückgewinnungsraten liegen bei etwa 90 % für Eisenmetalle und bei 80 % für Nichteisenmetalle. Der Metallanteil der aufbereiteten Rostasche liegt deutlich unter 1 %.

Die abgetrennte Glasfraktion kann zusammen mit anderem Altglas einer Verwertung zugeführt werden.

3.3.2. Filterstaubbehandlung

Der aus dem Gewebefilter abgeschiedene Filterstaub, der sich aus Flugasche und beladenem Aktivkoks zusammensetzt, wird mittels eines Laugungsverfahrens weitgehend von Schadstoffen befreit. Die Aufbereitung umfasst die folgenden Hauptprozessstufen:

- Laugung des Filterstaubs in zwei Stufen (basisch und sauer) zum Herauslösen von Metallen und anschließender Fest-Flüssig-Trennung,

- Abtrennung der gelösten Metalle aus der Lauge durch Ausfällen als Metallcarbonate (hauptsächlich Zink und Bleicarbonat) und anschließender Filtration,

- Herstellung von Pellets aus der ausgelaugten mineralischen Fraktion und Rückführung in den Verbrennungsprozess zur Einbindung in die Rostasche.

Das Konzept der Flugstaubwäsche ist in Bild 8 dargestellt. Aus der Lauge werden neben den Metallcarbonaten auch das zur Auslaugung eingesetzte Ammoniak und Ammoniumcarbonat zurückgewonnen und in den Waschkreislauf zurückgeführt. Das Filtrat ist eine Salzlösung, die hauptsächlich Calcium-, Kalium- und Natriumchloride enthält und damit Meerwasser ähnelt. Es ist daher vorgesehen, dieses in den in seiner Zusammensetzung sehr ähnlichen Ozean abzuleiten.

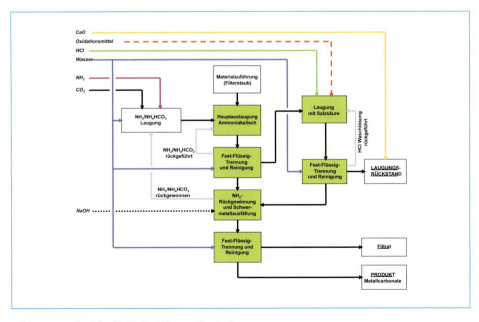

Bild 8:   Blockfließbild der Filterstaubwäsche

3.3.3. Salzsäure-Rektifikation

Während des sauren Waschprozesses in der ersten Wäscherstufe entsteht durch das Lösen von HCl Salzsäure in einer Konzentration von etwa 10 – 12 %. Diese Rohsäure wird in einer HCl-Rektifikationsanlage gereinigt und aufkonzentriert mit dem Ziel der Gewinnung einer technisch reinen 20%igen Salzsäure.

Die HCl-Rektifikation besteht aus den folgenden Prozessstufen (Bild 9) [9]:

- Brom-Jod-Strippung unter Zugabe von Natriumhypochlorit und Absorption dieser Halogene durch Dosierung von Natronlauge und Natriumthiosulfat,

- Vorverdampfung der Rohsäure bei gleichzeitiger Abscheidung von Fluorwasserstoff (HF) durch Bindung mittels Aluminiumchlorid,

- HCl-Destillation und Aufkonzentrierung auf 20%ige Salzsäure,

- Abtrennung etwaiger Verunreinigungen, in einem Aktivkoksfilter zur Reinigung zu technisch reiner Salzsäure.

Die aufkonzentrierte und gereinigte 20%ige Salzsäure kann vermarktet und je nach industriellem Anwendungsfall durch Verdünnung mit Wasser auf die gewünschte Konzentration eingestellt werden.

Bei den im Verlauf der Rektifikation entstehenden Rückständen handelt es sich hauptsächlich um wasserlösliche Salze der Halogene Brom, Jod und Fluor, die als neutralisierte Mischsalzsole ausgeschleust und zusammen mit der Salzlösung aus der Filterstaubwäsche entsorgt werden.

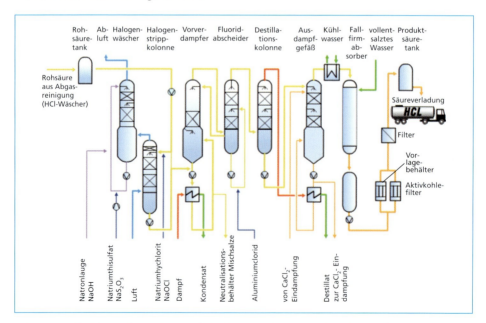

Bild 9:   Verfahrensschema der HCl-Rektifikationsanlage (exemplarisch, Abfallbehandlungsanlage Santo Domningo Este ohne CaCl-Stufe)

Quelle: Müllverwertungsanlage Rugenberger Damm GmbH & Co. KG, www.mvr-hh.de, download August 2013

Qualität und Nachhaltigkeit

3.3.4. Gipsbehandlung

Durch die Abscheidung von Schwefeloxiden im neutralen Wäscher entsteht eine Gipssuspension, die weiter aufbereitet wird, um einen vermarktungsfähigen Gips zu erhalten (Bild 10).

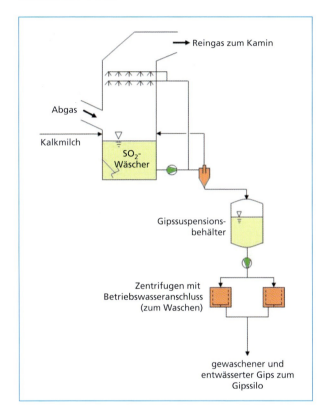

Bild 10:

Gipsaufbereitung

Quelle: Müllverwertungsanlage Rugenberger Damm GmbH & Co. KG, www. mvr-hh.de, download August 2013

Zu diesem Zweck wird die Gipssuspension in einer Zentrifuge gewaschen, um leicht lösliche Salze zu entfernen, und auf einen Feuchtegehalt von unter 10 % entwässert. Aufgrund des zweistufigen Waschsystems, bei dem Halogenwasserstoffe bereits im vorgeschalteten sauren Wäscher weitgehend abgeschieden werden, enthält der Gips nur sehr geringe Mengen an Chloriden (< 100 mg/kg TS). Waschwasser und Filtrat werden aus der Zentrifuge in den Spülwassertank und von dort zurück in den neutralen Wäscher geleitet. Der gereinigte, entwässerte Gips fällt aus der Zentrifuge auf ein Förderband und wird von dort zum Gipssilo für die Zwischenlagerung transportiert. Die Qualität des erzeugten Gipses ist hinreichend für eine Vermarktung in der Baustoff- oder der Zementindustrie.

3.4. Wasserbilanz

Das Wassermanagement der Abfallbehandlungsanlage Santo Domingo Este ist darauf ausgelegt, sowohl den Verbrauch als auch die Ableitung an Wasser zu minimieren. Daher wird das Wasser im Kaskadenprinzip genutzt.

Abwässer mit geringem Salzgehalt werden in Prozessen mit höherem Salzgehalt genutzt, z.B. wird das Konzentrat aus der Vollentsalzungsanlage als Kühlwasser für den Kühlturm genutzt. Die Abschlämmung aus dem Kühlturm kann wiederum als Prozesswasser für die Abgasreinigung Verwendung finden.

Der überwiegende Anteil an Wasser soll über am Standort befindliche Brunnen gefördert werden. Etwa 2,5 % des Wassereinsatzes deckt zudem Dach- und Oberflächenwasser ab.

Sanitärabwasser wird über die öffentliche Abwasserbehandlung entsorgt.

Der Großteil des Wasserinputs in die Anlage verdampft in den Kühltürmen und im nassen Abgasreinigungssystem – vorwiegend im sauren Wäscher – und gelangt somit als Wasserdampf in die Atmosphäre.

Der einzige Abwasserstrom zur Entsorgung ist eine etwa 4%ige Mischsalzsole aus der Filterstaubbehandlung und der HCl-Rektifikationsanlage. Da diese eine meerwasserähnliche Zusammensetzung und keine toxischen Inhaltsstoffe mehr aufweist, ist eine Ableitung in den Ozean vorgesehen.

Ein kleiner Anteil an Wasser wird auch mit den erzeugten Nebenprodukten wie der aufbereiteten Rostasche, Salzsäure und Gips ausgetragen.

Bild 11 zeigt eine vereinfachte Wasserbilanz der Abfallverbrennungsanlage Santo Domingo Este.

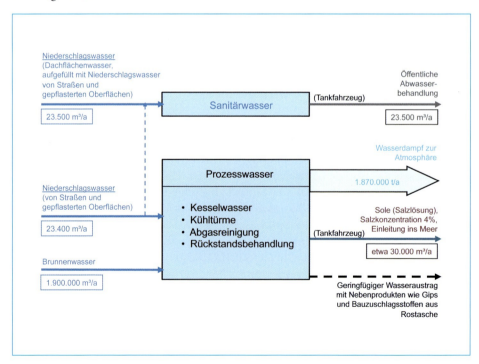

Bild 11:   Wasserbilanz der Abfallverbrennungsanlage Santo Domingo Este

3.5. Massenbilanz

Bild 12 in Verbindung mit Tabelle 2, Tabelle 3 und Tabelle 4 zeigt die Massenströme der Abfallverbrennungsanlage Santo Domingo Este.

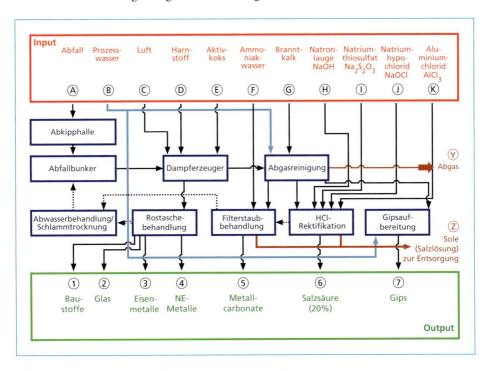

Bild 12:   Massenbilanz der Abfallverbrennungsanlage Santo Domingo

Tabelle 2:   Jahresinputströme der Abfallverbrennungsanlage Santo Domingo Este

Position	Material	Einheit	Jahresinputstrom	% des Abfallinputs
A	feste Siedlungsabfälle	t/a	410.000[1*]	100
B	Prozesswasser	m³/a	siehe Wasserbilanz	–
C	Verbrennungsluft (trocken)	Nm³/a tr.	1,250 E+9	–
D	Harnstofflösung	t/a	1.000	0,25
E	Aktivkoks	t/a	400	0,1
F	Ammoniakwasser	t/a	4[2*]	0,001
G	Kalk	t/a	750	0,2
H	Natronlauge (NaOH)	t/a	4	0,001
I	Natriumthiosulfat (Na$_2$S$_2$O$_3$)	t/a	25	0,006
J	Natriumhypochlorid (NaOCl)	t/a	20	0,005
K	Aluminiumchlorid (AlCl$_3$)	t/a	250	0,06

[1*] 1.250 t/d, 90 % Verfügbarkeit

[2*] Nur 1 % des Jahresverbrauchs, da 99 % intern in der Flugstaubbehandlungsanlage rückgewonnen werden.

Tabelle 3:   Jahresoutputströme an Produkten der Abfallverbrennungsanlage Santo Domingo Este

Position	Material	Jahresoutputstrom	Anteil des Abfallinputs
		t/a	%
1	Baustoffe (aus Rostasche)	82.000	20
2	Glas	16.500 [1*)]	4,0
3	Eisenmetallschrott	6.000 [2*)]	1,46
4	Nichteisenmetallschrott	550 [3*)]	0,13
5	Metallcarbonate	430	0,1
6	Salzsäure (20 %ig) (nur Export)	4.200	1,0
7	Gips	1.350	0,34

[1*)] Annahme einer 50 %igen Rückgewinnungsrate, da nur die Glasfraktion > 4 mm detektiert werden kann.

[2*)] Annahme: 90 % Metalle gemäß Abfallzusammensetzung sind Eisenmetalle, davon 95 % Rückgewinnungsrate

[3*)] Annahme: 10 % Metalle gemäß Abfallzusammensetzung sind Nichteisenmetalle, davon werden 20 % im Verbrennungsprozess oxidiert, von den verbleibenden 80 % können 90 % rückgewonnen werden.

Tabelle 4:   Jahresoutputströme an Abgas und zu entsorgenden Rückständen der Abfallverbrennungsanlage Santo Domingo Este

Position	Material	Einheit	Jahresoutputstrom	Anteil des Abfallinputs
Y	Abgasvolumen (feucht)	Nm³/a f.	1,911 E+9	–
Z	Salzsole (TS, Trockensubstanz)	t/a	1.500	0,37 %
	4 %ige Lösung	m³/a	37.500	–

4. Optimierte Energienutzung

Das Konzept der optimierten Energienutzung der Abfallbehandlungsanlage Santo Domingo Este ist in Bild 13 veranschaulicht.

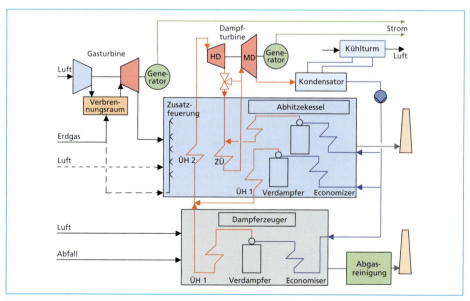

Bild 13:   Verfahrensfließbild des Kombiprozesses aus Abfallverbrennung und Gasturbine

4.1. Dampferzeuger der Abfallverbrennung

Die im Abfallverbrennungsprozess freigesetzte Wärme wird im Dampferzeuger genutzt, um aus Speisewasser Hochdruckdampf zu erzeugen.

Gewöhnlich sind bei Abfallverbrennungsanlagen die Dampfparameter aufgrund der Korrosivität des Abgases begrenzt, um vertretbare Wartungs- und Austauschintervalle sicherzustellen. Trotz aller Forschungsanstrengungen die Dampfparameter zu erhöhen, sind derzeit etwa 400 °C der Stand der Technik für Abfallverbrennungsanlagen, der nicht überschritten werden sollte.

Der dazugehörige Druck von etwa 40 bar ergibt sich dann aus dem Expansionsdiagramm einer typischen Industriedampfturbine und der vertretbaren Dampfnässe an deren Austritt.

Soll die Energieeffizienz der Anlage durch Steigerung der Frischdampftemperatur und entsprechender Steigerung des Frischdampfdrucks erhöht werden, so sollte dies nicht im Dampferzeuger selbst, sondern die weitergehende Überhitzung sollte in einen externen Überhitzer geschehen. Geeignet sind hierfür beispielsweise Abhitzekessel, die das nicht korrosive Abgas einer Gasturbine zur Erzeugung höherer Dampftemperaturen nutzen [5].

Dieses Konzept ist bereits für mehrere Anlagen in Europa in Planung bzw. in der Umsetzung, z. B. in:

- Vantaa, Finnland (im Bau, Inbetriebnahme 2014),
- Mainz, Deutschland und
- Bilbao, Spanien.

Für den Kombiprozess in Santo Domingo wurden die Dampfparameter der Abfallverbrennung in Abstimmung mit dem Lieferanten für den Dampferzeuger wie folgt festgelegt:

- Dampfdruck   etwa 100 bar
- Dampftemperatur   etwa 375 °C

Da der erhöhte Dampfdruck durch den Anstieg der Verdampfungstemperatur und somit der Rohrwandtemperatur auch zu einem erhöhten Korrosionsrisiko in den Verdampferwänden insbesondere des Feuerraumes führt, muss diesem durch zusätzliche Maßnahmen gegengesteuert werden. Dies führt zwar zu höheren Kosten, reduziert jedoch den Instandhaltungs- und Wartungsaufwand und ermöglicht daher einen sicheren, ungestörten Betrieb über längere Zeiträume [3].

Der Dampf aus der Abfallverbrennung wird in einen Abhitzekessel geleitet und dort mit dem im Abhitzekessel aus der Abwärme der Gasturbine erzeugten Hochdruckdampfstrom gemischt und mit dem heißen Abgas der Gasturbine weiter überhitzt. Der Frischdampf weist bei Eintritt in die Dampfturbine die folgenden Parameter auf:

- Frischdampfdruck   etwa 95 bar
- Frischdampftemperatur   etwa 540 °C

4.2. Gasturbine und Abhitzekessel

Die Gasturbine wird mit verflüssigtem Erdgas oder druckverflüssigtem Gas gespeist und ist mit einem Generator zur Stromproduktion gekoppelt. Das Abgas der Gasverbrennung hat noch eine Temperatur von etwa 600 °C und dient zur Dampferzeugung im Abhitzekessel.

Neben der Erzeugung von Hochdruckdampf aus der Abwärme der Gasturbine übernimmt der Abhitzekessel auch die Aufgabe der Nachüberhitzung des Dampfes aus der Abfallverbrennung auf etwa 540 °C. Beide Dampfströme speisen den Hochdruckteil der Dampfturbine und erzeugen im nachgeschalteten Generator Strom. Nach Durchlaufen des Hochdruckteils wird der abgekühlte Dampf einer Zwischenüberhitzung zugeführt, wieder auf etwa 540 °C aufgewärmt und im Mittel- und Niederdruckteil der Dampfturbine zur Erzeugung von zusätzlichem elektrischem Strom genutzt.

4.3. Konzept des Kombiprozesses

Der Gesamtdampfprozess einer GuD-Anlage muss auf die maximale Energieausnutzung der Abwärme aus der Gasturbine bei minimierten Verlusten ausgelegt werden. Hierfür sind in der Regel nicht nur Ein-Druck-, sondern Zwei-Druck- oder sogar Drei-Druck-Prozesse in Kombination mit einer Zwischenüberhitzung die optimale Lösung.

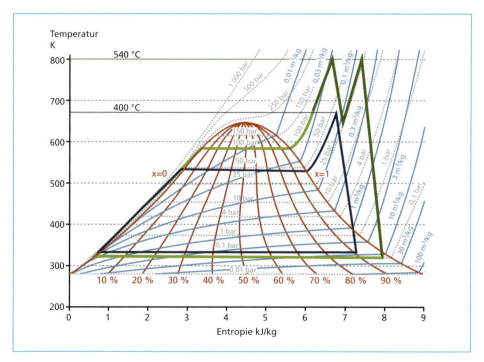

Bild 14: T-s-Diagramm eines typischen Dampfprozesses für die Abfallverbrennung (blau) im Vergleich zum Kombinationsprozess der Abfallbehandlungsanlage Santa Domingo Este (hell- und dunkelgrün)

Zur weitergehenden Ausnutzung der Abgastemperatur aus dem Abhitzekessel sollte darüber hinaus die Restwärme zur Wiederaufheizung von Kondensat genutzt werden. Für die Abfallbehandlungsanlage Santo Domingo Este führte die Abwägung zwischen Energie- und Kosteneffizienz sowie Komplexität des Betriebs für die erste Anlage dieser Art in der Dominikanischen Republik zur Auswahl eines Zwei-Druck-Prozesses.

Bild 14 zeigt das T-s-Diagramm eines typischen Dampfprozesses für die Abfallverbrennung bei 40 bar und 400 °C (blau) im Vergleich zum Kombiprozess der Abfallbehandlungsanlage Santa Domingo Este (hell- und dunkelgrün). Die Fläche, die von den blauen bzw. grünen Linien umschlossen wird, ist ein Maß für die Arbeit/Energie, die durch den jeweiligen Prozess freigesetzt wird. Daraus wird ersichtlich, dass die Kombination aus externer Nachüberhitzung und Zwischenüberhitzung im Abhitzekessel eine deutliche Erhöhung der nutzbaren Energie ermöglicht.

Sowohl für den Ein-Druck- als auch für den Zwei-Druck-Prozess wurden thermische Berechnungen durchgeführt. Der Zwei-Druck-Prozess weist mit einer zusätzlichen Stromerzeugung von gut 7 MW im Vergleich zum Ein-Druck-Prozess einen deutlichen Vorteil auf (Tabelle 5).

Tabelle 5: Ergebnisse der thermischen Kalkulationen für Zwei-Druck- und Ein-Druck-Prozess

Parameter	Einheit	Zwei-Druck-Prozess	Ein-Druck-Prozess
Stromerzeugung Gasturbine	MW	71,5	71,5
Lufteintrittstemperatur	°C	25	25
Hochdruckdampfstrom zur Dampfturbine	t/h	177	190
Hochdruckdampfparameter	bar/°C	95/540	95/540
Mitteldruckdampfstrom zur Dampfturbine	t/h	208	190
Mitteldruckdampfparameter	bar/°C	25/540	25/540
Dampfstrom aus der Abfallverbrennung	t/h	141	141
Dampfparameter	bar/°C	100/375	100/375
Kondensationsdruck	bar	0,095	0,095
Stromerzeugung Dampfturbine	MW	75,2	67,8
Bruttostromerzeugung	MW	146,7	139,3

Da der Hauptzweck der Anlage die Abfallentsorgung darstellt, muss die Anlage auch bei Stillstand der Gasturbine verfügbar sein. In diesem Fall dient ein Bypass zur Umleitung des Dampfes aus der Abfallverbrennung auf den Mitteldruckteil der Dampfturbine. Da die Dampftemperatur dann deutlich geringer ausfällt als im Normalbetrieb, muss auch der Dampfdruck über eine Reduzierstation entsprechend angepasst werden. Die Dampfturbine ist entsprechend mit einem Hoch- und Mitteldruckteil, die durch eine selbstsynchronisierende Kupplung (SSC) voneinander getrennt sind, auszustatten, oder es müssen zwei separate Dampfturbinen – eine Hochdruck und eine Mitteldruckdampfturbine – mit jeweils separatem Generator zum Einsatz kommen. Auf diese Weise wird die Abfallverbrennung nicht durch mögliche Störungen des Gasturbinenbetriebs beeinflusst.

Für den Eigenbedarf in der Rückstandsbehandlung und Nebenprodukterzeugung, der Speisewasservorwärmung und der Klimatisierung von Büros und Werkstätten werden kleinere Dampfmengen aus der Dampfturbine entnommen.

Der Abdampf der Dampfturbine wird in einen wassergekühlten Kondensator geleitet. Das Kühlwasser für den Kondensator stellt ein Kühlturm zur Verfügung. Da eine direkte Kühlung mit Wasser aus dem Ozama Fluss nicht zulässig ist und eine Luftkühlung unter den klimatischen Verhältnissen am Standort nicht ausreichend wäre, führt diese Vorgehensweise zur bestmöglichen Energieeffizienz der Anlage unter den vorliegenden Rahmenbedingungen. Die Bereitstellung von Zusatzwasser und die Nutzung der Kühlturmabschlämmung sind zwei wesentliche Herausforderungen des Projektes.

4.4. Energiebilanz

Die Gesamtenergiebilanz zeigt den wesentlichen Energieeinsatz (Brennstoffe), die nutzbare Energie (Strom) sowie die Verluste und den Eigenbedarf der Anlage. Der Abfall macht etwa 35 % des Energieinputs aus, das Erdgas dementsprechend 65 %. Der elektrische Gesamtwirkungsgrad des Kombinationsprozesses liegt bei etwa 42 %; deutlich höher als dem einer Abfallverbrennungsanlage alleine, der üblicherweise bei etwa 25 % liegt. Auch mit einem Gasturbinenprozess alleine wäre bei der gegebenen Umgebungstemperatur von 25 °C nur ein Wirkungsgrad von etwa 33 % erreichbar.

Für die Energiezufuhr wurde vereinfacht nur die im Abfall und im Erdgas chemisch gebundene Energie berücksichtigt. Die fühlbare Wärme wurde aufgrund ihres geringen Anteils vernachlässigt.

Die der Anlage zugeführte Brennstoffenergie lässt sich folgendermaßen definieren:

- Abfall: 26,7 t/h · 7,85 MJ/kg · 2 Linien   entspricht   116,4 MW_{th}

- Erdgas: 15,6 t/h · 50,6 MJ/kg   entspricht   219,4 MW_{th}

Diese Werte basieren auf dem mittleren Heizwert des Abfalls der Region Santo Domingo Este und verflüssigtem Erdgas und können dementsprechend für den Abfall im tatsächlichen Betrieb abweichen.

Die zu erwartende Stromerzeugung der Turbinen wurde anhand von Lieferantendaten (Gasturbine) und thermodynamischen Berechnungen (Abfallverbrennung) wie folgt bestimmt:

- Dampfturbine   75,2 MW_{el}

- Gasturbine   71,5 MW_{el}

Verluste entstehen hauptsächlich durch:

- Kondensationswärmeverluste,

- Abgasverluste der Abfallverbrennungseinheit,

- Abgasverluste des Abhitzekessels,

- Strahlungsverluste,

- Abschlämmungsverluste.

Bild 15 zeigt die Hauptenergieströme der Abfallbehandlungsanlage Santo Domingo Este.

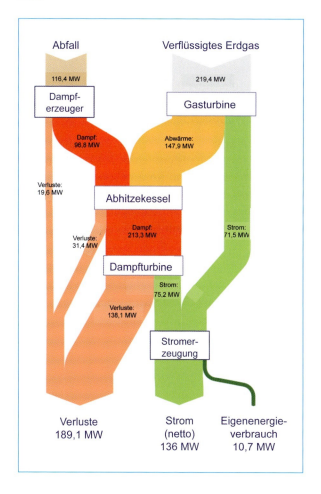

Bild 15:

Sankey-Diagramm der Energieflüsse für die Abfallbehandlungsanlage Santo Domingo Este

Die Gesamtstromproduktion beläuft sich auf 146,7 MW brutto. Konservativ geschätzt beläuft sich der Energieeigenbedarf der Gesamtanlage auf etwa 10,7 MW_{el}. Der Großteil des erzeugten Stroms – etwa 92 % der Bruttoproduktion und damit 136 MW – kann daher in das öffentliche Stromnetz eingespeist werden. Mehr als 50 % des Stroms wird aus Abfall bzw. Abwärme der Gasturbine erzeugt, so dass ein garantierter Strompreis sichergestellt ist.

5. Zusammenfassung und Ausblick

Die Rahmenbedingungen in der Dominikanischen Republik, insbesondere die Anforderungen an eine rückstandfreie Abfallbehandlung und der hohe Energiebedarf, bedürfen eines komplexen und speziell ausgearbeiteten Konzeptes für die Implementierung einer Abfallverbrennungsanlage.

Die Planung der Abfallbehandlungsanlage Santo Domingo Este kombiniert daher Energie- und Ressourceneffizienz in einem. Die weitgehende Behandlung der Rückstände wie Rostasche und Filterstaub sowie Abschlämmung aus dem Wäschersystem der nassen Abgasreinigung führen zu einem rückstandsfreien Prozess, da die erzeugten qualitativ hochwertigen Nebenprodukte als Sekundärrohstoffe genutzt werden können.

Darüber hinaus beinhaltet das Anlagenkonzept einen Kombiprozess aus Dampf- und Gasturbine. Die Überhitzung und Wiederaufheizung des Dampfes aus dem Dampferzeuger der Abfallverbrennung mit der Ab(fall)wärme aus der Gasturbine in einem Abhitzekessel führt zu einer energetischen Optimierung.

Eine Umweltverträglichkeitsprüfung für die Anlage wurde im April 2013 eingereicht, und die Genehmigung liegt seit Juni 2013 vor. Bis Ende des Jahres 2013 sind der Abschluss eines Stromliefervertrags sowie die Vergabe von Konstruktion, Beschaffung und Ausführung an einen EPC-Vertragspartner geplant. Der Finanzabschluss ist für Mitte 2014 vorgesehen, unmittelbar danach soll die Grundsteinlegung erfolgen. Nach derzeitigem Zeitplan ist der kommerzielle Betrieb dann bereits Anfang des Jahres 2017 möglich.

Zum Zeitpunkt der Erstellung dieses Artikels (September 2013) befand sich die Regierung der Dominikanischen Republik in der Erstellungsphase eines Abfallwirtschaftsplanes. Die Abfallbehandlungsanlage Santo Domingo Este wird einen wesentlichen Baustein in diesem Abfallwirtschaftsplan darstellen.

6. Quellenverzeichnis

[1] Aschhoff, H. G.; Bornholdt, F.; Horn, M.: Synergieeffekte durch Kombination von Abfallverbrennung und konventioneller Energiegewinnung. In: Thomé-Kozmiensky, K. J.; Beckmann, M. (Hrsg.): Energie und Abfall, Band 10. Neuruppin: TK Verlag Karl Thomé-Kozmiensky, 2013, S. 317-335

[2] Atteco-Bericht (unveröffentlichter Projektbericht), 2006

[3] Bette, M.; Lehmann, H.: Abfallverbrennungsanlagen an der Grenze zum Leistungskraftwerk. 12. VDI-Fachkonferenz Feuerung und Kessel, 12. Juni 2013, Essen

[4] Fisia Babcock Environment: Projektdokument, 2013

[5] Fleck, E.: Waste Incineration in the 21st Century – Energy-Efficient and Climate-Friendly Recycling Plant and Pollutant Sink. In: Thomé-Kozmiensky, K. J.; Thiel, S. (Hrsg.): Waste Management, Volume 3. Neuruppin: TK Verlag Karl Thomé-Kozmiensky, 2012, S. 219–236

[6] International Monetary Fund – World Economic Outlook, *Dominican Republic*, www.imf.org/external/pubs/ft/weo/2013/01/weodata, download September 2013

[7] Krishnaswamy, V.; Stuggins, G.: Closing the Electricity Supply-Demand Gap. Worldbank Study, 2007

[8] Meo III, D.; Zwahr, H.: Technology Selected for City of Los Angeles Waste-Conversion Facility Sets New Standards for Sustainable Waste Management Using WtE. In: Proceedings of the 20th North American Waste-to-Energy Conference – NAWTEC 20. April 23-25, 2012, Portland, Maine, USA

[9] Müllverwertungsanlage Rugenberger Damm GmbH & Co. KG, www.mvr-hh.de, download August 2013

[10] N. N.: Electricity Sector in the Dominican Republic. from en.wikipedia.org, download August 2013

[11] N. N.: Residuos sólidos urbanos, ¿problema o solución?, www.mancomunidadgransantodomingo.com/site/noticias2, download August 2013

Werkstoffe und Korrosion

UHLIG
Solutions for tubes | fittings | boilers

UHLIG WEL-COR

Schweißplattierte Rohr-Steg-Rohrwände mit Ausbiegungen und werkseitige Vormontage von Kesselwänden hier am Beispiel für die Abfallverwertungsanlage Renova, Schweden.

Abfallverwertungsanlage Renova

UHLIG ROHRBOGEN GmbH

Innerstetal 16
38685 Langelsheim · Germany

Phone   +49 53 26 501 0
Telefax +49 53 26 501 25

info@uhlig.eu · www.uhlig.eu

Arne Manzke
+49 5326 501 52
arne.manzke@uhlig.eu

Sven Laudenbach
+49 5326 501 36
sven.laudenbach@uhlig.eu

Thomas Pickut
+49 5326 501 191
thomas.pickut@uhlig.eu

Technischer Stand beim Schweißplattieren
– Neues vom Cladding –

Wolfgang Hoffmeister und Arne Manzke

Die thermische Verwertung von Abfällen in MVA, Bio- und Ersatzbrennstoffanlagen führt bekanntermaßen zu Korrosionsphänomen an den üblicherweise verwendeten Materialgüten wie z.B. 16Mo3, P265GH, 13CrMo45, usw. Besonders bei hoher Werkstofftemperatur führen die im Abgas freigesetzten Elemente Chlor und Schwefel zu extremen Abzehrungen durch Hochtemperatur-Chlorkorrosion und Salzschmelzenkorrosion. Die Begrenzung der Abgastemperaturen, sowie Abgaszusammensetzung und die Betriebsweise können dazu beitragen Korrosionsmechanismen zu minimieren. Dies schließt jedoch die Erhöhung des Wirkungsgrades und somit die Steigerung der Stromproduktion aus und bietet nicht wirklich eine deutliche Schadensminderung. Daher ist es unerlässlich werkstoffseitige Vorkehrungen zu treffen. Neben anderen Maßnahmen hat sich das Schweißplattieren (Cladding) herausgestellt – bietet doch dieses Verfahren die Möglichkeit die Korrosionsbeständigkeit zu erhöhen, um gleichzeitig die Vorteile (Festigkeit, Schweißbarkeit, Verformbarkeit, Preis) der üblichen Stahlmaterialien zu nutzen. In den nachfolgenden Kapiteln werden die einzelnen Schweißplattierverfahren sowie konstruktive Möglichkeiten beschrieben und die einzelnen Vor- und Nachteile erläutert.

Aufgrund vielfältiger Korrosionsschadensanalysen der letzten Jahre sind neue Erkenntnisse bezüglich der Einflussgrößen auf die Lebensdauer von Schutzschichten gewonnen worden. Die daraus konsequent abgeleiteten neuen Anforderungen sind bereits veröffentlicht worden. [9, 10]

Folglich ist eine Anpassung der Schutzschicht an die neuen Anforderungen zwingend notwendig. Dieser Thematik ist der Punkt 8 gesondert gewidmet.

1. Historische Entwicklung des Schweißplattierens (Cladding)

Die Problematik der Korrosion und der Erosion in Abfallverbrennungsanlagen besteht schon seitdem Abfallverbrennungsanlagen gebaut und betrieben werden.

Vor Einführung der Abfalltrennung sowie den verschärften Bedingungen der 17. BImSchV konnten die eingesetzten Werkstoffe für Heizflächen (St35.8, 16Mo3, 13CrMo45, und 10CrMo9 10) unter Berücksichtigung von Korrosionszuschlägen die geforderten Standzeiten erfüllen.

Der erhöhte Kunststoffanteil im Abfall und der damit verbundene Anstieg des Heizwertes, sowie das in der 17. BimSchV geforderte höhere Temperaturniveau haben dazu geführt, dass an korrosionsexponierten Stellen der Abfallverbrennungsanlagen die ursprünglichen Werkstoffe (St35.8, 16Mo3, 13CrMo45, und 10CrMo9 10) den geforderten Standzeiten nicht mehr genügen konnten. Die kürzeren Standzeiten hatten einen erheblichen Sanierungsaufwand zur Folge. Dies betraf sowohl Alt- als auch Neuanlagen.

In den USA begegnete man dieser Problematik bereits in den siebziger Jahren mit der Schweißplattierung von korrosionsbeanspruchten Bereichen mit dem Werkstoff 2.4831 – auch unter der Verkaufsbezeichnung Thermanit 625 bekannt. Dieses Verfahren in Verbindung mit dem Schweißzusatzwerkstoff hatte sich dort bestens bewährt, obwohl Informationen über Abfallzusammensetzung, Heizwert und sonstigen Beanspruchungskriterien nicht vorlagen.

Erste Versuche, mittels Auftragsschweißung Heizflächen vor Korrosion zu schützen, wurden in Deutschland 1993 unternommen. In der Abfallverbrennungsanlage Burgkirchen wurde ein Testfeld einer Schweißplattierung mit Thermanit 625 (1 m²) im Verdampfer oberhalb der Bestampfung installiert. Nach 8.000 Betriebsstunden konnte keine Korrosion (Abzehrung) festgestellt werden. Der Beweis war erbracht, dass durch Auftragsschweißung die Korrosion wieder beherrschbar ist.

Versuchsfelder im Überhitzerbereich in den Abfallverbrennungsanlagen Mannheim, Ludwigshafen, Frankfurt und der AVR Rotterdam haben gleiche Ergebnisse erzielt. [1]

Die großen Erfolge hatten zur Folge, dass bestehende Anlagen Mitte der neunziger Jahre im Reparaturfall schweißplattierte Heizflächen einsetzten. Anfang der Jahrtausendwende wurde bereits bei der Planung von Neuanlagen Schweißplattierung als Präventivmaßnahme gegen Korrosion eingesetzt. Das Verhältnis von schweißplattierten Flächen für Neubauten zu schweißplattierten Flächen für bestehende Anlagen beträgt etwa 80/20.

2. Verfahrensbeschreibung Cladding

Die englische Bezeichnung *Cladding* bedeutet im Ursprung *Umhüllung* und beschreibt in der internationalen Fachwelt das Auftragsschweißen von Sekundärmaterialen auf Basismaterialien wie z.B. Kesselrohre der Güten P235 GH, 16Mo3, 13CrMo45 oder 10CrMo45. Die Schweißplattierung wird mit dem MIG/MAG-Schweißverfahren mit automatischer, halbautomatischer oder manueller Brennerführung ausgeführt. Als Schweißanlagen werden MAG-Schweißgleichrichter mit Programmsteuerung und Pulseinrichtung verwendet. Beim Cladding von R-S-R Wänden werden die Schweißbrenner per Automat geführt (Pedelautomat). Die Schweißplattierung von Einzelrohren erfolgt an Drehbankmaschinen.

Zunehmend haben sich CMT (Cold Metal Transfer) Schweißmaschinen etabliert. Die Vorteile werden in einem späteren Kapitel beschrieben. Als Schweißzusatz hat sich der Zusatzwerkstoff 2.4831, auch unter der Verkaufsbezeichnung Thermanit 625 oder Inconel 625 bekannt, etabliert. Richtwerte: C < 0,03 %, Mo 9 %, Nb 3,5 %, Cr 22 %, Fe < 1 % und Ni (Rest). Weitere Schweißzusatzwerkstoffe wie 686 oder 622 finden ebenfalls ihre Anwendung.

Als Schutzgas wird ein 4 Komponentengas verwendet wie beispielsweise Cronigon Ni10, früher unter der Bezeichnung Cronigon He 30 S bekannt. (He 30 %, H_2 2 %, CO_2 0,055 %, und Ar (Rest)).

Die Schweißplattierung erfolgt in den Schweißpositionen PG (vertikal fallend) überwiegend beim Plattieren von R-S-R Wänden, PE (überkopf) z.B. Nachplattieren auf der Baustelle, PC (horizontal) plattieren von Rohren oder auch Wänden. Die Schichtdicke der Schweißplattierung beträgt in der Regel 2,0 mm. Hochwertige Plattieroberflächen weisen einen maximalen Eisenanteil von 3 % auf.

2.1. Voraussetzungen für eine optimale Schweißplattieroberfläche

Eine optimale, qualitativ hochwertige Schweißplattieroberfläche wird durch folgende Maßnahmen erreicht:

- Zweifache Strahlreinigung der Flächen:

  Erster Strahlvorgang nach DIN 25410 mit einer Sauberkeitsstufe von Sa 2,5 und einer Rauhtiefe von 40 – 65 µm.

  Zweiter Strahlvorgang mit Glasgranulat um eine Rauhtiefe von 35 µm zu erreichen.

  Hinsichtlich Fe-Anteil, Schweißspritzern und gleichmäßiger Schichtdicken ist das Schleifen der Rohroberfläche, sowohl bei Einzelrohren als auch bei Membranwänden anzustreben. Dieses Verfahren wird bei der Uhlig Rohrbogen GmbH bereits angewendet.

- Die Wanddicke des Bauteils muss min. $\geq$ 2,5 mm sein, Bereiche mit einer Wanddicke < 2,5 mm sind nicht zugelassen, falls dies im Auftrag nicht abweichend spezifiziert wurde.

- Nach dem Strahlen und dem Entfernen des Feinstaubes auf der Oberfläche muss gegen die Flugrostbildung ein überschweißbarer Korrosionsschutzlack auf die Rohroberfläche aufgebracht werden.

- Bei der Automatenschweißung sind die Kesselrohre innen mit zirkulierendem Wasser zu kühlen. Die Wassertemperatur darf 30 °C nicht überschreiten. Die Kühlwassertemperatur hat direkten Einfluss auf die Eisenaufmischung der Schweißplattieroberfläche (siehe Tabelle 1)

Tabelle 1:   Einfluss der Kühlwassertemperatur auf die Aufmischung

Temperatur	Cr	Mo	Ni	Fe
~ 20 °C	21 – 21,6	9,7 – 10,2	62,6 – 65	0,1 – 2,1
40 – 60 °C	20,2 – 21,1	9,4 – 10,1	60,4 – 62,9	3,1 – 3,3
100 °C	18,0 – 20,5	9,0 – 9,8	58,0 – 62,7	4,4 – 16,4

Quelle: Spiegel, M.: Werkstoffe für das Auftragsschweißen für den Korrosionsschutz bei Hochtemperatur-Korrosionsbeanspruchung. 8. Dresdner Korrosionsschutztage, 24.-25. Oktober 2007

Bei der Handschweißung kann mit oder ohne (nur bei geringfügigen Ausbesserungsarbeiten) Wasserkühlung geschweißt werden. Hierbei sind die Verfahrensprüfung und der Schweißfolgeplan zu beachten.

- Im Vorfeld wird eine Teilungsvorgabe (z.B. Überteilung 80,6 mm statt 80 mm) für das Projekt benannt, um Schrumpfungen infolge der Schweißplattierung zu berücksichtigen. Der Vorteil ist eine exakte Passgenauigkeit der Teilung der Wände nach der Schweißplattierung.

- Der Schweißzusatzwerkstoff Thermanit 625 wird nur mit Analyseneinschränkung beim Hersteller bestellt, d.h. Fe-Gehalt < 0,2 %, Minimierung Si und N-Gehalt, Maximierung Cr, Ni, Mo-Gehalt.

- Paneelwände werden komplett zweilagig schweißplattiert.

  In der ersten Lage wird ein Fe-Gehalt von 12 – 15 % erreicht, bei einer Schichtdicke von 0,9 mm.

  Mit der zweiten Lage wird ein Fe-Gehalt von 3 % und die geforderte Schichtdicke von 2 mm erreicht

- Zusätzlich wird eine Verstärkungslage im kritischen Flankenbereich geschweißt, der besonders korrosionsexponiert ist.

- Paneelwände und Rohre sind nach der Schweißplattierung zu richten um eine akzeptable Geradheit zu erreichen.

Bild 1:   Kaltrichtverfahren von plattierten
            Paneelwänden

Bild 2:   100 % visuelle Kontrolle von
            schweißplattierten Paneelwänden

2.2. Qualitätssicherungsmaßnahmen

- 100 % visuelle Kontrolle der schweißplattierten Oberfläche. Ausbesserung kleinster Ungänzen mittels WIG Schweißverfahren

- Kontrolle auf Risse mittels Farbeindringverfahren (100 % der Anfangs- und Endpartien, 10 % der Gesamtfläche)

- Strahlreinigung der schweißplattierten Oberfläche mit Glasgranulat um ferritische Ablagerungen auf der Claddingfläche zu entfernen.

- Dokumentation von Schichtdicke und Fe-Gehalt der schweißplattierten Oberfläche. Min. je zwei Messpunkte pro m² an Flanke und Scheitel des Rohres sowie auf dem Steg.

2.3. Einfluss von Schweißdraht, Schutzgas und Schweißposition

Neben den Anforderungen des Schweißzusatzwerkstoffes (SZW) an seine Korrosions-/ Erosionsbeständigkeit an sich, sind verschiedene Faktoren für die Schweißeigenschaften des Plattierwerkstoffes und somit für die Qualität der Plattieroberfläche verantwortlich.

Einflussgrößen sind Oberflächenbeschaffenheit, Drall, Vorbiegung und chemische Zusammensetzung des ausgewählten Plattierwerkstoffes.

Bei der Oberflächenbeschaffenheit unterscheidet man zwischen

- blanker Ausführung und

- matter Ausführung.

Matt gezogene Drähte haben eine höhere Festigkeit und eine größere Oberflächenrauheit. Ziehmittelrückstände lagern sich in diesen Mikrovertiefungen ab. Dies führt zu einem besseren Förderverhalten, besonders bei langen Schlauchpaketen. Hierbei ist jedoch sicherzustellen, dass die Ziehmittelrückstände den Schweißprozess und somit das Schweißergebnis nicht negativ beeinflussen.

Bei den blank gezogenen Drähten haften die Ziehmittelrückstände durch Adhäsion am Schweißdraht. Die vollständige Entfernung der Ziehmittelrückstände ist möglich, kann jedoch zu einem schlechten Förderverhalten des Drahtes führen. [3]

Der Drall und die Vorbiegung (nicht bei Fässern) des Drahtes haben Einfluss auf den Widerstand im Düsenbereich und beeinflussen somit das Schweißergebnis. D.h. bei größerem Drall ist der Widerstand im Düsenbereich geringer, was zu einem besseren Schweißergebnis führt. Einen größeren Drall erhält man bei der Verwendung von Fässern, in denen der Plattierwerkstoff eingespult ist.

Des Weiteren kann das Schweißverhalten durch Feinabstimmung einiger Legierungselemente und Eingrenzung bestimmter Verunreinigungen analytisch eingestellt werden. [3] Als Großabnehmer von Plattierwerkstoffen ist Uhlig in der Lage, Plattierwerkstoffe mit Analyseneinschränkung zu erhalten. Qualitätsfördernde Elemente werden maximiert. Im Gegenzug werden ungünstige Element minimiert. Uhlig verarbeitet Plattierwerkstoffe mit einem Fe-Gehalt weit unter 1 %.

Über die Einflussmerkmale des Plattierwerkstoffes hinaus hat das Schutzgas einen wesentlichen Einfluss auf die Qualität der Schweißplattieroberfläche. Noch vor einigen Jahren wurden Ni-Basis-Legierungen unter inerter Atmosphäre verschweißt. Als Schutzgas wurde meist Argon oder ein Argon/Helium Gemisch verwendet (MIG). Dies hat jedoch den Nachteil eines grobschuppigen Nahtbildes, einer schlechten Lagenanbindung sowie die Entstehung überhöhter Nähte.

Aktivkomponenten z.B. CO_2 (MAG) führen im Lichtbogen schnell zu Metall-Oxidbildung und verschlechtern, insbesondere bei Ni-Basis-Legierungen, die Lagenüberschweißbarkeit durch die Bildung von Oxidschichten. [4]

Neue Schutzgase, speziell für das Verscheißen von Ni-Basis-Legierungen, wurden entwickelt.

Die Negativeigenschaften, welche unter inerter Atmosphäre entstehen, wurden durch Beimischung einer Aktivkomponente kompensiert. Als Schutzgas hat sich das Cronigon Ni 10 bewährt und besteht aus folgenden Komponenten:

$$Ar + 0,05\ \%\ Co_2 + 30\ \%\ He + 2\ \%\ H_2$$

Die Wirkung der einzelnen Komponenten ist wie folgt zu definieren:

Ar: Basisgas

CO_2:   Aktivkomponenten dienen zur Stabilisierung des Lichtbogens.
Bei Ni-Werkstoffen wird im Allgemeinen keine Oberflächenbehandlung zur Sicherung der Korrosionsbeständigkeit nach dem Schweißen durchgeführt. Zu dicke Oxidschichten, verursacht durch höhere Aktivkomponenten (O_2, CO_2) können in kritischen Situationen zur Korrosionsanfälligkeit führen. Die Lagenüberschweißbarkeit wird bei Mehrlagenschweißung durch die geringere Oxidation erheblich verbessert.

He: Der gute Vorwärmeffekt ermöglicht ein optimales Benetzungsverhalten.

H_2:   Einschnürung des Lichtbogens und Wärmeübertragung ermöglichen Zwangspositionen und schnelleres Schweißen. [4]

Entscheidend für die Qualität der Schweißplattieroberfläche ist neben den oben genannten Faktoren auch die Schweißposition. In den Anfängen des Schweißplattierens wurde vornehmlich in PA (Wannenlage) plattiert. Nachteil: Langsame Schweißgeschwindigkeit, hohe Aufmischung des Grundwerkstoffes und somit ein höherer Fe-Gehalt auf der Schweißplattieroberfläche. Uhlig schweißt deshalb in PG (Fallnahtposition). Hierdurch wird eine höhere Schweißgeschwindigkeit bei gleichzeitig geringerer Aufmischung des Grundwerkstoffes erreicht. Dies hat einen geringeren Fe-Gehalt auf der Schweißplattieroberfläche zur Folge, was ein wichtiges Qualitätskriterium für die Schweißplattierung darstellt.

2.4. Der Lagenaufbau

Derzeit sind drei Geometrien des Lagenaufbaus zu unterscheiden

- einlagig mit 50 % Überlappung (Bilder 3 und 4),

- einlagig/zweilagig (Doppelschweißbrenner in vertikal Position) (Bilder 6 und 7),

- zweilagig (Doppelbrenner in horizontal Position) (Bilder 8 und 9).

2.4.1. Einlagiges Schweißplattieren

Beim einlagigen Schweißen wird mit einem Schweißbrenner geschweißt. Die Programmierung der Schweißmaschine ist bei diesem Verfahren immer eine Kompromisslösung, da während des Schweißprozesses ein ständiger Wechsel zwischen *schwarz/weiß* und *schwarz/schwarz* Schweißung stattfindet.

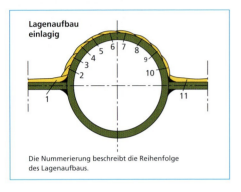

Bilder 3 und 4:   Einlagiges Schweißplattieren von Paneelwänden

Die einzelnen Lagen überlappen um min. 50 %. Um die geforderte Schichtdicke von 2,0 mm zu erreichen, muss mit einer niedrigen Schweißgeschwindigkeit und mit hoher Stromstärke geschweißt werden. Ein hoher Einsenanteil an der Oberfläche ist die Folge. Wenn die Überlappung der einzelnen Lagen kleiner als 50 % ist, ist eine Schichtdickenunterschreitung zu erwarten (Bild 5).

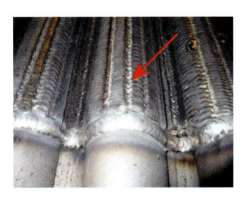

Außerdem ist die Angriffsfläche an den Flanken der Schweißnähte sehr hoch. Bei Fehlern in der Plattierschicht, die auf den Grundwerkstoff reichen, ist aufgrund der fehlenden zweiten Schutzschicht, ein Korrosionsangriff möglich.

Bild 5:   Mögliche Schichtdickeunterschreitung bei einlagigem Schweißen

2.4.2. Einlagig/Zweilagiges Schweißplattieren

Das Einlagig/Zweilagig Schweißen wird mit zwei Schweißbrennern ausgeführt. Die Position der einzelnen Brenner ist vertikal zueinander mit einem Abstand von etwa 100 mm. Geschweißt wird ähnlich wie beim einlagigen Verfahren.

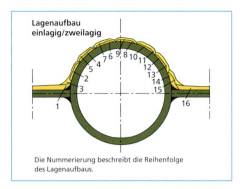

Bilder 6 und 7:   Einlagig/Zweilagiges Schweißplattieren von Paneelwänden

Der Unterschied liegt lediglich darin, dass auf die erste Lage eine zweite Lage direkt durch den zweiten oberen Brenner aufgeschweißt wird. Eine hohe thermische Belastung, besonders im Bereich der Stege, ist die Folge.

Bild 8:   Schroffe Lagenübergänge bei einlagig/zweilagigem Schweißen

Fehler in der ersten Lage können nicht erkannt werden, da sie mit dem nachfolgenden zweiten Brenner direkt überschweißt werden. Auch hier sind schroffe Lagenübergänge möglich. Wie bei dem einlagigen Verfahren ist die Gefahr gegeben, dass bei Unterschreitung der 50 % Überlappung die geforderte Schichtdicke nicht erreicht wird. Eine hohe Angriffsfläche an den Flanken der Schweißnähte ist auch hier gegeben.

2.4.3. Zweilagiges Schweißplattieren

Beim zweilagigen Schweißverfahren wird mit zwei Schweißbrennern geschweißt. Die Position der Brenner ist horizontal (nebeneinander). Zuerst wird komplett die erste Lage geschweißt.

Bilder 9 und 10:   Zweilagiges Schweißplattieren von Paneelwänden

In der ersten Lage wird ein Fe-Gehalt von 12 – 15 % erreicht. Die Schichtdicke beträgt zunächst 0,9 mm. Mit der anschließenden zweiten Lage (Schutzlage) wird ein Fe-Gehalt von 5 %, bei CMT-Schweißung < 3 % und die geforderte Schichtdicke von 2 mm erreicht. Dieses Verfahren gewährleistet eine 100 % Überdeckung der Membranwand.

Bild 11: Homogene Schweißplattieroberfläche beim zweilagigen Schweißplattieren

Eventuell auftretende Schweißfehler in der ersten Schicht, können vor dem Schweißen der zweiten Lage noch repariert werden. Außerdem wird bei der ersten Lage (schwarz-weiß Schweißung) mit optimierten Schweißparametern geschweißt, die zweite Lage ist eine reine weiß-weiß Schweißverbindung und wird auch wiederum mit optimierten Parametern geschweißt. Die thermische Belastung der Membranwand ist ebenfalls geringer, was geringere Schrumpfungen zur Folge hat.

3. Innovationen in der Schweißtechnik – CMT

CMT ist eine Entwicklung der Fronius GmbH. Die Abkürzung steht für **C**old **M**etal **T**ransfer.

Hierbei handelt es sich um einen Kurzlichtbogenprozess mit völlig neuer Methode zur Tropfenablöse.

Der Werkstoffübergang bei dieser Schweißtechnik ist relativ kalt, verglichen mit dem herkömmlichen MSG-Prozess.

3.1. Entwicklung der CMT-Technik

Das Kernteam bestand aus 21 Entwicklern und wurde intensiv durch weitere 15 Entwickler sowie Mitarbeiter aus Materialwirtschaft, Werkzeugbau und Fertigung unterstützt.

Der Entwicklungsaufwand für die CMT-Serienausrüstung betrug 39 Mannjahre.

21 Patente wurden zur Sicherung der Schutzrechte eingereicht.

3.2. Verfahrensbeschreibung der CMT-Schweißtechnik

Die Verfahrensbeschreibung der CMT-Schweißtechnik ist sehr komplex und würde den Umfang dieses Rahmens deutlich überschreiten. Die Beschreibung des Verfahrens wird hier auf die wesentlichen Punkte reduziert. Der CMT-Prozess ist in Bild 12 schematisch dargestellt.

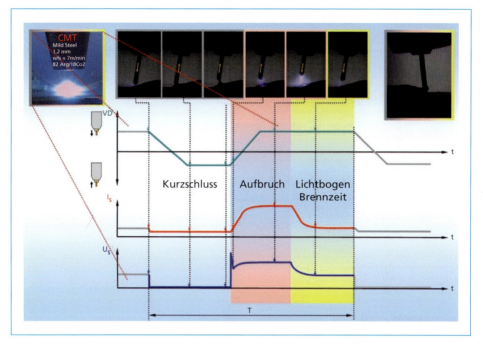

Bild 12:   Der CMT-Prozess

Quelle: Fronius Deutschland GmbH Sparte Schweißtechnik: Der CMT Prozess – eine Revolution in der Fügetechnik. Firmenschrift, Goslar, 01/2005

* Die Drahtbewegung wird direkt in die Prozessregelung eingebunden. Gegenüber dem herkömmlichen MSG-Schweißen erfolgt die Einstellung des Lichtbogens mechanisch.[8]

* Der Werkstoffübergang (Schweißzusatzwerkstoff zu Grundwerkstoff) ist nahezu stromlos. [8]

* Die Rückbewegung des Drahtes unterstützt die Tropfenablösung. (Bild 13)

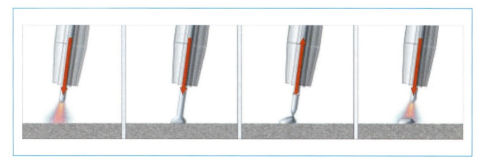

Bild 13:   Vor- und Rückbewegung des Drahtes im CMT-Prozess

Quelle: Fronius Deutschland GmbH Sparte Schweißtechnik: Der CMT Prozess – eine Revolution in der Fügetechnik. Firmenschrift, Goslar, 01/2005

3.3. Der CMT-Prozess im Vergleich

Die revolutionäre CMT-Technik bietet in vielen Anwendungsbereichen Vorteile gegenüber den herkömmlichen Verfahren.

- Die Kontrolle der Lichtbogenlänge ist sehr präzise.

- Die Schweißoberfläche ist nahezu spritzerfrei.

- Die Stabilität des Lichtbogens ist sehr hoch.

- Geringe Wärmeeinbringung in das Bauteil, dadurch verringert sich der Verzug um bis zu 45 % gegenüber dem herkömmlichen MSG-Verfahren.

- Geringe Schwächung in der Wärmeeinflusszone.

- Kontrollierte Wärmeeinbringung. [8]

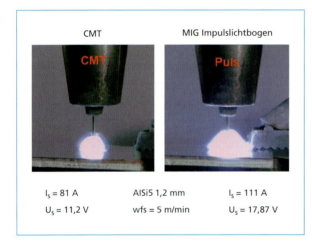

Bild 14:

Vergleich CMT zu MIG Impulslichtbogen

Quelle: Fronius Deutschland GmbH Sparte Schweißtechnik: Der CMT Prozess – eine Revolution in der Fügetechnik. Firmenschrift, Goslar, 01/2005

3.4. Anwendung der CMT-Technik für das Schweißplattieren

Die oben beschriebene CMT-Schweißtechnik bietet ideale Anwendungsmöglichkeiten für das Schweißplattieren. Die in Kapitel 3.2. aufgezeigten Vorteile sind übertragbar. Die Schweißoberfläche ist nahezu spritzerfrei. Das Nahtbild ist sehr regelmäßig und die Wärmeeinbringung in der Paneelwand ist sehr gering.

Neben einer geringeren Spannung im Bauteil, höherer Schweißgeschwindigkeit und gleichmäßiger Schichtdicke der Schweißplattierung ist als wesentlicher Vorteil eine erheblich geringere Aufmischung des Grundmaterials zu nennen. Die führt zu einer Verringerung des Eisenanteils auf der Schweißplattieroberfläche um mindestens 50 %.

Die Uhlig Rohrbogen GmbH setzt die CMT-Technik bereits seit Mitte 2007 erfolgreich ein und hat ihrer Gesamtkapazität komplett auf CMT umgerüstet.

4. Schweißplattierung mit Schichtdicke 1 mm – eine Alternative zum Flammspritzen? –

Die Bestrebung von Betreibern thermischer Verwertungsanlagen die Verfügbarkeit ihrer Anlagen zu erhöhen, Wartungs- und Instandhaltungskosten zu minimieren und den Wirkungsgrad zu steigern ist in Zeiten von steigenden Betriebskosten und fallenden Preisen für Abfall höher denn je. Wie eingangs beschrieben wird dieses Bestreben z.B. durch das Schweißplattieren korrosionsexponierter Bereiche erfüllt. Als weitere Alternative so genannter *Sekundärmaßnahmen* hat sich das Flammspritzen, besonders unter Betrachtung ökonomischer Gesichtspunkte etabliert.

4.1. Flammspritzen

Das Flammspritzverfahren wird im Wesentlichen dadurch beschrieben, dass ein metallischer Werkstoff in Pulver oder Drahtform mittels einer Pistole auf das Substrat aufgetragen wird. Die Pistole generiert dabei eine Brennergasflamme oder ein Plasmastrahl. Das Pulver schmilzt bei der Zuführung und wird durch die kinetische Energie der Flamme auf den zu beschichtenden Grundwerkstoff aufgebracht und bildet somit die gewünschte Schutzschicht. [5]

Die Schichtdicken betragen hierbei je nach Verfahren 250 – 1.000 µm. Beim Flammspritzen kommt es zu keiner Schmelzverbindung zwischen dem Beschichtungsmaterials und dem Grundwerkstoff, sondern nur zu einer mechanischen Verbindung. Entsprechend sorgfältig muss die Vorbehandlung des zu beschichtenden Substrats sein, was bei Werkstattapplikationen optimal realisiert werden kann. Es erfolgt keine Grundmaterialaufmischung und somit keine Gefügeveränderung des Grundmaterials. [6]

Gleichzeitig liegt hierin wohl auch der größte Nachteil begründet, da die aufgetragene Schicht eine gewisse Porosität aufweist. Abgase können durch die Schutzschicht diffundieren und so zu Unterkorrosion führen. Verfahren, wie z.B. eine thermische Nachbehandlung kann die Diffusionsneigung verringern. [7]

Beim Flammspritzen gibt es nahezu eine unbegrenzte Auswahl von Beschichtungswerkstoffen. Als wesentlicher Vorteil ist die geringe Massenzunahme des Substrats auf Grund geringer Schichtdicken zu nennen, wodurch geringere Kosten gegenüber dem Schweißplattieren mit 2 mm Schichtdicke entstehen. Gute Erfahrungen wurden beim Beschichten von Überhitzern gesammelt, wohingegen die Ergebnisse beim thermischen Spritzen von Membranwänden durch die Geometrie nicht zufrieden stellend sind. [6]

Die Montage Flammbeschichteter Bauteile ist hinsichtlich Empfindlichkeit der Beschichtung auf mechanische Einwirkung eine Herausforderung. Unsachgemäße Behandlung kann zu Applikationsmängeln führen.

Der Einbau komplexer Bauteile ist oft nicht möglich, sodass z.B. bei Überhitzern einzelne Rohre eingeschweißt werden müssen. Diese Bereiche bedürfen der Nachbeschichtung auf der Baustelle, was nicht unter optimalen Bedingungen durchgeführt werden kann. Die Herstellung von Schlangenüberhitzern eliminiert den Vorteil der Applikationsgeschwindigkeit, da die Beschichtung nicht mittels Rohrrotation erfolgten kann. [6]

4.2. Cladding mit 1 mm Schichtdicke

Wie in der Literatur hinreichend beschrieben bietet das Schweißplattieren von Überhitzerrohren und Membranwänden Schutz vor Korrosionsmechanismen und ist ein unverzichtbares Werkzeug, Verfügbarkeiten von thermischen Verwertungsanlagen zu erhöhen.

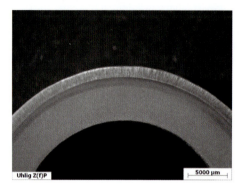

Cladding ist jedoch auch eine kostenintensive Maßnahme, verursacht durch teure Nickelbasishaltige Schweißzusatzwerkstoffe. Der hohe Materialeinsatz resultiert aus der geforderten Schichtdicke von min. 2,0 mm. Es gibt jedoch Einsatzbereiche, wo geringere Schichtdicken ausreichend sind. Beim Flammspritzen erreicht man Schichtdicken von 250 – 1000 µm. In der Praxis hat sich dies bereits bewährt und gute Standzeiten wurden erreicht.

Bild 15:   Schliffbild 1,0 mm Einzelrohrcladding

Das Verfahren des 1,0 mm Cladding ist dem des 2,0 mm Cladding ähnlich, kann jedoch nicht zweilagig ausgeführt werden. Hier wird das einlagige Schweißverfahren wie bereits beschrieben angewendet. Erste Versuche wurden bei der Uhlig Rohrbogen GmbH erfolgreich durchgeführt.

Die Schweißplattierung von Einzelrohren erfolgt, wie beim 2,0 mm Cladding einlagig mit 50 % Überlappung.

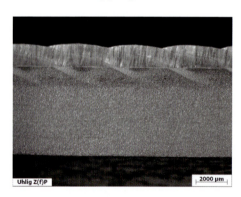

Es liegt daher nahe die Vorteile des Flammspritzens mit den Vorteilen des Schweißplattierens zu kombinieren.

Die durch Schweißplattierung aufgebrachte Schutzschicht hat keine Diffusionsneigung. Eine Penetration von Abgasen ist ausgeschlossen. Die Gefahr von Unterkorrosion wie bei flammgespritzten Schutzschichten ist nicht gegeben.

Beim Schweißplattieren entsteht eine feste unlösbare Verbindung zwischen Substrat und Schweißzusatzwerkstoff.

Bild 16:   Längsschnitt Einzelrohrcladding
1,0 mm

Applikationsfehler durch mechanische Einwirkung oder durch unterschiedliche Ausdehnungskoeffizienten sind weitestgehend ausgeschlossen. Der Einsatz von Rußbläsern sowie das Abreinigen von Belägen bergen keine Risiken hinsichtlich möglicher Beschädigungen der Schutzschicht.

Schweißplattierte Membranwände/Rohre können verformt werden. Aufwendige Applikationstechniken für verformte Bauteile sind nicht notwendig.

Die Schweißplattierung kann bis zum Ende des Bauteils erfolgen. Es müssen keine *schwarzen* Enden für den Einbau frei gelassen werden. Kostenintensive Nachplattierarbeiten, meist von minderer Qualität werden minimiert oder entfallen komplett.

Die Gewichtszunahme der Substrate ist nur etwa 10 % höher als bei flammgespritzten Grundwerkstoffen mit Schichtdicke 1.000 µm. Ein weiterer Vorteil der Schweißplattierung ist die bessere Wärmeleitfähigkeit gegenüber der Flammspritzung bei gleicher Schichtdicke. Dies ist mit den neuen Erkenntnissen ein nicht zu verachtender Vorteil im Hinblick auf die Korrosionsresistenz.

Die Herabsetzung der Schichtdicke von 2,0 mm auf 1,0 mm ermöglicht dadurch eine deutliche Verminderung der Herstellungskosten. Die Kosten für die Schweißplattierung eines Rohres mit einem Durchmesser von 38 mm betragen hier zum Beispiel 650 EUR/m² (Stand November 2013).

5. Konstruktive Ausführungen, neuester Stand

In diesem Kapitel werden konstruktive Ausführungen von ausgebogenen Rohren und Abdichtungen aufgezeigt. Speziell werden hier Bereiche betrachtet, die durch Schweißplattierung geschützt werden.

Die heutigen technischen Möglichkeiten sind oft nicht bekannt. Hierdurch werden häufig veraltete Konstruktionen als Standard betrachtet und es findet keine kritische Analyse statt.

Die Folgen können gravierend sein, nämlich dann, wenn aufgrund veralteter Standards Medium führende Bauteile ungeschützt korrosiven Angriffen ausgesetzt sind und es letztlich dadurch zum Anlagenstillstand kommt.

5.1. Konstruktive Ausführung von Ausbiegungen

Ursprüngliche Ausführungen von Ausbiegungen sind in den nachfolgenden Bildern dargestellt. Bei dieser Ausführung werden unplattierte Rohre gebogen und eingeschweißt. (Bild 17)

Bild 17: *Schwarze* Ausbiegungen in plattierter Membranwand

Anschließend werden die abgasberührten Bereiche per Hand plattiert. (Bild 18).

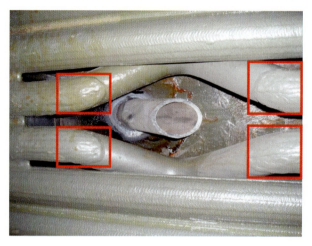

Bild 18:   Ausbiegungen teilweise von Hand plattiert

Nachträglich eingebrachte Stampfmasse schützt die unplattierten Bereiche vor korrosiven Angriffen. Während des Betriebs der Anlage kommt es jedoch zu *Abplatzungen* der Stampfmasse. Folglich sind Bereiche des Rohres, weder durch Cladding, noch durch Stampfmasse geschützt. Hohe Korrosionsraten sind die Folge, was zu ungeplantem Anlagenstillstand führen kann. (Bild 19)

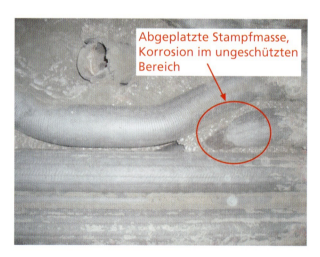

Bild 19:   Korrosionsangriff durch abgeplatzte Stampfmasse

Nach heutigem Stand der Technik werden die geraden Rohre zunächst 360° schweißplattiert und anschließend gebogen. Dadurch wird ein vollständiger Schutz des Rohres gewährleistet, selbst wenn die Bestampfung während des Betriebs abplatzt. (Bild 20 und 21)

Bild 20:   Vollständig plattierte gebogene Rohre

Bild 21:   360° plattierte, gebogen Rohre mit Stampfmasse

Um einen absolut vollständigen Schutz zu erreichen geht man noch einen Schritt weiter. Die beiden, den Ausbiegungen benachbarten, geraden äußeren Rohre werden zusätzlich 360° plattiert und als Einzelrohre eingeschweißt. Hierdurch wird ein uneingeschränkter Schutz der Ausbiegungen erreicht. (Bild 22)

5.2. Konstruktive Ausführung von Abdichtungen in plattierten Bereichen

Im Bereich der Abdichtungen z.B. Verbindung Seitenwand zu Decke wurden in der Vergangenheit Abdichtbleche, so genannte *Schiffchen* aus Kohlenstoffstahl verwendet. Diese Art der Ausführung hat aufwendige und teure Nachplattierarbeiten auf der Baustelle zur Folge (Bild 23).

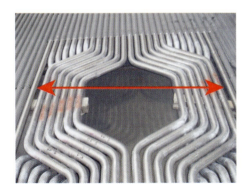

Bild 22:   Seitenrohre 360° plattiert

Bild 23:

Abdichtung, ursprüngliche Ausführung

Die wirtschaftlichere und technisch bessere Lösung bieten Abdichtbleche aus Nickel – Basis Legierungen, z.B. Alloy 625. (Bilder 24 und 25)

Bild 24:   Schiffchenbleche aus Alloy 625

Bild 25:   Plattierte Seitenwand mit Abdicht-
            blechen aus Alloy 625

Die in den Bildern 24 und 25 dargestellten Ausführungen von Abdichtblechen bieten erhebliche Vorteile. Bedingt durch minimalen Nachplattieraufwand verkürzen sich die Montagezeit und somit auch der Kostenaufwand.

6. Zusammenbauvarianten von plattierten Bauteilen

Beispiele von Zusammenbauvarianten

Nachfolgend werden anhand von Beispielen die verschiedensten Zusammenbauvariationen dargestellt und dessen optimale Verarbeitung aufgezeigt.

Auf Bild 26 ist das Zusammenschweißen von Paneelwänden mittels UP-Verfahren in der Breite zu sehen. Dies ist der vorletzte Schritt beim Zusammenbau in der Breite. Nach den verschieden Richtvorgängen der einzelnen Paneelwände werden die Außenstege auf das benötigte Maß mittels CNC-Fräse gebracht. Anschließend wird die Schweißfase von Hand geschliffen. Nach dem Ausrichten der zu verschweißenden Wände, werden diese von der plattierten Seite mittels MAG-Verfahren geheftet und nachfolgend von Hand komplett verschweißt.

Bild 26:   Zusammenbau von Paneelwänden
            in der Breite

Bild 27:   Nachplattieren der Montagenähte

Der nächste Fertigungsschritt ist das Schweißen der Längsnaht mittels UP Verfahren von der Gegenseite. Diesem Fertigungsschritt folgt das nochmalige Drehen der Paneelwand, das Schleifen der Gegennaht mit anschließender Nachplattierung der Längsnaht mit einem Traktor (Bild 27).

Anschließend werden die Nähte mittels Farbeindringverfahren geprüft (Bild 28).

Bild 28:   FE Prüfung von Montagenähten

Bild 29:   Weiß-Weiß-Verbindung von plattierten Bauteilen

Bild 30:   *Schwarz-Schwarz*-Verbindung von plattierten Paneelwänden

Beim Zusammenschweißen von Paneelwänden in der Länge sind zwei Varianten Stand der Technik. Die *weiß-weiß*-Verbindung und die *schwarz-schwarz*-Verbindung.

Bei der *weiß-weiß*-Verbindung (Bild 29) wird die Paneelwand direkt im Bereich des Claddings auf die benötigte Länge gebracht. Anschließend wird an den Rohrenden die Schweißfase angebracht. Durch das Anfasen wird ein Teil der Plattierung zurückgesetzt, sodass die Wurzellage mit herkömmlichem Schweißzusatzwerkstoff ausgeführt werden kann. Die Füll- und Decklage wird direkt mit dem Schweißplattierwerkstoff geschweißt. Der Vorteil liegt darin, dass aufwendige Nachplattierarbeiten entfallen und ein sauberes Nahtbild entsteht. Nachteil dieser Variante ist, dass die Ausführung der Schweißung sehr sorgfältig erfolgen muss, um Rissbildung zu vermeiden. Die *weiß-weiß*-Variante bietet sich vor allem beim Zusammenbau im Werk an.

Bei der *schwarz-schwarz*-Verbindung (Bild 30) ist die Plattierung um etwa 20 – 25 mm pro Wandende zurückgesetzt. Hierdurch wird eine artgleiche Verschweißung der Rohre möglich. Die unplattierten Bereiche werden anschließend nachplattiert. Der Vorteil dieser Variante ist, dass die Ausführung der Rundnaht artgleich erfolgt und somit mögliche Rissbildungen vermieden werden. Der Nachteil ist das aufwendige Nachplattieren der unplattierten Verbindungsbereiche. Diese Variante eignet sich besonders beim Zusammenbau auf der Baustelle oder für unerfahrene Kesselhersteller.

Die Bilder 31 – 33 zeigen die Verbindung zwischen einem umlaufend plattierten Sammler und einer plattierten Paneelwand. Das Sammlerrohr wird zunächst 360° plattiert, gerichtet und anschließend gebohrt.

Die Ausführung der Schweißnähte kann je nach Anforderung wie in den oben genannten Varianten ausgeführt werden.

Bild 31:   Sammler – Wand Verbindung

Bild 32:   Sammler – Wand Verbindung

Bild 33:   Sammler – Wand Verbindung

Wie bereits beschrieben sind die Variationen des Zusammenbaus von plattierten Bauteilen, sowie deren optimale Verarbeitung sehr vielschichtig. Eine Kombination der dargestellten einzelnen Möglichkeiten wird oft bei Vollcladdingvarianten gefordert.

Bild 34:   Schweißplattierte, gebogene Paneelwand mit angeschweißtem Sammler

Eine qualitativ hochwertige Plattierschicht sowie kurze Errichtungszeiten auf der Baustelle sind die wesentlichen Vorteile (Bild 34).

Bild 36: Komplette Montageeinheit inkl. Schweißplattierung – Trennwand 1./ 2. Zug mit Seitenwänden für eine Abfallverbrennungsanlage in Schweden

Bild 35: Komplett schweißplattierte, gebogene, Vorderwand mit Deckenteil und 360° plattierten Ausbiegungen für eine Abfallverbrennungsanlage in Schweden

Bild 37: Schweißplattierter Überhitzer komplett vormontiert mit Thermanit 625

Bild 38: Schweißplattierter Überhitzer mit Inconel 686

Bild 39: Vorgefertigter 1. Zug mit Schweißplattierung für Belgien

7. Fachgemäße Behandlung von plattierten Bauteilen

Die fachgemäße Behandlung von plattierten Komponenten wird häufig auf der Baustelle vernachlässigt. Oft geschieht dies aus Unwissenheit und kann zu massiven Schäden führen.

Bereits für den Transport und für eine eventuelle Lagerung im Freien empfiehlt es sich, die plattierten Flächen mit einem überschweißbaren Schutzlack zu versehen. Gute Erfahrungen wurden hier mit dem Konservierungsöl INFERUGOL gemacht. Die plattierten Bereiche werden hierdurch vor äußeren Umwelteinflüssen geschützt denn bei der Lagerung können sich ferritische Partikel auf der schweißplattierten Oberfläche niederschlagen und korrodieren.

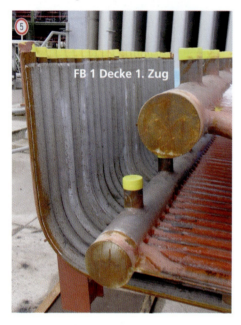

Bild 40:   Beschädigte Schweißplattierschicht durch massiven *Funkenflug* und falsche Lagerung

Die Plattierschicht wird zwar hierdurch nicht geschädigt, führt aber unweigerlich zu Irritationen.

Während der Bauphase kommt es häufig vor, dass beim Ablängen von Bauteilen, benachbarte plattierte Flächen mit eisenhaltigem Trennstaub *bestrahlt* werden. Bei lang anhaltendem Funkenflug wird die Claddingfläche massiv geschädigt

Daher ist darauf zu achten, dass plattierte Flächen vor Trennstäuben mittels Abdeckplanen oder sonstigen geeigneten Mitteln geschützt werden.

Die richtige Wahl des Schweißzusatzwerkstoffes beim Zusammenbau ist ebenso zu beachten. Oft werden auch hier durch Unwissenheit und fehlende Schweißanweisungen falsche Schweißzusatzwerkstoffe verwendet, was später zu erheblichen Problemen, wie Rissbildung führen kann.

8. Neue Erkenntnisse – neue Anforderungen – geänderte optimierte Ausführung der Schutzschicht im Herbst 2013

Die bisherige Claddingschutzschicht ist neben einigen anderen Faktoren in den einschlägigen Spezifikationen mit einem möglichst niedrigen Fe-Gehalt (< 3 %) an der maschinell schweißplattierten Wandoberfläche, sowie der 2-lagigen Schweißausführung definiert worden. Der niedrige Fe-Gehalt sichert dabei eine hohe Werkstattausführungsqualität ab; die 2-Lagigkeit ist wiederum für eine feinkörnige dendritische Gefügestruktur an der schweißplattierten Oberfläche verantwortlich, dies sorgt in Summe für eine gute Korrosionsbeständigkeit.

Korrosionsschadensanalysen der letzten Jahre zeigen jedoch, dass eine weitere Einflussgröße bei der Korrosion näher betrachtet werden muss, es handelt sich um den Wärmestrom, genauer gesagt um die Wärmestromdichteverteilung. Das Ergebnis verdeutlicht folgendes Schaubild [9]:

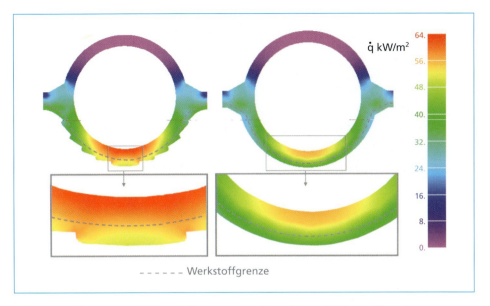

Bild 41:   Wärmestromdichteverteilung in unverschmutzten, gecladdeten VD-Rohren

Quelle: CheMin GmbH

Gibt es Wärmestromspitzen sinkt die Korrosionsbeständigkeit in diesem Bereich erheblich ab [10].

Im Umkehrschluss bedeutet das, dass neben dem Fe-Gehalt und der 2-Lagigkeit eine zusätzliche Definition im Hinblick auf die Ausführung der Schweißplattierung erforderlich ist, um eine möglichst gleichmäßige Wärmestromdichteverteilung zu generieren.

Konkretes Ziel muss es also für den Hersteller sein, eine gleichmäßige Schichtdicke, ein gleichmäßiges Schweißbild sowie eine glatte Schweißplattieroberfläche zu kreieren.

Die Einhaltung dieser Qualitätsmerkmale wird durch Ergänzung der technischen Spezifikation bezüglich der vorgenannten Merkmale erreicht. Zum Beispiel:

- Schichtdickentoleranz für Paneelwände 2 +1,5   -0,0 mm,

- Schichtdickentoleranz für Einzelrohre 2 + 0,3   -0.0 mm.

Eine herstellerseitig einzureichende Arbeitsprobe, die von einer kundigen Sachverständigenorganisation begutachtet wird, erbringt dem Kunden den erforderlichen Nachweis des gleichmäßigen Schweißbildes und der glatten Oberfläche.

Um diese Anforderungen erfolgreich herstellerseitig abzubilden, bedurfte es einer umfangreichen Test- und Optimierungsphase an dem bisher eingesetzten Schweißplattiersystem. Diese Optimierung ist im Herbst des Jahres 2013 erfolgreich abgeschlossen worden. Ein weiterer positiver Nebeneffekt betrifft die Homogenität der Schweißplattierschicht, nicht nur an der Oberfläche, auch noch in geringstem Abstand zum Grundwerkstoff sind gleichmäßig niedrige Fe-Gehalte realisiert.

Bild 42:

Das optimierte System stellt eine erhebliche Verbesserung bezüglich der Korrosionsbeständigkeit dar

9. Zusammenfassung

Hohe Instandhaltungskosten, Aufwendungen für Abgasreinigungssysteme sowie die Stagnation des Abfallaufkommens stellen eine Herausforderung für den wirtschaftlichen Betrieb von thermischen Verwertungsanlagen dar. Korrosionsmechanismen bei MVA, Biomasse- und Ersatzbrennstoffanlagen sind für die hohen Instandhaltungskosten mitverantwortlich und erfordern eine Reihe von Maßnahmen, um die Verfügbarkeiten entsprechender Anlagen zu sichern und zu erhöhen. Das Schweißplattieren korrosionsexponierter Bauteile ist eine von vielen Möglichkeiten entsprechend notwendige Standzeiten zu erreichen. Dieser Beitrag nutzte bewusst das Mittel der Wiederholung die einzelnen Schweißplattiertechniken zu erläutern und verschiedene Möglichkeiten, sinnvoller Claddingkonzepte aufzuzeigen. Minimierung kostenintensiver, suboptimaler Nachplattierarbeiten auf der Baustelle, durch eine möglichst hohe Applikationsfläche unter Werkstattbedingungen, sowie technische Detaillösungen lokal beanspruchter Bauteile, z.B. in Bereichen von ausgebogenen Rohren, sollen dem Leser die Möglichkeit eröffnen die verschiedenen Claddingkonzepte zu bewerten. Oft werden aus Unkenntnis heraus veraltete Konzepte angewandt und führen im Betrieb zu ungewünschten Ergebnissen, im schlimmsten Fall zum Versagen von Bauteilen. Schweißplattierte Kesselkomponenten sind durch den Einsatz von Nickelbasis Legierungen und der im Markt etablierten Schichtdicke von 2,0 mm sehr kostenintensiv. Eine qualitativ hochwertige Ausführung der Schweißplattierung unter Beachtung konstruktiver Möglichkeiten ist unter ökonomischen Gesichtspunkten daher unerlässlich.

Cladding mit einer Schichtdicke von 1,0 mm bietet in gewissen Bereichen durchaus eine Alternative zum herkömmlichen 2,0 mm cladding. Zum Einen aus wärmeübertragungstechnischen Gründen und zum Anderen durch die Reduzierung des intensiven Materialeinsatzes bietet dieses Verfahren durchaus eine Alternative zum Flammspritzen.

Die neuen Erkenntnisse resultierend aus der Thematik Wärmestromdichteverteilung, stellen allgemein eine neue Herausforderung an das Korrosionsschutzsystem der Schweißplattierung dar. Die notwendigen umfangreichen schweißtechnischen Optimierungen dafür sind abgeschlossen. Das im Herbst 2013 eingeführte Update des Schweißplattiersystems stellt den vorläufigen Höhepunkt der Cladding-Entwicklung dar.

10. Literatur

[1] Zell, L.; Winkel, K.: Einsatz von Schweißplattierungen zur Standzeiterhöhung in Müllverbrennungsanlagen. 6. Aachener Schweißtechnik Kolloquium, 24.-25. Juni 1999

[2] Spiegel, M.: Werkstoffe für das Auftragsschweißen für den Korrosionsschutz bei Hochtemperatur-Korrosionsbeanspruchung. 8. Dresdner Korrosionsschutztage, 24.-25. Oktober 2007

[3] Heuser, H.: Anforderungen an Schweißzusatzwerkstoffe für Schweißplattierungen von Membranwänden. Thyssen Schweißtechnik Deutschland GmbH, Hamm, Uhlig Schweißplattiersymposium, Februar 2003

[4] Geipl, H.: Neue Entwicklungen beim MSG-Schweißen von Ni-Werkstoffen. Linde AG, Höllriegelskreuth, 6. Aachener Schweißtechnik Kolloquium, 24.-25. Juni 1999

[5] Metschke, J.: Erfahrungen beim Einsatz von Korrosionsschutzmaßnahmen. In: Born, M. (Hrsg.): Dampferzeugerkorrosion. Freiberg: SAXIONA Verlag, 2005, S. 170-213

[6] Schmidl, W.; Herzog, T.; Magel, G.; Müller, W.; Spiegel, W.: Korrosionsschutz im Überhitzerbereich – Erfahrungen mit Applikation und Werkstoff aus Qualitätsbegleitungen

[7] Kremser, F.; Polak, R.: Thermisch Spritzen als in-situ und ex-situ Prozess. In: SAXIONA Standortentwicklungs- und -verwaltungsgesellschaft mbH (Hrsg. und Verlag): Dampferzeugerkorrosion 2009, Freiberg 2009, S. 203-210

[8] Fronius Deutschland GmbH Sparte Schweißtechnik: Der CMT-Prozess – eine Revolution in der Fügetechnik. Firmenschrift, Goslar, 01/2005

[9] Herzog, T.; Molitor, D.: Was Sie schon immer über Eisen wissen wollten. 7. Uhlig-Erfahrungsaustausch – Schweißplattieren mit Nickelbasis, Goslar, Februar 2011

[10] Herzog, T.; v. Trotha, G.; Molitor, D.: Schweißen am Limit. 8. Uhlig-Erfahrungsaustausch – Schweißplattieren mit Nickelbasis, Goslar, Februar 2013

Lebensdauerverlängerung von auftragsgeschweißten Membranwänden

Oliver Gohlke

1. Einleitung

Ein neues Hochgeschwindigkeits-Metallspray Verfahren (HVCC) ermöglicht Lebensdauer Verlängerung von Membranwänden. Es ist auch besonders gut geeignet, um in MVA's auf Membranwände mit vorhandener Auftragsschweißung eine zusätzliche Beschichtung aufzubringen. Das Spray hat die Besonderheit, dass es sich nicht von dem Grundmetall ablöst und in Dicken von 100 μm bis über 2 mm gesprüht werden kann. Die Fallstudie bezieht sich auf eine Anlage, wo eine Testfläche mit dem Material diesen Sommer nach 5 Jahren Betrieb ohne signifikante Veränderung herausgenommen wurde (um sie im Labor zu untersuchen).

Der Korrosionsschutz von Wärmetauscherflächen in Abfallverbrennungsanlagen erfordert besondere Sorgfalt.

Die Belastung des Abgases mit Chlorwasserstoff und Schwermetallsalzen führt zu einem Korrosionsbild, das sich deutlich von anderen mit fossilen Brennstoffen befeuerten Kesseln unterscheidet. Die feuerungsseitige Korrosion bei Abfallverbrennungsanlagen ist geprägt von folgenden Mechanismen [1]:

- Hochtemperatur Gasphasenkorrosion durch HCl und Cl_2

- Sulfatisierung von kondensierten Chloriden in den Belägen

- Kondensation von Alkali- und Schwermetallchloriden sowie Bildung eutektischer Salzmischungen (lösen von Oxidschichten und Rohrmaterial)

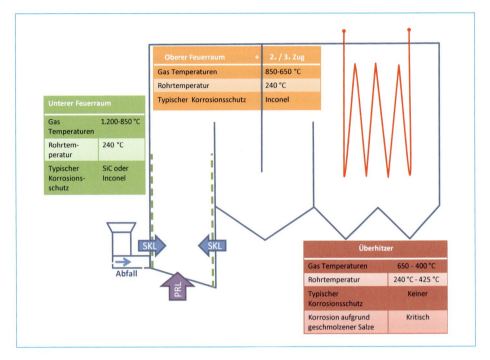

Bild 1:   Schematische Darstellung einer typischen Abfallverbrennungsanlage (40 bar /400 °C) im Hinblick auf Korrosion (SiC = Feuerfestmaterial als Masse oder Platten; *Inconel* = Auftragsschweißung mit Nickelbasislegierungen; PRL=Primärluft; SKL = Sekundärluft)

In diesem Beitrag wird beschrieben, wie ein effizienter Korrosionsschutz von Abfallverbrennungs-Kesseln mit HVCC-Spray erzielt werden kann (HVCC = High Velocity Continous Combustion). Im Folgenden beziehen sich alle Angaben, die mit *HVCC* bezeichnet sind, auf das ALSTOM-Produkt mit dem Markennamen AMSTAR 888.

2. Grundlagen HVCC Spray

HVCC wurde 1993 erfunden und verwendet einen Draht, der in einem Überschall-Luftstrahl mit einem Lichtbogen zerstäubt wird. Der Bogenpunkt befindet sich in der Mitte des Luftstrahls und erzeugt extrem fein zerstäubte Partikel mit 10 bis 50 μm Durchmesser. Die Morphologie der HVCC Beschichtungen besteht aus flachen Plättchen mit dünner Oxidschicht. Das Beschichtungsmaterial ist eine Nickel – basierte Superlegierung. Entscheidend ist, dass die Beschichtung wenig Restspannung hat, um eine Ablösung (*Peeling*) auszuschließen. Durch freies Chrom entsteht bei Kesselbetrieb eine selbstdichtende Schutzschicht, die vollständig diffusionsdicht gegen Abgase ist und eine Unterkorrosion verhindert.

Mit dem weniger als ½ kg schweren Sprühbrenner wird eine Fläche von 40 mm Durchmesser besprüht. Die typische Schichtdicke für Korrosionsschutz liegt zwischen 300 μm und 750 μm. Für durch Erosion beanspruchte Flächen werden auch Schichtdicken von über 1,5 mm aufgebracht.

HVCC ist besonders interessant für den On-Site Einsatz. Es ist keine Kühlung der Membranwände erforderlich und es kann mit einer relativ hohen Geschwindigkeit von 5 m² pro Maschine und Schicht aufgetragen werden. Ein weiterer entscheidender Vorteil gegenüber Auftragsschweißungen ist, dass die Schichten einfach entfernt oder für Reparaturen übersprüht werden können.

HVCC-Beschichtungen haben folgende Eigenschaften:

- Geringe innere Spannungen und damit kein Ablösen der beschichteten Fläche

- Korrosionsbeständigkeit 180 x höher als C-Stahl (18 x höher als klassische Nickel-basislegierungen)

- Erosionsbeständigkeit 5 x höher als C-Stahl

- Unmagnetisch (präzise Schichtdickenmessung auf FE-Stählen)

HVCC spray hat sich in zahlreichen Industrien durchgesetzt. AMSTAR Beschichtungen sind vielfach in Kohle-Staubfeuerungen (> 62 Einheiten), Zirkulierenden Wirbelschicht Kraftwerken (36) und Black Liquor Recovery Boiler (11; Schwarzlaugen Kessel in der Papierindustrie) erfolgreich eingesetzt worden [2].

Bild 2:

HVCC Spray
von Membranwand

3. HVCC Beschichtung von MVA Membranwänden

Die klassische Anwendung von HVCC in Abfallverbrennungsanlagen (MVA) ist die Beschichtung von Verdampfer-Membranwänden. In den USA wurden 21 Anlagen ausgerüstet. Ein Überblick über die Erfahrungen in diesen Anlagen ist zum Beispiel gegeben in [1].

HVCC ist besonders interessant für On-site Applikationen:

- Korrosionsfestigkeit vielfach höher als Inconel 625

- Schnelles Auftragen (5 m²/Schicht und Maschine ; zum Vergleich typisch für Auf-tragsschweißen: 0,6 m²/Maschine und Schicht)

- Keine Kühlung der Membranwände bei Auftrag erforderlich

- Beschichtung entfernbar und reparierbar

Hierdurch ermöglichen HVCC Beschichtungen für den Betreiber eine mehr Flexibilität bei der Instandhaltung und kürzere Revisionszeiten. Besonders gut geeignet sind im Übrigen HVCC Beschichtungen im Zusammenhang mit Off-Line Wasserreinigung (als Ersatz für Sandstrahlen bei Revisionen). Detaillierte Berichte aus der Praxis sind diesbezüglich von Dr. Jörg Krüger beschrieben [3].

In Europa wurde in 2013 für HVCC entsprechende eigene Produktionskapazitäten ausgebaut. Im Dezember 2013 wurde hiermit erstmals eine 520 m² Beschichtung von Membranwänden in dem Biomasse-Kraftwerk in Sembcorb (Großbritannien) erfolg-reich eingebracht.

Abfallverbrennungs-Langzeiterfahrung in Europa ist vorhanden aus einer Testfläche an der Feuerraum-Vorderwand 1 m oberhalb der Ausmauerung. Hierbei besteht die Besonderheit, dass die Beschichtung zur Lebensdauerverlängerung auf eine bestehende Inconel 625-Auftragsschweißung aufgebracht wurde. Die Erfahrung aus dieser Appli-kation wird im Folgenden genauer beschrieben.

4. Fallstudie: Lebensdauerverlängerung von auftragsgeschweißten Membranwänden

Auftragsschweißung mit Nickelbasislegierung hat sich gut bewährt zum Schutz von Membranwänden in Abfallverbrennungs-Feuerräumen oberhalb von SIC-Platten oder anderen Feuerfest-Systemen. Trotzdem ist eine regelmäßige Kontrolle und Reparatur (Nachschweißung) erforderlich und die Lebensdauer begrenzt. Dies ist insbesonde-re der Fall bei Anlagen, die im Hinblick auf eine Erhöhung der Wirkungsgrade mit Dampfparametern betrieben werden, die oberhalb der in Europa typische 40 bar/ 400 °C liegen. Außerdem tritt erhöhter Verschleiß von auftragsgeschweißten Schich-ten auf, wenn Flossenbreiten größer 20 mm vorliegen (wegen gegenüber dem Rohr erhöhter Material-Temperaturen). Kritisch ist wegen Schwefel-Korrosion auch der untere Feuerraum, wenn dieser mit auftragsgeschweißten Schichten versehen ist (statt SIC-Platten oder anderem Feuerfestmaterial).

Für Anlagen mit Auftragsschweißungen, die absehbar am Ende ihrer Lebensdauer sind, kann eine zusätzliche HVCC Beschichtung eine vorteilhafte Lösung bieten. Das HVCC-coating haftet sehr gut auf der Auftragsschweißung und ist schnell und sicher aufgesprüht. Wie oben beschrieben ist die Korrosionsbeständigkeit 18-mal größer als bei klassischen Nickelbasislegierungen. Der Aufwand ist im Vergleich zu einem Austausch der Membranwände gering (Kosten und Stillstandzeit).

Bild 3:   HVCC zur Lebensdauerverlängerung auf bestehender Auftragsschweißung nach einem Jahr Betrieb (2009). Gute Anhaftung und Bestand der Beschichtung

In einer europäischen Abfallverbrennungsanlage sind Testflächen in 2008 mit HVCC Spray aufgebracht worden (AMSTAR). Es wurde eine Fläche von 54 m^2 entsprechend beschichtet (750 µm Schichtdicke).

Bei der Inspektion nach einem Jahr zeigte sich in Bild 3 ein Bild von guter Anhaftung und Bestand der HVCC Beschichtung.

Nach 5 Jahren Betrieb im Sommer 2013 konnte die Testfläche ausgeschnitten und für weitere Untersuchungen im Labor analysiert werden.

Bild 4:

HVCC zur Lebensdauerverlängerung auf bestehender Auftragsschweißung nach 5 Jahren Betrieb (2013). Gute Anhaftung und Bestand der Beschichtung gab der unterliegenden Auftragsschweißung perfekten Schutz. Die obere rechte Ecke ist durch Sandstrahlen im Labor freigelegt worden.

5. Zusammenfassung

Auftragsschweißungen von Nickel-Basislegierungen haben sich in Abfallverbrennungsanlagen bewährt. Trotzdem kommen in vielen Anlagen diese Flächen an das Ende ihrer Lebenszeit. Als Alternative zu einem Austausch bietet sich HVCC Spray an. In Amerika gibt es zahlreiche Applikationen und in 2013 wurden nun auch in Europa Produktionskapazitäten eingerichtet, die in der Werkstatt und vor allem On-Site die Applikation von Coatings ermöglichen. Anhand von Testflächen in einer europäischen Abfallverbrennungsanlage konnte nach 5 Jahren Betrieb gezeigt werden, dass die Beschichtung langfristig eine gute Haltbarkeit und perfekten Schutz der darunter liegende Auftragsschweißung bietet.

6. Literaturverzeichnis

[1] Epelbaum, G.; Hanson, E.;Seitz, M.: New Generation of Tube Surface Treatments Help Improve EfW Boiler Reliability. Orlando: 2010.

[2] Hill, H.: High Velocity Continuos Combustion - A Review of the Technology and Performance History, Thermal Spray 2003 _ Advancing the Science and Applying the Technology, 2003.

[3] Krüger, J.: Alternative boiler cleaning methods to increase the availability at ZMS, in Prewin General Assembly Meeting. Mannheim: 2011.

Wärmestrommessung an Membranwänden von Dampferzeugern

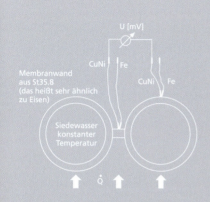

Autor:	Sascha Krüger
ISBN:	978-3-935317-41-2
Verlag:	TK Verlag Karl Thomé-Kozmiensky
Erscheinung:	2009
Gebund. Ausgabe:	117 Seiten
Preis:	30.00 EUR

Die Wärmestromdichte ist der auf eine Fläche bezogene Wärmestrom. Die Ermittlung dieser Größe stellt für Strahlungswärmeübergangsflächen von Dampferzeugern, die üblicherweise aus Membranwänden aufgebaut sind, eine wichtige Information mit Bezug auf die Wärmeverteilung, d. h. die lokale Wärmeabgabe in der Brennkammer, dar. Beispielsweise besteht die Möglichkeit, anhand der Wärmestromdichte

- die Feuerlage auf dem Rost oder in der Brennkammer,
- Schieflagen der Gasströmung in den Strahlungszügen,
- den lokalen Belegungszustand (Verschmutzungszustand) oder
- den Zustand des Wandaufbaus (Ablösen von Feuerfestmaterial)

zu bewerten.

Die Entwicklung und Anwendung von Wärmestromdichtemessungen an Membranwänden war bereits Gegenstand vielfacher Forschung in den letzten Jahren. Zumeist wurden Messzellen entwickelt, zu deren Installation Umbauten am Siederohr, d. h. am Druck tragenden Teil des Wasser-Dampf-Kreislaufes notwendig sind.

In der vorliegenden Arbeit wird eine nicht-invasive Methode zur Bestimmung der Wärmestromdichte an Membranwänden mit und ohne Zustellung sowie deren Anwendung im technikums- und großtechnischen Maßstab beschrieben.

Bestellungen unter www.Vivis.de
oder

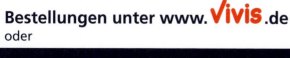

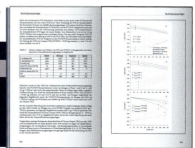

Dorfstraße 51
D-16816 Nietwerder-Neuruppin
Tel. +49.3391-45.45-0 • Fax +49.3391-45.45-10
E-Mail: tkverlag@vivis.de

TK Verlag Karl Thomé-Kozmiensky

Wir sind die Guten!

Ralf Schuster
Schlosser, 17 Jahre bei J+G

Entwicklung hochalkalibeständiger Feuerbetone für den Einsatz in Abfall-, Ersatzbrennstoff- und Biomasseverbrennungsanlagen

Markus Horn

Seit dem in unserer Industriegesellschaft Hausabfall thermisch in entsprechenden Verbrennungsanlagen verwertet wird, bestand schon immer das Problem die Anlage vor den entsprechenden chemisch reaktiven Inhaltsstoffen des Mülls bzw. Abfalls zu schützen. Im Zuge der stetigen Steigerung der Umweltverträglichkeit der Abfallverbrennung und damit der Reinheit der Abgase einer solchen Anlage, stiegen auch die Anforderungen an die eingesetzten Materialien und Werkstoffe. Diese Entwicklung hat auch nicht beim Einsatz der Feuerfestauskleidung halt gemacht.

Gleiches gilt natürlich auch für die in der letzten Dekade mehr und mehr ausgebaute thermische Nutzung von Ersatzbrennstoffen (EBS) und Biomasse.

Somit sind auch die Anlagen, die zum Ersatz fossiler Energieträger EBS oder Biomasse zur thermischen Verwertung verwenden, vom chemischen Cocktail des Brennstoffs belastet.

Das Abfall und insbesondere Ersatzbrennstoffe, durch ihren hohen Anteil an Kunststofffraktionen stark bis stärker mit *Chemie* belastet sind, liegt auf der Hand. Beim Thema Biomasse und Holzhackschnitzel erwartet man dies nicht zwangsläufig. Grundsätzlich handelt es sich beim Überbegriff Biomasse oft um Altholzfraktionen bis Klasse IV und bei Holzhackschnitzel um Holz aus unterschiedlichsten Bereichen der Land- und Forstwirtschaft.

Somit ist es nicht ungewöhnlich, dass z.B. *Straßenbegleitgrün* auch schon den Weg in eine Biomasseverbrennung gefunden hat. Oft erfährt dadurch eine Verbrennungsanlage und insbesondere das Feuerfest eine recht intensive Belastung auch durch das Streusalz des letzten strengen Winters. Solch Einzelchargen hinterlassen dann oft deutliche Spuren an der feuerfesten Auskleidung, die insbesondere im Hinblick auf die zukünftige Haltbarkeit des Feuerfest keine allzu gute Prognose zu lassen. Oft ist eine möglichst zeitnahe Sanierung unumgänglich.

Dieses anschauliche Beispiel aus der Biomasseverbrennung zeigt deutlich, wie wichtig es ist, gerade für kurzzeitige Extrembelastungen, aber auch für die Dauerbelastung in der EBS- oder Abfallverbrennung, feuerfeste Materialien bereitzustellen, die in der Lage sind sich diesen spezifischen Anforderungen zu stellen bzw. standzuhalten.

Jünger+Gräter hat sich seit geraumer Zeit diesem Thema angenommen und neben den seit Jahren bewährten Plattensystemen nun auch innovative Lösungskonzepte für das Werkstoffsegment der ungeformten Feuerfestwerkstoffe (Feuerbetone und Massen) entwickelt. Dies insbesondere deshalb, weil der Einsatz von geformten Produkten, wie Platten und Steine, nicht überall möglich und praktikabel, geschweige denn wirtschaftlich ist.

Dies hat dazu geführt, dass wir im Rahmen unserer Eigenentwicklungen einen neuen Massentyp für hohe Beständigkeit gegen Abrieb und Alkaliangriff entwickelt haben. Des Weiteren lassen sich die Produkte der JUCAN-Linie sowohl gießen als auch spritzen, ohne das zwei unterschiedliche Rezepturen bzw. Produkte dafür notwendig sind.

1. Mechanismen des Alkaliangriffs bei feuerfesten Werkstoffen

Grundsätzlich reagieren Alkali- und die meisten Erdalkalimetalloxide bei Temperaturen oberhalb von 800 °C mit feuerfesten Werkstoffen [1]. Je nach Rohstoffzusammensetzung der feuerfesten Werkstoffe, als auch dem qualitativen und quantitativen Auftreten von Alkalien bzw. deren Salze führt dies im Werkstoff zu unterschiedlichen Reaktionen und Veränderungen. So können Alkalien in unterschiedlichen Formen wie z.B. als Alkalidämpfe oder auch als alkalireiche Schmelzen in das Feuerfest eindringen und dieses massiv schädigen.

Allgemein gilt für die Alumina-Silika-Werkstoffreihe, dass sich bei hohem Anteil von Siliziumoxid niedrigschmelzende Feldspäte und Feldspatvertreter (z.B. Nephelin, Leucit, Orthoklas, Nosean), in Verbindung mit Natrium und Kalium, bilden können. Je mehr sich das System zur Aluminiumoxid-Phase verschiebt, bildet sich aus der stabilen α-Korundkristallmodifikation die mit einem deutlichen Volumensprung versehene β-Korundmodifikation. Dieser Volumensprung kann theoretisch bis zu 15 Vol.-% des Ursprungsvolumens betragen.

Beide Mineralphasenreaktionen führen in ihrer Art zu einer entsprechenden Volumenvergrößerung des Gefüges und damit zwangsläufig zu einer Zerstörung. Diese wird im Fachjargon als *Alkalibursting* bezeichnet.

Da in vielen Anwendungen im Bereich der EBS-, Abfall- und Biomasseverbrennung Natrium und Kalium in hohen Konzentrationen auftreten können und es sich dabei um die reaktionsfreudigen Vertreter der Alkalimetalle handelt, können beide bei den oberhalb 800 °C operierenden Verbrennungsanlagen ihr Unwesen am Feuerfest vollends ausleben.

Trotzallem sind die Reaktionsmechanismen zwischen dem Alumosilikaten und der reinen Korundreaktion mit Alkalien unterschiedlich zu bewerten. So kann erst genannte Reaktion bereits bei vergleichsweisen niedrigen Temperaturen (>800 °C) deutliche Aktivität aufweisen. Während die β-Korundbildung thermodynamisch gesehen schon bei 800 °C aktiv ist, praktisch aber erst bei höheren Temperaturen ab etwa 1.000 °C signifikant Schädigungen hervorruft und eine relativ reine Al_2O_3-Phase als Reaktionspartner benötigt.

Vom makroskopischen Schadensbild her sind die mineralogisch recht unterschiedlichen Reaktionsmechanismen schwer zu unterscheiden. Meist wölben sich beim Alkali-Bursting wenige Millimeter bis zu mehrere Zentimeter dicke Schalen der Feuerfestoberfläche auf oder lösen sich ab.

Grundsätzlich unterschiedlich ist jedoch der mineralogische Reaktionsmechanismus der zur Zerstörung führt. Das Ergebnis bleibt jedoch das Gleiche – zerstörtes Feuerfest.

2. Erfahrungen und Beobachtungen des Alkaliangriffs an monolithischen Auskleidungskonzepten

Die Erfahrung der Vergangenheit hat gezeigt, dass ein akzeptabler Schutz des Feuerfests gegen Alkaliangriff in einem Temperaturbereich von 800-1300 °C möglich ist. Dies gilt ausnahmslos für gebrannte Produkte, d.h. gepresste Feuerfeststeine, nicht jedoch für ungeformte Produkte bzw. Feuerbetone. Alkalibeständige, feuerfeste Massen auf Basis einer hydraulischen Bindung (Zementbindung) waren bis vor wenigen Jahren noch eher Exoten. Wurde damals eine Alkalibeständigkeit benötigt, ist die Wahl in der Regel auf plastische, tongebundene Massen gefallen oder auf Massen mit chemischer Bindung auf Basis von Aluminiumphosphat oder Wasserglas (wasserlösliche Alkali-, Erdalkalisilikate).

In den 80igern des letzten Jahrhunderts wurden bereits Feuerfestmassen in der Abfallverbrennung angewendet. Die Alkalibeständigkeit, in der Form wie sie heute in vielen Prozessen benötigt wird, war damals nur bedingt ein Thema. Mehr dem Zufall geschuldet wurden aber alkalibeständige Massen verwendet. Um eine gute Wärmeleitung zur Abfuhr der Wärme zu ermöglichen wurden konsequenter Weise plastische Siliziumkarbid-Massen (SiC-Massen) mit einem möglichst hohen SiC-Gehalt verwendet. Dieser hohe SiC-Gehalt (> 60 Gew. Prozent) konnte nur mit einer chemischen Bindung wie z.B. Aluminiumphosphat erreicht werden, da die Vielfältigkeit der hydraulischen Massen mit ihren unterschiedlichen Bindesystemen, wie sie heute bekannt sind, damals noch nicht in der Form wie heute vorhanden waren.

Auch heute werden die damals entwickelten SiC-Massen immer noch erfolgreich für die Abkleidung und den Schutz der Rohrwände eingesetzt, wenn keine allzu hohen Anforderungen an den Korrosionsschutz der Verankerung und der Rohrwände gestellt wird.

Nachteil dieser Massen ist früher wie heute die relativ geringe Festigkeit gegenüber mechanischen Einflüssen wie z.B. Abrieb. Es hat sich aber über die Jahre gezeigt, dass SiC als Grundwerkstoff sehr alkalibeständig ist.

Dem gegenüber sind die in der Vergangenheit eingesetzten feuerfesten Betone mit hydraulischer Zementbindung nicht sonderlich positiv im Falle eines Alkaliangriffs aufgefallen. Signifikante Entwicklungsschritte, für alkalibeständigere Feuerbetone mit Zementbindung auf Alumosilikaten, sind erst mit der Weiterentwicklung von zementarmen Feuerbetonen (LowCementCastables) entstanden [2]. Die große Schwierigkeit bei dieser Klasse an Feuerbeton war, neben einem wirklich alkalibeständigen hydraulischen Bindesystem aus Kalziumaluminat auch eine entsprechend beständige Fein- und Grobkornmatrix zu entwickeln.

Die deutlichsten Entwicklungsschritte hin zu beständigeren Sorten und Materialien wurden in der Zementindustrie erreicht. Durch die ständig gestiegene Mitverbrennung von EBS und anderen Ersatzbrennstoffen mit höheren Alkalifrachten im Vergleich zu fossilen Brennstoffen wurde die Haltbarkeit der verwendeten Betone deutlich reduziert. Dies hat zur Entwicklung von LC-Feuerbetonen mit einem SiC-Anteil von 15-30 Prozent Siliziumkarbid geführt. Diese Betone wiesen im Gegensatz zu ihren *älteren* Vorgängern eine deutlich höhere Beständigkeit und Haltbarkeit auf.

Der Schutzmechanismus der sich einstellt ist relativ einfach beschrieben. Durch die bei etwa 800 °C beginnende Oxidationsfähigkeit von Siliziumkarbid wird dieses gemäß der angegebenen Reaktionsgleichung oxidiert:

$$SiC + 2O_2 \rightarrow SiO_2 + CO_2$$

Diese durch die Oxidation von SiC gebildete Glasphase kann sich nun mit verfügbaren Alkalien z.B. zu niedrig viskosem Natriumsilikat umwandeln und die Alkalien so vor dem Eindringen in das Feuerfestgefüge hindern. Es ist dabei jedoch zu bedenken, dass es bei der Aufnahme von Alkalien in der Glasphase auch zu Sättigungseffekten kommt und bei weiterer Zufuhr eine Reaktion mit dem Feuerfestgrundwerkstoff erfolgen kann. Um dies zu verhindern, setzt man beim Einsatz von SiC – angereicherten LC-Betonen auf eine sogenannte *Verglasung*. Diese Verglasung der Oberfläche führt dazu, dass Alkalidämpfe nicht mehr so einfach in das poröse Feuerfest eindringen können. Um diese Art von Verglasung zu erreichen sollten jedoch Temperaturen oberhalb von 1.000 °C vorhanden sein. Im Bereich der Zementindustrie wird nahezu in jedem Anlagenteil diese Temperatur problemlos erreicht. Somit konnte eine nachhaltige Haltbarkeitssteigerung mit der Einführung entsprechender LC-Betone erreicht werden.

Anders stellt sich die Situation in der von uns betreuten Entsorgungs- und Kraftwerksindustrie dar. Bei Betriebstemperaturen die selten oberhalb von 1.000 °C sind, außer im Brennkammerbereich von Biomasse- und Abfallverbrennungsanlagen, funktionieren die beschriebenen Mechanismen des Alkalischutzes über SiC nur noch bedingt.

Bild 1: Betonabplatzung durch Alkaliangriff

Damit kann sowohl ein Angriff über die Volumenreaktion der Feldspäte als auch die über β-Al_2O_3 erfolgen. Beide Schadensmechanismen können wie beschrieben zum Abplatzen von Feuerfest führen (Bild 1). Generell kommen diese Volumenreaktionen bei nicht gekühlten, d.h. bei Feuerfestauskleidungen die nicht direkt auf Verdampferrohrwänden installiert sind, häufiger vor. Bei Auskleidungen die durch Verdampferrohrwände gekühlt werden kann es trotzdem zu Schädigungen im Feuerfest kommen, in dem Salzdämpfe in das Feuerfest eindringen und dieses durch Kondensation infiltrieren.

Der entstehende Dichteunterschied zwischen salzkondensatfreiem und salzbeladenem Gefüge kann bei entsprechenden Temperaturzyklen ebenfalls zu Abplatzungen und Schädigungen der Auskleidung führen.

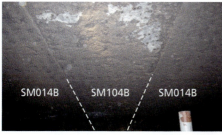

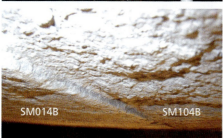

Bild 2: Unterschiedlicher Angriff durch Alkaliangriff an SiC-Betonen

Auch wir mussten die leidvolle Erfahrung machen, dass der SiC-Gehalt nicht unbedingt ein Garant für die Alkalibeständigkeit bei Temperaturen < 1.000 °C ist. Bei der Zustellung einer Brennkammerdecke in einer EBS-Verbrennung wurden zwei SiC-reiche Spritzbetone eingebaut. Der Grund für den Einbau von zwei unterschiedlichen Massen lag am überdurchschnittlich hohen Spritzverlust der ursprünglich vorgesehenen Spritzmasse JUGUN SM014B (SiC-Gehalt = 31,5 Gew Prozent). Leider war das idente Material zeitnah nicht zur unterbrechungsfreien Weiterführung der Baustelle lieferbar. Daraufhin wurde uns vom Hersteller ein vermeintlich höherwertiges Ersatzmaterial JUGUN SM104B (SiC-Gehalt = 52,0 Gew Prozent) empfohlen. Das Resultat dieser Empfehlung, war eine Leckage im Dampferzeuger, trotz eines deutlich höheren SiC-Gehalt. Während das von uns ausgewählte Material eine gute Performance aufwies, war das andere nicht im selben Maße den Bedingungen im Ofen gewachsen (Bild 2.). Dieses Beispiel zeigt deutlich, wie trügerisch der Glaube an die reine chemische Zusammensetzung und der SiC-Gehalt als Kriterium für eine Alkalibeständigkeit zu sehen ist. Im Zweifel sollte immer der zur Anwendung und den Bedingungen passende vergleichende Labortest zu Rate gezogen werden.

3. Der Alkalitest

Als geeigneter Test für die Alkalibeständigkeit von feuerfesten Betonen hat sich der s.g. Tiegeltest bewährt. Grundsätzlich ist anzumerken, dass es sich bei diesem Test nur um ein vergleichendes Verfahren handelt. Es wird somit immer nur eine Aussage möglich sein, ob ein Feuerfestmaterial für den angestrebten Einsatz potentiell eignet ist oder nicht. Diese Eignung lässt sich meist nur über den Vergleich mit anderen in der Praxis bewährten Materialien herbeiführen.

3.1. Industriestandard

Die geeignete DIN-Norm nennt sich Korrosionsbeständigkeit (Tiegelverfahren) nach DIN 51069 Blatt 2. Hierzu wird aus dem Feuerfestmaterial, welches einem Korrosionstest bzw. Alkalitest unterzogen werden soll, ein genormter Probekörper (Tiegel) hergestellt. Die äußeren Abmessungen des Tiegels betragen 100 x 100 x 100 mm. Die zylindrische Öffnung, in welche die Salze oder die Schlacken eingefüllt werden, besitzt einen Durchmesser von 50 mm und eine Tiefe von 60 mm (Bild 2). Damit die Salzschmelzen während des Tests nicht verdampfen und im Tiegel verbleiben, wird der Prüftiegel mit einem Deckel versehen. In der Regel wird der Deckel aus dem gleichen Werkstoff hergestellt wie der Tiegel selbst. Das Verschließen erfolgt mit einem geeigneten feuerfesten Kitt. Neben dem Ziel, den Reaktionsraum atmosphärisch zu verschließen, besitzt der Deckel auch noch die Möglichkeit das Reaktionsverhalten der Dämpfe der Salzschmelze mit dem des Feuerfests zu überprüfen.

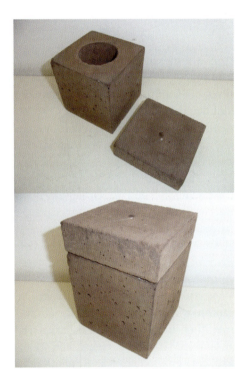

Neben den exakten Abmessungen des Prüfkörpers, liefert die Norm zusätzlich noch die Angabe über die Haltedauer des Prüfkörpers im Ofen. Diese liegt gemäß Norm bei 24 Stunden. Weitere Angaben, wie die Zusammensetzung des Korrosionsmediums, der Prüftemperatur oder andere Angaben liefert die Norm nicht.

Bild 3:   Tiegel zum Test der Korrosions- bzw. Alkalibeständigkeit

Als industrieller Standard haben sich in der Feuerfestindustrie zum Testen der Alkalibeständigkeit von Steinen und Massen über die letzten Jahre folgende Testparameter etabliert.

Prüftemperatur: 1.100 °C

Salzzusammensetzung: Kaliumcarbonat

Diese Parameter sind vor allem an die Bedingungen der Hochtemperaturanwendungen in der Stahl-, der Nichteisen- und Zementindustrie angelehnt. Die meisten Anwendungen in diesen Industrien werden oberhalb von 1100 °C betrieben. Des Weiteren besitzen alle Alkalireaktionen mit dem Feuerfest bei dieser Temperatur eine hohe thermodynamische Aktivität. Wichtig für das Salz ist letztendlich nur, dass es bei der gewählten Prüftemperatur in Schmelze und Dampf geht. Mit einer Schmelztemperatur von 891 °C erfüllt Kaliumcarbonat diese Bedingung, um einen Alkalitest bei 1.100 °C durchzuführen.

Dieser, von der Feuerfestindustrie so zu sagen als *Industriestandard* etablierte Alkalitest, birgt aber einen entscheidenden Schwachpunkt. Beim Testen eines Alkaliangriff < 900 °C an ungebrannten feuerfesten Werkstoffen wird das Kaliumcarbonat nicht oder nur unvollständig aufgeschmolzen, so dass es zu keinem ausreichenden Angriff am Tiegel innerhalb der 24 h kommt.

3.2. J+G adaptierter anwendungsbezogener Alkalitest

Diesem Thema hat sich Jünger+Gräter gewidmet und einen adaptierten Alkalitest entwickelt, welcher die real existierenden Bedingungen in EBS-, Abfall-, Wirbelschicht- und Biomasseverbrennungsanlagen besser widerspiegelt.

Als erstes ist dabei darauf zu achten, dass die Prüftemperatur in dem Temperaturfenster liegt, welches auch in den genannten Anlagen existiert. Somit wurde die von uns bevorzugte Prüftemperatur für unseren adaptierten Test auf 900 °C festgelegt.

Des Weiteren werden die Prüfkörper aus Feuerbeton (ungeformtes Produkt) in der Regel bei höheren Temperaturen > 1.000 °C vorgebrannt. Solch ein Vorbrand entspricht natürlich nicht unbedingt den realen Bedingungen im Verbrennungsofen. Denn normalerweise wird das Feuerfest im Ofen ja nicht höher gebrannt als die spätere Betriebstemperatur.

Bei gängigen Feuerfestbetonen tritt jedoch erst oberhalb von 1.000 °C eine Versinterung ein. Somit ist es immanent wichtig, keine vorgebrannten Prüfkörper für den Alkalitest zu verwenden, denn dies würde die realen Bedingungen n der Anwendung nicht richtig wiederspiegeln. Eine thermische Vorbehandlung der Prüfkörper sollte demnach mindestens 100° unterhalb oder max. bei der Prüftemperatur liegen.

Zusätzlich wurde von uns noch das Salzgemisch geändert. Aufgrund der relativ hohen Schmelztemperatur von Kaliumcarbonat bei 891 °C ist diese Salz als Reinstoffsystem ungeeignet für unseren Test bei 900 °C. Des Weiteren wurde beobachtet, dass die meisten Alkalischäden stärker auf dem Unwesen von Natrium, als deutlich aktiveres Alkalielement beruhen. Aus diesem Grund haben wir für unsere Tests ein Gemisch aus 50 Gew Prozent Natrium- und 50 Gew Prozent Kaluimcarbonat gewählt. Mit dieser Versuchsführung werden die realen Bedingungen in weiten Bereich der gefährdeten

Anlagenbereich deutlich besser beschrieben als mit dem *herkömmlichen* Alkalitest. Dem zufolge ist es wichtig, exakt zu Hinterfragen auf welchen Testbedingungen die Wahl des Feuerfestprodukts durch den Lieferanten erfolgt ist.

4. Entwicklung alkalibeständiger dichter Feuerbetone

Wie bereits in der Einleitung beschrieben, war es unser Ziel einen hoch alkalibeständigen dichten Feuerbeton für den Einsatz in EBS-Verbrennungsanlagen zu entwickeln. Die große Herausforderung hierbei war letztendlich in der Tatsache zu suchen, dass ein Großteil dieser Anlagen eine vergleichsweise niedrige Verbrennungstemperatur von < 1.000 °C aufweisen. Jeder Keramiker weiß jedoch, dass ohne die Zuhilfenahme von Sinterhilfsmitteln eine keramische Bindung oder sonstige mineralogische Sinterprozesse auf diesem Niveau fast nicht stattfinden. Wie in Kapitel 2 beschrieben, korrespondiert somit die Sintertemperatur nicht mit der Starttemperatur bei der eine Feuerfestauskleidung einen Alkaliangriff erfahren kann. Demnach sind naturgegeben alle ungeformten, ungebrannten Feuerfestprodukte unterhalb von 1.000 °C stets chemisch/mineralogisch aktiv und noch nicht im sprichwörtlichen Sinne *totgesintert*. Erst bei höherer Temperatur und dem Einsetzen keramischer Bindungen ähneln Feuerbetone mehr und mehr gebrannten Feuerfestprodukten. Aus diesem Grund wurden in der Vergangenheit bei zu erwartendem Alkaliangriff meist gebrannte feuerfeste Steine bevorzugt.

Es wäre jedoch ein Fehler nun zu glauben, dass alle gebrannten Steine automatische eine Alkalibeständigkeit *per se* mitbringen. Auch bei einem gebrannten Produkt müssen der Aufbau und die Rohstoffe so gewählt sein, dass eine Beständigkeit gegen Alkalien erzielt wird. In der Tabelle 1 sind Feuerfestrohstoffe nach ihrer qualitativen Alkalibeständigkeit klassifiziert.

Tabelle 1:   Klassifikation der Alkalibeständigkeit feuerfester Rohstoffe

Rohstoffbezeichnung	Chemische Zusammensetzung	Alkalibeständigkeit	Einsatzbereich °C
Magnesia	MgO	hoch	800-1.800
Magnesia-Alumina-Spinelle	$MgAl_2O_4$	hoch - gut	800-1.800
Chromkorund	$Al_2O_3 \cdot Cr_2O_3$	hoch - gut	800-1.500
Mullit	$3\ Al_2O_3 \cdot 2SiO_2$	mäßig	< 1.300
Siliziumkarbid	SiC	mäßig	< 1.150
Korund	Al_2O_3	keine	800-1.500
Bauxit	Al_2O_3 (80-86%)	keine	800-1.400
Andalusit	$Al_2O_3 \cdot SiO_2$	gering	800-1.400
Schamotte <45% Al_2O_3	$Al_2O_3 + SiO_2$	mäßig	< 1.200
Saure Schamotte < 30% Al_2O_3	$Al_2O_3 + SiO_2$	gut	< 1.000
Kalziumaluminat	$CaO \cdot 6\ Al_2O_3$	hoch	800-1.500

Erneuerbare Energien

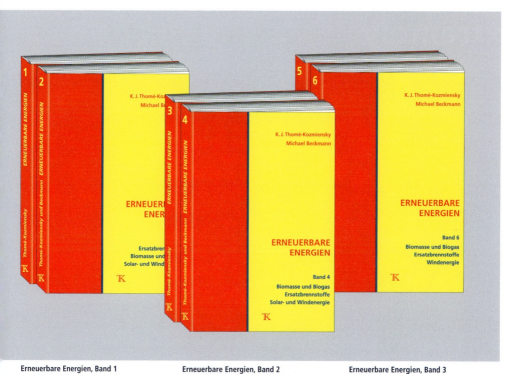

Wie aus der Tabelle ersichtlich, gibt es hoch alkalibeständige Feuerfestrohstoffe. So besitzen insbesondere magnesium- und kalziumhaltige Rohstoffe eine hervorragende Beständigkeit gegen Alkalien. Nachteil dieser Rohstoffe ist jedoch ihre extrem hohe Neigung zur Hydratation. Aus diesem Grund scheiden diese Werkstoffe in der Regel für die Anwendung im periodischen Warm-Kaltbetrieb aus. Denn diese Rohstoffe müssen immer oberhalb ihrer individuellen Hydrationstemperatur gehalten werden, damit sie nicht geschädigt werden. Wer den Betreib und die Revision von z.B. Abfall- verbrennungsanlagen kennt, weiß dass dies während eines Wartungsstillstandes nicht realistisch ist.

Feuerfestprodukte auf Basis von Chromkorund wären sicherlich eine gute Alternative und werden auch zum Teil in Zonen eines extremen Schlackeangriffs verwendet. Nach- teil des Produkts ist jedoch einerseits der hohe Preis aber auch bei der Anwendung als Beton (ungebranntes Produkt) die latente Gefahr einer Chromat-Bildung insbesondere beim Einfluss von Alkalien. Somit bleiben schlussendlich für den Einsatz in Anlagen der Dampferzeuger- und Kraftwerksindustrie nur bevorzugt die Rohstoffe des System Al_2O_3-SiO_2. Dies auch aufgrund seiner guten thermomechanischen Eigenschaften, der guten Verfügbarkeit und der Wirtschaftlichkeit im Vergleich mit anderen feuerfesten Rohstoffen. Leider sind die Rohstoffe dieser Mischphase, wie die Tabelle 1 zeigt, nur bedingt alkalibeständig und in ihrem Temperatureinsatzbereich begrenzt. Kalzium- aluminat ist noch ein weiterer geeigneter Rohstoff, der eine hohe Alkalibeständigkeit besitzt. Nachteil ist hier jedoch der hohe Preis sowie die schwache Haltbarkeit in saurer Atmosphäre und bei sauren Schlacken.

In den letzten Jahren hat sich, wie bereits beschreiben, beim Einsatz von alumosilikat- basierten Feuerbetonen unterschiedlicher Rohstoffklassen ein Zusatz von Siliziumkar- bid bewährt. In der Regel liegt dieser SiC-Zusatz in den feuerfesten Massen bei 10-30 Gew Prozent. Erfolge bei der Erhöhung der Alkalibeständigkeit sind bei Temperaturen oberhalb 1.000 °C durchaus vorhanden. Unterhalb von 1.000 °C und bei entsprechen- der Alkalibeladung sind diese Betone jedoch nur bedingt empfehlenswert. Dies hat zur Folge, dass bei solch einem Temperaturniveau oft zu einem deutlich höheren SiC- Gehalt geraten wird. Leider hat dies zur Folge, dass sich die Kosten der Produkte enorm erhöhen und zusätzlich, wegen der guten Wärmeleitfähigkeit des SiC's, auch noch die Kosten zur Isolierung der Ofenwand. Somit wirkt sich die Erhöhung des SiC-Gehalts wirtschaftlich gesehen doppelt negativ aus.

4.1. Testergebnisse und Versatzentwicklung

Um ein möglichst umfassendes Bild und Verständnis der Grundlagen der Alkalibestän- digkeit von Feuerbetonen für unsere Entwicklung zu erhalten, haben wir unterschied- lich Versatzvarianten bei den von uns in Kap. 4.2. beschriebenen Testbedingungen vergleichend untersucht.

Da unser Entwicklungsfokus auf die Bedürfnisse in Wirbelschichtanlagen mit EBS-Verbrennung gelegt wurde, haben wir uns bei der Wahl des Grobkorns auf die Rohstoffe Bauxit, Schamotte, Andalusit und Siliziumkarbid konzentriert. Dies insbesondere wegen der guten Eigenschaften in Bezug auf Abrieb und Temperaturwechsel. Als Binde- bzw. Zementphase haben wir unsere Standard JUCAN-Bindung verwendet, welche sowohl das Gießen als auch das Spritzen des Betons mit dem JUCAN Additiv zulässt. Von diesem Bindesystems wissen wir aufgrund vorhergehender Versuche und Erfahrungen, dass eine Alkalibeständigkeit gegeben ist.

Tabelle 2:   Versatzvarianten und Testergebnisse Alkalitiegeltest

Tiegel ID	Materialtyp	Vorbrand	Alkalibeständigkeit
5	JUCAN-Versatz, gespritzt Grobkorn: Bauxit Feinkorn: Tonerde	800 °C 12 h	sehr starke Rissbildung vollständig infiltriert
7	UCAN-Versatz, gegossen Grobkorn: Bauxit Feinkorn: Tonerde	800 °C 12 h	sehr starke Rissbildung vollständig infiltriert
9	JUCAN-Versatz, gegossen Grobkorn: Standard Feuerfestschamotte Feinkorn: Tonerde	800 °C 12 h	sehr starke Rissbildung vollständig infiltriert
11	JUCAN-Versatz, gegossen Grobkorn: normal Feuerfestschamotte + SiC Feinkorn: Schamotte + SiC 30 % SiC-Gehalt gesamt	800 °C 12 h	leichte Rissbildung vollständig infiltriert
13	JUCAN-Versatz, gegossen Grobkorn: Bauxit Feinkorn: Tonerde + 7% SiC	800 °C 12 h	starke Rissbildung vollständig infiltriert
14	JUCAN-Versatz, gegossen Grobkorn: Bauxit Feinkorn: Tonerde + 7% SiC	1.000 °C 12 h	starke Rissbildung vollständig infiltriert
A	JUCAN-Versatz, gegossen Grobkorn: Hochwert-Sinterschamotte Feinkorn: Tonerde	900 °C 12 h	starke Rissbildung vollständig infiltriert
B	JUCAN-Versatz, gegossen Grobkorn: Hochwert-Sinterschamotte Feinkorn: 50% Tonerde + 50% Sinterschamotte	900 °C 12 h	Rissbildung vollständig infiltriert
C	JUCAN-Versatz, gegossen Grobkorn: Hochwert-Sinterschamotte Feinkorn: 100% Sinterschamotte	900 °C 12 h	Leichte Rissbildung vollständig infiltriert
D	JUCAN-Versatz, gegossen Grobkorn: Hochwert-Sinterschamotte Feinkorn: SiC	900 °C 12 h	keine Rissbildung teilweise infiltriert
D1	JUCAN-Versatz, gegossen Grobkorn: Hochwert-Sinterschamotte Feinkorn: Sinterschamotte + 7,5% J+G Alkaliresistenz-Mischung	900 °C 12 h	keine Rissbildung nicht infiltriert
E	JUCAN-Versatz, gegossen Grobkorn: Hochwert-Sinterschamotte Feinkorn: ZAC-Mehl + SiC	900 °C 12 h	keine Rissbildung teilweise infiltriert

Auf Grundlage dieser im Vorfeld der Versuche getätigten Überlegungen wurden verschiedene Versatzvarianten dem J+G Alkalitest unterzogen. Die Zusammensetzung der Grob- und Feinkornmatrix sowie spezielle Zusätze der einzelnen Testversätze sind in Tabelle 2 dargestellt. Ebenfalls angegeben ist die makroskopische Bewertung der Testergebnisse.

Alle Prüftiegel wurden grundsätzlich einem Vorbrand von 800° und 900 °C über 12h ausgesetzt, außer Tiegel 14. Dieser wurden bewusst bei 1.000 °C vorgebrannt. Ziel des Vorbrands war zu prüfen, in wie weit eine erhöhte Versinterung des Tiegels die Alkalibeständigkeit erhöhen kann. Insbesondere wenn SiC im Feinkorn beigemischt wird ist diese eine wichtige Aussage zum Verständnis der temperaturabhängigen Reaktionsfähigkeit von SiC.

Es hat sich auch gezeigt, dass ein Produkt mit Bauxit und Tonerde im Feinanteil, weder gespritzt noch gegossen eine Alkalibeständigkeit aufweist (Tiegel 5/7). Dabei ist nicht so sehr das Bauxitgrobkorn als Übeltäter zu sehen, als vielmehr die feine Tonerde. Dies lässt sich beim Vergleich der Tiegel 9, B und C recht gut feststellen. Bei einem Versatz mit Schamotte im Grobkorn wurde die Tonerde beginnend mit 100 Prozent im Feinkorn, erst auf 50 Prozent und dann vollständig durch Mehl der Sinterschamotte ersetzt. Beim Vergleich der Tiegelbilder zeigt sich eindrucksvoll wie der Ersatz der Tonerde die Alkalibeständigkeit des Prüfkörpers erhöht.

Beim Versatz der Tiegel 13 und 14 wurde zur Verbesserung der Beständigkeit 7 Prozent Tonerde durch feines SiC ersetzt. Hier zeigt sich schön, dass selbst der höher gebrannte Tiegel keine signifikant bessere Performance zeigt. Die reine Zugabe von SiC scheint demnach auch nicht ein Garant für eine bessere Beständigkeit zu sein, wenn der Rest der Matrix keine ausreichende Alkaliresistenz aufweist. Quintessenz dieser Feststellung sollte sein, niemals aufgrund der reinen Anwesenheit von SiC in einem Versatz auf eine quasi gegebene Alkalibeständigkeit zu schließen. Dies zeigt sich auch bei Tiegel 11, der selbst mit einem 30 Prozent SiC-Gehalt noch leichte Risse und damit eine Alkalisensitivität bei unseren Versuchsbedingungen aufweist. Es ist aber auch davon auszugehen, dass dieser Beton bei Bedingungen deutlich oberhalb von 1.000 °C durch die bessere Aktivierung des SiC dann doch eine eindeutige Beständigkeit aufweist.

Mit der gewonnen Erkenntnis wurden noch weitere Versätze entwickelt, die keine tonerdehaltigen Feinanteile besaßen und im Grobkorn zu 100 Prozent auf Schamotte basierten. Es wurden noch unterschiedliche Feinkornvarianten getestet. So wurde zum Beispiel auch ein sogenanntes ZAC-Mehl verwendet, welches hohe Anteile an Zirkon enthält sowie unterschiedliche Beimengungen von verschiedenen SiC-Körnungen und Qualitäten. Ein Teil dieser Tiegeltest sind mit den Tiegeln D und E repräsentiert. Es hat sich gezeigt, dass diese Versatzvarianten Alkalibeständig sind und keine Rissbildung aufweisen. Eine Infiltration der dünnflüssigen Salzschmelz konnte keiner der Versätze verhindern (Tiegel D + E).

Einziger in der Versuchsreihe nicht infiltrierter Tiegel war Tiegel D1, welchem 7,5 Prozent einer speziellen von J+G entwickelten Feinkornmischung beigefügt wurde.

Wir waren selbst sehr positiv überrascht, dass diese *Alkaliresistenzmischung* solch einen enormen Effekt auf die Alkalibeständigkeit und vor allem auf die Infiltrationsbeständigkeit der Salzschlacke aufgewiesen hat. Mit unserer Mischung ist es uns folglich gelungen, bei einem nur bei 900 °C vorbehandelten Beton eine bisher nicht gekannte Versiegelung schon ab 900 °C zu erhalten.

Tiegel 5: Innenseite

Tiegel 5: Außenseite

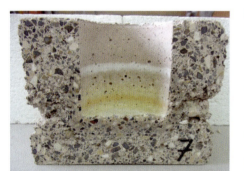

Tiegel 7: Innenseite

Tiegel 7: Außenseite

Tiegel 9: Innenseite

Tiegel 9: Außenseite

Tiegel 11: Innenseite

Tiegel 11: Außenseite

Tiegel 13: Innenseite

Tiegel 13: Außenseite

Tiegel 14: Innenseite

Tiegel 14: Außenseite

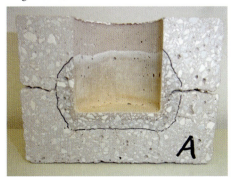

Tiegel A: Innenseite (markierte Infiltrationszone)

Tiegel A: Außenseite

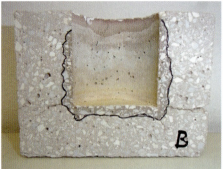
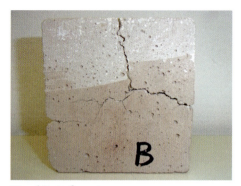

Tiegel B: Innenseite (markierte Infiltrationszone)   Tiegel B: Außenseite

Tiegel C: Innenseite (markierte Infiltrationszone)   Tiegel C: Außenseite

Tiegel D: Innenseite (markierte Infiltrationszone)   Tiegel D: Außenseite

Tiegel D1: Innenseite (markierte Infiltrations-   Tiegel D1: Außenseite
zone)

Tiegel E: Innenseite (markierte Inflitrationszone)　　Tiegel E: Außenseite

5. Zusammenfassung und Ausblick

Mit unserer Entwicklung, welche unter dem Markennamen *JUCAN HP* vermarktet wird, ist es Jünger+Gräter gelungen einen Feuerbeton zu entwickeln, der bereits unterhalb 850 °C (Schmelztemperatur des Salzgemischs) seine volle Alkalibeständigkeit entwickelt. Er besitzt bzw. entwickelt somit eine *Quasi-Imprägnierung* die in dieser Form bisher nicht am Markt verfügbar ist. Hierdurch ist sichergestellt, dass bereits ab der theoretischen reaktionskinetischen Starttemperatur ab etwa 800 °C ein Schutz der Auskleidung vor etwaige Schädigung durch Alkalien besteht. Die Versiegelung bzw. der Verschluss der Oberfläche bei derart niedrigen Temperaturen ist die eigentlich Innovation unserer Entwicklung und konnte ohne den Zusatz riesiger Mengen von SiC erreicht werden.

Durch die Imprägnierung infiltriert unser Feuerbeton nicht mit niedrigviskosen Salzschmelzen und erfährt damit auch keine *Verdichtung* in der Oberfläche des Feuerfests was bekanntermaßen zu Abplatzungen bei thermomechanischer Belastung und damit zu heftiger Schädigung der Auskleidung führt. Durch den zu vernachlässigbaren Anteil an SiC, besitzen unsere Betone gerade für die isolierende Auskleidung viel bessere Wärmedämmeigenschaften als die bisherig verwendeten alkalibeständigen Betone mit hohem SiC-Anteil. Konsequenterweise besitzt er natürlich dadurch auch noch einen Kostenvorteil, welcher für Betreiber immer interessant ist.

Wir konnten auch nachweisen, dass die Alkalibeständigkeit von Feuerbetonen auf einem feindefinierten Aufbau aus Grobkorn, Binde- und Feinkornmatrix sowie deren chemisch-mineralogischen Zusammensetzung basiert.

Auch wurde festgestellt, dass die Wahl und der Aufbau der Feinkornmatrix einen deutlich höheren Einfluss auf die Beständigkeit besitzen, als zum Beispiel das Grobkorn.

Grundsätzlich wird ein gute bis sehr gute Alkalibeständigkeit durch den Einsatz von SiC erreicht. Dabei ist es nicht so sehr relevant wie viel SiC verwendet wird sondern vielmehr in welchem Kornband und in welcher Korngröße es eingesetzt wird.

So konnten wir auch feststellen, dass der Einsatz von SiC im Grobkorn nicht wirklich zu einer Verstärkung der Alkalibeständigkeit geführt hat. Der einzige Nutzen aus dem Einsatz von SiC im Grobkorn ist eine höhere Wärmeleitfähigkeit und das der Käufer solcher Massen den Umsatz des Lieferanten erhöht.

Durch den Einsatz der von uns entwickelten speziellen hochreaktiven Feinkornmischung, in Kombination mit einem alkalibeständigen Grobkorn auf Schamottebasis, konnten wir nachweisen, dass es Alternativen zum Einsatz von SiC für alkalibeständige Feuerbetone gibt. Damit kann die bisherige Grundeinstellung der Industrie widerlegt werden, dass eine Alkalibeständigkeit stark von der Menge an SiC im Beton abhängig ist.

Unsere bisherige Entwicklung basiert auf der Verwendung von hochwertigen Sinterschamotten im Grobkorn. Unsere nächsten Entwicklungsschritte werden die Übertragung der Alkalibeständigkeit der Fein- und Bindematrix auf andere feuerfeste Rohstoffsysteme. Damit können wir z.B. die Erosionsfestigkeit oder auch die Temperaturwechselbeständigkeit in Kombination mit der Beständigkeit gegen Alkalien erhöhen. Grundsätzlich sind die Möglichkeiten unsere Entwicklung bei weitem noch nicht ausgereizt und sicherlich auch für andere Hochtemperaturanwendungen in anderen Industrien interessant.

6. Literatur

[1] Routschka, G.; Wuthnow, H.: *Taschenbuch Feuerfeste Werkstoffe*. 4. Auflage, Essen: Vulkan-Verlag, 2007 , S. 437-438

[2] Tonnesen, T.; Simon, R.; Telle, R.: *Refractory corrosion mechanisms in biomass gasification and incineration processes*. In: 56th International Colloquium on Refractories 2013, RWTH Aachen, S. 112-116.

500 °C Überhitzer des Müllheizkraftwerks Frankfurt

– Ist die erhöhte Korrosion beherrschbar? –

Rainer Keune, Hansjörg Herden, Susanne Klotz und Werner Schmidl

In den Jahren 2003 bis 2009 wurde das MHKW Frankfurt mit einem Investitionsaufwand von etwa 300 Millionen Euro einer grundlegenden Sanierung unterzogen. Es war vorgesehen, die Verbrennungskapazität von 420.000 t/a auf 525.600 t/a zu erweitern. Des Weiteren wurde bei Beibehaltung der bisherigen Dampfparameter (500 °C, 60 bar) hoher Wert auf die Erhöhung der Auskopplung von Fernwärme gelegt. Durch ein neues Abgasreinigungssystem sollte die Emissionsbelastung deutlich reduziert werden.

In diesem Beitrag werden die verfahrenstechnischen Veränderungen im Dampfkreislauf der neuen Linien erläutert und die bisher erreichten Ergebnisse dargestellt. Insbesondere wird dabei auf die Verbesserung der Standzeit des Endüberhitzers eingegangen.

1. Das Müllheizkraftwerk Frankfurt am Main

Das ursprüngliche Müllheizkraftwerk in Frankfurt am Main wurde in den sechziger Jahren geplant und 1967 in Betrieb genommen. Neben der Entsorgung des Abfalls von Frankfurt und den umliegenden Gemeinden, war die Versorgung des neu entstehenden Stadtgebietes Frankfurt-Nordweststadt mit Fernwärme vorgesehen [1].

Nach 30-jährigem Betrieb und umfänglichen Nachrüstungen wurde vom Frankfurter Senat beschlossen diese Anlage komplett zu sanieren. Die Kapazitäten dieser neu zu errichtenden Anlage sollten so dimensioniert werden, dass neben den Ortsteilen Heddernheim und Nordweststadt auch weitere Stadtgebiete mit Fernwärme und Strom versorgt werden können. Selbstverständlich waren dabei die behördlichen Auflagen zum sicheren Betrieb der Anlage nach 17. BImSchV einzuhalten bzw. nach technischen Lösungen zu suchen, um die Umweltbelastung noch weiter zu reduzieren.

In den Jahren 2003 bis 2009 wurde diese Sanierung mit einem Investitionsaufwand von etwa 300 Millionen Euro durchgeführt [2].

Die Sanierung erfolgte in zwei Bauabschnitten. Im ersten Bauabschnitt wurden die Linien 11 und 12 zurückgebaut und parallel die alten Linien 13 und 14 weiter betrieben. Durch diese Maßnahme konnte die kontinuierliche Abfallentsorgung und die Bereitstellung von Fernwärme in dieser Region sichergestellt werden. Nach erfolgreicher Inbetriebnahme der neuen Linien 11 und 12 begann im Rahmen eines zweiten Bauabschnittes die Sanierung der Linien 13 und 14.

Im Bild 1 ist ein Verfahrensfließbild des neuen Müllheizkraftwerkes dargestellt.

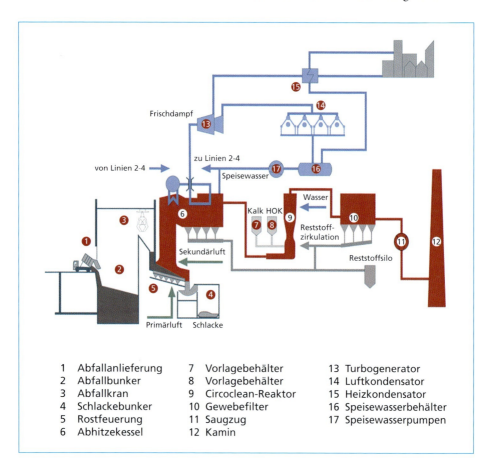

1	Abfallanlieferung	7	Vorlagebehälter	13	Turbogenerator
2	Abfallbunker	8	Vorlagebehälter	14	Luftkondensator
3	Abfallkran	9	Circoclean-Reaktor	15	Heizkondensator
4	Schlackebunker	10	Gewebefilter	16	Speisewasserbehälter
5	Rostfeuerung	11	Saugzug	17	Speisewasserpumpen
6	Abhitzekessel	12	Kamin		

Bild 1:   Verfahrensfließbild des MHKW Frankfurt

Der Abfall wird über die Abfallanlieferung 1 in den Abfallbunker 2 gekippt und gelangt von dort über den Abfallkran 3 auf den jeweiligen Aufgabetrichter der einzelnen Verbrennungslinien. Die Verbrennung des Abfalls vollzieht sich auf einem dreigeteilten Rost 5 bei einer Temperatur von etwa 1.000 °C.

Im Abhitzekessel 6 wird aus den heißen Abgasen Dampf erzeugt, der im Turbogenerator 13 verstromt und im Heizkondensator 15 zur Fernwärmeerzeugung genutzt wird. Der Abdampf aus der Kondensationsturbine wird über den Luftkondensator 14 gekühlt und das anfallende Kondensat im Speisewasserbehälter 16 gesammelt und über die Speisewasserpumpe 17 in den Wasser-Dampfkreislauf zurück geführt. Die Entstickung der Abgase vollzieht sich im leeren Strahlungszug des Abhitzekessels durch Eindüsung von Harnstoff (SNCR-Verfahren). Die restlichen Schadstoffe werden mit Hilfe des Circoclean-Verfahrens aus dem Abgas entfernt. Dabei wird Kalkhydrat zur Bindung von HF, HCl und SO_2/SO_3 und Herdofenkoks zur Adsorption von Quecksilber und PCDD/F eingesetzt. Beide Stoffe werden über die Vorlagebehälter 7 und 8 dem Circoclean-Reaktor 9 zugeführt. Dieser Reaktor arbeitet nach dem Prinzip der zirkulierenden Wirbelschicht (ZWS-Technik), wobei durch Eindüsung von Wasser die Abscheidung der Schadstoffe, insbesondere von SO_2, deutlich verbessert wird. Gleichzeitig erfolgt eine adiabatische Abkühlung der Abgase von etwa 200 – 250 °C auf etwa 140 – 160 °C. Die gebildeten Reaktionsprodukte werden zusammen mit dem Flugstaub am Gewebefilter 10 abgeschieden und erneut in den Abgasstrom rezirkuliert. Dadurch erfolgt eine wesentlich bessere Ausnutzung der eingesetzten Ab- bzw. Adsorbentien gegenüber den bisher angewendeten Abgasreinigungsverfahren [1]. Das verbrauchte Material wird zusammen mit der Kesselasche aus dem System ausgeschleust und Untertage deponiert.

Die gereinigten Abgase werden mittels Saugzuggebläse 11 über den Kamin 12 der Atmosphäre zugeführt. Die festen Verbrennungsrückstände gelangen über einen Nassentschlacker in einen Schlackebunker 4, wo sie gesammelt und zur weiteren Verwertung bzw. Schlacke-Aufbereitung abtransportiert werden.

Wichtige Auslegungsdaten der Anlage und Betriebsergebnisse aus den Jahren 2007-2012 sind in den Tabellen 1 bis 3 enthalten.

Tabelle 1: Wesentliche Kessel-Auslegungsdaten des MHKW Frankfurt

	Einheit	
Kessel		4 baugleiche Linien (1 Reserve)
Feuerraum		Mittelstromfeuerung
Rosttyp		Gegenlauf/Vorschubrost luftgekühlt
Rostlänge	m	10,5
Rostbreite	m	6,9
Abfalldurchsatz	t/h	20
Abfalldurchsatz pro Jahr, genehmigt	t/a	525.600
Abfalldurchsatz pro Jahr, installiert	t/a	700.800
Heizwert/Auslegung	MJ/kg	10,27
Feuerungswärmeleistung	MW_{th}	63
Dampfparameter		
Menge	t/h	60,0
Temperatur	°C	500
Druck	bar, abs	60

Tabelle 2:   Betriebsergebnisse des MHKW Frankfurt von 2007 bis 2012

	Einheit	2007	2008	2009	2010	2011	2012
Heizwert	MJ/kg	10,200	9,100	10,000	9,500	9,800	9,700
Abfallmenge	t/a	268.000	292.000	435.000	465.000	523.000	523.000
Dampfmenge	t/a	742.327	766.547	1.207.407	1.269.131	1.519.880	1.486.177
Heizöläquivalent	l/a	75.000.000	73.000.000	119.000.000	121.000.000	142.000.000	140.000.000
Fernwärmeabsatz	MWh	203.700	202.600	215.200	241.100	256.700	341.721
Stromerzeugung	MWh	160.000	144.000	255.000	280.000	288.000	281.916
Rostasche (feucht)	t/a	64.576	70.119	101.937	109.826	121.611	121.603
Rostasche (spezf.)	kg/t$_{Abfall}$	251	243	248	238	233	232
Reststoffe*	t/a	16.055	15.990	24.086	26.616	30.627	31.637
Reststoff (spezf.)	kg/t$_{Abfall}$	62,5	55,4	58,7	57,7	58,6	60,5
Fahrweise	Linien	2	2	teilw. 3	3/4	3/4	3/4

*   Summe Kesselasche, Flugstaub, Rezirkulat

Die behördlich genehmigte Abfallmenge von 525.600 t wurde ab 2011 erreicht. Dadurch werden etwa 140 Millionen l/a Heizöläquivalente ersetzt. Da der Energiegehalt des Restmülls zu 50 – 60 % aus biogenem Anteil besteht, werden somit etwa 170.000 t/a CO_2 weniger in die Atmosphäre gegeben als bei einem fossil gefeuerten Kraftwerk mit ähnlicher Wärmekapazität. Somit wird ein wesentlicher Beitrag für den Klimaschutz geleistet.

Energetische Bewertung

Ein wichtiger Parameter zu Einschätzung der Energieeffizienz eines Müllheizkraftwerkes ist der sogenannte R1-Wert [3]. Bei einer optimalen energetischen Auslastung der Anlage (für Altanlagen gilt R1 ≥ 0,60) kann der Verwerterstatus anerkannt werden.

Energieeffizienz (R1 Kennzahl) = (Ep – (Ef + Ei))/(0,97 x (Ew + Ef))

mit

Ep die jährlich als Wärme oder Strom erzeugte Energie, Elektroenergie wird mit Faktor 2,6 und die für gewerbliche Zwecke erzeugte Wärme mit dem Faktor 1,1 multipliziert (GJ/a).

Ef der jährliche Input von Energie in das System aus Brennstoffen, die zur Erzeugung von Dampf eingesetzt werden (GJ/a).

Ew die jährliche Energiemenge, die im behandelten Abfall enthalten ist, berechnet anhand des H_u des Abfalls (GJ/a).

Ei die jährlich importierte Energie ohne Ew und Ef (An- und Abfahren, Eigenverbrauch Strom und Heizöl) in GJ/a.

R1   **für Altanlagen   0,60**

R1   **für Neuanlagen 0,65**

Für das MHKW Frankfurt wurde für 2012 im Volllastbetrieb (3/4 Linien) ein Wert von 0,81 ermittelt, so dass dem MHKW Frankfurt der Status der energetischen Abfallverwertung behördlich zuerkannt wurde.

Durch diese konsequente Anwendung der Kraft-Wärme-Kopplung (KWK) leistet somit das MHKW einen nicht unerheblichen Beitrag zum Umweltschutz und zur Nachhaltigkeit im Rhein-Main-Gebiet [4].

Emissionen

Die gute energetische Bewertung wurde bei gleichzeitiger Reduzierung der Umweltbelastung, insbesondere für SO_2, Hg und PCDD/F, erreicht. Tabelle 3 zeigt, dass durch die Anwendung eines effizienten Abgasreinigungsverfahrens Emissionswerte erreicht werden, die deutlich unter den gesetzlichen Grenzwerten liegen [5].

Tabelle 3: Vergleich der Emissionen Altanlage*/Neuanlage**

Komponente	Einheit	Altanlage* 1996	Neuanlage** 2012	Grenzwert 17. BImSchV TMW, 2009	Verringerung der Umweltbelastung
HF	mg/m³	0,01	0,02	1	
HCl	mg/m³	5	3,02	10	
SO_2	mg/m³	20	3,7	50	77 %
NO_x	mg/m³	< 200	170	200	
CO	mg/m³	< 20	7,9	50	
$C_{ges.}$	mg/m³	1	0,6	10	
Staub	mg/m³	1	1,5	10	
Hg	µg/m³	6	0,2	30	96 %
PCDD/F	ng TE/m³	0,02	0,003	0,1	82 %
Summe Cd+Tl	mg/m³	0,003	0,003	0,05	
Summe Sb-Sn	mg/m³	< 0,005	0,003	0,5	
Summe As-Cr,BaP	mg/m³	< 0,005	0,003	0,05	

* Altanlage RGR-Konfiguration: SNCR-Sprühabsorber-EGR-Flugstromadsorber-Gewebefilter

** Neuanlage RGR-Konfiguration: SNCR-ZWS-Gewebefilter

Rostaschequalität

Der spezifische Anteil an Rostasche liegt bei etwa 230 kg/t Abfall. Er ist damit mengenmäßig der größte anfallende Abfallstrom.

Auf Grund der guten Verbrennungsführung weisen die Rostaschen sehr hohe Ausbrand- und niedrige Eluatwerte auf [5]. Die Rostasche wird an einen Verwerter gegeben, der nach verschiedenen Aufbereitungsschritten einzelne Fraktionen vorwiegend im Deponiebereich als Abdeckschichten einsetzt. D.h. diese Materialien werden wirtschaftlich und ökologisch sinnvoll eingesetzt.

Durch betriebliche Qualitätssicherungsmaßnahmen wird gewährleistet, dass diese hohen Standards nicht aufgeweicht werden.

Aus den bisherigen Betriebserfahrungen der Anlage ergeben sich folgende zusammenfassende Aussagen:

- Die Anlage erreicht den behördlich genehmigten Durchsatz von Abfall.

- Die Anlagenverfügbarkeit beträgt zurzeit 99 % bei einem durchgängigen 3 (aus vier Linien) Linienbetrieb.

- Die strengen Grenzwerte der 17. BImSchV werden eingehalten. Spitzenwerte von HCl und SO_2 können sicher abgefangen werden.

- Hoher energetischer Wirkungsgrad.

- Gute Rostaschequalität (Ausbrand, Eluatwerte).

Diese Ausgangssituation ist Anlass über weitere Schritte in Richtung Anlagenoptimierung nachzudenken. In [6] wurden beispielweise Verbesserungspotenziale der Abgasreinigung aufgezeigt und technisch umgesetzt.

2. Korrosionsphänomene an den Überhitzerpaketen und Maßnahmen zu deren Minderung

Die Dampfparameter der Altanlage von 500 °C und 60 bar wurden aus Gründen der Energieeffizienz beibehalten. Mit diesen Dampfparametern stellt die Rohrabzehrung durch Korrosion eine erhebliche Einschränkung der Standzeiten der Endüberhitzer und damit auch der Gesamtverfügbarkeit dar [2, 7].

Vorversuche an der Altanlage führten zur Erkenntnis, dass der Werkstoff Alloy 686 mit etwa 16.000 h Standzeit am besten geeignet war [14].

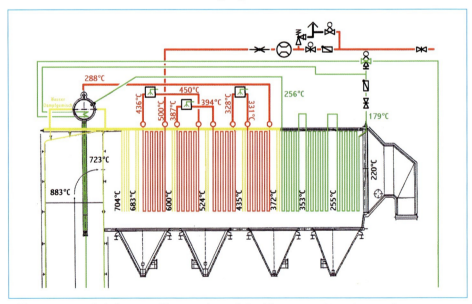

Bild 2:   Kesselschaltung im Übergangsbereich Strahlungszug – Konvektionsteil

Dies führte zur Entscheidung, die Endüberhitzer der neuen Anlage im Gleichstrom zu schalten und die Rohre der Überhitzerbündel 4 und 3 mit Schweißplattierung (Cladding) Alloy 686 zu schützen.

Die Kesselschaltung der Neuanlage ist in Bild 2 (der Endüberhitzer ist der erste in Abgasrichtung) dargestellt.

Aufgrund der vorliegenden hohen thermischen und chemischen Belastungen findet auch an den gecladdeten Rohre eine deutliche Abzehrung statt. Es sind sowohl Phänomene von Hochtemperatur-Chlorkorrosion, als auch von Salzschmelzenkorrosion zu erkennen [13]. In [8] sind die ablaufenden Prozesse detailliert beschrieben. Die Abzehrung erfolgt sowohl durch flächigen Korrosionsangriff wie auch in Form von Korrosionsmulden und deren gegenseitiger Überlagerung, die von Stecknadelkopfgröße bis zu zusammenhängenden Rinnen entlang der Rohre reichen kann.

KESSEL 14 – vor Vergrößerung
Vorverdampfer

T_{RG}/T_{Of} = 760°C/ 430°C, flächige Abzehrung
einzelne tiefe Mulden

T_{RG}/T_{Of} = 755°C/ 440°C, flächige Abzehrung
überlagert von Mulden

T_{RG}/T_{Of} = 750°C/ 435°C, flächige Abzehrung
überlagert von Mulden

T_{RG}/T_{Of} = 745°C/ 445°C, flächige Abzehrung
überlagert von Mulden und Rillen

KESSEL 11 – nach Vergrößerung
Vorverdampfer

T_{RG}/T_{Of} = 690°C/ 460°C, flächige Abzehrung

T_{RG}/T_{Of} = 685°C/ 470°C, flächige Abzehrung
überlagert von Mulden

T_{RG}/T_{Of} = 680°C/ 465°C, flächige Abzehrung

T_{RG}/T_{Of} = 675°C/ 475°C, flächige Abzehrung
überlagert von Mulden

Bild 3:

Typische Abzehrungsbilder an den gecladdeten Rohren im ÜH4 – Kessel 11 etwa 20.000 Betriebsstunden nach Vergrößerung des Vorverdampfers im Vergleich mit Kessel 14 etwa 14.000 Betriebsstunden vor Umbau des Vorverdampfers (die Rohre sind ausgebaut und mit rotem Schutzlack versehen); die angegebenen Temperaturen sind eine Abschätzung aus den Messungen der Abgastemperatur vor ÜH4 und den Messungen der Dampftemperaturen nach Einspritzung

Die geraden Rohrreihen (aufsteigender Dampfstrom) zeigen dabei eine deutlich erhöhte Abzehrung gegenüber den ungeraden Rohrreihen (absteigender Dampfstrom). Bild 3 zeigt typische Abzehrungsbilder.

Aufgrund hoher Abzehrraten und eines unerwartet hohen Rohrtauschbedarfs in Überhitzer 4 wurde nach Möglichkeiten gesucht, die Korrosion im Kesselbereich zu reduzieren.

Berechnungen [11] zeigten, dass unter den gegebenen baulichen und technischen Randbedingungen durch die Erhöhung der Heizfläche des Vorverdampfers 1 eine Temperaturabsenkung des Abgases vor Eintritt in den Überhitzerbereich von 60 K möglich sein sollte. Dadurch kann die Wärmestromdichte an dieser Stelle gesenkt und somit die Korrosionsraten gemindert werden.

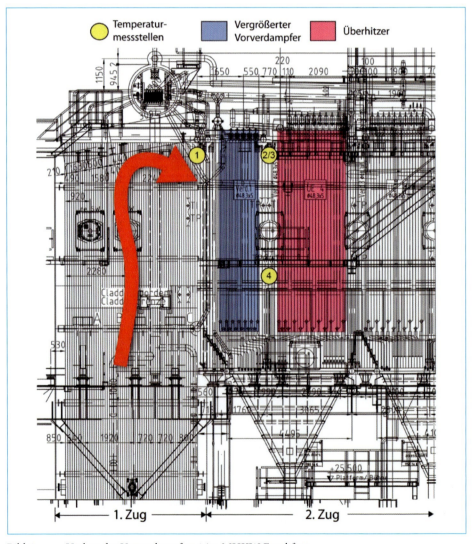

Bild 4:   Umbau des Vorverdampfers 1 im MHKW Frankfurt

Nach diesen Überlegungen wurde beschlossen den Vorverdampfer 1 von ursprünglich 6 Rohrreihen mit einer Rohrteilung von 500 mm auf 13 Reihen mit einer Rohrteilung von 250 mm umzubauen.

Bild 4 zeigt die bauliche Maßnahme, die 2009 zunächst an Kessel 11 und 12 durchgeführt wurden.

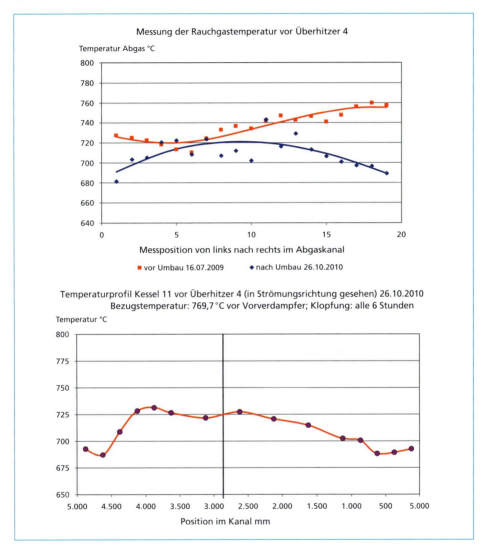

Bild 5: Temperaturmessungen vor Überhitzer 4 von Kessel 11 vor und nach Umbau des Vorverdampfers; das obere Bild vergleicht zwei Betriebszeiträume ohne Berücksichtigung der Betriebsparameter; die relative Lage der Kurven zueinander ist daher willkürlich und stellt keinen tatsächlichen Vergleich zwischen dem Zustand vor und nach Umbau dar; die Änderung der Temperaturverteilung über die Breite des Abgaskanals und die symmetrische und gleichmäßige Belastung ist daraus gut zu entnehmen; unten ist die Temperaturverteilung nach Umbau und Korrektur der zeitlichen Schwankungen mittels Referenzmessung zu sehen

Die nach erfolgtem Umbau durchgeführten Temperaturmessungen [8, 11] haben gezeigt, dass sich das Temperaturprofil durch den Umbau des Vorverdampfers 1 erheblich geändert hat.

Die erwartete Temperaturabsenkung von etwa 60 K vor dem Überhitzer 4 (vgl. Bild 5) konnte messtechnisch nachgewiesen werden. Vor allem in den Randbereichen wurden deutlich tiefere Temperaturen gemessen als vorher.

Abzehrraten

Aus den bei Stillständen durchgeführten Messungen der Restschichtdicke des Cladding in von Korrosion betroffenen Bereichen lassen sich Abzehrraten errechnen. Bild 6 oben zeigt die Entwicklung der Abzehrraten für Kessel 11 und 12 für die stark abzehrende und messtechnisch gut erreichbare Reihe 2. Diese lagen vor allem in den Anfangsjahren bei sehr hohen Werten von im Mittel bis zu 0,13 mm/1.000 h. Aus dem Bündelverband durch Krümmung in den Abgasstrom ragende Rohre zeigten vor Umbau des Schutzverdampfers sogar Werte von > 0,3 mm/1.000 h. Ein erster Tausch von Einzelrohren war 2008 nach nur 3 Jahren in Betrieb nötig. In den Folgejahren sanken die mittleren Abzehrraten ab auf Werte von etwa 0,06 bis 0,08 mm/1.000 h.

Nach der Vergrößerung des Vorverdampfers wurden in der ersten Revision nach etwa 8.000 Betriebsstunden [5] bereits deutlich geringere Abzehrraten gemessen. Aktuell betragen die mittleren Abzehrraten der ersten vier Rohrreihen des Überhitzers 4 der Linie 11 0,01 – 0,02 mm/1.000 h. Während der planmäßigen Revision (nach etwa 20.000 h Betrieb seit Umbau des Vorverdampfers) dieser Linie mussten 2013 etwa 2 % der Rohre ausgetauscht werden. Es handelte sich hierbei um Rohre, die aus dem Abgasstrom herausstanden und dadurch eine erhöhte Wärmestromdichte erfahren haben.

Als weiterer Effekt wurde festgestellt, dass nach dem Umbau die Beläge der Rohre eher aus einer lockeren Salz-Asche-Mischung bestehen. Vorher lagen dickere und stärker versinterte Beläge vor.

Vor der Umbaumaßnahme konnte eine deutlich verstärkte Abzehrung an den seitenwandnahen Rohren festgestellt werden; die Abzehrraten dort lagen häufig mehr als doppelt so hoch als der Durchschnitt der Werte. Passend zu den Temperaturmessungen (vgl. Bild 5) werden nun vor allem zu den Seitenwänden hin sehr geringe Abzehrraten gemessen. Insgesamt hat sich die Abzehrung des Bauteils auf niedrigem Niveau stabilisiert und deutlich vergleichmäßigt.

Der Erfolg dieser Maßnahme muss auch besonders im Hinblick auf einen nahezu permanenten Volllastbetrieb dieser Linie betrachtet werden.

Die Rohre des Vorverdampfers weisen keine Anzeichen von Korrosion auf.

Im unteren Teil von Bild 6 sind die Abzehrraten mit den entsprechenden Streuungen der Kessel 11 und 12 denen der Linie 13 und 14 gegenübergestellt. Es ist deutlich zu erkennen, dass die Abzehrraten der umgebauten Linien 11 und 12 auf niedrigem Niveau tendenziell sinken.

Im Gegensatz dazu zeigen die nicht umgebauten Kessel der Linien 13 und 14 einen starken Anstieg der Abzehrraten.

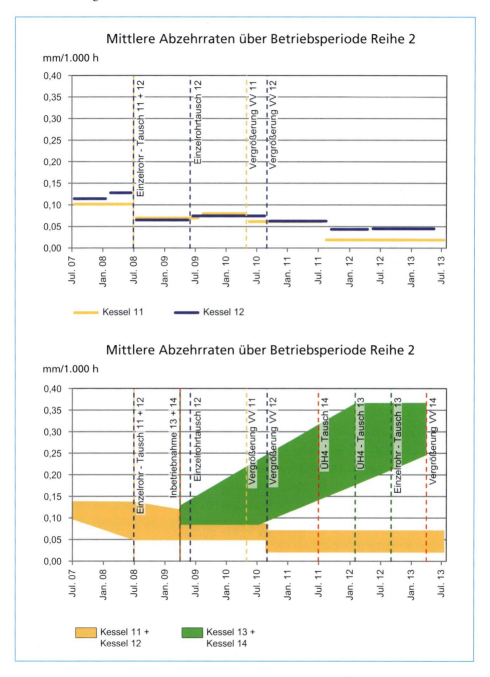

Bild 6:   Entwicklung der Abzehrraten (mm/1.000 h) von Reihe 2, Überhitzer 4; die obere Abbildung zeigt die Werte für Kessel 11 und 12, auf der unteren Abbildung sind die vier Kessel miteinander verglichen.

3. Aufbereitung der gecladdeten Altrohre

Die Inspektionen der Kessel ließen eine verstärkte Abzehrung im oberen Drittel bis oberen Hälfte der Überhitzerrohre erkennen. Die Temperaturmessungen zeigen, dass vor dem Umbau des Vorderdampfer 1 an den oberen Messpunkten (Messstelle 2 und 3 in Bild 4) im Vergleich zum unteren Messpunkt (Messstelle 4 in Bild 4) höhere Temperaturen vorliegen, in einer Größenordnung von bis zu 90 °C [8]. In der unteren Hälfte der Rohre ist die Schweißplattierung weitgehend intakt. So entstand die Idee diese Rohre aufzubereiten bzw. die unteren Teile wieder zu verwenden.

Beim Kompletttausch der Überhitzer 4 von Kessel 11 und 12 in 2010 sowie beim Tausch in Kessel 14 in 2011 wurden daher die ausgebauten Rohre einer visuellen und messtechnischen Inspektion unterzogen. Kriterien für die Beurteilung der Rohre waren:

- Visuelle Inspektion: Es liegen keine Korrosionsmulden vor, in denen aufgrund ihrer Geometrie die Schichtdicke nicht bestimmt werden kann

- Messung der Restschichtdicke: Schichtdicke des verbleibenden Cladding ist größer als die Hälfte der Ausgangsschichtdicke

Der Rohrteil, der diesen Kriterien nicht entsprach, wurde abgetrennt und ein neues Rohr mit Alloy 686-Cladding angeschweißt. Die so aufbereiteten Rohre wurden in Kessel 13 und Kessel 14 eingebaut. Die *Altrohrteile* wurden nach unten eingebaut, während die neuen Rohrteile im stark belasteten oberen Bereich liegen. Mit einem gut geplanten und koordinierten Vorgehen ist durch die Rückgewinnung der intakten Rohrpartien ein deutlicher wirtschaftlicher Gewinn möglich.

4. Fazit

Ist die erhöhte Korrosion bei Dampfparametern von 500 °C und 60 bar nun beherrschbar oder nicht?

Unsere Ausführungen zeigen anschaulich, dass sich die theoretischen Überlegungen und Abschätzungen zur Korrosionsminderung in der Praxis sehr gut bestätigt haben. Die Abzehrraten im korrosiv hoch belasteten Überhitzer 4 konnten deutlich gemindert werden. Drei Jahre Betriebserfahrungen nach Umbau der Vorverdampfer in den Kesseln 11 und 12 zeigen, dass der Großteil der Rohre noch Restschichtdicken von deutlich mehr als der Hälfte der Ausgangdicke aufweisen. Diese sehr positiven Erfahrungen waren für uns Anlass 2013 den Vorverdampfer in Kessel 14 auch umzubauen. Der Umbau von Kessel 13 ist für 2014 bereits eingeplant.

5. Literaturangaben

[1] Goepfert, J.; Reimert, H.: Die Müllverbrennungsanlage Frankfurt am Main. In: Energie 7/8 (1968), S. 3 ff.

[2] Frydrychowski-Horvatin, J.: Ertüchtigung der MVA Frankfurt in zwei Bauabschnitten – Sorgen und Nöte zwischen Betrieb und Bau. In: Thomé-Kozmiensky, K. J.; Beckmann, M. (Hrsg.): Energie aus Abfall, Band 4. Neuruppin: TK Verlag Karl Thomé-Kozmiensky, 2008, S. 599 ff

[3] Amtsblatt der Europäischen Union L31 2/3 vom 22.11.2008, Richtlinie 2008/98/EG Anhang II

[4] Walch, D.: Dem Klimawandel trotzen. B&S Siebhaar Verlag 2008, S. 93 ff

[5] Keune, R.; Herden, H.; Janssen, B: Energetische- und stoffliche Bewertung der thermischen Abfallverbrennung am Beispiel des MHKW Frankfurt/Nordweststadt. In: Müll und Abfall (2012), Nr. 12, S. 638 ff

[6] Keune, R.; Herden, H.: Betriebserfahrungen mit der konditionierten trockenen Rauchgasreinigung am Beispiel des MHKW-Frankfurt. Beitrag: 10. Potsdamer Fachtagung *Optimierungen in der thermischen Abfall- und Reststoffbehandlung Perspektiven und Möglichkeiten*, 21./22.02.2013

[7] Schroer, C.; Konys, J.: Rauchgasseitige Hochtemperatur-Korrosion in Müllverbrennungsanlagen. Forschungszentrum Karlsruhe, Wissenschaftliche Berichte FZKA 6695, 2002

[8] Schmidl, W.; Herden, H.; Keune, R.; Klotz, S.; Schumacher, K-H.: Cladding im Überhitzerbereich bei erhöhten Dampfparametern am Beispiel des MHKW-Frankfurt. In: Thomé-Kozmiensky, K. J.; Beckmann, M. (Hrsg.): Energie aus Abfall, Band 8. Neuruppin: TK Verlag Karl Thomé-Kozmiensky, 2011, S. 395 ff, verfügbar unter www.chemin.de

[9] Brunner, M.: Untersuchung von Korrosionsmechanismen – Maßnahmen und Konzepte. Vortag VDI-Bildungswerk Reduzierungspotential Verschleiß – Korrosion –Betriebskosten an Verbrennungsanlagen, Bamberg, 7./8.05.1998

[10] Nordsieck, H.; Warnecke, R.: Korrosion in Anlagen zur thermischen Abfallbehandlung – Chemische Charakterisierung von Verbrennungsgasen in Bezug auf Korrosionsvorgänge – Gas. Schlussbericht EU 12 vom 20.07.2007

[11] Keune, R.; Eckardt, J.: Erfahrungen beim Umbau des MHKW Frankfurt am Main. Vortag auf Uhlig Symposium Serviceoptimierung an Müllkessel, 10./11.02.2011

[12] Boßmann, H.-P.; Singheiser, L.: Hochtemperaturkorrosion von Wärmetauschern in Müllverbrennungsanlagen. Vortrag 11 – VGB Konferenz – Korrosion und Korrosionsschutz in der Kraftwerkstechnik, 29./30.11.1995

[13] Schmidl, W.; Herzog, T.; Magel, G.; Müller, W.; Spiegel, W.: Korrosionsschutz im Überhitzerbereich- Erfahrungen mit Material und Applikation. VGB-Fachtagung Thermische Abfallbehandlung am 15./16. Juni 2010 in Papenburg, verfügbar unter www.chemin.de

[14] Herzog, T.: Cladding with Nickelalloys (Ni-Cr-Mo and Ni-Cr-Mo-W) on Superheater Tubes in WTE-Plants. PREWIN General Assembly at Porto, November 2005, verfügbar unter www.chemin.de

Häuser & Co GmbH
- Beschichtung von Überhitzerrohren im Plasmaspritzverfahren -

Unsere patentierten Verfahren zur Beschichtung von Verdampfer- und Überhitzerheizflächen im Hochgeschwindigkeits Plasmaspritzverfahren mit anschließender Wärmebehandlung haben seit 2002 in vielen Kraftwerken zu deutlicher Standzeitverlängerungen geführt. Bis zu 18m lange Überhitzerrohre werden nach dem segmentweisen Beschichten zu fertiger Rohrschlangen gebogen, um die Anzahl der Schweißnähte zu minimieren. Ebenso können Abstandshalter und Halbschalen problemlos angeschweißt werden. Sofern kundenseitig gewünscht, ist selbstverständlich auch eine Beschichtung der Bogenbereiche nach dem Biegen möglich.

Ebenfalls können Rohre innerhalb der Beschichtung beliebig getrennt und mit einer Schweißphase als Schweißnahtvorbereitung versehen werden. Montagenähte können zusätzlich mit einer an die Beschichtung anschließenden IN625-Auftragschweißung abgedeckt werden, um einen durchgehenden Korrosionsschutz zu erreichen.

Die verwendeten Nickel-Basis-Legierungen halten nicht nur den korrosiven Beanspruchungen in hochchloridischen Atmosphären und Rohroberflächentemperaturen bis ca. 600°C über mehrere Reisezeiten stand, sondern sind insbesondere auch auf die erosiven Belastungen während des Betriebes sowie der unterschiedlichen Reinigungsmethoden wie Strahlen, Sprengen, Klopfen usw. ausgelegt. Anders als bei Schweißplattierungen gibt es keine Aufmischzone mit erhöhtem Fe-Gehalt, die Legierungseigenschaften stehen über die gesamte Schichtdicke gleichermaßen zur Verfügung.

Aufgrund einer Schichtdicke von ca. 0,8mm wird der Wärmeübergang gegenüber unbeschichtetem Rohr messtechnisch nicht beeinträchtigt, zudem reduzieren sich Anbackungen aufgrund der glatten Oberfläche und erhöhen den Wirkungsgrad der beschichteten Heizflächen.

Häuser & Co GmbH – Vohwinkelstraße 107 – 47137 Duisburg

Tel.: 0203-606-66934   Fax: 0203-606-66933   www.haeuser-co.de

Technische Konzepte zur Reduktion der Instandhaltungsaufwendungen für Endüberhitzer

Oliver Greißl und Rolf Schmidt

Das Heizkraftwerk Stuttgart-Münster besteht seit mehr als hundert Jahren und befindet sich im Nordosten von Stuttgart. Das Kraftwerksgelände in beengter Tallage grenzt im Südosten an den Neckar und im Nordwesten an eine vierspurige Hauptausfallstraße. Ein weiteres besonderes Merkmal ist das Eisenbahnviadukt, das quer durch den Standort verläuft.

Bild 1:

Kraftwerksstandort Stuttgart/
Münster

Das Heizkraftwerk Stuttgart-Münster ist im EnBW-Kraftwerkspark eine Besonderheit: Der Schwerpunkt der Anlage liegt nicht auf der Stromerzeugung, sondern auf der thermischen Abfallbehandlung und Fernwärmeerzeugung. Zur besseren Brennstoffausnutzung werden in Stuttgart-Münster gleichzeitig Strom und Fernwärme nach dem Prinzip der Kraft-Wärme-Kopplung erzeugt. Das Heizkraftwerk besteht aus einem Steinkohlekraftwerk mit drei Kohlekesseln, einer Abfallverbrennungsanlage mit drei Abfallkesseln, drei Dampfturbinen und einer Gasturbinenanlage. Insgesamt verfügt der Standort Stuttgart-Münster über eine elektrische Leistung von 179 Megawatt und eine thermische Leistung von 450 Megawatt. Die Behandlungskapazität des

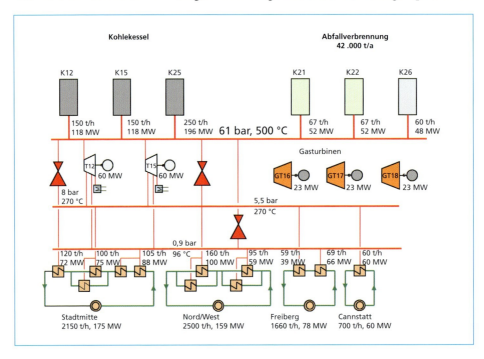

Bild 2:   Übersicht Sammelschiene am Standort Stuttgart/Münster

Abfallheizkraftwerks beläuft sich auf 420.000 Tonnen pro Jahr (Bezugsheizwert 11.000 kJ/kg). Die EnBW leistet so einen wichtigen Beitrag für die zuverlässige, umweltverträgliche und wirtschaftliche Restabfallentsorgung in Baden-Württemberg.

Das Kraftwerk ist als Sammelschienenkraftwerk (Bild 2) ausgeführt. Das Sammelschienenkonzept erstreckt sich auf nahezu alle Kraftwerkssysteme, insbesondere jedoch auf die Bereiche Frischdampf und 5,5/0,9-bar-Dampfnetz. Entgegen dem akzeptierten Trend (40 bar/400 °C) wurden auch für die beiden neueren Abfallkessel 21/22 Frischdampfparameter von 61 bar und 500 °C gewählt, um in die Sammelschiene einspeisen und die vorhandene Infrastruktur nutzen zu können.

1. Besonderheiten und Anlagentechnik

Aufgrund der technischen und architektonischen Anforderungen sowie der vorgegebenen Kesselgeometrie mussten die Kesselanlagen als Vertikalzugkessel mit großen Überhitzern konzipiert werden. Um die dampfseitigen Vorgaben von 500 °C Frischdampftemperatur sowie das Erreichen dieser Frischdampftemperatur bei Teillast einhalten zu können wurden Schottüberhitzer eingebaut, die im Bereich hoher Abgastemperaturen im zweiten Kesselzug angeordnet sind. Das hat zur Folge, dass sich die Schottüberhitzer im Bereich starker Korrosion befinden (Bild 3) und entsprechend hohe Korrosionsraten aufweisen.

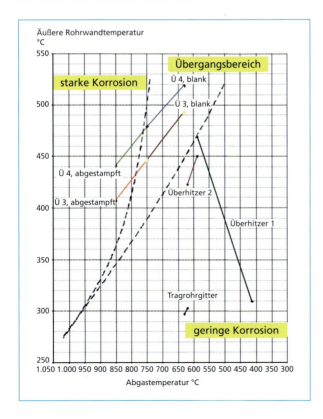

Bild 3:

Korrosionsdiagramm mit eingezeichneten Positionen der Überhitzerheizflächen der Kessel 21/22 im Heizkraftwerk Stuttgart-Münster

411

In Bild 4 sind die beiden am Standort vorhandenen Kesseltypen abgebildet, bei beiden handelt es sich um Vertikalzugkessel mit Schottüberhitzern im zweiten Zug.

Der ältere Kessel 26 (IBN 1994) ist mit einer Walzenrost-/Gleichstromfeuerung ausgerüstet und für einen Abfalldurchsatz von 20 t/h bei einem Nennheizwert von 10.470 kJ/kg ausgelegt. Die beiden neueren Kessel 21 und 22 (IBN 2006) haben luftgekühlte Vorschubroste für jeweils 20 Tonnen Abfall/h bei einem Heizwert von 11.000 kJ/kg in Kombination mit einem Mittelstromlayout.

Bei beiden Kesseltypen sind die konvektiven Heizflächen des Economisers und des Überhitzers 1 und 2 (bei den neueren Kesseln) im dritten Kesselzug angeordnet.

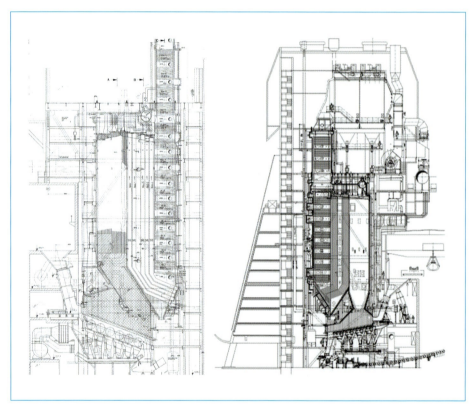

Bild 4:   Layout Kessel 26 (links) und Kessel 21/22 (rechts) im Heizkraftwerk Stuttgart-Münster

Die Überhitzer 2 und 3 des Kessels 26 und die Überhitzer 3 und 4 der Kessel 21 und 22 sind als Schottüberhitzer konzipiert, deren Schaltungen unterschiedlich sind. Bei den Kesseln 21 und 22 sind die Schottüberhitzer als Gleichstromwärmetauscher geschaltet. Beim Kessel 26 ist der Überhitzer 2 in Gegen-/Gleich-/Gegenstromausführung geschaltet. Der Endüberhitzer dieses Kessel ist als Gleich-/Gegenströmüberhitzer ausgeführt. Alle Schottheizflächen sind im oberen Bereich mit Stampfmassen abgekleidet.

Aufgrund der unterschiedlichen Ausführungen wurde erwartet, dass die mit niedrigeren Dampfeintrittstemperaturen beaufschlagten Endüberhitzer der Kessel 21/22 korrosiv weniger stark geschädigt werden. Entgegen den Erwartungen zeigten sich in der Realität dagegen vergleichbare Schadensbilder wie beim Kessel 26. Eine mögliche Ursache für die vergleichbare korrosive Belastung, trotz deutlich niedrigerer Rohrwandtemperatur in diesem Bereich (420 – 430 °C Mediumstemperatur), ist die um etwa 80 K höhere Abgastemperatur bei den Kesseln 21 und 22 in diesem Bereich.

2. Motivation und Aufgabenstellung

In Bild 5 ist die Aufteilung der jährlich anfallenen Revisionskosten auf die einzelnen Arbeiten dargestellt. Die Analyse der jährlichen Revisionsaufwendungen zeigt, dass für die Instandsetzung der Schottheizflächen rund 60 Prozent der gesamten Revisionskosten anfallen. Im Zuge dieser Instandsetzungsarbeiten werden jährlich etwa 12 Prozent der Schottheizflächen ausgetauscht. Damit ist die Instandsetzung der korrosiv hochbelasteten Schottüberhitzer, sowohl was den zeitlichen, als auch was den finanziellen Aufwand betrifft, maßgeblich für die Revisionsdauer und die Revisionskosten verantwortlich.

Mit einer Reduzierung der Korrosion im Bereich der Schottüberhitzer können die Revisionskosten und die Revisionsdauer entscheidend beeinflusst werden. Ziel ist es daher den korrosiven Angriff in diesem Bereich der Schottüberhitzer zu reduzieren bzw. zu vermeiden, oder falls dies nicht möglich ist, eine angepasste und kostenoptimierte Instandhaltungsstrategie zu entwickeln um die Wirtschaftlichkeit der Anlagen zu steigern.

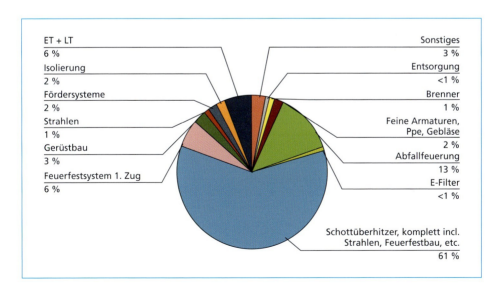

Bild 5:   Aufteilung der gesamten jährlichen Revisionskosten auf die anfallenden Arbeiten bei der Abfallverbrennungsanlagen Stuttgart und Münster

Hierzu wurden umfangreiche Versuche mit unterschiedlichen Werkstoffen und Schutzsystemen durchgeführt, um die Standzeit der Überhitzerrohre zu verlängern. Alternativ zu diesem Ansatz wurden parallel Instandhaltungsstrategien entwickelt, die nicht auf eine maximale Standzeit der Überhitzerrohre ausgerichtet waren, sondern das Ziel hatten die Revisionskosten und den Zeitbedarf zu minimieren. Auch bei diesem Ansatz musste sichergestellt sein, dass eine Reisezeit von etwa 7.500 h auf jeden Fall erreicht wird, ohne dass die Anlage zuvor aufgrund von Überhitzerschäden abgestellt werden muss.

3. Lösungsansätze zur Reduktion der Korrosion im Bereich der Schottüberhitzer

In 2006 wurden die beiden Kessel 21 und 22 fertiggestellt und in Betrieb genommen. Aufgrund der hohen Dampfparameter und der sich zwangsläufig ergebenen Position der Schottüberhitzer im Bereich hoher Abgastemperaturen, waren diese von Beginn an korrosiv hochbelastet. Mit dem Ziel, die Instandhaltungskosten der drei Abfallkessel zu reduzieren und gleichzeitig hohe Verfügbarkeiten sicher zu stellen, wurden die Anlagen einer ganzheitlichen Betrachtung unterzogen und verschiedene Lösungsansätze verfolgt.

Lösungsansätze:

* Minderung des Korrosionspotenzials (optimierte Feuerführung, verfahrenstechnische Verbesserungen),
* Schutz der Überhitzerrohre vor Korrosion mit geeigneten Schutzsystemen (Barriere zwischen Überhitzerwerkstoff und korrosivem Medium),
* Einsatz korrosionsbeständigerer Werkstoffe (Nickel-Basis-Werkstoffe, Cladding),
* Entwicklung nanokeramischer Schutzschichten für die am höchsten belasteten Bereiche,
* Einsatz einer *nackten* Schottheizfläche (ohne Feuerfestzustellung) aus 13CrMo44 mit Schutzhauben (Sicromal 20/10) über den ersten drei Rohren auf der An-/und Abströmseite.

3.1. Minderung Korrosionspotenzial durch optimierte Feuerführung und verfahrenstechnische Änderungen

Ob und in welchem Umfang sich die Korrosion durch die Betriebsweise der Anlagen beeinflussen lässt, wurde mit online-Korrosionssonden untersucht und bewertet. Es wurden online-Korrosionssonden in allen drei Abfallkesseln eingesetzt und verschiedene Versuchsprogramme durchgeführt. Im Rahmen der Versuchsfahrten wurde unter anderem die Verbrennungsluftzugabe variiert, d.h. die Aufteilung zwischen Primär-/ und Sekundärluft sowie die Aufgabe der Primärluft auf die einzelnen Rostzonen. Weiterhin wurde der Betrieb der Feuerung mit bzw. ohne Dampfluvo und deren Auswirkungen auf das Korrosionspotenzial untersucht.

Die Untersuchungen zeigten, dass erkennbare Auswirkungen auf das Korrosionspotenzial im Wesentlichen von der Abgastemperatur und der Abgasgeschwindigkeit abhängen. Unter Berücksichtigung dieser Erkenntnisse wurden die Wärmetechnik am Kessel 26 analysiert und Möglichkeiten zur Absenkung der Abgastemperatur vor Eintritt in den zweiten Zug untersucht.

Reduktion der Abgastemperatur am Kessel 26 vor Eintritt in den zweiten Zug

Auf der Basis wärmetechnischer Analysen wurden für den älteren Kesseltyp erfolgreich Maßnahmen zur Reduzierung der Abgastemperatur vor Eintritt in die korrosionskritischen Schottheizflächen umgesetzt. So wurde eine zwischenzeitlich installierte Feuerfestauskleidung im ersten Zug oberhalb der Taillensteinauskleidung zurück gebaut. In diesem Zusammenhang wurde auch auf die Feuerfestabkleidung des Verdampfergitters im Übergang vom ersten zum zweiten Zug verzichtet. Zusammen mit einer Reduzierung der Primärlufttemperatur nach Dampfluvo wurde auf diese Weise insgesamt eine Abgastemperaturabsenkung von etwa 60 K vor Eintritt in die korrosiv hochbelasteten Schottheizflächen erreicht.

3.2. Weiterentwicklung der eingesetzten Feuerfestsysteme

Die Analyse der bisherigen Revisionen hat ergeben, dass für *Strahlarbeiten* zum Entfernen der Stampfmassen ein hoher zeitlicher und damit auch finanzieller Aufwand verbunden ist. Während der Strahlarbeiten sind zudem keine parallelen Arbeiten in diesem Bereich möglich, d.h. Verzögerungen bei diesem Arbeitsschritt bedeuten eine Verlängerung der gesamten Revisionszeit. Der Aufwand zum Entfernen der Stampfmassen und die Schutzwirkungen gegen Korrosion unterscheiden sich teilweise erheblich, abhängig vom Einbauort und dem eingesetzten Material und dem eingesetzten System.

Für die Weiterentwicklung der eingesetzten Feuerfestmassen wurden daher die zwei Zielrichtungen bzw. Anforderungen *kürzere Ausstrahlzeit* und effektiver Korrosionsschutz definiert und untersucht.

Hierzu wurden von Industriepartnern spezielle Stampf-/Schmiermassen entwickelt und eingebaut, diese wurden über einen Zeitraum von einer, teilweise auch mehreren Reisezeiten getestet und ausgewertet.

Beurteilungskriterien waren zum einen die Ausstrahlzeit und zum anderen der Zustand der zu schützenden Schottheizfläche im Vergleich zur Standardmasse.

Gegenüber der *Standardmasse* wurde eine Masse entwickelt, die nach bisheriger Bewertung einen vergleichbaren Schutz gegenüber Korrosion bietet und einen um etwa 30 Prozent geringeren Zeitraufwand zum Entfernen (Strahlarbeiten) erfordert. Des Weiteren wurde auch eine Stampfmasse entwickelt, deren Ausstrahlzeit zwar um den Faktor 2 bis 3 höher gegenüber der Standardmasse ist, deren Korrosionsschutzwirkung aber wesentlich besser ist. Welche dieser Varianten das wirtschaftliche Optimum darstellt kann noch nicht abschließend beantwortet werden, da die Versuche mit der *korrosionsbeständigeren* Stampfmasse noch nicht abgeschlossen sind.

Im Zuge dieser Untersuchungen wurden auch verschiedene Varianten der Bestiftung getestet. Die Tests zeigten, dass Variationen der Röhrchenzustellung (zeilen- oder spaltenweiser Wechsel von Stiften mit und ohne Röhrchen) keinen negativen Einfluss auf Rohr- und Stiftkorrosion haben. Eine Reduktion der Röhrchenanzahl begünstigt die Ausstrahlarbeiten, teilweise kam es aber in diesen Bereichen zu erhöhten Abplatzungen in Folge der Sprengabreinigung.

Einsatz von keramischen Feuerfestplatten auf Schottüberhitzerheizflächen

In 2007 wurden erste Versuche unternommen, Schottheizflächen mit keramischen Feuerfestplatten als Korrosionsschutz auszurüsten. Die Feuerfestplatten wurden in den korrosiv am höchsten belasteten Schottüberhitzerabschnitt am Eintritt in den zweiten Zug eingebaut, in diesem Bereich treffen beim Kessel 26 hohe Abgastemperaturen auf hohe Dampftemperaturen (500 °C).

Zwischenzeitlich konnten Standzeiten von 23.000 Betriebsstunden (Stand 2012) in der Fläche erzielt werden. Dazu war es erforderlich die Feuerfestplatten mit ausreichend dimensionierten Dehnfugen einzubauen, um den Wärmedehnungen der Heizflächen Rechnung zu tragen und das Abplatzen oder Reißen der Feuerfestplatten zu vermeiden.

Feuerfestplatten als Schottüberhitzerschutz stellen in diesem Bereich gegenüber der standardmäßigen Zustellung mit Stampfmassen eine wirtschaftlich interessante Alternative dar. Mit den ermittelten Standzeiten ist ein wirtschaftlicher Einsatz in der Fläche, allein unter Berücksichtigung der Aufwendungen für Abbruch der alten Masse und Neuzustellung, nach 2 bis 3 Betriebsperioden (Reisezeiten) gegeben.

In den An- und Abströmbereichen der Schottheizflächen hat sich bisher noch kein Plattensystem bewährt. Sobald standzeitfeste Plattenschutzsysteme für die An-/Abströmbereiche zur Verfügung stehen, verbessert sich die Gesamtwirtschaftlichkeit der Feuerfestplatten als Überhitzerschutz nochmals.

Einbau 08/2011

– – Plattengrenze (Standardplatten oben; Graphitplatten unten)

Bild 6:

Feuerfestplatten auf Schottüberhitzer im Kessel 26 nach Einbau (rechts im Bild) und nach einer Reisezeit (links im Bild) im Heizkraftwerk Stuttgart-Münster

3.3. Einsatz korrosionsbeständigerer Werkstoffe und Schutzschichten

Alternativ zum Einsatz von Feuerfestsystemen (Stampfmassen, Feuerfestplatten) wurden auch Versuche mit *korrosiv beständigeren* Rohrwerkstoffen und metallischen Schutzschichten (thermische Spritzschichten, Cladding) durchgeführt.

Ziel dieser Untersuchungen war es, zu prüfen ob ein Verzicht auf Stampfmassen in diesem Bereich möglich ist und welche korrosiven Belastungen sich ohne Feuerfestzustellung zeigen. Ein wesentlicher Vorteil beim Verzicht auf Feuerfestzustellung besteht in der einfacheren und exakteren Zustandsbewertung der Schottheizflächen, insbesondere der Überhitzerrohre. In der Vergangenheit kam es immer wieder vor, dass die Stampfmassen keine optische Schädigungen aufwiesen, aber die darunterliegenden Überhitzerrohre größtenteils abgezehrt waren.

Einsatz verschiedener Claddinglegierungen

In den beiden neueren Kesseln 21 und 22 wurden drei verschiedene Claddinglegierungen (Inconel 622, 625, 686) testweise eingesetzt. Innerhalb des Schottüberhitzers wurden mehrere Positionen ausgewählt, deren korrosive Belastung sich teilweise stark unterscheiden, dabei wurde Cladding sowohl unter Feuerfestmassen, als auch ohne weiteren Korrosionsschutz eingesetzt. Abhängig vom Einsatzort kamen entweder Rohrbretter oder Einzelrohre zum Einsatz. Bei den Einzelrohren erfolgte die Auftragsschweißung mit Spiralnahtcladding (Bild 7, rechts), bei den Rohrbrettern erfolgte die Auftragsschweißung mit Fallnahtcladding (Bild 7, links).

Bild 7:   Claddingtestfelder, Rohrbrett (links), gecladdete Einzelrohre (rechts) im Heizkraftwerk
          Stuttgart-Münster

Damit eine Vergleichbarkeit der eingesetzten Werkstoffe sichergestellt ist, wurden die verschiedenen Auftragsschweißungen von einem Lieferanten durchgeführt und von der EnBW-eigenen Qualitätssicherung begleitet. Die Auswertung und Dokumentation der Versuche erfolgte durch einen externen Gutachter.

Insgesamt haben diese Versuche ergeben, dass sich die getesteten Werkstoffe hinsichtlich Korrosionsbeständigkeit in den hier eingesetzten Bereichen nicht wesentlich unterscheiden. Im weiteren Verlauf wurden zur Reduktion des Aufwandes alle weiteren Claddingversuche ausschließlich mit Inconel 625 als durchgeführt.

417

Abhängig von der Einbauposition innerhalb der Schottheizfläche wurden Korrosionsraten von nahezu 0 bis 0,6 mm/1.000 Betriebsstunden ermittelt; das entspricht Standzeiten von etwa 7.700 Betriebsstunden bis mindestens 42.000 Betriebsstunden (Stand 09/2012).

Im abgasseitig kälteren Bereich der Schottüberhitzer wurden sowohl unter der Stampfmasse, als auch unterhalb der Abstampfungsgrenze des Schottüberhitzers Standzeiten von 38.000 bis 42.000 Betriebsstunden erreicht.

In diesem Bereich ist ein wirtschaftlicher Einsatz von Cladding gegeben.

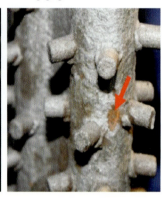

Bild 8:   Verschiedene Cladding-Testfelder im Anström-Bereich Bereich des Endüberhitzers im Heizkraftwerk Stuttgart-Münster

In Bild 8 sind Claddingtestfelder im Anströmbereich des Endüberhitzers zu sehen, links im Bild sind an drei Schottfahnen Drillinge mit Inconel 622, Inconel 625 und Inconel 686 direkt nach dem Einbau zu sehen. Das mittlere Bild zeigt eine der Testflächen nach einer Betriebszeit von etwa 4.400 h, aufgrund der bereits erkennbaren Abzehrungen wurden die Testflächen daraufhin bestiftet und mit Stampfmasse versehen. Im Bild rechts ist ein gecladdetes Anströmrohr nach weiteren 6.000 Betriebsstunden unter Stampfmasse zu sehen. In diesem Bereich sich die Bestiftung und Bestampfung der Claddingtestflächen keine Verbesserung gebracht, die Abzehrungen waren unter der Feuerfestmasse wesentlich höher als erwartet. Aufgrund dieser Erkenntnis wurde in einem weiteren Versuch eine *nackte* (ohne Feuerfestzustellung) schwarze Heizfläche in diesem Bereich eingesetzt.

Edelstahlrohre

Als Alternative zu gecladdeten Überhitzerrohren wurden in weiteren Versuchen Edelstahlrohre eingesetzt. Im Anströmbereich und im abgasseitig kälteren Bereich des Endüberhitzers am Kessel 22 wurden Edelstahlrohre DMV310H eingebaut (Bild 9), nach einer Reisezeit (etwa 8.400 Betriebsstunden) zeigten sich leichte Abzehrungen, insbesondere an den Flanken. Aufgrund der nahezu vollständig abgezehrten Schweißnaht wurde das Edelstahlrohr nach einer Reisezeit wieder ausgebaut.

Mit den bisherigen Erkenntnissen und der derzeitigen Preisentwicklung ist eine wirtschaftliche Bewertung nur schwer möglich. Weitere Nachteile sind die aufwändigere Verarbeitung, insbesondere bei den Schweißverbindungen (schwarz/weiß-Schweißnähte). Derzeit sind keine weiteren Versuche mit diesem Werkstoff geplant.

Bild 9:   Eingebaute Edelstahlrohre im Endüberhitzer vor und nach 8.400 h Reisezeit im Heizkraftwerk Stuttgart-Münster

Thermische Spritzschichten

Der Einsatz aller bisher getesteten thermischen Spritzschichten, unabhängig vom
Hersteller und den verschiedenen Verfahren (Flammspritzen, Plasmabeschichtung,
thermisch nachverdichtet,…) hat sich im korrosiv hochbelasteten Bereich der Schottüberhitzer bisher nicht bewährt. In Bild 10 ist ein mit einer thermischen Spritzschicht
versehenes Überhitzerrohr im Anström-Bereich des Endüberhitzers zu sehen, bereits
nach einer Reisezeit ist von der thermischen Spritzschicht praktisch nichts mehr
vorhanden.

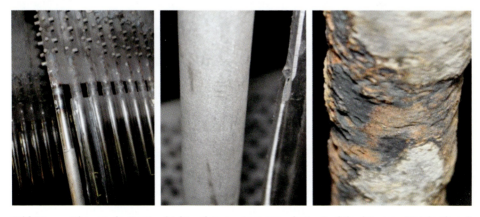

Bild 10:   Thermische Spritzschicht auf einem Anströmrohr im Endüberhitzer im Heizkraftwerk
Stuttgart-Münster. Im rechten Bild ist dieses Anströmrohr nach einer Reisezeit zu sehen

Im abgasseitig kälteren Bereich am Überhitzeraustritt ist die thermische Spritzschicht
zwar größtenteils noch vorhanden, aber auch hier ist an einigen Stellen, durch Unterkorrosion die Schicht abgeplatzt (Bild 12) und bietet keinen Schutz mehr für das
darunter liegende Überhitzerrohr.

Im Bereich korrosiv weniger stark belasteter Heizflächen sowie als Reparaturmaßnahme zur Verlängerung der Standzeit von Verdampfer und Überhitzerheizflächen um eine Reisezeit, werden thermische Spritzschichten erfolgreich eingesetzt.

Bild 11:

Thermische Spritzschicht, Anströmposition auf +25 m des Endüberhitzers nach 7.500 Bh im Heizkraftwerk Stuttgart-Münster. Die thermische Spritzschicht ist vorhanden, es zeigten sich keine Abplatzungen

Bild 12: Thermische Spritzschicht,auf einem Rohrbett am Austritt des Endüberhitzers, nach Einbau (links) und nach einer Reisezeit (rechts) im Heizkraftwerk Stuttgart-Münster. Es sind deutlich Abplatzungen zu erkennen

3.4. Entwicklung einer nanokeramischen Schutzschicht

Im Rahmen der Forschungsinitiative Kraftwerke des 21. Jahrhunderts wurden im Projekt BY07DE (*Entwicklung und Charakterisierung innovativer nanokeramischer Funktionsschichten auf Precursorbasis für den Einsatz in Abfallverbrennungs- und Biomasseverbrennungsanlagen als Korrosionsschutzsystem*) nanokeramische Schutzschichten gegen korrosiven Angriff in Abfallfeuerungen entwickelt.

Zunächst sollten valide *Schnelltests* erstellt werden, um entwickelte Beschichtungssysteme zeitnah auf ihre Eignung als Korrosionsschutz für Verdampfer und Endüberhitzer in der MVA zu prüfen. Die Laborkorrosionsversuche wurden in Salzschmelzen in abgeschlossenen Tiegeln durchgeführt. Zur Verifizierung der Vergleichbarkeit der *Laborkorrosion* und der Korrosion in einer realen Abfallfeuerung wurden Material-auslagerungen in einer Abfallfeuerung am Standort Stuttgart/Münster mit Hilfe einer Korrosionssonde durchgeführt.

Eine wichtige Erkenntnis aus den Sondenversuchen war der erhebliche Einfluss des mechanischen Verschleißes durch abrasive Partikel im Abgas der MVA. Die Schichten müssen also nicht nur thermisch und chemisch stabil sowie gasdicht sein, sondern auch sehr gute Haftung und Abrasionsbeständigkeit aufweisen [1].

Die Schichtentwicklung zielte auf die Herstellung möglichst dicker (bis 100 µm), dichter, fehlerfreier und gut haftender Beschichtungen auf Wärmetauscherflächen ab. Im Rahmen des Projektes wurde eine Vielzahl unterschiedlicher Schichten hergestellt, die hier nicht alle vorgestellt werden können. Der Entwicklungsfortschritt ist daher in Bild 13 beispielhaft dargestellt.

Ausgehend von ungefüllten Precursorschichten mit Dicken von 1 bis 3 µm konnten durch die Zugabe von passiven Füllstoffen wie BN oder Si3N4 bis zu 30 µm dicke Schichten hergestellt werden. Diese zeichnen sich durch gute Antihafteigenschaften aus, da sie von Metall- und Glasschmelzen kaum benetzt werden [2].

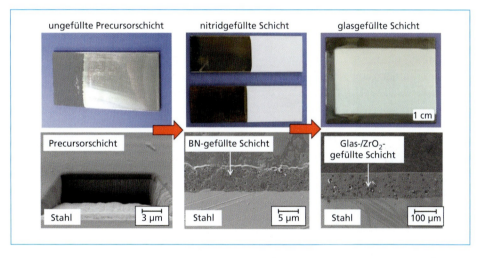

Bild 13:   Schema zum Entwicklungsfortschritt bei der Schichtherstellung im Heizkraftwerk Stuttgart-Münster

3.5. Einsatz einer nackten Schottheizfläche aus 13CrMo44 mit Schutzschalen

Basierend auf den bisherige Erfahrungen und den wirtschaftlichen Betrachtungen wurde mit dem Ziel eine Mindeststandzeit von 8.000 Betriebsstunden zu erreichen eine *schwarze* Schottheizfläche ohne Feuerfestschutzsystem im Mai 2012 in Betrieb genommen. Die jeweils ersten drei Überhitzerrohre der abgasseitigen An- und Ab-strömbereiche waren mit Schutzhauben aus Sicromal 20/10 versehen.

Bild 14:   Überhitzerschottfahne ohne Feuerfestzustellung aus 13CrMo44 nach Einbau (links) und nach etwa 6500 Betriebsstunden (rechts) im Heizkraftwerk Stuttgart-Münster

Im Rahmen eines Kurzstillstandes im Februar 2013 nach etwa 6.500 Betriebsstunden waren im zugänglichen Bereich die Rohre nur um etwa 1 mm abgezehrt. Sollte sich im weiteren Verlauf zeigen, dass die erreichten Abzehrungen und damit die Standzeiten reproduzierbar sind, sind grundsätzlich die Voraussetzungen gegeben, um die Instandhaltungskosten nachhaltig zu reduzieren.

Es befinden sich häufig noch Reste der Schutzhauben auf den Rohren, diese zeigen jedoch deutliche Abzehrung

Bild 15:

Überhitzerschottfahne mit Schutzhauben ohne Feuerfestzustellung aus 13CrMo44 nach 7.500 Betriebsstunden im Heizkraftwerk Stuttgart-Münster

Die Testheizfläche wurde in der Revision 2012 nach 7.500 Betriebsstunden ausgebaut und untersucht. Es zeigte sich, dass auf den oberen Höhenebenen die Schutzhauben (Werkstoff 1.4828) stark korrodiert waren und teilweise sogar vollständig fehlten (Bild 15). Auf der Abströmposition der Schottfahne war der Zustand der Schutzhauben generell etwas besser als auf der Anströmposition. Weiter in Richtung der Abgasströmung nimmt die Abzehrung der Schutzhauben ab und die Hauben befinden sich auf den Rohren. Bei freiliegenden Rohren unter defekten Schutzhauben sowie auf den ungeschützten Rohren im Anschluss sind teilweise starke Korrosionsangriffe sichtbar (narbige Rohroberfläche). Unter intakten Hauben ist die Korrosion sehr gering, teilweise ist sogar noch der Schutzanstrich auf den Überhitzerrohren vorhanden (Bild 15). Aufgrund der positiven Ergebnisse wurden weitere Versuche mit schwarzen Schottheizflächen und Schutzhauben in den beiden baugleichen Abfallkesseln 21/22 geplant und befinden sich aktuell im Einsatz.

4. Wirtschaftliche Bewertung der Schutzsysteme

Bild 16 zeigt das Ergebnis einer Wirtschaftlichkeitsbetrachtung für den Einsatz von Cladding in Kombination mit einer Feuerfestzustellung im korrosiv hochbelasteten Bereich des Endüberhitzers.

Bei dieser Betrachtung wurden sowohl die Kosten für die Instandhaltungsaufwendungen der untersuchten Konzepte, als auch der zeitliche Revisionsaufwand für die Instandhaltungsarbeiten berücksichtigt. Beim zeitlichen Aufwand (Revisionsverlängerung) wurden sowohl die direkt damit verbundenen höheren Personalkosten, als auch die Einbußen aufgrund der geringeren Verfügbarkeit berücksichtigt.

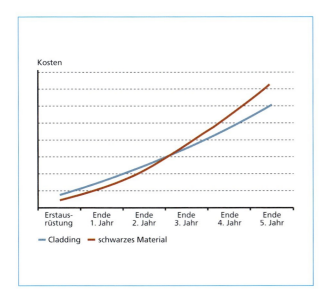

Bild 16:

Vergleich der Kosten für schwarzes Material und Cladding unter Feuerfest

Aus Bild 16 geht hervor, dass die Kosten für die Erstausrüstung bei Cladding zwar höher sind, aber ab einer Standzeit von drei Jahren die Variante Cladding günstiger ist, als die Variante ohne Cladding (schwarzes Material).

In Tabelle 1 sind die wesentlichen bisher durchgeführten Versuche in vergleichbarer Weise bewertet, soweit dies zum aktuellen Zeitpunkt möglich ist.

Tabelle 1:   Technische und wirtschaftliche Bewertung der untersuchten Konzepte

	Technische Bewertung	wirtschaftliche Bewertung
Cladding (622, 625, 686)	Abhängig von Einbauort konnten Standzeiten von von 7.700 bis > 42.000 Betriebsstunden nachgewiesen werden	Der Einsatz ist Abhängig vom Einbauort günstiger als unbeschichtete Überhitzeheizflächen Wirtschaftlichkeit gegeben!
Edelstahl	Die Ergebnisse nach einer Reisezeit waren positiv, weitere Versuche in Planung.	Wirtschaftliche Bewertung noch nicht möglich
Therm. Spritzschichten (verschiedene Hersteller)	Im End- bzw. Vorüberhitzer war die Standzeit < einer bzw. zwei Reisezeiten.	Eine Wirtschaftliche Standzeit wurde bisher nicht erreicht
Therm. Spritzschichten mit th. Nachverdichtung	Bisher keine ausreichende Standzeit, weitere Versuche in Planung	Wirtschaftliche Bewertung noch nicht möglich
Schottheizfläche (13CrMo44) ohne Feuerfestzustellung	Standzeit von einer Reisezeit wurde erreicht.	Wirtschaftlichkeit gegeben
Betonzustellung als Überhitzerschutz	Hat sich nicht bewährt, kein weiterer Einsatz geplant.	Wirtschaftlichkeit nicht gegeben
Gegenüber der Standardmasse schneller ausstrahlbarere Massen	Zielvorgaben wurden eingehalten, Zeitaufwand für Strahlarbeiten um 30 % reduziert.	Wirtschaftlichkeit gegeben
Gegenüber der Standardmasse deutliche härtere Massen	Systemstandzeiten von > 23.000 Betriebsstunden wuren erreicht.	Wirtschaftlichkeit gegeben
Reduzierte und variierte Zustellung mit Röhrchen	Hat sich bewährt, die Ausstrahlzeiten konnten reduziert werden.	Wirtschaftlichkeit gegeben
Feuerfestplatten als Überhitzerschutz	Haben sich in der Fläche mit Standzeiten > 30.000 Betriebsstunden bewährt, Versuche noch nicht abgeschlossen.	Wirtschaftlichkeit gegeben
Feuerfestplatten als Überhitzerschutz	Im Bereich der An- und Abströmrohre war die Standzeit < einer Reisezeit	Eine wirtschaftlich relevante Standzeit wurde bisher nicht erreicht

5. Zusammenfassung und Ausblick

Ausgehend von der Zielvorgabe die Instandhaltungskosten zu reduzieren und gleichzeitig eine hohe Verfügbarkeit aufrecht zu erhalten, wurden die Abfallkessel einer ganzheitlichen Betrachtung unterzogen. Kostentreiber der Instandhaltung sind die hohen jährlichen Aufwendungen für die Instandsetzung der korrosiv hoch belasteten Schottheizflächen. Es wurden daher ausschließlich die Schottheizflächen betrachtet und Maßnahmen zur Minderung der Korrosion in diesem Bereich untersucht.

Eine Verringerung der Korrosionsschäden lässt sich entweder durch geeignete Schutzmechanismen und korrosionsbeständigere Werkstoffe oder durch eine Verringerung des Korrosionsniveaus insgesamt erreichen.

Im ersten Schritt wurden mögliche verfahrenstechnische Maßnahmen zur Reduktion des Korrosionsniveaus untersucht und bewertet. In Folge dieser Untersuchungen wurde die Wärmetechnik am Kessel 26 verändert und dadurch die Abgastemperatur am Eintritt in den zweiten Zug um etwa 60 K abgesenkt. Entsprechend dem Korrosionsdiagramm konnte das Korrosionsniveau dadurch abgesenkt werden.

Im nächsten Schritt wurden Werkstoffuntersuchungen mit dem Ziel durchgeführt, abhängig von der Einbauposition innerhalb der Schottheizfläche und dem dort vorliegenden Korrosionsniveau den für diese Einbauposition am besten geeigneten Werkstoff auswählen zu können. Im Rahmen dieser Untersuchungen wurden unterschiedliche metallische Werkstoffe sowohl für Beschichtungen und Auftragsschweißungen als auch für die Fertigung von Überhitzerrohren (Edelstahl) untersucht und bewertet. Abhängig von der Einbauposition ergaben sich wirtschaftliche Vorteile für den Einsatz gecladdeter Überhitzerrohre. Der Einsatz thermischer Spritzschichten hat sich im Bereich der Schottüberhitzer nicht bewährt, thermische Spritzschichten werden in anderen, korrosiv weniger stark belasteten Überhitzerheizflächen sowie als Reparaturmaßnahmen erfolgreich eingesetzt.

Parallel zu den beschriebenen Werkstoffuntersuchungen wurden auch die vorhandenen Feuerfestsysteme untersucht, bewertet und weiterentwickelt. Die Untersuchungen führten zu Weiterentwicklungen der Feuerfestmassen, die im Vergleich zur ursprünglich eingesetzten Feuerfestmasse einen besseren Korrosionsschutz bieten bzw. einen geringeren Aufwand für das Entfernen (Strahlarbeiten) der Feuerfestmasse erfordern. Beide Weiterentwicklungen bieten Vorteile gegenüber der früheren Feuerfestmasse, eine abschließende wirtschaftliche Bewertung ist aktuell noch nicht möglich, da die korrosionsbeständigere Feuerfestmasse immer noch im Einsatz ist.

Als Alternative zu den beschriebenen Feuerfestmassen wurden versuchsweise auch keramische Plattensysteme auf die Schottheizflächen aufgebracht und mit Beton hintergossen. Dieses System hat sich teilweise bewährt und wird noch weiterentwickelt. Schwerpunkte der Entwicklung sind die Bereiche der An-/ und Abströmrohre, abgesehen von diesen Bereichen konnten mit diesem System bisher Standzeiten von mehr als 30.000 Betriebsstunden erreicht werden.

Als ein weiteres mögliches Konzept hinsichtlich einer kostenoptimierten Instandhaltung wurde auch ein Test mit einer *nackten* Heizfläche (ohne Feuerfestzustellung) aus 13CrMo44 mit Sicromal 20/10 Schutzhauben durchgeführt. Diese Heizfläche wurde im korrosiv am höchsten belasteten Bereich eingebaut und war nur für eine Reisezeit vorgesehen. Entgegen den Erwartungen hat diese Heizfläche nach einer Reisezeit vergleichsweise geringe Abzehrungen. Aufgrund der bisher positiven Erfahrung sind weitere umfangreichere Versuche mit diesem Konzept in der Umsetzung.

Mit den bisher gesammelten Erfahrungen stehen mehrere mögliche Instandhaltungs-strategien und Konzepte zur Verfügung, eine abschließende wirtschaftliche Bewertung der verschiedenen technischen Konzepte erfolgt nach Vorliegen der vollständigen Versuchsergebnisse.

Ein weiteres vielversprechendes Schutzkonzept der Fa. MARTIN GmbH wird in der Revision 2014 eingebaut, dabei handelt es sich um ein hinterlüftetes Schottüberhit-zerplattensystem. Wenn die hohen Erwartungen aufgrund der positiven Erfahrungen mit diesem System im MHKW Rosenheim sich bestätigen, kann mit diesem System möglicherweise eine erhebliche Reduzierung der jährlichen Instandhaltungskosten erreicht werden.

6. Literaturverzeichnis

[1] Schütz, A.; Günthner, M.; Motz, G.; Greißl, O.; Glatzel, U.: Characterisation of Novel Precursor Derived Ceramic Coatings with Glass Filler Particles on Steel Substrates, Surface Coating Technology (2012), Vol. 207, 2012, S. 319-327

[2] Günthner, M.; Schütz, A.; Glatzel, U.; Wang, K.; Bordia, R.K.; Greißl, O.; Krenkel, W.; Motz, G.: High Performance Environmental Barrier Coatings, Part I: Passive Filler Loaded SiCN-System for Steel Journal of the European Ceramic Society, 31, 2011, S. 3.003-3.010

Ausweitung der Reisezeit
in der Abfallverbrennungsanlage Augsburg auf 18 Monate

Gerald Guggenberger, Hans Fleischmann und Josef Kranz

1. Die AVA Augsburg

Das Abfallheizkraftwerk Augsburg (Bild 1) ist 1993 mit drei baugleichen Verbrennungslinien in Betrieb gegangen. Die Anlage mit den klassischen Dampfparametern 40 bar/400 °C wird zu etwa 60 % mit Haus- zu etwa 40 % mit Gewerbemüll befeuert, der Heizwert liegt bei rund 10 MJ/kg. Bei einem Mülldurchsatz von inzwischen über 230.000 t/a erreicht sie eine Feuerungswärmeleistung von rund 75 MW.

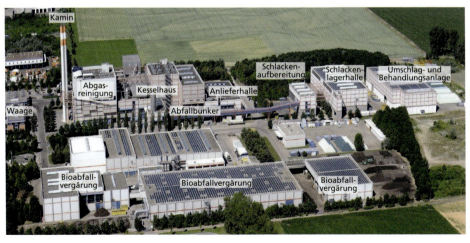

Bild 1:   Luftbild der AVA Augsburg

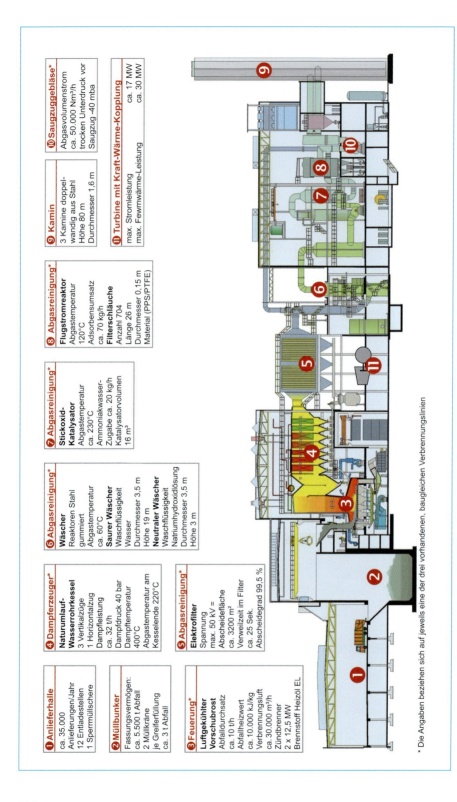

❶ Anlieferhalle
ca. 35.000
Anlieferungen/Jahr
12 Entladestellen
1 Sperrmüllschere

❷ Müllbunker
Fassungsvermögen:
ca. 5.500 t Abfall
2 Müllkräne
je Greiferfüllung
ca. 3 t Abfall

❸ Feuerung*
Luftgekühlter
Vorschubrost
Abfalldurchsatz
ca. 10 t/h
Abfallheizwert
ca. 10.000 kJ/kg
Verbrennungsluft
ca. 30.000 m³/h
Zündbrenner
2 x 12,5 MW
Brennstoff Heizöl EL

❹ Dampferzeuger*
Naturumlauf-
Wasserrohrkessel
3 Vertikalzüge
1 Horizontalzug
Dampfleistung
ca. 32 t/h
Dampfdruck 40 bar
Dampftemperatur
400°C
Abgastemperatur am
Kesselende 220°C

❺ Abgasreinigung*
Elektrofilter
Spannung
max. 50 kV =
Abscheidefläche
ca. 3200 m²
Verweilzeit im Filter
ca. 25 Sek.
Abscheidegrad 99,5 %

❻ Abgasreinigung*
Wäscher
Reaktoren Stahl
gummiert
Abgastemperatur
ca. 60°C
Saurer Wäscher
Waschflüssigkeit
Wasser
Durchmesser 3,5 m
Höhe 19 m
Neutraler Wäscher
Waschflüssigkeit
Natriumhydroxidlösung
Durchmesser 3,5 m
Höhe 3 m

❼ Abgasreinigung*
Stickoxid-
Katalysator
Abgastemperatur
ca. 230°C
Ammoniakwasser-
Zugabe ca. 20 kg/h
Katalysatorvolumen
16 m³

❽ Abgasreinigung*
Flugstromreaktor
Abgastemperatur
120°C
Adsorbensumsatz
ca. 70 kg/h
Filterschläuche
Anzahl 704
Länge 26 m
Durchmesser 0,15 m
Material (PPS/PTFE)

❾ Kamin
3 Kamine doppel-
wandig aus Stahl
Höhe 80 m
Durchmesser 1,6 m

❿ Saugzuggebläse*
Abgasvolumenstrom
ca. 50.000 Nm³/h
trocken Unterdruck vor
Saugzug -40 mba

⓫ Turbine mit Kraft-Wärme-Kopplung
max. Stromleistung   ca. 17 MW
max. Fewrmwärme-Leistung   ca. 30 MW

* Die Angaben beziehen sich auf jeweils eine der drei vorhandenen, baugleichen Verbrennungslinien

Bild 2:   Verfahrensfließbild der AVA Augsburg

Bild 2 zeigt einen Längsschnitt durch die Anlage mit den wichtigsten technischen Daten. Der Müll wird auf einen ungeteilten, luftgekühlten Horizontalrost mit fünf Rostzonen aufgegeben. Das Abgas wird durch die drei Leerzüge in den Horizontalzug mit den Überhitzerbündeln geleitet.

Die Abreinigung der Überhitzer erfolgt mittels Klopfung. Anschließend folgt eine 5-stufige Abgasreinigung mit Elektrofilter, saurer und neutraler Abgaswäsche, Entstickungsanlage und Aktivkohlefilter. Als Besonderheit betreibt die AVA Augsburg zwei Klinikmüllöfen mit einem Durchsatz von maximal 3.500 t/a. Die hier entstehenden Abgase werden in die drei Hausmüllverbrennungskessel eingeleitet.

Wie bei den meisten Anlagen hat sich der wirtschaftliche und gesellschaftliche Anspruch seit Planung und Inbetriebnahme in den 1990er Jahren stark verändert. Neben der Entsorgungssicherheit ist auch der Versorgungsaspekt viel mehr in den Vordergrund getreten und bestimmt die Wirtschaftlichkeit einer Anlage. Damit kommt der Anlagenverfügbarkeit eine wesentlich größere Rolle zu. Diese lässt sich maßgeblich über die Reisezeit mitgestalten.

Wie bei vielen Müllverbrennungsanlagen üblich, wurde jede Linie einmal pro Jahr in Revision genommen. Durch die Identifizierung und Optimierung reisezeitbegrenzender Bauteile und die Optimierung von Verfahrensschritten ist ein sicherer Betrieb über 18 Monate inzwischen möglich. Im Folgenden sollen die Hauptaspekte, die diese Reisezeitverlängerung ermöglicht haben, vorgestellt werden.

2. Optimierungsmaßnahmen

2.1. Rost

Insbesondere der Verschleiß am Rost ließ eine Reisezeitverlängerung nicht zu. In jeder Revision (nach 12 Monaten) mussten 30 – 35 % Rostschuhe gewechselt werden.

Daher wurden Versuche mit verschiedenen Werkstoffen durchgeführt. Die Gehalte der Legierungselemente Chrom, Mangan, Nickel und Silizium wurden hierbei so lange variiert, bis der für die AVA Augsburg optimale Werkstoff gefunden wurde. Die besten Standzeiten erreicht der Gussstahl 1.4734 (Cr11,5 Ni0,5 Mo1,3 Si3,0). Abhängig von den Verfahrens- und Verbrennungsbedingungen (Heizwert, Luftführung usw.) kann die Zusammensetzung des optimalen Werkstoffs für die einzelnen Anlagen stark unterschiedlich sein.

Zudem wurden die Fertigungstoleranzen sukzessive verbessert. Nach dem Gießen weisen die Luftschlitze der Rostschuhe eine Fertigungstoleranz von ± 2,0 mm auf. Durch eine spanabhebende Nachbearbeitung jedes einzelnen Rostschuhs wird eine hohe Maßgenauigkeit mit einer Toleranz von inzwischen ± 0,2 mm erreicht. Die Fertigungskosten liegen zwar um etwa 10 % höher, dies zahlt sich aber durch eine sehr gute Luftverteilung über den ganzen Rost aus. Schmiedefeuer und Verkeilungen werden weitgehend vermieden, was zu einem deutlich geringeren Verschleiß der Rostschuhe führt. Hierdurch wird auch ein sehr guter Ausbrand gewährleistet.

Bei einer Revision nach 18 Monaten müssen inzwischen nur noch rund 15 % der Rostschuhe getauscht werden. Soweit möglich werden die Rostschuhe aufgearbeitet und wiederverwendet.

2.2. Feuerführung

Trotz schwankender Brennstoffqualitäten ist in den Kesseln der AVA Augsburg eine gleichmäßige Feuerführung möglich, so dass die angestrebte Leistung von 32,3 t/h Dampf im Jahresschnitt zu 99,3 % erreicht wird. Anders ausgedrückt: die Lasteinbrüche addieren sich im Jahr auf rund 0,7 % bzw. 0,2 t/h.

Für eine gleichmäßige Feuerführung sind verschiedene Einflussfaktoren zu berücksichtigen. Entscheidende Stellschrauben sind vor allem das Müllbunkermanagement, der Rost, die Feuerleistungsregelung und, im Falle der AVA Augsburg, die Einleitung der Abgase aus der Klinikmüllverbrennung (siehe 2.4).

Müllbunkermanagement

Das Müllbunkermanagement beginnt bereits bei der Müllannahme. Eine engmaschige Annahmekontrolle mit Kameraüberwachung erlaubt die Rückverfolgung der angelieferten Abfallchargen sowie den Ausschluss bestimmter Müllsorten. Darüber hinaus werden die Qualität der täglichen Müllanlieferungen sowie der Ablageort im Müllbunker dokumentiert. Mit diesen Zusatzinformationen ist es den Kranfahrern möglich, eine gute Durchmischung des Mülls zu erreichen. Im Ergebnis können somit Heizwertschwankungen minimiert werden.

Rost

Eine gleichmäßige und vor allem kontrollierte Eindüsung der Primärluft durch den Rost ist ebenfalls essentiell. Wie in Kapitel 2.1 beschrieben, wird dies durch geringe Fertigungstoleranzen erreicht.

Feuerleistungsregelung

Erstmals in der AVA Augsburg wurde die sog. Advanced Combustion Controll für Horizontalroste realisiert. Gegenüber einer herkömmlichen Feuerleistungsregelung geht eine höhere Anzahl an Prozessparametern in die Regelkreise mit ein. Die signifikantesten Unterschiede sind dabei, dass der Zuteiler mit Rostzone 1 getrennt von Rostzone 2 und 3 angesteuert werden kann und die kontinuierliche Bestimmung der Müllqualität zur Optimierung der Feuerungsführung beiträgt. Vier Regelkreise mit definierten Aufgabenbereichen (Mülleintrags-, Leistungs-, Ausbrand- und Verbrennungsluftregelung) sorgen für eine Vermeidung von Überschüttungen bzw. ausgebrannter Stellen im Müllbett, einen konstanten Dampfmassenstrom und eine sehr gute Ausbrandqualität. Die Haupteingangsparameter in diese Regelkreise wurden dabei hinterfragt und optimiert. Beispielsweise wurde bei der Ermittlung der Müllqualität die Roststabtemperatur durch die Heizwertbestimmung nach Boie ersetzt.

2.3. Retrofit 1. Kesselzug

Ein wesentlicher Schritt zur Erreichung einer verlängerten Reisezeit und einer Reduzierung der Revisionszeit war der Umbau des 1. Kesselzuges. Dieser Retrofit betraf sowohl den Wasserumlauf als auch die keramische Ausmauerung. Zudem wurden oberhalb der Ausmauerung Rohrwände mit werksgefertigtem Cladding eingebaut.

Der Umbau der drei Kessel erfolgte nacheinander von 2009 bis 2011. Dadurch war es möglich, Erfahrungen vom Umbau der ersten Linie bei den anderen beiden Linien zu nutzen.

Bild 3 zeigt den Kessel vor und nach Umbau.

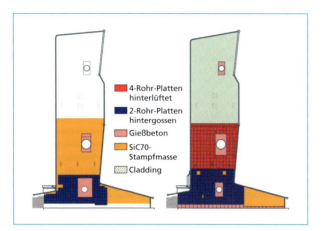

Bild 3:

1. Zug vor und nach Retrofit

Wasserumlauf

Die Decke des. 1. Zuges besaß in der ursprünglichen Ausführung nur eine Neigung von 5 Grad. Diese wurde im Zuge der Umbaumaßnahmen auf 10 Grad erhöht. Zusätzlich wurden Fallrohre der Vorderwand und der Feuerraumseitenwände geprüft und hydraulisch optimiert. Sämtliche Einbauten, die Strömungswiderstände bewirken können, wie Ausbiegungen, Gabelstücken, Entwässerungen und Messstutzen, wurden auf ein Minimum reduziert.

Durch diese Maßnahmen wurde die Umlaufzahl in der Decke und der Vorderwand des 1. Kesselzuges verbessert und eine gleichmäßigere Wärmeabfuhr erreicht. Seit dem Umbau kommt es auch zu deutlich geringeren Anbackungen und Verglasungen im Feuerraum. Zudem gibt es keine Bereiche mehr, die eine überdurchschnittliche Abzehrrate aufweisen.

Feuerfestsystem

In der ursprünglichen Ausführung war der Feuerraum bis zur Höhe der Sekundärluftdüsen mit hintergossenen 3-Rohr-Platten ausgekleidet. Die restliche keramische Auskleidung (außer um Brenner und Einlass der Klinikmüllabgase) bestand aus SiC70-Stampfmasse. Von dieser mussten in jeder Revision 30 – 40 % getauscht werden.

In der geänderten Ausführung kommen im Bereich des Feuerraumes 2-Rohr-Platten zur Anwendung; durch die so erreichte Erhöhung des Fugenraumes können Dehnungen der Platten besser kompensiert werden. Darüber wurde ein hinterlüftetes Plattensystem eingebaut. Dabei wurde das vom Hersteller vorgeschlagene System seitens der AVA Augsburg überarbeitet und optimal an die Kessel angepasst. Diese Änderungen beinhalteten die Installation von zusätzlichen Druckmessungen zwischen Plattensystem und Membranwand. Die eigentlich vom System getrennte Rückwand wurde als Ringsystem in die Zwangsbelüftung mit eingebunden. Außerdem wurde zusätzlich eine weitere Luftversorgungsleitung installiert, wodurch die Versorgung aller Platten mit Spülluft gewährleistet werden kann.

Cladding

Das schwarze Rohr oberhalb der Feuerfestauskleidung unterlag vor dem Umbau der Kessel einem hohen Verschleiß. Versuche mit thermischen Spritzschichten führten nicht zu dem gewünschten Erfolg.

Auf Basis positiver Erfahrungen anderer Anlagenbetreiber wurde die Entscheidung getroffen, die korrosionsgefährdeten Bereiche mit Cladding zu schützen. So wurden die Membranwände und die Decke im 1. Zug sowie Gitterrohre, Sammler und die Trennwand im 2. Zug mit Cladding ausgeführt.

Dazu wurde ein detailliertes Leistungsverzeichnis erstellt, das Qualitätskriterien, die über die VD TÜV 1166 hinausgehen, definiert. Dies umfasst neben einer Definition erforderlicher Qualifikationen, der Festlegung der Mindestschichtdicke und des maximalen Eisengehaltes unter anderem, dass möglichst viele Flächen im Werk unter der Bedingung einer Werkstattschweißung gecladdet werden müssen. So müssen vor Ort nur kleine Bereiche auf den Paneelwandstößen zugestellt werden. Festgehalten wurde, dass Ausbiegungen für Mannlöcher und Messstutzen mit Rundschweißungen zu versehen sind und bereits werksseitig in die Membranwände einzuschweißen sind.

Zur Qualitätssicherung durch den Auftragnehmer wurden neben den Werkstoffnachweisen und Prüfprotokollen weitere zu dokumentierende Kriterien festgelegt.

Die Einhaltung und Anwendung dieser herstellerseitigen Qualitätssicherung wurde sowohl bei der Fertigung im Werk als auch beim Einbau vor Ort durch eine intensive Qualitätsbegleitung durch einen unabhängigen Berater sichergestellt.

Auch nach Einbau wird das Cladding während der Revisionen genau begutachtet; für kleinere Ausbesserungsmaßnahmen (vor allem im Bereich des Handcladding vor Ort) stehen Schweißer mit entsprechender Qualifikation bereit.

Nach vier Jahren Betriebszeit von Kessel 2 haben sich die Erwartungen sowohl bezüglich des hinterlüfteten Plattensystems wie auch des Cladding erfüllt. Bislang mussten nur einzelne Platten gewechselt werden. Die hinter den Platten liegende Membranwand weist keinerlei Zeichen einer Abzehrung auf (Bild 4). Am Cladding findet nur eine geringe Abzehrung statt (Bild 5). Die projektierte Standzeit des Cladding von mindestens 7 Jahren sollte nach jetzigem Stand deutlich übertroffen werden.

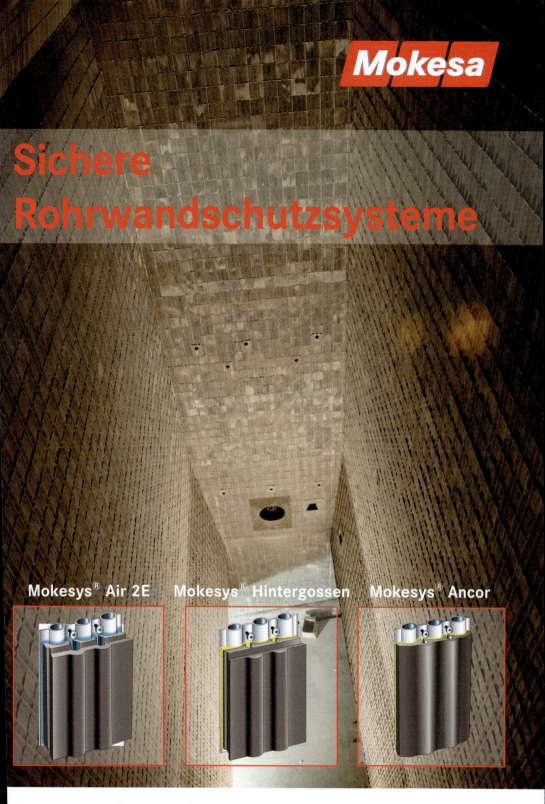

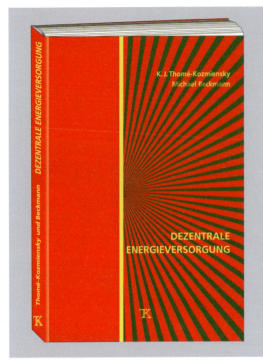

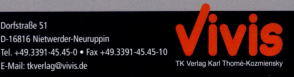

Bild 4:

Am schwarzen Rohr hinter den hinterlüfteten Platten ist nach 4 Jahren Betrieb keine Abzehrung zu erkennen

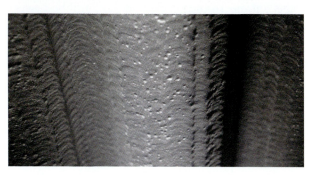

Bild 5:

Cladding direkt oberhalb Feuerfest nach 1, 2,5 und 4 Jahren Betrieb; es findet eine kontinuierliche, aber sehr langsame Abzehrung statt

Die Verschmutzung des 1. Zuges ist im Vergleich zu vor dem Retrofit wesentlich geringer. Dies lässt auf einen sehr guten Wärmeübergang des Plattensystems und der gecladdeten Wände schließen. Durch die nur geringe Verschmutzungsneigung sowohl des Plattensystems als auch des Cladding kann auf eine Online-Abreinigung des 1. Zuges komplett verzichtet werden.

2.4. Krankenhausmüll

Wie bereits beschrieben, betreibt die AVA Augsburg zwei separate Öfen zur Verbrennung von in Kliniken und Arztpraxen anfallenden infektiösen und pathologischen Abfällen. Die Abgase des Krankenhausmülls werden etwa 2 m oberhalb des Rostes in die drei Verbrennungslinien eingeleitet. Dabei haben Kessel 1 und 3 je einen Einlass an einer Seitenwand, Kessel 2 zwei Einlässe an beiden Seitenwänden.

2009/10 wurden die Krankenhausmüllöfen modifiziert. So wurde die Geometrie des Abgaseinleitungsrohres verändert, um die Abgasgeschwindigkeit dort zu erhöhen. Dies führt zu einer Reduzierung der Ablagerungen im Abgaskanal und damit zu geringeren Ablagerungen im Mündungsbereich in die Hausmüllkessel. Durch eine Änderung der Ausbiegungen am Kesseleintritt wurde eine Reduzierung der Feuerfestdicke möglich. Vor diesen Umbauten kam es im Eintrittsbereich in die Müllverbrennungskessel zu starkem Schlackefluss und Verglasung der Beläge und damit zu einer starken Schädigung der umgebenden Feuerfestzustellung. Eine Aufschmelzung von Belägen findet jetzt nicht mehr statt. Instandhaltungsmaßnahmen an der Feuerfestauskleidung konnten erheblich reduziert werden.

2.5. Wassereindüsung

Seit 2007 wird auf Sekundärluftebene Wasser eingedüst, etwa 1 m³/h pro Linie. Damit erhöht sich die Rohgasfeuchte um etwa 10 %. Die Temperaturen vor Überhitzer konnten somit abgesenkt werden.

Die Düse wird dabei durch eine Sekundärluftdüse in der Mitte der Vorderwand geführt. Durch diese Position ist nicht nur die Kühlung der Düse sichergestellt, sondern es wird auch eine gute Durchmischung mit den Abgasen erreicht, es ist keine Strähnenbildung zu erkennen.

Besondere Achtsamkeit sollte dabei auf die Tropfengröße und das Sprühbild gelegt werden, um Schäden an der Feuerfestauskleidung zu vermeiden.

2.6. Optimierungen im Bereich des Überhitzers

Abreinigung des Überhitzers

Versuche an während der Strahlreinigung abgedeckten Rohren, die somit beim Wiederanfahren belagsgeschützt sind, zeigten eine um etwa 80 % reduzierte Abzehrung gegenüber metallisch blank in Betrieb gegangenen Rohren (vgl. auch Bild 6). Die höhere Abzehrung geschieht also vornehmlich während und durch frühe Belagsbildungsprozesse auf blanken Überhitzerrohren. Die noch vorhandenen Belagsbildungen stellen eine Barriere für die stattfindenden Korrosionsprozesse dar.

Abgereinigtes Rohr — Nicht abgereinigtes Rohr

Bild 6: Vergleich der Rohroberfläche von Überhitzerrohren, die ohne (links) und mit (rechts) schützendem Belag wieder in Betrieb gegangen sind

Seit 2009 wird dieser *Belagsschutzeffekt* genutzt, um die Abzehrung der Überhitzer deutlich zu reduzieren. Die Überhitzerbündel werden nur noch gerüttelt zur Entfernung grober Verschmutzungen.

Änderung der Einspritzparameter am Überhitzer

Bild 7 zeigt das Überhitzerschaltbild. ÜH1 ist im Gegenstrom geschaltet, ÜH2 als Endüberhitzer im Gleichstrom; beide Überhitzer sind zweigeteilt. Zwischen ÜH1b und ÜH2a sowie zwischen ÜH2a und ÜH2b gibt es eine Einspritzung.

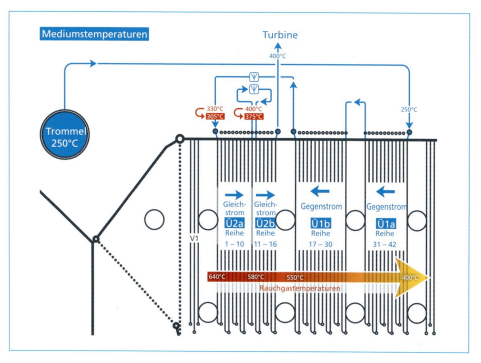

Bild 7:   Überhitzerschaltbild; durch Änderungen an der Einspritzung wurde eine Absenkung der Frischdampftemperaturen und damit der Temperaturen der Rohroberfläche an einigen Reihen erreicht

Bislang waren beide Zwischeneinspritzungen so ausgelegt, dass in Reihe 10 (vor der zweiten Einspritzung) wie auch an der letzten Überhitzerreihe 16 die Endüberhitzungstemperatur von 400 °C erreicht wurde.

Die Einspritzmenge wurde ab 2010 so abgeändert, dass vor der zweiten Einspritzung in Reihe 10 nur noch eine Temperatur von 375 °C erreicht wird und erst an der letzten Reihe 16 die Endüberhitzungstemperatur 400 °C. Damit konnte die Korrosionsneigung gerade an schwer zugänglichen Überhitzerreihen weiter deutlich reduziert werden.

Die Betriebsdaten belegen, dass ein besserer Wärmeabbau im 1. bis 3. Zug durch das in Punkt 2.1 bis 2.5 ergriffene Maßnahmenbündel erreicht wird. Zusammen mit den geänderten Dampftemperaturen und der neuen Abreinigungsmethode konnte die korrosive Belastung der Überhitzerrohre reduziert werden. Die Abzehrraten im konvektiven Teil sind deutlich abgesunken. Inzwischen nähern sie sich Werten von 0,05 mm/1.000 h von vorher bis 0,2 mm/1.000 h an. Damit können deutlich längere Betriebszeiten der Überhitzerbündel erreicht werden. In Bild 8 ist beispielhaft für Kessel 2 die Entwicklung der Überhitzerwanddicken über die Zeit aufgetragen. Anhand der Neigung der Linien ist die Entwicklung der Abzehrraten erkennbar – je stärker die Linien geneigt sind, desto höher ist die Abzehrrate. In Kessel 2 sind die Reihen 1 – 7 nun bereits 5 Jahre in Betrieb; die momentanen Abzehrraten lassen noch höhere Standzeiten zu.

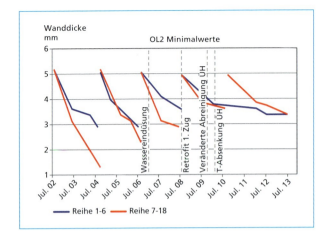

Bild 8:

Entwicklung der Wanddicken der Überhitzerreihen 1 – 6 und 7 – 10 von Kessel 2

2.7. Vorausschauende Instandhaltung/Qualitätsbegleitung

Seit 2001 werden die Revisionen durch einen externen Sachverständigen begleitet. Die Revisionen werden durch Begehung, sowohl im verschmutzten, als auch im gereinigten Zustand begleitet. Im verschmutzten Zustand liefern lokale Anomalien in den Eigenschaften der Verschmutzung (Form, Dicke, Farbe, Härte usw.) wichtige Informationen über lokal besondere Bedingungen; hierüber lassen sich potentielle Risikobereiche in Bezug auf Korrosion ableiten. Durch eine Analytik der chemischen Zusammensetzung der Beläge lässt sich ihr Korrosionspotential ermitteln.

Zu den stillstandbegleitenden Maßnahmen gehören unter anderem die Befundung der Feuerfestauskleidung, des Cladding und der ungeschützten Membranwandflächen. Dabei findet eine Qualitätsbegleitung aller Arbeiten von der Neuzustellung bis zum Austausch statt.

Wanddickenmessungen werden nicht nur im Raster vorgenommen, sondern durch das Ableuchten der Wärmetauscherflächen unterstützt. Durch die Messung der Wanddicken auf mehreren Höhen, kann für jedes Bauteil der Bereich der relativ stärksten Abzehrung ermittelt werden. Die ermittelten Restwanddicken werden in einem Wanddickenarchiv dokumentiert. So ist eine Berechnung von Abzehrraten und die Ermittlung der Restnutzungsdauer jedes Bauteils möglich. Durch die Darstellung der Werte an verschiedenen Wänden können Rückschlüsse auf spezifische betriebliche Einflüsse, z. B. die vorwiegende Position der Rauschgasströmung (ggf. Schieflagen) in der letzten Betriebsperiode gezogen werden.

Alle erhobenen Daten werden in Revisionsberichten und Lebenslaufakten der einzelnen Bauteile zusammengefasst. Zusammen mit den Erkenntnissen der vorhergehenden Revisionen werden die erhobenen Befunde ausgewertet. Die *Grenzwerte* der einzelnen Komponenten, sowohl der keramischen wie auch der metallischen Schutzschichten und Bauteile, sind bekannt, was eine vorausschauende Planung für kommende Revisionen ermöglicht.

3. Ergebnisse der getroffenen Maßnahmen

Die in den letzten Jahren ergriffenen Schritte stellen ein Maßnahmenbündel dar, das deutlich positive Auswirkungen auf die Lebensdauer einzelner Kesselkomponenten hat. Die Auswirkungen einzelner Maßnahmen sind jedoch kaum voneinander zu trennen.

Die Darstellung in Bild 9 zeigt, in welchem Umfang Verfügbarkeit, Durchsatz und Fernwärmeauskopplung seit 2008 gesteigert wurden. 2012 lag die Verfügbarkeit bei 93,6 %. Die Anzahl der Revisionstage pro Jahr an den drei Linien wurde von etwa 100 Tagen auf etwa 60 Tage gesenkt. Der Durchsatz wurde von 2008 bis 2012 um fast 15 % gesteigert; davon ist etwa 1/3 auf die Erhöhung der Reisezeit zurückzuführen. Optimierungen im Bereich der Turbinen, des Luftkondensators und der Fernwärmeabgabe erlaubten die restliche Steigerung des Durchsatzes. Im Wesentlichen konnten durch das Retrofit und die Verlängerung der Reisezeiten auch die Instandhaltungskosten deutlich reduziert werden, um etwa 40 % gegenüber 2008.

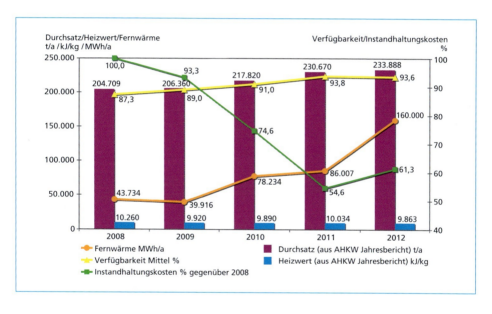

Bild 9:   Durchsatz, Verfügbarkeit, Fernwärmeauskopplung, Heizwert und Instandhaltungskosten seit 2008

4. Zusammenfassung

Mit der Verlängerung der Reisezeit von 12 auf 18 Monate und der Verkürzung der Revisionszeit konnten bei der AVA Augsburg Verfügbarkeit und Durchsatz gesteigert sowie Instandhaltungskosten reduziert werden. Ermöglicht haben dies verschiedene Optimierungsmaßnahmen an Bauteilen und Verfahrensschritten. Durch ein Retrofit des 1. Zuges mit Änderung des Wasser-Dampf-Kreislaufs, einer zusätzlichen Wasse-reindüsung sowie dem Einbau hinterlüfteter Platten und Cladding konnten Betriebsbe-dingungen realisiert werden, die auch positive Auswirkungen auf die nachgeschalteten Heizflächen zeigen. So wurde der Überhitzertauschzyklus nahezu verdoppelt. Zudem waren langjährige Optimierungen im Rostbereich erforderlich, um eine 18-monatige Reisezeit realisieren zu können.

5. Literatur

[1] Bett, M.: Übersicht von Maßnahmen zur Verbesserung der Verfügbarkeit und Reisezeit. In: Thome-Kozmiensky, K. J., Beckmann, M. (Hrsg.): Energie aus Abfall, Band 4. Neuruppin: TK Verlag Karl Thomé-Kozmiensky, 2008, S. 353-379

[2] Zickert, U.: Erfahrungen mit Abfallverbrennungsanlagen am Standort Friesenheimer Insel. In: Thome-Kozmiensky, K. J.; Beckmann, M. (Hrsg.): Energie aus Abfall, Band 6. Neuruppin: TK Verlag Karl Thomé-Kozmiensky, 2009, S. 653-667

[3] Magel, G.; Spiegel, W.; Herzog, T.; Müller, W.; Schmidl, W.: Standzeitprognose durch regelmä-ßige Kesselkontrolle. In: Born, M. (Hrsg.): Dampferzeugerkorrosion 2011. Freiberg: SAXONIA Standortentwicklungs- und -verwaltungsgesellschaft mbH, Freiberg, 2011, S. 95-112

[4] Martin GmbH: Funktionsbeschreibung ACC, Feuerleistungsregelung. München, 2007

Fünfzig Jahre und kein bisschen weise
– Korrosion und Verfahrenstechnik
in thermischen Abfallbehandlungsanlagen –

Ragnar Warnecke

Die Verbrennung von Abfall ist schon aus dem Mittelalter überliefert. In diesen Zeiten, aber auch schon vorher, wurde aus großer Armut in der Tat schon so viel verwertet wie irgend möglich war. Verwertung, stofflich und energetisch, ist also keine neue Errungenschaft. Trotz größter Verwertungsanstrengungen ist stets ein restlicher Abfall übrig geblieben, der unglücklicherweise direkt (z.B. über Sporen usw.) bzw. indirekt (durch z.B. Ratten) hygienisch bedenkliche Eigenschaften aufwies. Somit hat sich heute im Vergleich zu früher nicht viel geändert (außer, dass zum Glück in der Regel nicht mehr die Armut zum Verwerten anregt, sondern strategische bzw. ideologische Überlegungen). Der *Restabfall* wurde in den *alten Zeiten* deponiert und führte zu verschiedenen Seuchen mit teilweise katastrophalen Auswirkungen (z.B. im Rahmen der Pest mit Millionen Toten). Als diese Korrelation erkannt wurde und man sich der *reinigenden Kraft des Feuers* (eines der *vier Grundelemente*) als wirksames Gegenmittel bewusst wurde, konnte die Verbrennung von Abfall zum Gesundheitsschutz eingesetzt werden. Um die Verbrennung kontrollierter ablaufen zu lassen (ohne dass sich dabei z.B. nicht gewollt Dinge entzündeten) wurden im 19. Jahrhunderts zunächst im Ausland (London-Paddington 1870; New York 1885; Paris 1893), dann in Deutschland (Hamburg-Bullerdeich 1895) Anlagen gebaut, die zentral den Abfall verbrannten und bereits 1897 wurde in England in einer solchen Anlage die Nutzung der Energie des Abfalls zur Dampferzeugung eingesetzt [1, 20, 27, 34].

Aus den ersten 60 Jahren der Abfallverbrennung sind bisher keine Erkenntnisse zum Umgang mit Korrosionen in den Anlagen bekannt. Aus den Skizzen dieser Anlagen kann vermutet werden, dass diese Anlagen eher als Warmwasser- oder Sattdampfkessel betrieben wurden und damit das Temperaturniveau für *katastrophale Korrosion* zu gering war. Seit etwa Anfang der sechziger Jahre können jedenfalls in Anlagen mit überhitztem Dampf definitiv Literaturstellen zur Korrosion ausgemacht werden. Das bedeutet, dass man sich seit ziemlich genau 50 Jahren nachweislich intensiv mit der abgasseitigen Korrosion in müllbefeuerten Dampferhitzern beschäftigt. Gleichzeitig wurden versucht, die komplexen verfahrenstechnischen Vorgänge verfahrenstechnisch zu begreifen und in bessere Anlagenkonzepte umzusetzen. Interessant ist die Frage, ob man in dieser Zeit intensiver Untersuchungen viel, und wenn ja was, dazu gelernt hat. In Anlehnung an Curd Jürgens, der 1975 sang *60 Jahre und kein bisschen weise* könnte man fragen *50 Jahre und kein bisschen weise? – Forschung zur Hochtemperatur-Korrosion in MVA.*

Die nachfolgende Übersicht erhebt keinen Anspruch auf Vollständigkeit, ist lediglich eine grobe Darstellung des aktuellen Wissens und fasst die anstehenden Aufgaben zusammen.

1. Hochtemperatur-Chlor-Korrosion in der Abfallverbrennung

Die Korrosion (hier ist stets die Hochtemperatur-Korrosion ab etwa 250 °C bis etwa 550 °C gemeint) ist in den vergangenen Jahrzehnten untersucht worden, wobei sich die Untersuchungen gerade in jüngerer Zeit oft wiederholt haben.

1.1. Bis 1970

Nachdem in den sechziger Jahre die ersten Großmüllverbrennungsanlagen mit maximalen Rohrwandtemperaturen um 500 °C errichtet worden waren, häuften sich die Schadensfälle durch Rohrwandkorrosionen [35, 45, 46]. Die ersten Rohrreißer traten an den Rohren höchster Wärmebelastung (Überhitzerrohre) auf und wurden in der Hauptsache auf die Einwirkung der Salzsäure aus der PVC-Verbrennung auf die hoch temperaturbelasteten Rohre unter $FeCl_3$-Bildung zurückgeführt [28].

Bald darauf folgten starke Korrosionen auch an den Verdampferrohren mit Rohrwandtemperaturen um (aber auch unter) 300 °C, in einem Bereich, für den keine Korrosion durch Reaktion mit HCl mehr erwartet wurde. Derartige theoretische Aussagen sind bereits in den sechziger Jahren mittels thermodynamischer Berechnungen bestimmt worden (z.B. [6]). Diese Art der Berechnung war bereits *State-of-the-Art*. Während damals diese Berechnungen noch mühsam *von Hand* in Tagen durchgeführt werden mussten, geht das heute mit Hilfe von Computerprogrammen sehr schnell in Minuten. Im Vergleich zu den früheren Jahren besteht heute auch die Möglichkeit immer mehr Einzelspezies und deren Phasen in die Berechnung einzubinden. Dadurch ergeben sich zwar größere Ergebnisbandbreiten allerdings mit immer weniger Möglichkeiten zur Validierung der Daten.

Denn ein Großteil der Stoffdaten sind bereits vor den 1970er Jahren ermittelt worden, während die solide Stoffdatenermittlung heute leider in den Hintergrund getreten ist. Somit können wir zwar heute mehr und schneller rechnen, allerdings mit abnehmender Hinterfragung der Ergebnisse.

Eine Reihe von Bearbeitern hatte damals versucht, die Korrosionsvorgänge zu deuten, ohne dass bis 1969 eine einheitliche Anschauung erzielt werden konnte. Im April 1970 wurde in Düsseldorf eine internationale VGB-Tagung über die Korrosionen in Abfallverbrennungsanlagen abgehalten, die einen Überblick über die bis dahin angenommenen Korrosionsursachen gab. Danach wurden für die Korrosionen vier Vorgänge als verantwortlich für möglich gehalten:

a) Korrosion durch HCl und evtl. Cl_2,

b) Korrosion durch Sulfate und SO_3,

c) Korrosion durch Einfluss reduzierender Gase (Indikator: CO) über dem Feuerraum,

d) Korrosion durch (z.T. katalytische) Einwirkung von Bleioxiden.

In jedem Falle wurde davon ausgegangen, dass das korrodierende Agens zunächst mit der den Stahl stets bedeckenden Eisenoxidschicht (Magnetit (Fe_3O_4) und Hämatit (α-Fe_2O_3)) reagiert. Direkte Reaktionen mit dem Stahl sollten eine untergeordnete Rolle einnehmen, da dieser unter normalen Betriebsbedingungen sofort wieder oxidiert.

Zu a): Korrosionen durch Chlorwasserstoff und Cl_2

Nach Berechnungen von Rasch [50] und Messungen von Sundström und Steen [62] ist im Abgasstrom Chlor nur in Form von HCl zu finden.

Nach Überlegungen von Fäßler et al. [16] könnte elementares Chlor durch katalytische Einwirkung des Fe_2O_3 kurzfristig an der Oxidschutzschicht des Stahles entstehen. Weiterhin können sich aufgrund thermodynamischer Berechnungen von Reaktionen an den Heizflächen steinkohlegefeuerter Dampferzeuger aus der Reaktion von Alkalichloriden mit SO_3 und O_2 zu Sulfaten wenigstens kurzfristig Chloridionen bilden [22]. Das bedeutet, dass Korrosionen durch Reaktionen der Eisenoxid-Schichten und evtl. des Stahls, sowohl mit HCl als auch mit elementarem Chlor oder Cl-Ionen auftreten können. Die Berechnungen von Rasch [50] zeigten auch, dass unter normalen Abgasbedingungen (genügend Anwesenheit von O_2) Fe_2O_3 nicht und Fe_3O_4 nur sehr geringfügig mit HCl reagieren können. In reduzierender Atmosphäre (z.B. CO-haltig) jedoch, wenn statt Eisen (III)-Oxiden zunehmend Eisen (II)-Oxide in den Schutzschichten entstehen, soll Korrosion unter $FeCl_2$-Bildung erfolgen. Diese Korrosionsreaktion, die auch für Eisen und im Stahl enthaltene Eisencarbide gelten soll, erstreckt sich über den Bereich von 250 bis 550 °C; oberhalb und unterhalb dieser Temperaturen nehmen die Reaktionsraten schnell ab.

Zu b): Sulfatkorrosionen

Während die Beteiligung des Chlors an den Korrosionen durch die gefundene Anreicherung des Chlors auf korrodierten Rohren als sicher angesehen werden konnte, beruhten die Annahmen über den Einfluss von Sulfaten oder SO_3 auf die Korrosionen nur auf theoretischen Überlegungen, chemischen Belag-Analysen oder Übertragung von Beobachtungen aus steinkohlegefeuerten Dampferzeugern. So wurden als Korrosionsursachen angenommen:

1. die Bildung von Alkalipyrosulfaten und Reaktionen der Alkalipyrosulfate mit der Eisenoxidschicht des Stahls zu Alkalieisensulfaten [16],

2. Die Zersetzung von Alkalieisensulfaten zu Eisenoxid, Alkalisulfat und SO_3, das den Stahl korrodiert [16] sowie die Zersetzung von Alkalipyrosulfaten zu Sulfaten und SO_3 [2] und

3. die Bildung von Sulfatschmelzen (Eutektika tiefschmelzender Sulfate) [49] mit evtl. Schmelzpunkterniedrigung durch den Einfluss von Chloriden.

Zu c): Korrosionen in *reduzierender* Atmosphäre

Die häufig an Verdampferrohren auftretenden Korrosionen wurden oft in Zusammenhang mit der Tatsache gebracht, dass in den Abgasen in der Nähe der Verdampferrohre CO gemessen wurde. Ohne dass der Korrosionsmechanismus aufgrund von Untersuchungen wenigstens wahrscheinlich gemacht werden konnte, wurde ein Einfluss von CO oder sogar CO als Korrosionsursache angenommen [50, 74].

Zu d): Korrosionen durch Einfluss von Bleioxiden

Da Flugaschebeläge in Hausmüllverbrennungsanlagen bis zu einigen Gewichtsprozenten Bleiverbindungen enthalten können, schlossen [Bryers und Kerekes 1970], dass ein Teil der Korrosionen auf Reaktion von vierwertigem Blei in Bleioxiden entweder mit katalytischen Auswirkungen oder verbunden mit Sauerstoffspaltung (= Sauerstoffkorrosion) zurückgeführt werden kann.

Nur die Reaktion von Stahl bzw. dessen Oxidschutzschichten mit Chlor in irgendeiner chemischen Form konnte durch die Anreicherung von Eisenchlorid ($FeCl_3 \cdot 6\,H_2O$) [28] an der Grenze Stahl/Zunder einiger korrodierter Rohre bis dahin als bewiesen betrachtet werden. Der Ablauf der Eisenchloridbildung, d.h. der Korrosionsmechanismus, musste aus Unkenntnis der ursprünglich an den Rohrwänden vorhandenen Verbindungen Vermutung bleiben. Das galt in verstärktem Maße für die übrigen angenommenen Korrosionsvorgänge, die nur auf der Übertragung von Beobachtungen aus steinkohlegefeuerten Dampferzeugern, thermodynamischen Berechnungen und Interpretationen von chemischen Analysen im rohrfernen Bereich beruhten.

Zwei Versuche waren unternommen worden, durch Röntgenanalyse Auskunft über die Phasenzusammensetzung der Rohrbeläge zu erhalten:

Fäßler et al. [16] konnten aus der Vielzahl von damals nicht identifizierbaren Verbindungen in Belägen einiger Abfallverbrennungsanlagen der chemischen Industrie (nur bedingt zu vergleichen mit Belägen aus Hausmüllverbrennungsanlagen) Hämatit (α-Fe_2O_3), $ZnFe_2O_4$, K_2SO_4, $(K, Na)_2SO_4$ und $CaSO_4$ nachweisen. Pollmann [47] vermutete neben $CaSO_4$, Quarz (SiO_2) und Hämatit das Auftreten von $K_3Al(SO_4)_3$ und $K_3Fe(SO_4)_3$. Aus diesen noch unvollständigen Untersuchungen konnten jedoch keine Hinweise für oder gegen eine der Korrosionstheorien erhalten werden.

1.2. Von 1970 bis 1990

Das war der *unklare* Stand der Kenntnisse bis etwa 1970. Danach begannen sowohl in Deutschland [30, 31, 32, 33, 63] als auch in den USA [25, 42, 65] gezielte und breiter angelegte Untersuchungen, welche die Korrosionsvorgänge, wissenschaftlich besser untermauert, verstehen ließen. Auch in den Niederlanden wurden in gewissem Umfang gezielte Untersuchungen durchgeführt (z.B. [14]). Diese können insgesamt bis 1978 als abgeschlossen betrachtet werden.

Danach ließen sich, jetzt gut wissenschaftlich untermauert, die Korrosionsvorgänge an Wärmetauscherrohren weitgehend auf Reaktion des Rohrwandmaterials mit Chlorverbindungen zurückführen; nur in einem Falle konnte *Sulfatkorrosion* festgestellt werden:

a) zeitlich begrenzte Eisenchloridbildung bei der ersten Oxidschichtbildung am blanken Stahl während der Inbetriebnahme [30],

b) Korrosion durch $FeCl_2/FeCl_3$-Bildung und –Verflüchtigung in sauerstofffreier Abgasatmosphäre (angezeigt durch u.a. hohen CO-Gehalt im Abgas [30, 32],

c) Korrosionen durch Chlor, das bei der Sulfatisierung von an den Rohrwänden *kondensierten* Alkalichloriden freigesetzt wird [30],

d) Korrosion durch eutektische Schmelzbildung von Alkali- und Schwermetallchloriden [31],

e) Korrosion durch Alkalisulfatschmelzen bei hohen Alkali- und Schwermetallgehalten im verfeuerten Abfall und Rohrwandtemperaturen über 550 °C [63],

Mit Thömen et al. [63] und Schirmer u. Thömen [52] wurde auch der Einfluss der Abfallzusammensetzung und der Anlagenauslegung auf Korrosionsvorgängen (erstmalig) eingehender diskutiert.

1.3. 1990 bis 2005

Zwar sind seit Anfang der 1980 nur wenig grundlegende neuen Erkenntnisse zu den Ursachen und Mechanismen der Korrosionsvorgänge gewonnen worden, es sind jedoch die Modelle besser herausgearbeitet und über z.B. thermodynamische Berechnungen ein besseres Verständnis ermöglicht worden Born/Seifert [8]und Born/Bachhiesl [9], sowie über Betrachtungen zur Kinetik der Vorgänge [26].

Es wurden detaillierte Untersuchungen zum Mechanismus der durch HCl bzw. durch feste Alkalichloride induzierten Korrosion durchgeführt. So wurde von Grabke und Mitarbeitern gezeigt [18], dass die HCl induzierte Korrosion dem Mechanismus der ,aktiven Oxidation' zu Grunde liegt, d.h. eine komplizierte Abfolge von katalytischer Oxidation des HCl auf der Oberfläche des oxidierten Stahles, der Einwärtsdiffusion von Chlor an die Phasengrenze Metall/Oxid mit anschließender Reaktion zu $FeCl_2$ und anschließendem Verdampfen als $FeCl_2(g)$. Die Auswärtsdiffusion und anschließende Reoxidation führt dann zu den erwähnten Korrosionsschäden. Ein geschwindigkeitsbestimmender Schritt dieser Reaktion ist möglicherweise die Auswärtsdiffusion des $FeCl_2$, daher ist der Dampfdruck der gasförmigen Chloride für die Korrosionsgeschwindigkeit von entscheidender Bedeutung und ab etwa 10^{-5} bar relevant.

Im Falle fester Chloride aus Belägen sind andere chlorbildende Reaktionen vorgelagert, insbesondere Reaktionen fester Chloride mit Oxidschichten und der Stahloberfläche.

Zur salzschmelzeninduzierten Korrosion wurde die Wirkung schmelzflüssiger schwermetallhaltiger Sulfate und Chloride systematisch dargestellt und Korrosionsmodelle auf der Basis des sauren und basischen Aufschlusses durch Sulfat bzw. Auflösungs- und Wiederausscheidungsmechanismen durch flüssiges Chlorid dargelegt [55].

Eine zusammenfassende Beschreibung dieser Korrosionsformen sowie die Wirkung einzelner Legierungselemente findet sich bei Spiegel [56].

Schwerpunkt ab 1990 ist außerdem die Erarbeitung von Lösungen zur Korrosionsminderung gewesen, dazu sind vielfältige Beschichtungsarten und Beschichtungswerkstoffe untersucht worden Mayrhuber, [39], Spiegel [57], Ansey [4], Crimmann [11] und viele Andere.

Weiterhin haben sich über die Veränderung des verfeuerten Abfalls und die konstruktiven Änderungen an den Anlagen die Probleme verschärft und zum Teil in ihren Gewichtungen verlagert. Dazu sind verschiedene Analysen im Hinblick auf die Wechselwirkung der Korrosion mit der Konstruktion und Verfahrenstechnik von Feuerung und Dampferzeuger durchgeführt worden [71].

Ein Schwerpunkt der Tätigkeit in dieser Periode war die Untersuchung diverser metallischer und nicht-metallischer Schutzschichten für die Wärmeüberträger. Insbesondere stand für Verdampferwände die Optimierung des Auftragsschweißens (*Claddings*) von Nickel-basierten Werkstoffen im Vordergrund. Während im Verdampferbereich sehr gute Ergebnisse mit Cladding und hinterlüfteten Feuerfestplatten [36] erzielt werden konnten, wurde ein Durchbruch zur signifikanten, wirtschaftlichen Verringerung der Korrosion im Bereich der Überhitzer nicht erreicht. Neben Cladding stand hier insbesondere das thermische Spritzen mit den verschiedensten Verfahren im Fokus. Tiefgreifende Erkenntnisse für das Verständnis der Korrosion konnten im Rahmen dieser Arbeiten eher nicht gewonnen werden.

Ein weiterer Erklärungsansatz wurde über die Charakterisierung der Aerosolphase im Abgas beschritten. Hintergrund der Überlegungen war die sich durchsetzende Erkenntnis, dass die Hochtemperatur-Chlor-Korrosion (HT-Cl-Korrosion) stets in Verbindung mit Belägen einhergeht. Diese Beläge resultieren aus der Ablagerung von Aerosolen (feste, flüssige und fest-flüssige Partikel) auf den Wärmeüberträgerflächen. Bereits 1999 wurden erste systematische Messungen zur Bestimmung der Aerosolphase in MVA-Dampferzeugern durchgeführt [67], die zwar auf eine einzelne Anlage begrenzt waren, jedoch das vollständige Spektrum der Partikel vom 1. Zug bis zum Überhitzer unter Berücksichtigung einer anlagenscharfen Massenbilanz mit der Auskunft über Fraktionenverteilung und chemische Zusammensetzung darstellte. Weitere Tastversuche im Dampferzeuger wurden von der Arbeitsgruppe um W. Spiegel durchgeführt [41].

Sehr ausgeprägt begann Ende der neunziger Jahre die deskriptive Behandlung von Korrosionserscheinungen. Insbesondere durch die Firma CheMin [59] wurden zahlreiche Schadensfälle aufgenommen, umfassend dokumentiert und bewertet.

Zudem wurde in verschiedenen Publikationen das bisher bekannte Wissen zusammengefasst (z.B. [61, 71]).

1.4. Ab 2005

Nach 2005 wurden die Anstrengungen zur Korrosionsminderung durch verschiedene thermische Spritzverfahren und Auftragung von anorganischen Schutzschichten verstärkt. Bei bestimmten Anwendungen mit sogenannten Nachverdichtungen konnten teilweise positive Erfolge erzielt werden, die sich aber bisher nicht großflächig durchsetzen konnten.

Grundlegende wissenschaftliche Untersuchungen wurden um verschiedene Arbeitsgruppen der Dechema herum durchgeführt und auf internationalem Feld zusammengetragen (z.B. [17]).

In die Ursachenforschung für die HT-Chlor-Korrosion wurde die Wärmestromdichte einbezogen [60]. Durch die Feststellung des Übereinstimmens von Hauptkorrosionszonen und Hauptzonen hoher Wärmestromdichten wurde durch die Korrelation der beiden Mechanismen eine Kausalität abgeleitet, die jedoch nicht unumstritten ist.

Verstärkt wurde die Charakterisierung der Partikelphase vorangetrieben. Dazu wurden u.a. die Arbeiten von [67] vorangetrieben. Es konnten somit in verschiedenen Anlagen vergleichende Untersuchungen gemacht werden, die eine weitergehende Interpretation der Zusammenhänge ermöglichte [12, 44].

Unter Berücksichtigung des Fokuses auf die Partikelphase wurden von der Universität Augsburg erstmals in Laboranlagen Versuche mit chloridhaltigen Aerosolen zur realitätsnahen Untersuchung der Korrosionsprozesse vorgenommen [40]. In der gleichen Arbeitsgruppe wurde mit der Aufnahme kinetischer Daten für die Sulfatierungsreaktionen begonnen [21].

Trotz zahlreicher Aktivitäten konnte der Durchbruch im vollständigen, durchgängigen Verständnis der Korrosionsvorgänge in MVA noch nicht erreicht werden.

2. Verfahrenstechnik in der Abfallverbrennung

Die Verfahrenstechnik in der Abfallverbrennung soll sich hier insbesondere auf den brennstoff- und abgasseitigen Bereich von Feuerung und Dampferzeuger reduzieren und dabei im Wesentlichen den korrosionsrelevanten Bezug herleiten.

2.1. Bis 1970

Die Verfahrenstechnik in der Abfallverbrennung orientierte sich, schon geschichtlich bedingt, weitgehend an den Kenntnissen aus Kohlekraftwerken und teilweise von kleineren Holzöfen.

Grundlegend basiert die Auslegung auf den bekannten Verbrennungsrechnungen wie sie z.B. bei Baehr [5] zusammengefasst werden und auf der stöchiometrischen Zuweisung von Spezies zum Sauerstoff und den entsprechenden Enthalpien der vollständigen Verbrennung. Zum Stoffumsatz in der Verbrennung wurden u.a. bereits von Gumz [19] die wichtigen Teilprozesse der Verbrennung, d.h. Trocknung, Pyrolyse, Vergasung, Verbrennung, Nachverbrennung, herausgearbeitet.

D.h. bereits zur Zeit, in der man sich begann intensiver mit der Korrosion in MVA zu beschäftigen, waren in der Verbrennungstechnik die Grundlagen bereits bekannt. Die wesentlichen Stoffdaten für die Berechnung des Umsatzes der Grundelemente C, H, O, N, S, Cl zu den Verbrennungsprodukten waren schon lange ermittelt. Selbst die Umwandlung der Minoritätskomponenten wie Alkalien, Erdalkalien, Schwermetalle usw. zu Einzelphasen konnte im Rahmen thermodynamischer Berechnungen bereits zuverlässig berechnet werden.

2.2. 1970 bis 1995

In den Jahren bis 1990 wurden die Anlagen neben der Berechnung von Globalverbrennungsrechnungen im Wesentlichen auf der Basis von Erfahrungen bzw. Trail-and-Error errichtet. Wissen wurde in verschiedenen Nomogrammen niedergelegt. Zahlreiche davon sind bei Reimann und Hämmerli [51] und Thomé-Kozmiensky [64] zusammengetragen worden. Weitere Ausführungen, insbesondere zur Prozessbilanzierung und zu Emissions-Schadstoffbildungen finden sich z.B.[53].

Zu korrosionsrelevanter Verfahrenstechnik wurde eher wenig Substantielles publiziert. Allerdings ist in dieser Zeit das sogenannte Flingernsche Korrosionsdiagramm entstanden. In diesem wurde von Kümmel [38] ein Bezug zwischen der Rohrwandtemperatur und der Abgastemperatur aus Erfahrungswerten sowie aus Daten eines vom BMBF geförderten Forschungsprojektes an der Anlage Düsseldorf-Flingern abgeleitet. Dieses Korrosionsdiagramm erhielt nachfolgend zunehmend Bedeutung für die Argumentation hinsichtlich der korrosionssicheren Auslegung von Dampferzeugern.

2.3. Ab 1995

Ab etwa 1995 wurden interessante verfahrens- und apparatetechnische Anstrengungen unternommen, um der Korrosion Einhalt zu gebieten. Neben den schon erwähnten hinterlüfteten Platten, mit denen in Kombination mit Cladding die Korrosion im 1. Zug auf ein wirtschaftlich vernünftiges Maß reduziert werden konnte, wurden Überlegungen umgesetzt die Endüberhitzung in separaten Einheiten durchzuführen. So wurde in der MVA Mannheim in einem sogenannten Rucksack-Überhitzer mit Gasbeheizung die Endüberhitzung vorgenommen, so dass die Überhitzer im Abfallkessel bei niedrigeren Temperaturen erfolgen konnten [3]. Die Reduzierung der Rohrwandtemperatur im Überhitzer durch nachgeschaltete Endüberhitzung wurde z.B. auch in der MVA Moerdijk, Niederlande, durch die Übergabe des vorüberhitzten Dampfes an ein nebenstehendes Gaskraftwerk realisiert.

Während die Verminderung der Endüberhitzungstemperatur des Dampfes zwar eine Möglichkeit der Korrosionsminderung ist aber in der Regel zu Lasten des elektrischen Wirkungsgrades geht, wurde alternativ versucht die Abgastemperatur bei möglichst hoher Dampftemperatur so niedrig wie möglich zu halten. Die dafür eingesetzten Verfahren reinigen im Wesentlichen mit Wasser die Züge vor dem Konvektionsteil des Dampferzeugers, um die Wärmeübertragung aus dem Abgas in den Wasser-Dampf-Kreislauf zu verbessern [37]. Alternativ sorgen Online-Reinigungen mit z.B. Sprengstoff für einen ähnlichen Effekt.

AMSTAR 888®
STATE-OF-THE-ART BESCHICHTUNG FÜR DEN DAMPFERZEUGER

Eine Feldapplikation für den Korrosions- und Erosionsschutz um Lebensdauer zu erhöhen und Stillstände effizienter durchzuführen

AMSTAR 888® stellt ein bewährtes, selbstversiegelndes cladding/coating Verfahren dar, welches seit mehr als einem Jahrzehnt in verschiedenen Industrien erfolgreich gegen Korrosion und Erosion zum Einsatz kommt. In bestimmten Bereichen und in manchen Regionen ist AMSTAR 888® bereits zum Marktführer avanciert.

Im Gegensatz zu konventionellen Verfahren ist AMSTAR 888® weder durch die Mindestwandstärke des zu beschichtenden Materials noch durch die verfahrenstechnisch maximale Auftragsdicke des aufgetragenen Materials limitiert. Ganz im Gegenteil, AMSTAR 888® kann durch seine patentierte Materialzusammensetzung nahezu frei skalierbar eingesetzt werden, was einen geradezu idealen Schutz in Dampferzeugern der Abfallverwertungsindustrie darstellt.

- Reduzierung der Betriebs- und Instandhaltungskosten durch
  – Verlängerung der Lebensdauer des eingesetzten Rohrmaterials
  – die nahezu freie Skalierbarkeit der aufzutragenden Materialstärke
  – den Einsatz von einem einzigen Material gegen Korrosion und Erosion

- Erhöhung der Profitabilität durch kürzere, planbare Stillstände im Vergleich zur auftragsgeschweißten Variante

- Reduzierung der geplanten sowie der ungeplanten Stillstände durch einfache Reparaturfähigkeit des AMSTAR 888®

- Lebensdauer des eingesetzten Rohrmaterials wird weder durch die Einflüsse der Korrosion noch der Erosion begrenzt

www.alstom.com

ALSTOM
Shaping the future

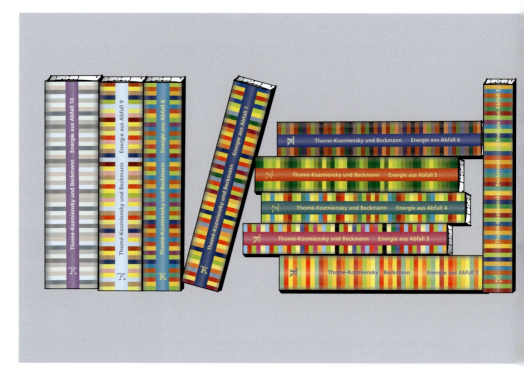
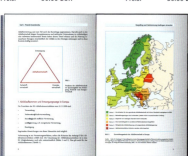

Ein weiterer Ansatz war das Abscheiden von Schadstoffen vor dem Konvektionsteil. Über eine Schadstofffalle, d.h. ein Eco- oder Verdampferbündel mit einer engen Teilung, kann ein erheblicher Anteil (beispielsweise rund 25 Prozent) der chlorhaltigen Aerosolphase vor den Überhitzern abgeschieden werden [43]. Durch die kostenintensive Installation hat sich das System bisher insbesondere für Nachrüstungen nicht durchsetzen können.

Grundlegende feuerungstechnische Betrachtungen sind an zahlreichen Stellen durchgeführt worden (z.B. [54]), die aber weniger die Korrosion im Fokus hatten.

Ein besseres Verständnisses des Verbrennungsprozesses kann bei dem Ansatz helfen, bestimmte besonders korrosive Chloride entweder gar nicht entstehen zu lassen oder in weniger korrosive umzuwandeln. Dazu wurden Messungen, Simulationen und Berechnungen angestellt, um Zustände zu finden, die potentiell zu den besonders korrosiven Chloriden führen bzw. diese vermeiden [72]. Zusätzlich hat seit Ende der neunziger Jahre die Simulation von Dampferzeugern mittels CFD-Programmen ein weiteres Optimierungspotential eröffnet. Ebenso ist die Simulation der Feuerung große Schritte vorangekommen und mittlerweile in der Lage die Freisetzung bestimmter Chlorspezies zu prognostizieren [73].

Im Feld des verfahrenstechnischen Verständnisses ist nichtsdestotrotz noch viel Arbeit zu leisten, da die Prozesse schnell unter hohen Temperaturen mit einer extrem hohen Zahl von Spezies ablaufen.

3. Zusammenfassung und Ausblick

Es kann zusammenfassend festgehalten werden, dass vor 50 Jahren bereits in kurzer Zeit ein erhebliches Wissen sowohl im Bereich der Hochtemperatur-Chlor-Korrosion als auch im Bereich der Verfahrenstechnik von Abfallverbrennungsanlagen zusammengetragen wurde. Diese wesentlichen Erkenntnisse haben sich dann nur sehr langsam weiterentwickelt. Es scheint hier eine systematische Koordinierung zu fehlen, die offene Fragen zu den richtigen Lösungsgebern kanalisiert.

Die folgenden Fragen sind dabei sicherlich die brennendsten:

- Verfahrenstechnik:

  * Exaktes Freisetzungsverhalten der chlorhaltigen Partikel aus dem Brennbett

  * Umbildung der Chloride insbesondere in Feuerraum und 1. Zug
    (mit der Frage, ob Chloride in der Flugphase umgewandelt werden können –
    z.B. durch bestimmte Temperaturbereiche)

  * Anlagerung der Chloride an Rohr und Belag

- Korrosion:

  * Stofftransport der Chloride durch den Belag zur Rohrwand

  * Kinetische Beschreibung der chemischen Umsetzung der Chloride in Belag

  * Ermittlung des geschwindigkeitsbestimmenden Prozesses.

Die Bearbeitung dieser Fragestellungen wird in den kommenden 3 Jahren mit Hilfe des BMBF-geförderten Forschungsprojektes *VOKos* im Rahmen des MatRessource-Programms möglich werden.

Besonders relevant ist dabei die Kenntnis der Umsetzung der Chloride im Belag, da die hohen Chloridgehalte der im Abgas enthaltenen und teilweise als Belag abgeschiedenen Aerosole dort (d.h. im Belag) massiv reduziert werden (Bild 1).

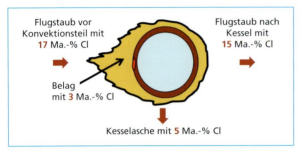

Bild 1:

Chlorgehalte in der Bilanz um den Konvektionsteil eines Dampfer-zeugers

Wichtig ist ferner, dass alle relevanten Einflussgrößen in Betracht gezogen werden. So zeigt gerade die Betrachtung der vergangenen Jahrzehnte oft einen einseitigen Blick auf die Problemstellung. Beispielsweise wurde lange Zeit die Erosion gerade an Stellen hoher Strömungsgeschwindigkeit als ergänzender Mechanismus überbewertet, obwohl der nur in sehr wenigen Fällen relevant sein kann, da die Rohre offensichtlich durch den Belag *geschützt* sind [24]. Diese Beobachtungen sowie Messungen von EU 46 [15] zeigten jedoch den großen Einfluss der Strömungsgeschwindigkeit. Um deren Einfluss wurde das Flingernsche Korrosionsdiagramm erweitert [69].

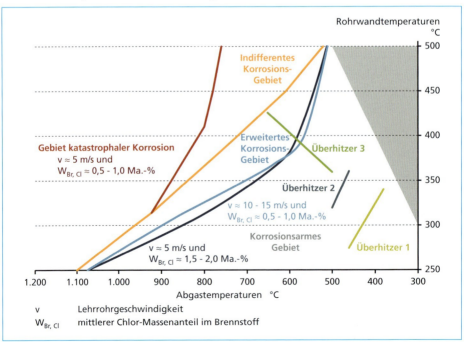

Bild 2: Um Geschwindigkeits- und Brennstoff-Chlor-Einfluss erweitertes Korrosionsdiagramm

Da selbstverständlich auch die Höhe des Chlorgehaltes im Abgas, als Gas wie auch als Aerosol, ein wichtiges Kriterium sein muss, wird vorgeschlagen, auch diesen Einfluss in das Korrosionsdiagramm aufzunehmen (Bild 2). Die dort eingefügte gestrichelte Linie ist eine grobe Skizzierung der Zusammenhänge basierend auf lediglich 3 Anlagendatensätzen.

Der hier vorgestellte Abriss der Entwicklung zur Hochtemperatur-Chlor-Korrosion und Verfahrenstechnik in thermischen Abfallbehandlungsanlagen ist sicher nicht vollständig und ersetzt keine eigene Literaturrecherche. Er soll jedoch die Komplexität der Problematik darstellen, die nur durch einen weitergehenden Gedankenaustausch als bisher gelöst werden kann. Zu dieser stärkeren Kooperation sei an dieser Stelle aufgerufen. Dies schließt aber auch Kritik an immer wieder gleichen, nicht weiterführenden Untersuchungen ein, und die Anregung zum Mut, ruhig mal schwierigere Teilprobleme anzugehen.

In dem Sinne sei ein guter Wirkungsgrad gewünscht.

4. Literatur

[1] http://www.stadtreinigung-hh.de/srhh/opencms/ueberuns/unternehmen/geschichte/, 2013

[2] Aeberli, H.: Die Müllverbrennung und ihre Probleme hinsichtlich rauchgasseitiger Korrosionen. VGB-Sonderheft: Korrosionen in Müll- und Abfallverbrennungsanlagen, Düsseldorf, 1970, S. 22 – 29

[3] Albert, F. A.: Korrosion bei müllgefeuerten Dampferzeugern – Beobachtungen, Maßnahmen, Erfolge, offene Fragen. In: M. Born (Hrsg.): Rauchgasseitige Dampferzeugerkorrosion – Erfahrungen bei der Schadensminderung –. Verlag Saxonia, Freiberg i. S., 2003, S. 137-178

[4] Ansey, J.-W.; Ahrens, F.: Dickschichtvernickeln als Korrosionsschutz für Bauteile in Kesselanlagen. VGB PowerTech, 12, 2003, S. 106-110

[5] Baehr, H.-D.: Thermodynamik. 12. Auflage. Düsseldorf: Springer Verlag, 2005

[6] Boll, R. H.; Patel, H. C.: The role of chemical thermodynamics in analyzing gasside problems in boilers. Transaction of the ASME – Journal of Engineering for Power 83, 1961, S. 451-467

[7] Born, M.; Seifert, P.: Chlorkorrosion an Dampferzeugern, VGB-Kraftwerkstechnik 76, 1996

[8] Born, M.; Seifert, P.: Thermodynamische Berechnungen aus Chlorinduzierten Korrosion an Heizflächen von Feuerungsanlagen. VGB-Techn. Wissensch. Berichte Wärmekraftwerke, VGB-TW, 214, 1997

[9] Born, M.; Bachhiesl, M.: Thermodynamische Grundlagen und Mechanismen der Hochtemperatur-Chlorkorrosion an Dampferzeugern bei der Verbrennung und Mitverbrennung von Abfällen, in: Rauchgasseitige Dampferzeugerkorrosion, Freiberg: Verlag SAXONIA, 2003

[10] Bryers, R. W.; Kerekes, Z.: Survey of ash deposits and corrosion in refuse fired boilers. VGB-Sonderheft Korrosionen in Müll- und Abfallverbrennungsanlagen; Düsseldorf, 1970, S. 34 – 41

[11] Crimmann, P.: Korrosionsschutz durch Thermisches Spritzen. Berlin: Tagungsbeitrag, 9. Fachtagung thermische Abfallbehandlung, Februar 2004

[12] Deuerling, C.; Maguhn, J.; Nordsieck, H.; Reznikov, G.; Zimmermann, R.; Warnecke, R.: Particle sampling in the hot flue gas of a municipal waste incineration plant. In: EAC – European Aerosol Conference 2005 – Conference Proceedings, Poster 373. Gent, 28.08.-02.09.2005

[13] Dunderdale, J.; Durie, R. A.; et al.: Studies relating to the behaviour of sodium during the combustion of solid fuels. In: Johnson, H.R.; Littler, D. J. (Hrsg.): Mechanisms of Corrosion by Fuel Impurities.London: Butterworth, 1963, S. 139 – 144

[14] Elshout, A. J.; van Engelen, B. l.; Jelgersma, J. H. N.: Untersuchung von Elektrofilterkorrosionen in einer Müllverbrennungsanlage. Düsseldorf: VGB-Sonderheft Korrosionen in Müllverbrennungsanlagen, 1970

[15] Maisch, S.; Warnecke, R.; Horn, S.; Haider, F.: EU 46: Korrosion in Anlagen zur thermischen Abfallbehandlung – Weiterentwicklung und Optimierung einer online Korrosionssonde. Erstellt für: Bayerische Staatsministerium für Umwelt und Gesundheit. Schweinfurt; Bearbeitungszeitraum: November 2007 – Februar 2010

[16] Fäßler, K.; Leib, H.; Spähn, H.: Korrosion an Müllverbrennungskesseln. Mitteilungen der VGB 48, S. 126 – 138, 1968

[17] Galetz, M. C.; Bauer, J. T.; Schütze, M.; Noguchi, M.; Takatoh, C.; Cho, H.: The influence of copper in ash deposits on the corrosion of boiler tube alloys for waste-to-energy plants. In: Materials and Corrosion, 2012, 63, No. 9999

[18] Grabke, H. J.; Reese, E.; Spiegel, M.: „High temperature corrosion of steels by chlorides and deposits from waste incineration." Corr. Sci., 37, 1995

[19] Gumz, W.: Kurzes Handbuch der Brennstoff- und Feuerungstechnik. Heidelberg: Springer Verlag, 1962

[20] Günther, Hanns: Gold auf der Straße – Was aus Abfallstoffen werden kann. Stuttgart: Dieck & Co. Franckh's Technischer Verlag, 1929

[21] Haider, F.; Horn, S.; Maisch, S.; Warnecke, R.: Bestimmung kinetischer Daten zur Sulfatierung von Chloriden. In: VDI-Wissensforum (Hrsg.): Feuerung und Kessel - Beläge und Korrosion in Großfeuerungsanlagen – Fachkonferenz am 22.-23. Juni 2010 in Frankfurt. Düsseldorf: VDI-Verlag, 2010

[22] Halstead, W. D.; Hart, A. B.: The role of chloride in corrosion by flue gas deposits. VGB-Sonderheft Korrosionen in Müll- und Abfallverbrennungsanlagen, Düsseldorf, 1970, S. 48 – 52

[23] Harpeng, J.; Warnecke, R.: Aussagekraft der Analysen von Belagsproben aus MVA-Kesseln, Göttingen: VDE-Wissensforum, Seminar 430503, 2003

[24] Harpeng, J.; Warnecke, R.: Analyse von Belägen für verfahrenstechnische und konstruktive Aussagen. In: VDI-Wissensforum (Hrsg.): Beläge und Korrosion, Verfahrenstechnik und Konstruktion in Großfeuerungsanlagen – Seminar am 25.-26. April 2006 in Würzburg. Düsseldorf: VDI-Verlag, 2006

[25] Hecklinger, R. S.; et al.: Three Years of Operating Experience with a Waterwall Boiler at the Oceanside Disposal Plant. In: Bryers, R.W. (Hrsg.): Ash Deposits and Corrosion due to Impurities in Combustion Gases. Hemisphere Publishing Corporation, Washington, 1978

[26] Hohmann, U.: Kinetische Betrachtungen zur chlorinduzierten Hochtemperaturkorrosion, In: Rauchgasseitige Dampferzeugerkorrosion, Freiberg: Verlag SAXONIA, 2003

[27] Hösel, G.: Unser Abfall aller Zeit: Eine Kulturgeschichte der Städtereinigung. München: Kommunalschriften-Verlag Jehle München GmbH, 1990

[28] Huch, R.: Chlorwasserstoffkorrosionen in Müllverbrennungsanlagen. Brennstoff – Wärme – Kraft 18, S. 76 – 79, 1966

[29] Jackson, P. J.: The physicochemical behavior of alkali-metal compounds in fireside boiler deposits. In: Johnson, H. R.; Littler, D. J. (Hrsg.): Mechanisms of Corrosion by Fuel Impurities. London: Butterworth, 1963, S. 484 - 495

[30] Kautz, K.: Korrosionsursachen in Hausmüllverbrennungsanlagen, Mitteilungen der VGB, 57, 1971

[31] Kautz, K., Tichatschke, J.: Zusammenhänge zwischen Rauchgasverhältnissen, Kesselbelastung und Korrosionen in einer kommunalen Müllverbrennungsanlage, Mitteilungen der VGB, 52, 1972

[32] Kautz, K.: Kristallchemische Untersuchungen zu den Ursachen der Korrosionen an Dampferzeugern in Müllverbrennungsanlagen, N. Jb. Mineralogische Abhandlungen 123, 3, 1975

[33] Kautz, K.: The causes of boiler metal wastage in the Stadtwerke Duesseldorf incineration plant. In: Bryers, R.W. (Hrsg.): Arch Deposits and Corrosion Due to Impurities in Combustion Gases. Hemisphere Publishing Corporation, Washington, 1978

[34] Keller, R: Müll – Die gesellschaftliche Konstruktion des Wertvollen. Die öffentliche Diskussion über Abfall in Deutschland und Frankreich. 2. Auflage. Wiesbaden: VS Verlag für Sozialwissenschaften/GWW Fachverlage GmbH, 2009

[35] Köhle, H.: Feuerseitige Ablagerungen und Korrosionen bei Müllverbrennungskesseln. Mitteilungen der VGB, 1966, S. 177 – 179

[36] Krüger, J.; Drexler, J.: Korrosionen an Membranwänden im Feuerraum durch thermisch-mechanische Beanspruchung der Feuerfestauskleidung. VGB-Fachtagung Thermische Abfallverwertung, 1997

[37] Krüger, J.: Verhalten von Tropfen bei der Online-Kesselreinigung mit Wasser. In: Thomé-Kozmiensky, K.J.; Beckmann, M.: Energie aus Abfall, Band 7. Neuruppin: TK Verlag Karl Thomé-Kozmiensky, 2010, S. 313 - 325

[38] Kümmel, J.: Dampfkessel in Hausmüll- bzw. Restmüllverbrennungsanlagen. VDI (Hrsg.)

[39] Mayrhuber, J.: Hochtemperaturkorrosion metallischer Werkstoffe in realen und synthetischen Rauchgasen der thermischen Müllentsorgung. Dissertation. Universität Graz, 1992

[40] Maisch, S.; Haider, F.; Horn, S.; Müller, V.; Warnecke, R.: Quantifizierte Korrosionsgeschwindigkeit in Abhängigkeit von der Rohrwand- und Rauchgastemperatur. In: VDI-Wissensforum (Hrsg.): Feuerung und Kessel - Beläge und Korrosion in Großfeuerungsanlagen – Fachkonferenz am 22.-23. Juni 2010 in Frankfurt. Düsseldorf: VDI-Verlag, 2010

[41] Metschke, J.; Spiegel, W.; Gruber, K.; Magel, G.; Müller, W.: Endbericht EU22 - Systematisierung und Bewertung von verfügbaren Maßnahmen zur Korrosionsminderung in der betrieblichen Praxis von MVA mittels partikelförmiger Rauchgasbestandteile. Bayerisches Staatsministerium für Umwelt, Gesundheit und Verbraucherschutz, 2004

[42] Miller, P. D.; et al.: The mechanism in High Temperature Corrosion in Municipal Incinerators, Corrosion, Vol. 28, 1972

[43] Müller, V.; Warnecke, R.: Erste Erfahrungen mit der „Schweinfurter Schadstofffalle". In: VDI-Wissensforum (Hrsg.): Technikforum – Beläge und Korrosion, Verfahrenstechnik und Konstruktion in Großfeuerungsanlagen – Seminar am 12.-13. Juni 2008 in Oberhausen. Düsseldorf: VDI-Verlag, 2008

[44] Nordsieck, H.; Müller, V.; Warnecke, R.: Partikel aus kondensierbaren Rauchgas-Bestandteilen in MVA-Kesseln. In: VDI-Wissensforum (Hrsg.): Feuerung und Kessel - Beläge und Korrosion in Großfeuerungsanlagen – Fachkonferenz am 22.-23. Juni 2010 in Frankfurt. Düsseldorf: VDI-Verlag, 2010

[45] Nowak, F.: Korrosionserscheinungen an Müllkesseln. Mitteilungen der VGB, 1966, S. 209 – 210

[46] Nowak, F.: Korrosionsprobleme bei der Müllverbrennung. Mitteilungen der VGB, 1967, S. 388 – 396

[47] Pollmann, S.: Röntgenographische Untersuchungen rauchgasseitiger Verschlackungs- und Korrosionsprodukte in Dampferzeugeranlagen. Chemie – Ingenieur – Technik, 39, S. 955 – 963, , 1967

[48] Rademakers, P. et al.: Componenten voor Installaties voor Thermische Abfallverwerking, TCC (NCC-Project) Rapport 94 M. 07816/RAD, 1994

[49] Rahmel, A.: Einige physikalisch-chemische Gesichtspunkte der Korrosion durch Salzschmelzen. Düsseldorf: VGB-Sonderheft Korrosionen in Müll- und Abfallverbrennungsanlagen, 1970, S. 42 - 48

[50] Rasch, R.: Thermodynamik der Hochtemperaturkorrosionen – Ergänzung von Laboratoriums- und Betriebsversuchen. Düsseldorf: VGB-Sonderheft „Korrosionen in Müll- und Abfallverbrennungsanlagen", 1970, S. 52 – 59

[51] Reimann, D.O.; Hämmerli, H.: Verbrennungstechnik für Abfälle in Theorie und Praxis. Schriftenreihe Umweltschutz, Bamberg, 1995

[52] Schirmer, U.; Thömen, H.J.: Korrosionen und Verschmutzungen in Müllverbrennungsanlagen – Ursachen, Wirkungen, Gegenmaßnahmen. In: Int. VGB-Konferenz „Verschlackungen, Verschmutzungen und Korrosionen in Wärmekraftwerken, Essen, 1984

[53] Scholz, R.; Beckmann, M.; Schulenburg, F.: Möglichkeiten der Verbrennungsführung bei Restmüll in Rostfeuerungsanlagen. Müllverbrennung und Entsorgung. Tagung: Prozeßführung und Verfahrenstechnik der Müllverbrennung. VDI-Bericht Nr. 895. Essen 18./19. Juni 1991

[54] Scholz, R.; Beckmann, M.; Schulenburg, F.: Abfallbehandlung in thermischen Verfahren. Verbrennung, Vergasung, Pyrolyse, Verfahrens- und Anlagenkonzepte. B.G. Teubner. Stuttgart, Leipzig, Wiesbaden. 2001

[55] Spiegel, M.: Salt melt induced corrosion of metallic materials in waste incineration plants Mater. and Corr. 50, 1999, M. Spiegel: The Role of Molten Salts in the Corrosion of metals in Waste Incineration Plants Molten Salt Forum Vol. 7, 2003, Trans Tech Publications, Switzerland

[56] Spiegel, M.: Reaktionen und Korrosion im System Rauchgase, Flugasche und metallische Rohrwerkstoffe, Habilitationsschrift RWTH Aachen, shaker verlag, 2003

[57] Spiegel, M.; Warnecke, R.: Performance of thermal spray coatings under waste incineration conditions. NACE CORROSION' 00, Houston (Texas), paper no. 01182, 2000

[58] Spiegel, M.; Warnecke, R.: Korrosion hochlegierter Stähle und nichtmetallischer Werkstoffe unter Müllverbrennungsbedingungen. In: VDI-Werkstofftechnik (Hrsg.): Korrosion in energieerzeugenden Anlagen – VDI/VGB-Fachtagung in Würzburg am 18.-19.09.2002. Düsseldorf: VDI-Verlag, 2002

[59] Spiegel, W.; Herzog, T.: Möglichkeiten zur Optimierung der Nutzungskapazität von Schweißplattierungen mit Nickel-Basislegierungen als Korrosionsschutz von Verdampferflächen und Überhitzerrohren in MVAs und Biomasse-HKWs. In: VDI (Hrsg.): Korrosion in energieerzeugenden Anlagen – Tagung, September 2002. VDI: Düsseldorf, (2002)

[60] Spiegel, W.; Magel, G.; Beckmann, M.; Krüger, S.: Nutzung der Wärmestrommessungen in MVA, Biomasse- und EBS-Verbrennungsanlagen zur Einflussnahme auf die Dampferzeugerkorrosion In: Born (Hrsg.): Dampferzeugerkorrosion 2009 – Tagung, September 2009. Saxonia: Freiberg, 2009

[61] Schroer, C.; Konys, J.: Rauchgasseitige Hochtemperatur-Korrosion in Müllverbrennungsanlagen – Ergebnisse und Bewertung einer Literaturrecherche – Forschungszentrum Karlsruhe GmbH, Karlsruhe, 2002

[62] Sundström, G.; Steen, B.: Untersuchung der Chlorwasserstoffemission bei der Verbrennung von Hausmüll unter Beimischung von PVC. Bericht des Komitees der Ingeniösvetenskapsakademi, Ingeniörsvetenskapsakademi Mitteilung 160, Stockholm, 1969

[63] Thömen, K.H.; Tichatschke, J.; Kautz, K.: Über den Einfluss der verstärkten Verfeuerung von vorzerkleinertem Sperrmüll. VGB Kraftwerkstechnik, 56, 1976

[64] Thomé-Kozmiensky, K. J.: Thermische Abfallbehandlung. Berlin: EF-Verlag. 1994

[65] Vaughan, D. A.; Krause, H. H.; Boyel, W. K.: Chloride Corrosion and its inhibition in refuse firing, In: Bryers, R.W. (Hrsg.): Ash Deposits and Corrosion Due to Impurities in Combustion Gases, Hemisphere Publishing Corporation, Washington, 1978

[66] Waldmann, B.; B.; Haider, F.; Horn, S.; Warnecke, R.: Corrosion monitoring in Waste to Energy (WtE) Plants. In: European Federation of Corrosion (Hrsg.): The European Corrosion Congress 2008 – Tagung am 07.-11. September 2008 in Edinburgh. Frankfurt a. M.: Dechema, 2008

[67] Warnecke, R.: Messungen an unterschiedlichen Messebenen in Feuerraum und 1. Zug der Linien 1 und 3 einer MVA. Würzburg: Noell - Interner Bericht, 1999

[68] Warnecke, R.; Kautz, K.: Die Auswirkungen der Mitverbrennung von Produktionsabfällen in Hausmüllverbrennungsanlagen auf feuerraum-/ rauchgasseitige Probleme in unterschiedlichen Anlagen, VDI-Berichte Nr. 1540, 2000

[69] Warnecke, R.: Neue Ansätze zum Verständnis der belagsinduzierten Korrosion bei unterschiedlichen physikalischen Bedingungen, VDI-Wissensforum, Seminar 430503, Göttingen, 2003a

[70] Warnecke, R.: Korrosion unter Berücksichtigung von Strömungsgeschwindigkeit und Reaktionsenthalpie. In: „Rauchgasseitige Dampferzeugerkorrosion", Freiberg: Verlag SAXONIA, 2003b

[71] Warnecke, R.; Kautz, K.: Übersicht über die verschiedenen Korrosions-Modelle zur Hochtemperatur-Korrosion. In: VDI-Wissensforum (Hrsg.): Beläge und Korrosion in Großfeuerungsanlagen – Seminar am 04.-05. Mai 2004 in Göttingen. Düsseldorf: VDI-Verlag, 2004

[72] Warnecke, R.; Horn, S.; Weghaus, M.: Feuerungssimulation zur Aufdeckung korrosiver Chloride. In: VDI-Wissensforum (Hrsg.): Technikforum – Beläge und Korrosion, Verfahrenstechnik und Konstruktion in Großfeuerungsanlagen – Seminar am 12.-13. Juni 2008 in Oberhausen. Düsseldorf: VDI-Verlag, 2008

[73] Warnecke, R.; Danz, P.; Müller, V.; Weghaus, M.; Zwiellehner, M.: Validierung des Feuerungsprogramms „CombAte" zur Prognose des Feuerungsverhaltens. In: VDI-Wissensforum (Hrsg.): Feuerung und Kessel - Beläge und Korrosion in Großfeuerungsanlagen – Fachkonferenz am 07.-08. Juni 2011 in Kassel. Düsseldorf: VDI-Verlag, 2011

[74] Wolfskehl, O.: Verhütung und Reparatur von Korrosionsschäden in Müllverbrennungsanlagen. VGB-Sonderheft „Korrosionen in Müll- und Abfallverbrennungsanlagen", Düsseldorf, 1970, S. 19 – 22

CheMin-Werkstoffsonde

einfach und schnell

Vorbeugen ist besser… **CheMir**

Chlor allein kann's nicht sein
– Was ist die treibende Kraft hinter der Chlorkorrosion, was bremst die Effizienz? –

Thomas Herzog, Dominik Molitor und Ghita von Trotha

In der Schadenskunde gibt es eine Vielzahl von Begriffen, mit welchen die oft verwirrende und scheinbar nicht durchdringbare Welt der Schadensphänomene beschrieben werden sollen (z.B. Hochtemperaturkorrosion, Aktive Oxidation, Chlorkorrosion, Sulfatkorrosion, Sulfidierung, Salzschmelzenkorrosion u.v.m.). Die Autoren werden nachfolgend nicht sagen, dass diese Begriffe optimiert werden müssten oder in Zukunft ungültig sein sollten, aber die bisher verwendeten Begriffe beschreiben jeweils nur ein Phänomen ohne den Blick auf die Relation von Ursache und Folge. Warum z.B. das Chlor angetrieben wird und wo es überhaupt herkommt wird nur selten erwähnt. Es folgt ein Versuch bekannte Phänomene der Korrosion auf Basis der physikalischen Prozesse zu klären, die mit dem Wärmetauscher zusammenhängen, und die von den physikalischen Größen (Wärmestromdichte im Belag zwischen Rauchgas und Rohr) verursachten Folgen (Korrosion durch z.B. Chloride, Sulfate oder Salzschmelzen) zu beschreiben. Nachfolgend wird dafür der Begriff *Wärmestromkorrosion* verwendet. Dieser ist weder in Büchern noch mit Hilfe von Google im Internet zu finden, aber im Prinzip ist der Prozess schon immer da gewesen. Wärmestromkorrosion wird an drei Beispielen dargestellt, von der Brennkammer bis zu den Überhitzern.

Nach dem Verstehen der Zusammenhänge werden jeweils Grenzen und Möglichkeiten zur Steigerung der Effizienz gezeigt. Abzehrungen durch Erosion und der Kombination aus Erosion und Korrosion werden nicht behandelt. Es werden Beispiele aus Kraftwerken gezeigt, die mit Abfall befeuert werden. Die Erfahrungen können auch auf Feuerungen mit Brennstoffen aus sortiertem Abfall und Biomasse angewendet werden.

1. Definitionen

Zunächst werden die Begriffe Wärmestrom und Korrosion im Hinblick auf den vorliegenden Beitrag definiert und der Zusammenhang zwischen beiden hergestellt.

1.1. Wärmestrom und Korrosion

Die Zusammenhänge von Wärmestrom und Korrosion wurden im Rahmen der Berliner Abfallwirtschafts- und Energiekonferenz in mehreren Beiträgen erläutert, z.B. [1], und sind seit langem Grundlage in den Materialwissenschaften [2].

- Wärmestrom ist als übertragene Wärmemenge pro Zeit definiert. Nachdem die Wärmetauscher zur Auskoppelung der Wärmemenge gebaut werden und die Wärme sowohl möglichst effizient genutzt werden soll, als auch dabei die wirtschaftlichen Aspekte berücksichtigen werden müssen (Investition, Instandhaltung usw.), besteht ein großer Zwang zu hohen Leistungsdichten, d.h. Wärmestromdichten, auf den einzelnen Bauteilen eines Dampferzeugers.

  Die Messung der Wärmestromdichten erfolgt nicht direkt, sondern es werden zunächst Temperaturdifferenzen an Rohren und ihren Stegen oder an einem Rohr übereinander mit Hilfe von Thermoelementen gemessen (Bilder 1 und 2). Mit der Kenntnis des Wandaufbaus kann die ausgekoppelte Wärmemenge und die Wärmestromdichte berechnet werden. Weil nicht absolute Temperaturen, sondern Temperaturdifferenzen gemessen werden, ist die Genauigkeit hoch und das Messverfahren sehr schnell.

  Es gibt mehrere Möglichkeiten die Wärmeauskoppelung zu messen und somit eine noch größere Zahl von Anwendungen, die exemplarisch auf www.chemin.de dargestellt werden. Prinzipiell ist es das Ziel von außen in den Kessel hineinzublicken und den Ort und die Menge der Wärme als Leistungsdichte sichtbar zu machen.

- Abzehrungen von metallischen Werkstoffen (z.B. warmfeste Stähle des Dampferzeugers, thermische gespritzte oder auftragsgeschweißte Schutzschichten auf den Rohren usw.) und von keramischen Werkstoffen (z.B. feuerfeste Materialien) können durch Korrosion, Erosion und der Kombination von Erosion und Korrosion entstehen. Und es gibt noch viele weitere schädigende Prozesse.

  Der Begriff *Abzehrung* ist zunächst neutral, er sagt nur aus, dass ein Verlust an den Materialien des Dampferzeugers festzustellen ist. Erst nach der Ermittlung der Beschreibung des oder der abzehrenden Prozesse und Ermittlung ihrer Ursache kann man sagen, wie es zu der Abzehrung kam.

Nachfolgend werden Abzehrungen durch Korrosion betrachtet, im Sinne des chemischen Angriffs eines Stoffs auf Werkstoffe des Dampferzeugers, z.B. flüssige abfließende silikatische Schlacken auf Feuerfest oder gasförmiges Chlor in Belägen.

- Korrosion findet in Dampferzeugern, die mit Abfall, sortierten Abfällen (EBS) und Biomasse (Altholz, Stroh usw.) befeuert werden, meistens unter Belägen statt. Je nach Position entlang des Abgasweges, den vom jeweiligen Brennstoff freigesetzten Rauchgasen und den herrschenden Temperaturen sind die Beläge flüssig (schmelzflüssige Schlacken), versintert, locker usw., d.h. Temperatur und stoffliche Zusammensetzung sind unmittelbar voneinander abhängig.

Korrosion greift selten flächig an und selbst dann werden identifizierbare Bereiche bevorzugt angegriffen, z.B. die zur Kernströmung weisenden Rohrflanken einer Verdampferwand im 1. Zug, die Wärmeeinflusszonen entlang der Überlappungen von Schweißraupen usw. Die Korrosion wird erkennbar aktiv gelenkt, sie folgt in der Regel nachvollziehbaren Wegen. Vereinfacht ausgedrückt bedeutet das, dass die Temperatur und die stoffliche Zusammensetzung an einem Ort im Belag oder auf der Rohroberfläche entscheiden, ob die dort vorhandenen Flugaschepartikel versintern oder eine flüssige Schlacke bilden, oder ob Chlorhaltige Salze (Chloride) verdampfen und ein Rohr angreifen. Der Temperaturgradient im Belag bestimmt welche Dicke des Belags flüssige Schlacke bilden kann oder in welche Richtung gasförmiges Chlor mobilisiert wird.

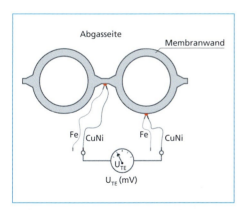

Bild 1: Schema der Messung der Wärmestromdichte

Bild 2: Auf der Außenseite angebrachte Thermoelemente zur Messung der Wärmestromdichte

1.2. Wärmestromkorrosion

Die nachfolgenden Beispiele aus der Praxis sollen deutlich machen wie Wärmestrom und Korrosion Hand in Hand wirken und warum sich der Begriff *Wärmestromkorrosion* geradezu aufdrängt. Es werden keramische und metallische Werkstoffe betrachtet.

1.2.1. Abzehrung an Taillensteinen, Brennkammer

Hintergrund

In der nachfolgend betrachteten Gleichstromfeuerung (MVA, 40 bar) sind die Seitenwände aus einzelnen Verdampferrohren und dazwischenliegenden taillierten SiC-Steinen aufgebaut. Nachdem nach mehr als 15 Jahren Betrieb kleine Flächen der Taillensteine in der am stärksten belasteten Zone erneuert wurden, waren die neu eingesetzten Steine schon nach einer Betriebsperiode stark abgezehrt. Außerdem zeigten sich während des Betriebes Probleme mit stark anwachsenden Wechten.

Fragestellung

Die eigentliche Frage des Betreibers bestand in der Abschätzung der möglichen Wärmeauskoppelung der alten, häufig gerissenen Taillensteine (Risse wirken isolierend) im Vergleich zu den neu eingebauten Steinen mit geringer Haltbarkeit und offensichtlich noch schlechterer Wärmeleitfähigkeit. Der verschlechterten Wärmeauskoppelung im 1. Zug folgen andere Probleme, z.B. stört die Verschmutzung die Verfügbarkeit, steigt die Abgastemperatur vor den Überhitzern etc.. Aus Platzgründen beschränkt sich der vorliegende Beitrag auf die wärmetechnischen Berechnungen, die sich lokal an den einzelnen Taillensteinen abspielen. Die Aspekte der praktischen Qualitätsoptimierung (QO) in Bezug auf die reale Anwendung im Kessel, sowohl der erforderlichen chemisch-mineralogischen Materialqualität (trotz passender QS-/QA-Zertifikate war das neue Material weniger gebrauchstauglich, als die alten, gerissenen Steine), als auch der Montage im Kessel, können nicht dargestellt werden.

Befunde

Die feuerraumseitige Oberfläche der alten Taillensteine war nach mehr als 15 Jahren 1 bis 2 cm tief oxidiert. Die Oxidation verursacht ein irreversibles Wachstum und erzeugt Spannungen parallel zu Oberfläche. Die Spannungen entladen sich in Rissen, die aufgequollenen Oberflächen platzen ab. Zudem setzen sich die Risse bis zum Rohr fort. Geöffnete Risse unterbrechen die konduktive Wärmeleitung von den Taillensteinen zum Verdampferrohr.

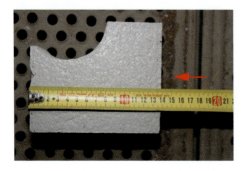 

| Bild 3: | Neue Taillensteine vor dem Einbau; die Steine sind etwa 140 mm tief; roter Pfeil: Seite zur Brennkammer | Bild 4: | Abzehrung der *neuen Taillensteine* nach nur einer Betriebsperiode |

Die alten Taillensteine wurden durch neue ersetzt (Bild 3). Nach nur einer Betriebsperiode waren die neuen Taillensteine stark abgezehrt (Bild 4). Die Gefügeuntersuchung zeigte (hier nicht abgebildet), dass die chemisch-mineralogische Zusammensetzung nicht gebrauchstauglich war.

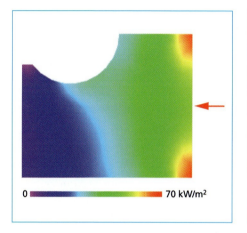

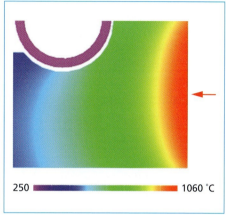

Bild 5:   Wärmestromdichte im Taillenstein (FEM-Modell); Wärmestromspitzen an den Ecken beschleunigen die Abzehrungen unter flüssigen Schlacken

Bild 6:   Temperaturverteilung im Taillenstein (FEM-Modell); der Stein ist in der Mitte der Frontseite am heißesten, trotzdem zehren die Ecken mehr ab

Die FEM-Berechnung (Finite Elemente Methode) zeigt, dass die neuen Steine an den Ecken verstärkte Wärmestromspitzen erfahren (Bild 5). Hätten die neuen Steine eine ähnliche Zusammensetzung wie die alten gehabt, dann wären die Wärmestromspitzen an den Ecken und die dadurch folgenden Abzehrungen deutlich geringer ausgefallen.

Bemerkenswert ist die Beobachtung, dass laut FEM-Modell die Mitte des Taillensteins heißer wird als seine Ecken, auch wenn der Temperaturunterschied fast marginal ist. Die Praxis zeigt an Hand der abgezehrten Steine (Bild 4), dass nicht die absolute Oberflächentemperatur über die Abzehrung entscheidet, sondern die lokale Wärmestromdichte.

Ergebnis

Der Wärmestrom verursacht Wärmestromspitzen an den Ecken der Taillensteine. Wärmestromkorrosion durch flüssige Schlacken findet statt. Der Stein wird nicht an seiner heißesten Stelle abgezehrt, sondern am Ort der höchsten Wärmestromdichte.

Die alten Taillensteine hatten trotz der oxidierten Oberfläche und Risse eine bessere Wärmeleitung als die neuen Steine. Durch den höheren Wärmewiderstand staut sich der Wärmestrom buchstäblich in der Oberfläche der Steine auf und in Folge dessen kommt es zu den Abzehrungen durch flüssig abfließende Schlacken. Das neue Material und dessen Spezifikationen mussten korrigiert werden. Dies senkt die zukünftigen Instandhaltungskosten, beseitigt die schlechte Wärmeauskoppelung und die daraus folgenden Nachteile etc..

1.2.2. Abzehrung an Auftragsschweißungen einer Verdampferwand, 1. Zug

Hintergrund

Im nachfolgend betrachteten Verdampfer (MVA, Druck > 80 bar) wurden spiralförmig auftragsgeschweißte Einzelrohre getestet. Als Schweißzusatzwerkstoff wurde jeweils Alloy 625 (Werkstoffnummer 2.4831) verwendet. Die Schweißfolgen (WPS) und Schweißtechnik wurden jeweils verändert. Die Inspektion in Bild 7 zeigt die Testrohre nach 4 Jahren Betrieb. Die benachbarten, in Fallnaht auftragsgeschweißten Rohrwände waren zu diesem Zeitpunkt bis zum Grundwerkstoff abgezehrt und wurden ausgebessert.

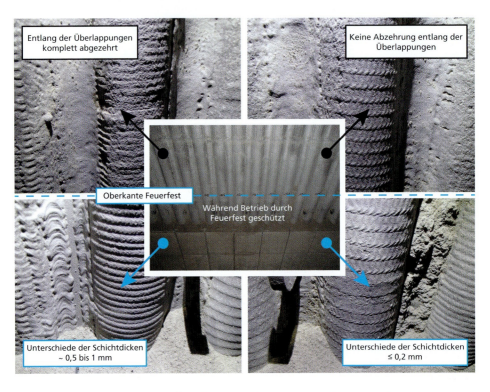

Bild 7:   Testrohre in einem Verdampfer mit erhöhtem Druck (> 80 bar); Abzehrung der Auftrags-
            schweißung mit Alloy 625 in unterschiedlichen Schweißfolgen und mit unterschiedlicher
            Schweißtechnik

Fragestellung

Für den Betreiber stellt sich die Frage nach der am besten zu seinem Kessel passenden Auftragsschweißung. Normalerweise ist eine Auftragsschweißung der Rohrwände in Fallnaht ein ausreichender Korrosionsschutz, aber in diesem speziellen Fall und mit den erhöhten Dampfparametern musste ein Anpassung der Qualität erfolgen. Dazu mussten die Tests ausgewertet und entsprechende Spezifikationen für die Produktion erstellt werden.

They are extremely tough.

800-2000°C

oxidation

abrasion

corrosion

So that you don't need to be!

To keep our environment safe we require innovative technology. It is our material that makes Saint-Gobain refractory products so extraordinary. Applied in Waste-to-Energy plants, in Chemical and Petrochemical processes, in Heat Treatment and Wear Resistant Technologies, they provide the highest levels of efficiency and safety.

Saint-Gobain Ceramic Materials
energysystems@saint-gobain.com
www.refractories.saint-gobain.com

SAINT-GOBAIN

Befunde

Die vorhandene Auftragsschweißung der Rohrwände (Alloy 625, Fallnaht, aus der Werkstatt) zehrt entlang der Überlappungen und auf den Rohrflanken relativ schnell ab (Zustand hier nicht abgebildet).

Die spiralförmig auftragsgeschweißten Einzelrohre zeigen in Abhängigkeit der Schweißtechnik und Schweißfolge sehr unterschiedliche Ausbildungen und Ausmaße der Abzehrungen (Bild 7).

Durch die unterschiedlichen Schweißtechniken und Schweißfolgen haben die Auftrags-schweißungen nicht nur äußerlich verschiedene Oberflächen, sondern auch metallur-gisch deutliche Unterschiede. Auf diese kann im Folgenden nicht eingegangen werden, aber die Beiträge Magel et. al [1] und Kawahara [2] erläutern einige Hintergründe.

Eine wichtige Eigenschaft für die Korrosionsresistenz einer Auftragsschweißung ist die Beschaffenheit der Oberfläche. Das Bild 8 zeigt allgemeine Beispiele der mittels FEM berechneten Wärmestromdichte, aber nicht das konkrete Beispiel aus Bild 7. Die FEM-Modelle zeigen, dass bei einem Unterschied der Schichtdicke von nur 1,5 mm die Wärmestromdichte in die dünnere Schichtdicke entlang der Überlappung der Schweißraupen um bis zu etwa 14 % bei der Fallnaht und bis zu etwa 4 % bei der Rundnaht zunimmt (die abgebildeten FEM-Modellierungen sind für einen 40 bar Kessel gerechnet, die Testrohre erleben > 80 bar Betriebsdruck). Zusammen mit der lokalen Konzentration der Wärmestromdichte werden die flüchtigen Salze (korrosive Chloride, gasförmiges Chlor) mobilisiert und während der gesamten Betriebszeit hingeleitet. Die korrosiven Chloride reagieren mit der Auftragsschweißung und so entsteht ein Konzentrationsgefälle dem weitere korrosive Stoffe folgen. Zudem liegen entlang der Überlappungen die Wärmeeinflusszonen, die ohnehin eine schwächere Zone darstellen.

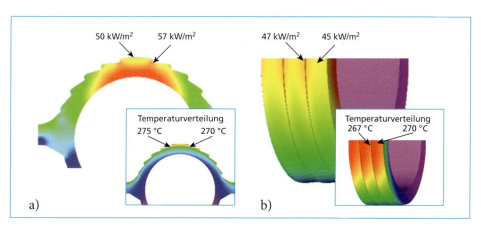

Bild 8:   Allgemeine Beispiele für FEM-Berechnungen der Wärmestromdichte in Auftrags-schweißungen; a) in Fallnaht auf Rohrwänden und b) spiralförmig auf Einzelrohren; die kleinen Bilder zeigen jeweils die Temperaturverteilung; die Auftragsschweißung korrodiert nicht an der Stelle der höchsten Materialtemperatur, sondern mit der höchsten Wärmestromdichte; in beiden Fällen wurde mit einem Unterschied der Schichtdicke der Auftragsschweißung von 1,5 mm gerechnet, Verdampfer 1. Zug, 50 kW/m² Belastung

Die Oberflächentemperaturen nehmen mit den Schichtdicken der Auftragsschweißung zu (s. kleine Bilder im Bild 8). Sie sind auf den konvexen Raupen und in den Überlappungen kaum unterschiedlich. Die Auftragsschweißung korrodiert also nicht an der Stelle mit der lokal höchsten Materialtemperatur, sondern am Ort der höchsten Wärmestromdichte, ähnlich wie bei den Taillensteinen im vorherigen Kapitel.

Ergebnis

Der Wärmestrom leitet den Stoffstrom zu den empfindlichsten Stellen des Korrosionsschutzes. Wärmestromkorrosion durch Chlor findet statt. Die Auftragsschweißung wird nicht an ihrer heißesten Stelle abgezehrt, sondern am Ort der höchsten Wärmestromdichte.

Eine Herstellung von Rohrwänden aus spiralförmig auftragsgeschweißten Einzelrohren ist bestenfalls für eine Trennwand wirtschaftlich vertretbar. Die Vorderwand und Seitenwände des 1. Zuges müssen mit Auftragsschweißungen in Fallnaht auf Rohrwänden hergestellt werden. Aber in beiden Fällen ist auf ein möglichst sauberes Nahtbild zu achten. Im Sinne der gültigen Normen sind schroffe Nahtübergänge, Nahtüberhöhungen und Schweißgutüberlauf nicht zulässig. Bei der Auswahl des Lieferanten wurden neben dem kaufmännischen Angebot vor allem die mitgelieferten Arbeitsproben bewertet, d.h. das Produkt mit der besten Gebrauchstauglichkeit bestellt.

1.2.3. Abzehrung an Überhitzerrohren, 4. Zug

Hintergrund

Im konvektiven Teil, Horizontalzug (MVA, 40 bar, 400 °C) sind Überhitzerrohre mit verschiedenen Schutzschichten eingebaut, sowohl thermische Spritzschichten als auch Auftragsschweißungen. Bisher haben die Schutzschichten zuverlässig die Verfügbarkeit über die angestrebten Betriebsperioden gesichert. Nach verschiedenen Umstellungen in der Feuerung, vor allem einer Erhöhung des Durchsatzes, und einer Verlängerung der Betriebsperioden zwischen den Hauptrevisionen, muss die Leistung der Schutzschichten an die neuen Bedingungen angepasst werden.

Fragestellung

Die eigentliche Aufgabe besteht in der Weiterentwicklung der bereits bewährten Schutzschichten, die aber modifiziert werden müssen, sowie von potenziellen neuen Schutzschichten. Zur Erprobung werden in die vom Lieferanten zur Verfügung gestellten Rohre mit modifizierten oder neuen thermischen Spritzschichten und Auftragsschweißungen einige Thermoelemente zur Regelung einer Kühlung eingebaut (Bild 9). Die Kühlung erfolgt mittels Pressluft und erlaubt eine Kontrolle der Oberflächentemperatur während einer gewünschten Betriebsperiode; diese ist situationsbezogen z.B. auf einen Brennstoff, einige Tage oder mehrere Wochen, während Sprengreinigungen oder Rußbläserbetrieb usw. Durch die Kühlung ab der Spitze ergibt sich ein kontinuierlicher Temperaturgradient über die Oberfläche der Werkstoffsonde, so dass Auswirkungen der Oberflächentemperaturen unter den realen Belägen des realen Betriebs auf einer Probe sichtbar werden.

Für den vorliegenden Beitrag werden nur die Befunde aus dem Überhitzer und eine FEM Berechnung der Wärmestromdichte betrachtet. Ggf. können die Ergebnisse der Werkstofftests im Kessel zu einem späteren Zeitpunkt veröffentlicht werden.

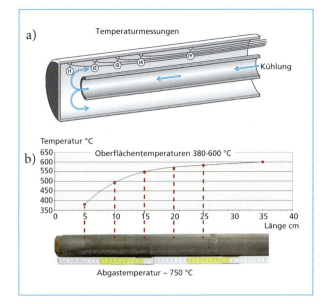

Bild 9:

Anwendung einer gekühlten Werkstoffsonde; a) In originalen Überhitzerrohren mit Schutzschichten (Thermische Spritzschicht oder Auftragsschweißung) werden Thermoelemente zur Steuerung der Kühlung eingebaut; b) Nach dem Test wird die Oberfläche einfach abgewischt und visuell bewertet oder inklusive Belägen metallografisch/mikroanalytisch untersucht

Befunde

Auf der vordersten Reihe der Überhitzerrohre lagert sich schnell eine spitze Wechte aus Salzen und Aschen ab, Bild 10. Die Abzehrungen folgen den Rändern dieser Wechten, sobald die Belagsdicke dünner wird. Die Wechte schützt den Rohrscheitel vor einer Abzehrung. Von den Abzehrungen sind Thermische Spritzschichten und Auftragsschweißungen in gleicher Weise (Ort und Korrosionsart) und zum Teil sogar in gleichem Maße (Abzehrraten) betroffen. Die Korrosion erfolgt durch gasförmiges Chlor, Hochtemperatur-Chlor-Korrosion, sowie durch Salzschmelzenkorrosion.

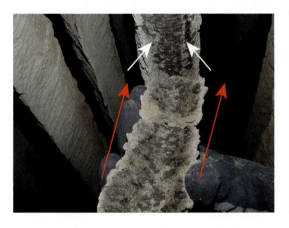

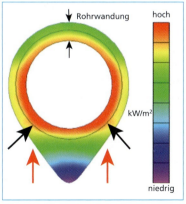

Bild 10:   a) Rote Pfeile zeigen die Richtung der Abgasströmung; der Belag ist vom Rohr in Richtung der Abgasströmung aufgeklappt; b) Allgemeines Beispiel für eine FEM Berechnung der Wärmestromdichte an einem solchen Rohr; die stärksten Abzehrungen finden auf den Rohrflanken statt (weiße Pfeile) an denen die größte Wärmestromdichte auftritt (schwarze Pfeile)

Rohre in den zweiten und nachfolgenden Reihen werden in geringerer Intensität, aber in gleicher Weise angegriffen. Stehen einzelne Rohre nicht in der Flucht, dann werden auch diese in ähnlichem Ausmaß wie die Rohre in der vordersten Reihe abgezehrt.

Wieder ist am Ort der stärksten Abzehrung nicht die Oberflächentemperatur, sondern die Wärmestromdichte am größten.

Ergebnis

Der Wärmestrom leitet den Stoffstrom aus gasförmigen Chlor und Salzen, die auf den Rohroberflächen schmelzen, kontinuierlich und lokal auf die Rohrflanken. Die Rohre werden nicht an ihrer heißesten Stelle abgezehrt, sondern am Ort der höchsten Wärmestromdichte.

Theoretisch bräuchte man auf den Abströmseiten der Rohre nur eine geringe Schichtdicke des Korrosionsschutzes, weil dort kaum Abzehrung stattfindet. Die Rohrflanken oder die angeströmten Rohrhälften brauchen dagegen einen Korrosionszuschlag. Die bewährten Thermischen Spritzschichten und Auftragsschweißungen werden modifiziert und neue Schutzschichten werden momentan noch erprobt.

Das erste Ergebnis der Werkstoffsonden zeigt, dass die Korrosion bei den gegebenen Dampfparametern bereits voll zuschlägt, dass eine Erhöhung der Frisch-Dampftemperatur sehr wahrscheinlich wenig gute Aussichten haben wird. Ob die Schutzschichten die Reisezeit von 24 Monaten aushalten, wird die Werkstoffsonde in den kommenden Monaten zeigen. Sollte der Werkstofftest versagen, dann ist nur die druckluftgekühlte Sonde defekt, ohne die Verfügbarkeit des Kessels zu reduzieren.

2. Zusammenfassung

In den drei gezeigten Beispielen finden Abzehrungen an keramischen und metallischen Werkstoffen im Bereich der Verdampfer und Überhitzer nicht an Orten der höchsten Oberflächentemperatur statt, es ist sogar das Gegenteil der Fall, sondern am Ort der höchsten Wärmestromdichte.

Es sind jeweils unterschiedliche chemische Reaktionen am Wirken, aber die treibende Kraft ist bei allen Beispielen die Wärmestromdichte. Dieser Zusammenhang ist einfach zu verstehen: die Eigenschaften eines Stoffes/einer Phase/einer Spezies (z.B. Salz oder Aschepartikel) hängen von der chemisch-mineralogischen Zusammensetzung und der gegebenen Temperatur ab (Thermodynamik der Phasen). Die Temperaturgradienten, die der Richtung und Stärke der Wärmestromdichte folgen, wirken dabei als Gefälle auf dem sich korrosiv wirkende Salze in Richtung der Rohre bewegen oder silikatische Schmelzen das Feuerfest angreifen. Die Intensität der Korrosion wird ebenfalls von der Wärmestromdichte beeinflusst, sowie von der Verfügbarkeit von Chlorgas, oder den Schmelzpunkten von Salzen, oder der Zusammensetzung silikatischer Schmelzen usw.

Insofern kann man von Wärmestromkorrosion sprechen. Der Wärmestrom leitet den Stoffstrom und wo er auftritt entsteht Korrosion. Es bleibt jeweils zu prüfen, durch welche chemische Verbindung (Chlor, Sulfate, Silikate, Alkalien usw.) die aufgetretene Abzehrung verursacht wurde. Bei der Planung von Abhilfemaßnahmen gegen Korrosion und bei neuen Bauteilen sollten deshalb möglichst immer wärmetechnische Modellierungen mittels FEM durchgeführt werden.

Bei den Abhilfemaßnahmen können die geschädigten Bauteile und deren Materialeigenschaften analysiert und im Modell variiert werden, um eine technisch und wirtschaftlich optimierte Lösung zu finden. Diese können mit der Werkstoffsonde innerhalb weniger Wochen bei laufendem Betrieb getestet werden. Beim Neubau bleibt das ohne die empirischen Erfahrungen leider immer sehr theoretisch, aber es sollte vor allem auf die Oberflächengestaltung geachtet werden (nicht mittels QA/QC gemäß der üblichen Normen, sondern qualitätsoptimierend an Hand der bestehenden Erfahrungen).

3. Ausblick

Aus den gezeigten und vielen anderen Betriebserfahrungen (www.chemin.de) ergeben sich weiterführende Überlegungen.

3.1. Korrosionsdiagramme (Flingern)

Die Betrachtung der Korrosion in der Relation von absoluten Rauchgas- und Materialtemperaturen schließt offensichtlich nicht alle wichtigen Parameter ein. Hier ist im besonderen das seit den 1980er Jahren verwendete Korrosionsdiagramm gemeint, dass empirisch in der MVA in Düsseldorf-Flingern erarbeitet wurde. Das Flingern'sche Korrosionsdiagramm basiert auf der Verfahrenstechnik, Fahrweise und Abfallzusammensetzung der späten 1970er Jahre und mag für Korrosion durch Verzunderung geeignet sein.

In den oben gezeigten Beispielen variieren die Oberflächentemperaturen und direkt anliegenden Rauchgastemperaturen kaum. Trotzdem liegen die Bereiche mit und ohne Korrosion nur wenige bis mehrere Millimeter nebeneinander und ausgerechnet am Ort mit der geringeren Oberflächentemperatur nimmt die Korrosion zu. Es entscheidet also weniger der relative Temperaturunterschied zwischen Rauchgas und Materialoberfläche und auch nicht die absolute Materialtemperatur über die Korrosion, sondern der lokal fließende Wärmestrom. Die Wärmestromdichte ergibt sich unter anderem aus dem Temperaturunterschied zwischen Rauchgas und Materialoberfläche und wird zudem von weiteren Parametern beeinflusst, z.B. von der chemisch-mineralogischen Zusammensetzung des Belags, dessen Struktur (locker, dicht, gesintert, geschmolzen usw.), Anströmung und Strömungsgeschwindigkeiten usw.

Man kann die absoluten Temperaturen so sehen, dass sie ein Temperaturfenster umrahmen, in dem Salze korrosiv reagieren können. Auf dieser Basis könnte man Korrosionsdiagramme empirisch erstellen, in dem die verschiedenen korrosiven Salze einzeln betrachtet werden und auf Basis von Wärmestromdichten dargestellt werden.

3.2. Temperaturabhängige Korrosions-/Abzehrraten (Arrhenius-Darstellung)

Die obigen Beispiele zeigen, dass kleine Unterschiede in der Gestaltung der Materialoberfläche zu lokalen Spitzen der Wärmestromdichte und in Folge zur Erhöhung der Abzehrrate führen, obwohl die absolute Temperatur am Ort der Korrosion sogar um einige Kelvin abnimmt.

Das Prinzip gilt sowohl für den heißen Teil der Kessel (Verdampfer und Überhitzer), als auch für den kalten Teil (ECO und Abgasreinigung mit Taupunkt- und Deliqueszenzkorrosion) mit den dort vorhandenen Kältebrücken (diese definiert sich sogar aus der abfließenden Wärme).

Dagegen zeigen die aus Laborversuchen bekannten Korrosionsraten, dass sich diese z.B. alle 20 Kelvin verdoppeln (sog. Arrhenius-Darstellung). Im Labor werden die Korrosionsraten an kleinen, rechteckigen Metallstückchen erprobt, die in Kammern mit homogener Verteilung von Temperatur und Atmosphäre liegen. In der Regel werden hier Variationen in der Zusammensetzung einer Legierung getestet. Werden solche Versuche unter Belägen gemacht, dann werden diese aus reinen Substanzen in festgelegten Verhältnissen angemischt.

Der Widerspruch zwischen Betrieb und Labor ist bekannt, wird aber nur selten so beschrieben [2]. Aber es ist nur ein scheinbarer Widerspruch, der einen wichtigen Zusammenhang erklärt:

- Die absolute Materialtemperatur gibt den korrosiven Stoffen die nötige Aktivierungsenergie um loslegen zu können (Laborversuch) und

- und der Wärmestrom (Kesselbetrieb) leitet den Stoffstrom und erhöht so die Häufigkeit von Korrosion je Ort.

Deshalb sollten Korrosionsversuche mittels der oben gezeigten Werkstoffsonden im Kessel durchgeführt werden. Die Rahmenbedingungen werden durch die Inhomogenität des Brennstoffs Abfall nicht konstant sein. Die Werkstoffsonde wird vielleicht nicht genau am Ort der stärksten Korrosion platziert werden können. Es gibt also viele Gründe zu sagen, dass auch die Werkstoffsonde nur ein Modellversuch ist. Aber mit ihr werden die realen Produkte mit fast allen Eigenschaften aus dem Herstellungsprozess, der chemisch-stofflichen Zusammensetzung (z.B. Entmischungen in Metallen, Verteilung von Korn und Bindemittel in Keramiken usw.), der Form der Oberfläche (Wärmestromdichte), etwaige Produktionsmängel usw. getestet. Und durch die Wiederholung eines Tests kann auch die Reproduzierbarkeit überprüft werden.

3.3. Erosion, Online Reinigung (blanke Rohroberflächen)

Die Erosion wurde im vorliegenden Beitrag nicht thematisiert. Aber sie ist ein geeigneter Prozess die Oberflächen keramischer und metallischer Bauteile einer hohen Wärmemenge und der resultierenden Wärmestromdichte auszusetzen. Abzehrungen können also durch ungewolltes Abplatzen der Beläge (Lastwechsel, Störungen usw.) oder gewolltes Reinigen (Spritzen, Sprengen usw.) begünstigt werden. Mittels Wärmestrommessungen könnte man das Problem von ungewollter, zu intensiver Reinigung überwachen und Reinigungen nur bei Bedarf durchführen.

4. Literatur

[1] Magel, G.; Molitor, D.; Bratzdrum, C.; Koch, M.; Aleßio, H.-P.: Wie kommt die Wärme ins Rohr? Korrosion ist oftmals ein Symptom hoher Wärmestromdichte. In: Thomé-Kozmiensky, K. J.; Beckmann, M. (Hrsg.): Energie aus Abfall, Band 9. Neuruppin: TK Verlag Karl Thomé-Kozmiensky, 2012, S. 373-390, verfügbar auf www.chemin.de

[2] Kawahara, Y.: Evaluation of high-temperature corrosion life using temperature gradient corrosion test with thermal cycle component in waste combustion environment. In: Materials and Corrosion (2006), Vol. 57, 1: 60-72

[3] Herzog, T.; Molitor, D.; Spiegel, W.: Einfluss von Wärmestromdichte und Eigenschaften des Schweißguts auf die Abzehrung von Schweißungen. In: Beckmann, M.; Hurtado, A. (Hrsg.): Kraftwerkstechnik, Band 3. Neuruppin: TK Verlag Karl Thomé-Kozmiensky, 2011, S. 321-336, verfügbar auf www.chemin.de

[4] Herzog, T.; von Trotha, G.; Molitor, D.: Von Korrosion lernen – Welche Herausforderungen stellt der Betrieb, was ist schweißtechnisch beim Korrosionsschutz durch Cladding machbar? In: Thomé-Kozmiensky, K. J.; Beckmann, M. (Hrsg.): Energie aus Abfall, Band 10. Neuruppin: TK Verlag Karl Thomé-Kozmiensky, 2013, S. 473-488, verfügbar auf www.chemin.de

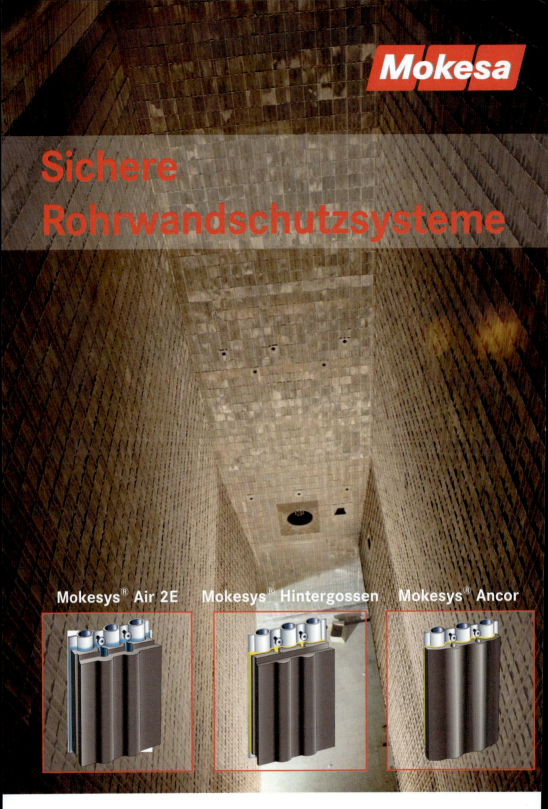

Sichere Rohrwandschutzsysteme

Mokesys® Air 2E   Mokesys® Hintergossen   Mokesys® Ancor

Korrosion ohne Chemie?
– Erläuterungen zum Hintergrund und zur Nutzung von Korrosionsdiagrammen –

Hans-Peter Aleßio

1. Motiv

Korrosion, ein Angstgespenst für Betreiber aber auch für Errichter von Abfall- und Biomasseverbrennungsanlagen. Zuverlässige Vorhersagen, mit denen Schäden ausgeschlossen werden oder allgemeingültige, dauerhafte Maßnahmen gegen Korrosionsschäden sind kaum möglich. Dem langjährigen Betriebsleiter der Abfallverbrennungsanlagen auf der Friesenheimer Insel in Mannheim, F. W. Albert, zufolge gibt es nur eine sichere Methode, Korrosion in Abfallverbrennungsanlagen zu vermeiden: Dann, wenn dort kein Abfall verbrannt wird.

Kesselbauer, das sind im Wesentlichen Konstrukteure, Wärme- und Strömungstechniker sowie Spezialisten für die Druckteilfestigkeit und Kesselstatik, beschäftigen sich gezwungenerweise seit Jahrzehnten mit dem unbefriedigenden Thema. Sie sind gewohnt, die vielfältigen Aufgabenstellungen im Bereich des Kesselbaus durch Bilanzen, Näherungsformeln, Algorithmen und Erfahrungswerte zu lösen. Die Kunst dabei ist es, komplexe Zusammenhänge so zu idealisieren und zu modellieren, dass sie mit ausreichender Genauigkeit mit vertretbarem Aufwand berechnet und simuliert werden können.

Interessanterweise scheinen die Kraftwerke nahezu ohne Chemie auskommen zu können: bei Kraftwerkschemie wird in der Regel nur an die Wasseraufbereitung gedacht. Wenn man bedenkt, dass mit den Abfallbrennstoffen ein großer Teil der stabilen Elemente des Periodensystems in der Feuerung freigesetzt wird, ist der nur wenig ausgeprägte Sinn für die daraus folgenden chemischen Vorgänge mehr als erstaunlich.

Vielleicht liegt es daran, dass wir Ingenieure eher in einer von Newton und Descartes geprägten mechanistischen Welt eines Homo Fabers zu Hause sind und die Welt quantitativ beurteilen. Bei Gesprächen mit Chemiker(inne)n ist mir aufgefallen, dass diese Vorgänge weniger bilanzieren sondern mehr qualitativ beurteilen. Angesichts der Vielzahl von Kombinationsmöglichkeiten, wechselnden Randbedingungen und dadurch bedingten Ungleichgewichten ist diese Herangehensweise nachvollziehbar und wahrscheinlich auch geeigneter die Vorgänge bei der Korrosion von Kesselstahl zu beschreiben.

Durch Stoffbilanzen (alleine) ist dem Phänomen Korrosion nicht auf die Spur zu kommen, es gibt leider auch keinen Algorithmus zur Ermittlung von Wandabzehrraten. Umso dankbarer waren wir Ingenieure, als Anfang der neunziger Jahre ein einfaches Diagramm auftauchte, mit dem die Korrosionswahrscheinlichkeit beurteilt werden konnte: Das Flingernsche Korrosionsdiagramm.

Lediglich zwei Temperaturen, die wir Ingenieure leicht berechnen können, werden danach benötigt, um die Korrosionswahrscheinlichkeit einzuschätzen.

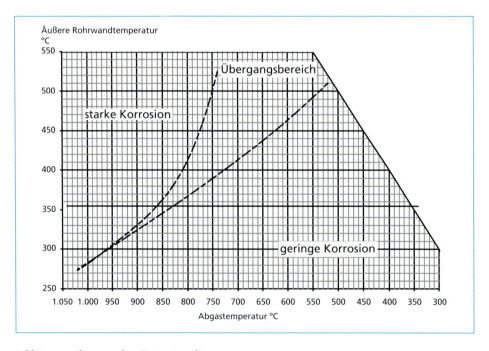

Bild 1:   Flingernsches Korrosionsdiagramm

Quelle: Kümmel, J.: Dampfkessel in Hausmüll- bzw. Restmüll-Verbrennungsanlagen. VDI-Tagung, Bamberg, 1994

Das Diagramm beruht auf umfangreichen Untersuchungen, die im Rahmen einer vom Bundesministerium für Forschung und Technik (BMFT) und dem Land Nordrhein-Westfalen geförderten Studie zur Erhöhung von den Frischdampfparametern in Abfallverbrennungsanlagen. Die Untersuchungen fanden zwischen 1978 und 1980 statt. Neben den klassischen Rohrwerkstoffen (St35.8, 15Mo3, 13 CrMo 44 und 10 CrMo 910) wurde auch höherlegierte Stähle wie z.B. AC66 getestet. Die Versuche wurden seinerzeit in der Abfallverbrennungsanlage in Düsseldorf-Flingern (6 Linien mit Walzenrostfeuerung, 40 t Dampf/h und Linie, 80 bar, 500 °C) durchgeführt und mit einer Vielzahl weiterer Anlagen abgeglichen. Anders als zunächst erwartet, konnte damals kaum ein Unterschied im Korrosionsverhalten bei den verschiedenen beprobten Rohrwerkstoffen festgestellt werden.

Vor etwa 10 Jahren wurde das Diagramm durch R. Warnecke um eine Geschwindigkeitskomponente erweitert.

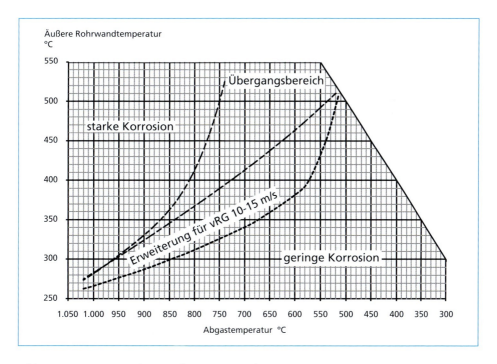

Bild 2:   Erweitertes Flingernsches Korrosionsdiagramm

Quelle: Warnecke , R.: Neue Ansätze zum Verständnis der abgasseitigen Information. VDI-Wissensforum, 2004

Eine generelle Aussage daraus deckt sich auch mit den Erkenntnissen aus langjährigen Erfahrungen (z.B. Albert [3]). Im betrachteten Rohrtemperaturbereich ist die Korrosionswahrscheinlichkeit am höchsten bei

- hoher Rohrwandtemperatur,
- hoher Abgastemperatur,
- hoher Abgasgeschwindigkeit.

Damit wäre der Titel dieses Beitrages schon gerechtfertigt. Mit dem Diagramm ist es möglich, Korrosion ohne Chemie (hier: ohne chemische Kenntnisse) sondern in Abhängigkeit von Temperatur und Geschwindigkeit zu charakterisieren.

Wie bei vielen (ver)einfachen(den) Diagrammen ist damit dessen fast inflationäre Anwendung vorprogrammiert. Solange allen Beteiligten klar ist, auf welcher Basis Aussagen über die Korrosionswahrscheinlichkeit gemacht werden (können), ist dies auch nicht weiter verwerflich.

2. Definitionen

Aus diesem Grund macht es Sinn, sich doch ein wenig tiefer mit der Korrosionsthematik zu beschäftigen. Dabei wird nachstehend eine Annäherung von der nichtchemischen Seite versucht. Damit dies gelingt sind zunächst ein paar Definitionen erforderlich:

Chemie: *Naturwissenschaft, die die Eigenschaften, die Zusammensetzung und die Umwandlung von Stoffen und ihre Verbindungen erforscht* (Duden)

Stoffe: *in chemisch einheitlicher Form vorliegende, durch charakteristische physikalische und chemische Eigenschaften gekennzeichnete Materie; Substanz"* (Duden). Stoffe können sowohl (chemische) Verbindungen als auch Gemische von anderen Stoffen und Elementen sein.

Elemente: Bausteine für Stoffe, Elemente sind mechanisch und chemisch nicht weiter zerlegbar.

Korrosion: Der Begriff leitet sich vom lateinischen corrodere (= zernagen) ab und lässt sich leicht mit dem Bild der zernagten, korrodierten Oberflächen in Verbindung bringen. Aber: Auch wenn das *"Zernagen"* eher an eine mechanische Beschädigung denken lässt, handelt es sich bei der Korrosion um Reaktionen mit Stoffumwandlung (vom Ausgangsstoff zum Korrosionsprodukt) und infolgedessen dann doch um einen chemischen Vorgang. Rein mechanische Abzehrungen werden als Abrasion oder Erosion bezeichnet. Allerdings ist vielfach ein sich wechselseitig begünstigender Effekt von Korrosion und Erosion, der sogenannten Erosionskorrosion, zu beobachten.

3. Korrosion für Nicht-Chemiker

Korrosive Veränderungen sind alltägliche Begleiter unseres Lebens. Die folgenden Betrachtungen konzentrieren sich zunächst auf die Korrosion in Kraftwerke. Man unterscheidet nach dem Ort der Korrosion und den jeweiligen Bedingungen:

- Korrosion der Stahlbaukomponenten (Stahlbaugerüst, Kesselhausflächen, usw.) durch die atmosphärischen Einwirkungen (Wetter, ggf. salzhaltige Luft in Küstennähe),

- Korrosion auf der Wasserseite durch die im Wasser gelösten Stoffe (Fehlkonditionierungen in der Wasseraufbereitung, aber auch vermeintlich harmlose Stoffe wie Kohlendioxid oder Sauerstoff),

- Stillstandskorrosion: Im namensgebenden Anlagenstillstand führen Luftsauerstoff, Wasser und Salze zu Abzehrungen,

- (Säure-)Taupunktunterschreitungen führen zu Korrosionsattacken am kalten Ende des Dampferzeugers und in der Abgasreinigungsanlage,

- Salzschmelzenkorrosion,

- Hochtemperaturkorrosion,

- usw.

Die Liste ist ohne Anspruch auf Vollständigkeit. Sie kann aber einen Überblick verschaffen, dass der Versuch einer Charakterisierung Bände füllen würde. Daher wird der Fokus in diesem Text auf den Bereich der Korrosion von metallenen Kesseloberflächen, verursacht durch heiße Abgase und dessen Bestandteile weiter eingeschränkt.

Laut Definition handelt es sich dann bei Korrosion um eine chemische Umwandlung von Stahlwerkstoffen beziehungsweise deren Beschichtungen. Damit es zur Umwandlung kommt, müssen die Reaktionspartner in Kontakt treten und in ausreichender Menge vorhanden sein. Grundsätzlich sind Reaktionen mit Feststoffen, Flüssigkeiten und Gasen denkbar. Bei Gasen und Flüssigkeiten ist die Mobilität der einzelnen Moleküle deutlich höher, andererseits ist die Zahl der Moleküle in Feststoffen wesentlich höher.

Abfall- und Biomasseverbrennungsanlagen werden üblicherweise mit einem hohen Luftüberschuss (50 bis 100 % mehr als stöchiometrisch erforderlich) betrieben. Der daraus resultierende hohe Sauerstoffanteil führt bei ungeschützten Stahloberflächen zur Oxidation der Eisenbestandteile (Verzunderung). Dieser Korrosionsangriff verläuft in der Regel glimpflich, weil die Eisenoxide eine Schutzschicht bilden und die Korrosion sich auf diese Weise selbst stoppt.

Von Dampferzeugern, die mit konventionellen Brennstoffen und mit niedrigen Luftüberschüssen betrieben werden, ist die Sauerstoffmangel- oder CO-Korrosion bekannt. Dabei wird die schützende Zunderschicht durch die Reduktion der Eisenoxide zerstört. Lange Zeit wurde diese Form der Korrosion auch bei Abfallverbrennungsanlagen vermutet.

Weitere Korrosionsmechanismen beruhen auf der Reaktion mit gasförmigen Chlorverbindungen. Zwar sind in Abfallbrennstoffen auch andere Halogene enthalten, aber die Bromanteile sind üblicherweise eine Größenordnung kleiner als die von Chlor. Jod und Fluor ist noch weniger vertreten. Je nach Art und Sortierung des verbrannten Reststoffes können aber auch diese Spezies relevant werden.

Sulfidierung (Korrosion mit schwefelhaltigen Gasverbindungen) wird bei Abfallverbrennungsanlagen seltener beobachtet, da die Oberflächentemperaturen in der Regel zu niedrig sind. Bei Anlagen mit üblichen Dampfparametern wirkt die Sulfatierung von chlorhaltigen Belägen sogar korrosionsmindernd.

Neben den gasförmigen Stoffen, die die Stahloberfläche attackieren, gibt es auch solche in flüssiger Form. Im betrachteten Temperaturbereich handelt es sich um Salzschmelzen, die typischerweise aus Gemischen unterschiedlicher Chloride und Sulfaten bestehen.

Je nach Mischung ergeben sich Schmelztemperaturen im Bereich von Verdampfer- und Überhitzertemperaturen. Die Salzschmelzen tauen aus dem Abgas aus wie Tautropfen aus feuchter Luft auf kühlen Wasserrohren.

Die zuvor beschriebenen Korrosionsmechanismen gehen von einer direkten Reaktion der gasförmigen oder flüssigen Stoffe mit der blanken Oberfläche aus. Dies trifft aber nur auf jungfräuliche oder frisch gereinigte Kesseloberflächen zu. Leicht ersichtlich daraus ist, dass jeder Abreinigungsvorgang (Online z.B. mit Rußbläsern oder bei Stillstand durch Sandstrahlen) die Korrosion beschleunigen kann.

Andererseits wäre es falsch, Beläge als eine Art Schutzschicht zu sehen. Beläge sind häufig so porös, dass Chloride im gasförmigen Zustand oder als Aerosole hineingelangen können.

Es bleibt noch die Frage, woher die Chloride kommen. Diese sind entweder bereits im Brennstoff enthalten, bilden sich bei der Verbrennung oder auf dem sich anschließenden Abgasweg. Im Abgas ist die Konzentration der Chloride eher gering im Vergleich zu den Anteilen in Belägen oder auf Rohroberflächen.

Der Zweck der Dampferzeuger besteht darin, die im Abgas enthaltene Wärme auf den Wasser-Dampf-Kreislauf zu übertragen. Dies bedingt,

- dass die Abgase auf dem Weg durch den Dampferzeuger abgekühlt werden und
- dass die Heizflächen kälter als das jeweils vorbeiströmende Abgas sind.

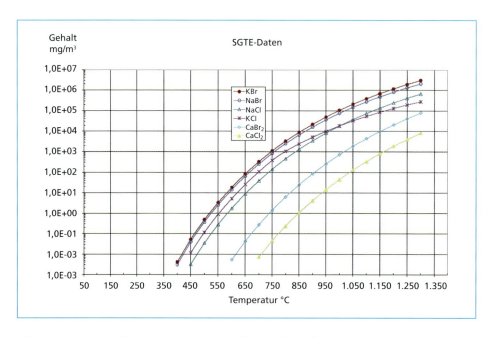

Bild 3:   Sättigungskonzentrationen ausgewählter Halogenide

Quelle: Spiegel, W. et al.: Korrosion in Abfallverbrennungsanlage. Dampferzeugerkorrosion, 2013

Die Löslichkeit von Stoffen in Gasen ist abhängig von der Temperatur. Ähnlich wie Wasser in feuchter Luft entspricht die Konzentration eines gelösten Stoffes dem Partialdruck. Die maximale Löslichkeit (Sättigungszustand) ist bei dem temperaturabhängigen Sattdampfpartialdruck erreicht. Bei der Abkühlung der Abgase wird dann bei einer bestimmten Temperatur die Sättigungskonzentration erreicht. In dem übersättigten Abgas bilden sich Aerosole (kleinste feste oder flüssige Partikel). Wie bei der Wolkenbildung in der Atmosphäre werden zur Bildung von Nebeltröpfchen (flüssig) oder Schneekristallen (fest) Keime benötigt. Dies können die im Abgas von Abfall- und Biomassenverbrennungsanlagen reichlich enthaltenen Staubpartikel sein oder aber die (belagsbehafteten) Heizflächen selbst.

Aus dem Diagramm wird ersichtlich, dass durch eine Temperaturabsenkung von 100 K nur noch 10 % der ursprünglichen Stoffe gelöst sind und die anderen 90 % ausgeschieden werden.

Auch bei ideal guter Durchmischung der Abgase sind die wandnahen Randbereiche deutlich kälter als die Hauptströmung. Bei plötzlichen Änderungen der Wandtemperaturen (zum Beispiel am Ende der Ausmauerung) werden in den randnahen Strömungen deutlich mehr Stoffe ausgeschieden.

Auf diese Weise kommt es zur Anreicherung von Salzen auf der Rohrwand selbst oder in den daran haftenden Belägen, in welche die mit Chloriden beladenen Gase eindringen. Auf dem Weg durch den Belag, der zum Rohr hin immer kälter wird, kühlen die Abgase ab, so dass die Konzentrationen über dem Sättigungsanteil liegt. Aus den übersättigten Abgasen tauen die Chloride dann aus, die Belagsbestandteile/die Porenoberfläche wirken dabei als Keim. Somit kann sich eine salzreiche Schicht zwischen Rohr und dem Abgas bilden. Die Poren im Belag zwischen Salzschicht und Rohr sind dadurch vom Abgas abgekoppelt und besitzen demzufolge eine andere Zusammensetzung als das Abgas. Die korrosiven Reaktionen können daher unabhängig vom aktuell verbrannten Brennstoff und der aktuellen Abgaszusammensetzung ablaufen.

Eine detailliertere Beschreibung hierzu ist in Spiegel et al. [4] aufgeführt.

4. Korrosionsdiagramm

Die komplexen Vorgänge und Randbedingungen, die über das Auftreten und die Intensität von Korrosion entscheidend sind, sollen mit dem Korrosionsdiagramm charakterisiert werden. Als Parameter stehen lediglich

- die Abgastemperatur,
- die Rohroberflächentemperatur,
- die Abgasgeschwindigkeit (in der Erweiterung nach Warnecke)

zur Verfügung. Weder Chlorgehalt noch sonst eine Angabe zu Schadstofffrachten, weder die Belagssituation noch der Sauerstoffgehalt sind als Parameter verfügbar.

Wie kann das funktionieren?

- Die Abgastemperatur kann als Maß für die maximale Schadstofffracht im Abgas herangezogen werden (Sättigungskonzentration). Je höher die Abgastemperatur, umso höher ist die darin lösbare Konzentration an Salzen, von denen einige oder viele korrosiv sein können, je nach Brennstoff usw. (s. oben). Allerdings kann diese auch unterhalb der stoff- und temperaturabhängigen Sättigungskonzentration liegen. Desweiteren ist die Historie des Abgases bis zu der zu untersuchenden Stelle im Dampferzeuger von Bedeutung: Erfolgte die Abkühlung so langsam, dass die unterschiedlichen Spezies Zeit zur Reaktion hatten oder ist durch schnelle Abkühlung eine Übersättigung zu erwarten?

- Die Rohroberflächentemperatur kann als Maß für die Mobilität der Schadstoffe dienen. Je höher diese Temperatur ist umso mehr Chloride können an den Kesselstahl gelangen und ihn zernagen (korrodieren).

- Die Abgasgeschwindigkeit repräsentiert die Möglichkeit zu Turbulenzen und damit zur Verringerung von Grenzschichten. Ferner können bei hohen Geschwindigkeiten mehr Feststoffe transportiert werden und diese werden ggf. mit einem höheren Impuls auf Heizflächenrohre auftreffen. Last but not least ist bei hoher Abgasgeschwindigkeit auch mit höheren Erosionseffekten zu rechnen.

Dem Wärmetechniker sollte aber bei diesen Parametern noch ein weiterer Zusammenhang auffallen:

$$\dot{q}`` = \frac{\dot{Q}_{konv}}{A_{konv}} = \alpha_{konv} \left(\vartheta_{RG} - \vartheta_{OFL} \right) \tag{1}$$

mit

$$\alpha_{konv} \sim w_{RG} \tag{2}$$

In den heißeren Bereichen muss zusätzlich noch ein Strahlungsanteil berücksichtigt werden.

$$\dot{q}`` = \frac{\dot{Q}_{konv}}{A_{konv}} + \frac{\dot{Q}_{rad}}{A_{rad}} \cdot \frac{A_{rad}}{A_{konv}} \tag{3}$$

Wie aus Bild 4 ersichtlich, kann für die Gasstrahlung innerhalb eines Rohrbündels davon ausgegangen werden, dass die für den konvektiven Wärmeübergang relevante Fläche A_{konv} der für den Strahlungswärmeübergang A_{rad} entspricht.

Die gasseitigen Emissions- beziehungsweise Absorptionskoeffizienten ε_G und $a_{G,W\,d}$ sind von der Rohrbündelgeometrie (Schichtdicke) und der Abgaszusammensetzung (im Wesentlichen CO_2 und H_2O) abhängig. Der Absorptionskoeffizient $a_{W\,d}$ kann für Stahlrohre mit 0,85 angenommen werden, die Stefan-Boltzmann-Konstante σ beträgt 5,67 E-08 W/m²K⁴.

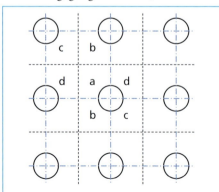

Bild 4:   Flächenverhältnisse im Rohrbündel

$$\dot{q}'' = \alpha_{konv} (\vartheta_{RG} - \vartheta_{OFL}) + \frac{a_{wd}}{1 - (1 - a_{wd})(1 - a_{G,Wd})}$$

$$\sigma(\varepsilon_G(\vartheta_{RG} + 273)^4 - a_{G,Wd}(\vartheta_{OFL} + 273)^4)$$

(4)

Aus den vorstehenden Parametern kann also auf die Wärmestromdichte geschlossen werden.

Aber was kann der Wärmestrom mit der Korrosion zu tun haben? Sicher ist es so, dass der Wärmestrom alleine nicht in der Lage ist, die Stahlrohre zu zernagen – zumindest nicht bei den relativ geringen Wärmestromdichten (< 200 kW/m²), die in den betrachteten Kesseltypen realisiert werden können.

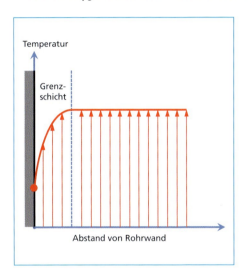

Bild 5:   Temperaturprofil in Rohrwandnähe

Betrachtet man das Temperaturprofil in Rohrnähe erkennt man, dass die Temperatur nur in einem kleinen Bereich (Grenzschicht) stark von der Rohrwandtemperatur auf die mittlere Abgastemperatur ansteigt. Diese Grenzschichtdicke ist abhängig von der Nusseltzahl und bei Strömungen durch Heizflächenbündel üblicherweise mindestens eine Größenordnung kleiner als der Rohrdurchmesser. Mit zunehmender Wärmestromdichte steigt der Gradient in der Grenzschicht an. Damit rücken die für die Korrosion kritischen Isothermen, bei denen zum Beispiel die Chloride aus dem vorbeiströmende Abgas austauen, näher an die Rohrwand heran.

Blanke Rohre sind in Abfall- und Biomasseverbrennungsanlagen nur selten / zeitweise zu finden. Durch anhaftende Stäube bilden sich mehr oder weniger schnell Beläge aus. Wie bereits geschildert, kann nicht davon ausgegangen werden, dass dadurch die Korrosion der Rohroberflächen gestoppt wird. Aus wärmetechnischer Sicht sind Beläge zusätzliche Widerstände, die die Wärmeübertragung vom Abgas an das Rohr verringern. Durch die Beläge vergrößert sich zwar gegebenenfalls die Oberfläche über die die Wärme vom Abgas an die Heizfläche übertragen wird, aber dafür steigt die Temperatur der Oberfläche in Abhängigkeit von der Belagsdicke und dessen Wärmeleitfähigkeit an. Dabei können wenige mm Belag bereits zu deutlichen Temperaturdifferenzen führen.

Lockere Beläge zeichnen sich durch geringe Wärmeleitfähigkeiten und somit durch besonders große Temperaturgradienten aus. Chloride, die in die Beläge eindringen, werden sich darin nahe der Rohrwand anreichern. Mit zunehmender Wärmestromdichte steigt der Gradient im Belag an. Damit rücken die für die Korrosion kritischen Isothermen, bei denen zum Beispiel die Chloride aus den in den Belag eindringenden Abgasteilströmen austauen, näher an die Rohrwand heran.

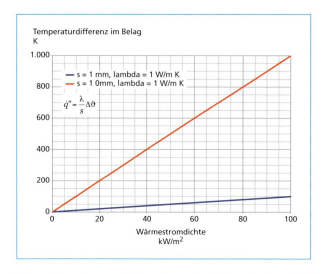

Bild 6:

Temperaturdifferenzen in Rohr-
belägen

Einem Berechnungsbeispiel werden folgende Randbedingungen zu Grunde gelegt:

- Rohrabmessung 38 mm (Wanddicke nicht erforderlich, da hier nur der Wärmestrom zwischen dem Abgas und der äußeren Rohroberfläche von Interesse ist),

- Längs- und Querteilung (Rohrmittenabstand) 100 mm,

- Fluchtende Rohranordnung, Rohre senkrecht angeströmt,

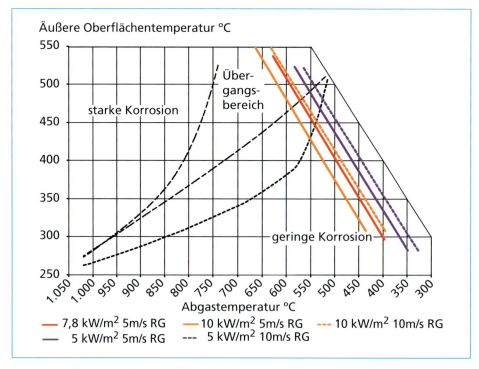

Bild 7:   Äquikalore im Korrosionsdiagramm, Bezug: Temperatur der abgasberührten Oberfläche

Wir sind die Guten!

Ralf Schuster
Schlosser, 17 Jahre bei J+G

- Wärmewiderstand des Belages $\dfrac{\lambda}{s}$ 100 W/m²K,

- Abgaszusammensetzung 15 Mass.-% CO_2, 10 Mass.-% H_2O
  (für Abgaseigenschaften und Gasstrahlung relevante Bestandteile),

- Keine Einstrahlung aus einem anderen Strahlraum/aus dem Feuerraum in das Rohrbündel.

Basierend auf einer angenommenen Wärmestromdichte (5; 7,8 oder 10 kW/m²) und einer angenommenen Abgasgeschwindigkeit (5 oder 10 m/s) wird dann die Abgastemperatur bei unterschiedlichen Oberflächentemperaturen (abgasberührte Belagsaußenseite) iteriert. Mit diesen Angaben lässt sich auch die jeweilige äußere Rohroberflächentemperatur berechnen. Die Ergebnisse sind in den Diagrammen in Bild 6 und Bild 7 als Linien bei gleichem Wärmestrom (und gleicher Geschwindigkeit) dargestellt. Da der Begriff Isotherme bekanntermaßen bereits für Linien mit der gleichen Temperatur vergeben ist, wird hierfür im Folgenden der Begriff Äquikalore verwendet.

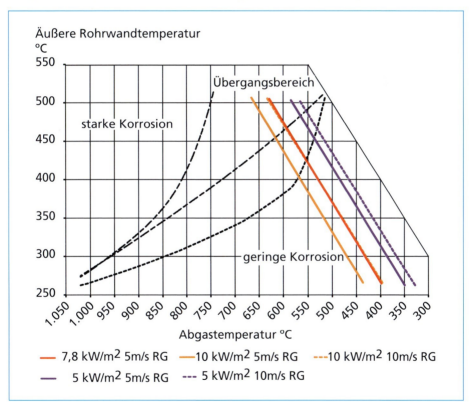

Bild 8:   Äquikalore im Korrosionsdiagramm, Bezug: äußere Rohrwandtemperatur

Es zeigt sich, dass die höheren Wärmeströme weiter links als die geringeren Wärmeströme angeordnet sind und somit im Korrosionsdiagramm für eine stärkere Korrosionsneigung stehen.

Die Äquikalore sind abhängig von der Abgasgeschwindigkeit. Äquikalore mit höherer Geschwindigkeit verlaufen weiter rechts im Korrosionsdiagramm. Dies deckt sich mit der von R. Warnecke eingeführten Erweiterung des Korrosionsgebietes: Heizflächen deren Temperaturen scheinbar eine geringe Korrosionsneigung vermuten lassen, werden bei höheren Abgasgeschwindigkeiten stärker angegriffen. Im Beispiel werden bei 10 kW/m² und 10 m/s Abgasgeschwindigkeit ungefähr die gleichen Temperaturpaare (Abgas-Oberfläche) gebildet wie bei 7,8 kW/m² und 5 m/s. Neben den abrasiven/erosiven Aspekten der höheren Abgasgeschwindigkeiten trägt auch die damit verbundene höhere Wärmestromdichte bei gleicher Temperaturdifferenz (Abgas-Oberfläche) und dadurch wiederum der größere Temperaturgradient und die Nähe der korrosionskritischen Isothermen zur Rohrwand zur stärkeren Korrosion bei.

Die Verschmutzung von Rohrbündeln erfolgt in der Regel entgegen der Strömungsrichtung: Partikel im Abgasstrom treffen auf das Rohr auf, während die Gasströmung diese umfließt. Näherungsweise ist der Aufbau in Bild 9 dargestellt.

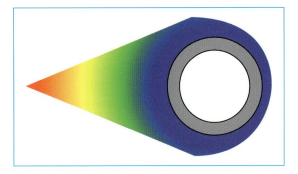 

Bild 9:   Schematischer Belagsaufbau

Bild 10:   Ungleichmäßig abgezehrtes Rohr

Quelle: Spiegel, W. et al.: Korrosion in Abfallverbrennungsanlage. Dampferzeugerkorrosion, 2013

Der Wärmestrom ist im Bereich der Wechtenflanken am höchsten, weil dort der Weg durch den Belag und damit der Wärmewiderstand geringer ist. Korrodierte Überhitzerrohre weisen daher häufig Schäden, wie in Bild 10 dargestellt, auf:

Allerdings ist Korrosion auch ein zeitabhängiger Prozess, der häufig nicht quasistationär verläuft. Durch die Entkopplung der das Rohr angreifenden Chlorphasen in den Mikrogasräumen der Beläge von der Abgaszusammensetzung, können Chloride während mancher Betriebsphasen im Belag angereichert werden und dort ihr Unwesen treiben, auch wenn die aktuelle Abgaszusammensetzung harmlos ist.

Auch Abreinigungseffekte können zu anderen Abzehrbildern beitragen.

5. Korrosionsdiagramm für Strahlräume

Wie erwähnt, basiert das Korrosionsdiagramm auf Beobachtungen/Versuchsauswertung zur Korrosion an Überhitzern in Abfallverbrennungsanlagen.

Die vorstehenden Überlegungen zur Korrosion lassen sich dennoch prinzipiell auf Verdampferwände in Strahlräumen übertragen:

- Abgastemperatur als Maß für die maximale Schadstofffracht,

- Oberflächentemperatur als Maß für die Mobilität der ausgetauten Schadstoffe,

- Wärmestromdichte als Maß für die Nähe der kritischen Isothermen (Anreicherungspotential von Schadstoffen).

Wegen der anderen (höheren) Abgastemperaturen und auch anderen Frachten (Details wären für diesen Beitrag zu *"chemielastig"*) sind jedoch die – ohnehin nicht allgemeingültigen – Grenzlinien gegebenenfalls anders zu ziehen. In den Diagrammen ab Bild 11 sind daher keine Grenzlinien, sondern ein roter transparenter Pfeil, in der Richtung, in der die Korrosionswahrscheinlichkeit ansteigt, eingezeichnet.

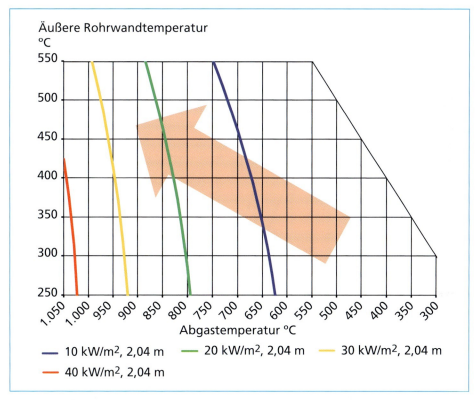

Bild 11:   Äquikalore im Korrosionsdiagramm, Wärmeübergang im Strahlraum

Basis für die Berechnungen im von Verdampferwänden umgebenen Strahlraum waren:

- Geometrie des Strahlraumes: Die Breite, Tiefe und Höhe wurden so gewählt, dass sich eine äquivalente Schichtdicke von etwa 2 m ergab. Der Einfluss der Schichtdicke auf den Wärmeübergang wurde durch Veränderungen der Strahlraumgeometrie mit Schichtdicken von etwa 1 m (kleiner Kessel) und 3 m (großer Kessel) untersucht (Bild 15).

- Abgaszusammensetzung: 15 Vol.-% CO_2, 10 Vol.-% H_2O (für Gasstrahlung relevante Bestandteile). Zur Abschätzung des Einflusses wurden die Anteile der Hauptstrahlungskomponente auf 5 Vol.-% wechselseitig reduziert. Der andere Anteil blieb unverändert (Bild 13).

- Keine Einstrahlung aus einem anderen Strahlraum/aus dem Feuerraum in das Rohrbündel.

- Die konvektiven Anteile wurden bei dieser Untersuchung nicht berücksichtigt, da die Geschwindigkeiten in der Regel gering sind.

Statt der Rohroberflächentemperatur wurde in Bild 11 die abgasseitige Oberflächentemperatur als Ordinate verwendet, da diese im Strahlungsaustausch mit dem Abgas steht. Die Rohroberflächentemperatur ergibt sich analog Bild 6. Die Auswirkungen, erhebliche Unterschiede je nach Verschmutzungsgrad, sind in Bild 12 dargestellt. Wie nicht anders zu erwarten, ergibt sich bei dünnen und gut wärmeleitfähigen Belägen (s/λ klein) eine Äquikalore, die der beim Wärmeaustausch mit der abgasberührten Oberfläche entspricht. Bei dickeren Belägen oder schlechteren Wärmeleitfähigkeiten ist das Rohr besser isoliert und die äußere Rohroberflächentemperatur daher deutlich geringer. Wie in Bild 6 dargestellt, können je nach Wärmestromdichte Temperaturunterschiede von mehreren 100 K im Belag auftreten.

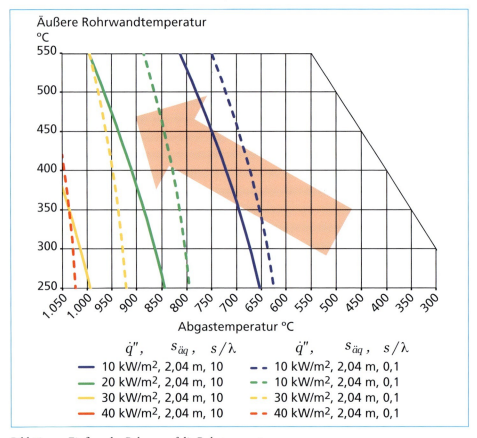

Bild 12: Einfluss des Belages auf die Rohrtemperatur

Lockere, poröse Beläge sind schlechter wärmeleitend. Durch die Poren kann chloridhaltiges Abgas in den Belag eindringen und die Salzfracht kann im entsprechenden Temperaturbereich (siehe Bild 3) angereichert werden und dort ihr schädigendes Potenzial entfalten.

Das Temperaturprofil im Belag ist zwar abhängig von der Wärmestromdichte, wie diese jedoch aufgeprägt wird (Strahlung/Konvektion, Einflüsse aus Kesselgeometrie und Abgaszusammensetzung, usw.) ist im Belag nicht entscheidend. Um die unterschiedlichen Einflüsse besser bewerten zu können, wurden die nachstehenden Diagramme nur auf die abgasberührte Oberflächentemperaturen bezogen.

Bild 13 zeigt den Einfluss der Abgaszusammensetzung auf die vom Abgas emittierte Strahlungswärmestromdichte. Bei Verbrennung mit Luft sind lediglich Wasserdampf (H_2O) und Kohlenstoffdioxid (CO_2) die wesentlichen Bestandteile, die die Strahlung emittieren. Die anderen Gase geben im Infrarotbereich nur geringe oder keine Strahlung ab (zum Beispiel Stickstoff oder Sauerstoff) oder ihre Konzentration ist für die insgesamt vom Gaskörper emittierte Strahlung vernachlässigbar klein (z.B. CO, NO oder auch SO_2). Die Strahlung von Gasen wird durch die Molekularbewegungen hervorgerufen, welche mit der Temperatur an Heftigkeit zunehmen. Je höher die Molekülkonzentration ist, umso häufiger stoßen Moleküle zusammen und emittieren dabei umso mehr elektromagnetische Strahlung.

Der Berechnungsalgorithmus ist [4] oder [5] zu entnehmen. Da die Strahlungsintensität mit der Konzentration zunimmt, können die Temperaturdifferenzen zwischen Abgas und Belagsoberfläche bei gleicher Wärmestromdichte geringer sein (Äquikalore sind im Diagramm weiter rechts angeordnet). Der Wasserdampfteil bewirkt zudem eine höhere Strahlungsintensität wie der CO_2-Anteil.

Diese Abgasbestandteile nehmen somit zwar nicht direkt Einfluss auf die Korrosionsneigung von Heizflächen, aber sie beeinflussen den Wärmestrom und damit das Temperaturprofil im Belag.

Die vom Abgas emittierte Strahlung hängt nicht nur von der Abgaszusammensetzung sondern auch von der Geometrie des Gaskörpers (Geometrie des Strahlungsraumes im Dampferzeuger) ab. Die Geometrie wird üblicherweise durch die äquivalente Schichtdicke charakterisiert:

$$s_{äq} = C \, \frac{V_{Gaskörper}}{A_{Gaskörper}} \tag{5}$$

Die Konstante C berücksichtigt die unterschiedlichen geometrischen Formen des Gaskörpers (Kugel, Zylinder, Quader). Weitere Details sind ebenfalls in [4] und [5] aufgeführt.

Der Einfluss der Schichtdicke ist in Bild 14 dargestellt. Es zeigt sich, dass die Strahlungsintensität mit der Schichtdicke zunimmt (geringere Temperaturdifferenzen erforderlich, Äquikalore weiter rechts). Im dargestellten Beispiel verlaufen die Äquikalore zu $\dot{q} = 30$ kW/m² mit $s_{äq} = 1,07$ m und $\dot{q} = 20$ kW/m² mit $s_{äq} = 3,09$ m nahezu gleich. Das Temperaturprofil im Belag wird jedoch wegen der anderen Wärmestromdichte anders sein.

In diesem Zusammenhang zeigt sich auch, dass durch den Einbau von Schottheizflächen die wärmeübertragende Fläche zwar größer, die Wärmestromdichte aber bei gleicher Temperaturdifferenz geringer wird.

Bei der Beurteilung von Korrosionsrisiken können somit Dampferzeuger mit unterschiedlichen Abmessungen nicht so ohne weiteres verglichen werden.

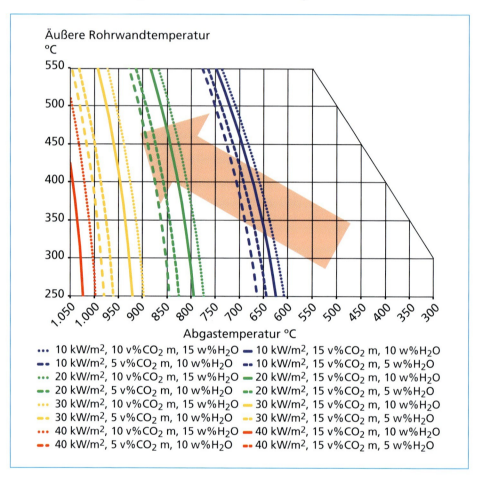

Bild 13:   Einfluss der Abgaszusammensetzung auf den Strahlungswärmeübergang

6. Zusammenfassung

Auch wenn der Ursprung des Begriffes Korrosion auf einen mechanischen Vorgang (corrodere = zernagen) schließen lassen könnte, handelt es sich um einen chemischen Prozess mit Umwandlung der beteiligten gasförmigen, flüssigen und festen Stoffe. *"Korrosion ohne Chemie"* ist daher nicht möglich. Dieser Beitrag beschreibt verfahrenstechnische Randbedingungen, die zur Korrosion führen können:

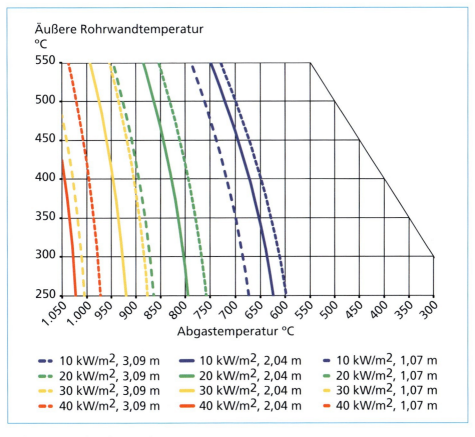

Bild 14:   Einfluss der Kesselgeometrie

- Abgastemperatur als Maß für die maximale Schadstofffracht,

- Oberflächentemperatur als Maß für die Mobilität der ausgetauten Schadstoffe,

- Abgasgeschwindigkeit als Maß für den Transport von Feststoffen im Abgas,

- Wärmestromdichte als Maß für die Nähe der kritischen Isothermen (Anreicherungspotential von Schadstoffen).

Wichtig: Diese Parameter sind nicht unabhängig voneinander.

Das Flingernsche Korrosionsdiagramm, welches basierend auf einer Ende der 1970er/ Anfang der 1980er Jahre u.a. vom Bundesministerium für Forschung und Technik (BMFT) geförderten Studie entwickelt wurde, wird häufig zur Bestimmung von Korrosionsrisiken bei der Auslegung von abfall- und biomassebefeuerten Anlagen verwendet.

Darin ist zur Charakterisierung der Korrosionsrisiken die Abgas- und die Oberflächentemperatur vorgesehen. Der Beitrag zeigt, dass sich darin auch die Wärmestromdichten darstellen lassen. Zu diesem Zweck werden Äquikalore als Linien gleicher Wärmestromdichten eingeführt.

Angesichts der veränderten Randbedingungen (Brennstoffzusammensetzung, 17. BImSchV, usw.) ist es jedoch fraglich, ob die darin enthaltenen Grenzlinien für jede Anlage und jede Betriebsweise allgemein gültig sind. Die von R. Warnecke eingebrachte Erweiterung, mit der die Geschwindigkeit berücksichtigt wird, ist ein erster wichtiger Schritt, dem allerdings weitere Schritte zur Beschreibung der komplexen Vorgänge bei der Korrosion, die an die Wärmeübertragung und Chemie gekoppelt sind folgen müssen.

In diesem Beitrag wurde aufgezeigt, dass weitere Randbedingungen (Geometrie, Abgaszusammensetzung) zum Teil erheblichen Einfluss auf die Wärmestromdichte und resultierende Korrosion besitzen.

Eine allgemeine Aussage, welche Wärmestromdichte hinsichtlich des Korrosionspotenzials *gefährlich* wird, sollte daher (noch) nicht getroffen werden.

Zur Beurteilung der Korrosionswahrscheinlichkeiten existierender Anlagen sind weiterhin Messungen und Probenahmen vor Ort (während des Anlagenbetriebes und bei Stillständen) und deren Analyse erforderlich. Dabei ist zu beachten, dass Korrosionseffekte z.B. durch Anreicherungen von Halogeniden auf Rohroberflächen oder in Belägen von der akuten Abgaszusammensetzung entkoppelt sind / sein können.

Dank

Dieser Beitrag basiert unter anderem auf persönlich und telefonisch geführten Gesprächen mit den Herren F. W. Albert, J. Kümmel, Dr. J. Krüger, Dr. R. Warnecke, W. Müller, Dr. Th. Herzog, Dr. W. Spiegel und weiteren Mitarbeitern der Firma CheMin GmbH, für deren Hinweise und Anregungen ich mich hier bedanke. Dieser fruchtbare Austausch hat mich dazu inspiriert die Korrosionsaspekte aus wärmetechnischer Sicht mit diesem Beitrag zu beleuchten.

7. Verwendete Formelzeichen und Indizes

a	-	Absorptionskoeffizient
A	m^2	Fläche, Oberfläche
C		Konstante
$\dot{q}''$	kW/m^2	Wärmestromdichte
$\dot{Q}$	kW	Wärmestrom
s	m	Wanddicke, Schichtdicke
V	m^3	Volumen
α	$W/m^2\,K$	Wärmeübergangskoeffizient
Δ		Differenz
ε		Emissionskoeffizient

ϑ	°C	Temperatur
λ	W/m K	Wärmeleitfähigkeit
σ	W/m²K4	Stefan-Boltzmann-Konstante
äq		äquivalent
G		Gas
G, Wd		Gas bei Wandtemperatur
konv		konvektiv
OFL		Oberfläche
rad		Strahlung
RG		Abgas
Wd		Wand

8. Literatur

[1] Kümmel, J.: Dampfkessel in Hausmüll- bzw. Restmüll-Verbrennungsanlagen. VDI-Tagung, Bamberg, 1994

[2] Warnecke , R.: Neue Ansätze zum Verständnis der rauchgasseitigen Information. VDI-Wissensforum, 2004

[3] Albert, F. W.: Müllverbrennung – Brennstoff mit besonderen Auswirkungen auf die Anlagenkomponenten. Seminar TA Mannheim, Dezember 1996

[4] Spiegel, W. et al.: Korrosion in Abfallverbrennungsanlage. Dampferzeugerkorrosion, 2013

[5] FDBR: Handbuch Wärme- und Strömungstechnik, Kapitel 7.3.5.3, April 2009

[6] VDI Wärmeatlas, 10. Auflage, 2006, Berlin – Heidelberg – New York: Springer Verlag

CheMin-Werkstoffsonde

einfach und schnell

Vorbeugen ist besser … CheMin

Systematische Optimierung von Kesselbauteilen bei Korrosions- und Verschmutzungsbelastungen

Wolfgang Spiegel, Gabriele Magel, Thomas Herzog, Wolfgang Müller und Werner Schmidl

Das Ziel der Betreiber von Dampferzeugeranlagen mit schwierigen Brennstoffen ist es, in vielen Fällen unveränderbare Randbedingungen technisch zu kompensieren, so dass die gesamte Anlage betriebswirtschaftliche Vorteile ausschöpfen kann. Dies können verlängerte Reisezeiten, eine höhere Verfügbarkeit oder eine bessere Energieeffizienz sein. Der klassische Weg zu einer Optimierung ist ein Beobachten von Reisezeit zu Reisezeit in den Revisionsstillständen. Bei gleichzeitigem Wunsch die Reisezeiten zu verlängern und Revisionszeiten zu verkürzen bleiben die Erkenntniswege zusehends auf der Strecke. Dieser Beitrag führt Methoden auf, mit denen wichtige Fakten auf kürzerem Weg erarbeitet werden können und so eine technische Entscheidungshilfe zum möglichen Optimierungspotenzial erarbeitet wird.

1. Belastete Bauteile gezielt optimieren

Neben den kurzfristigen und akuten Maßnahmen zur Erkennung und Behebung von Problemen durch Korrosion und Verschmutzung in Dampferzeugern und Abgasreinigungen sind auch systematische Maßnahmen verbreitet, die durch eine Phase der Vorplanung gekennzeichnet sind und sich auf einer umfangreicheren Befunderhebung abstützen.

Probleme an einzelnen oder mehreren Bauteilen (Verdampfer, Überhitzer, Economiser usw.) lassen sich durch ein Paket von systematischen Maßnahmen meist besser und auch längerfristig in den Griff bekommen, als es im Rahmen von kurzfristigem Reagieren möglich ist. CheMin unterstützt diese systematischen Maßnahmen durch Stillstandsbegleitungen und Untersuchungen während des Betriebs und verfolgt dabei das Ziel, das Optimierungsinteresse des Betreibers so mit Fakten zu untermauern, dass die dann gewählte technische Optimierung den Erwartungen gerecht wird.

Der Bedarf für diese systematische Strategie ergibt sich typischerweise, wenn der Betrieb einer MVA, EBS- oder Biomasseanlage feststellt, dass regelmäßig ein oder mehrere Bauteile, z.B. der Endüberhitzer, der obere Teil des 1. Zuges oder der Feuerraum, im Betriebsverhalten und/oder im Instandhaltungsaufwand auffallend nachteilig sind, und der Nachteil durch eine technische Optimierung verbessert werden kann, und dass der zu diesem Ziel führende notwendige Investitionsaufwand sich zügig amortisiert.

Das Ziel des Betreibers ist, den Betrieb soweit zu optimieren, dass die gesamte Anlage betriebswirtschaftliche Vorteile ausschöpfen kann. Dies kann z.B. eine verlängerte Reisezeit sein, oder eine höhere Verfügbarkeit oder eine bessere Energieeffizienz.

Das nachfolgend aufgezeigte systematische Vorgehen beschreibt beispielhaft einen Weg zur Optimierung, der die langjährigen Erfahrungen der Autoren aus Schadensuntersuchungen und Revisionsbegleitungen einbezieht.

Die Ursachen und Mechanismen der durch komplexe chemische Wechselwirkungen getriebenen Prozesse von Korrosion und Verschmutzung lassen kaum eine Übertragbarkeit von Lösungen von einer Anlage auf eine andere Anlage zu. Es ist immer eine Einzelfallbewertung notwendig. Und es sollten auch in jedem Optimierungsfall konkrete Befunde an der jeweiligen Anlage erhoben werden, um die beste Lösung für das zu ertüchtigende Bauteil zu finden. Die dafür sinnvollen Schritte und möglichen Methoden werden nachfolgend dargestellt. Im Einzelfall können auch ergänzende Schritte notwendig sein.

Die einzelnen Methoden, die zur Ermittlung konkreter Befunde bezüglich der komplexen chemischen Prozesse, die zu Korrosion und Verschmutzung führen, eingesetzt werden, bauen aufeinander auf. Die Durchführbarkeit der bewertenden Methoden, u.a. online-Sensorik, ist aber an Voraussetzungen geknüpft (z.B. Öffnungen im Dampferzeuger an geeigneter Position). Um diese Voraussetzungen und das Ineinandergreifen der Methoden optimal zu ermöglichen, ist ein bestimmter zeitlicher Ablauf erforderlich, der die sechs wesentlichen Schritte einer systematischen Optimierung richtig aufeinander abstimmt. Diese Schritte sind:

- Zustandsbewertung,
- Erkennen der Ursachen und Mechanismen der Korrosion/Verschmutzung,
- Test von Schutzschichten (keramisch, metallisch, geschweißt, gespritzt usw.),
- Test von alternativen Betriebsweisen,
- Vorlauf für die Realisierung der Maßnahmen und
- Qualitätsoptimierende Begleitung während der Realisierung der Maßnahmen.

Die Bedürfnisse dieses Zeitplans lassen sich am besten realisieren, wenn für jeden der sechs Schritte ein bestimmter Zeitpunkt im Betriebsablauf gewählt wird, also folgendes Zeitschema eingehalten wird:

- Vorbereitung für die Zustandsbewertung:
  - * Im letzten Drittel der Reisezeit A

- Zustandsbewertung:
  - * Am Beginn der Revision nach Reisezeit A

- Erkennen der Ursachen und Mechanismen der Korrosion/Verschmutzung:
  - * Im ersten Viertel der nachfolgenden Reisezeit B

- Test von Schutzschichten:
  - * Im zweiten Viertel der Reisezeit B

- Test von alternativen Betriebsweisen:
  - * Im zweiten Viertel der Reisezeit B

- Vorlauf für die Realisierung der Maßnahmen:
  - * In der zweiten Hälfte der Reisezeit B

- Qualitätsoptimierende Begleitung:
  - * Während der Revision nach Reisezeit B

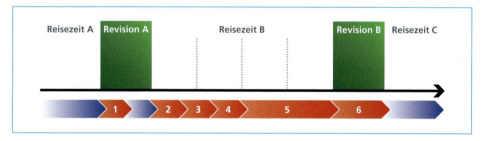

Bild 1:   Systematisches Vorgehen bei der Optimierung eines Bauteils. In den rot dargestellten Zeiträumen sind folgende Schritte durchzuführen: 1 Zustandsbewertung im verschmutzten und gereinigten Zustand, 2 Erkennen der Ursachen und Mechanismen für die Korrosion bzw. Verschmutzung, 3 Test von Schutzschichten (mittels Werkstoffsonden), 4 Test von alternativen Betriebsweisen, 5 Vorlauf für die Realisierung der Maßnahmen, 6 Qualitätsoptimierende Begleitung während der Realisierung der Maßnahmen.

Bild 1 zeigt einen typischen Fahrplan für eine Bauteiloptimierung. Die Maßnahmen verteilen sich somit auf die Zeit von eineinhalb Reisezeiten und zwei Revisionen.

Die einzelnen zum Einsatz kommenden Methoden entstammen der gutachterlichen und beratenden Tätigkeit und sind langjährig erprobt (z.B. Beitrag der AVA Augsburg in diesem Buch). Die grundlegenden Zusammenhänge wurden in Fachbeiträgen der zurückliegenden Jahre ausführlich beschrieben [1, 2, 3, 4, 5, 6].

1.1. Zustandsbewertung während einer Revision

Das mit Problemen behaftete Bauteil liefert am Ende einer Reisezeit wichtige Informationen. Nach dem Abfahren und Einrüsten können Art, Umfang und Verteilung von Korrosion und Verschmutzung beurteilt werden (vgl. Bilder 2 bis 5).

Bild 2:   Optische Bewertung der Verschmutzungsverteilung in den verschiedenen Bauteilen, a Brennkammer, b Nachbrennkammer, c Membranwände, d Überhitzer

Eine grundlegende Einstufung der Probleme kann erfolgen. Die erfahrenen Experten begehen das Bauteil und erstellen zunächst eine optische Bewertung und Dokumentation der Phänomene. Proben werden je nach Befund genommen und ggf. analysiert. Damit können z.B. die zukünftigen Anforderungen an Schutzschichten (keramisch, auftragsgeschweißt, thermisch gespritzt usw.) oder die Zusammenhänge von Abgasstrom und Belagsbildung besser bewertet werden.

Bild 3: Optische Bewertung der Werkstoffoberflächen im verschmutzten Zustand; die Dicke bzw. die Verteilung der Korrosionsbeläge geben Hinweise auf die Orte mit erhöhtem korrosivem Angriff

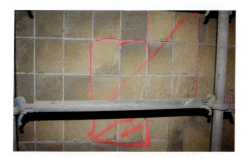 

Bild 4: Bei einem Spalt im Wandaufbau der Feuerfestzustellung, z.B. durch mangelnden Verbund von Platten mit der Membranwand, kann hinter den Platten intensive Korrosion der Membranwand stattfinden

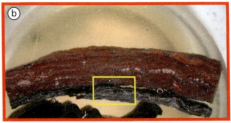
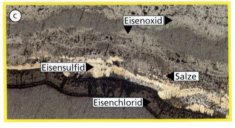

Bild 5: Optische Bewertung der Werkstoffoberflächen im verschmutzten Zustand: a) dickere Korrosionsbeläge zeigen verstärkt korrosive Angriffe; b) anhand von Belagsuntersuchungen können die korrosiv wirkenden Phasen an der Korrosionsfront sowie die Korrosionsprodukte untersucht werden: c) unmittelbar an der Korrosionsfront ist in diesem Beispiel eine massive Eisenchloridschicht zu erkennen, gefolgt von Eisensulfid sowie Salzen und Eisenoxiden.

Bild 6: Im gereinigten Zustand können die Werkstoffoberflächen mit streifendem Licht abgeleuchtet und die Messungen der Restdicken an den am stärksten angegriffenen Orten gemessen werden. Somit kann die Restnutzungsdauer der Werkstoffe bestimmt werden.

Eine analoge Bewertung der Phänomene erfolgt anschließend im abgereinigten Zustand. Auch in diesem Zustand wird das Bauteil durch die Experten begangen und durch Einsatz von streifendem Licht werden die Abzehrungen bewertet und durch selektive Messungen der Restdicken von drucktragenden Werkstoffen und Schutzschichten sowie weiteren Prüfungsmethoden (z. B. Verbund des Mauerwerks) wird der Status der Belastung und die verbleibende Restnutzungsdauer der verschiedenen Werkstoffe festgestellt (vgl. Bild 6).

Je nach Befundlage ist auch über eine zerstörende Beprobung von Schutzschichten (z.B. Feuerfest), Halterungen oder Rohrwerkstoffen usw. zu entscheiden. Diese Proben können im Labor weiter untersucht und u.U. auch im Detail, z.B. an der Korrosionsfront, chemisch analysiert werden.

Oftmals ist es zudem hilfreich, dass die Experten neben dem zu betrachtenden Bauteil auch die übrigen Teile des Dampferzeugers begehen, zumindest im groben Überblick, um das generelle Verschmutzungsverhalten oder andere lokal von Korrosion betroffene Bauteile zu bewerten. Auch dies sollte sowohl im verschmutzten wie im gereinigten Zustand erfolgen. Dies erlaubt Rückschlüsse auf das Zusammenwirken von Brennstoff, Feuerung und Wärmeabbau und verweist damit auf betriebliche Optimierungspotentiale. Zudem können auf diese Weise die Anforderungen an eine vorausschauende Instandhaltung unterstützt werden, da die Experten mittels streifendem Licht und selektiven Messungen von Schicht- und Wanddicken auch das Auffinden von bisher nicht erkannten Problembereichen unterstützen können. Dies kann die Gefahr von Verfügbarkeitsdefiziten durch ungeplante Stillstände mindern. Zu diesem Vorgehen wurde auch in [1, 7] berichtet.

Die Bewertung der Werkstoffe im verschmutzten und gereinigten Zustand ist somit der Einstieg in die Einordnung der spezifischen Belastungen des zu betrachtenden Bauteils. Dieser Schritt ist nur zu Beginn einer Revision bzw. eines Stillstandes mit Einrüstung durchführbar. Deshalb müssen die vorbereitenden, planenden Maßnahmen bereits im letzten Drittel der vorhergehenden Reisezeit beginnen.

1.2. Erkennen der Ursachen und Mechanismen der Korrosion bzw. Verschmutzung mittels Sonden und Sensoren während des laufenden Betriebs

Um die Ursachen und Mechanismen von Korrosion/Verschmutzung erkennen zu können, muss der laufende Betrieb betrachtet werden, am besten in einem stationären Zustand. Das ist bei einem Dampferzeuger mit Grundverschmutzung und bei typischer Last und typischem Brennstoff gegeben. Im Zuge von Begehungen während Stillständen ist dies nicht möglich, da in den abreagierten und erkalteten Belägen diese Informationen nicht mehr verfügbar sind.

Die Ursachen und Mechanismen von Korrosion/Verschmutzung liegen zugleich in den chemischen, thermischen und auch mechanischen Einflüssen auf das Bauteil. Die im Abgas enthaltene Chemie, die Temperaturunterschiede, Temperaturgradienten und Temperaturschwankungen in den Medien und in den Werkstoffen und die

Impulswirkung strömender bzw. schlagender Medien (u.a. Abreinigung) ist eine Gesamtheit an Wirkung auf das Bauteil, die nicht in Teilbetrachtungen zerlegt werden kann.

Somit ist es zwingend, dass Ursachen und Mechanismen von Korrosion/Verschmutzung während und innerhalb des Prozesses ermittelt werden.

- CheMin wählt für diesen Zweck – je nach Zielstellung und zu betrachtendem Bauteil – aus verschiedenen, auf spezifische Fragestellungen hin spezialisierten Sonden und Sensoren aus. Dies sind:

- Gittersonde, in Kombination mit einer Bestimmung des chemischen Milieus im Abgas (ASP-Methode) [5, 8, 9, 10]. Gittersonde und ASP-Methode beschreiben das chemische Inventar, d.h. der Dampferzeuger wird wie ein chemischer Reaktor betrachtet.

- Korrosionssonde (bisher als Korrosionsmonitor bezeichnet) [10]. Die Korrosionssonde ist baugleich zu der in Kapitel 1.3 beschriebenen Werkstoffsonde.

- Taupunktsonde (bei Bauteilen am Dampferzeugerende oder in der Abgasreinigung) [10, 11, 12]. Die Taupunktsonde ist baugleich zur Werkstoffsonde.

- Belagssonde (bisher als Belagsmonitor bezeichnet) [10, 12]. Die Belagssonde ist baugleich zur Werkstoffsonde.

- Wärmestromsensor [3, 4, 10].

Die Korrosionssonde, Taupunktsonde, Belagssonde und die im Kapitel 1.3. beschriebene Werkstoffsonde sind in wesentlichen Teilen baugleich und unterscheiden sich nur in Bezug auf das Untersuchungsziel. Je nach Zielsetzung für den Einsatz der Sonde können auf der Sonde Schutzschichten aufgebracht sein und längere oder kürzere Verweilzeiten im Dampferzeuger gewählt werden, von Stunden bis zu Monaten. Korrosionssonde, Taupunktsonde und Belagssonde weisen somit auch alle Merkmale auf, die in Kapitel 1.3 in Bezug auf die Werkstoffsonde beschrieben sind.

Die Anwendung der Sonden erfordert geeignete Öffnungen, die während einer Revision vorbereitet werden können. Auch die Installation von Wärmestromsensoren (auf der Dampferzeugeraußenseite) ist nur während einer Revision möglich. Die Revision als Start der Bauteiloptimierung ist also nicht nur aus Gründen der oben beschriebenen Zustandsbewertung notwendig, sondern auch, um vorbereitende Maßnahmen durchzuführen für den Einsatz von Sensoren und Sonden in der anschließenden Reisezeit.

Es ist in der Regel nicht zielführend, bereits aus anderen Gründen vorhandene Öffnungen für das Einbringen der Sonden zu verwenden, wenn das zu betrachtende Bauteil damit nicht geeignet abgebildet werden kann.

1.3. Test von Schutzwerkstoffen mittels Werkstoffsonde im laufenden Betrieb

Von Korrosion betroffene Bauteile werden in der Regel durch resistentere Werkstoffe geschützt. Dies kann als Vollwerkstoff erfolgen oder als Schutzschicht.

Castolin Eutectic®
Eutectic Castolin

Korrosionschutz mit BTC Lösungen

- Neue Patentierte Legierungen
- Densifikation—chemische Behandlung

Vor-Ort-Beschichtung mit mobilen Teams
Werkstattfertigung großer Bauteile,
Paneele, Ventilatoren, Einzelrohre

Stärker mit...
Castolin Eutectic

www.castolin.com

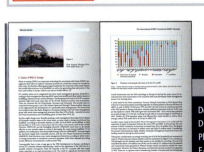

Alternativ bzw. ergänzend dazu besteht meist auch grundsätzlich die Möglichkeit, die Temperatur der Medien (Abgas und/oder Wasser/Dampf) zu reduzieren, um damit das Temperaturniveau und die Temperaturgradienten in den von Korrosion betroffenen Werkstoffen zu senken. Sinkende Abgastemperatur bedeutet in diesem Zusammenhang, die Wärmestromdichte zu reduzieren; vgl. dazu auch den Beitrag von Herzog et.al. in diesem Tagungsband.

Die Praxis zeigt, dass die Anwendung einer Schutzschicht oder die Absenkung der Abgas- oder Mediumstemperatur nicht zwangsläufig vorhersehbar (planbar) zu dem gewünschten Erfolg führt. Es bestehen im chemischen Inventar des Abgases zu viele Kombinationsmöglichkeiten für die Bildung aggressiver Milieus, als dass ein bestimmter Werkstoff oder eine bestimmte Schutzschicht bei einer bestimmten Temperatur dies sicher abdecken könnte; siehe hierzu auch den Beitrag von Aleßio in diesem Tagungsband.

Der Praxistest von möglicherweise wirksamen Schutzschichten unter den konkreten und spezifischen thermisch-chemischen Milieubedingungen ist deshalb unverzichtbar. Zugleich ist der Einfluss der Temperaturen zu berücksichtigen, u.a. deshalb, da Berührungsbauteile stets eine Temperaturspanne des Mediums von mehreren zehner bis über 100 K aufweisen.

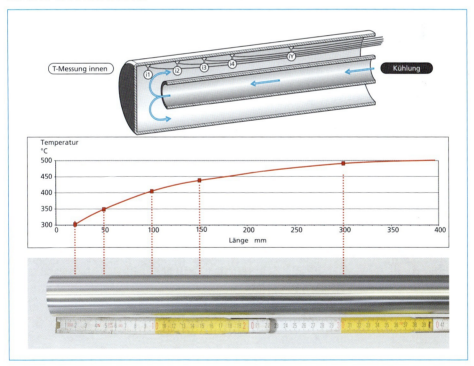

Bild 7: Die gekühlte CheMin-Sonde wird im laufenden Betrieb bei einer gewünschten Abgastemperatur im Dampferzeuger eingebaut. Durch die interne Kühlung und die Beheizung von außen stellt sich auf der Oberfläche der Sonde ein ansteigendes Temperaturprofil ein, das mit innen liegenden Temperaturfühlern erfasst und mit einer externen Regelung gleichbleibend gehalten wird.

Diese Anforderungen an ein Testinstrument wurden in Form einer neuartigen Werkstoffsonde umgesetzt und zum Patent angemeldet. Der innovative Charakter, also die besonderen Leistungsmerkmale dieser Werkstoffsonde ergeben sich durch folgende Eigenschaften (vgl. Bilder 7 bis 9):

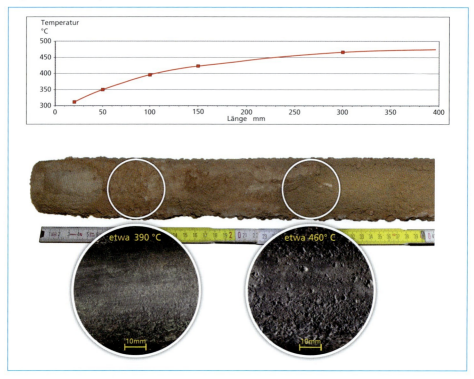

Bild 8:   Im laufenden Betrieb bilden sich auf der Sondenoberfläche Beläge, die bei den gegebenen unterschiedlichen Werkstofftemperaturen korrosive Vorgänge auslösen können. Im Bild zeigt der spritzbeschichtete Werkstoff bei einer Oberflächentemperatur von 390°C kaum korrosiven Angriff (linkes Detailbild), während ab einer Oberflächentemperatur von 460°C verstärkt Korrosionsmulden auftreten (rechtes Detailbild).

Der Körper der Werkstoffsonde ist in seinen Abmessungen ein reales Bauteil (Dampferzeugerrohr), ggf. mit Schutzschichten (auftragsgeschweißt, thermisch beschichtet; denkbar ist auch eine keramische Schutzschicht, z.B. als übergeschobene Hülle, als keramische Masse mit Ankern bzw. Halterungen usw.). Die Schutzschichten können das aus der Fertigung kommende Produkt oder auch neuartige Werkstoffentwicklungen darstellen. Dieser Körper wird im laufenden Betrieb im Dampferzeuger an der gewünschten Position und Abgastemperatur eingebaut (Bild 9).

Die Oberfläche des Sondenkörpers wird im vorderen Teil der Werkstoffsonde (z.B. 70 cm Länge) auf einen weitgehend frei wählbaren konstanten Temperaturbereich geregelt (z.B. von 250 bis 500 °C), d.h. der für die Korrosion und die Funktionsmerkmale wichtige Parameter der *Werkstofftemperatur* wird über einen breiten Temperaturbereich gleichzeitig erfasst (Bild 7).

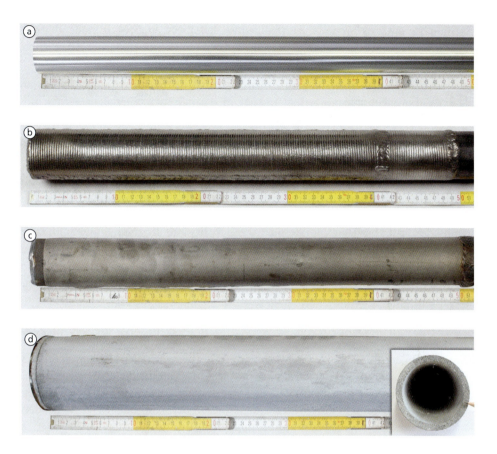

Bild 9:   Die CheMin-Werkstoffsonden können aus verschiedenen Stählen aufgebaut (a) oder mit unterschiedlichen Schutzschichten versehen sein. Die Schutzschichten können u.a. durch Auftragsschweißung (b) oder Spritzbeschichtung (c) aufgetragen werden oder können aus keramischem Material bestehen (d).

Durch Variation der Wanddicke der Werkstoffsonde kann die Wärmestromdichte zu höheren oder niedrigeren Werten angepasst werden. Der über die gesamte Werkstoffsonde ausgekoppelte Wärmestrom wird anhand der Kühllufttemperatur bilanziert. Kritische Temperaturschwellen in der Resistenzfähigkeit des Werkstoffs gegen die thermisch-chemischen Belastungen, die bei der gegebenen Abgastemperatur und Wärmestromdichte vorliegen, lassen sich mit dieser Methode ermitteln.

Die Werkstoffsonde ist für ein weitgehend frei wählbares Zeitfenster (von Stunden bis zu Monaten) einsetzbar, d.h. bestimmte oder auch mehrere variable Betriebszustände können gezielt abgebildet werden. Die Werkstoffsonde kann jederzeit eingesetzt und wieder gezogen werden.

Nach dem Ende der Expositionszeit kann die Korrosionsresistenz des getesteten Werkstoffs innerhalb des eingestellten Temperaturfensters direkt optisch abgelesen werden.

Nach mehreren Tests können die jeweiligen Werkstoffsonden direkt miteinander verglichen und vermessen werden (Wanddicke, Schichtdicke, Position der Abzehrung, Typ der Abzehrung usw.), vgl. Bild 8.

Die Werkstoffsonde kann – analog zu Schadensuntersuchungen – im Anschluss an die Expositionszeit im Labor zerlegt und ggf. mikroanalytisch untersucht werden, um Ursache, Art und Intensität der Korrosion (Abzehrrate) zu erfassen.

1.4. Test von alternativen Betriebsweisen

Das chemische Inventar, das zu Korrosion und Verschmutzung führt, wird durch den Brennstoff und die Feuerung vorgegeben. Oftmals gibt es alternative Betriebsweisen in der Feuerführung oder bei der Auswahl oder Vorbehandlung der Brennstoffe (Mischung, Lagerung), die sich mildernd auf die Korrosion/Verschmutzung auswirken würden, die aber in diesem Zusammenhang ohne weitere Untersuchungen nicht zuverlässig prognostiziert werden können.

Um eine Prognose erstellen zu können, müssen die alternativen Betriebsweisen über einen bestimmten Zeitraum hergestellt werden (stationärer Zustand).

In dem Zeitraum des stationären Zustands ist ein bestimmtes chemisches Inventar im Abgas vorhanden, das bei unterschiedlichen Abgastemperaturen in den unterschiedlichen Bauteilen (gegebene Abgasgeschwindigkeit, gegebene Wärmestromdichte) zu unterschiedlichen Effekten führt. Die Auswirkungen der verschiedenen Betriebsweisen auf die Werkstoffe der jeweiligen Bauteile kann mit den unter Kapitel 1.2. erwähnten sensorischen Hilfsmitteln überprüft werden. Eine Kombination mehrerer Methoden ist sinnvoll und je nach Fragestellung zu empfehlen.

Wird die Bewertung mittels Korrosionssonden, Belagssonden oder Taupunktsonden angestrebt, erfolgt dies nach dem in Kapitel 1.3. aufgeführten Prinzip (Oberfläche des Sondenkörpers wird auf ein frei wählbares Temperaturfenster geregelt und bei gegebener Abgastemperatur in den Abgasstrom gehalten, die bei unterschiedlicher Oberflächentemperatur abgelagerten Beläge können analysiert (Belagssonde) oder Temperaturschwellen für Korrosionsresistenz (Korrosionssonde, Taupunktsonde) ermittelt werden). Für diese Methoden ist ein stationärer Zustand über mehrere Tage erforderlich, abhängig davon, wie hoch die tatsächliche Belastung an den verschiedenen Werkstoffen ist.

Soll ein thermisch-stofflicher Zusammenhang aus Brennstoff, Feuerung und Abgasinventar ermittelt werden, kann auch die Gittersonde und/oder die ASP-Methode (Asche-Salz-Proportionen) zum Einsatz kommen (vgl. Bild 10). Wird eine Bewertung mittels ASP-Methode und Gittersonde durchgeführt, wird das chemische Inventar des Abgases beprobt und zunächst und hauptsächlich in Bezug auf die Frachten und die Stoffspezies ausgewertet. Die Vorgehensweise und beispielhafte Befunde und Optimierungen sind in [13, 14] beschrieben. Die vergleichende Auswertung der Befunde aus mehreren Betriebsweisen zeigt anschließend auf, welche Betriebsweise eine Optimierung darstellt. Wird der Belastungszustand von verschiedenen Betriebsweisen mittels ASP und/oder Gittersonde bewertet, ist ein Zeitraum des stationären Zustands von mehreren Stunden erforderlich.

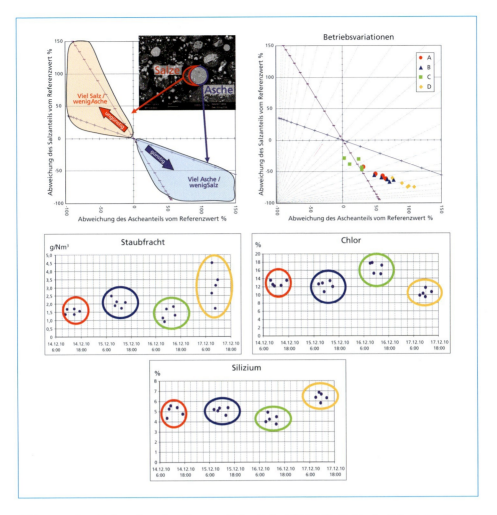

Bild 10: Die Probenahme der Abgaspartikel mittels ASP-Methode (Asche-Salz-Proportionen) kann bei unterschiedlichen Betriebsweisen erfolgen. Anhand der Staubfracht und der Elementanteile und des dadurch ermittelbaren Korrosionspotentials wird das thermisch-stoffliche Abgasinventar in Bezug zu den verschiedenen Betriebsvariationen gesetzt.

Die Auswirkungen der Fracht und Stoffspezies im Abgas auf die Korrosion und Verschmutzung sind stark abhängig von den jeweils gegebenen Temperaturen des Abgases und Oberflächentemperaturen der Wärmetauscher.

Aus den beiden Temperaturen und weiteren Einflüssen wie z.B. der Abgasgeschwindigkeit ergeben sich die Wärmestromdichten im Belag und im Werkstoff und die Kältefallenwirkung. Die Details dieser Zusammenhänge sind u.a. in [7] beschrieben.

Die Gittersonde wird auch für das Verfahren der Brennstoffdiagnose im Technikummaßstab verwendet und bei der Verbrennung von fossilen Brennstoffen in Großkraftwerken eingesetzt [5, 15, 16].

Das chemische Inventar im Abgas und die thermisch-stofflichen Zusammenhänge werden beispielsweise pro Betriebsvariation durch ASP und Gittersonde untersucht. Konkret bedeutet dies, dass während des Zeitraums des stationären Zustands einer Betriebsvariation diese Untersuchungen stattfinden. Durch Aneinanderreihung von Betriebsvariationen in der Form, dass z.B. am Abend die Änderung vorgenommen wird und während der Nacht sich ein stabiler Zustand entwickelt, kann dann während des folgenden Tages das Untersuchungsprogramm stattfinden. Damit lässt sich pro Tag eine Betriebsvariation untersuchen, d.h. innerhalb einer Kampagne von einigen Tagen lassen sich mehrere Betriebsvariationen unterbringen.

Begleitend zu den in Kapitel 1.2., 1.3. und 1.4. beschriebenen Maßnahmen ist es notwendig, auch die Betriebsdaten auszuwerten, um auf der Zeitskala den Charakter des Betriebs und Art und Intensität von Unstetigkeiten zu erfassen. Relevante Betriebsparameter sind in der Regel alle Temperaturen, alle Daten zur Chemie des Abgases (SO_2, HCl, Feuchte) und die Leistung (Last).

Aus Sicht des Betreibers ist es für das Ziel einer Bauteiloptimierung nicht notwendig, diese komplexen thermisch-stofflichen Zusammenhänge nachvollziehen zu können. Die notwendigen Voraussetzungen sind in den eingesetzten Untersuchungsmethoden bereits berücksichtigt. D.h. das Expertenwissen steckt in der Auswahl, Ausgestaltung und Anwendung der Untersuchungsmethoden. Erforderlich für den Einsatz aller Sonden sind geeignete Öffnungen am zu betrachtenden Bauteil, um die für dieses Bauteil relevanten thermisch-stofflichen Bedingungen und korrosiven Auswirkungen abbilden zu können. Diese Öffnungen sind während der Revision vorzubereiten.

1.5. Vorlauf für die Realisierung der Maßnahmen

Der Vor-Ort-Einsatz der Sonden sollte während der Reisezeit so rechtzeitig erfolgen, dass genügend Zeit bleibt, um in der restlichen Reisezeit die gesammelten Informationen auswerten und einen konkreten Optimierungsweg ausarbeiten zu können und auch den Lieferanten die notwendige Vorlaufzeit zugeben.

Zudem sollte ein Zeitpuffer eingeplant werden, damit ggf. weitere Werkstofftests oder weitere Betriebsvariationen durchgeführt werden können, sofern sich der Bedarf dafür ergibt.

Es empfiehlt sich, für diese Vorlaufphase zumindest das letzte Drittel einer Reisezeit einzuplanen, besser sogar die zweite Hälfte der Reisezeit.

1.6. Qualitätsoptimierende Begleitung während der Realisierung

Während der Realisierung einer Bauteiloptimierung kommt auch der Begleitung eine besondere Bedeutung zu, insbesondere bei der Beschichtung mit metallischen Werkstoffen und der Montage von keramischen Werkstoffen. Die marktüblichen QS-Maßnahmen fokussieren die Erfüllung von Spezifikationen und Normen und deren Dokumentation wird am Schluss dem Produkt beigefügt.

Würde man dagegen die im Markt verfügbaren Erfahrungen während der Produktion beachten und begleitet diese im Sinne einer Qualitätsoptimierung (QO), dann kann das unter 1.1 bis 1.5. beschriebene Anforderungsprofil an die Schutzschicht für das konkrete Bauteil und dessen individuelle thermisch-chemische Belastung konkret berücksichtigt werden. Diese Anforderungen in die jeweils besonderen Qualitätsmerkmale einer Schutzschicht zu übertragen, ist für den Lieferanten der Schutzschicht nicht gelebter Alltag. Hier ist es sinnvoll, dass auch die Qualitätsoptimierung aus gleicher Hand erfolgt, wie die zuvor durchgeführten Untersuchungen. Zu den hier relevanten Themen wurden mehrere Beiträge veröffentlicht, insbesondere zu auftragsgeschweißten und thermisch gespritzten Schutzschichten, sowie zu feuerfesten Werkstoffen [6, 7, 17, 18, 19].

2. Vorteile für den Betreiber

Für die Optimierung von Bauteilen (Verdampfer, Überhitzer, ECO) oder von Bereichen des Dampferzeugers (Feuerung, Strahlungsteil, Berührungsteil) ist ein kurzfristiges Reagieren auf Missstände in der Regel kein wirtschaftlich vorteilhafter Weg. Maßnahmen, die eine Überbrückung bei akuten Defekten und eine Absicherung der Verfügbarkeit bis zum geplanten Ende einer Reisezeit ermöglichen, sind notwendig und wichtig, sind aber nicht einer mittel- und langfristigen Optimierung gleichzusetzen.

Aus den Erfahrungen der zurückliegenden Jahre spricht viel dafür, für Optimierungen – hier in Bezug auf Korrosion und Verschmutzung – systematische und geplante Wege einzuschlagen.

Aus den Erfahrungen zeichnen sich für ein systematisches Vorgehen klare Schritte ab, die sinnvoll sind und die aufgrund der komplexen chemischen und thermischen Bedingungen in MVA, EBS- und Biomasseanlagen auch notwendig sind. Diese Schritte sind in den Kapiteln 1.1. bis 1.6. dargelegt.

So gesehen bietet jedes Ende einer Reisezeit die Chance, in der anschließenden Revision mit einem Optimierungszyklus zu beginnen. Dabei ist es gleichgültig, ob dies für ein bestimmtes Bauteil erfolgt, für mehrere Bauteile oder für ganze Bereiche des Dampferzeugers.

Für alle sechs Schritte gilt, dass der jeweilige Aufwand durch die Zielvorgaben bestimmt wird. Der Betreiber entscheidet also selbst, welcher Aufwand notwendig ist, indem er die Erwartungen an die Bauteiloptimierung formuliert. Im Groben ergibt sich der in einem Schritt zu tätigende Aufwand auch aus den Befunden der zuvor durchgeführten Schritte. Je komplexer und aggressiver ein thermisch-chemisches Milieu wirkt, desto mehr Aufwand sollte z.B. in die Werkstofftests und in die Betriebsvariationen gesteckt werden.

Alle in diesem Beitrag dargelegten unterstützenden Maßnahmen zur Bauteiloptimierung werden aus einer Hand angeboten. Dies hilft, unnötige Schnittstellen zu vermeiden.

3. Literatur

Alle nachfolgenden Publikationen sind auf www.chemin.de verfügbar.

[1] Spiegel, W.; Herzog, Th.; Jordan, R.; Magel, M.; Müller, W. & Schmidl, W.: Korrosions-Früher-kennung: Korrosionsminderung heute ist Effizienzsteigerung morgen. In: Thomé-Kozmiensky, K. J. und Beckmann; M. (Hrsg.): Energie aus Abfall, Band 4. Neuruppin: TK Verlag Karl Thomé-Kozmiensky 2008, S. 509-524

[2] Spiegel, W.; Herzog, Th.; Jordan, R.; Magel, M.; Müller, W. & Schmidl, W.: Anwendung sensori-scher Prozessinformationen am Beispiel der Korrosionsfrüherkennung. In: Thomé-Kozmiensky, K. J.; Beckmann, M. (Hrsg.): Energie aus Abfall, Band 6. Neuruppin: TK Verlag Karl Thomé-Kozmiensky, 2009, S. 669-684

[3] Spiegel, W.; Herzog, Th.; Jordan, R.; Magel, M.; Müller, W. & Schmidl, W.: Empirische Befunde am Kessel – Wärmestromdichte korreliert mit Korrosionsdynamik. In: Thomé-Kozmiensky, K. J.; Beckmann, M. (Hrsg.): Energie aus Abfall. Band 7, Neuruppin: TK Verlag Karl Thomé-Kozmiensky 2010, S. 271-286

[4] Magel, G.; Molitor, D.; Bratzdrum, C.; Koch, M. & Aleßio, H.-P. (2012): Wie kommt die Wärme ins Rohr? - Korrosion ist oftmals ein Symptom hoher Wärmestromdichte. In: Thomé-Kozmi-ensky, K. J.; Beckmann, M. (Hrsg.): Energie aus Abfall, Band 9. Neuruppin: TK Verlag Thomé-Kozmiensky, 2012, S. 373-390

[5] Pohl, M.; Beckmann, M.; Herzog, Th.; Spiegel, W.; Kaiser, M. & Brell, J.: PartikelGitterNetzSonde – Korrosionsdiagnose bei der Verbrennung schwieriger Brennstoffe. In: Thomé-Kozmiensky, K. J. und Beckmann, M. (Hrsg.): Energie aus Abfall, Band 10. Neuruppin: TK Verlag Thomé-Kozmiensky, 2013, S. 339-357

[6] Herzog, Th.; von Trotha, G. & Molitor, D.: Von Korrosion lernen. Welche Herausforderungen stellt der Betrieb, was ist schweißtechnisch beim Korrosionsschutz durch Cladding machbar? In: Thomé-Kozmiensky, K. J.; Beckmann, M. (Hrsg.): Energie aus Abfall, Band 10. Neuruppin: TK Verlag Thomé-Kozmiensky, 2013, S. 473-488

[7] Spiegel, W.; Herzog, Th.; Jordan, R.; Magel, M.; Müller, W.; Schmidl, W. & Albert, F.W.: Korrosion in Abfallverbrennungsanlagen. In: Born, M. (Hrsg.): Dampferzeugerkorrosion 2013, Freiberg: SAXONIA Standortentwicklungs- und -verwaltungsgesellschaft mbH, 2013, S. 9-95

[8] Metschke, J.; Spiegel, W.; Gruber, K.; Magel, G. & Müller, W. (2004): Endbericht EU22 - Systemati-sierung und Bewertung von verfügbaren Maßnahmen zur Korrosionsminderung in der betrieb-lichen Praxis von MVA mittels partikelförmiger Rauchgasbestandteile. Forschungsauftrag EU22 im Auftrag des Bayerischen Staatsministerium für Umwelt, Gesundheit und Verbraucherschutz (Co- Finanzierung aus Mitteln des Europäischen Fonds für Regionale Entwicklung, EFRE)

[9] Metschke, J.; Spiegel, W.; Gruber, K.; Magel, G. & Müller, W. (2005): ASP und Belagssonde - Wei-terentwicklung und Erprobung von ASP (Asche-Salz-Proportionen) und Belagssonde. Sitzung der ATAB-AG5 in Großlappen

[10] Magel, G.; Müller, W.; Spiegel, W.; Schmidl, W.; Herzog, Th. & Aleßio, H.-P. : Korrosivität von Rauchgasen: Online-Sensorik in Dampferzeugern. In: VGB PowerTech, Ausgabe 6/2013, S. 71-77

[11] Herzog, Th.; Müller, W.; Spiegel, W.; Brell, J.; Molitor, D. & Schneider, D. : Korrosion durch Tau-punkte und deliqueszente Salze im Dampferzeuger und in der Rauchgasreinigung. In: Thomé-Kozmiensky, K. J.; Beckmann, M. (Hrsg.): Energie aus Abfall, Band 9. Neuruppin: TK Verlag Karl Thomé-Kozmiensky, 2012, S. 429-460

[12] Magel, G.; Spiegel, W. & Müller, W.: Einschätzung der Korrosivität des Rauchgases durch Online-Sensorik. VGB-Fachtagung Thermische Abfallverwertung 2012, 8.-9. November 2012 in Hürth

[13] Spiegel, W.; Herzog, Th.; Jordan, R.; Magel, M.; Müller, W. & Schmidl, W.: Korrosion in Biomas-severbrennungsanlagen und Strategien zur Minimierung. In: Thomé-Kozmiensky, K. J.; Beck-mann, M. (Hrsg.): Energie aus Abfall. Band 5. Neuruppin: TK Verlag Karl Thomé-Kozmiensky, 2008, S. 413-421

[14] Müller, W.; Kaiser, M.; Schneider, D.; Herzog, Th.; Magel, G. & Spiegel, W.: Korrosion in altholz-gefeuerten Biomasseanlagen. In: Thomé-Kozmiensky, K. J.; Beckmann, M. (Hrsg.): Energie aus Abfall, Band 10. Neuruppin: TK Verlag Karl Thomé-Kozmiensky, 2013, S. 359-377

[15] Beckmann, M.; Krüger, S.; Gebauer, K.; Pohl, M.; Spiegel, W. & Müller, W.: Methoden der Korrosionsdiagnose bei der Verbrennung schwieriger Brennstoffe. In: Thomé-Kozmiensky, K. J.; Beckmann, M. (Hrsg.): Energie aus Abfall. Band 6. Neuruppin: TK Verlag, 2009, S.443-460

[16] Pohl, M.; Bernhardt, D.; Beckmann, M. & Spiegel, W.: Brennstoffcharakterisierung zur voraus-schauenden Bewertung des Korrosionsrisikos. In: Born, M. (Hrsg.): Dampferzeugerkorrosion 2011, Freiberg: SAXONIA Standortentwicklungs- und -verwaltungsgesellschaft mbH, 2011, S. 67-83

[17] Herzog, Th. & Metschke, J.: Cladding(ge)schichten - Erfahrungen als Grundlage für Qualitätsan-forderungen. In: Thomé-Kozmiensky, K. J. und Beckmann, M. (Hrsg.): Energie aus Abfall. Band 6. Neuruppin: TK Verlag Karl Thomé-Kozmiensky, 2009, S. 505-516

[18] Schmidl, W. (2009): Erfahrungen mit thermisch gespritzten Schichten als Korrosionsschutz auf Wärmetauscherflächen in reststoffbefeuerten Dampferzeugern. In: Thomé-Kozmiensky, K. J. und Beckmann, M. (Hrsg.): Energie aus Abfall. Band 6. Neuruppin: TK Verlag Karl Thomé-Kozmiensky, 2009, S. 593-610

[19] Schmidl, W.; Herden, H.; Keune, R.; Klotz, S. & Schuhmacher, K.-H. (2011): Cladding im Über-hitzerbereich bei erhöhten Dampfparametern am Beispiel des MHKW Frankfurt. In: Thomé-Kozmiensky, K. J. und Beckmann, M. (Hrsg.): Energie aus Abfall, Band 8. Neuruppin: TK Verlag Karl Thomé-Kozmiensky, 2011, S. 395-412

Wärmestrommessung an Membranwänden von Dampferzeugern

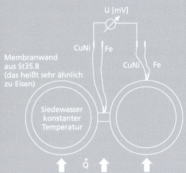

Autor:	Sascha Krüger
ISBN:	978-3-935317-41-2
Verlag:	TK Verlag Karl Thomé-Kozmiensky
Erscheinung:	2009
Gebund. Ausgabe:	117 Seiten
Preis:	30.00 EUR

Die Wärmestromdichte ist der auf eine Fläche bezogene Wärmestrom. Die Ermittlung dieser Größe stellt für Strahlungswärmeübergangsflächen von Dampferzeugern, die üblicherweise aus Membranwänden aufgebaut sind, eine wichtige Information mit Bezug auf die Wärmeverteilung, d. h. die lokale Wärmeabgabe in der Brennkammer, dar. Beispielsweise besteht die Möglichkeit, anhand der Wärmestromdichte

• die Feuerlage auf dem Rost oder in der Brennkammer,
• Schieflagen der Gasströmung in den Strahlungszügen,
• den lokalen Belegungszustand (Verschmutzungszustand) oder
• den Zustand des Wandaufbaus (Ablösen von Feuerfestmaterial)

zu bewerten.

Die Entwicklung und Anwendung von Wärmestromdichtemessungen an Membranwänden war bereits Gegenstand vielfacher Forschung in den letzten Jahren. Zumeist wurden Messzellen entwickelt, zu deren Installation Umbauten am Siederohr, d. h. am Druck tragenden Teil des Wasser-Dampf-Kreislaufes notwendig sind.

In der vorliegenden Arbeit wird eine nicht-invasive Methode zur Bestimmung der Wärmestromdichte an Membranwänden mit und ohne Zustellung sowie deren Anwendung im technikums- und großtechnischen Maßstab beschrieben.

Bestellungen unter www.Vivis.de
oder

Dorfstraße 51
D-16816 Nietwerder-Neuruppin
Tel. +49.3391-45.45-0 • Fax +49.3391-45.45-10
E-Mail: tkverlag@vivis.de

Vivis
TK Verlag Karl Thomé-Kozmiensky

Erfahrungen beim Verschleißschutz in Abfallverbrennungsanlagen mit unterschiedlichen Frischdampfdrücken

Harald Lehmann

Die Vattenfall Europe New Energy Ecopower GmbH mit Sitz in 15556 Rüdersdorf bei Berlin ist eine 100%ige Tochtergesellschaft der Vattenfall Europe New Energy GmbH mit Sitz in Hamburg. Die Vattenfall Europe New Energy Ecopower GmbH betreibt die beiden Abfallverbrennungsanlagen Rüdersdorf und Rostock.

In der am östlichen Rand von Berlin gelegenen Abfallverbrennungsanlage Rüdersdorf werden aufbereitete Siedlungsabfälle – hauptsächlich aus dem Raum Berlin-Brandenburg thermisch verwertet. Da eine Wärmeauskopplung zum Zeitpunkt der Planung

Bild 1:

Abfallverbrennungsanlage Rüdersdorf

noch nicht möglich war, wurde bei der Konzeption der Anlage auf einen möglichst hohen elektrischen Wirkungsgrad von etwa 30% geachtet. Die Abfallverbrennungsanlage Rüdersdorf ist seit 2009 im bestimmungsgemäßen Dauerbetrieb, bis zum 31.08.2013 wurden 33.858 Betriebsstunden absolviert.

Bild 2:

Abfallverbrennungsanlage Rostock

Die Abfallverbrennungsanlage Rostock befindet sich im Überseehafen Rostock und erhält die aufbereiteten Abfälle aus der in unmittelbarer Nachbarschaft gelegenen mechanisch-biologischen Aufbereitungsanlage (MBA). In dieser MBA werden die in der Hansestadt Rostock und in den umliegenden Landkreisen anfallenden Siedlungsabfälle behandelt. In Rostock konnte schon von Beginn an eine Kraft-Wärme-Kopplung realisiert werden. Der an der Turbine zusätzlich entnommene Niederdruckdampf wird hier als Ferndampf ganzjährig einem Industrieunternehmen im Überseehafen für Produktionszwecke zur Verfügung gestellt.

Die Abfallverbrennungsanlage Rostock ging nach drei Jahren Bauzeit im März 2010 in den bestimmungsgemäßen Dauerbetrieb. Bis zum 31.08.2013 lief die Anlage 30.639 Betriebsstunden.

Wegen der bei Planungsbeginn sehr verschiedenen Rahmenbedingungen weisen die Kesselkonzepte der Abfallverbrennungsanlagen Rüdersdorf und Rostock deutliche Unterschiede auf. Neben der Baugröße variieren die Bauart und der Frischdampfdruck.

In Verbindung mit der inhomogenen Zusammensetzung des Brennstoffs Abfall führen diese verschiedenen Kesselkonzepte auch zu einem unterschiedlichen Betriebsverhalten bei Verschmutzungen und Verschleiß.

1. Anlagenaufbau der Abfallverbrennungsanlagen Rüdersdorf und Rostock

Im Grundaufbau der Gesamtanlage ähneln sich die Abfallverbrennungsanlagen Rüdersdorf und Rostock zunächst. Kernstück beider Anlagen sind die mit einer wassergekühlten Rostfeuerung ausgestatteten Dampferzeuger und nachgeschaltet eine quasitrockene Abgasreinigung.

Die Entstickung der Abgase erfolgt bereits im Kessel durch Eindüsung von Ammoniakwasser (Rüdersdorf) bzw. Harnstoff (Rostock) – NO_x-Reduzierung nach dem SNCR-Verfahren (selektive nichtkatalytische Reduktion).

Nach dem Kesselende treten die Abgase mit den enthaltenen Schadstoffen und dem mitgerissenen Flugstaub aus dem Dampferzeuger mit etwa 185 °C bis 190 °C in die erste Komponente der Abgasreinigungsanlage, den Sprühabsorber, ein.

In den Sprühabsorber werden Kalkmilch und Wasser eingedüst, so dass die im Abgas enthaltenen sauren Schadgase wie HCl, SO_2 und HF mit der aus Branntkalk erzeugten Kalkmilch chemisch reagieren. Gleichzeitig wird durch die Wasserverdampfung die Temperatur des Abgases auf etwa 135 °C bis 140 °C abgesenkt und die Reaktionsprodukte werden getrocknet.

Nach dem Sprühabsorber wird zur trockenen Absorption der sauren Abgasinhaltsstoffe Kalkhydrat und zur Adsorption organischer sowie gasförmiger metallischer Stoffe mahlaktiver Herdofenkoks (HOK) in die Abgaskanalstrecke eingedüst. Im Filterkuchen des Gewebefilters finden die Nachreaktionen statt.

Die angelagerten Reststoffe – Flugstaub, Reaktionsprodukte und auch nicht reagierte Kalkprodukte – werden kontinuierlich an den Filterschläuchen im Gewebefilter abgetrennt und ausgeschleust. In Rostock wird zur Erhöhung der Effizienz noch ein Teil des Reststoffes rezirkuliert.

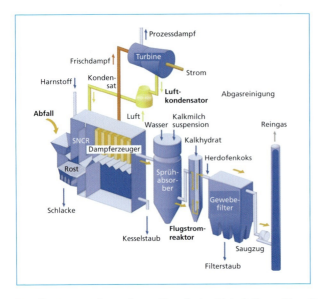

Bild 3:

Anlagenschema Rostock

Bei der Baugröße und vor allem beim Frischdampfdruck gibt es bei den Abfallverbrennungsanlagen Rüdersdorf und Rostock die ersten wesentlichen Unterschiede.

	Einheit	Rüdersdorf	Rostock
Brennstoffdurchsatz im Betrieb	t/a	240.000	180.000
Feuerungswärmeleistung	MW	110	87
Dampfmenge nominal	t/h	120	100
Dampfdruck	bar (ü)	90	42
Dampftemperatur	°C	420	405
elektrische Leistung brutto	MW	35	20
Wärmeauskopplung	MW (bar, °C)	Projekt	20 (16, 260)
R1-Kriterium		0,65 bis 0,68	0,78 bis 0,8

Tabelle 1:

Anlagendaten

Eine besondere Eigenheit in Rüdersdorf ist der erstmalige Einsatz einer direkt im Abgasstrom angeordneten Zwischenüberhitzung in einer Abfallverbrennungsanlage. Diese Technologie zur Leistungs- und Effizienzsteigerung ist sonst nur aus der konventionellen Kraftwerkstechnik bekannt.

Im Wärmeschaltbild ist dargestellt, wie der Frischdampf den Kessel mit 420 °C und 90 bar verlässt und nach der ersten Stufe der Turbine mit etwa 25 bar wieder zum Kessel zurückgeführt wird. Nach der Aufheizung auf eine Temperatur von wiederum 420 °C wird der Dampf in der 2. Turbinenstufe auf etwa 60 mbar entspannt und anschließend im Luko kondensiert.

In Rüdersdorf wurde eine kompakte Dampferzeugerkonstruktion in Vertikalbauweise gewählt und der Endüberhitzer als Schottenheizfläche im 2. Zug angeordnet. Für diese Schottenheizfläche im 2. Zug wurde der Überhitzer 3 und der Zwischenüberhitzer 2 in der Tiefe in insgesamt 2 x 12 Schotten aufgeteilt, die durch die Kesseldecke mit den außen liegenden Sammlern verbunden sind. Durch diese Anordnung der Schotten ergibt sich rauchgasseitig im Durchtrittsbereich des 1. zum 2. Zug eine Queranströmung der Rohrreihen durch die Abgase, was verschleißtechnisch hohe Ansprüche stellt. Die Schottenheizflächen im 2. Zug haben deshalb zum Schutz gegen Korrosion rundgecladdete Rohre erhalten.

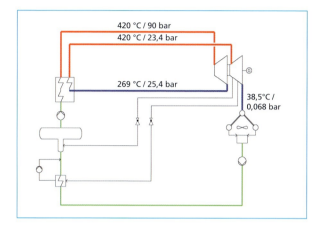

Bild 4:

Rüdersdorf – Wärmeschaltbild mit Zwischenüberhitzung

Im 3. Zug sind die anderen Heizflächen für die Zwischenüberhitzung und für den Hochdruckdampf angeordnet. In der Grundausstattung wurde der 3. Zug ohne gesonderte Schutzmaßnahmen gegen Verschleiß ausgeführt, lediglich die Rohrwandstärken wurden etwas höher dimensioniert. Die Reinigung der Rohrbündel im 3. Zug erfolgt mit Dampfrußbläsern.

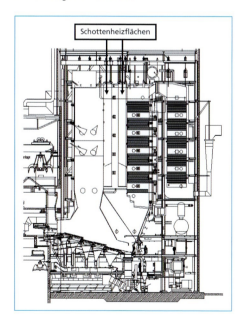

Bild 5:   Rüdersdorf – Längsschnitt Dampferzeuger

Zum Schutz des Feuerraumes und des 1. Zuges wurde keine Ausmauerung verwendet, sondern Cladding mit Inconel 625 komplett für alle Rohrwände von den Rostrandrohren bis zur Kesseldecke eingesetzt. Die Aufschweißungen des Inconel 625 erfolgten dabei werkstattseitig bei der Herstellung der Membranwände und Rohre.

Im Gegensatz zu Rüdersdorf wurde die Anlage Rostock als Horizontalzugkessel konzipiert. Um hohe Verfügbarkeiten zu erreichen wurden mit 405 °C und 42 bar (ü) moderate Dampfparameter vorgesehen. Dazu wurde in Rostock das bei Abfallverbrennungsanlagen bewährte Konstruktionsprinzip gewählt, wonach der 2. Zug und 3. Zug wegen der zu erwartenden Verschlackungsneigung vorzugsweise als Leerzug mit in den Verdampfer integrierten Membranwänden ausgeführt ist. Im 4. Zug sind die Konvektivheizflächen mit Schutzverdampfer, Überhitzer (erster Überhitzer vor Endüberhitzer) und Economizer angeordnet.

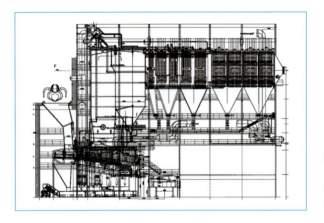

Bild 6:

Rostock – Längsschnitt Dampferzeuger

Tabelle 2: Rüdersdorf und Rostock: Vergleich Anlagenkomponenten

System	Komponente	Rüdersdorf	Rostock
Dampferzeugung	Kessel	Naturumlaufkessel mit 4 vertikalen Zügen	Naturumlaufkessel mit 3 vertikalen Zügen und 1 Horizontalzug
	Verschleißschutz/ Grundausstattung	1. Zug: Vollcladding 2. Zug: Cladding Schotten ÜH/ZÜH	1. Zug: VHT-Plattensystem, Zünddecke Spritzbeton Decke Cladding 2. Zug: HVOF-Beschichtung
	Kesselreinigung	2. Zug: ohne 3. Zug: Dampfbläser 4. Zug: ohne	2. Zug: SCS 3. Zug: SCS 4. Zug: Klopfer
	Rost	3-bahnig 5 Zonen wassergekühlt: Zonen 1 bis 4	1-bahnig 4 Zonen wassergekühlt: Zonen 1 bis 3
	Verbrennungsluft	Primär- und Sekundärluft	Primär- und Sekundärluft Abgasrezirkulation (zugemischt)
	Entaschung	Stößel-Nassentschlacker	Kratzer-Nassentascher
Abgasreinigung	SNCR	Eindüsung Ammoniakwasser 3 Ebenen möglich	Eindüsung Harnstoff 2 Ebenen möglich
	Sprühabsorber	Drehzerstäuber Comline Sanderson 15.000 U/min	Drehzerstäuber LAB 5.000 U/min
	Eindüsung Kalkhydrat/HOK	Eindüsort Abgaskanal	Eindüsort Umlenkreaktor
	Filterstaubrezirkulation	keine	Eindüsung in den Umlenkreaktor
Stromerzeugung	Dampfturbine	Kondensationsturbine mit ZÜ-Einbindung	Entnahmekondensationsturbine
	Dampfauskopplung	vorbereitet/Projekt	für externe Ferndampflieferung

Zum Schutz der Verdampferrohre wurde der erste Zug bis etwa 3 m unter die Decke mit hinterfüllten SiC-Platten ausgestattet. Darüber kam an den Membranwänden und an der Decke des 1. Zuges Cladding mit Inconel 625 zum Einsatz. Im 2. Zug erhielten die Decke und die Membranwände eine thermische Spritzbeschichtung (HVOF-Beschichtung).

Um den bekannten und auch erwarteten Verschmutzungs- und Korrosionsproblemen Rechnung zu tragen ist für die Leerzüge 2. und 3. Zug eine Sprühreinigung installiert. Im 4. Zug kommen Klopfer für die Reinigung der Rohrbündel zum Einsatz.

2. Brennstoff- und betriebsbedingte Verschmutzungen im Dampferzeuger

2.1. Allgemeines

Die Verfügbarkeit der Abfallverbrennungsanlagen wird von den Reisezeiten geprägt, die vor allem von den Verschmutzungen im Feuerraum und an den Heizflächen entlang des Abgasweges abhängen. Die Ablagerungen führen zu einer Verminderung der Wärmeübertragung vom Abgas auf den Wasser-Dampf-Kreislauf und beeinflussen die Korrosion der Heizflächen. Bei starken Beeinträchtigungen der Wärmeübertragung durch Verschmutzungen, durch Belege oder Wechten muss der Anlagenbetrieb außerplanmäßig für Reinigungsarbeiten unterbrochen werden, was sich letztlich auf die Wirtschaftlichkeit auswirkt.

Die Brennstoffzusammensetzung, die Verbrennungsbedingungen und die Konstruktion des Dampferzeugers bestimmen die Bildung und Struktur der Beläge. Zu beobachten sind Beläge mit einem lockeren, porösen Aufbau bis zu versinterten Strukturen und im Verlaufe der Reisezeit entstehen schmelzflüssige Ablagerungen. Neben den korrosiven Schäden beeinflussen die Anwachsungen insbesondere auch die Luftführung der Sekundärluftdüsen und schaffen damit ungleichmäßige Verbrennungsbedingungen. Hohe Inertgehalte im Brennstoff Abfall begünstigen dabei die Ablagerungen auf den Heizflächen.

Bei den in Rüdersdorf und Rostock thermisch verwerteten Abfällen handelt es sich um überwiegend gewerbe- und hausmüllähnliche Siedlungsabfälle, die vor Einsatz in den Abfallverbrennungsanlagen einer Aufbereitung unterzogen wurden. Der Grad der Aufbereitung nimmt dabei immer mehr ab. Die Abfallverbrennungsanlagen Rüdersdorf und Rostock sind für Heizwerte der Abfälle von 11 bis 18 MJ/kg ausgelegt. Der Heizwert hat sich seit der Inbetriebnahme von etwa 12,8 MJ/kg auf zuletzt etwa 12, 2 MJ/kg verringert.

Mit der Bildung und dem Aufbau von Belagsschichten sind die Voraussetzungen für die Verschleiß- und Korrosionserscheinungen an den Heizflächen und deren Schutzvorrichtungen gegeben. Dazu kommt die mit Zunahme der Schichtstärken von Ablagerungen sich ändernde Verteilung der Temperatur in den Belägen, wodurch die Temperaturen an den Oberflächen der Belege zunehmend ansteigen und teilweise schmelzflüssig werden. Diesen Erscheinungen müssen Schutzvorrichtungen wie Feuerfestmaterial, Cladding oder thermische Spritzschichten Rechnung tragen.

2.2. Rüdersdorf

Bei der Abfallverbrennungsanlage Rüdersdorf bestätigte sich die von anderen Anlagen ebenfalls bekannte geringe Belagsbildung auf dem Cladding im 1. Zug und im 2. Zug. Diese Beläge wiesen einen lockeren porösen Aufbau auf.

Bild 7:

Rüdersdorf – Lockere Beläge auf gecladdeten Membranwänden im 1. Zug

Das änderte sich etwas mit Einbringung von keramischen Dünnschichtplatten auf dem Cladding zum Schutz vor Erosion. Diese Maßnahme erfolgte zunächst im unteren Teil des 1. Zuges an der rechten und linken Seitenwand unterhalb der Einschnürungen. In den Bereichen der Seitenwände, zu denen die äußeren Sekundärluftdüsen im rechten Winkel stehen, waren nunmehr auf den keramischen Dünnschichtplatten sehr feste dünne Beläge zu verzeichnen.

Bild 8:

Rüdersdorf – Beläge auf keramischen Dünnschichtplatten

Die einzigen Verschmutzungen, die das Betriebsverhalten beeinflussten, befanden sich im 3. Zug. Die neuralgische Stelle waren die Verbindungsrohre zwischen den Sammlern im Übergang vom 2. zum 3. Zug. Das ist auch dadurch zu erklären, da nach den Schottenheizflächen im 2. Zug diese Verbindungsrohre die *Kühlfalle* vor Eintritt in den 3. Zug darstellen.

Bild 9:

Rüdersdorf – Anwachsungen Verbindungsrohre 2. zum 3. Zug

Durch Anwachsungen von unten konnten die von den Rußbläsern abgereinigten Partikel – zum Teil dabei richtig feste Schalen – nicht mehr durchfallen und damit auch nicht mehr über die Kesselentaschung ausgetragen werden, sondern lagerten sich oberhalb dieser Verbindungsrohre ab. Diese Erscheinung führte etwa 3.000 h nach jeder Revision zu einem massiven Druckverlust. Als Reinigungsmaßnahme wurde dann mit einer Serie von manuellen Sprengreinigungen der Durchtritt für die Abgase wiederhergestellt.

Zur Vermeidung der beschriebenen Anwachsungen im Übergang von 2. zum 3. Zug und den damit verbundenen Folgeerscheinungen wurde das Rohrgitter umgebaut. Beim Umbau wurde die Teilung der Rohre von 200 mm auf 400 mm erhöht. Seit Durchführung dieser Maßnahme im Juni 2012 sind die Anwachsungen nicht mehr zu beobachten.

2.3. Rostock

Gegenüber den relativ porösen Anhaftungen von dünnen Belägen im 1. Zug des Rüdersdorfer Kessels hat die Abfallverbrennungsanlage in Rostock von Beginn an mit starker Wechtenbildung zu kämpfen, die sich im 1. Zug unterhalb der Ölbrenner zu bilden begannen, sich im Laufe der Zeit weiter nach unten aufbauten und schließlich die Rostbewegung und die Verbrennung behinderten. Die Wechten rissen nach einer längeren Zeit ab und mussten wegen ihrer Größe kurz vor Eintritt in den Schlackefallschacht mit hohem Aufwand mechanisch zerstört werden.

Bild 10:

Rostock – Wechtenbildung im Feuerraum

In der Revision 2012 wurden im 1. Zug als Testfeld unterhalb der Brenner SiC-Platten mit höherem Wärmedurchgang eingebaut, was sich positiv auswirkte. Die Wechtenbildung wurde zwar nicht vollständig verhindert, aber die Wechten waren wesentlich kleiner und konnten jetzt ohne manuellen Einsatz über den Schlackeaustrag abtransportiert werden.

Die Strahlungszüge 2. und 3. Zug verfügen in Rostock über ein Sprühreinigungssystem (Shower Clean System). Die Sprühreinigungseinrichtung wird mit zwei Verfahrmotoren, die an einem Schienensystem hängen, zu den Stutzen des 2. und 3. Strahlungszugs gefahren. Näherungsschalter signalisieren die Position der Stutzen. Bei Betrieb der Anlage wird ein Waschschlauch oberhalb der Decke des Dampferzeugers mit einem angehängten Düsenkopf von der Schlauchtrommel abgerollt, durch den betreffenden Stutzen in der Decke vertikal in den Abgaszug eingeführt und für die flächendeckende Reinigung pendelnd in den Dampferzeuger herabgelassen.

Mit der Sprühreinigung wird auch in Rostock der fortschreitende Aufbau einer stärkeren Verschmutzung der Wände des Dampferzeugers erfolgreich verhindert, damit für eine verbesserte Wärmeübertragung vom Abgas auf das Wasser-Dampf-System gesorgt und auch periodisch die Abgastemperatur vor Eintritt in den vierten Zug des Dampferzeugers korrosionsmindernd abgesenkt.

Die Reinigung der Heizflächen im 4. Zug erfolgt mit mechanischen Klopfern, die auf der rechten Kesselseite installiert sind. Zur Abreinigung der Heizflächen werden die Klopfstellen mit einem Klopferwagen getaktet angefahren. Die Wärmetauscherpakete werden in Abgasrichtung gereinigt, wobei die Häufigkeit der Abreinigung von der Anlagenbetriebsweise und vom Verschmutzungsgrad der Heizflächen abhängt und eingestellt werden kann. Die Wirksamkeit der Klopfervorgänge wird durch die veränderbare Einsatzhäufigkeit – abhängig vom Verschmutzungsgrad – und eine kontinuierliche Wartung unterstützt. Dabei wird kontrolliert, ob die Klopfstellen funktionsfähig sind und die Stößel nicht klemmen.

3. Verschleißerscheinungen und Optimierung des Verschleißschutzes im Dampferzeuger

3.1. Allgemeines

Bei der Verbrennung von Abfällen bilden sich Beläge an den Wärmeübertragerflächen aus. Diese verändern die Wärmeübertragungsprozesse vom Abgas auf das Wasser/Dampf-Medium. Durch die isolierende Wirkung der Beläge kommt es zu Verschiebungen des Temperaturprofils im Feuerraum und über den Abgasweg. Damit verändern sich im Verlaufe der Reisezeit die thermischen Belastungen der beanspruchten Bereiche und führen zu Korrosionserscheinungen an der Oberfläche der Schutzschichten und der nichtgeschützten Rohre.

Dabei handelt es sich um Korrosion bei hohen Temperaturen und im Beisein von Chlor oder von angelagerten und zum Teil auch geschmolzenen Salzen.

Neben dem Temperaturprofil beginnend von der Abgasseite durch die Beläge zur Rohrseite spielen noch die Strömungsverhältnisse im Kessel über den Abgasweg eine wichtige Rolle. Nicht zu unterschätzen ist in diesem Zusammenhang der strömungsbedingte Verschleiß durch Erosionserscheinungen, die zur Schwächung der Oberflächen der Schutzschichten und der nichtgeschützten Rohre führen. Abgezehrt werden nicht nur die Rohrmaterialien aus warmfesten ferritischen Stählen, sondern auch die zum Korrosionsschutz aufgetragenen Schweißplattierungen aus Inconel 625.

Bild 11:

Rüdersdorf – Abrasion Schottenheizflächen

Die Vorhersehbarkeit von Belagsentwicklung und Korrosionserscheinungen ist wegen der inhomogenen Zusammensetzung des Brennstoffes Abfall mit ständig wechselnden Schadstofffrachten und der dadurch ständig anzupassenden Prozessführung stark eingeschränkt bis nahezu unmöglich.

Deshalb greift der Betreiber bei der Optimierung seiner Anlage zu möglichst umfassenden *globalen* Schutz- und Reinigungsmaßnahmen, die eine

- hohe Standzeit der eingesetzten Materialien,
- lange Reisezeit und
- geringe Instandhaltungsaufwendungen

gewährleisten sollen.

3.2. Rüdersdorf

3.2.1. Cladding im 1. Zug

Bei der Auslegung des Dampferzeugers mit 90 bar und einer Sattdampftemperatur von 303 °C standen die mit Inconel 625 vollständig gecladdeten Verdampferrohrwände unter einer besonderen Beobachtung. Schon frühzeitig während der Inbetriebnahmephase waren erste starke Abzehrungen an den Verdampferrohren der Roststufe 1 zu verzeichnen. Der Hersteller reagierte mit dem Austausch der ungeschützten Rohre gegen mit Inconel 625 gecladdeten Rohrmaterial. Diese werkstattseitig gecladdeten Rohre wiesen nach kurzer Reisezeit Poren im Cladding auf, wodurch eine akute Gefahr von Rohrleckagen entstand. Bei der Revision 2011 wurden die Rohre nochmals gegen gecladdete Rohre ausgetauscht und zusätzlich als mechanischer Schutz eine Schicht feuerfeste Stampfmasse aufgebracht. Seit dieser Maßnahme konnte bei den nächsten Revisionen nur noch ein geringer Verschleiß bei der Stampfmasse festgestellt werden, der sich mit geringem Aufwand reparieren lässt.

Bild 12:

Rüdersdorf – Roststufe 1

In der Frühphase des Betriebs gab es weitere Überraschungen mit erheblichen Abzehrungen der Claddingschichten auf den Verdampferrohren unterhalb der Feuerraumeinziehungen. Als erstes probates Mittel wurde ein Reparaturcladding durchgeführt, wodurch aber die Ursache nicht beseitigt wurde. Bei einem unmittelbar darauf folgenden Rohrschaden im Übergangsbereich vom Reparaturcladding zum originalen Werkstattcladding zeigte sich bei Detailuntersuchungen, dass Restsalze in Poren enthalten waren, die unter den Claddingschichten verblieben sind und diese unterwandert haben. Das sich eine derartige Erscheinung auch bei Reparaturcladding von größeren Flächen und damit gleichfalls die Gefahr von plötzlichen Rohrleckagen nicht ausschließen ließ, wurden die geschädigten Rohrflächen großflächig ausgetauscht und die neuen werkstattseitig gecladdeten Membranwände zusätzlich zum Schutz vor Erosionserscheinungen mit keramischen Dünnschichtplatten versehen.

Bild 13:

Rüdersdorf – Einsatz keramischer Dünnschichtplatten auf Cladding

Der Aufwand dafür ist natürlich enorm, sichert dafür aber auch für diese Flächen einen kompletten Schutz und nachfolgend einen geringen Reparaturaufwand.

Diese Art der Maßnahme – der Austausch von stark geschädigten Rohrbereichen gegen neue werkstattseitig gecladdete Membranwände mit zusätzlichen Schutz durch keramische Dünnschichtplatten – hat sich bewährt und wurde in den folgenden Jahren mit Teilen der Rostrandrohre, der Rückwand und der Stirnwand fortgesetzt.

Die Nachrechnung der Veränderung der Abgastemperatur über den Abgasweg im Kessel durch den Kesselhersteller ergab bei den 2011 (Seitenwände 70,2 m²) und 2012 (Rückwand 194,5 m², Rostrandrohre 20,4 m²) ausgetauschten und durch keramische Dünnschichtplatten zusätzlich geschützten Membranwänden eine Temperaturerhöhung von max. 10 K am Übertritt vom 1. zum 2. Zug. Die damit verbundenen Auswirkungen lassen sich derzeit noch nicht beschreiben.

Für die verbliebenen Bereiche wird bei Kontrollstillständen und während der Jahresrevisionen weiterhin aufwendig Reparaturcladding durchgeführt. Cladding ist eine sehr kostenintensive Maßnahme, verursacht durch die teuren nickelbasishaltigen Schweißzusatzwerkstoffe. Der hohe Materialeinsatz resultiert aus der geforderten Schichtdicke von > 2 mm. Das Korrosionsrisiko bleibt, wenn Poren nicht vollständig bei der Claddingvorbereitung abgeschliffen werden. Das Abschleifen und das manuelle Nachcladden hängen natürlich von der individuellen Erfahrung und der Handfertigkeit der Mitarbeiter der eingesetzten Fachfirmen ab.

Auch in Rüdersdorf ist die bekannte Tatsache zu beobachten, dass die Korrosion entlang von Überlappungen das Cladding am stärksten angreift, da hier die Wärmestromdichte höher ist als auf der Raupe. Dabei finden sich die stärker abgezehrten Flanken auf der dem Feuer zugewandten Seite.

Bild 14:

Rüdersdorf – Abzehrung Cladding an Rohrflanken

Vermutlich lässt sich bei den beobachteten Schadensbildern im Verdampferbereich

- punktförmige Korrosionsmulden bis zum Grundwerkstoff,
- selektive Abzehrungen der Rohrflanken,
- Rissbildung im Cladding,
- flächige Einebnung der Cladding-oberfläche

auch die Erfahrung ableiten, dass bei Dampferzeugern im Druckbereich um 90 bar (Sattdampftemperatur 303 °C) die Schutzwirkung von Inconel 625 unter bestimmten Verbrennungsbedingungen, z.B. bei gleichzeitig hohen Feuerraumtemperaturen, materialtechnisch eingeschränkt ist.

3.2.2. Cladding an den Schottenüberhitzern im 2. Zug

Bereits im ersten Betriebsjahr waren hohe Abzehrraten im Anströmbereich der Schotten-Überhitzer am Eintritt in den 2. Zug aufgetreten, die noch in die Gewährleistung des Herstellers fielen. Insbesondere war durch die konstruktive Auflösung der Schotten in Einzelrohre mit dem Entfall von Stegen zur Verminderung der Steifigkeit durch unterschiedliche Wärmedehnungen die Flucht der Rohrreihen nicht mehr gegeben, wodurch es durch die Querströmung zu starken Erosionserscheinungen insbesondere an den ausgelenkten Rohren kam.

Darüber hinaus waren die ersten Rohre der Anströmseite durch die staubbeladene Strömung starker Abrasion unterlegen, die schnell zum Verlust der Cladding-Schicht führte.

Dieser Schaden nach 4.200 h konnte in einem ersten großen Revisionsstillstand 2009 durch neues Rohrmaterial, die Verklammerung der Rohre mit Kammblechen sowie durch Schutzbleche auf den ersten Rohren beseitigt werden. Im weiteren Betriebsverlauf waren unmittelbar über den Kammblechen Abzehrungen zu beobachten, die auf die Bildung von Wirbelströmungen zurückzuführen sind. Deshalb wurden die Kammbleche bei den nächsten Revisionen so angebracht, dass ein möglichst geringer Strömungswiderstand entsteht.

Bild 15:

Rüdersdorf – Einsatz Kammbleche bei Schottenheizflächen

Dem erhöhten Verschleiß an den Schottenheizflächen im Übergangsbereich vom 1. in den 2. Zug konnte nachfolgend erst durch den Einsatz von Schutzschalen vor den ersten Rohren zielgerichteter begegnet werden. Hierfür sind zwischenzeitlich unterschiedliche Materialien und Schalengeometrien getestet worden. Die Standzeiten haben sich zwar verbessert, eine allseits befriedigende Lösung steht aber weiterhin noch aus.

Bild 16:

Rüdersdorf – Einsatz von Schutzschalen Übergang 1. zum 2. Zug

3.2.3. Überhitzer im 3. Zug

Die Heizflächen im 3.Zug werden durch Rußbläser gereinigt. Aufgabe der Rußbläser ist es, auf der gesamten Wärmeübertragungsfläche die Beläge zu entfernen, ohne die Grundwerkstoffe für den Korrosionsangriff vollständig blank zu machen bzw. zu schädigen. Die Rußbläser begünstigen den Korrosionsangriff durch zusätzliche mechanische Belastungen und die Abreinigung von ggf. schützenden Ablagerungen.

Der Hersteller hatte bei den Heizflächen auf einen zusätzlichen Schutz verzichtet und dafür die Rohrwandstärke um 2 mm erhöht. Dennoch war nach 15.600 Betriebsstunden der erste Rohrschaden durch den Rußbläsereinsatz zu verzeichnen. Typischerweise befand sich dieser Schaden in dem Bereich des 3. und 4. Rohres nach Eintritt der Rußbläserlanzen.

Als verschleißmindernde Maßnahme wurden Schutzschalen als Erosions- und Korrosionsschutz an den Berührungsflächen zum Einsatz gebracht. Auch diese Schutzschalen unterliegen bei Eintritt der Rußbläser in den 3. Zug einem enormen Verschleiß. Da zwischen Rohr und Schutzschale ein Spalt bleibt, ist Korrosion an den Anschweißungen der Schutzschalen zu beobachten, was dann auch zum Abfallen der Schutzschalen führen kann.

Nach etwa 28.000 Betriebsstunden wurde ein weiteres Verschleißbild an den Heizflächen im 3. Zug beobachtet. Diesmal betraf es die Außenseite der Rohrbögen, insbesondere der dem 2. Zug zugewandten Seite. Hier zeigten sich starke Abzehrungen bis hin zur Rohrleckage. Wegen der räumlichen Enge und der kleinen Rohrteilung ist in diesem Bereich bei Stillständen eine vollständige Kontrolle der Wandstärken aller Rohrbögen nicht möglich, so dass bisher nur punktuell vorbeugend Austausche einzelner Rohrbögen vorgenommen werden konnten. Zu den möglichen Ursachen dieser Verschleißerscheinungen gibt es noch kein abschließendes Bild.

3.3. Rostock

3.3.1. SiC-Plattensysteme im 1. Zug

Die SiC-Platten weisen je nach Materialzusammensetzung und Herstellungsart unterschiedliche Eigenschaften bei der

- Wärmeleitfähigkeit (Wärmeleitung durch die Platte),

- Temperaturwechselbeständigkeit,

- thermischen Dehnung (Ausdehnung im Verhältnis zu den metallischen Rohren und in Verbindung mit der Befestigung/Ankersystem),

- Oxidationsbeständigkeit (Spannungen durch unkontrolliertes Plattenwachstum)

auf.

Bei der Auskleidung des 1. Zuges (40 bar, 250 °C Sattdampftemperatur) kamen in Rostock geklebte SiC-Plattensysteme bis zum Bereich 3 m unter der Kesseldecke zum Einsatz. Bei den Revisionen 2010 und 2011 mussten größere Flächen an den Stellen erneuert werden, wo sich die SiC-Platten von der Rohrwand abgelöst hatten.

Wegen dieser wenig befriedigenden Situation mit den ursprünglich eingesetzten ungebrannten SiC-Platten wurden bei der Revision 2012 verschiedene SiC-Plattensysteme parallel zum Einsatz gebracht, um das Korrosions- und Verschleißverhalten unter den konkreten Einsatzbedingungen zunächst zu untersuchen und später eine erneute Entscheidung auf Basis der gewonnenen Erkenntnisse zu treffen.

Bei der Revision 2012 wurden folgende Plattensysteme eingebaut:

- unterer Bereich: mehrfach gebrannte Platten mit glatter Oberfläche,

- mittler Bereich: ungebrannte Platten wie Ursprungsaustattung,

- oberer Bereich: gebrannte Platten mit rauer Oberfläche.

Bei der Revision 2013 ergab sich nach 7.100 Einsatzstunden folgendes Bild:

Die im unteren Bereich eingebauten Platten hatten mit einem höheren Wärmedurchgang der Wechtenbildung erfolgreich entgegen gewirkt. Einzelne Platten wiesen Risse auf, jedoch konnten die Abgase wegen der noch vorhandenen Vergussmasse die Verdampferrohre nicht erreichen.

Bild 17:

Rostock – Testfläche SiC-Platten im unteren Bereich des 1. Zuges

Im mittleren Bereich waren die Platten zu einem großen Teil noch vorhanden, jedoch wiesen verschiedene Bereiche großflächig Ablösungen auf. Dahinter ergaben Wandstärkenmessungen bereits Abzehrungen einzelner Rohre bis auf 2,9 mm.

Im oberen Bereich im Übergang zum Cladding, wo ein stärkerer Verschleiß erwartet worden war, zeigte das eingesetzte Plattensystem keinerlei Beeinträchtigungen.

Bild 18:

Rostock – Testfläche SiC-Platten im mittleren Bereich des 1. Zuges

Bild 19:

Rostock – Testfläche SiC-Platten im oberen Bereich des 1. Zuges

Das Cladding über der feuerfesten Auskleidung bis einschließlich Kesseldecke zeigte keine Auffälligkeiten und musste bisher nicht nachgearbeitet werden.

3.3.2. HVOF-Beschichtung im 2. Zug

Zum Schutz der Rohrwände gegen Korrosion wurden die Decke und ein Teil der Wände des 2.Zuges mittels Hochgeschwindigkeitsflammspritzen (HVOF) mit einer Schichtdicke von etwa 400 µm versehen.

Beim Flammspritzen kommt es zu keiner Schmelzverbindung zwischen dem Beschichtungsmaterial und dem Grundwerkstoff, sondern zu einer mechanischen Verbindung. Beim Flammspritzen erfolgt gegenüber dem Cladding keine Grundmaterialaufmischung und somit keine Gefügeänderung des Grundmaterials.

Der Nachteil dabei ist. dass die aufgetragene Schicht eine gewisse Porosität aufweist. Die Abgase können so durch die Schutzschicht diffundieren und so zu Unterkorrosion führen. Dabei durchwandern Salze die Spritzschicht und verursachen Abplatzungen.

Wegen der noch vorhandenen Rohrwandstärken wurde trotz der mit den Abplatzungen fehlenden Schutzschicht wegen des sehr hohen Aufwandes beim Auftragen der Spritzschichten auf Reparaturen während der Revisionen 2012 und 2013 verzichtet.

3.3.3. Überhitzer im 4. Zug

Beim 4. Zug waren bis einschließlich Revision 2012 (22.500 Betriebsstunden) lediglich beim Überhitzer 3, der dem Schutzverdampfer nachgeschaltet ist, Abzehrungen an der ersten Rohrreihe zu verzeichnen. Aufgrund der Abzehrungsrate wurde für die Revision 2013 der Austausch dieser Rohrreihe vorbereitet.

Die Messung der Wandstärken ergab jedoch, dass sich die Abzehrung nicht wie erwartet fortgesetzt hatte, sondern stagnierte, so dass der Rohrtausch auf die Revision 2014 verschoben wurde.

4. Mögliche Optimierungsmaßnahmen und Ausblick

Nach der Revision ist vor der Revision. Dementsprechend beschäftigen sich die Überlegungen des Betriebes ständig mit weiteren möglichen Optimierungsmaßnahmen bei den nächsten geplanten Reinigungs- und Revisionsstillständen.

Bei der Abfallverbrennungsanlage Rüdersdorf gilt es die Frage zu beantworten, ob es Sinn macht, den keramischen Schutz auch ohne Einbau neuer werkstattseitig gecladdeter Membranwände auf einem Reparaturcladding auszuführen. Damit wäre ein gewisses Risiko von Salzkorrosionen durch verbliebene Poren verbunden, welches es abzuschätzen gilt.

Weiterhin ist die Situation mit dem alljährlichen Austausch von Rohren im Bereich der Schottenüberhitzer des 2. Zuges wegen der Abzehrung der Rohrflanken trotz Cladding wenig befriedigend. Hier sind Lösungen für einen seitlichen Schutz der Rohre gegen Abrasion, beispielsweise durch metallische oder feuerfeste Schutzschalen, zu finden.

Beim 3. Zug erfordern die Abzehrungen der Rohrbögen gesonderte Schutzvorkehrungen. Hier ist abzuwägen, ob spezielle Schutzschalen zum Einsatz gebracht werden können und/oder noch Kammbleche an Rohrwänden angebracht werden sollten, um mögliche Rückströmungen zu unterbinden.

Es wurde auch die Diskussion geführt, welche Auswirkungen eine Absenkung des Frischdampfdrucks beispielweise auf 70 bar haben könnte. Die Wirtschaftlichkeitsbetrachtung ergab, dass die infolge dieser Maßnahme auftretenden wirtschaftlichen Verluste jedoch das gesamte Instandhaltungsbudget überstiegen, so dass auf tiefer gehende technische Untersuchungen erst einmal verzichtet worden ist.

Die Abfallverbrennungsanlage in Rostock hatte bisher noch keine korrosionsbedingte Rohrschäden zu verzeichnen. Hier gilt es nach Auswertung des Verschleißes bei den verschiedenen zum Schutz der Rohrwände im 1. Zug eingesetzten SiC-Plattensystemen die günstigste Variante zu finden. Auch eine Ausdehnung des Cladding von oben weiter nach unten ist in der Diskussion.

Im unteren Bereich des 1. Zuges behindert immer noch Wechtenbildung unterhalb der Ölbrenner bis zum Rost den kontinuierlichen Betrieb. Hier sind für die Revision 2014 weitere konstruktive Änderungen vorgesehen.

Für die Reparatur der HVOF-Beschichtung im 2. Zug liegt noch keine Lösung vor, außer in der Folge diese Beschichtung weiter aufwendig zu erneuern.

Für den Fall, dass die erste Rohrreihe des Überhitzers 3 im 4. Zug ausgetauscht wird, ist in der Folge hier auch ein Einsatz von Schutzschalen zu prüfen.

5. Zusammenfassung

Bei den von der Vattenfall Europe New Energy Ecopower GmbH betriebenen Abfall-verbrennungsanlagen in Rüdersdorf und Rostock wurden unterschiedliche Kessel-konzepte realisiert. Mit geeigneten Optimierungsmaßnahmen zur Reduzierung von Verschleiß und Korrosion konnte durch eine Erhöhung der Anlagenverfügbarkeit die Jahresarbeitsleistung der Anlagen weiter gesteigert werden.

Mit einer technisch anspruchsvollen Lösung wie mit einer hohen Druckstufe von 90 bar, mit einer Zwischenüberhitzung und einem Vollcladding des 1. Zuges sowie einem Teilcladding im 2. Zug entstand in Rüdersdorf eine hocheffiziente Abfallver-brennungsanlage, die in dieser Kombination einmalig ist. Es wurde jedoch deutlich, dass diese Maßnahmen zur Steigerung der Effizienz nicht gleichzeitig auch die An-lagenverfügbarkeit erhöhen. Die Betriebserfahrungen zeigen hier, dass als Folge der Bauart und insbesondere der Prozessparameter nicht bekannte und so nicht erwartete Verschleißerscheinungen aufgetreten sind.

Vergleichbare Verschleißerscheinungen sind in Anlagen mit geringeren Frischdampf-drücken wie bei der Abfallverbrennungsanlage Rostock mit einer Druckstufe von 43 bar so nicht zu beobachten. Derartige Anlagen weisen dafür jedoch eine geringere Effizienz auf. Die Instandhaltungsmaßnahmen konzentrieren sich hier auf die Erhaltung des Verschleiß- und Korrosionsschutzes für die Rohrwände.

6. Literaturverzeichnis

[1] Bandilla, A.: Betreibererfahrungen im Spannungsfeld von Legislative und Eigentümerstruktur. In: Thomé-Kozmiensky, K.J. (Hrsg.): Planung und Umweltrecht Band 6. Neuruppin: TK Verlag Karl Thomé-Kozmiensky, 2012, S. 61-80

[2] Bauchmüller, R.: Stellungnahme zur veränderten Wärmeaufnahme des Kessels nach Installation zusätzlicher Feuerfestzustellung im Juni 2012. Fisia Babcock Environment GmbH, Stellungnah-me 121120, 2012

[3] Bette, M.: Übersicht von Maßnahmen zur Verbesserung der Verfügbarkeit und Reisezeit. In: Thomé-Kozmiensky, K. J.; Beckmann, M. (Hrsg.): Energie aus Abfall, Band 4. Neuruppin: TK Verlag Karl Thomé-Kozmiensky, 2008, S. 353-379

[4] Herzog, T.; von Trotha, G.; Molitor, D.: Von Korrosion lernen – Welche Herausforderungen stellt der Betrieb, was ist schweißtechnisch beim Korrosionsschutz durch Cladding machbar? In: Thomé-Kozmiensky, K. J.; Beckmann, M. (Hrsg.): Energie aus Abfall, Band 10. Neuruppin: TK Verlag Karl Thomé-Kozmiensky, 2013, S. 473-488

[5] Lehmann, H.: Betriebserfahrungen mit dem EBS-HKW Rostock. 14. DIALOG Abfallwirtschaft MV – Abfall als Wertstoff- und Energiereserve, 16.Juni 2011 an der Universität Rostock. In: Universität Rostock Schriftenreihe Umweltingenieurwesen Agrar- und Umweltwissenschaftliche Fakultät, Band 29. Putbus: Wissenschaftsverlag Putbus, 2011, S. 109-122

[6] Lehmann, H.; Bette, M.: Abfallverbrennungsanlagen an der Grenze zum Leistungskraftwerk. In: Vortragsunterlagen VDI-Konferenz *Feuerung und Kessel*, 12./13.06.2013, Köln

[7] Magel, G.; Molitor, D.; Bratzdrum, C.; Koch, M.; Aleßio, H.-P.: Wie kommt die Wärme in das Rohr? – Korrosion ist oftmals ein Symptom hoher Wärmestromdichte. In: Thomé-Kozmiensky, K. J.; Beckmann, M. (Hrsg.): Energie aus Abfall Band 9. Neuruppin: TK Verlag Karl Thomé-Kozmiensky, 2012, S. 373-390

[8] Maghon, T.; Schäfers, W.: Betriebserfahrungen mit großen Abfallverbrennungsanlagen. In: Thomé-Kozmiensky, K. J.; Beckmann, M. (Hrsg.): Energie aus Abfall, Band 10. Neuruppin: TK Verlag Karl Thomé-Kozmiensky, 2013, S. 97-112

[9] Manzke, A.: Technischer Stand beim Schweißplattieren – Neue Erkenntnisse im Überhitzer-Cladding. In: Thomé-Kozmiensky, K. J.; Beckmann, M. (Hrsg.): Energie aus Abfall, Band 10. Neuruppin: TK Verlag Karl Thomé-Kozmiensky, 2013, S. 449-471

[10] May, F.: Hohe Effizienz durch ausgeklügelte Technik. BWK Bd. 60 Nr. 12. Düsseldorf: VDI-Verlag, 2008, S. 12-14

[11] Spiegel, W.; Herzog, T.; Magel, G.; Müller, W.; Schmidl, W.; Albert, F.W.: Korrosion in Abfallverbrennungsanlagen. In: Born, M. (Hrsg.): Dampferzeugerkorrosion 2013. Freiberg i. S.: Saxonia Verlag, 2013, S. 9-95

[12] Warnecke, R.: Einflüsse von Konstruktion und Verfahrenstechnik auf die rauchgasseitige Hochtemperatur-Chlor-Korrosion. In: Born, M. (Hrsg.): Dampferzeugerkorrosion. Freiberg i. S.: Saxonia Verlag, 2005, S. 57-78

Abgasbehandlung

Wir haben die Technik – Sie die Wahl

NOx-Reduktion vom Profi

ERC als einer der Markt- und Technologieführer bei DeNOx-Anlagen in Europa, entwickelt und produziert hocheffiziente, individuell zugeschnittene Entstickungssysteme für unterschiedliche Verbrennungsanlagen. Aus einem Bündel möglicher Maßnahmen entwickeln wir für Sie die individuell effizienteste Lösung:

· SNCR-Anlagen

· SCR-Anlagen

· Kombi-Anlagen nach dem ERC-plus Verfahren

· Optimale Verbrennung mit geringen Emissionen

  durch ERC-Verfahrenshilfsstoffe

Ihr Kontakt bei ERC:
Tel. 04181 216141 · E-Mail: office@erc-online.de

ERC GmbH · Bäckerstraße 13 · 21244 Buchholz i.d.N. · **www.erc-online.de**

Maßnahmen zur Minderung luftseitiger Emissionen unter besonderer Berücksichtigung von Quecksilber, Feinstaub und Stickoxiden

Margot Bittig und Stefan Haep

Das Problem des Abfalls und seiner Beseitigung ist so alt wie die Menschheitsgeschichte. Schon früh wurde *schlechte Luft* als ungesund bzw. der Gesundheit nicht zuträglich eingestuft. Im Mittelalter beschränkten sich Strategien zur Luftreinhaltung im Wesentlichen auf die Beseitigung von Gerüchen. So wurden z.B. geruchsintensive flüssige Abfallstoffe bevorzugt verdünnt, in dem sie in Flüsse eingeleitet wurden. Gewerbe mit übel riechender Abluft wurden in die Vorstädte verlegt. Die Maßnahmen dienten somit dem Schutz der Menschen, ein Bewusstsein im Sinne eines allgemeinen Umweltschutzes gab es nicht.

An der Strategie der Verlagerung hat sich auch bis in die Zeit der frühen Industrialisierung nichts geändert. Das erste Gesetz Europas zum Umweltschutz trat am 15.10.1810 in Frankreich in Kraft. Danach wurde für eine Vielzahl gewerblicher Tätigkeiten eine Genehmigungspflicht eingeführt und der Grad der Umweltbelastung festgestellt. Dieser konnte eine Verlagerung der Tätigkeiten an den *Rand von Wohngebieten* oder *außerhalb von Wohngebieten* zur Folge haben. Allerdings war die Festlegung erforderlicher Schornsteinhöhen bereits Gegenstand des Gesetzes. In den folgenden Jahren kamen Aspekte des Immissionsschutzes und der Sicherheit wie Brandschutz und Explosionsschutz hinzu. In Preußen waren die ersten Immissionsschutzgesetze Teil der Allgemeinen Gewerbeordnung vom 17.01.1845 [1].

1. Entwicklung der gesetzlichen Grenzwerte

Die erste Technische Anleitung zur Reinhaltung der Luft (TA Luft) wurde am 8. September 1964 verabschiedet. Sie gehörte als allgemeine Verwaltungsvorschrift über genehmigungsbedürftige Anlagen zur Gewerbeordnung. Festgeschrieben wurden Immissionsgrenzwerte für Staubniederschlag, Schwefeldioxid, Stickstoffoxide, Chlor und Schwefelwasserstoff. Die Immissionswerte für Stäube wurden unterschieden zwischen Staub mit Partikeldurchmessern > 10 µm und < 10 µm. Emissionsbegrenzungen bezogen sich im Wesentlichen auf Stäube. Außerdem wurden Nomogramme zur Berechnung der Schornsteinhöhen vorgegeben.

Am 28. August 1974 trat die TA Luft 1974 als erste Verwaltungsvorschrift zum Bundes-Immissionsschutzgesetz (BImSchG) in Kraft, welches kurz zuvor (15.03.1974) verabschiedet worden war. Darin geregelt waren Immissionsbegrenzungen für 8 gasförmige Stoffe und ein Jahresmittelwert (JMW) für Stäube < 10 µm von 0,10 mg/m³ oder alternativ für Gesamtstaub ein JMW von 0,20 mg/m³. Ebenfalls wurden Emissionsgrenzen für zahlreiche staubförmige Stoffe bekanntgegeben (wie z.B. Schwermetalle). Organische Verbindungen, Stickstoffoxide und Schwefeldioxid galt es weitestgehend zu begrenzen, ein Grenzwert wurde jedoch nicht festgeschrieben.

In den 1980er Jahren rückte die Diskussion umweltschädlicher Auswirkungen von Industrieemissionen immer weiter in die öffentliche und politische Diskussion (Waldsterben und saurer Regen). Durch die dreizehnte Verordnung zur Durchführung des Bundes-Immissionsschutzgesetzes – Verordnung über Großfeuerungsanlagen (13. BImSchV) vom 22. Juni 1983 wurden erstmals für Schwefeldioxid und Stickstoffoxide Grenzwerte festgeschrieben [2].

Tabelle 1: Entwicklung der Grenzwerte, Bezug im Normzustand trocken

17. BImSchV	1990			2003			2013	
	kontinuierliche Messung			kontinuierliche Messung			kontinuierliche Messung	
	TMW	HMW		TMW	HMW		TMW	HMW
	mg/m³							
Gesamtstaub	10	30		10	30		5	20
Gesamt-C	10	20		10	20		10	20
HCl	10	60		10	60		10	60
HF	1	4		1	4		1	4
SO_x	50	200		50	200		50	200
NO_x	200	400		200	400		150	400
			Hg	0,03	0,05		0,03	0,05
			CO	50	100		50	100
						NH_3	10	15
Angabe als Mittelwert über Probenahme								
Hg		0,05						

Die TALuft wurde fortlaufend überarbeitet und an neue Erkenntnisse aus Wissenschaft und Technik angepasst (1983, 1986). Die jüngste Revision trat am 24. Juli 2002 in Kraft. Wesentliche Aufgaben der TA Luft sind unter anderem, die Anpassung an den *Stand der Technik* und die Vereinheitlichung der Anforderungen in Europa sicherzustellen.

Ergänzend zur TALuft werden die Verbrennung und die Mitverbrennung von Abfällen in der 17. BImSchV geregelt (Erstfassung vom 23. November 1990). Tabelle 1 zeigt einen Überblick über die Entwicklung der Emissionsgrenzwerte.

2. Beste verfügbare Technik

Bereits die TALuft 1964 formuliert als grundsätzliche Anforderung: *Die Anlagen müssen mit Einrichtungen zur Begrenzung der Emissionen ausgerüstet und betrieben werden, die dem Stand der Technik entsprechen.* [3]. Das Konzept des *Stand der Technik* hat sich dabei als ein zentrales Steuerungselement des Anlagenzulassungsrechts bewährt. Auf europäischer Ebene entspricht dies den *besten verfügbaren Techniken* (BVT). Getrennt nach Branchen werden die BVT von Vertretern der Mitgliedsstaaten, der Industrie und der Umweltverbände erarbeitet und in sog. BVT-Merkblättern oder Reference Document on the Best Available Techniques (BREF) dokumentiert. Entsprechend der sich stetig weiterentwickelnden Technik wird auch der Informationsaustausch kontinuierlich fortgeführt [4].

Durch die Richtlinie über Industrieemissionen 2010/75/EU vom 24.11.2010 wird die Bedeutung der BVT gestärkt. Danach werden aus den BVT-Merkblättern sog. Schlussfolgerungen entwickelt und verabschiedet und als eigenständige Rechtsdokumente im Amtsblatt der EU veröffentlicht [5].

Die Verfahren zur Minderung luftgetragener Schadstoffe lassen sich grob in filternde, adsorptive, absorptive und katalytische Verfahren einteilen.

Das Reference Document on the Best Available Techniques for Waste Incineration [6] nennt als filternde Abscheider (Multi-)Zyklone, Elektrofilter, Nasselektrofilter und Schlauch- bzw. Gewebefilter. Diese dienen zunächst der Abscheidung von Stäuben und damit auch der Abscheidung an Staub gebundener Schadstoffe. Dazu gehören vor allem die Schwermetalle (außer Quecksilber), die quantitativ nahezu vollständig mit dem Staub aus dem Abgas abgetrennt werden können.

Durch die Dosierung von Adsorbentien in den Abgasstrom ergibt sich die Möglichkeit, auch andere Schadstoffe an oder als Partikel zu binden und diese mit dem Staub abzuscheiden. Kohlenstoff basierte Adsorbentien (Aktivkohle oder Herdofenkoks) dienen der Abscheidung von Schwermetallen insbesondere Quecksilber und Dioxinen und Furanen. Calcium- und natriumbasierte Additive werden zur Abscheidung saurer Schadstoffe (Halogenide und Schwefeloxide) eingesetzt. Je nach dem in welcher Form das Additiv in den Abgasstrom eingebracht wird, wird in

- quasitrockene (Verdüsung von Kalkmilch über einen Sprühturm),

- konditioniert trockene (Verdüsung von Kalkhydrat in den Abgasstrom bei gleichzeitiger Dosierung von Wasser) und

- trockene Verfahren (Verdüsung von Kalkhydrat oder Natriumbicarbonat in den Abgasstrom) unterschieden. Als Staubabscheider kommen i. d. R. Schlauchfilter zum Einsatz, weil die sich auf dem Gewebe aufbauende Schicht aus Staub und Adsorbens zu einer Erhöhung der Kontaktzeit zwischen Schadstoff und Additiv führt.

Ein weiteres BVT-Verfahren zur Abscheidung saurer Schadstoffe ist die Abgaswäsche. Als Neutralisationsmittel bzw. Reaktionspartner für die Schadstoffe werden Kalkmilch oder Natronlauge eingesetzt. Aufgrund der guten Löslichkeit von zweiwertigem Quecksilber in wässrigen Lösungen kann die Wäsche auch als Quecksilbersenke dienen. Die Dosierung speziell für die Quecksilberabscheidung entwickelter Fällungsmittel kann zu einer erheblichen Verbesserung der Quecksilberabscheidung im Wäscher führen. Eine weitere Option zur Quecksilber- als auch Dioxinabscheidung ist die Zudosierung von Aktivkohle in den Wäscher, was ebenfalls eine Steigerung der jeweiligen Abscheideleistung bewirkt.

Die Verfahren zur Abscheidung von Stickstoffoxiden aus dem Abgas basieren auf der Reaktion der Stickstoffoxide mit Ammoniak und Sauerstoff zu den lufteigenen Bestandteilen Stickstoff und Wasser. Diese Reaktion erfolgt natürlich im Temperaturfenster zwischen 850 °C und 1.050 °C. Das Verfahren der *Selective Non Catalytic Reduction* (SNCR) sieht deshalb die Dosierung von Ammoniakwasser oder Harnstoff in den 1. Kesselzug bei den entsprechenden Temperaturen vor. Nach Abkühlung der Abgase kann die Reaktion durch Einsatz eines Katalysators (Selektive Catalytic Reduction – SCR) auch innerhalb der Abgasreinigungsanlage erfolgen. Die für die katalytische Reduktion üblichen Temperaturen liegen zwischen 230 °C und 320 °C. Als Co-Benefit hat sich gezeigt, dass an den SCR-Katalysatoren Dioxine und Furane zerstört werden können. Außerdem kommt es am Katalysator zur Oxidation von elementarem zu zweiwertigem Quecksilber. Je nach Platzierung des Katalysators in der Reinigungskette kann dies zur Verbesserung der Abscheidung der genannten Schadstoffe führen.

Das BREF-Papier *Waste Incineration* geht ausführlich auf die möglichen Ausführungen der Verfahren sowie auf die Vor- und Nachteile ein [6].

3. Installierte Technik

Deutschland gilt als ein Land, in dem durch die Gesetzgebung hinter Verbrennungsprozessen ein hoher technischer Standard zum Erreichen der Umweltschutzziele eingehalten wird. Im Folgenden wird eine Übersicht über die in Deutschland hinter Abfallverbrennungsanlagen installierte Technik gegeben, ausgewertet wurden 73 Anlagen. Tabelle 2 zeigt eine Übersicht über die Anlagen zur Abscheidung saurer Schadstoffe.

Tabelle 2:   Übersicht über die in Deutschland installierten Anlagen zur Abscheidung saurer Schadstoffe

Abscheidung saurer Schadstoffe				
Wäsche		Sprühtrockner mit Kalkmilch	konditioniert trocken und trocken	
einstufig	mehrstufig		Kalkhydrat	Bicar
4	39	12	19	10

In 43 Anlagen werden die sauren Schadstoffe mit Hilfe einer Wäsche abgeschieden. In zwei dieser Anlagen wird zusätzlich Kalkmilch über einen Sprühtrockner bzw. Kalkhydrat trocken vor Gewebefilter dosiert.

Nach Einführung der 17. BImSchV galt die Wäsche als zwingend notwendig zur Einhaltung der verschärften Grenzwerte, inzwischen können auch mit quasitrocken und trocken betriebenen Anlagen die Grenzwerte sicher eingehalten werden. So werden inzwischen 30 der 73 ausgewerteten Anlagen ohne Wäsche betrieben. Die Verfahren teilen sich wie folgt auf:

*   5 Anlagen mit Sprühtrockner und Kalkmilcheindüsung (quasitrocken),

*   6 Anlagen quasitrocken mit zusätzlicher trockener Adsorbenseindüsung und

*   19 Anlagen mit trockener Adsorbensdosierung.

An 3 Anlagen werden sowohl Kalkhydrat als auch Natriumbicarbonat eingesetzt, an einer davon in der Kombination mit Sprühtrockner und Kalkmilch.

In Tabelle 3 wird eine Übersicht über die installierten Filteranlagen gegeben:

Tabelle 3:   Übersicht über die in Deutschland installierten Filteranlagen

Filteranlagen							
Vorentstauber			Entstauber hinter Sprühtrockner und Additivdosierung			Polizeifilter	
Zyklon	E-Filter	Gewebefilter	Zyklon	E-Filter	Gewebefilter	Gewebefilter	Festbettfilter
6	26	2	1	10	41	23	15

Aus der Übersicht geht hervor, dass Zyklone als Vorentstauber und nur selten eingesetzt werden. Zur Vorentstaubung kommen bevorzugt Elektrofilter zum Einsatz. Für trockene und quasitrockene Verfahren werden Gewebefilter verwendet, weil der auf den Schläuchen liegende Filterkuchen zur Erhöhung der Kontaktzeit zwischen Abgas und Adsorbens führt und damit Bestandteil des Verfahrens ist. In den mit einem Wäschersystem ausgerüsteten Anlagen findet sich die Verfahrensschaltung

*   Elektrofilter – Wäscher   28 mal und

*   Gewebefilter – Wäscher   14 mal.

Darüber hinaus wurden 32 der 43 mit Wäscher betriebenen Anlagen mit einer nachgeschalteten Feinreinigungsstufe in Form eines Gewebefilters mit Additivzugabe (Polizeifilter) oder eines Festbettfilters ausgerüstet. In 6 Anlagen wird ein kohlenstoffbasiertes Additiv vor den vorgeschalteten Gewebefilter dosiert.

Bei der Entstickung überwiegt der Einsatz von Katalysatoren im Low-Dust-Betrieb, vergleiche Tabelle 4. Die High-Dust-SCR konnte sich im Bereich der Abfallverbrennungsanlagen nicht durchsetzen. Der Anteil der Anlagen mit SNCR liegt bei 40 %. Zusätzlich zu den 44 SCR-Anlagen wird ein weiterer Katalysator hinter einer SNCR im High-Dust-Bereich betrieben.

Entstickung			
	gesamt	tail-end	in Kombination mit high-dust SCR
SCR	44	43	
SNCR	29		1

Tabelle 4:

Übersicht über die in Deutschland installierten Anlagen zur Entstickung

4. Maßnahmen zur Minderung von Quecksilber

Die Abscheidung von Quecksilber aus dem Abgas ist eine vergleichsweise schwierige Aufgabe.

- Quecksilber kann in unterschiedlichen Oxidationsstufen vorkommen,
- die unterschiedlichen Oxidationsstufen zeigen unterschiedliche adsorptive und absorptive Verhalten,
- die Oxidationsstufen können innerhalb der Abgasreinigung wechseln,
- während Schwermetalle im Allgemeinen am Flugstaub adsorbieren und deshalb quantitativ durch die Abscheidung der Stäube aus dem Abgas entfernt werden können, ist Quecksilber bei den für Elektro- und Gewebefilter üblichen Betriebstemperaturen (> 140 °C) nur zu einem geringen Teil an Partikel gebunden,
- bei niedrigen Temperaturen neigt Quecksilber dazu, auf freien Oberflächen zu adsorbieren,

Im Gas hinter Kessel kann Quecksilber als elementares Quecksilber Hg(0) in der Oxidationsstufe 0 und als zweiwertiges Quecksilber Hg(II) in der Oxidationsstufe 2 auftreten. Die Zusammensetzung des Gases im Feuerraum hat entscheidenden Einfluss auf die Oxidationsstufe und die Verbindungspartner der zweiwertigen Form. Die Anwesenheit von Halogeniden begünstigt die Oxidation, das Vorkommen von Schwefeloxiden hemmt diese. In Abgasen mit hohen Schwefelkonzentrationen wie z.B. hinter Kohlekesseln ist der Anteil des elementaren Quecksilbers groß, hinter Hausmüllfeuern ist die dominierende Quecksilberkomponente HgCl2, da dort Chloride im Vergleich zu den Schwefeloxiden und zu den anderen Halogeniden in deutlich höheren Konzentrationen enthalten sind.

Das Vorkommen von einwertigem Quecksilber, das sog. Kalomel Hg_2Cl_2, wird immer wieder vermutet bzw. auf Basis von Versuchen prognostiziert, der tatsächliche Nachweis konnte bisher jedoch nicht erbracht werden.

If you talk about environment and industries, say HOK®.

And it's okay.

**HOK® Herdofenkoks. Adsorbens und Katalysator.
Erste Wahl bei der Gasreinigung in Verbrennungs-
anlagen von Müll und Sondermüll sowie in der
Metallurgie.
Signifikante Minderung von Dioxinen und Furanen.**

**Manchmal reicht eine einzige, wohldurchdachte
Entscheidung um den Anforderungen Ihres Unter-
nehmens und den Forderungen nach einer gesunden
Umwelt gerecht zu werden.**

Die Lösung heißt HOK®. HOK® ist OK.

RWE
The energy to lead

HOK®
activated lignite

Rheinbraun Brennstoff GmbH
D-50416 Köln
Tel.: +49 221-480-25386
www.hok.de

MEHLDAU & STEINFATH
UMWELTTECHNIK

SNCR-Technologien der neuen Generation
Einzellanzenumschaltung, TWIN-NO$_x$®,
Selektive Rauchgaskühlung

- Die **Einzellanzenumschaltung** ermöglicht höhere Flexibilität der SNCR-Anlage und erweitert deren Einsatzmöglichkeiten.

- Das **TWIN-NO$_x$®**-Verfahren vereint die Vorteile der Reduktionsmittel Ammoniak und Harnstoff und erzielt so beste Ergebnisse.

- Durch **selektive Kühlung** wird die Temperatur des Rauchgases im Eindüsbereich für das SNCR-Verfahren optimiert. Die NO$_x$-Abscheidegrade verbessern sich, die Reduktionsmittelverbräuche sinken weiter.

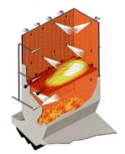

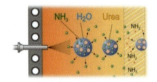

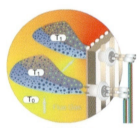

Einzellanzen-umschaltung

TWIN-NO$_x$®-Verfahren

Selektive Rauchgaskühlung

- Niedrige Investitionskosten

- Geringe Reduktionsmittel-verbräuche

- Leichte Nachrüstbarkeit

- Hohe Verfügbarkeit

- Hohe Entstickungsgrade

- Sichere Unterschreitung der gesetzlichen Grenzwerte

SNCR-Anlage in einem Kohlekraftwerk (225 MW$_{el}$), Polen

Mehldau & Steinfath Umwelttechnik GmbH, Alfredstr. 279, 45133 Essen · Tel. +49 201 43783-0, Fax +49 201 43783-33 · zentrale@ms-umwelt.de, www.ms-umwelt.de

Hg(II) adsorbiert sehr gut an Kohlenstoff (Aktivkohle bzw. Herdofenkoks (HOK)), für die Adsorption von Hg(0) muss dieser imprägniert sein. Die Imprägnierung erfolgt z.B. mit Schwefel (gasförmig oder als Säure) oder mit den Halogeniden Bromid und Jodid. Inzwischen gibt es eine Vielzahl von gezielt für die Hg-Abscheidung entwickelten Adsorbentien mit unterschiedlichen Porenvolumen, inneren Oberflächen und Imprägnierungen.

Beim sog. Flugstromverfahren wird das Adsorbens in den Abgasstrom eingedüst und anschließend über einen Gewebefilter wieder aus dem Gas abgetrennt. Wesentlich für den Erfolg der Abscheidung ist eine sehr gute Vermischung des Adsorbens mit dem Gas und eine ausreichend lange Kontaktzeit. Die Dosierung kohlenstoffbasierter Adsorbentien zur Abscheidung von Quecksilber (und Dioxinen und Furanen) erfolgt sehr oft in Kombination mit calcium- bzw. natriumbasierter Adsorbentien zur Abscheidung der sauren Schadgase innerhalb der trockenen, halbtrockenen oder quasitrockenen Verfahren. Bei Dosierung der kohlenstoffbasierten Adsorbentien vor den ersten Gewebefilter innerhalb der Abgasreinigungskette stellt der Filterstaub die Haupt-Quecksilber-Senke dar.

Die Dosierung von Aktivkohle oder HOK vor Entstaubung ist eine leistungsstarke Maßnahme zur Quecksilberabscheidung, mit der in den meisten Fällen die gesetzlichen Emissionsgrenzwerte gehalten bzw. unterschritten werden können. Dennoch kommt es immer wieder zu Beispielen, bei denen diese Maßnahme nicht greift und auch der Wechsel auf alternative Adsorbentien keinen Erfolg hatte. Die Gründe dafür konnten bisher nicht aufgeklärt werden. Außerdem haben die Flugstromverfahren nur eine begrenzte Pufferkapazität. Unvorhergesehene Quecksilberkonzentrationsspitzen können zu einem großen Teil die Abscheideeinheit passieren. Deshalb kommt der zur Regelung des Adsorbens installierten Messtechnik eine besondere Bedeutung zu. Um dem ungehinderten Durchgang von Quecksilberspitzen entgegen zu wirken, muss eine Hg-Rohgasmessung installiert werden.

Ebenfalls etabliert ist die Dosierung kohlenstoffbasierter Adsorbentien in den Abgasstrom vor einem nachgeschalteten Gewebefilter. Dieser Verfahrensschritt dient der Feinreinigung und wird oft als *Polizeifilter* bezeichnet. Als Feinreinigungsstufe kommen darüber hinaus auch Festbettfilter zum Einsatz.

Neben den adsorptiven Verfahren stellt die Abgaswäsche ein für die Abscheidung von zweiwertigem Quecksilber etabliertes Verfahren dar. Demgegenüber gilt Hg(0) als nahezu wasserunlöslich. Präziser betrachtet handelt es sich bei der Absorption von Quecksilber um ein Lösungsgleichgewicht zwischen Gas und Waschwasser. Da die Mengen der gelösten Quecksilberspezies gering sind, kann dieses Gleichgewicht gut mit Hilfe des Henry'schen Gesetzes beschrieben werden. Vor allem die Hg(II)-Halogenide aber auch Hg(0) gelten als *Henry-Komponenten*. Im Unterschied zum $HgCl_2$ ist der Dampfdruck des elementaren Quecksilbers über der Flüssigkeit jedoch so hoch, dass der quantitativ weitaus größte Teil im Gas verbleibt bzw. wieder in das Gas übergeht. Bild 1 veranschaulicht, welchen Reaktionswegen Quecksilber folgen kann.

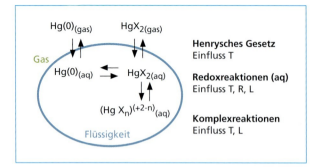

Bild 1:

Phasengleichgewichte und chemische Gleichgewichte bei der Hg-Absorption

Die in die flüssige Phase übergetretenen Quecksilberspezies unterliegen in der Waschflüssigkeit den dort ablaufenden chemischen Reaktionen, die wiederum die Lage des Lösungsgleichgewichtes beeinflussen. Bereits hier wird deutlich, dass die wechselwirkenden Reaktionen und die die Reaktionen beeinflussenden Parameter (Temperatur T, Redoxpotenzial R, Ligandenstärke L) gegenläufige Auswirkungen haben können.

Um nun die Quecksilberkonzentration in der Gasphase über der Flüssigkeit (bzw. im Abgas) zu minimieren, sollte zunächst die Reduktion von bereits abgeschiedenem zweiwertigem Quecksilber zu Hg(0) unterdrückt und die Oxidation des in die flüssige Phase übergetretenen Hg(0) zu Hg(II) unterstützt werden. Die unerwünschte Reduktion kann unterdrückt und die erwünschte Oxidation begünstigt werden z.B. durch genügend Sauerstoff oder eine niedrige Konzentration an Radikalfängern wie Jod.

Eine weitere Verbesserung der Quecksilberabscheidung im Wäscher wird durch eine Absenkung der Konzentration der ungeladenen Quecksilberspezies erreicht. Dabei hilfreich können die sog. Komplexreaktionen sein, die bei Anwesenheit eines entsprechenden Überschusses an Komplexbildnern, den Liganden ablaufen. Zu den wichtigsten Quecksilberliganden zählen die Halogenide Chlorid, Bromid, Iodid die aus dem Abgas als HCl, HBr und HI in den Absorber eingetragen werden. Läuft die Komplexreaktion weitgehend ab, entstehen die anionischen (d.h. negativ geladenen) Hg(II)-Komplexe HgX_3^- und HgX_4^{2-}. Die geladenen Spezies nehmen am Gas-Flüssig-Gleichgewicht nicht mehr teil. Damit wird durch die Komplexierung zum einen die Konzentration der ungeladenen Hg(II)-Spezies im Waschwasser und über das Gleichgewicht zur Gasphase die Hg(II)-Konzentration im Gas abgesenkt. Gleichzeitig wird durch die Komplexierung die Aufnahmekapazität des Wäschers für Quecksilber weit über die reine *Gaslöslichkeit* hinaus erhöht. Deshalb sind Wäscher mit hoher Halogenidkonzentration hervorragend zum Puffern von ungeplanten und in der Höhe der Konzentration unerwarteten Quecksilbereinträgen geeignet.

Darüber hinaus beeinflussen die Komplexreaktionen in nicht zu unterschätzendem Ausmaß die Lage des Redoxgleichgewichtes Hg(II)/Hg(0) und damit die Reemission von bereits abgeschiedenem Hg(II) als Hg(0). Wahrscheinlich sind sie sogar für die gelegentlich auftretende Nettoabscheidung von Hg(0) verantwortlich.

Allerdings ist davon auszugehen, dass es entsprechend dem im Waschwasser vorliegenden Ligandenangebot zu einer Umkomplexierung des in das Waschwasser eintretenden $HgCl_2$ kommt. In der Reihe der Halogenide ist Chlorid der schwächste Ligand.

Damit wird es in der flüssigen Phase zur Bildung von $HgBr_2$, HgI_2 und gemischter Komplexe wie z.B. HgBrI kommen. Ungünstiger Weise steigt die Flüchtigkeit der Quecksilberspezies mit der Ligandenstärke. HgI_2 ist um ein Vielfaches flüchtiger als $HgCl_2$, so dass die Bildung von Quecksilberiodid zu einer Erhöhung des Dampfdrucks des zweiwertigen Quecksilbers im Wäscher führen kann. Außerdem ist die mit Abstand stabilste Hg-Spezies die neutrale. Daraus folgt, dass es eines sehr großen Überschusses an Liganden bedarf, bis es zur Bildung anionischer Komplexe kommt.

Auf Basis dieser im übertragenen Sinne komplexen Zusammenhänge resultieren Chancen und Grenzen für Maßnahmen zur Reduzierung der Quecksilberemissionen durch eine Wäsche:

- Bei mehrstufigen Wäschersystemen sind die Voraussetzungen für eine gute Quecksilberabscheidung primär im ersten Wäscher gegeben. Die Abscheidung der Halogenide erfolgt quantitativ im ersten Wäscher, so dass in vielen HCl-Wäschern ohne zusätzliche Maßnahmen ein für die Komplexierung günstiges Ligandenangebot vorliegt. Durch den üblicherweise niedrigen pH-Wert des Waschwassers wird eine SO_2-Abscheidung unterdrückt. Die Gefahr der Reduktion des zweiwertigen Quecksilbers zu Hg(0) ist dadurch gering. Das Waschwasser des nachgeschalteten SO_2-Wäschers enthält demgegenüber nur eine geringe Konzentration an Halogeniden. Zusätzlich wird durch die SO_2-Abscheidung und die daraus resultierende Sulfidkonzentration die Reduktion begünstigt, so dass es über SO_2-Wäschern häufig zu Netto-Freisetzungen von Quecksilber als Hg(0) kommt. Dabei muss die in den zweiten Wäscher eingetragene Quecksilberfracht nicht aus dem Gas stammen, sie kann auch aus Tropfenmitriss resultieren. Daraus folgt, dass bei mehrstufigen Systemen die Quecksilberabscheidung möglichst vollständig in der ersten Waschstufe erfolgen sollte und die zweite Waschstufe z. B. mit einer Maßnahme zur sehr schnellen Abtrennung des in die Stufe eingetragenen Quecksilbers, z.B. einer Fällungsmitteldosierung ausgestattet sein sollte.

- Die Erhöhung des Ligandenangebots kann zu einer deutlichen Erhöhung des Hg-Abscheidegrades führen. Dieser Maßnahme sollte immer eine genaue Analyse der Waschwasserverhältnisse vorausgehen. So kann z. B. eine hohe Konzentration an Gesamtjod dazu führen, dass die Erhöhung der Ligandenkonzentration nicht zu einer Absenkung des Quecksilberemissionswertes führen kann.

- Wäscher haben entsprechend ihres Ligandeninventars ein erhebliches Potenzial zur Abscheidung unvorhergesehener Quecksilberkonzentrationsspitzen im Abgas. Ohne die zeitnahe und schnelle Absenkung der Quecksilberkonzentration im Waschwasser kann das Quecksilber aber auch entsprechend der Gleichgewichtslagen sukzessive wieder an das Gas abgegeben werden. Deshalb ist es zu empfehlen, die Hg-Konzentration im Waschwasser zu kontrollieren.

- Ein wesentlicher Aspekt bei der Umsetzung von Maßnahmen zur Reduzierung der Quecksilberemissionen in Wäschern ist die Tatsache, dass die Abscheidung von Quecksilber nicht das primäre Ziel des Wäscherbetriebes ist. Maßnahmen, die der Verbesserung der Quecksilberabscheidung dienen, können nur umgesetzt werden, wenn sie die Abscheidung der Hauptschadstoffe nicht negativ beeinflussen.

- Entgegen dem BREF-Papier von 2005 ist die Einstellung eines sauren pH-Wertes im Waschwasser weder eine notwendige noch eine hinreichende Bedingung zur Sicherstellung einer guten Hg-Abscheidung. Der pH-Wert hat keinen direkten Einfluss auf die Quecksilberabscheidung, sondern beeinflusst diese nur indirekt über die Abhängigkeit zwischen Redoxpotenzial und pH-Wert.

Eine weitere zur Minimierung der Konzentration an zweiwertigem Quecksilber im Waschwasser häufig eingesetzte Maßnahme ist die Quecksilberfällung. Dazu wird ein kommerziell zu beziehendes Fällungsmittel in das Waschwasser dosiert und das gelöste Quecksilber in unlösliche Verbindungen überführt. Quecksilberfällungsmittel werden von mehreren Firmen und in unterschiedlichen Qualitäten angeboten. Einige Fällungsmittel wurden speziell zur Abscheidung von Quecksilber entwickelt, um die zu dosierende Menge nicht durch den Verbrauch durch andere Schwermetalle unnötig zu erhöhen.

Die Zugabe von Aktivkohle in das Waschwasser ist eine weitere Möglichkeit, Quecksilber direkt nach dem Übertritt in die flüssige Phase an die Aktivkohle zu binden und darüber dem Gas-Flüssig-Gleichgewicht zu entziehen.

Die der Wäsche nachgeschalteten Abwasseraufbereitungsanlagen haben die Aufgabe, die in der Wäsche abgeschiedenen Schadstoffe wieder aus dem Wasser zu entfernen. Denn zunächst leistet eine Wäsche nur die Reinigung des Gases durch Überführung der Schadstoffe in den Wasserpfad, aber nicht die endgültige Abtrennung dieser aus dem System. Bei unzureichender Aufbereitung der Abwässer resultiert daraus eine zusätzliche Belastung der Gewässer. Die Stärke abwasserfreier Anlagen (wie für Abfallverbrennungsanlagen nach 17. BImSchV gesetzlich vorgeschrieben) ist eine definierte Senke für alle Schadstoffe, auch für Quecksilber. Damit bleibt die Emission über das Abgas der einzige Quecksilbereintrag in die Umwelt, dessen weiterer Verbleib nicht kontrolliert werden kann. Die übrigen Reststoffe wie Schlacke, Flugstaub und Salze werden entweder verwertet oder unter Tage deponiert.

Neben den Maßnahmen zur Abscheidung von Quecksilber aus dem Abgas gibt es auch Verfahren zur Quecksilberoxidation innerhalb des Abgaspfades, mit dem Ziel, das schwerer abzuscheidende elementare Quecksilber in das deutlich besser abzutrennende zweiwertige Quecksilber zu überführen.

Die *bromgestützte Hg-Abscheidung aus den Abgasen von Verbrennungsanlagen* [7] ist dafür eine interessante Option. Durch Zugabe relativ kostengünstiger und unproblematischer Bromidsalze wie NaBr oder $CaBr_2$ zum Brennstoff oder in den Feuerraum entsteht im heißen Abgas die Wirksubstanz Br_2, das freie Brom. Dadurch wird der Oxidationsgrad von Quecksilber im Rohgas erhöht, so dass Quecksilber zu nahezu 100 % als zweiwertige Spezies nach Austritt aus dem Kessel vorliegt. Probleme mit überschüssigem Brom sind zumindestens in Anlagen mit Wäsche nicht zu erwarten, weil es ebenfalls abgeschieden und durch SO_2 zu Bromid reduziert wird. Das Verfahren eignet sich besonders für Kraftwerksanlagen mit einem vergleichsweise hohen Anteil an Hg(0) und konstanter Brenngutzusammensetzung. Auch der gezielte Einsatz in Sonderabfallverbrennungsanlagen kann sinnvoll sein.

Ebenfalls positiv auf die Oxidation von Quecksilber wirkt sich der Einsatz von Katalysatoren zur Entstickung aus. Am Katalysator wird das elementare Quecksilber oxidiert und verbindet sich mit dem abgaseigenen HCl zu $HgCl_2$. Diese zunächst als Nebeneffekt beobachtete Reaktion hat dazu geführt, dass an der Verbesserung der Hg-Oxidation durch Entstickungs-Katalysatoren intensiv geforscht und dessen Entwicklung vorangetrieben wird.

5. Maßnahmen zur Minderung von Feinstaub

Unter dem Begriff *Feinstaub* werden alle Partikel zusammengefasst, die in der Luft fein verteilt sind und deren aerodynamischer Durchmesser[1] kleiner 10 µm beträgt (PM10). Dabei ist es unerheblich, aus welchen Verbindungen die Partikel bestehen, in welchem Aggregatzustand sie vorliegen oder welche Form sie besitzen. Der aerodynamische Durchmesser ist ein wichtiges Maß zur Charakterisierung von feinen Partikeln, weil er das Verhalten der Teilchen in der Luft beeinflusst. Die Aufenthaltsdauer sowie die Abscheidung der Partikel in der Umwelt und im Organismus hängen unter anderem von dieser Partikelgröße ab. Dementsprechend wird unterschieden in ultrafeine Partikel (UFP < 100 nm Durchmesser), PM1, PM2.5, PM5 und PM10. Als Maß zur Charakterisierung können die Partikelanzahl, die Oberfläche, das Volumen und die Masse herangezogen werden.

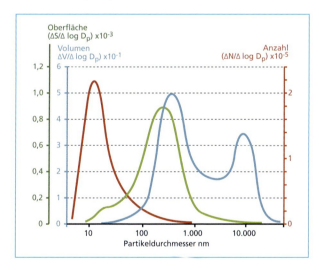

Bild 2:

Korngrößenverteilungen bei atmosphärischen Partikeln

Quelle: Bruckmann, P.; Gehrig, R.; Kuhlbusch, T.; Sträter, E.; Nickel, C.: Vorkommen von Feinstäuben und die Maßstäbe ihrer Bewertung. Statuspapier Feinstaub, September 2010

Bild 2 zeigt eine Korngrößenverteilung atmosphärischer Partikel. Die als ultrafein bezeichneten Partikel umfassen in der Atmosphäre fast immer > 90 % der Partikelanzahlkonzentration. Da Volumen und Masse in der dritten Potenz vom Durchmesser abhängen, tragen die UFP jedoch nur zu einem sehr kleinen Anteil zur Masse von PM10 bei. Dementsprechend sind für diese Partikel Angaben zu Anzahlkonzentrationen am aussagekräftigsten. [8]

---

[1] Aerodynamischer Durchmesser: Durchmesser, den eine Kugel mit der Dichte 1 g/m³ haben müsste, um die gleiche Sinkgeschwindigkeit in Luft zu besitzen wie das betrachtete Partikel.

Im Bundesimmissionsschutzgesetz wird die Massenkonzentration als konservatives Maß verwendet, womit der Bezug zwischen Emission und daraus resultierender Immission grundsätzlich gewährleistet ist. Allerdings werden die Immissionsgrenzwerte für die Partikelgrößen PM2.5 und PM10 gesondert festgeschrieben, während für die Emissionen der Gesamtschwebstaub (TSP, Partikel < 100 μm Durchmesser) begrenzt ist. Unter diesem Gesichtspunkt sind die Regularien nicht zielgerichtet.

Auf Basis des am Kamin online erfassten Emissionswertes für Gesamtstaub als massenbezogene Konzentration ist eine unmittelbare Beurteilung der in der Abgasreinigung installierten Minderungsmaßnahmen in Bezug auf Feinstaub jedoch nicht möglich. TSP beinhaltet zwar die Feinstaubfraktionen, auf diese wird jedoch nicht zugegriffen.

Da jegliche Maßnahme zur Minderung des TSP auch die Feinstaubfraktionen betreffen, kann davon ausgegangen werden, dass die zur Minderung des Gesamtstaubs installierten Techniken auch zur Minderung der Feinstaubemissionen einen Beitrag leisten. Ein messtechnischer Nachweis wurde jedoch nur in Einzelfällen erbracht, z.B. [9]. Demnach bestand der am Kamin emittierte Gesamtstaub (1,7 mg/m$^3_{i.N.tr.}$) zu rund 8 % aus Partikeln mit Durchmessern > 10 μm; ca. 64 % lagen im Größenbereich < 2,5 μm. Der für PM2.5 ermittelte Abscheidegrad von 99,92 % entsprach dem des Gesamtstaubabscheidegrads von 99,93 %.

Einen Anhaltspunkt über die Feinstaubfraktionen liefern auch Veröffentlichungen über Fraktionsabscheidegrade der einzelnen Komponenten. Für Elektrofilter gilt ein Fraktionsabscheidegrad > 90 % für PM1 als Stand der Technik. Für Partikel > 5 μm werden Fraktionsabscheidegrade von 99 % erzielt und ein Abscheidegrad von 99,9 % wird für Partikel > 20 μm erreicht [10].

Für Gewebefilter liegt der Fraktionsabscheidegrad für alle Partikel > 99 %. Bereits für Partikel > 5 μm werden Fraktionsabscheidegrade > 99,9 % angegeben [11]. Mit Gewebeentwicklungen aus Verbundwerkstoffen können inzwischen für Partikeldurchmesser > 5 μm Abscheidegrade > 99,99 % erreicht werden [12].

Eine weitere Entwicklung sind die sog. Hybridfilter [13], die aus einer Kombination aus Elektrofilter und Schlauchfilter bestehen. Das Hauptanwendungsgebiet ist die Ertüchtigung bestehender Elektrofilter. Dabei wird das existierende Filtergehäuse weiter genutzt, die ersten Elektrofilterfelder bleiben im Betrieb, die hinteren werden durch einen Schlauchfilter ersetzt. Damit werden die Vorteile der Elektrofiltration und die der Schlauchfiltration gleichermaßen genutzt, indem die weitaus größte Menge an Staub mit relativ geringem Energieaufwand abgeschieden wird, die Feinreinigung der kleineren Partikelfraktionen im Schlauchfilter erfolgt. Diese werden in der Zementindustrie erfolgreich eingesetzt.

Trotz dieser Erfolge bei der Staubabscheidung aus Abgasen hinter Verbrennungsprozessen bleibt die Tatsache bestehen, dass hohe Anteile der TSP-Emissionen im submikronen und teilweise auch im Größenbereich der UFP liegen können. Gerade die feinen und ultrafeinen Partikel können die meisten Abgasreinigungssysteme ungehindert passieren. Da ultrafeine Partikel direkt aus unvollständiger Verbrennung oder indirekt aus gasförmigen Vorläufersubstanzen entstehen, lässt sich die Diskussion der Feinstaubabscheidung aus industriellen Prozessen nicht auf die Ertüchtigung der Feststoff-Staubabscheider reduzieren. Dieses zeigt eine im Rahmen des Umweltforschungsplans zum Vorhaben *Strategien zur Verminderung der Feinstaubbelastung – PAREST* erstellte Studie [14]. Während die PM10-Emission aus *Verbrennungsprozessen und Transformation: Kraftwerke, Fernwärme, Raffinerien (Energy transformation, SNAP 1)* mit nur 2 % kaum zur PM10-Gesamtemission aus anthropogenen Quellen beiträgt, ist der Anteil dieser Verursachergruppe an der aus Vorläufersubstanzen (NO_x, SO_2 und NMVOC[2]) entstehenden PM10-Belastungen deutlich größer. In ländlichen Gebieten beträgt er 16 %, in Ballungsräumen 15 %.

Wie nachgewiesen werden konnte [15], sind in Systemen mit Wäscher die ultrafeinen Partikel verantwortlich für die Bildung von Aerosolen mit festem Kern und flüssiger Hülle. Diese verbleiben jedoch im submikronen Partikelgrößenbereich und sind damit zu klein, um im Wäschersystem abgeschieden zu werden. Demgegenüber haben Untersuchungen an einem Nass-Elektrofilter gezeigt, dass Partikel PM10 nahezu vollständig abgeschieden werden können. Der Abscheidegrad für Partikel PM2,5 liegt bei 80 % [16]. Unter Ausnutzung des Phänomens der Aerosolbildung, d.h. feine und ultrafeine Partikel dienen als Oberfläche zur Kondensation von Säure bildenden Gasen wie z.B. SO_3, können diese aufgrund des durch den Flüssigkeitsmantel vergrößerten Durchmessers abgeschieden werden.

In Deutschland ist bisher nur an einer Anlage der Wäsche ein Aerosolabscheider nachgeschaltet, an zwei Anlagen werden Nasselektrofilter eingesetzt.

6. Maßnahmen zur Minderung von Stickoxiden

Die durch die Verbrennung entstehenden Stickoxide bestehen zum weitaus größten Teil aus NO und zu einem geringen Teil aus NO_2. Bei den für Hausmüllverbrennungsanlagen üblichen Temperaturen stammt der Stickstoff aus dem Brennstoff. Thermisches und promptes NO entstehen erst ab etwa 1.200 °C.

Die Bildung von Stickoxiden ist von der Temperatur und dem Sauerstoffgehalt abhängig, so dass die Verbrennungsluftführung mit Primär- und Sekundärluft und dem Luftüberschuss λ Einfluss auf die Konzentration der sich bildenden Stickoxide hat. Deshalb beginnt eine optimierte NO_x-Reduzierung bereits im Kessel durch die sog. Primärmaßnahmen. Es hat sich gezeigt, dass durch eine Anpassung der Luftstufung und dem Einsatz von Abgasrezirkulation sich die Konzentration an NO_x deutlich absenken lässt [17].

Durch Verwendung von Luft aus dem Feuerraum als Mischluft im Bereich einer SNCR wird die Konzentration des NO erhöht, was zu einer verbesserten Umsetzung der Stickoxide zu N_2 führt [18].

Das Verfahren der SNCR ist limitiert durch das benötigte Temperaturfenster. Die für die Reaktion benötigte Menge an Reduktionsmittel im Überschuss und der daraus resultierende Ammoniakschlupf sind ebenfalls von der Temperatur abhängig.

---

[2] NMVOC oder NMHC (Nicht-Methan-Kohlenwasserstoffe)

Damit hängt die Leistungsfähigkeit des Verfahrens davon ab, wie gut es gelingt, die Eindüsung des Ammoniaks im benötigten Temperaturbereich zu platzieren. Deshalb haben neuere Entwicklungen zur Optimierung des SNCR-Verfahrens zum Ziel, unter allen Betriebsbedingungen und über den gesamten Kesselquerschnitt eine gleichmäßige Verteilung des Reduktionsmittels zu gewährleisten.

Bei inhomogenen Brennstoffen wie Hausabfall schwanken entsprechend der wechselnden Zusammensetzung des Brennstoffs Heizwerte und Zündverhalten quasi kontinuierlich. Dazu kommt, dass sich je nach Verbrennungsführung und Kesselgeometrie innerhalb des Kessels Strömungsschieflagen ausbilden können, es also keine homogene Verteilung des Abgases über den Kesselquerschnitt gibt. Erschwerend kommt hinzu, dass der Kessel über die Reisezeit verschmutzt und damit das Temperaturfenster mit zunehmendem Verschmutzungsgrad nach oben wandert. Um dennoch die SNCR-Technik auch für hohe NO_x-Umsatzraten und niedrigen NH_3-Schlupf zu ertüchtigen, werden für die Zugabe des Reduktionsmittels mehrere Eindüsungsstellen über den Umfang und die Höhe des Kesselzuges verteilt. Die Anwahl der Dosierstellen erfolgt in Abhängigkeit von der Temperatur. Dazu müssen entsprechend leistungsstarke Temperaturmessungen installiert sein. Temperaturmessungen der neuesten Generation verwenden akustische Signale und simulationsgestützte Temperaturprofile [19].

Demgegenüber wird bei den SCR-Verfahren die für den Prozess optimale Temperatur durch den Einsatz von Wärmetauschern und Zusatzenergie anlagentechnisch sichergestellt. Letztlich sind der zu erreichende Reingasgehalt und der NH_3-Schlupf eine Frage des Katalysatorvolumens und damit eine Frage der Investition und des Platzangebotes. Deshalb gelten Entwicklungen im Bereich der SCR mehr dem Ziel einer energetischen Optimierung. Dazu gehört auch der Einsatz der SCR-Technik bei tiefen Temperaturen [20].

Maßnahmen zur Minderung von NO_x-Emissionen sehen auch die Kombination aus SNCR und SCR vor. Erfolgreich eingesetzt wird eine High-Dust-SCR hinter Kessel mit SNCR. In diesem Fall kann die SNCR NO_x-optimiert im Bereich um 900 °C betrieben werden. Der bei diesen Temperaturen vergleichsweise hohe NH_3-Schlupf dient am Katalysator als Reduktionsmittel.

Ein weiterer interessanter Ansatz zur Minderung von NO_x-Emissionen sind katalytische Filtermedien. Diese können einfach und zeitnah in bestehende Schlauchfilteranlagen implementiert werden. Es konnte im Betrieb nachgewiesen werden, dass bei moderaten NO_x-Konzentrationen im Rohgas die katalytischen Filter zur Einhaltung des Reingaswertes ausreichend waren. Ein erhebliches Potenzial wird in der Kombination aus SNCR und katalytischem Filter gesehen auch in Hinblick auf ein hohes Maß an Betriebssicherheit [21].

Die vom Umweltbundesamt in Auftrag gegebene Studie [17] kommt zu dem Schluss, dass mit dem gegenwärtigen Stand der Technik sowohl mit dem SNCR-Verfahren als auch mit dem SCR-Verfahren ein NO_x-Reingasgehalt von < 100 mg/m$^3_{i.N.tr.}$ problemlos eingehalten werden kann. Zur Verbesserung der Energieeffizienz sollten mögliche Primärmaßnahmen ausgeschöpft werden. Um eine weitere Absenkung der NO_x-Emission zu erreichen, kann die Kombination der unterschiedlichen Minderungsmaßnahmen (SNCR, SCR, katalytische Filter) wirtschaftliche und energetische Vorteile bieten.

7. Literatur

[1] Rössert: Historie der Luftreinhaltung, Bayrisches Landesamt für Umwelt, Abt. 2, 13.10.2009

[2] Vehlow, J.: Die Entwicklung der Abfallverbrennung. ITAD e. V., http://www.itad.de/information/geschichte.html

[3] Technische Anleitung zur Reinhaltung der Luft vom 27. Februar 1986, Punkt 3.1.2

[4] http://www.umweltbundesamt.de/themen/wirtschaft-konsum/beste-verfuegbare-techniken

[5] http://www.umweltbundesamt.de/themen/wirtschaft-konsum/beste-verfuegbare-techniken/industrieemissions-richtlinie

[6] Reference Document on the Best Available Techniques for Waste Incineration, Edificio Expo, Sevilla, Spanien, 2005

[7] Patent DE10233173B4, Verfahren zur Abscheidung von Quecksilber aus Rauchgasen, 2006

[8] Bruckmann, P.; Gehrig, R.; Kuhlbusch, T.; Sträter, E.; Nickel, C.: Vorkommen von Feinstäuben und die Maßstäbe ihrer Bewertung. Statuspapier Feinstaub, September 2010

[9] Warnecke, R.; Müller, V.; Nordsieck, H.: Particle measurement in flue gas cleaning. Gemeinschaftskraftwerk Schweinfurt, 2009, http://www.gks-sw.de/images/forschungsberichte/D2-6-27_Particle_measurements_in_flue_gas_cleaning__GKS__-_FIN.pdf

[10] Fritz, W.; Kern, H.: Reinigung von Abgasen. Vogel Buchverlag, 1992

[11] eine gemeinschaftliche Information der Firmen MikroPul GmbH & Co. KG und W. L. Gore & Associates GmbH: Moderne Entstaubungstechnik mit Oberflächenfiltern. http://www.mikropul.de/downloads/MikroPul-Entstaubungstechnik-Oberflaechenfilter.pdf

[12] Freudenberg Filtration Technologies SE & Co. KG: Fallstudie *Energiesparpotential in einem Zementwerk*. http://www.freudenberg-filter.com/fileadmin/templates/downloads/CS/Zementwerk_CS_02_EC_201_Maerz_2013_D_low_2_.pdf

[13] Harder, J.: Process filter trends in the cement industry. In: ZKG International, Special Filtration, No. 9-2009, (Volume 62)

[14] Stern, R.: PM10-Ursachenanalyse auf der Basis hypothetischer Emissionsszenarien, Teilbericht zum F&E-Vorhaben *Strategien zur Verminderung der Feinstaubbelastung – PAREST*, Umweltforschungsplan des Bundesministeriums für Umwelt, Naturschutz und Reaktorsicherheit, Forschungskennzahl 206-43 200/01 UBA-FB 001524/ANH,21, September 2010, http://www.uba.de/uba-info-medien/4535.html

[15] Brosig, G.: Untersuchung von HCl-Nebeln in technischen Gasreinigungsanlagen. Universität Duisburg-Essen, Dissertation, Duisburg, 2008

[16] IGF-Forschungsvorhaben Nr. 16563N: Optimierung eines Kondensations-Nass-Elektro-Filters für Feinstaub und Aerosolabscheidung, http://www.iuta.de/files/schlussbericht_16563n_20130220.pdf

[17] Beckmann, M.; Wen, T.: Beschreibung unterschiedlicher Techniken und deren Entwicklungspotentiale zur Minderung von Stickoxiden im Abgas von Verbrennungsanlagen und Ersatzbrennstoff-Kraftwerken hinsichtlich Leistungsfähigkeit, Kosten und Energieverbrauch. Studie im Auftrag des Umweltbundesamtes, 2011

[18] Gohlke, O.; Koralewska, R.: Feuerungstechnische Maßnahmen zur NO_x-Reduzierung in Abfallverbrennungsanlagen – Very Low NO_x-Verfahren –. In: Thomé-Kozmiensky, K. J.; Beckmann, M. (Hrsg.): Energie aus Abfall, Band 9, Neuruppin: TK Verlag Karl Thomé-Kozmiensky, 2012

[19] Reynolds, T.: Können SNCR-Verfahren zukünftige Grenzwerte einhalten? In: Thomé-Kozmiensky, K. J.; Beckmann, M. (Hrsg.): Energie aus Abfall, Band 9, Neuruppin: TK Verlag Karl Thomé-Kozmiensky, 2012

[20] Frey, R.; Baur, M.: Katalytische Entstickung bei tiefen Temperaturen. In: Thomé-Kozmiensky, K. J.; Beckmann, M. (Hrsg.): Energie aus Abfall, Band 9, Neuruppin: TK Verlag Karl Thomé-Kozmiensky, 2012

[21] Ebert, J.: Umrüstung bestehender Verbrennungsanlagen zur Einhaltung strenger Emissionsanforderungen bei NO_x, NH_3 und Staub. VDI-Fachtagung *Emissionsminderung 2012*, Nürnberg, 19.-20. Juni 2012

Neue 17. BImSchV – Auswirkungen auf bestehende Abfallverbrennungsanlagen mit SNCR-Technik sowie Lösungskonzepte

Jürgen Hukriede, Reinhard Pachaly und Philip Reynolds

1. Einleitung – Änderungen Emissionsgrenzwerte 17. BImSchV

In den letzten Jahren beherrschten auf den Tagungen und Kongressen sowohl die Themen SCR versus SNCR als auch die Verschärfung der Emissionsgrenzwerte für Stickstoffoxide. Für Neuanlagen wurden bereits durch Änderungen in der bisherigen 17. Bundes-Immissionsschutzverordnung (17. BImSchV) die NO_x-Emissionsgrenzwerte auf 100 mg/Nm³ abgesenkt. Die Befürchtung der Betreiber von Anlagen für die Verbrennung und Mitverbrennung von Abfällen war eine weitere Verschärfung der Grenzwerte auf ihre Bestandsanlagen und damit zusätzliche Investitions- und Betriebsmittelkosten.

Am 2. Mai 2013 sind die Regelungen zur Umsetzung der EU-Richtlinie über Industrieemissionen durch Neufassung der 17. BImSchV in Kraft getreten.

Dieser Beitrag setzt sich mit den Anforderungen auf bestehende Anlagen unter Berücksichtigung der sehr komplexen Übergangsbestimmungen, die in § 28 Übergangsregelungen beschrieben sind, auseinander und zeigt Maßnahmenkataloge und Lösungskonzepte auf.

Im Nachfolgenden wird die Entwicklung der Grenzwerte für Stickoxide und Ammoniak für Abfallverbrennungsanlagen dargestellt:

Die Ausgangslage:

Anforderungen an Verbrennungsanlagen gemäß 17.BImSchV von 2009,

§ 5 (1)1.f):   TMW NO_x 200 (mg/Nm^{3}tr)

§ 5 (1)2.f):   HMW NO_x 400 (mg/Nm^{3}tr)

§ 5 (1)5.:   JMW NO_x 100 (mg/Nm^{3}tr) für Anlagen > 50 MW FWL und Neuanlagen

Es gab für SNCR-Anlagen keine Anforderung für NH_3, diese Grenzwerte sind in den Genehmigungsbescheiden unterschiedlich festgeschrieben worden.

Die Grenzwerte in der Fassung aus dem Jahre 2009 sind aufgrund der dort festgeschriebenen Fristen nur von einem Teil der Betreiber umgesetzt worden.

Die aktuelle Lage:

Anforderungen an Verbrennungsanlagen gemäß 17. BImSchV vom 02.05.2013 [1] mit Übergangsregelung für bestehende Anlagen gemäß §28: mit (angegebenen Geltungsdatum)

§ 8 (1)1.f):   TMW NO_x 150 (mg/Nm^{3}tr); § 28 (4): {(1.1.2019)}

§ 8 (2)2.f):   TMW NO_x 200 (mg/Nm^{3}tr); für < 50 MW FWL

§ 8 (1)1.i):   TMW NH_3 10 (mg/Nm^{3}tr); bei SNCR/SCR-Anlagen; § 28 (1): (1.1.2016)

§ 8 (1)2.f):   HMW NO_x 400 (mg/Nm^{3}tr); § 28 (4): (1.1.2019)

§ 8 (1)2.i):   HMW NH_3 15 (mg/Nm^{3}tr) bei SNCR/SCR-Anlagen; § 28 (1): (1.1.2016)

§ 10 (1)1.; (3):   JMW NO_x 100 (mg/Nm^{3}tr) Anlagen > 50 MW und Neuanlagen; § 28 (6)

Achtung:

§ 28 (6) für bestehende Abfallverbrennungsanlagen ist der JMW **nicht** anwendbar.

TMW: Tagesmittelwert; HMW: Halbstundenmittelwert, JMW: Jahresmittelwert; FWL: Feuerungswärmeleistung

2. Auswirkungen auf bestehende Abfallverbrennungsanlagen

Ab 1.1.2016 gilt der Grenzwert für gasförmiges Ammoniak (NH_3) für alle SCR/SNCR-Anlagen unabhängig von der Feuerungswärmeleistung. Dieser Emissionsgrenzwert ist bereits in vielen Genehmigungsbescheiden von Anlagen mit SNCR-Technik festgeschrieben. Es ist zu überprüfen, ob eine Verschärfung im Vergleich zum Genehmigungsbescheid erfolgt ist und damit Maßnahmen, wie nachfolgend beschrieben, notwendig werden. Ab 1.1.2019 gilt für den TMW ein abgesenkter neuer NO_x-Grenzwert, dieser erfordert im Zusammenspiel mit den NH_3-Grenzwerten auf alle Fälle Maßnahmen. Der Zusammenhang und die Abhängigkeiten werden im nächsten Punkt durch Eintrag in das SNCR-Reaktionstemperaturfenster genauer erläutert; nur so sind die anschließenden Maßnahmen zu verstehen.

3. SNCR-Reaktionstemperaturfenster

Das SNCR-Reaktionstemperaturfenster wird im Diagramm dargestellt (Bild 1).

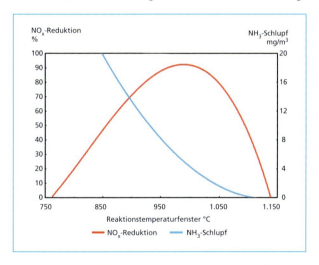

Bild 1:

SNCR Reaktionstemperaturfenster

In diversen Veröffentlichungen mit unterschiedlichen Darstellungen des Temperaturfensters wurden Reaktionstemperaturen, die dazugehörige Stickoxidreduktion und der theoretische Ammoniakschlupf (nicht reagiertes Reduktionsmittel) bereits gezeigt. Das dargestellte Reaktionsfenster zeigt beispielhaft für eine definierte Gaszusammensetzung maximal erzielbare Entstickungsgrade in Abfallverbrennungsanlagen und den dazugehörigen Ammoniakgehalt nach NO_x-Reduktion.

Zur genaueren Berechnung ist ein reaktionskinetisches Modell erforderlich, in das eine Vielzahl parallel verlaufender chemischer Reaktionen einzubeziehen ist.

Aufgrund der ständig wechselnden Bedingungen auf der einen Seite und den relativ hohen Anforderungen auf der anderen Seite, ist immer der gesamte zur Verfügung stehende Temperaturbereich zu betrachten.

Das dargestellte Temperaturfenster ist für die Betrachtung der Verhältnisse in Abfall-verbrennungsanlagen meist ausreichend, da die für die zur Reduktion zur Verfügung stehenden Verweilzeiten im Vergleich zu anderen Anwendungen, z.B. mit Kohle, Öl oder Gas befeuerte Dampferzeuger, bei mindestens einer Sekunde liegen.

Um für die Praxis verwendbare Aussagen treffen zu können, wird die Darstellung des NO_x-Abscheidegrades im Reaktionsfenster benötigt.

Typische NO_x-Ausgangswerte für Abfallverbrennungsanlagen betragen zwischen 350 und 450 mg/Nm^3_{tr}, aber auch 500 mg/Nm^3_{tr} können kurzzeitig auftreten [2]. Legt man den alten TMW von 200 mg/Nm^3_{tr} zugrunde, bedeutet dies ein NO_x-Reduktionsgrad von 43 % bis 55 %, in der Spitze 60 %. Die Verschärfung auf den TMW 150 mg/Nm^3_{tr} bedeutet einen NO_x-Reduktionsgrad von 57 % bis 67 %, in der Spitze 70 %. Die Aus-wirkungen auf das Entstickungsergebnis sind bei der SNCR-Technik stark von der Abgastemperatur an der Reaktionsstelle abhängig. Die neuen Grenztemperaturen für den TMW NO_x = 150 mg/Nm^3_{tr} müssen daher bestimmt werden. Die Reaktionstem-peraturen $T_{min}(NO_x)$ und $T_{max}(NO_x)$ sind für einen NO_x-Reduktionsgrad von 65 % – in Bild 2 dargestellt – eingetragen.

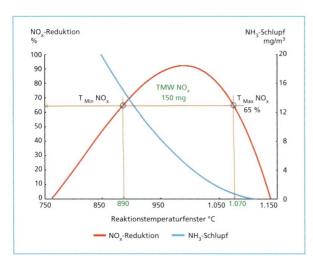

Bild 2:

SNCR Reaktionstemperatur T-Grenzen (NO_x) für eine 65 % Reduktion

Die Temperaturwerte betragen bei T_{min} (NO_x): etwa 890 °C; bei T_{max} (NO_x): etwa 1.070 °C. In dieser Temperaturspanne kann der NH_3-Wert 13 mg/Nm^3 bei $T_{min}(NO_x)$ erreichen! Im nachfolgenden Bild 3 sind die Temperaturgrenzen für den TMW NH_3 = 10 mg/Nm^3tr eingetragen, der Wert für T_{min} (NH_3)-TMW beträgt 930 °C.

Schon diese Betrachtung zeigt, dass zur Einhaltung der neuen Grenzwerte die SNCR-Anlagen so zu fertigen oder zu ertüchtigen sind, dass die Reduktion in einem engeren Temperaturbereich zwischen 930 °C und 1.070 °C verlaufen muss. Zeit-weilig kann die Temperatur bis auf 880 °C absinken, ohne dass der HMW NH_3 = 15 mg/Nm^3_{tr} – $T_{min}(NH_3)$ – überschritten wird. Bei einer Reaktionstemperatur von 880 °C ist die NO_x- Reduktion mit 68 % ebenfalls ausreichend (Bild 4).

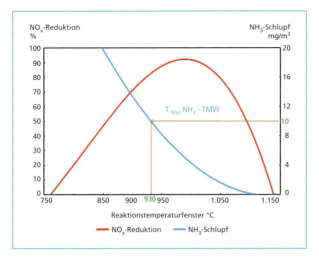

Bild 3:

SNCR-Reaktionstemperatur
T-Grenzen (NH$_3$)-TMW

Diese Darstellung zeigt, dass die Abgastemperatur in begrenztem Maße im Bereich zwischen 880 °C und 1.070 °C schwanken darf, ohne dass die Grenzwerte für gasförmiges Ammoniak überschritten werden. Der dargestellte NH$_3$-Wert entspricht der Ammoniakkonzentration am Ende der SNCR-Reaktionszone. Eine geringe Menge (< 1 mg/Nm^3) reagiert mit dem Schwefeltrioxid bei Abgastemperaturen < 340 °C zu Ammoniumsulfat, der Hauptteil kann aber nach Kessel nachgewiesen werden. Das Ammoniak im Abgas nach Kessel wird bei nachgeschalteten quasitrockenenen Abgasreinigungsanlagen in der Regel kaum abgeschieden, in Nasswäschen erfolgt dagegen eine fast vollständige Trennung. Der Emissionswert für gasförmiges Ammoniak ist dann zwar sehr niedrig im Vergleich zu der quasitrockenen Reinigung, aber es muss mit viel Aufwand von der Waschlösung getrennt werden, weil sonst die Entsorgung des Abwassers nicht gewährleistet ist.

Zu hohe Abgastemperaturen führen zu einem schlechten Entstickungsergebnis hin bis zum vollständigen *Abriss* also Versagen der Entstickung.

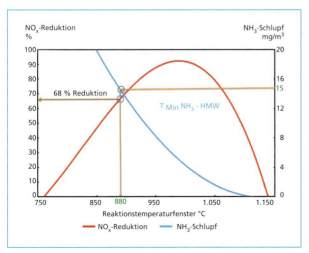

Bild 4:

SNCR-Reaktionstemperatur
T-Grenzen (NH$_3$)-HMW

Diese Erkenntnis erfordert Maßnahmen, insbesondere bei Anlagen, in denen hochkalorische Abfälle verbrannt werden.

Da der Gehalt des Abgases an unreagiertem Ammoniak bei Anwendung der SNCR-Technik in Abfallverbrennungsanlegen nur von der Temperatur und nicht vom Entstickungsgrad abhängig ist, haben diese Anlagen besonders geringe Ammoniakemissionen (siehe Bild 6).

4. Einfluss von Abgastemperaturänderungen

Der Einfluss der Abgastemperatur im Bereich der Eindüsung des Reduktionsmittels auf die Entstickungsleistung und den NH_3-Schlupf wurde im vorherigen Kapitel dargestellt und erläutert. Bevor die Beurteilung der Eindüstechnik z.B. mit verschiedenen Ebenen erfolgt, wird der Einfluss der Feuerungsleistung in Form der Dampfleistung behandelt. Hierzu wurden Untersuchungen und Optimierungen an einer bestehenden EBS-Anlage vorgenommen. [3]. Die Anlage der Weener Energie ist mit einem agam-System (akustische Temperaturmessung) ausgerüstet. Das agam-System generiert praktisch ohne Zeitverzögerung Temperatursignale. Diese Signale werden zur Gesamtoptimierung der Feuerleistungsregelung mit Regelung der Dampfmenge und zur Steuerung und Regelung der ERC-SNCR-Anlage verwendet.

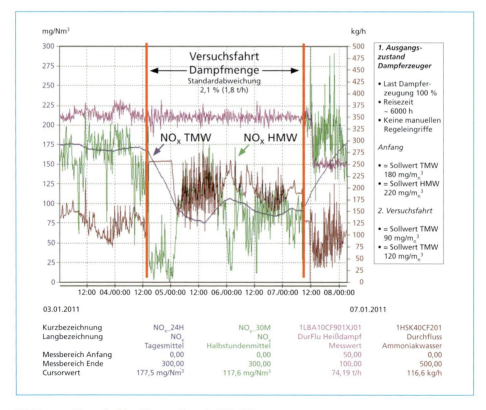

Bild 5:   Versuchsfahrt Weener Energie NO$_x$-Werte

Die sehr guten Entstickungsergebnisse bei gleichzeitig niedrigen Schlupfwerten von deutlich unter 10 mg/Nm³ [3] sind auf die zuvor beschriebene Gesamtoptimierung zurückzuführen und wurden während einer Versuchsfahrt protokolliert (Bilder 5 und 6).

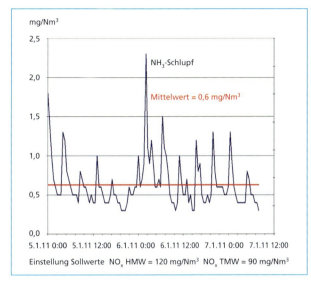

Bild 6:

Versuchsfahrt Weener Energie NH₃-Werte

Das Fazit dieser Arbeit ist, dass eine Standardabweichung der produzierten Dampfmenge vom eingestellten Sollwert von kleiner 5 % zur Effektivität der SNCR-Anlage erheblich beiträgt.

Das Bestreben die Emissionsgrenzwerte immer weiter zu senken, hat große Auswirkungen auf die derzeit verfügbare Technik. Durch diese enger werdenden Grenzen, in denen eine Feuerungsanlage aus umweltrechtlichen Gesichtspunkten betrieben werden darf, wird es zukünftig unerlässlich sein, die Systeme in ihrer Gesamtheit und in ihrer gemeinsamen Wirkungsweise zu betrachten. Dazu gehört schlussendlich auch eine präzise Abstimmung der Feuerleistungsregelung auf das Entstickungssystem.

Es sollte einfacher sein, zunächst über die Feuerleistungsregelung eine stabile Dampfleistung zu erzielen, bevor an den Symptomen mit sehr großem Aufwand *herumgedoktert* wird. Das Reduktionspotential der SNCR-Technik wird zur effektiven und wirtschaftlichen Erzielung der Emissionswerte benötigt, ein *Störfeuer* von einer schlechten Leistungsregelung ist kontraproduktiv. Die Aufgabe ist mit verfahrenstechnischen Mitteln zu lösen, ein optimiertes Verhältnis von Sekundärluft zu Primärluft sowie deren temperaturgesteuerte Vertrimmung, führt zu stabilerem Feuer und gleichmäßigeren Abgastemperaturen. Temperaturschieflagen, die sich negativ auf die Lebensdauer der Anlage und auf die Entstickungsleistung der SNCR-Anlagen auswirken können, werden so minimiert. Damit ist eine gleichmäßige Temperaturverteilung über dem Feuerraumquerschnitt gewährleistet, teure Maßnahmen wie Lanzeneinzelsteuerungen brauchen nicht gefordert werden.

Es wurde oben dargestellt, dass der erforderliche Entstickungsgrad für den Grenzwert von 150 mg/Nm³ im Temperaturbereich zwischen 890 °C und 1.070 °C erreicht werden kann, es hat sich aber gezeigt, dass der Reduktionsmittelverbrauch erheblich reduziert werden kann, wenn die Temperaturschwankungen klein sind.

Eine Temperaturabweichung von 50 Kelvin von der mittleren Abgastemperatur sollte deshalb angestrebt werden.

Im Weiteren wird die Abgastemperatur in Abhängigkeit von der Feuerraumhöhe und der Lage der Eindüsebenen mit ihren Lanzen betrachtet.

Sind die vorhandenen Ebenen und die Lanzenanzahl über den Lastbereich ausreichend?

Es muss auch die Frage gestellt werden, inwieweit sich die Entstickungsleistung ändert, wenn das notwendige Fenster bei einem Lastfall zwischen den Ebenen liegt?

Besonders kritisch sind aufgrund unserer Erfahrungen die Verhältnisse im Kessel zu Beginn der Reisezeit des Kessels (sauberer Zustand) und den niedrigeren Temperaturen an den Eindüsstellen, insbesondere bei Teillast, (NH_3-Schlupf Gefahr!) und zum Ende der Reisezeit (verschmutzter Kessel) mit sehr hohen Abgastemperaturen. Bei Teillast und sauberem Kessel kann zwar die Mindesttemperatur (850 °C nach 2 Sekunden Verweilzeit) meist ohne Stützfeuer eingehalten werden, in der untersten Reaktionszone, die mindestens 2 bis 3 Meter über den Brennern liegen muss, beträgt die Reaktionstemperatur jedoch nur noch 820 °C bis 840 °C. Bei Volllast und verschmutztem Kessel steigt die Temperatur an der oberen Eindüsebene oft um 50 bis 100 Kelvin an, da auch die Abgasgeschwindigkeit steigt, dies kann bis zum *Abreißen* der Entstickung führen.

Ob eine weitere Ebene notwendig wird, ist unter anderem auch stark vom eingesetzten Reduktionsmittel, so z.B. – 25 %-Ammoniakwasser oder harnstoffhaltiges Reduktionsmittel – abhängig.

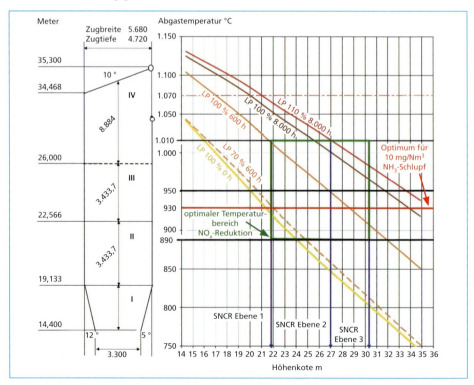

Bild 7: Abgastemperatur in Abhängigkeit von Feuerraumhöhe, Reduktionsmittel 25 % Ammoniakwasser

Die Verdampfung des Ammoniakwassers im Feuerraum ist im geringen Ausmaß über die Verdüsungstechnik zu beeinflussen, da das Ammoniak aufgrund des niedrigeren Partialdruckes schneller vom Sprühstrahl in die Gasphase eintritt.

Wenn Verdüsungsebenen, wie Bild 7 dargestellt, angeordnet werden, kann sowohl bei Kleinlast und bei gereinigtem Kessel als auch bei Überlast und bei verschmutztem Kessel ein gutes Entstickungsergebnis bei gleichzeitig akzeptablem Schlupf erreicht werden. Dies setzt allerdings entsprechende Düsen voraus. Es muss ein Tropfenspektrum erzeugt werden, so dass möglichst wenig Reduktionsmittel in der Nähe der kalten Kesselwände verbleibt, denn dies führt zu zusätzlichem Schlupf.

Das Diagramm entsprechend Bild 7 veranschaulicht für einen 58 t/h Heißdampfkessel mit einer Abgasmenge von 83.000 Nm^3_{tr}/h die Verteilung der Abgastemperaturen in Abhängigkeit von Feuerraumhöhe und des jeweiligen Lastprofiles bei verschiedenen Reisezeiten [4]. Das eingesetzte Reduktionsmittel ist 25 %-Ammoniakwasser. Aufgrund der vorgenannten Daten wurden 3 Eindüsebenen vorgesehen.

5. SNCR-Reduktionsmittelverbräuche

Zur Unterschreitung des neuen NO_x-TMW ist eine zusätzliche Reduktion von 50 mg/Nm^3 NO_x erforderlich. Daraus resultierend ist es notwendig, eine erhöhte Menge an Reduktionsmittel einzusetzen. Es werden etwa 20 bis 25 kg/h Reduktionsmittel bei 100.000 Nm^3_{tr}/h Abgas benötigt, was eine Steigerung des Reduktionsmittelbedarfes von 25 % bis 20 % ausmacht bei den in Kapitel 3 (SNCR-Reaktionstemperaturfenster) angenommenen typischen NO_x-Ausgangswerten. Im nachfolgenden Kapitel wird untersucht, welche Auswirkungen dieser Mehrverbrauch an Reduktionsmittel nach sich zieht.

6. Beurteilung Armaturen-Sensorik/Aktorik

Annahme

Für die weitere Diskussion wird von einer klassischen SNCR-Anlage mit einem Reduktionsmittel – 25%iges Ammoniakwasser bzw. harnstoffhaltigen Reduktionsmittel, Harnstoffgehalt 40 oder 45 Gew.- % –, Wasser als Verdünnungsmedium und Druckluft als Zerstäubungsmedium ausgegangen.

Maßnahmen

Armaturen im Reduktionsmittelweg müssen überprüft werden; Durchflussmesser zur Istwerterfassung müssen neu parametriert oder ersetzt werden. Gleiches gilt für das Regelventil oder die frequenzgesteuerte Pumpe. Die neue Aufgabe erfordert auch weiterhin Regelreserven von 30 % bis 50 %. Das weitere Reengineering der bestehenden Anlage auf die neuen Anforderungen für den 150/10-Betrieb wird ergeben, ob Veränderungen im Eindüskonzept notwendig werden. Unter Umständen kann dies weitere Auswirkungen auf die Ausrüstung des Reduktionsmittellagers oder die Liefermodalitäten des Reduktionsmittels nach sich ziehen.

7. Beurteilung NO$_x$-Regelung

Die Betriebserfahrungen zeigen, der NO$_x$-Sollwert für den TMW bei 200 mg-SNCR-Anlagen beträgt etwa 190 mg/Nm³. Die einfachste Lösung wäre, den neuen NO$_x$-Sollwert für den TMW bei 150 mg/Nm³ auf etwa 140 mg/Nm³ einzustellen und die Aufgabe dem NO$_x$-Regler zu überlassen. Unsere Erfahrung zeigt allerdings, dass dies zu keinem guten Ergebnis besonders durch die zusätzliche Anforderung führt, den Ammoniakemissionswert einzuhalten. Wir empfehlen die NO$_x$-Regelung mit einem NO$_x$-Regler zu programmieren, dessen Ausgangssignal in kg/h skaliert wird und zusätzlich im 4-Quadranten-Betrieb arbeitet. Dies ist erforderlich, weil ein zusätzlicher variabler Offset im Regler für den theoretischen Betriebspunkt programmiert wird.

Die nachfolgende Beschreibung soll die Funktion dieses Offsets erklären. Es wird eine Stellamplitude herausgeben, wenn die Regeldifferenz gleich null ist. Mathematisch entspricht dieser Ansatz einer Parallelverschiebung der Arbeitskennlinie über den gesamten Betriebsbereich. Dieser Offset wird für den Reduktionsmittelverbrauch beim Betriebspunkt 100 % Last und dem theoretischen NO$_x$-Abscheidegrad berechnet. Er hat die Bezugsgröße kg/h, anschließend wird er mit der variablen Last in % verknüpft. Der Regler sollte zuerst als P-Regler und dann später, nachdem Betriebserfahrungen mit den Eigenschaften der Gesamtanlage vorliegen, als PI-Regler parametriert werden. Wichtig ist, dass der Regler keinen Startwert von 0 kg/h bei fallendem NO$_x$-Istwert berechnet, sondern immer die Basis-Entstickungsaufgabe kennt. Vom Regelwert inklusive dem Offset soll das nicht mehr für diesen Betriebspunkt benötigte Reduktionsmittel schnell abgezogen werden. Bei der Aufschaltung des NO$_x$-Istwertes des Reglers, entweder als NO$_x$-Momentanwert oder als rollierender NO$_x$-Mittelwert, gibt es unterschiedliche Ansätze und Philosophien, die jedoch beide zum Ziel führen können. Wir empfehlen die Verwendung des rollierenden NO$_x$-Mittelwertes. Dieser führt zu einem geringeren Reduktionsmittelverbrauch, weil nicht jeder Anstieg oder Abfall also jeder *Berg* und jedes *Tal* des NO$_x$-Istwertes durch die Mittelwertbildung ausgeregelt wird. Diese Aussage wird untermauert durch die sogenannte Totzeit des Istwertes. Diese Totzeit ist die Zeitspanne zwischen der Änderung am Systemeingang und der Antwort am Systemausgang der Regelstrecke, welche das Abgas von der Reaktionszone durch den Abgasweg bis zum dem Emissionsmessgerät benötigt. Sollte zusätzlich eine NO$_x$-Messung hinter Kessel installiert sein, korreliert das Messsignal besser mit dem tatsächlichen NO$_x$-Istwert. Es kann die zusätzliche Aufschaltung dieses Messwertes in eine NO$_x$-Kaskaden-Regelung deutlich verbesserte Ergebnisse auch bzgl. des NH$_3$-Schlupfes bringen.

8. Lösungskonzepte – Betriebserfahrungen

Bei verschiedenen Kunden in Deutschland haben wir bereits das Potential der vorhandenen SNCR-Technik für Abfallverbrennungsanlagen bezüglich reduzierter NO$_x$-Soll-Werte untersucht. Bei diesen Untersuchungen fließen natürlich die vielfältigen Erfahrungen, mit den im Ausland für Grenzwerte von unter 70 mg/Nm³ gebauten Anlagen, ein.

Aus *politischen Gründen* wird von der Veröffentlichung der Ergebnisse mit Nennung des Kundennamens abgesehen, daher werden die nachfolgenden Ergebnisse anonymisiert.

Beispiel: MVA-Linie 1

Anlagenparameter

- TMW: 200 mg/Nm³,

- Abgasmenge: 45.000 Nm³_{tr}/h,

- SNCR-Anlage mit 40 % Harnstoff als Reduktionsmittel,

- 2 Eindüsebenen auf 12,75 m und 16,30 m, Ebenenumschaltung mit Signalen von der akustischen Temperaturmessung,

- die Sender-/Empfängereinheiten der Temperaturmessung sind zwischen den Eindüsebenen auf 15 m installiert.

- Aufgabe: Untersuchung auf NO_x-Reduktionspotential TMW: 100 mg/Nm³ bzw. 150 mg/Nm³ bei 10 bzw. max. 15 mg/Nm³ NH_3-Schlupf

Als Vorbereitung für die SNCR-Optimierung wurde eine Verbesserung in der Feuerleistungs-Regelung (FLR) umgesetzt, woraus eine Vergleichmäßigung der Temperatur resultiert (Bild 8).

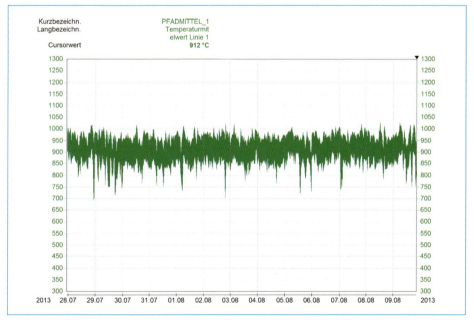

Bild 8:   MVA Linie 1 – Temperaturmittelwert 910 °C mit Standardabweichung 33 K (3,6 %)

Die Überprüfung des Eindüssystems ergab, dass aufgrund der höheren Reduktionsmittelverbräuche und Erhöhung der gesamten Flüssigkeitsmenge neue Düsen für den quantitativ höheren Durchsatz benötigt wurden.

Eine zusätzliche Eindüsebene wurde nicht vorgesehen. Weitere Maßnahmen wurden gemäß Kapitel 6 (Beurteilung Armaturen –Sensorik/Aktorik) und 7 (Beurteilung NO_x-Regelung) ausgeführt mit einer Optimierung der NO_x-Regelung. Die Ergebnisse (Tagesmittelwerte) über einen Zeitraum von mehreren Monaten sind in Bild 9 dargestellt. Probleme bereitet die Entstickung bzw. der NH_3-Schlupf bei Beginn und Ende der Reisezeit. Bei der Ebenenumschaltung muss die Neigung der Anlage zur NH_3-Schlupfbildung berücksichtigt werden.

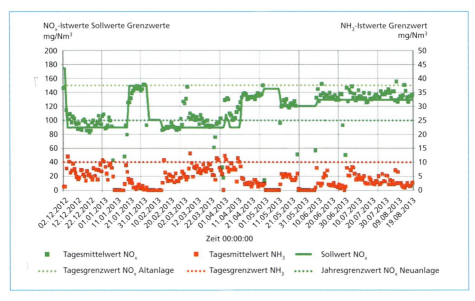

Bild 9:   MVA Linie 1 Tagesmittelwerte NO_x und NH_3

9. Verbesserungspotentiale

Eindüstechnik – virtuelle Zwischenebene

Die Eindüstechnik mit der ERC-Zweistoffdüse mit innenliegender Mischkammer am Ende der Lanze bietet Optimierungspotentiale, die bisher nur vereinzelt genutzt wurden. Über die Veränderung von Luftdruck und Flüssigkeitsmenge wird das Sprühbild der Lanze (Bilder 10 und 11) variiert.

Die Größe des Reduktionsmitteltropfens und sein Impuls können so verändert werden, dass die Reaktion zwischen den beiden installierten Verdüsungsebenen stattfindet. So entsteht eine weitere *virtuelle* Reaktionsebene.

Die Veränderung der Tropfengröße bei nahezu konstanter Tropfenaustrittsgeschwindigkeit führt im Wesentlichen zur Varianz der Eindringtiefe des Reduktionsmittels in das Abgas und bestimmt die Zeit für die Verdampfung des Trägermediums (Wasser) und somit auch die Umsetzung des Reduktionsmittels im Kessel (Bild 12).

Bild 10:

Tropfenspektrum einer Zwei-stoff-Düse (hohe Zerstäubungs-luftmenge)

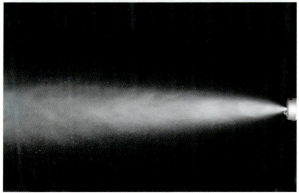

Bild 11:

Tropfenspektrum einer Zwei-stoff-Düse (wenig Zerstäubungs-luftmenge)

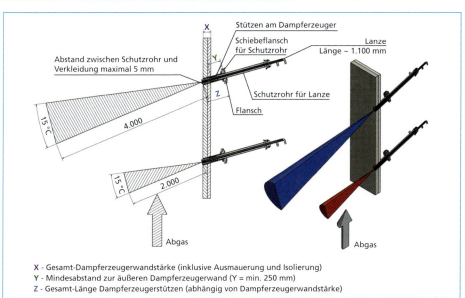

Bild 12:   Sprühgeometrie Lanzen mit Zweistoff-Düse

In der nächsten Betrachtung wird das erzeugte Tropfenspektrum-Sprühgeometrie dieser beschriebenen Zweistoffdüse über der SNCR-Reaktionskurve (siehe Bild 2) im Abgas des Kessels schematisch dargestellt und als Tropfenmodel erläutert (Bild 13).

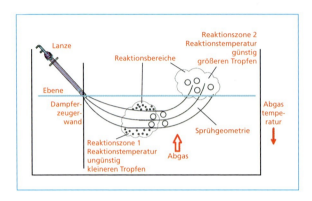

Bild 13:

Tropfenmodell der Zweistoff-Düse im Abgas

Wird ein besonders breites Tropfenspektrum gewählt, kann mit feinem Sprühnebel (kleine Tropfen) im Nahbereich der Eindüsung operiert werden also in der Reaktionszone 1, z.B. für. niedrigere Temperaturen in Kesselwandnähe. Gleichzeitig produzierte größere Tropfen werden länger überleben und dann in der Reaktionszone 2, in heißeren Bereichen im Zentrum des Abgases, das Reduktionsmittel freisetzen.

Die Möglichkeit über diesen Weg den Reaktionszeitpunkt des Reduktionsmittels zu verändern, stellt eine Alternative zum Einsatz von zwei Reaktionsmitteln (Ammoniak und Harnstofflösung), wie von anderen Herstellern neuerdings empfohlen, dar.

Auf dieser Basis können bleibende Temperaturschieflagen im Feuerraum, die von einer entsprechenden Temperaturmesstechnik identifiziert werden, vom Tropfenstrahl entweder gezielt anvisiert oder von der Reduktion ausgespart werden.

Es wird nochmals darauf hingewiesen, dass durch Instabilität der Feuerung entstehende Schieflagen nach Identifizierung über eine Temperaturmesstechnik, dort beseitigt werden können, wo Sie verursacht werden, d.h. im Bereich der Feuerungsregelung und Luftverteilung und nicht durch aufwendige Einzelumschaltung von Lanzen.

Eine gut dimensionierte und mit entsprechender Regelung ausgestattete SNCR- Anlage sollte in der Lage sein, Instabilitäten und unzureichende NO_x-Reduktion, die kurzzeitig durch den Brennstoff verursacht werden kann, in *ruhigeren Zeiten* also in stabileren Anlagen- oder Beharrungszuständen wieder auszugleichen. Die Grenzwerte für den Halbstundenmittelwert werden nicht überschritten, denn die Dauer dieser brennstoffbedingten Instabilitäten beträgt allenfalls 20 bis 40 Minuten.

Werden in Abhängigkeit von Temperatur und vom NH_3-Schlupf diese Größen kontinuierlich geregelt, erhalten wir einen neuen Freiheitsgrad im Bereich der Entstickung. Die Eindüstechnik mit variablen Parametern verschiebt den Reaktionspunkt im Feuerraum und es wird so eine neue Reaktionszone generiert, also eine virtuelle Zwischenebene, wie vorher beschrieben (Bild 13).

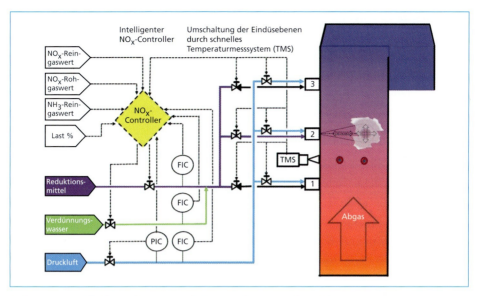

Bild 14:   Fließbild mit Ebenenumschaltung und virtueller Zwischenebene

Die Umschaltung von einer Ebene auf eine andere Ebene bedeutet eine Instabilität im System. Die Innovation liegt in dem längeren Fahren in einer Ebene über die regelungstechnischen Eingriffen mit den zuvor beschrieben Auswirkungen in der Sprühgeometrie der Düsen.

Diese Möglichkeit kann effektiv in Anlagen für harnstoffhaltige Reduktionsmittel genutzt werden. Ammoniakwasser bietet hier wesentlich weniger Möglichkeiten, weil das Reduktionsmittel sehr schnell aus den versprühten Tropfen entweicht.

Verknüpfung zwischen der FLR und der SNCR-Steuer- und Regelung

Feuerung, Kessel und SNCR sollten, regelungs- und steuerungstechnisch betrachtet, zusammen eine Einheit bilden. Es ist bekannt, dass die Entstickungsreaktion für ihren Ablauf bestimmte Bedingungen benötigt, siehe Bild 1. Sind diese Bedingungen nicht gegeben, so müssen die Feuerungsparameter so korrigiert werden, dass die erforderlichen Bedingungen wieder hergestellt sind. Im Einzelnen sind neben der bereits erwähnten Dampfstabilität u.a. auch O_2-Gehalt und CO-Gehalt des Abgases zu nennen [6].

10. Zusammenfassung – Ausblick

Die Erfüllung der neuen Anforderungen der 17. BImSchV für bestehende Abfallverbrennungsanlagen sind keine leichten und alltäglichen Aufgaben. Grundsätzlich sollten durch ein Reengineering der SNCR-Anlage Umbau- und Erweiterungsmaßnahmen beschrieben werden. Diese sind teilweise mit *Bordmitteln* realisierbar. Dies setzt jedoch genügende Reserve in den in Kapitel 7 beschriebenen Armaturen der ausgeführten SNCR-Anlagen voraus, bei gleichzeitiger Erfüllung der zuvor beschriebenen Randbedingungen.

Hersteller von SNCR-Anlagen sollten das notwendige Know-how und die Erfahrung zur Erstellung eines detaillierten Maßnahmenkataloges besitzen. Dies gilt auch für den Bereich der Feuerungs- und Luftregelung.

Es wurde bereits mehrmals erwähnt, dass eine betriebssichere SNCR-Anlage eine entsprechende Feuerungs- und Luftregelung voraussetzt. In vielen Anlagen liegen die Ursachen für schlechte Enstickungsleistungen und hohe Betriebsmittelverbräuche im Bereich der Feuerleistungsregelung. Mit entsprechenden Temperaturinformationen können diese Schwächen leicht identifiziert und dann auch eliminiert werden.

Die Werte der jetzt gültigen 17. Bundesimmissionsschutzverordnung können mit SNCR-Anlagen sicher unterschritten werden. Dies gilt unabhängig von der Anlagengröße und den damit unterschiedlichen Grenzwerten.

Für den Anlagenbestand steht ein Katalog von Ertüchtigungsmaßnahmen zur Verfügung, die sich in anderen Ländern seit vielen Jahren bewährt haben und auch in Deutschland bereits in vielen Anlagen realisiert sind.

11. Literaturverzeichnis

[1] Siebzehnte Verordnung zur Durchführung des Bundes-Immissionsschutzgesetzes (Verordnung über die Verbrennung und Mitverbrennung von Abfällen – 17.BImSchV) vom 02.05.2013

[2] Beckmann, M.: Beschreibung unterschiedlicher Techniken und deren Entwicklungspotentiale zur Minderung von Stickstoffoxiden im Abgas von Abfallverbrennungsanlagen. In: Umweltbundesamt, Texte 71/2011

[3] Tappe, T.: Feuerraumdiagnose und SNCR-Optimierung in einem EBS-Kraftwerk. In: 8. Potsdamer Fachtagung, 24.-25. 2. 2011

[4] Standardkessel/Baumgarte; Bielefeld: Projektunterlage Nr. 302053 Rev. 0 – Ebenen für SNCR-Eindüsung

[5] Pachaly, R.: Stickoxidemissionen unter 100 mg abscheiden. In: 10. Potsdamer Fachtagung 21.-22.2.2013

[6] Reynolds, T.: Können SNCR-Verfahren die zukünftigen Grenzwerte einhalten. In: Thomé-Kozmiensky, K. H.; Beckmann, M. (Hrsg.): Energie aus Abfall, Band 9. Neuruppin: TK Verlag Karl Thomé-Kozmiensky, 2012, S. 643-657

MEHLDAU & STEINFATH
UMWELTTECHNIK

SNCR-Technologien der neuen Generation
Einzellanzenumschaltung, TWIN-NO$_x$®,
Selektive Rauchgaskühlung

- Die **Einzellanzenumschaltung** ermöglicht höhere Flexibilität der SNCR-Anlage und erweitert deren Einsatzmöglichkeiten.

- Das **TWIN-NO$_x$**®-Verfahren vereint die Vorteile der Reduktionsmittel Ammoniak und Harnstoff und erzielt so beste Ergebnisse.

- Durch **selektive Kühlung** wird die Temperatur des Rauchgases im Eindüs-bereich für das SNCR-Verfahren optimiert. Die NO$_x$-Abscheidegrade verbessern sich, die Reduktionsmittelverbräuche sinken weiter.

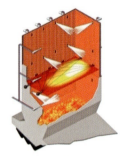

Einzellanzen-umschaltung

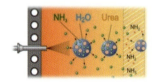

TWIN-NO$_x$®-Verfahren

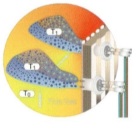

Selektive Rauchgaskühlung

- Niedrige Investitionskosten

- Geringe Reduktionsmittel-verbräuche

- Leichte Nachrüstbarkeit

- Hohe Verfügbarkeit

- Hohe Entstickungsgrade

- Sichere Unterschreitung der gesetzlichen Grenzwerte

SNCR-Anlage in einem Kohlekraftwerk (225 MW$_{el}$), Polen

Mehldau & Steinfath Umwelttechnik GmbH, Alfredstr. 279, 45133 Essen · Tel. +49 201 43783-0, Fax +49 201 43783-33 · zentrale@ms-umwelt.de, www.ms-umwelt.de

Die nächste Generation der SNCR-Technik
– Letzte Entwicklungen, Verbesserungen, Betriebsergebnisse –

Bernd von der Heide

Die SNCR-Technik wird heute schon längst nicht mehr als Billig-Technologie angesehen, die allenfalls für Verbrennungsanlagen in Betracht kommen kann, die nicht - wie z.B. Abfallverbrennungsanlagen - im Fokus der Öffentlichkeit stehen und in denen die Ansprüche hinsichtlich der NO$_x$-Abscheidegrade und -Reingaswerte überschaubar sind.

Nachdem sich in den letzten Jahren SNCR-Verfahren für die NO$_x$-Abscheidung im Abgas von Verbrennungsanlagen für Abfall, Ersatzbrennstoffe und Biomasse weitgehend durchgesetzt haben und heute je nach Anlagenkonzept NO$_x$-Reingaswerte < 100 mg/Nm³ bei einem NH$_3$-Schlupf < 10 mg/Nm³ sicher eingehalten werden können, hat sich das SNCR-Verfahren für diese relativ kleinen Anlagen insbesondere unter Kosten-Nutzen-Gesichtspunkten längst als die z.Z. *Beste Verfügbare Technik* zur NO$_x$-Abscheidung etabliert.

Vor diesem Hintergrund untersuchen immer mehr Energieversorgungsunternehmen (EVU), ob das SNCR-Verfahren auch in ihren Großkesseln anwendbar ist. Im Vergleich zum SCR-Verfahren wird neben der Abgasentstickung und den Gesamtkosten besonderes Augenmerk auf die Bildung von Ammoniaksalzen gerichtet, die durch Ammoniakschlupf in den Abgasen entstehen, sowie auf deren Auswirkungen auf Flugasche, Gips und Abwasser aus der Abgasentschwefelung nach dem Kessel.

Dieser Beitrag beschreibt, dass das SNCR-Verfahren auch für große Kessel eine attraktive Alternative bietet, insbesondere wenn die Ergebnisse und Erfahrungen, die inzwischen in kleinen Anlagen gesammelt wurden, ausgewertet, angewendet und weiter entwickelt werden, um die hohen Ansprüche der Betreiber von größeren Kraftwerkskesseln zu erfüllen.

1. Allgemeine Grundlagen des SNCR-Verfahrens

In den meisten SNCR-Anlagen, die heute betrieben werden, wird entweder Ammoniakwasser oder Harnstofflösung eingesetzt. Für eine optimale NO_x-Abscheidung bei minimalem NH_3-Schlupf braucht man nach allgemeiner Auffassung das Reduktionsmittel *nur* innerhalb des geeigneten Temperaturfensters gleichmäßig in den Abgasen zu verteilen und es gründlich zu vermischen.

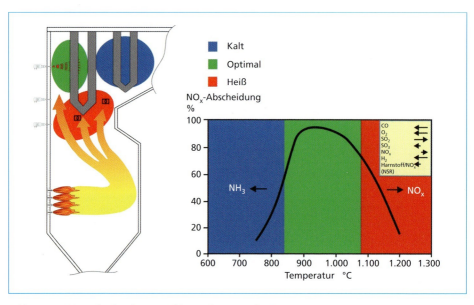

Bild 1: NO_x-Abscheidung in Abhängigkeit von der Temperatur

Diese Betrachtungsweise ist zwar prinzipiell richtig, berücksichtigt aber nicht, dass jedem NO-Molekül ein NO_2-Molekül als Reaktionspartner im optimalen Temperaturbereich bereit gestellt werden muss, was über den Kesselquerschnitt aufgrund der Temperaturschieflagen von 150 K und mehr nur mit großem technischen Aufwand wie z.B. temperaturabhängiger Einzellanzenumschaltung zu erreichen ist.

Darüber hinaus haben die unterschiedlichen Abgasgeschwindigkeiten und Strömungs-richtungen im Eindüsbereich des Reduktionsmittels einen entscheidenden Einfluss auf die Betriebsergebnisse von SNCR-Anlagen.

2. Einflüsse von Kesselbauweise und Betriebsbedingungen auf die Leistung von SNCR-Anlagen

Obwohl das SNCR-Verfahren theoretisch sehr einfach ist, ist die Umsetzung in die Praxis nicht so ganz so leicht wie es den Anschein hat. Beispielhaft haben nachstehende Faktoren einen großen Einfluss auf die Wirksamkeit:

- Die Kesselbauweise, die eine Eindüsung und gleichmäßige Verteilung des Reduktionsmittels in die Abgase im geeigneten Temperaturbereich begünstigt, erschwert oder verhindert

- Die Brenner, deren Anordnung und die Ausführung der Brennkammer

- Die Betriebsbedingungen im Kessel

- Die Art des Brennstoffs

- Das Reduktionsmittel – Harnstofflösung oder Ammoniakwasser

- Die einzuhaltenden Werte für NO_x-Abscheidung, Ammoniakschlupf und Ammoniak in der Flugasche

2.1. Kessel mit Rostfeuerung

In Abfallverbrennungsanlagen werden hauptsächlich Kessel mit Rostfeuerung, aber auch – zu einem geringeren Teil – mit Wirbelschichtfeuerung betrieben.

Kessel mit Rostfeuerung sind besonders gut für das SNCR-Verfahren geeignet, da der Raum oberhalb des Rostes im ersten Abgaszug ausreichend Platz für die Eindüsung und Verteilung der Reduktionsmittel bietet und die Verweilzeit im optimalen Tempe-raturbereich lang genug ist, bevor das Abgas in die Wärmetauscher eintritt. Hierdurch lassen sich mit diesem Kesseltyp z.B. in Abfallverbrennungsanlagen NO_x-Reingaswerte erreichen, die zum Teil deutlich unter 100 mg/Nm³ liegen.

Attero betreibt seit 1996 am Standort Wijster in den Niederlanden eine integrierte Abfallverarbeitungsanlage. Die Anlage besteht aus einer Sortierungs- und einer Verbrennungsanlage. Jede der drei Verbrennungslinien war ursprünglich mit einer Katalysator-Anlage (SCR) für die NO_x-Minderung ausgerüstet.

Aufgrund des erheblich günstigeren Kosten-Nutzen-Verhältnisses der SNCR-Technik hat sich Attero dazu entschieden, die drei SCR-Reaktoren der drei Verbrennungsanlagen außer Betrieb zu nehmen und durch SNCR-Anlagen zu ersetzen. Unabhängig von den wirtschaftlichen Vorteilen war die wesentliche Voraussetzung für diese Entscheidung, dass die gesetzlichen Emissionswerte eingehalten oder unterschritten werden.

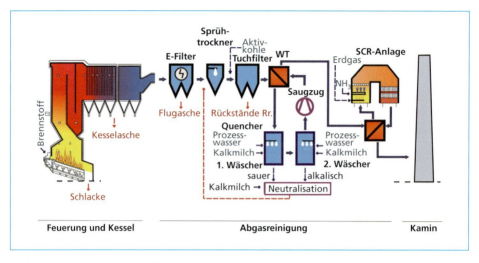

Bild 2:   Verfahrensfließbild – vor Umrüstung auf SNCR

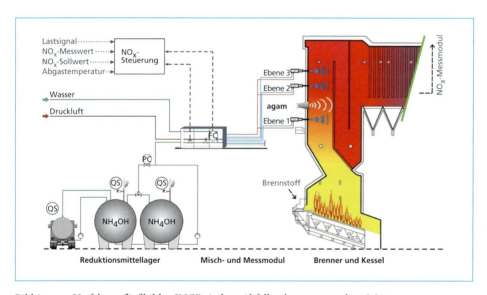

Bild 3:   Verfahrensfließbild – SNCR-Anlage Abfallverbrennungsanlage Wijster

Jede Verbrennungslinie mit einem Durchsatz von 25 Tonnen Abfall pro Stunde besteht aus einer Rostfeuerung mit Kessel, einem Elektrofilter, einer zweistufigen Abgaswäsche mit Sprühtrockner zur Verdampfung des Abwassers aus den Wäschern, einer Vorrichtung zum Einblasen von Aktivkohle in den Abgaskanal zur Dioxinabscheidung und einer Katalysatoranlage (SCR) zur selektiven Abscheidung der NO_x-Emissionen. Die Wiederaufheizung der Abgase vor dem Katalysator erfolgt durch Wärmetauscher, mit denen der Wärmeüberschuss im Abgas nach der SCR genutzt wird, um die Abgase vor SCR auf etwa 240 °C aufzuheizen. Der Wärmeverlust von etwa 30 K über die Wärmetauscher, die sogenannte Grädigkeit, wird durch erdgasgefeuerte Brenner zugeführt (Bild 2).

Das vereinfachte Verfahrensfließbild (Bild 3) zeigt die Funktion und den Lieferumfang der SNCR-Anlage für Ammoniakwasser als Reduktionsmittel, wie sie für die Abfallverbrennungsanlage in Wijster von M&S geplant, geliefert und in Betrieb gesetzt wurde.

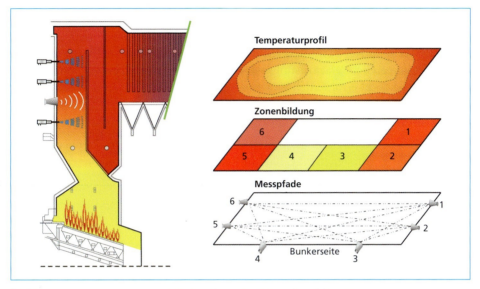

Bild 4: Temperaturmessungen und Eindüsebenen für SNCR der AVA in Wijster

Wegen der anspruchsvollen Anforderungen (NO_x-Abscheidung von etwa 330 bis 350 mg/Nm³ auf < 60 mg/Nm³ und NH_3-Schlupf < 10 mg/Nm³) sind drei Eindüsebenen mit jeweils 6 Lanzen installiert worden. Hierbei wird jede einzelne Lanze abhängig von der jeweiligen Zonentemperatur so angesteuert, dass das Ammoniakwasser immer in den optimalen Temperaturbereich in der Feuerung eingedüst werden kann (Bild 4).

In Bild 5 sind die NO_x-Tagesmittelwerte aufgeführt. Es ist deutlich zu sehen, dass die Emissionsanforderungen immer eingehalten werden.

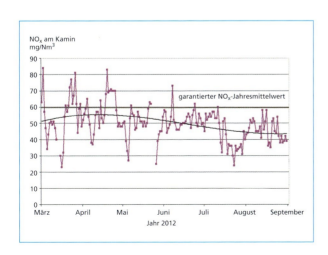

Bild 5:

NO_x-Tagesmittelwerte Linie 11 von März bis September 2012

In den ersten sechs Monaten ist mit dem SNCR-Verfahren ein NO_x-Jahresmittelwert von < 50 mg/Nm³ tr., bezogen auf elf Prozent O_2 erreicht worden. Das ist vergleichbar mit der SCR-Anlage, mit der ein NO_x-Jahresmittelwert von 45 mg/m³ eingehalten wurde.

Nach dem Umbau wurden die garantierten NO_x-Reingaswerte sicher erreicht. Bemerkenswert ist, dass der NH_3-Schlupf deutlich unter den Erwartungen liegt. Daher halten sich auch nach der Inbetriebnahme der beiden anderen Verbrennungslinien die NH_3-Werte im Nebenprodukt aus der Abgasreinigung in vertretbaren Grenzen, so dass die vorgesehene Nachrüstung einer Anlage zum Strippen des Ammoniaks aus dem Abwasser nicht erforderlich ist.

2.2. Verbrennungsanlage für flüssige Abfallstoffe

Bild 6 zeigt zwei Verbrennungsanlagen für flüssige Abfälle unterschiedlichster Zusammensetzung, von denen eine 2004 in Betrieb genommen wurde und die zweite z.Z. im Bau ist.

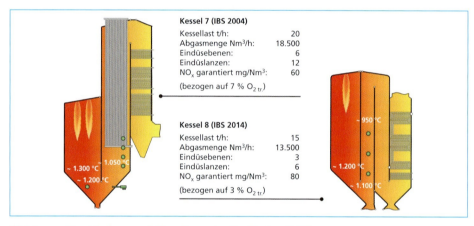

Bild 6:   Betriebsdaten und Kesselbauweise für flüssige Abfälle

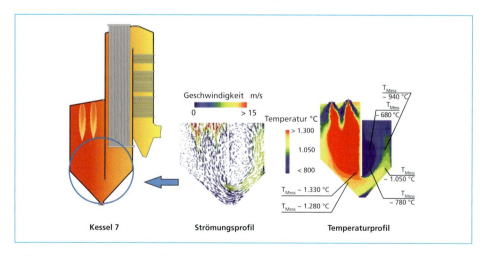

Bild 7:   Abgasströmung und Temperaturprofil in einem Kessel für flüssige Abfälle

Das Strömungsprofil und die Temperaturverteilung von Kessel 7 (Bild 7) verdeutlichen, wie anspruchsvoll die Aufgabe war, NO_x-Reingaswerte < 60 mg/Nm³ zu erreichen. Um die Abgasrückströmung zu vermeiden, die im Kessel 7 wesentlich die Temperaturschieflage verursacht, wurde der zweite Zug im Kessel 8 ohne Einbauten konzipiert.

2.3. Kohlegefeuerte Kessel mit Staubfeuerung – Zweizugkessel

Typische Bauform für kohlegefeuerte Kraftwerkskessel sind Kessel mit zwei Abgaszügen (Bild 8), einer Nase, Schottenüberhitzern am Ende der Feuerung und weiteren Wärmetauschern im zweiten Zug sowie Turmkessel, bei denen die Wärmetauscher horizontal über der Feuerung angeordnet sind. Die wesentlichen Unterschiede beider Bauformen, die sich auf das SNCR-Verfahren auswirken, werden im Folgenden kurz beschrieben:

In Zweizugkesseln wird die vertikale Abgasströmung mittels der Nase und der Ausbrandluft zur Frontseite geleitet. An der Frontseite wird es dann horizontal durch die Schottenüberhitzer umgelenkt. Bei Volllast befindet sich die optimale Temperatur für das SNCR-Verfahren zumeist in Höhe oder sogar innerhalb der Überhitzer. Der Einsatz von Ammoniak als Reduktionsmittel wird häufig durch zu hohe Temperaturen eingeschränkt, so dass eine große Menge zu NO_x verbrennen würde, bevor es die richtige Temperatur zwischen den Wärmetauschern erreicht hat. Im Ergebnis wäre die NO_x-Abscheidung deshalb nicht zufriedenstellend.

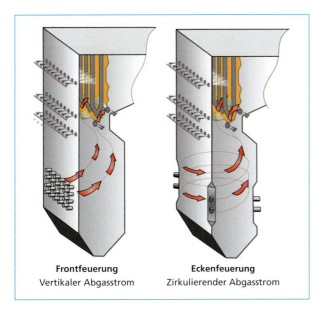

Frontfeuerung
Vertikaler Abgasstrom

Eckenfeuerung
Zirkulierender Abgasstrom

Bild 8:

Auswirkungen von Frontfeuerung und Eckenfeuerung auf die Abgasströmung

Mit Harnstofflösung ist das Problem leichter in den Griff zu bekommen, da das Verdünnungswasser erst verdampfen muss, bevor die aus den Harnstoffteilchen freigesetzten NH_2-Radikale reagieren können, was zumeist im Bereich der Schottenüberhitzer bei niedrigeren Temperaturen geschieht. Dabei besteht jedoch das Risiko, dass Harnstoff enthaltende Wassertropfen auf die Wärmetauscher auftreffen und Korrosion verursachen.

Deshalb muss besonderes Augenmerk auf die Positionierung, die Wartung und den Betrieb der Düsen gerichtet werden. Durch die Verdünnung der Harnstofflösung mit Ammoniakwasser kann das Risiko von Korrosionen deutlich gemindert werden.

2.4. Kohlegefeuerte Kessel mit Staubfeuerung – Turmkessel

In Turmkesseln (Bild 9) stellt sich die Problematik anders dar als in Zweizugkesseln. Obwohl die Reduktionsmittel in den meisten Fällen von allen vier Seiten eingedüst werden können, ist die Reduktionsmittelverteilung im optimalen Temperaturbereich nur unzulänglich zu realisieren. Weil die heißen Abgase, die von den Brennern durch die Wärmetauscher nach oben strömen, an den Kesselwänden schneller abkühlen, herrschen im Zentrum in der Regel die höchsten Temperaturen.

Die Temperaturdifferenzen nehmen im Verlauf der Abgasströmung weiter zu, so dass in den verschiedenen Querschnitten drei verschiedene Temperaturbereiche entstehen, von denen nur einer optimal für das SNCR-Verfahren ist. Nahe den Kesselwänden im grün markierten Bereich, wo die Temperatur am niedrigsten ist, besteht die Gefahr, dass sich Ammoniakschlupf bildet. Im Zentrum (rote Markierungen) ist es unabhängig von der Last zu heiß, so dass bei der Eindüsung Ammoniak zu NO_x verbrennen würde.

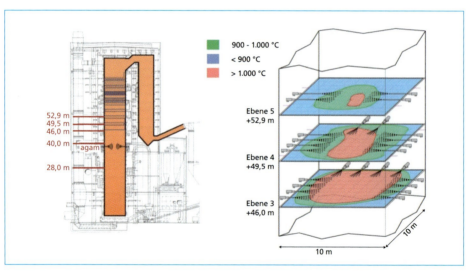

Bild 9:   Typische Temperaturverteilung – Kohlegefeuerter Kessel 200 MW_{el} – mehrere Ebenen

Nur der Bereich, der auf Bild 9 grün markiert ist, hat die optimale Temperatur für die Reaktionen zur NO_x-Abscheidung. Es müssen deshalb Wege gefunden werden, die Reduktionsmittel unter allen Betriebsbedingungen an die richtige Stelle zu bringen und zu verteilen.

Eine Alternative wäre es beispielsweise, in übereinander liegende Ebenen einzudüsen. Dazu können verschieden lange Lanzen oder Düsen mit unterschiedlichen Tropfengrößen und Eindringtiefen verwendet werden.

Trotzdem ist eine optimale Verteilung sehr schwierig zu realisieren. Der Temperaturverlauf im Kessel ist sehr stark abhängig von den Ablagerungen der Flugasche auf den Heizflächen, dem Reinigungszyklus der Rußbläser, der Kessellast und den im Einsatz befindlichen Brennern.

Zur Ermittlung des Temperaturprofils hat sich auch bei diesen Kesseln, die akustische Temperaturmessung bewährt. Bei mehr als drei installierten Eindüsebenen, ist eine zweite agam-Messebene empfehlenswert. Damit können die Temperaturgradienten zwischen den Eindüsebenen zuverlässiger ermittelt und die Leistung der SNCR-Anlage merklich verbessert werden.

3. Betriebsergebnisse

3.1. Mit Kohlestaub gefeuerter Kessel – etwa 200 MW$_{el}$ – in Deutschland

Das Fließdiagramm (Bild 10) zeigt Funktion und Lieferumfang einer kommerziellen SNCR-Anlage, so wie sie für ein Kraftwerk in Deutschland geplant, installiert und in Betrieb genommen wurde. Signifikante Temperaturschwankungen zwischen Niedriglast und Volllast sowie extreme Temperaturschieflagen erforderten die Installation von fünf Ebenen mit je zwölf Eindüslanzen zwischen etwa 26 und 52 m.

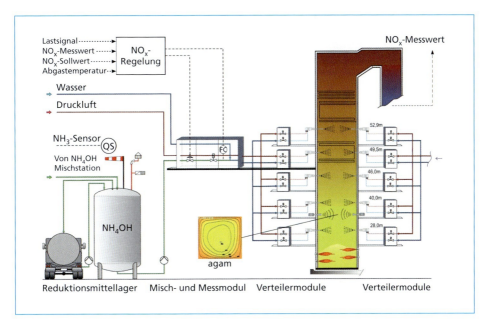

Bild 10:   Verfahrensfließbild einer SNCR-Anlage mit 5 Eindüsebenen und agam

Aufgrund der Anzahl von Eindüsebenen und -lanzen wurden je zwei Verteilermodule pro Ebene zur Verteilung der Flüssigkeiten und der Druckluft zu den Lanzen installiert.

Jedes Modul enthält alle notwendigen Instrumente, um Strömungsgeschwindigkeiten und Druck von Reduktionsmitteln, Druckluft und Prozesswasser zu messen und zu regeln (Bild 11).

Die SNCR-Anlage wurde im September 2010 nach erfolgreichen Abnahmetests und Probebetrieb an den Betreiber übergeben. Die garantierten NO_x-Reingaswerte < 200 mg/Nm³ bei einem NO_x-Rohgaswert < 330 mg/Nm³ und NH_3-Schlupf < 10 mg/Nm³ wurden bei Kessellasten zwischen zwanzig und hundert Prozent eingehalten.

Bild 11:   Misch- und Messmodul (links), Verteilermodul (rechts)

3.2. Mit Kohlestaub gefeuerter Kessel – etwa 225 MW$_{el}$ – in Polen

Ein weit verbreitetes Kesselmodell in polnischen Kraftwerken, ist der Typ OP 650 mit einer Kapazität von 225 MW$_{el}$. In diesem Kesseltyp wurden in zwei Kraftwerken Tests durchgeführt. Ziel der Tests war es, nachzuweisen, dass der NO_x-Wert am Kamin den Grenzwert von < 200 mg/Nm³ bei Kessellasten zwischen vierzig und hundert Prozent einhalten kann (Bild 12).

Temperaturmessungen, die bei jedem Kessel nur an zwei Öffnungen durchgeführt werden konnten, zeigten, dass zwischen den zwei Messpunkten Temperaturschieflagen von über 120 K auftraten. Weitere Messungen waren nicht möglich, da alle anderen Kesselöffnungen nicht groß genug waren um die Pyrometer-Lanzen aufzunehmen. Während der Tests an dem unten beschriebenen Kessel kann Harnstofflösung nur an der Vorderseite durch Öffnungen in 37,9 m und 47,4 m Höhe und an den Seiten in Höhe von 37,9 m eingedüst werden. Trotz dieser Schwierigkeiten waren die Ergebnisse hervorragend. Die vorgeschriebene Stickoxid-Reduktion um 25 Prozent wurde in allen Lastbereichen deutlich übertroffen und erreichte im besten Fall fast sechzig Prozent bei 75 Prozent Kessellast (Bild 13).

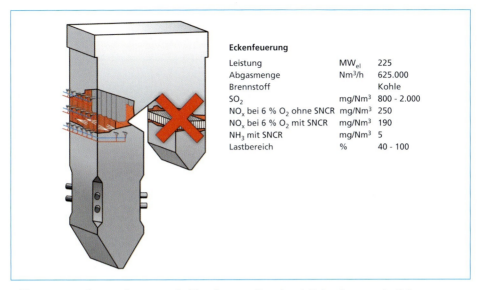

Bild 12:　Auslegungsdaten eines kohlegefeuerten Kessels mit Eckenfeuerung in Polen

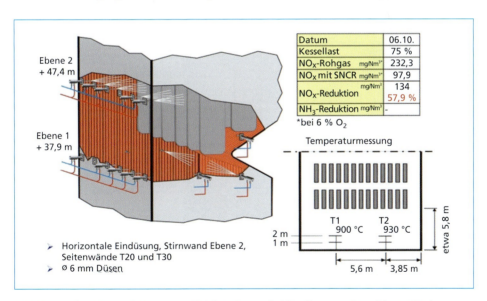

Bild 13:　Betriebsergebnisse einer SNCR-Anlage in kohlegefeuertem Kessel (225 MW$_{el}$)

3.3. Kommerzielle Anwendung in einem kohlegefeuerten Kessel – 225 MW$_{el}$ –

Am Kraftwerksstandort Jaworzno in Polen sind weitere sechs kohlegefeuerte Kessel desselben Typs (OP 650) in Betrieb. Der Hauptunterschied zu dem oben beschriebenen Kessel besteht darin, dass diese mit Frontfeuerungen statt Eckenfeuerungen betrieben werden.

Außerdem beträgt der Abstand zwischen der Vorderseite und den Plattenwärmetauschern nur 1,8 m (Bild 14), gegenüber 6,0 m bei dem zuvor erwähnten Kessel.

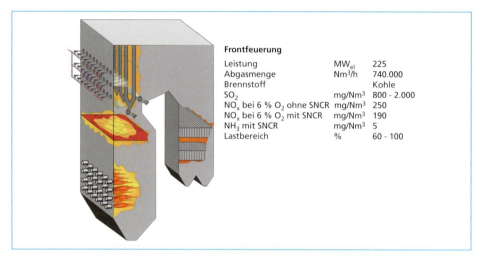

Bild 14:   Auslegungsdaten eines kohlegefeuerten Kessels mit Frontfeuerung in Polen

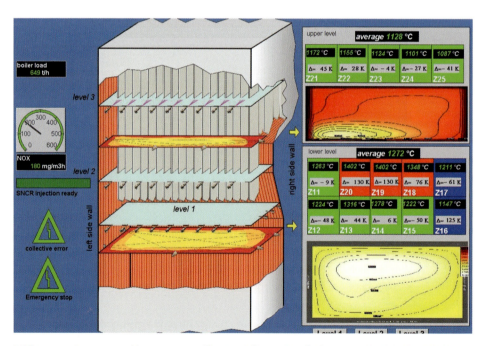

Bild 15:   Anzeige von Temperaturprofilen in 2 Ebenen, Eindüslanzen in Betrieb, Betriebsdaten

Nach Umrüstung der Feuerung wurde im Kessel K 2 eine kommerzielle SNCR-Anlage eingebaut. Die während der Testläufe an den oben genannten Kesseln gesammelten Erfahrungen für die optimale Anordnung der Eindüslanzen wurden dabei weitestgehend berücksichtigt.

Die größte Verbesserung gegenüber der Versuchsanlage war der Einbau von drei Eindüsebenen und einer Einzellanzenumschaltung, womit eine schnellere Reaktion auf Lastwechsel möglich ist. Wegen der extrem großen Temperaturschieflagen, die vor Beginn der Planung der SNCR-Anlage gemessen wurden, wurde ein akustisches Temperaturmesssystem (agam) mit zwei Ebenen installiert. Die zweite Messebene wird für eine noch präzisere Temperaturmessung der Abgastemperaturen in der Nähe der Eindüslanzen eingesetzt und wird zur Ermittlung der Temperaturgradienten zwischen den zwei agam-Messebenen (Bild 15) genutzt.

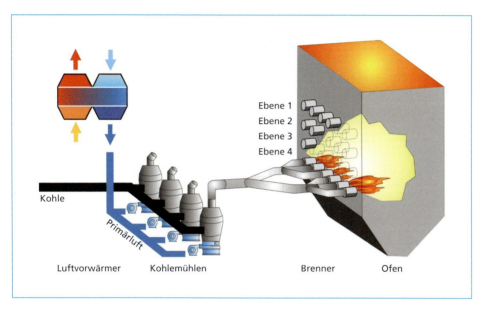

Bild 16:   Unregelmäßige Verbrennung ausgelöst durch ungleichmäßige Kohleverteilung

Während des Betriebes treten Temperaturschieflagen von bis zu 200 K zwischen der rechten und der linken Seite der Brennkammer auf, was auf folgende Ursachen zurückzuführen ist:

- Jede Kohlemühle versorgt sechs Brenner mit Kohle und Primärluft. Aufgrund von Druckverlusten in den Zuführungsleitungen für Kohle und Luft ist es praktisch ausgeschlossen, Kohle und Luft im gleichen Verhältnis auf die Brenner zu verteilen und so eine gleichmäßige Verbrennung zu erreichen (Bild 16). Dies führt zu großen Schwankungen bei der Temperaturverteilung im Kessel.

- Die Brenner sind an der Vorderseite des Kessels angebracht, so dass der Abgasstrom vertikal zum Eintritt in die Wärmetauscher geleitet wird. Wegen der relativ kurzen Verweilzeit können Temperaturschieflangen nicht ausgeglichen werden und die Temperaturen am Eingang zu den Wärmetauschern in der Nähe der Nase sind unter Volllast zu hoch.

- In tangential gefeuerten Kesseln wird der Abgasstrom in eine spiralförmige Drehbewegung versetzt. Aufgrund des dadurch längeren Weges bis zum Ausgang kühlt sich das Abgas stärker ab als in Kesseln mit Frontfeuerung. Darüber hinaus wird das Abgas besser durchmischt, so dass Temperaturschieflagen deutlich geringer sind.

Trotz dieser Schwierigkeiten wurde die SNCR-Anlage im März 2012 erfolgreich in Betrieb genommen und wenig später dem Betreiber übergeben. Der kommerzielle Betrieb läuft seitdem reibungslos und sehr zur Zufriedenheit des Betreibers.

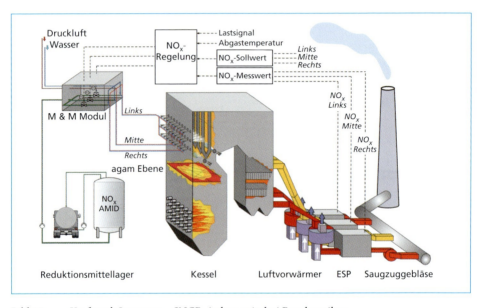

Bild 17:   Kraftwerk Jaworzno – SNCR-Anlage mit drei Regelventilen

Die SNCR-Anlage für den zweiten Kessel (K 4) wurde im September 2012 fertiggestellt und eine dritte (K 6) im Oktober 2013 in Betrieb genommen. Eine vierte Anlage (K 3) ist in Planung und wird voraussichtlich im August 2014 in Betrieb genommen werden. Da sich während der Inbetriebnahme der SNCR-Anlage für den ersten Kessel herausstellte, dass die Abgastemperaturen unter Volllast höher waren als erwartet, wurde die obere Eindüsebene in den nachfolgenden Kesseln etwas weiter nach oben verschoben, wo die Temperaturen niedriger sind. Außerdem wurden drei NO_x-Regelventile installiert, um die beträchtlichen Schieflagen NO_x-Konzentration in den Griff zu bekommen. Um die Leistung der SNCR-Anlage zu optimieren, (Bild 17). Hierdurch konnte ein niedrigerer Ammoniakschlupf, sowohl im Abgas wie auch in der Asche erzielt, und der Verbrauch von Ammoniakwasser gesenkt werden.

In Verbindung mit Primärmaßnahmen werden die geforderten NO_x-Grenzwerte von < 200 mg/Nm³ unter allen Betriebsbedingungen eingehalten. Der Ammoniakgehalt in der Flugasche liegt mit etwa 50 mg/kg deutlich unter 100 mg/kg, die z.B. für die Verwertung in der Zementindustrie noch als akzeptabel gelten (Bild 18).

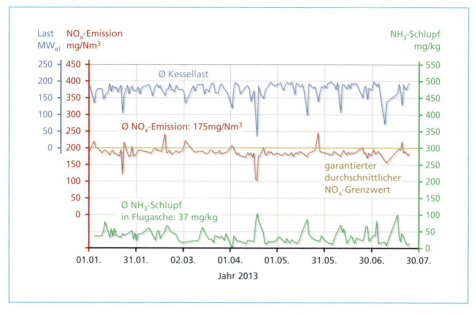

Bild 18:   Jaworzno (K 4) – NO$_x$-Emission und Ammoniakbelastung der Flugasche

4. Verbesserungen und weitere Möglichkeiten

Obwohl die drei kommerziellen Kessel mit einer Kapazität von > 225 MWel pro Kessel seit der Übergabe im Dauerbetrieb laufen und alle Anforderungen erfüllen, werden weitere Anstrengungen unternommen, um die Anlage zu verbessern und zusätzliche Potenziale für künftige Erfordernisse bereit zu stellen.

4.1. TWIN-NO$_x$-Verfahren
– Die Kombination von Harnstofflösung und Ammoniakwasser

Während der vorläufigen Tests mit dem SNCR-Verfahren in dem 200 MW$_{el}$ kohlegefeuerten Kessel im Deutschland wurde Harnstofflösung als Reduktionsmittel eingesetzt, während die kommerzielle Anlage für den Betrieb mit Ammoniakwasser ausgelegt wurde.

Bei der Inbetriebnahme der kommerziellen Anlage zeigte sich, dass die SNCR-Anlage mit ihrer automatischen Steuerung keine besseren Ergebnisse erbrachte als die handgesteuerte Versuchsanlage. Der einzig signifikante Unterschied zwischen beiden Systemen war der Einsatz von Ammoniakwasser anstelle von Harnstofflösung als Reduktionsmittel in der kommerziellen Anlage, so dass die Vermutung nahe lag, dass Harnstoff bei dieser Anwendung zu besseren Ergebnissen führt. Um diese Annahme zu bestätigen, wurden auch in der kommerziellen Anlage noch Versuche mit Harnstoff durchgeführt.

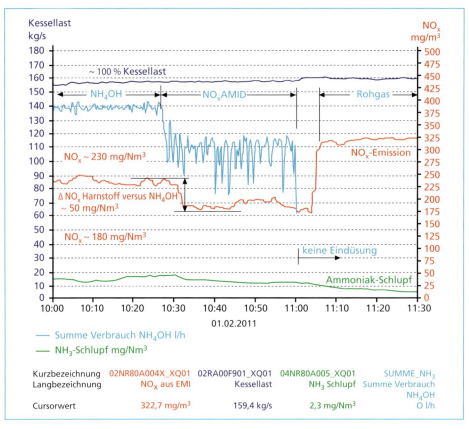

Bild 19: Betriebsergebnisse – Wechselweise Eindüsung von Ammoniakwasser und Harnstofflösung (NO$_x$AMID)

Die Ergebnisse zeigten, dass unmittelbar nach der Eindüsung von Harnstoff die NO$_x$-Reduktionswerte stiegen und der Verbrauch von Reduktionsmittel fiel (Bild 19). Schon auf den ersten Blick wurde also deutlich, dass bei dieser Kesselbauweise unter Volllast und wenn das effektive Temperaturfenster zwischen den Wärmetauschern liegt, Harnstoff als Reduktionsmittel zu bevorzugen ist, um die geforderten NO$_x$-Emissionswerte einzuhalten.

Mit den Versuchen wurde der Nachweis erbracht, dass schwer flüchtige auf Harnstoff basierende Reduktionsmittel (NO$_x$AMID) tatsächlich erst am Ende der Flugbahn der Tropfen freigesetzt werden, während leicht flüchtige Reduktionsmittel (NH$_3$) in der Nähe der Düsen und nahe den Kesselwänden verdampfen. Zusätzliche Tests zeigten, dass die SNCR-Anlage weiter verbessert werden konnte, indem die Reduktionsmittel in Abhängigkeit von den Betriebsbedingungen gewechselt wurden. Von hier war es nur ein kleiner Schritt, beide Reduktionsmittel miteinander zu mischen und verschiedene Mischungen in den Kessel einzudüsen, um so die positiven Effekte beider Mittel zu kombinieren, zu verstärken und zu optimieren (Bild 20). Das neue Verfahren, das aus diesen Erfahrungen heraus entwickelt wurde, wurde unter dem Markennamen TWIN-NO$_x$ registriert.

Ein typisches Verfahrensfließbild zeigt (Bild 21). Bild 22 sind die Betriebsdaten eines mit Leichtöl gefeuerten Kessels zu entnehmen, in dem das TWIN-NO$_x$ Verfahren kommerziell eingesetzt wird.

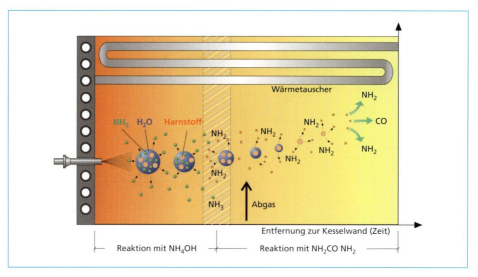

Bild 20:   NO$_x$-Abscheidung – Mischen von Ammoniakwasser (NH$_4$OH) und Harnstoff (NH$_2$CO NH$_2$)

Die Vorteile von TWIN-NO$_x$ lassen sich wie folgt zusammenfassen:

Durch die Verbreiterung des wirksamen Temperaturfensters kann das SNCR-Verfahren in Verbrennungsanlagen eingesetzt werden, für die das Verfahren vorher nicht geeignet war.

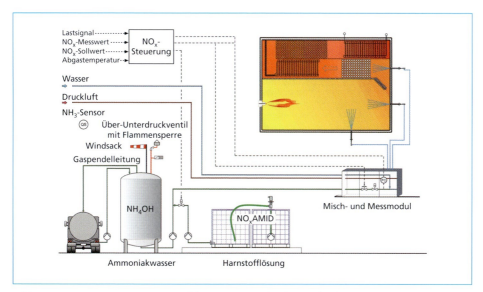

Bild 21:   TWIN-NO$_x$ - SNCR-Verfahren mit 5 Eindüsebenen für das Mischen von Ammoniak-wasser und Harnstofflösung

Darüber hinaus werden geringere NO_x-Reingaswerte bei geringerem NH_3-Schlupf und Reduktionsmittelverbrauch erzielt.

Da das TWIN-NO_x Verfahren noch in den Anfängen steckt, sind im Zuge von Weiterentwicklungen noch Verbesserungen zu erwarten.

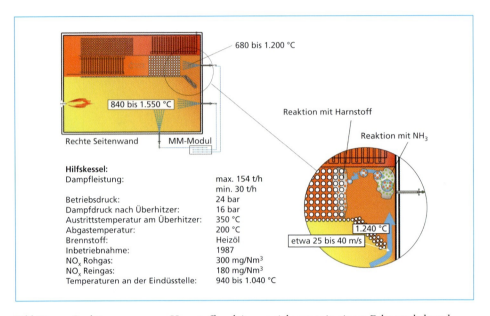

Bild 22:   Reaktionszonen von Harnstoff und Ammoniakwasser in einem Falmmrohrkessel

4.2. Selektive Abgaskühlung

Insbesondere bei Volllast sind in vielen Kesseln die Abgastemperaturen am Ende der Feuerung zu heiß für das SNCR-Verfahren.

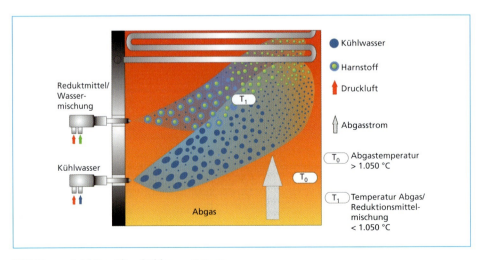

Bild 23:   Selektive Abgaskühlung – Prinzip

Die Eindüsung des Reduktionsmittels an eine Stelle zwischen den Wärmetauschern, wo eher günstige Temperaturen zu finden sind, ist zwar häufig möglich, kann aber in vorhandenen Kesseln nur mit großem technischen Aufwand und hohen Kosten realisiert werden. Im Gegensatz dazu kann in neuen Kesseln mit vertretbarem Aufwand ausreichend Platz zur Verfügung gestellt werden, wenn dies bereits bei der Planung eines Projekts berücksichtigt wird.

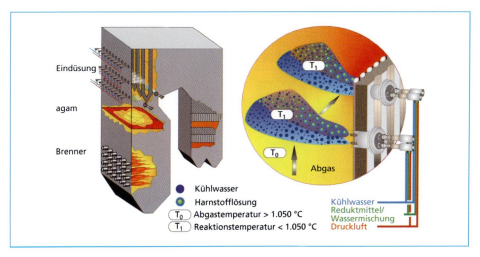

Bild 24:   Selektive Abgaskühlung für kohlegefeuerte Kessel

Wenn die Abgastemperaturen zu heiß sind, wie es meist bei Lastspitzen und/oder in einigen lokal begrenzten Bereichen der Fall ist, kann auch eine Abgaskühlung als mögliche Alternative in Betracht gezogen werden. Dies könnte einfach durch eine Erhöhung der Zufuhr von Prozesswasser erreicht werden.

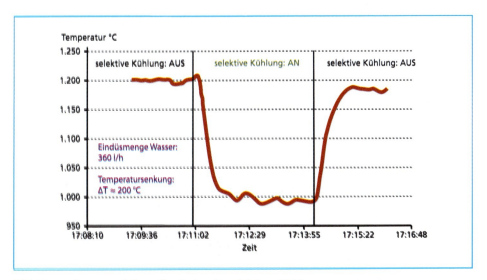

Bild 25:   Jaworzno, Polen – Ergebnisse der selektiven Kühlung

Da allerdings eine Veränderung am Strömungsverhalten der Flüssigkeiten in den Düsen auch eine Änderung des Sprühbilds, wie Eindringtiefe und Tropfenspektrum, nach sich zieht, ist der Einbau zusätzlicher Eindüslanzen für Kühlwasser nahe den Düsen für das Reduktionsmittel vorzuziehen (Bild 23, Bild 24). Auf Bild 25 ist zu sehen, dass mit der selektiven Abgaskühlung eine Temperatursenkung von 20 K erreicht wird.

Bild 26:   Misch- und Messmodule für kohlegefeuertes Kraftwerk Jaworzno in Polen

5. Zusammenfassung und Ausblick

Nachdem in kleineren Verbrennungsanlagen, die z.B. Abfall oder Biomasse verbrennen, das SNCR-Verfahren schon seit Jahren den Stand der Technik bestimmt, zögern die Betreiber von Kraftwerken noch immer, dieses wirtschaftliche Verfahren einzusetzen.

Die Ergebnisse der hier beschriebenen SNCR-Anlagen für kohlegefeuerte Kessel mit einer Leistung von > 200 MW_{el} belegen, dass mit SNCR-Anlagen auch in größeren Kesseln die vorgeschriebenen NO_x-Grenzwerte eingehalten werden können. Bild 26 zeigt das Misch- und Messmodul für das Kraftwerk Jaworzno.

Die vorliegenden Ergebnisse mit neueren Techniken wie temperaturabhängiger Einzellanzenumschaltung, TWIN-NO_x, selektiver Abgaskühlung, SNCR-gerechter Bauweise der Kessel und zielgerichteter Kombination mit Primärmaßnahmen deuten darauf hin, dass das Potenzial noch längst nicht ausgeschöpft worden ist. Es ist zu erwarten, dass das SNCR-Verfahren noch weiter verbessert werden kann (Bild 27), wenn mit dem Betrieb einer größeren Anzahl von Anlagen weitere Betriebserfahrungen gesammelt und ausgewertet werden.

Im Entscheidungsprozess für ein Entstickungssystem sollte auch berücksichtigt werden, dass das Umweltschutzniveau im Sinne von *Best Available Technology* (BAT) durch SCR häufig nicht erreicht wird.

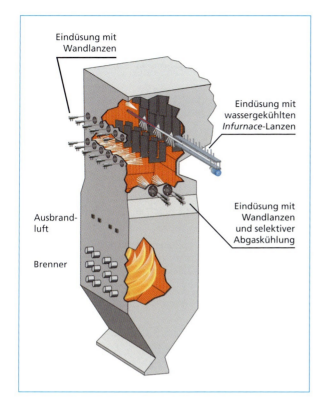

Bild 27:

Eindüskonzepte

Darüber hinaus sollten alle technisch möglichen und wirtschaftlich sinnvollen Maßnahmen, wie beispielsweise Optimierung der Verbrennung und Rückführung der Abgase, ergriffen werden.

Neue Kessel könnten die Anforderungen der SNCR-Technologie von vornherein konstruktionstechnisch berücksichtigen. Im Wesentlichen handelt es sich hierbei lediglich um eine Erweiterung des Raumes im Bereich der Eindüsebenen. Im Vergleich zu den Gesamtkosten des Kessels wären diese Zusatzkosten vernachlässigbar. Zwar gibt es bei der Anwendung der SNCR-Technologie in Großkesseln noch immer unbeantwortete Frage und einige ungelöste Probleme, aber in Bezug auf Abfallverbrennungsanlagen war die Situation vor fünf Jahren nicht anders und bereits heute sind hier NO_x-Werte von < 100 mg/Nm³ Stand der Technik.

6. Literatur

[1]   Chvalina J., Seitz A., von der Heide, B.: Langjährige Erfahrungen mit nichtkatalytischer Entstickung in kohlegefeuerten Kesseln in der Tschechischen Republik. Düsseldorf: VGB-Tagung, 17. April 1997

[2]   von der Heide B.; Bärnthaler K.; Barok I.: Nichtkatalytische Entstickung von Abgasen aus zwei Kesseln mit Schmelzkammerfeuerung im Kraftwerk Vojany, Slowakische Republik. Leipzig: VGB-Konferenz Kraftwerk und Umwelt 2000, 4.-5.4.2000

[3]   Kaufmann, K. et. al.: The Combustion of Different Fuels in a 180 MWth Circulating Fluidized Bed Steam Generator in Świecie (Poland). Milano Power-Gen Europe, 28.-30. June 2005

[4]   von der Heide, B.: Ist das SNCR-Verfahren noch Stand der Technik. In: Thomé-Kozmiensky K. J.; Beckmann, M. (Hrsg.): Energie aus Abfall, Band 4. Neuruppin: TK Verlag Karl Thomé-Kozmiensky, S. 275 – 293, 2008

[5]   von der Heide, B.: SNCR-process – Best Available Technology for NO_x Reduction in Waste to Energy Plants. Milan: Power-Gen Europe, June 3 – 5, 2008

[6]   von der Heide B., Langer P.: Effizienz und Wartungsfreundlichkeit des SNCR-Verfahrens. In: Thomé-Kozmiensky K. J.; Beckmann, M. (Hrsg.): Energie aus Abfall, Band 7. Neuruppin: TK Verlag Karl Thomé-Kozmiensky, S. 729 – 753, 2010

[7]   von der Heide, B.: Advanced SNCR Technology for Coal Fired Boilers –200 MWel in Germany and 225 MW_{el} in Poland. Amsterdam: Power-Gen Europe, July 3 – 5, 2010

[8]   von der Heide, B.: Advanced SNCR Technology for Power Plants. Las Vegas: Power-Gen International, December 13 – 15, 2011

[9]   von der Heide, B.: SNCR-Verfahren der Zukunft für Großfeuerungsanlagen – Konzepte, Erfahrungen, TWIN-NO_x-Verfahren. In: Beckmann, M.; Hurtado, A. (Hrsg.): Kraftwerkstechnik – Sichere und nachhaltige Energieversorgung – Band 4. Neuruppin: TK Verlag Karl Thomé-Kozmiensky, S. 623 – 635, 2012

[10] Moorman F., von der Heide B., Stubenhöfer C.: Umrüstung der Abfallverbrennungsanlage Wijster/Niederlande von SCR auf SNCR. In: Thomé-Kozmiensky K. J.; Beckmann, M. (Hrsg.): Energie aus Abfall, Band 10. Neuruppin: TK Verlag Karl Thomé-Kozmiensky, 2013, S. 683 – 702

[11] von der Heide, B.: SNCR-Verfahren für kohlegefeuerte Kessel > 200 MW_{el} –Erfahrungen und letzte Entwicklungen" In: Beckmann, M.; Hurtado, A. (Hrsg.): Kraftwerkstechnik – Sichere und nachhaltige Energieversorgung – Band 5. Neuruppin: TK Verlag Karl Thomé-Kozmiensky, 2013, S. 363 – 376

Immissionsschutz

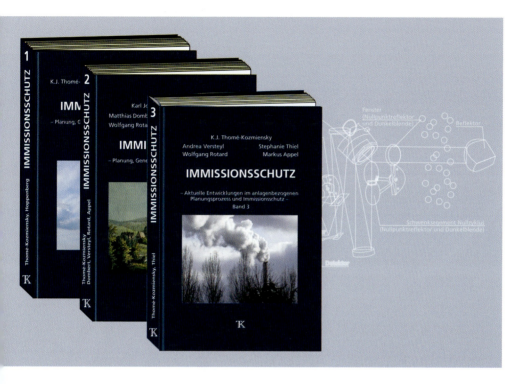

Immissionsschutz, Band 1

Karl J. Thomé-Kozmiensky • Michael Hoppenberg

Erscheinungsjahr:	2010
ISBN:	978-3-935317-59-7
Seiten:	632
Ausstattung:	Gebundene Ausgabe
Preis:	40.00 EUR

Immissionsschutz, Band 2

Karl J. Thomé-Kozmiensky • Matthias Dombert
Andrea Versteyl • Wolfgang Rotard • Markus Appel

Erscheinungsjahr:	2011
ISBN:	978-3-935317-75-7
Seiten:	593
Ausstattung:	Gebundene Ausgabe
Preis:	40.00 EUR

Immissionsschutz, Band 3

Karl J. Thomé-Kozmiensky
Andrea Versteyl • Stephanie Thiel
Wolfgang Rotard • Markus Appel

Erscheinungsjahr:	2012
ISBN:	978-3-935317-90-0
Seiten:	etwa 600
Ausstattung:	Gebundene Ausgabe
Preis:	40.00 EUR

Paketpreis
**Immissionsschutz, Band 1 • Immissionsschutz, Band 2
Immissionsschutz, Band 3**

110.00 EUR
statt 120.00 EUR

Bestellungen unter www.Vivis.de
oder

TK Verlag Karl Thomé-Kozmiensky

Dorfstraße 51
D-16816 Nietwerder-Neuruppin
Tel. +49.3391-45.45-0 • Fax +49.3391-45.45-10
E-Mail: tkverlag@vivis.de

Waste is our Energy

Engineering is our Business

Sustainable Solutions are our Mission

Das DyNOR-SNCR-Verfahren
– Betriebserfahrungen von Vaasa –

Roland Halter und Helen Gablinger

Hitachi Zosen Inova (vormalige Von Roll Inova) beschäftigt sich seit den 70er-Jahren mit Entstickungsverfahren und hat auch im Lauf der Zeit einige solche Verfahren patentiert. Bereits 1987 wurde die erste Anlage in Bremerhaven mit einem einfachen Entstickungsverfahren ausgerüstet. Seither ist die Liste der Referenzen über 40 Anlagen mit 70 Linien angewachsen. Dabei waren auch immer Anforderungen an tiefe NO_x-Werte wie z.B. die Schweizerische Luftreinhalteverordnung mit einem Grenzwert von 80 mg/Nm^3 oder die damaligen niederländischen Vorschriften mit 70 mg/Nm^3 einzuhalten. Das damalige Verfahren basierte auf der Erfassung der Kesseldeckentemperatur und einer Eindüsung von Ammoniakwasser auf drei Ebenen, führte aber teilweise zu hohen Schlupfwerten, die jedoch mit den damals üblichen Nasswäscheverfahren in der Abgasreinigung kontrolliert werden konnten.

1. Grundprinzipien von DyNOR

DyNOR ist eine Weiterentwicklung des oben beschriebenen Verfahrens und erreicht die Reduktion der Stickoxide auf sehr tiefe Werte mit niedrigem Ammoniakschlupf.

Dabei wird weiterhin die NO_x-Konzentration durch Eindüsung von Ammoniakwasser oder anderen Reaktionsmitteln in den ersten Kesselzug reduziert.

Das benötigte Temperaturfenster ist wie allseits bekannt 850 °C – 950 °C und deshalb wird weiterhin meist mit mehreren Eindüsebenen, gearbeitet.

Reagenzien und Trägermedium (Luft oder Dampf) werden vorgemischt und als Mischung zu den Eindüsstellen geführt. Eine Verdünnung der Reagenzien mit zusätzlichem Wasser ist nicht nötig.

Die Düsen sind einfach aufgebaut und können ohne Kesselausbiegungen eingesetzt werden. Die Eindüsung erfolgt mit relativ hohen Eindüsgeschwindigkeiten von etwa 300 m/s mit Druckluft resp. etwa 500 m/s mit Dampf. Dadurch ist eine Verstopfung des Düsenaustritts praktisch ausgeschlossen. Die Düsen werden an der Eindüsungstelle bündig zur Kesselwand eingebaut. Dadurch wird der Düsenverschleiss minimiert.

1.1. Aufbau

Der erste Kesselzug wird virtuell in mehrere vertikale Segmente unterteilt, bestehend aus Verteilmodul, Temperaturmessung (Infrarotpyrometern), je zwei Eindüsstellen pro Ebene, wobei es je nach Anlagengrösse in der Regel drei bis vier Ebenen braucht. Die Anzahl der insgesamt benötigten Segmente ist eine Funktion der Kesselgrösse.

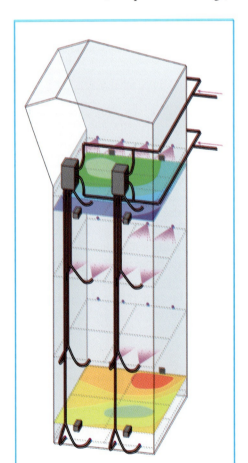

Jedes Verteilmodul verteilt eine definierte Menge an Reaktionsmitteln an die Eindüsstellen, um auf lokale Temperaturschwankungen und Inhomogenität einzugehen. Die Ebenenumschaltung erfolgt schnell und kontinuierlich, wobei die Ansteuerung der Eindüsstellen voneinander unabhängig ist. Der Gesamtdurchsatz an Reaktionsmitteln ist über die Stickoxidmessung am Kamin gesteuert.

1.2. Erste Tests

Von Dezember 2008 bis Juli 2009 wurden erste Langzeittests an einem 46-MW-Kessel mit Abgasrezirkulation durchgeführt.

Bild 1:

Verteilmodul, Temperaturmessung und Eindüsung am ersten Kesselzug; die nahezu individuelle Bedienung der Eindüsstellen mit vorgemischtem Reagenz-/Trägermedium führt zu einem minimalen Verbrauch bei minimalem Schlupf

Bild 2:

Präzisionsarbeit des Verteil-
moduls für niedrige Verbrauchswerte und einfache modulare
Installation am Kessel

Anschliessend war die Bestätigung an einer Anlage ohne Abgasrezirkulation wichtig und diese konnte bis Januar 2011 an einem 11-MW-Kessel abgeschlossen werden.

Damit war der Weg frei für eine erste kommerzielle Installation an einem 61-MW-Kessel ohne Abgasrezirkulation, welche im August 2012 in Betrieb ging: die Anlage in Vaasa.

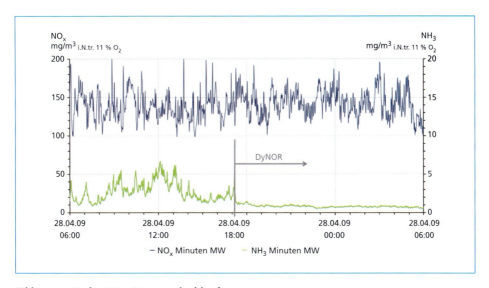

Bild 3: Reduzierter Ammoniakschlupf

2. Die WtE-Anlage in Vaasa

Westenergy Oy Ab besitzt und betreibt eine Waste-to-Energy-Anlage, die vorseparierten brennbaren Abfall als Brennstoff nutzt. Die Anlage befindet sich in Mustasaari, nahe der Stadt Vaasa in Finnland. Bauarbeiten und Installationen wurden im Jahr 2012 vollendet.

Bild 4:

Blick auf die Westenergy-Anlage in Vaasa

Westenergy versteht die Anlage als wichtigen Bestandteil einer gut funktionierenden Abfallwirtschaft und nutzt die Energie aus nicht weiter verwertbarem Restabfall in effizienter, sicherer und sauberer Art und Weise. So wird der von der Anlage produzierte Dampf durch Westenergys Kooperationspartner Vaasan Sähkö Oy zur Strom- und Fernwärmeproduktion genutzt. Dies ist mehr als ein Drittel der gesamten in der Vaasa-Region benötigten Fernwärme.

Westenergy Oy Ab ist im Besitz von fünf kommunalen Entsorgungsunternehmen (Lakeuden Etappi Oy, Botniarosk Oy Ab ja, Ab Stormossen Oy, Vestia Oy Millespakka Oy), welche für etwa 50 Gemeinden und mehr als 400.000 Einwohner arbeiten.

Deshalb ist eine moderne, effiziente Emissionsminderung ein wichtiges Anliegen für Westenergy.

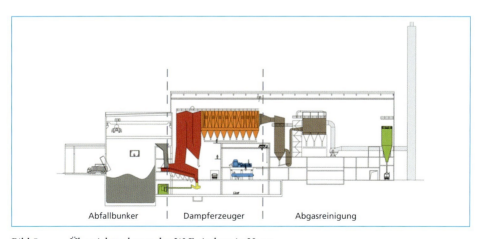

Bild 5:   Übersichtsschema der WtE-Anlage in Vaasa

3. Technische Daten der WtE-Anlage in Vaasa

Die Anlage produziert aus 20 – 25 t/h Abfall mit 11 – 8 MJ/kg Heizwert eine thermische Leistung von 61 MW.

Die Entstickungsanlage umfasst: 6 Segmente auf 4 Eindüsebenen.

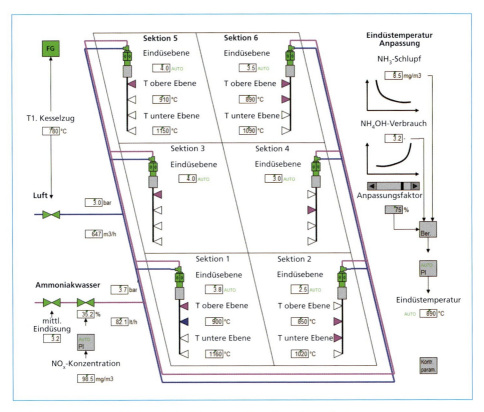

Bild 6:   Momentaufnahme in der Warte mit Darstellung der sechs Segmente

Zugesicherte Emissionsgrenzwerte (12-Stunden-Mittelwerte): 200 mg/Nm³ NO_x bei 5 mg/m³ NH_3-Schlupf

Zusätzlich wurde vertraglich vereinbart, dass das System im Hinblick auf eine Verschärfung der Grenzwerte auch einen 12-Stunden- Mittelwert von 100 mg/Nm³ NO_x bei einem Schlupf von 10 mg/Nm³ ermöglicht.

Entsprechend musste im Rahmen eines Abnahmeversuchs über einen definierten Zeitraum 100 mg/Nm³ NO_x bei 10 mg/m³ NH_3-Schlupf vorgefahren werden.

Die zugesicherten Halbstundenmittelwerte entsprechen den doppelten oben aufgeführten 12-Stunden-Mittelwerten.

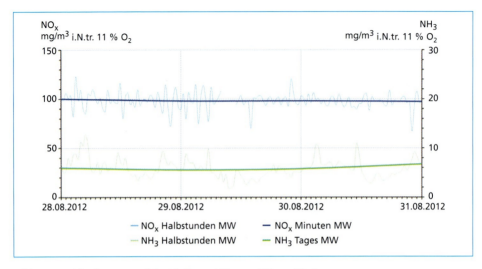

Bild 7:   Abnahmeversuch bei Sollwert NO$_x$ von 100 mg/Nm³

4. Leistung der Anlage

Die Aufzeichnungen der NO$_x$- und NH$_3$-Konzentrationen zeigen eine konstante Einhaltung der Grenzwerte trotz schwankender Temperaturen und Ungleichmässigkeiten der Abgase.

Alle garantierten Emissions- und Verbrauchswerte konnten seit Ende August 2012 dauerhaft eingehalten werden.

100 % der Tagesmittelwerte an NO$_x$ konnten innerhalb von +/-1 mg/m³ des vorgegebenen Sollwertes gehalten werden. Die Halbstundenmittelwerte liegen sogar durchgehend weit unter den garantierten Werten.

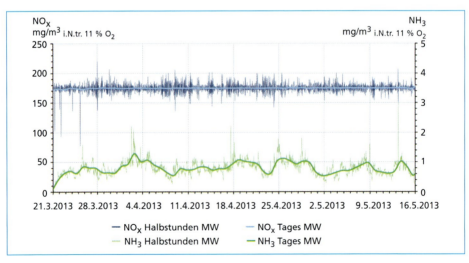

Bild 8:   Aufzeichnung der Werte über einen Zeitraum von zwei Monaten bei einem Sollwert NO$_x$ von 175 mg/Nm³

Westenergy war die konsequente Einhaltung von 200 mg/Nm³ NO_x als Tagesmittel bei einem tiefen NH_3-Schlupfwert wichtig. Die 12-Stunden-Mittelwerte und die Halbstundenmittelwerte für NH_3 liegen deutlich unter den vereinbarten Werten. Dadurch werden auch alle folgenden Verfahrensabschnitte nicht mit Ammoniak belastet.

Westenergy kann somit jederzeit dank DyNOR die in der EU gültigen Grenzwerte einhalten und ist bei einer Verschärfung bereits gerüstet.

Bei relativ hohen Emissionsgrenzwerten (z.B. NO_x Sollwert > 150 mg/m³) ist es möglich, den Ammoniak-Verbrauch noch weiter zu minimieren, indem die Injektionstemperatur abhängig vom NH_3-Schlupf gesteuert wird (Steuergrösse ist dabei der höchste zulässige NH_3-Schlupf).

5. Entscheidende Vorteile der Pyrometer

Das IR-Pyrometer zeigt eine sehr konstante Leistung zu geringen Kosten. Es ermöglicht Westenergy die dauerhafte Überprüfung der Einhaltung von 850 °C, 2 s als Nebeneffekt zur SNCR-Regelung.

6. Verhalten bei Lastschwankungen

Das gutmütige Regelverhalten, welches sich schon während der Inbetriebsetzungsphase gezeigt hatte, ist auch im weiteren Betrieb erhalten. Dies zeigt sich unter anderem in Phasen, bei denen aus betrieblichen Gründen zum Beispiel die Last reduziert und gleich darauf wieder erhöht werden musste. Dennoch konnten die NO_x-Werte sauber eingehalten werden (Bild 9).

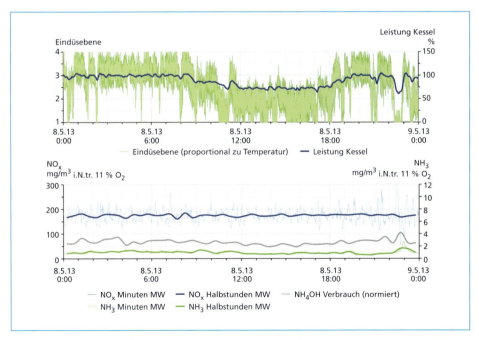

Bild 9: NO_x-Werte bleiben auch bei starken Lastschwankungen nahezu konstant und führen nicht zu erhöhtem NH_3-Schlupf

7. Ausblick: Erwartungen für die Zukunft

Im Gegensatz zum übrigen Europa dürfen in Deutschland die Konzentrationen nicht auf 11 % korrigiert werden. Interpoliert man die nicht korrigierten Werte in Vaasa, so ergibt sich bei 100 mg/m³ (i.N.tr. bezogen auf Betriebs-O_2) ein Schlupf von 9,7 mg/m³ (i.N.tr. bezogen auf Betriebs-O_2). Das heisst, dass Hitachi Zosen Inova für deutsche Anlagen etwas enger auslegen müsste, ausser die Anlage wird mit rezirkuliertem Abgas betrieben. Wenn die Werte wie in Vaasa auf 11 % O_2 korrigiert werden dürfen, dann kann 100/10 ohne Weiteres garantiert werden. Mit Abgasrezirkulation oder *Low Excess Air–Feuerung* können sogar noch tiefere Werte garantiert werden.

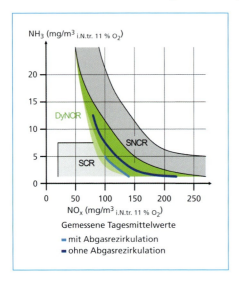

Zusätzlich zur Anlage in Vaasa ist eine weitere Anlage bereits in Betrieb und fünf weitere Anlagen mit DyNOR sind in Bau und in Planung

Bild 10:

DyNOR schließt die Lücke zwischen dem konventionellen SNCR- und dem kostenintensiven SCR-Verfahren

Sicherheitstechnische Aspekte
beim Umgang mit kohlenstoffhaltigen Adsorbentien
– technische und rechtliche Aspekte –

Ralph Semmler und Wolfgang Esser-Schmittmann

Zur Spurenstoffabscheidung aus Abgasen thermischer Prozesse werden Adsorptionsverfahren unter Verwendung von aktivierten Kohlenstoffen praktiziert. Dioxine, Furane, Schwermetalle und sonstige Spurenstoffe lassen sich damit aus Abgasen thermischer Prozesse entfernen. Der sicherheitstechnische Standard dieser Verfahren, insbesondere der Brand- und Explosionsschutz bei der Anwendung solcher Aktivkohlen/Aktivkokse wurde Ende der achtziger, Anfang der neunziger Jahre festgelegt, seither erfolgt die Realisierung und sicherheitstechnische Bewertung solcher Verfahren auf dieser Grundlage [1, 2, 4]. Diese Betrachtungen basierten im Schwerpunkt auf der Störfallverordnung.

Von den vorgenannten Autoren wurde hierauf aufbauend ein aktueller *Leitfaden zum sicheren Umgang mit Adsorbentien in der Abgasreinigung* erarbeitet, der als Arbeitsgrundlage für Planer, Behörden und Betreiber von Abgasreinigungsanlagen mit Aktivkoksen/Aktivkohlen dienen soll. Der Leitfaden baut auf o.g. Standard auf und berücksichtigt insbesondere die in der Zwischenzeit großtechnisch gewonnenen Erfahrungen, Erkenntnisse und neuen Produktentwicklungen, die heute sowohl eine einfachere und preiswertere Realisierung solcher Techniken als auch deren Betrieb ermöglichen, ohne Einschränkungen in der Sicherheitstechnik zu bewirken. Vielmehr lässt sich heute mit den hier vorliegenden Erkenntnissen die betriebliche Anlagensicherheit auf einem wirkungsvolleren Niveau betreiben.

Weiterhin berücksichtigt der Leitfaden die aktuelle rechtliche Basis zum Betrieb solcher Verfahren und Anwendungen, er behandelt insbesondere die diesbezügliche Umsetzung der Betriebssicherheitsverordnung. Er erstreckt sich auf die Anwendung von Aktivkohle, Aktivkoks und brennbaren Mischadsorbentien (Minerale in Mischung mit Aktivkohlen/Aktivkoksen) in Abgasreinigungsprozessen thermischer Prozesse zur PCDD/F- und Schwermetallabscheidung. Er deckt folgende Anwendungsgebiete ab:

- Flugstromverfahren mit Pulveradsorbentien,

- Wanderbettverfahren mit körnigen Adsorbentien,

- Lager- und Fördertechnik von Frisch- und Altadsorbens.

Der vorliegende Beitrag stellt eine kurze inhaltliche Zusammenfassung des Leitfadens dar und zeigt beispielhaft Einsparungen, Abweichungen und Vereinfachungen zur bisherigen Planungsgrundlage auf.

1. Eigenschaften von kohlenstoffhaltigen Sorbentien

Die in den betrachteten Verfahren ursprünglich überwiegend bis ausschließlich verwendeten Produkte waren Braunkohlenkoks [2] und Mischprodukte aus Braunkohlenkoks mit Mineralien. Der heute praktizierte Anlagenstandard [1, 2, 4] basiert überwiegend auf den Eigenschaften dieser Produkte, was deutlich zur Preisentwicklung dieser Produkte beigetragen hat. Es wird daher im Folgenden die allgemeine Weiterentwicklung von Produkten betrachtet, die zu einer Vereinfachung und Kostenreduzierung der Verfahren führen kann.

1.1. Aktivkohle/Aktivkoks im Anlieferzustand

Oberflächenaktivierte Kohlenstoffe werden allgemein als Aktivkohle bezeichnet, in der Praxis hat sich zusätzlich für sehr schwach aktivierte Produkte mit BET Oberflächen < 300 m²/g der Begriff Aktivkoks eingebürgert. Mit Aktivkoks verbindet man überwiegend Braunkohlenkoks [2], der auch als Herdofenkoks bekannt ist. Der LIS Bericht [1] baut fast ausschließlich auf dessen Produkteigenschaften auf. Die sicherheitstechnischen Kenndaten zeigt Tabelle 1 im Vergleich zu heute wirtschaftlich sehr wettbewerbsfähig angebotenen Alternativprodukten. Festzuhalten ist, dass heute Aktivkokse verfügbar sind mit deutlich gutmütigeren Brenn- und Explosionskenndaten als Braunkohlenkoks HOK. Im Vergleich der sicherheitstechnischen Kenndaten hat es sich weiterhin als sehr sinnvoll erwiesen, im Bezug auf die Bewertung der Selbstentzündlichkeit nicht alleine die Selbstentzündungstemperatur Ts als Lagertemperatur beginnender Selbstentzündung einer Probe definierten Volumens (i.d.R. 400 ml) zu betrachten, sondern die Exothermie des zeitlichen Verlaufs der Produkte (Bild 1). Dabei zeigt sich, dass Produkte gleicher Selbstentzündungstemperatur sehr abweichende Temperaturentwicklungen aufzeigen können. Braunkohlenkoks HOK zeigt ein sehr exothermes und heftiges Selbstentzünden, das Produkt CSC-Aktivkoks PC beginnt erst bei deutlich höherem Niveau und verläuft zudem noch viel flacher. Dies erhöht die inhärente Anlagensicherheit erheblich.

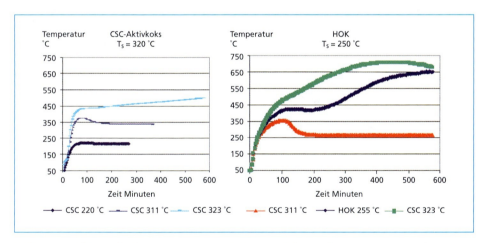

Bild 1: Selbstentzündungstemperatur und deren zeitlicher Verlauf

Eine weitere Entwicklung stellen Aktivkokse dar, die im Gegensatz zu Braunkohlenkoks HOK nicht explosionsfähig und nur noch sehr eingeschränkt selbstentzündlich sind. Mit solchen Produkten können vereinfachte Brand- und Explosionsschutzkonzepte realisiert werden, das war bisher nicht möglich.

Als Bewertungsmaßstab für die sicherheitstechnische Auslegung von Abgasreinigungsanlagen incl. der diese begleitenden peripheren Lager- und Fördertechnik werden daher die Bewertungsbögen Tabelle 2 bzw. 3 herangezogen.

Tabelle 1: Sicherheitstechnische Kenndaten von Aktivkoksen/Aktivkohlen im Vergleich

Kenngröße	Einheit	Granulat			Pulver			
		HOK 1,25 – 5	CSC-Aktivkoks 2,5 – 8	Sorbalit G35	HOK mahlaktiviert	CSC-Aktivkoks PHC	CSC-Aktivkoks PRG	Norit GL 50
Wasser	Gew.-%	0,5	< 5	< 5	0,5	< 3	< 0,5	1
Korngröße	mm	1,25 – 5	2,5 – 8	2,0 – 8	0 – 0,1	0 – 0,9	0 – 0,9	0 – 0,2
Brennbarkeit		BZ 2	BZ 3	BZ 1	BZ 3	BZ 1	BZ 1	BZ 2
Selbstentzündungstemperatur	°C	280	320		260	320	420	250
Glimmtemperatur	°C	> 450	> 450	> 450	> 450	> 450	> 450	> 450
untere Ex-Grenze 21 % O_2, 20 °C	g/m³				60	60		125
max. Explosionsdruck	bar	nicht	nicht	nicht	8,6	6,7	nicht	4,8
KST-Wert	bar m/s	explosionsfähig	explosionsfähig	explosionsfähig	92	50	explosionsfähig	40
Staubexplosionsklasse					St 1	St 1		St 1
Mindestzündenergie	J				200 – 500	>> 2,5		200 – 500

Sie dienen der vergleichenden Produktauswahl sowohl in der Planungsphase als auch im späteren Einkauf der Produkte. Das stellt eine Verlagerung dar weg von einem im Vorfeld festgelegten Produkt hin zu Produkten dieser Eigenschaften. Auf dessen Basis lässt sich das Sicherheitskonzept der Anlage offen für Wettbewerbsprodukte erstellen. Dies war bisher nur eingeschränkt möglich.

Tabelle 2: Bewertungsbogen Produkteigenschaften Aktivkoks/Aktivkohle/Mischsorbentien/ Granulate

Produkteigenschaften	Einheit	Produkt 1	Produkt 2	Produkt 3	Mindestanforderungen
Kurzanalyse					
Wassergehalt	Gew.-%				
Flüchtigengehalt	Gew.-%				≤ 5
physikalische Kenngrößen					
Kornspektrum	mm				
d_{50}	mm				
Unterkorn ≤ 1 mm	%				≤ 5
Abriebfestigkeit	%				≥ 98
Beständigkeit bei Taupunktunterschreitung	ja/nein				ja
Brenn- und Explosionskenngrößen					
Brennzahl bei 20 °C					$\leq$ BZ 3
Selbstentzündungs-temperatur für 400 ml	°C				≥ 280
Exothermie der Selbst-entzündung für 400 ml T_{max}	°C				≤ 700
Zeit bis T_{max}	Minuten				≥ 500
Explosionsfähigkeit	ja/nein				nein
Explosionskenngrößen der Staubfraktion					
maximaler Explosionsdruck	bar				$\leq 8{,}6$
K_{St}-Wert	bar m/s				≤ 96
Staubexplosionsklasse	St				$\leq$ ST 1
untere Explosionsgrenze	g/m³				≥ 60
Mindestzündenergie	J				$\geq 2{,}5$

Tabelle 3: Bewertungsbogen Produkteigenschaften Aktivkoks/Aktivkohle/Mischsorbentien/Pulver

Produkteigenschaften	Einheit	Produkt 1	Produkt 2	Produkt 3	Mindestanforderungen
Kurzanalyse					
Wassergehalt	Gew.-%				
Flüchtigengehalt	Gew.-%				≤ 5
physikalische Kenngrößen					
Kornspektrum	mm				
< 90 µm	Gew.-%				
< 45 µm	Gew.-%				
d_{50}	mm				

Tabelle 3: Bewertungsbogen Produkteigenschaften Aktivkoks/Aktivkohle/Mischsorbentien/Pulver
– Fortsetzung –

Brenn- und Explosionskenngrößen					
Brennzahl bei 20 °C					≤ BZ 3
Selbstentzündungs-temperatur für 400 ml	°C				≥ 260
Exothermie der Selbst-entzündung für 400 ml T_{max}	°C				≤ 700
Zeit bis T_{max}	Minuten				≥ 500
Explosionsfähigkeit	ja/nein				nur bei hohen Zündenergien, s.u.
Explosionskenngrößen der Staubfraktion					
maximaler Explosionsdruck	bar				≤ 8,6
K_{St}-Wert	bar m/s				≤ 96
Staubexplosionsklasse	St				≤ ST 1
untere Explosionsgrenze	g/m³				≥ 60
Mindestzündenergie	J				≥ 2,5
Lieferantenerklärung					Garantie der glimmnest-freien Anlieferung

1.2. Verbrauchte Aktivkokse/Aktivkohlen

Bisher wurden hier hinsichtlich der sicherheitstechnischen Bewertung für den Brand-
und Explosionsschutz die Kenndaten des frischen Adsorbens herangezogen vermehrt
um das toxische Gefährdungspotential des verbrauchten Sorbens. Als toxisches Potential wurde nicht die wirkliche Toxizität, sondern die adsorbierte Fracht abgeschiedener
Schadstoffe herangezogen, Brand- und Explosionsschutz wurden damit aufwendiger
realisiert als für frische Sorbentien.

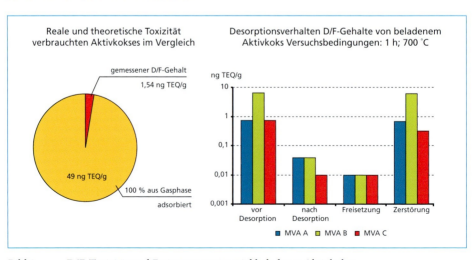

Bild 2:   D/F-Toxizität und Freisetzungspotential beladener Aktivkokse

Die inzwischen vorliegenden Erfahrungen zeigen jedoch insbesondere für die PCDD/F Beladungen verbrauchter Aktivkokse/Aktivkohlen deutlich geringere technische Beladungen als sie sich aus der Massenbilanz ergeben. Dies liegt am katalytischen Verhalten der Aktivkokse/Aktivkohlen hinsichtlich ihres Zerstörungspotentials für diese Verbindungen. Den Vergleich der tatsächlichen Toxizität zur theoretischen zeigt Bild 2. Somit kann der Brand- und Explosionsschutz heute einfacher realisiert werden. Ein weiterer Aspekt ist das vernachlässigbare Desorptionsverhalten für PCDD/F von Aktivkoks. Auch hier basiert [1] darauf, dass die gesamte adsorbierte Fracht im Falle von Selbstentzündungen und Erwärmungen schlagartig freigesetzt werden kann. Diese Annahme ist heute widerlegt [6] (Bild 2), das Freisetzungspotential liegt im Bereich 0,02 % der adsorbierten Fracht. Die damalige pauschale Zuordnung von Aktivkoksanlagen zur Störfallverordnung verliert damit im Nachhinein an Grundlage.

1.3. Mischprodukte

Mischprodukte aus Mineralien (Kalksteinmehl, Kalkhydrat, Trassmehl, Zeolith, Bentonit u.a.) mit Aktivkoks/Aktivkohle werden zur kombinierten Ab-/Adsorption eingesetzt. Bei Einhaltung produktabhängiger Mischungsverhältnisse sind diese nicht mehr explosionsfähig und u.U. nur eingeschränkt selbstentzündlich. Wie bei der Betrachtung für Aktivkokse/Aktivkohlen soll auch hier der Bewertungsbogen Tabelle 2 bzw. 3 herangezogen werden, um das sicherheitstechnische Konzept nicht mehr produktgebunden sondern eigenschaftsgebunden zu realisieren.

2. Rechtliche und sicherheitstechnische Rahmenbedingungen

Im nachfolgenden Kapitel soll ein Überblick über die wesentlichen rechtlichen und sicherheitstechnischen Rahmenbedingungen beim Umgang mit kohlehaltigen Adsorbentien in der Abgasreinigung gegeben werden. Dieser Überblick erhebt jedoch keinen Anspruch auf Vollständigkeit, er soll vielmehr die wesentlichen Grundlagen für die Planung und den sicheren Betrieb solcher Anlagen beschreiben.

2.1. Überblick der wesentlichen Regelwerke

Grundsätzlich ist zu beachten, dass bei einigen anzuwendenden Regelwerken, wie z.B. Landesbauordnung, Industriebaurichtlinie sowie der Verordnung für Anlagen mit wassergefährdenden Stoffen, die jeweiligen Länderfassungen heranzuziehen sind. Die nachfolgenden Ausführungen werden unter Berücksichtigung der o.g. Situation getroffen und sind zumindest inhaltlich mit den einzelnen Länderfassungen vergleichbar.

2.1.1. Landesbauordnung/Industriebaurichtlinie

Unabhängig von der Anwendbarkeit des Bundesimmissionsschutzgesetzes (z.B. Anlage unterliegt der 4. BImSchV) sind für die Gesamtanlage grundsätzlich die Anforderungen nach Landesbauordnung bzw. Industriebaurichtlinie zu berücksichtigen.

Bezogen auf die eigentliche Adsorptionsanlage (im Sinne der LBO ein Sonderbauwerk) werden durch die o.g. Regelwerke im wesentlichen die Anforderungen an den baulichen sowie verfahrenstechnischen Brandschutz definiert. Dies bedeutet in der Regel, dass im Rahmen der Planung und Genehmigung ein Brandschutzkonzept erstellt werden muss (vgl.a. Kap. 2.2.1).

2.1.2. Betriebssicherheitsverordnung

Die Betriebssicherheitsverordnung (BetrSichV) regelt die Bereitstellung von Arbeitsmitteln durch Arbeitgeber sowie deren Benutzung durch Beschäftigte bei der Arbeit.

Für die zu betrachtenden Adsorptionsanlagen ist damit im wesentlichen der Abschnitt 2, *Gemeinsame Vorschriften für Arbeitsmittel*, der BetrSichV zu beachten. Gemäß § 3 der BetrSichV ist eine Gefährdungsbeurteilung im Hinblick auf den Arbeitsschutz (§ 5 Arbeitsschutzgesetz mit Durchführung von Gefährdungs- und Belastungsanalysen der Arbeitsplätze und Tätigkeiten unter Berücksichtigung des § 16 GefahrstoffV) sowie bei Vorliegen eines Explosionspotentiales eine Anlagenbeurteilung durchzuführen.

Sofern ein Explosionspotential vorliegt, sind gemäß § 6 der BetrSichV unabhängig von der Zahl der Beschäftigten die Schutzmaßnahmen unter Berücksichtigung der Mindestanforderungen nach Anhang 4 der BetrSichV im Rahmen eines Explosionsschutzdokumentes zu beschreiben.

Die Entscheidung, ob für eine Adsorptionsanlage, als ein Teil der Anlagen-Gesamtbetrachtung, ein Explosionsschutzdokument erstellt werden muss, ist immer aus den sicherheitstechnischen Kenndaten der jeweiligen Adsorptionsmittel abzuleiten.

In der Praxis wurde bisher sehr häufig z.B. mit Kalk (Anteil > 70 %) *inertisierter* Kohlenstaub (siehe 1.3. Mischprodukte), welcher gemäß der jeweiligen sicherheitstechnischen Kenndaten als nicht explosionsfähig einzustufen ist, eingesetzt. Hierbei ist zu berücksichtigen, ob dieser inertisierte Kohlenstaub bereits fertig angeliefert oder Vorort gemischt und in die Abgasreinigung eindosiert wird. Nur im zweiten Fall ist für den Bereich des Handlings mit reinem – wenn als explosionsfähig eingestuftem - Kohlenstaub die Erstellung eines Explosionsschutzdokumentes erforderlich (vgl.a. Kap. 1.1. bezüglich nicht explosionsfähiger reiner Kohlenstäube bzw. Aktivkokse).

2.1.3. Störfallverordnung

Auf Basis der StörfallV vom 08.06.2005 ist in der Regel davon auszugehen, dass Adsorptionsanlagen in Abgasreinigungssystemen keine Relevanz im Sinne der StörfallV beinhalten.

Insbesondere aufgrund der Streichung des Anhangs VII der *alten* StörfallV vom 26.04.2000 sind sogenannte *Zone 20* – Bereiche, d.h. Bereiche in denen ständig, langzeitig oder häufig eine gefährliche explosionsfähige Atmosphäre (g.e.A.) vorhanden ist, nicht mehr als störfallrelevantes Kriterium zu berücksichtigen.

Die Beladung der Adsorbentien mit störfallrelevanten Stoffen gemäß Anhang I der StörfallV ist unter Berücksichtigung der in der Vergangenheit durchgeführten Analysen (vgl.a. Kap. 1.2.) im Sinne der StörfallV in der Regel nicht als relevant einzustufen. Aufgrund der Novellierung der GefahrstoffV besteht jedoch die Möglichkeit, dass zukünftig (ab Oktober 2005) die beladenen Adsorbentien unter die Kategorie 9b des Anhangs I der StörfallV fallen. Dies bedeutet, dass bei Prüfung der Gesamtanlage auf Anwendbarkeit der StörfallV die max. Menge der beladenen Adsorbentien berücksichtigt werden muss. Bei Vorhandensein einer Menge von 200.000 kg an Stoffen der Kategorie 9b (R-Satz 51/53) in der Gesamtanlage des Betreibers sind die Grundpflichten der StörfallV anzuwenden.

Bezüglich der Einstufung nach GefahrstoffV wird auf die Ausführungen im Kap. 2.1.5. verwiesen.

2.1.4. Verordnung über Anlagen zum Umgang mit wassergefährdenden Stoffen

Die Anwendbarkeit der Länder bezogenen Verordnungen über Anlagen zum Umgang mit wassergefährdenden Stoffen (VAwS) ist dann gegeben, wenn die Adsorbentien (unbeladen oder beladen) als wassergefährdend einzustufen sind.

Für die Einstufung der Adsorbentien ist die *Allgemeine Verwaltungsvorschrift zum Wasserhaushaltsgesetz über die Einstufung wassergefährdender Stoffe in Wassergefährdungsklassen* (VwVwS) heranzuziehen.

Auf Basis der Analysenwerte der Adsorbentien erfolgt die Einstufung unter Berücksichtigung der Kriterien nach Anhang 2 und Anhang 3 der VwVwS (zukünftig nach AwSV).

Erfahrungen zeigen, dass reine Kohleadsorbentien als nicht wassergefährdend und beladene Adsorbentien in der Regel ausschließlich auf Basis des alkalischen oder sauren Charakters in die Wassergefährdungsklasse (WGK) 1 einzustufen sind.

Für die als wassergefährdend einzustufenden Stoffe sind entsprechende Maßnahmen zur Vermeidung einer Gewässergefährdung vorzusehen.

2.1.5. Gefahrstoffverordnung

Die Gefahrstoffverordnung (GefStoffV) in Verbindung der mitgeltenden CLP-/ REACH-Verordnung (ehemals Stoff- sowie Zubereitungsrichtlinie 67/548/EWG bzw. 1999/45/EG) beinhaltet einen wesentlichen Baustein zur Einstufung der Frisch- und Altadsorbentien hinsichtlich möglicher Gefahren.

Es ist im Einzelfall zu prüfen, inwieweit eine Neubewertung der vorhandenen Stoffe im Altadsorbenz zu einer Einstufung als *gefährlich* mit den entsprechenden Konsequenzen führt (vgl. Kap. 2.1.3, 2.1.4).

2.1.6. Gefahrgutverordnung

Die Gefahrgutverordnung (GGVSE) regelt die innerstaatliche und grenzüberschreitende einschließlich innergemeinschaftliche (von und nach Mitgliedstaaten der Europäischen Union) Beförderung gefährlicher Güter für den Strassen- und Schienenverkehr.

Grundsätzlich ist zu berücksichtigen, dass nicht jeder Gefahrstoff auch gleichzeitig Gefahrgut darstellt. Dies liegt im wesentlichen daran, dass in der Gefahrgutverordnung primär die akute Toxizität eines Stoffes oder Zubereitung eine Relevanz beinhaltet.

Für die Einstufung von Altadsorbentien als Gefahrgut sind zunächst generell die Gefährlichkeitsmerkmale nach Gefahrstoffverordnung zu ermitteln und mit den Anforderungen nach ADR abzugleichen.

Auf Basis der Auswertung von Analysen verschiedener kohlehaltiger Adsorbentien ist die Konzentration von gefährlichen Stoffen nach CLP-Verordnung in der Regel so niedrig, dass die Altadsorbentien weder als Gefahrstoff noch als Gefahrgut einzustufen sind.

2.2. Wesentliche sicherheitstechnische Aspekte

Bei der Planung und dem Betrieb von Anlagen mit kohlehaltigen Adsorbentien sind im wesentlichen arbeits-, brand-, explosions- und gewässerschutztechnische Aspekte zu berücksichtigen. In den folgenden Kapiteln sollen auszugsweise verschiedene brand- und explosionsschutztechnische Aspekte beim Handling mit kohlehaltigen Adsorbentien allgemein betrachtet werden.

2.2.1. Brandschutz

Die Maßnahmen zum Brandschutz sind grundsätzlich in vorbeugende und abwehrende Brandschutzmaßnahmen zu unterscheiden. Hierbei ist es zunächst nicht relevant, ob ein Handling mit reinen Kohleadsorbentien oder kohlenhaltigen Adsorbentien durchgeführt wird. Auch bei Kohlenteilen von < 10 % sind exotherme Reaktionen mit unzulässigen (kritischen)Temperaturen im Adsorbenssystem möglich.

Vorbeugende Brandschutzmaßnahmen

Für die Ermittlung von vorbeugenden Brandschutzmaßnahmen sind im wesentlichen folgende sicherheits- und verfahrenstechnischen Aspekte zu berücksichtigen:

- Selbstentzündungstemperatur des Adsorbens (bei geeigneter Produktauswahl kann hier großer Einfluß auf den Brandschutz ausgeübt werden),
- Lagertemperaturen,
- Verfahrenstechnisch bedingte Temperaturen beim Adsorptionsprozess,
- Temperaturen durch Adsorptionsprozess (exotherme Reaktion durch katalytische Effekte der adsorbierten Stoffe),
- Verweilzeiten,
- Adorbensvolumen,
- Maßnahmen zur Erkennung von Abweichungen der bestimmungsgemäßen Temperatur,
- Inertisierung.

Immissionsschutz

Immissionsschutz, Band 1

Karl J. Thomé-Kozmiensky • Michael Hoppenberg

Erscheinungsjahr:	2010
ISBN:	978-3-935317-59-7
Seiten:	632
Ausstattung:	Gebundene Ausgabe
Preis:	40.00 EUR

Immissionsschutz, Band 2

Karl J. Thomé-Kozmiensky • Matthias Dombert
Andrea Versteyl • Wolfgang Rotard • Markus Appel

Erscheinungsjahr:	2011
ISBN:	978-3-935317-75-7
Seiten:	593
Ausstattung:	Gebundene Ausgabe
Preis:	40.00 EUR

Immissionsschutz, Band 3

Karl J. Thomé-Kozmiensky
Andrea Versteyl • Stephanie Thiel
Wolfgang Rotard • Markus Appel

Erscheinungsjahr:	2012
ISBN:	978-3-935317-90-0
Seiten:	etwa 600
Ausstattung:	Gebundene Ausgabe
Preis:	40.00 EUR

Paketpreis

Immissionsschutz, Band 1 • Immissionsschutz, Band 2
Immissionsschutz, Band 3

110.00 EUR
statt 120.00 EUR

Bestellungen unter www.Vivis.de
oder

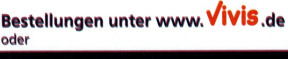

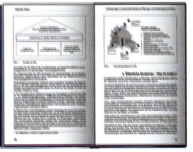

Dorfstraße 51
D-16816 Nietwerder-Neuruppin
Tel. +49.3391-45.45-0 • Fax +49.3391-45.45-10
E-Mail: tkverlag@vivis.de

TK Verlag Karl Thomé-Kozmiensky

If you talk about environment and industries, say HOK®.

And it's okay.

HOK® Herdofenkoks. Adsorbens und Katalysator. Erste Wahl bei der Gasreinigung in Verbrennungsanlagen von Müll und Sondermüll sowie in der Metallurgie. Signifikante Minderung von Dioxinen und Furanen.

Manchmal reicht eine einzige, wohldurchdachte Entscheidung um den Anforderungen Ihres Unternehmens und den Forderungen nach einer gesunden Umwelt gerecht zu werden.

Die Lösung heißt HOK®. HOK® ist OK.

Rheinbraun Brennstoff GmbH
D-50416 Köln
Tel.: +49 221-480-25386
www.hok.de

Grundsätzlich ist bei der Festlegung von vorbeugenden Brandschutzmaßnahmen zu beachten, dass eine Entzündung bzw. die Entwicklung von kritischen Temperaturen im Adsorbenssystem neben der stoffspezifischen, volumenabhängigen[1] Selbstentzündungstemperatur im wesentlichen von der Adsorbenskonzentration (z.B. in einem Kohle/Kalkgemisch, vgl. Bild 4), -menge sowie der Verweilzeit abhängt.

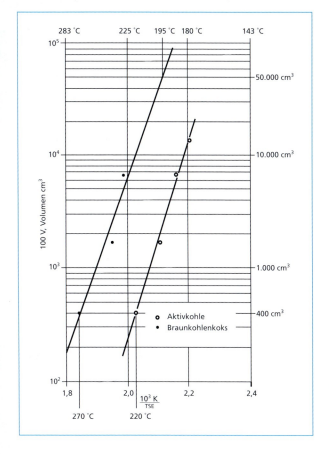

Bild 3:

Einfluss des Volumens auf die Selbstentzündungstemperatur

Dies bedeutet, dass auch schon bereits bei Temperaturen weit unterhalb der Selbstentzündungstemperatur bei ausreichender Menge und/oder Verweilzeit ein Brand bzw. eine unzulässige Temperatur, z.B. mit entsprechenden Anbackungen, Verstopfungen im System oder Glimmnestern, entstehen kann.

Je niedriger z.B. die Lagertemperatur in einem Silo ist, desto weniger beinhalten Menge und Lagerzeit eine Relevanz. Die Lagertemperatur ist auf 80 °C zu begrenzen.

Werden Prozesse bei Temperaturen im Bereich der Selbstentzündungstemperatur (bezogen auf ein prozesstypisches Volumen) betrieben, so ist dies möglich, wenn gleichzeitig die Verweildauer auf wenige Minuten begrenzt und der unmittelbare Austrag aus dem System gewährleistet ist.

---

[1] Die relevante Selbstentzündungstemperatur sollte immer auf das maßgebliche Volumen ausgehend von den Werten der in den Versuchen verwendeten Probenvolumina z.B. 400 cm³, 3.200 cm³, 6.400 cm³ und 12.800 cm³ extrapoliert werden (vgl. Bild 3).

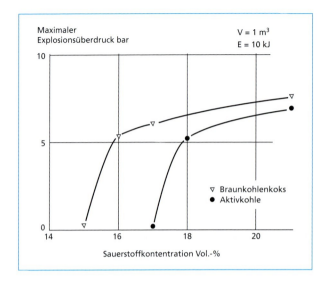

Bild 4:

Änderung der Selbstentzündungstemperatur von Aktivkoks/Kalkhydrat-Gemischen

Gleichfalls ist dies möglich bei sichergestellter Durchströmung des Adsorbens zwecks Wärmeabfuhr. Die Einzelheiten sind im Leitfaden beschrieben.

Eine weitere Möglichkeit der sicheren Brandvermeidung (nicht Löschung! Vgl. *abwehrender Brandschutz*) ist eine vorbeugende Inertisierung. Hierbei darf der Sauerstoffgehalt 5 Vol.-% im System nicht überschreiten. Eine solche Maßnahme ist jedoch sehr kostenintensiv und ist aus sicherheitstechnischen und immissionsschutzrechtlichen Aspekten auch für das beladene Adsorbens aus der Abgasreinigung nicht zwingend erforderlich.

Theoretisch stehen für die Erkennung von Abweichungen des bestimmungsgemäßen Betriebes in Adsorptionssystemen, d.h. Bildung von Glimmnestern, im wesentlichen zwei Möglichkeiten zur Verfügung:

- Temperaturüberwachung,

- CO-Überwachung.

Diese Maßnahmen sind aber in der Praxis nur eingeschränkt sinnvoll. Aufgrund des isolierenden Effektes von Kohleadsorbentien sind unzulässige Temperaturen nur im direkten Nahbereich eines ggf. vorhandenen Glimmnestes zu erkennen, so dass eine ausreichende Funktionstüchtigkeit einer Temperaturüberwachung im Adsorbens bzw. in der Raumluft eines Lagerbehälters bezogen auf das Gesamtsystem nicht gegeben ist.

Eine CO-Überwachung in einem Lagerbehälter bzw. eine DCO-Überwachung in einem Filter kann u.U. eine effektive Früherkennungsmaßnahme von vorliegenden Glimmnestern darstellen. Voraussetzung für eine frühzeitige Detektion ist das Verhältnis von Adsorbensmenge zum durchströmten Abgasvolumen im Filtersystem. Erfahrungen belegen, dass ein DCO-Überwachung z.B. in Flugstromreaktoren keine effektive Maßnahme zur Früherkennung von Glimmnestern darstellt.

Es kann aber durch indirekte Maßnahmen, wie Überwachung des Füllstandes im Austragsbereich eines Filters oder Rütteleinrichtungen zur Vermeidung von Ablagerungen, die Wahrscheinlichkeit der Bildung von Glimmnestern minimiert werden.

Eine Füllstandsüberwachung stellt z.B. sicher, dass Anbackungen bzw. Ablagerungen im Austragsbereich des Filters erkannt werden, bevor in Abhängigkeit der Adsorptionstemperatur kurz- bis mittelfristig Glimmnester bzw. weitere Folgereaktionen entstehen.

Abwehrende Brandschutzmaßnahmen

Im Normalfall sind durch die o.g. vorbeugenden Brandschutzmaßnahmen alle Maßnahmen getroffen, die eine Glimmnestbildung vernünftigerweise ausschließen.

Sollte dennoch die Bekämpfung eines Glimmnestes oder eines *Brandes* (im Sinne von einer unzulässigen Temperatur im System von mehreren 100 °C). erforderlich sein, so sind prinzipiell drei unterschiedliche Löschvarianten möglich:

a) Wassersprühstrahl/Löschschaum

   Bei Einsatz von Wasser ist darauf zu achten, dass aufgrund der Möglichkeit einer explosionsartigen Wasserverdampfung (1 l Wasser = 1.300 l Wasserdampf) kein Vollstrahl zum Löscheinsatz verwendet wird. Sofern aus Gründen der Statik des Systems keine Bedenken bestehen, ist eine Flutung die effektivste Löschmethode.

b) Eigeninertisierung

   Durch Verschluss der Ein und Ausgänge des Adsorbenssystems wird das Eindringen von Luftsauerstoff verhindert. Die im System befindliche Luft wird zu CO/CO_2 umgesetzt. Das Glimmnest bzw. der *Brand* erstickt sich selber. Das Problem bei dieser Löschmethode besteht in der Regel darin, dass die gänzliche Verhinderung einer weiteren Luftdurchströmung aufgrund von betriebsmäßigen *Undichtigkeiten* oder bereits zerstörten Verschlussarmaturen nur eingeschränkt möglich ist.

c) Inertgasbeaufschlagung

   Bei einer Löschung mit Inertgas, wie z.B. N_2 oder CO_2, ist eine max. O_2-Konzentration von 1 % im System anzustreben. In der Regel ist dafür eine 3 bis 5-fache Spülung bezogen auf das zu inertisierende Behältervolumen vorzunehmen.

Bei den Löschvarianten a) und b) ist zu berücksichtigen, dass zwar der exotherme Prozess unterbrochen wird, jedoch die entstandene Wärme im System nicht abgeführt werden kann. Dies bedeutet im Extremfall, dass *gelöschtes* Adsorbens beim Austrag in Verbindung mit Luft aufgrund der noch vorhandenen Adsorbenstemperatur erneut exotherm reagiert. Beim Austrag ist daher ggf. eine *Nachlöschung* mit Wasser erforderlich.

Zur Durchführung der o.g. Maßnahmen sind entsprechende Anschlüsse am Adsorbenssystem vorzusehen. Darüber hinaus ist bei der Planung auf eine ungehinderte Zugangsmöglichkeit der Löschanschlüsse zu achten.

Die Installation von stationären Löschanlagen sowie die Vorhaltung von entsprechenden Inertgasmedien ist aufgrund der heute gegebenen kurzfristigen Verfügbarkeit von Inertgasen (unabhängig von der Tages-/Nachtzeit) sowie des zeitlichen Reaktionsverlaufes eines Glimmbrandes (Stunden bis Tage) nicht zwingend erforderlich.

2.2.2. Explosionsschutz

Explosionsschutzmaßnahmen sind generell nur dann zu berücksichtigen, wenn aufgrund der im Versuch ermittelten sicherheitstechnischen Kenndaten das jeweilige Adsorbens als explosionsfähig einzustufen ist.

Eine Explosionsfähigkeit des Adsorbens ist in der Regel dann gegeben, wenn folgenden Kriterien **gleichzeitig** zutreffen:

- Korngrößenverteilung < 500 µm (Vorliegen als Staub) und

- Kohlenstoffanteil > 65 % (vgl. Bild 5; Ausnahme: behandelte reine Aktivkohlen, vgl. Kap. 1.1. und 1.3.)

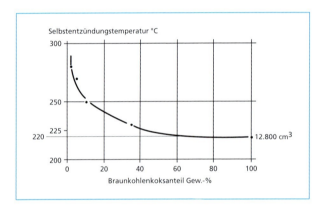

Bild 5:

Feststoffinertisierung

Für als explosionsfähig einzustufende Adsorbentien sind gemäß Betriebssicherheitsverordnung [8] auf Basis einer Gefährdungsbeurteilung nach § 3 BetrSichV Schutzmaßnahmen im Rahmen des zu erstellenden Explosionsschutzdokumentes nach § 6 BetrSichV vorzusehen.

Die nachfolgenden Ausführungen gelten nur für als explosionsfähig einzustufende Adsorbentien.

Grundsätzlich ist gemäß BGR 104 [9]/, Explosionsschutzregeln, eine Unterscheidung in nachfolgende Schutzprinzipien vorzunehmen:

Primäre Explosionsschutzmaßnahmen (E1)

Diese Explosionsschutzmaßnahmen werden nach BGR 104 aufgegliedert in

- Vermeiden oder Einschränken von Stoffen, die explosionsfähige Atmosphäre zu bilden vermögen,

- Verhindern oder Einschränken der Bildung explosionsfähiger Atmosphäre innerhalb von Apparaturen,

- Verhindern oder Einschränken der Bildung gefährlicher explosionsfähiger Atmosphäre in der Umgebung von Apparaturen,

- Überwachung der Konzentration in der Umgebung von Apparaturen,

- Maßnahmen zum Beseitigen von Staubablagerungen in der Umgebung staubführender Apparaturen und Behälter.

Übertragen auf Adsorptionsanlagen können prinzipiell folgende primäre Schutzmaßnahmen angewendet werden:

- Inertisierung auf unterhalb des Grenzsauerstoffgehaltes. Der erforderliche Grenzsauerstoffgehalt ist abhängig vom jeweiligen Adsorbens sowie der Temperatur (Beispiel vgl. Bild 6). Im Durchschnitt ist pro 100 °C Temperaturerhöhung eine Abnahme der O_2-Grenzkonzentration von 1,5 Vol-% zu erwarten [4].

- Arbeitsanweisungen zur Reinhaltung der Außenbereiche von Adsorptionsanlagen.

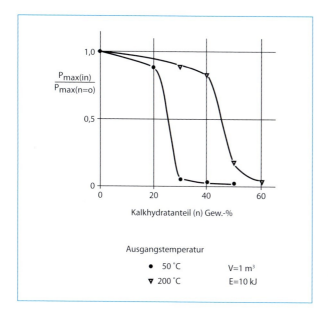

Bild 6:

Einfluss der Sauerstoffkonzentration auf den maximalen Explosionsdruck

Es wird darauf hingewiesen, dass im Unterschied zu den Aussagen der bisherigen Leitfäden (z.B. LIS-Bericht 97) aus rechtlicher Sicht keine Inertisierung, auch für Altadsorbens, erforderlich ist.

Sekundäre Explosionsschutzmaßnahmen (E2)

Diese Explosionsschutzmaßnahmen werden nach BGR 104 aufgegliedert in Maßnahmen, welche die Entzündung gefährlicher explosionsfähiger Atmosphäre verhindern (Vermeiden wirksamer Zündquellen).

Unter Berücksichtigung der vorhandenen Schutzmaßnahmen sind in Abhängigkeit der Wahrscheinlichkeit des Auftretens explosionsfähiger Atmosphäre (g.e.A.) sogenannte Ex-Zonen (20, 21, 22, bisher 10, 11) festzulegen. Aus dieser Festlegung ergibt sich der Umfang der zu ergreifenden Maßnahmen, d.h. Anforderungen an die Arbeitsmittel, zur Gewährleistung der Sicherheit und des Gesundheitsschutzes der Beschäftigten, die durch gefährliche explosionsfähige Atmosphäre gefährdet werden können.

Wichtig in diesem Zusammenhang ist die neue Anforderung aus der BetrSichV, dass der Nachweis der Eignung neben den, wie bisher, elektrischen auch für mechanische Betriebs- bzw. Arbeitsmittel, wie z.B. Zellenradschleusen, Fördereinrichtungen, usw., im Explosionsschutzdokument zu erbringen ist.

Insbesondere für Altanlagen besteht die Anforderung bis zum 31.12.2005 im Rahmen des Explosionsschutzdokumentes die Eignung der *alten* Betriebsmittel nachzuweisen. Für die eingesetzten elektrischen Betriebsmittel in Ex-Bereichen sind die alten Bauartzulassungen als Eignungsnachweis weiterhin gültig. Bei Austausch dieser Geräte sind jedoch ausschließlich Geräte mit der neuen Gerätekennzeichnung zu verwenden. Für die mechanischen Betriebsmittel ist ein separater Eignungsnachweis z.B. mit einer Zündquellenanalyse nach DIN EN 13463-1, durchzuführen.

Tertiäre Explosionsschutzmaßnahmen (E3)

Sind Maßnahmen nach E1 oder E2 nicht durchführbar oder nicht sinnvoll oder nicht ausreichend sicher, müssen konstruktive Maßnahmen getroffen werden, welche die Auswirkung einer Explosion auf ein unbedenkliches Maß beschränken. Solche Maßnahmen sind:

- Explosionsfeste Bauweise,
- Explosionsdruckentlastung (in gesicherten Bereich),
- Explosionsunterdrückung,
- Verhindern der Flammen- und Explosionsübertragung.

Die Erfordernis des Einsatzes von tertiären Explosionsschutzmaßnahmen bei Adsorptionsanlagen ist für jeden Einzelfall separat zu beurteilen. Es ist hierzu im individuellen Einzelfall u.U. erforderlich, zur Abdeckung eines Restrisikos weitere Maßnahmen zu realisieren (z.B. Druckentlastung).

2.2.3. Gewässerschutz

Kohlehaltige Adsorbentien stellen generell Feststoffe dar, die aufgrund der sauren oder alkalischen Eigenschaften als wassergefährdend einzustufen sind. Zur Erfüllung der wasserrechtlichen Anforderungen ist bei Planung und Betrieb darauf zu achten, dass die Handhabung der Adsorbentien auf befestigtem Boden durchgeführt wird und Auswaschungen, wie z.B. Eintrag von Ablagerungen in das Entwässerungssystem der Anlage, ausgeschlossen sind. Darüber hinaus sind keine weiteren wasserrechtlichen Anforderungen zu berücksichtigen.

3. Maßnahmen für Bau und Betrieb der Anlagen

Die Maßnahmen für Bau und Betrieb von Adsorptionsanlagen erfolgen differenziert nach Anlagenabschnitten.

3.1. Lagerung und Förderung von Adsorbentien

Die wesentlichen Vereinfachungen und Erweiterungen gegenüber den bisherigen Vorgaben [2] sind:

- Verzicht auf Ladeluftkühler.

  Die Erzeugung kritischer Produkttemperaturen > 80 °C im Silo ist unter den gegebenen technischen Randbedingungen nicht möglich (Bild 7), sollte sie dennoch entstehen, greift die Temperaturüberwachung im Silokopf.

- Differenzierung in Kann- und Muss-Ausführungsdetails

  [1] bescheinigte Lager- und Förderkonzepten ausgeführt nach den Empfehlungen aus [2] die pauschale Genehmigung. Folge hieraus waren pauschal aufwendige Anlagenausführungen. Der Leitfaden differenziert nach Muß – sowie nach Kann – Ausführungsdetails und eröffnet dem Planer/Betreiber mehr konzeptionelle Freiheit. Dies erlaubt die Realisierung einfacherer und individueller Anlagen nach Bedarf.

  Beispiel: Drehüberwachung statt Drehzahlüberwachung

- Es werden Fördertechniken konkreter vorgestellt und bezüglich ihrer Eignung bewertet als in [2], die dort vorgenommene Auswahl von Fördertechniken war nur bezogen auf die Besonderheiten des Produktes HOK (z.B. Abriebempfindlichkeit). Hieraus ergeben sich individuellere und preiswertere Anlagenausführungen.

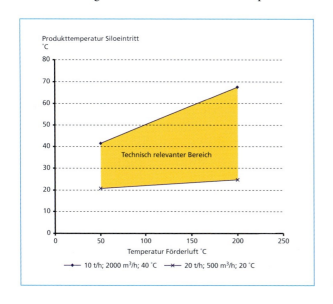

Bild 7:

Ladeluftkühler

627

- Es wird ausführlich auf Varianten der Adsorbensdosierung ohne Silo, d.h. mit Big Bags oder Transportcontainer eingegangen. Die erforderlichen Maßnahmen dieser Varianten sind in [1, 2] nicht betrachtet. Insbesondere für kleinere Anlagen ist dies interessant.

3.2. Verfahrenstechnische Anwendung

Die Maßnahmen für die verfahrenstechnische Anwendung von Aktivkoks HOK sind aufwendig in [1] beschrieben, jedoch nach damaligem Kenntnisstand ohne nennenswerte betriebliche Erfahrungen und im Schwerpunkt vor dem Hintergrund des vermuteten toxischen Potentials beladener Adsorbentien (siehe 1.2.).

3.2.1. Wanderbettadsorber

Die Delta CO-Messung zur Detektion von hot spots wurde unabhängig von der Anlagengröße in [1] vorgeschrieben, die Ausführung sollte redundant und für jedes Modul erfolgen. Die langjährige Praxis zeigt jedoch, dass

- der zeitliche Handlungsspielraum sehr groß ist
  und Ereignisse sich über viele Stunden bis Tage entwickeln;

- die Störfallrelevanten Auswirkungen (Freisetzung toxischen Potentials)
  praktisch nicht existieren (siehe 1.2.);

- bei Betrieb mit grobkörnigeren Aktivkoksen höherer Selbstentzündungstemperatur und geringerer Reaktivität (z.B. CSC Aktivkoks 2,5 – 8) das betriebliche Risiko für hot spots inhärent erheblich reduziert werden kann.

Das neue Überwachungskonzept sieht daher folgende Änderungen vor:

- Für die Anlagenüberwachung ausreichend ist grundsätzlich eine redundante Temperaturüberwachung des Abgases Delta T-Adsorber unabhängig von der Anlagengröße. Eine Redundanz sollte dadurch realisiert werden, dass mehrere Meßstellen verteilt über dem Adsorberquerschnitt Reingasseite angeordnet werden. Diese einfachen Messungen erhöhen die Anlagensicherheit deutlich gegenüber der empfindlichen und interpretationsbedürftigen Delta CO-Messung.

- Für Anlagen einer Größe ab etwa 15 – 20.000 m³/h Gasdurchsatz (Adsorbervolumen etwa 30 m³) ist eine Delta CO-Messung empfehlenswert, jedoch nicht zwingend. Eine Redundanz ist nicht erforderlich. Bei Ausfall reicht ein zeitiges Schließen des Adsorbers abhängig von der Temperaturentwicklung zur Eigeninertisierung des Aktivkokses.

3.2.2. Flugstromadsorber

Hinsichtlich der Toxizitätsbetrachtung der verbrauchten Adsorbentien gilt gleiches wie bei 3.2.1. hinzu kommt die äußerst geringe Menge an Adsorbentien im System gegenüber dem Wanderbettverfahren.

Die Delta CO–Messung ist daher meßtechnisch nicht geeignet, die Entstehung von hot spots zu detektieren. Folgende Änderungen sieht der vorgestellte Leitfaden vor:

- vollständiger Verzicht auf Delta CO–Messung;

- Erhöhung der Anlagensicherheit durch primäre Sicherheitsmaßnahmen statt Überwachung durch Sekundärmaßnahmen; Überwachung Temperatur und Füllstand in den Austragtrichtern des Filters; weiterhin Verriegelung der Adsorbensdosierung mit dem Funktionieren der Fördertechnik zum Austrag und Abtransport des verbrauchten Sorbens aus dem Filter;

- Berücksichtigung neuer Aktivkokse mit deutlich sichereren Brand- und Explosionskenngrößen als inhärente Sicherheitsmaßnahme [7].

3.2.3. Lagerung und Förderung verbrauchter Adsorbentien

Aufgrund der Betrachtungen Kap. 1.3. ergeben sich für Lagerung und Förderung beladener Adsorbentien folgende Vereinfachungen:

Auf die Inertisierung kann verzichtet werden, hierfür besteht ggf. nur im Einzelfall temporärer Bedarf im Falle ausgetragenen Materials im Falle von hot Spots. Dies ist in Einzelfallbetrachtungen zu klären.

Der pneumatische Transport kann wie für frische Adsorbentien erfolgen. Das in [1] zwingend vorgegebene System doppelwandiger Förderrohre mit Zwischendrucküberwachung entfällt. Es reduziert sich auf normale betriebliche Maßnahmen und Standards der Vermeidung von Staubfreisetzungen.

4. Resumee

Mit der auf aktuellem technischen und genehmigungsrechtlichen Hintergrund durchgeführten Betrachtung zum sicheren Betrieb von Adsorptionsanlagen im Anwendungsbereich der adsorptiven Abgasreinigung bei Feuerungsanlagen, die überwiegend der 17. BImSchV unterliegen, wurde mit dem vorgestellten Leitfaden erstmals ein geschlossener Überblick zu berücksichtigender technischer und genehmigungsrechtlicher Maßnahmen erstellt. Dieser Leitfaden soll Planer, Genehmigungsbehörden und Betreiber dienen, einen sicheren Anlagenbetrieb zu gewährleisten. Die zu berücksichtigende Vielfalt von Vorschriften, Regelwerken und deren Überarbeitung der letzten Jahre einerseits, die in der Zwischenzeit vorliegende vielfältige Betriebserfahrung mit diesen Adsorptionsverfahren andererseits sowie die Weiterentwicklung von Adsorptionsverfahren und Adsorbentien begründen die Notwendigkeit eines Leitfadens der vorgestellten Form. Die vorgestellten Maßnahmen gehen oftmals einher mit Vereinfachungen und Einsparmöglichkeiten gegenüber dem bisher praktizierten Standard nach [1, 2], der kaum Spielraum für individuelle Anlagenvarianten gelassen hat und zudem auf überholten Annahmen beruhte. Diesen Spielraum der Individualisierung auf aktuellem Wissensstand eröffnet der vorgestellte Leitfaden.

5. Literaturverzeichnis

[1] LIS Bericht Nr. 97, Landesanstalt für Immissionsschutz NRW, 1991

[2] Rheinbraun AG: Empfehlungen zum Umgang mit Braunkohlenkoks. 1991/1994

[3] VDI 2263,Staubbrände und Staubexplosionen, 1986/1990

[4] Wiemann, W.: Brand- und Explosionsschutz bei der Handhabung von Aktivkoks. Haus der Technik, 1992

[5] Esser-Schmittmann, W.; Boelitz, J.: Sicherheitstechnische Aspekte bei der Anwendung von Aktivkoks und Aktivkohle zur adsorptiven Abgasreinigung. VDI-Seminar, 13./14. Februar 1995, Düsseldorf

[6] Modolo, G.; Brodda, B.G. et.al.: Sicherheit von Braunkohlenkoks-Adsorbern zur Abgasreinigung von Abfallverbrennungsanlagen. In: Erdöl, Erdgas, Kohle, 110. Jahrg. (1994), Heft 4

[7] Esser-Schmittmann, W.; Schmitz, S.: Neue Adsorbentien für die Abgasreinigung. VDI, München, 16./17.09.2004

[8] Verordnung über Sicherheit und Gesundheitsschutz bei der Bereitstellung von Arbeitsmitteln und deren Benutzung bei der Arbeit, über Sicherheit beim Betrieb überwachungsbedürftiger Anlagen und über die Organisation des betrieblichen Arbeitsschutzes (Betriebssicherheitsverordnung – BetrSichV) vom 27. September 2002 (BGBl. I S. 3777), zul. geänd. 11. November 2011 (BGBl. I S. 2178)

[9] BGR 104 Sammlung technischer Regeln für das Vermeiden der Gefahren durch explosionsfähige Atmosphäre mit Beispielsammlung zur Einteilung explosionsgefährdeter Bereiche in Zonen (Explosionsschutz-Regeln – EX-RL), vom Februar 2013 Fachbereich Rohstoffe und chemische Industrie der Deutschen Gesetzlichen Unfallversicherung (DGUV), Arbeitskreis Explosionsschutz

[10] Zwölfte Verordnung zur Durchführung des Bundes-Immissionsschutzgesetzes (12. BImSchV – Störfall-Verordnung) vom 8. Juni 2005 (BGBl. I S. 1598), zul. geänd. 14. August 2013 (BGBl. I S. 3230)

[11] VAwS – Verordnung über Anlagen zum Umgang mit wassergefährdenden Stoffen und über Fachbetriebe-Nordrhein-Westfalen – Vom 20. März 2004 (GV. NRW. S. 274) Gl.-Nr.: 77, zul. geänd. 18. Dezember 2012 (GVBl. S. 676)

[12] Verordnung zum Schutz vor Gefahrstoffen (Gefahrstoffverordnung – GefStoffV) vom 26. November 2010 (BGBl. I S. 1643), zul. geänd. 15. Juli 2013 (BGBl. I S. 2514)

[13] Allgemeine Verwaltungsvorschrift zum Wasserhaushaltsgesetz über die Einstufung wassergefährdender Stoffe in Wassergefährdungsklassen (VwVwS) vom 17. Mai 1999 (BAnz. Nr. 98a vom 29.05.1999) zuletzt geändert am 27. Juli 2005 durch Allgemeine Verwaltungsvorschrift zur Änderung der Verwaltungsvorschrift wassergefährdende Stoffe (BAnz. Nr. 142a vom 30.07.2005)

[14] Verordnung (EG) Nr. 1272/2008 des europäischen Parlaments und des Rates vom 16. Dezember 2008 über die Einstufung, Kennzeichnung und Verpackung von Stoffen und Gemischen, zur Änderung und Aufhebung der Richtlinien 67/548/EWG und 1999/45/EG und zur Änderung der Verordnung (EG) Nr. 1907/2006 (VO (EG) Nr. 1272/2008) (CLP-Verordnung) vom 16. Dezember 2008 (ABl. L 353 S. 1), zul. geänd. 02. Oktober 2013 (ABl. L 261 S. 5)

[15] Verordnung (EG) Nr. 1907/2006 des europäischen Parlaments und des Rates vom 18. Dezember 2006 zur Registrierung, Bewertung, Zulassung und Beschränkung chemischer Stoffe (REACH), zur Schaffung einer Europäischen Chemikalienagentur, zur Änderung der Richtlinie 1999/45/ EG und zur Aufhebung der Verordnung (EWG) Nr. 793/93 des Rates, der Verordnung (EG) Nr. 1488/94 der Kommission, der Richtlinie 76/769/EWG des Rates sowie der Richtlinien 91/155/EWG, 93/67/EWG, 93/105/EG und 2000/21/EG der Kommission (REACH – Registrierung, Bewertung, Zulassung und Beschränkung chemischer Stoffe – VO (EG) Nr. 1907/2006) (REACH-Verordnung) vom 18. Dezember 2006 (ABl. EGL 396 S. 1), zul. geänd. 18. April 2013 (ABl. EGL 108 S.1), ber. 04. Juli 2013 (ABl. L 185 S. 18)

[16] Verordnung über die innerstaatliche und grenzüberschreitende Beförderung gefährlicher Güter auf der Straße, mit Eisenbahnen und auf Binnengewässern (Gefahrgutverordnung Straße, Eisenbahn und Binnenschifffahrt – GGVSEB) vom 22. Januar 2013 (BGBl. I S. 110)

[17] Anlage A des Europäischen Übereinkommens vom 30. 09 1957 über die internationale Beförderung gefährlicher Güter auf der Straße (ADR): Allgemeine Vorschriften und Vorschriften für gefährliche Stoffe und Gegenstände; 22. ADR-Änderungsverordnung vom 31. August 2012 (BGBl. II S. 954)

Emissionsbezogene Energiekennzahlen
von Abgasreinigungsverfahren bei der Abfallverbrennung

Autor:	**Rudi Karpf**
ISBN:	**978-3-935317-77-1**
Verlag:	**TK Verlag Karl Thomé-Kozmiensky**
Erscheinung:	**2012**
Gebund. Ausgabe:	**141 Seiten**
	mit farbigen Abbildungen
Preis:	**30,00 EUR**

Gegenstand dieser Arbeit ist es die Diskrepanz bzw. Abhängigkeit zwischen erzielbaren Emissionsminderungen zu den emissionsführenden Energieaufwendungen der dafür notwendigen Abgasreinigungstechnologien aufzuzeigen.

Zunächst wird auf die mit dem Thema in Verbindung stehenden derzeitigen Untersuchungen und Bewertungen sowie auf die gesetzlichen Emissionsanforderungen eingegangen. Da es eine Vielzahl von Abgasreinigungskomponenten und deren Kombinationsmöglichkeiten miteinander gibt, werden sechs unterschiedliche Varianten aufgezeigt und verglichen. Bei der Wahl der Varianten ist es im Kontext zur vorliegenden Arbeit von Bedeutung, dass sowohl einstufige als auch zwei- bzw. mehrstufige Verfahren berücksichtigt werden, die sich im Aufbau und dem Additiveinsatz aber auch im Abscheidevermögen unterscheiden. Diese sechs wesentlichen Varianten spiegeln die in der Praxis häufig angewandten Verfahren wider und charakterisieren nicht kongruente Verfahrensschritte mit deren jeweils zu erzielenden Emissionsniveaus. Basierend auf der Tatsache, dass jede dieser Varianten bereits hinter thermischen Abfallbehandlungsanlagen in Betrieb ist, werden die vorliegenden langjährigen Betriebserfahrungen in die Bewertung einbezogen.

Die einzelnen Energieaufwendungen der beschriebenen Varianten werden anhand von Massen-, Stoff- und Energiebilanzen ermittelt.

Über die Bildung von emissionsbezogenen Energiekennzahlen werden Bewertungskriterien für die energetischen Aufwendungen zu den unterschiedlichen Emissionsminderungsgraden entwickelt. Damit wird ein Instrumentarium geschaffen, emissionsverursachende Energieaufwendungen im Kontext zu Emissionsminderungsgraden zu charakterisieren.

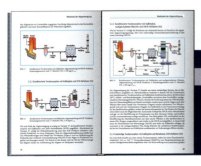

Kennwerte zur Bewertung von Trockensorptionsverfahren auf Kalkbasis

Yannick Conrad und Rudi Karpf

1. Grundlagen der Trockensorption mit Kalk

1.1. Schadstoffabscheidung mit Kalk als Sorptionsmittel

Bei der Trockensorption mit Kalk erfolgt die Staub- und Schadstoffabscheidung simultan an einem Gewebefilter. Hierbei wird Kalk (meistens als Kalkhydrat) in den Abgasstrom geblasen und danach an einem Gewebefilter (Schlauchfilter) abgeschieden. Durch chemische Reaktionen zwischen dem Reagenz und den gasförmigen Schadstoffen Chlorwasserstoff (HCl), Fluorwasserstoff (HF) und Schwefeldioxid (SO_2) werden diese Schadstoffe an das Reagenz gebunden. Deshalb bezeichnet man dieses Sorptionsverfahren auch als *Chemisorption* [1].

Bei der Verwendung von Kalkhydrat als Reagenz kommt es zu folgenden Reaktionen mit den o.g. gasförmigen Schadstoffen:

$$Ca(OH)_2 + 2\ HCl \quad \rightarrow \quad CaCl_2 + 2\ H_2O \tag{1.1}$$

$$Ca(OH)_2 + 2\ HF \quad \rightarrow \quad CaF_2 + 2\ H_2O \tag{1.2}$$

$$Ca(OH)_2 + SO_2 \quad \rightarrow \quad CaSO_3 + H_2O \tag{1.3}$$

$$Ca(OH)_2 + SO_3 \quad \rightarrow \quad CaSO_4 + H_2O \tag{1.4}$$

$$Ca(OH)_2 + CO_2 \quad \rightarrow \quad CaCO_3 + H_2O \tag{1.5}$$

Üblicherweise lassen Bruttoreaktionsgleichungen und thermodynamische Gleichgewichtsberechnungen keine Aussage über die Reaktivität der einzelnen Schadgaskomponenten zu.

Die Reaktivität der betreffenden Schadgaskomponenten gegenüber Kalkadditiven lässt sich wie folgt einteilen:

$$SO_3 > HF > HCl \gg SO_2 > CO_2$$

Da über die Massenverteilung die Wahrscheinlichkeit für das Zusammentreffen eines Adsorbensteilchen mit CO_2 viel größer ist als z.B. die eines HCl-Moleküls, lässt das, trotz der schlechteren Reaktivität von CO_2, zunächst auf eine große Bildung von Calciumcarbonat ($CaCO_3$) schließen.

Untersuchungen und Betriebserfahrungen haben gezeigt, dass bei einer Schadstoffabscheidung mit Kalkhydrat die Abscheideleistung unter bestimmten Bedingungen verbessert werden kann. Hierzu zählt vor allem die Erhöhung der relativen Abgasfeuchte j.

Der Chlorwasserstoff reagiert mit Calciumhydroxid zu Calciumchlorid, was in dem der konditionierten Trockensorption üblichen Temperaturbereichs von 130 – 150 °C als Dihydrat vorliegt.

$$Ca(OH)_2 + 2\,HCl \quad \rightarrow \quad CaCl_2 \times 2\,H_2O \tag{1.6}$$

Die HCl-Einbindung verläuft gegenüber der SO_2-Einbindung energetisch bevorzugt, da die Aktivierungsenergie für die Reaktion im Niedertemperaturbereich gegenüber SO_2 niedriger ist. Die Abscheidung von HF stellt aufgrund der hohen Reaktivität keine Schwierigkeit dar und wird deshalb nicht näher betrachtet.

Generell spielt für die Abscheidung saurer Schadgase (HCl, SO_2, HF), mit Ausnahme von SO_3, die Lösungsgeschwindigkeit in wässrigem Medium eine entscheidende Rolle, auch bei trockener Additivzugabe. Denn der stets vorhandene Wasserdampf im Abgas bildet eine Hydrathülle um die Feststoffpartikel, wodurch die Reaktionskinetik gegenüber reiner Trockensorption außerordentlich begünstigt wird.

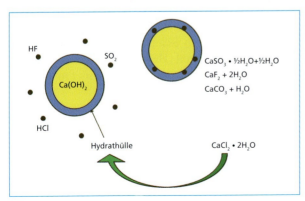

Bild 1:

Ausbildung der Hydrathülle an einem Kalkpartikel

Quelle: Karpf, R.: Verbesserung der Abscheideleistung bei optimierten Additiveinsatz. 3. Tagung Trockene Abgasreinigungstechnicken für Festbrennstoff-Feuerungen und die thermische Prozesstechnik, Essen, 08.-09. November 2007

Das bedeutet, dass Adsorptions- und Absorptionsvorgänge nebeneinander ablaufen. Dabei begünstigt die Hydrathülle den Stoffübergang Gas-/Partikeloberfläche und die Porendiffusion durch gewisse Löseeffekte, die im molekularen Bereich schnelle Ionenreaktionen ermöglichen. Aus diesem Grund spielt insbesondere für hohe SO_2-Abscheideleistungen das Vorhandensein von HCl, respektive $CaCl_2$, eine große Rolle, da man zur Ausbildung der Hydrathülle sich die hygroskopischen Eigenschaften des Calciumchlorids, wie in Bild 1 gezeigt, zu Nutzen macht.

Des Weiteren wurde in Allal et al. [2] ermittelt, dass es eine Zwischenreaktion von bereits gebildeten Calciumchlorid mit Calciumhydroxid gemäß Gl. 1.7 und 1.8 gibt.

$$Ca(OH)_2 + HCl \quad \rightarrow \quad Ca(OH)Cl + H_2O \quad\quad (1.7)$$

$$Ca(OH)Cl + HCl \quad \leftrightarrow \quad CaCl_2 + H_2O \quad\quad (1.8)$$

Bei der Trockensorption mit Kalkhydrat verbessert sich die Abscheidung von SO_2 bei gleichzeitiger Anwesenheit von Chlorwasserstoff und Schwefeldioxid im Abgasstrom im Vergleich zu der separaten Abscheidung bei alleiniger Anwesenheit im Abgasstrom. Im Gegensatz dazu verschlechtert sich die Abscheidung von Chlorwasserstoff unter den gleichen Bedingungen.

Daraus kann man schließen, dass das Zwischenprodukt Calciumhydroxichlorid aus der Reaktion von Kalkhydrat mit Chlorwasserstoff (Gl. 1.7) auch mit dem Schwefeldioxid reagiert. Die Reaktionsgeschwindigkeit bei dieser Reaktion muss demnach größer sein als bei der Reaktion des Kalkhydrates mit Schwefeldioxid (Gl. 1.3), was bei unveränderten Reaktionsbedingungen (Druck und Temperatur) nur mit einer höheren Reaktivität des Calciumhydroxichlorides erklärt werden kann.

Calciumhydroxichlorid wird aber nicht nur bei der Reaktion von Chlorwasserstoff mit Kalkhydrat gebildet. Es entsteht auch im Reststoffprodukt aus dem Gewebefilter als Folge der Reaktion von überschüssigem Kalkhydrat mit Calciumchlorid.

$$Ca(OH)_2 + CaCl_2 \quad \leftrightarrow \quad 2\ Ca(OH)Cl \quad\quad (1.9)$$

Wie kann eine höhere Reaktivität des Calciumhydroxichlorides bei der Reaktion mit dem Schwefeldioxid gegenüber dem Kalkhydrat erklärt werden? Die Betrachtung des Molekülaufbaus ist bei der Aufklärung dieser Frage sehr hilfreich:

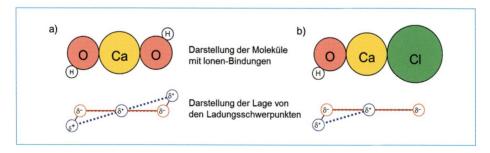

Bild 2:   Molekülaufbau und Dipoleigenschaften von a) Kalkhydrat und b) Calciumhydroxichlorid

Quelle: Karpf, R.: Verbesserung der Abscheideleistung bei optimierten Additiveinsatz. 3. Tagung Trockene Abgasreinigungstechnicken für Festbrennstoff-Feuerungen und die thermische Prozesstechnik, Essen, 08.-09. November 2007

In dem Kristallgitter eines Salzes treten hauptsächlich Ionen-Bindungen auf. Bei Anwesenheit von flüssigem Wasser kommt es zur Solvatation der Moleküle und zur Ionenbildung. Die Darstellung der $Ca(OH)_2$ und der $Ca(OH)Cl$-Moleküle mit Ionen-Bindungen entspricht somit der Form mit der größten Wahrscheinlichkeit.

Die Darstellung der Lage der Ladungsschwerpunkte zeigt, dass bei dem Kalkhydrat die Ladungsschwerpunkte übereinander fallen und somit kein Dipolmoment entsteht.

Bei dem Calciumhydroxichlorid liegt der Schwerpunkt der δ^+-Ladung zwischen dem H- und dem Ca-Atom, während der Schwerpunkt der δ^--Ladung in etwa mit der Lage des Ca-Atoms zusammenfällt. Daraus ergibt sich ein schwaches Dipolmoment, das die räumliche Orientierung von Molekülen bei einer chemischen Reaktion begünstigt.

Es ist jedoch die Frage zu klären, auf welche Weise das Calciumhydroxichlorid mit Schwefeldioxid reagiert.

Bei einer äquimolaren Reaktion von $Ca(OH)Cl$ und SO_2 entsteht neben $CaSO_3$ auch HCl. Das bedeutet aber, dass die schwächere Säure SO_2 die stärkere Säure HCl verdrängen müsste, was jedoch eher unwahrscheinlich ist (Gl. 1.10).

Wahrscheinlicher ist eine Reaktion, bei der zwei Teile $Ca(OH)Cl$ mit einem Teil SO_2 reagieren und es zu einem Austausch der Anionen unter Bildung von $CaSO_3$, $CaCl_2$ und $H_2O(g)$ kommt (Gl. 1.11 und Bild 3).

$$Ca(OH)Cl + SO_2 \quad \rightarrow \quad CaSO_3 + HCl \quad\quad\quad (1.10)$$

$$2\,Ca(OH)Cl + SO_2 \quad \rightarrow \quad CaSO_3 + CaCl_2 + H_2O \quad\quad\quad (1.11)$$

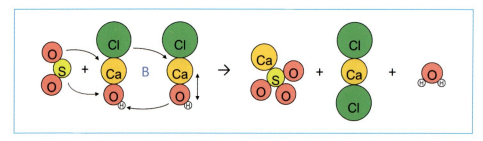

Bild 3:   Darstellung der Reaktion von Schwefeldioxid mit Calciumhydroxichlorid

Quelle: Karpf, R.: Verbesserung der Abscheideleistung bei optimierten Additiveinsatz. 3. Tagung Trockene Abgasreinigungstechnicken für Festbrennstoff-Feuerungen und die thermische Prozesstechnick, Essen, 08.-09. November 2007

1.2. Einflussgrößen

Wie aus dem vorigen Kapitel zu entnehmen ist, hängt die Effektivität der Schadstoffabscheidung von bestimmten Faktoren ab. Je nach Betriebsweise, stellen sich bestimmte Reaktionsbedingungen, welche einen positiven Einfluss auf die Adsorption der Schadstoffe an dem Kalkpartikel ausüben, ein.

Oberflächenstruktur des Sorbens

- *spezifische Oberfläche:* Verfügbare Stoffaustauschfläche für die chemischen Reaktionen,

- *Porenvolumen:* innere Oberfläche für die Adsorption der Schadstoffmoleküle.

Chemische Natur des Sorbens und der Schadstoffe

- *Selektivität:* erhöhte Reaktivität gegenüber bestimmten Schadstoffen,

- *Reaktivität:* stabile Reaktionsprodukte, Stöchiometrie,

- *Thermodynamik* und *Kinetik:* Gleichgewichtslage, Reaktionsgeschwindigkeit.

Konzentration bzw. Partialdruck der Schadstoffe

- *Abscheidegrad* und *Triebkraft:* Differenz zwischen den Rohgas- und Reingas konzentrationen der Schadstoffe,

- *Thermodynamik* und *Kinetik:* Gleichgewichtskonstante (MWG).

Temperatur des Abgases

- *Taupunktabstand:* relative Abgasfeuchte und Schwefelsäuretaupunkt,

- *Thermodynamik* und *Kinetik:* Freie Reaktionsenthalpie, Entropiezunahme.

Gegenwart anderer Stoffe (z.B. H_2O, $CaCl_2$ usw.)

- *Abgaskonditionierung:* Erhöhung der relativen Abgasfeuchte,

- *Hydrathülle:* Ionenbildung in flüssiger Phase erhöht Reaktionsgeschwindigkeit,

- *Reststoffrezirkulation:* Einfluss von $CaCl_2$, SO_2-Beladung von Aktivkohle bzw. Herdofenkoks.

Verweilzeit der Reagenzpartikel im Abgasstrom (Reaktionszeit)

- *Flugstromphase:* Verweilzeit der Reagenzpartikel im Abgasweg von der Sorbens- eindüsung bis zu der Abscheidung im Gewebefilter.

- *Filtrationsphase:* Filterkuchenschicht auf den schlauchförmigen Filtermedien im Gewebefilter.

1.3. Verfahrensbeispiele

In den Bildern 4 bis 7 sind verschiedene Ausführungsarten der konditionierten Tro- ckensorptionsverfahren mit Kalkhydrat schematisch dargestellt, wie sie üblicherweise hinter Abfallverbrennungsanlagen eingesetzt werden.

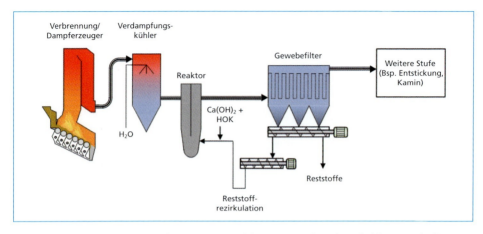

Bild 4: Konditioniertes Trockensorptionsverfahren mit Verdampfungskühler, Gewebefilter und Reststoffrezirkulation (Bsp. MHKW Schwandorf, MHKW Würzburg)

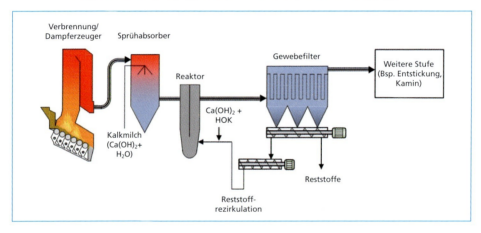

Bild 5: Konditioniertes Trockensorptionsverfahren mit Sprühabsorber, Gewebefilter und Reststoffrezirkulation (Bsp. MHKW Rothensee, MVA Hannover, EBS-Kraftwerk Heringen)

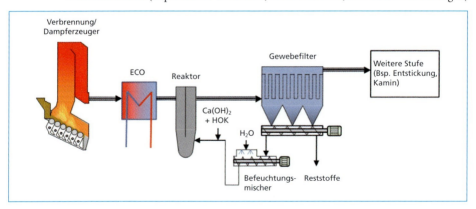

Bild 6: Konditioniertes Trockensorptionsverfahren mit Wärmeauskopplung (ECO), Gewebefilter und Reststoffrezirkulation mit Anfeuchtung (Bsp. MHKW Wuppertal)

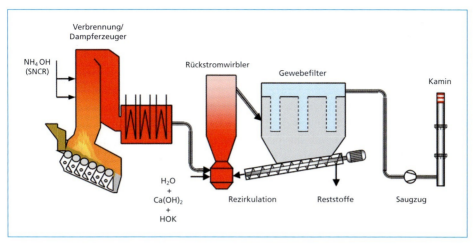

Bild 7:   Konditioniertes Trockensorptionsverfahren mit Rückstromwirbler, Rezirkulation und Eindüsung von Wasser im Reaktor (Bsp. EVZA Staßfurt)

2. Kennwerte für die Bewertung von Trockensorptionsverfahren mit Kalk

Von den oben genannten Einflussgrößen, stellen insbesondere die Temperatur und die Feuchte des Abgases wichtige Parameter im Ablauf eines Reinigungsprozesses dar. Optimale Abscheidebedingungen lassen sich nur unter bestimmten Temperatur- und Feuchteverhältnisse erreichen. Ein Abweichen hiervon kann die Abscheidung verschlechtern, was zu einem höheren Additivbedarf führt.

Auch das richtige Verhältnis der Chlormenge gegenüber der Menge an Schwefel ist von Bedeutung, da durch die Anwesenheit von $CaCl_2$, die Abscheidung von SO_2 begünstigt wird. Aus Praxiserfahrungen ist bekannt, dass mindestens so viel HCl wie SO_2 vorhanden sein muss um eine ausreichende Abscheidung von SO_2 zu gewährleisten:

$$\frac{HCl}{SO_2} > 1 \qquad (2.0)$$

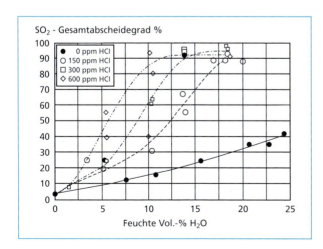

Bild 8:

Einfluss der HCl-Konzentration und der absoluten Feuchte auf den SO_2-Gesamtabscheidegrad

Quelle: Naffin, B.: Einflüsse von Gaszusammensetzung und Temperatur auf das Durchströmungsverhalten von Kalkfilterschichten und die Schwefeldioxidabscheidung. Aachen, Shaker, 1998 (Berichte aus der Verfahrenstechnik). Zugl. Dortmund, Univ., Diss., 1998

639

In Bild 8 ist beispielsweise zu erkennen, welchen Einfluss die Anwesenheit von HCl und die Abgasfeuchte auf die Abscheidung von SO_2 ausüben.

Bei Prozessen, bei denen nicht ausreichend Chlor und Feuchte zu Verfügung stehen, wird die SO_2-Abscheidung benachteiligt. Entgegen der geläufigen Meinung, ist eine überproportionale Additivdosierung zur Anhebung des Chlorgehalts jedoch nicht effektiv. Die hohe Kalkhydratmenge wirkt sich im Gegenteil aufgrund der Verdünnung des Cl-Gehaltes im Reaktionsprodukt nachteilig aus. In wieweit noch ein isolierender Faktor durch das Kalkhydrat auf die Cl-Salze und somit eine reaktionsschwächende Wirkungen ausübt, wäre durch weiterführende Untersuchungen zu klären.

In der Regel wird die Einstellung der optimalen Bedingungen durch eine Konditionierung des Abgases erzielt, indem es abgekühlt, erwärmt oder befeuchtet wird. Die Abkühlung und die Befeuchtung des Abgases erfolgt in der Regel durch Eindüsung von flüssigem Wasser innerhalb des Abgasstromes. Das Prinzip der Abkühlung basiert auf der Herabsetzung der Abgasenthalpie durch die Verdampfungsenthalpie des Wassers. Bei einer hohen Abgasenthalpie muss entsprechend mehr Wasser zugegeben werden, um das Abgas auf die gewünschte Temperatur abzukühlen.

Aus den Erkenntnissen über die verschiedenen Einflüsse, welche die Sorptionsverfahren mit Kalk begünstigen, stellte sich die Frage nach Bewertungskriterien, mit dem die Effizienz des Prozesses schnell bewertet werden kann. Hierfür wurden auf Basis der relevanten Prozessparameter verschiedene Kennwerte gebildet [4].

2.1. Kennwert K_1

Der Kennwert K_1 beschreibt das Produkt aus dem Verhältnis der HCl-Rohgaskonzentration ρ_{HCl} zur SO_2-Rohgaskonzentration ρ_{SO_2} und der absoluten Abgasfeuchte φ_{H2O} im Reaktionsraum.

$$K_1 = \frac{\rho_{HCl}}{\rho_{SO_2}} \cdot \varphi_{H_2O} \qquad (2.1)$$

Das bedeutet, dass die Prozessbedingungen für die Abscheidung bei großen Werten für K1 sehr günstig sind, da sowohl mit steigender Abgasfeuchte als auch mit einem größer werdenden Verhältnis von HCl zu SO_2 die Abscheidung der sauren Schadgasbestandteile (HCl, HF, SO_2, SO_3) als Ionenreaktionen in der wässrigen Phase erfolgt.

2.2. Kennwerte K_2

Zusätzlich zu dem Kennwert K1, in der die Einflussgrößen des Prozesses abgebildet werden, beschreibt der Kennwert K_2 den Quotienten von Stöchiometrie (SV_{II}) zum Abscheidegrad. Das bedeutet, dass über den Kennwert K_2 der Aufwand zum Nutzen beschrieben wird.

$$K_2 = \frac{SV_{II}}{\eta_{Gesamt}} \qquad (2.2)$$

Ein Ansteigen der Kennzahl K_2 z. B. bei dem Vorliegen von hohen Stöchiometrien, aber auch bei kleineren Abscheidegraden, weist auf einen ineffizienten Prozess hin. Wie im Folgenden gezeigt, liegen dem dann meist auch schlechte Prozessbedingungen (kleiner K_1-Wert) zugrunde. Liegt nach wie vor eine hohe Abscheideleistung (kleiner K_2-Wert) bei sich verschlechternden Prozessbedingungen (kleiner K_1-Wert) vor, kann dies auch in der Pufferwirkung des Kalkhydrats in Verbindung mit einer hohen Feststoffrezirkulation oder mit niedrigen Schadgas-Eintrittskonzentration begründet sein.

2.3. Kennwerte K_3

Das Verhältnis der beiden Kennwerte K_1 und K_2, was letztendlich ein Bewertungskriterium für die Gesamteffizienz bei den gegebenen Prozessbedingungen darstellt, wird als Kennwert K_3 beschrieben.

$$K_3 = \frac{K_1}{K_2} \hspace{5cm} (2.3)$$

Das bedeutet, dass bei fallenden K_3-Werten die Prozessbedingungen sich verschlechtern oder die Prozesseffizienz abnimmt. Meist ist das letztere eine Folge des zuerst genannten.

3. Auswertung und Diskussion der Ergebnisse

Zur Veranschaulichung der beschriebenen Methodik wurden die Betriebsparameter aus vier unterschiedlichen Abfallverbrennungsanlagen (MVA), welche ein konditioniertes Trockensorptionsverfahren auf Kalkbasis einsetzen, ausgewertet. Die betreffenden Anlagen sind das

- Müllheizkraftwerk Ludwigshafen,

- Müllheizkraftwerk Wuppertal,

- Müllheizkraftwerk Rothensee/Magdeburg,

- Energie- und Verwertungszentrale Staßfurt.

Bei allen Anlagen beschränkte sich die Betrachtung jeweils auf eine Abgasreinigungslinie. Folgenden Betriebsparameter wurden, entweder als Tages- oder Stundenmittelwert über eine Zeitperiode von mindestens zwei Monate bis hin zu mehreren Jahren ausgewertet[1]:

- HCl-Konzentration im Roh- und Reingas,

- SO_2-Konzentration im Roh- und Reingas,

- absolute Abgasfeuchte,

- Volumenstrom,

- Verbrauch an Kalkhydrat.

---

[1] Aus Übersichtsgründen, wurden Messfehler oder Nullwerte aus den Datensätzen aussortiert.

Anhand dieser Parameter erfolgte die Bildung und graphische Darstellung der Kennwerte K_1 bis K_3. Zur besseren Erfassung und Auswertung werden die Kennwerte als Trendlinien dargestellt.

Müllheizkraftwerk Ludwigshafen

Die Auswertungen der Kennwerte für das MHKW Ludwigshafen sind in den Bildern 9 und 10 dargestellt.

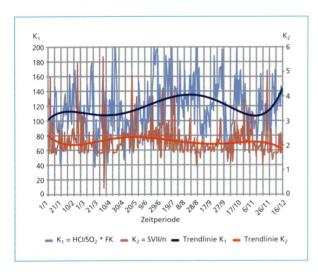

Bild 9:

Graphische Darstellung der K_1- und K_2-Kennzahlen für die Anlage Ludwigshafen

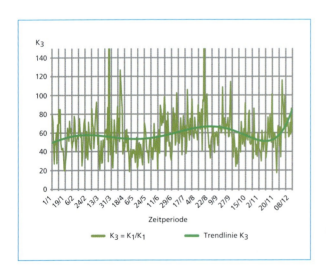

Bild 10:

Graphische Darstellung der K_3-Kennzahl für die Anlage Ludwigshafen

Müllheizkraftwerk Wuppertal

Die Auswertungen der Kennwerte für das MHKW Wuppertal sind in den Bildern 11 und 12 dargestellt.

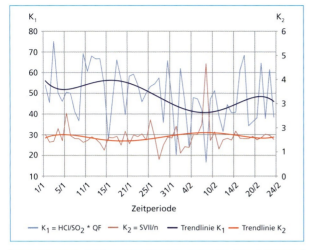

Bild 11:

Graphische Darstellung der K_1- und K_2-Kennzahlen für die Anlage Wuppertal

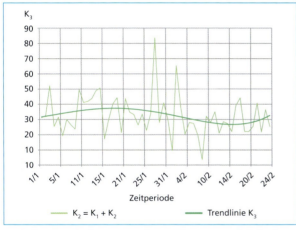

Bild 12:

Graphische Darstellung der K_3-Kennzahl für die Anlage Wuppertal

Müllheizkraftwerk Rothensee/Magdeburg

Die Auswertungen der Kennwerte für die Anlage Magdeburg sind in den Bildern 13 und 14 dargestellt.

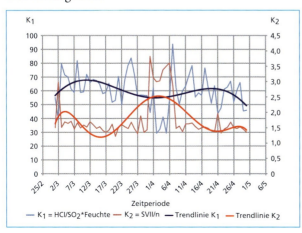

Bild 14:

Graphische Darstellung der K_3-Kennzahl für die Anlage Magdeburg

Energie- und Verwertungszentrale Staßfurt

Die Auswertungen der Kennwerte für die Anlage Staßfurt sind in den Bildern 15 und 16 dargestellt.

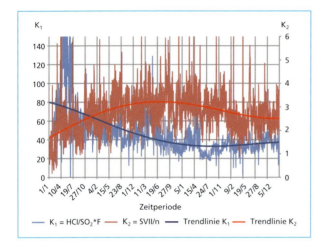

Bild 15:

Graphische Darstellung der K_1- und K_2-Kennzahlen für die Anlage Staßfurt

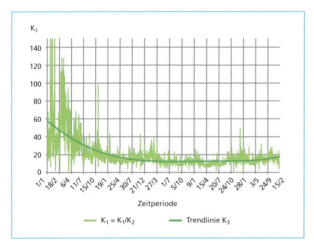

Bild 16:

Graphische Darstellung der K_3-Kennzahl für die Anlage Staßfurt

Bei der Betrachtung der graphischen Darstellungen, ist bei allen Anlagen eine vergleichbare Korrelation zwischen K_1 und K_2 zu beobachten. Bei guten Prozessbedingungen werden die K_1-Werte tendenziell höher, während die Werte für K_2 gleichzeitig schlechter werden. Somit werden die Aussagen über die beschriebenen Prozesskennwerte zunächst bestätigt. Bei einem großen Verhältnis zwischen den Konzentrationen an HCl und SO_2 und ausreichender Feuchte im Rohgas, sind gute Prozessbedingungen zu erwarten. Verschlechtert sich das Verhältnis HCl/SO_2 oder wird die Feuchte kleiner, verschieben sich die Reaktionsbedingungen aus dem optimalen Bereich heraus. In diesem Fall verschlechtert sich der Abscheidegrad für HCl und SO_2, während gleichzeitig Kalkhydrat mit einem höheren Überschuss dosiert wird, als es im optimalen Betriebszustand erforderlich wäre.

Die Darstellung des Kennwertes K_3 ermöglicht generell die Gesamtbewertung des Prozesses. Bei hohen K_1-Werten und kleinen K_2-Werten ist folglich ein hoher K_3-Wert zu erwarten, was bei der Gegenüberstellung der Kurventrendlinien für K_1, K_2 und K_3 auch sehr deutlich zu erkennen ist.

Bei dem Vergleich der K_1-Kennwerte zwischen den einzelnen Anlagen sind jedoch gewisse Unterschiede zu beobachten. Bei den Anlagen Wuppertal und Magdeburg variieren die K_1-Werte im Mittel zwischen 50 und 80, während bei der Anlage Ludwigshafen die K_1-Werte sich im Bereich zwischen 80 und 130 bewegen. Der Grund hierfür sind die in Ludwigshafen vorliegenden relativ hohen HCl/SO_2-Verhältnisse (etwa 4,6 im Mittel) sowie die hohen Feuchtewerte von etwa 21,5 Vol.-%. Dagegen sind in Wuppertal die HCl/SO_2-Verhältnisse mit etwa 2,8 vergleichsweise klein bei mittleren Feuchtewerten von 19,5 Vol.-%. In Magdeburg beträgt das mittlere HCl/SO_2-Verhältnis etwa 4 und ist somit vergleichbar zu Ludwigshafen. Dafür ist die mittlere Feuchte mit 17,7 Vol.-% jedoch relativ gering.

Die K_2-Werte, welche die Effizienz des Prozesses wiedergeben, bewegen sich im Mittel zwischen 1,5 und 2,5. Folglich wäre zu erwarten, dass die K_2-Werte in Ludwigshafen am kleinsten ausfallen, da aufgrund der Betrachtung die Prozessbedingungen als die besten erscheinen (hohe Feuchte, hohes HCl/SO_2-Verhältnis). Dies ist jedoch nicht unbedingt der Fall. Beispielsweise sind die K_2-Werte in Wuppertal und in Magdeburg im Durchschnitt etwas kleiner als die Werte in Ludwigshafen. Dabei ist jedoch zu berücksichtigen, dass die betrachteten Zeiträume nicht identisch sind. In Magdeburg und Wuppertal wurden Perioden von zwei Monaten betrachtet, in Ludwigshafen hingegen erweitert sich die Auswertung auf einer Zeitspanne von einem Jahr, weshalb die Aussagen nicht direkt verglichen werden können.

Bei genauerer Betrachtung der Werteverläufe sind selbstverständlich einigen Diskrepanzen zu erkennen. Konditionierte Trockensorptionssysteme besitzen in der Regel eine gewisse Trägheit, wodurch die für die Ermittlung der Kennwerte zugrunde gelegten Daten zeitlich nicht immer miteinander übereinstimmen. Darüber hinaus, müssen die Messungenauigkeiten der Messinstrumente berücksichtigt werden. Manche Messungen sind erfahrungsgemäß mit Fehlerunsicherheiten behaftet (z.B. dosiertem Kalkhydrat), was sich wiederum auf das Endergebnis der Kennwerte auswirkt. So können durchaus Datensätze vorkommen, die gleichzeitig hohe K_1- und K_2-Werte liefern, was zunächst widersprüchlich erscheint. Deshalb wurde über die Bildung von Trendlinien versucht, derartige Einflüsse in ihrer Amplitude für die Bewertung zu dämpfen.

Besonders interessant ist der Kurvenverlauf der Kennzahlen der Anlage Staßfurt. Hier sind zwei deutliche Zeitperiode anhand der Trendlinien erkennbar. Im ersten Abschnitt des betrachteten Zeitraums liegen gute Prozessbedingungen vor (hohe K_1-Werte), wodurch die Effizienz des Systems (kleine K_2-Werte), verglichen zum weiteren Kurvenverlauf, verbessert wird. Im weiteren Verlauf ist zu erkennen, dass sich die K_1-Kennwerte verschlechtern, wodurch sich die Effizienz des Systems ebenso verschlechtert (höhere K_2-Werte). Bei näherer Betrachtung der K_1-Kennwerte stellt man fest, dass sich nach der Hälfte des gesamten betrachtenden Zeitraums Werte zwischen 20 und 30 einstellen.

Da die Feuchte relativ konstant bleibt (etwa 18,5 Vol.-%) ist davon auszugehen, dass das HCl/SO_2-Verhältnis sich verringert, welches auf zurückgehenden HCl- oder wachsende SO_2-Konzentrationen hinweist. In diesem Fall würde es bedeuten, dass die Effizienz der SO_2-Abscheidung aufgrund unzureichender Chlorfracht abnimmt und der Abscheidegrad kleiner wird, was sich in der nachträglichen Darstellung des K_3-Kennwerts relativ gut wiederspiegelt.

4. Fazit

Trockensorptionsverfahren mit Kalk zeichnen sich zum einen durch einen einfachen und überschaubaren Anlagenaufbau und zum anderen als sehr leistungsfähige Abgasreinigungsverfahren aus. Besonders im Bereich der Abfallverbrennung wurden die Verfahren an die stetig steigenden Emissionsanforderungen bei gleichzeitigem betriebswirtschaftlichem Optimum angepasst. Im Vergleich zu anderen in thermischen Verbrennungsanlagen eingesetzten Sorptionsmitteln, sind kalkbasierte Additive nach wie vor relativ günstig. Um jedoch eine effektive Abscheideleistung bei minimal notwendigem Sorbenseinsatz sicherzustellen, müssen bestimmte Prozessparameter eingehalten werden. Im Wesentlichen handelt es sich hierbei um die Temperatur- und Feuchteverhältnisse im Reaktionsraum. Ebenso ist die Anwesenheit von HCl im Rohgas für die Abscheidung von hohen SO_2-Konzentrationen von großer Bedeutung, da durch das hierbei gebildete hygroskopische $CaCl_2$ die Ausbildung einer Hydrathülle um die Kalkpartikeln unterstützt (vgl. Kapitel 1.1.).

Um die Effektivität einer konditionierten Trockensorption beurteilen zu können, wurden Kennwerte (K_1 bis K_3) eingeführt, anhand derer eine Charakterisierung des Prozesses relativ schnell und einfach vorgenommen werden kann. Der Kennwert K_1 bildet das Produkt aus HCl/SO_2-Verhältnis und der Abgasfeuchte und gibt somit eine Indikation über die vorliegenden Prozessbedingungen. Je höher dieser Kennwert ist, desto besser sind die Bedingungen für die Abscheidung der Schadstoffe. Der Kennwert K_2 ist das Verhältnis des Stöchiometrischen Faktors zu dem erreichten Abscheidegrad und beschreibt somit die Effizienz (Nutzen zu Aufwand) des Prozesses. Das Verhältnis aus den beiden Faktoren bildet den Kennwert K_3, welche die Gesamteffizienz eines Sorptionsprozesses mit Kalk beschreibt.

Am Beispiel von vier Abfallverbrennungsanlagen wurde die Anwendung dieser Kennwerte vorgestellt und diskutiert. Bei allen Anlagen konnte gezeigt werden, dass bei höheren K_1-Werten (bessere Prozessbedingungen), tendenziell kleine K_2-Werte zu finden waren, welche auf eine hohe Effizienz der Sorptionsreaktion hindeuteten.

Generell gesehen eignen sich die Kennwerte zur Bewertung der Prozessführung innerhalb einer Anlage und nicht zum Vergleich zwischen verschiedenen Anlagen. Vielmehr sollen die Kennwerte dazu beitragen, ein Verfahren in seinen Prozessbedingungen und Effizienz zu bewerten. Die Kennwerte stellen somit ein Instrumentarium dar, um derartige Verfahren zur Abgasreinigung hinter Abfallverbrennungsanlagen schnell und einfach zu charakterisieren.

5. Literatur

[1] Karpf, R.: Verbesserung der Abscheideleistung bei optimierten Additiveinsatz. 3. Tagung Trockene Abgasreinigungstechnicken für Festbrennstoff-Feuerungen und die thermische Prozesstechnick, Essen, 08.-09. November 2007

[2] Allal, K. M.; Dolignier, D.-J.; Martin, G.: Reaction mechanism of calcium hydroxide with gaseous hydrogen chloride. Revue de L´Institut Français du Pétrole; Vol. 53, Nr.6, Nov.-Dec. 1998

[3] Naffin, B.: Einflüsse von Gaszusammensetzung und Temperatur auf das Durchströmungsverhalten von Kalkfilterschichten und die Schwefeldioxidabscheidung. Aachen, Shaker, 1998 (Berichte aus der Verfahrenstechnik). Zugl. Dortmund, Univ., Diss., 1998

[4] Karpf, R.: Emissionsbezogene Energiekennzahlen von Abgasreinigungsverfahren bei der Abfallverbrennung. Neuruppin: TK Verlag Karl Thomé-Kozmiensky, 2012

Einsatz eines Gewebefilters für die Sorption
– Auf was sollte man achten? Erfahrungen und Lösungen –

Rüdiger Margraf

1. Einleitung

Quasitrockene und konditioniert trockene Sorptionsverfahren unter Verwendung von Ca-basierten Additiven sowie die Trockensorption bei Einsatz von $NaHCO_3$ haben in den letzten Jahren für das Anwendungsgebiet Verbrennungsanlagen zunehmend an Bedeutung gewonnen. So wurde der überwiegende Anteil der Neuanlagen für Abfall- und EBS-Verbrennungen in Deutschland in dem Zeitraum beginnend mit dem

Deponierungsverbot im Jahr 2005 bis heute mit einer dieser Verfahrenstechniken ausgerüstet. Dieser Trend setzt sich bei den Neuplanungen für WtE-Anlagen in Europa und anderen Teilen der Welt fort.

Durch kontinuierliche Weiterentwicklungen haben diese Verfahren ihre Zuverlässigkeit, Leistungsfähigkeit und nicht zuletzt auch ihre Wirtschaftlichkeit gegenüber anderen auf dem Markt verfügbaren Technologien unter Beweis gestellt. Gerade auch in den letzten Jahren waren technische Optimierungsschritte notwendig, um mit den wachsenden Anforderungen, hervorgerufen durch höhere Schadstofffrachten und durch die Forderung nach niedrigeren Emissionswerten Schritt halten zu können. Ein weiterer Aspekt als Antrieb für Verfahrens-optimierungen ist der ständige Zwang, die Wettbewerbsfähigkeit der Anlagen zu steigern. Es gilt sinkende Erlöse für die Abfallannahme durch Optimierung der Betriebskosten zu kompensieren.

Ein zentrales Bauteil der vorgenannten Sorptionsverfahren ist der filternde Abscheider. Als wesentliche Aufgaben dieses Aggregates sind zu nennen:

- Weitestgehende Abscheidung der im Gas befindlichen Partikel und partikelförmigen Schwermetalle.

- Chemisorption und Adsorption gasförmiger Verunreinigungen in der auf den Filterschläuchen aufgebauten Partikelschicht, die zumindest zum Teil aus Additivpartikeln besteht.

Nachfolgend werden die Aufgaben des filternden Abscheiders im Sorptionsprozess am Beispiel der konditionierten Trockensorption erläutert. Auf wichtige Aspekte bei Auslegung und Konstruktion des filternden Abscheiders wird eingegangen. Die Aussagen lassen sich großteils auch auf den Einsatz von filternden Abscheidern bei anderen Sorptionsverfahren übertragen.

2. Chemisorption und Adsorption am Beispiel der konditionierten Trockensorption

2.1. Vorbemerkung

Filternde Abscheider können generell nur Partikel aus einem Gas abscheiden. Zur Abscheidung gasförmiger Stoffe müssen diese Stoffe durch eine Reaktion mit zugegebenen Additiven in die Partikelform überführt werden (Chemisorption) oder an die innere Oberfläche geeigneter Additive angelagert werden (Adsorption).

Als Beispiel sind zu nennen:

- Chemisorption von sauren Schadgaskomponenten wie HF, HCl und SO_x durch Zugabe von Additiven auf Basis Ca- oder Na-Verbindungen.

- Adsorption von Dioxinen, Furanen sowie Quecksilber (Hg) und Hg-Verbindungen durch Zugabe von Additiven mit großer innerer Oberfläche, wie z.B. Aktivkoks, Aktivkohle oder spezielle Tonmineralien.

Die Abscheidung gasförmiger Schadstoffe stellt besondere Anforderungen an die Ausführungsform filternder Abscheider sowie Kenntnisse über die maßgeblichen Abscheidemechanismen zur Erzielung hoher Abscheidegrade bei gleichzeitig niedrigem Additivmittelverbrauchs.

2.2. Verfahrensbeschreibung der konditionierten Trockensorption

Dieses seit Jahren in den Abfallverbrennungsanlagen zur Einhaltung der Emissionsgrenzwerte, z.B. entsprechend 17. BImSchV eingeführte und bewährte Verfahren ist schematisch in Bild 1 dargestellt. Es besteht im Wesentlichen aus den Bauteilen Verdampfungskühler, Additivzugabe, Reaktor, filternder Abscheider sowie Partikelrezirkulation mit integrierter Partikelkonditionierung.

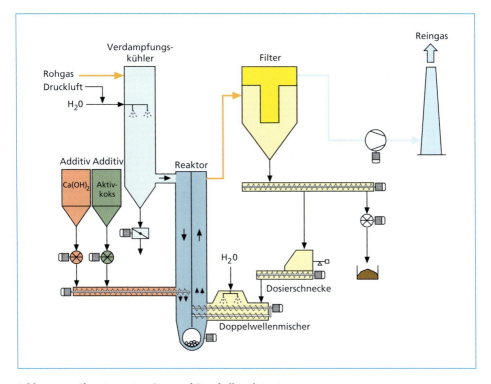

Bild 1:   Chemisorption Gas- und Partikelkonditionierung

Der Verdampfungskühler (Gaskonditionierung) hat die Aufgabe, die Reaktionstemperatur optimal einzustellen, verbunden mit einer Anhebung der absoluten und relativen Feuchte zur Optimierung der Abscheideeffizienz und der Additivmittelausnutzung. Die Schadgassorption und Abscheidung aller relevanten, nicht im Bereich des Kessels und der Verbrennung reduzierten Schadstoffe erfolgt in der Reaktor-Filterkombination mit $Ca(OH)_2$-Zugabe und vielfacher Partikelrückführung einschließlich Konditionierung des Rezirkulates.

Als Aufgaben des Reaktors sind zu nennen,

- Schaffung guter Reaktionsbedingungen durch hohe Additivpartikeldichte
- Verbesserung insbesondere der SO_2-Abscheidung durch Anfeuchtung des Rezirkulates vor Zugabe in den Reaktor
- Weitere, wenn auch geringe Absenkung der Gastemperatur durch die über die Rezirkulatpartikel eingebrachte Feuchte.

Sämtliche Reaktionsprodukte werden in dem filternden Abscheider vom Gasstrom getrennt. Auch erfolgt insbesondere in der auf dem Filtermaterial angelagerten Partikelschicht eine weitere Abscheidung der gasförmigen Schadstoffe.

Ergänzende Informationen zu dieser Verfahrenstechnik finden sich u.a. in [1].

Die Leistungsfähigkeit des vor beschriebenen Verfahrens demonstriert die bei der MHKW Ludwigshafen ausgeführte Anlage (Bild 2). Weitere Einzelheiten zu der Anlage sind in [2] beschrieben.

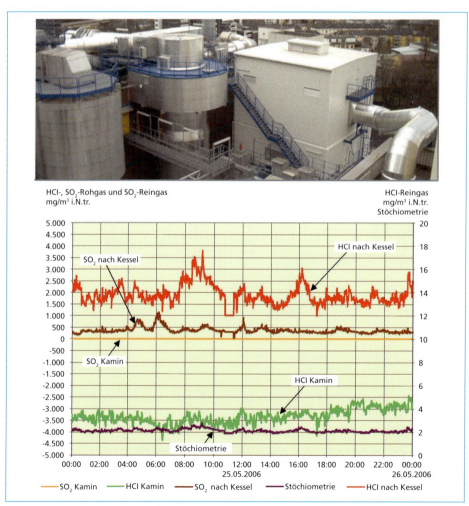

Bild 2:   Konditionierte Trockensorption im MHKW Ludwigshafen

2.3. Chemisorption saurer Schadgaskomponenten

Bei der Chemisorption reagieren die sauren Schadgase wie HF, HCl und SO_2/SO_3 mit einem basischen Additiv. Für die konditionierten Trockensorption finden Ca-basierte Additive Verwendung. Es entstehen bei der Reaktion Salze, die partikelförmig in einem filternden Abscheider aus dem Gasstrom abgetrennt werden.

Die für die Reaktion innerhalb einer Anlage verfügbare Zeitspanne beträgt im Allgemeinen nur 2 bis 5 Sekunden und entspricht der Aufenthaltszeit der Gase im System beginnend mit der Additivzugabe bis zum Passieren des Filtermaterials. Die davon auf das Durchströmen der auf dem Filtermaterial angelagerten Partikelschicht entfallende anteilige Zeit ist mit etwa 0,5 Sekunden relativ kurz.

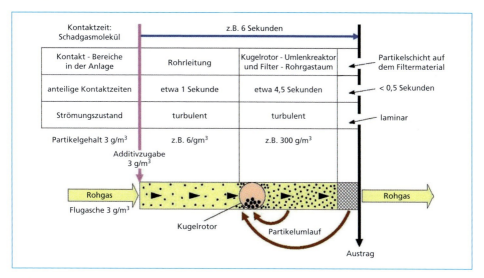

Bild 3:   Reaktionszeit und Partikeldichte

Bild 3 zeigt schematisch die Kontaktzeit und -chancen zwischen Schadgasmolekül und Additivpartikel. Sicherlich sind die Reaktionsbedingungen im Filterkuchen auf Grund der hohen Partikeldichte am besten. Allerdings müssen folgende Aspekte berücksichtigt werden, die die Abscheideeffizienz in dieser Kontaktzone beeinträchtigen.

- Die Kontaktzeit ist extrem kurz.
- Die Strömung ist laminar.
- Voraussetzung ist eine weitgehend homogene Verteilung der Additivpartikel auf dem Filtermaterial.

Ergänzend ist in Bild 3 der Einfluss der Rezirkulation der im Filter abgeschiedenen Partikel in einem dem Filter vorgeschalteten Reaktor schematisch dargestellt. Die Kontaktchancen erhöhen sich in etwa linear mit dem Rezirkulationsfaktor in dem Zeitfenster von der Zugabe der Rezirkulationspartikel in den Reaktor bis zur Abscheidung der Partikel auf dem Filtermaterial. Die Kontaktchancen werden weiter verbessert durch eine turbulente Strömung in diesem Anlagenbereich.

Die Steigerung der Abscheideeffizienz verbunden mit einer Einsparung an Additiv-
mittel bei Einsatz einer Partikelrezirkulation konnte durch Untersuchungen unter zu
Hilfenahme einer Demonstrationsanlage nachgewiesen werden (Bild 4) [3]. Bei diesen
Untersuchungen wurden bei konstanten Input-Bedingungen in Bezug auf Schadgas-
konzentrationen, Gastemperatur, Feuchte im Gas und Additivmittel-Zugabemenge die
Partikelrezirkulation variiert. Die Untersuchungen wurden durchgeführt bei in etwa
konstantem Filterdifferenzdruck. Dies bedeutet, dass bei geringer Rezirkulationsrate
automatisch das Filter mit einem verlängerten Abreinigungszyklus betrieben wurde
und damit die durchschnittliche Partikelschicht auf dem Filtermaterial in etwa konstant
gehalten wurde.

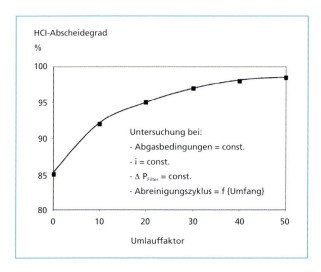

Bild 4:

Einfluss der Partikel-Rückführ-
rate auf den Abscheidegrad

Die Ergebnisse zeigen, dass eine Verbesserung der Schadgasabscheidung bis zu einer
etwa fünfzigfachen Rezirkulationsrate erreicht wird. Für die Auslegung einer Sorptions-
anlage, die einer Verbrennung von Abfall bzw. EBS nachgeschaltet ist, bedeutet dies,
dass bei optimaler Betriebsweise die Partikelkonzentration im Reaktor vor Filter etwa
$300 \ g/m^3$ i. N. beträgt. Der in dem Prozess integrierte filternde Abscheider muss
entsprechend auf diese Partikelkonzentration ausgelegt werden. Die Angabe der Partikelkonzentration von $300 \ g/m^3$ i. N. basieren auf einer Flugaschekonzentration von
$3 \ g/m^3$ i. N. und einer Additivzugabe in gleicher Größenordnung (siehe Bild 3).

Der positive Einfluss der Partikelrezirkulation konnte auch an großtechnischen An-
lagen nachgewiesen werden. Ein Beispiel ist der Umbau der Gasreinigung bei dem
MHKW Rothensee von Sprühsorption ohne Partikelrezirkulation auf Konditionierte
Trockensorption mit vielfacher Partikelrückführung.

Bild 5 zeigt die Gasreinigung nach dem Umbau. Der Sprühabsorber wurde als Bauteil
beibehalten, fungiert jetzt im Wesentlichen aber als Verdampfungskühler zur Einstellung der optimalen Reaktionstemperatur. Eine geringe Menge an Additiv wird zur
Absenkung des Säuretaupunktes und für eine gestufte Sorption weiterhin als Suspension eingedüst.

Bild 5:

Gasreinigung im MHKW
Rothensee

Die Hauptmenge des Additivs wird in Form von Ca(OH)$_2$ in den Reaktor vor Filter in Abhängigkeit des Schadgas-Inputwertes zugegeben. Das Ca(OH)$_2$ wird mittels eines Trockenlöschers vor Ort aus CaO erzeugt. Ein wesentlicher Unterschied zu dem vorher eingesetzten Sprühsorptionsverfahren ist die nun installierte vielfache Partikelrezirkulation.

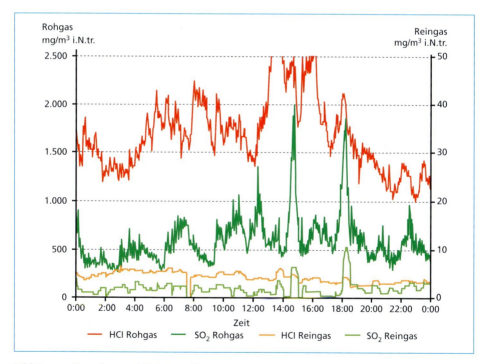

Bild 6:   Trennkurven MHKW Rothensee

Bild 6 zeigt die Abscheideeffizienz des Verfahrens an Hand der kontinuierlich gemessenen Roh- und Reingaskonzentrationen für HCl und SO$_2$ über einen Zeitraum von 24 Stunden.

Deutlich erkennbar ist, dass nicht zuletzt durch die vielfache Partikelrezirkulation und die Anfeuchtung des Rezirkulates auch bei HCl- und SO_2-Peaks die Grenzwerte gesichert im Automatikbetrieb eingehalten werden.

Da im ersten Schritt nur 2 der 4 in Betrieb befindlichen Linien umgebaut wurden, bestand die Möglichkeit den Additivmittelverbrauch für die beiden konkurrierend arbeitenden Sorptionsverfahren zu bewerten. In Bild 7 sind die Einsparpotenziale für Additivmittelbeschaffung und Restproduktverwertung bei Betrieb der konditionierten Trockensorption im Vergleich zu der Sprühsorption für etwa einen Monat aufgetragen. Die Einsparungen sind mit etwa 30 Prozent Minderverbrauch erheblich.

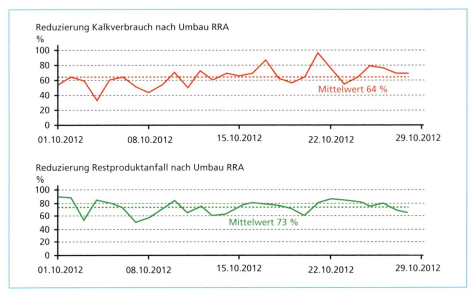

Bild 7:   Additivmitteleinsparung bei konditionierter Trockensorption gegenüber Sprühsorption

Auch für die Trockensorption unter Verwendung von $NaHCO_3$ konnte der positive Effekt bei Betrieb einer Partikelrezirkulation auf die Abscheideeffizienz und den Additivmittelverbrauch nachgewiesen werden [4]. Bei diesem Verfahren wird verständlicherweise auf den Einsatz eines Anfeuchtmischers für die Rezirkulatanfeuchtung verzichtet.

2.4. Adsorption von Dioxinen/Furanen und Quecksilber

Dioxine/Furane und Hg sowie Hg-Verbindungen werden, sofern sie gasförmig vorliegen, aus dem Gasstrom abgeschieden durch Einlagerung der Schadstoffe in Additiven mit großer spezifischer innerer Oberfläche. Die Konzentration dieser Schadstoffe in den Gasen hinter Verbrennungen für Abfall bzw. EBS sind im Vergleich zu den sauren Schadgasen deutlich geringer. Bei Hg beträgt der Faktor etwa 10^{-4} bei Dioxinen/Furanen etwa 10^{-8}. Diese Faktoren gelten in etwa auch für die üblicherweise vorgeschriebenen Reingaskonzentrationen.

Die vorgenannten Zahlen verdeutlichen, dass insbesondere bei der Abscheidung von Dioxinen/Furanen der Schwerpunkt der Abscheidung im Filterkuchen liegt und damit die Anforderungen an den filternden Abscheider hoch sind.

- Sicherstellung des Kontaktes zwischen Schadgasmolekül und Additivpartikel im Filterkuchen.

- Einhaltung eines niedrigen Restpartikelgehaltes im Reingas im Dauerbetrieb.

Ein niedriger Restpartikelgehalt im Reingas deutlich < 5 mg/m³ i. N. ist bei der Abscheidung von Dioxinen/Furanen eine Voraussetzung, um den üblicherweise geforderten Reingaswert < 0,1 ng/m³ i. N. gesichert einzuhalten. Bei der Messung von Dioxinen/Furanen werden nicht nur die Moleküle gemessen, die das Filtermaterial gasförmig passieren, sondern auch diejenigen, die an solchen Partikeln

angelagert sind, welche aufgrund eines erhöhten Restpartikelgehaltes auf die Reingasseite des Filters gelangen.

3. Beachtenswerte Aspekte bei Einsatz filternder Abscheider bei Einsatz für die Sorption

3.1. Genereller Aufbau eines filternden Abscheiders

Den prinzipiellen Aufbau eines filternden Abscheiders zeigt Bild 8.

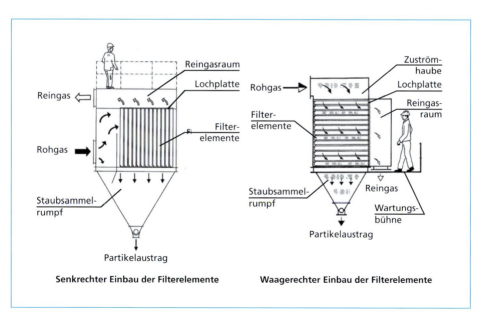

Bild 8:   Schematische Darstellung von filternden Abscheidern mit vertikal und horizontal eingebauten Filterschläuchen

Das Filtergehäuse wird mittels Lochplatten in den Roh- und Reingasbereich unterteilt. Die Filterelemente bestehen jeweils aus Filterschlauch und Stützkorb und werden von der Reingasseite aus eingeschoben. Im Lochplattenbereich sind sie staubdicht befestigt. Das textile Filtermaterial wird von außen nach innen durchströmt. Partikel werden zurückgehalten. Auf dem Markt gibt es unterschiedliche Bauformen, die sich in Bezug auf Schlauchform und Schlaucheinbau unterscheiden. Nähere Einzelheiten nennt hierzu unter anderem [5].

Für die Abreinigung der Filterelemente wird in der Regel eine Druckluft-Online-Abreinigung eingesetzt. Hierbei wird eine Gruppe von Filterschläuchen entgegen der Filtrierrichtung mittels Druckluft und über Injektoren angesaugtes Sekundärgas aus dem Reingas kurzzeitig von Spülgas beaufschlagt. Die Partikelschicht wird vom Filterschlauch gelöst und fällt zumindest teilweise in den Filtersammelrumpf.

Alternativ steht auch eine kammerweise offline arbeitende Abreinigung zur Verfügung. Bei diesem Verfahren wird der Reingasraum des Filtergehäuses in mehrere Kammern unterteilt. Jede Kammer ist absperrbar mit dem Reingas-Sammelkanal verbunden. Zu Beginn der Abreinigung einer Kammer wird die zugehörige Absperrklappe auf der Reingasseite geschlossen. Die Filterschläuche werden bei unterbrochener Filtrierbeaufschlagung wie vor beschrieben, mittels Druckluft gereinigt. Dieses Abreinigungsverfahren ist effektiver und bedeutet für die Filterschläuche eine geringere mechanische Beanspruchung. Allerdings gibt es in Bezug auf die Abscheidung gasförmiger Schadstoffe erhebliche Nachteile wie im Folgenden erläutert wird.

3.2. Verfahrenstechnische Anforderungen an einen filternden Abscheider bei Einsatz für Sorptionsaufgaben

3.2.1. Homogene Partikelschicht auf den Filterschläuchen

Wie unter Abschnitt 2 ausgeführt, ist eine möglichst homogene Partikelschicht auf den Filterschläuchen Voraussetzung für eine effektive Abscheidung gasförmiger Schadstoffe. Dies soll im Folgenden begründet werden.

Alle im Filter angeordneten Filterschläuche sind parallel angeordnet. Damit ist der Volumenstrom durch das mit Partikeln belegte Filtermaterial nicht zwangsläufig homogen. Filterschläuche mit geringer Partikelschicht und damit auch einem geringen Strömungswiderstand werden gegenüber solchen Schläuchen mit einer dickeren Schicht vom Gas bevorzugt durchströmt. Da bei fehlender Additivmittel-Partikelschicht zwangsläufig die Abscheidung gasförmiger Schadstoffe schlechter ist und solche Schläuche überproportional von Gas durchströmt werden, führen Inhomogenitäten zu einer reduzierten Abscheideeffizienz.

Einfluss auf die Homogenität der Partikelschicht haben im Wesentlichen die Gas- und Partikelzuströmung zu den Filterelementen sowie die Filterabreinigung.

Gas- und Partikelzuströmung

Zur Erzielung einer gleichmäßigen Gas- und Partikelzuströmung zu den Filterelementen hat sich der Einsatz von dem Filter vorgeschalteten Zuströmkammern bewährt. Durch Einbau von Leitblechen lässt sich eine ausreichend homogene Verteilung erreichen. Die Anordnung der Leitbleche wird bei projektbezogener Konstruktion einer Filteranlage häufig durch eine numerische Strömungssimulation (CFD) unterstützt (Bild 9). Ggf. an dieser Stelle ausfallende Partikel werden über ein Austragsystem der Rezirkulation erneut zugeführt.

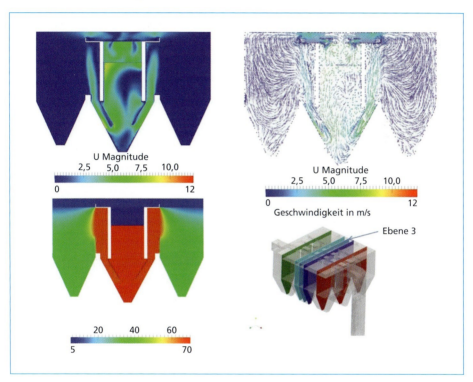

Bild 9:   Beispiel einer numerischen Strömungssimulation

Filterabreinigung

Die von Zeit zu Zeit notwendige Abreinigung der Filterschläuche in Gruppen zur Sicherstellung eines ausreichend niedrigen, konstanten Filter-Differenzdruckes kann zu erheblichen Inhomogenitäten bei Durchströmung der parallel geschalteten Filterschläuche führen. Bild 10 zeigt anschaulich die unterschiedliche Durchströmungsgeschwindigkeit einzelner Schläuche während des Filterbetriebes. An einem Demonstrationsfilter mit Druckluft-Online-Abreinigung wurden hierzu einzelne Schläuche mit Pitotrohren zur Messung des dynamischen Druckes im Austrittsbereich der Mundstücke ausgerüstet.

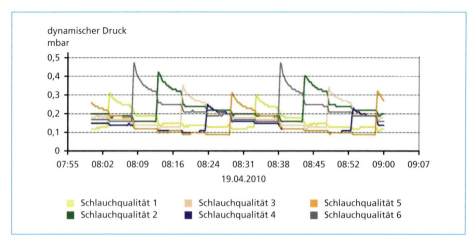

Bild 10:   Dynamischer Druck als Maß für die Strömungsgeschwindigkeit für einzelne Filter-
             schläuche

Betrachtet man die Kurve für einen Filterschlauch, ergeben sich folgende Zusammenhänge:

- Anstieg des dynamischen Druckes direkt nach der Abreinigung

- Abfall des dynamischen Druckes mit zunehmendem Partikelaufbau auf dem
  Schlauch

- Mit Abreinigung der nächsten Schlauchgruppe reduziert sich der dynamische
  Druck weiter und bleibt auf einem relativ niedrigen Niveau bis zum nächsten Abreinigungsvorgang des betrachteten Schlauches.

Die Strömungsgeschwindigkeit schwankt um den Faktor 2, d.h. Geschwindigkeit ist
nach der Abreinigung etwa doppelt so hoch wie vor dem nächsten Abreinigungsvorgang
für dieselbe Schlauchgruppe.

Bei Filteranlagen mit Partikelrezirkulationen können solche Inhomogenitäten relativ
schnell durch Neubelegung der abgereinigten Schläuche mit Rezirkulationspartikeln
ausgeglichen werden. Der Abreinigungszyklus ist sicherlich deutlich kürzer, aber die
Partikelschicht auf den Schläuchen homogener.

Es ist verständlich, dass die unter 3.1 erwähnte kammerweise Druckluft-Offline-
Abreinigung in Bezug auf die Sicherstellung einer homogenen Partikelverteilung
erhebliche Nachteile aufweist. Bei diesem Abreinigungsverfahren wird jeweils eine
größere Gruppe von Schläuchen gleichzeitig abgereinigt. Zusätzlich ist die Abreinigung effektiver, d.h. der Filterkuchen wird weitestgehend entfernt. Damit werden die
Inhomogenitäten in Bezug auf die Partikelschicht größer und die Abscheideeffizienz
gasförmiger Stoffe schlechter. Aus diesem Grund findet die Offline-Abreinigung bei
Sorptionsanlagen kaum Anwendung.

3.2.2. Sicherstellung eines niedrigen Restpartikelgehaltes im Reingas

Eine Vielzahl von Untersuchungen zeigt, dass der überwiegende Teil der Partikelemissionen während und kurz nach der Druckluftabreinigung der Filterschläuche entsteht [6]. Bild 11 verdeutlicht dies eindrucksvoll.

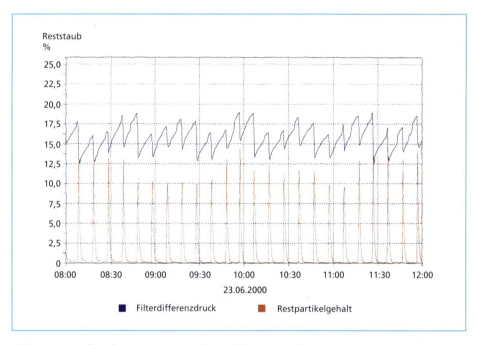

Bild 11:   Einfluss des Abreinigungszyklus auf den Restpartikel-Gehalt im Reingas

Die Untersuchungen wurden durchgeführt an einem relativ kleinen Demonstrationsfilter. Deutlich erkennbar ist in Bild 11 bei der Messwertaufzeichnung die Korrelation zwischen Abreinigungsimpuls und Emissionswert. Bei der jeweiligen Abreinigung einer Gruppe von Schläuchen sinkt der Differenzdruck (blaue Kurve), Gleichzeitig steigt die Staubemission sprunghaft an (rote Kurve). Nach Schließen des Abreinigungsventils und Beendigung des Abreinigungsvorganges beginnt der Differenzdruck des Gesamtfilters wieder zu steigen. Die Partikelemission sinkt auf Werte bis nahe 0 Prozent der Skala.

Um die Partikelemission zu minimieren, gibt es verschiedene Ansätze

- Verlängerung der Pausenzeit und/oder Reduzierung des Peaks durch Einsatz einer Offline-Abreinigung. Diese Maßnahme ist wie unter 3.2.1 beschrieben bei Sorptionsaufgaben nicht sinvoll.

- Verlängerung der Pausenzeit zwischen einzelnen Abreinigungsvorgängen durch Reduzierung der Filterflächenbeaufschlagung. Dies führt zu höheren Investitionskosten und kann gleichzeitig die Inhomogenität der Partikelschicht auf den Filterschläuchen erhöhen.

- Wahl eines Filtermaterials, das den Partikeldurchtritt nach dem Abreinigungsvorgang minimiert. Dies kann erreicht werden, durch die Verwendung von Feinstfasern auf der Anströmseite des Filtermaterials oder auch durch den Einsatz von Oberflächenausrüstungen, wie z.B. in Bild 12 dargestellt.

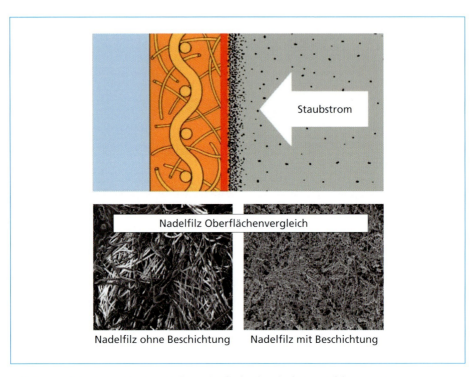

Bild 12:   Filtermaterial mit und ohne Oberflächenbeschichtung auf der Anströmseite

3.3. Beachtenswerte konstruktive Aspekte bei Einplanung von filternden Abscheidern für Sorptionsanlagen

3.3.1. Anlagenverfügbarkeit

Bei Einsatz von filternden Abscheidern zur Gasreinigung von Abfall-/EBS-Verbrennungen wird von den Betreibern eine nahezu 100 Prozentige Verfügbarkeit für diese Apparate gefordert. Nachfolgend werden wesentliche Aspekte diskutiert, die zur Sicherstellung einer hohen Anlagen-Verfügbarkeit zu beachten sind.

Vermeidung von Verstopfungen im Filterbereich

Bei Einsatz von Ca-basierter Additive entstehen als Reaktionsprodukte auch hygroskopische Salze in Form von $CaCl_2$. Zur Vermeidung von Problemen durch Feuchtigkeit im Filter muss die Trockentemperatur des Gases in Abhängigkeit der Gasfeuchte eingestellt werden. Die einzuhaltenden Grenztemperaturen zeigt Bild 13 [7].

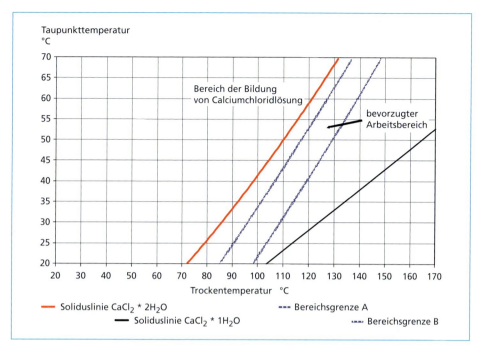

Bild 13:   Zustandsdiagramm CaCl₂

Bei Anlagenbetrieb im Temperaturbereich links der rot eingezeichneten Soliduslinie kann es zu Verklebungen der Filterschläuche, verbunden mit einem irreversiblen Differenzdruckanstieg kommen. Auch besteht die Gefahr der Verblockung kompletter Filterkammern. Anzustreben ist der Filterbetrieb in dem rechts der Soliduslinie gekennzeichneten blauen Temperaturbereich.

Ergänzend ist generell auf eine Filterkonstruktion zu achten, die Partikelablagerungen konsequent vermeidet.

- Steile Sammelrumpfwände
- Keine Versteifungen im Innenbereich der Filter
- Großzügig dimensionierte Austragsorgane
- Installation von Austragshilfen wie pneumatischen Klopfern
- Konsequente Isolierung des gesamten Filters unter Vermeidung von Kältebrücken
- Beheizung von Bauteilen mit geringer Wärmezufuhr, wie z.B. der Filter-Sammelrümpfe und des gesamten Austragssystems

Filterausführung in Mehrkammerbauweise

Das Filter sollte in Mehrkammerbauweise ausgeführt werden. Es besteht dann die Möglichkeit, einzelne Kammern ohne Beeinträchtigung des Anlagenbetriebes für Wartungs- und Instandhaltungsarbeiten abzuschalten. Der n-1-Kammerbetrieb muss bei Festlegung der Filtergröße berücksichtigt werden.

Detektion defekter Filterschläuche

Auch bei sorgfältiger Auslegung und Ausführung eines filternden Abscheiders kann nicht zu 100 Prozent ausgeschlossen werden, dass im Laufe der Betriebszeit vereinzelt Filterschläuche durch Schäden Partikel durchlassen. Gerade bei hohen Partikelbeladungen auf der Rohgasseite von mehreren 100 g/m³ i. N., wie dies bei der konditionierten Trockensorption der Fall ist, können bereits kleine Schlauchschäden schnell zu einem unzulässigen Anstieg des Partikelgehaltes im Reingas führen. Auftretende Schäden müssen vom Bedienpersonal in kürzester Zeit und bereits im Entstehen detektiert werden. Hier hat sich die Ausrüstung jeder einzelnen Kammer mit einfachen qualitativen Partikelmesseinrichtungen bewährt.

3.3.2. Vermeidung von Korrosionen

Bei Einsatz von filternden Abscheidern hinter Verbrennungen für Abfall bzw. EBS besteht ein erhebliches Korrosionsrisiko. Insbesondere die Reingaskammern zeigen bei nicht konsequenter Beachtung aller notwendigen Maßnahmen bereits nach einer relativ kurzen Betriebszeit starke Korrosionserscheinungen, die bis zur vollständigen Durchrostung führen können. Als Maßnahmen zur Vermeidung von Korrosionen sind zu nennen:

- Vermeidung von Kältebrücken durch konsequente Ausführung der Isolierung. Hierzu zählt auch die Entkopplung im Bereich des Stahlbaus. So darf z.B. in keinem Fall das Penthouse oberhalb der Reingasräume auf den Filterkammern abgestützt werden. Ein separater Stahlbau ist zwingend vorzusehen.

- Verwendung von Edelstählen, wo sinnvoll.

- Aufbringen von Sonderanstrichen im gefährdeten Bereich, wie z.B. den Reingaskammern.

- Beachtung von Säuretaupunkt und Soliduslinie.

Anlässlich des jährlichen Wartungsstillstandes sollte das Filter sorgfältig auf Korrosionsangriffe untersucht werden. Dazu gehört auch, nach Abschaltung des Filters die auf den Wandflächen verbliebenen Partikelschichten zu entfernen, um die darunterliegenden Stahlteile zu prüfen. Gegenmaßnahmen müssen unverzüglich eingeleitet werden, um größere Schäden gesichert auszuschließen.

4. Wertung

Filternde Abscheider sind ein wichtiges Bauteil für die trockenen und konditioniert-/quasitrockenen Sorptionsverfahren. Im Filter werden letztendlich alle Schadstoffe in Form von Flugasche, Reaktionsprodukten und freien Restadditiven abgeschieden. Auch erfolgt im Filter zumindest teilweise die Abscheidung gasförmiger Stoffe durch Chemisorption oder Adsorption.

Filternde Abscheider haben sich in Bezug auf die vorgenannten Aufgaben als sehr zuverlässig und effizient bei hoher Verfügbarkeit bewährt. Dies setzt voraus, dass alle verfahrenstechnischen und konstruktiven Aspekte, basierend nicht zuletzt auf den in den letzten Jahren gesammelten Betriebserfahrungen beachtet werden. Hier sind insbesondere zu nennen:

- Berücksichtigung der Auslegungsvorgaben, die aus dem jeweiligen eingesetzten Sorptionsverfahren abzuleiten sind.

- Verfahrenstechnische Einbindung des filternden Abscheiders auch als Aggregat zur Abscheidung gasförmiger Stoffe in den Sorptionsprozess.

- Beachtung der in Kapitel 3 diskutierten verfahrenstechnischen und konstruktiven Vorgaben.

5. Literaturverzeichnis

[1] Löschau, M.; Thomé-Kozmiensky, K. J.: Reinigung von Abgasen aus der Abfallverbrennung; In: Thomé-Kozmiensky, K.J.; Beckmann M. (Hrsg.): Energie aus Abfall Band 7. Neuruppin: TK Verlag Karl Thomé-Kozmiensky, Januar 2010

[2] Wradatsch, R.: Entwicklung und Betriebserfahrungen mit der konditionierten Trockensorption des MHKW Ludwigshafen; 3. Fachtagung Trockene Abgasreinigung für Festbrennstoff-Feuerung und thermische Prozesstechnik, Haus der Technik Essen, 2007

[3] Margraf, R.: Biomass to Energy – Pollution Control Lessons Learned in Europe; 10th Research Forum on Recycling, PEERS September 15-18, 2013 Green Bay Wisconsin

[4] Margraf, R.: Trockensorption mit Natriumbikarbonat – wirklich ein ganz einfaches Verfahren? Untersuchungen an einer MVA in Frankreich; 5. Fachtagung Trockene Abgasreinigung für Festbrennstoff-Feuerung und thermische Prozesstechnik, Haus der Technik Essen, 2009

[5] Margraf, R.: Vom Taschenfilter zum Flachschlauchfilter – Entwicklung, Bauformen, Abscheideleistung; Haus der Technik Fachtagung Filteranlagentechnik, Essen 2006

[6] Margraf, R.: Einfluss von Filterkonstruktion, Filterauslegung und Filtermaterialauswahl auf die Partikelabscheidung; Krematorium – Aktualisierung der VDI - Richtlinie 3891, Veranstaltung von VDI KRdL, DBU & BDB, Osnabrück 2011

[7] Margraf, R.: Conditioning rotor-recycle process with particle conditioning – a simple and effective process for the gas cleaning downstream waste incinerators; NAWTEC 18, Orlando/Florida, 2010

Sprühtrockner – Sprühabsorber
– eine Komponente die oft zu klein ist und hohe Betriebskosten verursacht –

Armin Möck

Beim Betrieb von verschiedenen industriellen (meist Groß-) Anlagen (fossil befeuerte Kraftwerke, Zementwerke, Metallhütten, Reststoffverbrennungsanlagen/Abfallverbrennungsanlagen, Glaswerke, chemische Werke, petrochemische Anlagen usw.) entstehen große Mengen heißer Gase. Diese Gase sind in den allermeisten Fällen mit einer Vielzahl an Schadstoffen (Feststoffe/Staub, HCl, SO_2, HF, usw.) beladen, deren Konzentration oberhalb der gesetzlichen Grenzwerte liegen [11]. Zur Einhaltung dieser Grenzwerte werden die Abgase sehr aufwendig gereinigt. Im Folgenden wird detailliert auf zwei Bauarten einer Komponente der Abgasreinigung eingegangen: den Sprühtrockner und den Sprühabsorber.

1. Grundlage Verdampfungskühler

Die *Mutter* der Sprühtrockner und Sprühabsorber ist der klassische Verdampfungs-kühler. Verdampfungskühler sind auch Teil von Abgasreinigungsanlagen. Diese werden verwendet um die heißen Gase (Temperaturen etwa 200 bis 1.200 °C) aus den Pro-zessen abzukühlen bevor diese den staubabscheidenden Komponenten (Elektrofilter, Gewebefilter) zugeführt werden. Die Abkühlung der Gastemperatur ist notwendig um

- die nachgeschalteten Anlagenteile zu schützen
  (kostengünstigere Werkstoffe können verwendet werden),

- die Betriebsmenge des Gases zu reduzieren
  (Anlagen können kleiner = kostengünstiger ausgelegt werden),

- um den Wirkungsgrad der Abscheideprozesse zu erhöhen.

Der Verdampfungskühler besteht aus einem zylindrischen (meist vertikalen) Rohr (Durchmesser etwa 0,5 bis 12 m) welches oben und unten mit einem Konus verbunden ist. Die Koni dienen als Übergangsstück von und zu den gasführenden Rohrleitun-gen. Im oberen Konus sind zur Verbesserung der Gasverteilung über dem Verdamp-fungskühler-Querschnitt meist Einbauten (Lochbleche, Strömungsrichtbleche, usw.) enthalten. Für einen hohen Wirkungsgrad eines Verdampfungskühler/Sprühtrockner/ Sprühabsorber ist eine homogene und rotationsfreie Gasverteilung über den gesamten Querschnitt notwendig.

Die heißen Gase werden (meist) oben in den Verdampfungskühler eingeleitet. Nach erfolgter Vergleichmäßigung des Gasstromes wird mittels Düsen oder Rotationszer-stäuber Wasser zerstäubt und gleichmäßig mit dem heißen Gas vermischt. Durch die Verdampfung des Wassers (Verdampfungsenthalpie Wasser 2.257 kJ/kg) wird das Gas abgekühlt.

Bild 1:   Verdampfungskühler - Außenansicht   Bild 2:   Verdampfungskühler - Innenansicht

Quelle: Intensiv-Filter Velbert

Die Austrittstemperatur kann durch Veränderung der eingebrachten Wassermenge geregelt werden. Im Folgenden werden wir uns auf die Düsen als Zerstäubungsorgan beschränken, da diese Anwendung die Majorität der gebauten Anlagen darstellt. Welt-weit sind mehrere Tausend Verdampfungskühler in Betrieb.

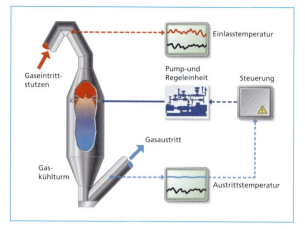

Bild 3:

Regelschema für den
Verdampfungskühler

Der Verdampfungskühler muss so groß gewählt werden, dass die eingebrachten Wassertropfen bei allen Betriebsbedingungen innerhalb des Zylinders des Verdampfungskühlers vollständig verdampfen. Da die Abgase in den meisten Fällen auch eine hohe Feststofffracht haben und die Feststoffe/Stäube/Asche z. T. in Verbindung mit Wasser chemisch abbinden führt unverdampftes Wasser in Kombination mit den Stäuben zu starken Materialanhaftungen (*Anbackungen*) am unteren Konus des Verdampfungskühlers und/oder an den Seitenwänden. Diese Anbackungen müssen ab gewissen Ausprägungen meist mechanisch entfernt werden, was nicht bei laufendem Betrieb realisiert werden kann. Je nach Anbackneigung der Anbackungen fallen diese auch gelegentlich nach unten in den Verdampfungskühler und können dort mechanische Schäden verursachen. Dieser Wartungsaufwand ist sehr kostenintensiv, gefährlich und reduziert die Verfügbarkeit der kontinuierlich laufenden Produktionsanlagen.

Bild 4:   Anbackungen aufgrund
unverdampfter Tropfen

Somit wird von Anlagenbaufirmen und Endkunden auf eine sichere Auslegung der Verdampfungsprozesse geachtet. Die notwendige Zeit von der Generierung der Tropfen bis zur Verdampfung hängt bei isobaren und isothermen Umgebungsbedingungen primär von der Größe der Tropfen ab. Da aus Gründen der Ökonomie die Anlagenteile möglichst klein gebaut werden sollen, ist man bestrebt möglichst feine Tropfensprays unter Aufwendung von möglichst wenig Energie zu erzeugen [1].

Der kritische Fall (=Auslegungsfall) bei der Auslegung der Größe von Verdampfungskühlern ist der Betriebszustand mit der maximalen Gasmenge und der minimalen Ein- und Austrittstemperaturen. Für die Auslegung des Bedüsungssystems (Pumpengröße, Nennweiten, Düsengrößen) muss die maximalen Gasmenge, die maximale Ein- und die minimale Austrittstemperatur in Betracht gezogen werden.

2. Düsentechnik

Die für Sprühtrockner und Sprühabsorber notwendigen Düsen müssen folgende Eigenschaften aufweisen:

- Großer Volumenstrom-Regelbereich (mindestens 10 : 1)
  * zum An- und Herunterfahren der Anlagen,
  * zur Anpassung an verschieden Lastfälle.
- Über den Regelbereich gleich bleibende verfahrenstechnische Eigenschaften wie Tropfengrößenverteilung und Sprühwinkel;
- Idealerweise ein einstellbares Tropfenspektrum (zur Anpassung der Anlagengröße an vorhandene räumliche Gegebenheiten);
- Einfach regelbar (stabile Regelung ohne Schwankungen);
- Geringes Energie/Tropfengrößen-Verhältnis;
- Robust, wartungsarm:
  * geringe Verstopfungsgefahr = große freie Querschnitte,
  * verschleißfest.

Auf dem Markt der Düsen sind etwa 40.000 Düsen (Auswahl auf Bild 5 erkennbar) mit unterschiedlichen Verfahrensparametern erhältlich. Unter dieser Vielzahl an Düsentypen und Leistungsgrößen kommen nur sehr wenige Düsen für diese sehr speziellen Anwendungen in Frage.

Bild 5:   Überblick über Düsen

2.1. Düsenarten

Die für Sprühtrockner und Sprühabsorber verwendeten Düsen gehören aufgrund der hohen Anforderungen zu den Spezialdüsen. Warum werden diese Spezialdüsen verwendet, wenn es doch viel einfachere Standarddüsen gibt?

Düsen unterscheiden sich primäre durch folgende verfahrenstechnische Eigenschaften:

- zerstäubter Volumenstrom Flüssigkeit bei einem spezifischen Druck,
- Tropfengrößenverteilung des generierten Tropfenspektrums,
- Strahlwinkel,
- Verbrauchswerte an Hilfsmedien wie Druckluft oder Dampf (gilt nur für Zweistoffdüsen).

2.2. Grundlagen Düsentechnik – gilt nur für Einstoffdüsen

Bauform

Hohlkegel ist feiner als Vollkegel.

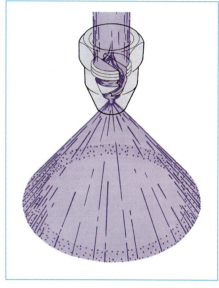

Bild 6:   Vollkegeldüse

Bild 7:   Hohlkegeldüse

Baugröße

Je kleiner eine Düse einer Bauart ist bzw. je weniger Flüssigkeit diese Düse zerstäubt, umso feiner ist das Tropfenspektrum.

Druck

Je höher der Druck an der Düse, umso feiner sind die erzeugten Tropfen.

Strahlwinkel

Je größer der Strahlwinkel einer Düse ist, umso feiner ist das Tropfenspektrum.

Bei vielen Düsenanwendungen muss der Volumenstrom der Düse laufend den Betriebsbedingungen angepasst werden. Da für diese Anpassung des Volumenstroms der Austausch der Düsen gegen andere Leistungsgrößen nicht in Betracht kommt, kann diese Anpassung der Betriebsweise nur über die Veränderung des Flüssigkeitsdruckes erfolgen.

Gemäß der Bernoullischen Gleichung steigt der Vorlaufdruck quadratisch zur Volumenstromänderung an. Dies bedeutet, dass Änderungen der Eindüsmengen nur über Druckänderungen realisierbar sind:

Axial-Hohlkegeldüsen: $p_2 = (V_2/V_1)^2 \cdot p_1$

Axial-Vollkegeldüsen: $p_2 = (V_2/V_1)^{2,5} \cdot p_1$

In diesem Diagramm ist die Veränderung des Vordruckes über den Volumenstrombereich von 1 : 10 von z.B. 4 bis 40 l/min aufgetragen. Der Startüberdruck beträgt 0,5 bar.

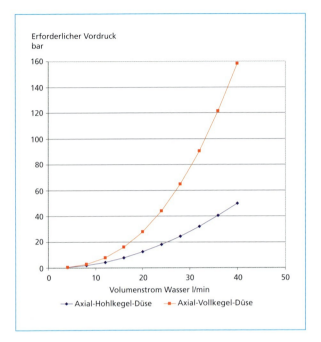

Bild 8:

Druck-Mengen-Diagramm für Wassermengen von 4 bis 40 l/min

Da, wie oben schon erwähnt, sich über diese große Druckbereiche auch die Tropfengrößen sehr stark ändern sind diese einfachen Düsen nicht für anspruchsvolle Anwendungen geeignet.

Basierend auf den komplexen Anforderungen entstanden für diese Anwendungen zwei Gruppen von Spezialdüsen:

- Zweistoffdüse (innenmischend),

- Rücklaufdüse.

Die Eigenschaft, dass sich die Tropfenspektren je nach Betriebspunkt der Düsen ständig verändern, ist für die Auslegung von Anlagen und die Realisierung eines stabilen Dauerbetriebs vieler physikalischer und chemischer Prozesse sehr nachteilig. Diese Defizite der ständigen ungewollten Tropfengrößenveränderungen treten bei der Verwendung von Zweistoff- und Rücklaufdüsen nicht auf.

Um die verfahrenstechnische Vorteile der Spezialdüsen herauszustellen, sind im folgenden Diagramm die Tropfengrößen über einen Volumenstrombereich von 1:10 (in diesem Beispiel von 4 bis 40 l/min) von vier verschiedenen Düsentypen aufgetragen.

Wie zu erkennen ist, gibt es bei den beiden Axial-Düsen große Veränderungen in der maximalen Tropfengröße (wir verwenden hier die Bezeichnung *max. Tropfen* für den dv_{98} bis dv_{98} bedeutet, dass 98 Prozent des Volumen der Flüssigkeit in Tropfen dieser Größe oder kleiner zerstäubt werden) bedingt durch die große Spanne des Vordrucks.

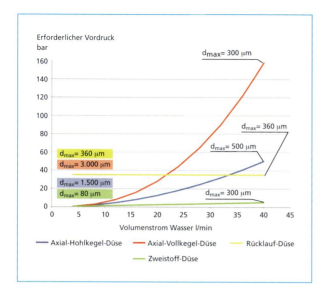

Bild 9:

Druck-Mengen-Tropfengrößen-Diagramm für Wassermengen von 4 bis 40 l/min verschiedener Beispieldüsen

In der Realität sind diese Düsen aus folgenden Gründen nicht für Anwendungen mit geregeltem Volumenstrom und einer gezielten Verdampfung des Wassers einsetzbar:

- Regelbereiche von 0,5 bis 160 bar bzw. 0,5 bis 50 bar sind mit einem einstufigen Regelventil nicht abbaubar bzw. führen zu sehr hohem Verschleiß im Regelventil und an den Düsen

- Die Veränderung der Tropfengröße im Bereich von 1 : 3 bzw. 1 : 10 über den Regelbereich erlaubt es nicht damit einen gleich bleibenden und stabilen Prozess (z. B. vollständige Verdampfung) zu realisieren.

2.3. Freie Querschnitte Düsen

Neben der einfachen Regelbarkeit der Flüssigkeitsmenge und der gleich bleibenden bzw. einstellbaren Tropfengrößen stellen die freien Querschnitte der Düsen einen entscheidenden Vorteil dar:

Freie Querschnitte der 4 bis 40 l/min - Düsen:

Axial-Hohlkegeldüse	2,0 mm		
Axial-Vollkegeldüse	2,4 mm		
Rücklauf-Düse	6,0 mm	→	bedingt für mit Feststoff beladene Flüssigkeiten geeignet
Zweistoff-Düse	9,5 mm	→	für mit Feststoff beladene Flüssigkeiten geeignet, da auch Flüssigkeitsdruck gering

2.4. Düsenauswahl

Für Sprühtrockner und Sprühabsorber werden aus folgenden Gründen nur innenmischende Zweistoffdüsen verwendet:

- Aufgrund der Feststoffbeladung der Flüssigkeiten (bis 30 Vol.-%) bei diesen Anwendungen und bedingt durch den hohen Vordruck von etwa 35 bar und den damit verbundenen hohen Fließgeschwindigkeiten würde es bei Verwendung von Rücklaufdüsen zu sehr hohem Verschleiß an Pumpe und Düse kommen.

- Die für den Prozess notwendigen feinen Tropenspektren sind mit Rücklaufdüsen nicht generierbar.

- Komplett im sehr verschleißfesten (kombiniert mit geringer Sprödigkeit) und korrosionsbeständigen Werkstoff Hartmetall (Wolframkarbid) herstellbar

2.5. Funktion innenmischende Zweistoffdüsen

Als Zweistoffdüse bezeichnet man eine Düse bei welcher die Energie für die Zerstäubung des Wassers in feine Tropfen nicht allein durch den Flüssigkeitsdruck sondern über ein sekundäres Medium - hier Druckluft - eingebracht wird. Auf Bild 10 erkennen Sie das Funktionsprinzip der Düse. Das vor zerstäubte Wasser (2) und die über seitliche Bohrungen definiert zugeführte Druckluft (1) treffen sich in der inneren Mischkammer (3) und das feine Wasserspray verlässt die Düse über die Austrittsöffnung (4).

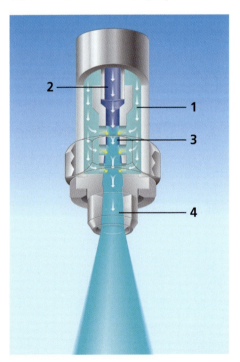

Bild 10:   Prinzip Zweistoff-Düse - Prinzip und Baugrößen

Vorteile der Zweistoffdüse

- sehr feine Tropfenspektren möglich

- viele Leistungsgrößen verfügbar (V_{wasser} pro Düse von 0,0006 - 12 m³/h)

- Regelbereich der Düsen bis zu 40 : 1

- Tropfengröße des Sprays über die spezifische Druckluftmenge einstellbar (auch während des Betriebes)

- in Relation zu den Volumenströmen sehr große freie Querschnitte

- in allen Metallen, Keramik und Hartmetall herstellbar

Nachteile der Zweistoffdüse

- durch Druckluftverbrauch relativ hohe Betriebskosten

- Austrittsgeschwindigkeit der Tropfen sehr hoch und somit hohen Impulswirkung auf die Gasströmung

Ringspaltdüse

Nach Jahrzehnte langem Einsatz von bestimmten Zweistoffdüsen stellte man erst vor wenigen Jahren mittels Hochgeschwindigkeitsfotografie fest, dass sich bei Wasser und noch ausgeprägter bei Flüssigkeiten mit höherer Viskosität und Dichte (Abwasser REA, Kalkmilch) entlang des Austrittskegels ein Wasserfilm zur Düsenvorderseite bewegt, welcher sich dann unzerstäubt ablöst und das Tropfenspektrum sehr stark negativ verändert. Da sich diese großen Tropfen außerhalb des eigentlichen Düsenstrahles befinden wurde diese vorher mit den Tropfenmessgeräten nie erfasst und gemessen.

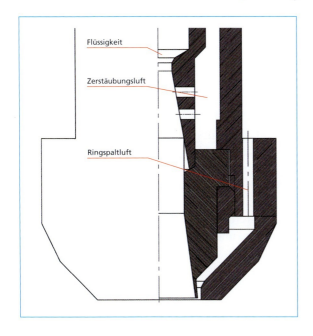

Bild 11:   Ringspaltdüse

Basierend auf diesen Erkenntnissen wurden für die Anwendung in Sprühtrockner und Sprühabsorber die Laval-Düsen mit einem Ringspalt versehen. Diese patentierte *Ringspaltdüse* (Bild 11) zerlegt die großen Tropfen am Düsenmund in kleine Tropfen (sekundäre Zerstäubung) [3].

In dem mit Nanolicht aufgenommenen Bild 12 sind diese großen Tropfen sehr gut erkennbar. Durch die Ringspaltluft wird dieser Effekt der Grobtropfenbildung verhindert, das Tropfenspektrum wird deutlich feiner und kontrollierbar. Die dafür notwendige Druckluft wird entweder von der vorhandenen Zerstäubungsluft abgezweigt oder von einem mehrstufigen Gebläse generiert.

Auf Bild 13 erkennt man die deutliche erhöhte Feinheit des Tropfenspektrums und die kompaktere Form des Düsenstrahls – bei gleichen Umgebungsbedingungen und identischen Volumenströmen Wasser und Druckluft durch die Düse.

Bild 12:   Austrittskante Zweistoffdüse ohne   Bild 13:   Austrittskante mit Beaufschlagung
            Beaufschlagung von Ringspaltluft   von Ringspaltluft

Quelle: ESG Baden-Baden   Quelle: ESG Baden-Baden

3. Sprühtrockner

Sprühtrockner werden seit vielen Jahrzehnten bei der Herstellung von zahlreichen granularen Endprodukten wie Waschpulver verwendet. Sprühtrockner als Teil von industriellen Abgasreinigungen (kurz: RRA) wurden notwendig, als die Vorschrift von abwasserfreien Reststoffverbrennungsanlagen Gültigkeit erlangte [8]. Da bis zur Jahrtausendwende primär RRA auf Basis von Nasswäschern konzipiert und gebaut wurden entstand zwangsläufig Abwasser [2]. Die primäre Aufgabe von Sprühtrockner ist die kostengünstige Entsorgung dieser Abwässer. Im Zuge von neuen Vorschriften in den USA, müssen (vermutlich ab 2015 beginnend) dort auch Kohlekraftwerke abwasserfrei sein. Die anfallenden Waschflüssigkeiten werden in den Haupt- oder einen Teilstrom des Abgases eingedüst, das Wasser verdampft und die festen Verdampfungsrückstände werden im anschließenden Filter abgeschieden und entsorgt.

Eine Alternative zur Sprühtrockner ist die Wasseraufbereitung mit dem Ziel verkaufbare Stoffe zu erhalten. Wobei auch bei diesem Verfahren eine Restmenge Wasser verdampft werden muss.

Die Wasseraufbereitungsanlagen haben sich aber als sehr unzuverlässig und wartungs- und somit kostenintensiv herausgestellt. Kombiniert mit der Erfahrung, dass die chemisch reinen Wertstoffe wie z.B. Kochsalz aufgrund der rein psychologischen Hürde der Herkunft (Abfallverbrennungsanlage) nicht verkaufbar sind, haben sich einige Betreiber von Wasseraufbereitungsanlagen entschieden diese stillzulegen und durch einen Sprühtrockner zu ersetzen [8].

Flüssigkeiten Sprühtrockner – Verdampfung – Auswirkung Anlagenbau

Die Flüssigkeiten welche in den Sprühtrockner verdampft werden bestehen meist aus Mischungen der Abwässer vom sauren und basisch betriebenen Nasswäscher. Diese werden dann mit Kalkmilch (Calciumhydroxid ($Ca(OH)_2$) und Wasser) oder Natronlauge neutralisiert. Die dabei entstehende Flüssigkeit wird meist *Neutrat* genannt.

Die Neutralisierung ist zur chemischen Bindung der leicht flüchtigen ausgewaschenen Schadstoffe notwendig und führt zur Reduzierung des ph-Wertes. Würde man die Waschflüssigkeiten unneutralisiert eindüsen, würden sich die leicht flüchtigen Schadstoffe anschließend wieder im Abgas befinden [6].

In der nachfolgenden Tabelle 1 wird ein Beispiel für die Zusammensetzung einer Mischung, welche mit Natronlauge neutralisiert wurde, aufgezeigt:

Tabelle 1: Zusammensetzung Neutrat

Stoff	Gew.-% Normal	Gew.-% Min - Max
$CaCl_2$	4,9	3 bis 10
NaCl	1,9	1 bis 3
$CaSO_4$	2,1	1 bis 4
CaF_2	0,13	0 bis 3
Staub, Inertes	0,03	0,01 bis 0,3
H_2O	90,1	90
Salz-/Feststoffe		maximal 10

Da aufgrund der stark schwankenden Beladungen des Abgases mit Schadstoffen die Konzentrationsbereiche der einzelnen Bestandteile sehr groß sind, ist es notwendig die verfahrenstechnischen Sicherheitsfaktoren sehr groß zu wählen. Die Anlagen müssen *robust* ausgelegt sein.

Die entscheidenden Unterschiede bei der Verdampfung von Restwasser mit diesen hohen Beladungen im Vergleich zu reinem Wasser sind:

- Die hohe Salzfracht im Tropfen kann dazu führen, dass sich während des Verdampfungsprozesses um den Tropfen eine Feststoff-/Salzkruste bildet welche die weitere Aufheizung des Tropfens und die Verdampfung behindert und die Verdampfungsstrecke deutlich verlängert [6]. Außerdem kann es bei zu kurzer Verdampfungsstrecke vorkommen, dass diese eingeschlossenen Tropfen bzw. nicht durchgetrocknete Partikel beim Auftreffen auf der Wand aufplatzen und ungewollte Anbackungen bilden.

- Im Verdampfungskühler verdampft das Wasser praktisch rückstandsfrei. Im Sprühtrockner bleibt aber nach der Verdampfung des Wassers ein Reststoff (Salz) übrig, welcher noch getrocknet werden muss bevor er einem Förderorgan zum Weitertransport übergeben werden kann.

Aufgrund des hohen Salzanteils (speziell von $CaCl_2$) und der Eigenschaft, dass $CaCl_2$ sehr hygroskopisch ist, muss der Reststoff sehr trocken am Ende der Verdampfungsstrecke ankommen. Erfahrungsgemäß muss man von einer Erhöhung der Verweilzeit der Tropfen im Sprühtrockner von Faktor fünf gegenüber der reinen Wasserverdampfung ausgehen. Da sich die Durchmesser der Tropfen quadratisch auf die erforderliche Verdampfungsstrecke auswirken und die verfügbaren Bauhöhen von Sprühtrockner begrenzt sind ist man natürlich bestrebt Zerstäubungsmittel/Düsen mit feinen Tropfenspektren zu verwenden.

Für einen zuverlässigen Betrieb eines Sprühtrockner mit obiger Wasseranalyse (Tabelle 1) und einem hohen Anteil an Calciumchlorid muss darauf geachtet werden, dass die Zieltemperatur nach Verdampfung des Wassers (Austritt Sprühtrockner) nicht unter 160 bis 175 °C beträgt. Diese Austrittstemperatur muss basierend auf der gesamten Reststoffzusammensetzung festgelegt werden. Außerdem müssen der untere Konus des Sprühtrockners und das gasführende Rohr zum Filter beheizt sein [10]. Ansonsten entstehen v. a. in der Anfahrphase bleibende Anbackungen. Da Falschlufteintrag und Kältebrücken bei den üblichen Staubsammel- und austragsorganen am unteren Ende des Sprühtrockners fast nicht zu verhindern sind, wird bei diesen Anwendungen darauf oft verzichtet. Die gasführenden Rohrleitungen zum Filter müssen bzgl. Gasgeschwindigkeit so ausgelegt sein, dass die Reststoffe sicher aus dem Sprühtrockner heraus transportiert werden. Soll auf die Austragsorgane nicht verzichtet werden so muss auf die maximale Reduzierung (Verhinderung) der Falschluftmenge und die Begleitbeheizung besonderes Augenmerk gerichtet werden.

Der größte Kostenpunkt beim Betrieb der Sprühtrockner sind die Wartungskosten [4, 9]. Hierzu zählt primär die Kosten zur Entfernung großer Wandbeläge und feuchter Ablagerungen, v. a. im unteren Bereich des Sprühtrockners. Nicht selten kommt es vor, dass der untere Konus des Sprühtrockners mit feuchten Anbackungen regelmäßig komplett zuwächst und die Anlagen abgefahren werden müssen. Durch den Produktionsausfall, die Entfernung der harten Beläge und die gesonderte Entsorgung des abgebauten Materials entstehen sehr hohe Kosten. Außerdem wird durch die Stillstände die Verfügbarkeit der Anlage stark reduziert.

4. Sprühabsorber

Sprühabsorber stehen in direkter *Konkurrenz* zu den nassen Abgaswäschern deren Abwässer die Sprühtrockner verdampfen. Obwohl die technische Lösung der trockenen Abgasreinigung schon lange vorher zur Verfügung stand, wurde verstärkt erst ab etwa 1995 eine breite Akzeptanz bei den Betreibern und den Behörden erreicht [5]. Nahezu alle danach errichteten RRA in der Abfallverbrennung sind als reine Trockenverfahren ohne Nasswäscher konzipiert und ausgeführt worden.

Die Investitions- und Betriebskosten dieser Anlagen sind deutlich geringer. Diese trockene RRA kommt in Europa aber nur bei kleinen und mittleren Anlagen (primär Abfallverbrennung) zum Einsatz. Großkraftwerke sind aufgrund der länderspezifischen Parameter wie z. B. Energie-, Entsorgungs-, Additiv- und Personalkosten, geforderte Abscheideraten und Marktpreise für das Endprodukt Gips weiterhin mit nassen Abgaswäschern ausgerüstet [12]. In den USA werden aber auch Abgasreinigungen in großen Kohlekraftwerken (bis 800 MW_{el}) z. T. mit Sprühabsorber zur Abscheidung von SO_2 betrieben.

4.1. Flüssigkeiten Sprühabsorber – Reaktion/Verdampfung – Auswirkung auf den Anlagenbau

Im Gegensatz zum Sprühtrockner wird im Sprühabsorber eine definierte Flüssigkeit eingedüst. Der allergrößte Teil aller Sprühabsorber-Anlagen werden mit Kalkmilch (Calciumhydroxid ($Ca(OH)_2$) und Wasser), die restlichen Anlagen mit Natronlauge betrieben. Die üblichen Konzentrationen der Kalkmilch liegen bei 12 bis 18 Prozent. Die Aufgabe des Sprühabsorbers ist es die für die Umwelt schädlichen Bestandteile aus dem Abgas (primär SO_2, HCl, HF) zu binden. Auf die bekannten chemischen Reaktionen zwischen Ca und den Schadstoffen soll an dieser Stelle nicht näher eingegangen werden.

Um bei den trockenen Verfahren die chemische Bindung der Schadstoffe an das Calcium zu ermöglichen und den Wirkungsgrad der Reaktion zu erhöhen (= geringer Stöchiometriefaktor = Optimierung des Betriebsmitteleinsatzes) sind primär folgende Bedingungen notwendig:

- eine möglichst tiefe Abgastemperatur und

- eine erhöhte Abgasfeuchte

Durch die Verdampfung von Wasser im heißen Abgas wird man beiden Bedingungen gleichzeitig gerecht. Die hohe Verdampfungsenthalpie von Wasser senkt die Abgastemperatur stark ab und gleichzeitig steigt der Wasserdampfanteil im Abgas. Durch die separate Regelung von Wasser und Kalkmilch (Additiv) kann zu jeder Schadstoffbeladung des Abgases der ideale Betriebspunkt (Anpassung Anteil Kühlung und Absorbtion) eingestellt werden.

Da die Anlagenteile und gasführenden Kanäle in der Regel nicht in Edelstahl sondern in Normalstahl ausgeführt werden birgt das Bestreben die Temperatur am Austritt des Sprühabsorbers an die Säuretaupunktstemperatur des Abgases anzunähern die Gefahr von Korrosion [10]. Zusätzlich ist es nahezu unmöglich eine zuverlässige Verdampfung und ausreichende Trocknung der Ca bzw. der Calciumchlorid–Partikel bei Annäherung der Austrittstemperatur an den Säuretaupunkt zu realisieren. Somit wird meist zu Lasten des Stöchiometrifaktors die Austrittstemperatur angehoben. Wie beim Sprühtrockner sind auch hier der untere Konus und die Abgaskanäle im unteren Bereich begleitbeheizt. Die Gefahr von Anbackungen ist bei den hier vorliegenden Reststoffen aufgrund des geringeren Anteils an Calciumchlorid reduziert.

5. Auslegung Sprühtrockner – Sprühabsorber
– Strömung und Düsenverteilung –

Um die Gehäusegröße von Sprühtrockner – Sprühabsorber möglichst klein zu halten ist man bestrebt den Wirkungsgrad der Verdampfung und Trocknung möglichst hoch zu wählen. Der Wirkungsgrad des Verdampfungsprozesses hängt primär ab von:

5.1. Gleichmäßige Gasverteilung über dem gesamten Querschnitt

Hierbei wird angestrebt dass alle Gasgeschwindigkeitsvektoren (abgesehen von der Randströmung mit geringerer Gasgeschwindigkeit) senkrecht nach unten gerichtet (möglichst keine Rotationsströmung) und die Geschwindigkeiten möglichst gleich sind [7]. Diesem Ziel kommt man heute mit CFD–Untersuchungen sehr nahe (Bilder 14 bis 17).

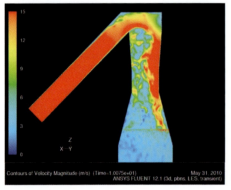

Bild 14: Seitenansicht CFD, vor Optimierung

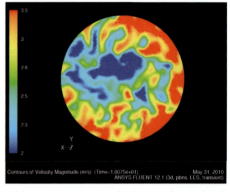

Bild 15: Seitenansicht CFD, Schnitt durch die Ebene

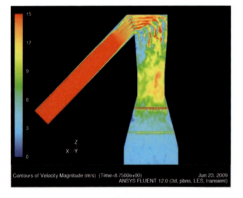

Bild 16: Seitenansicht CFD, vor Optimierung

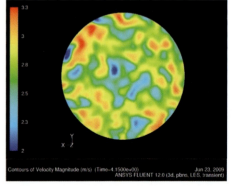

Bild 17: Seitenansicht CFD, Schnitt durch die Ebene

5.2 Gleichmäßige Flüssigkeitsverteilung über dem gesamten Querschnitt

Um die Flüssigkeit gleichmäßig zu verteilen sind rein theoretisch unendlich viele kleine Düsen notwendig. Um der potentiellen Gefahr von Anbackungen an den Wänden durch Abbindung von reaktiven Staub- und Aschepartikeln mit Wasser und die Gefahr von

Korrosion durch Auftreffen von Tropfen an der Innenwand zu reduzieren wird zwischen Wand und Düsenstrahlen/Sprühkegel ein gewisser Abstand eingehalten. Durch diesen Abstand (nicht bedüster Randbereich) entfernt man sich natürlich vom Optimum der Wasserverteilung. Bei einer sehr guten Gasströmung kann dieser Abstand aber gering gehalten werden. Mittels Darstellung von empirisch aufgenommenen Düsenstrahlen werden diese Düsenverteilungen optimiert (Bild 18).

Bild 18:

Beispiel für die Düsenveteilung im Sprühtrockner – Sprühabsorber

5.1. Häufig realisierte Fehler an Sprühtrockner – Sprühabsorber

Gehäuse/Reaktor zu klein ausgeführt

Dies ist der am meisten realisierte Fehler. Entweder wird die Verweilzeit der Tropfen bei der Auslegung der Anlage zu gering gewählt oder entstehen die Störungen durch veränderte Rahmenbedingungen wie Gasmenge oder Eintrittstemperatur.

Gehäuse/Reaktor zu groß ausgeführt

Um eine große Verweilzeit der Tropfen zu erhalten wurden einige Sprühtrockner – Sprühabsorber sehr groß gebaut. Dadurch reduzierten sich die sonst üblichen Gasgeschwindigkeiten am Eintritt des Sprühtrockners – Sprühabsorbers von 3 bis 4 m/s auf 0,8 bis 2 m/s. Dies führte kombiniert mit dem Impulseintrag der Zweistoffdüsen zu Strömungsschieflagen und Rückströmungen welche an den Wänden Anbackungen erzeugten. Grundsätzlich muss die Gasgeschwindigkeit im Sprühtrockner – Sprühabsorber mit der Düsengröße und -anzahl abgestimmt werden (Bild 18).

Schlechte Gasverteilung bei ausreichenden Sprühtrockner-Volumina

Viele ältere Sprühtrockner – Sprühabsorber (oft Bauweise Babcock) weisen am Eintritt keinen Konus sondern einen scharfen Übergang von der gasführenden Leitung zum Sprühtrockner – Sprühabsorber auf.

An diesen Sprühtrocknern – Sprühabsorbern, welche bzgl. Volumen groß genug ausgelegt sind kommt es aber häufig zu Funktionsstörungen. Diese sind bedingt durch die Tatsache, dass der zentrale Kernstrahl des Abgases sich nur sehr langsam dem großen Durchmesser anpasst. Die Kernströmung *schießt durch*. Es kommt dann zu Anbackungen am Boden und Unterteil des Sprühtrockners – Sprühabsorbers, da das aktive Volumen nicht genutzt wird. Bei gewissen Betriebszuständen kann es auch vorkommen, dass die Kernströmung am Rand des Zylinders eine Rückströmung verursacht, welche den Feintropfenanteil der Düsen wieder nach oben trägt und dort Anbackungen generiert.

6. Betrieb Sprühtrockner – Sprühabsorber

Anbackungen in und an den Düsen führen immer zu einer Vergrößerung der Tropfen-spektren und somit zu einer Verschlechterung des verfahrenstechnischen Prozesses. Im Regelfall werden Zweistoffdüsen in Sprühtrockner/Sprühabsorber, welche üblicherweise mit kritischen Flüssigkeiten betrieben werden, aufgrund der Anbackungen in und an den Düsen und Düsenlanzen alle 8 bis 20 h demontiert und gereinigt.

Diese Reinigungen sind

- gefährlich weil dabei die laufende Anlage mit heißen und giftigen Abgasen geöffnet werden muss. Die Düsenlanzen sind heiß, schwer sind und die mit den Lanzen entfernten Stoffe gesundheitsschädlich.

- kostenintensiv, da Tauschlanzen vorhanden sein müssen, die Reinigung viel Zeit in Anspruch nimmt und aufgrund der Behandlung mit starken Säuren Düse und Lanze sehr stark verschleißen.

- für den Prozess störend, da Falschluft einströmt und die Gesamtsteuerung der Eindüsung durch das Außerbetriebnehmen einer Lanze gestört wird.

Trotz dieser regelmäßigen Reinigungen haben nahezu alle Sprühtrockner – Sprüh-absorber eine maximale Reisezeit von 6 bis 8 Monaten. Der Grund dafür ist, dass der Feststoffaustrag, die Unterseite des Sprühtrockners – Sprühabsorbers oder/und die ausströmenden Gasleitungen starke Anbackungen aufweisen. Dadurch erhöht sich der Druckverlust über den Sprühtrockner – Sprühabsorber und die Gebläse können diese höheren Drücke nicht mehr kompensieren und gehen in Überlast. Z. T. werden Rest-tropfen auch bis in den nachfolgenden Filter getragen und verursachen dort verkrustete Filterschläuche oder Anbackungen in den Filterkammern [1]. Diese Folgeschäden von nichtoptimalen Verdampfungsprozessen im Sprühtrockner – Sprühabsorber generieren sehr hohe Reinigungs- ,Instandhaltungs- und Produktionsausfallkosten. Oft entstehen diese Anbackungen im Sprühtrockner – Sprühabsorber durch verspätete Reinigung der Düsen. Der Betreiber muss entscheiden welcher Aufwand (Reinigung Düsen oder Sprühtrockner – Sprühabsorber) für ihn günstiger ist. In jedem Fall der Sprühtrockner – Sprühabsorber bzgl. Betriebs- und Wartungskosten eine *teure* Anlagenkomponte.

Diese Kosten können durch heute verfügbare cleaning–in–place–Systeme deutlich gesenkt werden.

6.1. Cleaning–in–place–System

In einigen Neuanlagen kommt die neue Ringspaltdüse in Kombination mit einem automatischen Abreinigungssystem der Düsenlanzen (cleaning–in–place) zum Einsatz. Dieses Abreinigungssystem reinigt die Düsenlanzen und Düsen in einstellbaren Intervallen mit einem Reinigungsmedium automatisch ab (ohne Ausbau der Lanzen). Hierbei wird aus den z. B. 6 Stück Düsenlanzen eine Lanze außer Betrieb genommen, mit sauberem Wasser gespült und dann nacheinander auf der Wasser- und Druckluftseite mittels eines Luftstromes, welcher mit einer geringen Menge eines Reinigungsmediums beaufschlagt ist, gereinigt. Der ganze Reinigungszyklus nimmt etwa 1 bis 2 Minuten Zeit in Anspruch und läuft vollautomatisch ab. Da diese automatisierte Abreinigung sehr viel öfters als die manuelle Reinigung stattfindet kommt es nicht mehr zu den Anbackungen im Sprühtrockner – Sprühabsorber aufgrund eines nicht optimalen Düsenbetriebes (Bild 19 und 20).

Bild 19:   Düse vor automatischer Reinigung   Bild 20:   Düse nach automatischer Reinigung

7. Betriebsbeispiel: Neubau von zwei Sprühtrocknern im AHKW Neunkirchen und Betriebserfahrungen

Am Standort Neunkirchen (Bild 21) wird seit 1970 Hausmüll verwertet. Die Anlage erfuhr 1996 und 2001 Modernisierungsmaßnahmen.

Kennzahlen Neunkirchen

- Betreiber: EEW Energy from Waste GmbH
- Verbrennungskapazität: 150.000 t/a
- Dampferzeugerkapazität: 2 • 8,5 t/h
- Energieerzeugung:
    * elektrisch: 11,6 MW Strom
    * thermisch: 22,0 MW Fernwärme

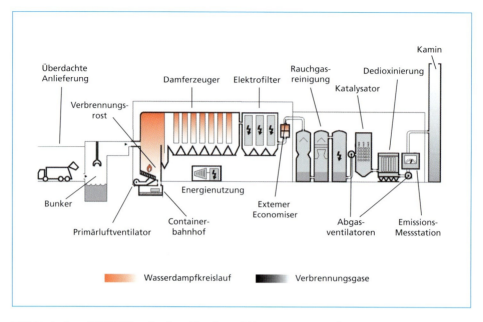

Bild 21: Aufbau AHKW Neunkirchen (Quelle: Infoblatt EEW Energy from Waste GmbH)

Die nasse Abgasreinigung besteht aus

- Stufe 1: Venturiwäscher sauer

- Stufe 2: Radialstromwäscher basisch

- Stufe 3: Nass–Elektrofilter

Bis Ende 2010 wurde das Abwasser aus den nassen Abgasreinigungsstufen mittels einer aufwendigen Abwasserbehandlungsanlage aufbereitet und danach eingedampft [8]. Auf den folgenden Bildern 22 und 23 ist die Komplexität des Verfahrens ersichtlich. Die Anzahl der hier nicht dargestellten aber eingebauten Einzelkomponenten (Kugelhähne, Ventile, Schieber, usw.) kombiniert mit dem *Schwierigkeitsgrads* der Flüssigkeit war der Grund für den notwendigen hohen Wartungsaufwand und der damit verbundenen Störanfälligkeit.

Das ursprüngliche Ziel der aufwendigen Abwasserbehandlungsanlage (ABA) und Ein-dampfanlage (EDA) war es, die Betriebskosten durch Verkauf der separierten Rückstän-de zu reduzieren. Es war geplant die mit der Anlage gewonnenen Wertstoffe Kochsalz und Gips zu verkaufen. Es stellte sich aber heraus, dass das Salz nicht verkaufbar war, da es a) zu feucht/nicht rieselfähig war und b) die emotionalen Hürden der Kunden bzgl. der Herkunft des Produkts unterschätzt wurden. Durch ein Überangebot an Gips auf dem Markt konnten auch hier keine guten Erlöse erzielt werden [8].

Neben der negativen Verkaufsbilanz war der Betrieb von ABA und EDA sehr wartungs- und somit kostenintensiv.

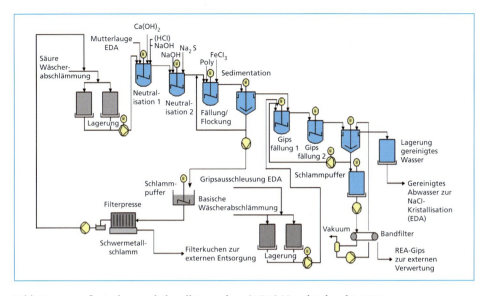

Bild 22:   Aufbau Abwasserbehandlungsanlage (ABA) Neunkirchen bis 2010

Quelle: AHKW Neunkirche

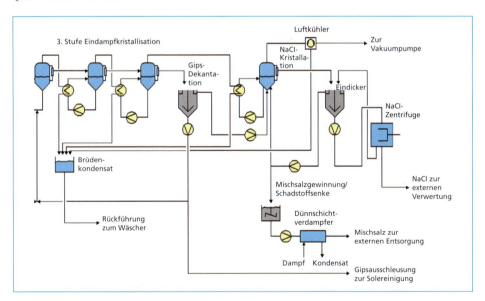

Bild 23:   Aufbau Eindampfanlage (EDA) Neunkirchen bis 2010

Quelle: AHKW Neunkirchen

Der Dauerbetrieb war nur durch die ständig erhöhte Aufmerksamkeit des Personals in der Leitwarte und hohen manuellen Aufwand/Eingriff möglich. So mussten z. B. beim Anfahren mehrere Saugleitungen stündlich für 8 bis 10 h mechanisch freigestochert werden.

685

Das Vorhandensein von vielen dieser Problemstellen erschwerte den Betrieb beträchtlich. Unterblieben diese manuellen Eingriffe ging die Anlage schnell außer Betrieb.

Entscheidung für Umbau

Basierend auf folgender Sachlage wurde der Umbau zum Sprühtrockner im Jahre 2010 beschlossen.

- Teil der ABA hätte ersetzt werden müssen
- hohe Betriebskosten durch hohen stetigen Wartungsaufwand
- Produkte nicht wirtschafltich verkaufbar
- Neuanlage konnte im Dampferzeugergebäude untergebracht werden
    * geringe/keine Gebäudekosten
    * einfaches Genehmigungsverfahren)

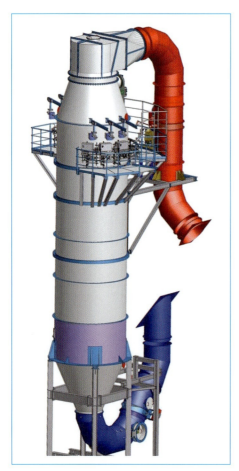

Bild 24:   Übersichtsdarstellung
             Sprühtrockner Neunkirchen

Rahmenbedingungen für Umbau

- Sprühtrockner musste in bestehendem Gebäude untergebracht werden
- max. Höhe 22 m
- Genehmigung von Gebäudeerhöhung war unmöglich
- Eintrittstemperatur Gas 200 bis 250 °C
- Austrittstemperatur Gas mind. 170 °C
- Eindüsmenge 1,6 m³/h
- wartungsfreier Dauerbetrieb
- Reisezeit mindestens 6 Monate

Durch aufwendige CFD-Untersuchungen wurde die An- und Ausströmung und Gasverteilung höhenoptimiert gestaltet.

Erst die hier zum ersten Male im Dauerbetrieb zum Einsatz gekommene neue Düsen- und Abreinigungstechnik (Cleaning-in-place) ermöglichte überhaupt dieses Projekt.

Aufgrund der strikten Höhenlimitierung des Sprühtrockners wurden an die Düsentechnik hohe Ansprüche gestellt:

- Die *schwierige* Flüssigkeit (Neutrat mit Kalk-/Gipsanteil aufgrund Neutralisation mit Kalkmilch) musste sehr fein zerstäubt werden

- Die Düsen mussten aufgrund des Feststoffanteils in der Flüssigkeit sehr verschleißbeständig sein.

- Die nicht zu vermeidenden Anbackungen in den Düsenlanzen und Düsen aufgrund der gelösten Salze im Neutrat und aufgrund des Feststoffanteils durften nicht zu mauellen Eingriffen (Anlage wurde wartungsfrei projektiert) oder zum Ausfall der Anlage führen (sehr hohe Verfügbarkeit war gefordert).

Resultate

- Reduzierung des Druckluftverbrauches bei gleich bleibendem Tropfenspektrum bzw. Verfeinerung des Tropfenspektrum bei gleich bleibendem Druckluftverbrauch

- Individuelle Anpassung des Online-Abreinigungsaufwands und der -zyklen

- Reduzierung der Wartungsarbeiten um etwa 98 Prozent (Erhöhung der Reisezeit der Düsenlanzen von üblicherweise 8 bis 20 Stunden auf mehrere Monate ohne Demontage der Lanzen)

- Keine Düsenschäden mehr, da manuelle Handhabung praktisch nicht mehr notwendig ist und durch die Verwendung von massiven Hartmetalldüse

7.1. Komponenten des Eindüs- und Reinigungs-Systems

Auf Düsenebene

Hier stellen die Düse (Bild 25) und die Düsenlanze (Bild 26) die entscheidenden Komponenten dar. Die Düse muss das richtige Tropfenspektrum generieren und mit der Lanze realisiert man die Verteilung der Düsen über dem Querschnitt. Die Düse ist vorne an der Düsenlanze montiert.

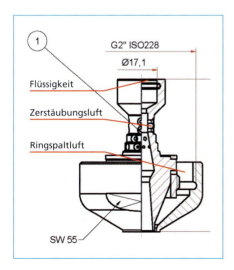

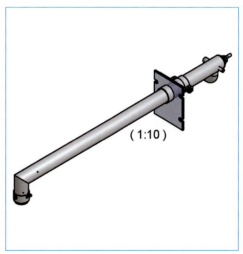

Bild 25:   Düse   Bild 26:   Düsenlanze

Die auf Bild 27 dargestellten Komponenten (magnetisch-induktive Durchflussmessung und das für diese Flüssigkeit speziell konzipierte Regelventil sind Teil der Gesamtregelung Sprühtrockner – Sprühabsorber, aber auch für die Online-Abreinigung notwendig. Auf Bild 28 ist die LOC-Einheit dargestellt. In dieser Einheit sind die Mess- und Regelungskomponenten für die automatische Abreinigung zusammengefasst.

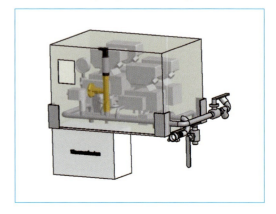

Bild 28:   LOC-Einheit

Auf Bild 29 sind die auf den Bildern 25 bis 28 dargestellten Komponenten bei dem Neunkirchen-Sprühtrockner mit sechs Düsenlanzen und Ringleitungen ersichtlich.

Bild 27:   Messung und Regelung
             Flüssigkeit/Neutrat

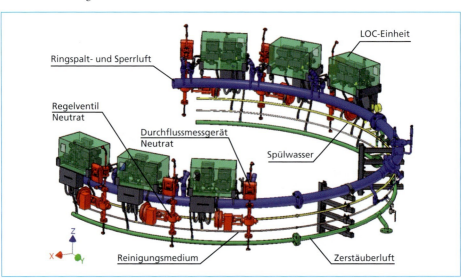

Bild 29:   Aufbau Ringleitungen mit Anbaukomponenten

Versorgungseinheiten auf Ebene 0

Auf den folgenden Bildern 30 bis 32 sind die Komponenten dargestellt, welche für die Versorgung der Online-Reinigung mit dem Reinigungsmedium notwendig sind.

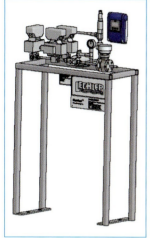  

Bild 30: Zitronensäuresta- Bild 31: Zitronensäuretank Bild 32: R e g e l s t r e c k e
tion   Druckluft

Betriebskosten

- Druckluft pro Sprühtrockner 400 bis 600 m³/h bei Δp = 3 bis 5 bar (abhängig von der eingedüsten Flüssigkeitsmenge)

- Verbrauch Reinigungsmedium pro Düsenlanze:

  = 20 l/d Zitronensäure (10 Prozent)
  = 2,0 kg/d Zitronensäurepulver
  = 2,-- EUR/d Kosten

Aufgetretene Störungen

- Störung: Ringspaltluftgebläse ausgefallen, Düsenfunktion schlecht, starke

- Anbackungen am Fuße des Sprühtrockners

- Grund: Ansaugfilter aufgrund ausgefallener Reinigung verstopft

- Lösung: regelmäßiger Austausch Ansaugfilter

- Störung: Düsenspitze abgebrochen, Düsenfunktion verschlechtert,

Anbackungen

- Grund: Düsenspitze korrodiert

- Lösung: Düsen werden alle 12 bis 15 Monate ersetzt

- Störung: Leckagen an den Düsenlanzen

- Grund: Cl-Gehalt im Neutrat viel höher als geplant,

- Lösung: Flüssigkeitsrohre wurden in noch hochwertigerem Werkstoff ausgeführt

Zusammenfassung Betriebserfahrungen nach 24 Monaten Dauerbetrieb

- Anlage läuft im Dauerbetrieb ohne manuelle Eingriffe/Wartung (Kunde ist sehr zufrieden mit Anlage und Prozesssicherheit)

- Zu 95 Prozent der Zeit wird die Anlage im Maximalpunkt betrieben

- bei visuellen Überprüfungen alle 6 Monate werden minimale Wandbeläge am unteren Konus festgestellt

- aufgrund guter Verdampfung der Tropfen ist ein Betrieb ohne Staubaustrag am tiefsten Punkt möglich

- Zur Reduzierung der Betriebskosten könnte man Resttropfenmessungen und damit evtl. verbundene Optimierung des Luftverbrauchs durchführen

Die Bilder 33 bis 36 zeigen den Zustand des Sprühtrockners nach 18 Monaten Dauerbetrieb:

Bild 33:   Lanzenebene

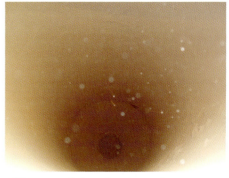

Bild 34:   Blick nach unten in den Sprühtrockner

Bild 35:   leichte Anbackungen am Konus unten

Bild 36:   Blick nach oben

8. Literaturverzeichnis

[1] Förster, U.: Umweltschutztechnik, 6. Auflage. Springer-Verlag: 2004.

[2] Fritz, W.; Kern, H: Reinigen von Abgasen, 3. Auflage. Vogel-Verlag: 1992.

[3] Patentanmeldung PCT WO 2007/042210 A1, 19. April 2007.

[4] Möck, A.: Balancing the costs, Veröffentlichung World-Cement, April 2007.

[5] Gottschalk, J.: Trockensorption als Abgasreinigungstechnik für Abfallverbrennungsanlagen, Vortrag Haus der Technik. Essen: November 2006.

[6] Schulteß, W.: Grundlagen der trockenen und quasitrockenen Sorption, Vortrag Haus der Technik. Essen: November 2006.

[7] Albring, W.: Angewandte Strömungslehre, 5. Auflage. Berlin: Akademie-Verlag: 1978.

[8] E On-Energy from Waste-Broschüre, AHKW Neunkirchen

[9] Karpf, R.: Emissionsbezogene Energiekennzahlen von Abgasreinigungsverfahren bei der Abfallverbrennung. Neuruppin: TK-Verlag Karl Thomé-Kozmiensky, 2012.

[10] Intensiv-Filter: Taschenbuch Filtrationstechnik, Wuppertal: Ley + Wiegandt-Verlag.

[11] Diepenseifen, K.: Brennstoff, Dampf, Rauchgas. Verlag Lührs & Röver: 2011.

[12] VDI-Berichte 2165: Emissionsminderung 2012. VDI-Verlag: 2012.

Waste Management

Waste Management, Volume 1

Publisher:	Karl J. Thomé-Kozmiensky, Luciano Pelloni
ISBN:	978-3-935317-48-1
Company:	TK Verlag Karl Thomé-Kozmiensky
Released:	2010
Hardcover:	623 pages
Language:	English, Polish and German
Price:	35.00 EUR

Waste Management, Volume 2

Publisher:	Karl J. Thomé-Kozmiensky, Luciano Pelloni
ISBN:	978-3-935317-69-6
Company:	TK Verlag Karl Thomé-Kozmiensky
Release:	2011
Hardcover:	866 pages, numerous coloured images
Language:	English
Price:	50.00 EUR

CD Waste Management, Volume 2

Language:	English, Polish and German
ISBN:	978-3-935317-70-2
Price:	50.00 EUR

Waste Management, Volume 3

Publisher:	Karl J. Thomé-Kozmiensky, Stephanie Thiel
ISBN:	978-3-935317-83-2
Company:	TK Verlag Karl Thomé-Kozmiensky
Release:	10. September 2012
Hardcover:	ca. 780 pages, numerous coloured images
Language:	English
Price:	50.00 EUR

CD Waste Management, Volume 3

Language:	English
ISBN:	978-3-935317-84-9
Price:	50.00 EUR

110.00 EUR
save 125.00 EUR

Package Price

Waste Management, Volume 1 • Waste Management, Volume 2 • CD Waste Management, Volume 2
Waste Management, Volume 3 • CD Waste Management, Volume 3

Order now on www.Vivis.de

or

Dorfstraße 51
D-16816 Nietwerder-Neuruppin
Phone: +49.3391-45.45-0 • Fax +49.3391-45.45-10
E-Mail: tkverlag@vivis.de

TK Verlag Karl Thomé-Kozmiensky

Abgasreinigung für Mono-Klärschlammverbrennungsanlagen

Martin Gutjahr und Klaus Niemann

Nachdem lange Zeit in Deutschland keine neuen Anlagen zur thermischen Klärschlammverwertung mehr realisiert wurden, wird die Mono-Klärschlammverbrennung zurzeit wieder populärer. Ein wesentlicher Grund hierfür ist, dass sowohl die landwirtschaftliche Verwertung als auch die Mitverbrennung in Kohlekraft- oder Zementwerken nicht die langfristige Entsorgungssicherheit und das Potential der Phosphor-Rückgewinnung bieten, die bei der Monoverbrennung gegeben sind. Daher werden zurzeit an verschiedenen Standorten bestehende Anlagen ertüchtigt und neue geplant.

Während die eigentliche Verbrennung von Klärschlamm in stationären Wirbelschichtfeuerungen als Stand der Technik etabliert ist, existieren sehr unterschiedliche Konzepte zur Reinigung der Abgase. Im Rahmen dieses Vortrags wird ein kurzer Überblick über die bestehenden Technologien gegeben. Anhand eines konkreten Beispiels – der Erneuerung der Abgasreinigung in der Klärschlammverbrennungsanlage Berlin-Ruhleben – wird dann dargelegt, dass auch mit einer vergleichsweise einfachen Technologie die sichere und wirtschaftliche Einhaltung der aktuellen Emissionsgrenzwerte möglich ist.

1. Überblick über Techniken zur Abgasreinigung

Grundsätzlich ist im Vergleich zu Abfallverbrennungsanlagen bei Klärschlamm zu beachten, dass wesentlich weniger Chlor, aber deutlich mehr Schwefel enthalten ist. Der Schwefelgehalt liegt in der Größenordnung von etwa 1 Gew.-%, der Chlorgehalt bei weniger als 0,1 Gew.-% (beides bezogen auf TR). Dadurch entfallen die Probleme mit Hochtemperatur-Chlorkorrosion und Dioxinbildung, aber die Aufgabenstellung zur Abscheidung der sauren Abgasbestandteile wird anspruchsvoller. Von der Schadstoff-Charakteristik her ist Klärschlamm eher mit Kohle als mit Abfall zu vergleichen.

Die Verfahren zur Abgasreinigung bei der Klärschlammverbrennung sind sehr unterschiedlich; praktisch jede Anlage hat ein individuelles Konzept. Für eine Auswahl von Klärschlammverbrennungsanlagen in Deutschland und den Niederlanden ist in Bild 1 schematisch dargestellt, welche Komponenten für die Abgasreinigung eingesetzt werden.

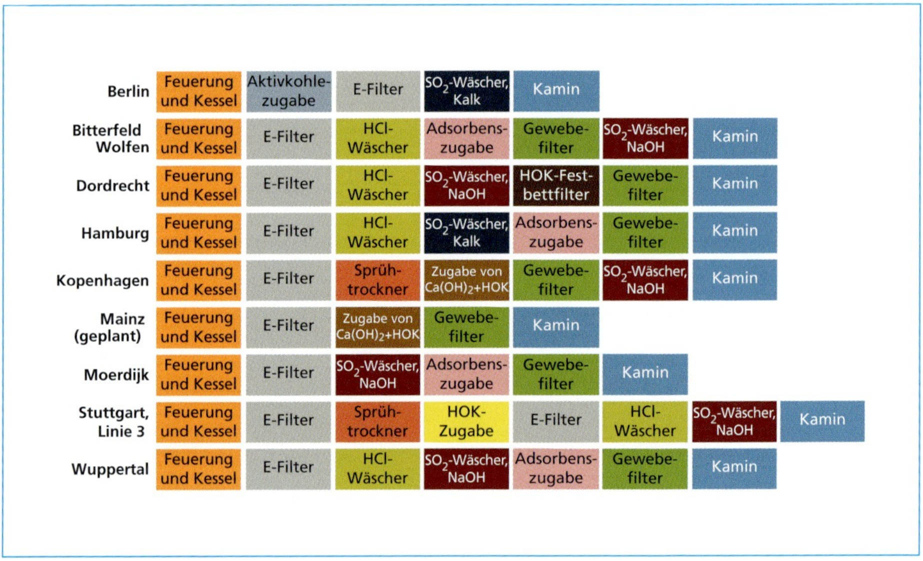

Bild 1: Schematischer Überblick über die Abgasreinigung verschiedener Klärschlammverbrennungsanlagen in Deutschland und den Niederlanden

Trotz der Unterschiedlichkeit der eingesetzten Verfahren wird im Folgenden der Versuch unternommen, die Schritte zur Abscheidung der wesentlichen Schadstoffe kurz und ohne Anspruch auf Vollständigkeit darzustellen. Eingegangen wird auf die für Klärschlamm relevanten Schadstoffe NO_x, Staub, SO_2 und Quecksilber.

1.1. Stickoxide

Die meisten Klärschlamm-Verbrennungsanlagen unterschreiten auch ohne Entstickungsmaßnahmen den aktuellen Tagesmittelwert von 200 mg/m³, der für Anlagen mit einer Feuerungswärmeleistung von weniger als 50 MW gilt (sehr wenige Klärschlammverbrennungsanlagen haben eine Feuerungswärmeleistung von mehr als 50 MW). Neuanlagen sind jedoch so auszulegen, dass ein Jahresmittelwert von 100 mg/m³ unterschritten wird [17. BImSchV, Mai 2013, § 10]. Dieser Grenzwert wird ohne Entstickung nur von wenigen Anlagen unterschritten [1]. Generell liegen die NO_x-Emissionen bei der Verbrennung von getrocknetem Klärschlamm höher als bei der Verbrennung von mechanisch entwässertem Klärschlamm.

Die Eindüsung von Harnstoff oder Ammoniak in den Feuerraum stellt eine kostengünstige und auch für höhere Abscheidegrade ausreichende Technologie dar, mit der der Grenzwert von 100 mg/m³ sicher unterschritten werden kann. Beispiele hierfür sind Klärschlammverbrennungsanlagen in den Niederlanden (Dordrecht) und der Schweiz (Winterthur), wo seit längerem geringere NO_x-Grenzwerte gelten. Auch bei Abfallverbrennungsanlagen, die deutlich schwierigere Voraussetzungen für die nichtkatalytische Entstickung bieten, haben niederländische Anlagen wie z.B. in Amsterdam gezeigt, dass 100 mg/m³ technisch gut machbar sind. Zu berücksichtigen ist dabei aber, dass Ammoniakschlupf nicht vermieden werden kann. Sofern ein SNCR-Verfahren eingesetzt wird, gilt für NH_3 aktuell ein Tagesmittelwert in Höhe von 10 mg/m³. Der Ammoniakschlupf ist bei der Konzeption der weiteren Abgasreinigung zu berücksichtigen.

1.2. Staub

Aufgrund der hohen Staubbeladung der Abgase nach der Wirbelschichtfeuerung sind Elektrofilter praktisch konkurrenzlos. Sie werden ausnahmslos eingesetzt. Ein zweifeldriges Elektrofilter ist im Normalbetrieb völlig ausreichend. Teilweise werden auch dreifeldrige eingesetzt, um bei Ausfall eines Feldes noch eine ausreichende Staubabscheidung sicherstellen zu können.

1.3. Schwefeldioxid und Salzsäure

Für die Abscheidung der sauren Abgasbestandteile kommen primär ein- oder zweistufige Wäscher mit Natronlauge oder Kalk als Absorptionsmittel in Frage. Abgaswäscher werden bei fast allen Klärschlammverbrennungsanlagen eingesetzt, überwiegend mit Natronlauge als Absorptionsmittel. Beispiele zeigt Bild 1. Das Prinzipschema eines NaOH-Wäschers wird in dem folgenden Bild 2 dargestellt:

NaOH-Wäscher haben Füllkörpereinbauten. Im Gegensatz dazu sind Wäscher, die mit gelöschtem Kalk als Absorbens arbeiten, als einbautenlose Sprühdüsenwäscher ausgeführt. Beispiele hierfür sind die VERA in Hamburg und die Klärschlammverbrennungsanlage Berlin-Ruhleben:

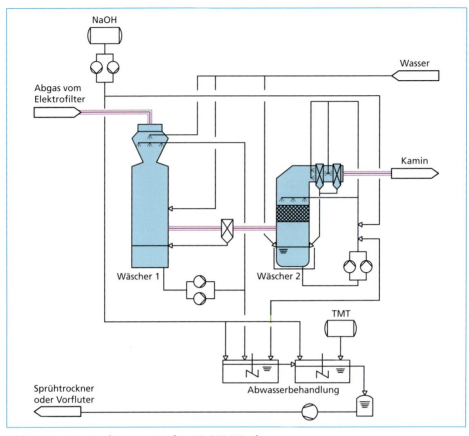

Bild 2:   Prinzipschema zweistufiger NaOH-Wäscher

Grundsätzlich liegt der Unterschied zwischen beiden Konzepten darin, dass beim Einsatz von Natronlauge wasserlösliches Natriumsulfat entsteht, während der Einsatz von Branntkalk eine praktisch wasserunlösliche Gipssuspension erzeugt. Natriumsulfat wird nach der Abwasseraufbereitung (Abscheidung von Schwermetallen) als gelöstes Salz in die Vorflut eingeleitet oder bei abwasserlosen Verfahren in einem Sprühtrockner eingedampft und als fester Reststoff in einem nachgeschalteten Gewebefilter abgeschieden.

Gipssuspension muss dagegen über Zentrifugen oder Bandfilter aufbereitet werden. Es verbleibt nach der Abwasseraufbereitung eine relativ kleine Abwassermenge, die die Chlorfracht aus dem Klärschlamm enthält. Diese kann in den Vorlauf des Klärwerks zurückgeführt oder analog zum abwasserlosen NaOH-Wäscher in einem vorgeschalteten Sprühtrockner mit Gewebefilter entsorgt werden.

Die wesentlichen Unterschiede zwischen Natronlauge- und Kalkwäschern sind wie folgt zusammenzufassen:

1. Investitionskosten: Der Einsatz von Branntkalk macht zum einen eine Kalklöschanlage, zum anderen die Gipsaufbereitung erforderlich. Daher ist der apparative Aufwand höher als bei einem NaOH-Wäscher.

2. Betrieb: Das Handling von Gipssuspension ist anspruchsvoller als das einer Na_2SO_4-Lösung. Zur Vermeidung von Sedimentation sind Mindest-Fließgeschwindigkeiten zu beachten, und nichtbenutzte Leitungen müssen sofort gespült werden. Die Ansprüche an Werkstoffe, Armaturen und Pumpen sind höher.

3. Betriebskosten: Hier hat der Einsatz von Branntkalk deutliche Vorteile. Branntkalk ist wesentlich preiswerter als Natronlauge und hat eine günstigere Stöchiometrie. Die Abscheidung eines SO_2-Moleküls erfordert zwei NaOH-Moleküle, aber nur ein CaO-Molekül. Der Vorteil bei den Betriebskosten bleibt auch unter Berücksichtigung der Entsorgungskosten von Gips deutlich.

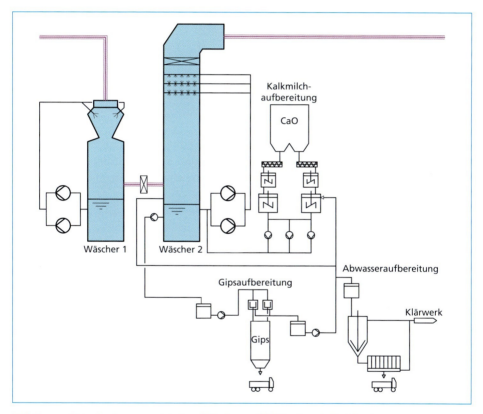

Bild 3: Prinzipschema zweistufiger Wäscher auf Kalkbasis, mit Peripherie

Hinsichtlich der erreichbaren Reingaswerte bestehen bei richtiger Auslegung der Wäscher keine

wesentlichen Unterschiede zwischen den Verfahren. In beiden Fällen lassen sich für SO_2 und HCl Werte erreichen, die deutlich unter den Grenzwerten der 17. BImSchV liegen.

Neben den Wäschervarianten sind quasitrockene oder rein trockene Verfahren zur Abscheidung der sauren Abgasbestandteile zu erwähnen. Quasitrockene Verfahren können auch in Verbindung mit einem nachgeschalteten Wäscher eingesetzt werden.

Als Beispiel für ein rein quasitrockenes Verfahren ist die zurzeit in Planung befindliche Anlage in Mainz zu nennen.

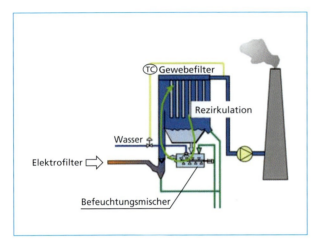

Bild 4:

Abgasreinigung der geplanten Klärschlammverbrennungsanlage Mainz

Quelle: Genehmigungsantrag TVM

Betriebserfahrungen mit dem quasitrockenen Verfahren bei Klärschlammverbrennungsanlagen sind nicht bekannt. Es wird erwartet, dass die Einhaltung der Emissionsgrenzwerte der 17. BImSchV für Schwefeldioxid eine etwas größere Herausforderung darstellt als beim Einsatz von Wäschern.

1.4. Quecksilber

Zur Abscheidung von Quecksilber kommt Kohle zum Einsatz, entweder in Form von Herdofenkoks oder als Aktivkohle. Im Wesentlichen sind folgende Verfahren zu nennen (s. auch Bild 1):

- Einsatz eines Festbettfilters, wie bei der Klärschlammverbrennungsanlage Dordrecht.

- Einsatz eines Sorbens aus Kalkhydrat und Herdofenkoks, wie bei der geplanten Anlage in Mainz (s. Bild 4).

- Einsatz eines Gewebefilters mit HOK-Zugabe nach Wäschern, wie bei der VERA in Hamburg oder der Klärschlammverbrennungsanlage in Moerdijk.

- Einsatz eines Gewebefilters mit HOK-Zugabe vor Wäscher, wie bei der Anlage in Kopenhagen. Das entsprechende Verfahrensschema ist in Bild 5 dargestellt.

- Eindüsung von Aktivkohle vor Elektrofilter; hier ist die Klärschlammverbrennungsanlage von BWB in Berlin-Ruhleben als Referenz zu nennen. Auf dieses Verfahren wird im folgenden Kapitel näher eingegangen.

Zusammengefasst lässt sich feststellen, dass es im Gegensatz zur Abfallverbrennung bei der thermischen Verwertung von Klärschlamm noch kein einfaches und generell etabliertes Verfahren zur Abgasreinigung gibt. Als Ergänzung bzw. Alternative zu den dargestellten Verfahren wird im kommenden Kapitel eine vergleichsweise einfache und betriebssichere Abgasreinigungstechnologie vorgestellt, deren Konzept im Rahmen der Erneuerung der Abgasreinigung der Klärschlammverbrennnungsanlage Berlin-Ruhleben ausgearbeitet wurde.

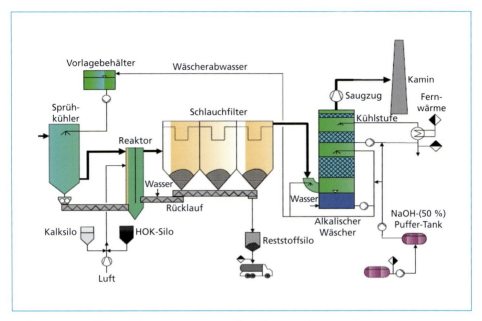

Bild 5:   Ausschnitt aus Verfahrensschema Klärschlammverbrennung Kopenhagen

Quelle: Bamag

2. Erneuerung der Abgasreinigung der Klärschlammverbrennung Berlin-Ruhleben

Bei der Klärschlammverbrennung Berlin-Ruhleben handelt es sich um eine vergleichs-weise große Anlage, die aus dem Jahre 1983 stammt. Verbrannt wird nicht ausgefaulter, mechanisch entwässerter Klärschlamm. Wesentliche technische Daten sind:

Anzahl Linien:	3
Nenndurchsatz pro Linie:	3,2 t TR/h
Abgasvolumenstrom pro Linie:	ca. 30.000 Nm³/h (tr.); 45.000 Nm³/h (fe.)

Etwa drei Viertel des verbrannten Klärschlamms kommen aus dem Klärwerk Ruhleben, der Rest wird als entwässerter Schlamm von anderen Berlinern Klärwerken angeliefert.

Ursprünglich war die Anlage lediglich mit einem dreifeldrigen Elektrofilter zur Staubab-scheidung ausgerüstet. Im Jahr 1989 gingen nachgerüstete, einstufige Abgaswäscher mit der dafür erforderlichen Peripherie (Kalkmilchaufbereitung, Zentrifugen, Abwasserauf-bereitung) in Betrieb. Das Prinzipschema der Anlage ist im folgenden Bild dargestellt:

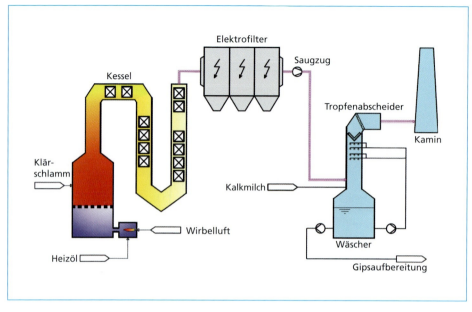

Bild 6:   Ausgangssituation Klärschlammverbrennungsanlage Berlin-Ruhleben

Die Erneuerung der Abgasreinigung ist aus den folgenden Gründen erforderlich:

- Nach 25 Jahren Betrieb ist die grundlegende Erneuerung einer Vielzahl von Komponenten sinnvoll.

- Die Abscheideleistung der Wäscher ist im Hinblick auf Schwefeldioxid begrenzt, so dass bei hohem Schwefelgehalt des Klärschlamms der Durchsatz reduziert werden muss. Der Wäscher stellt somit den Flaschenhals der Anlagenkapazität dar.

- Die Kalkmilch- und Gipsaufbereitungsanlagen wurden nicht für den gleichzeitigen Betrieb aller drei Linien mit maximalen Schadstofffrachten ausgelegt.

- Im Laufe von 25 Jahren haben sich beim Stand der Technik Fortschritte ergeben, die den Betrieb und Unterhalt der Abgasreinigung vereinfachen. Die Erneuerung der Abgasreinigung ermöglicht es, eine Anpassung an den Stand der Technik vorzunehmen. Auf diese Weise wird die Verfügbarkeit erhöht und der Unterhaltsaufwand verringert. Beispiele hierfür sind GFK-Verarbeitung und verbesserte Messtechnik.

Aus diesen Gründen wurde seitens BWB beschlossen, die Erneuerung der Abgasreinigung auf der Basis folgender Prämissen durchzuführen:

- Die Erneuerung muss gewährleisten, dass die Abgasreinigung für die nächsten 15 Jahre ohne wesentliche Ersatzinvestitionen und mit hoher Verfügbarkeit betrieben werden kann.

- Die Einhaltung der Emissionsgrenzwerte muss in jedem Fall auch bei hohen Schadstoffbelastungen der verbrannten Schlämme und Nennlastbetrieb gesichert sein.

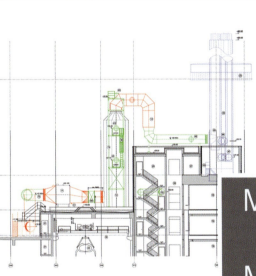

Immissionsschutz

Immissionsschutz, Band 1

Karl J. Thomé-Kozmiensky • Michael Hoppenberg

Erscheinungsjahr:	2010
ISBN:	978-3-935317-59-7
Seiten:	632
Ausstattung:	Gebundene Ausgabe
Preis:	40.00 EUR

Immissionsschutz, Band 2

Karl J. Thomé-Kozmiensky • Matthias Dombert
Andrea Versteyl • Wolfgang Rotard • Markus Appel

Erscheinungsjahr:	2011
ISBN:	978-3-935317-75-7
Seiten:	593
Ausstattung:	Gebundene Ausgabe
Preis:	40.00 EUR

Immissionsschutz, Band 3

Karl J. Thomé-Kozmiensky
Andrea Versteyl • Stephanie Thiel
Wolfgang Rotard • Markus Appel

Erscheinungsjahr:	2012
ISBN:	978-3-935317-90-0
Seiten:	etwa 600
Ausstattung:	Gebundene Ausgabe
Preis:	40.00 EUR

110.00 EUR
statt 120.00 EUR

Paketpreis
Immissionsschutz, Band 1 • Immissionsschutz, Band 2
Immissionsschutz, Band 3

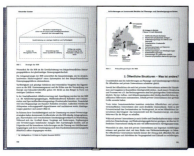

Bestellungen unter www.Vivis.de
oder

Dorfstraße 51
D-16816 Nietwerder-Neuruppin
Tel. +49.3391-45.45-0 • Fax +49.3391-45.45-10
E-Mail: tkverlag@vivis.de

TK Verlag Karl Thomé-Kozmiensky

- Die Umsetzung der Erneuerung muss während des laufenden Betriebs erfolgen, so dass die Kapazität der Anlage nicht beeinträchtigt wird.

- Kapazitätsbegrenzende Aggregate wie Zentrifugen und Behälter sind zu erneuern und zu vergrößern.

- Die Erneuerung muss sicherstellen, dass der Aufwand für Reparatur, Wartung und Unterhalt deutlich reduziert werden kann.

Auf der Basis dieser Prämissen wurde das Erneuerungskonzept ausgearbeitet und mit BWB im Detail abgestimmt. Die wesentlichen Maßnahmen sind im folgenden Bild schematisch dargestellt und werden anschließend erläutert.

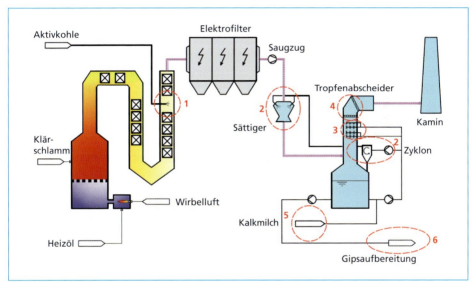

Bild 7:   Wesentliche Maßnahmen zur Erneuerung der Abgasreinigung Berlin-Ruhleben

Die Nachrüstung der Aktivkohleeindüsung (Pos. 1) ist bereits seit mehreren Jahren in Betrieb. Die weiteren Maßnahmen (Pos. 2 bis 6) werden zurzeit ausgeschrieben und von 2014 bis 2016 umgesetzt.

2.1. Nachrüstung der Aktivkohleeindüsung

Bild 6 zeigt, dass die ursprüngliche Abgasreinigung lediglich aus dem Elektrofilter und einem einstufigen Wäscher bestand. Zur Abscheidung von Quecksilber wurde im Wäscher TMT 15 zugegeben. Es zeigte sich, dass mit diesem Verfahren zwar in der Regel die Einhaltung des Hg-Grenzwertes möglich war, aber keine ausreichenden Reserven für Konzentrationsspitzen bestanden.

Aus diesem Grund wurden seitens BWB Versuche mit der Eindüsung von Aktivkohle in den ECO-Bereich des Dampferzeugers vor Elektrofilter durchgeführt, die sehr erfolgreich waren. Bei allen drei Linien sind jetzt Anlagen zur Dosierung von Aktivkohle fest installiert. Aktuell liegt die Quecksilberemission bei weniger als zehn Prozent des Grenzwertes für bestehende Anlagen (0,03 mg/m³); sogar der für Neuanlagen geltende Grenzwert in Höhe von 0,01 mg/m³ wird sicher eingehalten.

2.2. Nachrüstung eines Sättigers mit Hydrozyklonen

Ein wesentliches Handicap des vorhandenen einstufigen Wäschers stellt die Tatsache dar, dass das Abgas mit etwa 200 °C eintritt. Die Abkühlung des Abgases im Wäscher bis auf Sättigungstemperatur (etwa 70 °C) und die Schadstoffabscheidung verlaufen im unteren Bereich parallel und ohne klare Abgrenzung. Es kommt zu Ablagerungen, da der in der Waschsuspension enthaltene Gips durch das eintretende heiße Abgas aufgetrocknet wird. Anbackungen an den Düsen führten zu Strähnenbildung und ungleichmäßiger Schadstoffabscheidung über den Querschnitt des Wäschers.

Um Ablagerungen zu vermeiden und die Schadstoffabscheidung zu verbessern, wäre es naheliegend, eine Wäscherstufe vorzuschalten und auf diese Weise die in Bild 3 dargestellte Konfiguration zu erhalten. Dies ist am Standort Berlin-Ruhleben nicht möglich, da nicht genug Platz zur Verfügung steht und der Aufstellungsort der Wäscher hohe zusätzliche Lasten nicht zulässt. Aus diesem Grund wird lediglich ein Sättiger nachgerüstet, der in den vertikalen Abgaskanal kurz vor Wäschereintritt integriert wird. Das folgende Bild zeigt die Einbauposition, der neue Sättiger ist mit der Nummer 6 bezeichnet:

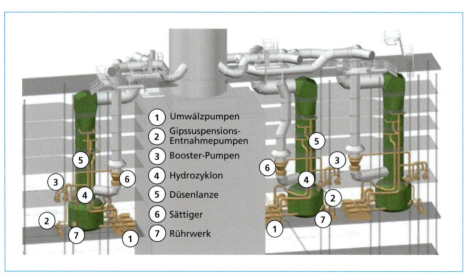

Bild 8:   Erneuerungsmaßnahmen im Bereich der Wäscher

Bei dem Sättiger handelt es sich um ein Bauteil aus einer Nickel-Basis-Legierung, das in ähnlicher Form bereits bei zahlreichen Abfallverbrennungsanlagen eingesetzt wurde. Er ermöglicht eine sehr gleichmäßige und praktisch druckverlustfreie Sättigung des Abgases. Das folgende Bild zeigt einen Schnitt:

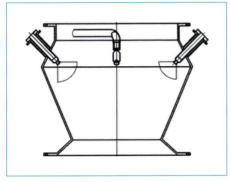

Bild 9:   Neuer Sättiger

Die Nachrüstung des Sättigers macht eine weitere Maßnahme erforderlich: Es ist nicht möglich, den Sättiger mit nachgespeistem Betriebswasser zu betreiben, ohne die Wasserbilanz der Abgasreinigung zu gefährden. Aus diesem Grund wird für den Sättiger Wäschersuspension aus dem Kreislauf verwendet, deren Gipsanteil durch vorgeschaltete Hydrozyklone entfernt und in den Wäscher zurückgeführt wird.

Die Eignung der Hydrozyklone für Wäschersuspension wurde durch Versuche vor Ort bestätigt. Es werden eigene Boosterpumpen eingesetzt, um den Wasserbedarf des neuen Sättigers über die Hydrozyklonstation zu decken.

2.3. Erneuerung der Wäscherdüsen

Zurzeit sind vier Düsenebenen in Einsatz, in denen nach unten sprühende Spiraldüsen (*Schweineschwanzdüsen*) installiert sind. Sie werden ersetzt durch Tangentialdüsen, die auf den unteren drei Ebenen bidirektional sprühen und direkt unterhalb des Tropfenabscheiders equilateral. Tangentialdüsen haben den Vorteil, dass sie ein feineres Tropfenspektrum erzeugen und durch den großen freien Querschnitt ein geringeres Risiko der Düsenverstopfung besteht.

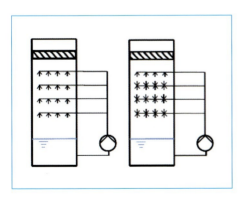

Bild 10:   Prinzipschema: Derzeitige (links) und zukünftige (rechts) Anordnung der Wäscherdüsen

Durch die Erneuerung der Wäscherdüsen wird der Stoffaustausch zwischen Flüssigkeit und Abgas verbessert, so dass die Abscheidung von SO_2 erhöht wird. Die Auslegung der neuen Düsen stellt weiterhin sicher, dass eine direkte Beaufschlagung der Wäscherwand mit Suspension vermieden und somit der Verschleiß reduziert wird.

2.4. Erneuerung der Tropfenabscheider

Die Erneuerung der Tropfenabscheider ist zum einen erforderlich, da die V-Form der bestehenden Tropfenabscheider (Bild 6) im Hinblick auf das Ablaufen der Flüssigkeit und eine gleichmäßige Strömungsverteilung nicht optimal ist. Zum anderen ist eine Verbesserung der Tropfenabscheidung erforderlich, da die neuen Düsen ein feineres Tröpfchenspektrum erzeugen.

Die V-förmigen Abscheider werden ersetzt durch waagerecht eingebaute Prallflächenabscheider, die eine weitergehende Tropfenabscheidung und eine verbesserte Strömung ermöglichen. Die Erneuerung der Tropfenabscheider reduziert gleichzeitig den gasseitigen Druckverlust und die Gefahr von Verstopfungen.

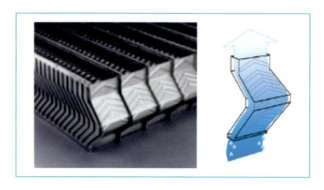

Bild 11:

Neue Tropfenabscheider

Im Bereich der Wäscher werden außerdem die Umwälzpumpen für Suspension, Rohrleitungen, Messtechnik, Rührwerke und Oxidationsluftzugabe erneuert und verbessert.

2.5. Erneuerung der Kalkmilchaufbereitung

Die Erneuerung der Kalkmilchaufbereitung ist zum einen erforderlich, da die vorhandenen Kalkmilchbehälter aus GFK aufgrund von Osmose einen hohen Reparaturbedarf zeigen. Zum anderen soll die Kapazität der Anlage erhöht werden, um mit

Bild 12:

Neue Kalkmilchbehälter mit Dosierstationen

einer Kalkmilchaufbereitungslinie drei Verbrennungslinien auch bei hohen Schadstoffgehalten sicher versorgen zu können. Ersetzt wird die komplette Station nach den Löschbehältern, einschließlich Pumpen, Ringleitungen und Armaturen. Für die neuen Kalkmilchbehälter wird Edelstahl eingesetzt.

Durch die Erneuerung der Kalkmilchaufbereitung wird die Kapazität dieser Teilanlage in etwa verdoppelt. Trotz dieser Vergrößerung kann durch eine Optimierung der Aufstellungsplanung eine Verbesserung der Zugänglichkeit der Komponenten erreicht werden.

Die Erneuerung erfolgt sukzessive während des laufenden Betriebs. Temporäre Installationen sorgen dafür, dass auch während der Umschlussphasen eine ausreichende Redundanz gewährleistet ist.

2.6. Erneuerung der Gipsaufbereitung

Die Erneuerung der Gipsaufbereitung umfasst die gesamte Teilanlage einschließlich Vorlagebehälter, Zentrifugen und Rohrleitungen. Außerdem werden Hydrozyklone nachgerüstet, um die Möglichkeit der Voreindickung der Suspension vor Zentrifugen zu schaffen.

Die Notwendigkeit der Erneuerung der Zentrifugen ergibt sich zum einen aus der Kapazitätserhöhung, zum anderen aus dem Alter der vorhandenen Maschinen. Durch den Einsatz neuer Zentrifugen können Gips- und Zentratqualität verbessert werden.

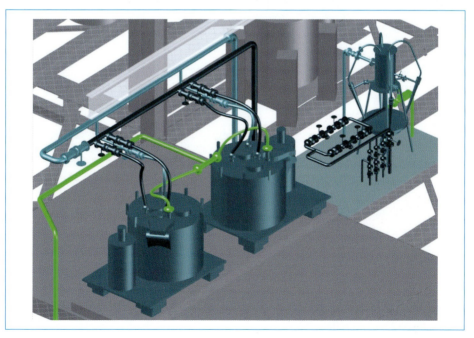

Bild 13:   Neue Zentrifugen, im Hintergrund vergrößert: Hydrozyklonstation zur Voreindickung

Weiterhin wird durch die Möglichkeit der Voreindickung der Suspension über Hydro-zyklone die Voraussetzung für einen energieeffizienteren Betrieb der Gipsaufbereitung sowie eine weitere Kapazitätserhöhung geschaffen.

2.7. Sonstige Maßnahmen

Neben den beschriebenen Hauptmaßnahmen werden weitere Erneuerungen und Op-timierungen umgesetzt. Zu erwähnen sind die Nachrüstung eines Aktivkohlesilos, das die personalintensive Big-Bag-Dosierung ersetzen wird, sowie die partielle Sanierung der Abgaskanäle. Das folgende Bild gibt einen Überblick über die Maßnahmen:

grün: Wäschersanierung
orange: Gipsaufbereitung
schwarz: Kalkmilchaufbereitung
rot: Aktivkohlesilo
blau: Abgaskanäle

Bild 14:   Räumlicher Überblick über Erneuerungsmaßnahmen

2.8. Resümee

Die Planung der Erneuerung der Abgasreinigung der Klärschlammverbrennungsan-lage Berlin-Ruhleben hat gezeigt, dass die gezielte Ertüchtigung einer vergleichsweise einfachen Anlage mit einem Alter von 25 Jahren eine wirtschaftlich und technisch sehr attraktive Vorgehensweise darstellt.

3. Abgasreinigung für neue Klärschlammverbrennungsanlagen

Die Erfahrungen mit der Klärschlammverbrennungsanlage Berlin-Ruhleben zeigen, dass eine zweistufige Abgaswäsche auf Kalkbasis in Verbindung mit einer Aktivkohle-eindüsung eine einfache, betriebssichere und kostengünstige Art der Abgasreinigung darstellt. Im Vergleich zu Anlagen mit NaOH-Wäschern werden die folgenden Vorteile gesehen:

- Mit Gips wird ein verwertbares Produkt erzeugt, in dem der überwiegende Teil der Schadstofffracht gebunden ist.

- Der Einsatzstoff Branntkalk ist deutlich kostengünstiger als Natronlauge.

Diese Vorteile gelten analog im Vergleich zu Anlagen, die mit Kalkhydrat-Aktivkohle-Gemischen und nachgeschaltetem Gewebefilter arbeiten. Einsatz- und Reststoffe sind bei Gipswäschern deutlich wirtschaftlicher als bei anderen Verfahren.

Von Nachteil sind die höheren Investitionskosten für die Peripherie (Kalkmilch, Zentrifugen) sowie die Tatsache, dass der Umgang mit Gipssuspension eine sehr sorgfältige Ausführung der Anlage im Detail sowie eine entsprechende Schulung des Bedienpersonals voraussetzt. Daraus folgt, dass die Abgasreinigung mit Kalkwäschern für mittlere bis große Anlagen als besonders zweckmäßig erscheint.

Wesentlich erscheint auch der Vorteil, dass der Einsatz einer bewährten Abgasreinigungstechnologie mit gesicherter Unterschreitung der Emissionsgrenzwerte und minimalen Einsatz- und Reststoffen eine gute Akzeptanz der Anlage bei Genehmigungsverfahren erwarten lässt.

Das Schema einer Klärschlammverbrennungsanlage, die auf dem Ruhlebener Konzept basiert, ist im folgenden Bild dargestellt:

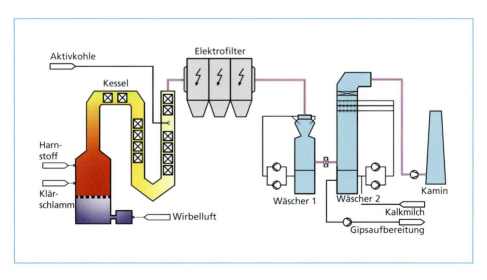

Bild 15: Klärschlammverbrennungsanlage, basierend auf Ruhlebener Abgasreinigungskonzept

Das in Bild 15 dargestellte Konzept bietet neben der Einfachheit der Abgasreinigung und den niedrigen Betriebskosten den Vorteil, dass eine energetische Optimierung durch Auskopplung der Abgaswärme vor Wäscher möglich ist. Direkt oberhalb des Wäschers kann ein Teflon-Wärmetauscher vorgesehen werden (nicht im Bild dargestellt), der zur Aufheizung von Kondensat oder Speisewasser dient.

4. Zusammenfassung

Aufgrund der zunehmenden Bedeutung der Klärschlamm-Monoverbrennung wird in dieser Ausarbeitung dargestellt, welche Technologien für die Abgasreinigung in Frage kommen. Es wird deutlich, dass die bisherige Entwicklung im Gegensatz zur Abfallverbrennung kein einfaches und etabliertes Verfahren hervorgebracht hat. Vielmehr existieren auch bei aktuellen Anlagen sehr unterschiedliche und teilweise auch ausgesprochen komplexe Konzepte. Gemeinsamkeiten bestehen hinsichtlich folgender Aspekte:

- Für die Staubabscheidung sind Elektrofilter konkurrenzlos.

- Es wird eine nichtkatalytische Entstickung (SNCR) eingesetzt.

- Zur Abscheidung von Schwefeldioxid dienen bei den meisten Anlagen Abgaswäscher.

- Für die Adsorption von Quecksilber wird Herdofenkoks oder Aktivkohle eingesetzt.

Vor diesem Hintergrund wird dargestellt, mit welchen Maßnahmen die Erneuerung der Rauchgasreinigung der Klärschlammverbrennungsanlage Berlin-Ruhleben derzeit realisiert wird. Hierbei handelt es sich um eine vergleichsweise einfache Abgasreinigung aus dem Jahr 1989. Sie besteht aus einem Elektrofilter und einem einstufigen Wäscher. Zum Einsatz kommt Branntkalk als Absorbens, und als Produkt wird Gips erzeugt.

Die Erneuerung dieser Abgasreinigung ermöglicht es, dass folgende Ziele erreicht werden:

- Sicherer Weiterbetrieb der Anlage über die nächsten 15 Jahre

- Sichere Unterschreitung der Emissionsgrenzwerte auch bei stark schadstoffhaltigem Klärschlamm

- Erhöhung der Verfügbarkeit und der Kapazität.

Als eine wesentliche Maßnahme ist die Nachrüstung eines Sättigers vor dem Abgaswäscher zu erwähnen. Hierdurch können mit sehr begrenztem Aufwand die Vorteile eines zweistufigen Wäschers auf das bestehende, einstufige System übertragen werden.

Basierend auf den Erfahrungen mit der Anlage in Berlin-Ruhleben wird als Empfehlung für mittlere bis große Klärschlammverbrennungsanlagen das Konzept einer Abgasreinigung vorgestellt, die aus folgenden Komponenten besteht:

- SNCR

- Aktivkohleeindüsung

- Elektrofilter

- 2-stufiger Wäscher auf Kalkbasis mit Gipsaufbereitung

Als wesentliche Vorteile dieses Konzepts sind zu erwähnen:

- Einfacher Aufbau

- Einsatz von bewährter Technologie

- Gesicherte und deutliche Unterschreitung aller aktuellen Emissionsgrenzwerte

- Minimale Mengen an Einsatz- und Reststoffen

- Möglichkeit der energetischen Optimierung durch Nutzung der Abgaswärme vor Wäscher.

Diese Empfehlung kann eine Untersuchung von Varianten im Einzelfall nicht ersetzen. Sie zeigt aber, dass es mit einer relativ einfachen und umfassend erprobten Technologie möglich ist, eine wirtschaftliche Abgasreinigung für die Klärschlammverbrennung zu realisieren.

Die Erneuerung der Abgasreinigung wird durch das Ingenieurbüro Wandschneider + Gutjahr aus Hamburg im Auftrag der Berliner Wasserbetriebe (BWB) geplant und umgesetzt.

5. Literatur

[1] Arbeitsbericht des ATV-Fachausschusses, 1996: NO_x- und N_2O-Emissionen bei der Verbrennung von Klärschlämmen

[2] Thome-Kozmiensky, K. J.: Anlagen zur Monoverbrennung von Klärschlamm. In: Verantwortungsbewusste Klärschlammverwertung. Neuruppin: TK-Verlag Karl Thomé-Kozmiensky, 2003

Klärschlammverwertung

Errichtung der Klärschlammverwertung in Zürich
– Auswahl der Technik und Projektfortschritt –

Ralf Decker und Dieter Müller

1. Einführung

Im Klärwerk Werdhölzli der Stadt Zürich (Schweiz) wird seit 1926 Abwasser gereinigt. In diesem Klärwerk stellt sich – wie in den weltweit zahlreich in Betrieb befindlichen Anlagen – die Frage nach dem Umgang mit dem anfallenden Reststoff, dem Klärschlamm. Zunächst stellt sich die Frage welche Lösungen es gibt, um größere Mengen an Klärschlämmen langfristig, sicher, umweltgerecht und umweltschonend zu entsorgen:

Landwirtschaft

Bei der Verwendung von Klärschlamm als Dünger in der Landwirtschaft sind heute nicht mehr allein die Schwermetalle im Fokus der Kritik, auch die Auswirkung auf unsere Nahrung und Umwelt durch andere organische Stoffe wie Rückstände von Medikamenten, Hormonen usw. werden heute hinterfragt. Dadurch hat die Akzeptanz durch Lebensmittelketten für Nahrung aus mit Klärschlamm gedüngtem Anbau abgenommen. Felder können auch nicht zu jeder Jahreszeit mit Klärschlamm beaufschlagt werden. Darüber hinaus spielt auch die Entfernung zur Kläranlage eine signifikante Rolle (Transport von großen Wassermengen mit LKW ist ökologisch und ökonomisch fragwürdig). In der Schweiz besteht ein Klärschlammausbringungsverbot in die Landwirtschaft seit 2006.

Rekultivierung

Entwässerter Klärschlamm kann auch zu Rekultivierungszwecken zum Einsatz kommen, hier sind jedoch die Mengen und Möglichkeiten limitiert. Grundsätzlich stellen sich die gleichen Probleme wie bei der landwirtschaftlichen Nutzung.

Mitverbrennung

Die Mitverbrennung von Klärschlamm erfolgt hauptsächlich in Kohlekraftwerken, Zementöfen und Abfallverbrennungsanlagen. Bei all diesen Entsorgungswegen wird ein wichtiger Wertstoff – das Phosphat (siehe auch Abschnitt 8.) – mehr oder weniger unnutzbar gemacht, da es in der Asche stark verdünnt wird. Sofern nur vollgetrockneter Klärschlamm mitverbrannt werden kann, kommt hier der hohe Energieverbrauch für die Trocknung zu den Entsorgungskosten dazu. Ein weiterer Kritikpunkt ist die Frage nach dem letztendlichen Verbleib der Schwermetalle – wie beispielsweise das Quecksilber.

Deponie

Eine Lagerung auf Deponien ist, zumindest in Europa, keine Alternative mehr. In der Regel entweichen auf den Deponien außerdem Gase wie Methan (klimaschädlich), Schwefelwasserstoff, usw.

Volltrocknung

Nachteile bei der Volltrocknung sind der hohe Energieverbrauch, pro Tonne Schlamm müssen 700 bis 800 kg Wasser verdampft werden. Außerdem bleibt am Ende ein organischer Reststoff übrig, welcher in der Regel weiter behandelt werden muss. Bedingt durch den hohen Trocknungsgrad und der Beschaffenheit des Materials müssen bei der Lagerung Vorkehrungen hinsichtlich Staubexplosion vorgesehen werden, die sowohl für die Investition als auch für den Betrieb höhere Kosten bedeuten.

Monoverbrennung

Eine verfahrenstechnisch sinnvoll geplante Monoverbrennung kommt im Normalbetrieb ohne Zusatzbrennstoffe aus und durch eine eigene Stromerzeugung (energetische Nutzung der Prozessabwärme) kann außerdem der elektrische Eigenbedarf gedeckt werden. Die dabei entstehende Asche kann durch einen weiteren Behandlungsschritt wie hier beschrieben in einen marktfähigen Dünger (15-20 Prozent P_2O_5) verwandelt werden. Alternativ lässt sich die inerte Asche problemlos lagern, vorzugsweise auf einer Monodeponie und stünde damit einer späteren Verwertung zur Verfügung. Die darüber hinaus anfallenden kleinen Reststoffmengen sind ein Konzentrat an Verunreinigungen welche in der Regel auf besondere Deponien endgelagert werden.

Mit der Monoverbrennung im Wirbelschichtofen steht eine langjährig erprobte zuverlässige technische Lösung zur Verfügung. Anlagenlaufzeiten von 30 – 40 Jahren sind nicht unüblich. Von den großen, in Deutschland gebauten Wirbelschichtverbrennungen sind viele seit Jahrzenten zuverlässig in Betrieb.

In Zürich hat man sich seit langen mit der oben genannten Problematik beschäftigt und schließlich den Entschluss gefasst eine Monoverbrennung zu bauen. Mit dem Bau einer neuen Klärschlammverwertungsanlage schafft Zürich die Grundlage, um Klärschlamm aus der Abwasserreinigung fachgerecht zu entsorgen und gleichzeitig wirtschaftlich und ökologisch für die Energiegewinnung zu nutzen. Die zentrale Anlage in Werdhölzli verwertet den gesamten Klärschlamm des Kanton Zürich – jährlich rund 100.000 Tonnen entwässerten Klärschlamm. Darüber hinaus erlaubt diese Anlage eine deutlich kostengünstigere Verwertung des Klärschlammes, als dies heute mit den verschiedenen Kleinanlagen (verteilt über den ganzen Kanton) der Fall ist.

2. Projekt

Im April 2012 wurde in einem internationalen Wettbewerb der Generalunternehmer (nach Schweizer Recht *Totalunternehmer*) für die neu zu errichtende Klärschlammverwertungsanlage am Standort Klärwerk Werthölzli ausgewählt. Die Ermittlung erfolgte anhand verschiedener technischer und kommerzieller Bewertungskriterien. Unter anderem wurden neben den Investitionskosten auch die Technik sowie die langfristigen Betriebskosten bewertet. Wichtige Einzelaspekte waren beispielsweise das Gesamtenergiekonzept oder der Aufbau des Abgasreinigungssystems zur sicheren Einhaltung der strengen Schweizer Emissionsvorschriften.

Die Ausschreibungsunterlagen haben seinerzeit 12 Firmen bzw. Bieterkonsortien erworben, wovon letztendlich 6 ein vollständiges Angebot eingereicht haben.

Zum schlüsselfertigen Liefer- und Leistungsumfang gehören neben der eigentlichen Prozesstechnik, das notwendige Gebäude und die EMSRL-Infrastruktur. Ebenfalls Bestandteil der Beauftragung war die Erstellung der notwendigen, technischen Unterlagen für die behördliche Baueingabe sowie die Begleitung des Kunden bis zum Erhalt verschiedener Genehmigungen.

Vor der wirksamen Beauftragung des Totalunternehmers hatte der Bauherr noch für die öffentliche Akzeptanz des Neubauprojektes zu sorgen. Der Stadtrat und der Gemeinderat haben die Umsetzung des Projektes empfohlen (Abstimmungsergebnis im Gemeinderat Ende Juni 2012 mit 118:0 Ja-Stimmen). Gemäß des Schweizer Rechtes muss der Volkssouverän die letzte Freigabe gewähren. In der Gemeindeabstimmung vom 3. März 2013 wurde über die Klärschlammverwertungsanlage entschieden. Mit einem Rekordergebnis von 93,9 Prozent Ja-Stimmen erhielt das Projekt seine letztendliche Legitimation.

3. Verfahrenstechnik

Im Rahmen der Angebotsbearbeitung wurde unter technisch-wirtschaftlichen Gesichtspunkten eine vergleichende Untersuchung und Bewertung der verschiedenen, auf dem Markt verfügbaren Abgasreinigungssysteme durchgeführt. Als Ergebnis dieser Betrachtungen wurde ein kombiniertes Verfahren bestehend aus SNCR-Prozess,

Elektrofilter, konditionierter Trockensorption mit Einsatz eines Kalkhydrat-Kohle Adsorbens sowie einer nachgeschalteten Feinreinigung in Form einer zweistufigen Nasswäsche als die unter den vorgegebenen Bedingungen insgesamt günstigste Variante ermittelt.

Die für den Vergleich der gewählten kombinierten und der rein trockenen Gasreinigung relevanten Emissionsgrenzwerte betreffen vorrangig Schwefeldioxid (SO_2), Ammoniak (NH_3) in Kombination mit Stickoxiden (NO_x) sowie Quecksilber (Hg). Bei der Schlammverbrennung liegen die SO_2-Rohgaswerte in der Regel zwischen 1.000 und 3.000 mg/m^{3}n,tr, mit Spitzenwerten von bis zu 5.000 mg/m^{3}n,tr. und damit erheblich höher als bei einer Abfallverbrennung.

Die Einhaltung des Emissionsgrenzwertes von < 50 mg/m^{3}n,tr erfordert mit rein trockenem Verfahren, das eine geringere Abscheide-Effizienz besitzt als nasse Verfahren, besondere Anstrengungen, nämlich entweder eine Vorabscheidung von SO_2 im Ofen, z.B. durch Zudosierung von Kalkstein, oder eine 2-stufige Trockensorption (2 x Additivdosierung und Schlauchfilter in Serie) mit verstärkt überstöchiometrischer Additivdosierung.

Die Dosierung von Kalkstein in den Ofen bedeutet eine Behinderung für das zukünftig beabsichtigte Phosphorrecycling aus der Asche und erübrigt sich damit. Eine 2-stufige Trockensorption mit überstöchiometrischer Additivdosierung hingegen ist verbunden mit entsprechend erhöhten Anlagen- und Betriebskosten.

Für Abfall- und Biomasseverbrennungen, mit erheblich geringeren SO_2-, aber höheren Cl-Konzentrationen im Rohgas, sind die Grenzwertanforderungen mittels rein trockenem Verfahren mit Kalkprodukten bzw. Natriumbikarbonat häufig technisch und wirtschaftlich erfüllbar. Daher ist dieser Verfahrenstyp auch häufiger realisiert.

Zur Unterschreitung des niedrigen NOx-Grenzwertes kommt eine SNCR mit Ammoniakwasserdosierung in den Ofen zum Einsatz. Hierdurch können erhöhte Ammoniakemissionen auftreten. Die sichere Unterschreitung des Grenzwertes von < 5 mg/m^{3}n,tr ist mit einem entsprechend dimensionierten Wäscher möglich. Bei rein trockenem Verfahren muss ein zusätzlicher SCR-Katalysator nachgeschaltet werden, verbunden mit einer entsprechenden Erhöhung der Betriebskosten (Gasverbrauch zur Wiederaufheizung, Ersatz des Katalysator-Materials).

Zur sicheren Unterschreitung des Hg-Grenzwertes (< 0,1 mg/m^{3}n,tr) ist als zusätzliches Adsorbens Aktivkohle oder Herdofenkoks in den Abgasstrom zu dosieren. Während das trockene Abgasreinigungsverfahren mit $NaHCO_3$ zur optimierten Adsorbensausnutzung bei möglichst hohen Temperaturen ($\geq$ 180 °C) betrieben werden sollte, funktioniert die Hg-Abscheidung an kohlenstoffhaltigen Adsorbentien umso besser, je niedriger die Abgastemperatur ist. Auch diese Feststellung weist in Richtung eines 2-stufigen trockenen Verfahrens (z.B. 1. Stufe mit $NaHCO_3$ bei höherer Temperatur, 2. Stufe mit Kalk-Kohle Adsorbens bei geringerer Temperatur).

Jahreskosten

In der nachfolgenden Aufstellung werden die jährlichen Betriebskosten der verschiedenen Abgasreinigungsalternativen gegenübergestellt hinsichtlich der Chemikalienverbräuche und der zu entsorgenden Reststoffe

Kombiniertes Verfahren

NaOH:	128.440 CHF
Ca(OH)$_2$:	30.000 CHF
Reststoffe:	180.000 CHF
Total:	338.440 CHF

Trockenes Verfahren mit Ca(OH)$_2$

NaOH:	0 CHF
Ca(OH)$_2$:	116.000 CHF
Reststoffe:	285.000 CHF
Total:	401.000 CHF

Trockenes Verfahren mit NaHCO$_3$

NaOH:	0 CHF
NaHCO$_3$:	219.000 CHF
Reststoffe:	167.000 CHF
Total:	386.000 CHF

Wie ersichtlich, bewegen sich die Chemikalien- und Reststoffkosten bei den trockenen Verfahren mit Ca(OH)$_2$ oder NaHCO$_3$ in vergleichbarer Größenordnung. Die pro Zeiteinheit benötigte Adsorbensmenge ist im vorliegenden Fall für NaHCO$_3$ geringfügig niedriger, die Beschaffungskosten sind jedoch fast doppelt so hoch. Teilweise wird dies wieder kompensiert durch eine geringere Reststoffmenge im Falle von NaHCO$_3$. Verglichen mit dem kombinierten Prozess liegen die Kosten für beide trockenen Varianten, Kalk oder Natriumbikarbonat, merklich höher.

Eine Wiederaufbereitung der gebildeten Reaktionssalze – wie im Falle von trockenen Abgasreinigungen in Abfallverbrennungsanlagen durchführbar, dient der Rückgewinnung von Natriumchlorid. Bei der Schlammverbrennung sind jedoch die Chloridkonzentrationen im Abgas deutlich niedriger und die SO$_2$ Konzentrationen deutlich höher, womit die Aufbereitung der Reaktionssalze unwirtschaftlich wird.

Darüber hinaus ist zu beachten, dass die Kosten für eine Reststoffverwendung als Bergversatz im Falle der Bikarbonatvariante höhere sein können als bei der Kalkvariante, da Na-haltige Reaktionssalze durch ihre geringere Festigkeit hierfür weniger gut geeignet sind.

Zusammenfassend bleibt festzustellen: Auch wenn eine 1-stufige trockene Abgasreinigung im Vergleich zur Vorgesehenen apparativ einfacher wäre, ist abgesehen von insgesamt höheren Kosten für Chemikalien und Reststoffe hiermit die sichere Einhaltung der strengen Emissionsgrenzwerte nach LRV nicht zu gewährleisten.

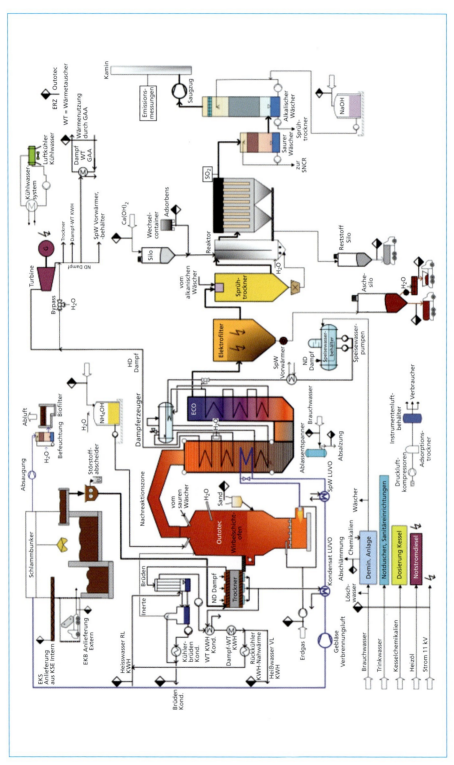

Bild 1: Prozessfließbild KSV Zürich

Gegenüber einer 2-stufigen, trockenen Abgasreinigung mit nachgeschaltetem SCR-Katalysator, die zur Einhaltung der Grenzwerte für SO_2, NO_x, NH_3 und Hg nötig wäre, stellt hier die geplante Verfahrenskette gesamtwirtschaftlich die bessere Alternative dar.

4. Wirbelschichtofen

Das verfahrenstechnische Herzstück der gesamten thermischen Verwertungsanlage ist der stationäre Wirbelschichtofen. Dieser hat sich seit Jahrzenten für die unterschiedlichsten Anwendungen bewährt und doch gibt es viele spezielle Details welche entscheidend sind und nicht von allen Anbietern berücksichtigt werden.

Säuretaupunkt

Bei Klärschlamm ist z.B. der hohe Schwefelgehalt zu nennen, welcher zu einem sehr korrosiven Abgas führt. Wenn der Säuretaupunkt an Metallteilen unterschritten wird nützen auch Wandstärken von 20 mm nichts, da diese innerhalb weniger Wochen durch korrodieren würden. Entscheidend ist hier das Gesamt-design (Wandaufbau, Fugenausführung, Ausmauerung, Isolierung, Auswahl der richtigen Stähle, usw.), das komplett von Outotec stammt und in dem sich viele Jahrzehnte an Erfahrungen widerspiegeln.

Wärmedehnung

Durch die hohen Verbrennungstemperaturen unterliegt der Ofen einer entsprechenden Ausdehnung in alle Richtungen. Diese müssen beim Design (Fundamente, Bühnen, Anschlüsse von Rohrleitungen und Kanälen) hinsichtlich der Fixpunkte und der notwendigen, flexiblen Übergängen (Kompensatoren) entsprechend berücksichtigt werden.

Düsenboden

Damit die Verbrennung sicher autark funktioniert und der Schlamm nicht bis in die Leimphase getrocknet werden muss, sollte die Wirbelluft entsprechend vorgewärmt (400 – 600 °C) werden. Als beste Ausführung hat sich hier ein gegossener keramischer Düsenboden bewährt. Im Gegensatz zu Aufbauten mit Gewölbesteinen können damit auch große Bettflächen realisiert werden.

Bild 2:   3D-Graphik des Wirbelschichtofens in Zürich

721

Düsen

Bei den Düsen ist konstruktiv auf ausreichende Befestigung und die Vermeidung von Sandrückflüssen in die Windbox oder Luftverteiler zu achten. Diese Voraussetzungen und die richtige Materialwahl können zu Düsenstandzeiten von über 20 Jahren problemlos erreicht werden.

Brennstoffverteilung

Wichtig für niedrige Emissionen und einen guten Ausbrand ist die gleichmäßige Brennstoffverteilung über das gesamte Wirbelbett, welche in vorliegenden Falle durch eine spezielle Aufstreumaschine realisiert wird.

Weitere Details

Praxisbezogenes Design wie beispielsweise Mannlöcher mit ausreichender Größe, Bühnen mit entsprechender Kopffreiheit, Gaslanzen im Bett zum schnellen Anfahren, und vieles mehr unterstützen im alltäglichen Betrieb das verantwortliche Personal die Anlage sicher zu fahren.

5. Unterschied Emissionen (Schweiz/EU)

Der Hauptunterschied für die Anlagenauslegung einer Schweizer Anlage liegt in den niedrigeren Grenzwert für NO_x und dem zusätzlichen Grenzwert für NH_3.

Tabelle 1: Emissionsgrenzwerte (Tagesmittlelwerte) nach SchweizerLuftreinhaltsverordnung und und Richtlinie 2000/76/EG

Parameter	Einheit	Schweiz LRV (Luftreinhalteverordnung)	Europa Richtlinie 2000/76/EG
CO	mg/m³ i. N.	50	50
SO_2	mg/m³ i. N.	50	50
HCl	mg/m³ i. N.	20	10
HF	mg/m³ i. N.	2	1
Staub	mg/m³ i. N.	10	10
NO_x als NO_2	mg/m³ i. N.	80	200
NH_3	mg/m³ i. N.	5	kein
Cd	mg/m³ i. N.	0,1	
Cd + Tl	mg/m³ i. N.		0,05
Hg	mg/m³ i. N.	0,1	0,05
Pb + Zn	mg/m³ i. N.	1	
Sb, As, Pb, Cr, Co, Cu, Mn, Ni, V	mg/m³ i. N.		0,5
Dioxine und Furane	ng TEQ/m³ i. N	0,1	0,1

6. Möglichkeiten der Wärmerückgewinnung

Zur Wärmenutzung gibt es bei der thermischen Schlammverwertung eine Reihe von Möglichkeiten. Traditionell wird die Verbrennungswärme in einem nachgeschalteten LUVO und Dampferzeuger (Dampf oder Thermalöl) aufgenommen und anschliessend zur Teiltrocknung verwendet um eine autarke Verbrennung zu erreichen. In neueren Anlagen wird zuerst überhitzter Dampf erzeugt und mit Hilfe einer Turbine Strom erzeugt, dieser deckt in der Regel den Eigenbedarf der Verbrennung. In einzelnen Anlagen kommt ein Abgas/Abgaswärmetauscher zur Wiederaufheizung der Abgase zum Einsatz.

Unabhängig davon stehen neben dieser Wärmenutzung noch weitere Wärmequellen mit erheblichem Energieinhalt zur Verfügung. Zum einen die Brüden aus der Teiltrocknung, diese können in Fernwärmenetzen genutzt werden, das dabei erreichbare Temperaturniveau liegt bei 90 °C. Zum anderen die Kondensationswärme des in Abgasen befindlichen Wassers, das dabei erreichbare Temperaturniveau liegt bei 65 °C. Eine weitere Nutzungsmöglichkeit ist die Verwendung der Abgaswärme zur Speisewasserwiederaufheizung.

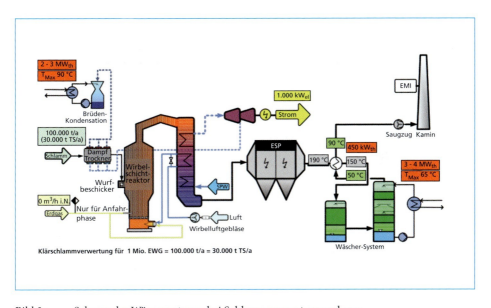

Bild 3:   Schema der Wärmenutzung bei Schlammverwertungsanlagen

7. Terminplan und Projektfortschritt

Im nachfolgenden Bild wird am Beispiel des Projektes Zürich der Terminplan skizziert, der auch in vielen anderen Klärschlammverwertungsprojekten einen ähnlichen Ablauf aufweist.

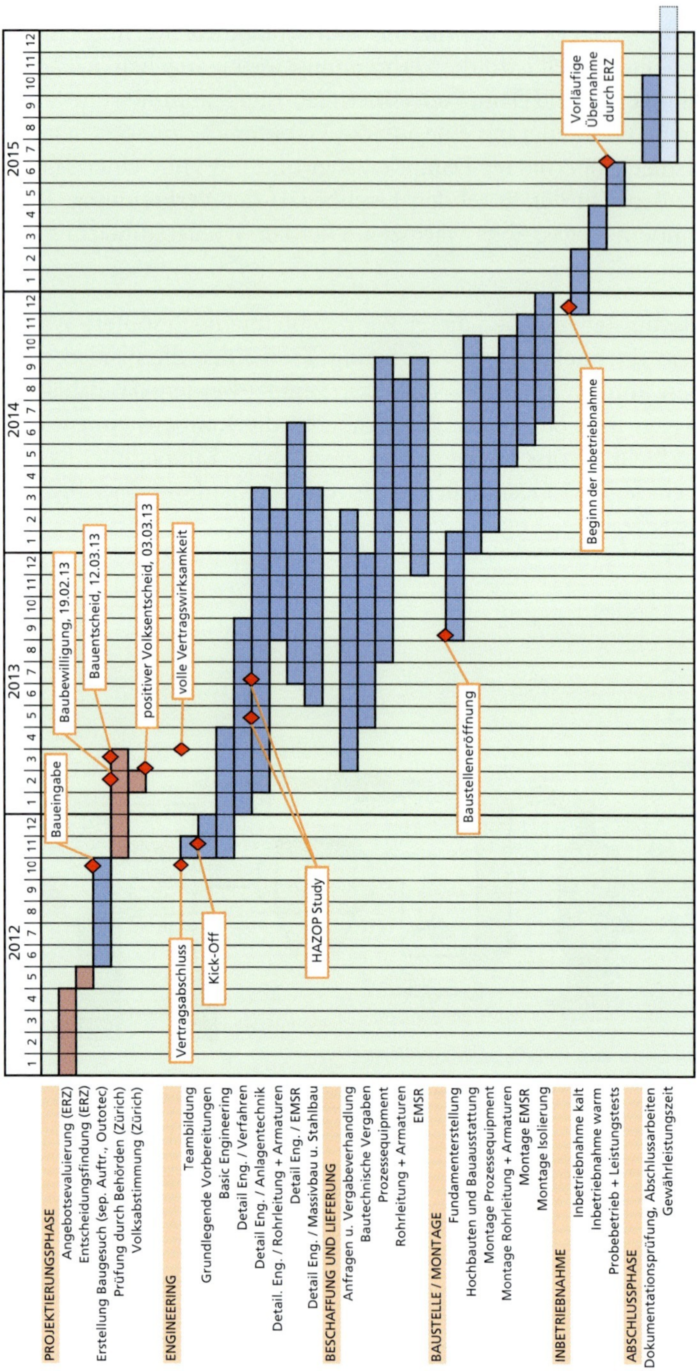

Bild 4: Vereinfachter Terminplan

Die dargestellten blauen Terminbalken stellen die verantwortlichen Aktivitäten der Outotec dar – wohingegen die roten Balken Vorgänge in der Verantwortung von Kunden (ERZ) oder Behörden anzeigen. Dem Gesamtprojekt liegt eine Zeitplanung von ERZ zugrunde, die weit in der Vergangenheit mit der vielfältigen Organisation der Ausschreibung beginnt und mit der endgültigen Übergabe der Anlage nach der Gewährleistungsfrist endet. Dieser detaillierte Plan konnte bisher durch die professionelle und akribische kundenseitige Projektleitung alle gesetzten Meilensteine einhalten. Der hier dargestellte Ausschnitt beschränkt sich auf die Phasen, in der die Outotec in der Verantwortung steht.

Verschiedene Punkte sollen in der folgenden Auflistung erläutert bzw. hervorgehoben werden:

- In einer eigenen – vom Hauptauftrag separaten – Beauftragung wurde Outotec die Aufgabe übertragen die notwendigen Dokumente für ein Baugesuch zu erstellen und für eine Einreichung vorzubereiten.

- Dieses Baugesuch wurde termingerecht im Oktober 2012 bei dem Kreisarchitekten eingereicht, der nach internen Regeln dieses wiederum unter den lokalen (städtischen) und kantonalen Behörden zur Begutachtung weiterverteilte. Im Oktober 2012 wurde der Werkvertrag zwischen ERZ und Outotec geschlossen, unter dem Vorbehalt, dass das Volk die Kosten dieses Projekt in einem Referendum bestätigt und freigibt. Das temporäre Risiko eines Scheiterns wurde von Outotec getragen.

- Die Behörden reagierten sehr frühzeitig mit der positiven Baubewilligung (19.02.2013) und der Baugenehmigung (12.03.2013)

- In der Volksabstimmung vom 03.03.2013 wurden die notwendigen Investitionen für die KSV mit überwältigender Mehrheit genehmigt

- Der Projektablauf innerhalb der Outotec hält sich an den gemeinsam abgestimmten Terminplan. Hilfreich hierzu ist das Outotec Abwicklungsteam – zu einem großen Anteil bestehend aus einer langjährig, erfahrenen Kollegschaft, die auf Erfahrungen anderer Anlagen gleichen Typs zurückgreifen können.

Bild 5:

Baustelle Stand September 2013

- Die Zusammenarbeit mit Kunden ist sehr konstruktiv.

- Die Baustelle wurde im Spätsommer (September 2013) eröffnet

- Eine vorläufige Übernahme der Anlage durch ERZ ist für die Mitte 2015 eingeplant.

Bild 6:

Modell der KSV Zürich

8. Phosphorrückgewinnung

Bei der Planung der thermischen Schlammverwertung für den Kanton Zürich ist auch die mögliche spätere Rückgewinnung von Phosphor aus der Klärschlammasche berücksichtigt worden.

Eine Möglichkeit ist das ASH DEC Verfahren. Dieses Verfahren ist in der Literatur ausführlich dokumentiert (Adam, et al. 2008), so dass wir hier vorrangig auf eine vertikal integrierte Verfahrensvariante eingehen möchten, die unmittelbar an die Verbrennung anschließt und insbesondere bei neuen Anlagen die Möglichkeit eröffnet Phosphatdünger herzustellen und nahezu abfallfrei zu arbeiten.

Der Prozess in Kurzform: Aschen werden mit festen Salzen (bevorzugt Magnesium-chlorid-Flocken) vermischt in einem Drehrohrreaktor für rund 15 Minuten einer Temperatur von rund 1.000 °C ausgesetzt. Magnesiumchlorid zerfällt in eine feste Mg- und eine gasförmige Cl-Komponente. Mg ersetzt Calcium (teilweise), Aluminium und Eisen in den Phosphatverbindungen der Asche und bildet Calcium-Magnesium-Phosphate. Al und Fe verbleiben als inerte Oxide in der Asche. Cl bildet gasförmige Metallchlorid-Verbindungen mit Cadmium (Cd), Blei (Pb), Kupfer (Cu) und Zink (Zn) und (eingeschränkt) weiteren Metallen wie Molybdän und Zinn. Die Metallchloride werden mit den Abgasen ausgetragen und in einem Filtersystem abgeschieden. Die überschüssigen Chloride werden an Magnesium-Trägern adsorbiert und in den Reaktor zurückgeführt.

Als thermo-chemisches Verfahren wurde der Prozess häufig dafür kritisiert, dass zwar der Rohstoff geschont wird, dafür aber ein unverhältnismäßig hoher Energieaufwand erforderlich ist. Der Aufwand war mit erheblichen Betriebskosten verbunden.

In einem ersten Schritt wurde der Prozess des Aufheizens vom Reaktionsprozess getrennt und in einen eigenen Wirbelschichtreaktor ausgelagert, womit eine weitgehende Energierückgewinnung und der Einsatz von Sekundärbrennstoffen möglich wurden. Von da ist es nur ein kleiner Schritt, die Verbrennungsanlage als Aufheizreaktor zu betrachten und die Asche heiß über einen Zyklon abzuziehen. Auf diese Weise wird die Asche mit rund 900 °C in den Drehrohrreaktor aufgegeben und dadurch entfällt die für ihre Aufheizung erforderliche Energie. Demgegenüber steht ein minimaler Energieverlust im Dampferzeuger der Verbrennungsanlage.

Mit dieser Maßnahme sinkt der spezifische Energieverbrauch des Verfahrens auf rund 250 kWh und die spezifischen Brennstoffkosten – je nach Standort – auf <10 Euro, jeweils pro Tonne Produkt. Bezogen auf P bedeutet das, unter der Annahme, dass 10 Prozent P (22,9 Prozent P_2O_5) in der Asche enthalten sind, 2,5 MWh. Zum Vergleich: bei der thermischen P-Gewinnung im Schmelzofen von Thermphos betrug der Energieverbrauch 13 MWh pro Tonne P [3] und bei der nasschemischen Herstellung von - im Düngerwert vergleichbarem - Single Superphosphat aus Rohphosphat und Schwefelsäure liegt der durchschnittliche spezifische Energieverbrauch bei 4,26 MWh pro Tonne P [3]. Allerdings entsteht bei der Schwefelsäureproduktion aus der Verbrennung von schwefelhaltigen Mineralen ein Energieüberschuss, so dass der kumulierte Energieverbrauch von Single Superphosphat in Europa bei durchschnittlich 0,95 MWh liegt [2].

Weiteres wurde von manchen Autoren die Pflanzenverfügbarkeit des Phosphatdüngers aus dem thermo-chemischen Prozess kritisiert. In der Tat hatten die Calcium-Magnesium-Phosphate aus dem Verfahren eine mit rund 30 Prozent begrenzte Löslichkeit in Neutral-Ammoncitrat und in der Praxis eine schlechte Verfügbarkeit auf alkalischen Böden, der aber eine sehr gute Verfügbarkeit auf sauren Böden gegenüberstand.

Nachdem mit der Neufassung der deutschen Düngemittelverordnung vom Dezember 2008 auch die Grenzwerte für die Metalle (Spurennährstoffe) Kupfer und Zink auf- bzw. angehoben wurden, konnte der Verfahrensschwerpunkt von der Cu-Abscheidung zur Optimierung der Löslichkeit verschoben werden, was die Bandbreite der möglichen Prozessführung und der Zusätze radikal erweitert hat. Kupfer kann im Prozess nur über

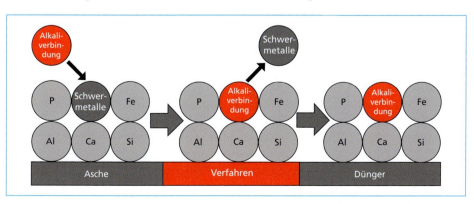

Bild 7:   Schematische Darstellung des ASH DEC-Verfahrens

die Umwandlung in Chloride verflüchtigt werden, während die eindeutigen Schadstoffe Blei und Cadmium auch unter reduzierenden Bedingungen entfrachtet werden können.

Kalzinierte Phosphate mit hoher Pflanzenverfügbarkeit hat man in Deutschland bis in die 80er Jahre des letzten Jahrhunderts u.a. als Rhenania Phosphat industriell hergestellt. Als Aufschlussmittel diente Natriumcarbonat (Soda). Es wirkt – mit Aschen genau so gut wie mit Rohphosphat - und bringt einen Phosphatdünger mit nahezu vollständiger Löslichkeit in Neutral-Ammoncitrat und mit hoher Wirksamkeit auf alkalischen Böden hervor, wobei die, auf alle kalzinierten Phosphate zutreffende, sehr gute Wirkung auf sauren Böden vollständig erhalten bleibt.

Die letzte Generation der kalzinierten Phosphatdünger aus dem thermo-chemischen Verfahren ist demnach nahezu vollständig löslich in Neutral-Ammoncitrat und auf allen Böden in gemäßigten Klimazonen gleich wirksam wie mit Säureaufschluss hergestellter, wasserlöslicher Dünger. Die verzögerte Löslichkeit (in Reaktion auf Säure-Absonderung der Pflanzenwurzeln) sollte auf sehr sauren Böden mit hoher P-Fixierung sogar einen Vorteil gegenüber wasserlöslichen Düngern bringen, was zurzeit in Pflanzenversuchen mit Intensivkulturen (z.B. Ölpalme) auf mehreren Kontinenten weiteruntersucht wird. Den Vorteil der geringen Schwermetallbelastung gegenüber handelsüblichen Phosphatdüngern hat das Produkt in jedem Fall.

Verfahrenstechnisch wird das verbesserte Konzept weiterhin in einem Drehrohrofen umgesetzt, wobei, wenn verfügbar, Klärschlamm-Trockengranulat als Reduktions- und Soda als Aufschlussmittel zugesetzt wird. Die Behandlungstemperatur bleibt unter dem Schmelzpunkt der Mischung, bei rund 900°. Cadmium und Blei werden überwiegend (> 60 Prozent) aus dem Produkt entfernt, der Zinkgehalt wird reduziert und – bei Bedarf – könnte auch Arsen ausgeschleust werden.

Abgasseitig ist weiterhin eine Senke für die abgeschiedenen Schwermetalle erforderlich – aus Gründen der Energieeffizienz in Gestalt eines Hochtemperatur-Elektrofilters. Mit dem rund 350-400 °C heißen Drehrohrofen-Abgas wird, nach dem Elektrofilter, Soda vorgewärmt. Als Vorwärm-/Kühlstufen dienen die bewährten und hocheffizienten Venturi-Zyklon Systeme, wie sie auch beim Kalzinieren von Mineralstoffen Verwendung finden. Das von den Schwermetallen und vom Staub gereinigte Abgas wird in die Verbrennungsanlage – zur Nachverbrennung - zurückgeführt und in der Abgasreinigungsanlage des Wirbelschichtreaktors gereinigt. Damit entfallen die Kosten für die Abgasreinigung nach der Düngemittelproduktion weitgehend, da nur noch die Kühl-/Vorwärmstufe und der Elektrofilter zusätzlich installiert werden müssen.

Die Kosten der Phosphatdüngerproduktion liegen im Bereich der Kosten für die Herstellung von konventionellen Phosphatdüngern und unter denen des bereits zitierten Single Superphosphats, wenn man die Weltmarktpreise für Rohphosphat und ortsübliche Preise für Schwefelsäure zugrunde legt. Pro Tonne Phosphat (P_2O_5) fallen rund 850-900 Euro an, einschließlich Amortisation, Eigenkapitalverzinsung und Kapitaldienst. Mehr als die Hälfte davon entfallen auf den Zusatz von Soda und motivieren uns, Alternativen zu erforschen. Dabei zeichnen sich vielversprechende Ergebnisse ab, auf die wir zu einem späteren Zeitpunkt eingehen werden. Die Investitionskosten liegen bei rund 30-35 Prozent der Verbrennungsanlage, bei mittleren Anlagen deutlich unter 20 Millionen Euro.

Der Betreiber der Schlammverbrennungsanlage spart die Entsorgungskosten der Asche zu 100 Prozent. Im Gegenzug fallen etwa 2-3 Prozent des ursprünglichen Asche-Aufkommens als Sekundärreststoff an.

Das Produkt ist ein EG-Dünger nach Verordnung (EG) 2003/2003, sofern es als NP oder PK Dünger auf den Markt gebracht wird. Dieser Schritt ist in Zusammenarbeit mit Stickstoffdüngerproduzenten erfolgreich getestet und erste Interessenbekundungen von Produzenten liegen bereits vor. In Deutschland ist das Produkt auch als reiner Phosphatdünger nach Düngemittelverordnung marktfähig.

Wenn nicht europäische oder nationale Gesetzgeber Regelwerke zur verpflichtenden Rückgewinnung von Phosphaten aus Abwasser erlassen oder alternative Anreize entwickeln, müssen mehrere günstige Umstände zusammenkommen, um eine positive Investitionsentscheidung herbeizuführen. Die nächsten Jahre werden zeigen, ob diese Bedingungen erfüllt werden.

9. Literatur

[1]   Adam, C., Kley, G.; Simon, F. G.; Lehmann, A. K.: Recovery of nutrients from sewage sludge – Results of the European Research Project SUSAN. Berlin: Federal Institute for Materials Research and Testing (BAM), 2008.

[2]   Jenssen, T.K.; Kongshaug, G.: Energy Consumption and Greenhouse Gas Emissions in Fertilizer Production. International Fertiliser Society Meeting. London, 2003.

[3]   Schipper, W. et al.: *Phosphate recycling in the phosphorus industry.* Environmental Technology, 2001 (2007): 1337.

Vergleich von Verfahren zur Phosphatgewinnung aus Abwasser und Klärschlämmen
– Technik und Kosten –

Udo Seiler

Ohne Phosphor gibt es kein uns bekanntes Leben auf der Erde.

Phosphor ist ein Stoff der für alle Organismen lebenswichtig ist. Phosphor ist einer der Bestandteile der Gerüstsubstanz wie sie in Knochen und Zähnen vorkommt. Ebenso sind Phosphorverbindungen Bestandteile des Erbgutes (DNA/RNA) und verantwortlich für die Weiterentwicklung aller Lebewesen auf der Erde.

Phosphor wird zudem im Energiekreislauf der Zellen benötigt. Die Energieübertragung erfolgt über Adenosin-Tri-Phosphat (ATP) welches sich unter Energieabgabe in den Zellen zu Adenosin-Mono-Phosphat wandelt, aus der Zelle ausgeschleust wird und im Körper wieder zu ATP geladen wird. Wenn der ATP-Nachschub versagt, stellen die Zellen ihren *Betrieb* ein. Allgemeine Körperzellen können nach einer Unterbrechung des Kreislaufs wieder *hochgefahren* werden, Herzzellen stellen nach kompletter Energieabgabe des ATP ihren Betrieb für immer ein. Dies sind, verkürzt ausgedrückt, die Folgen bei der Unterversorgung der Herzmuskeln beispielsweise bei einem Herzinfarkt. Das Gewebe stirbt unwiderruflich ab.

Phosphor ist bei der Produktion von Lebensmitteln notwendig, sei es beim Wachstum der Pflanzen als Dünger oder als Zusatzstoff im Tierfutter. Neben diesen biologischen Bedürfnissen wird Phosphor bei der Produktion von Seifen und Detergenzien eingesetzt. Des Weiteren wird Phosphor bei der Herstellung von Lebensmitteln, Getränken, Zahnpasta, der Behandlung von Wasser und in der Eisen- und Stahlerzeugung allem die Oberflächenbehandlung von Stählen benötigt. Neunzig Prozent des Phosphors wird jedoch in der Landwirtschaft eingesetzt.

Herkunft und Gewinnung

Phosphor kommt in der Erdkruste nur in gebundener Form als Phosphate vor. Der Gehalt an Phosphor in der Erdkruste beträgt etwa 0,09 Prozent. Typische Mineralien sind etwa die Apatite $Ca_5(PO_4)3(F,Cl,OH)$, Wavellit $Al_3(PO_4)(F,OH) \cdot 5\ H_2O$, Vivianit $Fe_3(PO_4)2 \cdot 8\ H_2O$ und Türkis $CuAl_6[(PO_4)(OH_2)]4 \cdot 4\ H_2O$. [1]

Im Jahr 2010 wurden weltweit etwa 180 Millionen Tonnen Roh-Phosphate pro Jahr gefördert.

Die größten Vorkommen an Phosphat-Mineralien findet man in Afrika, in China und den USA (Florida); Achtzig Prozent der bekannten und abbauwürdigen Phosphatgestein-Vorkommen in befinden sich in

- Marokko (zusammen mit Westsahara 36,5 Prozent),
- China (23,7 Prozent),
- Jordanien (9,6 Prozent) und
- Südafrika (9,6 Prozent).

Diese Vorkommen reichen nur noch für wenige Jahrzehnte. Je nach angenommenem Szenario sind diese Vorkommen in 50 bis 130 Jahren erschöpft. Entgegen dieser bisherigen Betrachtungen geht die Bundesregierung in einer Schätzung von 2012 auf Basis neuer gefundener abbauwürdiger Lagerstätten in Nordafrika und Irak davon aus, dass es keinen Engpass in der Versorgung geben wird und dass die Vorräte noch bis zu 380 Jahre reichen. Bei der Betrachtung wurde nicht berücksichtigt, dass sich große Vorkommen unter Wasser befinden, welche bei entsprechendem Preis und vorhandener Technik abgebaut werden können und so die Verfügbarkeit weiter erhöhen würden. Neben diesen mineralischen Lagerstätten gibt es weitere Vorkommen an Phosphor in Form von sekundären Lagerstätten als Kot von Meeresvögeln oder Fledermäusen (Guano: enthält 7 bis 8 Prozent, selten bis 60 Prozent Chilesalpeter und maximal etwa 40 Prozent Phosphate. Guano in abbauwürdiger Menge befindet sich hauptsächlich auf einigen Inseln im Pazifischen Ozean. Durch den massiven Abbau in der Vergangenheit spielen diese Quellen nur noch eine untergeordnete Rolle.

Um die Versorgung der stetig wachsenden Weltbevölkerung – demnächst etwa 9 Milliarden Menschen – mit Lebensmittel sicherzustellen, wird der Bedarf an Phosphaten in der Landwirtschaft weiter zunehmen. Damit die lebenswichtigen Phosphaten länger kostengünstig zur Verfügung stehen, sind die bestehenden Vorräte besser zu nutzen und Möglichkeiten für eine Wiederverwertung umzusetzen.

1. Verfügbare sekundäre Quellen an Phosphaten

Neben den oben genannten Lagerstätten kann das Phosphat aus den sich ergebenden Kreisläufen abgeschieden und somit recycelt werden. Als maßgeblicher Ansatzpunkt hat sich das Wiedergewinnen von Phosphor aus dem Abwasser ergeben. Hierzu wurden in der Vergangenheit verschiedene Ansätze und daraus folgend, unterschiedliche Verfahren entwickelt.

Mögliche Ansatzpunkte für die Phosphatrückgewinnung bei der Abwasserreinigung sind in Bild 1 dargestellt.

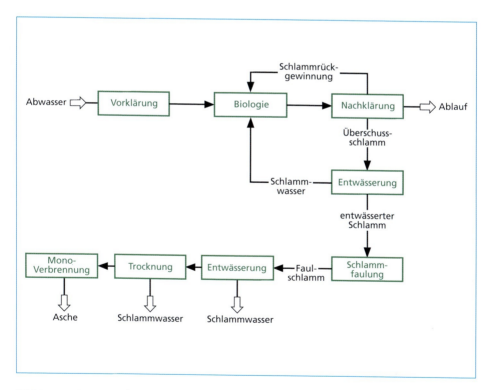

Bild 1:   Ansatzpunkte für die Phosphatausschleusung bei Kläranlagen

Quelle: Von Horn, J.; Satorius, C.; Tettenborn, F.: Technologievorausschau für Phosphatrecycling (Kap. 8),In: Pinnekamp, J.: Phosphorrecycling – Ökologische und wirtschaftliche Bewertung verschiedener Verfahren und Entwicklung eines strategischen Verwertungskonzepts für Deutschland. (PhoBe) Gemeinsamer Schlussbericht mehrerer Teilvorhaben, Projektleitung Institut für Siedlungswasserbau der RWTH Aachen, 2010

Tabelle 1:   Systematischer Überblick über Verfahren zur P-Rückgewinnung aus Kläranlagen

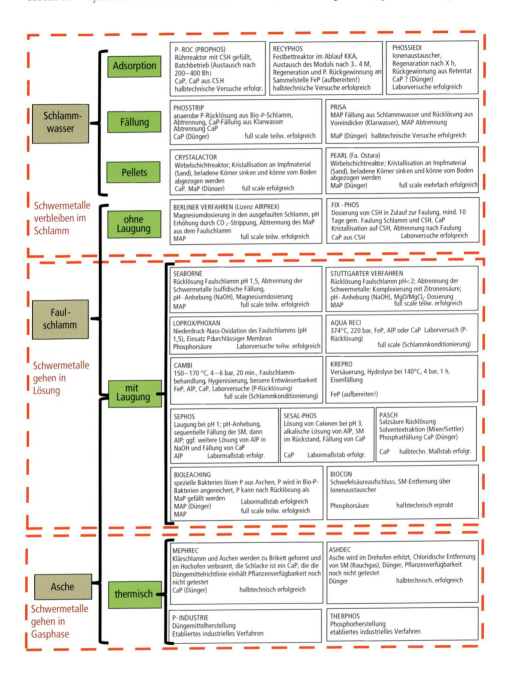

Quelle: Von Horn, J.; Satorius, C.; Tettenborn, F.: Technologievorausschau für Phosphatrecycling (Kap. 8),In: Pinnekamp, J.:
Phosphorrecycling – Ökologische und wirtschaftliche Bewertung verschiedener Verfahren und Entwicklung eines strategischen
Verwertungskonzepts für Deutschland. (PhoBe) Gemeinsamer Schlussbericht mehrerer Teilvorhaben, Projektleitung Institut für
Siedlungswasserbau der RWTH Aachen, 2010

Die für die einzelnen Stoffströme möglichen Verfahren zur Phosphatabscheidung sind in Tabelle 1 aufgezeigt.

Innerhalb Deutschlands sind etwa 78 Millionen Einwohner und etwa 47 Millionen EWG an Kläranlagen angeschlossen; bei einer angenommenen spezifischen Phosphatbelastung von etwa 1,9 g/(EWG*d) ergibt sich eine Fracht von etwa 54.000 t P/a. Wenn die sonstigen Phosphatströme aus der Industrie mit berücksichtigt werden, summiert sich die Phosphatmenge auf etwa 68.000 t P/a, die für die Kreislaufwirtschaft durch Recycling zur Verfügung stehen.

Unter Einbeziehung des Wirkungsgrads von 90 Prozent (abgeleitet aus dem PASCH-Verfahren) stehen abhängig vom Szenario bis zu 45.300 t P/a zur Verfügung und könnten somit bis zu 41 Prozent des derzeitigen durchschnittlichen Düngemittelabsatzes in Deutschland substituieren.

Die Zusammenstellung der Verfahren zum Recycling von Phosphaten aus Kläranlagen wurde in dem Forschungsprojekt

PhoBe *Phosphorrecycling – Ökologische und wirtschaftliche Bewertung verschiedener Verfahren und Entwicklung eines strategischen Verwertungskonzepts für Deutschlands* [2]

entnommen und stellt das wissenschaftliche Begleitprojekt der BMBF/BMU-Förderinitiative *Kreislaufwirtschaft für Pflanzennährstoffe, insbesondere Phosphor* dar.

Im Folgenden soll ein Teil der in Tabelle 1 dargestellten Verfahren detaillierter beschrieben werden.

1.1. PHOXNAN-Verfahren

Das PHOXNAN-Verfahren ist die Phosphorrückgewinnung aus kommunalem Klärschlamm durch ein Hybridverfahren aus Niederdruck-Nassoxidation und Nanofiltration.

Der ausgefaulte und entwässerte Klärschlamm wird durch Zugabe von konzentrierter Schwefelsäure aufgeschlossen. Durch Zugabe von Sauerstoff erfolgt eine Nassoxidation bei einer Temperaturen von etwa 200 °C im Druckbereich von 12 bis 20 bar. Mit dem Überlauf wird im Gegenstrom der zulaufende Klärschlamm aufgeheizt. Der abgekühlte Ablauf wird erst einer Ultrafiltration und dann einer Nanofiltration zugeführt.

Der sauberen phosphatgeladenen Flüssigkeit wird im nachfolgenden Reaktor Magnesiumhydroxid (Mg(OH)2) zugegeben. Dadurch erfolgt die Fällung des Produkts Magnesiumammoniumphosphat (MAP). Das restliche vom Phosphat befreite Abwasser geht zurück zur Kläranlage.

Der abgeschiedene Feststoff aus der Ultrafiltration wird entwässert und mit CaO versetzt einer Verwertung /Entsorgung zugeführt. Der Ablauf der Nanofiltration beinhaltet den größten Teil der Schwermetalle. Die Schwermetalle werden unter Zugabe von CaO gefällt und können so einer Verwertung/Entsorgung zugeführt werden. Der von den Schwermetallen befreite restliche Klärschlamm geht zum Faulturm.

Das zum Verfahren gehörende Fließbild ist in Bild 2 dargestellt.

Die spezifische zugeführte Menge an Phosphor beträgt, bezogen auf den Klärschlamm etwa 933 mg P/l Schlamm. Das Rückgewinnungspotential liegt bei etwa 51 Prozent des zugeführten Phosphats.

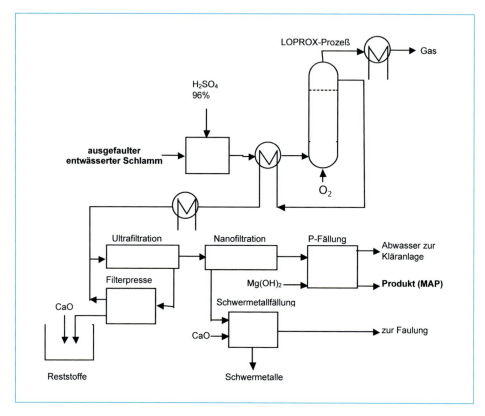

Bild 2:   Vereinfachtes Fließbild des PHOXNAN-Verfahrens

Quelle: geändert nach: Kostenabschätzung und ökobilanzielle Bewertung der in der Förderinitiative entwickelten Verfahren Wibbke Everding, Aachen (Kap. 6) In: Pinnekamp, J.: Phosphorrecycling – Ökologische und wirtschaftliche Bewertung verschiedener Verfahren und Entwicklung eines strategischen Verwertungskonzepts für Deutschland. (PhoBe) Gemeinsamer Schlussbericht mehrerer Teilvorhaben, Projektleitung Institut für Siedlungswasserbau der RWTH Aachen, 2010

1.2. P-RoC-Verfahren

Mit dem P-RoC-Verfahren können sowohl kommunale und industrielle Prozesswässer als auch landwirtschaftliche Abwässer zur Phosphatrückgewinnung herangezogen werden. Das Verfahren benötigt nur einen geringen apparativen Aufwand.

Das Verfahren ist in Bild 3 dargestellt.

Das Prozesswasser wird aus einer Vorlage dem Kristallisationsreaktor zugeführt. In diesem Rührreaktor wird der Flüssigkeit Calcium-Silicat-Hydrat (CSH) als Impfkristalle

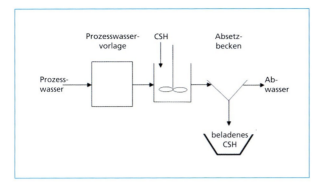

Bild 3:

Vereinfachtes Fließbild des P-RoC-Verfahrens

Quelle: geändert nach: Kostenabschätzung und ökobilanzielle Bewertung der in der Förderinitiative entwickelten Verfahren Wibbke Everding, Aachen (Kap. 6) In: Pinnekamp, J.: Phosphorrecycling – Ökologische und wirtschaftliche Bewertung verschiedener Verfahren und Entwicklung eines strategischen Verwertungskonzepts für Deutschland. (PhoBe) Gemeinsamer Schlussbericht mehrerer Teilvorhaben, Projektleitung Institut für Siedlungswasserbau der RWTH Aachen, 2010

zugeführt. Nach einer Verweilzeit von 0,5 bis 2 h im Absetzbecken, welche zum Kristallwachstum benötigt wird, kann das mit Phosphor beladene CSH abgetrennt werden.

Die in Prozessabwässern enthaltene, gegenüber Klärschlämmen geringe P-Fracht von etwa 31 mg P/l Prozesswasser kann zu etwa 30 Prozent zurückgewonnen werden.

1.3. FIX-PHOS-Verfahren

Das FIX-PHOS verfahren ist ebenfalls ein einfaches Verfahren, bei dem Überschussschlamm als Zugabe anstatt des Prozesswassers beim P-RoC-Verfahren (siehe oben) eingesetzt wird. Das Verfahren kommt hinter einer Kläranlage mit biologischer Phosphateliminierung zum Einsatz.

Der Überschussschlamm wird mit Calcium-Silikat-Hydrat (CSH) geimpft und einem Reaktor zugeführt. Im Reaktionsreaktor verbleibt der Überschussschlamm unter anaeroben Bedingungen etwa 10 Tage. In der wässrigen Phase erfolgt das Kristallwachstum derart, dass das beladene CSH über eine Siebeinrichtung abgeschieden werden kann (Bild 4). Der restliche Überschussschlamm geht in die Faulung.

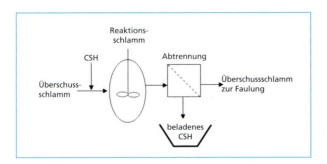

Bild 4:

Vereinfachtes Fließbild des FIX-PHOS-Verfahrens

Quelle: geändert nach: Kostenabschätzung und ökobilanzielle Bewertung der in der Förderinitiative entwickelten Verfahren Wibbke Everding, Aachen (Kap. 6) In: Pinnekamp, J.: Phosphorrecycling – Ökologische und wirtschaftliche Bewertung verschiedener Verfahren und Entwicklung eines strategischen Verwertungskonzepts für Deutschland. (PhoBe) Gemeinsamer Schlussbericht mehrerer Teilvorhaben, Projektleitung Institut für Siedlungswasserbau der RWTH Aachen, 2010

Neben dem Einsatz von Überschussschlamm (ÜSS) kann auch der gesamte Klärschlamm, bestehend aus ÜSS und Primärschlamm (PS) über den Reaktor gefahren werden. Dadurch kommt es höheren Investitionen und schwierigeren Verfahrensabläufen bei der Abtrennung des beladenen CSP. Dies resultiert in einem schlechteren Wirkungsgrad und gleichzeitig höheren Kosten für die spezifische Abtrennung des Phosphats.

Die im ÜSS enthaltene P-Fracht von etwa 975 mg P/l kann zu etwa 37 Prozent zurückgewonnen werden.

1.4. SESAL-PHOS-Verfahren

Bei diesem Verfahren werden Phosphor und Aluminium gemeinsam aus Klärschlammaschen zurückgewonnen. Dieses Verfahren ist nur einsetzbar, wenn auf der Kläranlage das Phosphat vorher mit Aluminium ausgefällt wurde. Hierbei wird die Asche aus Klärschlamm-Monoverbrennungsanlagen zunächst durch Zuführung von Salzsäure in einem Reaktor vermischt und bei einem pH-Wert von 2,7 bis 3,2 eluiert.

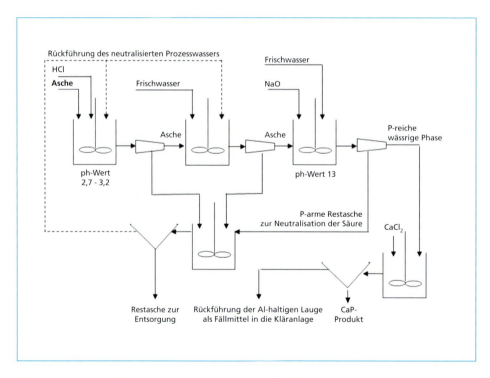

Bild 5:   Vereinfachtes Fließbild des SESAL-PHOS-Verfahrens

Quelle: geändert nach: Kostenabschätzung und ökobilanzielle Bewertung der in der Förderinitiative entwickelten Verfahren Wibbke Everding, Aachen (Kap. 6) In: Pinnekamp, J.: Phosphorrecycling – Ökologische und wirtschaftliche Bewertung verschiedener Verfahren und Entwicklung eines strategischen Verwertungskonzepts für Deutschland. (PhoBe) Gemeinsamer Schlussbericht mehrerer Teilvorhaben, Projektleitung Institut für Siedlungswasserbau der RWTH Aachen, 2010

Nach einer Verweilzeit von etwa 8 h wird die Mischung entwässert. Die in der Asche enthaltenen Metalle Calcium, Magnesium, Kalium und die meisten Schwermetalle gehen dabei in Lösung und werden ausgeschleust. Der verbliebene Feststoff wird in einem weiteren Reaktor mit Frischwasser versetzt und gewaschen. Die entwässerte Restasche wird nun durch Zugabe von Natronlauge (NaOH) auf einen pH-Wert von 13 angehoben. Der Ablauf der Fest-/Flüssigtrennung ist eine phosphatreiche wässrige Phase.

Durch Zugabe von Calciumchlorid ($CaCl_2$) wird nun Calciumphosphat (CaP) ausgefällt. Die verbleibende aluminiumhaltige Lauge wird der Kläranlage als Fällmittel wieder zugeführt.

Die stark saure Flüssigkeit aus der ersten Entwässerungsstufe wird zusammen mit dem Wachwasser aus der zweiten Entwässerungsstufe mit der restlichen Asche aus der 3. Entwässerung vermischt und in einem Absetzbecken von der flüssigen Phase befreit. Das verbliebene neutralisierte Prozessabwasser wird den beiden ersten Prozessstufen zugeführt.

Die verfahrenstechnische Abläufe sind in Bild 5 ersichtlich.

Die in der Asche enthaltene P-Fracht von etwa 55.000 mg P/kg Asche kann zu etwa 63 Prozent zurückgewonnen werden.

1.5. PASCH-Verfahren

Ebenso wie beim SESAL-PHOS-Verfahren wird bei diesem Verfahren Asche aus Klärschlamm-Monoverbrennungsanlagen zur Phosphatrückgewinnung eingesetzt. Auch hier erfolgt der chemische Aufschluss der Asche in einem sauren Aschewäscher durch Zugabe von Salzsäure (HCl). Der pH-Wertes der Suspension wird reduziert und ein Teil der Metalle in wasserlösliche Salze übergeführt (siehe oben). Die Restasche wird nach diesem Schritt der Verwertung/Entsorgung zugeführt.

Mit Hilfe eines im Kreislauf geführten Extraktionsmittels wird die von der Asche befreite saure Salzlösung einem Mixer/Settler zugeführt. Durch das Extraktionsmittel werden aus der Salzlösung im Mixer/Settler mit einem mehrstufigen Solventextraktionsprozesses die enthaltenen Metalle entzogen.

Das Extraktionsmittel wird einer Aufbereitung zugeführt und steht dem Prozess nach Reinigung und Aufbereitung wieder zur Verfügung. Die in der Solventaufbereitung abgeschiedenen Metalle können einer entsprechenden Verwertung/Entsorgung zugeführt werden. Aus der von den (Schwer-)metallen befreite Salzlösung werden die verbliebenen Phosphate mit Kalkmilch gefällt. Der Schlamm wird einer Zentrifuge zugeführt und das Calcium-haltige Produkt abgeschieden. Das Produkt kann dem Wirtschaftskreislauf wieder zugeführt werden. Je nach eingesetztem Fällungsmittel kann CaP oder MAP erzeugt werden (Bild 6).

Die in der Asche enthaltene P-Fracht von etwa 55.000 mg P/kg Asche kann zu etwa 90 Prozent zurückgewonnen werden.

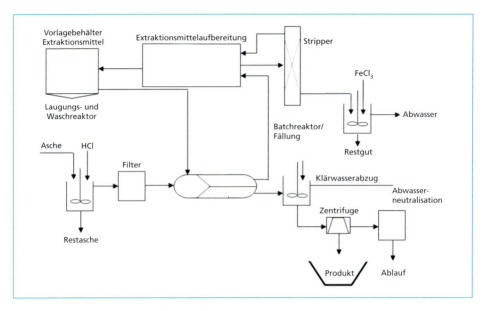

Bild 6:   Vereinfachtes Fließbild des PASCH-Verfahrens

Quelle: geändert nach: Kostenabschätzung und ökobilanzielle Bewertung der in der Förderinitiative entwickelten Verfahren Wibbke Everding, Aachen (Kap. 6) In: Pinnekamp, J.: Phosphorrecycling – Ökologische und wirtschaftliche Bewertung verschiedener Verfahren und Entwicklung eines strategischen Verwertungskonzepts für Deutschland. (PhoBe) Gemeinsamer Schlussbericht mehrerer Teilvorhaben, Projektleitung Institut für Siedlungswasserbau der RWTH Aachen, 2010

1.6. Direkter Aufschluss von Klärschlammaschen ohne Schwermetallentfrachtung

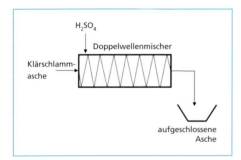

Bild 7:   Fließbild, direkter Aufschluss von Klärschlammasche ohne SM-Abscheidung

Quelle: geändert nach: Kostenabschätzung und ökobilanzielle Bewertung der in der Förderinitiative entwickelten Verfahren Wibbke Everding, Aachen (Kap. 6) In: Pinnekamp, J.: Phosphorrecycling – Ökologische und wirtschaftliche Bewertung verschiedener Verfahren und Entwicklung eines strategischen Verwertungskonzepts für Deutschland. (PhoBe) Gemeinsamer Schlussbericht mehrerer Teilvorhaben, Projektleitung Institut für Siedlungswasserbau der RWTH Aachen, 2010

Die bei Monoverbrennungsanlagen anfallenden Aschen können auch direkt ohne größere verfahrenstechnische Einrichtungen aufgeschlossen werden. Hierzu wird die Klärschlamm-Asche unter Zugabe von Schwefelsäure in einem Doppelwellenmischer behandelt (Bild 7).

Die enthaltenen Phosphate werden bei dem sauren Aufschluss in wasserlösliche Salze überführt. Aufgrund der mechanischen Eigenschaften der angefeuchteten Asche ergibt sich eine Verweilzeit in dem Doppelwellenmischer von einigen Minuten. Die tatsächliche Umsetzungszeit der Phosphate mit der Schwefelsäure liegt im Bereich weniger Sekunden. Die Phosphorverbindungen gehen so in eine wasserlösliche Form über.

Bei einer anschließenden Fällung können annähernd hundert Prozent der Phosphate aus der Lösung abgeschieden werden. Ein Teil der sonstigen, in der Asche enthaltenen (Schwer-)metalle wird ebenfalls gelöst und geht bei der anschließenden Fällung in die Phosphatfraktion über. Damit ist der Einsatz dieser Mischung als Dünger gemäß der Düngemittelverordnung nicht immer möglich.

Die in der Asche enthaltene P-Fracht von etwa 61.000 mg P/kg kann zu etwa hundert Prozent zurückgewonnen werden.

1.7. Direkter Aufschluss von Klärschlammaschen mit Schwermetallentfrachtung

In einem vorgeschalteten Prozess werden die (Schwer-)metalle abgetrennt. Hierzu wird die Asche mit verdünnter Schwefelsäure versetzt und etwa 8 Stunden in einem Reaktor eluiert. Die Phosphate bleiben dabei in der Asche, die Schwermetalle gehen in Lösung und können abgetrennt werden. Die von den (Schwer-)metallen befreite Asche wird im nachfolgenden Prozess mit konzentrierter Schwefelsäure im Doppelwellenmischer vermengt.

Wie beim vorangegangenen Verfahren werden etwa 99 Prozent des Phosphors in ein wasserlösliches Salz überführt. Ein geringer Anteil wurde bei der Schwermetallabscheidung bereits mit dem Abwasser ausgetragen (Bild 8).

Die in der Asche enthaltene P-Fracht von etwa 61.000 mg P/kg kann zu etwa 99 Prozent zurückgewonnen werden.

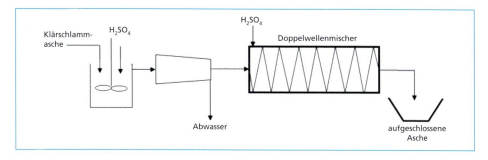

Bild 8:   Fließbild, direkter Aufschluss von Klärschlammasche mit SM-Abscheidung

Quelle: geändert nach: Kostenabschätzung und ökobilanzielle Bewertung der in der Förderinitiative entwickelten Verfahren Wibbke Everding, Aachen (Kap. 6) In: Pinnekamp, J.: Phosphorrecycling – Ökologische und wirtschaftliche Bewertung verschiedener Verfahren und Entwicklung eines strategischen Verwertungskonzepts für Deutschland. (PhoBe) Gemeinsamer Schlussbericht mehrerer Teilvorhaben, Projektleitung Institut für Siedlungswasserbau der RWTH Aachen, 2010

1.8. Berliner Verfahren/AirPrex

Der Einsatz des Berliner Verfahrens resultierte nicht aus dem Wunsch Phosphat aus dem Abwasser zurück zu gewinnen, sondern ist Bestand in der Problemstellung, dass der im Abwasser enthaltene Phosphor zusammen mit anderen im Abwasser gelösten Stoffen Verbindungen erzeugte, welche sich in den Rohrleitungen ablagerten und zu massiven Verkrustungsproblemen führten.

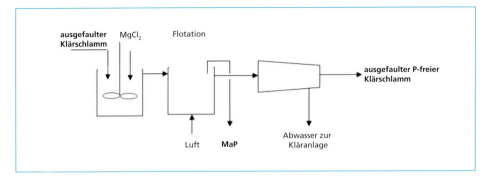

Bild 9:   Vereinfachtes Fließbild des Berliner Verfahrens

Quelle: geändert nach: Kostenabschätzung und ökobilanzielle Bewertung der in der Förderinitiative entwickelten Verfahren Wibbke Everding, Aachen (Kap. 6) In: Pinnekamp, J.: Phosphorrecycling – Ökologische und wirtschaftliche Bewertung verschiedener Verfahren und Entwicklung eines strategischen Verwertungskonzepts für Deutschland. (PhoBe) Gemeinsamer Schlussbericht mehrerer Teilvorhaben, Projektleitung Institut für Siedlungswasserbau der RWTH Aachen, 2010

Bei dem hier eingesetzten Verfahren wird der ausgefaulte Schlamm im Vorlagebehälter für die Zentrifugen einer Phosphatfällung unterzogen. Hierzu wird der ausgefaulte Schlamm mit Magnesiumchlorid versetzt und so MaP durch Umsalzung erzeugt. Aus den Versuchen zur Abscheidung des MaP aus dem Dünnschlamm hat sich ergeben, dass die Abtrennung mit Flotation die besten Resultate verspricht. Zur kommerziellen Nutzung wird ein Airlift-Reaktor mit etwa 800 m³ Fassungsvermögen installiert.

Das Verfahren ist in Bild 9 vereinfacht dargestellt.

Im Anschluss an die Abtrennung wird das MaP gewaschen und getrocknet. Das Produkt erfüllt die Vorgaben der Düngemittelverordnung von 2003 und kann direkt als Düngemittel eingesetzt werden. Dieses Verfahren wird unter dem Namen AirPrex von der Fa. PCS-Consult vermarktet. Lizenzgeber sind die Berliner Wasserbetriebe.

Die im Klärschlamm enthaltene P-Fracht von etwa 900 mg P/l kann zu etwa 99 Prozent zurückgewonnen werden.

1.9. Seaborne-Verfahren

Entwickelt wurde das Seaborne-Verfahren für die gemeinsame Behandlung von Gülle und Klärschlamm. Großtechnisch wird es derzeit in vereinfachter Form auf der Kläranlage in Gifhorn eingesetzt.

Der Klärschlamm wird unter Zugabe von Schwefelsäure mit Wasserstoffperoxid hydrolysiert und anschließend in einer Zentrifuge entwässert. Der entwässerte Klärschlamm wird einer Verbrennungsanlage zugeführt. Die im sauren Zentrat enthaltenen Schwermetalle werden mit einer sulfidischen Fällung abgeschieden. Der in der Lösung verbliebene Phosphor wird durch Zugabe von Magnesiumhydroxid ($Mg(OH)_2$) und Natronlauge (NaOH) zu MaP gefällt.

In einer nachgeschalteten Zentrifuge wird das gebildete MaP von der Flüssigkeit getrennt. Das Produkt MaP wird getrocknet und kann direkt als Dünger eingesetzt werden.

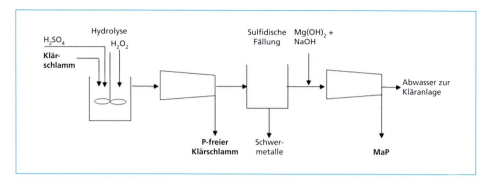

Bild 10:   Vereinfachtes Fließbild des Seaborne-Verfahren

Quelle: geändert nach: Kostenabschätzung und ökobilanzielle Bewertung der in der Förderinitiative entwickelten Verfahren Wibbke Everding, Aachen (Kap. 6) In: Pinnekamp, J.: Phosphorrecycling – Ökologische und wirtschaftliche Bewertung verschiedener Verfahren und Entwicklung eines strategischen Verwertungskonzepts für Deutschland. (PhoBe) Gemeinsamer Schlussbericht mehrerer Teilvorhaben, Projektleitung Institut für Siedlungswasserbau der RWTH Aachen, 2010

Aus Kostengründen wird derzeit der pH-Wert des Klärschlamms im ersten Schritt auf pH 5 eingestellt. Dadurch können etwa 50 Prozent der Chemikalienkosten eingespart werden. Das Verfahren erhält derzeit keine Förderung.

Die im Klärschlamm enthaltene P-Fracht von etwa 900 mg P/l kann mit dem Originalverfahren bis zu etwa 99 Prozent zurückgewonnen werden.

Die Phosphat-Rückgewinnung sinkt durch die Verfahrensumstellung auf 50 Prozent des vorherigen Wertes.

1.10. Stuttgarter Verfahren

Beim Stuttgarter Verfahren wird der pH-Wert des anaerob stabilisierten Klärschlamms durch Zugabe einer Säure abgesenkt und der Phosphor so in Lösung gebracht. Unter Zugabe von Zitronensäure mit anschließender Komplexbildung werden die restlichen Schwermetalle aus der Lösung entfernt. Das noch in Lösung befindliche Phosphat wird durch Zugabe von Magnesium als Magnesiumammoniumphosphat (MaP) ausgefällt.

Dieses Verfahren lässt sich auch auf Kläranlagen anwenden, bei denen zur P-Fällung im Kläranlagenbetrieb Eisenverbindungen eingesetzt werden. Derzeit läuft eine Modellanlage mit 20 m³ für etwa 5.000 bis 10.000 Einwohner auf der Kläranlage Offenburg-Griesheim. Das erzeugte MaP kann direkt als Dünger verwendet werden.

Die Phosphor-Rückgewinnungsrate beträgt etwa 70 Prozent.

1.11. ASH-DEC-Verfahren

Beim ASH-DEC-Verfahren wird die Asche aus der Klärschlammverbrennung direkt zu Dünger umgewandelt. In einem ersten Schritt wird die Asche mit Säure und Chlorverbindungen versetzt, gemischt und bei etwa 950 °C gebrannt.

Hierbei verdampfen die Schwermetallchloride. Der verbleibende Rest der Asche wird intensiv gemischt und, je nach Bedarf unter Zugabe von Phosphor Kalium und Nitrat zu einem Dünger mit handelsüblicher Zusammensetzung verschnitten.

1.12. Mephrec-Verfahren

Bei dem aus der Metallurgie stammenden Mephec-Verfahren, einem Sauerstoff-Schmelz-Verfahren, wird brikettierter Klärschlamm bei etwa 2.000 °C aufgeschmolzen und die Phosphatschmelze abgezogen und in einem Wasserbad abgekühlt. Das im Technikum (300 kg-Reaktor) gewonnene Phosphat hält die Vorgaben der Düngemittelverordnung ein. Weitere Untersuchungen sollen Erkenntnisse zur Ausführung einer Großanlage erbringen.

1.13. Gegenüberstellung der Verfahren und Rückgewinnungsraten

Tabelle 2: Zusammenstellung der Verfahren und Rückgewinnungsraten

Verfahren	Eingesetztes Rohmaterial	Angewendeter Prozess	Produkt	Rückge-winnungs-rate
P-ROC	Abwasser-Recyclat	Nasschemisch durch Kristallisation mit CSH	CaP	30 %
PHOXNAN-Verfahren	Ausgefaulter Klärschlamm	Nasschemisch mit Nassoxidation und anschließender P-Fällung mit Mg(OH)$_2$	MaP	51 %
Seaborn-Verfahren		Nasschemisch durch sauren Aufschluss, sulfidische und MaP- oder CaP-Fällung	MaP CaP	etwa 99 % (Gifhorn etwa 50 %)
Stuttgarter Verfahren		Nasschemisch durch sauren Aufschluss, Laugung und CaP-Fällung		
Berliner Verfahren		Fällung durch Umsalzung mit MgCl$_2$	MaP	99 %
FIX-PHOS		Nasschemisch und Kristallisation mit CSH	CaP	37 %
SESAL-PHOS-Verfahren		Nasschemisch durch Säureaufschluss, Laugung und CaCl$_2$-Fällung	CaP	63 %
Direkter Aufschluss ohne SM-Fällung	Klär-schlamm-asche	Nasschemischer durch einfachem Säureaufschluss bei kurzer Verweilzeit		100 %
Direkter Aufschluss mit SM-Fällung		Nasschemisch durch wiederholtem Säureaufschluss bei langer Verweilzeit		99 %
Al-P		Nasschemisch durch Säureaufschluss	AlP	k. A.
Al-P-Entfrachtet		Nasschemisch durch wiederholtem Säureaufschluss		k. A.
PASCH		Nasschemisch durch Laugung, Solvenextraktion durch organische Phase und Fällung mit Kalkmilch	CaP	90 %
ASC-DEC		Nasschemisch durch Säure- und Chloridbehandlung, thermische Nachbereitung	CaP	k. A.

In Tabelle 2 werden die oben beschriebenen Verfahren zusammengestellt, der angewendete Prozess skizziert und mit der möglichen Rückgewinnungsrate korreliert.

2. Gegenüberstellung der spezifischen Kosten

Für die oben beschriebenen Verfahren wurden vom *Fraunhofer Institut für Molekularbiologie und angewandte Oekologie, Schmallenberg* eine detaillierte Betrachtungen der Verfahren durchgeführt. Anhand von Modellansätzen zur Erzeugung gleicher Bedingungen der damit verbundenen Kosten durchgeführt. In dem Artikel wird darauf hingewiesen, *dass die berechneten Kosten der einzelnen Verfahren nur Schätzungen auf Basis der wissenschaftlichen Untersuchungen darstellen. ....*

In Tabelle 3 sind einige Basisdaten für die Kostenermittlung zusammengetragen.

		Einheit	
Personal		EUR/a	50.000
Strom		EUR/kWh	0,15
Wasser		EUR/m³	0,5
Abwasser		EUR/m³	2
Zinssatz für Investitionen		%	3
Abschreibungszeitraum			
	Bautechnik	a	30
	Maschinentechnik	a	15
	Elektrotechnik	a	10
Prozentuale Ansätze:			
Wartung/IH in % vom Invest			
	Bautechnik	%	1
	Maschinentechnik	%	4
	Elektrotechnik	%	2

Tabelle 3:

Zusammenstellung der Basisdaten für die Kostenermittlung

Quelle: Pinnekamp, J.:Phosphorrecycling – Ökologische und wirtschaftliche Bewertung verschiedener Verfahren und Entwicklung eines strategischen Verwertungskonzepts für Deutschland. (PhoBe) Gemeinsamer Schlussbericht mehrerer Teilvorhaben, Projektleitung Institut für Siedlungswasserbau der RWTH Aachen, 2010

Um vergleichbare Bedingungen zu erhalten, wurde für das Modell für die unterschiedlichen Bezugsgrößen aufgebaut. Ergebnisse zur Kostensituation sind in Tabelle 4 dargestellt. Die explizite Ermittlung der gesamten Kosten und der Einfluss verschiedener Faktoren wurden mit Sensitivitätsanalysen untersucht und bewertet. Ebenso wurden Preissteigerungen über die Laufzeit von 30 Jahren berücksichtigt.

Mit diesen Angaben ergeben sich die in Tabelle 4 dargestellten spezifischen Kosten.

Vor allem bei der Betrachtung der spezifischen Kosten [Euro/m³] zu reinigendes Abwasser ist ersichtlich, dass sich diese Kosten zum Teil unterhalb des Bereiches von einem Euro-Cent pro m³ belaufen. Bei einer eventuellen Nachrüstung auf Kläranlagen, z. B. im Zuge eines Um- oder Neubaus, könnten diese Maßnahmen nahezu kostenneutral für den Abwassererzeuger/Bürger nachgerüstet werden.

Tabelle 4:   Zusammenstellung der spezifischen Kosten

		PHOX-NAN	P-RoC NAN	Fix-kommunal	SESAL-PHOS	PASCH PHOS	Direkter Aufschluss o. SM-Ab	Direkter Aufschluss m. SM-Ab
Betrachtete Anschlussgröße	EWG	100.000	100.000	100.000	etwa 3,0 Mio.	etwa 3,0 Mio.	etwa 3,0 Mio.	etwa 3,0 Mio.
Erforderliche Investition	EUR	2.430.600	388.200	70.600	8.687.000	4.755.000	1.066.300	2.574.400
Kapitalkosten	EUR/a	211.900	33.200	4.800	601.700	356.900	89.400	222.900
Betriebskosten	EUR/a	584.000	47.700	39.900	10.186.000	6.885.300	793.300	1.750.900
Summe Jahreskosten	EUR/a	354.300	80.900	39.900	10.186.000	6.885.300	1.949.000	4.548.200
Spez. Kosten[1]	**EUR/m³**	**0,0539**	**0,0123**	**0,006**	**0,0517**	**0,0349**	**0,0099**	**0,023**
Erzeugte P-Menge	t/a	31,74	6,57	21,88	1.152,9	1.647,0	1.830,0	1.811.700
Produktspezifische Kosten	EUR/kg P	11,0	12,5	2,0	7,5	4,5	1,1	2,5

[1] ... Für die Ermittlung der Wassermenge wurden 180 l/(d *EWG) herangezogen

Geändert nach: Pinnekamp, J.: Phosphorrecycling – Ökologische und wirtschaftliche Bewertung verschiedener Verfahren und Entwicklung eines strategischen Verwertungskonzepts für Deutschland. (PhoBe) Gemeinsamer Schlussbericht mehrerer Teilvorhaben, Projektleitung Institut für Siedlungswasserbau der RWTH Aachen, 2010

3. Resümee und Zusammenfassung

Als Ergebnis ist festzuhalten, dass es bereits heute Möglichkeiten gibt, großtechnisch den im Abwasser enthaltenen Phosphor zu vertretbaren Kosten abzuscheiden. Je nach Verfahren variieren spezifische Kosten dabei um den Faktor 10 (1,1 bis 11 Euro/kg gewonnenem Phosphor). Nicht jede Kläranlage kann das preiswerteste Verfahren einsetzten, da hierbei vorausgesetzt wird, dass das Phosphat aus dem Ascheanfall einer Monoverbrennungsanlage stammt.

Es ist auch im großtechnischen Einsatz zu überprüfen, ob die positiven Ergebnisse aus den Modellversuchen sich auch in der Praxis einhalten lassen und ob die Kostenstruktur es dann erlaubt, den abgeschiedenen Phosphor auf dem Markt unterzubringen.

Wichtige Einflussgrößen sind die einzusetzenden Chemikalien (H_2O_2, H_2SO_4, $MgCl_2$, CSH, usw.) und deren Preisentwicklung in den kommenden Jahren. Dem entgegen läuft die Preisentwicklung für Rohphosphate. Schon regional begrenzte kriegerische Auseinandersetzungen können diesen Markt stark beeinflussen. Zudem hängen die Preise wiederum von den Kosten für Chemikalien, wie z. B. Schwefelsäure ab.

Die Verfahren sollten im Rahmen der Forschungsprojekte weiter untersucht werden.

Neben diesen reinen Forschungsvorhaben wird in der Praxis bereits großtechnisch an mehreren Kläranlagen (z. B. Airprex-Verfahren in Berlin, Phostrip-Verfahren in Darmstadt-Eberstadt und Zentralklärwerk Darmstadt [5] oder Seaborne-Verfahren in Gifhorn) Phosphor abgeschieden. Die hierbei gewonnenen Ergebnisse für den Betrieb und die daraus resultierende Kostenstruktur sollten weiter betrachtet werden.

Gemäß den VDI-Nachrichten, 31.05.2013, hat die Stadt Neuburg an der Donau be-schlossen, eine großtechnische Anlage analog dem P-RoC-Verfahren zu bauen. Die Recycling Quote soll etwa 20 Prozent betragen und kann bei Bedarf durch weitere Verfahren verbessert werden [6].

4. Literaturverzeichnis

[1] Wikipedia: Phosphor vom 20.11.2013

[2] Pinnekamp, J. : Phosphorrecycling – Ökologische und wirtschaftliche Bewertung verschiedener Verfahren und Entwicklung eines strategischen Verwertungskonzepts für Deutschland. (PhoBe) Gemeinsamer Schlussbericht mehrerer Teilvorhaben, Projektleitung Institut für Siedlungswasserbau der RWTH Aachen, 2010

[3] Von Horn, J.; Satorius, C.; Tettenborn, F.: Technologievorausschau für Phosphatrecycling (Kap. 8) In: Pinnekamp, J.: Phosphorrecycling – Ökologische und wirtschaftliche Bewertung verschiedener Verfahren und Entwicklung eines strategischen Verwertungskonzepts für Deutschland. (PhoBe) Gemeinsamer Schlussbericht mehrerer Teilvorhaben, Projektleitung Institut für Siedlungswasserbau der RWTH Aachen, 2010

[4] Kostenabschätzung und ökobilanzielle Bewertung der in der Förderinitiative entwickelten Verfahren Wibbke Everding, Aachen (Kap. 6) In: Pinnekamp, J.: Phosphorrecycling – Ökologische und wirtschaftliche Bewertung verschiedener Verfahren und Entwicklung eines strategischen Verwertungskonzepts für Deutschland. (PhoBe) Gemeinsamer Schlussbericht mehrerer Teilvorhaben, Projektleitung Institut für Siedlungswasserbau der RWTH Aachen, 2010

[5] Bartl, J.: Phosphatgewinnung aus Klärschlamm nach dem Phostrip-Verfahren. In: Thomé-Kozmiensky, K. (Hrsg): Verantwortungsbewusste Klärschlammverwertung, Neuruppin, TK-Verlag Karl Thomé-Kozmiensky, 2001, S. 343

[6] Rückgewinnung von Phosphat in der Kläranlage, VDI-Nachrichten, 31.05.2013

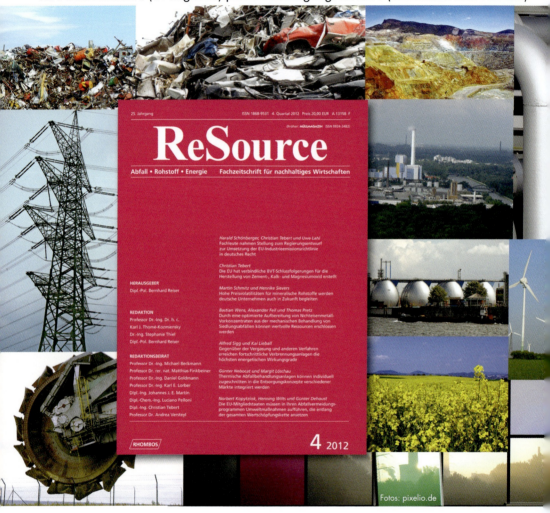

Phosphorrückgewinnung im Rahmen der Klärschlammbehandlung

– das EU-Projekt P-REX –

Jan Stemann, Christian Kabbe und Christian Adam

Das Element Phosphor ist für alle Lebewesen essentiell. Es ist insbesondere für den Energiestoffwechsel (ATP, ADP), das Speichern und Auslesen von Erbinformationen (DNA, RNA) sowie den Knochenbau unverzichtbar und kann weder synthetisiert noch substituiert werden. Für die Pflanzen- und Tierproduktion werden aus diesem Grund erhebliche Mengen an Phosphor benötigt. Wird dem Ackerboden durch das Pflanzenwachstum und die anschließende Ernte Phosphor entzogen, so muss dieser zum Erhalt der Ertragsfähigkeit den landwirtschaftlichen Flächen wieder zugeführt werden. Die weitverbreitete direkte Ausbringung von Klärschlamm wird zunehmend kritisch hinterfragt und ist in vielen EU Ländern deutlich rückläufig bzw. verboten. Neben der Hygieneproblematik sind hier insbesondere erhöhte Schwermetallgehalte sowie organische Schadstoffe als kritisch anzusehen.

Die Zufuhr von Phosphor auf landwirtschaftliche Flächen geschieht zum Teil durch die Anwendung von Wirtschaftsdüngern aber auch durch die Zufuhr mineralischer Phosphordünger aus externen Quellen auf Rohphosphatbasis. Rohphosphate enthalten Schadstoffe wie As, Cd, Cr, Pb, Hg und U, die über den Dünger in die Nahrungskette gelangen können [1].

Insbesondere Cd und U (bis zu 1.000 ppm) liegen in bedeutenden Konzentration vor [2]. Bei einer Weltjahresproduktion von 210 Millionen Tonnen und geschätzten Reserven von 67 Milliarden Tonnen ergibt sich zwar eine statische Reichweite von 320 Jahren [3]. Neu erschlossene Rohphosphatquellen sind allerdings in der Regel durch steigende Förderkosten sowie durch z.T. hohe Schadstoffgehalte gekennzeichnet. Die EU ist auf den Import von Rohphosphaten oder Phosphordüngemitteln angewiesen, da es nicht über relevante Vorkommen verfügt. Die erschlossenen Hauptvorkommen sind in China, Marokko/West Sahara, Südafrika und den USA lokalisiert. Es ergibt sich also zukünftig für die EU eine komplexe Situation auf dem Weltmarkt, da sie vollständig auf Importe angewiesen ist, und die wenigen Exportländer zum Teil einen erheblichen Eigenbedarf haben und teilweise politisch instabil sind. Aus den aufgeführten Gründen befassen sich schon seit einiger Zeit wissenschaftlich orientierte Institutionen und Unternehmen mit den Rückgewinnungspotentialen von Phosphor aus Abfallströmen.

Ziele von P-REX

Eine Vielzahl von technischen Rückgewinnungsprozessen für Phosphor steht zur Verfügung. Trotzdem ist der Anteil von mineralischen Recyclingdüngern im Vergleich zum Phosphoreinsatz aus Mineraldüngern sehr gering. Durch das EU-Forschungsprojekt P-REX soll die Implementierung und Verbreitung technischer Phosphorrückgewinnungsverfahren vorangetrieben werden. Langfristiges Ziel ist die EU-weite Umsetzung von effektiver und nachhaltiger P-Rückgewinnung und Recycling aus dem Abwasserpfad unter Berücksichtigung regionaler Bedingungen und Bedarfe.

Um dies zu erreichen werden verschiedene interdisziplinäre Ansätze verfolgt:

- Einige vielversprechende und praxisnahe Technologien zur Phosphorrückgewinnung aus Klärschlamm und Klärschlammasche befinden sich zurzeit im Übergang von der Verfahrensentwicklung zur Verfahrensdemonstration oder sind bereits im Industriemaßstab in Betrieb. Die wissenschaftliche Begleitung technischer Prozesse im wirtschaftlich tragfähigen Großmaßstab soll anhand realer Daten und Erfahrungen offene Fragen im Bereich des Prozessdesigns, des Betriebs und der Leistungsfähigkeit der Prozesse klären.

- Die Produkte der verschiedenen Recyclingprozesse sollen systematisch untersucht und bewertet werden. Die wichtigsten Kriterien sind dabei die Pflanzenverfügbarkeit (Düngewirksamkeit) des Phosphors und ökotoxikologische Effekte (Unschädlichkeit).

- Marktbarrieren und Marktpotentiale für neue Recyclingtechnologien und Recyclingprodukte werden analysiert .

- Basierend auf den Erfahrungen und Ergebnissen sollen Strategien und Empfehlungen für eine umfassende und effiziente P-Rückgewinnung aus dem Abwasserpfad entwickelt werden. Dies schließt Ansätze für eine gezielte Marktentwicklung für unterschiedliche Regionen und Randbedingungen ein. Die Empfehlungen sollen auf EU Ebene in der Form eines Dossiers sowie eines Leitfadens vermittelt werden.

1. Technische Möglichkeiten der P-Rückgewinnung aus Abwasser

Bei allen zur Zeit als erfolgversprechend diskutierten P-Rückgewinnungsverfahren wird der Phosphor zunächst in eine feste Phase, den Klärschlamm, überführt. Man bedient sich chemischer bzw. biologischer Eliminationstechniken. Chemisch lässt sich das gelöste Phosphat aus der Wasser- in die Festphase überführen und fixieren. Ein begrenzter Anteil von Kläranlagen (vor allem große Anlagen) verfügt über eine sogenannte biologische P-Elimination, bei der Phosphor in der Biomasse akkumuliert und fixiert wird. Durch die Überführung in eine feste Phase kommt es zu einer deutlichen Aufkonzentration des Phosphors. Dies ist für die Effizienz einer anschließenden Rückgewinnung entscheidend.

Anschließend findet je nach Verfahren eine unterschiedliche Weiterbehandlung statt. Bild 1 vergleicht schematisch die verschiedenen Rückgewinnungsverfahren mit den wichtigsten Prozessschritten. Unterschieden werden können zunächst Verfahren, die den Phosphor aus dem Klärschlamm zurückgewinnen, und Verfahren, die den Phosphor aus der Asche im Anschluss an die Monoverbrennung zurückgewinnen.

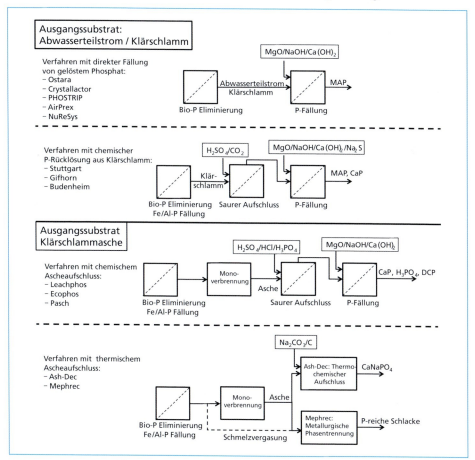

Bild 1: Schematische Darstellung der verschiedenen P-Rückgewinnungsverfahren mit den wichtigsten Prozessschritten

Bei der Rückgewinnung aus Klärschlamm kann zwischen den Verfahren mit direkter P-Fällung und den Verfahren mit chemischer Rücklösung und anschließender P-Fällung unterschieden werden. Bei der Rückgewinnung aus Klärschlammaschen kann zwischen nasschemischen Aufschluss-/Leachingverfahren und thermochemischen Verfahren unterschieden werden. Im Folgenden werden die unterschiedlichen Verfahrensansätze näher erläutert und die einzelnen Verfahren gegenübergestellt.

1.1. P-Rückgewinnung aus Klärschlamm

Direkte Fällung von gelöstem Phosphat

Spezielle Bio-P Mikroorganismen (Anreicherung in Bio-P Kläranlagen) nehmen den Phosphor aus dem Abwasser unter aeroben Bedingungen im Übermaß auf (*luxury uptake*), und geben ihn unter anaeroben Bedingungen in Anwesenheit von leicht abbaubarem organischen Substrat in hoher Konzentration wieder ab. Durch diesen Mechanismus kann im Vergleich zum Rohwasser eine deutliche Aufkonzentration gelöster Phosphate in einem Abwasserteilstrom erreicht werden und anschließend gefällt werden. Diese Variante ist derzeit das am weitesten verbreitete Phosphorrückgewinnungsverfahren [4].

Je nach vorhandener Infrastruktur der Bio-P Kläranlagen kann man den nasschemischen Rückgewinnungsschritt in Form einer gezielten Fällung unter optimalen pH-Bedingungen direkt nach der Faulung oder erst nach der mechanischen Schlammentwässerung (weitergehende Fest-Flüssigtrennung), also im sogenannten Prozesswasser durchführen. Der nach wie vor in der Festphase des Schlamms fixierte Phosphor wird jedoch bei beiden Varianten nicht erfasst.

Durch die hohe Konzentration kann gelöstes Phosphat relativ effizient durch Zugabe von Fällmitteln abgeschieden werden. Vielversprechende Fällmittel sind Magnesiumsalze. Durch deren Zugabe fällt unter Anwesenheit von ausreichend Ammonium und einem geeigneten pH-Wert (etwa pH 8,5) das schwerlösliche Magnesium-Ammonium-Phosphat (MAP) aus. Diese Phosphatform zeichnet sich durch eine gute Pflanzenverfügbarkeit aus. Etwa 30 % des Phosphors bezogen auf den Kläranlagenzulauf können durch diese Verfahrensweise unter realen Bedingungen zurückgewonnen werden.

Neben der Phosphorrückgewinnung ergeben sich aus der gezielten Phosphatfällung weitere Vorteile. So können Inkrustationen in Rohrleitungen und Zentrifugen verringert werden. Außerdem kann der Klärschlamm mechanisch besser entwässert werden. Wenn die Fällung vor der Entwässerung durchgeführt wird, hat der Anlagenbetreiber operative und ökonomische Vorteile, die sich bei großen Anlagen durchaus im Bereich mehrerer hunderttausend Euro pro Jahr bewegen. Für den Klärwerksbetreiber übertrifft diese Kosteneinsparung meist bei Weitem den Zusatzerlös durch vermarktbaren Phosphordünger.

Im Folgenden werden drei im großtechnischen Maßstab umgesetzte Verfahren vorgestellt, die mit Hilfe der zuvor beschriebenen Mechanismen Phosphor zurückgewinnen.

Die Verfahren unterscheiden sich dabei vor allem bei der Ausgestaltung der Phosphatfällung:

AirPrex

Der ausgefaulte Schlamm wird in einem mehrstufigen Reaktorsystem mit Luft begast [5]. Dabei wird CO_2 ausgestrippt wodurch der pH-Wert deutlich ansteigt. Durch Zugabe von Magnesiumsalzen wird Magnesium-Ammonium-Phosphat (MAP) ausgefällt. Je nach Größe der gebildeten Kristalle sinken diese ab und können aus dem Reaktor abgezogen werden. Die Abnahme von ortho-Phosphationen und die Zunahme 2-wertiger Metallionen führt zu einer Reduktion des Wasserbindevermögens im Schlamm. Der Trockensubstanzgehalt nach dem Zentrifugieren erhöht sich dadurch um etwa 3 – 6 %.

Ostara/NuReSys

Bei Ostara findet die MAP Fällung in einem speziellen Reaktorsystem statt [6]. Als Kristallisationskeime dienen kleine MAP Kristalle. Ab einer bestimmten Kristallgröße sedimentieren die Kristalle und werden abgezogen. So kann eine homogene Größenverteilung der MAP Kristalle garantiert werden, was insbesondere hinsichtlich der Anwendung als Düngemittel vorteilhaft ist. Das Verfahren von NuReSys verläuft sehr ähnlich, wobei eine pH-Wert Anhebung mittels Natriumhydroxyd stattfindet [7].

Crystalactor

Die Phosphatfällung findet bei Crystalactor in einem Aufstromwirbelschichtreaktor statt [8]. Kristallisationskeime werden in Form von Sand hinzugegeben. Ab einer bestimmten Größe sinken die Kristalle ab und werden abgezogen. Derzeit befindet sich allerdings keine Anlage dieser Art mehr in Betrieb.

Chemische Phosphorrücklösung

Um auch den größten Teil des chemisch fixierten Phosphors im Schlamm für die Rückgewinnung verfügbar zu machen, ist eine nasschemisch durchgeführte Rücklösung erforderlich. Bei der chemischen Phosphorrücklösung wird der Phosphor durch Absenkung des pH-Werts aus dem Schlamm in die Flüssigphase überführt. In den meisten Fällen erfolgt ein solcher Aufschluss mit Mineralsäuren (H_2SO_4 bzw. HCl). Dabei hängt die Rücklösung des gebundenen Phosphors, aber auch die der im Schlamm fixierten Schwermetalle vom pH-Wert, also dem Säureeinsatz ab. Je mehr Säure verwendet wird, desto mehr Phosphor wird wieder in die Flüssigphase überführt. Der Vorteil der Aufschlussverfahren liegt darin, dass man auch einen Teil des nach der chemischen P-Elimination fixierten P für die Rückgewinnung aus der Wasserphase verfügbar macht.

Nach einer Fest-/Flüssigtrennung wird das in der Flüssigphase gelöste Phosphat durch Zugabe von Lauge ausgefällt und kann abgezogen werden. Mit dieser Methode kann bis zu 80 % des Phosphors bezogen auf den Kläranlagenzulauf rückgewonnen werden. Nachteilig für die Kosten- und Ökobilanzen schlagen der Chemikalieneinsatz und die potentiell remobilisierten Schwermetalle zu Buche. Um Letztere getrennt vom Phosphor abzuscheiden, sind wiederum zusätzliche Chemikalien erforderlich.

Eine Übersicht der realisierten Anlagen mit Phosphorrückgewinnung aus Klärschlamm/Abwasser ist in Tabelle 1 dargestellt. Im Folgenden werden die im P-REX Projekt untersuchten Verfahrensweisen detaillierter beschrieben:

Gifhorn

Wie beim Stuttgarter Prozess wird beim Gifhorner Verfahren dem ausgefaulten Klärschlamm Schwefelsäure (und optional H_2O_2) zugegeben und anschließend feste und flüssige Phase getrennt [8]. Dem Filtrat wird anschließend Natriumsulfid zugegeben und der pH-Wert wird mit Natronlauge auf pH 5 angehoben.

Stuttgarter Verfahren

Beim Stuttgarter Verfahren wird gefälltes Phosphat aus dem Faulschlamm mit Hilfe von Schwefelsäure rückgelöst. Nach der Fest-/Flüssigtrennung wird Magnesiumoxid, Zitronensäure und Natronlauge zum Filtrat hinzugegeben. Durch die Anhebung des pH-Wertes und das Vorhandensein von Magnesiumionen fällt schwerlösliches Magnesium-Ammonium-Phosphat (MAP) aus, welches sedimentiert und abgezogen werden kann [9]. Diese Phosphatform kann als gut pflanzenverfügbares Phosphat direkt als Dünger eingesetzt werden.

Tabelle 1: Übersicht der realisierten Anlagen zur Phosphorrückgewinnung aus Klärschlamm/Abwasser

Prozess	Ort/Betreiber	Anlagengröße	Produkt
AirPrex	Waßmannsdorf (DE), BWB MG-Neuwerk (DE), Niersverband BS-Steinhof (DE), SE|BS/AVB Wieden-Echten (NL) Amsterdam (NL, geplant)	Industriemaßstab	MAP
LYSOGEST	Lingen (DE), SE Lingen	Industriemaßstab	MAP
PHOSPAQ	Olburgen (NL), Waterstromen Lomm (NL), Waterstromen	Industriemaßstab	MAP
CRYSTALACTOR	Geestmerambacht (NL)	Industriemaßstab	CaP
Fix-Phos	Hildesheim (DE), SEHi	Industriemaßstab	CaP
Gifhorn Prozess	Gifhorn (DE), ASG	Industriemaßstab	MAP
Stuttgart Prozess	Offenburg (DE)	Pilotmaßstab	MAP
Budenheim Prozess	Mainz (DE)	Pilotmaßstab	CaP
REPHOS	Altentreptow (DE), Remondis	Industriemaßstab	MAP
PEARL	Slough (UK), Thames Water Amersfoort (NL), Vallei & Veluwe	Industriemaßstab	MAP
NuReSys	Apeldoorn (NL), Vallei & Veluwe, Dairy Industry (BE), Potato processing (BE), Harelbeke Potato processing (BE), Nieuwkerke Potato processing (BE), Waasten Pharma Ind. (BE), Geel Leuven (BE), Aquafin	Industriemaßstab	MAP
P-RoC	Neuburg (DE)	Pilotmaßstab	CaP
PHOSTRIP	Brussels North (BE), Aquiris (Veolia Eau)	Pilotmaßstab	MAP oder CaP
EkoBalans	Helsingborg (SE)	Pilotmaßstab	MAP in NPK

Dadurch werden Schwermetallsulfide ausgefällt und abgezogen. In einem weiteren Schritt wird nun der pH-Wert durch Zugabe von Magnesiumhydroxyd und Natronlauge auf einen Wert von 8,7 angehoben, wodurch Magnesium-Ammonium-Phosphat ausfällt und sedimentiert.

Budenheim

Einen anderen Ansatz verfolgt das Kohlensäure-Verfahren der Firma Budenheim, bei dem das im Feststoff gebundene Phosphat mit CO_2 unter Druck aufgeschlossen wird [10]. Anschließend kommt es zu einer Fest-/Flüssigtrennung. In der Flüssigphase wird anschließend der Druck reduziert und CO_2 mit Vakuum abgezogen. Dadurch kommt es zur pH-Wert Anhebung und eine phosphathaltige Feststoffphase kann gewonnen werden. Dabei findet eine Kreislaufführung des verwendeten CO_2 und des Prozesswassers statt. Bei der Extraktion schlagen somit keine Aufschlusschemikalien zu Buche. Ein thermischer Energieeintrag ist ebenfalls nicht erforderlich.

1.2. P-Rückgewinnung aus Klärschlammaschen

Klärschlammasche stellt einen bedeutenden Phosphorträger dar, mit P-Konzentrationen, die bereits im Bereich von marktgängigen Düngemitteln liegen. Die Asche enthält jedoch auch Schwermetalle, die abgetrennt werden müssen und die Pflanzenverfügbarkeit des Phosphors ist gering und muss gesteigert werden. Mit dieser Zielstellung wurden in den vergangenen Jahren einige Verfahren entwickelt, die sich in die beiden Hauptkategorien einteilen lassen:

1. Nasschemische Verfahren zur Extraktion von Phosphaten aus Klärschlammaschen

2. Thermochemische Verfahren zur Entfernung von Schwermetallen und zur Umwandlung der Phosphorverbindungen

Eine Übersicht der realisierten bzw. geplanten Anlagen mit Phosphorrückgewinnung aus Klärschlammaschen ist in Tabelle 2 dargestellt. Im Folgenden werden die unterschiedlichen Verfahrensweisen detaillierter beschrieben.

Nasschemische Verfahren

In den Klärschlammaschen liegen Phosphorverbindungen als Whitlockit $Ca_3(PO_4)_2$ und Aluminiumphosphat $AlPO_4$ vor [11] und weisen eine sehr geringe Wasserlöslichkeit auf, so dass eine Elution mit Wasser nicht möglich ist. Unter Zugabe von Säuren können mehr als 90 % des in der Klärschlammasche gebundenen Phosphors in Lösung überführt werden. Bei saurer Extraktion gehen allerdings auch Schmermetalle mit in die Lösung. Sie müssen anschließend von der Phosphorfraktion mittels Fällung (Sulfid/Hydroxid) oder auch durch Nanofiltration, Solventextraktion oder Ionenaustauscher separiert werden. Im Folgenden werden zwei im P-REX Projekt untersuchte Verfahren vorgestellt:

BSH

Die Schweizer Firma BSH Umweltservice AG testete 2012/2013 ein nasschemisches Verfahren zur Phosphorrückgewinnung aus Klärschlammaschen im Pilotmaßstab. Wie beim PASCH-Verfahren wird dabei der Phosphor aus den Klärschlammaschen mit verdünnter Säure eluiert. Neben 70 – 90 % des Phosphors gehen Schwermetalle in unterschiedlichen Anteilen ebenfalls in Lösung. Anschließend wird der pH-Wert der sauren Lösung mit Natronlauge oder Kalkmilch stufenweise angehoben. Bei pH 3 – 8 werden Phosphate nahezu quantitativ gefällt und durch Filtration separiert. Es ist anzunehmen, dass je nach Zusammensetzung der Ausgangsasche eine Mischung aus Aluminium-, Eisen- und Calciumphosphaten gefällt wird. Ökotoxikologisch bedenkliche Schwermetalle wie Blei und Cadmium werden nur in sehr geringem Maße mitgefällt. Bei pH-Werten > 9 wird anschließend aus dem Filtrat ein Metallhydroxidschlamm gefällt und ebenfalls mittels Filtration abgetrennt. In diesem Schlamm ist ein Großteil der Schmermetalle enthalten. Die Prozesslösung kann in den Vorfluter eingeleitet werden.

Ecophos

Ecophos nutzt Phosphorressourcen mit niedrigen Phosphatgehalten als Ausgangsstoff für angereicherte und gereinigte Phosphorprodukte. Neben minderwertigen Rohphosphaten können somit auch Klärschlammaschen genutzt werden. Je nach Ausgangssubstrat werden verschiedene Extraktionsmethoden angewandt unter anderem mit Hilfe von Phosphorsäure und Salzsäure. Neben Phosphorsäure als Produkt werden Phosphorsalze wie Monocalciumphosphat und Dicalciumphosphat produziert.

Thermochemische Verfahren

Ash Dec

Der Fachbereich Thermochemische Reststoffbehandlung und Wertstoffrückgewinnung an der BAM Bundesanstalt für Materialforschung und –prüfung leitet das Arbeitspaket *Demonstrationsanlage* im P-REX Projekt. Von der BAM wurde bereits im Jahr 2003 ein Prozess zur thermochemischen Behandlung von Klärschlammaschen vorgestellt [12]. Klärschlammaschen werden mit einem Chlordonator wie Magnesiumchlorid vermischt und in einem Drehrohrofen auf etwa 1.000 °C erhitzt. Es entstehen Schwermetallchloride, die aufgrund ihres hohen Dampfdruckes in die Gasphase übergehen. Gleichzeitig bilden sich neue mineralische Phosphatphasen wie Magnesium- und Calcium-Magnesium-Phosphate aus, die eine bessere Pflanzenverfügbarkeit aufweisen als die in den Aschen enthalten Aluminium- und Calciumphosphate. Allerdings reichen die P-Löslichkeiten der auf diese Weise behandelten Aschen nicht an die von konventionellen Düngemitteln heran.Während die Pflanzenverfügbarkeit auf sauren Böden mit konventionellen Düngern als vergleichbar einzustufen ist, ist sie auf neutralen bis alkalischen Böden eher gering.

Um die Pflanzenverfügbarkeit des Phosphors in den Klärschlammaschen auch für den Einsatz auf alkalischen Böden zu erhöhen, wird zurzeit eine neue Verfahrensvariante des Ash Dec Prozesses erprobt. Diese ist schematisch in Bild 2 dargestellt.

Dabei wird die Klärschlammasche mit Natriumcarbonat gemischt und thermochemisch behandelt. Der Industriepartner Outotec plant, die Technologie großtechnisch umzusetzen. Der Prozess ähnelt dem Rhenaniaverfahren, welches in Brunsbüttelkoog von 1920 – 1980 im industriellen Maßstab umgesetzt wurde. Es entsteht dabei die Phosphatform $CaNaPO_4$. Diese ist vollständig löslich in neutraler Ammoniumcitratlösung, nicht aber in Wasser. Die gute Pflanzenverfügbarkeit und Düngewirkung dieser Phosphatform ist durch jahrzehntelange Anwendung der Rhenaniadünger bekannt. Erste Topfversuche mit auf dieser Weise behandelter Klärschlammasche zeigen eine sehr gute Pflanzenverfügbarkeit.

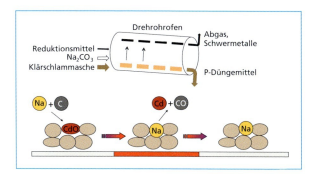

Bild 2:

Verfahrensschema des Ash Dec Prozesses

Um trotzdem Schwermetalle zu entfernen, wurde die zuvor beschriebene Kalzinierung unter reduzierenden Bedingungen erprobt. Dabei werden Schwermetalloxide in der Klärschlammasche teilweise in ihre elementare Form reduziert. Dadurch steigt der Dampfdruck an und sie gehen teilweise in die Gasphase über und können mit dieser abgetrennt werden. Erste Versuche haben gezeigt, dass es insbesondere bei den ökotoxikologisch relevanten Schwermetallen wie Blei und Cadmium zu einer deutlichen Abreicherung kommt.

Mephrec

Beim Mephrec Verfahren der Firma Ingitec handelt es sich um eine Schmelzvergasung bei der der Energie- und der Phosphorgehalt des Klärschlamms genutzt werden.

Tabelle 2:   Übersicht der realisierten bzw. geplanten Anlagen zur Phosphorrückgewinnung aus Klärschlammasche

Prozess	Ort/Betreiber	Anlagengröße	Produkt
Mephrec	Nürnberg (DE), SUN	Industriemaßstab (geplant, Schmelzvergasung mit getrocknetem Klärschlamm)	P-Schlacke
Ash Dec	Region Berlin (DE)	Industriemaßstab (geplant)	$CaNaPO_4$
Commercial fertilizer production	Amsterdam (NL), Ludwigshafen (DE)	Industriemaßstab	P Düngemittel
Thermphos	Vlissingen (NL)	Industriemaßstab	P_4
LeachPhos	MVA in Bern (CH)	Pilotmaßstab	MAP oder CaP
EcoPhos	EcoPhos (BE/BG)	Industriemaßstab (geplant)	DCP

Im Gegensatz zu den anderen hier dargestellten Verfahren beinhaltet es also die Klärschlammvergasung und ist nicht auf Monoverbrennungsanlagen für Klärschlämme angewiesen. Entwässerter Klärschlamm (~25 % TS) wird mit Zement und anderen Zuschlagstoffen (z.B. Klärschlammasche) zu einem Brikett verpresst und in einen Schachtofen aufgegeben. Bei Temperaturen bis zu 2.000 °C werden unter reduzierenden Bedingungen Schwermetalle verdampft (Cd, Hg, Pb, Zn) oder in eine flüssige Metallphase (Fe, Cr, Cu, Ni) überführt [13]. Der Phosphor gelangt in die Schlacke und weist in seiner Form Ähnlichkeit mit dem Thomasmehl auf (Kalksiliko-Phosphate).

2. Bewertung der Verfahren

2.1. Leistungsfähigkeit, Kosten, Pflanzenverfügbarkeit und Ökotoxizität der Produkte

Erstellt werden soll im P-REX Projekt ein technischer Vergleich bezüglich des Prozessdesigns, des Betriebs und der Leistung von drei verschiedenen zu untersuchenden Behandlungsprozessen. Für die Bewertung der Prozesse im Rahmen der Ökobilanz sollen außerdem alle Edukt- und Produktströme sowie deren Zusammensetzung identifiziert werden. Geschehen soll dies in einem standardisierten Format. Des Weiteren sollen die produktspezifischen Kosten ermittelt werden.

Ein weiterer wichtiger Bestandteil ist die Prüfung der Produktqualität der Produktströme und hier vor allem die der produzierten Düngemittel. Es findet eine Elementbestimmung zur Ermittlung der Nährstoffe sowie der Schwermetalle statt. Die Produkte sollen dabei hinsichtlich ihrer Eignung als Düngemittel und der Zulassung im Rahmen der europäischen und länderspezifischen Düngemittelverordnungen überprüft werden. Um den Düngemittelwert der verschiedenen Nährstoffe zu beurteilen, finden außerdem Löslichkeitstests statt. Je nach Produktherkunft sind unterschiedliche Löslichkeitstests zu empfehlen wobei für thermochemisch behandelte Aschen die Löslichkeit in neutralem Ammoniumcitrat eine gute Korrelation zur Pflanzenverfügbarkeit zeigt. Schließlich sollen mit Hilfe von Strukturanalytik die Phosphatphasen in den Aschen identifiziert werden. Obwohl hier die Nebenbestandteile und große amorphe Anteile in Aschen die Identifizierung eindeutiger Mineralphasen erschweren, kann die Strukturanalytik in großem Maße zum Verständnis der Pflanzenverfügbarkeit der Phosphatphasen beitragen.

Neben der Überprüfung der Pflanzenverfügbarkeit des Phosphors im Labor, soll diese auch in realen Topfversuchen untersucht werden. Dafür wurden im Frühjahr 2013 Topfversuche mit einer Vielzahl verschiedener Recyclingdünger angesetzt. Geplant ist ein zweijähriger Versuch, um auch die mittelfristige Pflanzenverfügbarkeit abzuschätzen.

Sofern in größerer Menge verfügbar, sollen Recyclingdüngemittel in vier EU Ländern auch für Feldversuche auf phosphorarmen Böden bereitgestellt werden. Die Feldversuche sollen der Öffentlichkeit zugänglich gemacht werden und zur Wissensverbreitung in den betreffenden Regionen beitragen.

2.2. Vergleichende Ökobilanz der zu untersuchenden Prozesse

Um die verschiedenen technischen Verfahren zur Phosphorrückgewinnung zu bewerten, soll eine vergleichende Ökobilanz erstellt werden. Die übergeordnete methodische Vorgehensweise soll analog zu ISO 14040/44 erfolgen und die Ökobilanzsoftware UMBERTO eingesetzt werden. Als Umweltindikatoren sollen z.B. der Gesamtenergiebedarf, CO_2-Ausstoß, Eutrophierung sowie die Ökotoxizität herangezogen werden.

Neben dem internen Vergleich der Rückgewinnungsmethoden sollen diese auch mit der konventionellen Mineraldüngerproduktion verglichen werden. Wenn nötig sollen für diese auch Datensätze aktualisiert werden. Wichtig für einen umfassenden Vergleich sind bei der Phosphordüngerproduktion dabei insbesondere realistische Werte bezüglich der Schwermetallfrachten sowie potentielle Wirkungsmechanismen und die Berücksichtigung endlicher Rohphosphatressourcen. Schließlich soll auch noch ein Vergleich zur landwirtschaftlichen Direktverwertung von Klärschlamm gezogen werden.

3. Europaweite Umsetzung von P-Recycling aus dem Abwasserpfad

3.1. Problemstellung

In Europa fallen gegenwärtig etwa 11 Millionen Tonnen Klärschlamm (Trockenmasse) an, was einem Potential von über 300.000 Tonnen Phosphor entspricht. Davon werden im europäischen Durchschnitt etwa 40 % direkt in der Landwirtschaft ausgebracht, wobei es Länder gibt, wo dieser Entsorgungs- bzw. Verwertungspfad gänzlich verboten ist, und Mitgliedsstaaten, wo dieser Anteil deutlich über 70 % liegt. Ist der Phosphoranteil im Klärschlamm pflanzenverfügbar, also düngewirksam, kann von nährstofflicher Verwertung bzw. tatsächlichem Recycling ausgegangen werden. Ist der Phosphor jedoch nicht pflanzenverfügbar, handelt es sich lediglich um Entsorgung. Daher ist davon auszugehen, dass sich die tatsächliche stoffliche Verwertungsquote des Phosphors unterhalb der durchschnittlichen 40 % bewegt.

Um also die Verwertungsquote des Phosphors als Nährstoff deutlich anzuheben, bedarf es der Implementierung von Alternativlösungen, überall dort, wo die direkte landwirtschaftliche Verwertung nicht sinnvoll bzw. möglich ist. Dabei spielt nicht mehr nur die Düngewirksamkeit eine Rolle, sondern auch der Umstand, dass durch den verstärkten Anbau von Energiepflanzen und deren Vergärung nun neben Gülle und Klärschlamm auch noch Gärreste um die gleiche *Entsorgungsfläche* konkurrieren.

Je nach vorhandener Abwasser- und Abfallentsorgungsinfrastruktur können verschiedene der vorgenannten Phosphorrückgewinnungs- und Recyclingverfahren zum Einsatz kommen. Da die Rückgewinnung des Nährstoffs Phosphor nicht zu den originären Aufgaben der Abwasserreinigung gehört, ist nicht zu erwarten, dass Abwasserentsorger ohne monetäre bzw. operative Vorteile in alternative Technologien investieren. Noch schwieriger gestaltet sich die Situation bei den nachgeschalteten Akteuren wie Betreibern von Verbrennungsanlagen.

Ferner ist der Bedarf für P-Recyclate noch nicht ausreichend geweckt, um überhaupt von einem Markt reden zu können. Im P-REX Projekt sollen deshalb Bedürfnisse sowohl auf Produzenten- und Vertriebs- (supply) als auch auf Konsumentenseite (demand) analysiert werden. Außerdem soll eine Homepage für Anbieter und Nachfrager von Recyclingprodukten erstellt werden. Desweiteren sollen Nischenmärkte (z.B. der Ökolandbau) untersucht werden.

Die Analyse von erfolgreichen aber auch gescheiterten Geschäftsmodellen wird Aufschluss darüber geben, inwieweit regulative, wirtschaftliche aber auch gesellschaftliche Rahmenbedingungen zum Erfolg bzw. zum Scheitern beigetragen haben. Daraus werden sich Empfehlungen ableiten lassen, die wiederum die regionalspezifischen Rahmenbedingungen für eine flächendeckende Rückgewinnung und das Recycling von Phosphor ermöglichen.

3.2. Hürden bei der Umsetzung von P-Recycling

Es kann eine Vielzahl konkreter Hürden identifiziert werden, die einer flächendeckenden Implementierung technischen P-Recyclings im Wege stehen. Im Folgenden wird eine Auswahl vorgestellt und erläutert:

Skaleneffekte, Phosphatpreis und Preisvolatilität

Obwohl im letzten Jahrzehnt im Preis deutlich gestiegen, sind Rohphosphate im Vergleich zu anderen Rohstoffen relativ günstig. Dazu trägt sicherlich bei, dass Umweltkosten, die beim Abbau und der Aufbereitung des Rohphosphats entstehen, zum überwiegenden Teil externalisiert werden. Auch wenn die meisten Experten mittelfristig von steigenden Preisen ausgehen, stellen Preisschwankungen von Rohphosphaten für Investoren in P-Recyclingtechnologien ein Risiko dar, da sich Anbieter von P-Recyclingprodukten im Wettbewerb mit bereits etablierten Marktteilnehmern wiederfinden werden. Bestehende Phosphataufbereitungsanlagen und Düngemittelfabriken sind jedoch oft 100 bis 1.000 mal größer als Phosphorrückgewinnungsanlagen. Durch die Ausnutzung von Skaleneffekten können Düngemittel in konventionellen Phosphataufbereitungsanlagen zu sehr günstigen Preisen hergestellt werden. Gerade Geschäftsmodelle, deren Wirtschaftlichkeit vom Marktpreis des Phosphors abhängt, haben lange Abschreibungsfristen und sind zurzeit kaum wettbewerbsfähig. Es stellt sich sogar die Frage, ob Verfahren, deren Wirtschaftlichkeit stark vom Verkaufserlös der Recyclate abhängt, überhaupt die Chance haben, jemals wirtschaftlich zu werden.

Substratversorgung

Der Zugang zu den phosphorreichen Ausgangsprodukten für die Rückgewinnung ist von entscheidender Bedeutung. Besonders Anlagen, die nicht vom Produzenten des Ausgangssubstrates sondern entkoppelt vom Ort des Anfalls betrieben werden, sind einem weitaus höheren wirtschaftlichen Risiko ausgesetzt. Dies zeigt sich zum Beispiel im Fall der Monoverbrennungsaschen. Existierende Ausschreibungspflichten für deren Entsorgung sind als sehr kritisch einzustufen.

Hohe Investitionen und lange Abschreibungsfristen erfordern Langzeitverträge für die Lieferung des Ausgangssubstrates, die mit der jetzigen zweijährigen Ausschreibungspflicht nicht vereinbar sind. Ohne Langzeitverträge kann eine Investition praktisch nicht getätigt werden. Interessant erscheint daher der Vorschlag, die Betreibermodelle so aufzubauen, dass der Aschelieferant auch zumindest Teilhaber der Aufbereitungsanlage ist. Allerdings handelt es sich bei den Aschelieferanten oft um kommunale Träger. Das Interesse von kommunalen Trägern neben dem originären Entsorgungsauftrag auch zum Produzenten und Vertreiber von Düngemitteln zu werden, könnte begrenzt sein.

Vertriebswege

Vertriebswege sind ein weiterer wichtiger Aspekt. Selbst wenn Recyclate mit herkömmlichen Produkten preislich konkurrieren können, ist der Vertrieb großer Mengen an Recyclingdünger herausfordernd. Wie sich immer wieder zeigt, ist die Kommunikation über Recyclate noch überwiegend von Bedenken bzgl. sauberer und stabiler Qualität geprägt. Diese gilt es durch Transparenz hinsichtlich dieser Parameter auszuräumen. Um potentielle Käufer von etwas Neuem zu überzeugen, muss man jedoch auch die Vorteile der neuen Alternative gegenüber dem herkömmlichen Produkt klar herausstellen. Diese liegen vor allem in deutlich niedrigeren Uran und Cadmiumgehalten im Vergleich zu konventionellen Phosphordüngern, was offensiv diskutiert werden sollte.

Pflanzenverfügbarkeit und Düngemittelverordnung

In puncto Pflanzenverfügbarkeit gibt es nach wie vor unterschiedliche Erfahrungen und Ansichten. Eine auf breiter Basis abgestimmte und standardisierte Methodologie für die Bewertung der Pflanzenverfügbarkeit von P in verschiedenen Matrices könnte diesbezüglich Abhilfe schaffen. Das Thema der Pflanzenernährung ist überaus komplex. Allein die Löslichkeit des Phosphors anhand von drei Löslichkeitsstufen heranzuziehen, hat sich vielfach als widersprüchlich und irreführend erwiesen. Auch wenn eine Vereinfachung natürlich wünschenswert wäre, muss jeder Düngemitteltyp differenziert betrachtet werden. Die existierenden rechtlichen Rahmenbedingungen sind meist auf konventionelle Düngemitteltypen zugeschnitten. In Einzelfällen müssen zu strikte Definitionen in Gesetzeswerken hinsichtlich der Integrierbarkeit neuer Düngemitteltypen überprüft werden.

REACH

Alle Stoffe und Verbindungen über einer Jahresmenge von 100 Tonnen, die nach Europa importiert, hier produziert oder gehandelt werden, müssen bei der Europäischen Chemikalien Agentur (ECHA) in Helsinki registriert sein. Ab 1. Juni 2018 sinkt diese Grenze auf 1 t/a. Als erstes Recyclat haben die Berliner Wasserbetriebe das unter dem Namen *Berliner Pflanze* aus der wässrigen Phase des Klärschlamms erzeugte MAP registriert. Jeder Betreiber einer MAP-Anlage mit einer Jahresproduktion ab 100 Tonnen ist verpflichtet, sein Produkt ebenfalls zu registrieren. Ist die Erstregistrierung durch den sogenannten *lead registrant* noch ein sehr zeit- und kostenintensiver Vorgang, können alle folgenden Co-Registranten einen sogenannten *letter of access* als Zugang zum Dossier für die Registrierung ihres MAP bei den BWB erwerben.

Es gilt dann nur noch nachzuweisen, dass ihr MAP die gleichen Stoffeigenschaften wie das der Berliner Wasserbetriebe hat.

3.3. Möglichkeiten zur Verbesserung der Rahmenbedingungen

Ein erster Schritt kann die Definition einer Roadmap zur Minderung der Importabhängigkeit mit Festlegung einer realistischen Zielvorgabe zur Reduktion (oder Rückgewinnungsquote) für das Jahr 2025 sein. Ein weiterer Schlüssel in Richtung einer Umsetzung wird die Förderung von Demonstrationsanlagen von vielversprechenden innovativen Verfahrensweisen sein. Die sinnvolle Verschärfung von Grenzwerten, wie z.B. Cadmium und Uran im Rahmen der Düngemittellegislative kann außerdem bewirken, dass die herkömmliche Düngemittelproduktion aus P-Erzen sedimentären Ursprungs an Attraktivität verliert und als Folge auf cadmium- und uranarme Recyclingströme zurückgegriffen wird. Ein weiteres vielversprechendes Instrument wird ein Verdünnungsverbot von phosphorreichen Abfallströmen sein. In diesem Kontext ist die vom BMU vorgeschlagene Phosphatrückgewinnungsverordnung ein begrüßenswerter Vorschlag.

4. Literatur

[1] Dissanayake, C. B.; Chandrajith, R.: Phosphate mineral fertilizers, trace metals and human health. Journal of the National Science Foundation of Sri Lanka, 37, 2009, 153-165

[2] Kratz, S.; Knappe, F.; Rogasik, J.; Schnug, E.: Uranium balances in agroecosystems. In: de Kok, L. J.; Schnug, E. (Hrsg.): Loads and fate of fertilizer-derived uranium. Backhuys Publishers, Leiden, 2008, S. 179-190

[3] Mineral Commodity Summaries, U. S. Geological Survey, 2013

[4] Kabbe, C.: Sustainable sewage sludge management fostering phosphorus recovery. Bluefacts 2013, wvgw 2013, S. 36-41

[5] Airprex, http://www.pcs-consult.de/html/airprex3.html, Zugriff am 30.10.2013

[6] Ostara, http://www.ostara.com/technology, Zugriff am 30.10.2013

[7] Nuresys, http://www.nuresys.org/content/technology, Zugriff am 30.10.2013

[8] Pinnekamp, J. et al.: Stand der Phosphorelimination bei der Abwasserreinigung in NRW sowie Verfahren zur Phosphorrückgewinnung aus Klärschlamm und aus Prozesswässern der Schlammbehandlung. Institut für Siedlungswasserwirtschaft, RWTH Aachen, 2007, S. 33

[9] Antakyalia, D.; Meyera, C.; Preyla, V.; Maier, B.; Steinmetz, H.: Large-scale application of nutrient recovery from digested sludge as struvite. In: Water Practice & Technology (2013), Nr. 8, S. 256-262

[10] Deutsches Patent DE102009020745A, Phosphatgewinnung aus Klärschlamm, Chemische Fabrik Budenheim KG, 2010

[11] Peplinski, B.; Adam, C.; Michaelis, M.; Kley, G.; Emmerling, F.; Simon, F. G.: Reaction sequences in the thermo-chemical treatment of sewage sludge ashes revealed by X-ray powder diffraction – A contribution to the European project SUSAN. In: Zeitschrift für Kristallographie (2009), S. 459-464

[12] Kley, G.; Köcher, P.; Brenneis, R.: Möglichkeiten zur Gewinnung von Phosphor-Düngemitteln aus Klärschlamm-, Tiermehl- und ähnlichen Aschen durch thermochemische Behandlung. In: Rückgewinnung von Phosphor in der Landwirtschaft und aus Abfällen. Symposium vom 6.-7.2.2003, Berlin

[12] Scheidig, K.: Wirtschaftliche und energetische Aspekte des Phosphor-Recyclings aus Klärschlamm. In: KA – Korrespondenz Abwasser, Abfall 56 (2009), S. 1138-1146

Alternativen zur Abfallverbrennung

Energie aus Abfall

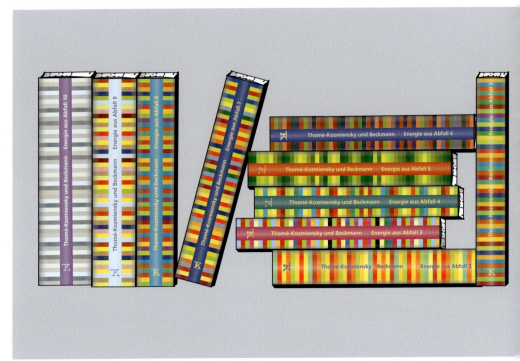

Herausgeber: Karl J. Thomé-Kozmiensky und Michael Beckmann • Verlag: TK Verlag Karl Thomé-Kozmiensky

Energie aus Abfall, Band 1
ISBN: 978-3-935317-24-5
Erscheinung: 2006
Gebundene
Ausgabe: 594 Seiten
               mit farbigen Abbildungen
Preis: 50.00 EUR

Energie aus Abfall, Band 2
ISBN: 978-3-935317-26-9
Erscheinung: 2007
Gebundene
Ausgabe: 713 Seiten
               mit farbigen Abbildungen
Preis: 50.00 EUR

Energie aus Abfall, Band 3
ISBN: 978-3-935317-30-6
Erscheinung: 2007
Gebundene
Ausgabe: 613 Seiten
               mit farbigen Abbildungen
Preis: 50.00 EUR

Energie aus Abfall, Band 4
ISBN: 978-3-935317-32-0
Erscheinung: 2008
Gebundene
Ausgabe: 649 Seiten
               mit farbigen Abbildungen
Preis: 50.00 EUR

Energie aus Abfall, Band 5
ISBN: 978-3-935317-34-4
Erscheinung: 2008
Gebundene
Ausgabe: 821 Seiten
               mit farbigen Abbildungen
Preis: 50.00 EUR

Energie aus Abfall, Band 6
ISBN: 978-3-935317-39-9
Erscheinung: 2009
Gebundene
Ausgabe: 846 Seiten
               mit farbigen Abbildungen
Preis: 50.00 EUR

Energie aus Abfall, Band 7
ISBN: 978-3-935317-46-7
Erscheinung: 2010
Gebundene
Ausgabe: 765 Seiten
               mit farbigen Abbildungen
Preis: 50.00 EUR

Energie aus Abfall, Band 8
ISBN: 978-3-935317-60-3
Erscheinung: 2011
Gebundene
Ausgabe: 806 Seiten
               mit farbigen Abbildungen
Preis: 50.00 EUR

Energie aus Abfall, Band 9
ISBN: 978-3-935317-78-8
Erscheinung: 2012
Gebundene
Ausgabe: 809 Seiten
               mit farbigen Abbildungen
Preis: 50.00 EUR

Energie aus Abfall, Band 10
ISBN: 978-3-935317-92-4
Erscheinung: 2013
Gebundene
Ausgabe: 1096 Seiten
               mit farbigen Abbildungen
Preis: 50.00 EUR

270,00 EUR statt 500,00 EUR | **Paketpreis**
Energie aus Abfall, Band 1 bis 10

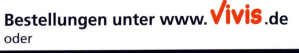

Bestellungen unter www. **vivis** **.de**
oder

Dorfstraße 51
D-16816 Nietwerder-Neuruppin
Tel. +49.3391-45.45-0 • Fax +49.3391-45.45-10
E-Mail: tkverlag@vivis.de

vivis
TK Verlag Karl Thomé-Kozmiensky

Alternativen zur Verbrennung?

Peter Quicker und Yves Noël

1. Hintergrund

Die Abfallverbrennung ist hinsichtlich Anlagenzahl, installierter Behandlungskapazität und technischer Reife das weltweit dominierende Verfahren zur thermischen Behandlung von Restabfällen. Die Technologie ist seit über hundert Jahren etabliert und wurde durch kontinuierliche Optimierungsmaßnahmen, vor allem im Bereich der Abgasreinigung, zur umweltfreundlichen Standardtechnologie. Die ohnehin sehr strengen Emissionsgrenzwerte werden in der Regel deutlich – zum Teil um mehrere Zehnerpotenzen – unterschritten. Gefährliche Reststoffe der Abgasreinigung werden sicher unter Tage abgelagert und die erzeugte Energie als Nah- und Fernwärme, Prozessdampf und Strom vermarktet. Aschen und Schlacken werden aufbereitet, von Eisen- und Nichteisenmetallen, die wieder in Rohstoffkreislauf rückgeführt werden, entfrachtet und, sofern dies die physikalischen und chemischen Eigenschaften zulassen, als Baustoff im Bereich Straßen-und Deponiebau verwertet.

Die Abfallverbrennung ist also eine langzeiterprobte, umweltfreundliche und sichere Technologie zur Behandlung von Restabfällen. Dennoch gibt es nach wie vor starke Vorbehalte und Vorurteile in der öffentlichen Diskussion, die nicht zuletzt auf Kommunikationsfehler der Betreiber in der Vergangenheit zurückzuführen sind.

In den 70er und 80er Jahren des letzten Jahrhunderts wurden Umweltprobleme von Abfallverbrennungsanlagen häufig kleingeredet und berechtigte Bedenken der Bevölkerung beschwichtigt, anstelle proaktiv Lösungen zu finden.

Nicht zuletzt aufgrund der geschilderten öffentlichen Wahrnehmung werden – jenseits der Verbrennung – immer wieder neue thermische Behandlungsverfahren für Abfälle kreiert und auf dem Markt feilgeboten. Zu nennen sind hier vor allem Pyrolyse- und Vergasungsverfahren, die inzwischen gerne durch Plasma- oder Mikrowellengeneratoren oder die Zugabe von Katalysatoren *optimiert* werden. Ebenfalls eine gewisse Tradition haben sogenannte Verölungsverfahren, mit denen feste Abfallstoffe direkt in flüssige Energieträger überführt werden sollen. In jüngster Zeit wird auch versucht, die von Bergius bekannte Technik der hydrothermalen Carbonisierung (HTC) auf Abfallstoffe zu übertragen.

Die genannten, auch als *alternative Behandlungsverfahren* bezeichneten Prozesse zur thermischen Abfallbehandlung sollen – zumindest nach den Vorstellungen der Entwickler, Anbieter und (soweit bereits existent auch der) Betreiber – höherwertige Produkte, verbesserte Produkteigenschaften oder eine bessere Prozesseffizienz als die konventionelle Abfallverbrennung bieten. Erste Ansätze gehen mehr als ein Jahrhundert zurück. Bereits im 19. Jahrhundert gab es in verschiedenen europäischen Städten (Wien, Stuttgart, Paris, Versailles) Versuche, aus Abfällen Leuchtgas für die Straßenbeleuchtung zu erzeugen. Die Versuche wurden aufgrund massiver technischer Probleme bald wieder eingestellt. Eine zur gleichen Zeit in San Jose errichtete Anlage zur Gaserzeugung für Motoren musste nach wenigen Monaten aufgrund einer Explosion wieder außer Betreib genommen werden.

Nach den Wirren der beiden Weltkriege und dem Wiederaufbau in der Nachkriegszeit werden alternative thermische Verfahren seit den 1970er Jahren von unterschiedlichen Herstellern in diversen Anlagenkonfigurationen wiederkehrend neu präsentiert. Derartige Verfahren sind im Allgemeinen durch eine vergleichsweise komplexe Anlagentechnik und relativ weitgehende Anforderungen an die Brennstoffaufbereitung charakterisiert. Während die thermische Abfallbehandlung mittels Pyrolyse bzw. Vergasung nach zahlreichen Rückschlägen innerhalb Deutschlands bzw. Europas keine praktische Bedeutung erlangen konnte, fand im ostasiatischen Raum teilweise eine Etablierung dieser Technologien statt. Hinsichtlich Neuentwicklungen stehen aktuell besonders Plasma- und Direktverölungsverfahren im Fokus der durchaus kontroversen Diskussion. HTC-Prozesse versuchen sich als Nischenverfahren für biogene Abfälle zu etablieren.

Aufgrund des geschilderten Hintergrundes ist ein Stand der Technik für die alternativen thermischen Abfallbehandlungsverfahren noch immer nicht definiert. Neben technischen Aspekten spielen dabei vor allem ökonomische Faktoren eine Rolle. Die teilweise Etablierung der genannten Alternativverfahren in Asien ist auf die völlig anderen wirtschaftlichen Rahmenbedingungen zurückzuführen. So betragen die durchschnittlichen Entsorgungskosten für eine Tonne Abfall in Tokio aktuell 56.975 Yen, also über 400 Euro.[1] Dies liegt um ein Mehrfaches über den gegenwärtigen deutschen und europäischen Behandlungskosten. Daher können in Japan entsprechend aufwändigere und damit teurere Verfahren betrieben werden.

Das Potenzial der alternativen thermischen Verfahren kann für den deutschen und europäischen Markt also nicht direkt aus der Situation in Asien abgeleitet werden. Vielmehr ist genau zu prüfen, welche Verfahren – aufgrund kostengünstiger Technik, der Option zur Behandlung von Sonderfraktionen mit hohem Erlös oder durch die Bereitstellung hochwertiger Produkte – unter den herrschenden wirtschaftlichen und ökologischen Rahmenbedingungen in Europa bestehen könnten.

2. Aufgabenstellung

Im Rahmen eines vom Umweltbundesamt beauftragten Sachverständigengutachtens soll eine verbesserte Datenbasis zum Stand der Technik der alternativen thermischen Verfahren zur Behandlung von Abfällen erarbeitet werden. Die Resultate sind Grundlage für weitere rechtliche und technische Maßnahmen zur Abfallverwertung. Insbesondere soll das Gutachten die Entwicklung der nationalen deutschen Position im Vorfeld des Sevilla-Prozesses, zur Revision des BVT-Merkblatts über beste verfügbare Techniken der Abfallverbrennung, unterstützen. [2]

Zur Erstellung der Datenbasis findet eine durch Literaturrecherchen unterstützte Datenerhebung hinsichtlich der verfügbaren Techniken zur alternativen thermischen Behandlung von Abfällen statt. Hierbei werden umweltbezogene Leistungsmerkmale, wie entstehende Emissionen, Energieverbräuche oder die Qualität der im Prozess aufbereiteten Wertstoffe erfasst. Abschließend findet eine Gesamtbewertung der alternativen Behandlungstechniken im Vergleich mit den etablierten thermischen Behandlungsverfahren statt.

3. Thermochemische Prozesse

Eine Übersicht der thermochemischen Prozesse ist in Bild 1 wiedergegeben. Sonderverfahren unter Plasmaerzeugung oder Verwendung von Katalysatoren sind nicht aufgeführt.

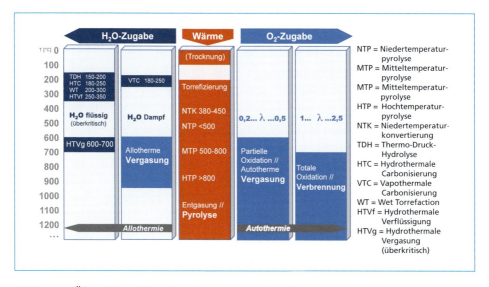

Bild 1:   Übersicht und Einteilung thermochemischer Prozesse

Im Folgenden sind die Prozesse der Pyrolyse, Vergasung sowie die Plasmaverfahren kurz erläutert. HTC-Prozesse werden hier nicht näher beschrieben, da diese im Wesentlichen für biogene Substrate eingesetzt werden.

3.1. Pyrolyse

Zentrales thermochemisches Verfahren ist die Pyrolyse. Dieser Prozess bedarf keines externen Reaktionspartners. Die Entgasung der flüchtigen Bestandteile der Einsatzstoffe erfolgt nur durch Wärmeeinwirkung. Je nach Temperatur werden verschiedene Varianten unterschieden.

Wird die Pyrolyse bei sehr niedrigen Temperaturen durchgeführt, wird diese in jüngerer Zeit auch als Torrefizierung oder Torrefaction bezeichnet. Dieser Prozess wird im Wesentlichen auf Biomassefraktionen angewendet, um deren Energiedichte zu erhöhen und die mechanischen Eigenschaften (Mahlbarkeit) zu verbessern. Bekannt sind solche Prozesse beispielsweise aus der Kaffeeröstung. Für die Abfallbehandlung hat die Torrefizierung kaum Bedeutung.

Daneben finden sich weitere Bezeichnungen für die Pyrolyse bei niedriger Temperatur, wie Wet Torrefection oder Niedertemperaturkonvertierung, deren Etablierung vermutlich vorwiegend aus Gründen des Marketings erfolgte und weniger deshalb, weil signifikante technische Unterschiede zur Niedertemperaturpyrolyse vorlägen, die neue Bezeichnungen als angebracht erscheinen lassen würden.

Eine vollständige Entgasung der flüchtigen Bestandteile wird bei Temperaturen von 550 und 750 °C erreicht, je nach eingestellter Verweilzeit und Zusammensetzung des Einsatzmaterials. Zurück bleibt ein Pyrolysekoks, der neben der Asche auch große Anteile von fixem Kohlenstoff enthält. Für eine Ablagerung solcher abfallstämmigen Pyrolysekokse ist deren Glühverlust zu hoch. Allerdings ist der Glühverlust fast ausschließlich auf Kohlenstoff zurückzuführen. Reaktionen, biologische Vorgänge oder Gasbildung sind von derartigen Stoffen nicht zu erwarten. Daher gibt es von administrativer Seite zum Teil Ausnahmeregelungen für die Ablagerung solcher Fraktionen.

Im Pyrolysekoks befinden sich auch die im Abfall enthaltenen Metalle. Durch die sauerstofffreie (bzw. -arme) Atmosphäre werden die Metalle nicht oxidiert und besitzen eine gute Qualität für die weitere Verarbeitung in metallurgischen Prozessen.

Die bei der Pyrolyse gebildeten Gase bestehen aus permanenten, also bei Umgebungsbedingungen nicht kondensierbaren Anteilen und einem (aus öliger und wässriger Phase bestehendem) Kondensat. Eine weitergehende Nutzung der Gase ist allgemein mit sehr hohem Aufwand verbunden, da die Kondensate abgetrennt und behandelt werden müssen. Daher wird das erzeugte Pyrolysegas häufig direkt und ohne vorherige Kondensation der flüssigen Bestandteile verbrannt und die Wärme zu Heizzwecken, als Prozessdampf oder zur Stromerzeugung genutzt. Damit fällt jedoch der in diesem Zusammenhang häufig postulierte Vorteil der alternativen thermochemischen Prozesse, nämlich die Erzielung eines höheren elektrischen Wirkungsgrades als die klassische Abfallverbrennung, weg.

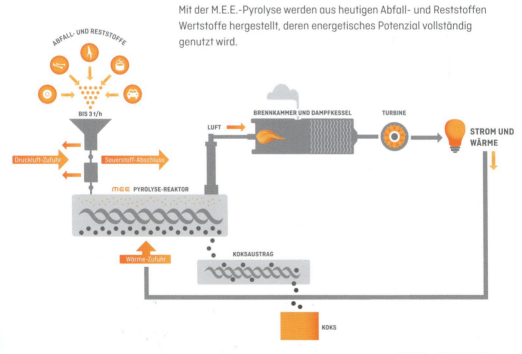

Dezentrale Energieversorgung

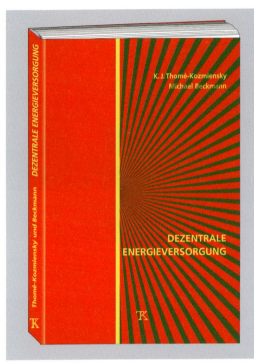

Dezentrale Energieversorgung

ISBN:	978-3-935317-95-5
Erschienen:	Juni 2013
Gebundene Ausgabe:	468 Seiten
	mit zahlreichen
	farbigen Abbildungen
Preis:	40.00 EUR

Herausgeber: Karl J. Thomé-Kozmiensky und Michael Beckmann • Verlag: TK Verlag Karl Thomé-Kozmiensky

Die Energiewende mit der Umstrukturierung des Energieversorgungssystems stellt technische, wirtschaftliche und gesellschaftliche Herausforderung dar. Hinsichtlich Ausmaß und Tragweite ist dies eine industrielle Revolution. Die Probleme sind komplex und vielschichtig: Anstrengungen zum Klimaschutz, ungewisse Reichweiten und Verfügbarkeiten fossiler und regenerativer Energieressourcen, Umsetzung des Kernenergieausstiegs bei Aufrechterhaltung der Versorgungssicherheit, dabei stark steigende Energiepreise. Dennoch soll die Versorgungssicherung auch stromintensiver Unternehmen und von Kommunen sicher sein.

Insbesondere sollen trotz der fluktuierenden Stromerzeugung aus erneuerbaren Energien und des zögerlichen Ausbaus der Netze und Speicher die Energieeffizienz gesteigert und ausreichende Kraftwerksreservekapazitäten vorgehalten werden.
Dezentrale Lösungen können im günstigen Fall die entscheidende Maßnahme sein.

Etliche Gebietskörperschaften, Industrieunternehmen und Gewerbeparks haben schon Erfahrungen mit dezentralen Energieversorgungskonzepten. Sie werden ihre Erfahrungen und Aktivitäten bei der Berliner Konferenz präsentieren.

Themenschwerpunkte sind:

- Strategien, Konzepte, Wirtschaft, Recht,
- Stadtwerke und regionale Energieversorger – Modelle und Beispiele –,
- Dezentrale Versorgung mit Strom und Wärme – Systemintegration von Erzeugern, Netzen und Verbrauchern –,
- Energetische Verwertung von Biomasse.

Bestellungen unter www.Vivis.de
oder

Dorfstraße 51
D-16816 Nietwerder-Neuruppin
Tel. +49.3391-45.45-0 • Fax +49.3391-45.45-10
E-Mail: tkverlag@vivis.de

TK Verlag Karl Thomé-Kozmiensky

3.2. Vergasung

Vergasungsverfahren werden entweder autoherm, also bei unterstöchiometrischer Zugabe von Sauerstoff (Luft) zur Wärmefreisetzung mittels Teiloxidation des Brennstoffs, oder allotherm, meist in Wasserdampfatmosphäre, durch externe Wärmezuführung mit Energie versorgt. In Bild 1 sind beide Prozessvarianten berücksichtigt.

Vergasungsverfahren sind meist auf die Erzeugung eines Brenngases, das in Folgeprozessen hochwertiger als der Ausgangstoff Abfall eingesetzt werden kann, fokussiert. Meist zielen die Entwicklungsarbeiten auf eine motorische Nutzung. Auch als Edukt der Methanolherstellung wurden solche Synthesegase aus Abfällen bereits erfolgreich (aber nicht wirtschaftlich) eingesetzt. Zum Teil wird sogar die Verwendung abfallstämmiger Synthesegase als Einsatzstoff für Brennstoffzellen postuliert. Für alle genannten Zwecke muss das erzeugte Gas eine hohe Reinheit besitzen, die einen großen Reinigungsaufwand erforderlich macht.

Neben der Gaserzeugung und -nutzung ist die Herstellung inerter Reststoffe mittels Schlackeverglasung ein weiteres Charakteristikum so mancher Vergasungsprozesse. Hierzu werden die Verfahren bei sehr hohen Temperaturen, oberhalb des Schmelzpunktes der enthaltenen Inertmaterialien betrieben, um ein schwer eluierbares und deshalb gut verwertbares Produkt erzeugen.

3.3. Plasmaverfahren

3.3.1. Plasmaerzeugung

Bei den alternativen Verfahren wird das zur Abfallbehandlung nötige Temperaturniveau im Allgemeinen direkt durch eine Teiloxidation des Brennstoffs oder indirekt über die Reaktorwand bzw. über einen Wärmeträger eingestellt. Eine weitere Möglichkeit der direkten Wärmezufuhr nutzen Plasmaverfahren. Zur Plasmaherstellung wird einem Gas (Arbeitsgas) eine hohe spezifische Energiemenge zugeführt. Gemäß dem Energieniveau wird der Zustand des angeregten Gases auch als vierter Aggregatzustand bezeichnet.

Zur Generierung eines Plasmas wird in einem so genannten Plasmabrenner durch Gleichspannung zwischen zwei Elektroden ein elektrischer Lichtbogen erzeugt. Plasmabrenner sind in zwei unterschiedlichen Konfigurationen ausgeführt. Bei der Technologie mit nicht übertragenem Lichtbogen befinden sich die Elektroden hintereinander angeordnet, innerhalb eines Gehäuses. Die Kathode ist als Stab ausgeführt und wird axial von einem Arbeitsgas umströmt. Umschließend ist eine gekühlte ringförmige Anode angeordnet, die von diesem Gasstrom durchströmt wird. Der zwischen Kathode und Anode entstehende Lichtbogen liefert die nötige Energie zur Erzeugung des Plasmas. Ein ausreichend großer Gasstrom sorgt dafür, dass sich das Plasma über die Anode hinweg ausbreitet und dahinter als Plasmastrahl aus dem Brenner austritt [3].

Zur Erzeugung eines übertragenen Lichtbogens wird dieser nicht innerhalb eines Gehäuses, sondern zwischen einer freien Stabelektrode und einer bis zu einen Meter weit entfernten, externen Anode aufgebaut (Bild 2, rechts). Aufgrund des hohen

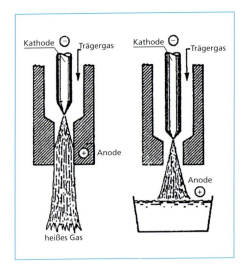

Bild 2: Plasmaerzeugung mittels nicht übertragenem Lichtbogen (links) und übertragenem Lichtbogen (rechts)

Quelle: Bonizzoni, G.; Vasallo, E.: Plasma physics and technology; industrial applications. Vacuum. 64 Jg., 2002, Nr. 3-4, S. 327–336

Wärmestroms werden die im Aufgabegut enthaltenen Metalle und Mineralstoffe eingeschmolzen bzw. verglast. [4]. Diese Schmelze ist über die Reaktorwand geerdet und dient somit als externe Anode. [5] Die oben genannten Möglichkeiten zur Plasmaerzeugung sind in Bild 2 schematisch dargestellt.

Zur thermischen Abfallbehandlung verwendete Plasmen erreichen Temperaturen zwischen 2.000 K und 30.000 K [3]. Bei den alternativen Plasmaverfahren zur thermischen Abfallbehandlung wird, wie auch bei den klassischen alternativen Verfahren, in die Plasmaparolyse sowie in die Plasmavergasung unterschieden. Bei der Plasmapyrolyse wird als Arbeitsgas ein Inertgas (Argon, Stickstoff) eingesetzt. Hingegen kann bei der Plasmavergasung ein sauerstoffhaltiges Arbeitsgas (Sauerstoff, Luft, Wasserdampf, Kohlenmonoxid) genutzt werden. [6]

3.3.2. Plasmapyrolyse

Die Plasmapyrolyse von Abfällen stellt die Prozessbedingungen einer pyrolytischen Konversion unter Einsatz eines Plasmabrenners als Energiequelle ein. Dem entsprechend werden die eingesetzten Abfallstoffe in einer sauerstoffarmen Atmosphäre bei hohen Temperaturen ab 2.000 K in einfache Moleküle aufgebrochen. Die Aufspaltung des Abfalls erfolgt auf zwei Wegen – abhängig davon, ob das umzusetzende Material indirekt durch die vom Plasma abgestrahlte Wärme erhitzt wird oder direkt mit dem Plasma in Kontakt kommt. Im ersten Fall bewirkt die Wärmeeinwirkung, analog zur konventionellen Pyrolyse, ein thermisches Cracken der Makromoleküle. Besteht ein direkter Kontakt zwischen Abfall und Plasma, kollidieren die angeregten Plasmabestandteile (Moleküle, Ionen, Elektronen) auf molekularer Ebene mit dem Aufgabematerial. Dies bewirkt eine zusätzliche Aufspaltung des Pyrolyseguts. [7]

In der Literatur existieren zahlreiche Studien über die Behandlung diverser Abfallfraktionen mittels Plasmapyrolyse. In Abhängigkeit des Einsatzstoffs sowie der Verfahrensziele wird, ähnlich der klassischen Pyrolyse, von der Umwandlung des Abfalls in ein heizwertreiches Gas berichtet. Darüber hinaus wurden Versuche zur Rückgewinnung von Monomeren aus Polymeren durchgeführt. Ein weiteres Potential besteht laut den Anwendern in der Zerstörung des Schadpotentials von Sonderabfällen [6]. Die oben genannten Studien beschränkten sich auf die Verwendung homogener, feinkörniger Einsatzstoffe, welche direkt mit dem Plasmastrahl in Kontakt gebracht werden konnten [3].

3.3.3. Plasmavergasung

In Abgrenzung zur Plasmapyrolyse geschieht die Plasmavergasung mit dem Ziel, ein kohlenstoffmonoxid- sowie wasserstoffreiches Synthesegas aus Abfällen zu erzeugen. Das sauerstoffhaltige Vergasungsmittel ermöglicht die Spaltung von Schwelprodukten (Teere) sowie den Umsatz der Koksfraktion. Durch die Spaltung der Schwelprodukte sinkt der Anteil kondensierbarer Gasbestandteile. Bedingt durch die hohen Prozesstemperaturen wird von einer im Vergleich zu klassischen Vergasungsverfahren insgesamt höheren Gasqualität berichtet. Neben Synthesegaserzeugung werden das Verglasen der Inertfraktion sowie der damit verbundene Schadstoffeinschluss in eine Glasmatrix hervorgehoben. [6, 7]

Insgesamt ist die Verwendung von Plasmaverfahren zur thermischen Abfallbehandlung der Literatur zufolge durch eine hoher Umsatzrate, eine flexible Prozessführung die Erzeugung verwertbarer Produkte sowie die Möglichkeit zur Behandlung hitzebeständiger Materialien gekennzeichnet. Als Nachteil wird der Betrieb des Prozesses ausschließlich mit elektrischer Energie gesehen. [6]

4. Vorgehen

Zur Beurteilung der Eignung und Funktionalität thermochemischer Prozesse für die Abfallbehandlung wurden zunächst die historischen, d.h. nicht mehr betriebenen und die aktuell relevanten Verfahren recherchiert. Dabei lag der Fokus auf den Verfahren, die sich derzeit in Betrieb befinden. Daneben wurden auch Verfahren betrachtet, die in der Vergangenheit über einen längeren Zeitraum im industriellen Maßstab betrieben wurden. Schließlich fanden auch solche Technologien Berücksichtigung, die sich aktuell im Pilotstadium befinden und voraussichtlich in nächster Zeit marktrelevant werden.

Basis des Gutachtens ist eine ausführliche Literaturrecherche, insbesondere im deutschen, englischen, französischen und japanischen Sprachraum. Dabei wurden rund einhundert Verfahren identifiziert, über die Informationsmaterial beschafft wurde.

Die Kerndaten aktuell in Deutschland in der Entwicklung oder im Pilotmaßstab befindlicher Technologien wurden anhand eines Fragebogen erfasst – sofern die Entwicklungsaktivitäten bekannt und die Verantwortlichen zur Datenerhebung bereit waren. Betreiber oder Entwickler, die auf die Zusendung des Fragebogens und eine mehrfache Nachfrage keine Reaktion zeigten wurden im weiteren Verlauf der Studie nicht mehr betrachtet und werden im Abschlussbericht wegen Irrelevanz nicht behandelt.

Im Rahmen der Studie wurden mehrere neue Technologieentwicklungen im Rahmen von Anlagenbegehungen evaluiert. Dabei wurde darauf geachtet, dass die jeweilige Pilotanlage zum Begehungszeitpunkt in Betrieb war und dabei wesentliche Anlagenparameter und Messwerte überprüft und zum Teil auch Probennahmen durchgeführt werden konnten. Intensive Betreiberbefragungen waren wichtiger Bestandteil jeder Anlagenbegehung.

Tabelle 1: Bewertungsschema für den Entwicklungsstand von Anlagen für die thermische Abfallbehandlung

Stand bezüglich	Mindestanforderungen an die Beschreibung des Entwicklungsstandes
Entwicklungsstufe 1	
Anlage Verfahren	Beschreibung des Verfahrens, Tests im Labormaßstab, Einschätzung von Massen- und Energiebilanzen für eine Kernanlage (Verbrennungseinheit, Abgasreinigung)
Eingangs-, Ausgangsstoffe	Beschreibende Analyse der Eingangs- und Ausgangsstoffe (Qualität, Quantität)
Marktchancen	Einschätzung der Marktchancen einer Großanlage aufgrund der Laborergebnisse
Scale-up	Darstellung der Möglichkeiten und Risiken eines Scale-up, Planung einer Versuchsanlage
Entwicklungsstufe 2	
Anlage Verfahren	Stationärer Betrieb einer Versuchsanlage bei unterschiedlichen Last- und Betriebszuständen, Darstellung der Massen- und Energiebilanzen für eine Kernanlage
Eingangs-, Ausgangsstoffe	Analyse der Eingangs- und Ausgangsstoffe (Qualität, Quantität), Darlegung von Möglichkeiten und Grenzen einzelner Eingangsstoffe
Marktchancen	Abschätzung der Marktchancen einer Großanlage
Scale-up	Darstellung der technischen Rahmenbedingungen für ein Scale-up, weitere notwendige Verfahrensschritte für Eintrag und Austrag der Stoffe , Planung einer Technikumsanlage
Betrieb	Abschätzung möglicher Betriebsprobleme (Korrosion, Erosion, Anbackungen etc.)
Entwicklungsstufe 3	
Anlage Verfahren	Stationärer Betrieb einer Technikumsanlage über längere Zeit mit begleitendem Mess- und Analysenprogramm, Validierung der aus der Versuchsanlage abgeleiteten Massen- und Energiebilanzen, Emissionsmessungen
Eingangs-, Ausgangsstoffe	Prüfung der prozesstypischen Stoffe auf ihre Umweltrelevanz und Nutzbarkeit
Marktchancen	Darlegung der Marktchancen einer Großanlage
Scale-up	Technische und wirtschaftliche Interpretation der Mess- und Analysenergebnisse bezüglich einer Großanlage, Größe der Apparate, Materialien, zu erwartende Kosten für Bau und Betrieb einer Großanlage, Kosten pro Tonne Abfall
Betrieb	Einschätzung der zu erwartenden Reisezeit, Anlagenverfügbarkeit und Standzeit einer zu konzipierenden Großanlage
Entwicklungsstufe 4	
Anlage Verfahren	Betrieb einer großtechnischen Anlage in bestimmungsgemäßen Betrieb über 1 bis 2 Jahre, Bestätigung der Massen- und Energiebilanzen, Emissionswerte
Eingangs-, Ausgangsstoffe	Nachweis der Eignung der Anlage für die geplanten Eingangsstoffe, Möglichkeiten der Vermarktung prozesstypischer Produkte
Marktchancen	Validierung der Investitions- und Betriebskosten (Business Plan)
Betrieb	Nachweis der Verfügbarkeit und Reisezeit
Entwicklungsstufe 5	
Anlage Verfahren	Großtechnische Anlage im bestimmungsgemäßen Betrieb über mehrere Jahre, Beurteilung der Umweltrelevanz von Verfahren und Anlage
Eingangs-, Ausgangsstoffe	Nachweis der Entsorgung der Einsatzstoffe, Nachweis der Vermarktung prozesstypischer Produkte
Marktchancen	Nachvollziehbare Darstellung der Investitions- und Betriebskosten über mehrere Jahre
Betrieb	Optimierung von Verfügbarkeit und Reisezeit, z.B. durch technische, organisatorische und/oder logistischer logistische Maßnahmen

Quelle: Verein Deutscher Ingenieure (Hrsg.): VDI-Richtlinie 3460, Emissionsminderung thermische Abfallbehandlung, Düsseldorf 2014

Die Bewertung der Technologien erfolgte unter anderem anhand anlagenspezifischer Parameter wie, Laufzeit, Verfügbarkeit, Massen- und Energiebilanzen, Qualität der Einsatzstoffe und Produkte, Emissionen und Behandlungspreisen, soweit diese verfügbar waren bzw. gemacht wurden. Als wesentliches Kriterium für die Vermarktbarkeit wurden auch ökonomische Parameter betrachtet.

Für die Bewertung der Relevanz, Marktverfügbarkeit aber auch Förderwürdigkeit von neuentwickelten Verfahren sind transparente Kriterien ausschlaggebend. Wichtig in diesem Zusammenhang ist der Entwicklungstand von neuen Verfahren. Um hierfür eine Basis zu schaffen, hat die Arbeitsgruppe der VDI 3460, Emissionsminderung – Thermische Abfallbehandlung ein einfaches Schema zur Bewertung dieses Entwicklungsstandes erarbeitet. Tabelle 1 zeigt das Schema. Unterschieden werden 5 Entwicklungsstufen, vom Labormaßstab bis zur mehrjährig erprobten großtechnischen Anlage. Die Einstufung nach diesem Schema war ein wesentliches Kriterium zur Beurteilung der betrachteten Prozesse.

5. Stand und Ausblick

Auch in den letzten Jahren sind wieder verschiedentlich alternative Verfahren zur thermischen Abfall- oder Reststoffbehandlung in Deutschland gescheitert bzw. wurden von den Betreibern aufgegeben. Beispielhaft zu nennen sind hier das über mehrere Jahre betriebene Contherm-Verfahren, die Vergasungsanlagen Blauer Turm oder die Klärschlammbehandlungsanlage in Dinkelsbühl-Crailsheim.

Neben einigen Anlagen zur Behandlung von Spezialfraktionen, wie der Reifen-Vergasungsanlage am Zementwerk Rüdersdorf oder der Klärschlammvergasungsanlage in Balingen, wird in Deutschland nur eine alternative thermische Anlage zur Behandlung von Restabfall betrieben. Dies ist die Hausmüllpyrolyseanlage in Burgau.

Aktuell befinden sind mehrere neue Verfahren in der Entwicklung. Als Einsatzstoffe fokussieren diese Prozesse meist auf voraufbereitete Sonderfraktionen wie Klärschlämme, Elektroschrott, Shredderfraktionen oder, im Fall der Verölungsverfahren, auf Kunststoffe. Kaum eines dieser Verfahren hat bisher die Entwicklungsstufe 4 erreicht, die einen großtechnisch grundsätzlich erprobten Prozess charakterisiert. Allerdings befinden sich mehrere Verfahren auf Stufe 3. Deren Entwicklungsstand lässt zum Teil das künftige Erreichen von Entwicklungsstufe 4 erwarten.

Das Sachverständigengutachten zu den alternativen Verfahren für die thermische Entsorgung von Abfällen befindet sich zur Drucklegung dieses Artikels noch in der Bearbeitung. Die zur Auswertung erforderlichen Daten lagen aufgrund noch ausstehender Fragebögen nicht vollständig vor.

Daher ist ein abschließendes Fazit an dieser Stelle nicht möglich.

6. Literatur

[1]   Clean Association of Tokyo (Hrsg.): Waste report 2013

[2]   Europäische Kommission (Hrsg.): BVT-Merkblatt über beste verfügbare Techniken der Abfallverbrennung, Sevilla 2005

[3] Huang, H.; Tang, L.: Treatment of organic waste using thermal plasma pyrolysis technology. Energy Conversion and Management. 48. Jg., 2007, Nr 4

[4] Bonizzoni, G.; Vasallo, E.: Plasma physics and technology; industrial applications. Vacuum. 64 Jg., 2002, Nr. 3-4, S. 327–336

[5] Gomez, E.; Amutha Rani, D.; Cheeseman, C.R.; Deegan, D.; Wise, M.; Boccaccini, A.R.: Thermal plasma technology for the treatment of wastes: A critical review. Journal of Hazardous Materials. 161 Jd., 2009, Nr.2-3

[6] Heberlein, J.; B Murphy, A.: Thermal plasma waste treatment. Topical review. In: Journal of Physics D: Applied Physics. 053001. Jg., 2008, Nr. 41

[7] Helsen, l.; Bosmans, A.: Waste-to-Energy through thermochemical processes. Matching waste with process. In: Proceedings of the International Academic Symposium on Enhanced Landfill Mining - Enhanced Landfill Mining and the transition to Sustainable Materials Management. Houthalen-Helchteren, Belgium, 4-6 October, 2010.

Pyrolyseverfahren in Burgau
– eine Betrachtung aus Sicht der Überwachungsbehörde –

Martin Meier, Karl Schmid und Simone Heger

1. Einleitung

Die Müllpyrolyseanlage (MPA) Burgau wurde 1982 vom Bayerischen Umweltministerium sowie mit Bundesmitteln gefördert, von der BKMI Industrieanlagen GmbH (Babcock – Krauss Maffei) errichtet und in der Anfangszeit vom Hersteller-Konsortium betrieben. Seit 1987 betreibt der Landkreis Günzburg die Anlage in Eigenregie. Sie dient dazu, den im Landkreis Günzburg (etwa 120.000 Einwohner) anfallenden Restmüll aus Haushalten, den hausmüllähnlichen Gewerbemüll, den Sperrmüll und in geringen Mengen auch Klärschlamm umweltschonend zu beseitigen. Die MPA finanziert sich ausschließlich aus den eingenommenen Abfallgebühren.

Die MPA war nach Betreiberangaben bis etwa 2001 die weltweit einzige großtechnische Pyrolyseanlage für Hausmüll, die im Dauerbetrieb die Entsorgung des gesamten Restabfalls der Region sicherte. Nach über dreißig Jahren Betriebserfahrung mit lediglich kleineren Betriebsstörungen kann der Betreiber von einem bewährten Verfahren mit einer sicheren Betriebsweise ausgehen. Ursprünglich erhielt die Anlagengenehmigung Anforderungen an die Emissionen nach der damals geltenden TA-Luft 86. Nach Inkrafttreten der 17. Bundes-Immissionsschutzverordnung am 23.11.1990 (17. BImSchV) für Abfallverbrennungsanlagen rüstete der Betreiber die Anlage mit einer entsprechenden Abgasreinigung zur Einhaltung der verschärften Schadstoffgrenzwerte aus.

Aufgrund der Verfahrenstechnik der Pyrolyse war der technische Aufwand der Nachrüstung der Abgasreinigung als eher gering und damit auch kostengünstig anzusehen. Die bisherigen Daten zeigen, dass die Anlage die geltenden Emissionsgrenzwerte der 17. BImSchV sicher einhält und teilweise deutlich unterschreitet. Die Müllpyrolyseanlage Burgau ist nach wie vor in kommunaler Hand und liegt bei den Entsorgungsgebühren im Mittelfeld der bayerischen thermischen Entsorgungsanlagen.

2. Aufgaben des Bayerischen Landesamtes für Umwelt als immissionsschutztechnische Überwachungsbehörde in Bayern

Das Bayerische Landesamt für Umwelt ist gemäß Artikel 4 Absatz 1 Satz 2 des Bayerischen Immissionsschutzgesetzes (BayImSchG) die für diese Anlagen zuständige Überwachungsbehörde. Es trifft die erforderlichen Feststellungen bezüglich der Einhaltung der Anforderungen an:

- Verbrennungs-, Pyrolyse- und Wirbelschichtanlagen zur Beseitigung von Abfällen,

- chemisch-physikalische Behandlungsanlagen und Sammelstellen der GSB zur Beseitigung von Abfällen,

- Tierkörperbeseitigungsanlagen und Sammelstellen und

- Tierkrematorien.

Zum Stand 01.10.2013 überwacht das Landesamt 46 Anlagen, wovon 40 den verschärften Anforderungen der Industrieemissions-Richtlinie unterliegen. Im Einzelnen sind dies

- fünfzehn Hausmüllverbrennungsanlagen (14 MVA, 1 MPA)
- eine Vergärungs-/Kompostieranlage bei der AVA Augsburg
- neun Sonderabfallverbrennungsanlagen (1 SAV der GSB, 6 private SAV)
- drei Monoverbrennungsanlagen für Klärschlamm
- vier Chemisch-Physikalische Behandlungsanlagen für gefährliche Abfälle
- sechs Sammelstellen der GSB für gefährliche Abfälle
- zwei Tierkrematorien
- sechs Tierkörperbeseitigungsanlagen
- zwei Umladestationen für Tierkörper

Weitere detaillierte Angaben hierzu finden sich unter www.lfu.bayern.de/abfall.

Im Rahmen seiner Überwachungstätigkeit prüft und überwacht das im Bayerischen Landesamt für Umwelt zuständige Fachreferat die an die Anlagen gestellten Anforderungen zu Luftreinhaltung, Abfallwirtschaft, Lärmschutz, Energieeffizienz und Störfallrelevanz. Im Rahmen der Anlagenüberwachung gemäß § 52 BImSchG werden insbesondere folgende Tätigkeiten durchgeführt:

- Vor-Ort-Besichtigungen
- Überwachung der Emissionen
- Überprüfung interner Berichte und Folgedokumente
- Überprüfung der Eigenkontrolle
- Prüfung der angewandten Techniken
- Eignung des Umweltmanagements der Anlage zur Sicherstellung der Anforderungen nach § 6 Absatz 1 Nummer 1 BImSchG.

Die Tiefe der Überwachungstätigkeit soll folgendes Beispiel verdeutlichen. Im Rahmen der Vor-Ort-Besichtigungen werden mindestens diese Themen mit dem Anlagenbetreiber besprochen und im Bedarfsfall Maßnahmen festgelegt:

- Anlagenidentität
- Genehmigungssituation
- Nebeneinrichtungen
- Nr. 4. BImSchV, Nr. der IED-Richtlinie, Nr. UVPG
- Anlagenkapazität
- Betriebszeiten
- Lärmsituation
- Anlagenbegehung
- aktuelle Beschwerden
- Diskussion aktueller Probleme und Fragestellungen

Um stets einen aktuellen Überblick zur Emissionssituation der Anlagen zu besitzen, führt das Landesamt eine *laufende* Überwachung der Emissionen durch. Dabei werden Emissions**monats**berichte geprüft, Überschreitungen von Emissionsgrenzwerten bewertet und soweit erforderlich die zuständigen Genehmigungsbehörden informiert.

Die monatlich aktuellen Auszüge der Emissionswertrechner ersetzen im Rahmen einer abgestuften Unverzüglichkeit die unmittelbare Meldung von Überschreitungen von Halbstundenmittelwerten an das Landesamt. Überschreitungen von Tagesmittelwerten sind jedoch spätestens am nächsten Werktag zu melden und ebenfalls im Monatsbericht aufzuführen. Zudem sind die Betreiber verpflichtet die aufgelaufenen Überschreitungen der Emissionsgrenzwerte (insbesondere der Halbstundenmittelwerte) zu kommentieren.

Die termingerechte Durchführung von Einzelmessungen und deren Dokumentation sowie Funktionsprüfung, Kalibrierung, Wartung und Dokumentation der automatischen Messsysteme bilden hierbei einen weiteren Baustein der Anlagenüberwachung. Abgerundet wird die kontinuierliche Überwachung durch ein mit den Betreibern abgestimmtes System von unverzüglichen Meldungen und Sofortmeldungen, je nach Schwere der Betriebsstörung oder Überschreitungen von Emissionsgrenzwerten.

Die Ergebnisse der Anlagenüberwachung veröffentlicht das Landesamt gemäß § 52 a BImSchG unter www.lfu.bayern.de/abfall/ueberwachung_aba/allgemeines/index. htm. Dabei werden je Anlage der jährliche vom Landesamt erstellte Emissionsjahresbericht sowie der Überwachungsbericht veröffentlicht. Diesem engmaschigen Überwachungsregime unterliegt auch die MPA Burgau, bei der einmal pro Jahr eine Vor-Ort-Besichtigung durchgeführt wird, sofern keine anlassbezogene Überwachung erforderlich ist.

Quelle zu Kapitel 2.:

[6] Anonym: Bayerisches Immissionsschutzgesetz – BayImSchG – (BayRS 2129-1-1-UG), zuletzt geändert durch Gesetz vom 22.07.2008 GVBl S. 466

3. Verfahrensbeschreibung der MPA Burgau

3.1. Anlagengenehmigung

Der Landkreis Günzburg erhielt die unbefristete abfallrechtliche Gestattung zum Betrieb einer Müllverschwelungs-(Pyrolyse-)Anlage bei Burgau gemäß dem Planfeststellungsbeschluss der Regierung von Schwaben vom 18.04.1984. Die im Bescheid genehmigte Durchsatzleistung beträgt insgesamt 6 t/h Abfall, also 3 t/h je Drehrohrofen. Derzeit unterliegt die Anlage der Nummer 8.1.1.3 des Anhangs zur 4. BImSchV. Die Anforderungen der 17. BImSchV vom 14.08.2003 sind bei der Anlage umgesetzt, sie unterliegt nicht der 12. BImSchV. Die anstehende Umsetzung der SEVESO-III-Richtlinie in deutsches Recht könnte dies ggf. ändern, so dass die Anlage dann die Grundpflichten der 12. BImSchV erfüllen muss.

3.2. Verfahrenstechnik

Die Müllpyrolyseanlage Burgau hat 2 Drehrohröfen im Parallelbetrieb zur thermischen Behandlung von Hausmüll, Sperrmüll, hausmüllähnlichem Gewerbemüll und Klärschlamm, der im Landkreis Günzburg zur Entsorgung anfällt. Je nach Heizwert der angelieferten Abfälle erreicht die Anlage einen Durchsatz von etwa 4 t/h im Jahresmittel. Die abfallwirtschaftlichen Rahmendaten stellen sich wie folgt dar:

Grundfläche Landkreis Günzburg	763 km²	
Einwohneranzahl	etwa 120.000	
Abfallmenge	etwa 26.000 t/a	
Abfallarten	Restabfall aus Haushalten	
	Hausmüllähnlicher Gewerbeabfall	
	Sperrmüll	
	Klärschlamm	
Heizwert des Abfalls	Durchschnittlich	9.000 kJ/kg
	Maximal	11.000 kJ/kg
	Minimal	6.000 kJ/kg
Durchschnittliche Abfallzusammensetzung	Feuchte	25 %
	Anorganischer Anteil	30 %
	Organischer Anteil	45 %

Tabelle 1:

Abfallwirtschaftliche Rahmendaten

Anzahl der Drehrohre	2
Drehrohrabmessungen	
- Innendurchmesser	2,2 m
- Länge	20 m
Gemeinsame Einrichtungen	2 Zyklone, Brennkammer
Abgasreinigung	SNCR-Entstickungsanlage, Flugstromreaktor, Gewebefilter, SCR-Katalysator
Brennkammertemperatur	1.250 °C
Rauchgastemperatur vor Abhitzekessel	900 °C
Rauchgastemperatur nach Economiser	200 °C
Dampfparameter	
- Temperatur	400 °C
- Druck	25 bar
Stromerzeugung	max. 2,2 MW (theoretisch)
	max. 1,5 MW (tatsächlich)
Turbinentyp	Kondensationsturbine
Abwärmenutzung	Nutzung der Kondensationswärme zur Warmwassererzeugung für Gewächshäuser in der Umgebung

Tabelle 2:

Die technischen Daten der MPA Burgau im Überblick

Die Anlagenschaltung zeigt das folgende Verfahrensfließbild der Müllpyrolyseanlage Burgau, Details zu den einzelnen Komponenten werden später erläutert:

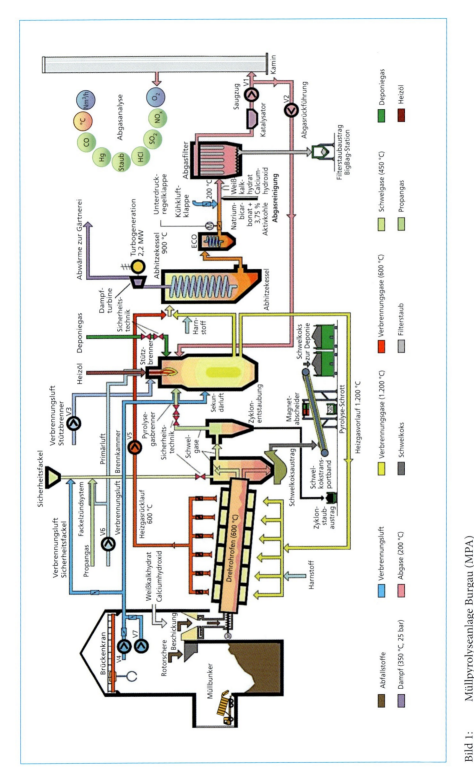

Bild 1: Müllpyrolyseanlage Burgau (MPA)

3.3. Anlieferung und Behandlung des Abfalls

Die von den Müllfahrzeugen angelieferten Abfälle (etwa 100 t pro Tag) werden gewogen und nach Registrierung der Abfallart, der Abfallmenge und der Abfallherkunft in den Grobmüllbunker entleert. Um eine gleichbleibende Abfallqualität sicherzustellen, wird der angelieferte Abfall mit dem Brückenkran homogenisiert. Im Regelfall werden die Abfälle während der Nachtzeit aus dem Grobmüllbunker mit einem Brückenkran aufgenommen und mit einer Rotorschere zerkleinert. Diese Abfälle verlassen mit einer Kantenlänge von höchstens 30 cm die Rotorschere über eine Schurre durch eine Öffnung in der Bunkerwand und gelangen anschließend in den Feinmüllbunker.

3.4. Abfallaufgabe

Aus dem Feinmüllbunker wird der Feinmüll wiederum mit dem Brückenkran aufgenommen und über Plattenbandförderer mit nachfolgender Zuteilschnecke periodisch zu den Eintragsschleusen der beiden Schweltrommeln transportiert. Dort wird den Abfällen über Dosierschnecken bezogen auf die Aufgabemenge (pro Beschickung etwa 50 bis 100 kg) etwa 0,5 bis 1 Mass.-% gebrannter Kalk (CaO) zur Bindung von sauren Schadstoffen im Verschwelungsprozess (z.B. Schwefeldioxid, Chlor- und Fluorwasserstoff) zugegeben. Die auf diese Weise konditionierten Abfälle werden über Stopfschnecken in die Schweler befördert.

3.5. Entgasung der Abfälle

Die Verschwelung der Abfälle erfolgt zwischen etwa 470 und 500 °C unter Luftabschluss in zwei Drehrohrtrommeln (Durchmesser: 2,20 m, Länge: etwa 20 m), die über eine feststehende Einhausung indirekt beheizt werden. Die dazu erforderliche Heizenergie stammt aus der Verbrennung des Pyrolysegases. Die Verweilzeit der Abfälle in den Schwelern beträgt bei einer Drehgeschwindigkeit von 1,5 Umdrehungen pro Minute etwa sechzig Minuten. Der aus dem Schwelprozess übrigbleibende Schwelkoks wird aus den die Schweltrommeln abschließenden Austragsgehäusen über Nassentschlacker ausgetragen. Die anfallende Masse des Schwelkokses betrug in 2006 etwa 14.200 t/a (30 bis 35 Prozent Glühverlust) und nahm seither bei etwa gleichbleibender verbrannter Menge auf etwa 11.000 t/a ab. Die Gründe hierfür sind zum einen Optimierungen des Verschwelungsprozesses und zum anderen das Altholz, das im Verschwelungsprozess überwiegend *Holzkohle* erzeugt, einer Verwertungsschiene außerhalb der MPA zugeführt wurde.

Am Ende der Austragsgehäuse gelangen die mit kohlenstoffhaltigem Staub beladenen Schwelgase in die Heißgaszyklone zur Entstaubung. Der abgeschiedene Staub wird über Doppelpendelklappen und Kühlschnecken ausgetragen und separat in Containern gesammelt.

3.6. Austrag der festen Pyrolyserückstände

Über die o.g. Nassentschlacker wird der Schwelkoks auf einen Feuchtigkeitsgehalt von etwa dreißig bis vierzig Prozent gebracht, auf etwa 40 bis 50 °C abgekühlt und anschließend ausgetragen. Der Wasserstand in den Nassentschlackern verhindert den Eintritt von Luft in den Drehrohrofen und gleichzeitig den Austritt von Pyrolysegas.

Über ein gemeinsames Förderband wird der Schwelkoks beider Drehrohre in Container-Mulden abgeführt. Unmittelbar vor den Containern wird mittels eines Überbandmagneten (Magnetabscheider) der eisenhaltige Grobanteil aus dem Schwelkoks abgetrennt, in separate Container abgeworfen und der Verwertung zugeführt. Der Schwelkoks wird anschließend auf der landkreiseigenen Deponie in Burgau abgelagert.

3.7. Verbrennung des Pyrolysegases und Energienutzung

Das vorentstaubte Pyrolysegas aus beiden Drehrohröfen wird in einer gemeinsamen Brennkammer unter Luftzugabe mit einem Sauerstoffüberschuss von 1,3 bis 1,5 bei einer Temperatur von etwa 1.250 °C verbrannt. Die Entnahme der Verbrennungsluft erfolgt aus dem Abfallbunker, wobei die Bunkerluftabsaugung gleichzeitig der Vermeidung von Geruchsbelästigung in der näheren Umgebung der Abfallentsorgungsanlagen Burgau dient. Neben dem Pyrolysegas wird in der Brennkammer auch Deponiegas aus der angrenzenden Deponie verbrannt.

Bei einem Absinken der Brennkammertemperatur auf etwa 1.100 °C wird ein erdölbefeuerter Stützbrenner manuell in Betrieb genommen, um einen ausreichenden Ausbrand der Verbrennungsabgase sicherzustellen. Sobald die Temperatur in der Brennkammer 1.000 °C unterschreitet, geht die Fackelschaltung in Betrieb. Das vom Austragsgehäuse der Schweltrommeln kommende Schwelgas wird in diesem Fall vor dem Zyklon in einer offenen Sicherheitsfackel verbrannt.

Durch die hohe Brennkammertemperatur liegen für das Pyrolysegas optimale Ausbrandbedingungen vor, so dass sich für Kohlenmonoxid, Dioxine und Furane sowie Kohlenwasserstoffverbindungen sehr niedrige Emissionswerte im Abgas ergeben. Weitere Maßnahmen zur Minderung von Dioxin- und Furan-Emissionen sind jedoch aus Vorsorgegründen erforderlich.

Die aus der Brennkammer austretenden Verbrennungsabgase werden in zwei Teilströme aufgeteilt. Ein Teil der Verbrennungsabgase wird über die Heizgasleitungen in die Heizkammern der Drehrohröfen geführt und dient zur indirekten Beheizung der Drehrohre. Dieser Abgasstrom kühlt dabei auf etwa 600 bis 680 °C ab. Das überschüssige Abgas und die abgekühlten Heizgase werden in einen Abhitzekessel und einen nachgeschalteten Economiser (Speisewasservorwärmer) zur Nutzung der Restenergie abgeführt. Hierzu werden die Verbrennungsabgase zunächst im Abhitzekessel (Auslegungsdampfleistung: 12 t/h bei 25 bar und 400 °C) abhängig vom Lastanfall von etwa 900 °C auf etwa 350 °C abgekühlt.

Anschließend durchlaufen die Abgase den Economiser, der das für den Dampfkessel benötigte Speisewasser von 105 °C auf etwa 200 °C vorwärmt. Das Abgas selbst wird dabei je nach Zustand des Dampfkessels und des Economisers auf 180 bis 220 °C abgekühlt.

Mittels einer Kondensations-Dampfturbine mit angekoppeltem Generator (P_{el} = 2,2 MW) wird elektrische Energie für den Eigenbedarf und zur Einspeisung ins öffentliche Netz erzeugt. Die Kondensationswärme der Turbine wird teilweise für die Beheizung einer nahegelegenen Gärtnerei genutzt.

3.8. Abgasreinigung

Die Abgasreinigungsanlage für die Verbrennungsabgase der Abfallpyrolyseanlage Burgau ist als zweistufiges und abwasserfreies Verfahren ausgeführt. Sie setzt sich aus einer Kombination aus einer SNCR- und SCR-Einrichtung zur Entstickung der Abgase und einem Flugstromadsorber mit nachgeschaltetem Gewebefilterabscheider (vier-Kammer-Gewebefilter) zusammen.

Über sechs Zerstäuberlanzen je Schweler, die im Bereich der Heizgasleitungen der beiden Pyrolysetrommeln angebracht sind, und eine Lanze im Abgaskanal vor dem Abhitzekessel wird nach dem SNCR-Verfahren eine wässrige Harnstofflösung (Carbamin 5.730) in das heiße Abgas der Brennkammer eingedüst.

Das aus dem Economiser kommende Abgas wird nach Zugabe von Natriumhydrogencarbonat (Bicar) und Aktivkohle (Gesamtmasse etwa 39 kg/h) im Gewebefilter gemäß dem Prinzip des Flugstromadsorbers bei 220 bis 230 °C gereinigt. Jede der vier Filterkammern enthält 156 Filterschläuche (BWF Envirotec, Offingen, PTFE/PTFE 704 MPS CS18). Die Abgase werden mit dem Adsorbensgemisch beaufschlagt und durchströmen dann die Filterschläuche im Gewebefilter von außen nach innen. Im Flugstromadsorber werden Stäube, elementares Quecksilber, sonstige gas- und dampfförmige Metalle und Metallverbindungen sowie Dioxine und Furane weitgehend abgeschieden. Zusätzlich findet im Gewebefilter eine Abscheidung von sauren Abgasbestandteilen (Fluor-, Chlorwasserstoff, Schwefeldioxid) statt. Der abgeschiedene Filterstaub wird zur Zwischenspeicherung (für einen Tag) kontinuierlich in ein Silo ausgeschleust und von dort über eine Abfüllstation in Big-Bags überführt. Nach dem Gewebefilter durchströmen die Abgase zur Stickstoffoxidminderung einen wabenförmigen SCR-DeNOx-Katalysator (beschichtet mit Vanadiumpentoxid und Wolframtrioxid dotiertem Titandioxid). Nach dem Saugzug wird ein Teilstrom des Abgases mit etwa 180 bis 190 °C über den 39 m hohen Kamin an die Umgebung abgegeben. Der restliche Abgasstrom (maximal 8.000 m³/h) wird zur Temperatursteuerung in die Brennkammer zurückgeführt.

Quellen zu Kapitel 3.:

[1] Bayerisches Landesamt für Umweltschutz, Augsburg 1999: Bericht über Messungen an der Müllpyrolyse-Anlage (MPA) Burgau, Ergebnisse der Abgas- und Reststoffuntersuchungen im Untersuchungszeitraum vom 16.11.1998 bis 03.12.1998

[2] Bayerisches Landesamt für Umweltschutz, Augsburg, 2005: Untersuchungsbericht Anfahrvorgang an der MPA Burgau, 23.–24.02./02.03.2005

[3] Bayerisches Landesamt für Umwelt: Jahresemissionsbericht der Müllpyrolyseanlage Burgau, www.lfu.bayern.de; Augsburg, 2013

4. Abfallwirtschaftliche Betriebsdaten der MPA Burgau

4.1. Abfalleinsatz

Bei einer jährlichen Betriebszeit von etwa 7.860 h setzte die Anlage im Jahr 2012 rund 23.100 t Abfälle durch. Die folgende Tabelle zeigt die abfallwirtschaftlichen Betriebsdaten der MPA Burgau für das Jahr 2012.

Tabelle 3: Abfallwirtschaftliche Betriebsdaten der Abfallpyrolyseanlage Burgau für das Jahr 2012

Abfallart	Gesamtmenge t
Haus-, Sperr- und Geschäftsmüll	15.184
Hausmüllähnlicher Gewerbeabfall	7.609
Klärschlamm verbrannt: (Durchschnitt 35 % TS)	159
Gefährliche Abfälle	118
Gesamtdurchsatz	**23.070**

Die gefährlichen Abfälle waren Aufsaug- und Filtermaterialien, AVV-Schlüssel 15 02 02*. Die MPA Burgau erzeugte 2012 als Energie 31.591 t Dampf und 5.128 MWh Strom. Bei einem Eigenbedarf an Strom von 4.168 MWh (und 286 MWh Strombezug) konnten 1.246 MWh Strom in das öffentliche Netz abgegeben werden. Die Fernwärmeabgabe betrug etwa 1.500 MWh.

4.2. Anfallende Rückstände

Zur weiteren Entsorgung werden folgende Rückstände und Reststoffe abgegeben:

- MV-Asche, entschrottet oder teilentschrottet, AVV 19 01 17*, 11.008 t, Eigenentsorgung auf der Deponie Burgau

- Kesselasche (Staub aus Heizgasvorlauf, Schweler und Brennkammer), AVV 19 01 11*, 2,8 t, Deponierung bei der GSB Sonderabfall Bayern GmbH

- Zyklonstaub, AVV 19 01 13*, 398 t, Verbrennung bei der GSB Sonderabfall Bayern GmbH,

- Gewebefilterstaub, AVV 19 01 13*, 367 t, Bergversatz bei der AUREC GmbH Bernburg

- abgegebener Schrott, AVV 19 01 02, 273 t

Der weitere Betrieb der MPA Burgau ist im Wesentlichen durch die Ablagerung des Schwelkokes auf dem Bauabschnitt IV der Deponie Burgau bestimmt. Der Bauabschnitt IV entspricht der DK II, hat aber Sicherungsmaßnahmen einer Deponie der DK III. Auf Grund der Neufassung der Deponieverordnung genehmigte die zuständige Behörde gemäß Tabelle 2, Fußnote 3, die weitere Ablagerung des Schwelkokses, da es sich um Abfälle aus einem Hochtemperaturprozess handelt. Der über den Wert der Deponieverordnung liegende Wert für den Glühverlust beträgt im Schnitt etwa dreißig Prozent und ist für Schwelkoks systemimmanent, da keine vollständige Verbrennung vorliegt. Der noch enthaltene Kohlenstoff ist jedoch eher reaktionsträge, so dass keine Deponiegasbildung auftritt. Der auf der Deponie abgelagerte Pyrolysekoks hält die sonstigen gemäß Bescheid vorgegebenen Grenzwerte ein. Kesselasche, Zyklonstaub und Gewebefilterstaub sind als gefährliche Abfälle eingestuft. Die Entsorgung und Verwertung dieser Abfälle erfolgt entsprechend ihrer Eigenschaften.

5. Emissionssituation der MPA Burgau

5.1. Ergebnisse der laufenden Emissionsüberwachung

Die MPA Burgau erfüllt derzeit sicher die Anforderungen der 17. BImSchV vom 14.08.2003 i.d.F. vom 27.01.2009 und hat die nachfolgenden Emissionsgrenzwerte einzuhalten. Die in Tabelle 4 aufgeführten Schadstoffe werden kontinuierlich ermittelt, aufgezeichnet und im Emissionswertrechner automatisch ausgewertet. Die Gesamtzahl aller pro Jahr gültigen verfügbaren Halbstundenmittelwerte beträgt etwa 15.900 und die aller Tagesmittelwerte etwa 330. Zur Ermittlung der (Jahresemissions-)Frachten gemäß § 22 der 17. BImSchV müssen die Halbstundenmittelwerte vor Abzug der in der Kalibrierung ermittelten Messunsicherheit (normierte Werte) verfügbar sein.

Insgesamt gab es nur sehr wenige registrierte Überschreitungen der Halbstundenmittelwerte und Tagesmittelwerte. Die Spalte der *maximalen Tagesmittelwerte* zeigt, wie weit die Emissionen selbst bei maximaler Emission vom zulässigen Grenzwert entfernt sind (Ausnahmen HCl und SO_2). Die berechneten Frachten liegen in einer mit anderen Anlagen vergleichbaren Größenordnung.

Tabelle 4: Ergebnisse der laufenden Emissionsüberwachung im Vergleich zu den Grenzwerten

Schadstoff	GW für TMW	GW für HMW	Überschreitung		JMW	Max. TMW	Fracht
	mg/m³		TWM	HWM	mg/m³		kg/a
CO	50	100	0	0	4,17	9,69	534
Staub	10	30	0	2	1,94	7,36	308
HCl	10	60	1	3	4,31	10,30	587
SO$_2$	50	200	1	0	13,78	57,09	1.752
NO$_x$	200	400	0	0	158,76	187,82	19.391
Hg	0,03	0,05	0	3	0,0026	22,34	0,504

Die Novelle der 17. BImSchV vom 02.05.2013 wird nach derzeitigem Kenntnisstand zu keinen größeren Investitionen bei der MPA Burgau führen. Lediglich die kontinuierliche Messung der Ammoniakemissionen steht im Raum und ist ab dem 01.01.2016 durchzuführen.

Die diskontinuierlich zu überwachenden Grenzwerte gemäß 17. BImSchV und Bescheid stellen sich wie folgt dar:

Tabelle 5: Diskontinuierlich zu überwachende Grenzwerte gemäß 17. BImSchV und Bescheid

	Einzelmesswerte 2012			Mittelwert	Max. Einzelwert	Grenz- wert
	mg/m³					
NH$_3$	1,9	4,1	6,0	4,09	6,0	20
HF	< 0,1	< 0,1	< 0,1	< 0,1	< 0,1	4
N$_2$O	19,0	17,8	13,9	16,9	19,0	---
C$_{ges}$	< 3	< 3	< 3	< 3	< 3	20
Dioxine und Furane in ng I-TE/m³	0,0010	0,0011	0,0010	0,0010	0,0011	0,1
Cd, Tl	< 0,004	< 0,004	< 0,007	< 0,005	< 0,007	0,05
Sb, As, Pb, Cr, Co, Cu, Mn, Ni, V, Sn	0,010	< 0,011	< 0,012	< 0,011	0,012	0,5
As, Benzo(a)pyren, Cd, Co, Cr	< 0,004	< 0,004	< 0,006	< 0,005	< 0,006	0,05

Quelle zu Kapitel 5.1.:

[1] Bayerisches Landesamt für Umweltschutz, Augsburg 1999: Bericht über Messungen an der Müllpyrolyse-Anlage (MPA) Burgau, Ergebnisse der Abgas- und Reststoffuntersuchungen im Untersuchungszeitraum vom 16.11.1998 bis 03.12.1998

5.2. Energieeffizienz der MPA Burgau

Derzeit erfüllt die MPA Burgau das Energieeffizienzkriterium R1 nicht. Grund ist die fehlende Nutzung des im Pyrolysekoks enthaltenen Energiepotentials. Deshalb besitzt die Anlage derzeit auch keinen Status als Verwertungsanlage.

5.3. Wissenschaftliche Untersuchungen an der MPA Burgau

An der MPA Burgau führte das Landesamt für Umwelt 1998 (Ergebnisse der Ab- gas- und Reststoffuntersuchungen im Untersuchungszeitraum) und 2005 (Bericht zu PCDD/F und PCB im Abgas von MVA während der Anfahrphase) wissenschaftliche Untersuchungen durch.

5.3.1. Ergebnisse der Untersuchungen der anfallenden Reststoffe sowie des Abgases beim Regelbetrieb der MPA Burgau

Die umfangreichen Untersuchungen des Landesamtes für Umwelt über die anfallen- den Reststoffe und das Abgas hatten zum Ziel, weiterführende Erkenntnisse über die Schadstoffbeladung der einzelnen Verfahrensstoffströme und hier insbesondere die Funktionalität der mit Mitteln des Freistaats Bayern geförderten Entstickungsanlage zu gewinnen.

In einer zur normalen Betriebsweise der Anlage vergleichenden Messkampagne wurde in einem zeitlich befristeten Versuchsbetrieb das Einsatzverhalten von anteilig zu etwa fünfzehn Prozent dem Restmüll beigemengten Destillationsrückständen (gefährlicher Abfälle aus der Reinigung von Lösungsmitteln aus Chemischen Reinigungen) untersucht. Hierzu wurden Probenahmen im Rohgas und Reingas sowie Feststoffuntersuchungen an den Destillationsrückständen und an den Reststoffen (Schwelkoks, Zyklonstaub und Gewebefilterstaub) vorgenommen. Dazu wurde als Referenz die Schadstoffbeladung der Verfahrensströme im Normalbetrieb untersucht.

Der Schwelkoks enthält verfahrensbedingt einen Restanteil von 13 Prozent an organisch gebundenem Gesamtkohlenstoff, der sich auch in einem Glühverlust von dreißig Prozent und in einem Heizwert von 5,2 MJ/kg in der Originalsubstanz widerspiegelt. Der Chlorgehalt des Schwelkokses liegt bei 3,3 Prozent und wird zu über fünfzig Prozent von auswaschbaren Chloriden bestimmt; der Chloridgehalt im Schwelkokseluat beträgt 1,7 g/l. Ähnliches zeigt sich beim Schwefel, der mit 0,6 Prozent im Schwelkoks enthalten ist; der Sulfatgehalt im Eluat beträgt 0,26 g/l. Die Belastung des Schwelkokses mit Schwermetallen liegt im Bereich der Konzentrationen von Aschen aus Hausmüllverbrennungsanlagen.

Im Schwelkoks ist mit durchschnittlich 1,3 g/kg ein hoher Anteil an adsorbierbaren organischen Halogenverbindungen (AOX) zu finden. Niedrige Gehalte wurden für polychlorierte Dibenzodioxine und -furane (1,5 ng I-TE/kg), polychlorierte Phenole (1,5 mg/kg) und polyzyklische aromatische Kohlenwasserstoffe (0,28 mg/kg) gefunden. Von den gesuchten Lösungsmitteln Tetrachlorethen, Tetrachlormethan und Trichlorethen ist nur Tetrachlorethen in einem nennenswerten Gehalt von 1,1 mg/kg vorhanden.

Der Zyklonstaub zeigt im Vergleich zum Schwelkoks einen mehr als doppelt so hohen Gehalt (31 Prozent) an organisch gebundenem Kohlenstoff, der hohe Glühverluste (47 Prozent) und Heizwerte (11 MJ/kg OS) bedingt. Gleichzeitig ist eine Zunahme im Chlor- (6,7 Prozent) und Schwefelgehalt (1,4 Prozent) erkennbar; Chlor und Schwefel liegen zu über neunzig Prozent in leichtlöslicher Form als Chloride und Sulfate vor. Eine signifikante Mehrbelastung des Zyklonstaubs mit Schwermetallen gegenüber dem Schwelkoks ist nicht zu finden.

Im Vergleich zum Schwelkoks sind die polychlorierten Dibenzodioxine und -furane in 13-fach höherer (20 ng I-TE/kg) und die polyzyklischen aromatischen Kohlenwasserstoffe in 44-fach höherer Konzentration (12 mg/kg) vorhanden. Die polychlorierten Phenole liegen hingegen in deutlich niedrigerer Konzentration (0,12 mg/kg) vor.

Der Gewebefilterstaub weist aufgrund des Einsatzes von Herdofenkoks in Flugstromadsorber und Gewebefilterstufe einen organischen Kohlenstoffgehalt von 1,3 Prozent und einen Glühverlust von 4,3 Prozent auf. Die erwünschte Reaktion saurer Abgaskomponenten mit dem basischen Adsorbens Natriumhydrogencarbonat führt zu hohen Chlor- (18 Prozent) und Schwefelgehalten (5,8 Prozent) im Gewebefilterstaub. Wie zu erwarten, sind vor allem die leichtflüchtigen Schwermetalle wie Arsen, Cadmium, Quecksilber und Thallium im Gewebefilterstaub gegenüber dem Schwelkoks oder Zyklonstaub angereichert.

Der Gehalt an adsorbierbaren organischen Halogenverbindungen liegt mit durchschnittlich 0,27 g/kg deutlich unter den Gehalten der Reststoffe aus der Pyrolysestufe. Dagegen ist die Belastung mit polychlorierten Dibenzodioxinen und -furanen (230 ng I-TE/kg) um ein bis zwei Größenordnungen höher als im Schwelkoks und Zyklonstaub. In den Gewebefilterstäuben werden mit Werten von 7,5 mg/kg Tetrachlorethen, 15 mg/kg Tetrachlormethan und 66 mg/kg Trichlorethen die höchsten Lösungsmittelgehalte der untersuchten Reststoffe gefunden.

Die Abgasreinigungseinrichtungen an der Müllpyrolyseanlage arbeiten für die Mehrzahl der untersuchten Stoffe sehr effektiv. Für die Abgaskomponenten Gesamtstaub, gasförmige anorganische Chlorverbindungen, gasförmige anorganische Fluorverbindungen, Schwefeloxide, Summe von Cadmium, Thallium und ihren Verbindungen, Summe von Antimon, Arsen, Blei, Chrom, Kobalt, Kupfer, Mangan, Nickel, Vanadium, Zinn und ihren Verbindungen sowie polychlorierte Dibenzodioxine und -furane werden in der Regel hohe Abscheidegrade erzielt und die in der 17. BImSchV festgelegten Emissionsgrenzwerte deutlich unterschritten.

Durch den Betrieb der nach einem kombinierten Verfahren aus SNCR- und SCR-Technologie arbeitenden Entstickungsanlage können die Stickstoffoxidkonzentrationen zuverlässig auf ein Niveau unterhalb der zulässigen Emissionsgrenzwerte reduziert werden. Daneben zeigt der in der SCR-Stufe eingesetzte Katalysator ein Potential zur weiteren Reduzierung der Gehalte an organischen Spurenschadstoffen. Es ergeben sich hohe Abscheidegrade für polychlorierte Biphenyle, polychlorierte Benzole, polyzyklische aromatische Kohlenwasserstoffe, polychlorierte Dibenzodioxine und -furane und für polychlorierte Phenole.

Quelle zu Kapitel 5.3.1.:

[1] Bayerisches Landesamt für Umweltschutz, Augsburg 1999: Bericht über Messungen an der Müllpyrolyse-Anlage (MPA) Burgau, Ergebnisse der Abgas- und Reststoffuntersuchungen im Untersuchungszeitraum vom 16.11.1998 bis 03.12.1998

5.3.2. Ergebnisse der Untersuchungen von PCDD/F und PCB im Abgas von MVA während der Anfahrphase

Nach Berichten über hohe Dioxin- und Furanemissionen während und nach dem Anfahren einer thermischen Abfallbehandlungsanlage führte das LfU ein bayernweites Untersuchungsprogramm durch. Eine der untersuchten Anlage war die MPA Burgau. Die etwa 36-stündige Anfahrphase von Start Brennerbetrieb bis zwei Stunden nach Abfallaufgabe in die zweite Schweltrommel wurde in Abhängigkeit der Gastemperatur an der Rohgasmessstelle nach Abhitzekessel untersucht.

Die PCDD/F-Probenahmen während des Anfahrbetriebs wiesen im Rohgas mit Werten von 0,28 bis 7,7 ng I-TEQ/m³ durchgehend ansteigende und im Vergleich zum Regelbetrieb (0,090 ng I-TEQ/m³) erhöhte Konzentrationswerte auf. Die allgemeine Feststellung, dass primärseitig die PCDD/F-Bildung und Freisetzung in Zusammenhang mit der Höhe der Kohlenmonoxidgehalte steht, konnte im Rahmen der Anfahruntersuchung nicht belegt werden.

Die frühzeitige Inbetriebnahme der PCDD/F-Abscheidestufe der Abgasreinigungsanlage im Anfahrbetrieb führte in den beiden Untersuchungszeiträumen bei Reingasgehalten von 0,40 und 2,2 pg I-TEQ/m³ zu einer effizienten Reduzierung der Rohgaswerte. Gegenüber dem Regelbetrieb waren die Werte etwa halb so hoch und maximal um den Faktor 2,5 erhöht.

Insgesamt wurde während des Anfahrvorgangs eine Dioxin- und Furanfracht von 1,3 µg I-TEQ emittiert. Bezogen auf die jährliche Emissionsfracht im Regelbetrieb (ohne An-/Abfahrvorgänge, berechnet aus dem Mittelwert der jährlichen PCDD/F-Messungen der vergangenen fünf Jahre, dem durchschnittlichem Abgasvolumenstrom während der Regelbetriebsmessung und der Anlagenbetriebszeit im Jahr 2004) entsprach dies einem Anteil von 1,2 Prozent.

Unter der Annahme, dass die Untersuchungsergebnisse repräsentativ für alle Anfahrvorgänge der MPA Burgau sind, bedarf es unter Beibehaltung des bisherigen Anfahrschemas keinen betrieblichen und organisatorischen Maßnahmen im Hinblick auf eine Reduzierung der PCDD/F-Gehalte im Anfahrbetrieb.

Quelle zu Kapitel 5.3.2.:

[2] Bayerisches Landesamt für Umweltschutz, Augsburg, 2005: Untersuchungsbericht Anfahrvorgang an der MPA Burgau, 23.–24.02./02.03.2005

6. Zukunftsperspektiven der MPA Burgau

Wie bereits beschrieben ist die Ablagerung des Pyrolysekokses auf der Deponie Burgau ein Hemmschuh, der auf mittlere Sicht den Betrieb der MPA Burgau in Frage stellen wird. Deshalb gibt es seit geraumer Zeit immer wieder Überlegungen und Ansätze, wie ein in der Zukunft tragfähiger Betrieb dieser Anlage gesichert werden kann. Dazu einige Beispiele.

6.1. Machbarkeitsstudie zum Verbrennen von Schwelkoks in der MPA Burgau

Die MPA Burgau muss stillgelegt werden, wenn die Deponieflächen im Bauabschnitt IV, auf denen der Pyrolysekoks abgelagert wird, verfüllt sind, da eine Erweiterung der Deponie nach dem Vertrag zwischen der Stadt Burgau und dem Landkreis nicht mehr möglich ist. Schätzungen des Restvolumens lassen ein damit verbundenes Ende des Betriebes in 2020 möglich erscheinen. Es gibt jedoch bereits seit längerem die Überlegung, den in der Pyrolyse anfallenden Schwelkoks zu verbrennen und die dabei anfallende Wärme zur Trocknung von Biomasse zu verwenden und damit auch das R1-Energieeffizienzkriterium zu erfüllen. Gleichzeitig wäre es möglich, die im Pyrolysekoks enthaltenen Metalle zurückzugewinnen. Ob dieses Projekt technisch und wirtschaftlich durchführbar ist, soll eine Machbarkeitsstudie des bifa Umweltinstituts klären.

Quelle zu Kapitel 6.1.:

[7] Augsburger Allgemeine Onlineausgabe der Augsburger Allgemeinen: vom 26.09.2012 www.augsburger-allgemeine.de/guenzburg/Analyse-dauert-noch-bis-Spaetherbst-id22097286.html

6.2. CFK-Recycling in der MPA Burgau

Eine besondere Stellung nahm in der Cluster-Initiative MAI Carbon das Teilprojekt Recycling von CFK in der MPA Burgau ein. Das bifa Umweltinstitut führte in 2011 eine Studie zur Eignung der Abfallpyrolyse für ein Recycling von CFK-Abfällen durch. Das bifa kam im Rahmen einer Wirtschaftlichkeitsbetrachtung zu dem Ergebnis, dass ein CFK-Recycling in der MPA Burgau sowohl aus ökologischen als auch ökonomischen Gesichtspunkten möglich ist. Derzeit ist allerdings noch offen, ob das CFK-Recycling in der MPA Burgau weiter vorangetrieben wird.

Quellen zu Kapitel 6.2.:

[7] Augsburger Allgemeine Onlineausgabe der Augsburger Allgemeinen: vom 26.09.2012 www.augsburger-allgemeine.de/guenzburg/Analyse-dauert-noch-bis-Spaetherbst-id22097286.html

[8] Hertel, M.: bifa Umweltinstitut GmbH Zukunftsperspektiven der Pyrolyseanlage Burgau, Entscheidung des Landkreises für einen optimierten Weiterbetrieb. bifa aktuell, 01/2010 www.bifa.de/userfiles/files/bifa%20aktuell%201%202010%20web.pdf bifa aktuell, 04/2010, www.bifa.de/userfiles/files/bifaaktuell%2042010web.pdf

[9] Hartleitner, B.: bifa Umweltinstitut GmbH Cluster-Initiative MAI Carbon. bifa aktuell, 01/2012 www.bifa.de/userfiles/files/bifaaktuell%201_2012s.pdf

6.3. Einsatz von Schredderleichtfraktion in der MPA Burgau

Soweit mit den Fachbehörden und den Kreisgremien abgestimmt, wurden gelegentlich Verschwelungsversuche mit anderen Abfall- und Wertstofffraktionen, wie Schredderleichtfraktionen oder Aluminiumverbunden durchgeführt. Geplant ist auch ein Versuch mit der sog. Schredderschwerfraktion aus der Aufbereitung von Altfahrzeugen.

7. Literatur

[1] Bayerisches Landesamt für Umweltschutz, Augsburg 1999: Bericht über Messungen an der Müllpyrolyse-Anlage (MPA) Burgau, Ergebnisse der Abgas- und Reststoffuntersuchungen im Untersuchungszeitraum vom 16.11.1998 bis 03.12.1998

[2] Bayerisches Landesamt für Umweltschutz, Augsburg, 2005: Untersuchungsbericht Anfahrvorgang an der MPA Burgau, 23.–24.02./02.03.2005

[3] Bayerisches Landesamt für Umwelt: Jahresemissionsbericht der Müllpyrolyseanlage Burgau, www.lfu.bayern.de; Augsburg, 2013

[4] Anonym: Siebzehnte Verordnung über die Durchführung des Bundes-Immissionsschutzgesetzes – 17. BImSchV – Verordnung über die Verbrennung und die Mitverbrennung von Abfällen. Vom 14.08.2003 i.d.F. vom 27.01.2009. BGBl. I (2003), S. 1633 und BGBl. I (2009), S. 129, 131

[5] Anonym: Siebzehnte Verordnung über die Durchführung des Bundes-Immissionsschutzgesetzes – 17. BImSchV – Verordnung über die Verbrennung und die Mitverbrennung von Abfällen. Vom 02.05.2013 BGBl. I (2013), S. 1021, 1044

[6] Anonym: Bayerisches Immissionsschutzgesetz – BayImSchG – (BayRS 2129-1-1-UG), zuletzt geändert durch Gesetz vom 22.07.2008 GVBl S. 466

[7] Augsburger Allgemeine Onlineausgabe der Augsburger Allgemeinen: vom 26.09.2012 www.augsburger-allgemeine.de/guenzburg/Analyse-dauert-noch-bis-Spaetherbst-id22097286.html

[8] Hertel, M.: bifa Umweltinstitut GmbH Zukunftsperspektiven der Pyrolyseanlage Burgau, Entscheidung des Landkreises für einen optimierten Weiterbetrieb. bifa aktuell, 01/2010 www.bifa. de/userfiles/files/bifa%20aktuell%201%202010%20web.pdf bifa aktuell, 04/2010, www.bifa.de/ userfiles/files/bifaaktuell%2042010web.pdf

[9] Hartleitner, B.: bifa Umweltinstitut GmbH Cluster-Initiative MAI Carbon. bifa aktuell, 01/2012 www.bifa.de/userfiles/files/bifaaktuell%201_2012s.pdf

Planung und Umweltrecht

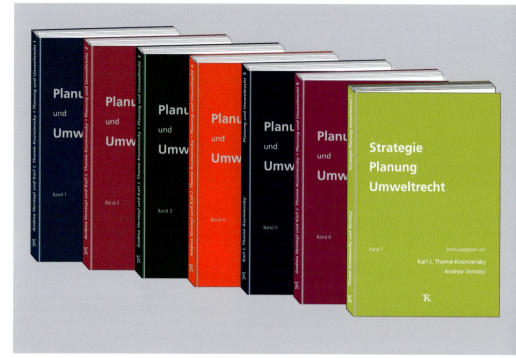

Planung und Umweltrecht, Band 1
Herausgeber:	Karl J. Thomé-Kozmiensky, Andrea Versteyl
Erscheinungsjahr:	2008
ISBN:	978-3-935317-33-7
Gebund. Ausgabe:	199 Seiten
Preis:	25.00 EUR

Planung und Umweltrecht, Band 2
Herausgeber:	Karl J. Thomé-Kozmiensky, Andrea Versteyl
Erscheinungsjahr:	2008
ISBN:	978-3-935317-35-1
Gebund. Ausgabe:	187 Seiten
Preis:	25.00 €

Planung und Umweltrecht, Band 3
Herausgeber:	Karl J. Thomé-Kozmiensky, Andrea Versteyl
Erscheinungsjahr:	2009
ISBN:	978-3-935317-38-2
Gebund. Ausgabe:	209 Seiten
Preis:	25.00 €

Planung und Umweltrecht, Band 4
Herausgeber:	Karl J. Thomé-Kozmiensky, Andrea Versteyl
Erscheinungsjahr:	2010
ISBN:	978-3-935317-47-4
Gebund. Ausgabe:	171 Seiten
Preis:	25.00 €

Planung und Umweltrecht, Band 5
Herausgeber:	Karl J. Thomé-Kozmiensky
Erscheinungsjahr:	2011
ISBN:	978-3-935317-62-7
Gebund. Ausgabe:	221 Seiten
Preis:	25.00 €

Planung und Umweltrecht, Band 6
Herausgeber:	Karl J. Thomé-Kozmiensky, Andrea Versteyl
Erscheinungsjahr:	2012
ISBN:	978-3-935317-79-5
Gebund. Ausgabe:	170 Seiten
Preis:	25.00 €

Strategie Planung Umweltrecht, Band 7
Herausgeber:	Karl J. Thomé-Kozmiensky, Andrea Versteyl
Erscheinungsjahr:	2013
ISBN:	978-3-935317-93-1
Gebund. Ausgabe:	171 Seiten, farbige Abbildungen
Preis:	25.00 €

110,00 EUR
statt 175,00 EUR

Paketpreis
Planung und Umweltrecht, Band 1 bis 6;
Strategie Planung Umweltrecht, Band 7

Synthesegasherstellung aus Kunststoffabfällen
– Erfahrungen und Kennzahlen aus der Inbetriebnahme einer 32 MW-Pilotanlage –

Roland Möller

Die Technologie wurde von der Ecoloop GmbH und der Fels-Werke GmbH entwickelt.

Es handelt sich um einen neuen verfahrenstechnischen Ansatz zur Realisierung eines Vergasungsverfahrens, das auch für den Einsatz schwer handhabbarer Kohlenstoffträger, wie beispielsweise chlor- oder schwefelhaltiger Kunststoffabfälle sowie Shredderfraktionen, geeignet ist. Es entsteht Synthesegas, das sowohl hochwertige fossile Energieträger ersetzen, als auch verstromt werden kann.

Das Verfahren macht sich die Multifunktionalität eines zirkulierenden Kalk-Schüttgut-Wanderbettes zunutze, in welchem die Einsatzstoffe in einem Schachtofen im Gegenstromprinzip vergast werden.

Der Kalk dient dabei zugleich als Transportmedium, Schadstoffbinder, Reaktionsoberfläche, Stützgerüst und Katalysator. Darüber hinaus ermöglicht das Schüttgutwanderbett den Verzicht auf Schleusen, Armaturen und bewegte Teile in den heißen Zonen des Verfahrens. Der Materialtransport wird dabei durch die eigene Schwerkraft realisiert.

Die erste großtechnische Realisierung erfolgte im Rahmen eines Pilotprojektes bei der Fels-Werke GmbH, wo eine 32 MW Referenzanlage in einem Kalkwerk errichtet und in Betrieb genommen wurde. Das dort produzierte Synthesegas soll jährlich etwa 20.000 t Erdgas im angrenzenden Kalk-Brennprozess ersetzen. Dies entspricht einer thermischen Arbeit von etwa 250.000 MWh pro Jahr.

Die Technologie soll in unterschiedliche Branchen und Industrien vermarktet werden.

1. Beschreibung des Verfahrens

1.1. Funktionsweise und innovative Kernelemente

Das Verfahren kombiniert bewährte technische Methoden – vor allem aus der Kalkindustrie – zu einem neuartigen Vergasungsverfahren. Dies sind die wesentlichen Kernelemente:

- Schüttgutsäulen im Materialein- und -austrag sorgen durch ihren Druckverlust für eine atmosphärische Abdichtung – ohne komplexe und anfällige Schleusensysteme oder Armaturen.

- Der Materialstrom wird in einem Schüttgutwanderbett aus Kalk und Kunststoffabfällen nur durch die eigene Schwerkraft transportiert.

- Kalk fungiert als multifunktionaler Schlüssel im Prozess. Das bedeutet: Er dient als Transportmedium für die Einsatzstoffe und ist Stützgerüst zur Gewährleistung einer optimalen Gasverteilung innerhalb des Schüttgutwanderbettes. Die katalytische Wirkung steigert den Spaltgrad bei der Vergasung und die Ausbeute des Synthesegases. Außerdem absorbiert der Kalk Chlor, verhindert die Bildung von Dioxinen und Furanen und bietet eine große spezifische Oberfläche zur Adsorption von Schwermetallen sowie anderer Schadstoffe.

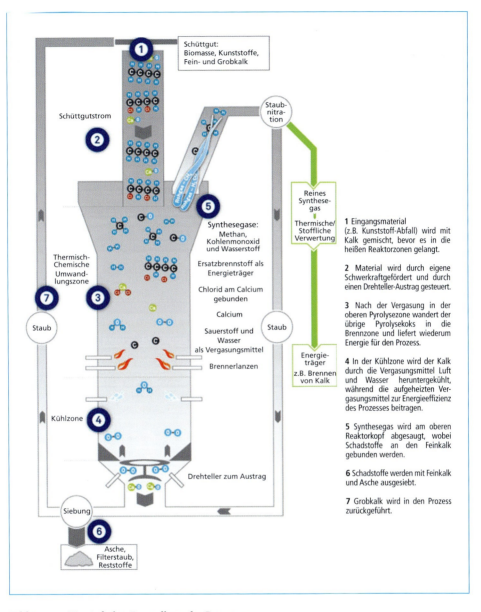

Bild 1: Vereinfachte Darstellung des Prozesses

- Energie wird nicht an die Umwelt abgegeben, sondern im Prozess gehalten. Daraus ergibt sich der hohe Kaltgaswirkungsgrad von mehr als 80 Prozent. Dafür sorgt insbesondere eine Kühlzone am unteren Ende des Schüttgutwanderbetts. Dadurch können das Kalk-/Asche-Gemisch nach Austritt des Reaktors mittels einfacher Siebung in Grob- und Feinfraktion getrennt, und Schadstoffe mit der Feinfraktion ausgeschleust werden.

Bild 2:

Kalk-Wanderbett

1.2. Einsatzstoffe

Das Verfahren ist in der Lage, unterschiedlichste Reststoffe effizient zu verwerten.

- Durch die Robustheit des Verfahrens ist keine oder nur eine geringe Aufbereitung des Inputmaterials nötig.

- Dank der Schadstoffbindenden Wirkung des Kalks können auch Schadstoffbelastete Einsatzmaterialien oder Abfälle mit hohem Chlorgehalt eingesetzt werden, und es besteht keine Obergrenze beim Heizwert.

- Abgängig von Kundenanforderungen an die Gasqualität ist ein flexibler Einsatz unterschiedlicher Inputstoffe möglich.

1.3. Synthesegas

Das im Prozess entstehende Synthesegas ist gereinigtes Schwachgas, vergleichbar mit Stadtgas oder Kokereigas. Die Qualität des Synthesegases ermöglicht es, Erdgas oder andere fossile Primärenergieträger in thermischen Anwendungen vollständig zu ersetzen oder in Gasmotoren Strom zu erzeugen.

Die Anlage erzeugt bis zu 15.000 Nm³ Synthesegas pro Stunde.

Eine weitergehende Nutzung des Gases als chemischer Rohstoff ist abhängig von den Inputstoffen, der Fahrweise des Reaktors und von zusätzlichen Gasaufbereitungsschritten.

2. 32 MW Pilot-(Referenz)-Anlage

2.1. Investition

Die Fels-Werke haben 2009 entschieden, in die erste großtechnische Anlage zu investieren. Die Anlage befindet sich im Kalkwerk Kaltes Tal in Elbingerode (Harz).

Grundlage für die Investition war der Ersatz von etwa 20.000 t Erdgas pro Jahr sowie der Zugriff auf einen weiteren Schwefel-freien Brennstoff zur Erzeugung hochwertiger Kalkqualitäten.

Das Vorhaben wurde zusätzlich vom Bundesministerium für Wirtschaft und Technologie über den Projektträger Jülich gefördert. Durch das Projekt wurden etwa 20 neue Arbeitsplätze geschaffen.

Bild 3:

Ecoloop-Anlage, Kaltes Tal

2.2. Bauphase

Mit dem Bau der Anlage wurde im Herbst 2010 begonnen. Zuvor mussten mehrere 100.000 m³ Haldenmassen entfernt und das Baufeld vorbereitet werden.

Bild 4:   Baufeld vor der Beräumung

Die Haupt-Bauaktivitäten erstreckten sich über das gesamte Jahr 2011. Die Mechanische Fertigstellung war Anfang 2012.

Bild 5:

Baufeld im Sommer 2011

3. Inbetriebnahme der Anlage

3.1. Kalt-Inbetriebnahme

Die Anlage wurde im Januar 2012 mechanisch fertig gestellt. Danach erfolgte die In-betriebnahme der einzelnen Komponenten Insgesamt wurden etwa 1.300 Messstellen und Antriebe hinsichtlich ihrer Sollfunktionen getestet und parametriert.

Daneben bildete die mechanische und fördertechnische Optimierung des Kalk-Kreislaufes einen wesentlichen Schwerpunkt.

Dabei mussten zahlreiche Förderaggregate und Übergabestellen so ausgestaltet werden, dass die Kornzerstörung des Grobkalkes auf ein Minimum reduziert wurde, um einen zu hohen zu entsorgenden Feingutanfall zu vermeiden. Ferner wurden zahlreiche Ab-saugungsstellen optimiert, um diffuse Emissionen von schadstoffbelasteten Stäuben auszuschließen.

Die Gasführenden Anlagenteile wurden aufwändigen Dichtigkeitsprüfungen unter-zogen. Diese Prüfungen erforderten mehrere Monate.

In der letzten Phase der Kaltinbetriebnahme erfolgte die Mess- und Regeltechnische Optimierung der verfahrenstechnischen Prozesse über alle Teilanlagen sowie Tests der sicherheitsrelevanten Alarmierungen und Schaltpunkte.

Insgesamt war für die Kaltinbetriebnahme ein Zeitraum von 6 Monaten erforderlich, bis diese im Juli 2012 abgeschlossen wurde.

3.2. Heiß-Inbetriebnahme

Im Juli 2012 wurden die Zündbrenner gestartet und kurz danach über die Haupt-Brennerlanzen mit dem Aufheizen des Reaktors begonnen. Als Brennstoff wurde Erdgas eingesetzt.

Zunächst war es erforderlich, die Feuerfest-Ausmauerung des Reaktors nach einer festgelegten Aufheizrampe mit definierten Haltepunkten auszuheizen. Dabei wurden etwa 20 bis 30 t Wasser aus den Feuerfestmaterialien verdampft und in einer zweiten Phase Kristallwasser ausgetrieben. Dieser Prozess wurde im August 2012 abgeschlossen.

3.3. Kalk-Brennbetrieb

Um eine optimale Vergasungs-Performance der Anlage zu gewährleisten, ist eine ho-mogene Verteilung der Feststoffe im Schüttgutwanderbett und der Gasphase erforder-lich. Um dies zu testen, wurde im Reaktor Kalkstein ($CaCO_3$) als Schüttgutwanderbett eingesetzt, der kontinuierlich zu Kalk (CaO) gebrannt wurde. Durch die langjährigen Erfahrungen beim Brennen von Kalk war es daher sehr gut möglich, repräsentative Tests durchzuführen, bei denen über den Kalzinierungsgrad des Schüttgutwanderbettes und der Temperaturverteilung im Schacht, auf die Verteilung von Feststoffen und der Strömungsmechanik der Gasphase zu schließen.

Dabei wurde der Brennbetrieb zunächst mittels der Hauptbrennerlanzen durchgeführt, um die Energieverteilung der Lanzen zu testen.

In einem weiteren Schritt wurde der Brennbetrieb dann durch Zumischung von Anthrazit in Form einer klassischen Mischfeuerung wiederholt, um die Verteilung von Anthrazit im Schüttgutwanderbett zu ermitteln.

4. Aufnahme Vergasungsbetrieb

4.1. Anthrazit-Vergasung

Im September 2012 wurde mit einem ersten Vergasungstest begonnen. Dabei wurde Anthrazit als Einsatzstoff gewählt.

Bei diesem Test konnte erfolgreich Synthesegas erzeugt werden. Nach kurzer Laufzeit traten jedoch mechanische Schäden an den Brennerlanzen auf. Dies machte ein Re-Engineering für die Brennerlanzen nötig. Weiterhin wurden Verstopfungen im Bereich der Kühlluftabführung in der Kühlzone festgestellt, sodass strömungsmechanische Anpassungen im Bereich der unteren Feuerfestausmauerung vorgenommen werden mussten.

Diese Anpassungsarbeiten wurden Ende 2012 erfolgreich abgeschlossen und eine weitere Vergasungskampagne mit Anthrazit durchgeführt. Erfahrungen aus dieser Anthrazit-Vergasung waren Grundlage für die Detail-Planung der ersten Kunststoff-Vergasungskampagne.

4.2. Vergasung von Kunststoff-Abfällen

Im Februar 2013 wurde erstmals mit der Vergasung von Kunststoffabfällen begonnen. In mehreren geplanten Vergasungskampagnen sollten folgende Punkte untersucht werden:

- Zumischrate von Kunststoffabfall zum Kalk im Schüttgutwanderbett
- Setzverhalten des Schüttgutwanderbetts
- Vergasungs- und Koksrate
- Einfluss von Wasser- und Dampfdosierung
- Radialverteilung der Feststoffe über den Umfang
- Ermittlung der optimalen Lanzen-Positionen
- Prozesseinflüsse durch Parameter-Einstellungen

4.2.1. Einsatzstoffe

Insgesamt wurden bis zum Redaktionsschluss Mitte November 2013 sieben Vergasungs-Kampagnen durchgeführt, in denen mehrere hundert Tonnen unterschiedlicher Abfallströme zum Einsatz kamen.

Begonnen wurden die ersten Vergasungsversuche mit pelletierten Mischkunststoffen und Sortierresten.

Hintergrund für den Einsatz aufwändig pelletierter Mischkunststoffe war, dass zunächst die Vergasung ohne mögliche Probleme hinsichtlich von Fördertechnik studiert werden sollte. Nach ersten erfolgreichen Tests wurde unter anderem auf unbehandelte Sortierreste umgestellt:

Bild 6: Pelletierte Mischkunststoffe

Bild 7:

Unbehandelte DSD-Sortierreste, Unterkorn

Weiterhin bildeten unbehandelte Shredderfraktionen aus dem Automobil-Recycling einen weiteren Schwerpunkt bei den bisher erfolgreich eingesetzten Einsatzmaterialien:

Der Prozess konnte an die verschiedenen Eingangsqualitäten problemlos durch gezielte Parameteranpassungen adaptiert werden. Dabei war es bisher es sogar möglich, unterschiedliche Chargen von Einsatzstoffen im Vorbunker unvermischt einzufüllen und kontinuierlich ohne Prozessunterbrechung hintereinander in den Vergasungsprozess zu dosieren.

Bild 8: Shredder-Schwerfraktion, Automobil-Recycling

Die Gasausbeute veränderte sich mit dem Heizwert der Einsatzstoffe.

Die wesentlichen Prozessanpassungen beziehen sich auf die Veränderung der Zumischrate der Abfallstoffe zum Kalkwanderbett sowie auf die Anpassung der Vergasungsluftmenge (Gesamt-Lambda)

4.2.2. Technische Anpassungen

Der Reaktor ist in der Oxidationszone mit Brennerlanzen ausgestattet, um den Prozess mittels Erdgas zu starten. Diese können auch als Dosierlanzen für zusätzliche Vergasungsmittel eingesetzt werden. Während der Vergasungskampagnen wurde festgestellt, dass der Prozess durch gezielte Dosierung von Luft oder Wasserdampf über die einzelnen Lanzen ausgesteuert werden muss, um eine gute Vergasungs-Performance zu erreichen. Um dies optimal umzusetzen, wurden alle Brennerlanzen mit zusätzlicher Mess- und Regeltechnik ausgestattet, sodass alle Medien an jeder Lanze einzeln gesteuert werden können: Jede von insgesamt 54 möglichen Lanzen können bis zu 6 unterschiedliche Medien gleichzeitig dosieren. Dazu gehören Luft, Erdgas, Synthesegas, Wasser, Wasserdampf und Pyrolyseöle.

Weiterhin wurde festgestellt, dass die Verteilung der Abfälle im Kalkwanderbett, insbesondere die Radialverteilung, von entscheidender Bedeutung für ein gutes Vergasungs-Ergebnis ist. Das hängt damit zusammen, dass die von unten aufgegebene Kühl- und Vergasungsluft stets gleich verteilt in das Schüttgutwanderbett einströmt und nur dann eine homogene Reaktionsfront gewährleistet werden kann, wenn auch die Abfall-Partikel weitgehend gleich verteilt sind.

Bild 9: Brennerlanzen mit Steuerungstechnik

Hier hat die Inbetriebnahme gezeigt, dass die Aufgabe des Schüttgutwanderbetts nicht über konventionelle Systeme erfolgen kann, deren Abwurfparabel zur Entmischung der Komponenten führt

Daher wurde im Bereich der Materialaufgabe ein Drehschurren-System installiert, wie es auch an Kalkschachtöfen mit Koks-Mischfeuerung üblicherweise eingesetzt wird.

Mittels einer rotierenden Schurre wird so eine radiale Gleichverteilung der Feststoffpartikel gewährleistet.

Dies ist bei Schachtreaktoren eine wesentliche Voraussetzung, um ein ausgeglichenes Massenverhältnis zwischen Feststoff- und Gasphase über den gesamten Umfang zu gewährleisten.

Neben den oben beschriebenen Anpassungen zur Prozesssteuerung, wurden über den mehrmonatigen Betriebszeitraum Material- bzw. Staub-Akkumulationen im Reaktorkopf und im Bereich der Kühlluftabführung festgestellt.

Bild 10: Ursprüngliche Materialaufgabe

Um die Initiale Bildung solcher Akkumulationen zukünftig auszuschließen wurden Stickstoff- bzw. Luftkanonen installiert, deren Funktion inzwischen erfolgreich nachgewiesen wurde.

Neben diesen konkreten Beispielen wurden weitere Optimierungen an der 32 MW-Pilotanlage durchgeführt, um einen stabilen und performanten Vergasungsbetrieb zu erreichen. Dazu zählten neben Optimierungen in der Mess- und Regeltechnik auch viele kleinere Maßnahmen zur Erhöhung der technischen Verfügbarkeit.

4.2.3. Erfahrungen aus dem Vergasungsbetrieb

Der Prozess zeichnete sich in vergangenen Monaten durch eine hohe Robustheit bei Wechsel der Einsatzstoffe aus.

Bis zum Redaktionsschluss Mitte November 2013 konnte die Zumischrate der Abfälle im Kalkwanderbett bis auf 25 Gew.-% gesteigert und eine thermische Leistung von etwa 15 MW stabil realisiert werden.

Bild 11:   Modifizierte Materialaufgabe

Bild 12:   Luftkanonen im Bereich der Kühlluftabführung

Die Verweilzeit der Feststoffe im aktiven Reaktorteil betrug dabei mehr als 12 Stunden. Die dabei erzielte Gasqualität entsprach den Erwartungen, die sich aus der Vergasung mit Luft als Vergasungsmittel ergeben. Durch gezielte Dosierung von Wasserdampf kann sowohl die homogene, als auch heterogene Wassergasreaktion bevorzugt vorangetrieben werden, wodurch der Wasserstoffanteil bei gleichzeitiger Reduzierung des Kohlenmonoxid-Gehaltes signifikant erhöht werden konnte.

Der Energiehaushalt des Reaktors ist problemlos beherrschbar und das Schüttgutwanderbett zeigt zusammen mit den Kunststoffabfällen ein hervorragendes Setzverhalten.

5. Optimierungsphase

5.1. Leistungssteigerung

Die thermische Leistung des Reaktors soll in den nächsten Monaten sukzessive bis auf die Nennleistung von 32 MW gesteigert werden. Dazu wird die Zumischrate von derzeit 25 Gew.-% Abfälle im Kalkwanderbett weiter auf bis zu 30 Gew.-% erhöht und die Verweilzeit im aktiven Schachtbereich auf bis zu 6 Stunden abgesenkt.

Zum Redaktionsschluss waren keine prozesstechnischen Restriktionen erkennbar, die einer solchen Leistungssteigerung entgegenstehen. Die Pilotanlage soll im 2. Halbjahr 2014 auf Nennleistung hochgefahren und stabil betrieben werden.

5.2. Schließung interner Prozesskreisläufe

Im ersten Halbjahr 2014 sollen die wesentlichen internen Prozesskreisläufe geschlossen werden. Dazu gehören:

- Rückführung von Leichtöl und Schweröl aus der Gaskühlung zurück in die Brennerlanzen des Reaktors. Dadurch soll der Heizwert dieser Kondensatkomponenten in der Vergasung genutzt, und die Entsorgung vollständig vermieden werden.

- Rückführung der Wasserphase aus der Gaskühlung zurück in die Kühlzone bzw. Oxidationszone des Reaktors. Dadurch soll das Wasser als Vergasungsmittel im Kreis gefahren, und eine Vorbehandlung für die Einleitung in die lokale Kläranlage auf ein Minimum reduziert werden.

Die Schließung dieser Kreisläufe erfordert in umfangreiches Monitoring, um durch Proben und Analysen Anreicherungen oder überhöhte stationäre Konzentration unerwünschter Komponenten zu vermeiden.

5.3. Messprogramme

Im ersten Halbjahr 2014 wird ein umfangreiches Messprogramm in Zusammenarbeit mit dem Umweltbundesamt und dem Landesamt für Umwelt Sachsen-Anhalt durchgeführt.

Dafür wurden insgesamt 14 Probenahme-Stellen festgelegt.

Schwerpunkte des Messprogramms sind:

- Nachweis von Schadstoffsenken für Chlor, Schwefel und Schwermetalle im abgesiebten Feingut des Schüttgutwanderbetts.
- Systematische Ermittlung von Schadstoff-Anreicherungseffekten in den einzelnen Prozessströmen und insbesondere in den Prozess-internen Kreisläufen.
- Ermittlung der Emissionen, die bei der thermischen Nutzung des Synthesegases entstehen.

Aus dem Messprogramm und den Ergebnissen sollen ggf. Grenzwerte für die Einsatzstoffe festgelegt werden. Weiterhin soll geprüft werden, ob das gereinigte Synthesegas aufgrund der ermittelten Zusammensetzung und der Emissionen als Regelbrennstoff anerkannt werden kann. Dadurch würde das Synthesegas seine Abfalleigenschaft verlieren und nach geschaltete Anlagen wären in einem solchen Fall nicht mehr entsprechend der 17. BImSchV zu genehmigen.

Die Ergebnisse und Schlussfolgerungen sollen zu gegebener Zeit veröffentlicht werden.

6. Ausblick

6.1. Technologische Erweiterungen

Die Pilotanlage im Kalkwerk Kaltes Tal soll mittelfristig mit einem Gasmotor erweitert werden. Ziel ist die Motorenoptimierung im Schwachgasbetrieb und die weitere Wirkungsgrad-Optimierung gegenüber dem Stand der Technik.

In diesem Zusammenhang ist in einem zweiten Entwicklungsschritt geplant, die heißen Motorenabgase wieder als Vergasungsmittel in der Reduktionszone des Pilotreaktors einzusetzen.

6.2. Weitere Anwendungsfelder

Das neue Verfahren eröffnet eine Reihe neuer Anwendungen im Bereich von Closed Recycling Loops in unterschiedlichen Industriebereichen, wo Synthesegas beispielsweise wieder als Rohstoff verwendet werden kann.

Ein weiteres Anwendungsfeld besteht in der Möglichkeit der Anreicherung von nicht vergasbaren Wertstoffen im Kalkwanderbett. Dazu gehören beispielsweise:

- Anreicherung von Metallen (beispielsweise aus Shredderfraktionen) im Kalkwanderbett und deren Abtrennung/Rückführung
- Anreicherung von Edelmetallen oder Seltenen Erden bei Einsatz bestimmter Fraktionen aus dem E-Schrottbereich.
- Rückgewinnung von Phosphor aus Klärschlämmen.

An diesen Themen wird derzeit mit erfahrenen Partnern gearbeitet.

Beste verfügbare Techniken (BVT) für mechanisch-biologische Abfallbehandlungsanlagen

Wolfgang Butz und Ellen Schnee

1. Grundlagen der BVT-Merkblätter und des Sevilla-Prozesses

Die europäischen BVT-Merkblätter (Best Available Technique Reference Documents, BREF) beschreiben die besten verfügbaren Techniken (BVT bzw. Englisch BAT Best Available Techniques) für einen umweltverträglichen und emissionsarmen Betrieb von Industrieanlagen, zu denen auch Abfallbehandlungsanlagen zählen. Die Bedeutung der besten verfügbaren Techniken im Sinne der Industrieemissionsrichtlinie 2010/75/EU (engl. Industrial Emissions Directive, IED), [3] entspricht im deutschen Recht dem Stande der Technik.

Rechtliche Grundlage des BVT Prozesses ist die Industrieemissionsrichtlinie 2010/75/ EU (IED Industrial Emissions Directive). Sie ersetzt und erweitert seit 2010 u.a. die Richtlinie 2008/1/EG vom 15. Januar 2008 über die integrierte Vermeidung und Verminderung der Umweltverschmutzung (IVU-Richtlinie, Englisch: Integrated Pollution Prevention and Control, IPPC). [2]

Mit Verabschiedung der IED-Richtlinie haben die BVT-Merkblätter erheblich an Bedeutung und Verbindlichkeit gewonnen. Die mit den BVT-Merkblättern bereitgestellten Daten und Informationen sind bei der Genehmigung von Anlagen zu beachten. Die BVT-Schlussfolgerungen und daraus abgeleitete Emissionswerte (BAT associated emission levels _ BAT AEL) erlangen mit IED einen verbindlichen Charakter, so dass entsprechende Anpassungen der nationalen Rechtsvorschriften erforderlich werden. Da sich die Technik weiterentwickelt, sind die BREF-Merkblätter regelmäßig auf ihre Aktualität [1] zu prüfen und ggf. zu überarbeiten. Das derzeitige BVT-Merkblatt Abfallbehandlung wurde 2006 veröffentlicht, die zugrunde liegenden Daten sind entsprechend älter.

Das Verfahren zur Überarbeitung des BVT-Merkblattes Abfallbehandlung wurde im Juni 2013 mit einem Schreiben des europäischen IVU Büros (IPPCP-Büro) zur Reaktivierung der Technical Working Group (TWG) 2013 eingeleitet. Das Kick-Off-Meeting zum Überarbeitungsprozess vom 25. bis 28. November 2013 im europäischen IVU Büro (EIPPCB) in Sevilla statt. Das Umweltbundesamt vertritt die BR Deutschland in der TWG.

Mechanisch biologische Abfallbehandlungsanlagen sind bereits im bestehenden BVT-Merkblatt enthalten, die Beschreibungen und Anforderungen entsprechen jedoch den frühen 2000er Jahren. Eine vollständige Neufassung zu dieser Anlagenart wird daher zwingend für erforderlich gehalten.

2. Regelung von Abfallbehandlungsanlagen mit dem BVT-Merkblatt Abfallbehandlung

In Anhang I der IED [4] werden industrielle Tätigkeiten aufgelistet, für die aufgrund der besonderen Umweltrelevanz spezielle Prinzipien und Betreiberpflichten - u.a. eine Errichtung und ein Anlagenbetrieb nach den *besten verfügbaren Techniken* - gelten, wenn die im Anhang genannten Kapazitätsschwellen erreicht werden. Die betroffenen Abfallbehandlungsverfahren unter Nummer 5 des Anhang I geführt:

5. Abfallbehandlung

5.1. Beseitigung oder Verwertung von gefährlichen Abfällen mit einer Kapazität von über 10 Tonnen pro Tag im Rahmen einer oder mehrerer der folgenden Tätigkeiten:

a) biologische Behandlung;

b) physikalisch-chemische Behandlung;

c) Vermengung oder Vermischung vor der Durchführung einer der anderen in den Nummern 5.1 und 5.2 genannten Tätigkeiten;

d) Rekonditionierung vor der Durchführung einer der anderen in den Nummern 5.1 und 5.2 genannten Tätigkeiten;

e) Rückgewinnung/Regenerierung von Lösungsmitteln;

f) Verwertung/Rückgewinnung von anderen anorganischen Stoffen als Metallen und Metall-verbindungen;

g) Regenerierung von Säuren oder Basen;

h) Wiedergewinnung von Bestandteilen, die der Bekämpfung von Verunreinigungen dienen;

i) Wiedergewinnung von Katalysatorenbestandteilen;

j) Wiederaufbereitung von Öl oder andere Wiederverwendungsmöglichkeiten von Öl;

k) Oberflächenaufbringung.

5.2. Beseitigung oder Verwertung von Abfällen in Abfallverbrennungsanlagen oder in Abfallmitverbrennungsanlagen

a) für die Verbrennung nicht gefährlicher Abfälle mit einer Kapazität von über drei Tonnen pro Stunde;

b) für gefährliche Abfälle mit einer Kapazität von über zehn Tonnen pro Tag.

5.3.

a) Beseitigung nicht gefährlicher Abfälle mit einer Kapazität von über fünfzig Tonnen pro Tag im Rahmen einer oder mehrerer der folgenden Tätigkeiten und unter Ausschluss der Tätigkeiten, die unter die Richtlinie 91/271/EWG des Rates vom 21. Mai 1991 über die Behandlung von kommunalem Abwasser fallen.

I. biologische Behandlung;

II. physikalisch-chemische Behandlung;

III. Abfallvorbehandlung für die Verbrennung oder Mitverbrennung;

IV. Behandlung von Schlacken und Asche;

V. Behandlung von metallischen Abfällen – unter Einschluss von Elektro- und Elektronik-Altgeräten sowie von Altfahrzeugen und ihren Bestandteilen – in Schredderanlagen.

b) Verwertung – oder eine Kombination aus Verwertung und Beseitigung – von nichtgefährlichen Abfällen mit einer Kapazität von mehr als 75 Tonnen pro Tag im Rahmen einer der folgenden Tätigkeiten und unter Ausschluss der unter die Richtlinie 91/271/EWG fallenden Tätigkeiten:

I biologische Behandlung;

II Abfallvorbehandlung für die Verbrennung oder Mitverbrennung;

III Behandlung von Schlacken und Asche;

IV Behandlung von metallischen Abfällen – unter Einschluss von Elektro- und Elektronik-Altgeräten sowie von Altfahrzeugen und ihren Bestandteilen – in Schredderanlagen.

Besteht die einzige Abfallbehandlungstätigkeit in der anaeroben Vergärung, so gilt für diese Tätigkeit ein Kapazitätsschwellenwert von hundert Tonnen pro Tag.

5.4.Deponien im Sinne des Artikels 2 Buchstabe g der Richtlinie 1999/31/EG des Rates vom 26. April 1999 über Abfalldeponien ABl. L 182 vom 16.7.1999, S. 1 mit einer Aufnahmekapazität von über 10 Tonnen Abfall pro Tag oder einer Gesamtkapazität von über 25.000 Tonnen, mit Ausnahme der Deponien für Inertabfälle.

5.5.Zeitweilige Lagerung von gefährlichen Abfällen, die nicht unter Nummer 5.4 fallen, bis zur Durchführung einer der in den Nummern 5.1, 5.2, 5.4 und 5.6 aufgeführten Tätigkeiten mit einer Gesamtkapazität von über 50 Tonnen, mit Ausnahme der zeitweiligen Lagerung – bis zur Sammlung – auf dem Gelände, auf dem die Abfälle erzeugt worden sind.

5.6.Unterirdische Lagerung gefährlicher Abfälle mit einer Gesamtkapazität von über fünfzig Tonnen.

Auszug: Anhang I, Nummer 5 der IED

Mit dem BVT-Merkblatt Abfallbehandlung werden neben der mechanisch-biologischen Abfallbehandlung noch viele weitere Abfallbehandlungsverfahren geregelt. Nahezu alle unter Nummer 5 gelisteten Verfahren und Aktivitäten fallen in den Regelungsumfang des BVT-Merkblattes Abfallbehandlung. Ausgenommen sind Abfallverbrennungsanlagen der Nummer 5.2 für die ein eigenständiges BVT-Merkblatt existiert und Anlagen und Aktivitäten, die in den Regelungsbereich der Richtlinie 1999/31/EG (EG Deponierichtlinie) fallen, dies sind die Nummern 5.1.k, 5.4 und 5.6. Nach einem EU-Ratsbeschluss werden die Regelungen der Deponierichtline als so detailliert, umfassend und abschließend angesehen, dass eine Aufnahme in ein BVT-Merkblatt nicht erforderliche ist.

3. Entwicklungsstand der MBA in Deutschland

Seit dem Jahre 2005 ist die Ablagerung von biologisch abbaubaren Abfällen in Deutschland nicht mehr zulässig. Restsiedlungsabfälle und andere biologisch abbaubare Abfälle müssen vor einer Ablagerung vorbehandelt werden. Die mechanisch-biologische Abfallbehandlung hat sich neben der thermischen Abfallbehandlung als Restabfallbehandlung etabliert. Über fünf Millionen Tonnen Abfälle werden in MBA behandelt.

Denn rechtlichen Rahmen für die MBA bilden die 30. BImSchV, die Deponieverordnung und der Anhang 23 der Abwasserverordnung. Diese Rechtsvorschriften haben für die MBA eine ähnliche umweltverträgliche Abfallentsorgung wie über thermische Verfahren zum Ziel. Emissionsträchtige Anlagenbereichen, wie Anlieferung, mechanische und biologische Behandlungsschritte sind geschossen zu errichten, belastete Abluft bzw. Abgas ist zu Fassen, einer Abgasreinigungsanlage zuzuführen und das Reingas über einen Kamin abzuleiten, strenge Emissionsgrenzwerte (Tabelle 1) sind einzuhalten

Kontinuierliche Messung		Einheit
Tagesmittelwerte		
a) Gesamtstaub:	10	mg/m³
b) organische Stoffe, angegeben als Gesamtkohlenstoff:	20	mg/m³
Halbstundenmittelwerte		
a) Gesamtstaub:	30	mg/m³
b) organische Stoffe, angegeben als Gesamtkohlenstoff:	40	mg/m³
Monatsmittelwerte (Emissionsfracht pro Tonne behandelter Abfall)		
a) Distickstoffoxid:	100	g/t
b) organische Stoffe, angegeben als Gesamtkohlenstoff:	55	g/t
Einzelmessungen		
Geruchsstoffe:	500	GE/m³
Dioxine/Furane (Summenwert gemäß Anhang zur 17. BImSchV):	0,1	ng/m³

Tabelle 1:

Emissionsgrenzwerte der 30. BImSchV

Die Zuordnungskriterien für die Ablagerung der Deponieverordnung stellen eine umweltverträgliche Deponierung der Abfälle sicher. Für MBA-Abfälle sind für die Deponieklasse II mit 18 Prozent deutlich höhere Gesamtkohlenstoffgehalte als bei mineralischen Abfällen (drei Prozent TOC), wenn mit zusätzlichen Parametern (AT4, GB21) nachgewiesen wird, dass die enthaltenen Kohlenstoffverbindungen nur noch in sehr geringem Maße biologisch abbaubar sind. Die Anforderungen des Anhangs 23 der Abwasserverordnung vermindern die Emissionen der MBA über den Wasserpfad nach dem Stand der Technik. Das deutsche Regelungskonzept und das hohe Anforderungsniveau für die MBA gehen deutlich über die Ansätze aller anderen EU Staaten hinaus.

Als Stand der Technik zur Abgasreinigung der MBA haben sich Kombinationen aus saurem Wäscher und thermischer Nachverbrennung mittels regenerativ-thermischer Oxidation etabliert. Biofilter kommen bei einigen Anlagen zur Behandlung gering belasteter Abluftströme zum Einsatz.

In der Diskussion der 1990er Jahre wurde die MBA als Vorbehandlung vor der Ablagerung betrachtet. Bei aktuellen MBA-Konzepten ist der Ablagerungsaspekt mittlerweile von untergeordneter Bedeutung. Nach Angaben der Arbeitsgemeinschaft stoffstromspezifische Abfallbehandlung (ASA) [6] lag der auf den Anlagen Input bezogene abgelagerte Anteil in 2010 bei 21,4 Prozent; einer energetischen Nutzung wurden 49,5 Prozent als heizwertreich Fraktionen oder Ersatzbrennstoffe und 1,2 Prozent als Biogas zugeführt. Weitere 4,7 Prozent - überwiegend Metalle – wurden dem Recycling zugeführt. Damit leistet die MBA einen wichtigen Beitrag zum Klima- und Ressourcenschutz.

4. Bedeutung MBA in Europa

Nach den Anforderungen der EU Deponierichtline (Richtlinie 1999/31/EG) müssen die Mitgliedsstaaten die Ablagerung von biologisch abbaubaren Abfällen gegenüber den Bezugsjahr 1995 stufenweise auf 35 Prozent reduzieren. Für die Erreichung dieses Zieles gewinnt für viele europäische Staaten der Ausbau der Mechanisch-biologischen Abfallbehandlungsanlagen an Bedeutung.

Die MBA ist in vielen Ländern Europas mit größeren Kapazitäten bereits etabliert [5], z.B. Italien (etwa 14 Millionen Tonnen pro Jahr), Deutschland (5 Millionen Tonnen pro Jahr), Spanien (3 bis 4 Millionen Tonnen pro Jahr) oder Österreich (eine Million Tonnen pro Jahr). Viele weitere Länder, z.B. Großbritannien, Frankreich, Spanien, Portugal sowie in osteuropäischen Länder verfügen betreiben mechanisch-biologische Abfallbehandlungsanlagen oder planen einen deutlichen Ausbau der Kapazitäten.

Mehrere Länder verfügen über Anforderungen oder Regelungen zur Qualität der abzu-lagernden Deponiefraktionen. Emissionsbegrenzungen, analog zur 30. BImSchV gibt es bislang – wenn auch nur mit geringer Verbindlichkeit und niedrigerem Anforderungs-niveau -nur in Österreich. Anders als in Deutschland, erfolgt in den europäischen Nachbarstaaten thermische Abgasreinigung nur in wenigen Anlagen. Das Abgas wird im Gros der europäischen MBAn ausschließlich mittels Biofilter gereinigt. Die Anlagen weisen daher im Regelfall deutlich höhere Emissionen insbesondere bei organischen Stoffen und Lachgas auf.

Anders als in Deutschland erfolgt in Frankreich und einigen anderen europäischen Staaten keine eindeutige Abgrenzung zwischen der Behandlung von getrennt erfassten biogenen Abfällen in Kompostierungs- sowie Bioabfallvergärungsanlagen und der Behandlung von Restabfällen in der MBA. Die MBA Rückstände werden in diesen Fällen - mit dem Risiko erhöhter Schadstoffeinträge - als Restabfallkomposte in der Landwirtschaft genutzt.

5. Aktivitäten zur Vorbereitung und Begleitung der Überarbeitung des BVT-Merkblatts Abfallbehandlung in Deutschland

Der Prozess zur Überarbeitung des BVT-Merkblattes Abfallbehandlung wird in Deutschland durch das Umweltbundesamt koordiniert. Das Umweltbundesamt hat bereits im März 2010 ein Auftakttreffen zum Beginn der nationalen Aktivitäten or-ganisiert und zu unterschiedlichen Abfallarten Arbeitsgruppen eingerichtet. Diese Arbeitsgruppen setzen sich aus Vertretern der Bundesländer, betroffener Verbände, Wissenschaft, Ingenieurbüros und interessierter Einzelunternehmen zusammen. In einem Forschungsprojekt (Auftragnehmer: gewitra und wasteconsult) wurde im Dis-kussionsprozess mit Arbeitsgruppen für unterschiedliche Abfallbehandlungsanlagen technische Dokumente erarbeitet, die den Entwicklungsstand wichtiger Abfallbehand-lungsverfahren in Deutschland beschreiben.

Für Anlagenarten die mit der Novellierung der IVU-Richtlinie neu in den Anhang I der IED aufgenommenen wurden oder in ihrer Technik entscheidend weiterentwickelt haben wurden neue, eigenständige Dokumente erarbeitet. Diese Dokumente orientieren sich in ihrer Struktur an der Gliederung der BVT-Merkblätter und beschreiben auch Referenzanlagen, die den technischen Entwicklungsstand der Abfallbehandlung belegen. Neue, eigenständige technische Dokumente wurden für folgende Abfallbehandlungsanlagen erstellt:

- Mechanisch-biologische Restabfallbehandlung (MBA)

- Behandlung von organischen Abfällen aus getrennter Sammlung (Kompostierung und Vergärung)

- Großshredderanlagen

Für die biologische Abfallbehandlung wurden gezielt zwei eigenständige Dokumente erarbeitet. Damit werden dem unterschiedlichen technischen Entwicklungsstand der Bioabfallbehandlung und der MBA Rechnung getragen und unterschiedlichen Einsatzbereiche und Behandlungsziele dokumentiert. Die deutliche Trennung von Bioabfallbehandlung und MBA soll auf diesem Wege in den europäischen BVT-Prozess vermittelt werden.

Für Abfallbehandlungsverfahren und Aktivitäten, die im bestehenden BVT-Dokument bereits so beschrieben sind, dass abzusehen war, dass sich der Überarbeitungs- und Ergänzungsbedarf im überschaubaren Rahmen bleibt wurden Änderungen in Ergänzungen in Form von Kommentaren erstellt. Solche Kommentierungen wurden für folgende Bereiche vorgenommen:

- Übergreifende Techniken (Common techniques)

- Chemisch-physikalische Abfallbehandlungsverfahren

- Mechanische Behandlung

Das Dokument zur mechanischen Behandlung beinhaltet die Abfallvorbehandlung für die Verbrennung und Mitverbrennung (Ersatzbrennstoffaufbereitung) und die Behandlung von Schlacken und Aschen. Nach aktuellem Diskussionstand werden Schlacken und Aschen jedoch nicht über das BVT-Merkblatt Abfallbehandlung, sondern über das zur Überarbeitung anstehende Merkblatt Abfallverbrennung geregelt. Die technischen Dokumente wurden dem EIPPCB in englischer Übersetzung als Informationsquelle für die Überarbeitung des BVT-Merkblattes Abfallbehandlung zur Verfügung gestellt.

Im Januar 2012 wurde vom Umweltbundesamt ein weiteres Forschungsprojekt zur Unterstützung bei der Novellierung des BVT-Merkblattes Abfallbehandlung an das IFEU Iserlohn vergeben. Das IFEU das Umweltbundesamt unterstützt im Überarbeitungsprozess des Merkblattes und bei den Zuarbeiten sowie Verhandlungen mit dem EIPPCB.

6. Inhalte der german inital position – Wishlist

Mit der inital Position, auch Wishlist genannt, bringen die Mitglieder der TWG ihre zentrale Vorstellungen und Wünsche zu Beginn des Novellierungsprozesses ein. Die deutschen Vorschläge und Wünsche zur Novellierung des BVT-Merkblattes Abfallbehandlung beinhalten übergreifende Vorstellungen, wie Skope, Struktur des Merkblattes sowie zur grundsätzlichen Vorgehensweise im Novellierungsprozess und spezielle Anforderungen für einzelne Abfallbehandlungsverfahren.

Ein wichtiger übergreifender Punkt ist z.B. unser Vorschlag zur Struktur, nach dem das Merkblatt aus mehreren sogenannte *Mini-BREFs* – Kapiteln die einzelne Abfallbehandlungsverfahren durchgängig lesbar behandeln – bestehen sollte.

Wichtige Punkte der inital Position/Wishlist zur mechanisch biologischen Abfallbehandlung sind:

- Gliederung des Kapitels Biologische Behandlung in zwei separate Kapitel gegliedert werden, die sich durch ihre Ziele und die behandelten Abfallarten unterscheiden:

    a) stoffliche Verwertung von getrennt erfasstem Bioabfall zur Erzeugung von Komposten und Gärresten, die als organisches Düngemittel und als Bodenverbesserer (u.a. zur Humusbildung) eingesetzt werden.

    b) mechanisch- biologische Behandlung (MBA) und biologische (MBS) und physikalische Stabilisierung (MPS) von Hausabfall und ähnlich zusammengesetzten Abfällen mit dem Ziel der stofflichen und energetischen Verwertung sowie der schadlosen Beseitigung (Deponierung)

- Das BVT-Merkblatt Abfallbehandlungsanlagen aus 2006 muss in den Kapiteln zur biologischen Behandlung von Hausabfall und ähnlich zusammengesetzten Abfällen grundsätzlich neu gefasst werden, um an den Stand der Technik der biologischen Behandlung von Hausabfall oder Bioabfällen angepasst zu werden.

- Bei der Erarbeitung des Kapitels biologischen Behandlung von Hausabfall und ähnlich zusammengesetzten Abfällen ist es notwendig, dass Maßnahmen zur Vermeidung und Minderung luftseitiger Emissionen beschrieben werden. Von besonderer Bedeutung ist hierbei die Betrachtung der Abgaskonzentrationen und der Emissionsfrachten von – Staub – organischen Stoffen – Distickstoffmonoxid – Geruchsstoffe. Dabei sollen geeignete Maßnahmen zur Fassung der Emissionen wie z.B. Einhausung/Kapselung – Hallenabsaugung –Punktquellenabsaugung für alle emissionsrelevanten Behandlungsschritte der MBA, insbesondere für -Anlieferung/Bunker - Mechanische Aufbereitungsschritte –Biologische Behandlungsschritte beschrieben werden. Für die erfassten Abgasströme sind geeignete Behandlungsverfahren; z.B. thermische Nachverbrennung, (saure) Gaswäscher, Staubabscheidung, Biofilter zu beschreiben. Für die behandelten Abgasströme sind Anforderungen an die Überwachung (z.B. Messverfahren, Errichtung von Messstellen, Ableitung über Kamin zu beschreiben. Des Weiteren sind Maßnahmen zur Vermeidung diffuser Emissionen (z.B. geschlossene Prozesswasserspeicher) zu beschreiben.

- Bei der Erarbeitung des Kapitels biologischen Behandlung von Hausabfall und ähnlich zusammengesetzten Abfällen ist es notwendig Maßnahmen zum Abwassermanagement zu beschreiben. Die aerobe biologische Behandlung von Hausabfall und ähnlich zusammengesetzten Abfällen kann im Wesentlichen weitgehend abwasserfrei betrieben werden. In aeroben MBS-Anlagen können durch Kondensation erhebliche Mengen an Abwasser entstehen, das hierbei anfallende Abwasser wird als Kühlwasser im Verfahren in Kühlaggregaten eingesetzt. Bei der anaeroben Behandlung in Vollstromvergärungsanlagen und dabei insbesondere in Nassvergärungsanlagen fällt Abwasser an. Von wenigen Ausnahmen abgesehen wird das Abwasser aus MBAs in externen Anlagen gereinigt. Die Behandlung kann gemeinsam mit Sickerwasser aus Deponien in einer Sickerwasserreinigungsanlage erfolgen. Sofern nicht vermeidbare Abwässer (z.B. aus Nassvergärungs- oder MBS-Anlagen) direkt in der Anlage behandelt werden, kommen dafür folgende Verfahren und Kombinationen davon in Betracht:

  * Ultrafiltration/Umkehrosmose

  * Aktivkohleadsorption

  * biologische Behandlung

  (i.d.R. in Kombination mit einem weiteren Verfahren) Zur Vermeidung von Abwasser werden folgende Maßnahmen eingesetzt: Überdachung Prozessinterne Nutzung Kreislaufführung) Geeignete Maßnahmen zur Fassung von Ab-/Prozesswässern sind z.B. wasserundurchlässige Befestigung von Annahmebunkern und Behandlungsflächen.

- Prozessoptimierung Bei der Erarbeitung des Kapitels biologischen Behandlung von Hausabfall und ähnlich zusammengesetzten Abfällen ist es notwendig Maßnahmen zur Optimierung des Prozesses zu beschreiben. Die Ziele der Maßnahmen für die biologischen Behandlungsprozesse sind eine optimierte Prozessführung. Die Prozessführung besteht aus einer Kombination von ausreichender Belüftung und Befeuchtung, Umsetzprozessen, Trennung von Intensiv- und Nachrotte, Aerobisierung und Nachrotte von Gärrückständen. Eine offene Nachrotte kann nur in Ausnahmefällen unter besonderen Anforderungen und zusätzlichen Maßnahmen zur Emissionsminderung ermöglicht werden. Für Anlagen mit anaeroben Behandlungsschritten sollten Maßnahmen zur Emissionsbegrenzung der Gasnutzung (Motor, ggf. Gasaufbereitung) und für den Fall von Betriebsstörungen der Gasnutzung beschrieben werden (z.B. Notfackel)

- Prozesssteuer- und Regelsysteme bei der biologischen Behandlung von Hausabfall und ähnlich zusammengesetzten Abfällen Bei der Erarbeitung des Kapitels biologischen Behandlung von Hausabfall und ähnlich zusammengesetzten Abfällen ist es notwendig Maßnahmen zur Prozesssteuerung zu beschreiben. Der Prozess ist durch geeignete Systeme zu führen, in der Regel sind dies Einrichtungen zum Messen, Steuern und Regeln (MSR). Die Steuerung ist gemäß dem Behandlungsplan vorzunehmen. (z.B. Führung von Temperatur, Feuchte, O_2-Gehalt)

- Bei der Erarbeitung des Kapitels biologischen Behandlung von Hausabfall und ähnlich zusammengesetzten Abfällen ist es notwendig Maßnahmen zum Umgang mit dem gebildeten Biogas zu beschreiben. Die ausgehenden Risiken sind durch geeignete Maßnahmen und Einrichtungen zu minimieren. Maßnahmen und Einrichtungen sind u.a.: Gasfackel, Überdruck/ Unterdrucksicherung, Aufstellen eines Explosionsschutzdokumentes. Sicherheitstechnische Einrichtungen und Kennzeichnungssysteme für gasführende Anlagenbereiche sind vorzusehen.

- Bei der Erarbeitung des Kapitels biologischen Behandlung von Hausabfall und ähnlich zusammengesetzten Abfällen ist es notwendig Systeme zur Abgasreinigung zu beschreiben. Folgende Systeme können zum Einsatz kommen: Elektrofilter (nur bei Bedarf als zusätzliches Entstaubungsaggregat) Gewebe-/Schlauchfilter (nur bei Bedarf als zusätzliches Entstaubungsaggregat) Fachgerechter Biofilter mit Wäscher (z.B. zur Ammoniakabscheidung im sauren Milieu) Regenerativ thermische Oxidation in Kombination mit saurem Wäscher. Bei entsprechender örtlicher Nähe kann das Abgas oder ein Teilstrom auch in Verbrennungsanlagen (MVA, Biomasse/ EBS-Kraftwerke) mit verbrannt werden.

7. Ergebnisse des Kick-Off-Meeting

Zusammenfassen kann festgehalten werden, die Deutschen Positionen fanden breite Unterstützung in der TWG. An vielen Stellen wurde die Sichtweise übernommen, abzuwarten bleibt jedoch, wie das EIPPCB unsere Vorschläge verarbeitet. Wir haben hier konkrete Vorschläge unterbreitet. Die detaillierte Vorbereitung und Abstimmung hat sich als sehr hilfreich erwiesen. Nur mit diesen tiefen Detailkenntnissen und konkreten Änderungswünschen konnte die Diskussion erfolgreich geführt werden.

Für die biologische Abfallbehandlung haben wir vorgeschlagen, die Verfahren zur biologischen Behandlung von Abfällen danach zu betrachten, welcher Input und welcher Output der Anlage zuzuordnen ist (Trennung von Bioabfallkompostierung und MBA). Der Fragebogen wird diesen Vorschlag aufnehmen. Bei entsprechenden Resultaten der Datenerhebung soll die Differenzierung auch im WT BREF enthalten sein.

Der deutsche Vorschlag einer *Mini-BREF-Struktur* fand in der TWG breite Unterstützung. Vorstellungen des EIPPCB, nach einer ausschließlich prozessbezogenen Struktur (danach würden z.B. alle Zerkleinerungsprozesse unabhängig vom Input gleich betrachtet) wurde in der TWG mehrheitlich kritisch gesehen. Das Büro will einen neuen Vorschlag unterbreiten, der die Ergebnisse der Diskussion aufgreift.

8. Auswirkungen auf die Abfallwirtschaft – MBA

Die Inhalte der BVT-Merkblätter werden künftig wesentlicher Bestandteil von Genehmigungsverfahren sein. In Deutschland wird die Bundesregierung hierfür die nationalen Rechtsvorschriften –sofern erforderlich- an die Anforderungen der

BVT-Merkblätter anpassen. Da der Aktualisierungsprozess auf europäischer Ebene auf Basis der nationalen Zulieferungen gerade erst begonnen hat, ist der genaue Inhalt des revidierten BVT-Merkblattes noch nicht absehbar.

Ziel des Umweltbundesamtes ist es, die in Deutschland erzielten technischen Entwicklungen Umweltschutzstandards möglichst weitgehend auf eine Europäische Ebene zu übertragen. Die von Deutschland voraussichtlich in den Sevillaprozess eingebrachten Inhalte sollten für die deutschen Anlagen keine verschärften Anforderungen bringen, da die deutschen Anlagen ohnehin dem Stand der Technik entsprechen müssen und damit dem voraussichtlichen BVT-Standard entsprechen sollten. Dies gilt insbesondere für MBAn, da Deutschland hier eine deutliche Vorreiterrolle spielt und der Entwicklungsstand der Anlagen in den europäischen Nachbarländern sehr deutlich niedriger ist. Für Anlagen in einigen anderen Staaten der EU könnten daraus jedoch höhere Anforderungen resultieren.

Zusammenfassung

Die europäischen BVT-Merkblätter beschreiben die besten verfügbaren Techniken zum emissionsarmen Betrieb von Industrieanlagen, zu denen auch Abfallbehandlungsanlagen zählen. Das BVT-Merkblatt Abfallbehandlung, unter dessen Regelungsbereich auch die mechanisch-biologischen Abfallbehandlungsanlagen fallen, wird derzeit überarbeitet. Der Beitrag beschreibt die Aktivitäten des Umweltbundesamtes und Stand des Überarbeitungsprozesses auf europäischer Ebene.

9. Literatur

[1] BVT-Merkblatt Abfallbehandlung: http://www.bvt.umweltbundesamt.de/sevilla/kurzue.htm, 2006

[2] Richtlinie 2008/1/EG des Europäischen Parlaments und des Rates vom 15. Januar 2008 über die integrierte Vermeidung und Verminderung der Umweltverschmutzung (IVU-Richtlinie)

[3] Richtlinie 2010/75/EU des Europäischen Parlaments und des Rates vom 24. November 2010 über Industrieemissionen (integrierte Vermeidung und Verminderung der Umweltverschmutzung), Amtsblatt Nr. L 334 vom 17.12.2010, S. 0017 - 0119

[4] Butz, W.; Kühle-Weidemeier, M: Beste verfügbare Technik – Konsequenzen des BVT-Merkblattes Abfallbehandlung für die MBA. Kassel: 24. Kasseler Abfall- und Bioenergieforum - 2012, April 2012

[5] Müller, W.; Bockreis, A.: Relevance, Targets and Technical Concepts of Mechanical-]Biological Treatment in Various Countries, Hannover: Waste-to-Resources 2011 IV International Symposium MBT & MRF, 2011

[6] Balhar, M: Stand und Entwicklungsszenarien für die MBA in Deutschland. Enningerloh: ASA, 2013

Immissionsschutz

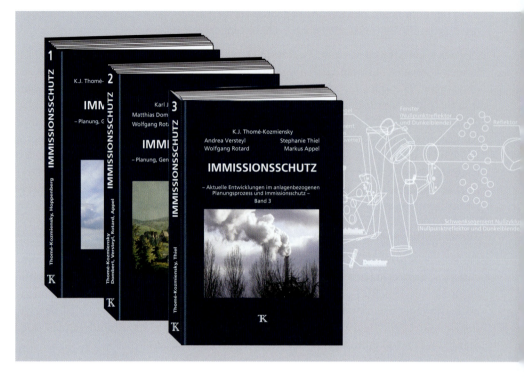

Immissionsschutz, Band 1

Karl J. Thomé-Kozmiensky • Michael Hoppenberg

Erscheinungsjahr:	2010
ISBN:	978-3-935317-59-7
Seiten:	632
Ausstattung:	Gebundene Ausgabe
Preis:	40.00 EUR

Immissionsschutz, Band 2

Karl J. Thomé-Kozmiensky • Matthias Dombert
Andrea Versteyl • Wolfgang Rotard • Markus Appel

Erscheinungsjahr:	2011
ISBN:	978-3-935317-75-7
Seiten:	593
Ausstattung:	Gebundene Ausgabe
Preis:	40.00 EUR

Immissionsschutz, Band 3

Karl J. Thomé-Kozmiensky
Andrea Versteyl • Stephanie Thiel
Wolfgang Rotard • Markus Appel

Erscheinungsjahr:	2012
ISBN:	978-3-935317-90-0
Seiten:	etwa 600
Ausstattung:	Gebundene Ausgabe
Preis:	40.00 EUR

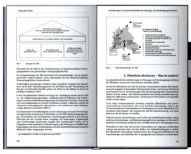

Bestellungen unter www.vivis.de
oder

Dorfstraße 51
D-16816 Nietwerder-Neuruppin
Tel. +49.3391-45.45-0 • Fax +49.3391-45.45-10
E-Mail: tkverlag@vivis.de

TK Verlag Karl Thomé-Kozmiensky

Optimierungspotenzial von RTO-Anlagen im Hinblick auf Energieeffizienz und Klimaschutz

Matthias Hagen und Bernd Schricker

Energieeffizienz und Klimaschutz sind zwei Schlagwörter, die aus den Medien nicht mehr wegzudenken sind. Sie gehen uns wie selbstverständlich über die Lippen. Wenn wir aber über das Zusammenspiel der beiden Begriffe und die Auswirkungen auf den eigenen Betrieb nachdenken, stoßen wir schnell an die Grenzen dessen, was uns umsetzbar und möglich erscheint. Mit dem nachfolgenden Vortrag wird dieses Thema aufgegriffen; die seit vielen Jahren in mechanisch-biologischen Aufbereitungsanlagen (MBA) betriebenen RTO-Anlagen (regenerative thermische Oxidation) sollen näher betrachtet werden.

1. Einleitung

Bei der Einführung der 30. BImSchV waren die zu behandelnden Abgasdaten nur teilweise bekannt. So oblag es dem Systemlieferanten das Abluftkonzept festzulegen. Je nach Konzept ergaben sich für die RTO-Anlagen meist vorrangig die hochkonzentrierten Abluftströme u.a. aus den Rotten. Deren Schadstoffspektrum hat sich, auch unter dem Einfluss sich wandelnder Abfallzusammensetzungen, verändert.

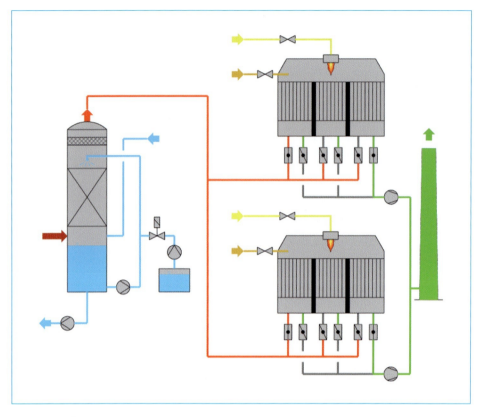

Bild 1: Übliches Anlagenkonzept mit teilredundanter RTO (75 Prozent Redundanz)

Neben den ursprünglich bekannten Schadstoffen Ammoniak (NH_3), Kohlenwasser-stoffen (HC) sowie dem hohem Feuchteanteil aus den meist vorgeschalteten Wäschern werden in den mittlerweile fast zehn Jahren Betriebserfahrung auch andere Inhaltsstoffe festgestellt, z.B:

- organisch gebundene Halogene,
- organisch gebundene Si-Verbindungen (Siloxane).

Problematisch sind darüber hinaus auch der Tropfenmitriss und die Verschleppung von Ammoniumsulfat ($(NH_4)_2SO_4$) aus den vorgeschalteten Wäschern.

Das Resultat ist bei fast allen Anlagen ein höherer Wartungsbedarf, bedingt durch ein Zuwachsen der keramischen Wärmespeicherelemente bei gleichzeitig ansteigendem Energiebedarf durch veränderten Wärmeübergang und ansteigenden Druckverlust sowie durch erforderliche Stillstände und Wiederaufheizen.

Abhängig vom Lieferanten wurden vereinzelt RTO-Anlagen eingesetzt, in denen insbesondere für gasführende Teile ferritische Stähle verwendet wurden. Diese sind hinsichtlich Korrosion sehr anfällig, wodurch schon nach kurzer Betriebszeit Schäden verursacht werden.

2. Optimierung bestehender Anlagen

2.1. Korrosion

In den letzten Jahren wurden mehrere Anlagen umgebaut bzw. ergänzt. Hierbei waren vor allem kostengünstige Lösungen gefragt, die nicht immer die optimale Lösung darstellten. Bei der Optimierung ist insbesondere die Situation der Anlage zu beachten. Übergreifend lassen sich die Bedingungen der MBA-Anwendung für RTOs wie folgt zusammenfassen:

- Feuchte und Mitriss von Waschflüssigkeit aus den sauren Wäschern,
- Ammoniak und Ammoniumsulfat,
- halogenierte Kohlenwasserstoffe.

Hieraus ergibt sich die primäre Frage, wie die Korrosion bewältigt werden kann. Das Material wird je nach Korrosionsart und Material flächig oder punktuell als Lochfraß angegriffen.

Bild 2:

Korrosion an Edelstahlteilen im Klappenbereich

Halogenierte Kohlenwasserstoffe stellen rohgasseitig kein Problem für RTOs dar. Da jedoch durch die Oxidation Chlor als Salzsäure und Schwefel als Schwefeldioxid (SO_2) oder Schwefeltrioxid (SO_3) entstehen, ergeben sich vor allem reingasseitig Probleme. Diese treten verstärkt auf, wenn das korrosive Reingas zum Spülen oder Sperren der Klappen verwendet wird. Es trifft dort auf kalte Anlagenteile im Rohgasbereich und kondensiert.

Schnelle Hilfe schaffen der Anlagenumbau und die Verwendung von Frischluft zur Spülung sowie der Umbau des Klappensystems zur Vermeidung von Sperrluft. Dies ist zwar bedingt zielführend aber nicht ausreichend. Viele Anlagen sind auch im Bereich der Klappen in Normalstahl ausgeführt. Zur Vermeidung von Korrosion wurde häufig das Rohgas vorgewärmt; dies stellt aber aufgrund einer nahezu Verdoppelung des Energiebedarfs nur bei günstiger Energieversorgung das Mittel der Wahl dar.

Bild 3:

Normalstahlausführung von Klappensystemen

Für ähnliche Anwendungen in der chemischen Industrie wurde eine korrosionsfeste Ausführung des Klappen/Gasverteilsystems entwickelt, die auch für MBA eingesetzt werden kann.

Bild 4:   GFK Klappensystem

Neben den gasführenden Teilen und dem Klappensystem unterhalb des Regenerators ist auch der Regenerator selbst betroffen. Hier diffundieren Gase durch die nicht diffusionsdichte Innenisolierung. Der im Gas enthaltene Wasserdampf kondensiert mit korrosiven Gasen, was dann folglich an der Innenseite des Gehäuses zu Korrosion führt.

Bild 5:   Korrosion an der Innenwand des Regenerators

Abhilfe schafft eine Außenisolierung des Regeneratorgehäuses. Hiermit wird die Taupunkttemperatur in den Bereich der Außenisolierung verlagert, wodurch eine Taupunktunterschreitung an der Innenseite des Gehäuses vermieden wird und dort keine Kondensation auftritt. Zu beachten ist weiterhin, dass auch der untere Bereich des Regeneratorgehäuses zusätzlich zu schützen ist, da aufgrund der niedrigen Rohgastemperaturen bereits hier der Taupunkt erreicht ist. Der Einbau einer metallischen Diffusionssperre hat sich bewährt.

Bild 6:

RTO mit außenisoliertem Gehäuse

Bei gleichzeitigem Vorhandensein von Ammoniak und Schwefelverbindungen bildet sich während der Oxidation Ammoniumhydrogensulfat ((NH_4)HSO_4), auch Ammoniumbisulfat genannt. Dieses Gas kühlt sich beim Verlassen der Anlage ab und re-sublimiert bereits innerhalb der keramischen Wabensteine. Es ist auf der Unterseite der Regeneratoren als weiß-grauer schmieriger Belag sichtbar, der entweder durch Abwaschen mit Wasser oder durch Erhöhung der Temperatur und Sublimation entfernt wird. Dies kann mit der *Bake-Out*-Funktion erfolgen. Effektiver ist es jedoch, diesen Effekt von vornherein zu verhindern und die Abscheideleistung des Wäschers für Ammoniak zu erhöhen.

Bild 7:

Ammoniumsulfat im Abströmbereich

2.2. Energieverbrauch

Der Energieverbrauch von RTO-Anlagen besteht im Wesentlichen aus elektrischer Energie und Gas und hängt von mehreren Faktoren ab. Ersterer wird bei einer bestehenden Anlage insbesondere vom Volumenstrom abhängen. Mit steigendem Volumenstrom steigt auch der Differenzdruck der Anlage und damit der elektrische

Energiebedarf. Der Differenzdruck der RTO verhält sich nahezu quadratisch zum Volumenstrom; dies bedeutet, dass der Energieverbrauch annähernd in der dritten Potenz steigt. Hier wird klar, welche Auswirkung eine Verringerung des Volumenstroms nach sich zieht. Es ist sinnvoll, eine dritte RTO parallel zu betreiben, was im weiteren Text erläutert wird.

Ein bedeutender Einflussfaktor für den Differenzdruck ist die Verschmutzung der Anlagen. Neben den Ablagerungen von Ammoniumsalzen im kalten Abströmbereich der Regeneratoren treten hauptsächlich Ablagerungen von Siliziumdioxid (SiO_2) im Bereich der Brennkammer auf. Ursprung sind kleinste Mengen Silizium-organischer Verbindungen im Rohgas, die in der Oxidationskammer zu amorphen SiO_2 oxidieren und sich dort ablagern.

Bei den ersten gebauten Anlagen wurden diese aus Unwissenheit, trotz Druckanstieg, so lange betrieben, bis die Ablagerungen die keramischen Wärmespeicherelemente (Waben) vollständig verstopften. Hierdurch ergibt sich ein höherer Druckverlust. Messungen an bestehenden Anlagen ergaben einen Anstieg des elektrischen Energieverbrauchs von etwa 30 Prozent, was mit den eingebauten Ventilatoren und deren

Antriebsmotoren gerade noch möglich war. Die Belegung der Wärmespeicherelemente mit SiO_2 bedeutet zudem eine *Isolierung* und somit einen deutlich verringerten Wärmeübergang. Unter der Annahme, dass also die verstopften Teile der Wärmespeicher nicht mehr am Wärmetausch teilnehmen, ergibt sich bei einer Belegung von 20 Prozent eine Reduzierung des Wärmerückgewinnungsgrades von 1,0 bis 1,5 Prozent-Punkten, was eine Erhöhung des Gasverbrauchs von bis zu 25 Prozent bedeutet.

Wird nicht gereinigt, wird ein großer Teil der Waben aufgrund von Wärmespannungen durch erhöhte Temperaturdifferenzen abreißen und durch den anfangs beschriebenen hohen Differenzdruck aus dem Wabenbett gedrückt werden (Bild 8). Solche Waben sind nicht mehr zu reinigen und müssen ausgetauscht werden.

Bild 8:   Verstopfte und gebrochene
            Wabenkörper

Während die jeweilige RTO-Linie gewartet wird, steht diese nicht mehr zur Abluftbehandlung zur Verfügung. Der Volumenstrom wird dabei auf 75 Prozent gedrosselt und von der verbliebenen RTO gereinigt. Dies bedeutet jedoch einen wesentlich höheren Energieverbrauch – Gas und Strom – für die in Betrieb befindliche RTO und zusätzliche Energie zum Abkühlen und Aufheizen der gereinigten RTO.

Zur Vermeidung des Energieverbrauchs durch außerordentliche Stillstände müssen die sich verstopfenden Wärmespeicher regelmäßig und rechtzeitig gereinigt werden. Welches Reinigungsintervall optimal ist, kann nur durch Erfahrung im Einzelfall ermittelt werden. Ein Indiz für eine beginnende Verstopfung der Wabenkanäle kann ein Anstieg der Reingastemperatur bei gleichbleibender Rohgastemperatur sein.

Generell hat es sich als positiv dargestellt, bestehende Anlagen durch eine dritte RTO zu ergänzen. Diese können während eines großen Zeitraums parallel betrieben werden, wodurch der Druckverlust reduziert wird. Der elektrische Energieverbrauch sinkt also beim Betrieb mit drei statt zwei RTOs parallel um etwa 25 Prozent. Im Falle der Reinigung einer RTO können immer noch zwei RTOs parallel betrieben werden.

Um den Reinigungsstillstand so kurz wie möglich zu halten und die Reinigungsarbeiten zu erleichtern, wurden einige Anlagen mit zusätzlichen groß dimensionierten Begehungsöffnungen nachgerüstet, die über Hubarbeitsbühnen zugänglich sind (Bilder 9 und 10).

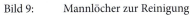

Bild 9:   Mannlöcher zur Reinigung   Bild 10:   Begehungsbühne mit Lastaufzug

3. Alternative neue Technologie

Wie aus den vorangegangenen Betrachtungen ersichtlich, hat der Effekt der Verstopfung und die damit verbundenen Reinigungsstillstände erheblichen Einfluss auf den Gesamtenergieverbrauch von RTO-Anlagen. Bei herkömmlichen RTO-Anlagen mit statisch eingebauten Regeneratormaterialien existiert nach wie vor keine technische Lösung, mit der sich die manuelle Reinigung der Wärmeübertrager von SiO_2-Anlagerungen und die damit verbundenen An-/Abfahrvorgänge sowie die Stillstandszeiten vermeiden ließen. Je nach Anwendungsfall können dabei die Wärmespeicherelemente der RTO schon nach wenigen Betriebsstunden verstopft sein. Daher nahm sich die CUTEC-Institut GmbH in Clausthal-Zellerfeld des Themas an und entwickelte in Zusammenarbeit mit der Firma LTB einen neuen und patentierten Typ RTO zur Reinigung von Abgasen mit silizium-organischen Inhaltsstoffen, die DeSiTHERM-Anlage.

3.1. Das Grundprinzip des Verfahrens

Der Wärmeübertrager in RTO-Anlagen kann mit keramischen Wabensteinen oder mit einer Schüttung aus Formstücken, meist keramischen Sattelkörpern, aufgebaut werden. Dabei verhalten sich Schüttungen aus Formstücken hinsichtlich der Verstopfungsneigung bei SiO_2-Ablagerungen weniger problematisch als Wabensteine. Dem steht jedoch ein geringerer thermischer Wirkungsgrad der Schüttkörper gegenüber. Zur Reinigung werden derartige Schüttungen in der Regel aus dem Regeneratorgehäuse ausgetragen während Wabensteine im eingebauten Zustand gereinigt werden können. Basierend auf der Erkenntnis, dass Schüttkörper weitaus unempfindlicher auf SiO_2-Anlagerungen reagieren, jedoch mit der Vorgabe, die bei herkömmlichen RTO-Systemen notwendigen Stillstandszeiten zur Reinigung zu vermeiden, wurde eine während des Betriebs austragbare Keramikschüttung entwickelt. Im Hinblick auf die möglichst gute automatisierte Förderung wurden Keramikkugeln als Wärmespeichermedium gewählt. Diese verfügen zwar über eine geringere spezifische Oberfläche für den Wärmeübergang, doch sind sie vergleichsweise leicht förderbar, sehr formstabil und weisen eine vergleichsweise große Wärmekapazität auf.

Bei der Konzeption dieser RTO musste vom üblichen Aufbau einer RTO mit mehreren Regeneratoren und darüber liegender Brennkammer Abstand genommen werden. Ein Rücktransport der ausgetragenen Kugeln in die heiße Brennkammer wäre nicht machbar, da die extrem schnelle Aufheizung die Kugeln aufgrund thermischer Spannungen sprengen würde. Anders verhält es sich bei Einbettreaktoren mit regenerativer Vorwärmung und Abkühlung des Luftstromes, bei denen die Oxidation der Schadstoffe in der Regeneratorschüttung ohne definierten Brennraum stattfindet. Der Vorteil dieser Anordnung ist die geringe Temperatur im oberen und unteren Bereich des Regenerators, die lediglich der Ablufteintritts- und Austrittstemperatur der RTO entspricht.

Das zentrale Bauteil einer solchen Anlage ist der zylindrische Regeneratorturm. An diesem sind oben und unten Ein- und Auslässe für die schadstoffhaltige Abluft und die gereinigte Luft angeordnet, die mit einem Klappensystem mit einer zyklischen Umschaltung eine wechselweise Durchströmung des Regenerators von unten nach oben (Aufwärtsstrom) sowie von oben nach unten (Abwärtsstrom) ermöglichen. Um den Druckverlust der Anlage trotz der Ablagerung von SiO_2 konstant zu halten, werden die Keramikkugeln kontinuierlich oder in festen Zeitintervallen aus dem Regenerator ausgetragen, von Staub befreit und wieder in die Anlage zurück befördert.

3.2. Aufheizvorgang

Bekannte Einbettreaktoren werden durch eine in der Schüttung liegende Elektroheizwendel gestartet. Solche Einbauten sind jedoch bei einem dynamischen Bett nicht verwendbar. Daher wurde ein neuartiger Anheizvorgang entwickelt. Dazu erwärmt ein Brenner zunächst die obere Zone des Regenerators bis dort eine Temperatur im Bereich der Oxidationstemperatur der Abluft erreicht ist. Danach wird dieses

Temperaturmaximum durch ein Umschaltprogramm der vorgeschalteten Klappensteuerung in die Mitte des Schüttungsbettes getrieben. Dafür wird mit dem Hauptventilator so lange Frischluft durch die Anlage geleitet, bis die heiße Zone in der Mitte der Schüttung angekommen ist.

3.3. Regelbetrieb

Ist die heiße Zone in der Mitte angekommen, wird die Frischluftzufuhr geschlossen und die mit siliziumorganischen Verbindungen beladene Abluft wird der Anlage im Abwärtsstrom zugeführt (Bild 11).

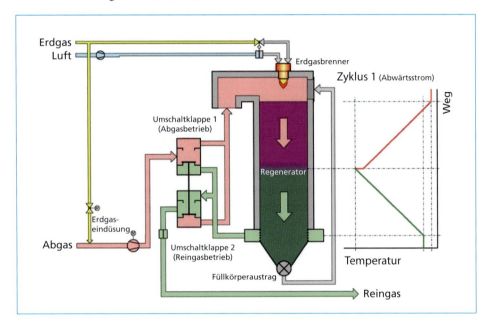

Bild 11:   Abwärtsstrom im Normalbetrieb der Anlage

Die Abluft wird von oben nach unten durch die Anlage geleitet. Dabei nimmt Sie bis zur Mitte des Schüttungsbettes die Wärme der keramischen Speichermasse auf, bevor die organischen Inhaltsstoffe oxidieren. Bei dieser exothermen Reaktion wird Wärme frei, was sich in einem Temperatursprung manifestiert. Das sich bildende SiO_2 lagert sich an die Schüttungsteilchen an und wird so zurückgehalten.

Im weiteren Strömungsverlauf gibt das Reingas seine Wärme wieder an die Speichermasse ab, bevor es den Regenerator unten verlässt und durch das Klappensystem zum Kamin geleitet wird.

Nach einer definierten Zeit wird das Klappensystem auf den Betriebszustand Aufwärtsstrom (Bild 12) umgeschaltet. Der Regenerator wird dann von unten nach oben durchströmt.

Der Temperaturverlauf ähnelt dem im Abwärtsstrom, die SiO$_2$-Anhaftungen treten ebenfalls gewollt im mittleren Schüttungsbereich auf. Die beiden Zustände Abwärts- und Aufwärtsstrom werden im laufenden Betrieb immer wieder nacheinander durchlaufen.

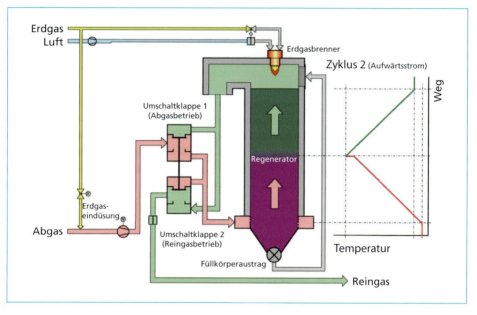

Bild 12:   Aufwärtsstrom im Normalbetrieb der Anlage

Im Unterschied zu den konventionellen RTO-Anlagen ist bei dieser Anlage ein Spülzyklus normalerweise nicht erforderlich, da aufgrund der verhältnismäßig langen Umschaltzeiten von 5 bis 10 Minuten die beim Umschaltvorgang entstehenden Emissionspeaks in der Regel zu keiner Überschreitung der Emissionsgrenzwerte führen.

Um das in der Oxidationszone gebildete SiO$_2$ wieder auszutragen, muss die gesamte Kugelschüttung permanent oder periodisch nach unten bewegt werden. Die Keramikkugeln werden dabei ähnlich wie bei einem Silo ausgetragen, allerdings mit dem Unterschied, dass der Austragskonus aus einem gasdurchlässigen Lochblech besteht. Da die Temperatur im unteren Bereich des Reaktors immer zwischen der Roh- und Reingastemperatur schwankt, sind die ausgetragenen Kugeln stets relativ kalt und können ohne Probleme entstaubt und gefördert werden. Die entstaubten Kugeln werden mit einem Becherwerk in den Reaktor zurückgefördert.

Das Funktionsprinzip wurde bei realen Bedingungen mit einer Pilotanlage getestet (Bild 13). Die Pilotanlage ist für einen Durchsatz von bis zu 1.000 Nm^3/h ausgelegt und mit einer vollautomatischen Steuerung ausgerüstet. Bisher wurde die Pilotanlage bei vier unterschiedlichen Prozessen mit siliziumhaltiger Abluft eingesetzt. Die Bandbreite reichte von der Kunststoffherstellung über Antihaftbeschichtung bis zur MBA. Die durchweg positiven Resultate führten zu ersten großtechnischen Umsetzungen.

Bild 13:   Pilotanlage; Feldversuch (links), Brennerkopf (mittig) und Wärmespeichermasse (rechts)

3.4. Großtechnische Umsetzung

Die im Rahmen der Pilotversuche gewonnenen Erkenntnisse veranlassten eine Reihe von Optimierungen, vor allem der Anlagensteuerung. Dabei erwies sich vor allem die Temperaturregelung in der Regeneratorschüttung als zentrale Komponente, die es vor einer großtechnischen Umsetzung zu lösen galt. Weiterhin zeigte sich, dass der Austrag und die Förderung der keramischen Kugeln eine große technische Herausforderung darstellt. Dazu wurde ein 1:1 Modell des Reaktorbodens im Technikum errichtet und daran der Kugelaustrag optimiert. Die bisher marktüblichen und aus der Schüttguttechnik bekannten Lösung waren für die vorgesehene Aufgabenstellung nicht umsetzbar, da damit kein gleichmäßiger und schonender Kugeltransport gewährleistet werden konnte.

Das beste Ergebnis schließlich wurde mit einer neuartigen Räumeinrichtung erzielt, die die Schüttung lediglich am Auslauf der Böschung abträgt. Es wurde ein bestehendes früher patentiertes Austrags-System abgewandelt und für die Wärmetauscherkugeln überarbeitet.

Die Inbetriebnahme der ersten großtechnischen Umsetzung wurde im Dezember 2013 abgeschlossen. Die Anlage ist für einen Abluftvolumenstrom von 7.500 bis 10.000 Nm³/h ausgelegt. Der Anliegenbetreiber hatte bis dahin eine Thermische Nachverbrennung mit rekuperativer Wärmerückgewinnung (TNV) eingesetzt, die wegen der relativ hohen Beladung mit Siloxanen einmal wöchentlich abgestellt und gereinigt werden musste.

Bild 14:   Erste großtechnische DeSiTHERM

Bereits vor Abschluss der Inbetriebnahme war das System mehrere Wochen unter Produktionsbedingungen kontinuierlich in Betrieb, ohne dass ein Abfahren und eine weitergehende als die automatische Reinigung während des Betriebes erfolgen musste.

3.5. Vorteile, Energieverbrauch und Reingaswerte

Neben der kontinuierlichen Betriebsweise – keine Stillstände zur Reinigung – ist ein weiterer Vorteil, dass das gebildete SiO_2 als kristallines Produkt an der Oberfläche der Wärmeübertägerkugeln anfällt und damit deutlich einfacher zu handhaben ist als das amorphe SiO_2, das sich in der Brennkammer einer TNV oder RTO bildet. Zum Einen führt das kristalline SiO_2 zu deutlich niedrigerem Druckverlust als das amorphe SiO_2 in der TNV oder RTO. Zum anderen gestaltet sich die Abreinigung deutlich unproblematischer.

In Bild 15 sind die mit SiO_2 belegten Wärmetauscherkugeln vor der Abreinigung dargestellt.

Bild 15:   Mit SiO_2 belegte Wärmetauscherkugeln

Der thermische Wirkungsgrad wurde während der Inbetriebnahme mit > 96 Prozent bestimmt und liegt damit auf dem Niveau einer RTO mit Wabenkörpern.

Aus energetischer Sicht ist damit der Einsatz wirtschaftlich, wenn eine RTO im Intervall von etwa 1 bis 2 Monaten abgestellt und gereinigt werden müsste.

4. Ausblick

Wenn man den Angaben der Hersteller Glauben schenkt, wird der Absatz von Si-Verbindungen steigen. Es kann damit gerechnet werden, dass auch der Anteil im Abfall zunehmen wird, wodurch sich das SiO_2-Aufkommen in RTO-Anlagen erhöhen wird.

Bestehende Anlagenkonzepte sollten im Hinblick auf erhöhte SiO_2-Ablagerungen und zur Klärung von Energiesparpotenzial individuell betrachtet werden, wobei vorgeschaltete Prozesse nicht ausgenommen werden können.

Durch die neue Technologie steht ein alternatives RTO-Konzept zur Verfügung, das die Nachteile der Anlagenstillstände zur Reinigung vermeiden kann.

5. Literatur

[1] ASA: MBA-Steckbriefe, 2010/2011 Aktuelle Daten von MBA-, MBS- und MPS-Anlagen und Kraftwerken für den Einsatz von Ersatzbrennstoffen in Deutschland. Arbeitsgemeinschaft Stoffspezifische Abfallbehandlung (ASA) GmbH, Ennigerloh, Februar 2010

[2] Carlowitz, O.; Neese, O.; Schricker, B.: Behandlung von Abgasen mit siliziumorganischen Verbindungen. 2. Bayerische Immissionsschutztage, Augsburg, 16./17. Juni 2010

[3] Carlowitz, O: Probleme und Lösungsansätze beim Betrieb von RTO-Anlagen in MBA-Systemen. LfULG-Kolloquium zu BVT/Stand der Technik, Dresden, 26. November 2008

[4] EP: Verfahren und Vorrichtung zur Behandlung von siliziumorganischen Verbindungen enthaltenen Abgasen", Europäische Patentschrift EP 1 691 913 B1, München, 25. April 2007

[5] Ketelsen, K.: Potenziale und Perspektiven der MBA-Technologie – Sachstand und Ausblick. 10 Jahre ASA Jubiläum, Potsdam, 30.-31.08.2007

[6] Mattersteig, S.; Brunn, L.; Friese, M.; Bilitewski, B.: Siloxane in der Intensivrotte der MBA. In: Wiemer, K.; Kern, M. (Hrsg.): Bio- und Sekundärrohstoffverwertung IV, stofflich – energetisch, Witzenhausen-Institut, Witzenhausen, 2009, S. 597-604

[7] Neese, O.; Carlowitz, O.; Reindorf, T.: Probleme bei der Abgasreinigung durch RTO bei mechanisch-biologischen Abfallaufbereitungsanlagen. In: Thomé-Kozmiensky, K. J.; Beckmann, M. (Hrsg.): Energie aus Abfall, Band 1. Neuruppin: TK Verlag Karl Thomé-Kozmiensky, 2006, S. 371-387

[8] Reichenberger, H.-P.; Schricker, B,.;Sterzik, J.: Thermische Oxidation mit regenerativer Wärmerückgewinnung (RTO) – Stand der Abluftreinigung bei der Mechanisch-Biologischen Abfallbehandlung (MBA). In: Müll und Abfall 4, 42. Jahrgang (2010), Nr. 10, S. 153 - 204

[9] VDI-Richtlinie 2442: Abluftreinigung – Verfahren und Technik der thermischen Abluftreinigung. In: VDI/DIN-Handbuch Reinhaltung der Luft, Band 6. Berlin: Beuth-Verlag, März 2006

[10] Wallmann, R.; Dorstewitz, H.; Hake, J.; Fricke, K.; Santen, H.: Abgasbehandlung nach 30. BImSchV – erste Betriebserfahrungen und Optimierungsansätze. In: Thomé-Kozmiensky, K. J., Beckmann, M. (Hrsg.): Energie aus Abfall, Band 1. Neuruppin: TK Verlag Karl Thomé-Kozmiensky, 2006, S. 389-401

[11] Wallmann, R.: Abluftbehandlung bei MBA – Betriebserfahrungen, Probleme und Lösungen. Berliner Abfallwirtschafts- und Energiekonferenz, Berlin, 25.-26. September 2008

Erneuerbare Energien

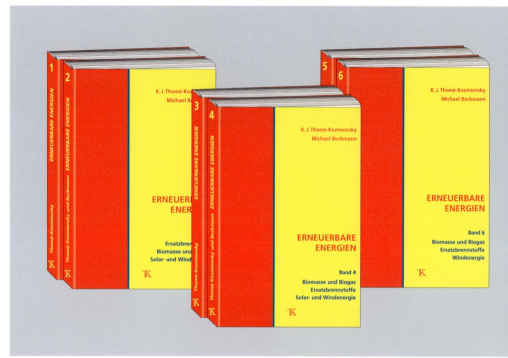

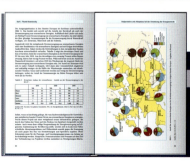

Energetische Verwertung der Rückstände aus Biogasanlagen und Kompostierwerken zur Gestehung von Strom, Wärme und Biokohle

Matthias Franke, Samir Binder und Andreas Hornung

1. Hintergrund und Potenziale

Vor dem Hintergrund steigender Energiekosten sowie der aktuellen Diskussionen um Klima- und Ressourcenschutz geht es bei der biologischen Behandlung von Bioabfällen nicht mehr allein um die Erzeugung eines hochwertigen Kompostes. Vielmehr zielen aktuell laufende Optimierungsmaßnahmen darauf ab, die derzeit immer noch überwiegend rein stoffliche Verwertung des Bioabfalls durch eine energetische Verwertung zu ergänzen. Neben der Errichtung neuer Vergärungskapazitäten wird dabei seit einigen Jahren auch die Integration anaerober Prozessstufen in bestehende Kompostierungsanlagen realisiert [1]. Der im Vergleich zur Kompostierung höhere Eigenenergiebedarf der Anlagen kann damit durch regenerativen Strom und Wärme substituiert werden.

Die allgemeine Akzeptanz der Energieerzeugung aus Bioabfällen ist dabei im Vergleich zu der aus nachwachsenden Rohstoffen aufgrund einer dort möglichen Nahrungsmittelkonkurrenz deutlich größer. Das Bioabfallaufkommen in Deutschland (ohne Grüngut) beträgt etwa 4 Millionen Tonnen pro Jahr. Derzeit sind etwa 100 Bioabfallvergärungsanlagen in Betrieb (Bild 1). Die elektrische Anschlussleistung der Anlagen beträgt insgesamt etwa 85 MW [2].

Bereits die große Spreizung des durchschnittlichen Pro-Kopf-Aufkommens an Bioabfällen von 32 kg/(E·a) bis 152 kg/(E·a) [3] zwischen den Bundesländern zeigt jedoch, dass die Erfassungsmengen künftig noch deutlich gesteigert werden könnten, zumal bundesweit weniger als die Hälfte der Bürgerinnen und Bürger an eine Biotonne angeschlossen sind [3].

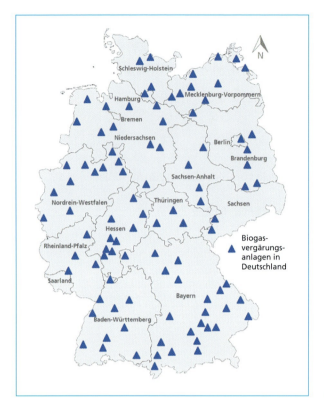

Bild 1:

Bioabfallvergärungsanlagen in Deutschland

Quelle: Kern, M.; Raussen, T.: Biogas-Atlas 2011/2012, Anlagenhandbuch der Vergärung biogener Abfälle in Deutschland. Witzenhausen: 2011, 283 Seiten

Die gemäß Kreislaufwirtschaftsgesetz vorgesehene Pflicht zur flächendeckenden getrennten Erfassung von Bioabfällen ab dem Jahr 2015 kommt der Erschließung dieses Potenzials entgegen und könnte Mengensteigerungen im Bereich von 2 bis 4 Millionen t/a mit sich bringen [4, 5]. Die Anzahl der Bioabfallvergärungsanlagen könnte sich damit um 220 Anlagen auf dann über 300 Anlagen steigern [5].

Aktuell fallen in den Bioabfallvergärungsanlagen jährlich etwa 1,3 Millionen Tonnen Gärreste an. Die Verwertung der Gärreste erfolgt vorwiegend auf landwirtschaftlichen Flächen und wird im Zuge der geänderten gesetzlichen Rahmenbedingungen in den nächsten Jahren deutlich zunehmen.

2. Absatzstruktur der Gärreste von Bioabfallvergärungsanlagen

Im Bereich der Verwertung von Bioabfallgärresten ist die Landwirtschaft der fast ausschließliche Absatzmarkt. Nachrotte und Kompostherstellung werden nur in 5 bis 10 Prozent der Anlagen durchgeführt [6]. Dies kann zu Flächenkonkurrenzen mit landwirtschaftlichen Biogasanlagen bei der Ausbringung der Gärreste führen. Kern et. al gehen davon aus, dass insbesondere für die flüssige Gärrestphase in Gebieten, in denen bereits große Güllemengen aus der Tierhaltung ausgebracht werden, eine zusätzliche Ausbringung von Gärresten schwierig ist [7].

Im Zuge der Novellierung der Bioabfallverordnung wurde eine Ausweitung der Untersuchungspflichten von Bioabfallgärresten vorgenommen, auch Grüngut fällt nun erstmalig unter diese Untersuchungspflicht.

3. Gärrestaufbereitung und Klimarelevanz

Die Gärreste verfügen auf der einen Seite über ein großes Potenzial zur Substitution von Mineraldüngern und tragen damit zur Ressourcenschonung und Reduzierung von klimarelevanten Treibhausgasen bei. Auf der anderen Seite setzen Gärreste auch nach Abschluss des Gärprozesses im Rahmen der offenen Lagerung und Ausbringung klimarelevantes Ammoniak, Lachgas und Methan frei. Die aus der Lagerung der Gärreste resultierenden Emissionen werden auf bis zu 10 Prozent der erzeugten Biogasmenge eingeschätzt [8, 9]. Bei der Ausbringung der Gärreste sind vor allem im Bereich der flüssigen Gärreste Emissionen von Lachgas und Ammoniak relevant [10]. Zwar wird vielfach ein unsachgemäßer, nicht dem Stand der Technik entsprechender Aufbau und Betrieb der Anlagen sowie eine unsachgemäße Aufbereitung und Ausbringung der Gärreste als Hauptursache für die Emissionen angesehen [8], gänzlich vermeiden lassen sie sich aber auch bei optimalen Bedingungen ohne weitere Behandlungsschritte nicht.

4. Weitergehende Gärrestverwertung

Ein seit einiger Zeit vermehrt diskutierter Ansatz zur Veredelung von Gärresten und Komposten sowie zur Reduzierung klimarelevanter Emissionen ist die Erzeugung von Biokohle. Die durch den gezielten Inkohlungsprozess herbeigeführte Stabilisierung des Kohlenstoffs soll eine langfristige Fixierung im Boden ermöglichen. Aufgrund der hohen Adsorptionsfähigkeit der erzeugten Biokohle kann diese zugleich als Wasser- und Nährstoffdepot genutzt werden und so die Nährstoffnutzungseffizienz erhöhen [11, 12]. Nach derzeitigem Stand der Technik wird Biokohle in hydrothermalen sowie pyrolytischen Prozessen erzeugt. Auf Vergasung basierende Verfahren führen prinzipiell auch zu einem festen, koksartigen Rückstand. Dieser ist jedoch durch erhöhte Gehalte an polyzyklischen Kohlenwasserstoffen gekennzeichnet und daher als Bodenverbesserer oder Düngemittel ungeeignet [13, 14].

Die Hydrothermale Carbonisierung (HTC) eignet sich prinzipiell zur Behandlung nasser, schwer abbaubarer Biomassen, demnach auch für die weitere Aufbereitung von Gärresten. Dabei werden die Substrate in wässriger Phase unter Temperaturen von 180 bis 250 °C und Drücken bis etwa 20 bar behandelt. Einen Überblick über Verfahrensvarianten und Prozessparameter gibt [13].

Bei den pyrolytischen Verfahren werden die Gärreste zunächst entwässert, getrocknet und schließlich der Pyrolyse zugeführt. Der unter Sauerstoffabschluss ablaufende Prozess wird bei Temperaturen im Bereich von 400 bis 800 °C vollzogen. Aufgrund der sehr unterschiedlichen Randbedingungen beider Verfahrensvarianten weisen auch die erzeugten Biokohlen unterschiedliche Charakteristika auf.

So verfügen die bei vergleichsweise geringen Temperaturen erzeugten HTC-Kohlen über eine geringe Abbaustabilität. Gegenüber Komposten kann sogar auch eine erhöhte Bioverfügbarkeit und damit Umsetzung im Boden erfolgen [15]. Dagegen weisen die aus Pyrolyseprozessen stammenden Biokohlen aufgrund deutlich erhöhter Kohlenstoffgehalte gegenüber der HTC-Kohle eine erhöhte Abbaustabilität auf und können damit am ehesten einen Beitrag zur längerfristigen Kohlenstofffixierung im Boden leisten. Ein von der Firma Pyreg bereits technisch umgesetztes Pyrolysekonzept setzt auf die Trocknung und Pyrolyse verschiedener in Kompostwerken anfallenden Stoffströme. Über ein in Österreich realisiertes Konzept werden Markterlöse von 450 EUR/t Biokohle genannt, die aufgrund hoher Produktionskosten allerdings weiterhin nur durch Annahmeerlöse für die Stoffströme tragfähig sind [16].

Fraunhofer UMSICHT arbeitet daher am Institutsteil Sulzbach-Rosenberg an der Realisierung eines auf Pyrolyse basierenden Konzeptes, das neben der Erzeugung der Biokohle weitergehende energetische Wertschöpfungsoptionen ermöglicht und bestehende Bioabfallvergärungsanlagen in idealer Weise ergänzen kann (Bild 2).

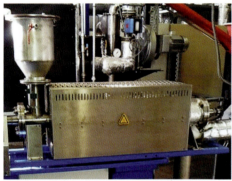

Bild 2:   Pyrolyseeinheiten (links: 2 kg/h; rechts: 60 kg/h) bei Fraunhofer UMSICHT

Das Verfahren basiert auf dem Prinzip der sogenannten Intermediate Pyrolysis, bei der die Gärreste bei Temperaturen von 450 bis 500 °C in einem Koaxialschneckenreaktor unter Luftabschluss erhitzt und zu Pyrolysekoks, -gas und -öl umgewandelt werden. Durch eine angepasste Prozessführung wird die produzierte Biokohle in den Pyrolysereaktor rückplatziert und ermöglicht durch den Kontakt der reaktiven Kokse mit den erzeugten Pyrolysegasen eine prozessintegrierte Reformierung. Das entstehende Produktgas hat damit eine deutlich reduzierte Fracht an Partikeln und Teeren und kann durch ein kostenminimiertes Gasaufbereitungsverfahren motorisch genutzt werden. Die erzeugte Flüssigphase setzt sich zusammen aus einem mit Biodiesel mischbaren Öl und einer wässrigen Fraktion, die mit geringem verfahrenstechnischem Aufwand separiert werden kann. Ein modifizierter Zündstrahlmotor der Firma Cummins lief mit dem Pyrolyseöl und -gas im Mischbetrieb mit Biodiesel bereits über eine Periode von 500 Stunden wartungsfrei. Die modifizierten Motoren stellte die Nachhaltige Energiesysteme und Anlagenbau Kaiserslautern GmbH (NEK) entsprechend der Spezifikationen des erzeugten Treibstoffs bereit.

Berlin macht mehr daraus.

Mehr als Dünger und Kompost…
Seit Anfang 2013 bereiten wir in unserer Biogasanlage pro Jahr rund 60.000 t organische Abfälle zu Biogas auf und betanken damit 150 gasbetriebene Müllsammelfahrzeuge. So schließt sich der Kreis und die Umwelt freut sich.

www.BSR.de

So orange ist nur Berlin

BSR

NEK ist ein auf Motorenentwicklung spezialisiertes Unternehmen, das sich unter anderem mit der Anpassung konventioneller Aggregate beispielsweise an säurehaltige Kraftstoffe befasst.

Eine besonders für Bioabfallvergärungsanlagen sinnvolle Erweiterung des Verfahrens stellt der sogenannte BAF (Biomass Activated Fuel) -Reaktor dar (Bild 3), da hiermit auch die in den Anlagen anfallenden Kunststoffabfälle verwertet werden können. Die flüchtige Phase aus dem Pyrolyse- und Reforming-Prozess wird nicht direkt auf den Motor, sondern zunächst in den BAF-Reaktor eingeleitet und reagiert dort mit einem heißen, langkettigen Öl. Das dabei entstehende Produktgas wird über zwei Kühlstufen in einen Treibstoff- und einen Wasser-Anteil kondensiert. Das verbleibende Gas wird abschließend in einem elektrostatischen Abscheider gereinigt und direkt in einem Blockheizkraftwerk in elektrische Energie gewandelt. Das BAF-Verfahren bietet gegenüber der reinen Pyrolyse mehrere Vorteile. Zum einem erfährt das Pyrolysegas durch die Einbringung in ein Öl grundsätzlich eine Reinigung. Zum anderen reagiert das Gas außerdem mit dem Öl und crackt dieses in wesentlich niedrigeren Temperaturbereichen, als dies ohne Pyrolysegas möglich wäre.

Durch diese Reaktion bildet sich somit ein stabilerer, lagerfähiger Treibstoff mit einem deutlich höheren Energiegehalt im Vergleich zum reinen Pyrolyseöl. Je nach verwendetem Einsatzstoff im BAF-Reaktor und genutzter Temperatur kann im BAF-Prozess wahlweise mehr Gas oder Treibstoff erzeugt werden. Die Einsatzstoffe für den BAF-Reaktor reichen hierbei von Plastikabfällen (PE/PP) über Ölrückstande bis hin zu Bioölen. Mit der BAF-Technologie können somit auch Pyrolyseöle ohne großen Aufwand soweit aufgewertet werden, dass sie zur dezentralen Energieerzeugung direkt in Blockheizkraftwerken nutzbar werden. Darüber hinaus werden die Öle lagerbar und können somit auch zur dezentralen Energieerzeugung in Spitzenlastzeiten verwendet werden. Für den speziellen Fall von Bioabfallvergärungsanlagen liegt der besondere Charme des Verfahrens in der Möglichkeit, die in den Bioabfallchargen enthaltenen Kunststoffabfälle, die bislang gegen Zuzahlung einer thermischen Verwertung zugeführt werden, im BAF-Reaktor zu einem verstromungsfähigen Gas umzusetzen. Der hohe Energiegehalt der Kunststoffabfälle führt dabei zu entsprechend hohen Energieausbeuten. Die beschriebene Verfahrenskombination wurde bereits am Standort der Harper Adams University (UK) in Betrieb genommen. Die dort realisierte Anlage weist eine Durchsatzleistung von 100 kg/h auf (Bild 3).

Bild 3:

Pilotanlage Verfahrenskombination Pyrolyse-BAF (Kapazität 100 kg/h)

Im Rahmen des Interreg IVb Projektes Bioenergy Nord West Europe (BioenNW) wurde das beschriebene Verfahrenskonzept in einer Forschungskooperation unter Beteiligung der Länder Belgien, Frankreich, Italien, Holland und Großbritannien im Demonstrationsmaßstab umgesetzt. Insbesondere die Kombination aus Pyrolyse und Anaerobtechnik ist Gegenstand des Forschungsverbundes und soll in den beteiligten Ländern umgesetzt werden [17].

5. Einbindung der Pyrolyse in Bioabfallvergärungsanlagen

Nachfolgend ist in Bild 4 eine mögliche Integration der Pyrolysestufe in bestehende Biogasanlagen schematisch dargestellt.

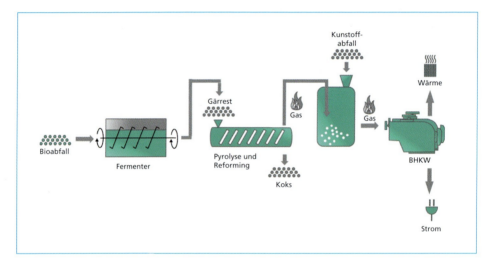

Bild 4:   Integration einer Pyrolyseanlage in bestehende Biogasanlagensysteme und die gewonnenen Energieträger und Produkte

Die erzeugten gasförmigen und flüssigen Pyrolyseprodukte können gespeichert oder in einem zusätzlich installierten Kombi-BHKW energetisch zur Strom und Wärmeproduktion genutzt werden. Die Abwärme der BHKW kann kostenneutral für die gesamte Biogasverbundanlage, beispielsweise zur Trocknung der Gärrestmengen oder zur Fermenterbeheizung, genutzt werden. Das im Pyrolyseprozess separierte Wasser kann dem Vergärungsprozess wieder zugeführt werden. Die Rückführung des Prozesswassers in den Fermenter führt dort zu einem Anstieg der Methanproduktion.

Die Integration einer Pyrolyseanlage kann die Effizienz von Bioabfallvergärungsanlagen durch die damit verbundene Gärrestverwertung erhöhen und zugleich die regionale Wertschöpfung steigern. Der Pyrolyseprozess ermöglicht darüber hinaus den Aufschluss von ligninhaltigen Komponenten zu flüssigen und gasförmigen Brennstoffen und trägt zur optimierten Nutzung der eingesetzten Gärreste bei.

Dies bedeutet, dass vermehrt erneuerbare und vor allem speicherfähige Energie aus dem Gärrest gewonnen werden kann und die Klimabilanz der Fermentation aufgrund der hohen CO_2-Speicherfähigkeit der Biokohle deutlich verbessert wird.

Das technisch nutzbare Potenzial zur Biokohleherstellung wird bei 10 bis 20 Prozent der anfallenden Bioabfallgärreste gesehen.

Die Verwendung der Biokohlen kann sowohl stofflich als auch energetisch erfolgen. Abgesehen von der Möglichkeit der Mitverbrennung in Großkraftwerken ist prinzipiell der Einsatz von Biokohlen auch in kleineren, genehmigungsbedürftigen Feuerungsanlagen denkbar. Perspektivisch ist auch eine Verwendung in Hausbrandanlagen und die damit verbundene Zulassung zum Regelbrennstoff nach der 1.BImSchV denkbar. Durch den Endkundenhandel könnte ein zusätzlicher Absatzmarkt bedient werden, auf dem deutlich höhere Preise durchgesetzt werden können.

Ebenso kann eine landwirtschaftliche Verwertung von Biokohlen bei nachgewiesener Eignung sinnvoll sein. Diese können sowohl als Bodenverbesserer als auch perspektivisch als Dünger eingesetzt werden. Hierzu sind aber neben dem technischen Nachweis auch der rechtliche Rahmen und der Zulassungsweg zu bewerten.

Schließlich sind auch industrielle Anwendungen von Biokohle von Interesse. Hier steht vor allem die Substitution von fossiler Kohle in bestehenden Prozessen im Mittelpunkt. Erste Ansatzpunkte sind die Nutzung von Biokohlen in den Kohleelektroden der Aluminiumherstellung oder als Reduktionsmittel bei der Stahlerzeugung.

6. Ausblick

Die stoffliche oder energetische Verwertung von Biokohle führt im Gegensatz zur landwirtschaftlichen Ausbringung von Gärresten nicht zur Freisetzung der Klimagase Methan, Ammoniak und Lachgas. Durch den Einsatz von Biokohle als Bodenverbesserer wird der Kohlenstoff dauerhaft fixiert, was langfristig zur CO_2-Speicherung und somit zum weiteren Ausbau der Klimaschutzziele beiträgt [18].

Essenziell für die großtechnische Biokohleapplikation in Gartenbau und Landwirtschaft ist die Etablierung standardisierter Analyseroutinen zur Qualitätssicherung der Biokohle. Der Institutsteil Sulzbach-Rosenberg von Fraunhofer UMSICHT arbeitet vor diesem Hintergrund gemeinsam mit Forschungseinrichtungen in Italien und Großbritannien an der Schaffung einer anerkannten Zertifizierungsroutine.

Institutsleiter Prof. Dr. Andreas Hornung ist Mitglied der International Biochar Initiative (IBI), die sich für die nachhaltige Nutzung von Biokohle unter sozialen, ökonomischen und ökologischen Gesichtspunkten einsetzt. Die Initiative unterstützt den Austausch und die Verbreitung von Informationen und Fakten zum Thema Biokohle.

Fraunhofer UMSICHT arbeitet an der Realisierung einer Demonstrationsanlage zur Koppelung einer bestehenden Bioabfallvergärungsanlage mit der Pyrolyse-BAF-Technologie. Vorbehaltlich positiver Förderbescheide soll das Verfahrenskonzept im Demonstrationsmaßstab realisiert und im Praxistest evaluiert werden.

7. Literatur

[1] Franke, M.; Rühl, O.; Faulstich, M.: *Integration von Vergärungsstufen in Kompostieranlagen*. In: Bilitewski B.; Schnurer H.; Zeschmar-Lahl B.; (Hrsg): Müllhandbuch 4/09, 2009, S. 5420/1-5420/1

[2] Kern, M.; Raussen, T.: Biogas-Atlas 2011/2012, Anlagenhandbuch der Vergärung biogener Abfälle in Deutschland. Witzenhausen: 2011, 283 Seiten

[3] Kern, M., Raussen, T.: Potenzieller Beitrag der Abfallwirtschaft zur Energieversorgung. In: Wiemer, K.; Kern, M. (Hrsg.): Bio- und Sekundärrohstoffverwertung V. Stofflich – energetisch. Witzenhausen: Witzenhausen-Institut für Abfall, Umwelt und Energie GmbH, 2010, S. 461-475

[4] Alwast, H.: Auswirkung des Kreislaufwirtschaftsgesetzes auf Stoffströme und Behandlungskapazitäten in Deutschland, Wasser und Abfall, 13. Jahrgang, Heft 10. Wiesbaden: 2010, S. 10-14

[5] Bergs, C.-G.: KrWG und Bioabfallverordnung – Konsequenzen für die Bioabfallerfassung und -behandlung. In: Wiemer, K.; Hern, M.; Raussen, T. (Hrsg.): Bio- und Sekundärrohstoffverwertung VIII, stofflich-energetisch, Witzenhausen: Witzenhausen-Institut für Abfall, Umwelt und Energie GmbH, 2013, S. 107-120

[6] H&K: Humuswirtschaft & Kompost aktuell, Ausgabe 4-2013, 08.04.2013.

[7] Kern, M.; Raussen, T.; Funda, K.; Lootsma, A.; Hofmann, H.: Aufwand und Nutzen einer optimierten Bioabfallverwertung hinsichtlich Energieeffizienz, Klima- und Ressourcenschutz. In: Dessau: Umweltbundesamt Texte 43/2010, FKZ: 370733304, 2010, 196 Seiten

[8] Präsentation Workshop zum Projektabschluss der Projekte *Ermittlung der Emissionssituation bei der Verwertung von Bioabfällen* (FKZ 20633326) und *Ermittlung der Emissionssituation bei der Vergärung von Bioabfällen* (FKZ 370944320), 20.06.2011. Dessau: Umweltbundesamt, 2009

[9] Cuhls, C.; Mähl, B.; Clemens, J.: Emissionen aus Biogasanlagen und technische Maßnahmen zu ihrer Minderung. In: Thomé-Kozmiensky, K.J.; Beckmann, M. (Hrsg.): Erneuerbare Energien Band 4. Neuruppin: TK Verlag Karl Thomé-Kozmiensky, 2010, S. 147 bis 160

[10] Cuhls, C.; Mähl, B.: Methan-, Ammoniak- und Lachgasemissionen aus der Kompostierung und Vergärung – technische Maßnahmen zur Emissionsminderung. In: Wiemer, K.; Kern, M. (Hrsg.): Bio- und Sekundärrohstoffverwertung III, stofflich-energetisch, Witzenhausen: Witzenhausen-Institut für Abfall, Umwelt und Energie GmbH, 2008, S. 471-489

[11] Libra, J.A. et al.: Hydrothermal carbonization of biomass residuals: a comparative review of chemistry, processes and applications of wet and dry pyrolysis. In: Biofuels 2(1), 2011, S. 89-124

[12] Steiner, C.; Glaser, B.; Teixeira, W.G.: Nitrogen retention and plat uptake on a highly weathered central Amazonian Ferrasol amended with compost and charcoal. In: Journal of Plant Nutrition and Soil Science, 171, Bd 6, 2008, S. 893-899

[13] Quicker, P.: Thermochemische Verfahren zur Erzeugung von Biokohle. In: Wiemer, K.; Hern, M.; Raussen, T. (Hrsg.): Bio- und Sekundärrohstoffverwertung VIII, stofflich-energetisch, Witzenhausen: Witzenhausen-Institut für Abfall, Umwelt und Energie GmbH, 2013, S. 325-336

[14] Reichle, E.; Schmoeckel, G.; Schmid, M.; Körner, W.: Rückstände aus Holzvergasunganlagen. In: Müll und Abfall, 3, 2010, S. 118-126

[15] H&K: Humuswirtschaft & Kompost aktuell 11/2011, Biokohle – Klimaretter oder Mogelpackung, 2011, S. 3-6

[16] Dunst, G.: Die erste abfallrechtlich bewilligte Pflanzenkohle-Produktionsanlage Europas. In: Wiemer, K.; Hern, M.; Raussen, T. (Hrsg.): Bio- und Sekundärrohstoffverwertung VIII, stofflich-energetisch, Witzenhausen: Witzenhausen-Institut für Abfall, Umwelt und Energie GmbH, 2013, S. 349-354

[17] BioenNW: Homepage Projekt Bioenergy NorthWest Europe: http://bioenergy-nw.eu/, 2013

[18] Holweg, C.: Abschlussbericht zur Studie Biomasse-Pyrolyse, Machbarkeitsstudie zum Einsatz einer innovativen Technologie zur Bioenergieerzeugung mittels Pyrolyse mit niedrigen Staubemissionen und hohem CO_2-Reduktionspotential, Innovationsfonds Klima- und Wasserschutz badenova AG & Co. KG, Proj.-Nr. 2010-12, Dezember 2010

Vier Jahre Betriebserfahrung mit der Verbrennung von Ersatzbrennstoffen in der zirkulierenden Wirbelschicht des EBS-Kraftwerks Witzenhausen

Kurt Wengenroth

1. EBS-Kraftwerk Witzenhausen

In der Papierfabrik von DS-Smith Paper in Witzenhausen werden jährlich etwa 320.000 t/a Wellpappenrohstoff hergestellt. Die Produktion baut zu 100 % auf Altpapier auf.

Die Versorgung der Papierfabrik mit Dampf und Strom erfolgt seit dem 24.6.2009 vollständig durch das neue EBS-Kraftwerk der B+T Energie, welches auf dem Einsatz von Ersatzbrennstoffen (EBS) aufbaut. Dazu sind bis zu 80 MW Niederdruckdampf zur Beheizung der Trockenzylinder der Papiermaschine und etwa 14 – 16 MW Strom bereitzustellen. Dieser Bedarf an Dampf und Strom besteht ganzjährig nahezu konstant. Bedingt durch die räumliche Lage im Gelstertal ist das vorhandene Werksgelände der Papierfabrik räumlich sehr begrenzt und nicht weiter expansionsfähig, so dass die für den Bau des Kraftwerks verfügbare Fläche auf 5.000 m² begrenzt werden musste. Darauf aufbauend fiel die Wahl nach einer geeigneten Technik mit einer thermischen Leistung von 124 MW auf die zirkulierende Wirbelschicht in einliniger Ausführung. Das EBS-Kraftwerk Witzenhausen wurde von Austrian Energy & Environment AE&E als General-Unternehmer gebaut. Der Aufbau ist in Bild 1 schematisch dargestellt.

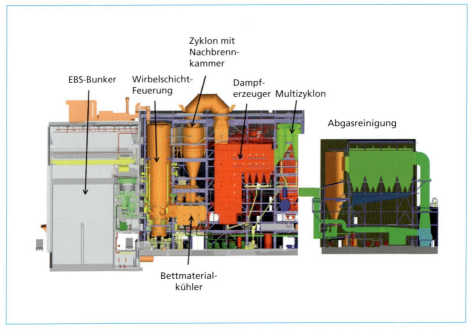

Bild 1:   Schematischer Aufbau der zirkulierenden Wirbelschicht für das EBS-Kraftwerk Witzenhausen

Quelle: AE&E: Verfahrensfließbild EBS-Kraftwerk Witzenhausen

Im Folgenden sollen die wesentlichen Bauteile und Leistungsmerkmale der zirkulierenden Wirbelschicht kurz dargestellt, und im Hinblick auf Verschleiß und Korrosion bewertet werden.

1.1. Brennstoffdosierung

Vor der Dosierung des Brennstoffes in die Brennkammer erfolgt zunächst eine Bevorratung in einem Stapelbereich. Dieser Stapelbereich ist als Hochbunker ausgeführt, der zur Überbrückung von 5 Betriebstagen ausgelegt ist.

Mit einer Stapelhöhe von 27 m können mehr als 5.000 t Ersatzbrennstoff gelagert werden. Sowohl die Einlagerung als auch die Beschickung der Dosiersysteme erfolgt mittels eines vollautomatischen Kransystems, welches zur Erhöhung der Sicherheit redundant ausgelegt ist.

Bild 2:   Sattelauflieger vor den Anliefertoren

Bild 3:   Brennstoffdosierung mittels automatischem Kransystem

Die eigentliche Dosierung in die Brennkammer gestaltet sich deutlich komplizierter als bei Rostfeuerungen und erfolgt pneumatisch, der EBS direkt in das Wirbelbett eingeblasen wird. Dazu werden insgesamt 4 Zellradschleusen kontinuierlich mit EBS beschickt.

Der Volllastbetrieb kann mit 2 Zellradschleusen gewährleistet werden, so dass auch in diesem Bereich eine hinreichende Redundanz bei Störungen in der Brennstoff-Dosierung vorhanden ist.

Bild 4:   Dosiersystem für die pneumatische Dosierung von Ersatzbrennstoffen

Jede Blasleistung hat einen Durchmesser von 250 mm, so dass hierüber die eigentliche Limitierung für die Aufbereitungstiefe des EBS vorgegeben wird.

1.2. Adiabat ausgeführte Brennkammer mit offenem Düsenboden

Die Brennkammer ist als runder, im unteren Teil konisch eingezogener Zylinder gestaltet. Sie ist zusammen mit dem nachgeschalteten Zyklon vollkommen mit Feuerfestmaterial ausgemauert und somit als adiabates System ausgeführt, so dass im Brennraum keine Wärme entzogen wird. Damit verbunden ergibt sich eine weitestgehend ungestörte Verbrennungsführung und damit verbunden ein nahezu vollständiger Ausbrand des Brennstoffs. [2]

Die Verbrennung wird bei relativ niedrigen Temperaturen von 870 – 880 °C durchgeführt, was mit niedrigen NO_x-Konzentrationen einher geht. Die Regelung der Brennkammer-Temperatur erfolgt über den Bettmaterialkühler und die Regelung von Rezigas-Mengen.

Da in Ersatzbrennstoffen Störstoffe, wie Steine, Glas, Fe- und NE-Metalle unvermeidlich sind, können diese auch in die Brennkammer gelangen. So können dies aufgrund der mit den EBS-Lieferanten vereinbarten Spezifikationen in der Anlage

Bild 5:   Offener Düsenboden der Wirbelschicht

in Witzenhausen etwa 10 t Fe-Metalle pro Tag sein. Aus diesem Grunde wird die zirkulierende Wirbelschicht von AE&E mit einem offenen Düsenboden ausgeführt. Damit soll sichergestellt werden, dass diese Störstoffe auf direktem Wege aus dem Wirbelbett ausgeschleust werden, ohne sich in der Brennkammer anzureichern.

Bild 6 zeigt den Zustand des Düsenboden nach Öffnung der Brennkammer zu Revisionszwecken.

Bild 6:   Offener Düsenboden der Wirbelschicht

Bild 7:   Im EBS enthaltene Störstoffe

1.3. Bettmaterialkühler (BMK)

Im Bettmaterialkühler (BMK) findet die Endüberhitzung des Dampfes von etwa 400 °C auf 450 °C bei 66 bar statt. Die Zielsetzung dieser Art der Endüberhitzung ist, dass der Energietransfer nicht im korrosionsaggressiven Abgas erfolgt, sondern vielmehr im Sandbett des zirkulierenden Bettmaterials, dem sog. Umlaufmaterial.

Bild 9: Ersatz-Bettmaterialkühler vor Einbau

Der BMK befindet sich im Primärkreislauf extern von der Brennkammer. Mittels eines wassergekühlten Nadelventils am Siphon wird die Zuflussmenge von heißem Umlaufmaterial eingestellt, und damit die Brennkammertemperatur geregelt. Der BMK besteht aus mehreren, vollständig ausgemauerten Kammern, die durch Wehre voneinander getrennt sind und nach dem Prinzip einer stationären Wirbelschicht fluidisiert werden. [2]

Bettmaterialkühler

Bild 8: Schematische Darstellung des Primärkreislaufs bestehend aus Brennkammer, Zyklon und Bettmaterialkühler

Der BMK ist als Verschleißteil ausgeführt und hat eine garantierte Standzeit von 12.500 Stunden. Der Austausch dauert erfahrungsgemäß etwa 10 Tage inklusive aller peripheren Maßnahmen. Somit ist die Verlängerung der Standzeit des BMK durchaus relevant für Verfügbarkeit der Anlage. Die Originalausführung ist in 1.4876 ausgeführt und verfügt zusätzlich über eine thermisch aufgespritzte Schutzschicht aus AC-66.

1.4. Abhitzekessel

Der im Abgasstrom befindliche Abhitzekessel arbeitet nach dem Naturumlaufprinzip und wurde als horizontal durchströmter Kessel mit einem zweizügigen Strahlungszug und anschließenden hängenden Bündelheizflächen ausgeführt.

Strahlungszüge

Aus der Nachbrennkammer tritt das Abgas mit einer Temperatur von 870 – 880 °C von oben in den ersten Strahlungszug ein. Dieser ist als berohrter Leerzug gestaltet, die

Flossenwände sind als Verdampfungsheizflächen geschaltet. Aufgrund des vorliegenden Kesseldruckes liegt die Wandtemperatur bei rund 280 – 300 °C. Die Abreinigung der Wände erfolgt durch vier einander gegenüberliegende Wasserlanzenbläser, deren Blasstrahl die Wände in mäanderförmigen Blasfiguren überstreicht.

Der zweite Strahlungszug wird aufwärts durchströmt und weist den gleichen Querschnitt wie der erste auf, im Gegensatz dazu sind hier jedoch zusätzliche, über die ganze Höhe des Kesselzuges reichende Schottheizflächen eingehängt. Sämtliche Heizflächen des zweiten Strahlungszuges sind ebenfalls als Verdampfer ausgeführt. Die Heizflächenabreinigung erfolgt in diesem Kesselzug mit Hilfe von Dampf-Lanzenschraubbläsern. Die Strahlungszüge sind derart ausgelegt, dass am Eintritt in die Bündelheizflächen des nachfolgenden Dackelzuges die Abgastemperatur unter 650 °C liegt.

Dackelzug

Der Dackelzug ist ein abgasseitig horizontal durchströmter Kanal. Nach Passieren der Strahlungszüge beträgt die Eintrittstemperatur in den Dackelkessel weniger als 650 °C. In diesen Kanal sind mehrere Überhitzerpakete sowie ein Verdampferpaket als hängende Bündelheizflächen angeordnet.

Für die Heizflächenabreinigung der Bündelheizflächen im Dackelzug ist ein pneumatisches Klopfwerk vorgesehen. Nach dem letzten Verdampferbündel verlässt das Abgas den Dackelzug mit Temperaturen von etwa 400 bis 450 °C.

Economiser

Der ECO ist als abgasseitig abwärts durchströmter Vertikalzug konventioneller Bauweise ausgeführt. Wasserseitig werden die an Tragrohren eingehängten Bündel im Gegenstrom und somit aufwärts durchströmt. Die Heizflächen im ECO stellen die letzten Wärmetauscherflächen im Abgasweg dar. Die Abreinigung der Heizflächen erfolgt mit Hilfe einer Kugelregenanlage.

2. Erfahrungen nach vier Jahren Betriebsdauer

Seit Inbetriebnahme im Jahre 2009 wurden mehr als 1,5 Millionen Tonnen Ersatzbrennstoff im EBS-Kraftwerk Witzenhausen verbrannt. Die Versorgung baut schwerpunktmäßig auf aufbereitetem Hausmüll auf. Dies erfolgt an vier Standorten mit insgesamt vierzehn angeschlossenen Landkreisen. So wird der größte Teil des Hausmülls aus Nordhessen und Südniedersachsen zu Ersatzbrennstoff für das EBS-Kraftwerk Witzenhausen aufbereitet.

2.1. Verschleiß bei der Dosierung von Ersatzbrennstoff

Die EBS-Dosierung für die zirkulierende Wirbelschicht ist ein verschleißintensiver Prozess, bei dem die gewünschten Reisezeiten nur durch intensive und regelmäßige Wartung realisiert werden können. Aus den bisherigen Betriebserfahrungen lässt sich ein steter Rückgang der Heizwerte des EBS feststellen. Im Hinblick darauf muss ein höherer Mengenstrom pneumatisch gefördert werden. Aufgrund des signifikanten Anteils an Inertstoffen wird damit der Verschleiß im gesamten Bereich der pneumatischen Brennstoff-Förderung erhöht. Dieser Verschleiß führt zu einer deutlichen Häufung der Störungen der Brennstoffdosierung mit zunehmender Betriebsstundenzahl.

Bild 10:   Verschlissene Dosierschnecken   Bild 11:   Neuaufbau in vollgepanzerter Ausführung

Die Förderschnecken der Vorlagesilos waren nach mehr etwa 1 Millionen Tonnen EBS vollständig verschlissen. Eine Sanierung durch Aufschweißen einer Verschleißschicht, wie sie bis dato praktiziert wurde, war nicht mehr möglich. Das neue Produkt verfügt über einen verbesserten Verschleißschutz durch Aufpanzerung von Wendel und Trog. Im Rahmen der nächsten Revisionen gilt es zu überprüfen, wie sich dieser Verschleißschutz bewährt hat.

Ein weiteres besonders verschleißintensives Bauteil stellen die Dosierförderer dar, denen die Aufgabe der Entzerrung des Ersatzbrennstoffes in der Dosierung zufällt, und die als Kettengurtförderer ausgeführt sind.

Bild 12:   Dosierförderer während der Grundsanierung   Bild 13:   Verschlissene Komponenten des als Kettengurtförderer ausgeführten Dosierförderers

Bei den genannten Durchsätzen von bis zu 40 h/h je Dosierförderer ist, steht nach bisherigen Betriebserfahrungen eine vollständige Grundsanierung nach 2 Jahren an.

Das letzte Glied in der Brennstoffdosierung stellen vier Zellradschleusen dar, die den erforderlichen pneumatischen Förderdruck aufbauen. Die Ausführung der Blasschuhe dieser Zellradschleusen war in der Originalausführung den Anforderungen des Dauerbetriebs nicht gewachsen, und wurden mittlerweile durch eine Ausführung in Schwerbauweise ersetzt, bei der alle verschleißrelevanten Teile gepanzert sind, und Schnellverschlußklappen eine einfachere Wartung im Störungsfalle ermöglichen.

Bild 14:   Verschlissener Blasschuh nach 7.000 h

Bild 15:   Neuausführung des Blasschuhs in Schwerbauweise

2.2. Verschleiß in der Ausmauerung von Brennkammer und Heißgaszyklon

Nach einer Betriebsdauer von 3 Jahren zeigten sich die ersten Spannungsrisse in der Ausmauerung an den Gewölben, in den Bereichen *Rücklauf Zyklon*, Übergang *Brennkammer – Heißgaszyklon*, sowie Übergang *Bettmaterialkühler – Brennkammer*. Um weiterhin einen Betrieb mit hohen Reisezeiten zu gewährleisten wurde entschieden, die Gewölbe neu aufbauen zu lassen.

Bild 16:   Spannungsrisse im Gewölbe des Übergangs Brennkammer – Heißgaszyklon

Bild 17:   Neuaufbau des Gewölbe Übergang Brennkammer – BMK

Weiterhin ist im Bereich der Target-Area erhöhter Verschleiß feststellbar. Die Target-Area befindet sich im Einlaufbereich von der Brennkammer in den Heißgaszyklon, dort wo der Abgasstrom um 90° umgelenkt in den Zyklon eingebracht wird. Durch diese Umlenk-bewegung werden schwerere Materialien per Schwerkraft abgeschieden und führen zu entsprechenden Verschleiß an der Ausmauerung. Im EBS-Kraftwerk Witzenhausen traten in 24 Monaten Materialzehrungen von 70 – 80 mm auf, die nach 2 Jahren erstmalig zum vollständigen Austausch dieses Bereiches führten. Der Hersteller des Feuerfestmaterials hat mittlerweile die Materialqualität weiter verbessert. Erfahrungen hierzu stehen aber noch aus.

Bild 18:   Abrasionen an der Target-Area nach 2 Jahren

Bild 19:   Neuaufbau der Target-Area

2.3. Verschleiß im Bettmaterialkühler

Der Bettmaterialkühler (BMK) hat eine zentrale Funktion im Primärkreislauf der zir-kulierenden Wirbelschicht. Aufgrund der adiabaten Ausführung der Brennkammer ist der BMK das einzige Bauteil zur Regulierung der Temperaturen in der Brennkammer. Der BMK wird mit dem Umlaufmaterial, welches zum größten Teil aus Quarzsand besteht, beaufschlagt. Die Rohrabmessungen sind 42,1 x 7,1 mm.

Überhitzerrohre des BMK nach 15.000 Betriebsstunden

Bild 20:   Korrosionsschäden an der Rohr-oberfläche

Bild 21:   Flächiger Materialabtrag durch Erosion

Nach 15.000 Betriebsstunden wurde der erste BMK gewechselt, und anschließend einer umfangreichen Bestandsanalyse unterzogen, um den Einfluss von Korrosion und Erosion zu quantifizieren. Dazu wurde BMK scheibenweise demontiert und sandgestrahlt. Anschließend wurde jede einzelne Scheibe detailliert untersucht und deren Wandstärken vermessen.

Detailanalyse an sandgestrahlte Überhitzerrohre des BMK

 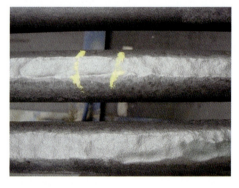

Bild 22: Muldenbildung durch Salzschmel-   Bild 23: Kombination von Korrosion und
          zenkorrosion   Erosion

Wie im Bild 22 deutlich zu sehen ist, liegen an einzelnen Stellen ausgeprägte Mulden vor, die auf eine Salzschmelzen-Korrosion deuten lassen. Andere Rohre zeigen flächige Materialabtragungen, die auf Erosionseinflüsse des Umlaufmaterials hindeuten, wie in den Bildern 21 und 23 dargestellt wird.

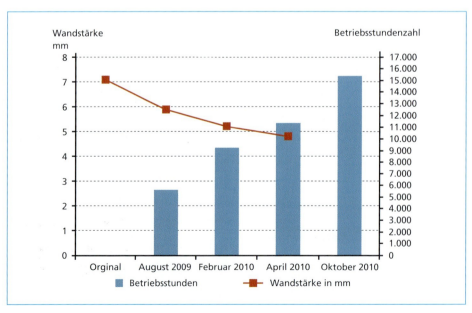

Bild 24: Entwicklung der Wandstärke am BMK nach Maßgabe der Betriebsstunden des BMK

Die Ergebnisse der Untersuchung des BMK lässt sich mit der Erkenntnis zusammenfassen, dass das Rohrbündel im wesentlichen noch Originalwandstärke aufwies, an einzelnen Hotspots jedoch Wandstärkenverluste von bis zu 5 mm in 2 Betriebsjahren zu verzeichnen waren, die sich mitten im Bündel befanden.

Um eine Verlängerung der Standzeiten dieses wichtigen Aggregates zu erzielen, bedarf es demnach sowohl eines verbesserten Korrosionsschutzes als auch eines wirksamen Schutzes gegen den Erosionsangriff. Dazu werden im EBS-Kraftwerk Witzenhausen laufend Versuchsrohre mit verbaut und regelmäßig beprobt.

2.4. Verschleiß im Strahlungszug

Der Strahlungszug ist ST 42.8 ausgeführt und verfügt über keinerlei weitere Schutzvorrichtungen wie Beschichtungen oder Cladding. Im November 2012 kam es nach etwa 28.000 h im 1. Strahlungszug zu einem Rohrreißer. Dieser wurde zunächst durch vorhandene Austausch-Membranwände repariert. Im Zuge der darauf folgenden Revision ergab sich dann der Bedarf etwa 420 m² Membranwand auszutauschen.

Bild 25:   Rohrreißer im Strahlungszug

Im 2. Strahlungszug wurde nur ein geringfügiger Wandstärkenverlust festgestellt, so dass hier kein Austausch von Membranwänden erforderlich wurde. Auf die Entwicklung des Korrosionsverhaltens des 1. Strahlungszug wird zukünftig ein besonderes Augenmerk gelegt werden. Dazu zählt auch die Abwägung, ob eine Verbesserung mit thermischen Spritzverfahren erzielt werden kann. Dabei spielt das Kosten- Nutzenverhältnis eine entscheidende Rolle.

2.5. Verschleiß im Dackelkessel

Der Kessel des EBS-Kraftwerks Witzenhausen ist als horizontal durchströmter Dackelkessel ausgeführt. Die Anordnung der Berührungsheizflächen sieht zunächst die Überhitzer 1.1, 1.2 und 2, gefolgt von dem als Verdampfer ausgeführten letzten Rohrbündel, vor. Die Auslegung ist konservativ und kann kurzzeitige Lastspitzen von 120% verkraften. Als Reinigungsanlagen sind Dampfbläser sowie Klopfwerke installiert.

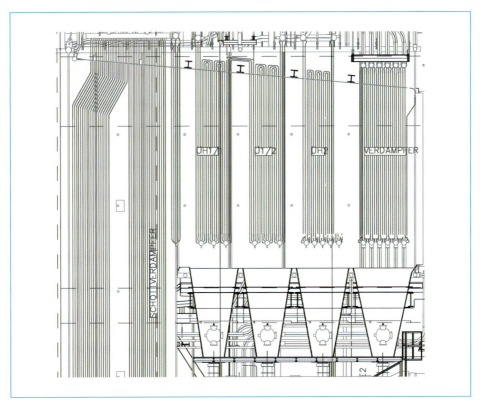

Bild 26:   Anordnung der Überhitzer und Verdampferpakete im Dackelkessel

Die bisherigen Betriebserfahrungen zeigen, dass die Verschmutzung der Überhitzer und Verdampferrohre gering ist, so dass nur alle 72 h die Rußbläser eingesetzt werden müssen. Die Bilder 27 – 29 zeigen den Zustand der Überhitzerpakete und des Verdampfers nach dem Abfahren der Anlage unmittelbar nach Öffnung der Luken.

Bild 27:   Überhitzer 1.1   Bild 28:   Überhitzer 1.2   Bild 29:   Verdampfer 2

Der Zustand des Kessels wird durch regelmäßige Wandstärkenmessungen während der Revisionsstillstände überwacht. Im April 2012 wurden erstmalig ein größerer Wandstärkenverlust bei einigen Rohren der Überhitzer 1.2 und 2 festgestellt, so dass mit dem geplanten Stillstand im Oktober 2012 sicherheitshalber ein kompletter Wechsel dieser Überhitzer nach etwa 20.000 Betriebsstunden geplant wurde.

Bei diesem Wechsel wurde gleichzeitig ein Redesign des Überhitzer-Paketes in der Form vorgenommen, dass nunmehr eine scheibenweise Montage des Bündels möglich ist, und damit der Wechsel erheblich erleichtert wird. Bei der Original-Ausführung von AE&E liegen die Bögen des Überhitzerbündels außerhalb der Kesseldecke, so dass bei einem Wechsel bis zu 1.400 Überhitzerrohre einzelnen entfernt und neu geschweißt werden müssen, was zu einem unverhältnismäßig hohen Arbeitsaufwand und damit Betriebsausfall führt.

2.6. Verschleiß im Economiser

Die Auslegung des Economisers (ECO) ist ebenfalls konservativ ausgelegt, so sind auch hier Lastspitzen von 120 % kurzzeitig möglich. Die Abreinigung im ECO erfolgt mittels Kugelregen. Zum Schutz der dampfführenden Rohre sind die obersten Lagen des ECO als Dummyrohre ausgeführt, die als Opferrohre regelmäßig zu wechseln sind.

Bild 30:   Rohrschaden im Economizer   Bild 31:   Position im Rohrbündel

Bislang konnten im ECO nur geringe Korrosionserscheinungen festgestellt werden. Im Jahre 2010 ergab sich der bislang einzige Schaden im Economiser im Randbereich eines Rohrbogens, dessen Ursache durch eine verbesserte Randabdeckung beseitigt werden konnte.

3. Zusammenfassende Bewertung und zukünftige Maßnahmen

Das EBS-Kraftwerk Witzenhausen hat seit Inbetriebnahme mehr als 1,5 Millionen Tonnen EBS energetisch verwertet. Die originäre Aufgabe in Form der Energieversorgung der benachbarten Papierfabrik kann erfüllt werden. Im Jahre 2011 wurde mit 8.465 h eine außerordentlich hohe Verfügbarkeit realisiert.

Vor dem Hintergrund, dass die Verbrennung von Ersatzbrennstoffen ein verschleiß- und korrosionsintensiver Prozess ist, lassen sich allerdings grundlegende Vorteile der zirkulierenden Wirbelschicht im Vergleich zur Rostfeuerung nicht unmittelbar erkennen.

Aufgrund der pneumatischen Dosierung des Brennstoffes werden zahlreiche Dosieraggregate benötigt, deren Betrieb mit Ersatzbrennstoffen sehr verschleißintensiv ist. Im Rahmen der Revisionen müssen diese Aggregate entweder kostenintensiv aufbereitet oder vollständig ersetzt werden.

Die Wartung der adiabat mit Feuerfestmaterial ausgeführten Brennkammer sowie des Primärkreislaufs während der Revisionen ist außerordentlich pflegeintensiv und führt zu einem hohen Kostenanteil bei den regelmäßigen Revisionen

Die Endüberhitzung des Dampfes im Bettmaterialkühler hat mit 450 – 470 °C zwar höhere Dampfparameter als üblicherweise die Rostfeuerung. Dieser Vorteil wird aber durch ein aufwändiges Verschleißteil erkauft, dessen Austausch zeit- und kostenintensiv ist.

Aufgrund der Tatsache dass der BMK sowohl einem korrosiven als auch einem erosiven Angriff ausgesetzt ist, sind Schutzmassnahmen zur Verlängerung der Standzeit außerordentlich ehrgeizig, und derzeit eher forschungsrelevant als Stand der Technik.

Der Strahlungszug muss analog zur Rostfeuerung vor Korrosion, hier insbesondere Salzschmelzenkorrosion, geschützt werden. Untersuchungen zur Eignung der hierzu zur Verfügung stehenden Maßnahmen laufen derzeit.

Nach den gegenwärtigen Erkenntnissen sind die Überhitzerpakete im horizontal durchströmten Kessel ebenfalls einem erkannbaren Korrosionsangriff ausgesetzt, und sollten in definierten Zeitintervallen ersetzt werden, um die notwendige Verfügbarkeit der Anlage zu gewährleisten.

4. Quellen

[1]   AE&E: Verfahrensfließbild EBS-Kraftwerk Witzenhausen

[2]   AE&E: Verfahrensbeschreibung Powerfluid

Moderne Zementwerke und strategische Ansätze zur Aufbereitung von Ersatzbrennstoffen

– Eine aktuelle Bestandsaufnahme –

Hubert Baier und Michael Horix

Aufgrund der anhaltenden, globalen Schwankungen bei den Energiekosten und der lokalen Diskussion über einen nachhaltigen Ressourcenschutz sieht sich die deutsche Zementindustrie gezwungen, ihren gesamten Strom- und Energiebedarf ständig nachzubessern.

Seit der Öl-Krise in den frühen siebziger Jahren, wird nach brauchbaren Brennstoffalternativen gesucht, deren Suche ihren Höhepunkt mit der Umsetzung der TASi fand. Dabei war die Zementindustrie mit ihrem 2.000 °C heißen Brennprozess und dem überstöchiometrischen Kalksteinüberschuss sogar ein willkommener Partner der privaten Entsorgungswirtschaft [1], die sich auf gewerbliche Abfälle spezialisierte, und Altöl, Altreifen oder später kunststoffhaltige Produktionsabfälle usw. aufbereiteten. Sogar die Umweltministerien riefen die Zementindustrie an, als sie zur schnellen Umsetzung des Verfütterungsverbotes von Tiermehl Hilfe benötigten.

Damals wie heute, bei einer thermischer Substitutionsrate (TSR) von durchschnittlich 62 % (im Einzelfall nahezu 100 %), wurde gern verkannt, dass es sich um einen Produktionsprozess handelt, dessen Endprodukt ein normengrechtes Bindemittel ist, das sogar im Trinkwasserbereich eingesetzt wird, und die Nutzung alternativer Brennstoffe weder die Umwelt, Mitarbeiter oder gar Anwohner in Mitleidenschaft ziehen darf.

Inzwischen stehen so viele Daten über Abfallquellen und deren gewonnener Ersatzbrennstoffe zur Verfügung [2, 3], dass das integrative Konzept von stofflicher und energetischer Verwertung, sicherer Deponierung und thermischer Beseitigung weltweit kopiert wird.

Während man sich im Ausland an die Anfänge unserer Abfallwirtschaft erinnert fühlt, kam hierzulande das Thema CO_2, Nachhaltigkeit und Preiskrieg zusätzlich auf die Tagesordnung der Anlagenbetreiber. Um die Herstellkosten wettbewerbsfähig zu halten, musste nun an mehreren Stellschrauben gleichzeitig gedreht werden.

2012 wurden nun auf 54 Standorten von 7371 direkt Beschäftigen 25,245 Millionen Tonnen Zement in 22 Unternehmen produziert. Der thermische Energiebedarf lag bei etwa 2.867 kJ/kg Zement und der elektrische Bedarf ist, aufgrund des Betriebs von vielerlei umwelttechnischen Zusatzanlagen, über 10 %, auf 110,8 kWh/t Zement angestiegen. Diese Investitionen sind noch wirtschaftlich – allerdings ist der Trend nicht mehr aufzuhalten, sich im globalen Wettbewerb auch nach günstigeren Produktionsstandorten umzuschauen.

Einem nicht-konzerngebunden/privaten Anlagenbetreiber bleibt keine Wahl, als seine Anlage auf den neuesten und effizientesten Technologiestand zu bringen. Hat er einen belastbaren Absatzmarkt und eine langfristige Laufzeit seiner Abgrabungsgenehmigung, kann er seine Anlage z.B. mit einer Abwärmenutzung nachrüsten, mit der er Strom produzieren oder Klärschlamm trocknen kann. Hinzu kommen Zusatzinvestitionen in modernste Filter, größere Ventilatoren oder die verfahrenstechnisch passende Entstickungstechnologie, von denen inzwischen High- bzw. Low-dust SNCR oder SCR erprobt werden. Chlorbypass, Low-NO_x-Brenner, automatische Labor- und Expertensysteme und der langfristige Zugriff auf geeignete Abfallströme sowie fachkundige Aufbereitung sind daher Grundvorrausetzung.

Neben der Änderung der Klinkermineralogie (Belit-reich) mit geringerem Brennstoffbedarf und CO_2-Emissionen oder der Umstellung auf Mühlensysteme mit geringerem Strombedarf (VRM) bleibt bei wechselndem und unstetem EBS-Angebot nur die Installation von flexiblen thermischen Systemen.

Zur Erinnerung: Der thermische Klinkerprozess im Drehrohrofen wird im Vorwärmer (sog. Calcination) meist zu 60 % und zu 40 % über den Hauptbrenner mit Brennstoff gespeist, während der mehlfeine Kalkstein 90 % und sämtliche Brennstoffe 10 % des gesamten Massestroms ausmachen.

Bild 1: Vereinfachte Sequenz einer diffusionsgesteuerten Umwandlung während der Verbrennung von Brennstoffen: endotherme Trocknung durch Strahlungswärme, Pyrolyse, Zündung und exotherme Verbrennung des Pyrolysegases sowie des Restkokes

Quelle: Baier, H.: Erzeugung von Ersatzbrennstoffen für die deutsche Zementindustrie – Rahmenbedingungen, Herkunft, Aufwand und Realisierung – (Production of secondary fuels for the German cement industry – Basic conditions, origin, expense und implementation). Berliner Energiekonferenz Erneuerbare Energien (Energy Conference Renewable Energies in Berlin) 10 and 11 November 2009 in Berlin, TK Publishing House Neuruppin, 2009, pp. 75-88

Vereinfacht stellt jede Verbrennung einen diffusionsgesteuerten Oxidationsprozess dar, bei dem zunächst der Brennstoff unter Energieverlust abtrocknet, pyrolysiert, das Pyrolysegas bei entsprechender Umgebungstemperatur zündet und mit dem Restkoks exotherm verbrennt, bis der umgebende Sauerstoff oder der Kohlenstoff verbraucht ist [4].

Diese Sequenz gilt sogar für flüssige Brennstoffe, wobei auch hier Wasser endotherm verdunstet, das Pyrolysegasvolumen größer und der Koksanteil geringer ausfallen und damit die Flammenform buschiger wird, als bei einem langsameren Feststoffausbrand.

Um dennoch den Hochtemperaturprozess zu gewährleisten sollte sich der Ersatzbrennstoff an den Eigenschaften von Braunkohle orientieren.

Tabelle 1: Parameter deutscher Braunkohlen

Parameter	Einheit	Wert
Heizwert	kJ/kg	21.800
C[1]	%	25,2 – 28,8
H	%	2
O	%	10 – 11,5
N	%	0,2
S	%	0,1 – 0,5
flüchtige Anteile	%	46 – 48
Asche	%	2 – 20
CaO	%	1,6 – 2
SiO_2	%	0,3 – 0,4
Al_2O_3	%	0,5 – 0,6
Fe_2O_3	%	1 – 1,4
Spurenelementgehalte		
As	ppm	0,2 – 2,5
Be	ppm	0,04 – 0,4
Pb	ppm	< 0,01 – 2,2
Cd	ppm	0,01 – 1,5
Cr	ppm	0,01 – 15
Ni	ppm	1 – 9,3
Hg	ppm	0,11 – 0,9
Tl	ppm	0,027 – 0,2
V	ppm	1 – 13
Zn	ppm	3,9 – 22

Quelle: Ministerium für Umwelt und Naturschutz, Landwirtschaft und Verbraucherschutz des Landes Nordrhein-Westfalen: Leitfaden zur energetischen Verwertung von Abfällen in Zement-, Kalk- und Kraftwerken in Nordrhein-Westfalen. September 2003

Tabelle 2: Durchschnittliche Ersatzbrennstoffqualitäten für Hauptbrenner (vorselektierter Industrie- und Gewerbeabfall)

Parameter	Einheit	Wert
Heizwert	kJ/kg	21.800 – 32.200
C[1]	%	n.b.
H	%	n.b.
O	%	n.b.
N	%	n.b.
S	%	0,1 – 0,8
flüchtige Anteile	%	n.b.
Asche	%	9 – 39
CaO	%	n.b.
SiO_2	%	n.b.
Al_2O_3	%	n.b.
Fe_2O_3	%	n.b.
Cl	%	0,39 – 2,2
F	%	0,1 – 1,7
Spurenelementgehalte		
As	ppm	0,68 – 15,32
Pb	ppm	27 – 4.406
Cd	ppm	0,75 – 162
Cr	ppm	19,10 – 187
Ni	ppm	5,41 – 1.622
Hg	ppm	0,09 – 1,62
Tl	ppm	0,23 – 1,96
V	ppm	2,17 – 164

[1] Durch eine Isotopenbestimmung kann zwischen fossilem und biogenem Kohlenstoff unterschieden werden, was wiederum für die Ermittlung der Treibhausgasemissionen relevant ist.

Quelle: Ministerium für Umwelt und Naturschutz, Landwirtschaft und Verbraucherschutz des Landes Nordrhein-Westfalen: Leitfaden zur energetischen Verwertung von Abfällen in Zement-, Kalk- und Kraftwerken in Nordrhein-Westfalen. September 2003

Tabelle 3: Durchschnittliche Ersatzbrennstoffqualitäten für Hauptbrenner (weiter aufbereitete hochkalorische Fraktion aus Siedlungsabfall)

Parameter	Einheit	Wert
Heizwert	kJ/kg	16.700 – 25.700
C[1]	%	48,2 – 54,1
H	%	7,3 – 8,5
O	%	32,5 – 34,1
N	%	0,76 – 1,35
S	%	0,1 – 1
flüchtige Anteile	%	n.b.
Asche	%	13,6 – 46,7
CaO	%	26 – 32,1
SiO_2	%	22,6 – 30,5
Al_2O_3	%	7,82 – 60
Fe_2O_3	%	4,26 – 6,75
Cl	%	0,8 – 4,3
F	%	0,02 – 0,09
Spurenelementegehalte		
As	ppm	0,48 – 7,33
Pb	ppm	131 – 30.176
Cd	ppm	2,1 – 55
Cr	ppm	82,73 – 3.029
Ni	ppm	14,19 – 3.658
Hg	ppm	0,28 – 3,39
Tl	ppm	0,18 – 5,90
V	ppm	5,19 – 135

[1] Durch eine Isotopenbestimmung kann zwischen fossilem und biogenem Kohlenstoff unterschieden werden, was wiederum für die Ermittlung der Treibhausgasemissionen relevant ist.

Quelle: Ministerium für Umwelt und Naturschutz, Landwirtschaft und Verbraucherschutz des Landes Nordrhein-Westfalen: Leitfaden zur energetischen Verwertung von Abfällen in Zement-, Kalk- und Kraftwerken in Nordrhein-Westfalen. September 2003

Tabelle 4: Eintragskriterien für Ersatzbrennstoffe zur Nutzung in einem Drehrohrofen nach dem Trockenverfahren mit Vorwärmer und Kalzinator ohne die Grenzwerte der 17. BImschV zu tangieren

Element (glühverlustfrei)	Einheit	Konzentration
CaO	Gew.-%	einzeln oder gesamt ≥ 50
SiO_2		
Al_2O_3		
Fe_2O_3		
Quecksilber (Hg)	ppm TS	≤ 2
Cadmium (Cd)	ppm TS	≤ 50
Thallium (Tl)	ppm TS	≤ 45
andere Spurenelemente	ppm TS	≤ 20.000

Die Berechnungen basieren auf der sog. Stoffflussanalyse/NRW.

Quelle: Baier, H.: Ersatzbrennstoffe für den Einsatz in Mitverbrennungsanlagen (Alternative fuels to be used in cocombustion plants). In: Zement-Kalk-Gips International Volume 59, (2006), No. 3, pp. 78-85

Bis zu einer thermischen Substitutionrate (TSR) von 50 % könnte man technisch, wie auch abfallrechtlich tatsächlich von *Mitverbrennung* sprechen, während mit weiter steigender TSR das Verhalten und die Qualität der Ersatzbrennstoffe den gesamten Verbrennungs- und damit den Herstellungsprozess dominiert. D.h., je höher die TSR, umso präziser müssen die jeweiligen Ersatzbrennstoffe bedarfsgerecht aufbereitet werden.

1. Optimierte Brennersysteme und Aufbereitungsaufwand

Die Herkunft der ursprünglichen Rohabfälle spielt heute keine Rolle mehr. Der moderne Aufbereiter und Ersatzbrennstofflieferant ist heute über Eignungsprüfungen, Stoffstrommanagement und Qualitätssicherung in der Lage, bedarfsgerechte Qualitäten herzustellen. Allerdings richtet sich die Verfügbarkeit nach dem günstigsten Entsorgungsentgelt, über das die Aufbereitungs- und Entsorgungskosten, sowie mögliche Be- und Zuzahlungen gedeckt werden. D.h. die Abfallströme werden hoch volatil, da der Abfall sich den Weg mit dem günstigen Entsorgungsentgelt sucht, was wiederum im

THE TREND IS GREEN

RAW MILL

LOESCHE

INNOVATIVE ENGINEERING

Ersatzbrennstoffe in Kohlekraftwerken
Mitverbrennung von Ersatzbrennstoffen in Kohlekraftwerken

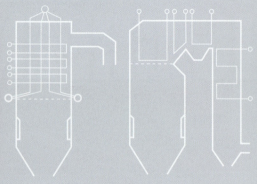

Autor:	Stephanie Thiel
ISBN:	978-3-935317-29-0
Verlag:	TK Verlag Karl Thomé-Kozmiensky
Erscheinung:	2007
Gebund. Ausgabe:	314 Seiten
Preis:	30,00 EUR

Im Bereich der Kohlekraftwerke bestehen grundsätzlich Potentiale zum Ausbau der Mitverbrennungskapazitäten für Ersatzbrennstoffe und zugleich hohe wirtschaftliche Anreize durch Einsparung von Brennstoffkosten sowie Zuzahlungen der Ersatzbrennstofflieferanten.

Um Ersatzbrennstoffe aus Siedlungsabfällen herzustellen, ist ein enormer aufbereitungstechnischer Aufwand erforderlich. Die Berichte der Kraftwerksbetreiber über Nichteinhaltungen der Spezifikationen machen deutlich, dass hier zum Teil noch erheblicher Optimierungsbedarf besteht.

Zielsetzung dieser Arbeit ist die Untersuchung der Eignung von Ersatzbrennstoffen aus der mechanisch(-biologischen) Abfallbehandlung zur Mitverbrennung in Kohlekraftwerken aus verfahrenstechnischer, ökologischer und wirtschaftlicher Sicht sowie die Identifizierung der wesentlichen Einflussfaktoren und Optimierungsmöglichkeiten.

Hierzu wird zunächst der Stand der mechanisch(-biologischen) Abfallbehandlung in Deutschland hinsichtlich Anzahl, Kapazität und technischer Ausstattung der Anlagen dargestellt. Daran schließt sich eine detaillierte systemtechnische Analyse der Anlagen im Hinblick auf die Verfahrenskonzepte, verfahrenstechnischen Konfigurationen sowie die erzeugten Outputströme und deren Verbleib an.

Im zweiten Teil der Arbeit werden die bislang durchgeführten und derzeit vorbereiteten Projekte zur Mitverbrennung von Ersatzbrennstoffen aus aufbereiteten Siedlungs- und Gewerbeabfällen in deutschen Kohlekraftwerken auf der Grundlage einer Literaturrecherche und der Befragung der Kraftwerksbetreiber untersucht.

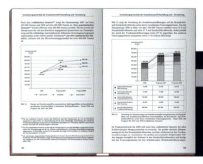

Bestellungen unter www.Vivis.de
oder

Dorfstraße 51
D-16816 Nietwerder-Neuruppin
Tel. +49.3391-45.45-0 • Fax +49.3391-45.45-10
E-Mail: tkverlag@vivis.de

Sinne des Abfallerzeuger (Verursacherprinzip) ist, der rechtlich wie auch finanziell für die gesamte Kausalkette zur schadlosen Verwertung und Beseitigung verantwortlich ist.

Ein geringer Teil des Entsorgungsentgeltes wird für die Aufbereitung der Brennstoffe verwendet. Dennoch müssen die Ersatzbrennstoffe verfahrensbedingt Anforderungen einhalten, so dass sich inzwischen neben dem Heizwert, Chlor- und Spurenelementgehalt auch die Partikelgröße als Kriterium festgesetzt hat.

So werden die Qualitäten für den sog. Haupt- oder Sinterzonenbrenner meist mit einer Korngröße um 10 bis < 30 mm angeboten. Wobei aus oben beschriebener Sequenz ersichtlich, die Korngröße nicht der bestimmende Faktor ist. Dreidimensionale Partikel z.B. aus Vollkunststoff, Holz oder Gummigranulat landen bei horizontaler Beschleunigung vorzeitig im Klinkerbett und führen zu den bekannten reduktiven Brennbedingungen mit negativen Folgen. Zweidimensionale Folien verweilen länger in der Schwebe und dürfen daher größer ausfallen. Somit ist eine Windsichtung eher für die Qualitätsverbesserung der Hauptbrennerbrennstoffe geeignet als Schredder mit feineren Siebkörben und verringerter Durchsatzleistung [5].

Bild 2:   Brennermund eines Sinterzonenbrenners für den Einsatz von festen und flüssigen Ersatzbrennstoffen (hier POLFLAME oder ThyssenKrupp Resource Technologies GmbH)

Eine weitere Forderung an die Verbrennung abfallstämmiger Ersatzbrennstoffe wird an die Senkung der Stickoxidemissionen gestellt.

Verschiedenste Brennerhersteller bieten inzwischen sog. Low-NO_x- oder auch Vielstoffbrenner für den Drehrohrofenbetrieb von 10 MW bis 300 MW an. Separate Kanäle erlauben getrennte Geschwindigkeiten der Transportluft und flexible Düsen ermöglichen unterschiedliche Anstellwinkel zur Verlängerung oder Verkürzung der Flugbahnen bis zum Ausbrand [6]. Dabei soll eine angepasste Partikelgröße und intensive Vermischung von Brennstoff und Luft für eine schnelle und vollständige Verbrennung sorgen und die Verweilzeit in der Reaktionszone des Drehrohrofens verkürzen. Dieses Verhalten ist besonders wichtig für Mischungen aus verschiedenen Brennstoffen [5]. Da das nicht immer der Fall ist, wird zur Unterstützung der Umwandlungssequenz bei einigen Drehrohrofenbetreibern zusätzlich Sauerstoff aufgegeben, was wiederum zu einer heißeren Flamme führt.

Aufgrund des hohen Stickstoffgehaltes in der Verbrennungsluft bildet sich thermisches NO_x. Abfallstämmige Ersatzbrennstoffe enthalten in der Regel Restmengen von Wasser, das zur Flammenkühlung und damit zur NO_x-Minderung beiträgt, ebenso, wie stellenweise auftretendes CO in komplexen Reaktionen mit NO_x reagiert und es denaturiert. Der verbleibende NO_x-Rest wird in entsprechenden DeNOx-Systemen mittels Ammoniak direkt oder in Katalysatoren indirekt reduziert. Aufgrund der verfahrenstechnischen Betriebstemperatur von 2.000 °C sind Grenzwerte von < 0,2 mg/°C NO_x einzuhalten.

Das Wechselspiel aus Bildung und Zersetzung von NO_x und CO zeigt sich besonders im Einsatz von festen Ersatzbrennstoffen in sogenannten Kalzinatoren.

2. Nutzung alternativer Brennstoffe im Kalzinator

In modernen Drehrohröfen mit Kalzinatoren werden nur 40 % der Feuerungswärmeleistung über den Sinterzonenbrenner gedeckt, während 60 % des thermischen Bedarfs von einem oder mehreren Punkten im Kalzinator befeuert werden. Dabei wird die notwendige Verbrennungsluft über eine Tertiärluftleitung aus dem Klinkerkühler geleitet und dem Kalzinator zugeführt. Im Hinblick auf die Reaktion erfordert die Entsäuerung des Kalksteins nur Temperaturen von 850 bis 900 °C. Innerhalb des Kalzinators mischen sich die 1.000 – 1.200 °C heißen Abgase aus dem Ofeneinlauf mit der 800 – 1.000 °C Heißluft aus dem Klinkerkühlen des Drehrohrofens, wobei eine sichere Zündung und Verbrennung der langsam reagierenden, grobstückigen Brennstoffe sichergestellt wird. Das Trocknen, Pyrolysieren, Zünden und Verbrennen des Brennstoffs dauert wesentlich länger als das Kalzinieren des Rohmehls, was somit der entscheidende Faktor für die Dimensionierung der Kalzinatoren ist.

In der Regel werden dort Stückgrößen um 50 – 80 mm bzw. Folien bis zu 100 mm eingebracht, so dass die Brennstoffpartikel innerhalb von 5 – 8 sec ausbrennen können, ehe deren Asche im Ofeneinlauf und im Feststoff landet. Daher gibt es nun verschiedene Möglichkeiten, Kalzinatoren nach den Brennstoffeigenschaften auszulegen und erlaubt die Regelung über die Verbrennungstemperatur bzw. die Verbrennungsluft, um so auch die NO_x-Emissionen zu reduzieren.

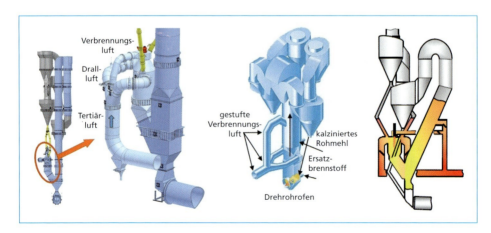

Bild 3:   Verschiedenen Konzepte für die Auslegung von Kalzinatoren links; KHD, Mitte FLSmidth und rechts ThyssenKrupp Resource Technologies; sie alle bieten verlängerte Verweil- und Brennzeiten zur Umsetzung grobkörniger Brennstoffe

3. Nutzung grobstückiger Brennstoffe im Kalzinator

Aus bestimmten Gründen kann eine Aufbereitung zu teuer werden oder der Ausbrand der Kalzinatorbrennstoffe nicht vollständig ablaufen, so dass es die Möglichkeit einer zusätzlichen Vorbrennkammer gibt. Zwei Kammersysteme sind aktuell auf dem Markt, die den Einsatz schwieriger Ersatzbrennstoffe wie Teerpappe, Rotorstücke von Windkraftanlagen oder grobgehackte Reifenteile oder Biomasse erlauben. Die Stückgröße kann bis 300 mm betragen.

Ein System ist die sog. Hot Disc von FLSmidth, über deren langsam rotierendem Drehteller die grobstückigen Ersatzbrennstoffe in den heißen Gasstrom des Kalzinators gelangen. Die grobstückigen Materialien werden getrocknet, pyrolysieren und werden nach etwa 10 Minuten Verweilzeit durch einen Krählarm in den aufsteigenden Gasstrom abgeworfen. Der weitere Ausbrand erfolgt in der üblichen Kalzinatorschleife. Das System arbeitet am besten mit Fraktionen, die alle ein sehr ähnliches thermisches Verhalten aufweisen müssen [8].

Der sog. Step-Combustor der ThyssenKrupp-Resource Technologies bringt ebenfalls grobstückige Brennstoffe mit niedrigem Heizwert (hohem Wassergehalt) in den Kalzinator ein. Dabei wird der Brennstoff nicht zwangsweise abgeräumt, sondern wird nur dann weiter in Richtung Kalzinatorschleife gefördert, wenn er vollständig verascht ist und sich pneumatisch befördern lässt. Somit ist dies System auch für inhomogene Brennstoffe mit unterschiedlichstem Verbrennungsverhalten geeignet. Die Retentionszeit kann daher untereinander extrem variieren [9].

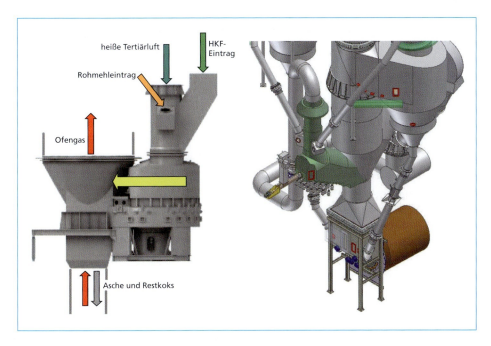

Bild 4: Hot Disc von FLSmidth (links) und PREPOL SC (rechts) von ThyssenKrupp Resource Technologies zum Verbrennen grobstückiger vorbehandelter hochkalorischer Fraktion

4. Modernisierung

Um in Deutschland wettbewerbsfähig zu bleiben, werden die Anlagen ständig modernisiert. So werden Klinkerkühler auf thermisch effizientere Rostkühler umgebaut, die teilweise auch noch mit einer Abwärmerückgewinnungsanlage kombiniert werden. Die Hauptbrenner werden auf moderne Vielstoffbrenner umgerüstet, um neben Stein- und Braunkohle, Petrolkoks auch alternative feste und flüssige Brennstoffe einsetzen zu können [10].

Bei der Abwärmerückgewinnung werden etwa 430 °C heiße Ofenabgase über eine Kesselanlage geleitet und der darin erzeugte Dampf einer Turbine zugeführt. Der Generator erzeugt etwa ein Drittel des Strombedarfes. Der Wirkungsgrad im Abhitzekraftwerk liegt zwischen 22 – 25 %, wobei die Dampfrückkühlung sowohl über Luft- wie auch Wasserkühlung erfolgen kann.

Bild 5:   Zuleitung von Ammoniakwasser zu einer von vielen SNCR-Düsen zur Entstickung

Quelle: Baier, 2010

Die gesamten Ofenabgase können, je nach gewachsener Rohgas- oder Reingasschaltung der Anlagen und Nutzungsgrad der Restwärme in der Mahltrocknung, mittels selektiver nicht-katalytischer Reduktion (SNCR) oder selektiver katalytischer Reduktion (SCR) entstickt werden. Teilweise kann es bei der SCR-Anlage sogar wieder notwendig werden, das bereits thermisch ausgebeutete und daher abgekühlte Abgas erneut zu erhitzen, um auf die für den Katalysatorbetrieb notwendigen 250 °C zu kommen.

Anschließend wird Ammoniakwasser in den Abgaskanal eingedüst, das für die Umwandlungsreaktion der Stickoxyde im Katalysator notwendig ist. Nach Durchströmen des Katalysators wird das Abgas über einen Prozessventilator mit unter 0,1 mg/°C NO_x und nahezu Ammoniakschlupf-frei zum Kamin geleitet.

5. Zusammenfassung

Globale Schwankungen in den Energiekosten und der international Wettbewerb zwingt die Zementindustrie weiter, ihren gesamten Strom- und Energiebedarf ständig nachzubessern. Durch technische Neuerung und Prozessoptimierung ist sie zum anerkannter Bestandteil einer nachhaltigen Abfallwirtschaft geworden und erreichte 2012 eine thermische Substitutionsrate (TSR) von durchschnittlich 62 % durch den Einsatz aufbereiteter geeigneter Abfälle.

So werden aktuell auf 54 Standorten 25,245 Millionen Tonnen Zement in 22 Unternehmen produziert. Der thermische Energiebedarf lag bei etwa 2.867 kJ/kg Zement und der elektrische Bedarf ist, aufgrund vielerlei umwelttechnischer Zusatzanlagen, auf

110,8 kWh/t Zement angestiegen. Betreiber mit guten langfristigen Standortperspektiven investieren in Abwärmenutzung zur Stromproduktion, Trocknung oder – nach langwieriger Entwicklung – in High- bzw. Low-dust SNCR oder SCR und modernisieren Filter.

Aktuell ist auch wieder ein Trend zur energetisch veränderten Zementklinkermineralogie mit geringerem Brennstoffbedarf und CO_2-Emissionen zu beobachten und die Umstellung auf Mühlensysteme mit geringerem Strombedarf (VRM).

Um die Substitutionsraten weiter erhören zu können, werden inzwischen verbesserte Brennstoffqualitäten in der Abfallaufbereitung erzielt, bzw. adaptierte Vielstoffbrenner für den Drehrohrofenbetrieb angeboten. Des Weiteren wurden die Verweilzeiten in den sog. Kalzinatoren im Vorwärmerprozess weiter verlängert, so dass inzwischen bis zu 300 mm große Brennstoffstücke angenommen und thermisch behandelt werden können, ehe die Aschen in den bekannten Drehrohrofenprozess einmünden.

6. Literaturnachweis

[1] Baier, H.: Ersatzbrennstoffe für den Einsatz in Mitverbrennungsanlagen (Alternative fuels to be used in co-combustion plants). In: Zement-Kalk-Gips International, Volume 59 (2006), No. 3, pp. 78-85

[2] Ministerium für Umwelt und Naturschutz, Landwirtschaft und Verbraucherschutz des Landes Nordrhein-Westfalen. Leitfaden zur energetischen Verwertung von Abfällen in Zement-, Kalk- und Kraftwerken in Nordrhein-Westfalen. September 2003

[3] Zelkowski, J. et al.: Kohlecharakterisierung im Hinblick auf die Verbrennung – Mahlbarkeit, Zündwilligkeit, Reaktivität, Verschlackung (Coal characterisation with regard to the combustion grindability, ignition quality, reactivity, slagging). VGB, TB 240, Essen, 1992

[4] Brandt, F.: Brennstoffe und Verbrennungsrechnung (Fuels and combustion calculation). FDBR, Fachverband Dampfkessel-, Behälter- und Rohrleitungsbau e.V., 3rd Edition – Essen: Vulkan, 1999

[5] Baier, H.: Disruptive substances and the burning behaviour of solid alternative fuels. In: Zement-Kalk-Gips International, Volume 63 (2010), No. 6, pp. 58-67

[6] Reznichenko, A.: Welcome to a new dimension, Burner Technology, International Cement Review, Tradeship Publications Ltd. Dorking, June 2009, pp. 96-9.

[7] Baier, H.: Erzeugung von Ersatzbrennstoffen für die deutsche Zementindustrie – Rahmenbedingungen, Herkunft, Aufwand und Realisierung – (Production of secondary fuels for the German cement industry – Basic conditions, origin, expense und implementation). Berliner Energiekonferenz Erneuerbare Energien (Energy Conference Renewable Energies in Berlin) 10 and 11 November 2009 in Berlin, TK Publishing House Neuruppin, 2009, pp. 75-88

[8] Larsen, Morten, Boberg: Alternative Fuels in Cement Production. Technical University of Denmark, Department of Chemical Engineering, Ph.D. Thesis, DTU, 2007

[9] Menzel, K.; Maas, U.; Lampe, K.: Technologies for Alternative Fuel Enhancement in Clinker Production Lines, IEEE Cement Industry Technical Conference Record, 2009

[10] Rohrdorfer Zement: Werksreportage – Innovation aus Tradition. In: Zement-Kalk-Gips International (2013), No. 7-8, pp. 24-31

Waste Management

Waste Management, Volume 1

Publisher:	Karl J. Thomé-Kozmiensky, Luciano Pelloni
ISBN:	978-3-935317-48-1
Company:	TK Verlag Karl Thomé-Kozmiensky
Released:	2010
Hardcover:	623 pages
Language:	English, Polish and German
Price:	35.00 EUR

Waste Management, Volume 2

Publisher:	Karl J. Thomé-Kozmiensky, Luciano Pelloni
ISBN:	978-3-935317-69-6
Company:	TK Verlag Karl Thomé-Kozmiensky
Release:	2011
Hardcover:	866 pages, numerous coloured images
Language:	English
Price:	50.00 EUR

CD Waste Management, Volume 2

Language:	English, Polish and German
ISBN:	978-3-935317-70-2
Price:	50.00 EUR

Waste Management, Volume 3

Publisher:	Karl J. Thomé-Kozmiensky, Stephanie Thiel
ISBN:	978-3-935317-83-2
Company:	TK Verlag Karl Thomé-Kozmiensky
Release:	10. September 2012
Hardcover:	ca. 780 pages, numerous coloured images
Language:	English
Price:	50.00 EUR

CD Waste Management, Volume 3

Language:	English
ISBN:	978-3-935317-84-9
Price:	50.00 EUR

110.00 EUR
save 125.00 EUR

Package Price
Waste Management, Volume 1 • Waste Management, Volume 2 • CD Waste Management, Volume 2
Waste Management, Volume 3 • CD Waste Management, Volume 3

Order now on www.ViViS.de
or

Dorfstraße 51
D-16816 Nietwerder-Neuruppin
Phone: +49.3391-45.45-0 • Fax +49.3391-45.45-10
E-Mail: tkverlag@vivis.de

ViViS
TK Verlag Karl Thomé-Kozmiensky

Einfluss der Mitverbrennung von Abfällen in deutschen Zementwerken auf die Abgasemission

Harald Schönberger und Josef Waltisberg

Die Weltwirtschaft basiert auf riesigen Massenströmen. Die dabei hergestellten Produkte werden als erwünschte Massenströme, während die Emissionsmassenströme in die Luft, ins Wasser, in den Boden (durch Abfälle) und die Abwärme als unerwünschte Massenströme betrachtet werden. Die Herstellung von Zement ist dafür ein anschauliches Beispiel. Seine Produktion erfordert einen beträchtlichen Materialinput für den Klinkerbrennprozess. Der Klinker wird mit bestimmten Additiven gemischt wird, wodurch das Endprodukt, der Zement, erhalten wird (Bild 1).

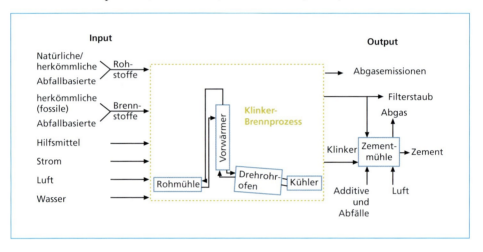

Bild 1:   Schema zum Input und Output von Anlagen zur Herstellung von Zement

Zement wurde unverzichtbarer Bestandteil für den Bau von Gebäuden und Infrastrukturelementen (Brücken, Tunnel, Dämme, Abwassersysteme, Kraftwerke usw.).Derzeit ist für ihn noch kein Ersatzstoff in Sicht.

Über die vergangenen Jahrzehnte hinweg war der Klinkerbrennprozess Gegenstand von Optimierungsbemühungen. Bezüglich des Umweltschutzes betraf das vor allem die Reduzierung des Energiebedarfs und die Minimierung der Abgasemissionen. Mit Blick auf die Wirtschaftlichkeit lag der Fokus auf dem Ersatz von herkömmlichen, fossilen Brennstoffe durch billigere Alternativen, was vor allem den Einsatz Abfall-basierten Brennstoffen bedeutet, die einen hinreichend hohen Brennwert aufweisen. Die Verbesserung des Umweltschutzes und die Erhöhung der Wirtschaftlichkeit kann Hand in Hand gehen. Allerdings gibt es auch Fälle, bei denen in Abhängigkeit von den herrschenden Prozessbedingungen der Einsatz von Abfall-basierten Brennstoffen mit erhöhten Emissionen, vor allem Abgasemissionen, verbunden ist.

Der Einsatz von Abfall-basierten Brennstoffen wird auch als Abfallmitverbrennung bezeichnet. Dies schließt auch den Einsatz von Abfall-basierten Rohstoffen ein.

In diesem Papier werden die Abfall-basierten Rohstoffe kurz und die mengenmäßig weitaus bedeutenderen Abfall-basierten Brennstoffe etwas ausführlicher behandelt. Besonderes Augenmerk wird dabei auf die Abgasemissionen gelegt, da diese die Emissionssituation von Zementwerken deutlich dominieren.

Mitte des Jahres 2013 sind die Emissionsdaten für die Jahre 2008-2010 aller 34 deutscher Zementwerke veröffentlicht worden[1], die die Grundlage bilden zur Klärung der Frage, welche Auswirkungen die Abfallmitverbrennung auf die Abgasemissionen hat. Dazu wurden die veröffentlichten Emissionsdaten für die einzelnen Zementwerke ausgewertet. Wenn im Folgenden mehrfach auf die publizierten Emissionsdaten Bezug genommen wird, sind dabei stets die ausgewerteten Daten gemeint.

1. Abfall-basierte Rohstoffe

Natürliche Rohstoffe können durch geeignete, gegebenenfalls aufbereitete, Abfälle substituiert werden. In diesen Fällen spricht man von Abfall-basierten Rohstoffen, die wie folgt definiert werden können: *Ausgewählte Abfälle und Nebenprodukte, die brauchbare Mineralien wie Calcium, Aluminium oder Eisen enthalten, können in Klinkeröfen zum Einsatz kommen und natürliche Rohstoffe wie Kalkstein, Ton, Mergel, Kreide und andere ersetzen* [58].

Die chemische Eignung von Abfall-basierten Rohstoffen ist wichtig, da sie den für die Klinkerherstellung erforderlichen Inhaltsstoffen entsprechen müssen. Die an erster Stelle stehenden Elemente sind Calcium (üblicherweise als Calciumcarbonat), Silicium, Aluminium und Eisen, aber auch Schwefel, Alkalien und weitere, die entsprechend ihrer chemischen Zusammensetzung in verschiedene Gruppen eingeteilt werden können. Der Einsatz von Abfall-basierten Rohstoffen kann auch die Substitution von Schwefel und seinen Verbindungen beinhalten [4]. Das Verhältnis von natürlichen zu Abfall-basierten Rohstoffen liegt seit langem auf niedrigem Niveau. Im Jahre 1998 betrug es 11,8 Prozent und steigerte sich bis 2010 auf 14,1 Prozent [55]; dabei machte davon allein granulierte Hochofenschlacke achtzig Prozent aus. Die Details zu dieser Entwicklung ergeben sich aus Tabelle 1.

Die Abfall-basierten Rohstoffe gelangen in den Drehrohrofen oder Kalzinator über den Rohmehlpfad, den Ofeneinlauf und/oder den Kalzinator direkt. Im Zuge der Aufheizung im Vorwärmer können daraus organische Stoffe freigesetzt werden, da diese aufgrund der anfangs noch niedrigeren Temperaturen nicht vollständig zersetzt werden [4]. Der Einsatz von Abfall-basierten Rohstoffen muss dahingehend überprüft und die geeignete Aufgabestelle ermittelt werden. Dies erfolgt am besten mit dem sogenannten Austreibungsversuch [57, 60]. Dabei ist es für bestimmte Anfälle wie Industrieschlämme, Aschen aus Feuerungsanlagen, Gießereialtsande oder Straßenreinigungsgut bedeutsam, neben dem Summenparameter TOC auch organische Einzelstoffe, wie z.B. Benzol (z.B. mittels GC/MS) zu bestimmen.

---

[1] Der Bundesverband Bürgerinitiativen Umweltschutz e.V. (BBU) mit Sitz in Bonn hat im Sommer 2013 die Emissionsdaten aller 34 deutschen Zementwerke für die Jahre 2008-2010, für einige wenige Werke auch für 2011, unter http://www.bbu-online.de/Arbeitsbereiche/Umweltinformationesrecht/Arbeitsbereiche%20Umweltinformationsrecht.html veröffentlicht. Bei diesen Daten handelt es sich um die Emissionsdaten, die von den deutschen Zementwerken kontinuierlich gemessen wurden und bei den zuständigen Behörden mittels des Instrumentes des Umweltinformationsrechts erhoben wurden. Sie wurden für die einzelnen Zementwerke ausgewertet. Sofern in diesem Beitrag auf die publizierten Emissionsdaten Bezug genommen wird, sind dabei stets die ausgewerteten Daten gemeint.

Tabelle 1: Mengen an Abfall-basierten Rohstoffen, die in deutschen Zementwerken von 1998 bis 2011 zum Einsatz kamen

Klasse	Abfall-basierte Rohstoffe – relevante Beispiele	1998	1999	2000	2001	2002	2003	2004
Ca	Calcium-haltige Abfälle • Kalkschlämme aus der Trink- und Abwasseraufbereitung • Kalkhydrat • Porenbetongranulat • Calciumfluorid	180	117	264	396	267	283	101
Si	Silicium-haltige Abfälle Gießereialtsand	100	140	137	111	135	148	151
Si-Al	Calcium- oder Aluminium-haltige Abfälle Bentonit / Kaolinit	44	40	47	41	36	41	49
	Rückstände aus der Kohleverarbeitung	20	24	22	15	2	4	3
Fe	Eisen-haltige Abfälle aus der Eisen- und Stahlindustrie, wie • Kiesabbrand • Verunreinigtes Erz • Eisenoxid/Flugasche-Gemisch • Stahlwerksstäube • Walzzunder	170	170	321	198	152	131	93
Si–Al–Ca	Silicium/Aluminium/Calcium-haltige Abfälle Hüttensand	4600	4900	5200	4650	4650	4760	5110
	Flugasche	390	300	329	322	327	325	378
	Ölschiefer	340	356	220	186	181	149	164
	Trass	90	97	83	67	60	59	34
	Andere Abfall-basierte Si-Al-Ca-haltige Stoffe wie: • Papierrestoffe • Aschen aus Verbrennungsprozessen • Mineralische Reststoffe, z.B. ölverunreinigte Böden	300	443	354	247	229	234	170
Al	Aluminium-haltige Abfälle aus der Metallindustrie wie: • Aufbereitungsrückstände von Salzschlacken • Aluminumhydroxid	22	43	40	43	66	76	60
S	Schwefel-haltige Abfälle Gips aus der Rauchgasentschwefelung	420	420	420	391	390	426	428
	Anderer Gips aus der chemischen und Keramikindustrie	29	30	4	20	8		
F	Fluor-haltige Abfälle CaF_2- / Fluor-haltige Rückstände	43						

Tabelle 1:   Mengen an Abfall-basierten Rohstoffen, die in deutschen Zementwerken von 1998 bis
             2011 zum Einsatz kamen – Fortsetzung –

Klasse	Abfall-basierte Rohstoffe – relevante Beispiele	2005	2006	2007	2008	2009	2010	2011
Ca	Calcium-haltige Abfälle • Kalkschlämme aus der Trink- und Abwasseraufbereitung • Kalkhydrat • Porenbetongranulat • Calciumfluorid	97	95	118	82	64	62	51
Si	Silicium-haltige Abfälle Gießereialtsand	117	149	164	151	101	148	159
Si-Al	Calcium- oder Aluminium-haltige Abfälle Bentonit / Kaolinit	41	43	48	35	47	41	39
	Rückstände aus der Kohleverarbeitung	4	3					
Fe	Eisen-haltige Abfälle aus der Eisen- und Stahlindustrie, wie • Kiesabbrand • Verunreinigtes Erz • Eisenoxid/Flugasche-Gemisch • Stahlwerksstäube • Walzzunder	111	137	128	149	110	92	106
Si–Al–Ca	Silicium/Aluminium/Calcium-haltige Abfälle Hüttensand	5001	6400	6602	6430	4480	5365	5844
	Flugasche	348	392	387	456	311	316	321
	Ölschiefer	195	313	233	227	230	263	168
	Trass	33	32	28	29	25	29	38
	Andere Abfall-basierte Si-Al-Ca-haltige Stoffe wie: • Papierreststoffe • Aschen aus Verbrennungsprozessen • Mineralische Reststoffe, z.B. ölverunreinigte Böden	173	107	91	3	50	39	21
Al	Aluminium-haltige Abfälle aus der Metallindustrie wie: • Aufbereitungsrückstände von Salzschlacken • Aluminumhydroxid	70	57	62	51	47	55	75
S	Schwefel-haltige Abfälle Gips aus der Rauchgasentschwefelung	398	415	389	345	310	313	350
	Anderer Gips aus der chemischen und Keramikindustrie							
F	Fluor-haltige Abfälle CaF_2- / Fluor-haltige Rückstände							

Quelle: VDZ Verein Deutscher Zementwerke e.V.: Umweltdaten der deutschen Zementindustrie 1998 bis 2011

Beispielsweise sollten die vergleichsweise hohe Gehalte an organischen Stoffen aufweisenden Gießereialtsande in den Ofeneinlauf dosiert werden und nicht mit dem Rohmehl dem Ofensystem zugeführt werden.

Zusammenfassend sollten bei der Auswahl und Einsatz von Abfall-basierten Rohstoffen folgendes beachtet werden:

- Die Abfall-basierten Rohstoffe sollten primär aus den Klinkerelementen bestehen
- Die Konzentration an flüchtigen und hoch-flüchtigen Schwermetallen (Thallium und Quecksilber) ist zwingend zu berücksichtigen
- Die regelmäßige Überprüfung der Abfall-basierten Rohstoffe mittels repräsentativer Probenahme und Analytik (einschließlich Durchführung des Austreibungsversuchs und Bestimmung von organischen Einzelstoffen zusätzlich zum Summenparameter TOC.

2. Abfall-basierte Brennstoffe

2.1. Definition

Abfall-basierte Brennstoffe sind solche, die nicht fossile oder Primärbrennstoffe sind. Eine genauere Definition wurde vom World Business Council formuliert:

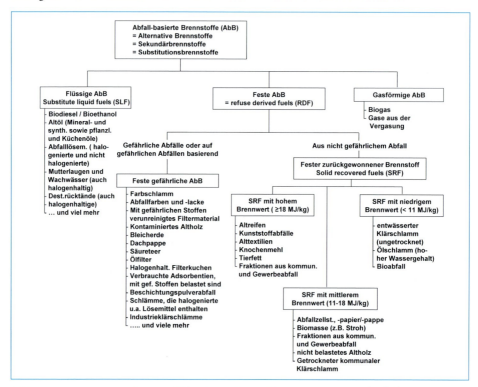

Bild 2:   Zusammenstellung und Zuordnung der im Zusammenhang mit Abfall-basierten Stoffen verwendeten Begriffe

Ausgewählte Abfälle oder Nebenprodukte mit einem verwertbaren Heizwert können in Drehrohröfen zum Brennen von Klinker zum Ersatz von fossilen Brennstoffen, wie z.B. Kohle, dann zum Einsatz kommen, wenn sie strenge Spezifikationen einhalten. In einigen Fällen können sie nur nach einer auf den Klinkerbrennprozess zugeschnittenen Vorbehandlung eingesetzt werden [58]. Bezüglich Abfall-basierter Brennstoffe gibt es im Deutschen und Englischen eine Vielzahl von Begriffen, die in deutscher Sprache in Bild 2 zusammengestellt sind. Diese Zusammenstellung ist ein Vorschlag für eine geeignete Zuordnung der verwendeten Begriffe und soll zur terminologischen Klarheit beitragen.

Nach dem vorstehenden Schema sind die Begriffe Abfall-basierte Brennstoffe, Sekundärbrennstoffe (im Gegensatz zu Primärbrennstoffen) und Ersatzbrennstoffe (zum Ersatz von Primärbrennstoffen) synonym. 'Refuse derived fuels (RDF)' ist ein im Englischen vielfach verwendeter Terminus, für den allerdings keine rechtliche Definition besteht und für den unterschiedliche Interpretationen innerhalb Europa bestehen [14].

2.2. Rechtliche Gesichtspunkte

Abfall-basierte Brennstoffe werden aus Abfällen gewonnen. Sie verlieren dabei ihren Abfallstatus nicht, d.h. sie bleiben Abfälle. Werden sie verbrannt oder mitverbrannt fallen sie unter die Abfallverbrennungsrichtlinie (WID) [19][2]. Allerdings wurde mit der europäischen Abfallrahmenrichtlinie im Jahre 2008 (WFD) [18, 61] ein neuer rechtlicher Rahmen eingeführt, nach dem ein Abfall (z.B. ein Abfallbrennstoff oder irgendein anderer Abfall), der für eine mögliche Wiederverwertung zurückgewonnen wurde oder zur Verfügung steht, seine Abfalleigenschaft verlieren kann[3]. Würden danach Abfall-basierte Brennstoffe die Abfalleigenschaft verlieren, würden die Anlagen zu ihrer Verbrennung oder Mitverbrennung, wie beispielsweise Zementwerke, Großfeuerungsanlagen oder Hochöfen nicht mehr unter den Geltungsbereich der Abfallverbrennungsrichtlinie fallen. Allerdings fallen die erwähnten Anlagen in Abhängigkeit von ihrer Kapazität unter die Großfeuerungsanlagenrichtlinie (nun integriert in die IED als Kapitel III), die IVU-Richtlinie (nun integriert in die IED als Kapitel II) oder unter die nationale Gesetzgebung der Mitgliedsstaaten. Bislang hat noch kein Abfall seine Abfalleigenschaften verloren und so sind Abfall-basierte Brennstoffe nach wie vor Abfälle [18, 13].

---

[2] Die Abfallverbrennungsrichtlinie ist zum 7. Januar 2014 aufgehoben, da sie als Kapitel IV in die Industrieemissionsrichtlinie (IED) integriert wurde [17]. Das gleiche gilt sowohl für die IVU-Richtlinie [16] als auch für die Großfeuerungsanlagenrichtlinie, die als Kapitel II bzw. als Kapitel III in die IED integriert wurde.

[3] Der Wortlaut von Artikel 6 Abs. 1 der Europäischen Abfallrahmenrichtlinie lautet: „Bestimmte festgelegte Abfälle sind nicht mehr als Abfälle im Sinne von Artikel 3 Buchstabe a anzusehen, wenn sie ein Verwertungsverfahren, wozu auch ein Recyclingverfahren zu rechnen ist, durchlaufen haben und spezifische Kriterien erfüllen, die gemäß den folgenden Bedingungen festzulegen sind: a) Der Stoff oder Gegenstand wird gemeinhin für bestimmte Zwecke verwendet; b) es besteht ein Markt für diesen Stoff oder Gegenstand oder eine Nachfrage danach; c) der Stoff oder Gegenstand erfüllt die technischen Anforderungen für die bestimmten Zwecke und genügt den bestehenden Rechtsvorschriften und Normen für Erzeugnisse und d) die Verwendung des Stoffs oder Gegenstands führt insgesamt nicht zu schädlichen Umwelt- oder Gesundheitsfolgen. Die Kriterien enthalten erforderlichenfalls Grenzwerte für Schadstoffe und tragen möglichen nachteiligen Umweltauswirkungen des Stoffes oder Gegenstands Rechnung".

Nach einer Studie zur Implementierung des vorgenannten Artikels 6 Abs. 1 der Abfallrahmenrichtlinie erscheint es möglich, für folgende Abfall-basierte Brennstoffe, Kriterien für das Ende der Abfalleigenschaft zu definieren:

- Tierisches Fett

- Speiseöl und -fett

- Altholz

- Kunststoffabfall

- Altreifen und Gummiabfälle

- Altpapier

- Altkleider und Textilabfälle

- *Clean refuse-derived fuel (RDF)* sind Abfall-basierte Brennstoffe, die aus nicht gefährlichen, sauberen und getrennt gesammelten Abfällen und Produktionsrückständen bestehen [40]. In einer von einem Forschungsinstitut der Europäischen Kommission finanzierten Studie wurden Abfall-basierte Brennstoffe als potenzielle Kandidaten für Anfälle, für den das Ende der Abfalleigenschaft definiert werden kann [25].

Österreich hat bereits Kriterien für das Ende der Abfalleigenschaft von Abfall-basierten Brennstoffen festgelegt. Dafür hat das österreichische Bundesministerium für Landwirtschaft, Forstwirtschaft, Umwelt und Wasserwirtschaft zunächst unverbindliche Regelungen getroffen [1]. Sie enthalten Kriterien für die Mitverbrennung von Abfällen. Durch die Integrierung in die österreichische Abfallverbrennungsverordnung wurden die Regelungen Ende 2010 rechtlich verbindlich [2]. Diese Verordnung enthält Grenzwerte als Mediane und 80-Perzentilwerte für die Beurteilung des Endes der Abfalleigenschaft für folgende Parameter: Antimon, Arsen, Blei, Cadmium, Chrom, Nickel, Quecksilber, Schwefel und Chlor.

Portugal beabsichtigt ebenfalls (oder hat es schon getan), für *high quality refuse-derived fuel* (RDF) die Abfalleigenschaft zu beenden [34]. Italien hat gleiches für *high quality solid recovered fuels* vor [24]. Zwei Umwelt-Nichtregierungsorganisationen (European Environment Bureau, EEB und European Environmental Citizens Organisation for Standardisation, ECOS) haben diese Absichten stark kritisiert und die Europäische Kommission aufgefordert, die italienische Gesetzesinitiative abzulehnen [15]. Es ist nicht bekannt, ob weitere Mitgliedsstaaten mittlerweile Regelungen für das Ende der Abfalleigenschaft für bestimmte Abfälle eingeführt haben.

2.3. Art und Mengen eingesetzter alternativer Brennstoffe

2.3.1. Entwicklung

Der Einsatz von Abfall-basierten Brennstoffen ist vor allem in Mittel- und Nordeuropa vorangetrieben worden. Dies ergibt sich auch aus Bild 3, die die Anteile Abfall-basierter

Brennstoffe am thermischen Input als Mittelwerte für verschiedene Industrieländer weltweit für das Jahr 2007 wiedergibt.

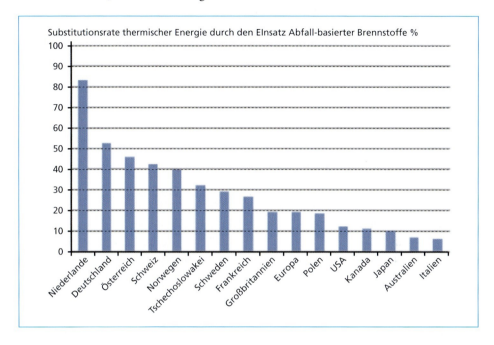

Bild 3:   Anteile an Abfall-basierten Brennstoffen am thermischen Input von Anlagen zur Herstellung von Klinker in verschiedenen Industrieländern weltweit für das Jahr 2007

Quellen:

Cement Association of Canada: Canadian Cement Industry, Sustainability Report 2010, 2011

Vereinigung der österreichischen Zementindustrie (VÖZ), Emissionen aus Anlagen der österreichischen Zementindustrie, Berichtsjahr 2010, 2011

Verband der Schweizerischen Zementindustrie, Zement – Kennzahlen 2011, 2012

HeidelbergCement Northern Europe, Energy and climate; http://www.heidelbergcement.com/no/en/country/sustainability/energy_climate.htm, accessed 8 August 2012

VDZ Verein Deutscher Zementwerke e.V., Umweltdaten der deutschen Zementindustrie 2007, 2008

Nach Bild 3 weist die Niederlande den höchsten Substitutionsgrad auf. Allerdings gibt es dort nur ein Zementwerk; insofern ist dieser Prozentsatz nicht repräsentativ. In Deutschland liegt der Mittelwert für alle 34 Standorte mit Klinkerproduktion für das Jahr 2007 bei 52 Prozent. Dabei gibt es mehrere Werke mit einer Substitutionsrate von hundert Prozent, d.h. diese setzen ausschließlich Abfall-basierte Brennstoffe ein. Vor diesem Hintergrund können aus den in Deutschland gemachten Erfahrungen und den gewonnenen Erkenntnissen wichtige Schlüsse gezogen werden. Die Substitutionsrate hat sich in Deutschland in den vergangenen 25 Jahren kontinuierlich erhöht (Bild 4). Dabei wurde in den Jahren 2010 bis 2011 erstmals eine Stagnation registriert.

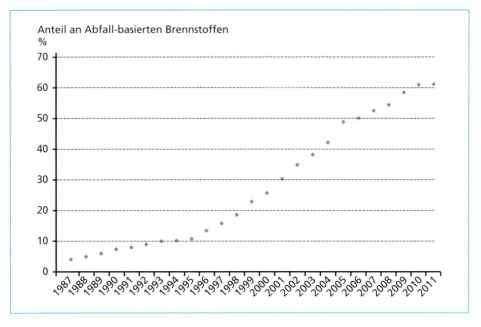

Bild 4:   Anteil an Abfall-basierten Brennstoffen am thermischen Input der deutschen Anlagen zur Klinkerherstellung von 1987 bis 2011

Quellen:

Scheuer, A., Utilization of alternative fuels and raw materials (AFRs) in the cement industry, Cement International 1, No. 1, 48-66, 2003

VDZ Verein Deutscher Zementwerke e.V.: Umweltdaten der deutschen Zementindustrie 1998, 1999

VDZ Verein Deutscher Zementwerke e.V.: Umweltdaten der deutschen Zementindustrie 2011, 2012

Wirthwein, R.; Emberger, B., Burners for alternative fuels utilisation – optimisation of kiln firing systems for advanced alternative fuel co-firing, Cement International 8 (2010) No. 4, 42-47

Die wichtigsten dabei eingesetzten Abfall-basierten Brennstoffe sind in Tabelle 2 zusammengestellt und in Bild 5 visualisiert.

Tabelle 2:   Art und Menge der Abfall-basierten Brennstoffe, die in deutschen Anlagen zur Klinkerherstellung im Zeitraum 1998 bis 2011 eingesetzt wurden

Abfall-basierte Brennstoffe	1998	1999	2000	2001	2002	2003	2004
	t/a						
Altreifen	229	236	248	237	225	247	290
Altöl	168	181	140	128	125	116	100
Fraktionen aus Industrie-/Gewerbeabfällen, wie	176	290	372				
Kunststoffe, Papier, Textilien etc.							
Zellstoff, Papier und Pappe				84	43	156	218
Kunststoffe				67	128	177	229
Verpackungen				12	64	9	13
Abfälle aus der Textilindustrie				5	5	15	2
Sonstige				250	231	269	410

Tabelle 2: Art und Menge der Abfall-basierten Brennstoffe, die in deutschen Anlagen zur Klinkerherstellung im Zeitraum 1998 bis 2011 eingesetzt wurden – Fortsetzung –

Tiermehle und -fette				245	380	452	439
Aufbereitete Fraktionen aus Siedlungsabfällen				102	106	155	157
Altholz	76	77	79	72	63	48	42
Abfalllösemittel	18	24	31	33	41	48	72
Bleicherde	13	13	23	29	15	20	11
Klärschlamm						4	48
Teppichabfälle	18	20					
Sonstige, wie	84	82	176	8	12	17	20
Ölschlamm							
Organische Destillationsrückstände							

Abfall-basierte Brennstoffe	2005	2006	2007	2008	2009	2010	2011
				t/a			
Altreifen	288	265	289	266	245	253	286
Altöl	92	69	85	80	73	61	66
Fraktionen aus Industrie-/Gewerbeabfällen, wie							
Kunststoffe, Papier, Textilien etc.							
Zellstoff, Papier und Pappe	237	244	236	150	175	133	63
Kunststoffe	309	363	452	460	556	527	474
Verpackungen	3				1		
Abfälle aus der Textilindustrie		9		2	9	11	10
Sonstige	567	754	907	936	911	931	1.096
Tiermehle und -fette	355	317	293	231	204	182	187
Aufbereitete Fraktionen aus Siedlungsabfällen	198	212	186	220	188	287	336
Altholz	42	14	13	12	13	8	8
Abfalllösemittel	101	93	100	102	81	98	104
Bleicherde	11	4					
Klärschlamm	157	238	254	267	263	276	304
Teppichabfälle							
Sonstige, wie	28	32	90	175	78	146	125
Ölschlamm							
Organische Destillationsrückstände							

Quelle: VDZ Verein Deutscher Zementwerke e.V.: Umweltdaten der deutschen Zementindustrie 1998 bis 2011

Aus Tabelle 2 und Bild 5 ergibt sich, dass die Einsatzmengen einiger Abfall-basierter Brennstoffe recht konstant ist, wie für Altreifen und Abfalllösemittel, während die Mengen für andere, insbesondere für *Sonstige Fraktionen aus Industrie-/Gewerbeabfällen, Kunststoffe als Fraktion von Industrie-/Gewerbeabfällen* und Klärschlämme in den vergangenen Jahren stark angestiegen sind. Im Gegensatz dazu sind die Einsatzmengen anderer Abfall-basierter Brennstoffe, wie Tiermehle und –fette, Altöl, Altholz und Zellstoff/Papier/Pappe deutlich gesunken.

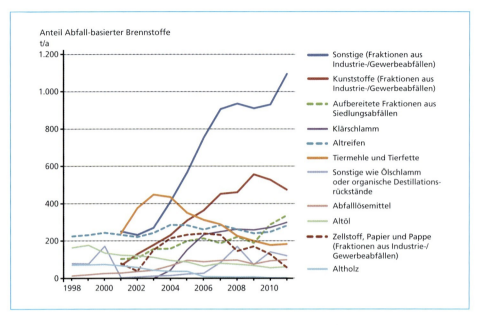

Bild 5:   Entwicklung des Einsatzes von Abfall-basierten Brennstoffen in deutschen Anlagen zur
Klinkerherstellung von 1998 bis 2011, die in Tabelle 2 aufgeführten weniger bedeutsamen
Abfall-basierten Brennstoffe, wie z.B. Verpackungen, Abfälle aus der Textilindustrie,
Teppichabfälle und Bleicherde, sind in der Graphik nicht berücksichtigt.

Quelle: VDZ Verein Deutscher Zementwerke e.V.: Umweltdaten der deutschen Zementindustrie 1998 bis 2012

2.3.2. Einsatz von Abfall-basierten Brennstoffen und seine Regulierung

Die Zusammensetzung der in Tabelle 2 und Bild 4 genannten Abfall-basierten Brennstoffe ist unterschiedlich genau. Während für Altreifen, Altholz, Altöl und Klärschlamm
die Zusammensetzung ziemlich genau angegeben werden kann und diese recht stabil
ist, kann sie für Abfallkunststoffe und aufbereitete Fraktionen aus Siedlungsabfällen
beträchtlich schwanken; besonders die sonstigen Fraktionen aus Industrie- und Gewerbeabfällen setzen sich aus einem großen Spektrum unterschiedlicher Abfälle zusammen.

In Tabelle 3 sind als Übersicht die Abfall-basierten Brennstoffe zusammengestellt,
die in den 34 deutschen Standorten zur Klinkerherstellung eingesetzt werden. Diese
Zusammenstellung erfolgte auf der Grundlage der verfügbaren immissionsschutzrechtlichen Genehmigungen, die zusammen mit den Emissionsdaten im Sommer 2013
veröffentlicht wurden[4]. Auf dieser Grundlage sind in Tabelle 3 die öffentlich verfügbaren Informationen nach Bundesländern, zuständigen Behörden und den Betreibern
zusammengestellt. Die Auswertung dieser Tabelle ergibt, dass:

---

[4]   Der Bundesverband Bürgerinitiativen Umweltschutz e.V. (BBU) mit Sitz in Bonn hat im Sommer 2013 die bis
2010 verfügbaren immissionsschutzrechtlichen Genehmigungen aller 34 deutschen Zementwerke unter http://
www.bbu-online.de/Arbeitsbereiche/Umweltinformationesrecht/Arbeitsbereiche%20Umweltinformationsrecht.
html veröffentlicht.

Tabelle 3: Informationen und Anforderungen zu den Abfall-basierten Brennstoffen und Rohstoffen, die in den 34 deutschen Anlagen zur Klinkerherstellung eingesetzt werden; diese Angaben sind mittels der verfügbaren Genehmigungen zusammengestellt

Lfd. Nr. der Bundesländer	Lfd. Nr. der zuständigen Behörden	Bundesland und zuständige Behörde	Deutsche Anlagen zur Klinkerherstellung und der Einsatz von Abfall-basierten Brennstoffen und Rohstoffen				
			Lfd. Nr. der Standorte mit Klinker-produktion	Name des Betreibers	Standort	Art der genehmigten Abfälle	Anforderungen an Abfall-basierte Brennstoffe
1		Baden-Württem-berg					
	1	RP Karlsruhe	1	HeidelbergCement AG	Leimen	Keine Information in den verfügbaren Genehmigungen	Keine Anforderungen in den verfügbaren Genehmigungen
			2	Lafarge Zement Wössingen GmbH	Walzbachtal	Altreifen, Gummiabfälle, Fluff, Tiermehl	Keine Anforderungen in den verfügbaren Genehmigungen
	2	RP Stuttgart	3	Schwenk Zement KG	Mergelstetten	Brennstoffe aus Gewerbeabfall und Kommunalabfall, Klärschlamm, Altholz, Knochen-, Tier- und Blutmehl, Dinkelspelzen	2009 wurde ein Überwachungs- und Qualitätsmanagementkonzept vorgeschrieben. Es enthält Grenzwerte für Schwermetalle und die maximale Dosiermenge
	3	RP Tübingen	4	HeidelbergCement AG	Schelklingen	Brennstoffe aus Gewerbeabfall, Klärschlamm, Tiermehl	2001 wurde ein Überwachungs- und Qualitätsmanagementkonzept vorge-schrieben. Es enthält Grenzwerte für Schwermetalle und Begrenzung der maximalen Dosiermenge
			5	Holcim GmbH	Dotternhausen	Keine Information in den verfügbaren Genehmigungen	Keine Anforderungen in den verfügbaren Genehmigungen
			6	Schwenk Zement KG	Allmendingen	Altreifen, Brennstoff aus Gewerbe- und Kommunalabfall, Garten- und Park-abfall, Sperrmüll	2009 wurde ein Überwachungs- und Qualitätsmanagementkonzept vorge-schrieben. Es enthält Grenzwerte für Schwermetalle und Begrenzung der maximalen Dosiermenge

Tabelle 3: Informationen und Anforderungen zu den Abfall-basierten Brennstoffen und Rohstoffen, die in den 34 deutschen Anlagen zur Klinkerherstellung eingesetzt werden; diese Angaben sind mittels der verfügbaren Genehmigungen zusammengestellt – Fortsetzung –

Lfd. Nr. der Bundesländer	Lfd. Nr. der zuständigen Behörden	Bundesland und zuständige Behörde	Lfd. Nr. der Standorte mit Klinker-produktion	Deutsche Anlagen zur Klinkerherstellung und der Einsatz von Abfall-basierten Brennstoffen und Rohstoffen			
				Name des Betreibers	Standort	Art der genehmigten Abfälle	Anforderungen an Abfall-basierte Brennstoffe
2		Bayern					
	4	LRA Donau-Ries	7	Märker Zement GmbH	Harburg	Altreifen, Abfalllösemittel, Altöl, fester Brennstoff aus der Leder- und Textilverarbeitung, aus Kunststoff- und Verpackungsabfall, Altholz, Klärschlamm, mineralölverunreinigte Hilfsmittel	Grenzwerte für den Gehalt an Schwermetallen, Chlor und Schwefel und Begrenzung der maximalen Dosiermenge für verschiedene Abfälle, Festlegung der durchzuführenden Überwachung
	5	LRA Main-Spessart	8	Schwenk Zement KG	Karlstadt	Altreifen, Brennstoff aus Gewerbeabfall, Klärschlamm, Tiermehl	Grenzwerte für den Gehalt an Schwermetallen, Chlor und Schwefel und Begrenzung der maximalen Dosiermenge für verschiedene Abfälle, Festlegung der durchzuführenden Überwachung
			9	HeidelbergCement AG	Triefenstein	Altreifen, Abfalllösemittel ohne halogenierte Verbindungen, Altöl zerkleinerte bituminöse Dachpappe, Kunststoffabfall, Teppichabfälle, Abfall aus der Papierindustrie, Tiermehl	Begrenzung der maximalen Dosiermenge; keine Anforderungen an den, Schadstoffgehalt in den verfügbaren Genehmigungen
	6	LRA Rosenheim	10	Südbayrisches Portland-Zementwerk Gebr. Wieshöck & Co. GmbH	Rohrdorf	Altreifen, Brennstoff aus Gewerbeabfall Nebenprodukte aus der Verpackungsproduktion, flüssige Abfall-basierte Brennstoffe (nicht spezifiziert)	Begrenzung der maximalen Dosiermenge; keine Anforderungen an den Schadstoffgehalt in den verfügbaren Genehmigungen

Tabelle 3: Informationen und Anforderungen zu den Abfall-basierten Brennstoffen und Rohstoffen, die in den 34 deutschen Anlagen zur Klinkerherstellung eingesetzt werden; diese Angaben sind mittels der verfügbaren Genehmigungen zusammengestellt – Fortsetzung –

Lfd. Nr. der Bundesländer	Lfd. Nr. der zuständigen Behörden	Bundesland und zuständige Behörde	Lfd. Nr. der Standorte mit Klinkerproduktion	Name des Betreibers	Standort	Art der genehmigten Abfälle	Anforderungen an Abfall-basierte Brennstoffe
				Deutsche Anlagen zur Klinkerherstellung und der Einsatz von Abfall-basierten Brennstoffen und Rohstoffen			
	7	LRA Schwandorf	11	HeidelbergCement AG	Burglengenfeld	Altreifen, zerkleinerter Gummiabfall, Brennstoff aus Gewerbeabfall, Altholz, mit Steinkohleteeröl imprägniertes Holz, Klärschlamm, CaF_2-haltige Kohleelektroden	Grenzwerte für den Gehalt an Schwermetallen, Chlor und Schwefel im Klärschlamm, der über den Hauptbrenner dosiert werden muss, Begrenzung der maximalen Dosiermenge für verschiedene Abfälle, Festlegung der durchzuführenden Überwachung
	8	LRA Weißenburg-Gunzenhausen	12	Portland-Zementwerke GmbH & Co. KG	Solnhofen	Altreifen, Brennstoff aus Gewerbeabfall, Tiermehl und –fett	Grenzwerte für den Gehalt an Schwermetallen, Chlor und Schwefel und Begrenzung der maximalen Dosiermenge für verschiedene Abfälle, Festlegung der durchzuführenden Überwachung
3		Brandenburg					
	9	LUA Brandenburg	13	Cemex Ost-Zement GmbH	Rüdersdorf	Große Vielfalt unterschiedlicher Abfälle, wie Fluff, Abfall aus der Papierproduktion, Kunststoffabfall, auch von Verpackungen aus dem Recycling, Altholz und viele mehr	Grenzwerte für den Gehalt an Schwermetallen, Chlor und Schwefel (PCB und PCP für Brennstoff aus Kommunalabfall, Begrenzung der maximalen Dosiermenge für verschiedene Abfälle, Festlegung der durchzuführenden Überwachung
4		Hessen					
	10	RP Darmstadt	14	Dyckerhoff AG	Amöneburg	Abfalllösemittel, Brennstoff aus Abfall (Fluff)	Keine Anforderungen in den verfügbaren Genehmigungen

Tabelle 3: Informationen und Anforderungen zu den Abfall-basierten Brennstoffen und Rohstoffen, die in den 34 deutschen Anlagen zur Klinkerherstellung eingesetzt werden; diese Angaben sind mittels der verfügbaren Genehmigungen zusammengestellt – Fortsetzung –

Lfd. Nr. der Bundesländer	Bundesland und zuständige Behörde	Lfd. Nr. der zuständigen Behörden	Deutsche Anlagen zur Klinkerherstellung und der Einsatz von Abfall-basierten Brennstoffen und Rohstoffen			
			Lfd. Nr. der Standorte mit Klinkerproduktion	Name des Betreibers	Standort	Art der genehmigten Abfälle	Anforderungen an Abfall-basierte Brennstoffe
	RP Kassel	12	15	Zement- und Kalkwerke Otterbein GmbH & Co. KG	Großenlüders-Müs	Fluff, Klärschlamm, Tier- und Blutmehl, ölhaltige Bleicherde, Flugasche, Gießereialtsand	Grenzwerte für den Gehalt an Schwermetallen, Chlor, Fluor und Schwefel, Begrenzung der maximalen Dosiermenge Abfälle, Festlegung der durchzuführenden Überwachung für verschiedene
	SGAA Hannover	13	16	Holcim AG	Höver	Große Vielfalt unterschiedlicher Abfälle (136 Abfallschlüsselnummern), wie Abfalllösemittel (auch halogenierte), Altreifen, Tiermehl, Ruß, flüssige chemische Abfälle (auch mit halogenierten Verbindungen)	Grenzwerte für den Gehalt an Schwermetallen, Chlor und PCB, PCDD/F, EOX; Begrenzung der maximalen Dosiermenge für verschiedene Abfälle, Festlegung der durchzuführenden Überwachung
			17	HeidelbergCement AG (former Teutonia Zement AG)	Hannover	Brennstoffe aus Holz, Papier und Pappe, Rinden- und Korkabfall, Textilabfälle, Kunststoffabfall. Farb- und Lackschlamm, Abfall vom Beschichten und Drucken, beladene Aktivkohle, verbrauchtes Ionenaustauscharz, Einwegkameras, organischer Abfall, Klärschlamm, Tiermehl	Grenzwerte für den Gehalt an Schwermetallen, Festlegung eines Qualitätsmanagement-systems und der durchzuführenden Überwachung
6	Nordrhein-Westfalen						
	BZR Arnsberg	14	18	Wittekind Hugo Miebach & Söhne	Ewitte	Keine Anforderungen in der verfügbaren Genehmigung	Keine Anforderungen in der verfügbaren Genehmigung

Tabelle 3: Informationen und Anforderungen zu den Abfall-basierten Brennstoffen und Rohstoffen, die in den 34 deutschen Anlagen zur Klinkerherstellung eingesetzt werden; diese Angaben sind mittels der verfügbaren Genehmigungen zusammengestellt – Fortsetzung –

Lfd. Nr. der Bundesländer	Lfd. Nr. der zuständigen Behörden	Bundesland und zuständige Behörde	Deutsche Anlagen zur Klinkerherstellung und der Einsatz von Abfall-basierten Brennstoffen und Rohstoffen				Anforderungen an Abfall-basierten Brennstoffen und Rohstoffen
			Lfd. Nr. der Standorte mit Klinkerproduktion	Name des Betreibers	Standort	Art der genehmigten Abfälle	Anforderungen an Abfall-basierte Brennstoffe
			19	Seibel & Söhne GmbH & Co. KG	Ewitte	Brennstoff aus Abfall, Kunststoffabfall, Abfall aus der Papierproduktion, Papier- und Pappeverpackungen, gemischte Verpackungen, Gummiabfälle	Grenzwerte für den Gehalt an Schwermetallen, Festlegung des Mindest-Heizwertes und der durchzuführenden Überwachung
			20	Gebr. Seibel GmbH & Co. KG	Ewitte	Große Vielfalt unterschiedlicher Abfälle, wie Abfalllösemittel, Kunststoffabfall, Rinden- und Korkabfall, tierischer und pflanzlicher Abfall, Klärschlamm, Reaktions- und Destillationsrückstände, kohleteer-haltige Bitumenmischungen, beladene Aktivkohle; Ruß und weitere.	Limits for the content of heavy metals, chlorine, fluorine and sulphur, PCB in spent solvents, prescribed monitoring
			21	Spenner Zement GmbH & Co. KG	Ewitte	Keine Anforderungen in den verfügbaren Genehmigungen	Keine Anforderungen in den verfügbaren Genehmigungen
			22	Dyckerhoff AG	Geseke	Große Vielfalt unterschiedlicher Abfälle, wie Abfalllösemittel (die auch organische Halogenverbindungen enthalten), Brennstoff aus Abfall (Fluff), Kunststoff-abfall, Holz- und Rindenabfall, Alttextilien, Verbundverpackungen, Gummiabfälle, Farb- und Lackabfall, Pulverbeschichtungsabfall, Brennstoff aus Kommunalabfall, Reaktions- und Destillationsrückstände (auch mit halogenierten organischen Verbindungen) und viele weitere Abfälle aus der chemischen Industrie, Tiermehl und weitere Abfälle	Grenzwerte für den Gehalt an Schwermetallen, Chlor, Fluor und PCDD/F in Abfalllösemitteln, Festlegung der durchzuführenden Überwachung und des Qualitätsmanagements

Tabelle 3: Informationen und Anforderungen zu den Abfall-basierten Brennstoffen und Rohstoffen, die in den 34 deutschen Anlagen zur Klinkerherstellung eingesetzt werden; diese Angaben sind mittels der verfügbaren Genehmigungen zusammengestellt – Fortsetzung –

Lfd. Nr. der Bundesländer	Lfd. Nr. der zuständigen Behörden	Bundesland und zuständige Behörde	Deutsche Anlagen zur Klinkerherstellung und der Einsatz von Abfall-basierten Brennstoffen und Rohstoffen			
			Lfd. Nr. der Standorte mit Klinkerproduktion	Name des Betreibers	Standort	Art der genehmigten Abfälle	Anforderungen an Abfall-basierte Brennstoffe
			23	HeidelbergCement AG	Geseke	Keine Anforderungen in den verfügbaren Genehmigungen	Keine Anforderungen in den verfügbaren Genehmigungen
	15	BZR Detmold	24	HeidelbergCement AG	Paderborn	Altreifen, Altholz, Brennstoff aus Abfall (Fluff), Klärschlamm, Tiermehl und –fett, Papierschlamm, Schweröl	Grenzwerte für den Gehalt an Schwermetallen im Schweröl, Begrenzung der maximalen Dosiermenge für die verschiedenen Abfälle, keine weiteren Anforderungen in der verfügbaren Genehmigung
	17	BZR Münster	25	HeidelbergCement AG	Ennigerloh	Altreifen, Altholz, Brennstoff aus Abfall (Fluff), Tiermehl	Begrenzung der maximalen Dosiermenge für die verschiedenen Abfälle, keine weiteren Anforderungen in der verfügbaren Genehmigung
			26	Dyckerhoff AG	Lengerich	Abfalllösemittel (die auch organische Halogenverbindungen enthalten), Brennstoff aus Abfall (Fluff), Kunststoffabfall, Rinden- und Korkabfall, Papierschlamm, Alttextilien, Farb- und Lack abfall, Altholz, Tiermehl	Grenzwerte für den Gehalt an Schwermetallen, Chlor und PCDD/F in Abfalllösemitteln, Festlegung der durchzuführenden Überwachung
			27	Cemex West-Zement GmbH	Beckum	Altreifen, Kunststoffabfall, Brennstoff aus Abfall, Rinden- und Korkabfall, Altholz, Schlamm aus der Papierproduktion, Alttextilien, Farb- und Lackabfall, Pulverbeschichtungsabfall, Papier-, Pappe- und Kunststoffverpackung, Gummiabfälle	Grenzwerte für den Gehalt an Schwer metallen, Festlegung der durchzuführenden Überwachung und des Qualitätsmanagements

Tabelle 3: Informationen und Anforderungen zu den Abfall-basierten Brennstoffen und Rohstoffen, die in den 34 deutschen Anlagen zur Klinkerherstellung eingesetzt werden; diese Angaben sind mittels der verfügbaren Genehmigungen zusammengestellt – Fortsetzung –

Lfd. Nr. der Bundes-länder	Lfd. Nr. der zuständigen Behörden	Bundesland und zuständige Behörde	Lfd. Nr. der Standorte mit Klinker-produktion	Deutsche Anlagen zur Klinkerherstellung und der Einsatz von genehmigten Abfälle			Anforderungen an Abfall-basierte Brennstoffen und Rohstoffen
				Name des Betreibers	Standort	Art der genehmigten Abfälle	Anforderungen an Abfall-basierte Brennstoffe
			28	Phoenix Zementwerke Krogbeumker GmbH & Co. KG	Beckum	Altöl, Produktionsabfall (nicht spezifiziert); Tiermehl; keine zusätzliche Information	Keine Anforderungen in den verfügbaren Genehmigungen
7		Rheinland-Pfalz					
	18	SGD Nord	29	Portlandzementwer Wotan H. Schneider KG	Üxheim-Ahütte	Keine Anforderungen in den verfügbaren Genehmigungen	Keine Anforderungen in den verfügbaren Genehmigungen
	19	SGD Süd	30	Dyckerhoff AG	Göllheim	Große Vielfalt unterschiedlicher Abfälle, wie Altreifen, Abfalllösemittel (die auch organische Halogenverbindungen enthalten), Brennstoff aus Abfall (Fluff), Kunststoffabfall, Holz- und Rindenabfall, Alttextilien, Verbundverpackungen, Gummiabfälle, Farb- und Lackabfall, Pulverbeschichtungsabfall, Brennstoff aus Kommunalabfall, Reaktions- und Destillationsrückstände (auch mit halogenierten organischen Verbindungen) und viele weitere Abfälle aus der chemischen Industrie, Klärschlamm, Tiermehl, Gießereialtsand, und weitere Abfälle	Grenzwerte für den Gehalt an Schwermetallen, Chlor, Fluor, Schwefel, PCB und PCP, Begrenzung der maximalen Dosiermenge für die verschiedenen Abfälle, Festlegung der durchzuführenden Überwachung

Tabelle 3: Informationen und Anforderungen zu den Abfall-basierten Brennstoffen und Rohstoffen, die in den 34 deutschen Anlagen zur Klinkerherstellung eingesetzt werden; diese Angaben sind mittels der verfügbaren Genehmigungen zusammengestellt – Fortsetzung –

Lfd. Nr. der Bundesländer	Lfd. Nr. der zuständigen Behörden	Bundesland und zuständige Behörde	Deutsche Anlagen zur Klinkerherstellung und der Einsatz von Abfall-basierten Brennstoffen und Rohstoffen			
			Lfd. Nr. d. Standorte m. Klinkerproduktion	Name des Betreibers	Standort	Art der genehmigten Abfälle	Anforderungen an Abfall-basierte Brennstoffe
8		Sachsen-Anhalt					
	20	LVA Halle	31	Lafarge Zement Karlsdorf GmbH	Karlsdorf	Altreifen, Abfalllösemittel, Altöl, Brennstoff aus Abfall, Klärschlamm, Tiermehl	Keine Anforderungen in den verfügbaren Genehmigungen
			32	Schwenk Zement AG	Bernburg	Große Vielfalt unterschiedlicher Abfälle (mehr als 300 Abfallschlüsselnummern), wie Altreifen, Abfalllösemittel (die auch organische Halogenverbindungen enthalten), Brennstoff aus Abfall (Fluff), Kunststoffabfall, Holz- und Rindenabfall, Alttextilien, Verbundverpackungen, Gummiabfälle, Farb- und Lackabfall, Pulverbeschichtungsabfall, Brennstoff aus Kommunalabfall, Reaktions- und Destillationsrückstände (auch mit halogenierten organischen Verbindungen) und viele weitere Abfälle aus der chemischen Industrie, Klärschlamm, Tiermehl, Gießereialtsand, und weitere Abfälle	Grenzwerte für den Gehalt an PCB und PCP im Altöl und an anderen persistenten organischen Schadstoffen in allen gefährlichen Abfällen, Festlegung der durchzuführenden Überwachung
9		Schleswig-Holstein					
	21	StUA Itzehoe	33	Holcim AG	Lägerdorf	Brennstoff aus Abfall, Klärschlamm, Altdachpappe (die Teer oder Bitumen enthält), feste und flüssige nicht gefährliche und gefährliche Abfälle (nicht spezifiziert)	Grenzwerte für den Gehalt an Hg, Cd, Tl und Cr sowie zusätzlich an Chlor für gefährliche Abfälle, Festlegung der durchzuführenden Überwachung
10		Thüringen					
	22	LUA Weimar	34	Dyckerhoff AG – Deuna Zement GmbH	Deuna	Keine Anforderungen in den verfügbaren Genehmigungen	Keine Anforderungen in den verfügbaren Genehmigungen

RP = Regierungspräsidium, LRA = Landratsamt, LUA = Landesumweltamt, SGAA = Staatliches Gewerbeaufsichtsamt, BZR = Bezirksregierung, SGD = Struktur- und Genehmigungsdirektion, LVA = Landesverwaltungsamt, StUA = Staatliches Umweltamt

a) für 7 Anlagen zur Klinkerherstellung die verfügbaren Genehmigungen keine Angaben oder Auflagen bezüglich Abfall-basierten Brennstoffen enthalten.

b) für 21 Anlagen zur Klinkerherstellung nur der Einsatz weniger Abfall-basierter Brennstoffe genehmigt ist. Dabei stammen alle genehmigten Brennstoffe aus nicht gefährlichen Abfällen.

c) in 6 Anlagen zur Klinkerherstellung der Einsatz einer Vielzahl von Abfall-basierten Brennstoffen genehmigt ist. Sie sind alle im Europäischen Abfallkatalog enthalten [62] und enthalten vor allem organische Verbindungen. In einem extremen Fall (Lafarge Karlsdorf GmbH) ist der Einsatz von Abfällen mit mehr als 300 Abfallschlüsselnummern gestattet. Für 5 der 6 Anlagen ist auch der Einsatz von gefährlichen Abfällen genehmigt, besonders solche aus der chemischen Industrie. Es besteht die Auffassung, dass der Einsatz einer Vielzahl von unterschiedlichen Abfällen in Zementanlagen vertretbar ist, d.h. er ist nicht beschränkt auf wenige ausgewählte Abfälle [23, 29]. Allerdings entspricht diese Position nicht dem Leitfaden von Nordrhein-Westfalen, der mangels einer nationalen Regelung auch von den zuständigen Behörden in anderen Bundesländern angewandt wird [31]. Dieser Leitfaden führt in einer Positivliste *Abfälle auf, über die im Rahmen der energetischen Verwertung bereits umfassende Erfahrungen der Genehmigungs- und Überwachungsbehörden in Nordrhein-Westfalen vorliegen* [31]. Diese Positivliste ist in Tabelle 4 wiedergegeben.

Tabelle 4: Positivliste von Abfällen, die in Anlagen zur Zement- oder Kalkherstellung sowie in Großfeuerungsanlagen eingesetzt werden können/dürfen

AVV Schlüssel	AVV Bezeichnung	Exemplarische Erläuterung
02 01 04	Kunststoffabfälle ohne Verpackungen	PUR-Schaum, PE-Verbundstoffe
02 01 07	Abfälle aus der Forstwirtschaft	
03 01 01	Rinden- und Korkabfälle	
03 01 05	Sägemehl, Späne, Abschnitte, Holz, Spanplatten und Furniere mit Ausnahme derjenigen, die unter 03 01 04 fallen	
03 03 01	Rinden- und Holzabfälle	
03 03 02	Sulfitschlämme (aus der Rückgewinnung von Kochlaugen)	nur entwässert
03 03 07	Mechanisch abgetrennte Abfälle aus der Auflösung von Papier- und Pappeabfällen	Spuckstoffe
03 03 08	Abfälle aus dem Sortieren von Papier und Pappe für das Recycling	Ungeeignete Papierqualitäten, sonstige hochkalorische Störstoffe
04 02 09	Abfälle aus Verbundmaterialien (imprägnierte Textilien, Elastomer, Plastomer)	Textilien, Teppiche, Vliese und Dämmstoffe aus der Autoinnenausstattung, Hygieneprodukte (jeweils Rohmaterial und Ausschussware)
04 02 21	Abfälle aus unbehandelten Textilfasern	Rohmaterial, Ausschussware etc. aus der Textilindustrie
04 02 22	Abfälle aus verarbeiteten Textilfasern	Teppichreste, Autotextilien (jeweils Rohmaterial und Ausschussware, Randabschnitte)

Tabelle 4: Positivliste von Abfällen, die in Anlagen zur Zement- oder Kalkherstellung sowie in Großfeuerungsanlagen eingesetzt werden können/dürfen – Fortsetzung –

AVV Schlüssel	AVV Bezeichnung	Exemplarische Erläuterung
07 02 13	Kunststoffabfälle	Kunststoff- und Gummiabfälle
08 01 12	Farb- und Lackabfälle mit Ausnahme derjenigen, die unter 08 01 11 fallen	Nur ausgehärtete Farben und Lacke
08 02 01	Abfälle von Beschichtungspulver	
09 01 07	Filme und fotographische Papiere, die Silber oder Silberverbindungen enthalten	
09 01 08	Filme und fotographische Papiere, die kein Silber und keine Silberverbindungen enthalten	
12 01 05	Kunststoffspäne und Drehspäne	Automobilkunststoffe, PU-Verbunde, Spritzgussteile, Schaumstoffe
15 01 01	Verpackungen aus Papier und Pappe	Dekor-, Verpackungs- und Etikettenpapier (Reste aus der Herstellung), auch wachsgetränktes Papier
15 01 02	Verpackungen aus Kunststoff	Verpackungsfolien (Rohmaterial und Ausschussware), Schaumstoffe, Polystyrol
15 01 03	Verpackungen aus Holz	Defekte Paletten, Kisten etc.
15 01 05	Verbundverpackungen	Kunststoff- / Papierverbunde
15 01 06	Gemischte Verpackungen	Verpackungen der Gruppe 15 01
15 02 03	Aufsaug- und Filtermaterialien, Wischtücher und Schutzkleidung mit Ausnahme derjenigen, die unter 15 02 02 fallen	Aufsaug- und Filtermaterialien, Wischtücher und Schutzkleidung
17 02 01	Holz	
17 02 03	Kunststoff	
19 05 01	Nicht kompostierte Fraktion von Siedlungs- und ähnlichen Abfällen	
19 12 01	Papier und Pappe	
19 12 04	Kunststoff und Gummi	
19 12 07	Holz mit Ausnahme desjenigen, das unter 19 12 06 fällt	
19 12 08	Textilien	
19 12 10	*Brennbare Abfälle (Brennstoffe aus Abfall)[1]*	Heizwertreiche Fraktion aus der mech. bzw. mech.-biolog. Aufbereitung von Abfällen (90-95% der Brennstoffmischungsbestandteile sind aus der Positivliste und/oder aus den Abfallgruppen 20 02 und/ oder 20 03 und/oder ASN 17 09 04 bekannt)
16 01 03	Altreifen	Altreifen, Reifenschnitzel
03 03 05	De-Inking-Schlämme aus dem Papierrecycling	Beide Schlämme werden im Kraftwerk
03 03 10	Faserabfälle, Faser-, Füller- und Überzugsschlämme aus mechanischer Abrennung	dauerhaft eingesetzt. Aufgrund der Besonderheiten (niedriger Heizwert, pastöse Eigenschaften) werden diese Abfälle gesondert aufgeführt. ASN 03 03 05 und/oder ASN 03 03 10 kann im Sinne eines Abfalls der Positivliste im Kraftwerk eingesetzt werden.

[1] auch als 19 12 12 deklarierte Abfälle

Quelle: Ministerium für Umwelt und Naturschutz, Landwirtschaft und Verbraucherschutz (MUNLV) des Landes Nordrhein-Westfalen (NRW): Leitfaden zur energetischen Verwertung von Abfällen in Zement-, Kalk- und Kraftwerken in Nordrhein-Westfalen, 2. Auflage, 2005

2.4. Ökobilanz-Betrachtungen

Aus Platzgründen werden hier nur die Schlussfolgerungen zusammenfassend darge-stellt, die als Ergebnis einer ausführlichen Untersuchung gezogen wurden [20].

Es gibt eine Vielzahl von Ökobilanzstudien zur Mitverbrennung von Abfall-basierten Brennstoffen in Zementwerken. Die Ergebnisse hängen von einer Reihe von Faktoren ab, insbesondere von der gewählten funktionellen Einheit, der gewählten Methodik, den Systemgrenzen, den berücksichtigten Parametern, den getroffenen Annahmen, den Datenquellen und dem verwendeten Allokationsansatz. Die übliche Ökobilanz folgt einem vereinfachten Ansatz zur Berechnung des Treibhauspotenzials. Üblicherweise wird die Vermeidung von fossilen Brennstoffen als Hauptvorteil bei Abfallszenarios für Zementöfen gesehen, obwohl die Ergebnisse stark von den gemachten Annahmen abhängen und eine nicht unerhebliche Unsicherheit aufweisen.

In den meisten Studien über die Emission von Treibhausgasen aus Zementwerken wird übersehen, das die Mitverbrennung von Abfall-basierten Brennstoffen in Zementwer-ken mit einem Rückgang der Energieeffizienz verbunden ist, der den Vorteil der aus den Abfällen freigesetzten biogenen Kohlendioxidemissionen egalisiert. Als Beispiel wird die Entwicklung in Deutschland herangezogen. In den 34 deutschen Anlagen zur Klinkerherstellung stieg die Substitution von fossilen durch Abfall-basierte Brennstoffen in den vergangenen zehn Jahren kontinuierlich an (Bild 4 und 6).

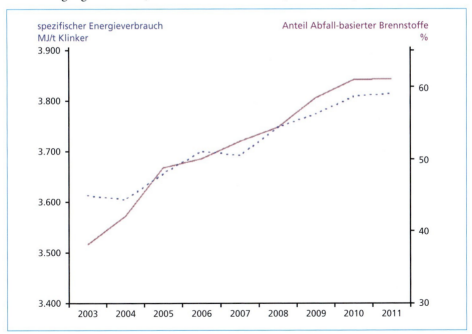

Bild 6:   Korrelation zwischen dem spezifischen Bedarf an thermischer Energie der 34 deutschen Zementwerke und dem Substitutionsgrad von fossilen durch Abfall-basierte Brennstoffe (Mittelwerte von 2003 bis 2010)

Quelle: Ananalysis of the use of life cycle assessment for waste co-incineration in cement kilns, Resources, Conservation & Recycling (zur Publikation angenommen)

Bild 6 zeigt diesen Anstieg, der mit dem spezifischen Energieverbrauch korreliert. D.h. die Zunahme der Substitution geht mit einem Rückgang der Energieeffizienz einher. Die Energieeffizienz nimmt möglicherweise als Folge inhärenter Eigenschaften der Abfall-Basierten Brennstoffe ab, die durch Vorbehandlungstechniken beeinflusst werden können. Vor diesem Hintergrund spielt bei der Bewertung der Zementherstellung die Mitverbrennung von Abfall-basierten Brennstoffen hinsichtlich des Treibhauseffektes nur einen untergeordnete Rolle, der statistisch nicht signifikant ist. Die viel wirkungsvollere Maßnahme ist die Reduzierung des Klinkergehaltes im Zement.

3. Auswirkungen der Abfallmitverbrennung auf die Abgasemissionen

3.1. TOC, CO und Benzol

3.1.1. Rechtliche Regelung und Umsetzung

Grundlage der deutschen Regelung zur Mitverbrennung von Abfällen ist die europäische Abfallverbrennungsrichtlinie [19], die in Anhang VI der IED [17] integriert wurde. Die spezifischen Regelungen zur Mitverbrennung in Zementwerken sind bezüglich der Parameter TOC und CO in Anhang VI, TEIL 4, Nrn. 2.3 und 2.4 IED enthalten[5].

Für Zementwerke gilt nach Nr. 2.3 für organische Stoffe, bezeichnet als organisch gebundener Gesamtkohlenstoff (TOC), der Grenzwert von 10 mg/Nm³ mit folgender Ausnahmeregelung: *Die zuständigen Behörden können Ausnahmen genehmigen, wenn der vorhandene organisch gebundene Gesamtkohlenstoff nicht durch die Verbrennung von Abfällen entstehen.* Und nach Nr. 2.4 können die zuständigen Behörden für CO Emissionsgrenzwerte festlegen, d.h. die Richtlinie enthält für CO keinen Grenzwert.

In Deutschland wurde die Abfallverbrennungsrichtlinie im Wesentlichen durch Änderung der seinerzeit bestehenden Verordnung über Verbrennungsanlagen für Abfälle und ähnliche brennbare Stoffe umgesetzt. Dabei enthielt schon der erste Entwurf [9] die rohstoffbedingte Ausnahmenmöglichkeit für TOC und SO₂, die im Vergleich zur europäischen Formulierung präzisiert wurde. *Die zuständige Behörde kann auf Antrag des Betreibers Ausnahmen für Schwefeldioxid und Gesamtkohlenstoff genehmigen, sofern diese Ausnahmen auf Grund der Zusammensetzung der natürlichen Rohstoffe erforderlich sind und ausgeschlossen werden kann, dass durch die Verbrennung von Abfällen oder Stoffen nach § 1 Absatz 1 zusätzliche Emissionen an Gesamtkohlenstoff und Schwefeldioxid entstehen.* Diese Ausnahmeregelung ging im Wesentlichen aus Untersuchungen der deutschen Zementindustrie hervor, die z.B. in [60] veröffentlicht wurden. In der weiteren Diskussion wurde mehrfach betont, insbesondere in [10], dass die *Die Kohlenmonoxid und Gesamt-C-Emissionen von Zementwerken Im Wesentlichen rohmaterialbedingt sind.*

---

[5] Die genaue Bezeichnung lautet: Anhang VI (Technische Bestimmungen für Abfallverbrennungs- und Abfallmitverbrennungsanlagen), TEIL 4 (Bestimmung der Emissionsgrenzwerte für die Mitverbrennung von Abfällen) Nr. 2 (Besondere Vorschriften für Zementöfen, in denen Abfälle mitverbrannt werden), Nr. 2.3 (Gesamtemissionsgrenzwerte (in mg/Nm3) für SO2 und organisch gebundenen Gesamtkohlenstoff (TOC), Nr. 2.4 Gesamtemissionsgrenzwerte für CO

Bezüglich CO verlangte die novellierte 17. BImSchV [11] ausdrücklich die Festlegung eines Grenzwertes und ging damit über die o.g. Kann-Bestimmung der Abfallverbrennungsrichtlinie hinaus.

Bei der Novellierung der 17. BImSchV im Zuge der IED-Implementierung wurden die vorgenannten Ausnahmeregelungen für TOC und CO beibehalten (Ziffern 2.4.1 und 2.4.2 der Anlage 3 der 17. BImSchV [12].

Wie vorerwähnt basiert die Ausnahmenregelung auf Untersuchungen der deutschen Zementindustrie. In den letzten 14 verfügbaren Ausgaben der vom Verband der deutschen Zementindustrie (VDZ) jährlich herausgegebenen *Umweltdaten der Deutschen Zementindustrie* heißt es: *Die Abgaskonzentrationen von CO und organisch gebundenem Kohlenstoff sind bei Energieumwandlungsanlagen, wie z.B. Kraftwerken, ein Maß für den Ausbrand der eingesetzten Brennstoffe. Der Klinkerbrennprozess ist dagegen ein Stoffumwandlungsprozess, der aus Gründen der Klinkerqualität stets mit Luftüberschuss betrieben werden muss. In Verbindung mit langen Verweilzeiten im Hochtemperaturbereich führt dies zu einem vollständigen Brennstoffausbrand. Die auftretenden Emissionen von Kohlenstoffmonoxid und organischem Gesamtkohlenstoff stammen daher nicht aus der Verbrennung, sondern aus der thermischen Zersetzung organischer Bestandteile des Rohmaterials im Vorwärmer.* [43, 44, 45, 46, 47, 48, 49, 50, 51, 52, 53, 54, 55, 56]. Allerdings ist diese Aussage ebenso wie die Begründung der vorgenannten Ausnahmereglung nur bedingt richtig. Sie gilt in dieser pauschalen Art nur für den Hauptbrenner und übersieht die Sekundärfeuerung, d.h. die Wirkung der Verbrennung am Ofeneinlauf bzw. im Kalzinator. Dies wird nachfolgend aufgezeigt.

Zuvor wird ein Überblick über die gegenwärtige Genehmigungssituation in den 34 Zementwerken gegeben. Die Informationen dazu sind in Tabelle 5 zusammengestellt.

Es fällt auf, dass bezüglich dem Parameter TOC

- die Hälfte der Werke gar keinen TOC-Grenzwert haben, was weder mit den europäischen noch mit den deutschen Regelungen konform sein dürfte,

- bei den Werken mit Grenzwert nur ein Werk den Wert 10 mg/Nm³ einhalten muss, während bei den anderen von der Ausnahmeregelung Gebrauch gemacht wurde; dabei wurden zum Teil zehnfach, in einem Fall sogar zwanzigfach höhere TOC-Werte festgelegt. Nachstehend wird gezeigt, dass dies nicht gerechtfertigt sein dürfte.

Bezüglich CO ist das Bild ähnlich. 19 Werke haben keinen CO-Grenzwert, wobei bei weiteren 3 Werken keine Informationen vorliegen, obwohl die 17. BImSchV die Festlegung eines Grenzwertes ausdrücklich verlangt (oben). In den Fällen mit Grenzwert besteht wie für den TOC ein sehr uneinheitliches Bild; die Grenzwerte schwanken zwischen 50 und 6.250 mg/Nm³.

Es ist nicht klar, wie es zu diesem erheblichen Vollzugsdefizit kommen konnte und weshalb die festgelegten Grenzwerte so stark schwanken. Wie nachfolgend dargestellt können die zum Teil hohen Grenzwerte für TOC und CO nicht nur auf die Freisetzung von organischen Stoffen und Kohlenmonoxid aus den Rohstoffen zurückgeführt werden.

Tabelle 5: Grenzwerte für die Abgasemissionen und die durchzuführende kontinuierliche Eigenüberwachung der 34 deutschen Zementwerke entsprechend der verfügbaren immissionsschutzrechtlichen Genehmigungen, Stand 2011

Zuständige Behörde	Lfd. Nr.	Name des Betreibers	Standort	Staub	SO_x	NO_x	TOC	CO	Benzol	HCl	HF	NH_3	Hg	O_2	p	T	F	V
1 BADEN-WÜRTTEMBERG																		
RP Karlsruhe	1	HeidelbergCement AG	Leimen	20	350	500	kein GW	kein GW		10	1		30					
				x	x	x											x	x
	2	Lafarge Zement Wössingen GmbH	Walz-bachtal	20	295	500	kein GW	kein GW	5	10	1		28		x	x	x	x
				x	x	x							x					
RP Stuttgart	3	Schwenk Zement AG	Mergelstetten	10	100	200	20	1.000	5	10	1	30	30					
				x	x	x	x	x					x					
RP Tübingen	4	HeidelbergCement AG	Schelklingen	20	300	500	kein GW	2.500		10	1		30					x
				x	x	x							x	x	x	x	x	
	5	Holcim GmbH	Dotternhausen	20	175	500	50	kein GW		10	1		30					
				x	x	x	x						x	x	x	x	x	x
	6	Schwenk Zement AG	Allmendingen	20	350	350	kein GW	kein GW		10	1		30				x	x
				x	x	x	x	x		x			x	x				
2 BAYERN																		
LRA Donau-Ries	7	Märker Zement GmbH	Harburg	10	50	500	kein GW	kein GW	5	10 HSM	1 HSM	x	30/50					
				x	x	x	x	x					x	x	x	x	x	x
LRA Main-Spessart	8	Schwenk Zement AG	Karlstadt	10	kein GW	200	kein GW	6250		10	1		30					
				x	x	x	x	x					x	x	x	x	x	x
	9	HeidelbergCement AG	Triefenstein	10	?	200	50	?		?	?		?					x
				x	x	x		x					x	x		x	x	x

Tabelle 5: Grenzwerte für die Abgasemissionen und die durchzuführende kontinuierliche Eigenüberwachung der 34 deutschen Zementwerke entsprechend der verfügbaren immissionsschutzrechtlichen Genehmigungen, Stand 2011 – Fortsetzung –

Zuständige Behörde	Lfd. Nr.	Name des Betreibers	Standort	Staub	SOx	NOx	TOC	CO	Benzol	HCl	HF	NH3	Hg	O2	p	T	F	V
LRA Rosenheim	10	Südbayr. Portland-Wieshöck Zementwerk Gebr.	Rohrdorf	10	200	475	100	2.500	5 HSM	10	1		30					
				x	x									x		x	x	x
LRA Schwandorf	11	HeidelbergCement AG	Burglengenfeld	14	50	333				10	1		30					
				x		x							x					
LRA Weißenburg-Gunzenhausen	12	Portland-Zementwerke GmbH & Co.KG	Solnhofen	20	50	500	kein GW	kein GW	5	10	1		30					
				x	x	x	x	x		x		x	x	x		x		x
3 BRANDENBURG																		
LUA Brandenburg	13	Cemex Ost-Zement GmbH	Rüdersdorf	20	350	500	30	kein GW		10	1		30					
				x	x	x	x						x	x		x	x	x
4 HESSEN																		
RP Darmstadt	14	Dyckerhoff AG	Amöneburg	20	50	500	kein GW	2.000		10	1		30					
				x	x	x	x	x					x	x		x		
RP Kassel	15	Zement- und Kalkwerke Otterbein GmbH & Co.KG	Großenlüders-Müs	20	200	500	10	3.000		10	1		30					
				x	x	x	x	x					x	x		x	x	x
5 NIEDERSACHSEN																		
SGAA Hannover	16	Holcim AG	Höver	14	400	317	70	3.000		10	1		30					
				x	x	x	x	x		x			x	x		x		
	17	HeidelbergCement AG	Hannover	13,9	400	318	kein GW	3.000		10	1		50					
				x	x	x	x	x					x	x			x	
6 NORDRHEIN-WESTFALEN																		
BZR Arnsberg	18	Wittekind Hugo Miebach & Söhne	Ewitte	10	50	230	10	50		10	1		30					
				x	x	x							x					

Tabelle 5: Grenzwerte für die Abgasemissionen und die durchzuführende kontinuierliche Eigenüberwachung der 34 deutschen Zementwerke entsprechend der verfügbaren immissionsschutzrechtlichen Genehmigungen, Stand 2011 – Fortsetzung –

Zuständige Behörde	Lfd. Nr.	Name des Betreibers	Standort	Staub	SOx	NOx	TOC	CO	Benzol	HCl	HF	NH3	Hg	O2	p	T	F	V
	19	Seibel & Söhne GmbH & Co.KG	Ewitte	20	350	200	50	kein GW		10	1		30					
				x														
	20	Gebr. Seibel GmbH & Co.KG	Ewitte	10	200	200	100	kein GW		10	1		30					
				x	x	x							x					
	21	Spenner Zement GmbH & Co.KG	Ewitte	20	225	500	100	kein GW		10	1		50					
				x	x	x	x						x					
	22	Dyckerhoff AG	Geseke	12,5	200	245	100	50		10	1		30					
				x	x	x	x	x					x					
	23	HeidelbergCement AG	Geseke	20	350	500	kein GW	kein GW	5	30	3		50					
				x	x	x		x					x					
BZR Detmold	24	HeidelbergCement AG	Paderborn	10	200	350	100	kein GW		10	1		30					
				x	x	x	x						x					
BZR Münster	25	HeidelbergCement AG	Ennigerloh	11	kein GW	230	kein GW	kein GW					kein GW					
				x	x	x	x	x					x	x		x		
	26	Dyckerhoff AG	Lengerich															
			Ofen 4	20	350	500	20	kein GW		10	1		30					
			Ofen 8	13	350	275	20	kein GW		10	1		30					
				x	x	x	x	x					x	x		x		x

Tabelle 5: Grenzwerte für die Abgasemissionen und die durchzuführende kontinuierliche Eigenüberwachung der 34 deutschen Zementwerke entsprechend der verfügbaren immissionsschutzrechtlichen Genehmigungen, Stand 2011 – Fortsetzung –

Zuständige Behörde	Lfd. Nr.	Name des Betreibers	Standort	Staub	SOx	NOx	TOC	CO	Benzol	HCl	HF	NH3	Hg	O2	p	T	F	V
	27	Cemex West-Zement GmbH	Beckum	12	kein GW	260	kein GW	kein GW					kein GW					
				x	x	x	x	x					x	x				x
	28	Phoenix Zementwerke Krogbeumker GmbH & Co.KG	Beckum	12	kein GW	260	kein GW	kein GW					kein GW					
				x	x	x	x	x					x	x		x	x	x
7 RHEINLAND-PFALZ																		
SGD Nord	29	Portlandzementwerk Wotan H. Schneider KG	Üxheim-Ahütte	?	?	?	?	?					?					
				x	x	x												
SGD Süd	30	Dyckerhoff AG	Göllheim	12	50	260	50HSM	2.000		10			30					
				x	x	x							x	x		x	x	
8 SACHSEN-ANHALT																		
LVA Halle	31	Lafarge Zement Karlsdorf GmbH	Karlsdorf	10	400	200	50	2.000	5	10	1	30	50					
				x	x	x		x					x	x		x	x	x
	32	Schwenk Zement AG	Bernburg	15	350	335	kein GW	kein GW	5	10	1		30					
				x	x	x	x											
9 SCHLESWIG-HOLSTEIN																		
StUA Itzehoe	33	Holcim AG	Lägerdorf	20	285	500	kein GW	kein GW	5	10	1		50					
				x	x	x	x	x					x	x		x	x	x
10 THÜRINGEN																		
LUA Weimar	34	Dyckerhoff - Deuna Zement GmbH	Deuna	16	?	400	?	?	?				?					
				x	x	x							x	x		x		

Grenzwerte (GW) entsprechen den verfügbaren immissionsschutzrechtlichen Genehmigungen, die von der 17. BImSchV abweichen

Kontinuierliche Eigenüberwachung, die nach den verfügbaren Genehmigungen durchzuführen ist

Information liegt nicht vor

x   Daten zur Eigenüberwachung liegen vor

HSM   Halbstundenmittelwert

3.1.2. Emissionen aus den Rohmaterialien

Rohmaterialien, die für die Zementproduktion verwendet werden, besitzen eine mehr oder weniger hohe Konzentration an organischen Verbindungen, die zum Teil in ziemlich komplizierten Strukturen im Rohmaterial eingebettet sind. Wird ein Rohmaterial in einem Zementofen erhitzt, so verdampfen diese organischen Bestandteile nicht einfach aus dem Grundmaterial, sondern es spalten sich im Temperaturbereich zwischen 300 und 600 °C einfachere organische Verbindungen und Kohlenmonoxid (CO) ab (*Cracken*), die schließlich im Hauptkamin emittiert werden [57]. Die nachfolgenden beiden Bildern zeigen den mit dem sog. Austreibungsversuch [57] gemessenen Verlauf einer solchen Freisetzung (Austreibung) aus einem Rohmaterial. In Bild 7 sind die Parameter TOC und CO und in Bild 8 die Ausschlüsselung des TOC in die Komponenten Methan, C_2- und C_3-Verbindungen sowie Benzol für ein typisches Rohmaterial eines Zementwerks dargestellt.

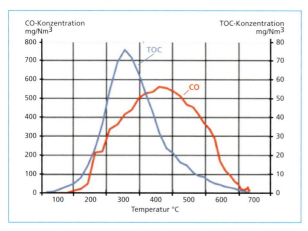

Bild 7:

Austreibungsversuch (Laborversuch) an einem Rohmaterial

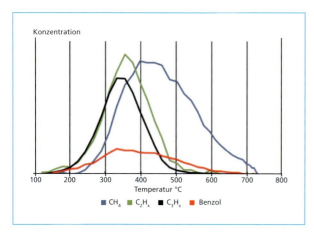

Bild 8:

Austreibungsversuch (Laborversuch) an einem Rohmaterial

Benzol ist eine der Komponenten, die sich direkt aus den Rohmaterialien entwickelt. Ihr Anteil liegt, abhängig von der erdgeschichtlichen Entwicklung der Rohmaterialien, bei einem Anteil von *vernachlässigbar* bis etwa zehn Prozent der TOC-Emission (Tabelle 6).

Tabelle 6:   Anteil bestimmter Verbindungen
              an der TOC-Emission

Komponente	Bereich %	Mittel %
Methan	15 bis 35	20
C_2-Komponenten	25 bis 35	30
C_3-Komponenten	25 bis 35	30
Andere Aliphaten		< 10
Benzol	3 bis 8	
BETX*	4 bis 12	

*BETX = Benzol, Ethylbenzol, Toluol, Xylole

Werden nur natürliche Rohmaterialkomponenten, wie Kalkstein, Mergel, Sand, usw. eingesetzt, so variiert die Kohlenmonoxid-Emission je nach Werk zwischen *vernachlässigbar* und maximal etwa 1.500 mg/Nm³ und die TOC-Emission im Bereich zwischen *vernachlässigbar* und etwa 30 mgC/Nm³ in Extremfällen bis 80 mgC/Nm³ (Normbedingungen, trockenes Abgas, 10 Vol.-% Bezugssauerstoff). Typisch ist auch, dass sowohl die CO- wie auch die TOC-Emissionen in einem bestimmten Werk relativ stabil ist und **nicht** von der Temperatur und/oder dem Sauerstoffgehalt in den obersten Zyklonstufen des Vorwärmers beeinflusst werden, vorausgesetzt die Emissionen werden nicht durch die Sekundärfeuerung beeinflusst.

3.1.3. Emissionen aus Abfall-basierten Rohmaterialkomponenten

In Rohmaterialkomponenten, die aus Abfällen stammen und über den Rohmaterial-weg (Rohmehlweg) ins Ofensystem eingetragen werden, können Verbindungen zum Teil gefährliche Verbindungen entstehen. Mit dem Austreibungsversuch wurden bei bestimmten Abfällen unter anderem organische Verbindungen wie etwa chlorierte Benzole, chlorierte Phenole, Furane und Biphenyle, nachgewiesen. Bestimmte Materialien können sogar PCDD/F enthalten. Es ist daher notwendig, dass Abfall-basierte Rohstoffe vor ihrem Einsatz in einem Zementwerk genau überprüft werden.

3.1.4. Einfluss einer Sekundärfeuerung

Der Klinkerbrennprozess ist ein Stoffumwandlungsprozess, der aus Gründen der Klinkerqualität stets mit Luftüberschuss betrieben werden muss. Das stimmt, aber nur für den eigentlichen Umwandlungsprozess zu Klinkermineralien. Das heißt: in der Sinterzone des Drehteils, also im Bereich der Hauptflamme des Ofens, müssen oxidierende Verhältnisse vorhanden sein. In einer Sekundärfeuerung kann aber durchaus reduzierend gefahren werden. Dies ist energetisch nicht unbedingt sinnvoll und hat keinen Einfluss auf die Klinkerqualität. Man stellt nun fest, dass Sekundärfeuerungen, sei es eine einfache Zugabe in die Steigleitung bzw. in den Ofeneinlauf oder ein spezieller Kalzinator, sehr oft reduzierend oder wenigstens in gewissen Teilen (z.B. gestufte Verbrennung zur NO_x-Reduktion) reduzierend gefahren werden. Zu beachten ist auch, dass in modernen Zementanlagen bis maximal sechzig Prozent der Brennstoffenergie sekundär ins Ofensystem eingebracht werden.

Die in Sekundärfeuerungen verwendeten Brennstoffe sind oft grobkörnig oder sogar stückig und verbrennen reduzierend oder mindestens lokal reduzierend, wobei das entstandene Kohlenmonoxid sowie die entstandenen organischen Verbindungen im Wärmetauscher nicht vollständig abgebaut, d.h. oxidiert werden.

3.1.5. TOC- und CO-Emissionen der Deutschen Zementindustrie in den Jahren 2008, 2009 und 2010

Die im Sommer 2013 publizierten Tagesmittelwerte der Deutschen Zementwerke für die Jahre 2008, 2009 und 2010[1] wurden ausgewertet. Zum Vergleich wurde aus den veröffentlichten Umweltdaten der Deutschen Zementindustrie [53, 54, 55] die entsprechenden Daten herausgelesen. Alle nachfolgend angegeben Konzentrationen beziehen sich auf den trockenen Gaszustand bei Normbedingungen (1013 mbar, 0 °C) und auf einen Referenzsauerstoffgehalt von 10 Vol.-%.

Kohlenmonoxid (CO) und organischer Gesamtkohlenstoff (TOC)

Die Emission von Kohlenmonoxid wurde nur an 20 der 40 Zementöfen kontinuierlich gemessen bzw. aufgezeichnet. Aus den errechneten Jahresmittelwerten der einzelnen Werke wurde ein Jahresmittelwert für die deutsche Zementindustrie ermittelt (arithmetisches Mittel) (Tabelle 7).

Tabelle 7: Ermittelte CO-Jahresmittelwerte aus den ausgewerteten publizierten Tagesmittelwerten für die Jahre 2008 – 2010[1] und VDZ-Mittelwerte

	CO-Emission mg/Nm³		
	2008	2009	2010
Anzahl Öfen	20	20	20
Jahresmittelwert	1.071	895	965
Mittelwert VDZ	955	1.175	1.044
Minimum	117	158	161
Maximum	3.341	2.522	3.344

Der VDZ dokumentiert in seinen jährlich veröffentlichten Umweltdaten die Ergebnisse der jährlich durchgeführten wiederkehrenden Messungen. Dies sind zwar keine Jahresmittelwerte, sondern Mittelwerte über eine bestimmte Messdauer (im Bereich Stunden). Gleichwohl werden sie zum orientierenden Vergleich mit den für die Jahre 2008 – 2010 publizierten und ausgewerteten Tagesmittelwerten (Bild 9) herangezogen und als *Mittelwert VDZ* bezeichnet.

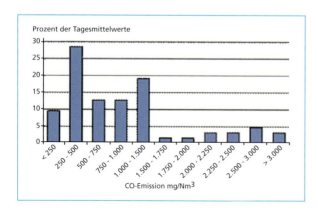

Bild 9:

Häufigkeitsverteilung der CO-Tagesmittelwerte (2008 - 2010), unterteilt in 11 Emissionsklassen

Dies erscheint möglich, da es sich für die Jahre 2008 – 2010 um Mittelwerte vieler Messungen handelt.

Entsprechend wurde auch die TOC-Emission ausgewertet. Die Jahresmittelwerte und die Mittelwerte VDZ sind in der nachfolgenden Tabelle 8 zusammengestellt. Die Verteilung der Emissionen in 7 Klassen gibt Bild 10 wieder.

Tabelle 8: Ermittelte TOC-Jahresmittelwerte aus den ausgewerteten publizierten Tagesmittelwerten[1] für die Jahre 2008 bis 2010 und VDZ-Mittelwerte

Betrachtet man alle gemessenen Tagesmittelwerte der CO- und TOC-Emissionen, so fallen die teilweise sehr hohen Werte auf, die nicht mehr nur mit der Freisetzung aus den Rohmaterialien erklärt werden können.

	TOC-Emission mgC/Nm³		
	2008	2009	2010
Anzahl Öfen	17	16	16
Jahresmittelwert	21,9	19,8	20,5
Mittelwert VDZ	24,3	21,2	24,0
Minimum	5,6	6,2	3,6
Maximum	50,6	54,8	81,3

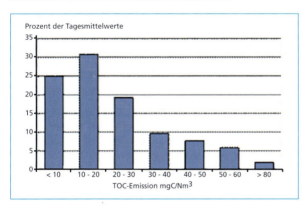

Bild 10:

Häufigkeitsverteilung der TOC-Tagesmittelwerte (2008 - 2010), unterteilt in 11 Emissionsklassen

Zusammenhang zwischen CO- und TOC-Emission

Werden die CO- und die TOC-Emission nur von den natürlichen Rohmaterialien (Kalkstein, Mergel, Ton, Sand) verursacht und wird die Rohmischung nicht verändert (d.h. keine Abfälle zugeführt), so schwanken beide Emissionen in einem sehr engen Bereich, in der Regel maximal etwa um ± zwanzig Prozent (Standardabweichung zum Mittelwert). Es ergibt sich auch **keine Korrelation** zwischen der CO- und der TOC-Emission.

Anders ist es bei einem Einfluss der Sekundärfeuerung. Wird hier mehr Kohlenmonoxid gebildet, so entstehen auch mehr flüchtige organische Verbindungen (TOC), die schlussendlich emittiert werden. Dann wäre auch eine Abhängigkeit zwischen der CO- und der TOC-Emission zu erwarten. Dies soll anhand von Auswertungsbeispielen der vom Bundesverband Bürgerinitiativen Umweltschutz (BBU) veröffentlichten und ausgewerteten Daten[1] aufgezeigt werden.

Zuvor wird aber ein Fall aus dem Ausland präsentiert, der in Deutschland nicht mehr existiert, nämlich der Betrieb eines Zementwerks, bei dem keine Abfall-basierten Brennstoffe eingesetzt werden und bei dem der fossile Brennstoff ausschließlich über den Hauptbrenner zugeführt werden (keine Sekundärfeuerung).

Beispiel 1

Ein Zementwerk (nicht in Deutschland) mit einem 4-stufigen Wärmetauscher setzt nur Kohle als Brennstoff ein. Sekundär wird kein Brennstoff aufgegeben. Im Ofeneinlauf ist eine Gasentnahmesonde montiert, über die der Ofen mit einem möglichst konstanten Sauerstoffgehalt von etwa 2,5 bis 3 Vol.-% gefahren wird. Am Kamin werden unter anderen Komponenten auch Kohlenmonoxid und organische Verbindungen kontinuierlich gemessen. Aus den ermittelten Tagesmittelwerten werden Wochenmittelwerte bezogen auf einen Referenzsauerstoffgehalt von 10 Vol.-% berechnet (Bild 11).

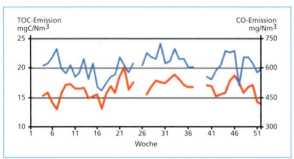

Bild 11:

TOC-Konzentrationsverlauf über ein Jahr (Wochenmittelwerte) eines deutschen Zementwerkes auf der Basis der publizierten und ausgewerteten Emissionsdaten für 2008 bis 2010

Aus Bild 12 ist ersichtlich ist, dass keine Abhängigkeit der beiden Emissionsparameter besteht. Dies bedeutet, dass sich aus dem Rohmehl im Bereich der obersten Zyklone CO und TOC entwickeln. Die Schwankungen der beiden Emissionen sind reine zufällige Schwankungen auf Grund schwankender Gehalte an organischen Verbindungen im aufgegebenen Rohmaterial.

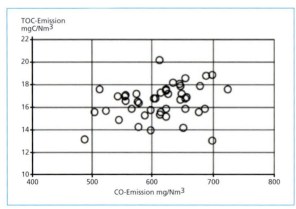

Bild 12:

Korrelation zwischen CO- und TOC mittels klassierten Tagesmittelwerten

Beispiel 2

Dieses deutsche Zementwerk setzt recht unterschiedliche Mengen an Abfällen ein, ein Teil wird über die Hauptfeuerung und ein anderer als Reifen am Ofeneinlauf aufgegeben.

Verbrennen diese Reifen mit viel Sauerstoff, so sind die CO-Emissionen am Kamin im Bereich von 100 bis 300 mg/Nm³ und die TOC-Emissionen im Bereich von 15 mgC/Nm³. Die CO- und die TOC-Emissionen stammen dabei fast ausschließlich aus dem Rohmaterial. Die Reifen steuern keinen oder einen vernachlässigbaren Anteil bei. Wird nun die Reifenmenge erhöht, so ist (lokal) nicht mehr genug Sauerstoff vorhanden, um eine *saubere*, d.h. vollständige, Verbrennung zu gewährleisten. Es kommt zu einem Anstieg der CO-und der TOC-Emissionen. Dieser Anstieg beider Emissionen wird durch die Reifen verursacht (Bild 13).

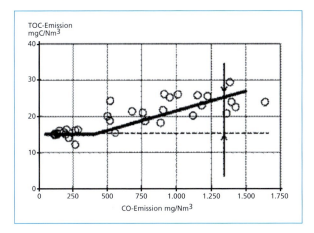

Bild 13:

Korrelation zwischen der CO- und der TOC-Emission mittels klassierten Tagesmittelwerten

Tabelle 9: Jahresmittelwerte der für die Jahre 2008 bis 2010 publizierten Tagesmittelwerte

Jahr	CO mg/Nm³	TOC mgC/Nm³
2008	1.301	32,5
2009	1.983	50,7
2010	2.240	81,3

Beispiel 3

In einem Zementwerk mit Reifenverbrennung am Ofeneinlauf und einer Abfallverbrennung über die Hauptflamme steigt sowohl die CO- wie auch die TOC-Emission im Laufe der drastisch Zeit an, wie die Jahres-(Tabelle 9) und die Monatsmittelwerte (Bild 14) zeigen.

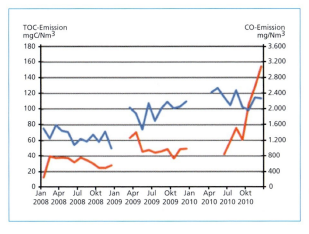

Bild 14:

Verlauf der Monatsmittelwerte der für die Jahre 2008 bis 2010 publizierten und ausgewerteten Tagesmittelwerte[1]

905

Die Tagesmittelwerte wurden zu 5-Tagesmittelwerten zusammengefasst. Die nachfolgende Bild 15 zeigt die Korrelation zwischen der CO- und der TOC-Emission. Die CO-Emission dieser 5-Tagesmittelwerte schwankt zwischen etwa 600 und etwa 3.000 mg/Nm³, die TOC-Emission zwischen etwa 15 und 85 mgC/Nm³. Solche Schwankungsbreiten können nicht mit Veränderungen im Rohmaterial begründet werden. Sie haben ihre Ursache in reduzierenden Bedingungen in der Sekundärfeuerung. Der Anstieg der Emissionswerte deutet auch darauf hin, dass vermehrt Abfall-basierte Brennstoffe eingesetzt wurden. Das heißt, die Zunahme der Emissionen ist wahrscheinlich mit der ansteigenden Abfallmenge der Sekundärfeuerung zu begründen.

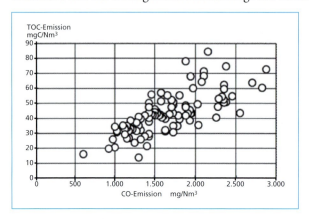

Bild 15:

Korrelation zwischen der CO- und der TOC-Emission (5-Tagesmittelwerte) mittels klassierten Tagesmittelwerten

Wie oben dargelegt hat etwa die Hälfte der deutschen Zementwerke keinen TOC-Grenzwert und etwa zwei Drittel keinen CO-Grenzwert, obwohl solche seit der europäischen Abfallverbrennungsrichtlinie aus dem Jahre 2000, die 2003 mit der Änderung der 17. BImSchV in deutsches Recht umgesetzt wurde, festzulegen sind. Es ist nicht erklärlich, wie es zu diesem Vollzugsdefizit kommen konnte. Von der Hälfte der Zementwerke, für die ein TOC-Grenzwert in der entsprechenden immissionsschutzrechtlichen Genehmigung festgelegt wurde, haben etwa neunzig Prozent die vorbeschriebene Ausnahmemöglichkeit in Anspruch genommen [37]. Die Ausnahme kann aber nur zugelassen werden, wenn die erhöhten TOC-Frachten aus den natürlichen Rohmaterialien stammen. Dieser Anteil kann bestimmt werden. Mit dem Austreibungsversuch [57, 60] steht ein Messverfahren zur Verfügung, mit der sowohl der TOC- als auch der CO-Anteil aus den natürlichen Rohmaterialien bestimmt und damit von dem Anteil aus der Mitverbrennung unterschieden werden kann. Bislang wurden die Ausnahmen aber nicht an einen konkreten messtechnischen Nachweis gekoppelt. Dies wurde kürzlich vorgeschlagen [27, 37]. Der messtechnische Nachweis sollte angesichts der dargelegten Problematik umgehend in die Praxis eingeführt werden.

Beispiel 4

Das Zementwerk setzt eine große Zahl an unterschiedlichen Abfällen ein. Sekundärseitig besitzt das Werk einen Kalzinator, in dem unter anderem aufbereiteter Brennstoff aus Abfällen (*Fluff*), Kunststoffabfälle, Altholz und Rinde, Textilien, Verbundverpackungen, Gummiabfälle, Farb-und Lackabfälle , usw. eingesetzt werden.

Die nachfolgende Bild 16 zeigt zwei unterschiedliche Messperioden der publizierten und ausgewerteten Tagesmittelwerte 1. In beiden Perioden ergibt sich eine Abhängigkeit zwischen der CO- und TOC-Emission. Die Verbrennung im Kalzinator trägt also zur Emission von CO und TOC bei. Allerdings entstehen in der ersten Periode (Kreise) mehr flüchtige organische Verbindungen aus dem Brennstoff als in der zweiten Periode (Quadrate), was auf unterschiedliche Brennstoffmischungen hindeutet.

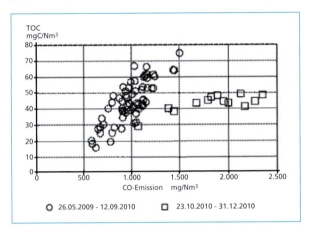

Bild 16:

Korrelation zwischen der CO- und der TOC-Emission mittels klassierten Tagesmittelwerten

3.1.6. Benzol

Nach den publizierten Tagesmittelwerten wurde die Emission von Benzol in keinem Zementwerk kontinuierlich gemessen, kann aber regelmäßig diskontinuierlich bestimmt werden. Die Emissionen wurden aus den vom VDZ jährlich veröffentlichten Umweltdaten für die Jahre 2008 - 2010 [53, 54, 55] entnommen (Tabelle 10). Dabei handelt es sich um Einzelmessungen über eine kurze Messperiode und nicht um Tagesmittelwerte.

Tabelle 10: Emission von Benzol

	Benzol mg C_6H_6/Nm^3		
	2008	2009	2010
Anzahl Messwerte	84	79	82
Anzahl Ofenanlagen	27	28	26
Mittelwert	1,89	1,77	1,83
Maximum	7,6	13,2	8,1

Rechnet man die Emissionskonzentrationen auf die Benzolemission auf eine organische Emission von Kohlenstoff um und vergleicht man sie mit den Mittelwerten der TOC-Emissionen, so ergibt sich die folgende Tabelle 11.

Tabelle 11: Benzolemission im Vergleich mit der TOC-Emission

	Einheit	2008	2009	2010
Mittelwert	mgC_6H_6/Nm^3	1,89	1,77	1,83
Benzol	mgC/Nm^3	1,74	1,63	1,69
TOC Mittelwert	mgC/Nm^3	21,9	19,8	20,5
Anteil Benzol am TOC Signal	%	7,9	8,2	8,2

Der Benzol-Anteil von etwa acht Prozent liegt im normalen Emissionsbereich von europäischen Rohmaterialien. Allerdings können die sehr hohen Maximalwerte nicht mehr mit der Emission aus den Rohmaterialien begründet werden. Hier zeigt sich entweder der Einfluss einer Abfall-Rohmehlkomponente oder der Einfluss von reduzierenden Bedingungen in einer Sekundärfeuerung.

3.1.7. Zusammenhang zwischen der CO- und der SO_2-Emission

In den Umweltdaten für das Jahr 2011 [56] schreibt der VDZ: *Schwefel wird dem Klinkerprozess über die Roh- und Brennstoffe zugeführt. In den Rohstoffen kann der Schwefel lagerstättenbedingt als Sulfid und als Sulfat gebunden vorliegen. Ursache für höhere SO_2-Emissionen von den Drehofenanlagen der Zementindustrie können die im Rohmaterial enthaltenen Sulfide sein, die bei der Vorwärmung des Brennguts bei Temperaturen zwischen 370 °C und etwa 420 °C zu SO_2 oxidiert werden. Die Sulfide kommen überwiegend in Form von Pyrit oder Markasit in den Rohstoffen vor.*

Diese Aussage ist zutreffend; allerdings wird die Wirkung einer Sekundärfeuerung nicht erwähnt. Die Zusammensetzung der Ofenatmosphäre im Bereich der untersten Zyklone und des Ofeneinlaufs ist ein wesentlicher Faktor für die Schwefelflüchtigkeit. Ein zu kleiner Luftüberschuss oder sogar reduzierende Bedingungen in dieser Zone erhöhen die Flüchtigkeit des Schwefels. Es kommt zu einer Emission von Schwefeldioxid aus dieser Zone. Typisch ist eine steigende SO_2-Emission in Abhängigkeit von der CO-Emission. Dies wird mittels Beispiel 5 näher erläutert.

Beispiel 5

In einem Werk mit Chlorbypass-System zeigt sich eine deutliche Korrelation zwischen der CO- und der SO_2-Emission. Es sind keine TOC-Messungen vorhanden. In der Sekundärfeuerung wird ein Teil des Schwefels verflüchtigt und gelangt wahrscheinlich zum größten Teil über den Bypass in die Emission. Auch bei Werken ohne Bypass-Systeme wird durch reduzierende Bedingungen im Bereich Ofeneinlauf der Schwefel verflüchtigt und es kommt zu höheren SO_2-Emissionen. Dies ergibt sich unmittelbar aus der Korrelation von CO und SO_2 (Bild 17).

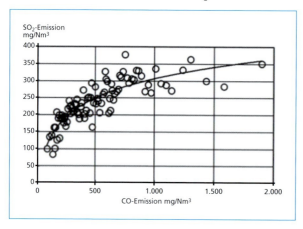

Bild 17:

Korrelation zwischen der CO- und der SO_2-Emission mittels klassierten Tagesmittelwerten

3.1.8. Zusammenhang zwischen der CO-, der SO$_2$-Emission und der NO$_x$-Emission

Um das Rohstoffgemisch in Portlandzementklinker umzuwandeln sind Brenngut-temperaturen von 1.450°C und Flammentemperaturen von etwa 2.000°C erforderlich. Dabei wird der molekulare Stickstoff der Verbrennungsluft zu Stickstoffmonoxid oxi-diert (thermische NO-Bildung). Die thermische NO-Bildung ist bei den niedrigeren Temperaturen in einer Zweitfeuerung hingegen kaum von Bedeutung. Hier wird der im Brennstoff gebundene Stickstoff zum sogenannten Brennstoff-NO oxidiert. In die-sem Bereich kann durch reduzierende Bedingungen, zum Beispiel durch eine gestufte Verbrennung, Stickstoffmonoxid, das in der Hauptflamme gebildet wurde, wieder reduziert werden (siehe nachstehende Reaktion).

$$NO + CO \rightarrow \tfrac{1}{2} N_2 + CO_2$$

Allerdings können diese reduzierenden Bedingungen auch zu einer erhöhten TOC- und SO$_2$-Emission führen, wie das nachfolgende Beispiel 6 zeigt.

Beispiel 6

Ein Zementwerk besitzt einen 4-stufigen Wärmetauscher und bringt Brennstoff sekun-där in den Bereich des Ofeneinlaufs, wobei die Art des Brennstoffs nicht bekannt ist. Wie nachfolgende Bild 18 zeigt, werden die NO$_x$-Emissionen mit dieser Maßnahme deutlich reduziert.

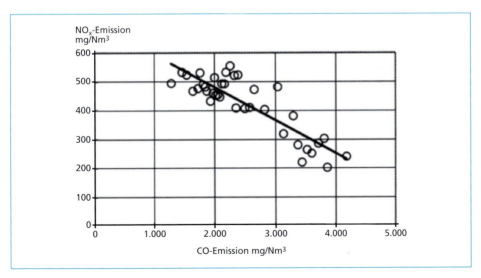

Bild 18:   Reduktion von NO$_x$ durch gebildetes CO mittels klassierten Tagesmittelwerten

Diese Verminderung der NO$_x$-Emissionen hat aber auf der Seite der TOC- und der SO$_2$-Emissionen einen negativen Einfluss. Diese Emissionen steigen deutlich an, wie die nachfolgenden Bilder 19 und 20 zeigen.

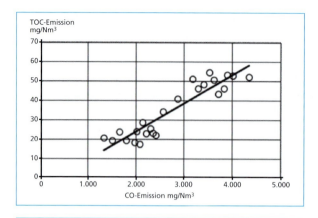

Bild 19:

Korrelation der CO- mit der TOC-Emission mittels klassierten Tagesmittelwerten

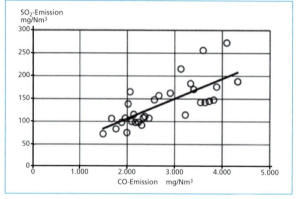

Bild 20:

Korrelation der CO- mit der SO_2-Emission mittels klassierten Tagesmittelwerten

3.1.9. Schlussfolgerungen

Bei den TOC- und CO-Emissionen bestehen erhebliche Vollzugsdefizite, die sehr zeitnah abgebaut werden sollten. Alle Zementwerke sollten einen Grenzwert für TOC und CO erhalten. Dabei ist darauf zu achten, dass die Ausnahmemöglichkeit an einen messtechnischen Nachweis zu knüpfen ist, mit dem zuverlässig die Anteile aus den natürlichen Rohmaterialien bestimmt werden können. Mit dem Austreibungsversuch ist dafür ein erprobtes Messverfahren entwickelt worden. Die Auswertung der Emissionsdaten der deutschen Zementwerke hat gezeigt, dass die Sekundärfeuerungen einen wesentlichen Beitrag zu den Emissionen von Kohlenmonoxid (CO) und organischen Verbindungen (TOC) und unter Umständen auch von SO_2-Emissionen bedingen. Der Grund liegt im unvollständigen Ausbrand der Brennstoffe, insbesondere bestimmter Abfall-basierter Brennstoffe, die grobkörnig oder sogar stückig aufgegeben werden. Dies bedeutet, dass die seit langem von der Zementindustrie vertretene Position, dass die TOC- und CO-Emissionen primär aus den natürlichen Rohmaterialien herrühren, zu revidieren ist. Sie gilt nur für die Hauptfeuerung, trifft aber in vielen Fällen nicht für die Sekundärfeuerung zu. Insofern besteht konkreter Handlungsbedarf der Vollzugsbehörden. Zudem sind, wie bei Abfallverbrennungsanlagen, die aus der unvollständigen Abfallmitverbrennung resultierenden organischen Verbindungen als toxikologisch relevant einzustufen.

Dies hat dazu geführt, dass der niedrige TOC-Grenzwert bei Abfallverbrennungsanlagen zwingend einzuhalten ist. Gleiches wäre auch für die Abfallmitverbrennung zu fordern.

Mit den publizierten Emissionsdaten[1], die für die einzelnen Zementwerken ausgewertet wurden, ist eine genauere Quantifizierung des Einflusses der Abfallmitverbrennung nicht möglich, da nur die reinen Emissionsdaten und keine Produktionsdaten (Temperaturen, Drücke, Massen- und Volumenströme, usw.) zur Verfügung stehen.

3.2. Quecksilber

3.2.1. Generelle Erkenntnisse

Die Quecksilberemissionen aus Anlagen zur Klinkerherstellung stellen nach wie vor ein Problem dar. Weltweit stehen die Zementwerke bei den anthropogenen Quecksilberquellen an vierter Stelle. Durch die kürzlich verabschiedete Minamata Convention on Mercury [30] steht zu erwarten, dass diese zu weiteren Anstrengungen zur Verringerung von Quecksilberemissionen führen wird. In den USA haben in den vergangenen Jahren bereits Initiativen in diese Richtung stattgefunden, die zu strengeren Anforderungen geführt haben [41]. Dabei handelt es sich um Monatsmittelwerte, die nicht unmittelbar mit den in Deutschland üblichen Halbstunden- und Tagesmittelwerten vergleichbar sind. Umrechnungen zeigen, dass die neuen amerikanischen Grenzwerte für die Mitverbrennung von nicht gefährlichen Abfällen in Zementwerken etwa doppelt so streng wie die derzeit in Deutschland üblichen (30 µg/Nm^3 als Tagesmittelwert und 50 µg/Nm^3 als Halbstundenmittelwert) sind.

Nicht ausreichend diskutiert und gewürdigt wird die Tatsache, dass Quecksilber ein reproduktionstoxischer Stoffe ist und damit unter das Emissionsminimierungsgebot nach Nr. 5.2.7 der TA-Luft [39] fällt, denn dort heißt es: *Die im Abgas enthaltenen Emissionen krebserzeugender, erbgutverändernder oder reproduktionstoxischer Stoffe oder Emissionen schwer abbaubarer, leicht anreicherbarer und hochtoxischer organischer Stoffe sind unter Beachtung des Grundsatzes der Verhältnismäßigkeit so weit wie möglich zu begrenzen (Emissionsminimierungsgebot)* (Nr. 5.2.7 TA Luft). Dies kann so verstanden werden, dass zum Beispiel Klärschlamm nicht mitverbrannt werden darf, da er zu zusätzlichen Quecksilberemissionen führt, soweit nicht zusätzliche Minderungstechniken eingesetzt werden, was in den allermeisten Fällen bislang nicht der Fall ist.

Zur weiteren Reduzierung der Quecksilberemissionen ist zunächst die tiefere Kenntnis des Verhaltens dieses hochflüchtigen Schwermetalls erforderlich. Zunächst ist festzuhalten, dass die in Anlagen zur Klinkerherstellung wichtigsten Quecksilberspezies elementares Quecksilber und Quecksilberchlorid sind. Beide haben einen beträchtlichen Dampfdruck, der mit der Temperatur exponentiell ansteigt. Die Temperaturabhängigkeit des Dampfdrucks ist für den für Staubfilter in der Zementindustrie relevanten Temperaturbereich in Bild 21 dargestellt. Dieses Bild macht deutlich, dass die Werte für die beiden genannten Spezies praktisch identisch sind.

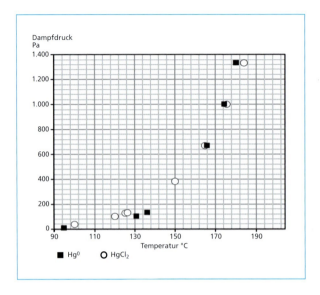

Bild 21:

Dampfdruck von elementarem Quecksilber und Quecksilberchlorid als Funktion der Temperatur

Daten aus:

Lide, D. R., CRC Handbook of Chemistry and Physics 1995-1996, CRC Press, Inc., 76rd edition, 6-77 und 6-110, 1995

Haynes, W. M.; Lide, D. R.; Bruno, T. J., CRC Handbook of Chemistry and Physics 2012-2013, CRC Press, Taylor&FrancisGroup Boca Raton/USA, 93rd edition, 6-88-9-92, 2012

Hill, C.F., Measurement of mercury vapor pressure by means of the Knudsen pressure gauge, Physical Revue 20, 259-267, 1922

Stull, D.R., Vapor pressure of pure substances - inorganic compounds, Industrial and Engineering Chemistry 39, No. 4, 540-550, 1947

Bei den sehr hohen Temperaturen im Drehrohrofen und Zyklonvorwärmer verdampfen die in den Rohstoffen und Brennstoffen enthaltenen Quecksilberspezies praktisch vollständig und gelangen über den Kühlturm (insbesondere zur Abgaskühlung) und Rohmehlmühle (bei Verbundbetrieb, bei Direktbetrieb gelangt das Abgas direkt zum Staubfilter) zum Staubfilter und werden danach schließlich über den Abgaskamin emittiert. Das Abgas verlässt den Wärmetauscher mit einer Temperatur von 280 – 350°C und wird in deutschen Anlagen mit einer Temperatur zwischen 120 und 200°C emittiert. Im Zuge der Abgaskühlung adsorbieren die Quecksilberverbindungen teilweise an den Staub und an das im Gegenstrom geführte Rohmehl, sodass ein Teil wieder ins Ofensystem zurückgeführt wird. Ebenso gelangt der in der Rohmehlmühle absorbierte Teil in das Rohmehlsilo und wird von dort auch wieder dem Ofensystem zugeführt. Auf diese Weise bildet sich ein sog. äußerer Kreislauf aus, der zu einer Anreicherung von Quecksilber bis zu einem gewissen Grad führt.

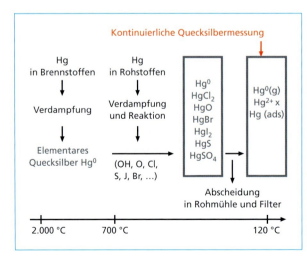

Bild 22:

Verhalten des Quecksilbers beim Klinkerbrennprozess

Quellen:

Oerter, M.; Zunzer, U.: Messung und Minderung von Quecksilber in der Zementindustrie, Manuscript and presentation of/ at the VDI Fachkonzerenz Messung und Minderung von Quecksilber-Emissionen, 13 April 2011

Renzoni, R.; Ullrich, C.; Belboom, S.; Germain, A., Mercury in the Cement Industry, Report of the University of Liège independtly commissioned by CEMBUREAU, 2010

Nach dem Drehrohrofen liegt das Quecksilber praktisch quantitativ als elementares Quecksilber vor, das im Weiteren teilweise in Abhängigkeit von den herrschenden Reaktionsbedingungen (Reaktionspartner, Konzentrationen, Gleichgewichtsreaktionen usw.) zu weiteren Quecksilberspezies reagieren kann. Die mit dem Rohmehl zugeführten Spezies können schon im Vorwärmer verdampfen. Ebenso können verschiedene Quecksilberspezies über die Sekundärfeuerung (Ofeneinlauf oder Kalzinator oder Vorverbrennung) in den Abgasstrom gelangen. Bild 22 zeigt den Eintrag über die Roh- und Brennstoffe, die möglichen Reaktionsprodukte und schließlich die Emission in stark schematischer Weise.

Beim Direktbetrieb, d.h. das Abgas wird nicht über die Rohmehlmühle, sondern direkt dem Staubfilter zugeführt, gelangt der Staubanteil des Abgases direkt zum Staubfilter und wird zuvor nicht mit dem Rohmehl vermischt (verdünnt). Zudem ist dann die Abgastemperatur höher, da die Abkühlung in der Rohmehlmühle fehlt. Die dann höhere Temperatur führt wegen der vorgenannten starken Abhängigkeit des Dampfdruckes von der Temperatur zu unmittelbar höheren Quecksilberemissionen. Dies wird aus Bild 23 deutlich. Darin sind auch die Quecksilbergehalte im Kühlturmstaub und im Filterstaub eingetragen. Zu Beginn des Direktbetriebes steigen darin die Quecksilberkonzentrationen an, da die Vermischung mit dem Rohmehl nicht stattfindet. Umgekehrt sinken die Konzentrationen zu Beginn des Verbundbetriebes. Im Beispiel in Bild 23 erreicht der Quecksilbergehalt im Filterstaub Werte bis 3,5 mg/kg. Bei niedrigen Abgastemperaturen und hocheffektiven Gewebefiltern mit Reststaubgehalten unter 5 mg/Nm3 kann die Konzentration infolge der starken Anreicherung im äußeren Kreislauf noch deutlich höher sein. So wurden schon Konzentrationen zwischen 20 und 40 mg/kg bestimmt.

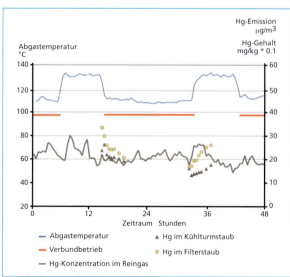

Bild 23:

Quecksilberkonzentrationen im emittierten Abgas (Reingas) sowie im Kühler- und Filterstaub in Abhängigkeit von der Betriebsweise (Direkt- und Verbundbetrieb), was mit Temperaturschwankungen einhergeht

Quelle: Oerter, M., Influence of raw materials on the emissions of mercury, presentation at the seminar of the European cement research academy (ecra) on 26 April 2007

Schon früh wurde berichtet, dass das Quecksilber bei Abgastemperaturen von unter 130 °C zu mehr als neunzig Prozent partikulär gebundener Form vorliegt [26]. Allerdings bedeutet die Aussage, dass neunzig Prozent des Quecksilbers in partikulärer Form vorliegt nicht, dass auch neunzig Prozent des Quecksilbers zurückgehalten und nicht mit dem Abgas emittiert werden.

Das mit dem Filterstaub aus dem Abgasentfernte Quecksilber wird zum Teil ausgeschleust (soweit diese Maßnahme konkret im Einzelfall tatsächlich praktiziert wird) und zum anderen Teil ins System zurückgeführt wird (mit dem Staub im Verbundbetrieb), was zu der beschriebenen Anreicherung führt. Wird der Filterstaub nicht ausgeschleust, wird in erster Näherung letztlich das gesamte mit den Roh- und Brennstoffen zugeführte Quecksilber mit dem Abgas emittiert [28]. Im Falle der systematischen Staubausschleusung zeigt die langfristige Bilanzierung, dass nur etwa 30 bis maximal fünfzig Prozent des eingetragenen Quecksilbers dem Abgas ferngehalten werden können. Dies bedeutet, dass selbst bei niedriger Abgastemperatur und hoher adsorptiver Elimination mit dem Filterstaub von neunzig Prozent die tatsächliche Rückhaltung nicht den gleichen Wert erreicht, da über höhere Konzentrationen im Kreislauf höhere Quecksilbermengen emittiert werden. Gleichwohl scheinen diese Zusammenhänge noch der detaillierten Evaluierung zu bedürfen. Die weitergehendere Quecksilberelimination kann nur durch die Minimierung des Inputs sowie durch zusätzliche end-of-the-pipe-Maßnahmen, wie den Einsatz von Aktivkohle im Flugstromverfahren oder in Schüttschichtfilter, erreicht werden.

Die Temperaturabhängigkeit der Quecksilberemissionen aus Zementanlagen spiegeln auch die Messdaten realer Anlagen wieder. In Bild 24 ist ein Beispiel aus zwei Anlagen zusammengestellt.

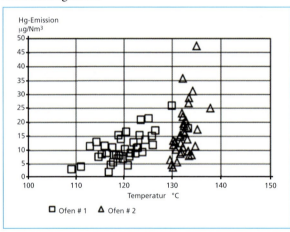

Bild 24:

Korrelation zwischen Quecksilberemissionen und Abgastemperatur in zwei Zementöfen; Auswertung der publizierten und ausgewerteten Emissionsdaten[1] zweier Zementwerke

Aus Bild 24 wird folgendes deutlich:

- Die Abgastemperaturen können auf sehr unterschiedlichem Niveau liegen. Im einen Ofen liegt sie im Bereich von 110 – 140 °C, während sie im anderen deutlich höher liegt, bei 130 – 140 °C; in anderen Werken wird das Abgas mit Temperaturen von bis zu 210 °C emittiert.

- Die Differenz der Quecksilberemission für die höchste und niedrigste Temperatur der einzelnen Öfen liegt bei etwa siebzig Prozent. Dies bedeutet, dass bei tiefen Abgastemperaturen das Quecksilber in der Größenordnung von neunzig Prozent vermindert werden kann. Dies deckt sich mit der oben genannten Aussage aus dem Jahre 1994 [26]. Wie erwähnt ist aber die tatsächlich langfristige, niedrigere, Eliminationsrate maßgeblich.

3.2.2. Quecksilber-Emissionen der Deutschen Zementindustrie in den Jahren 2008, 2009 und 2010

Die publizierten Tagesmittelwerte der Deutschen Zementwerke für die Jahre 2008 - 2010[1] wurden ausgewertet. Zum Vergleich wurde aus den für den gleichen Zeitraum veröffentlichten Umweltdaten der Deutschen Zementindustrie [53, 54, 55] die entsprechenden Daten herausgelesen. Alle nachfolgend angegeben Konzentrationen beziehen sich auf den trockenen Gaszustand bei Normbedingungen (1.013 mbar, 0 °C) und auf einen Referenzsauerstoffgehalt von zehn Vol.-%.

Mittlere Emissionen der deutschen Zementwerke

Die Emission von Quecksilber wurde nur an 32 (2008: 31) der 40 Zementöfen der 34 Zementwerke kontinuierlich gemessen bzw. aufgezeichnet. Aus den publizierten und ausgewerteten Tagesmittelwerten wurden die Jahresmittelwerten der einzelnen Werke und daraus die Jahresmittelwerte der Jahre 2008, 2009 und 2010 für die deutsche Zementindustrie ermittelt (arithmetisches Mittel). Der VDZ hat bei seinen jährlichen Messungen eine bestimmte Anzahl von Messungen aufgeführt. Dabei handelt es sich nicht um Jahresmittelwerte, sondern um Mittelwerte über eine bestimmte Messdauer (im Bereich von Stunden); sie werden als Mittelwert VDZ bezeichnet.

Tabelle 12: Ermittelte Hg-Jahresmittelwerte aus den publizierten ausgewerteten Tagesmittelwerten[1] und die vom VDZ veröffentlichten diskontinuierlichen Messdaten

	Hg-Emission g/Nm³		
	2008	2009	2010
Anzahl Öfen	31	32	32
Jahresmittelwert Maximaler Wert	11,1 29,2	10,9 23,3	11,6 25,7
Mittelwert VDZ Maximaler Wert	16,2 120	16,5 92	18,5 81

Sie wurden dennoch zum orientierenden Vergleich herangezogen. Die so berechneten Werte sind in Tabelle 12 zusammengestellt. Bild 25 zeigt die Häufigkeitsverteilung der publizierten und ausgewerteten Tagesmittelwerte.

Zwischen den mit den publizierten Tagesmittelwerten berechneten Jahresmittelwerten und dem Mittelwert VDZ besteht eine deutliche Differenz.

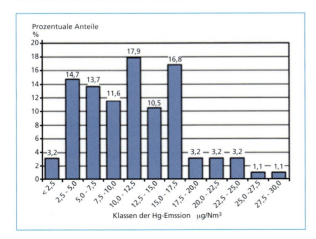

Bild 25:

Alle gemessenen Hg-Tagesmittelwerte (2008, 2009, 2010), unterteilt in 12 Emissionsklassen

Die VDZ-Werte wurden zum überwiegenden Teil in Verbund- (laufende Rohmehl-mühle) und im Direktbetrieb (ohne Betrieb der Rohmehlmühle) ermittelt. In der Regel ist die zeitliche Dauer des Verbundbetriebes deutlich länger als jene des Direktbetrie-bes, was natürlich in die gemessenen Tagesmittelwerten richtig berücksichtig wurde, während bei der Berechnung des Mittelwertes VDZ der Einfluss des Direktbetriebes wohl überbewertet wurde.

Allerdings zeigt die Häufigkeitsverteilung der VDZ-Werte (Bild 26), dass hohe Kurz-zeitwerte, besonders im Direktbetrieb auftreten können.

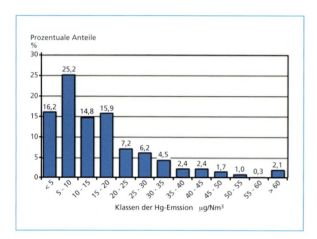

Bild 26:

Alle VDZ-Werte für den Zeit-raum 2008 bis 2010, unterteilt in 13 Emissionsklassen

Quellen:

VDZ Verein Deutscher Zementwerke e.V.: Umweltdaten der deutschen Zementin-dustrie 2008, (2009)

VDZ Verein Deutscher Zementwerke e.V.: Umweltdaten der deutschen Zementin-dustrie 2009, (2010)

VDZ Verein Deutscher Zementwerke e.V.: Environmental Data of the German Cement Industry 2010, 2011

Kommentierung von Ergebnissen kontinuierlicher Quecksilbermessungen

Quecksilber-Emissionen werden primär durch den Quecksilber-Eintrag in das Ofensystem bestimmt. Das heißt, der Quecksilber-Gehalt der Rohmaterialien und der Brennstoffe bestimmt die Höhe der Emissionen. In der Regel ändert sich der Quecksilbergehalt der *natürlichen* Rohmaterialien (Kalkstein, Mergel, Ton, usw.) und der eingesetzten fossilen Brennstoffe (Kohle) nicht wesentlich. Anders ist es bei den Abfall-basierten Rohmaterialien und Brennstoffen. Daher sollten diese Komponenten regelmäßig überprüft werden.

Es ist sehr schwierig, allein aus den gemessen Tagesmittelwerten Rückschlüsse auf das Verhalten des Quecksilbers in den einzelnen Öfen zu ziehen oder sogar Empfehlungen für Reduktionsmaßnahmen zu geben. Dafür fehlt die Kenntnis der Betriebsdaten.

Es gibt Hinweise, dass Messgeräte in einzelnen Werken nicht richtig funktionieren und ungenaue oder sogar falsche Werte liefern. Im Folgenden werden drei solche Beispiele gezeigt.

a) Ungenaue Konzentrationsangaben

Verschiedene Werke geben ihre Emissionen in mg/Nm³ mit zwei Dezimalstellen an. Solche Angaben sind ungeeignet, wie das nachfolgende Beispiel zeigt (Tabelle 13).

Tabelle 13: Beispiel für die ungeeignete Angabe der Quecksilberemissionen

Datum	Tagesmittelwert mg/Nm³
03.10.2009	0,01
04.10.2009	0,01
05.10.2009	0,03
06.10.2009	0,01
07.10.2009	0,02
08.10.2009	0,02
09.10.2009	0,02
10.10.2009	0,01
11.10.2009	0,01
12.10.2009	0,03
13.10.2009	0,03
14.10.2009	0,02
15.10.2009	0,03
16.10.2009	0,03

b) Probleme mit den Messgeräten

Es ist bekannt, dass bei Quecksilber-Messgeräten einige Probleme auftreten können. Aus Erfahrung weiß man, dass bestimmte Begleitsubstanzen den Konverter, der ionisches zu metallischem Quecksilber reduziert, beeinflussen können. Es kommt dabei zu einem Ausfall bzw. Teilausfall des Konverters und das Messgerät misst nur noch den metallischen Teil der Quecksilber-Emission. In diesem Fall werden zu kleine Quecksilbergehalte gemessen. Im Bereich der UV-Absorptionslinie des Quecksilbers können auch andere Begleitsubstanzen (z.B. SO_2, bestimmte Kohlenwasserstoffe) stören. Diese werden durch verschiedene Maßnahmen im Messgerät eliminiert.

Es ist aber möglich, dass es auch hier zu Störungen kommt. In diesem Fall werden in der Regel zu hohe Konzentrationen gemessen.

Aus den Emissionsdaten kann nicht eindeutig nachgewiesen werden, dass ein bestimmtes Messgerät ungenaue oder sogar falsche Werte liefert. Allerdings deuten die Beispiele 7, 8 und 9 auf solche Probleme hin.

Beispiel 7

Dieses Bild zeigt die Emissionskurve der Tagesmittelwerte für 2008 und 2009. Im Jahre 2008 sind Messwerte vorhanden, die wahrscheinlich noch realistisch sind. 2009 zeigt das Messgerät unrealistische Werte, zeitweise bleiben die Werte auf einem konstanten Wert stehen. 2010 sind überhaupt keine Messwerte mehr ausgewiesen. Das Messgerät wurde wahrscheinlich außer Betrieb genommen.

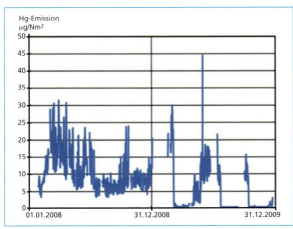

Bild 27:

Störung des kontinuierlichen Hg-Messgerätes im Jahr 2009 (Tagesmittelwerte)

Beispiel 8

In diesem Werk wurde festgestellt, dass die Messwerte über drei Jahre (2008 bis 2010) sehr stark zu tiefen Konzentrationen abdriften, wie die Darstellung der Wochenmittelwerte in Bild 28 zeigen. Eine solche Drift ist über den Quecksilber-Eintrag oder über die Staubausschleusung nur schwer erklärbar. Auch hier muss vermutet werden, dass das Messgerät driftet. Hier könnte durchaus ein Problem mit dem Konverter die Ursache sein.

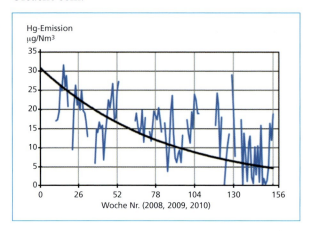

Bild 28:

Starke Drift der Wochenmittelwerte einer kontinuierlichen Quecksilbermessung

Beispiel 9

In diesem Werk sind regelmäßig sehr hohe Spitzen in der Quecksilber-Emission erkennbar. Die Tagesmittelwerte übersteigen die *normale Emission*, die im Bereich von 10 bis 20 µg/Nm³ liegt, um ein Vielfaches (Bild 29). Ein Tagesmittelwert von 339 µg/Nm³ (Bild 29) ist vom Prozess her nicht erklärbar. In diesem Fall ist eine Störung des Messgerätes, aus welchen Gründen auch immer, sehr wahrscheinlich.

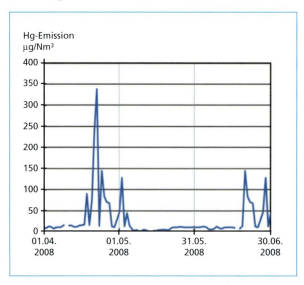

Bild 29:

Emissionsverlauf mit extremen Spitzen (Tagesmittelwerte im ersten Halbjahr 2008)

Weitere Beispiele für die Interpretation kontinuierlicher Quecksilbermessungen

a) Werke mit relativ konstanten Emissionen

Verschiedene Werke weisen eine über die Beobachtungsperiode von drei Jahren (2008 - 2010) relativ konstante Quecksilber-Emission aus, wie die nachfolgenden beiden Beispiele zeigen (Bild 30 und Bild 31). Dazu wurden aus den publizierten und ausgewerteten Tagesmittelwerten Wochenmittelwerte gebildet.

In diesen beiden Werken ist der Quecksilber-Eintrag über das Rohmaterial und die Brennstoffe relativ konstant und beim Betrieb der Öfen wurde nichts verändert.

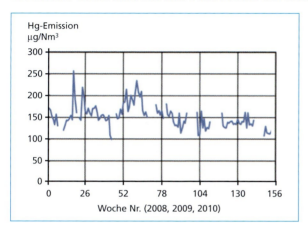

Bild 30:

Werk mit einer relativ konstanten Hg-Emission (Beispiel 9)

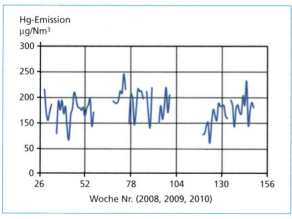

Bild 31:

Werk mit einer relativ konstanten Hg-Emission (Beispiel 10)

b) Zementwerke mit variierenden Emissionen

Einige Werke zeigen ein sich über den Beobachtungszeitraum von drei Jahren stark änderndes Emissionsprofil, wobei aus den Messdaten allein kein eindeutiger Grund für diese Änderungen abgeleitet werden kann.

Beispiel 10

Dieses Zementwerk wies in den ersten 7 Wochen sehr hohe Emissionen zwischen 40 und 53 µg/Nm³ (Wochenmittelwerte) auf (Bild 32).

Dann verringerte sich die Emission deutlich auf 20 bis 30 µg/Nm³. In diesem Fall muss entweder der Quecksilber-Eintrag drastisch verringert worden sein oder es wurde verstärkt Quecksilber über den Staub ausgeschleust. Natürlich kann auch hier eine Störung des Messgerätes nicht gänzlich ausgeschlossen werden.

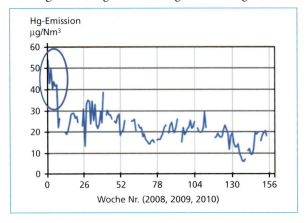

Bild 32:

Konzentrationssprung (Wochenmittelwerte)

Beispiel 11

In diesem Fall ändert sich die Quecksilber-Emission deutlich, allerdings auf recht tiefem Niveau (Bild 33). In diesem Fall muss entweder der Quecksilber-Eintrag erhöht worden sein oder es wurde weniger Quecksilber über den Staub ausgeschleust.

Natürlich kann auch hier ein Einfluss des Messgerätes nicht gänzlich ausgeschlossen werden. Gerade in diesem tiefen Emissionsbereich wirkt sich zum Beispiel eine Drift des Nullpunktes sehr stark auf das Messergebnis aus. Hier müsste man wissen, wie die Qualität der Messwerte (z.B. QAL2, QAL3) überprüft wurde.

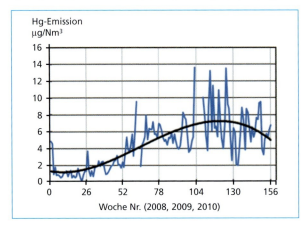

Bild 33:

Ungewöhnlicher Verlauf der Emissionskurve, der auf Probleme mit dem kontinuierlichen Messgerät zurückgeführt wird

4. Schlussfolgerungen

Der Einsatz Abfall-basierter Brenn- und Rohstoffe in Deutschland wird nachgezeichnet. Er liegt mittlerweile auf einem hohen Niveau. Dabei wird betont, dass dies einen positiven Einfluss auf die Treibhausgasemissionen hat.

In den meisten Studien wird aber übersehen, das die Mitverbrennung von Abfall-basierten Brennstoffen in Zementwerken mit einem Rückgang der Energieeffizienz verbunden ist, der den Vorteil der aus den Abfällen freigesetzten biogenen Kohlendioxidemissionen weitgehend egalisiert. Als Beispiel wird die Entwicklung in Deutschland herangezogen. In den 34 deutschen Anlagen zur Klinkerherstellung stieg die Substitution von fossilen durch Abfall-basierte Brennstoffe in den vergangenen 10 Jahren ebenso kontinuierlich an wie der spezifische Energieverbrauch. D.h. trotz der unternommenen Anstrengungen zur Minimierung des spezifischen Energiebedarfs ist dieser durch den Einsatz Abfall-basierter Brennstoffe angestiegen und hebt die erzielten Fortschritte, einschließlich der Treibhausgasvorteile au dem biogenen Anteil des Abfalls wieder auf.

Es wird aufgezeigt, dass die Emissionen von Kohlenmonoxid und organischen Verbindungen stark vom Einsatz Abfall-basierter Brennstoffe beeinflusst sein können, d.h. es resultieren in einer Reihe von Zementwerken mitunter erhebliche zusätzliche CO- und TOC-Emissionen, die durch den Einsatz Abfall-basierter Brennstoff bedingt sind. In diesen Fällen kommt es auch zu zusätzlichen Benzolemissionen. Bei den Abfallverbrennungsanlagen spricht man den organischen Verbindungen aus der unvollständigen Verbrennung toxikologische Relevanz zu. Gleiches hat auch für die Abfallmitverbrennung in Zementwerken zu gelten. Die gegenwärtige Genehmigungs- und Vollzugssituation weist deutliche Vollzugsdefizite auf. So hat nach den vorliegenden immissionsschutzrechtlichen Genehmigungen ungefähr die Hälfte der deutschen Zementwerke keinen TOC-Grenzwert und etwa zwei Drittel keinen CO-Grenzwert, obwohl die Rechtslage dies verlangt. Von den Werken mit TOC-Grenzwert haben etwa neunzig Prozent eine Ausnahmeregelung, da davon ausgegangen wird, dass die Überschreitung des TOC-Grenzwertes von 10 mg/Nm^3 ausschließlich rohmaterialbedingt ist. Wie gezeigt, ist dies aber bei einer Reihe von Zementwerken nicht der Fall. Das skizzierte Vollzugsdefizit ist nicht tragbar. Sein Abbau muss umgehend in Angriff genommen werden. Mit dem Austreibungstest steht eine Messverfahren zur Verfügung, mit dem der TOC- und CO-Anteil bestimmt werden kann, der aus den Rohmaterialien stammt und so indirekt der aus dem Abfalleinsatz zusätzlich emittierte TOC- und CO-Anteil bestimmt werden kann.

Auch die Emissionen von Schwefeldioxid können durch den Einsatz Abfall-basierter Brennstoffe im Einzelfall deutlich steigen.

Die Quecksilberemissionen sind stark temperaturabhängig. Bei der Technik der systematischen Ausschleusung Filterstaub zur Reduktion der Quecksilberemissionen muss langfristig bilanziert werden, da die Aufkonzentrierung im äußeren Kreislauf zu berücksichtigen ist. Hier fehlt es noch an klaren Nachweisen und Quantifizierungen der tatsächlich erreichbaren Eliminationsraten, die alle wesentlichen Einflussfaktoren berücksichtigen.

Abfall-basierte Brennstoffe sind regelmäßig auf Schadstoffe, insbesondere auf flüchtige Schwermetalle, zu analysieren. Da Quecksilber unter das Emissionsminimierungsgebot nach Nummer 5.2.7 der TA Luft fällt, kann die Auffassung vertreten werden, dass zusätzliche, abfallbedingte Quecksilberemissionen nicht genehmigungsfähig sind, auch wenn der Emissionsgrenzwert eingehalten wird.

Gegenwärtig müssen die Zementwerke ihre Ergebnisse der kontinuierlichen Überwachung nur in Form von Häufigkeitsverteilungen den zuständigen Behörden übermitteln. Die ist nicht ausreichend, da damit weder Emissionskurven noch Korrelationen von einzelnen Parametern erstellt werden können, was aber zur Beurteilung der Emissionen von erheblicher Bedeutung ist. Dies belegen die oben dokumentierten Beispiele. Deshalb sollte zukünftig die Übermittlung der Tagesmittelwerte in chronologischer Form als Excel-Dateien verlangt werden. Die Quecksilberwerte sollten stets in µg/Nm^3 und nicht in mg/Nm^3 angegeben werden.

Es ist erforderlich, die Anstrengungen zum fachgerechten und stabilen Betrieb der Messgeräte zur kontinuierlichen Selbstüberwachung zu erhöhen.

Verwendete Abkürzungen

AbB	Abfall-basierter Brennstoff
Al	Aluminium
AT	Österreich
BREF	Best Available Techniques Reference Document
BETX	Benzol, Ethylbenzol, Toluol, Xylole
Ca	Calcium
CaF_2	Calciumfluorid
CH_4	Methan
CO	Kohlenmonoxid
CO_2	Kohlendioxid
F	Feuchte (im Abgas)
HF	Fluorwasserstoff
Fluff	Flugfähige Feinfraktion
GC/MS	Gaschromatographie/Massenspektroskopie
HCl	Chlorwasserstoff
Hg	Quecksilber
Hg°	Elementares Quecksilber
Ho	Brennwert
IED	Industrial Emissions Directive = Industrieemissionsrichtlinie
IT	Italien
kg	Kilogramm

kJ	Kilojoule
LCA	Life cycle analysis
mg	Milligramm
µg	Mikrogramm
MJ	Megajoule
NRW	Nordrhein-Westfalen
NH_3	Ammoniak
Nm^3	Normkubikmeter
NO	Stickstoffmonoxid
NO_x	Stickoxide
O_2	Sauerstoff (als Gas)
p	Abgasdruck
PCB	Polychlorierte Biphenyle
PT	Portugal
Si	Silicium
SO_2	Schwefeldioxid
T	Temperatur
t	trocken
TF	Transferfaktor
TOC	Total organic carbon = gesamter organisch gebundener Kohlenstoff = organischer Gesamtkohlenstoff
TS	Trockensubstanz
UBA	Umweltbundesamt
VDZ	Verein deutscher Zementwerke
Vol.-%	Volumenprozent
WFD	Waste Framework Directive = Abfallrahmenrichtlinie
WID	Waste Incineration Directive = Abfallverbrennungsrichtlinie

5. Literatur

[1] Österreichisches Lebensministerium: Richtlinie für Ersatzbrennstoffe, 2008

[2] Verordnung des Bundesministers für Land- und Forstwirtschaft, Umwelt und Wasserwirtschaft und des Bundesministers für Wirtschaft, Familie und Jugend über die Verbrennung von Abfällen (Abfallverbrennungsverordnung – AVV)". BGBl. II Nr. 389/2002, amended in 2010 BGBl. II Nr. 476/2010

[3]   Vereinigung der österreichischen Zementindustrie (VÖZ): Emissionen aus Anlagen der öster-reichischen Zementindustrie, Berichtsjahr 2010 (2011)

[4]   Anonymous, Reference Document on Best Available Techniques in the Cement, Lime and Ma-gnesium Oxide Manufacturing Industries, http://eippcb.jrc.es/reference/BREF/clm_bref_0510.pdf, 2010

[5]   Cement Association of Canada: Canadian Cement Industry, Sustainability Report 2010 (2011)

[6]   Verband der Schweizerischen Zementindustrie, Zement: Kennzahlen 2011 (2012)

[7]   Lide, D. R.: CRC Handbook of Chemistry and Physics 1995-1996, CRC Press, Inc., 76rd edition 1995, 6-77, 6-110

[8]   Haynes, W. M.; Lide, D. R.; Bruno, T. J.: CRC Handbook of Chemistry and Physics 2012-2013, CRC Press. Taylor&Francis Group Boca Raton/USA, 93rd edition, 2012, 6-88-9-92

[9]   N.N.: Entwurf der Bundesregierung für die Verordnung zur Änderung der Verordnung über Verbrennungsanlagen für Abfälle und ähnliche brennbare Stoffe und weitere Verordnungen zur Durchführung des Bundes-Immissionsschutzgesetzes, BT-Drs. 15/14, 26.10.2002

[10] N.N.: Empfehlung der Ausschüsse zum Entwurf der Verordnung zur Änderung der Verordnung über Verbrennungsanlagen für Abfälle und ähnliche brennbare Stoffe und weitere Verordnungen zur Durchführung des Bundes-Immissionsschutzgesetzes, BR-Drs. 5/1/03, 04.03.03

[11] N.N.: Siebzehnte Verordnung zur Durchführung des Bundes-Immissionsschutzgesetzes (Verordnung über die Verbrennung und die Mitverbrennung von Abfällen – 17. BImSchV), 23.11.1990 in der Fassung der Bekanntmachung vom 14.08.2003, BGBL. I S. 1633

[12] Verordnung zur Umsetzung der Richtlinie über Industrieemissionen, zur Änderung der Ver-ordnung zur Begrenzung der Emissionen flüchtiger organischer Verbindungen beim Umfüllen oder Lagern von Ottokraftstoffen, Kraftstoffgemischen oder Rohbenzin sowie zur Änderung der Verordnung zur Begrenzung der Kohlenwasserstoffemissionen bei der Betankung von Kraftfahrzeugen (IndEmissRLUVuaÄndV), 02.05.2013, BGBl. I S. 1021 (Nr. 21), siehe auch den Entwurf in BT-Drs. 17/12411, 20.02.2013

[13] European Commission Directorate-General Environment: Guidelines on the interpretation of the R1 energy efficiency formula for incineration facilities dedicated to the processing of muni-cipal solid waste according to Annex II of Directive 2008/98/EC on Waste, 2011

[14] European Commission – Directorate General Environment: Refuse derived fuel, current practice and perspectives (B4-3040/2000/306517/MAR/E3), Final Report, 2003

[15] European Environment Bureau (EEB)/European Environmental Citizens Organisation for Standardisation (ECOS), Request to the DG Environment to oppose the adoption of the „No-tification of an Italian draft legislation establishing end-of-waste criteria for Solid Recovered Fuel (SRF), letter dated 5 November 2012, accessed on 13 November 2012: http://www.eeb.org/EEB/?LinkServID=959E55A5-5056-B741-DBCAE043D7FC9D5D&showMeta=0

[16] Directive 2008/1/EC of the European Parliament and of the Council: 15 January 2008, concerning integrated pollution prevention and control, OJ L 24, 29.1.2008, S. 8

[17] Directive 2010/75/EC of the European Parliament and of the Council: 24 November 2010, in-dustrial emissions (integrated pollution prevention and control), OJ L 334, 17.12.2010, S. 17

[18] Directive 2008/98/EC of the European Parliament and of the Council: 19 November 2008, waste and repealing certain Directives, OJ L 312, 22.11.2008, S. 3

[19] Directive 2000/76/EC of the European Parliament and of the Council: 4 December 2000, inci-neration of waste, OJ L 332, 28.12.2000, S. 91

[20] An analysis of the use of life cycle assessment for waste co-incineration in cement kilns, Resources, Conservation & Recycling (zur Publikation angenommen)

[21] HeidelbergCement Northern Europe: Energy and climate; http://www.heidelbergcement.com/no/en/country/sustainability/energy_climate.htm, 8 August 2012

[22] Hill, C. F.: Measurement of mercury vapor pressure by means of the Knudsen pressure gauge, Physical Revue 20, 1922, S. 259-267

[23] Holcim Group Support Ltd/Deutsche Gesellschaft für Technische Zusammenarbeit (GTZ): Guidelines on co-processing waste materials in cement production – The GTZ-Holcim Public Private Partnership, 2006

[24] Italian Minister for the Environment and Land and Sea Protection, Draft legislation establishing end-of-waste criteria for Solid Recovered Fuel (SRF), 22 August 2012, accessed on 13 November 2012, http://ec.europa.eu/enterprise/tris/pisa/app/search/index.cfm?fuseaction=getdraft&inum=1836604

[25] Villanueva, A.; Delgado, L.; Luo, Z.; Eder, P.; Catarino, A.; Litten, D.: Study on the selection of waste streams for end-of-waste assessment, Final report commissioned by the Institute for Prospective Technological Studies (IPTS), one of the seven institutes of the Joint Research Centre (JRC) of the European Commission, 2009

[26] Kirchartz, B.: Reaktion und Abscheidung von Spurenelementen beim Brennen des Zementklinkers, Schriftenreihe der Zementindustrie, Heft 56, Düsseldorf: Verlag Bau + Technik, 1994

[27] Lahl, U.; Schönberger, H.; Zeschmar-Lahl, B.: Substanzielle ökologische Verbesserungen möglich: Bei der Umsetzung der Industrieemissions-Richtlinie der EU in nationales Recht können Bundestag und Bundesrat wichtige Anregungen berücksichtigen. ReSource, Nr. 2, S. 41-48, 2012

[28] Linero, A. A., Synopsis of Mercury Controls at Florida Cement Plants, Manuscript for the presentation at the 104st Annual Conference and Exhibition of the Air and Waste Management Association in Orlando. Florida/USA: 22 June 2011

[29] Lechtenberg, D.; Diller, H.; Alternative Fuels and Raw Materials Hanbook for the Cement and Lime Industry, Vol. 1, Verlag Bau + Technik GmbH, Düsseldorf/Germany, (2012)

[30] N.N.: Draft Minamata Convention on Mercury: http://unep.org/hazardoussubstances/Portals/9/Mercury/Documents/INC5/5_7_e_annex_advance.pdf

[31] Ministerium für Umwelt und Naturschutz, Landwirtschaft und Verbraucherschutz (MUNLV) des Landes Nordrhein-Westfalen (NRW): Leitfaden zur energetischen Verwertung von Abfällen in Zement-, Kalk- und Kraftwerken in Nordrhein-Westfalen, 2. Auflage, 2005

[32] Oerter, M.: Influence of raw materials on the emissions of mercury, presentation at the seminar of the European cement research academy (ecra), 26 April 2007

[33] Oerter, M.; Zunzer, U.: Messung und Minderung von Quecksilber in der Zementindustrie, Manuscript and presentation of/at the VDI Fachkonzerenz, Messung und Minderung von Quecksilber-Emissionen, 13 April 2011

[34] Council of the European Union, Note from the Portuguese Delegation concerning, Directive 2008/98/EC on waste – Strategic importance of end of waste for high quality refuse-derived fuel in the near future, 17916/10 (ENV 865/ENER 364), 15 December 2010

[35] Renzoni, R.; Ullrich, C.; Belboom, S.; Germain, A.: Mercury in the Cement Industry, Report of the University of Liège independtly commissioned by CEMBUREAU, 2010

[36] Scheuer, A.: Utilization of alternative fuels and raw materials (AFRs) in the cement industry, Cement International 1 No. 1, 48-66, 2003

[37] Schönberger, H.; Tebert, C.; Lahl, U.: Expertenanhörung im Umweltausschuss – Fachleute nahmen Stellung zum Regierungsentwurf zur Umsetzung der EU-Industrieemissionsrichtlinie in deutsches Recht. ReSource, Nr. 4, S. 4-11, 2012

[38] Stull, D. R., Vapor pressure of pure substances - inorganic compounds, Industrial and Engineering Chemistry 39, No. 4, 540-550, 1947

[39] Erste Allgenmeine Verwaltungsvorschrift zum Bundes-Immissionsschutzgesetz (Technische Anleitung zur Reinhaltung der Luft – TA Luft), 24.06.2002. GMBl., Heft 25, S. 511 bis 605, 2002

[40] Umweltbundesamt/Environment Agency Austria, Study on the suitability of the different waste-derived fuels for end-of-waste status in accordance with Article 6 of the Waste Framework Directive, Final report of a study commissioned by the Institute for Prospective Technological Studies (IPTS) of the Joint Research Centre (JRC) of the European Commission, 2012

[41] Environmental Protection Agency, National Emission Standards for Hazardous Air Pollutants for the Portland Cement Manufacturing Industry and Standards of Performance for Portland Cement Plants. Final Rule, 40 CFR Parts 60 and 63, Federal Register, Part II, Vol. 78, No. 29, 12 February 2013

[42] Verein Deutscher Ingenieure: Emission control cement plants, VDI 2094, 2003

[43] VDZ Verein Deutscher Zementwerke e.V.: Umweltdaten der deutschen Zementindustrie 1998, 1999

[44] VDZ Verein Deutscher Zementwerke e.V.: Umweltdaten der deutschen Zementindustrie 1999, 2000

[45] VDZ Verein Deutscher Zementwerke e.V.: Umweltdaten der deutschen Zementindustrie 2000, 2001

[46] VDZ Verein Deutscher Zementwerke e.V.: Umweltdaten der deutschen Zementindustrie 2001, 2002

[47] VDZ Verein Deutscher Zementwerke e.V.: Umweltdaten der deutschen Zementindustrie 2002, 2003

[58] VDZ Verein Deutscher Zementwerke e.V.: Umweltdaten der deutschen Zementindustrie 2003, 2004

[49] VDZ Verein Deutscher Zementwerke e.V.: Umweltdaten der deutschen Zementindustrie 2004, 2005

[50] VDZ Verein Deutscher Zementwerke e.V.: Umweltdaten der deutschen Zementindustrie 2005, 2006

[51] VDZ Verein Deutscher Zementwerke e.V.: Umweltdaten der deutschen Zementindustrie 2006, 2007

[52] VDZ Verein Deutscher Zementwerke e.V.: Umweltdaten der deutschen Zementindustrie 2007, 2008

[53] VDZ Verein Deutscher Zementwerke e.V.: Umweltdaten der deutschen Zementindustrie 2008, 2009

[54] VDZ Verein Deutscher Zementwerke e.V.: Umweltdaten der deutschen Zementindustrie 2009, 2010

[55] VDZ Verein Deutscher Zementwerke e.V.: Environmental Data of the German Cement Industry 2010, 2011

[56] VDZ Verein Deutscher Zementwerke e.V.: Umweltdaten der deutschen Zementindustrie 2011, 2012

[57] Waltisberg. J.: Laborversuch zur Bestimmung der Emission von organischen Substanzen aus Zementrohstoffen, Zement-Kalk-Gips 51, No. 11, 593-599 1998

[58] World Business Council for Sustainable Development, Cement Sustainability Initiative (CSI) : Guidelines for the selection and use of fuels and raw materials in the cement manufacturing industry, 2005

[59] Wirthwein, R.; Emberger, B.: Burners for alternative fuels utilisation – optimisation of kiln firing systems for advanced alternative fuel co-firing, Cement International 8, No. 4, 42-47, 2010

[60] Zunzer, U.: Umsetzung der organischen Bestandteile des Rohmaterials beim Klinkerbrennprozess, Schriftenreihe der Zementindustrie, Heft 63, 2002

[61] Richtlinie 2008/98/EG des Europäischen Parlaments und des Rates vom 19. November 2008 über Abfälle und zur Aufhebung bestimmter Richtlinien, Amtsblatt der Europäischen Union, Nr. L 312 vom 22.11.2008, S. 3-30

[62] European Commission Decision of 3 May 2000 (2000/532/EC) replacing decision 94/3/EC establishing a list of wastes pursuant to Article 1(a) of Council Directive 75/442/EC on waste and Council Decision 94/904/EC establishing a list of hazardous waste pursuant to Article 1(4) of Council Directive 91/689/EEC on hazardous waste, OJ L 226, 6.9.2000, p. 3, amended by Commission Decision of 16 January 2001 (2001/118/EC), OJ L 047, 16.02.2001, pp 1-31, by Commission Decision of 22 January 2001 (2001/119/EC), OJ L 047, 16.02.2001, p 32 and Council Decision of 23 July 2001 (2001/573/EC), OJ L 203, 28.07.2001, pp 18-19; the list of waste is currently under revision (August 2012), see http://ec.europa.eu/environment/waste/framework/list.htm (zugegriffen am 18.08.2013)

Dank

Dank

Die Herausgeber danken den an diesem Buch beteiligten Personen und Unternehmen. In erster Linie danken wir den Autoren, die mit ihren Manuskripten den Rohstoff für dieses Buch geliefert haben. Für sie war es zusätzliche Arbeit und Belastung. Herausgeber und Verlag danken den Autoren mit dem ihren Leistungen angemessenen Umgang mit ihren Manuskripten und mit der Qualität der Präsentation. Dazu gehört auch die Vorstellung der Autoren im Anhang dieses Buchs; hier finden die Leser nicht nur die Kontaktdaten der Autoren, sondern auch deren Porträtfotos, soweit die Autoren dies erlauben.

Die Qualität des Buchs ist auch dem Engagement der Unternehmen zu verdanken, die mit den Inseraten eine weitere Voraussetzung für die Qualität der Redaktion, des Satzes und des Drucks sowie der buchbinderischen Verarbeitung geschaffen haben. Dank der Qualität und der Zahl der Beiträge erreicht die werbende Wirtschaft ein interessantes Fachpublikum.

Die Mitarbeiter des Verlags waren besonders gefordert, wenn Manuskripte hohe Anforderungen an die Bearbeitung stellten.

Das Verlags-Team

Dr.-Ing. Stephanie Thiel hat an der fachlichen Konzeption des Buches mitgearbeitet und die Redaktion übernommen. M.Sc. Elisabeth Thomé-Kozmiensky und Dr.-Ing. Stephanie Thiel haben die Verbindung mit der werbenden Wirtschaft gepflegt.

Ginette Teske hat die Buchplanung sowie die Zusammenarbeit mit der Druckerei, den Autoren und Inserenten organisiert. Darüber hinaus hat sie gemeinsam mit Fabian Thiel, Cordula Müller und Ina Böhme zahlreiche Tabellen erstellt, die Texte bearbeitet und die Druckvorlage gesetzt. Ginette Teske, Cordula Müller, Fabian Thiel und Janin Burbott haben zahlreiche Zeichnungen angefertigt. Die Gestaltung des Autorenverzeichnisses hat Cordula Müller übernommen.

Großen Dank schulden Herausgeber und Verlag der Druckerei Mediengruppe Universal Grafische Betriebe München GmbH für die sorgfältige Verarbeitung unserer Vorlagen zu einem ansehnlichen Buch hoher Qualität. Die Mitarbeiter dieses Unternehmens schafften es wiederum, das Buch pünktlich auszuliefern. Das belohnen wir mit unserer andauernden Treue.

Das Zusammenwirken von Autoren, werbender Wirtschaft, Redaktion, Druckvorstufe und Druckerei kommt dieser Publikation zugute. Das Ergebnis dieser Arbeit wird von den Lesern geschätzt, weil die Bücher über lange Zeit als wichtige Informationsquelle betrachtet werden und die tägliche Arbeit unterstützen.

Daher wird auch dieses Buch die verdiente Verbreitung und Würdigung finden.

Den Herausgebern ist es ein Bedürfnis, allen an diesem Buch Beteiligten voller Bewunderung für ihre hervorragenden Leistungen zu danken.

Januar 2014

Karl J. Thomé-Kozmiensky   *Michael Beckmann*

Autorenverzeichnis

Bei der / nache ⟹ Frauen hof

Dr. HerMay

Lehmann → Vattenfall

Jörg Haarhoff → Alba , Sanderafall

Hotel Berlin, Berlin | Lützowplatz 17 | D-10785 Berlin
T +49 (0)30 2605-0 | F +49 (0)30 2605-39-2716
info@hotel-berlin.de | www.hotel-berlin.de

Hotel Berlin, Berlin
Stay individual.

WORLDHOTELS
first class

Dr.-Ing. Christian Adam S. 749

Leiter des Fachbereichs 4.4
Bundesanstalt für Materialforschung und -prüfung
Richard-Willstätter-Straße 11
12489 Berlin
Tel.: 030-63.92-58.43
Fax: 030-63.92-59.17
E-Mail: christian.adam@bam.de

Dipl.-Ing. Hans-Peter Aleßio S. 475

Ingenieurbüro für Wärme- und Strömungstechnik
Suitbertstraße 41
51067 Köln
Tel.: 0221-96.81.30-33
Fax: 0221-96.81.30-44
E-Mail: info@alpha-lambda-epsilon.de

Dr. rer. nat. Hubert Baier S. 859

WhiteLabel-TandemProject e.U.
Schwalbenweg 6 a
48291 Telgte
Tel.: 02504-93.31-96
Fax: 02504-93.31-98
E-Mail: hubert.baier@wltp.eu

Professor Dr.-Ing. Michael Beckmann S. 191, 233

Technische Universität Dresden
Professur für Verbrennung, Wärme- und Stoffübertragung
George-Bähr-Straße 3b, Walther-Pauer-Bau
01069 Dresden
Tel.: 0351-463-44.93
Fax: 0351-463-377.53
E-Mail: michael.beckmann@tu-dresden.de

Dipl.-Ing. Samir Binder S. 835

Abteilungsleiter Energietechnik
Fraunhofer UMSICHT
An der Maxhütte 1
92237 Sulzbach-Rosenberg
Tel.: 09661-90.84-10
Fax: 09661-90.84-69
E-Mail: samir.binder@umsicht.fraunhofer.de

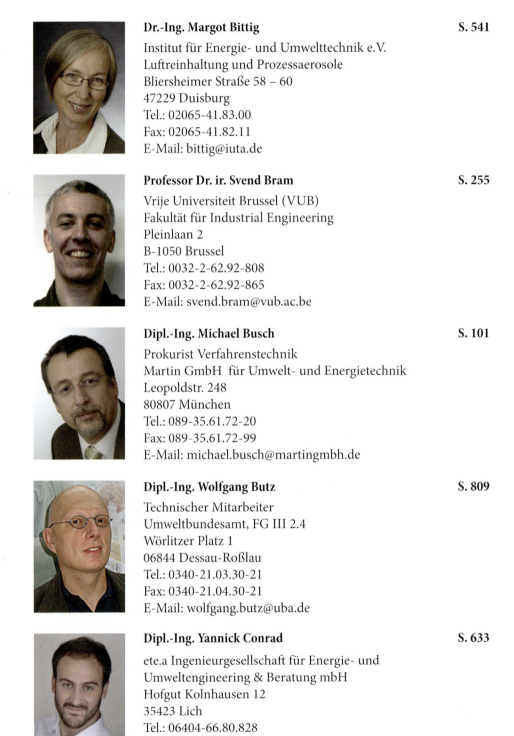

Dr.-Ing. Margot Bittig S. 541

Institut für Energie- und Umwelttechnik e.V.
Luftreinhaltung und Prozessaerosole
Bliersheimer Straße 58 – 60
47229 Duisburg
Tel.: 02065-41.83.00
Fax: 02065-41.82.11
E-Mail: bittig@iuta.de

Professor Dr. ir. Svend Bram S. 255

Vrije Universiteit Brussel (VUB)
Fakultät für Industrial Engineering
Pleinlaan 2
B-1050 Brussel
Tel.: 0032-2-62.92-808
Fax: 0032-2-62.92-865
E-Mail: svend.bram@vub.ac.be

Dipl.-Ing. Michael Busch S. 101

Prokurist Verfahrenstechnik
Martin GmbH für Umwelt- und Energietechnik
Leopoldstr. 248
80807 München
Tel.: 089-35.61.72-20
Fax: 089-35.61.72-99
E-Mail: michael.busch@martingmbh.de

Dipl.-Ing. Wolfgang Butz S. 809

Technischer Mitarbeiter
Umweltbundesamt, FG III 2.4
Wörlitzer Platz 1
06844 Dessau-Roßlau
Tel.: 0340-21.03.30-21
Fax: 0340-21.04.30-21
E-Mail: wolfgang.butz@uba.de

Dipl.-Ing. Yannick Conrad S. 633

ete.a Ingenieurgesellschaft für Energie- und
Umweltengineering & Beratung mbH
Hofgut Kolnhausen 12
35423 Lich
Tel.: 06404-66.80.828
Fax: 06404-65.81.65
E-Mail: yannick.conrad@ete-a.de

Professor Dr. ir. Francesco Contino   S. 255

Vrije Universiteit Brussel (VUB)
Forschungsgruppe für Strömungslehre & Thermodynamik
Pleinlaan 2
B-1050 Brüssel
Tel.: 0032-2-62.92-393
Fax: 0032-2-62.92-865
E-Mail: francesco.contino@vub.ac.be

Dr. ir. Johan De Greef   S. 255

Technology Project Manager
Keppel Seghers Belgium NV
Hoofd 1
B-2830 Willebroek
Tel.: 0032-3-88.07-738
Fax: 0032-3-88.07-753
E-Mail: rjohan_de_greef@keppelseghers.com

Ralf Decker   S. 715

Director Thermal Processing
Outotec GmbH
Ludwig-Erhard-Straße 21
61440 Oberursel
Tel.: 06171-96.93-156
E-Mail: ralf.decker@outotec.com

Dipl.-Ing. Jörg Eckardt   S. 173

Baumgarte Boiler Systems GmbH
Sennerstraße 115
33647 Bielefeld
Tel.: 0521-94.06-17.0
Fax: 0521-94.06-41.70
E-Mail: jeckardt@baumgarte.com

Martin Ellebro   S. 215

Director of Engineering
Infrafone AB
Midskogsgränd 11
S-11543 Stockholm
Tel.: 0046-7-08.30.16.33
E-Mail: martin.ellebro@infrafone.se

Dr.-Ing. Wolfgang Esser-Schmittmann S. 609

Geschäftsführer
Carbon Service & Consulting GmbH & Co. KG
Im Hasenfeld 12
52391 Vettweiß
Tel.: 02424-20.17-864
Fax: 02424-20.17-873
E-Mail: esser-schmittmann@carbon-service.de

Professor Dr.-Ing. Benedikt Faupel S. 145

Hochschule für Technik und Wirtschaft des Saarlandes
Fakultät Ingenieurwissenschaften
Goebenstraße 40
66117 Saarbrücken
Tel.: 0681-58.67-261/-214
Fax: 0681-58.67-122
E-Mail: benedikt.faupel@htw-saarland.de

Paride Festa Rovera S. 301

TBF + Partner AG
Strada Regina 70, Casella postale
CH-6982 Agno TI
Tel.: 0041-91-61.02-626
Fax: 0041-91-61.02-629
E-Mail: fep@tbf.ch

Dipl.-Ing. Hans Fleischmann S. 427

AVA Abfallverwertung Augsburg GmbH
Am Mittleren Moos 60
86167 Augsburg
Tel.: 0821-74.09-233
Fax: 0821-74.09-240
E-Mail: hans.fleischmann@ava-augsburg.de

Dr.-Ing. Matthias Franke S. 835

Abteilungsleiter Kreislaufwirtschaft
Fraunhofer UMSICHT
An der Maxhütte 1
92237 Sulzbach-Rosenberg
Tel.: 09661-90.84-38
Fax: 09661-90.84-69
E-Mail: matthias.franke@umsicht.fraunhofer.de

Dr. Helen Gablinger S. 601

Director Research and Development
Hitachi Zosen Inova AG, Abt. CSP
Hardturmstraße 127
CH-8037 Zürich
Tel.: 0041-44-27.71-176
Fax: 0041-44-27.71-579
E-Mail: valenda.penne@hz-inova.com

Professor Dr.-Ing. Christian Gierend S. 145

Laborleiter Energieverfahrenstechnik
und Künstliche Intelligenzverfahren
Hochschule für Technik und Wirtschaft des Saarlandes
Goebenstraße 40
66117 Saarbrücken
Tel.: 0681-58.67-443
Fax: 0681-58.67-341
E-Mail: christian.gierend@htw-saarland.de

Dr. rer. nat. Ing. Oliver Gohlke S. 369

Product Manager Engineered Solutions
ALSTOM Power GmbH
Hedelfinger Straße 60
70327 Stuttgart
Tel.: 0711-91.71-182
Fax: 0711-91.71-460
E-Mail: oliver.gohlke@power.alstom.co

Dr.-Ing. Oliver Greißl S. 409

EnBW Erneuerbare und Konventionelle Erzeugung AG
Betriebstechnik (TMT)
Schelmenwasenstraße 16
70567 Stuttgart
Tel.: 0711-28.98-95.09
Fax: 0711-28.98-92.03
E-Mail: o.greissl@enbw.com

Gerald Guggenberger S. 427

Abfallverwertung Augsburg GmbH
Am Mittleren Moos 60
89167 Augsburg
Tel.: 0821-74.09-118
Fax: 0821-74.09-120
E-Mail: gerald.guggenberger@ava-augsburg.de

Dipl.-Ing. Martin Gutjahr　　　　　　　　S. 693

Geschäftsführender Gesellschafter
wandschneider + gutjahr ingenieurgesellschaft mbh
Burchardstraße 17
20095 Hamburg
Tel.: 040-70.70.80-900
Fax: 040-70.70.80-903
E-Mail: gutjahr@wg-ing.de

Dr.-Ing. Stefan Haep　　　　　　　　　　S. 541

Geschäftsführer
Institut für Energie- und Umwelttechnik e.V.
Bliersheimer Straße 58 - 60
47229 Duisburg
Tel.: 02065-41.82-04
Fax: 02065-41.82-11
E-Mail: haep@iuta.de

Matthias Hagen　　　　　　　　　　　　S. 821

Sales Director
Luft- und Thermotechnik Bayreuth GmbH
Markgrafenstraße 4
95497 Goldkronach
Tel.: 09273-50.01-50
Fax: 09273-50.01-60
E-Mail: matthias.hagen@ltb.de

Roland Halter　　　　　　　　　　　　　S. 601

Head of Process Execution
Hitachi Zosen Inova AG
Hardturmstraße 127
CH-8005 Zürich
Tel.: 0041-44-27.71.426
E-Mail: roland.halter@hz-inova.com

Simone Heger　　　　　　　　　　　　　S. 779

Bayerisches Landesamt für Umwelt
Ref. 34 Thermische Abfallbehandlungsanlagen
Bürgermeister-Ulrich-Straße 160
86179 Augsburg
Tel.: 0821-90.71-53.82
Fax: 0821-90.71-55.53
E-Mail: Simone.Heger@lfu.bayern.de

Dipl.-Ing. Nina Heißen   S. 207

Produktmanager SMART Technologie & Neue Lösungen
Clyde Bergemann GmbH
Schillwiese 20
46485 Wesel
Tel.: 0281-81.54.15
Fax: 0281-81.51.76
E-Mail: nina.heissen@de.cbpg.com

Professor Dr.-Ing. Udo Hellwig   S. 183

Geschäftsführer
ERK Eckrohrkessel GmbH
Am Treptower Park 28 – 30, Haus A
12435 Berlin
Tel.: 030-89.77.46-18
Fax: 030-89.77.46-46
E-Mail: uhellwig@eckrohrkessel.com

Dr. Hansjörg Herden   S. 395

Dr. Herden GmbH
Gwinnerstraße 27-33
60388 Frankfurt
Tel.: 069-97.99.39.73
Fax: 069-15.34.38.93
E-Mail: hansjoerg.herden@herden-gmbh.de

Dr. rer. nat. Thomas Herzog   S. 459, 497

CheMin GmbH
Am Mittleren Moos 46a
86167 Augsburg
Tel.: 0821-748.39-0
Fax: 0821-748.39-39
E-Mail: chemin@chemin.de

Dipl.-Ing. Martin Höbler   S. 81

Hitachi Power Europe Service GmbH
Montageplanung und -abwicklung
Friedrich-Ebert-Str. 134
47229 Duisburg
Tel.: 02065-42.21-692
Fax: 02065-42.21-677
E-Mail: m_hoebler@hitachi-power-service.com

Dipl.-Ing. Dipl.-Wirtsch.-Ing. Wolfgang Hoffmeister S. 343

Geschäftsführender Gesellschafter
Uhlig Rohrbogen GmbH
Innerstetal 16
47229 Duisburg38685 Langelsheim
Tel.: 05326-501.55
Fax: 05326-501.655
E-Mail: wolfgang.hoffmeister@uhlig.eu

Dipl.-Kfm. Michael Horix S. 859

Inhaber
Horix Powermanagement
Im Wingert 5
69469 Weinheim
Tel.: 06201-87.81-13
Fax: 06201-87.81-14
E-Mail: kontakt@horix.eu

Dipl.-Ing. Markus Horn S. 377

Geschäftsführer
Jünger+Gräter GmbH
Robert-Bosch-Straße 20
68723 Schwetzingen
Tel.: 06202-94.41-21
Fax: 06202-94.41-94
E-Mail: m.horn@jg-refractories.com

Professor Dr. Andreas Hornung S. 835

Wissenschaftlicher Leiter
Fraunhofer UMSICHT
An der Maxhütte 1
92237 Sulzbach-Rosenberg
Tel.: 09661-90.84-03
Fax: 09661-90.84-69
E-Mail: andreas.hornung@umsicht.fraunhofer.de

Dipl.-Ing. Jürgen Hukriede S. 559

Geschäftsführer
ERC Emissions-Reduzierungs-Concepte GmbH
Bäckerstraße 13
21244 Buchholz i.d.N.
Tel.: 04181-21.61-32
Fax: 04181-21.61-99
E-Mail: jhukriede@erc-online.de

Dr. Christian Kabbe   S. 749

KompetenzZentrum Wasser Berlin gGmbH
Cicerostr. 24
10709 Berlin
Tel.: 030-53.65.38-12
Fax: 030-53.65.38-88
E-Mail: christian.kabbe@kompetenz-wasser.de

Professor Dr.-Ing. Rudi Karpf   S. 633

Geschäftsführer
ete.a Ingenieurgesellschaft für Energie- und
Umweltengineering & Beratung mbH
Hofgut Kolnhausen 12
35423 Lich
Tel.: 06404-65.81-64
Fax: 06404-65.81-65
E-Mail: rudi.karpf@ete-a.de

Dipl.-Ing. Hans-Georg Kellermann   S. 283

Leiter technischer Bereich/Betriebsleiter/Prokurist
Kreis Weseler Abfallgesellschaft mbH & Co. KG
Graftstr. 25
47475 Kamp-Lintfort
Tel.: 02842-94.01-34
Fax: 02842-94.01-4
E-Mail: kellermann@aez-asdonkshof.de

Dipl.-Ing. Rainer Keune   S. 395

Prokurist/Betriebsleiter,
MHKW Müllheizkraftwerk Frankfurt am Main GmbH
Heddernheimer Landstraße 157
60439 Frankfurt am Main
Tel.: 069-21.22.90.25
Fax: 069-21.28.38.52
E-Mail: rainer.keune@mhkw-frankfurt.de

Dipl.-Geogr. Susanne Klotz   S. 395

CheMin GmbH
Am Mittleren Moos 46 A
86167 Augsburg
Tel.: 0821-748.39-0
Fax: 0821-748.39-39
E-Mail: chemin@chemin.de

Dr.-Ing. Ralf Koralewska S. 159

Martin GmbH für Umwelt- und Energietechnik
Leopoldstraße 248
80807 München
Tel.: 089-35.61.72-46
Fax: 089-35.61.72-99
E-Mail: ralf.koralewska@martingmbh.de

Josef Kranz S. 427

Leiter Technische Dienste
AVA Abfallverwertung Augsburg GmbH
Am Mittleren Moos 60
86167 Augsburg
Tel.: 0821-74.09-0
Fax: 0821-74.09-120
E-Mail: josef.kranz@ava-augsburg.de

Dipl.-Ing. Dr. Philipp Krobath S. 81

Prokurist, Leiter Erzeugung und Abfallverwertung
Wien Energie GmbH
Spittelauer Lände 45
A-1090 Wien
Tel.: 0043-1-313.26-0
Fax: 0043-1-313.26-74.12.12
E-Mail: philipp.krobath@wienenergie.at

Dipl.-Ing. Harald Lehmann S. 517

Betriebsleiter
Vattenfall Europe New Energy Ecopower GmbH
Siedlerweg 11
15562 Rüdersdorf bei Berlin
Tel.: 033638-48.39.82-20
Fax: 033638-48.39.82-21
E-Mail: harald.lehmann@vattenfall.de

Dipl.-Wirtsch.-Ing. Gerhard Lohe S. 65

Director Business Development
Doosan Lentjes GmbH, Business Development
Daniel-Goldbach-Straße 19
40880 Ratingen
Tel.: 02102-166-14.70
Fax: 02102-166-24.70
E-Mail: gerhard.lohe@doosan.com

Dr.-Ing. Margit Löschau S. 315

Projektleiterin
Pöyry Deutschland GmbH
Borsteler Chaussee 51
22453 Hamburg
Tel.: 040-69.20-01.20
Fax: 040-69.20-02.29
E-Mail: margit.loeschau@poyry.com

Dr. rer. nat. Gabriele Magel S. 497

CheMin GmbH
Am Mittleren Moos 46 A
86167 Augsburg
Tel.: 0821-748.39-0
Fax: 0821-748.39-39
E-Mail: chemin@chemin.de.

Dipl.-Ing. Arne Manzke S. 343

Prokurist/Bereichsleiter
Wel-Cor Uhlig Rohrbogen GmbH
Innerstetal 16
38685 Langelsheim
Tel.: 05326-501-52
Fax: 05326-501-652
E-Mail: arne.manzke@uhlig.eu

Dipl.-Ing. Rüdiger Margraf S. 649

Geschäftsführender Gesellschafter
LÜHR FILTER GmbH & Co. KG
Enzer Straße 26
31655 Stadthagen
Tel.: 05721-70.82.00
Fax: 05721-70.81.54
E-Mail: r.margraf@luehr-filter.de

Dipl.-Ing. Ulrich Martin S. 101

Martin GmbH für Umwelt- und Energietechnik
Leopoldstraße 248
80807 München
Tel.: 089-35.61.72-05
Fax: 089-35.61.72-12
E-Mail: ulrich.martin@martingmbh.de

Dipl.-Ing. Ulrich Maschke　　　　　　　　　　　　S. 55

Abteilungsleiter Bautechnik
Envi Con & Plant Engineering GmbH
Am Tullnaupark 15
90402 Nürnberg
Tel.: 0911-48.08-90
Fax: 0911-48.08-91.29
E-Mail: ulrich.maschke@envi-con.de

Regierungsdirektor Dipl.-Ing. Martin Meier　　　S. 779

Referatsleiter Thermische Abfallbehandlungsanlagen
Bayerisches Landesamt für Umwelt
Bürgermeister-Ulrich-Straße 160
86179 Augsburg
Tel.: 0821-90.71-53.88
Fax: 0821-90.71-55.53
E-Mail: martin.meier@lfu.bayern.de

Dipl.-Ing. Armin Möck　　　　　　　　　　　　　S. 667

Key Account Manager Umwelttechnik
Lechler GmbH
Ulmer Straße 128
72555 Metzingen
Tel.: 07123-962-319
Fax: 07123-962-13.319
E-Mail: moeck@lechler.de

Dipl.-Ing. Dominik Molitor　　　　　　　　　　　S. 459

CheMin GmbH
Am Mittleren Moos 46 A
86167 Augsburg
Tel.: 0821-748.39-0
Fax: 0821-748.39-39
E-Mail: d.molitor@chemin.de

Roland Möller　　　　　　　　　　　　　　　　　S. 797

Geschäftsführer
Ecoloop GmbH
Geheimrat-Ebert-Straße 12
38640 Goslar
Tel.: 039454-58-301
Fax: 039454-58-433
E-Mail: roland.moeller@ecoloop.eu

Dipl.-Ing. Michael Mück S. 17

Leiter Prozesstechnologie
Fisia Babcock Environment GmbH, Abfalltechnik
Fabrikstraße 1
51643 Gummersbach
Tel.: 02261-85-12.32
Fax: 02261-85-37.29
E-Mail: michael.mueck@fisia-babcock.com

Dr.-Ing. Christian Mueller S. 207

Geschäftsführer
Clyde Bergemann GmbH
Schillwiese 20
46485 Wesel
Tel.: 0281-81.51-18
Fax: 0281-81.51-75
E-Mail: christian.mueller@de.cbpg.com

Dr. Dieter Müller S. 715

Outotec GmbH
Abt. BE
Ludwig-Erhard-Straße 21
61440 Oberursel
Tel.: 06171-96.93-256
Fax: 06171-96.93-275
E-Mail: dieter.mueller@outotec.com

Dipl.-Min. Wolfgang Müller S. 497

CheMin GmbH
Am Mittleren Moos 46 A
86167 Augsburg
Tel.: 0821-748.39-0
Fax: 0821-748.39-39
E-Mail: chemin@chemin.de.

Dipl.-Ing., M.Sc Martin J. Murer S. 101

MARTIN GmbH für Umwelt- und Energietechnik
Abt. Forschung und Entwicklung
Leopoldstraße 248
80807 München
Tel.: 089-35.61.72-73
Fax: 089-35.61.72-99
E-Mail: martin.murer@martingmbh.de

Dipl.-Ing. Günter Nebocat S. 315

Projektleiter
Pöyry Deutschland GmbH
Borsteler Chaussee 51
22453 Hamburg
Tel.: 040-692.00-164
Fax: 040-692.00-229
E-Mail: guenter.nebocat@poyry.com

Dipl.-Ing. Klaus Niemann S. 693

Geschäftsführer
Tiede- & Niemann Ingenieurgesellschaft mbH
Harburger Schloßstraße 6-12
21079 Hamburg
Tel.: 040-76.62.92-730
Fax: 040-76.62.92-733
E-Mail: k.niemann@tiede-niemann.de

Dipl.-Ing. Jens Niestroj S. 133

Produktionsleiter Ressourcenwirtschaft und Technik
Stadtreinigung Hamburg
Schnackenburgallee 100
22525 Hamburg
Tel.: 040-25.76.33-10
Fax: 040-25.76.33-00
E-Mail: j.niestroj@srhh.de

Dipl.-Ing. Yves Noël S. 767

RWTH Aachen
Lehr- und Forschungsgebiet Technologie der Energierohstoffe
Wüllnerstraße 2, Raum 106
52062 Aachen
Tel.: 0241-809-57.14
Fax: 0241-809-26.24
E-Mail: noel@teer.rwth-aachen.de

Dipl.-Ing. Reinhard Pachaly S. 559

Geschäftsführer
ERC s. r. o. (Tschechische Republik)
Schaevenstraße 30
50171 Kerpen
Tel.: 0223-79.22-712
Fax: 0223-79.22-717
E-Mail: reinhard_pachaly@t-online.de

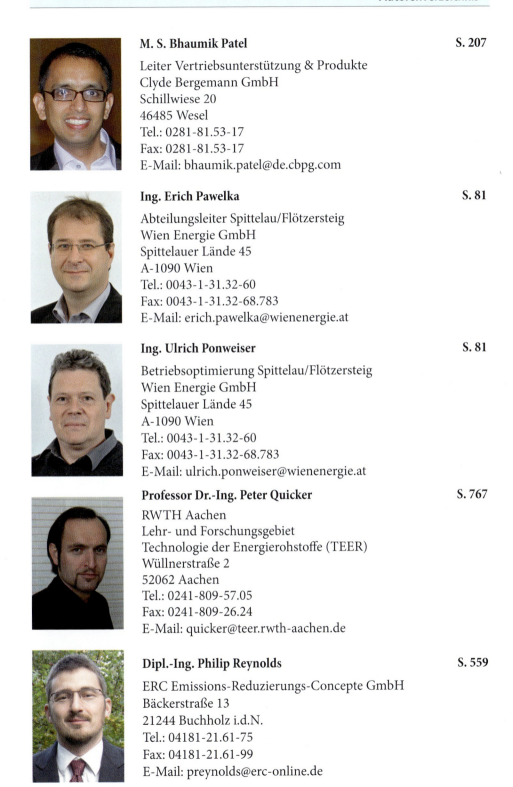

M. S. Bhaumik Patel　　　　　　　　　　　　　S. 207

Leiter Vertriebsunterstützung & Produkte
Clyde Bergemann GmbH
Schillwiese 20
46485 Wesel
Tel.: 0281-81.53-17
Fax: 0281-81.53-17
E-Mail: bhaumik.patel@de.cbpg.com

Ing. Erich Pawelka　　　　　　　　　　　　　　S. 81

Abteilungsleiter Spittelau/Flötzersteig
Wien Energie GmbH
Spittelauer Lände 45
A-1090 Wien
Tel.: 0043-1-31.32-60
Fax: 0043-1-31.32-68.783
E-Mail: erich.pawelka@wienenergie.at

Ing. Ulrich Ponweiser　　　　　　　　　　　　S. 81

Betriebsoptimierung Spittelau/Flötzersteig
Wien Energie GmbH
Spittelauer Lände 45
A-1090 Wien
Tel.: 0043-1-31.32-60
Fax: 0043-1-31.32-68.783
E-Mail: ulrich.ponweiser@wienenergie.at

Professor Dr.-Ing. Peter Quicker　　　　　　S. 767

RWTH Aachen
Lehr- und Forschungsgebiet
Technologie der Energierohstoffe (TEER)
Wüllnerstraße 2
52062 Aachen
Tel.: 0241-809-57.05
Fax: 0241-809-26.24
E-Mail: quicker@teer.rwth-aachen.de

Dipl.-Ing. Philip Reynolds　　　　　　　　　　S. 559

ERC Emissions-Reduzierungs-Concepte GmbH
Bäckerstraße 13
21244 Buchholz i.d.N.
Tel.: 04181-21.61-75
Fax: 04181-21.61-99
E-Mail: preynolds@erc-online.de

Dipl.-Ing. Slawomir Rostkowski S. 191, 233

Technische Universität Dresden
Fakultät Maschinentechnik
George-Bähr-Straße 3b, Walther-Pauer-Bau
01069 Dresden
Tel.: 0351-46.33-38.32
Fax: 0351-46.33-77.53
E-Mail: slawomir.rostkowski@tu-dresden.de

Dr.-Ing. Dietmar Rötsch S. 115

Kraftwerksleiter
PD energy GmbH
Zörbiger Straße 22
06749 Bitterfeld-Wolfen
Tel.: 03493-82.41-010
Fax: 03493-82.41-099
E-Mail: dietmar.roetsch@pd-energy.de

Dipl.-Verwaltungswirt Karl Schmid S. 779

Werkleiter
Landkreis Günzburg Kreisabfallwirtschaftsbetrieb
An der Kapuzinermauer 1
89312 Günzburg
Tel.: 08221-954-99
Fax: 08221-954-80
E-Mail: k.schmid@landkreis-guenzburg.de

Dipl.-Geol. Werner Schmidl S. 395, 497

CheMin GmbH
Am Mittleren Moos 46 A
86167 Augsburg
Tel.: 0821-748.39-0
Fax: 0821-748.39-39
E-Mail: chemin@chemin.de

Dipl.-Ing. Rolf Schmidt S. 409

EnBW Erneuerbare und Konventionelle Erzeugung AG
Betriebstechnik (TM)
Schelmenwasenstraße 16
70567 Stuttgart
Tel.: 0711-28.98-99.07
Fax: 0711-28.98-92.03
E-Mail: r.schmidt@enbw.com

Ellen Schnee S. 809

Umweltbundesamt
FG III 2.4 Abfalltechnik
Wörlitzer Platz 1
06844 Dessau-Roßlau
Tel.: 0340-210-320.97
Fax: 0340-210-420.97
E-Mail: ellen.schnee@uba.de

Uwe Schneider, M.Sc. S. 145

Hochschule für Technik und Wirtschaft des Saarlandes
University of Applied Sciences
Goebenstaße 40
66117 Saarbrücken
Tel.: 0681-58.67-714
Fax: 0681-58.67-341
E-Mail: uwe.schneider@htw-saarland.de

Dr. Harald Schönberger S. 871

Carl-Frey-Straße 3
79288 Gottenheim
E-Mail: hgschoe@t-online.de

Dr. Bernd Schricker S. 821

Director
Luft- und Thermotechnik Bayreuth GmbH, Engineering
Markgrafenstraße 4
95497 Goldkronach
Tel.: 09273-500-170
Fax: 09273-500-281.70
E-Mail: bernd_schricker@ltb.de

Dr.-Ing. Frank Schumacher S. 81

Regionalmanager Nord
Hitachi Power Europe Service (HPES)
Wollaher Straße 14
27721 Ritterhude
Tel.: 0421-626.36-56
E-Mail: dr.frankschumacher@arcor.de

Dipl.-Ing. Udo Seiler S. 731

Geschäftsführender Gesellschafter
Schwaben-ING GmbH
Stuttgarter Straße 39
70806 Kornwestheim
Tel.: 07154-801.99.85
Fax: 07154-805.76.20
E-Mail: info@Schwaben-ING.de

Dr. Ralph Semmler S. 609

Müller-BBM GmbH
Am Gewerbehof 7 – 9
50170 Kerpen
Tel.: 02273-59.28-020
Fax: 02273-59.28-011
E-Mail: r.semmler@sws-sv.de

Professor Dr. Rüdiger Siechau S. 133

Sprecher der Geschäftsführung
Stadtreinigung Hamburg AöR
Bullerdeich 19
20537 Hamburg
Tel.: 040-25.76.10-09
Fax: 040-25.76.10-00
E-Mail: r.siechau@srhh.de

Dr. rer. nat. Wolfgang Spiegel S. 497

Geschäftsführer
CheMin GmbH
Am Mittleren Moos 46 A
86167 Augsburg
Tel.: 0821-748.39-0
Fax: 0821-748.39-39
E-Mail: chemin@chemin.de

Dr.-Ing. Jan Stemann S. 749

Bundesanstalt für Materialforschung und -prüfung (BAM)
Fachbereich 4.4
Richard-Willstätter-Straße 11
12489 Berlin
Tel.: 030-63.92.59-62
Fax: 030-63.92.59-17
E-Mail: jan.stemann@bam.de

Professor Dr.-Ing. habil. Dr. h. c. Karl J. Thomé-Kozmiensky S. 31

vivis CONSULT GmbH
Dorfstraße 51
16816 Nietwerder
Tel.: 03391-45.45-45
Fax: 03391-45.45-10
E-Mail: tkverlag@vivis.de

Dipl.-Ing. Jörg Tiedemann S. 269

Geschäftsführer
Tiede- & Niemann Ingenieurgesellschaft mbH
Harburger Schloßstraße 6 - 12
21079 Hamburg
Tel.: 040-76.62.92-730
Fax: 040-76.62.92-733
E-Mail: j.tiedemann@tiede-niemann.de

Hans Van Belle S. 255

Technology Development Engineer
Keppel Seghers Belgium NV
Hoofd 1
B-2830 Willebroek
Tel.: 0032-3-880.77-33
Fax: 0032-3-880.77-53
E-Mail: hans_van_belle@keppelseghers.com

Dr. ir. Kenneth Villani S. 255

Project Manager
Keppel Seghers Belgium NV
Hoofd 1
B-2830 Willebroek
Tel.: 0032-3-880.77-34
Fax: 0032-3-880.77-53
E-Mail: kenneth_villani@keppelseghers.com

Dipl.-Masch.-Ing. Thomas Vollmeier S. 301

Mitglied der Geschäftsleitung und des Verwaltungsrates
TBF + Partner AG
Strada Regina 70, Stabile Guasti 4, Casella postale
CH-6982 Agno Tl
Tel.: 0041-91-610.26-26
Fax: 0041-91-610.26-29
E-Mail: tv@tbf.ch

Dipl.-Ing. Bernd von der Heide   S. 577

Geschäftsführer
Mehldau & Steinfath Umwelttechnik GmbH
Alfredstraße 279
45133 Essen
Tel.: 0201-437.83-10
Fax: 0201-437.83-33
E-Mail: b.vonderHeide@ms-umwelt.de

Ghita von Trotha   S. 459

CheMin GmbH
Am Mittleren Moos 46 A
86167 Augsburg
Tel.: 0821-748.39-0
Fax: 0821-748.39-39
E-Mail: chemin@chemin.de

Dipl.-Ing. Josef Waltisberg   S. 871

Eichhaldenweg 23
CH-5113 Holderbank
E-Mail: Josef@Waltisberg.com

Dr.-Ing. Ragnar Warnecke   S. 441

Geschäftsführer
GKS – Gemeinschaftskraftwerk Schweinfurt GmbH
Hafenstr. 30
97424 Schweinfurt
Tel.: 09721-65.80-120
Fax: 09721-65.80-160
E-Mail: ragnar.warnecke@gks-sw.de

Dipl.-Ing. Falko Weber   S. 55

Geschäftsführer
Envi Con & Plant Engineering GmbH
Am Tullnaupark 15
90402 Nürnberg
Tel.: 0911-48.08.91-12
Fax: 0911-48.08.91-69
E-Mail: falko.weber@envi-con.de

Dr. Kurt Wengenroth   S. 845

Prokurist
B+T Umwelt GmbH
Ernst-Diegel-Straße 4, Industriepark Ost II
36304 Alsfeld
Tel.: 06631-77.61-200
Fax: 06631-77.61-299
E-Mail: kurt.wengenroth@bt-umwelt.de

Dipl.-Ing. Tobias Widder   S. 233

Technische Universität Dresden
Professur für Verbrennung, Wärme- und Stoffübertragung
George-Bähr-Straße 3b, Walther-Pauer-Bau
01069 Dresden
Tel.: 0351-46.33-40.36
Fax: 0351-46.33-77.53
E-Mail: tobias.widder@tu-dresden.de

Dr.-Ing. Heiner Zwahr   S. 315

Director of Technology
Green Conversion Systems LLC
Krabbenhöhe 1
21465 Reinbek
Tel.: 04104-47.15
E-Mail: hzwahr@gcsusa.com

Inserentenverzeichnis

Förderer

Doosan Lentjes
Part of Doosan Power Systems

HITACHI
Inspire the Next

HOFFMEIER
INDUSTRIEANLAGEN GMBH + CO. KG

Wir danken den Inserenten

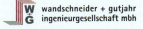

ALSTOM Power GmbH
S. 449

Augsburger Straße 712
70329 Stuttgart
Tel.: 0711-90.70.93-11
Fax: 0711-90.70.93-99
E-Mail: armin.fieber@alstom.power.com
www.alstom.com/Germany/locations/stuttgart

As Çelik Döküm Işleme San. ve Tic. A.Ş
S. 54

Organize Sanayi Bölgesi Dumlupınar Cd. No: 8
TR-55300 Kutlukent / Samsun
Tel.: 0090-36.22.66.67-90
Fax: 0090-36.22.66.67-46
E-Mail: info@ascelik.com
www.ascelik.com

Berliner Stadtreinigungsbetriebe BSR
S. 9, 839

Ringbahnstraße 96
12103 Berlin
Tel.: 030-75.92-49.00
Fax: 030-75.92-25.81
www.BSR.de

Castolin GmBH
S. 505

Gutenbergstraße 10
65830 Kriftel
Tel.: 06192-403-0
www.castolin.com

CheMin GmbH
S. 458, 496

Am Mittleren Moos 46a
86167 Augsburg
Tel.: 0821-748.39-0
Fax: 0821-748.39-39
E-Mail: chemin@chemin.de
www.chemin.de

Doosan Lentjes GmbH S. 64, 152

Daniel-Goldbach-Str. 19
40880 Ratingen
Tel.: 02102-166-0
Fax: 02102-166-25.00
E-Mail: dl.info@doosan.com
www.doosanlentjes.com

ERC Emissions-Reduzierungs-Concepte GmbH S. 540, 558

Bäckerstraße 13
21244 Buchholz i.d.N.
Tel.: 04181-216-100
Fax: 04181-216-199
E-Mail: office@erc-online.de
www.erc-online.de

ERK Eckrohrkessel GmbH S. 182

Am Treptower Park 28 – 30, Haus A
12435 Berlin
Tel.: 030-89.77.46-0
Fax: 030-89.77.46-46
E-Mail: erk@eckrohrkessel.com
www.eckrohrkessel.com

Fisia Babcock Environment GmbH S. 16, 144

Fabrikstraße 1
51643 Gummersbach
Tel.: 02261-85-0
Fax: 02261-85-33.09
E-Mail: info@fisia-babcock.com
www.fisia-babcock.com

GWI Bauunternehmung GmbH S. 60

Schiessstraße 55
40549 Düsseldorf
Tel.: 0211-95.59.98-50
Fax: 0211-95.59.98-59
E-Mail: zukunft@gwi-bau.de
www.gwi-bau.de

Häuser & Co GmbH S. 408

Vohwinkelstraße 107
47137 Duisburg
Tel.: 0203-60.66.69-63
Fax: 0203-60.66.69-65
E-Mail: info@haeuser-co.de
www.haeuser-co.de

HAW Linings GmbH S. 137

Werkstraße 30 – 33
31167 Bockenem
Tel.: 05067-990-0
Fax: 05067-990-27.72
E-Mail: info@haw-linings.com
www.haw-linings.com

Hitachi Power Europe Service GmbH S. 80, 190

Friedrich-Ebert-Str. 134
47229 Duisburg
Tel.: 02065-42.21-676
Fax: 02065-42.21-677
E-Mail: info@hitachi-power-service.com
www.hitachi-power-service.com

Hitachi Zosen Inova AG S. 151, 600

Hardturmstraße 127, Postfach 680
CH-8037 Zürich
Tel.: 0041-44-277-11.11
Fax: 0041-44-277-13.13
E-Mail: info@hz-inova.com
www.hz-inova.com

Hoffmeier Industrieanlagen GmbH + Co. KG S. 138, 328

Kranstraße 45
59071 Hamm-Uentrop
Tel.: 02388-33-0
Fax: 02388-33-499
E-Mail: info@hoffmeier.de
www.hoffmeier.de

Infrafone AB   S. 197

Midskogsgränd 11
S-11543 Stockholm
Tel.: 0046-86.63-310
Fax: 0046-86.63-360
E-Mail: kristian.floresjo@infrafone.se
www.infrafone.se

Jünger+Gräter GmbH   S. 376, 486

Robert-Bosch-Straße 1
68723 Schwetzingen
Tel.: 06202-944-0
Fax: 06202-944-194
E-Mail: info@jg-refractories.com
www.jg-refractories.com

Keppel Seghers GmbH   S. 198, 254

Elisabeth-Selbert-Straße 5
40764 Langenfeld
Tel.: 02173-392.86-0
Fax: 02173-392.86-118
E-Mail: info_germany@keppelseghers.com
www.keppelseghers.com

Lechler GmbH   S. 666

Postfach 1323
72544 Metzingen
Tel.: 07123-962-0
Tel.: 07123-962-301
E-Mail: info@lechler.de
www.lechler.de

Loesche GmbH   S. 307, 863

Hansaallee 243
40549 Duesseldorf
Tel.: 0211-53.53-0
Fax: 0211-53.53-500
E-Mail: loesche@loesche.de
www.loesche.com

LÜHR FILTER GmbH & Co. KG S. 538, 648

Enzer Straße 26
31655 Stadthagen
Tel.: 05721-708-0
Fax: 05721-708-214
E-Mail: projekt@luehr-filter.de
www.luehr-filter.de

MAN Diesel & Turbo SE S. 230, 327

Steinbrinkstraße 1
46145 Oberhausen
Tel.: 0208-692-01
Fax: 0208-669-021
E-Mail: turbomachinery@mandieselturbo.com
www.mandieselturbo.com

MARTIN GmbH für Umwelt- und Energietechnik S. 100, 158

Leopoldstraße 248
80807 München
Tel.: 089-356.17-0
Fax: 089-356.17-299
E-Mail: mail@martingmbh.de
www.martingmbh.de

Mediengruppe UNIVERSAL S. 930

Kirschstraße 16
80999 München
Tel.: 089-54.82.17-0
Fax: 089-55.55.51
www.universalmedien.de

M.E.E. GmbH S. 771

Werkstraße 206
19061 Schwerin
Tel.: 0385-63.80-0
Fax: 0385-63.80-201
E-Mail: info@m-e-e.biz
www.m-e-e.biz

MEHLDAU & STEINFATH Umwelttechnik GmbH S. 548, 576

Alfredstraße 279
45133 Essen
Tel.: 0201-437.83-0
Fax: 0201-437.83-33
E-Mail: zentrale@ms-umwelt.de
www.ms-umwelt.de

Mokesa Aktiengesellschaft S. 433, 474

Freulerstraße 10
CH-4127 Birsfelden
Tel.: 0041-61-319.99-70
Fax: 0041-61-319.99-79
E-Mail: info@mokesa.ch
www.mokesa.ch

PD energy GmbH S. 114

OT Bitterfeld
Zörbiger Straße 22
06749-Bitterfeld-Wolfen
Tel.: 03493-82.410-0
E-Mail: info@pd-energy.de

Ramboll Aktiengesellschaft S. 15, 238

Giessereistraße 12
CH-8005 Zürich
Tel.: 0041-44-500.35-80
Fax: 0041-44-500.35-89
E-Mail: info@ramboll.ch
www.ramboll.ch

Rheinbraun Brennstoff GmbH S. 547, 620

Stüttgenweg 2
50935 Köln
Tel.: 0221-480-253.86
Fax: 0221-480-13.69
E-Mail: juergen.wirling@rwe.com
www.hok.de

RHOMBOS-VERLAG Bernhard Reiser   S. 748

Kurfürstenstraße 17
10785 Berlin
Tel.: 030-261-94.61
Fax: 030-261-63.00
E-Mail: verlag@rhombos.de
www.rhombos.de

SAACKE GmbH   S. 237, 840

Südweststraße 13
28237 Bremen
Tel.: 0421-64.95-0
Fax: 0421-64.95-52.24
E-Mail: info@saacke.com
www.saacke.com

Saint-Gobain IndustrieKeramik Rödental GmbH   S. 386, 466

Oeslauer Straße 35
96472 Rödental
Tel.: 09563-724-0
Fax: 09563-724-356
E-Mail: energysystems@saint-gobain.com
www.refractories.saint-gobain.com

Schwaben-ING GmbH   S. 575, 730

Stuttgarter Straße 39
70806 Kornwestheim
Tel.: 07154-80.19-985
Fax: 07154-80.57-620
E-Mail: Info@Schwaben-ING.de
www.schwaben-ING.de

Stadtreinigung Hamburg AöR   S. 132

Bullerdeich 19
20537 Hamburg
Tel.: 040-25.76-0
Fax: 040-25.76-11.10
E-Mail: info@srhh.de
www.stadtreinigung-hh.de

Standardkessel Baumgarte Holding GmbH   S. 172, 232

Baldusstraße 13
47138 Duisburg
Tel.: 0203-452-0
Fax: 0203-452-211
E-Mail: info@standardkessel.de und info@baumgarte.com
www.Standardkessel-Baumgarte.com

TBF + Partner AG   S. 300, 714

Herrenberger Straße 14
71032 Böblingen
Tel.: 07031-23.80.66-0
Fax: 07031-23.80.66-9
E-Mail: tbf.d@tbf.ch
www.tbf.ch

Uhlig Rohrbogen GmbH   S. 342, 465

Innerstetal 16
38685 Langelsheim
Tel.: 05326-501-0
Fax: 05326-501-25
E-Mail: info@uhlig.eu
www.uhlig.eu

vivis CONSULT GmbH   S. 79

Dorfstraße 51
16816 Nietwerder
Tel.: 03391-45.45-0
Fax: 03391-45.45-10
E-Mail: thome@vivis.de

VMD-PRINAS GmbH Versicherungsmakler   S. 59, 105

Bismarckstraße 45
45128 Essen
Tel.: 0201-360.36-0
Fax: 0201-360.36-39
E-Mail: info@vmd-prinas.de
www.vmd-prinas.de

wandschneider + gutjahr ingenieurgesellschaft mbh   S. 243, 701

Burchardstraße 17
20095 Hamburg
Tel.: 040-70.70.80-900
Fax: 040-70.70.80-903
E-Mail: info@wg-ing.eu
www.wg-ing.eu

Wessel GmbH Kessel- und Apparatebau   S. 253, 485

Hagdornstraße 10
46509 Xanten
Tel.: 02801-74-0
Fax: 02801-74-10
E-Mail: info@wessel-xanten.de
www.wessel-xanten.de

Schlagwortverzeichnis